国家自然科学基金专项项目
"基于大数据的全球基础研究人才分布及科学基金人才培养成效研究"
（编号 L1924021）

全球基础研究人才
指数报告
（2021）

GLOBAL BASIC RESEARCH TALENT
INDEX REPORT (2021)

柳学智　苗月霞　冯凌　等　著

社会科学文献出版社
SOCIAL SCIENCES ACADEMIC PRESS (CHINA)

专家指导委员会

主　　任　余兴安

副 主 任　柳学智　王　利

委　　员　（按姓氏拼音排序）
　　　　　陈勇嘉　程家瑜　杜　屏　高文书　郭　华
　　　　　郭　戎　胡文忠　黄　梅　刘　清　马润林
　　　　　苗月霞　宁　笔　徐耀玲　杨耀武　张世奎

项　目　组

指数设计　柳学智　苗月霞　冯　凌

统计分析　柳学智　苗月霞　冯　凌　刘　晔　戴一鸣
　　　　　王　伊　尤　静　李学明　邵　彤　张　琼
　　　　　李和伟　徐若萱　李怡霖　王一苇　付雨田
　　　　　于重之　束方迅　刘皓宁

数据支持　科睿唯安

序

当前,新一轮科技革命和产业变革蓬勃兴起,科学探索加速演进,学科交叉日益紧密,一些基本科学问题孕育重大突破。世界主要发达国家普遍强化基础研究,全球科技竞争不断向基础研究前移。

基础研究是创新的源头,人才是基础研究的主要驱动因素。了解和评估基础研究人才的分布和发展趋势,是政策制定和理论研究的重要依据。从微观层面看,对个体、团队、组织等的人才进行评估,评估的范围相对较小,评估的内容相对确定,评估的方法易于选择;从宏观层面看,从区域层面上评估一个国家或地区的基础研究人才,或者从研究领域层面上评估一个学科或学科大类的基础研究人才,评估范围广,评估内容多,文献计量评估是一种比较客观、准确的评估方法。本报告基于基础研究文献大数据,构建基础研究人才指数,对全球基础研究人才的分布和发展趋势进行评估。

对基础研究人才进行文献计量评估,必须划分研究领域。当前,研究领域的划分没有公认的标准,考虑到对中国基础研究的针对性,本报告参照中国自然科学基金委员会学科组分类,从学科、学科组、总体三个层面对研究领域进行划分,以学科为基本单元,构建指数,评估学科层面的基础研究人才;汇总学科层面的统计结果,评估学科组层面的基础研究人才;汇总学科组层面的统计结果,评估总体层面的基础研究人才。这样在评估基础研究人才时,既能体现研究领域的整体性,又具有学科针对性。

考虑到不同学科的文献类型有所不同,本报告在选取数据时,涵盖每一个学科的主要文献类型,避免基于一种或几种文献类型进行学科比较而产生针对性不足、偏颇等问题。

考虑到基础研究的动态性，本报告针对最近10年各年度及年度合计基础研究文献分别计算指数。年度指数反映年度变化趋势，年度合计指数更为全面地反映一个国家或地区的整体水平，作为人才比较的主要指数。

本报告基于文献被引频次分布的特点，截取被引频次的累计百分比处于前10%的优秀人才，并且依据1‰、1%、10%标线对优秀人才进行了更细致的分层，据此提出了一套全球基础研究人才指数，并运用科睿唯安大数据进行了实证，全面、客观、准确地反映全球基础研究人才的分布和发展趋势，为政策制定和理论研究提供实证参考。

柳学智

中国人事科学研究院

2021年9月

目 录

第一章　全球基础研究人才指数 ··· 001
　第一节　考量因素 ·· 001
　第二节　指数设计 ·· 009
　第三节　指数计算与结果呈现 ·· 011

第二章　数学与物理学 ··· 013
　第一节　学科 ··· 013
　第二节　学科组 ··· 066

第三章　化学 ··· 073
　第一节　学科 ··· 073
　第二节　学科组 ··· 103

第四章　生命科学 ·· 109
　第一节　学科 ··· 109
　第二节　学科组 ··· 240

第五章　地球科学 ·· 246
　第一节　学科 ··· 246
　第二节　学科组 ··· 286

第六章 工程与材料科学 ······ 292
- 第一节 学科 ······ 292
- 第二节 学科组 ······ 367

第七章 信息科学 ······ 373
- 第一节 学科 ······ 373
- 第二节 学科组 ······ 405

第八章 管理科学 ······ 411
- 第一节 学科 ······ 411
- 第二节 学科组 ······ 441

第九章 医学 ······ 447
- 第一节 学科 ······ 447
- 第二节 学科组 ······ 577

第十章 交叉学科 ······ 583
- 第一节 A层人才 ······ 583
- 第二节 B层人才 ······ 584
- 第三节 C层人才 ······ 585

第十一章 自然科学 ······ 587
- 第一节 A层人才 ······ 587
- 第二节 B层人才 ······ 589
- 第三节 C层人才 ······ 591

第一章 全球基础研究人才指数

本报告基于基础研究文献大数据，构建全球基础研究人才指数，对各区域各领域基础研究人才进行评估。

第一节 考量因素

本报告的数据来源于科睿唯安的 InCites 数据库，数据更新时间为2022年1月28日。

科睿唯安遵循客观性、选择性和动态性的文献筛选原则，将文献被引频次作为主要影响力指标，筛选每一个研究领域中最有影响力的期刊文献等，确保文献的代表性。

在科睿唯安数据库中，英国（United Kingdom）、英格兰（England）、苏格兰（Scotland）、威尔士（Wales）、北爱尔兰（Northern Ireland）的数据并行存在，这些数据之间具有包含关系，为保证分析结果的可比性，本研究删除了其中被包含的重复数据。

经过数据清洗，最后纳入统计分析的文献数据共56166658篇。

一 基础研究领域的划分

本报告以科睿唯安 Web of Science 学科分类为基础，选择了198个 Web of Science 学科，根据中国国家自然科学基金委员会关于学科组的划分，归入相应的学科组，形成8个学科组和1个交叉学科，进一步将各学科组和交叉学科归为自然科学总体，这样，就将自然科学基础研究领域划分为学科、学科组、总体三个层次。

表 1-1 基础研究领域的划分

学科组	Web of Science 学科
数学与物理学	数学(Mathematics)
	数学物理(Physics,Mathematical)
	统计学和概率论(Statistics & Probability)
	逻辑学(Logic)
	应用数学(Mathematics,Applied)
	跨学科应用数学(Mathematics,Interdisciplinary Applications)
	力学(Mechanics)
	天文学和天体物理学(Astronomy & Astrophysics)
	凝聚态物理(Physics,Condensed Matter)
	热力学(Thermodynamics)
	原子、分子和化学物理(Physics,Atomic,Molecular & Chemical)
	光学(Optics)
	光谱学(Spectroscopy)
	声学(Acoustics)
	粒子物理学和场论(Physics,Particles & Fields)
	核物理(Physics,Nuclear)
	核科学和技术(Nuclear Science & Technology)
	流体物理和等离子体物理(Physics,Fluids & Plasmas)
	应用物理学(Physics,Applied)
	多学科物理(Physics,Multidisciplinary)
化学	有机化学(Chemistry,Organic)
	高分子科学(Polymer Science)
	电化学(Electrochemistry)
	物理化学(Chemistry,Physical)
	分析化学(Chemistry,Analytical)
	晶体学(Crystallography)
	无机化学和核化学(Chemistry,Inorganic & Nuclear)
	纳米科学和纳米技术(Nanoscience & Nanotechnology)
	化学工程(Engineering,Chemical)
	应用化学(Chemistry,Applied)
	多学科化学(Chemistry,Multidisciplinary)

续表

学科组	Web of Science 学科
生命科学	生物学(Biology)
	微生物学(Microbiology)
	病毒学(Virology)
	植物学(Plant Sciences)
	生态学(Ecology)
	湖沼学(Limnology)
	进化生物学(Evolutionary Biology)
	动物学(Zoology)
	鸟类学(Ornithology)
	昆虫学(Entomology)
	制奶和动物科学(Agriculture, Dairy & Animal Science)
	生物物理学(Biophysics)
	生物化学和分子生物学(Biochemistry & Molecular Biology)
	生物化学研究方法(Biochemical Research Methods)
	遗传学和遗传性(Genetics & Heredity)
	数学生物学和计算生物学(Mathematical & Computational Biology)
	细胞生物学(Cell Biology)
	免疫学(Immunology)
	神经科学(Neurosciences)
	心理学(Psychology)
	应用心理学(Psychology, Applied)
	生理心理学(Psychology, Biological)
	临床心理学(Psychology, Clinical)
	发展心理学(Psychology, Developmental)
	教育心理学(Psychology, Educational)
	实验心理学(Psychology, Experimental)
	数学心理学(Psychology, Mathematical)
	多学科心理学(Psychology, Multidisciplinary)
	心理分析(Psychology, Psychoanalysis)
	社会心理学(Psychology, Social)
	行为科学(Behavioral Sciences)
	生物材料学(Materials Science, Biomaterials)
	细胞和组织工程学(Cell & Tissue Engineering)
	生理学(Physiology)
	解剖学和形态学(Anatomy & Morphology)

续表

学科组	Web of Science 学科
生命科学	发育生物学（Developmental Biology）
	生殖生物学（Reproductive Biology）
	农学（Agronomy）
	多学科农业（Agriculture, Multidisciplinary）
	生物多样性保护（Biodiversity Conservation）
	园艺学（Horticulture）
	真菌学（Mycology）
	林学（Forestry）
	兽医学（Veterinary Sciences）
	海洋生物学和淡水生物学（Marine & Freshwater Biology）
	渔业学（Fisheries）
	食品科学和技术（Food Science & Technology）
	生物医药工程（Engineering, Biomedical）
	生物技术和应用微生物学（Biotechnology & Applied Microbiology）
地球科学	地理学（Geography）
	自然地理学（Geography, Physical）
	遥感（Remote Sensing）
	地质学（Geology）
	古生物学（Paleontology）
	矿物学（Mineralogy）
	地质工程（Engineering, Geological）
	地球化学和地球物理学（Geochemistry & Geophysics）
	气象学和大气科学（Meteorology & Atmospheric Science）
	海洋学（Oceanography）
	环境科学（Environmental Sciences）
	土壤学（Soil Science）
	水资源（Water Resources）
	环境研究（Environmental Studies）
	多学科地球科学（Geosciences, Multidisciplinary）
工程与材料科学	冶金和冶金工程（Metallurgy & Metallurgical Engineering）
	陶瓷材料（Materials Science, Ceramics）
	造纸和木材（Materials Science, Paper & Wood）
	涂料和薄膜（Materials Science, Coatings & Films）
	纺织材料（Materials Science, Textiles）
	复合材料（Materials Science, Composites）

续表

学科组	Web of Science 学科
工程与材料科学	材料检测和鉴定（Materials Science, Characterization & Testing）
	多学科材料（Materials Science, Multidisciplinary）
	石油工程（Engineering, Petroleum）
	采矿和矿物处理（Mining & Mineral Processing）
	机械工程（Engineering, Mechanical）
	制造工程（Engineering, Manufacturing）
	能源和燃料（Energy & Fuels）
	电气和电子工程（Engineering, Electrical & Electronic）
	建筑和建筑技术（Construction & Building Technology）
	土木工程（Engineering, Civil）
	农业工程（Agricultural Engineering）
	环境工程（Engineering, Environmental）
	海洋工程（Engineering, Ocean）
	船舶工程（Engineering, Marine）
	交通（Transportation）
	交通科学和技术（Transportation Science & Technology）
	航空和航天工程（Engineering, Aerospace）
	工业工程（Engineering, Industrial）
	设备和仪器（Instruments & Instrumentation）
	显微镜学（Microscopy）
	绿色和可持续科学与技术（Green & Sustainable Science & Technology）
	人体工程学（Ergonomics）
	多学科工程（Engineering, Multidisciplinary）
信息科学	电信（Telecommunication）
	影像科学和照相技术（Imaging Science & Photographic Technology）
	计算机理论和方法（Computer Science, Theory & Methods）
	软件工程（Computer Science, Software Engineering）
	计算机硬件和体系架构（Computer Science, Hardware & Architecture）
	信息系统（Computer Science, Information Systems）
	控制论（Computer Science, Cybernetics）
	计算机跨学科应用（Computer Science, Interdisciplinary Applications）
	自动化和控制系统（Automation & Control Systems）
	机器人学（Robotics）
	量子科学和技术（Quantum Science & Technology）
	人工智能（Computer Science, Artificial Intelligence）

续表

学科组	Web of Science 学科
管理科学	运筹学和管理科学(Operations Research & Management Science)
	管理学(Management)
	商学(Business)
	经济学(Economics)
	金融学(Business, Finance)
	人口统计学(Demography)
	农业经济和政策(Agricultural Economics & Policy)
	公共行政(Public Administration)
	卫生保健科学和服务(Health Care Sciences & Services)
	医学伦理学(Medical Ethics)
	区域和城市规划(Regional & Urban Planning)
	信息学和图书馆学(Information Science & Library Science)
医学	呼吸系统(Respiratory System)
	心脏和心血管系统(Cardiac & Cardiovascular Systems)
	周围血管疾病学(Peripheral Vascular Disease)
	胃肠病学和肝脏病学(Gastroenterology & Hepatology)
	产科医学和妇科医学(Obstetrics & Gynecology)
	男科学(Andrology)
	儿科学(Pediatrics)
	泌尿学和肾脏学(Urology & Nephrology)
	运动科学(Sport Sciences)
	内分泌学和新陈代谢(Endocrinology & Metabolism)
	营养学和饮食学(Nutrition & Dietetics)
	血液学(Hematology)
	临床神经学(Clinical Neurology)
	药物滥用医学(Substance Abuse)
	精神病学(Psychiatry)
	敏感症学(Allergy)
	风湿病学(Rheumatology)
	皮肤医学(Dermatology)
	眼科学(Ophthalmology)
	耳鼻喉学(Otorhinolaryngology)
	听觉学和言语病理学(Audiology & Speech-Language Pathology)
	牙科医学、口腔外科和口腔医学(Dentistry, Oral Surgery & Medicine)
	急救医学(Emergency Medicine)

续表

学科组	Web of Science 学科
医学	危机护理医学(Critical Care Medicine)
	整形外科学(Orthopedics)
	麻醉学(Anesthesiology)
	肿瘤学(Oncology)
	康复医学(Rehabilitation)
	医学信息学(Medical Informatics)
	神经影像学(Neuroimaging)
	传染病学(Infectious Diseases)
	寄生物学(Parasitology)
	医学化验技术(Medical Laboratory Technology)
	放射医学、核医学和影像医学(Radiology, Nuclear Medicine & Medical Imaging)
	法医学(Medicine, Legal)
	老年病学和老年医学(Geriatrics & Gerontology)
	初级卫生保健(Primary Health Care)
	公共卫生、环境卫生和职业卫生(Public, Environmental & Occupational Health)
	热带医学(Tropical Medicine)
	药理学和药剂学(Pharmacology & Pharmacy)
	医用化学(Chemistry, Medicinal)
	毒理学(Toxicology)
	病理学(Pathology)
	外科学(Surgery)
	移植医学(Transplantation)
	护理学(Nursing)
	全科医学和内科医学(Medicine, General & Internal)
	综合医学和补充医学(Integrative & Complementary Medicine)
	研究和实验医学(Medicine, Research & Experimental)
交叉学科	交叉学科(Multidisciplinary Science)

二 文献类型的选择

基础研究成果的主要形式是在期刊、报纸、图书等各种媒介上或者在会议、研讨会、论坛等各种活动中发表的论文、综述、评论等各种文献。

考虑到学科之间文献类型存在差异，本报告选择了多种文献类型，涵盖了所研究学科的主要文献类型。

表1-2 文献类型

中文名称	英文名称
期刊论文	Article
会议论文	Proceedings Paper
会议摘要	Meeting Abstract
综述	Review
编辑材料	Editorial Material
快报	Letter
更正	Correction
图书章节	Book Chapter
图书综述	Book Review
传记	Biographical-Item
新闻条目	News Item
数据论文	Data Paper
转载	Reprint
软件评论	Software Review
参考书目	Bibliography
数据库评论	Database Review
硬件评论	Hardware Review
图书	Book
记录评审	Record Review
发表内容摘要	Abstract of Published Item
摘录	Excerpt
研究报告	Note
研讨	Discussion
个人研究领域	Item About An Individual
年表	Chronology

三 时间范围的选择

基础研究成果随着时间连续累积，按照时间顺序可以将其划分为存量和增量两个部分，从发展角度看，增量部分更能反映一个区域或研究领域基础研究人才的发展，可以作为人才评估的依据。那么，如何从时间维度上划分基础研究成果的存量和增量？

本报告以 10 年为期限划分基础研究成果的存量和增量，选择最近 10 年基础研究文献作为基础研究成果的增量，评估某一区域或研究领域基础研究人才的发展。2021 年的文献仅发表一年或不足一年，被引频次还很小甚至为零，被引频次不能代表或者充分代表基础研究成果的质量，因此我们剔除了 2021 年的数据，选择 2011~2020 年 10 年数据作为计量对象。

我们对 2011~2020 年各年度及年度合计数据分别进行统计分析，构建人才指数，反映年度变化趋势和 10 年总体水平。考虑到时间对被引频次有显著影响，年度被引频次总体上随着时间增近而逐渐减小，但是时间对被引频次的影响并不一致，越远期影响越小，越近期影响越大，基于 10 年合计的人才指数更为准确地反映一个国家或地区的人才发展，因此，我们将其作为人才比较的主要指数。

第二节　指数设计

本报告基于基础研究文献大数据的计量分析，划分基础研究人才层次，构建基础研究人才指数，评估各区域各领域的基础研究人才。

一　文献计量方法

一篇文献可能有一个或多个作者，作者可能属于一个或多个国家或地区，甚至一篇文献可能属于一个或多个学科。在本报告中，如果一篇文献有多个作者，且属于同一个国家或地区，视为一个作者；如果一篇文献的作者属于多个国家或地区，视为作者所属的每一个国家或地区都拥有该篇文献，例如，某篇文献有 7 个中国作者、3 个美国作者，那么中国和美国各自计量为 1 篇文献；如果一篇文献属于多个学科，视为文献所属的每一个学科都拥有该篇文献，例如某篇文献既属于有机化学，又属于高分子科学，那么有机化学和高分子科学各自计量为 1 篇文献。

二 基础研究人才层次划分

本报告将基础研究人才界定为,在某一学科某一年度的文献中,被引频次的累计百分比处于前10%的文献的作者。

为了对基础研究人才进行更细致的区分,我们继续以1‰、1%、10%为标线,将基础研究人才划分为A、B、C三个层次。

表1-3 基础研究人才层次划分

人才层次	文献被引频次累计百分比(p)
A	$p \leq 1‰$
B	$1‰ < p \leq 1\%$
C	$1\% < p \leq 10\%$

三 基础研究人才指数

学科是基础研究领域划分的基本单元,也是基础研究人才划分的基本单元,本报告以学科为基本单元构建指数,进行学科层面的指数计算;在学科分析的基础上,根据学科组的划分,对应汇总相应学科的指数,形成了学科组的指数;进一步汇总学科组的指数,形成自然科学总体的指数。

根据学科、学科组、总体三个研究领域层面和A、B、C三个人才层次,构建某一区域某一时限某一研究领域某一人才层次的人才指数,具体指数如下。

A层人才指数:某一区域在某一时限某一研究领域中A层人才的人次数。

A层人才占比:某一区域在某一时限某一研究领域中A层人才指数占全球相应年度相应研究领域A层人才指数的百分比。

B层人才指数:某一区域在某一时限某一研究领域中B层人才的人次数。

B层人才占比:某一区域在某一时限某一研究领域中B层人才指数占全球相应年度相应研究领域B层人才指数的百分比。

C层人才指数：某一区域在某一时限某一研究领域中C层人才的人次数。

C层人才占比：某一区域在某一时限某一研究领域中C层人才指数占全球相应年度相应研究领域C层人才指数的百分比。

为了比较各区域各领域基础研究人才的发展情况，本报告选择A、B、C层人才占比作为人才比较的主要指数。

第三节 指数计算与结果呈现

本报告从以下三个层面进行指数计算和结果呈现。

一 学科层面

根据数学与物理学、化学、生命科学、地球科学、工程与材料科学、信息科学、管理科学、医学8个学科组，计算和呈现每一个学科组下每一个学科的排名前20的国家和地区的A、B、C层人才在2011～2020年各年度及其合计的全球占比，不足20个国家和地区的，列出全部。

将交叉学科视为一个学科组，其下只有一个学科，进行学科层面的指数计算和结果呈现。

二 学科组层面

以数学与物理学、化学、生命科学、地球科学、工程与材料科学、信息科学、管理科学、医学等8个学科组为单元，在学科层面指数计算的基础上，汇总每个学科组中各个学科的计算结果，呈现每一个学科组的排名前40的国家和地区的A、B、C层人才在2011～2020年各年度及其合计的全球占比。

三 总体层面

以自然科学总体为单元，在数学与物理学、化学、生命科学、地球科学、工程与材料科学、信息科学、管理科学、医学8个学科组和交叉学科组指数计算的基础上，汇总各个学科组的计算结果，呈现自然科学总体的排名前50的国家和地区的A、B、C层人才在2011~2020年各年度及其合计的全球占比。

第二章　数学与物理学

数学与物理学是自然科学中的基础科学，是当代科学发展的先导和基础。其研究进展和重大突破，不仅推动自身的发展，也为其他学科的发展提供理论、思想、方法和手段。

第一节　学科

数学与物理学学科组包括以下学科：数学，数学物理，统计学和概率论，逻辑学，应用数学，跨学科应用数学，力学，天文学和天体物理学，凝聚态物理，热力学，原子、分子和化学物理，光学，光谱学，声学，粒子物理学和场论，核物理，核科学和技术，流体物理和等离子体物理，应用物理学，多学科物理，共计20个。

一　数学

数学A、B、C层人才主要集中在中国大陆和美国，二者A、B、C层人才的世界占比合计为33.04%、34.02%、29.68%，其中，中国大陆的A层和B层人才多于美国，C层人才少于美国；在发展趋势上，中国大陆呈现相对上升趋势，美国呈现相对下降趋势。

意大利、德国、罗马尼亚、沙特、土耳其、英国、法国、中国台湾的A层人才比较多，世界占比在7%~3%之间[①]；印度、伊朗、澳大利亚、加拿大、南非、日本、瑞士、西班牙、巴基斯坦、巴西也有相当数量的A层人

---

① 为了和表中数据从大到小的顺序对照，全书此类数据按从大到小写法呈现，如7%~3%，特此说明。

才，世界占比均超过1%。

沙特、法国、意大利、土耳其、德国、英国、巴基斯坦的B层人才比较多，世界占比在5%~3%之间；中国台湾、加拿大、印度、罗马尼亚、西班牙、伊朗、日本、澳大利亚、韩国、波兰、中国香港也有相当数量的B层人才，世界占比均超过1%。

法国、德国、意大利、英国、西班牙的C层人才比较多，世界占比在6%~3%之间；加拿大、土耳其、印度、沙特、日本、俄罗斯、伊朗、韩国、波兰、巴西、罗马尼亚、巴基斯坦、澳大利亚也有相当数量的C层人才，世界占比均超过1%。

表2-1 数学A层人才排名前20的国家和地区的占比

单位：%

国家和地区	2011年	2012年	2013年	2014年	2015年	2016年	2017年	2018年	2019年	2020年	合计
中国大陆	2.70	22.50	7.14	6.82	19.57	23.40	18.37	29.17	27.78	20.34	18.45
美国	18.92	25.00	26.19	11.36	10.87	12.77	14.29	22.92	7.41	3.39	14.59
意大利	0.00	5.00	7.14	20.45	10.87	10.64	2.04	6.25	0.00	3.39	6.44
德国	10.81	5.00	11.90	11.36	8.70	2.13	6.12	2.08	1.85	1.69	5.79
罗马尼亚	2.70	0.00	0.00	0.00	6.52	4.26	10.20	4.17	9.26	10.17	5.15
沙特	0.00	2.50	2.38	2.27	6.52	12.77	6.12	2.08	9.26	1.69	4.72
土耳其	0.00	0.00	0.00	2.27	2.17	4.26	8.16	2.08	5.56	16.95	4.72
英国	8.11	0.00	7.14	4.55	6.52	0.00	6.12	6.25	1.85	0.00	3.86
法国	13.51	7.50	7.14	6.82	2.17	2.13	2.04	2.08	0.00	0.00	3.86
中国台湾	2.70	0.00	0.00	0.00	0.00	0.00	0.00	6.25	7.41	13.56	3.43
印度	2.70	2.50	7.14	0.00	6.52	0.00	0.00	0.00	5.56	1.69	2.58
伊朗	0.00	0.00	0.00	2.27	2.17	2.13	2.04	2.08	1.85	10.17	2.58
澳大利亚	0.00	0.00	4.76	0.00	4.35	2.13	4.08	0.00	7.41	0.00	2.36
加拿大	10.81	0.00	0.00	6.82	0.00	0.00	0.00	0.00	0.00	3.39	1.93
南非	0.00	0.00	0.00	0.00	2.17	2.13	0.00	8.33	3.70	1.69	1.93
日本	5.41	2.50	0.00	4.55	2.17	0.00	0.00	2.08	1.69	0.00	1.72
瑞士	2.70	2.50	0.00	0.00	0.00	4.26	2.04	2.08	0.00	0.00	1.29
西班牙	2.70	5.00	2.38	4.55	0.00	0.00	0.00	0.00	0.00	0.00	1.29
巴基斯坦	0.00	0.00	0.00	0.00	0.00	2.13	2.04	0.00	3.70	3.39	1.29
巴西	0.00	0.00	4.76	4.55	2.17	0.00	0.00	0.00	0.00	0.00	1.07

表2-2 数学B层人才排名前20的国家和地区的占比

单位:%

国家和地区	2011年	2012年	2013年	2014年	2015年	2016年	2017年	2018年	2019年	2020年	合计
中国大陆	11.50	13.55	14.13	17.71	18.63	22.22	21.95	29.66	22.81	20.89	19.73
美国	24.19	18.97	19.73	15.96	17.92	16.44	14.48	8.74	8.74	4.44	14.29
沙特	1.77	3.79	3.47	4.24	4.72	2.78	3.85	5.29	7.46	5.55	4.42
法国	7.67	5.15	5.87	4.74	7.31	4.86	3.17	2.07	2.13	0.00	4.05
意大利	5.01	3.52	4.53	4.99	4.01	6.48	4.07	2.07	2.13	2.96	3.90
土耳其	1.47	2.17	4.53	2.99	1.42	3.70	3.62	4.60	4.90	7.21	3.83
德国	5.01	4.61	4.27	5.24	4.25	3.70	3.85	2.76	1.92	2.03	3.64
英国	6.78	4.34	2.93	3.74	4.01	3.94	3.17	1.84	2.13	1.11	3.24
巴基斯坦	0.29	0.81	0.53	0.75	0.71	0.93	2.26	4.83	9.38	7.39	3.10
中国台湾	0.59	1.90	0.80	1.00	1.18	1.62	2.49	3.22	4.90	7.39	2.74
加拿大	3.54	2.98	3.20	1.75	2.12	2.78	2.71	2.30	3.84	1.85	2.67
印度	1.47	1.90	1.07	1.25	3.30	2.55	3.17	2.53	3.62	3.33	2.51
罗马尼亚	1.18	1.90	3.47	2.24	0.94	2.55	1.81	2.99	2.99	3.33	2.39
西班牙	5.01	4.61	1.87	2.99	2.12	2.08	2.04	0.69	0.64	0.74	2.13
伊朗	0.59	2.17	4.27	1.00	0.94	1.16	1.81	1.38	1.92	2.96	1.85
日本	2.06	1.36	1.87	2.74	2.12	2.31	2.26	1.38	0.85	0.18	1.66
澳大利亚	1.47	1.63	1.07	1.50	1.65	0.46	2.71	2.76	0.85	0.92	1.49
韩国	0.59	1.36	2.93	2.00	1.18	1.39	1.13	1.61	1.28	1.48	1.49
波兰	1.47	1.36	0.80	2.24	0.94	0.23	1.36	2.53	1.49	1.29	1.37
中国香港	0.88	0.81	1.87	2.24	1.18	1.39	0.45	1.61	0.43	0.55	1.11

表2-3 数学C层人才排名前20的国家和地区的占比

单位:%

国家和地区	2011年	2012年	2013年	2014年	2015年	2016年	2017年	2018年	2019年	2020年	合计
美国	19.95	19.85	17.75	17.12	17.06	16.72	15.53	13.50	11.06	7.60	15.30
中国大陆	11.57	12.11	13.34	13.20	13.72	15.10	14.91	16.63	16.46	15.29	14.38
法国	7.47	6.88	6.23	7.14	7.07	6.33	5.38	4.74	3.73	2.72	5.64
德国	5.68	5.88	5.45	5.73	5.59	4.66	4.82	4.93	3.77	3.09	4.89
意大利	4.96	5.08	4.90	5.28	5.25	4.81	5.01	5.06	4.35	4.23	4.87
英国	4.17	4.06	3.94	3.90	3.92	4.16	4.41	3.43	3.62	2.47	3.79
西班牙	4.33	3.51	3.39	3.44	2.86	3.02	2.60	2.99	2.69	3.02	3.14
加拿大	3.32	2.97	2.71	3.17	3.02	2.62	2.71	2.25	2.58	1.85	2.69
土耳其	1.57	2.31	3.34	2.26	2.12	2.44	2.50	2.94	3.07	3.65	2.66
印度	1.91	1.77	1.95	2.01	1.77	2.44	2.53	3.23	3.50	4.48	2.62

续表

国家和地区	2011年	2012年	2013年	2014年	2015年	2016年	2017年	2018年	2019年	2020年	合计
沙特	1.04	1.77	1.93	1.81	2.17	2.52	2.46	2.44	3.22	5.26	2.54
日本	3.23	2.51	2.68	3.09	2.73	2.32	2.32	2.15	2.15	1.27	2.41
俄罗斯	1.57	1.91	1.90	1.94	2.73	2.34	2.57	3.16	2.84	2.40	2.37
伊朗	1.47	1.54	1.98	1.78	1.51	1.57	1.77	1.78	1.92	2.68	1.82
韩国	1.60	1.89	1.46	1.73	1.38	1.74	1.38	1.85	1.81	2.22	1.71
波兰	1.98	1.34	1.85	1.76	2.17	1.87	1.70	1.33	1.34	1.25	1.64
巴西	1.60	1.26	1.62	1.76	1.67	1.69	1.88	1.41	1.58	1.48	1.60
罗马尼亚	1.63	1.51	1.69	1.36	1.19	1.35	1.45	1.41	1.56	2.59	1.58
巴基斯坦	0.28	0.60	0.76	0.50	0.79	0.82	1.26	1.75	3.13	3.67	1.45
澳大利亚	1.63	1.43	1.59	1.48	1.54	1.25	1.54	1.26	1.36	1.06	1.40

二 数学物理

数学物理A、B、C层人才最多的国家是美国，分别占该学科全球A、B、C层人才的21.54%、16.57%、17.65%。

英国、中国大陆、土耳其、瑞士、法国、德国、意大利、西班牙、南非、伊朗、葡萄牙、俄罗斯、罗马尼亚的A层人才比较多，世界占比在7%~3%之间；比利时、日本、印度、智利、荷兰、巴基斯坦也有相当数量的A层人才，世界占比超过1%。

中国大陆、英国、德国、法国、意大利、土耳其、沙特的B层人才比较多，世界占比在13%~3%之间；印度、西班牙、瑞士、加拿大、俄罗斯、罗马尼亚、日本、伊朗、南非、巴基斯坦、荷兰、澳大利亚也有相当数量的B层人才，世界占比超过1%。

中国大陆、德国、英国、法国、意大利、印度的C层人才比较多，世界占比在14%~3%之间；西班牙、俄罗斯、日本、瑞士、加拿大、伊朗、澳大利亚、沙特、荷兰、以色列、土耳其、巴西、韩国也有相当数量的C层人才，世界占比超过1%。

第二章 数学与物理学

表2-4 数学物理A层人才排名前20的国家和地区的占比

单位:%

国家和地区	2011年	2012年	2013年	2014年	2015年	2016年	2017年	2018年	2019年	2020年	合计
美国	21.43	50.00	36.36	20.00	35.71	0.00	28.57	31.25	11.76	0.00	21.54
英国	0.00	0.00	18.18	20.00	14.29	16.67	0.00	0.00	0.00	5.26	6.92
中国大陆	0.00	25.00	0.00	0.00	0.00	0.00	14.29	18.75	5.88	0.00	5.38
土耳其	0.00	0.00	0.00	0.00	0.00	16.67	0.00	6.25	11.76	10.53	4.62
瑞士	7.14	0.00	0.00	13.33	7.14	16.67	0.00	6.25	0.00	0.00	4.62
法国	14.29	0.00	0.00	13.33	0.00	0.00	0.00	6.25	0.00	5.26	4.62
德国	7.14	0.00	0.00	6.67	7.14	0.00	14.29	0.00	5.88	0.00	4.62
意大利	7.14	0.00	0.00	6.67	0.00	16.67	0.00	0.00	5.88	5.26	3.85
西班牙	0.00	0.00	0.00	6.67	0.00	16.67	7.14	0.00	0.00	10.53	3.85
南非	0.00	0.00	0.00	0.00	0.00	16.67	7.14	0.00	5.88	10.53	3.85
伊朗	0.00	25.00	9.09	0.00	0.00	0.00	0.00	0.00	5.88	10.53	3.85
葡萄牙	7.14	0.00	0.00	0.00	0.00	0.00	14.29	0.00	0.00	5.26	3.08
俄罗斯	0.00	0.00	18.18	0.00	0.00	7.14	0.00	0.00	6.25	0.00	0.00	3.08
罗马尼亚	0.00	0.00	0.00	0.00	0.00	0.00	0.00	6.25	11.76	5.26	3.08
比利时	0.00	0.00	0.00	0.00	0.00	0.00	7.14	12.50	0.00	0.00	2.31
日本	14.29	0.00	9.09	0.00	0.00	0.00	0.00	0.00	0.00	0.00	2.31
印度	0.00	0.00	0.00	0.00	0.00	0.00	0.00	0.00	0.00	15.79	2.31
智利	0.00	0.00	0.00	6.67	7.14	0.00	0.00	0.00	0.00	0.00	1.54
荷兰	0.00	0.00	0.00	0.00	0.00	0.00	7.14	0.00	5.88	0.00	1.54
巴基斯坦	0.00	0.00	0.00	0.00	0.00	0.00	0.00	0.00	11.76	0.00	1.54

表2-5 数学物理B层人才排名前20的国家和地区的占比

单位:%

国家和地区	2011年	2012年	2013年	2014年	2015年	2016年	2017年	2018年	2019年	2020年	合计
美国	23.91	16.44	23.08	20.83	15.60	23.08	17.09	14.77	5.26	7.43	16.57
中国大陆	9.42	10.96	15.38	7.64	13.48	11.24	14.56	18.12	15.13	11.43	12.74
英国	5.07	10.27	10.49	11.11	6.38	10.65	8.86	4.03	1.97	2.86	7.13
德国	9.42	6.85	6.29	10.42	9.22	9.47	7.59	6.71	1.97	2.86	7.00
法国	5.80	2.74	3.50	5.56	5.67	4.73	5.70	4.03	0.66	1.14	3.89
意大利	4.35	4.79	2.80	2.78	3.55	3.55	4.43	4.70	2.63	3.43	3.70
土耳其	0.00	1.37	0.00	0.00	0.71	1.18	3.16	7.38	11.84	6.86	3.37
沙特	0.72	0.68	3.50	2.08	3.55	2.37	1.27	3.36	5.26	8.00	3.17
印度	0.72	1.37	2.80	1.39	0.71	2.37	1.27	0.67	3.29	10.29	2.64
西班牙	5.07	2.74	1.40	6.25	2.13	1.78	5.06	0.67	0.00	1.14	2.57
瑞士	2.17	2.74	2.10	3.47	4.26	2.96	3.16	1.34	1.32	0.00	2.31

续表

国家和地区	2011年	2012年	2013年	2014年	2015年	2016年	2017年	2018年	2019年	2020年	合计
加拿大	5.07	4.11	1.40	2.78	0.00	1.78	1.90	0.67	1.97	1.71	2.11
俄罗斯	1.45	2.74	0.70	1.39	4.26	2.96	1.90	2.68	0.66	1.71	2.05
罗马尼亚	0.00	0.00	0.00	0.69	0.71	1.78	3.16	4.70	5.92	1.71	1.91
日本	1.45	2.05	2.10	2.78	2.13	0.59	2.53	1.34	1.97	0.57	1.72
伊朗	0.72	1.37	2.10	0.00	0.00	0.00	0.00	2.68	5.26	4.00	1.65
南非	0.00	0.68	0.00	1.39	1.42	1.18	0.63	3.36	3.29	2.86	1.52
巴基斯坦	0.72	0.68	0.00	0.00	0.71	0.00	0.00	2.01	3.95	5.14	1.39
荷兰	2.17	2.05	2.10	1.39	0.71	3.55	0.00	1.34	0.66	0.00	1.39
澳大利亚	1.45	2.05	0.00	0.69	1.42	1.18	2.53	1.34	0.00	1.14	1.19

表2-6 数学物理C层人才排名前20的国家和地区的占比

单位：%

国家和地区	2011年	2012年	2013年	2014年	2015年	2016年	2017年	2018年	2019年	2020年	合计
美国	22.21	19.40	21.48	19.49	19.48	18.14	17.73	16.49	12.22	11.52	17.65
中国大陆	8.46	12.09	14.84	11.02	13.61	13.48	15.91	15.76	13.44	14.24	13.34
德国	8.46	9.59	8.13	7.82	7.39	8.56	7.73	6.68	7.05	5.91	7.69
英国	6.99	6.05	6.64	7.33	6.95	6.99	6.36	6.25	4.89	3.53	6.15
法国	8.24	7.08	6.19	7.33	6.66	6.86	5.84	5.30	4.39	2.95	6.01
意大利	4.12	4.20	4.55	6.26	5.29	4.85	5.00	3.99	4.46	4.05	4.67
印度	2.50	2.36	2.09	3.34	2.53	2.39	2.86	4.50	4.31	5.79	3.32
西班牙	3.16	3.69	4.03	3.20	2.82	3.15	1.95	2.40	3.16	1.80	2.90
俄罗斯	2.79	1.99	2.39	2.63	3.19	2.71	2.86	4.07	3.09	2.61	2.83
日本	2.57	2.43	2.09	2.28	2.39	2.77	2.99	2.47	3.09	1.80	2.48
瑞士	2.28	1.62	2.16	2.35	2.53	3.02	1.88	1.45	2.01	1.62	2.09
加拿大	2.21	1.92	1.72	2.49	2.46	1.76	1.62	1.82	1.51	1.68	1.91
伊朗	2.28	1.92	0.82	1.21	1.09	0.76	1.75	2.32	2.23	2.90	1.74
澳大利亚	1.32	2.06	1.19	1.42	2.61	1.57	1.62	1.38	1.51	1.51	1.62
沙特	0.51	0.66	1.12	1.00	0.94	1.20	1.10	1.53	2.08	3.47	1.41
荷兰	1.76	1.77	1.49	1.28	1.67	1.64	1.04	0.65	1.08	0.93	1.32
以色列	1.62	1.18	1.49	1.28	1.59	1.39	1.17	0.94	1.15	0.93	1.26
土耳其	0.81	0.52	0.52	0.21	0.80	0.76	1.23	1.02	2.52	3.59	1.25
巴西	1.03	1.33	0.89	1.35	0.72	1.64	1.10	1.31	1.29	0.98	1.17
韩国	1.10	1.70	0.89	1.07	1.16	1.20	0.97	0.87	1.01	1.33	1.13

三 统计学和概率论

统计学和概率论 A、B、C 层人才最多的国家是美国，分别占该学科全球 A、B、C 层人才的 31.36%、32.53%、28.86%。

德国、英国、加拿大、中国大陆、瑞士、澳大利亚的 A 层人才比较多，世界占比在 12%～4% 之间；法国、中国香港、瑞典、日本、丹麦、西班牙、比利时、荷兰、新西兰、葡萄牙、俄罗斯、意大利、突尼斯也有相当数量的 A 层人才，世界占比超过 1%。

英国、中国大陆、德国、澳大利亚、法国、加拿大的 B 层人才比较多，世界占比在 11%～3% 之间；荷兰、瑞士、西班牙、意大利、丹麦、沙特、日本、挪威、芬兰、韩国、中国香港、比利时、奥地利也有相当数量的 B 层人才，世界占比超过或接近 1%。

中国大陆、英国、德国、法国、加拿大的 C 层人才比较多，世界占比在 10%～3% 之间；意大利、澳大利亚、西班牙、瑞士、荷兰、比利时、印度、巴西、瑞典、中国香港、伊朗、丹麦、沙特、日本也有相当数量的 C 层人才，世界占比超过 1%。

表 2-7 统计学和概率论 A 层人才排名前 20 的国家和地区的占比

单位：%

国家和地区	2011 年	2012 年	2013 年	2014 年	2015 年	2016 年	2017 年	2018 年	2019 年	2020 年	合计
美国	42.86	28.57	50.00	25.00	26.67	35.29	27.78	27.78	27.27	28.57	31.36
德国	0.00	7.14	14.29	25.00	6.67	17.65	16.67	16.67	9.09	4.76	11.83
英国	28.57	0.00	7.14	6.25	6.67	11.76	5.56	5.56	4.55	9.52	8.28
加拿大	14.29	7.14	0.00	12.50	13.33	0.00	11.11	0.00	4.55	0.00	5.92
中国大陆	0.00	0.00	0.00	0.00	6.67	0.00	0.00	11.11	0.00	33.33	5.92
瑞士	0.00	7.14	0.00	0.00	20.00	0.00	5.56	5.56	9.09	4.76	5.33
澳大利亚	0.00	14.29	0.00	18.75	0.00	0.00	5.56	0.00	0.00	4.76	4.14
法国	7.14	0.00	0.00	0.00	6.67	0.00	0.00	5.56	9.09	0.00	2.96
中国香港	0.00	7.14	0.00	0.00	0.00	0.00	5.56	0.00	4.55	4.76	2.37
瑞典	0.00	0.00	14.29	6.25	0.00	5.88	0.00	0.00	0.00	0.00	2.37
日本	0.00	0.00	0.00	0.00	0.00	0.00	0.00	11.11	0.00	4.76	1.78

续表

国家和地区	2011年	2012年	2013年	2014年	2015年	2016年	2017年	2018年	2019年	2020年	合计
丹麦	0.00	0.00	0.00	0.00	6.67	0.00	11.11	0.00	0.00	0.00	1.78
西班牙	0.00	0.00	0.00	0.00	0.00	11.76	0.00	0.00	4.55	0.00	1.78
比利时	0.00	7.14	0.00	0.00	0.00	0.00	0.00	5.56	0.00	0.00	1.18
荷兰	7.14	7.14	0.00	0.00	0.00	0.00	0.00	0.00	0.00	0.00	1.18
新西兰	0.00	7.14	0.00	0.00	6.67	0.00	0.00	0.00	0.00	0.00	1.18
葡萄牙	0.00	0.00	0.00	0.00	0.00	5.88	0.00	0.00	4.55	0.00	1.18
俄罗斯	0.00	7.14	7.14	0.00	0.00	0.00	0.00	0.00	0.00	0.00	1.18
意大利	0.00	0.00	0.00	0.00	0.00	5.88	0.00	0.00	4.55	0.00	1.18
突尼斯	0.00	0.00	0.00	6.25	0.00	0.00	0.00	0.00	4.55	0.00	1.18

表 2-8 统计学和概率论 B 层人才排名前 20 的国家和地区的占比

单位：%

国家和地区	2011年	2012年	2013年	2014年	2015年	2016年	2017年	2018年	2019年	2020年	合计
美国	46.62	42.11	43.17	38.82	28.76	33.33	24.40	27.33	29.08	19.77	32.53
英国	13.53	11.28	12.95	10.53	13.07	10.30	10.71	9.32	10.20	6.21	10.65
中国大陆	0.75	5.26	2.16	5.26	5.88	7.27	12.50	14.91	18.88	16.38	9.58
德国	3.01	6.77	5.76	5.26	4.58	6.67	5.95	3.11	3.06	4.52	4.82
澳大利亚	3.76	3.01	2.88	3.29	3.27	1.82	6.55	4.97	4.59	3.95	3.87
法国	3.76	8.27	5.04	4.61	5.23	3.03	2.98	1.24	2.55	2.82	3.80
加拿大	3.76	1.50	4.32	3.95	1.31	4.24	4.76	4.97	4.08	3.39	3.68
荷兰	2.26	3.01	2.16	3.29	1.96	2.42	1.19	4.35	4.59	3.95	2.98
瑞士	5.26	3.76	2.16	2.63	2.61	4.24	1.19	3.11	2.55	1.13	2.79
西班牙	0.75	2.26	2.16	3.95	3.92	1.82	2.38	1.24	2.04	1.13	2.16
意大利	2.26	2.26	2.16	0.66	3.27	0.61	2.38	2.48	0.00	2.82	1.84
丹麦	3.76	0.00	1.44	1.32	1.96	2.42	1.79	0.00	0.51	1.69	1.46
沙特	0.00	0.00	0.72	2.63	1.31	2.42	2.98	2.48	0.51	0.56	1.40
日本	0.75	0.00	0.72	0.00	1.96	3.03	1.79	1.24	1.02	1.69	1.27
挪威	0.75	0.75	1.44	0.00	1.31	1.82	1.19	1.86	0.51	2.26	1.20
芬兰	0.00	0.75	0.00	1.32	0.65	0.61	3.57	1.86	2.04	0.00	1.14
韩国	0.00	0.00	1.44	0.66	1.31	0.00	2.38	0.00	2.04	1.13	0.95
中国香港	0.75	0.00	0.72	1.32	2.61	0.61	0.60	0.62	0.00	1.69	0.89
比利时	0.75	0.75	0.72	0.00	0.65	0.61	0.00	1.24	1.53	1.69	0.82
奥地利	1.50	0.00	0.72	0.00	1.31	1.82	0.00	0.62	1.02	0.56	0.76

表 2-9 统计学和概率论 C 层人才排名前 20 的国家和地区的占比

单位：%

国家和地区	2011 年	2012 年	2013 年	2014 年	2015 年	2016 年	2017 年	2018 年	2019 年	2020 年	合计
美国	33.36	31.38	30.54	29.44	30.12	30.23	28.83	27.62	25.71	23.96	28.86
中国大陆	5.78	6.77	8.37	8.78	10.27	8.99	9.70	11.24	10.34	13.39	9.54
英国	8.40	9.00	9.18	9.05	8.87	8.73	9.06	8.67	8.08	8.21	8.70
德国	5.16	5.77	6.24	5.67	5.87	5.15	4.31	4.13	5.20	4.67	5.18
法国	5.70	5.92	5.65	4.79	5.31	5.15	3.93	3.79	4.86	3.60	4.81
加拿大	4.47	4.38	4.41	3.85	3.70	3.71	3.23	3.39	3.39	2.92	3.70
意大利	2.54	2.62	3.23	3.38	3.35	3.06	2.66	2.51	2.66	2.87	2.88
澳大利亚	3.47	2.62	2.50	3.04	1.89	1.95	2.98	3.05	2.82	2.72	2.72
西班牙	3.24	3.00	2.79	2.57	2.80	2.80	2.22	2.57	2.43	1.91	2.60
瑞士	2.77	2.08	2.64	2.84	2.38	2.48	2.66	2.44	2.71	2.47	2.55
荷兰	2.16	2.77	2.20	2.50	1.96	2.21	2.03	3.05	2.66	1.86	2.33
比利时	1.16	2.31	1.62	1.49	1.47	1.63	1.33	1.56	1.41	0.90	1.47
印度	1.08	0.77	1.84	0.88	0.49	1.37	1.46	1.35	1.53	2.25	1.33
巴西	1.39	0.85	1.32	1.35	0.77	1.24	1.52	1.56	1.64	1.24	1.30
瑞典	1.23	1.23	1.40	1.49	1.12	1.04	1.58	1.02	1.36	1.41	1.29
中国香港	2.08	2.08	0.81	1.22	1.33	0.85	1.14	1.42	0.79	0.90	1.23
伊朗	0.77	0.46	0.88	0.47	0.91	1.04	2.03	1.49	1.81	1.91	1.23
丹麦	0.62	0.92	1.32	1.49	0.84	0.98	1.33	1.08	0.96	1.01	1.06
沙特	0.23	0.31	0.59	0.54	1.26	0.78	1.33	1.96	1.41	1.74	1.06
日本	1.31	1.46	0.73	1.76	0.70	0.85	0.89	1.22	0.96	0.56	1.03

四 逻辑学

逻辑学 A、B、C 层人才最多的国家是美国，分别占该学科全球 A、B、C 层人才的 31.25%、17.51%、13.55%。

逻辑学是小学科，A 层人才数量很少，除美国外，A 层人才较多的为德国，为 12.50%；阿根廷、加拿大、法国、意大利、荷兰、波兰、塞尔维亚、西班牙、瑞士也有相当数量的 A 层人才，世界占比均为 6.25%。

英国、德国、意大利、法国、荷兰、奥地利、西班牙、澳大利亚的 B 层人才比较多，世界占比在 10%~3% 之间；波兰、加拿大、比利时、日本、中国大陆、瑞士、瑞典、葡萄牙、印度、挪威、捷克也有相当数量的 B

层人才，世界占比超过1%。

英国、德国、法国、意大利、奥地利、荷兰、西班牙的C层人才比较多，世界占比在11%~3%之间；加拿大、俄罗斯、中国大陆、捷克、日本、瑞典、澳大利亚、比利时、波兰、芬兰、以色列、南非也有相当数量的C层人才，世界占比超过1%。

表2-10 逻辑学A层人才的国家和地区的占比

单位：%

国家和地区	2011年	2012年	2013年	2014年	2015年	2016年	2017年	2018年	2019年	2020年	合计
美国	0.00	0.00	100.00	66.67	33.33	0.00	50.00	0.00	0.00	0.00	31.25
德国	0.00	0.00	0.00	0.00	0.00	0.00	0.00	100.00	50.00	0.00	12.50
阿根廷	0.00	0.00	0.00	0.00	0.00	0.00	0.00	0.00	0.00	100.00	6.25
加拿大	0.00	0.00	0.00	0.00	0.00	50.00	0.00	0.00	0.00	0.00	6.25
法国	0.00	0.00	0.00	0.00	0.00	0.00	0.00	0.00	50.00	0.00	6.25
意大利	0.00	0.00	0.00	33.33	0.00	0.00	0.00	0.00	0.00	0.00	6.25
荷兰	0.00	0.00	0.00	0.00	33.33	0.00	0.00	0.00	0.00	0.00	6.25
波兰	0.00	0.00	0.00	0.00	33.33	0.00	0.00	0.00	0.00	0.00	6.25
塞尔维亚	0.00	0.00	0.00	0.00	0.00	0.00	50.00	0.00	0.00	0.00	6.25
西班牙	100.00	0.00	0.00	0.00	0.00	0.00	0.00	0.00	0.00	0.00	6.25
瑞士	0.00	0.00	0.00	0.00	0.00	50.00	0.00	0.00	0.00	0.00	6.25

表2-11 逻辑学B层人才排名前20的国家和地区的占比

单位：%

国家和地区	2011年	2012年	2013年	2014年	2015年	2016年	2017年	2018年	2019年	2020年	合计
美国	17.65	14.29	13.64	9.68	22.22	20.83	26.09	25.00	10.00	16.67	17.51
英国	5.88	4.76	9.09	16.13	7.41	12.50	8.70	5.00	15.00	0.00	9.22
德国	11.76	0.00	9.09	3.23	14.81	8.33	4.35	0.00	15.00	16.67	7.83
意大利	5.88	0.00	4.55	6.45	11.11	8.33	4.35	0.00	10.00	25.00	6.91
法国	11.76	4.76	13.64	6.45	11.11	0.00	8.70	10.00	0.00	0.00	6.91
荷兰	5.88	14.29	9.09	3.23	3.70	8.33	0.00	10.00	10.00	0.00	6.45
奥地利	0.00	4.76	0.00	9.68	3.70	12.50	0.00	0.00	0.00	8.33	4.15
西班牙	5.88	4.76	0.00	0.00	3.70	4.17	8.70	5.00	10.00	0.00	4.15
澳大利亚	0.00	9.52	4.55	0.00	3.70	4.17	0.00	5.00	0.00	0.00	3.23
波兰	5.88	4.76	0.00	9.68	0.00	0.00	4.35	0.00	0.00	0.00	2.76
加拿大	5.88	4.76	9.09	0.00	0.00	0.00	4.35	0.00	0.00	0.00	2.30
比利时	0.00	4.76	0.00	3.23	3.70	0.00	0.00	5.00	0.00	0.00	1.84

续表

国家和地区	2011年	2012年	2013年	2014年	2015年	2016年	2017年	2018年	2019年	2020年	合计
日本	0.00	0.00	9.09	0.00	0.00	0.00	4.35	0.00	5.00	0.00	1.84
中国大陆	0.00	0.00	0.00	0.00	0.00	12.50	0.00	5.00	0.00	0.00	1.84
瑞士	0.00	0.00	0.00	6.45	0.00	4.17	0.00	0.00	0.00	8.33	1.84
瑞典	0.00	4.76	0.00	0.00	3.70	0.00	4.35	5.00	0.00	0.00	1.84
葡萄牙	0.00	9.52	0.00	6.45	0.00	0.00	0.00	0.00	0.00	0.00	1.84
印度	0.00	0.00	4.55	0.00	0.00	0.00	0.00	10.00	5.00	0.00	1.84
挪威	0.00	0.00	4.55	0.00	0.00	0.00	0.00	0.00	10.00	0.00	1.38
捷克	0.00	4.76	0.00	3.23	3.70	0.00	0.00	0.00	0.00	0.00	1.38

表2-12 逻辑学C层人才排名前20的国家和地区的占比

单位：%

国家和地区	2011年	2012年	2013年	2014年	2015年	2016年	2017年	2018年	2019年	2020年	合计
美国	15.03	16.20	12.92	14.61	14.23	18.10	10.55	8.94	13.64	9.21	13.55
英国	9.25	15.08	11.96	11.99	8.54	12.50	8.26	12.85	7.95	7.89	10.65
德国	10.98	8.94	7.18	9.74	11.03	9.48	7.80	11.73	7.39	11.18	9.54
法国	8.67	6.70	9.57	11.61	9.25	8.19	7.34	6.15	4.55	6.58	8.13
意大利	6.36	6.70	7.18	5.24	7.83	5.60	5.05	8.94	4.55	5.92	6.34
奥地利	1.73	3.91	3.83	4.49	4.27	6.47	4.13	4.47	5.68	1.97	4.21
荷兰	6.36	3.91	5.26	4.49	1.42	4.31	5.96	2.23	5.68	3.29	4.21
西班牙	3.47	2.79	4.31	3.75	0.71	3.88	4.13	3.91	1.70	3.29	3.15
加拿大	4.62	4.47	4.31	3.00	3.56	3.45	1.83	0.56	1.70	0.00	2.86
俄罗斯	2.89	1.12	0.96	0.75	1.42	0.86	4.13	5.03	7.95	5.92	2.81
中国大陆	0.58	1.68	1.44	2.25	3.20	1.29	2.29	3.91	2.84	3.95	2.32
捷克	3.47	2.79	1.44	2.62	2.49	2.16	1.38	1.12	3.41	1.32	2.23
日本	0.58	2.23	2.87	1.50	0.36	0.86	4.13	3.91	1.14	3.29	1.98
瑞典	2.31	1.12	1.91	1.50	2.49	1.72	1.38	2.27	1.14	1.97	1.79
澳大利亚	1.16	3.35	1.91	2.25	2.49	1.29	1.38	1.12	1.70	0.00	1.74
比利时	2.31	1.12	2.87	0.75	2.14	0.86	3.21	0.56	0.57	0.66	1.55
波兰	2.31	1.12	2.39	2.25	2.49	0.00	0.46	1.12	2.27	0.66	1.55
芬兰	0.58	1.68	0.96	1.12	2.85	2.16	0.92	1.68	0.57	1.97	1.50
以色列	2.31	1.12	2.39	0.75	1.07	0.43	2.29	1.68	1.14	1.32	1.40
南非	0.58	1.68	0.00	1.12	0.00	0.00	4.13	2.23	2.27	2.63	1.36

五 应用数学

应用数学 A、B、C 层人才主要集中在美国和中国大陆，二者 A、B、C 层人才的世界占比合计为 41.05%、37.39%、34.92%，其中，美国的 A 层人才多于中国大陆，B 层和 C 层人才少于中国大陆；在发展趋势上，中国大陆呈现相对上升趋势，美国呈现相对下降趋势。

意大利、土耳其、德国、英国、法国、印度的 A 层人才比较多，世界占比在 5%~3% 之间；沙特、南非、罗马尼亚、伊朗、比利时、加拿大、以色列、西班牙、澳大利亚、中国台湾、中国香港、日本也有相当数量的 A 层人才，世界占比超过 1%。

沙特、土耳其、英国、意大利、德国、法国的 B 层人才比较多，世界占比在 5%~3% 之间；伊朗、印度、罗马尼亚、澳大利亚、加拿大、中国香港、中国台湾、巴基斯坦、韩国、西班牙、埃及、希腊也有相当数量的 B 层人才，世界占比超过 1%。

德国、法国、意大利、英国、印度的 C 层人才比较多，世界占比在 5%~3% 之间；沙特、伊朗、西班牙、土耳其、加拿大、澳大利亚、韩国、中国香港、巴基斯坦、俄罗斯、罗马尼亚、波兰、日本也有相当数量的 C 层人才，世界占比超过 1%。

表 2-13 应用数学 A 层人才排名前 20 的国家和地区的占比

单位：%

国家和地区	2011年	2012年	2013年	2014年	2015年	2016年	2017年	2018年	2019年	2020年	合计
美国	43.59	23.68	28.57	27.27	20.93	26.67	26.53	18.37	5.56	5.45	21.62
中国大陆	5.13	13.16	14.29	9.09	20.93	17.78	20.41	30.61	33.33	21.82	19.43
意大利	2.56	7.89	9.52	6.82	6.98	6.67	0.00	2.04	1.85	5.45	4.80
土耳其	0.00	0.00	4.76	0.00	2.33	4.44	2.04	4.08	11.11	10.91	4.37
德国	0.00	2.63	7.14	9.09	9.30	4.44	2.04	5.56	0.00	3.93
英国	0.00	0.00	7.14	9.09	2.33	6.67	8.16	2.04	1.85	0.00	3.71
法国	7.69	5.26	4.76	9.09	6.98	0.00	2.04	0.00	0.00	0.00	3.28
印度	2.56	2.63	0.00	0.00	0.00	4.44	2.04	4.08	3.70	9.09	3.06

续表

国家和地区	2011年	2012年	2013年	2014年	2015年	2016年	2017年	2018年	2019年	2020年	合计
沙特	0.00	0.00	4.76	0.00	4.65	0.00	2.04	0.00	0.00	14.55	2.84
南非	0.00	0.00	0.00	2.27	0.00	2.22	4.08	12.24	0.00	3.64	2.62
罗马尼亚	0.00	0.00	0.00	0.00	0.00	0.00	2.04	4.08	11.11	5.45	2.62
伊朗	0.00	2.63	2.38	0.00	2.33	4.44	2.04	0.00	5.56	3.64	2.40
比利时	5.13	2.63	4.76	2.27	0.00	0.00	4.08	0.00	1.85	0.00	1.97
加拿大	5.13	2.63	0.00	2.27	0.00	4.44	4.08	2.04	0.00	0.00	1.97
以色列	5.13	2.63	2.38	4.55	2.33	0.00	2.04	0.00	0.00	0.00	1.75
西班牙	0.00	0.00	2.38	4.55	0.00	0.00	2.04	0.00	1.85	1.82	1.31
澳大利亚	0.00	0.00	0.00	4.55	4.65	2.22	2.04	0.00	0.00	0.00	1.31
中国台湾	0.00	0.00	0.00	0.00	0.00	0.00	2.04	2.04	0.00	7.27	1.31
中国香港	0.00	5.26	4.76	0.00	0.00	2.22	0.00	0.00	0.00	0.00	1.09
日本	5.13	0.00	0.00	0.00	2.33	2.22	0.00	0.00	0.00	1.82	1.09

表2-14 应用数学B层人才排名前20的国家和地区的占比

单位：%

国家和地区	2011年	2012年	2013年	2014年	2015年	2016年	2017年	2018年	2019年	2020年	合计
中国大陆	14.83	17.38	21.10	19.75	22.76	25.12	28.28	29.49	31.02	31.61	24.76
美国	21.80	15.38	18.90	14.81	11.76	15.67	10.18	10.37	8.98	3.72	12.63
沙特	3.49	4.27	5.21	5.43	5.88	5.22	6.33	4.38	3.27	4.55	4.80
土耳其	2.91	3.13	1.37	0.99	0.77	2.99	3.62	4.84	6.94	8.68	3.85
英国	4.94	3.42	4.66	2.72	4.60	3.98	4.07	2.53	1.63	1.65	3.31
意大利	2.91	3.42	3.29	4.20	4.35	6.22	2.94	1.84	1.63	1.86	3.19
德国	5.81	3.13	3.29	4.20	3.95	4.86	3.48	2.49	3.46	1.22	1.24	3.16
法国	5.23	5.70	5.21	5.19	3.32	3.23	1.36	1.61	0.82	0.62	3.02
伊朗	1.74	3.99	3.29	2.72	1.02	1.49	2.26	3.00	4.08	4.55	2.87
印度	2.33	4.84	1.64	1.98	2.81	1.74	2.26	1.84	4.29	3.72	2.78
罗马尼亚	2.03	1.71	0.82	1.48	1.79	2.99	4.07	5.07	4.08	2.48	2.75
澳大利亚	1.16	3.13	3.84	3.21	3.32	1.00	3.17	1.38	2.04	0.83	2.26
加拿大	3.78	2.28	2.19	2.96	2.05	1.49	2.71	1.84	1.02	1.24	2.09
中国香港	1.74	2.85	3.56	1.98	3.32	1.74	1.58	2.53	1.43	0.62	2.07
中国台湾	0.87	1.71	0.27	0.49	1.02	1.00	1.13	3.92	2.65	5.99	2.04
巴基斯坦	1.45	1.71	0.00	0.49	0.77	0.75	1.81	1.84	3.47	6.40	2.02
韩国	0.58	1.99	2.19	2.22	1.53	1.24	2.04	0.46	1.22	1.03	1.44
西班牙	1.45	3.13	2.47	1.98	1.53	1.00	1.36	0.46	0.61	0.41	1.36
埃及	1.45	0.85	1.37	1.48	0.77	1.49	1.36	1.15	1.43	1.86	1.34
希腊	1.16	1.14	1.64	1.48	1.53	1.74	1.81	1.15	0.41	0.21	1.19

表 2-15 应用数学 C 层人才排名前 20 的国家和地区的占比

单位：%

国家和地区	2011年	2012年	2013年	2014年	2015年	2016年	2017年	2018年	2019年	2020年	合计
中国大陆	17.59	17.75	18.42	20.22	19.74	21.48	22.92	25.61	26.64	22.65	21.57
美国	15.23	16.38	15.61	14.15	14.80	14.25	14.52	12.47	10.36	7.40	13.35
德国	4.98	5.13	5.37	5.58	5.79	5.60	4.91	4.74	3.72	3.16	4.86
法国	5.64	4.84	6.25	4.60	5.30	4.50	4.05	3.52	3.46	2.19	4.36
意大利	4.04	4.24	4.27	4.96	5.38	5.19	4.27	4.32	3.53	3.52	4.36
英国	4.07	3.58	3.88	3.59	3.20	4.33	3.39	3.28	2.74	2.12	3.39
印度	3.79	3.01	2.64	2.97	2.38	2.31	3.37	3.12	3.90	5.19	3.29
沙特	1.79	2.12	2.20	2.94	2.84	2.80	2.63	2.84	3.22	4.93	2.87
伊朗	3.59	2.78	3.00	2.35	2.30	2.04	2.43	2.64	2.98	3.97	2.80
西班牙	3.22	2.95	3.19	2.61	2.74	2.53	2.38	2.13	2.30	1.71	2.54
土耳其	2.59	2.26	2.75	2.14	1.64	1.97	1.94	2.15	2.37	4.24	2.41
加拿大	2.33	2.15	2.34	2.58	1.79	1.79	1.79	1.79	1.71	1.12	1.92
澳大利亚	1.51	1.52	1.71	2.04	2.23	1.82	2.09	1.88	1.49	1.19	1.75
韩国	2.13	1.78	1.93	1.73	1.33	1.79	1.45	1.60	1.45	1.24	1.63
中国香港	1.57	1.95	1.82	2.09	1.72	1.62	1.74	1.22	1.34	1.14	1.60
巴基斯坦	1.05	0.95	0.88	1.16	1.08	0.93	1.42	1.75	2.39	3.85	1.59
俄罗斯	0.88	1.06	1.18	1.16	1.77	1.40	1.40	1.95	2.37	1.81	1.53
罗马尼亚	1.17	1.09	1.65	1.03	1.18	1.18	0.96	1.64	1.25	2.00	1.32
波兰	1.39	1.46	1.40	1.65	1.43	1.30	1.13	1.00	0.90	1.02	1.25
日本	1.48	1.46	1.24	1.21	1.54	1.38	1.03	0.95	1.31	0.48	1.19

六 跨学科应用数学

跨学科应用数学 A、B、C 层人才主要集中在美国和中国大陆，二者 A、B、C 层人才的世界占比合计为 26.88%、35.10%、36.70%，其中，美国的 A 层和 B 层人才多于中国大陆，C 层人才少于中国大陆；在发展趋势上，中国大陆呈现相对上升趋势，美国呈现相对下降趋势。

英国、伊朗、加拿大、土耳其、法国、德国、南非、意大利、西班牙的 A 层人才比较多，世界占比在 9% ~3% 之间；澳大利亚、葡萄牙、荷兰、墨西哥、印度、越南、丹麦、波兰、罗马尼亚也有相当数量的 A 层人才，世界占比超过1%。

英国、伊朗、德国、沙特、土耳其的B层人才比较多，世界占比在7%~3%之间；意大利、澳大利亚、印度、法国、巴基斯坦、越南、荷兰、加拿大、西班牙、韩国、瑞士、罗马尼亚、墨西哥也有相当数量的B层人才，世界占比超过1%。

英国、德国、伊朗、意大利、印度的C层人才比较多，世界占比在5%~3%之间；法国、澳大利亚、沙特、西班牙、加拿大、韩国、巴基斯坦、土耳其、荷兰、日本、中国香港、瑞士、中国台湾也有相当数量的C层人才，世界占比超过1%。

表2-16 跨学科应用数学A层人才排名前20的国家和地区的占比

单位：%

国家和地区	2011年	2012年	2013年	2014年	2015年	2016年	2017年	2018年	2019年	2020年	合计
美国	16.67	46.15	33.33	31.25	25.00	7.14	6.67	27.78	0.00	8.00	18.75
中国大陆	0.00	0.00	0.00	0.00	6.25	14.29	26.67	16.67	10.53	4.00	8.13
英国	16.67	7.69	8.33	12.50	12.50	7.14	6.67	11.11	0.00	4.00	8.13
伊朗	0.00	15.38	8.33	0.00	0.00	0.00	0.00	0.00	26.32	8.00	6.25
加拿大	25.00	0.00	0.00	6.25	6.25	7.14	0.00	0.00	10.53	4.00	5.63
土耳其	0.00	0.00	0.00	6.25	0.00	7.14	0.00	5.56	5.26	8.00	3.75
法国	0.00	0.00	8.33	12.50	0.00	14.29	0.00	0.00	0.00	4.00	3.75
德国	0.00	0.00	16.67	0.00	6.25	7.14	6.67	0.00	0.00	4.00	3.75
南非	0.00	0.00	0.00	0.00	0.00	7.14	6.67	5.56	5.26	0.00	3.75
意大利	8.33	0.00	0.00	6.25	6.25	0.00	0.00	0.00	5.26	4.00	3.13
西班牙	0.00	0.00	0.00	6.25	6.25	0.00	0.00	0.00	5.26	8.00	3.13
澳大利亚	0.00	0.00	0.00	0.00	0.00	7.14	6.67	5.56	5.26	0.00	2.50
葡萄牙	8.33	0.00	0.00	0.00	0.00	0.00	13.33	0.00	0.00	0.00	2.50
荷兰	0.00	15.38	0.00	0.00	0.00	0.00	0.00	11.11	0.00	0.00	2.50
墨西哥	8.33	0.00	0.00	0.00	6.25	0.00	0.00	5.56	0.00	0.00	2.50
印度	0.00	0.00	0.00	0.00	0.00	7.14	0.00	0.00	0.00	12.00	2.50
越南	0.00	0.00	0.00	0.00	0.00	7.14	6.67	0.00	0.00	4.00	1.88
丹麦	8.33	7.69	0.00	0.00	0.00	0.00	0.00	0.00	0.00	0.00	1.25
波兰	0.00	0.00	0.00	0.00	6.25	0.00	6.67	0.00	0.00	0.00	1.25
罗马尼亚	0.00	0.00	0.00	0.00	0.00	0.00	0.00	5.56	0.00	4.00	1.25

表 2-17 跨学科应用数学 B 层人才排名前 20 的国家和地区的占比

单位：%

国家和地区	2011 年	2012 年	2013 年	2014 年	2015 年	2016 年	2017 年	2018 年	2019 年	2020 年	合计
美国	31.90	29.84	23.78	23.45	20.67	22.22	13.73	15.43	7.94	7.05	18.13
中国大陆	3.45	8.87	14.69	13.79	10.67	14.07	19.61	24.69	26.46	22.47	16.97
英国	10.34	7.26	9.79	10.34	7.33	5.93	5.23	4.94	4.76	2.64	6.48
伊朗	3.45	7.26	4.90	3.45	4.00	7.41	1.96	4.94	5.82	4.85	4.79
德国	7.76	8.87	6.29	6.21	8.67	5.93	1.96	3.09	2.12	0.44	4.66
沙特	0.86	1.61	2.10	2.76	1.33	3.70	3.27	4.94	3.70	7.05	3.43
土耳其	2.59	0.81	0.70	0.69	0.00	0.74	3.92	3.09	6.88	7.05	3.04
意大利	0.86	0.00	2.80	4.14	4.67	2.22	4.58	4.94	1.59	2.64	2.91
澳大利亚	0.86	1.61	4.20	3.45	2.00	1.48	3.92	4.32	2.12	2.64	2.72
印度	1.72	1.61	4.20	1.38	1.33	0.74	1.96	0.62	2.65	7.05	2.59
法国	5.17	2.42	2.80	2.07	3.33	2.22	2.61	2.47	1.06	0.44	2.27
巴基斯坦	0.00	1.61	0.00	1.38	0.00	2.96	2.61	1.23	3.17	5.73	2.14
越南	1.72	1.61	0.70	0.69	1.33	1.48	3.92	1.23	2.65	3.08	1.94
荷兰	3.45	2.42	2.80	1.38	0.67	5.19	2.61	1.23	0.53	0.44	1.88
加拿大	1.72	0.81	3.50	2.07	2.00	2.22	1.96	1.23	1.59	0.88	1.75
西班牙	3.45	3.23	0.70	2.07	3.33	0.00	1.96	1.23	1.59	1.76	1.68
韩国	0.86	0.00	3.50	2.76	2.00	1.48	2.61	0.62	1.06	0.00	1.42
瑞士	0.86	3.23	2.10	1.38	2.00	1.48	0.65	2.47	0.53	0.44	1.42
罗马尼亚	0.86	0.00	0.00	0.00	0.00	0.74	2.61	2.47	2.65	2.20	1.30
墨西哥	0.00	0.81	0.70	0.69	1.33	0.74	0.00	0.00	2.12	3.52	1.17

表 2-18 跨学科应用数学 C 层人才排名前 20 的国家和地区的占比

单位：%

国家和地区	2011 年	2012 年	2013 年	2014 年	2015 年	2016 年	2017 年	2018 年	2019 年	2020 年	合计
中国大陆	12.06	15.79	17.90	18.52	19.87	21.67	25.80	25.91	25.96	24.32	21.42
美国	21.45	18.68	17.18	18.03	18.46	16.14	14.69	12.06	13.01	8.98	15.28
英国	6.79	4.58	6.55	5.77	4.97	5.61	5.10	3.30	4.05	2.49	4.73
德国	5.90	5.52	4.66	5.70	5.03	5.68	4.06	4.20	3.94	2.73	4.58
伊朗	5.00	5.18	4.80	4.08	3.89	4.70	3.43	4.26	4.26	4.54	4.38
意大利	3.22	4.07	3.28	3.31	4.30	4.02	3.64	3.24	2.54	3.27	3.44
印度	2.14	2.46	3.35	1.69	2.95	2.35	3.92	2.94	3.67	5.27	3.21
法国	4.65	4.41	3.78	3.80	2.68	2.80	2.31	2.52	2.37	1.86	2.98
澳大利亚	2.59	2.12	3.42	2.39	2.35	2.80	3.01	3.12	2.64	1.90	2.62
沙特	1.07	1.95	2.04	2.18	2.21	2.58	2.52	3.00	3.24	4.05	2.62
西班牙	2.68	2.80	3.06	3.10	2.62	2.27	2.17	2.16	1.73	1.76	2.37

续表

国家和地区	2011年	2012年	2013年	2014年	2015年	2016年	2017年	2018年	2019年	2020年	合计
加拿大	2.59	2.55	2.33	1.90	2.62	2.58	1.89	1.68	1.78	2.20	2.17
韩国	1.16	2.21	1.53	2.11	2.01	1.82	1.61	1.80	1.13	1.22	1.63
巴基斯坦	1.25	0.93	0.73	0.56	0.47	1.29	0.98	2.10	2.43	3.47	1.56
土耳其	1.43	1.61	1.46	0.70	0.54	0.83	1.12	1.26	2.10	3.47	1.55
荷兰	2.59	0.93	1.97	1.06	1.95	1.82	2.10	1.38	0.76	0.68	1.45
日本	1.61	1.27	1.02	1.76	1.21	1.29	0.98	1.62	1.24	1.12	1.30
中国香港	1.16	1.61	1.38	2.39	1.68	1.06	1.26	0.90	1.13	0.68	1.29
瑞士	1.79	1.53	1.60	1.55	1.68	1.06	1.05	1.26	0.76	0.44	1.21
中国台湾	1.07	0.85	1.60	1.41	0.87	0.61	0.77	0.60	0.92	1.71	1.06

七 力学

力学A、B、C层人才主要集中在美国和中国大陆，二者A、B、C层人才的世界占比合计为32.09%、30.90%、33.88%，其中，美国的A层人才多于中国大陆，B、C层人才少于中国大陆；在发展趋势上，中国大陆呈现相对上升趋势，美国呈现相对下降趋势。

伊朗、巴基斯坦、法国、英国、沙特、澳大利亚、德国的A层人才比较多，世界占比在9%～3%之间；马来西亚、越南、土耳其、阿尔及利亚、中国香港、意大利、荷兰、印度、加拿大、科威特、丹麦也有相当数量的A层人才，世界占比超过1%。

伊朗、英国、澳大利亚、德国、沙特、马来西亚、意大利的B层人才比较多，世界占比在10%～3%之间；法国、印度、巴基斯坦、越南、土耳其、加拿大、韩国、中国香港、埃及、葡萄牙、罗马尼亚也有相当数量的B层人才，世界占比超过或接近1%。

伊朗、英国、意大利、法国、印度、澳大利亚、德国的C层人才比较多，世界占比在7%～3%之间；加拿大、韩国、沙特、土耳其、西班牙、马来西亚、中国香港、日本、埃及、巴基斯坦、越南也有相当数量的C层人才，世界占比超过1%。

表 2-19 力学 A 层人才排名前 20 的国家和地区的占比

单位：%

国家和地区	2011 年	2012 年	2013 年	2014 年	2015 年	2016 年	2017 年	2018 年	2019 年	2020 年	合计
美国	26.92	35.71	24.00	25.58	20.00	16.22	8.33	17.95	9.09	17.07	19.20
中国大陆	0.00	10.71	4.00	13.95	16.67	13.51	13.89	10.26	13.64	24.39	12.89
伊朗	0.00	10.71	12.00	2.33	10.00	5.41	8.33	15.38	13.64	4.88	8.31
巴基斯坦	0.00	0.00	4.00	0.00	6.67	10.81	5.56	5.13	9.09	0.00	4.30
法国	7.69	0.00	8.00	13.95	0.00	5.41	2.78	0.00	0.00	2.44	4.01
英国	3.85	7.14	4.00	4.65	0.00	10.81	0.00	7.69	0.00	2.44	4.01
沙特	0.00	0.00	0.00	2.33	3.33	10.81	2.78	2.56	6.82	4.88	3.72
澳大利亚	0.00	3.57	4.00	2.33	0.00	0.00	8.33	2.56	11.36	0.00	3.44
德国	3.85	3.57	4.00	6.98	3.33	0.00	5.56	0.00	0.00	4.88	3.15
马来西亚	3.85	3.57	0.00	4.65	3.33	2.70	2.78	2.56	4.55	0.00	2.87
越南	0.00	0.00	0.00	0.00	0.00	0.00	5.56	5.13	4.55	4.88	2.29
土耳其	7.69	0.00	0.00	4.65	0.00	2.70	2.78	2.70	0.00	0.00	2.01
阿尔及利亚	0.00	0.00	0.00	0.00	6.67	2.70	0.00	2.56	0.00	4.88	1.72
中国香港	0.00	3.57	0.00	0.00	6.67	0.00	2.78	5.13	0.00	0.00	1.72
意大利	7.69	0.00	4.00	0.00	3.33	0.00	2.78	0.00	0.00	0.00	1.72
荷兰	0.00	3.57	8.00	4.65	0.00	0.00	0.00	0.00	0.00	0.00	1.72
印度	0.00	3.57	4.00	0.00	3.33	0.00	2.78	0.00	2.27	0.00	1.43
加拿大	0.00	0.00	0.00	2.33	0.00	2.70	5.56	0.00	2.44	0.00	1.43
科威特	0.00	0.00	0.00	0.00	0.00	0.00	0.00	0.00	11.36	0.00	1.43
丹麦	7.69	3.57	4.00	0.00	0.00	0.00	0.00	0.00	0.00	0.00	1.15

表 2-20 力学 B 层人才排名前 20 的国家和地区的占比

单位：%

国家和地区	2011 年	2012 年	2013 年	2014 年	2015 年	2016 年	2017 年	2018 年	2019 年	2020 年	合计
中国大陆	8.00	11.94	14.50	15.06	19.20	15.03	19.20	21.61	22.19	22.25	17.47
美国	23.11	21.64	17.18	14.81	15.94	12.88	10.32	9.51	8.88	7.51	13.43
伊朗	6.22	9.70	5.73	8.83	8.70	12.88	10.60	12.68	12.27	9.12	9.92
英国	4.00	4.48	5.34	7.53	3.26	2.45	4.01	4.32	4.44	4.29	4.48
澳大利亚	0.89	2.61	3.05	3.64	3.62	3.68	4.01	6.92	2.87	3.49	3.60
德国	5.33	4.10	3.44	3.90	3.99	5.21	1.72	3.75	1.57	1.07	3.26
沙特	0.89	1.49	1.53	2.08	3.26	4.91	4.30	4.03	4.18	4.29	3.26
马来西亚	2.22	1.87	4.20	3.64	3.26	4.29	3.44	2.31	3.13	2.95	3.16
意大利	3.56	4.48	3.82	4.68	5.43	3.07	2.58	1.15	2.35	1.07	3.10
法国	7.56	4.85	3.82	2.34	3.26	3.37	1.15	2.31	1.31	2.41	2.97
印度	2.22	3.36	3.82	2.86	3.99	2.76	2.01	2.31	1.57	4.02	2.85

续表

国家和地区	2011年	2012年	2013年	2014年	2015年	2016年	2017年	2018年	2019年	2020年	合计
巴基斯坦	0.44	1.49	1.15	1.30	0.36	3.07	6.88	4.61	2.87	3.22	2.72
越南	0.89	0.00	0.76	0.52	0.72	1.23	3.44	2.59	4.44	7.24	2.41
土耳其	4.00	1.87	3.82	2.34	1.45	1.53	0.29	2.02	2.09	3.22	2.19
加拿大	1.78	1.87	1.15	3.12	2.54	2.45	2.29	1.15	1.31	1.88	1.97
韩国	4.44	2.61	2.67	2.86	2.54	0.31	1.72	0.58	1.04	1.34	1.88
中国香港	1.33	1.87	1.91	2.34	2.17	0.92	1.15	1.44	2.35	1.07	1.66
埃及	2.22	1.12	1.53	1.56	1.81	1.23	1.72	0.86	1.83	1.34	1.50
葡萄牙	2.22	1.87	1.91	1.30	0.72	1.23	1.72	0.58	0.52	0.80	1.22
罗马尼亚	0.89	0.75	1.91	0.26	0.36	0.31	0.29	1.15	2.09	1.61	0.97

表2-21 力学C层人才排名前20的国家和地区的占比

单位：%

国家和地区	2011年	2012年	2013年	2014年	2015年	2016年	2017年	2018年	2019年	2020年	合计
中国大陆	11.36	14.34	16.30	17.60	20.09	21.45	24.42	27.19	27.86	25.49	21.28
美国	18.40	16.96	15.11	14.53	14.03	12.77	10.95	9.64	9.52	8.14	12.60
伊朗	5.66	5.76	5.82	6.07	6.40	7.32	7.87	7.68	8.08	7.36	6.91
英国	6.09	5.37	6.51	6.07	6.21	4.81	5.11	4.21	4.36	4.60	5.26
意大利	4.37	5.02	3.93	5.01	4.83	4.36	3.73	3.27	3.19	3.19	4.03
法国	6.86	6.11	5.24	4.88	3.56	3.36	2.70	2.48	2.35	2.23	3.79
印度	3.13	3.09	2.89	3.10	2.94	3.90	3.96	3.94	4.59	3.76	3.59
澳大利亚	2.87	2.28	3.70	3.49	3.56	3.33	3.90	3.62	3.25	2.92	3.32
德国	3.95	4.33	3.43	3.85	3.13	3.39	2.73	3.04	2.01	3.07	3.23
加拿大	3.39	3.25	2.66	2.48	2.62	2.21	2.58	2.13	2.14	1.74	2.46
韩国	2.62	2.43	2.66	2.22	2.18	2.06	1.67	1.99	1.60	1.88	2.09
沙特	0.94	1.66	1.70	1.52	1.89	2.24	2.03	2.10	2.48	3.48	2.06
土耳其	1.67	1.97	2.35	1.78	2.00	1.91	2.11	1.87	2.17	2.23	2.01
西班牙	2.44	2.24	2.12	2.46	1.85	1.69	1.53	1.55	1.06	1.16	1.77
马来西亚	1.37	1.58	2.20	2.09	1.96	1.97	1.58	1.37	1.37	1.25	1.67
中国香港	1.29	1.70	1.62	1.52	1.31	1.63	1.38	1.58	1.81	1.62	1.56
日本	1.54	1.74	1.39	1.40	1.56	1.45	1.56	1.05	1.52	1.51	1.46
埃及	1.16	0.81	1.23	0.90	0.76	1.48	1.50	1.34	1.37	2.40	1.32
巴基斯坦	0.77	0.89	0.92	0.83	0.87	0.97	1.56	1.55	1.37	2.03	1.21
越南	0.26	0.23	0.39	0.62	0.76	0.54	1.06	1.34	2.01	3.68	1.18

八 天文学和天体物理学

天文学和天体物理学 A、B、C 层人才最多的国家是美国，分别占该学科全球 A、B、C 层人才的 8.54%、14.13%、17.44%。

英国、德国、法国、加拿大、澳大利亚、荷兰、西班牙、意大利的 A 层人才比较多，世界占比在 7%～3% 之间；中国大陆、印度、瑞士、俄罗斯、芬兰、智利、日本、瑞典、中国台湾、波兰、丹麦也有相当数量的 A 层人才，世界占比超过 1%。

英国、德国、法国、意大利、西班牙、荷兰、加拿大、澳大利亚、瑞士的 B 层人才比较多，世界占比在 8%～3% 之间；日本、中国大陆、智利、瑞典、俄罗斯、丹麦、波兰、南非、巴西、印度也有相当数量的 B 层人才，世界占比超过 1%。

德国、英国、法国、意大利、西班牙、荷兰、加拿大、日本、瑞士的 C 层人才比较多，世界占比在 9%～3% 之间；澳大利亚、中国大陆、智利、瑞典、俄罗斯、丹麦、波兰、巴西、比利时、印度也有相当数量的 C 层人才，世界占比超过 1%。

表 2-22 天文学和天体物理学 A 层人才排名前 20 的国家和地区的占比

单位：%

国家和地区	2011年	2012年	2013年	2014年	2015年	2016年	2017年	2018年	2019年	2020年	合计
美国	17.02	2.38	23.08	9.09	7.41	5.36	2.08	4.00	12.00	6.00	8.54
英国	10.64	2.38	12.82	6.82	5.56	3.57	2.08	4.00	8.00	6.00	6.04
德国	6.38	2.38	15.38	6.82	7.41	3.57	2.08	4.00	4.00	4.00	5.42
法国	8.51	2.38	5.13	4.55	7.41	3.57	2.08	4.00	10.00	4.00	5.21
加拿大	12.77	0.00	10.26	4.55	5.56	1.79	2.08	2.00	6.00	6.00	5.00
澳大利亚	6.38	2.38	7.69	0.00	3.70	5.36	2.08	4.00	4.00	6.00	3.75
荷兰	0.00	0.00	5.13	4.55	5.56	3.57	2.08	4.00	8.00	4.00	3.75
西班牙	6.38	2.38	0.00	4.55	5.56	3.57	2.08	4.00	4.00	4.00	3.75
意大利	6.38	2.38	0.00	4.55	5.56	3.57	2.08	4.00	2.00	4.00	3.54
中国大陆	2.13	2.38	0.00	0.00	3.70	1.79	2.08	4.00	4.00	6.00	2.71
印度	6.38	2.38	2.56	4.55	3.70	1.79	2.08	0.00	0.00	4.00	2.71

续表

国家和地区	2011年	2012年	2013年	2014年	2015年	2016年	2017年	2018年	2019年	2020年	合计
瑞士	0.00	2.38	2.56	4.55	1.85	3.57	2.08	4.00	2.00	4.00	2.71
俄罗斯	0.00	2.38	2.56	4.55	3.70	1.79	2.08	2.00	2.00	4.00	2.50
芬兰	0.00	2.38	0.00	4.55	1.85	3.57	2.08	4.00	2.00	4.00	2.29
智利	2.13	0.00	2.56	4.55	0.00	3.57	2.08	2.00	4.00	0.00	2.08
日本	2.13	0.00	5.13	0.00	1.85	0.00	2.08	2.00	4.00	4.00	2.08
瑞典	0.00	2.38	2.56	0.00	1.85	0.00	3.57	2.00	4.00	6.00	2.08
中国台湾	2.13	2.38	0.00	4.55	1.85	1.79	2.08	0.00	4.00	2.00	2.08
波兰	0.00	2.38	0.00	4.55	1.85	3.57	2.08	2.00	2.00	4.00	2.08
丹麦	0.00	0.00	0.00	4.55	1.85	3.57	2.08	4.00	0.00	2.00	1.88

表2-23 天文学和天体物理学B层人才排名前20的国家和地区的占比

单位：%

国家和地区	2011年	2012年	2013年	2014年	2015年	2016年	2017年	2018年	2019年	2020年	合计
美国	22.00	12.47	14.71	13.02	16.95	11.28	13.92	14.36	12.91	11.57	14.13
英国	10.43	7.44	7.47	6.90	11.59	7.58	8.24	7.18	6.46	7.05	7.94
德国	8.84	6.24	6.56	7.10	9.87	7.58	7.51	8.58	7.16	6.33	7.55
法国	7.94	5.03	6.56	4.93	7.30	5.18	4.58	6.65	5.93	4.88	5.84
意大利	6.58	4.23	4.07	4.34	5.15	4.07	5.49	4.20	6.28	4.52	4.89
西班牙	4.08	4.23	2.94	5.13	4.94	4.99	4.03	4.03	3.66	4.52	4.26
荷兰	3.85	3.42	3.17	3.94	4.29	4.44	3.85	3.50	4.54	4.52	3.97
加拿大	6.12	3.22	3.39	3.35	2.58	4.25	4.76	3.50	3.66	4.34	3.91
澳大利亚	1.81	3.42	2.04	1.58	4.08	2.77	4.21	4.55	3.84	2.89	3.17
瑞士	2.27	3.22	2.49	3.55	2.79	3.70	2.56	3.85	2.27	3.80	3.08
日本	2.49	3.42	2.71	2.37	2.15	1.29	3.11	2.45	5.24	4.16	2.98
中国大陆	2.27	2.41	2.26	2.37	2.79	1.11	3.30	3.50	3.32	2.89	2.65
智利	2.27	2.41	1.58	1.97	2.36	2.40	3.11	3.15	2.79	1.81	2.41
瑞典	1.36	1.81	1.58	1.18	2.36	3.14	1.83	2.98	1.92	2.71	2.12
俄罗斯	1.59	1.61	1.58	2.17	0.64	3.14	2.38	1.23	1.92	2.71	1.93
丹麦	2.27	1.41	2.49	3.16	0.43	2.59	2.75	1.58	0.70	1.45	1.87
波兰	0.91	1.41	1.58	2.37	1.72	3.14	1.10	1.75	1.57	1.99	1.77
南非	0.68	0.80	1.36	3.16	1.29	2.96	1.65	1.40	1.40	2.35	1.73
巴西	0.68	1.41	1.36	0.79	2.58	2.59	2.38	2.45	0.87	1.81	1.71
印度	0.45	0.40	2.26	1.97	0.64	2.77	2.38	1.23	1.75	1.99	1.62

表 2-24 天文学和天体物理学 C 层人才排名前 20 的国家和地区的占比

单位：%

国家和地区	2011年	2012年	2013年	2014年	2015年	2016年	2017年	2018年	2019年	2020年	合计
美国	21.03	19.78	19.35	17.83	17.54	15.33	16.63	16.11	15.40	16.76	17.44
德国	9.69	9.81	8.86	8.84	8.94	8.98	8.82	8.09	8.61	8.50	8.89
英国	8.20	8.79	8.15	8.31	9.37	8.41	8.89	8.24	8.69	8.60	8.57
法国	6.31	6.62	6.66	6.26	6.26	5.73	5.59	5.64	5.30	6.12	6.02
意大利	5.05	4.51	4.76	5.19	4.91	4.27	4.84	4.17	4.89	5.29	4.78
西班牙	4.11	4.18	4.01	3.98	3.83	4.05	4.09	3.98	3.85	4.69	4.08
荷兰	3.31	3.17	3.34	3.63	3.19	3.90	3.94	3.46	3.92	3.67	3.57
加拿大	3.97	4.10	4.05	3.71	3.03	2.93	3.10	2.91	3.35	3.06	3.39
日本	3.56	3.08	3.25	2.83	2.87	3.00	3.05	3.38	2.95	3.35	3.13
瑞士	2.71	2.77	2.40	2.52	3.54	3.28	3.08	3.51	3.17	3.33	3.05
澳大利亚	2.64	2.86	2.98	2.98	2.82	3.06	2.56	2.64	3.28	3.04	2.89
中国大陆	1.93	2.23	2.40	1.81	2.35	2.47	2.82	3.18	3.80	4.25	2.76
智利	2.14	1.61	1.94	2.48	2.05	2.56	2.54	2.87	2.40	2.50	2.33
瑞典	1.24	1.34	1.36	1.35	1.82	1.94	1.64	1.78	1.95	1.42	1.60
俄罗斯	1.70	1.63	1.63	1.56	1.51	1.72	1.48	1.44	1.65	1.69	1.60
丹麦	1.84	1.34	1.25	2.07	1.70	1.70	1.33	1.40	1.59	1.50	1.57
波兰	1.52	1.32	1.38	1.33	1.35	1.87	1.51	1.49	1.15	1.17	1.41
巴西	0.78	0.95	1.22	1.35	1.27	1.69	1.59	1.44	1.63	1.06	1.32
比利时	1.26	1.18	0.98	1.31	1.31	1.26	1.29	1.15	1.15	1.44	1.23
印度	0.67	1.03	0.91	1.15	0.92	1.10	1.25	1.15	1.63	1.94	1.19

九 凝聚态物理

凝聚态物理 A、B、C 层人才主要集中在美国和中国大陆，二者 A、B、C 层人才的世界占比合计为 52.66%、55.46%、47.25%，其中，美国的 A 层人才多于中国大陆，B、C 层人才少于中国大陆；在发展趋势上，中国大陆呈现相对上升趋势，美国呈现相对下降趋势。

英国、韩国、新加坡、日本、德国、沙特的 A 层人才比较多，世界占比在 6%~3% 之间；瑞士、法国、澳大利亚、荷兰、加拿大、瑞典、意大利、中国台湾、中国香港、西班牙也有相当数量的 A 层人才，世界占比超过或接近1%。

新加坡、韩国、德国、澳大利亚、英国、日本的B层人才比较多,世界占比在5%~3%之间;中国香港、加拿大、沙特、法国、西班牙、荷兰、瑞士、中国台湾、意大利、瑞典、印度、比利时也有相当数量的B层人才,世界占比超过或接近0.5%。

德国、韩国、英国、日本的C层人才比较多,世界占比在7%~3%之间;新加坡、澳大利亚、法国、中国香港、瑞士、西班牙、加拿大、印度、意大利、荷兰、沙特、伊朗、中国台湾、瑞典也有相当数量的C层人才,世界占比超过1%。

表2–25 凝聚态物理A层人才的国家和地区的占比

单位:%

国家和地区	2011年	2012年	2013年	2014年	2015年	2016年	2017年	2018年	2019年	2020年	合计
美国	39.53	34.15	41.46	38.10	24.44	27.66	26.92	21.82	25.00	16.13	28.48
中国大陆	13.95	17.07	12.20	14.29	17.78	27.66	21.15	38.18	33.33	33.87	24.18
英国	9.30	2.44	4.88	11.90	6.67	2.13	9.62	1.82	3.33	6.45	5.74
韩国	4.65	2.44	7.32	2.38	8.89	10.64	0.00	1.82	5.00	3.23	4.51
新加坡	4.65	12.20	7.32	4.76	4.44	4.26	0.00	3.64	3.33	3.23	4.51
日本	4.65	9.76	4.88	0.00	6.67	2.13	1.92	5.45	3.33	4.84	4.30
德国	2.33	2.44	0.00	2.38	4.44	10.64	5.77	1.82	3.33	3.23	3.69
沙特	0.00	0.00	0.00	0.00	6.67	2.13	3.85	9.09	6.67	0.00	3.07
瑞士	2.33	0.00	4.88	4.76	4.44	0.00	3.85	3.64	1.67	1.61	2.66
法国	0.00	2.44	4.88	2.38	2.22	0.00	1.92	0.00	1.67	8.06	2.46
澳大利亚	2.33	0.00	2.44	2.38	0.00	0.00	3.85	3.64	0.00	3.23	2.05
荷兰	2.33	2.44	0.00	2.38	4.44	4.26	0.00	1.82	0.00	0.00	1.64
加拿大	4.65	0.00	0.00	0.00	0.00	2.13	3.85	1.82	1.67	1.61	1.64
瑞典	2.33	0.00	0.00	0.00	0.00	2.13	1.92	1.82	0.00	6.45	1.64
意大利	0.00	0.00	2.44	0.00	4.44	2.13	1.92	1.82	1.67	0.00	1.43
中国台湾	0.00	7.32	0.00	2.38	0.00	0.00	0.00	0.00	0.00	0.00	0.82
中国香港	2.33	0.00	0.00	4.76	0.00	0.00	0.00	0.00	0.00	1.61	0.82
西班牙	2.33	0.00	0.00	0.00	2.22	0.00	1.92	0.00	0.00	1.61	0.82

表 2-26 凝聚态物理 B 层人才排名前 20 的国家和地区的占比

单位：%

国家和地区	2011 年	2012 年	2013 年	2014 年	2015 年	2016 年	2017 年	2018 年	2019 年	2020 年	合计
中国大陆	15.09	19.54	23.18	26.42	27.93	32.64	40.34	42.16	43.15	39.63	32.19
美国	34.78	27.92	32.35	28.76	24.41	21.99	19.53	19.41	16.85	14.86	23.27
新加坡	2.56	4.57	5.12	5.70	4.46	5.79	6.01	4.51	5.93	2.94	4.75
韩国	4.60	6.09	5.39	4.15	5.87	6.02	3.43	2.94	3.89	3.30	4.46
德国	6.91	6.85	4.04	5.70	3.99	3.24	3.65	2.75	3.89	4.40	4.44
澳大利亚	2.05	2.28	2.16	1.81	3.52	3.47	4.72	5.88	3.89	5.87	3.74
英国	4.35	5.33	4.85	3.89	3.29	3.47	3.22	2.35	1.48	4.59	3.59
日本	5.37	6.09	4.31	2.33	4.23	3.24	2.36	1.18	3.15	2.39	3.34
中国香港	1.02	1.52	0.54	2.59	2.11	2.08	3.22	3.92	3.70	4.04	2.62
加拿大	2.81	2.28	0.81	1.81	1.41	2.31	1.50	1.76	2.41	2.02	1.93
沙特	1.53	1.02	0.54	1.81	2.35	2.55	2.79	3.33	1.48	1.10	1.88
法国	4.09	2.54	1.62	1.81	2.35	1.85	0.43	0.78	1.48	0.92	1.70
西班牙	2.30	0.76	1.35	1.81	1.88	0.93	0.64	0.59	1.48	1.10	1.26
荷兰	1.28	2.54	2.70	0.52	0.47	0.23	0.86	0.78	0.37	2.20	1.17
瑞士	1.02	1.02	1.62	1.55	1.17	1.39	0.86	0.78	1.11	0.92	1.12
中国台湾	0.51	2.03	1.62	2.33	0.94	0.69	0.43	0.78	0.74	0.73	1.03
意大利	1.53	1.27	1.62	0.52	1.17	1.39	0.86	0.00	0.56	0.73	0.92
瑞典	1.28	0.76	0.54	1.04	0.94	1.16	0.43	0.98	0.56	0.73	0.83
印度	0.26	0.51	0.81	0.26	0.70	0.46	0.86	0.39	0.93	0.73	0.61
比利时	0.26	0.51	0.81	0.52	0.47	0.69	0.43	0.20	0.19	0.55	0.45

表 2-27 凝聚态物理 C 层人才排名前 20 的国家和地区的占比

单位：%

国家和地区	2011 年	2012 年	2013 年	2014 年	2015 年	2016 年	2017 年	2018 年	2019 年	2020 年	合计
中国大陆	11.95	13.96	16.70	19.48	22.14	26.03	31.29	35.49	38.43	34.52	26.13
美国	27.15	27.21	26.70	25.12	23.25	21.15	20.03	17.27	15.60	13.76	21.12
德国	10.05	8.01	7.88	7.38	6.33	5.94	4.71	4.50	4.28	4.81	6.18
韩国	4.82	4.42	5.08	5.40	4.89	4.43	4.26	4.81	4.74	4.47	4.71
英国	4.82	4.70	4.78	4.66	3.43	3.67	3.53	3.58	3.03	3.19	3.86
日本	5.36	4.85	3.90	4.13	3.26	3.48	2.89	2.71	2.71	2.29	3.45
新加坡	1.65	2.63	2.00	2.75	3.50	2.81	3.23	3.75	3.18	3.08	2.91
澳大利亚	1.44	1.68	1.71	2.09	2.72	2.67	3.15	2.97	4.00	3.53	2.69
法国	4.28	3.96	3.79	2.83	2.48	2.72	2.03	1.61	1.23	1.62	2.54

续表

国家和地区	2011年	2012年	2013年	2014年	2015年	2016年	2017年	2018年	2019年	2020年	合计
中国香港	0.98	1.12	1.02	1.38	1.70	1.95	2.57	2.85	2.46	2.87	1.98
瑞士	2.27	2.48	2.30	2.17	2.03	2.25	1.71	1.69	1.29	1.41	1.91
西班牙	2.45	2.50	2.08	2.22	1.56	1.88	1.65	1.61	1.35	1.64	1.85
加拿大	1.60	2.09	1.74	2.17	2.06	2.02	1.61	1.47	1.54	1.59	1.77
印度	1.85	1.74	1.74	1.51	1.63	1.11	1.43	1.57	1.61	2.41	1.67
意大利	2.11	1.84	2.22	1.59	1.65	1.53	1.13	1.32	1.36	1.30	1.57
荷兰	2.32	1.89	1.60	1.54	1.63	1.23	1.16	0.83	0.97	0.96	1.36
沙特	0.44	0.64	0.88	1.19	1.58	1.39	1.39	1.32	1.52	1.93	1.27
伊朗	0.82	0.94	1.12	0.93	1.39	1.53	1.41	0.92	0.66	0.96	1.06
中国台湾	1.29	1.38	0.96	1.11	1.16	1.09	1.05	0.86	0.76	0.92	1.04
瑞典	1.31	1.10	1.28	1.11	1.11	0.95	0.94	0.98	0.82	0.88	1.03

十 热力学

热力学 A 层人才主要集中在美国，世界占比为 15.96%；其次为中国大陆和英国，世界占比为 10.11%、6.38%；印度、沙特、巴基斯坦、马来西亚、伊朗、德国、西班牙的 A 层人才比较多，世界占比在 6%～3% 之间；意大利、法国、土耳其、加拿大、丹麦、爱尔兰、澳大利亚、南非、瑞士、中国台湾也有相当数量的 A 层人才，世界占比超过 1%。

B 层人才主要集中在中国大陆，世界占比为 16.99%；其次为伊朗和美国，世界占比为 12.61%、10.01%；沙特、马来西亚、巴基斯坦、印度、英国的 B 层人才比较多，世界占比在 5%～3% 之间；澳大利亚、法国、土耳其、加拿大、意大利、德国、越南、中国台湾、西班牙、韩国、罗马尼亚、埃及也有相当数量的 B 层人才，世界占比超过或接近 1%。

C 层人才主要集中在中国大陆，世界占比为 21.42%；其次为伊朗和美国，世界占比为 8.99%、8.95%；印度、英国、马来西亚的 C 层人才比较多，世界占比在 6%～3% 之间；意大利、沙特、土耳其、加拿大、德国、澳大利亚、法国、西班牙、韩国、巴基斯坦、埃及、日本、中国台湾、丹麦也有相当数量的 C 层人才，世界占比超过 1%。

表 2-28 热力学 A 层人才排名前 20 的国家和地区的占比

单位：%

国家和地区	2011 年	2012 年	2013 年	2014 年	2015 年	2016 年	2017 年	2018 年	2019 年	2020 年	合计
美国	23.08	23.08	33.33	23.53	21.05	10.00	9.09	13.04	8.70	8.70	15.96
中国大陆	0.00	7.69	0.00	0.00	10.53	10.00	13.64	17.39	17.39	13.04	10.11
英国	7.69	0.00	0.00	11.76	5.26	20.00	4.55	13.04	0.00	0.00	6.38
印度	0.00	23.08	6.67	0.00	15.79	0.00	4.55	0.00	4.35	8.70	5.85
沙特	0.00	0.00	0.00	5.88	0.00	5.00	4.55	8.70	8.70	8.70	4.79
巴基斯坦	0.00	0.00	0.00	0.00	10.53	5.00	0.00	8.70	13.04	0.00	4.26
马来西亚	7.69	7.69	0.00	5.88	5.26	5.00	0.00	4.35	8.70	0.00	4.26
伊朗	0.00	0.00	13.33	0.00	5.26	0.00	0.00	4.35	8.70	8.70	4.26
德国	7.69	7.69	6.67	5.88	5.26	0.00	0.00	0.00	0.00	4.35	3.72
西班牙	7.69	7.69	0.00	5.88	0.00	0.00	4.55	4.35	0.00	4.35	3.19
意大利	7.69	7.69	0.00	5.88	5.26	0.00	0.00	0.00	0.00	4.35	2.66
法国	7.69	0.00	6.67	5.88	0.00	0.00	4.55	0.00	0.00	4.35	2.66
土耳其	7.69	7.69	0.00	0.00	0.00	5.00	4.55	0.00	0.00	4.35	2.66
加拿大	0.00	0.00	0.00	0.00	5.26	0.00	0.00	0.00	0.00	8.70	2.13
丹麦	7.69	0.00	0.00	5.88	0.00	0.00	4.55	4.35	0.00	0.00	2.13
爱尔兰	7.69	0.00	6.67	0.00	0.00	0.00	0.00	4.35	0.00	0.00	1.60
澳大利亚	0.00	0.00	0.00	0.00	0.00	0.00	4.55	0.00	8.70	0.00	1.60
南非	7.69	0.00	6.67	0.00	0.00	5.00	0.00	0.00	0.00	0.00	1.60
瑞士	0.00	0.00	0.00	5.88	0.00	10.00	0.00	0.00	0.00	0.00	1.60
中国台湾	0.00	0.00	0.00	0.00	0.00	5.00	9.09	0.00	0.00	0.00	1.60

表 2-29 热力学 B 层人才排名前 20 的国家和地区的占比

单位：%

国家和地区	2011 年	2012 年	2013 年	2014 年	2015 年	2016 年	2017 年	2018 年	2019 年	2020 年	合计
中国大陆	12.17	11.76	11.68	12.43	21.47	17.59	20.54	19.91	20.70	14.52	16.99
伊朗	6.96	7.56	7.30	14.79	12.43	18.09	12.50	17.54	11.72	11.62	12.61
美国	18.26	13.45	13.87	13.02	11.86	8.04	10.27	7.11	8.20	4.56	10.01
沙特	0.87	1.68	3.65	1.18	4.52	7.04	4.91	4.74	4.69	8.71	4.65
马来西亚	3.48	4.20	10.22	7.69	7.34	4.02	4.91	2.84	1.95	2.49	4.60
巴基斯坦	1.74	0.84	2.19	1.18	1.13	5.03	8.93	5.21	3.91	6.22	4.11
印度	2.61	5.04	5.11	2.96	3.95	5.53	2.23	2.37	2.34	6.64	3.84
英国	4.35	4.20	3.65	3.55	1.69	2.01	5.80	1.90	5.08	4.56	3.73
澳大利亚	1.74	3.36	0.73	2.96	1.13	2.01	0.45	4.27	3.52	2.49	2.33
法国	0.87	3.36	3.65	2.96	2.26	3.52	0.89	0.47	1.95	2.90	2.22

续表

国家和地区	2011年	2012年	2013年	2014年	2015年	2016年	2017年	2018年	2019年	2020年	合计
土耳其	6.09	1.68	2.92	4.14	1.69	1.01	0.45	1.90	1.56	2.49	2.16
加拿大	2.61	1.68	1.46	1.78	4.52	1.51	1.34	2.37	2.73	1.24	2.11
意大利	0.87	4.20	0.73	4.14	2.26	3.02	2.23	1.42	1.56	0.83	2.06
德国	2.61	3.36	4.38	1.78	1.69	2.01	1.79	1.90	1.17	0.83	1.95
越南	0.00	0.00	0.00	0.00	0.00	0.00	0.45	0.95	3.91	7.05	1.62
中国台湾	4.35	0.84	0.00	1.18	2.26	1.51	0.89	0.95	0.78	1.24	1.30
西班牙	0.87	0.84	2.19	2.96	1.13	0.00	2.23	0.95	1.56	0.41	1.30
韩国	3.48	1.68	1.46	0.59	2.82	0.00	0.45	0.95	1.56	1.24	1.30
罗马尼亚	1.74	1.68	2.92	0.59	0.56	0.50	0.45	1.42	1.56	0.41	1.08
埃及	0.87	0.84	0.00	1.18	1.13	1.01	1.34	0.95	0.39	1.66	0.97

表2-30 热力学C层人才排名前20的国家和地区的占比

单位：%

国家和地区	2011年	2012年	2013年	2014年	2015年	2016年	2017年	2018年	2019年	2020年	合计
中国大陆	13.44	14.62	14.87	17.89	21.07	21.20	25.36	27.01	25.73	22.35	21.42
伊朗	6.09	6.73	7.66	8.92	8.64	9.38	9.53	9.51	10.70	9.62	8.99
美国	15.98	11.46	11.56	9.69	10.92	9.99	8.72	6.33	6.30	4.92	8.95
印度	4.23	5.23	5.08	4.37	3.44	6.03	5.50	4.76	5.23	5.55	5.01
英国	3.55	3.57	4.57	3.35	3.39	3.70	4.16	3.88	4.36	3.43	3.82
马来西亚	2.79	3.82	3.83	4.49	3.74	3.50	2.68	2.45	2.10	3.02	3.14
意大利	2.11	3.49	3.46	4.31	3.79	3.35	3.04	2.49	2.59	1.58	2.96
沙特	1.61	1.83	1.47	1.86	1.98	2.94	2.24	2.68	3.62	5.82	2.80
土耳其	3.04	2.99	2.87	3.29	2.45	1.83	2.37	2.35	1.85	1.90	2.40
加拿大	3.38	2.16	2.72	2.63	1.98	2.38	1.88	2.49	2.22	1.81	2.30
德国	3.72	3.32	3.31	3.05	3.68	2.28	1.61	1.66	1.52	0.90	2.30
澳大利亚	1.86	1.58	2.43	1.56	2.63	2.13	2.46	2.12	2.31	2.35	2.18
法国	3.97	3.24	3.31	2.63	3.09	2.13	1.70	1.25	1.48	1.13	2.18
西班牙	3.47	2.82	3.31	3.29	2.51	2.08	1.97	1.75	0.99	1.04	2.14
韩国	2.03	2.57	3.02	2.81	2.16	2.38	1.83	1.80	1.40	1.31	2.04
巴基斯坦	0.93	1.08	0.74	0.84	0.99	1.32	1.83	2.35	2.35	4.47	1.87
埃及	1.18	0.91	0.88	0.90	1.11	1.42	1.25	1.94	1.98	2.84	1.54
日本	1.61	2.49	1.91	1.26	1.69	1.22	1.70	1.11	1.19	0.90	1.43
中国台湾	2.54	1.91	1.77	1.44	1.11	0.66	0.85	1.25	0.74	0.90	1.20
丹麦	1.44	1.41	1.10	1.20	0.93	0.91	0.63	1.52	1.32	1.31	1.16

十一 原子、分子和化学物理

原子、分子和化学物理 A、B、C 层人才最多的国家是美国，分别占该学科全球 A、B、C 层人才的 25.40%、22.12%、20.20%。

德国、英国、中国大陆、伊朗、澳大利亚、韩国、印度、法国、沙特、以色列、西班牙的 A 层人才比较多，世界占比在 11%～2% 之间；加拿大、荷兰、丹麦、瑞士、日本、意大利、南非、瑞典也有相当数量的 A 层人才，世界占比超过 1%。

中国大陆、德国、英国、沙特、印度、日本、法国的 B 层人才比较多，世界占比在 12%～3% 之间；西班牙、意大利、瑞士、伊朗、加拿大、澳大利亚、瑞典、巴基斯坦、韩国、以色列、荷兰、丹麦也有相当数量的 B 层人才，世界占比超过 1%。

中国大陆、德国、英国、法国、印度、日本、意大利的 C 层人才比较多，世界占比在 13%～3%；西班牙、伊朗、瑞士、加拿大、沙特、澳大利亚、韩国、俄罗斯、荷兰、瑞典、波兰、丹麦也有相当数量的 C 层人才，世界占比超过 1%。

表 2–31 原子、分子和化学物理 A 层人才排名前 20 的国家和地区的占比

单位：%

国家和地区	2011 年	2012 年	2013 年	2014 年	2015 年	2016 年	2017 年	2018 年	2019 年	2020 年	合计
美国	30.43	45.83	34.78	20.00	18.52	38.46	19.23	20.83	15.38	14.29	25.40
德国	17.39	4.17	17.39	8.00	14.81	7.69	11.54	12.50	11.54	3.57	10.71
英国	0.00	8.33	13.04	12.00	7.41	7.69	11.54	0.00	3.85	3.57	6.75
中国大陆	4.35	8.33	4.35	4.00	3.70	7.69	7.69	0.00	3.85	7.14	5.16
伊朗	0.00	0.00	0.00	0.00	0.00	0.00	3.85	33.33	3.85	7.14	4.76
澳大利亚	4.35	4.17	0.00	0.00	7.41	0.00	3.85	0.00	0.00	7.14	2.78
韩国	0.00	0.00	4.35	8.00	3.70	3.85	3.85	4.17	0.00	0.00	2.78
印度	4.35	8.33	0.00	0.00	0.00	3.85	3.85	4.17	3.85	0.00	2.78
法国	4.35	0.00	0.00	8.70	0.00	0.00	0.00	0.00	3.85	3.57	2.78
沙特	0.00	4.17	0.00	4.00	0.00	0.00	0.00	8.33	0.00	7.14	2.38
以色列	0.00	4.17	0.00	4.00	7.41	3.85	0.00	0.00	3.85	0.00	2.38

续表

国家和地区	2011年	2012年	2013年	2014年	2015年	2016年	2017年	2018年	2019年	2020年	合计
西班牙	4.35	0.00	0.00	0.00	7.41	3.85	3.85	0.00	3.85	0.00	2.38
加拿大	0.00	0.00	4.35	8.00	3.70	0.00	0.00	0.00	0.00	3.57	1.98
荷兰	4.35	0.00	4.35	0.00	7.41	3.85	0.00	0.00	0.00	0.00	1.98
丹麦	8.70	8.33	0.00	0.00	3.70	0.00	0.00	0.00	0.00	0.00	1.98
瑞士	0.00	0.00	0.00	4.00	0.00	0.00	3.85	0.00	3.85	7.14	1.98
日本	0.00	0.00	0.00	4.00	0.00	3.85	3.85	4.17	0.00	0.00	1.59
意大利	0.00	0.00	0.00	4.00	3.70	0.00	0.00	0.00	3.85	3.57	1.59
南非	0.00	0.00	0.00	0.00	0.00	3.85	3.85	0.00	0.00	7.14	1.59
瑞典	0.00	0.00	0.00	0.00	3.70	0.00	3.85	0.00	7.69	0.00	1.59

表2－32 原子、分子和化学物理B层人才排名前20的国家和地区的占比

单位：%

国家和地区	2011年	2012年	2013年	2014年	2015年	2016年	2017年	2018年	2019年	2020年	合计
美国	33.18	30.77	34.80	25.88	23.65	22.50	17.41	16.74	9.09	10.71	22.12
中国大陆	8.41	11.76	11.01	11.40	10.79	10.83	16.19	10.46	12.40	7.54	11.10
德国	9.81	7.69	9.69	6.58	10.79	4.17	8.10	8.79	2.48	7.54	7.53
英国	8.88	6.33	3.52	5.70	7.47	7.08	4.45	4.60	5.79	6.35	6.00
沙特	0.00	0.45	2.64	2.63	4.15	6.67	4.86	7.95	9.92	2.78	4.30
印度	1.40	1.36	2.64	3.07	3.32	5.42	7.69	7.53	2.89	3.17	3.91
日本	2.80	3.17	3.52	4.39	3.73	3.33	2.02	2.51	3.72	3.57	3.28
法国	3.27	3.62	5.29	3.51	2.90	1.25	2.43	3.35	2.48	3.97	3.19
西班牙	5.61	3.17	3.08	3.51	3.32	2.92	2.02	1.26	1.24	3.17	2.89
意大利	3.74	4.07	4.41	3.07	1.66	2.92	1.62	1.67	0.83	4.37	2.81
瑞士	1.87	2.26	1.76	2.63	3.73	2.50	2.02	2.51	1.65	2.78	2.38
伊朗	0.00	0.45	0.00	0.88	0.83	2.08	4.86	3.77	5.79	2.38	2.17
加拿大	2.34	3.17	1.32	1.75	0.41	4.17	1.62	1.26	2.48	1.98	2.04
澳大利亚	2.34	3.62	0.88	2.19	1.24	0.83	1.62	1.67	3.31	1.98	1.96
瑞典	1.40	2.26	1.32	2.63	3.32	0.83	2.02	1.26	1.65	0.79	1.74
巴基斯坦	0.00	0.00	0.00	0.44	0.00	4.17	2.02	3.35	4.96	0.79	1.62
韩国	0.93	1.36	1.76	3.07	1.24	1.25	2.43	1.67	0.83	0.79	1.53
以色列	1.87	1.36	1.76	4.39	2.90	0.42	0.81	0.00	0.41	1.19	1.49
荷兰	0.93	0.45	1.32	1.75	1.24	1.25	1.62	1.26	1.24	1.59	1.28
丹麦	1.87	0.90	1.76	1.75	0.00	1.25	0.81	0.42	0.41	1.59	1.06

表2-33 原子、分子和化学物理C层人才排名前20的国家和地区的占比

单位：%

国家和地区	2011年	2012年	2013年	2014年	2015年	2016年	2017年	2018年	2019年	2020年	合计
美国	25.91	24.84	23.48	22.94	20.98	18.14	18.63	17.03	15.75	15.77	20.20
中国大陆	8.99	9.45	9.91	10.81	12.55	12.17	12.89	14.23	15.05	15.01	12.19
德国	11.15	11.15	9.91	9.50	9.31	7.63	7.97	7.05	6.88	5.36	8.52
英国	5.96	6.18	6.08	5.87	5.81	5.85	5.12	5.01	3.77	3.84	5.32
法国	5.05	4.93	5.18	5.08	4.00	4.15	4.01	3.48	3.03	3.21	4.18
印度	1.88	2.17	2.25	3.55	4.55	5.09	4.42	4.38	5.18	5.15	3.91
日本	3.27	3.50	3.61	3.59	3.50	2.71	2.60	2.93	2.49	2.49	3.06
意大利	2.69	3.78	3.83	3.28	3.33	2.88	2.64	2.08	2.90	2.66	3.00
西班牙	3.99	3.36	3.74	3.37	2.86	2.50	2.23	2.51	2.61	1.69	2.86
伊朗	0.48	0.60	0.90	1.01	1.73	3.35	4.30	4.16	4.15	5.23	2.66
瑞士	2.40	2.63	2.93	2.19	2.40	2.20	2.68	2.12	1.91	1.77	2.32
加拿大	2.36	2.40	2.66	2.10	2.40	1.82	1.73	2.34	1.53	1.98	2.12
沙特	0.19	0.46	0.68	0.96	1.60	3.26	2.56	3.19	3.15	3.29	1.98
澳大利亚	2.60	2.58	2.43	1.93	1.94	1.65	1.45	1.91	1.49	1.64	1.94
韩国	1.49	1.52	1.67	1.88	1.68	1.78	1.86	1.74	1.12	2.19	1.70
俄罗斯	1.06	1.06	1.62	1.18	1.52	1.27	1.98	2.04	2.20	1.73	1.58
荷兰	1.92	1.47	1.67	1.66	1.47	0.85	0.95	1.49	1.78	0.97	1.41
瑞典	1.73	1.80	1.40	1.53	1.14	1.14	1.32	1.40	1.08	0.97	1.34
波兰	1.25	1.24	0.95	1.14	1.14	0.97	1.49	0.98	1.53	1.77	1.25
丹麦	1.63	1.34	1.17	1.18	1.35	0.68	1.12	1.02	1.33	0.80	1.15

十二 光学

光学A、B、C层人才主要集中在美国和中国大陆，二者A、B、C层人才的世界占比合计为38.91%、39.76%、37.76%，其中，美国的A、B层人才多于中国大陆，C层人才少于中国大陆；在发展趋势上，中国大陆呈现相对上升趋势，美国呈现相对下降趋势。

英国、德国、澳大利亚、瑞士、日本、加拿大、法国、意大利的A层人才比较多，世界占比在8%~3%之间；西班牙、新加坡、俄罗斯、荷兰、韩国、瑞典、丹麦、中国香港、比利时、以色列也有相当数量的A层人才，

世界占比超过或接近1%。

德国、英国、法国、加拿大、澳大利亚的B层人才比较多，世界占比在7%～3%；日本、意大利、瑞士、西班牙、新加坡、俄罗斯、韩国、荷兰、中国香港、丹麦、沙特、比利时、以色列也有相当数量的B层人才，世界占比超过1%。

德国、英国、法国、日本、意大利的C层人才比较多，世界占比在7%～3%之间；加拿大、印度、俄罗斯、西班牙、澳大利亚、韩国、新加坡、瑞士、中国香港、伊朗、荷兰、中国台湾、波兰也有相当数量的C层人才，世界占比超过1%。

表2-34 光学A层人才排名前20的国家和地区的占比

单位：%

国家和地区	2011年	2012年	2013年	2014年	2015年	2016年	2017年	2018年	2019年	2020年	合计
美国	30.91	28.07	34.69	27.27	25.76	16.18	26.76	35.62	16.44	17.91	25.58
中国大陆	3.64	8.77	2.04	12.12	13.64	17.65	9.86	12.33	21.92	25.37	13.33
英国	9.09	8.77	4.08	10.61	7.58	11.76	8.45	2.74	6.85	5.97	7.60
德国	10.91	5.26	12.24	4.55	9.09	4.41	9.86	2.74	4.11	4.48	6.51
澳大利亚	1.82	8.77	4.08	3.03	6.06	4.41	5.63	4.11	6.85	4.48	4.96
瑞士	5.45	3.51	4.08	6.06	6.06	1.47	2.82	5.48	5.48	2.99	4.34
日本	5.45	5.26	2.04	6.06	6.06	4.41	0.00	2.74	5.48	4.48	4.19
加拿大	1.82	3.51	4.08	4.55	6.06	2.94	5.63	2.74	4.11	1.49	3.72
法国	1.82	7.02	4.08	3.03	1.52	5.88	4.23	4.11	1.37	2.99	3.57
意大利	5.45	3.51	0.00	3.03	3.03	2.94	5.63	0.00	2.74	4.48	3.10
西班牙	5.45	0.00	6.12	7.58	3.03	0.00	2.82	1.37	2.74	1.49	2.95
新加坡	1.82	0.00	2.04	1.52	6.06	4.41	0.00	1.37	4.11	4.48	2.64
俄罗斯	0.00	0.00	4.08	1.52	0.00	1.47	5.63	2.74	4.11	2.99	2.33
荷兰	1.82	7.02	0.00	0.00	0.00	2.94	1.41	1.37	1.37	0.00	1.55
韩国	3.64	1.75	2.04	0.00	0.00	0.00	1.41	2.74	4.11	0.00	1.55
瑞典	0.00	1.75	0.00	0.00	0.00	1.47	0.00	2.74	2.74	2.99	1.40
丹麦	3.64	0.00	2.04	3.03	1.52	0.00	0.00	0.00	0.00	1.49	1.09
中国香港	0.00	0.00	0.00	0.00	0.00	1.47	1.41	2.74	1.37	2.99	1.09
比利时	1.82	1.75	4.08	0.00	0.00	1.47	1.41	0.00	0.00	0.00	0.93
以色列	0.00	1.75	2.04	1.52	1.52	1.47	0.00	1.37	0.00	0.00	0.93

表 2-35 光学 B 层人才排名前 20 的国家和地区的占比

单位：%

国家和地区	2011 年	2012 年	2013 年	2014 年	2015 年	2016 年	2017 年	2018 年	2019 年	2020 年	合计
美国	24.65	27.15	25.05	22.69	23.10	20.06	18.95	22.75	18.21	15.41	21.65
中国大陆	11.33	12.36	12.89	16.81	18.10	16.82	18.79	21.59	26.25	22.94	18.11
德国	10.34	8.24	6.17	7.73	7.41	8.49	5.41	5.22	5.01	5.60	6.86
英国	7.55	7.68	6.90	7.06	8.97	6.33	7.17	4.35	4.86	4.55	6.46
法国	4.57	4.87	4.54	4.03	3.28	3.55	3.66	2.61	1.97	2.10	3.46
加拿大	3.98	4.49	3.27	4.20	3.97	4.01	2.71	2.90	1.21	2.45	3.27
澳大利亚	2.78	2.43	3.81	3.87	3.45	2.47	2.39	3.48	3.49	1.75	3.00
日本	2.39	3.18	4.54	3.36	1.55	3.86	1.91	2.46	2.28	2.10	2.75
意大利	3.38	3.37	3.63	2.86	3.10	3.09	2.71	2.17	1.67	1.75	2.74
瑞士	2.19	2.81	3.27	3.19	2.76	3.40	2.71	2.61	1.67	2.45	2.70
西班牙	3.58	3.37	2.18	2.35	2.76	2.78	1.59	2.75	2.28	1.93	2.53
新加坡	1.39	2.25	2.00	2.02	2.41	1.70	2.71	2.90	3.79	2.10	2.37
俄罗斯	1.59	1.69	1.27	1.01	1.38	1.70	2.39	1.45	3.49	2.98	1.91
韩国	1.79	1.12	1.45	2.69	1.21	1.85	2.23	1.88	1.67	1.58	1.76
荷兰	1.79	1.50	2.18	2.18	1.38	1.54	1.59	1.74	1.37	1.23	1.64
中国香港	1.19	1.31	0.54	0.84	1.38	0.62	1.43	1.88	3.19	2.80	1.54
丹麦	0.99	1.69	2.00	1.18	0.86	1.39	1.59	1.30	1.21	0.53	1.28
沙特	0.60	0.00	0.54	0.34	1.21	1.08	2.39	1.30	1.37	2.98	1.21
比利时	0.99	1.12	1.27	1.18	1.21	1.70	1.11	0.72	0.76	1.40	1.14
以色列	1.39	1.12	1.27	1.18	1.55	0.93	0.80	1.01	1.06	0.70	1.09

表 2-36 光学 C 层人才排名前 20 的国家和地区的占比

单位：%

国家和地区	2011 年	2012 年	2013 年	2014 年	2015 年	2016 年	2017 年	2018 年	2019 年	2020 年	合计
中国大陆	13.04	14.17	16.94	17.32	20.45	19.71	22.46	25.01	25.80	26.64	20.46
美国	21.49	21.11	18.97	18.78	18.16	17.08	15.92	14.52	15.36	13.35	17.30
德国	8.32	8.43	7.05	7.57	6.63	6.50	5.85	5.54	5.00	5.10	6.52
英国	5.64	5.10	6.04	5.78	5.29	6.30	5.56	5.02	4.46	4.71	5.38
法国	4.60	4.84	4.41	4.08	4.01	4.22	3.53	3.00	3.18	3.22	3.87
日本	4.60	4.39	3.97	4.20	3.48	3.42	3.45	3.06	2.59	2.43	3.52
意大利	3.52	3.35	3.01	2.32	3.28	3.18	3.17	2.65	2.48	2.70	3.05
加拿大	3.22	3.19	3.32	3.29	3.08	3.16	2.61	2.68	2.51	2.23	2.91
印度	1.53	2.51	2.57	2.60	2.45	2.61	2.72	2.71	2.93	4.06	2.69

续表

国家和地区	2011年	2012年	2013年	2014年	2015年	2016年	2017年	2018年	2019年	2020年	合计
俄罗斯	2.14	2.14	2.38	2.22	2.34	2.48	2.89	2.59	2.91	3.19	2.54
西班牙	2.95	2.51	2.70	2.48	2.83	2.70	2.45	2.12	1.88	2.08	2.46
澳大利亚	3.03	2.47	2.76	2.51	2.15	2.51	2.29	2.30	2.11	2.13	2.41
韩国	2.24	2.19	2.05	1.81	2.34	1.87	1.65	2.13	2.01	1.74	2.00
新加坡	1.81	1.65	2.05	2.08	1.87	1.66	1.65	1.57	1.73	1.54	1.75
瑞士	1.30	1.69	1.40	1.41	1.56	1.81	1.25	1.46	1.41	1.29	1.46
中国香港	1.10	1.04	1.13	0.96	1.33	1.12	1.57	1.58	1.38	1.53	1.29
伊朗	0.39	0.59	0.96	0.86	0.93	1.09	1.88	1.64	1.91	1.80	1.24
荷兰	1.87	1.33	1.19	1.29	1.09	1.22	0.80	0.96	1.11	1.07	1.18
中国台湾	1.65	1.82	1.55	1.24	1.34	0.81	0.88	0.85	0.90	0.67	1.14
波兰	0.98	0.96	1.15	1.22	1.33	1.29	1.11	0.93	1.13	1.07	1.12

十三 光谱学

光谱学A、B、C层人才最多的国家是美国，分别占该学科全球A、B、C层人才的13.48%、18.80%、16.74%。

德国、加拿大、中国大陆、英国、澳大利亚、奥地利、丹麦、法国、印度、荷兰、比利时、伊朗、波兰、俄罗斯、韩国的A层人才比较多，世界占比在8%~3%之间；日本、西班牙、瑞士、土耳其也有相当数量的A层人才，世界占比均为2.25%。

中国大陆、英国、印度、德国、法国、加拿大、比利时、伊朗、意大利、澳大利亚的B层人才比较多，世界占比在9%~2%之间；巴西、波兰、荷兰、丹麦、西班牙、俄罗斯、瑞士、奥地利、瑞典也有相当数量的B层人才，世界占比超过1%。

中国大陆、德国、印度、英国、法国、意大利的C层人才比较多，世界占比在16%~3%之间；西班牙、伊朗、加拿大、瑞士、俄罗斯、埃及、巴西、荷兰、日本、波兰、澳大利亚、比利时、土耳其也有相当数量的C层人才，世界占比超过1%。

表 2-37 光谱学 A 层人才排名前 20 的国家和地区的占比

单位：%

国家和地区	2011 年	2012 年	2013 年	2014 年	2015 年	2016 年	2017 年	2018 年	2019 年	2020 年	合计
美国	11.11	37.50	10.00	0.00	8.33	66.67	10.00	14.29	10.00	10.00	13.48
德国	0.00	0.00	10.00	0.00	16.67	0.00	10.00	14.29	10.00	10.00	7.87
加拿大	11.11	25.00	10.00	0.00	0.00	0.00	10.00	0.00	10.00	0.00	6.74
中国大陆	0.00	12.50	0.00	0.00	0.00	0.00	0.00	14.29	0.00	30.00	5.62
英国	0.00	0.00	0.00	0.00	8.33	33.33	10.00	0.00	10.00	0.00	5.62
澳大利亚	11.11	0.00	10.00	20.00	0.00	0.00	0.00	0.00	0.00	0.00	4.49
奥地利	11.11	0.00	0.00	0.00	8.33	0.00	0.00	14.29	10.00	0.00	4.49
丹麦	11.11	0.00	10.00	20.00	0.00	0.00	0.00	0.00	0.00	0.00	4.49
法国	0.00	12.50	0.00	0.00	0.00	0.00	10.00	0.00	10.00	0.00	4.49
印度	0.00	12.50	0.00	0.00	16.67	0.00	0.00	0.00	10.00	0.00	4.49
荷兰	11.11	0.00	0.00	10.00	0.00	0.00	10.00	14.29	0.00	0.00	4.49
比利时	0.00	0.00	0.00	0.00	0.00	0.00	0.00	0.00	10.00	0.00	3.37
伊朗	0.00	0.00	0.00	0.00	8.33	0.00	0.00	0.00	0.00	20.00	3.37
波兰	0.00	0.00	0.00	10.00	8.33	0.00	0.00	0.00	0.00	0.00	3.37
俄罗斯	11.11	0.00	0.00	0.00	0.00	0.00	0.00	0.00	0.00	0.00	3.37
韩国	0.00	0.00	0.00	0.00	8.33	0.00	0.00	0.00	10.00	10.00	3.37
日本	0.00	0.00	0.00	0.00	8.33	0.00	0.00	14.29	0.00	0.00	2.25
西班牙	0.00	0.00	0.00	20.00	0.00	0.00	0.00	0.00	0.00	0.00	2.25
瑞士	0.00	0.00	0.00	0.00	8.33	0.00	0.00	0.00	10.00	0.00	2.25
土耳其	11.11	0.00	0.00	0.00	0.00	0.00	0.00	0.00	0.00	10.00	2.25

表 2-38 光谱学 B 层人才排名前 20 的国家和地区的占比

单位：%

国家和地区	2011 年	2012 年	2013 年	2014 年	2015 年	2016 年	2017 年	2018 年	2019 年	2020 年	合计
美国	25.58	24.72	24.18	18.28	15.60	16.13	20.69	19.32	11.11	13.83	18.80
中国大陆	4.65	8.99	2.20	4.30	10.09	6.45	9.20	14.77	16.67	11.70	8.91
英国	10.47	10.11	9.89	7.53	2.75	9.68	9.20	7.95	12.22	7.45	8.59
印度	6.98	10.11	12.09	12.90	22.94	4.30	1.15	2.27	1.11	4.26	8.15
德国	9.30	11.24	5.49	10.75	6.42	8.60	5.75	9.09	5.56	8.51	8.04
法国	4.65	4.49	6.59	6.45	3.67	6.45	2.30	2.27	10.00	1.06	4.78
加拿大	4.65	4.49	2.20	2.15	1.83	5.38	12.64	2.27	4.44	6.38	4.57
比利时	3.49	2.25	5.49	0.00	2.75	2.15	1.15	1.14	1.11	5.32	2.50
伊朗	1.16	2.25	0.00	2.15	8.26	3.23	0.00	1.14	1.11	3.19	2.39

续表

国家和地区	2011年	2012年	2013年	2014年	2015年	2016年	2017年	2018年	2019年	2020年	合计
意大利	2.33	2.25	1.10	3.23	1.83	2.15	0.00	5.68	3.33	1.06	2.28
澳大利亚	2.33	1.12	3.30	3.23	1.83	0.00	3.45	1.14	2.22	2.13	2.07
巴西	1.16	2.25	1.10	2.15	0.92	4.30	1.15	2.27	0.00	3.19	1.85
波兰	2.33	0.00	4.40	1.08	2.75	3.23	1.15	3.41	0.00	0.00	1.85
荷兰	1.16	0.00	2.20	0.00	1.83	0.00	3.45	2.27	3.33	4.26	1.85
丹麦	3.49	2.25	2.20	2.15	0.92	2.15	0.00	2.27	2.22	1.06	1.85
西班牙	2.33	1.12	3.30	1.08	0.92	2.15	4.60	3.41	0.00	0.00	1.85
俄罗斯	2.33	1.12	1.10	0.00	0.92	6.45	1.15	1.14	1.11	2.13	1.74
瑞士	1.16	2.25	1.10	1.08	0.92	5.38	0.00	0.00	2.22	2.13	1.63
奥地利	1.16	1.12	2.20	2.15	0.00	1.08	1.15	2.27	0.00	3.19	1.41
瑞典	2.33	2.25	0.00	1.08	0.92	1.08	1.15	3.41	2.22	0.00	1.41

表2-39 光谱学C层人才排名前20的国家和地区的占比

单位：%

国家和地区	2011年	2012年	2013年	2014年	2015年	2016年	2017年	2018年	2019年	2020年	合计
美国	22.51	20.16	18.29	13.13	15.03	19.10	19.68	14.60	13.39	11.58	16.74
中国大陆	10.54	8.82	11.69	13.87	12.61	14.59	14.33	20.39	26.43	26.32	15.73
德国	7.19	7.22	7.58	6.30	7.18	7.12	6.94	5.91	6.98	4.74	6.75
印度	5.39	7.56	6.06	10.99	9.89	4.15	5.12	5.07	5.61	5.79	6.68
英国	5.87	4.93	6.06	4.16	5.53	6.64	5.69	6.39	3.78	4.74	5.37
法国	5.51	6.19	6.28	5.98	4.07	4.15	5.01	5.43	3.66	4.08	5.04
意大利	3.23	4.35	4.11	4.80	3.10	3.91	4.44	3.62	3.32	4.21	3.90
西班牙	2.63	3.78	3.79	2.67	2.13	1.90	1.71	2.29	2.40	2.63	2.60
伊朗	1.92	2.63	1.08	4.06	3.78	2.02	1.82	2.41	2.97	2.89	2.58
加拿大	3.23	2.63	2.81	2.13	1.84	2.73	3.30	2.05	1.49	1.84	2.40
瑞士	2.51	2.63	2.16	1.81	1.07	1.66	3.41	1.57	1.26	1.71	1.97
俄罗斯	1.44	0.92	1.62	1.71	1.55	2.49	2.62	3.02	2.06	1.18	1.86
埃及	1.68	1.60	1.62	3.09	3.30	1.30	0.46	1.81	1.72	1.45	1.84
巴西	2.04	1.15	1.84	1.28	1.55	2.37	2.39	2.77	1.14	1.58	1.80
荷兰	3.23	1.26	1.95	1.39	1.26	2.61	1.59	0.97	2.17	1.58	1.79
日本	1.44	1.37	2.49	2.56	2.13	1.78	1.71	1.81	0.92	1.45	1.76
波兰	1.08	1.72	1.62	1.60	1.55	2.02	1.82	2.17	1.26	1.05	1.59
澳大利亚	1.80	1.26	1.84	1.28	1.75	2.14	1.59	0.72	0.80	1.18	1.45
比利时	1.80	1.60	1.62	1.17	1.75	1.66	1.82	1.09	0.92	0.66	1.42
土耳其	1.68	2.29	0.87	0.75	1.65	1.66	1.02	1.09	1.26	1.84	1.40

十四 声学

声学 A、B、C 层人才最多的国家是美国，分别占该学科全球 A、B、C 层人才的 30.26%、16.77%、16.33%。

加拿大、中国大陆、英国、法国、德国、意大利、中国香港、新加坡的 A 层人才比较多，世界占比在 10%~3% 之间；荷兰、奥地利、比利时、巴西、芬兰、希腊、挪威、波兰、卡塔尔、罗马尼亚、西班牙也有相当数量的 A 层人才，世界占比超过 1%。

英国、中国大陆、法国、意大利、德国、伊朗、加拿大、澳大利亚的 B 层人才比较多，世界占比在 10%~3% 之间；印度、西班牙、比利时、日本、荷兰、韩国、丹麦、罗马尼亚、中国香港、挪威、土耳其也有相当数量的 B 层人才，世界占比超过 1%。

中国大陆、英国、法国、意大利、伊朗、德国、印度、加拿大的 C 层人才比较多，世界占比在 15%~3% 之间；澳大利亚、西班牙、日本、荷兰、韩国、巴西、中国香港、比利时、土耳其、中国台湾、丹麦也有相当数量的 C 层人才，世界占比超过 1%。

表 2-40 声学 A 层人才排名前 20 的国家和地区的占比

单位：%

国家和地区	2011年	2012年	2013年	2014年	2015年	2016年	2017年	2018年	2019年	2020年	合计
美国	20.00	33.33	0.00	50.00	75.00	25.00	33.33	80.00	33.33	8.33	30.26
加拿大	20.00	66.67	11.11	25.00	0.00	8.33	0.00	0.00	0.00	0.00	9.21
中国大陆	0.00	0.00	0.00	0.00	25.00	0.00	0.00	20.00	16.67	16.67	7.89
英国	0.00	0.00	11.11	0.00	0.00	16.67	0.00	0.00	0.00	16.67	6.58
法国	40.00	0.00	11.11	12.50	0.00	0.00	16.67	0.00	0.00	0.00	6.58
德国	0.00	0.00	11.11	12.50	0.00	8.33	0.00	0.00	8.33	0.00	5.26
意大利	0.00	0.00	11.11	0.00	0.00	0.00	0.00	0.00	0.00	25.00	5.26
中国香港	0.00	0.00	0.00	0.00	0.00	16.67	0.00	0.00	16.67	0.00	3.95
新加坡	0.00	0.00	0.00	0.00	0.00	0.00	0.00	0.00	16.67	8.33	3.95
荷兰	20.00	0.00	0.00	0.00	0.00	8.33	0.00	0.00	0.00	0.00	2.63
奥地利	0.00	0.00	11.11	0.00	0.00	0.00	0.00	0.00	0.00	0.00	1.32

续表

国家和地区	2011年	2012年	2013年	2014年	2015年	2016年	2017年	2018年	2019年	2020年	合计
比利时	0.00	0.00	0.00	0.00	0.00	8.33	0.00	0.00	0.00	0.00	1.32
巴西	0.00	0.00	0.00	0.00	0.00	8.33	0.00	0.00	0.00	0.00	1.32
芬兰	0.00	0.00	0.00	0.00	0.00	0.00	16.67	0.00	0.00	0.00	1.32
希腊	0.00	0.00	11.11	0.00	0.00	0.00	0.00	0.00	0.00	0.00	1.32
挪威	0.00	0.00	11.11	0.00	0.00	0.00	0.00	0.00	0.00	0.00	1.32
波兰	0.00	0.00	0.00	0.00	0.00	8.33	0.00	0.00	0.00	0.00	1.32
卡塔尔	0.00	0.00	0.00	0.00	0.00	0.00	16.67	0.00	0.00	0.00	1.32
罗马尼亚	0.00	0.00	11.11	0.00	0.00	0.00	0.00	0.00	0.00	0.00	1.32
西班牙	0.00	0.00	0.00	0.00	0.00	0.00	0.00	0.00	0.00	8.33	1.32

表2-41 声学B层人才排名前20的国家和地区的占比

单位：%

国家和地区	2011年	2012年	2013年	2014年	2015年	2016年	2017年	2018年	2019年	2020年	合计
美国	25.00	18.18	21.18	16.25	18.02	21.30	15.69	14.14	11.43	9.90	16.77
英国	10.29	11.69	10.59	12.50	10.81	7.41	9.80	7.07	10.48	6.93	9.62
中国大陆	2.94	6.49	2.35	12.50	7.21	11.11	8.82	12.12	10.48	18.81	9.62
法国	5.88	7.79	3.53	5.00	8.11	5.56	2.94	6.06	2.86	2.97	5.02
意大利	5.88	5.19	8.24	5.00	3.60	0.93	6.86	6.06	1.90	7.92	5.02
德国	4.41	3.90	7.06	3.75	6.31	4.63	1.96	4.04	4.76	1.98	4.27
伊朗	0.00	1.30	0.00	1.25	1.80	8.33	5.88	7.07	4.76	1.98	3.53
加拿大	4.41	6.49	7.06	1.25	4.50	1.85	2.94	2.02	0.95	2.97	3.31
澳大利亚	5.88	6.49	3.53	2.50	3.60	2.78	0.98	1.01	2.86	3.96	3.21
印度	1.47	2.60	3.53	5.00	0.00	0.93	4.90	1.01	2.86	4.95	2.67
西班牙	0.00	5.19	0.00	3.75	2.70	1.85	3.92	5.05	2.86	0.99	2.67
比利时	1.47	2.60	2.35	1.25	1.80	3.70	2.94	1.01	2.86	2.97	2.35
日本	2.94	2.60	2.35	0.00	2.70	1.85	0.00	3.03	1.90	4.95	2.24
荷兰	2.94	1.30	2.35	2.50	1.80	3.70	0.98	3.03	0.95	2.97	2.24
韩国	2.94	0.00	2.35	1.25	5.41	0.00	0.00	2.02	3.81	2.97	2.14
丹麦	0.00	1.30	2.35	1.25	1.80	2.78	2.94	2.02	3.81	1.98	2.14
罗马尼亚	1.47	1.30	1.18	0.00	3.60	0.93	0.98	4.04	0.95	0.99	1.60
中国香港	1.47	1.30	1.18	1.25	1.80	0.00	3.92	1.01	0.00	2.97	1.50
挪威	2.94	1.30	2.35	0.00	0.90	0.00	0.98	3.03	0.95	2.97	1.50
土耳其	0.00	0.00	0.00	2.50	0.90	2.78	0.98	2.02	1.90	2.97	1.50

表 2-42 声学 C 层人才排名前 20 的国家和地区的占比

单位：%

国家和地区	2011年	2012年	2013年	2014年	2015年	2016年	2017年	2018年	2019年	2020年	合计
美国	19.61	21.57	21.69	16.83	16.80	16.43	15.25	14.46	11.52	12.30	16.33
中国大陆	8.14	9.89	11.08	13.84	14.23	15.69	14.94	17.69	17.08	18.30	14.46
英国	11.46	9.34	10.37	8.35	9.90	8.68	6.46	6.26	7.55	7.68	8.48
法国	5.73	6.59	4.77	5.13	4.85	5.04	4.34	3.78	2.98	2.31	4.45
意大利	3.47	4.95	4.17	4.06	4.54	4.39	4.24	3.99	2.88	6.41	4.32
伊朗	2.56	2.06	2.26	2.63	2.68	4.20	7.63	9.28	5.36	3.05	4.31
德国	4.22	4.53	3.46	3.82	4.64	4.01	4.13	2.91	3.57	3.05	3.82
印度	2.56	2.75	2.98	4.30	4.02	3.27	4.56	4.64	4.97	3.36	3.80
加拿大	5.13	3.43	3.81	3.82	2.06	2.99	2.65	2.70	3.08	3.15	3.20
澳大利亚	3.32	3.02	1.91	3.82	2.68	1.96	2.01	2.37	3.28	3.79	2.79
西班牙	2.11	1.24	2.38	2.51	3.71	2.24	2.22	2.05	2.18	2.42	2.34
日本	1.06	2.06	2.15	2.15	2.58	2.24	2.97	1.94	2.38	1.58	2.15
荷兰	2.41	2.06	2.38	2.39	1.65	1.96	2.33	1.29	1.69	2.31	2.03
韩国	1.66	2.20	2.38	1.91	1.44	1.87	2.12	1.83	1.79	1.68	1.88
巴西	1.51	0.82	1.43	0.84	1.55	1.77	1.48	1.29	1.99	1.89	1.49
中国香港	1.96	1.92	1.55	2.15	1.13	1.49	1.06	1.19	1.29	1.37	1.48
比利时	1.36	1.51	2.03	1.31	1.03	0.84	1.17	1.51	1.19	2.10	1.39
土耳其	1.21	0.69	0.95	0.72	1.65	0.93	1.69	1.94	2.09	1.58	1.38
中国台湾	1.96	2.47	0.60	1.43	0.82	1.49	1.06	0.65	1.89	1.58	1.36
丹麦	1.81	2.06	1.43	1.91	1.65	1.87	1.17	0.54	0.60	0.84	1.35

十五 粒子物理学和场论

粒子物理学和场论 A、B、C 层人才最多的国家是美国，分别占该学科全球 A、B、C 层人才的 8.59%、8.33%、10.69%。

西班牙、英国、法国、德国、意大利、瑞士、日本、比利时、中国大陆、澳大利亚、加拿大、荷兰、俄罗斯的 A 层人才比较多，世界占比在 7%~3% 之间；韩国、瑞典、以色列、丹麦、爱尔兰、阿根廷也有相当数量的 A 层人才，世界占比超过 1%。

德国、英国、法国、意大利、西班牙、瑞士的 B 层人才比较多，世界占比在5%~3%之间；中国大陆、俄罗斯、波兰、荷兰、日本、加拿大、巴西、印度、中国台湾、匈牙利、葡萄牙、捷克、奥地利也有相当数量的B层人才，世界占比超过1%。

德国、英国、意大利、瑞士、法国、西班牙、中国大陆的C层人才比较多，世界占比在7%~3%之间；日本、俄罗斯、加拿大、巴西、波兰、印度、荷兰、葡萄牙、希腊、捷克、瑞典、匈牙利也有相当数量的C层人才，世界占比超过1%。

表2-43 粒子物理学和场论A层人才排名前20的国家和地区的占比

单位：%

国家和地区	2011年	2012年	2013年	2014年	2015年	2016年	2017年	2018年	2019年	2020年	合计
美国	10.71	0.00	16.67	6.45	3.57	4.17	13.79	5.56	15.79	5.41	8.59
西班牙	7.14	0.00	8.33	3.23	7.14	4.17	10.34	5.56	5.26	5.41	6.25
英国	7.14	0.00	8.33	3.23	10.71	4.17	6.90	5.56	5.26	5.41	6.25
法国	7.14	0.00	0.00	6.45	7.14	4.17	6.90	5.56	5.26	5.41	5.47
德国	3.57	0.00	8.33	3.23	3.57	4.17	6.90	5.56	10.53	5.41	5.47
意大利	3.57	0.00	8.33	3.23	10.71	4.17	6.90	2.78	5.26	5.41	5.47
瑞士	3.57	0.00	12.50	6.45	3.57	4.17	6.90	5.56	0.00	5.41	5.47
日本	7.14	0.00	4.17	3.23	0.00	4.17	6.90	2.78	10.53	5.41	4.69
比利时	7.14	0.00	4.17	9.68	3.57	4.17	0.00	2.78	0.00	2.70	3.91
中国大陆	3.57	0.00	0.00	6.45	3.57	0.00	6.90	5.56	5.26	2.70	3.91
澳大利亚	0.00	0.00	4.17	3.23	4.17	3.45	5.56	5.26	2.70	3.52	
加拿大	3.57	0.00	4.17	3.23	4.17	3.45	2.78	5.26	2.70	3.52	
荷兰	3.57	0.00	4.17	3.23	4.17	3.45	5.26	2.70	3.52		
俄罗斯	7.14	0.00	0.00	3.23	4.17	3.45	2.78	0.00	2.70	3.13	
韩国	3.57	0.00	4.17	3.23	4.17	0.00	2.78	0.00	2.70	2.73	
瑞典	0.00	0.00	4.17	3.23	0.00	4.17	2.78	5.26	2.70	2.34	
以色列	3.57	0.00	0.00	0.00	3.57	4.17	2.78	5.26	0.00	2.34	
丹麦	0.00	0.00	4.17	0.00	3.57	4.17	2.78	0.00	2.70	2.34	
爱尔兰	0.00	0.00	0.00	0.00	0.00	0.00	2.78	0.00	5.41	1.95	
阿根廷	0.00	0.00	0.00	3.23	3.57	4.17	0.00	2.78	0.00	2.70	1.95

表2-44 粒子物理学和场论B层人才排名前20的国家和地区的占比

单位：%

国家和地区	2011年	2012年	2013年	2014年	2015年	2016年	2017年	2018年	2019年	2020年	合计
美国	14.68	5.14	4.65	10.53	8.03	7.74	9.15	9.64	5.60	9.09	8.33
德国	6.35	4.79	3.10	6.39	5.02	5.65	4.10	4.82	4.72	4.90	4.97
英国	7.14	2.40	3.49	3.38	4.35	5.06	4.10	3.92	3.54	5.94	4.30
法国	7.14	3.42	3.49	4.14	3.68	4.17	4.10	5.12	2.95	4.90	4.27
意大利	4.37	3.42	3.88	4.14	4.35	4.76	3.79	3.61	2.95	4.55	3.96
西班牙	3.97	3.08	3.10	5.26	3.68	4.46	3.47	4.22	2.95	4.55	3.86
瑞士	5.56	3.42	3.10	4.51	3.01	3.57	3.15	3.92	3.83	4.20	3.80
中国大陆	2.38	2.74	1.94	2.63	2.68	2.98	3.15	3.01	3.83	3.15	2.89
俄罗斯	3.97	2.40	2.33	2.26	2.68	2.98	3.15	2.11	2.06	3.50	2.72
波兰	3.57	2.05	2.33	1.88	3.01	2.38	1.89	3.01	2.06	2.10	2.42
荷兰	3.17	1.37	2.71	1.13	2.68	2.38	1.89	2.41	2.65	3.50	2.38
日本	4.37	1.37	1.94	1.88	1.34	1.49	3.47	2.71	2.36	3.15	2.38
加拿大	3.97	1.37	2.33	1.50	1.67	2.08	3.47	2.11	1.77	3.15	2.32
巴西	1.19	2.05	2.33	1.50	3.01	1.49	2.21	3.01	1.47	1.75	2.02
印度	2.38	1.37	2.71	1.50	2.01	1.79	1.26	1.81	2.36	2.10	1.91
中国台湾	1.19	2.05	1.55	1.13	1.67	1.49	1.89	1.81	1.77	2.10	1.68
匈牙利	0.79	2.05	1.94	2.26	1.34	1.49	1.89	1.51	1.77	1.40	1.65
葡萄牙	0.79	2.40	1.94	1.13	2.01	1.49	1.26	1.81	2.06	1.40	1.65
捷克	0.79	2.05	2.33	1.50	2.01	1.49	1.58	1.51	1.47	1.40	1.61
奥地利	0.40	2.05	1.94	1.50	1.34	1.49	1.26	1.20	2.36	1.40	1.51

表2-45 粒子物理学和场论C层人才排名前20的国家和地区的占比

单位：%

国家和地区	2011年	2012年	2013年	2014年	2015年	2016年	2017年	2018年	2019年	2020年	合计
美国	12.77	10.17	9.40	8.42	9.46	10.72	11.09	9.59	12.23	12.90	10.69
德国	7.77	6.55	5.85	4.87	5.06	6.67	6.74	5.42	6.87	6.91	6.27
英国	5.16	5.12	4.59	4.30	4.46	4.83	4.66	4.45	5.59	5.46	4.87
意大利	5.44	4.39	4.41	4.01	3.92	4.08	3.96	3.81	4.62	4.94	4.34
瑞士	4.84	4.49	4.09	3.76	3.76	4.22	3.61	3.66	4.18	3.70	4.01
法国	4.80	4.84	4.16	3.44	3.82	3.61	3.26	2.95	3.00	3.70	3.72
西班牙	3.72	4.14	3.55	3.19	2.98	3.38	3.42	3.02	3.56	3.92	3.48
中国大陆	2.92	2.58	3.09	2.69	2.48	3.29	3.23	3.26	4.99	5.40	3.43
日本	3.48	3.10	2.98	1.76	2.62	3.09	2.91	2.95	3.09	3.18	2.92

续表

国家和地区	2011年	2012年	2013年	2014年	2015年	2016年	2017年	2018年	2019年	2020年	合计
俄罗斯	2.84	2.86	2.98	2.33	2.45	2.59	2.27	2.19	2.37	2.59	2.53
加拿大	2.48	1.99	2.26	2.04	2.41	2.53	2.94	2.38	3.06	2.41	2.46
巴西	1.80	1.95	2.15	2.40	2.05	2.71	2.27	2.22	2.09	1.64	2.14
波兰	1.96	2.23	2.69	2.15	2.18	1.98	1.88	2.07	1.69	1.85	2.06
印度	1.60	1.67	1.76	1.90	1.37	1.54	2.01	1.52	2.18	2.31	1.79
荷兰	1.72	1.88	1.94	1.72	1.95	2.01	1.57	1.68	1.78	1.70	1.79
葡萄牙	1.36	1.64	1.51	2.18	1.84	1.86	1.69	1.74	1.62	1.23	1.67
希腊	1.56	1.53	1.69	1.97	1.74	1.46	1.28	1.86	1.50	1.48	1.60
捷克	1.28	1.57	1.58	1.79	1.71	1.63	1.60	1.58	1.44	1.17	1.54
瑞典	1.20	1.64	1.72	1.18	1.68	1.66	1.31	1.58	1.56	1.14	1.47
匈牙利	1.16	1.67	1.51	1.61	1.61	1.43	1.37	1.46	1.15	0.99	1.39

十六 核物理

核物理A、B、C层人才最多的国家是美国，分别占该学科全球A、B、C层人才的17.65%、7.83%、8.72%。

日本、法国、荷兰、德国、俄罗斯、英国、中国大陆、奥地利、瑞士的A层人才比较多，世界占比在9%~4%之间；加拿大、韩国、阿根廷、白俄罗斯、比利时、保加利亚、匈牙利也有相当数量的A层人才，世界占比超过1%。

德国、法国、意大利、中国大陆、英国、俄罗斯、西班牙、瑞士的B层人才比较多，世界占比在7%~3%之间；波兰、日本、荷兰、捷克、匈牙利、韩国、巴西、加拿大、奥地利、印度、罗马尼亚也有相当数量的B层人才，世界占比超过1%。

德国、中国大陆、法国、意大利、俄罗斯的C层人才比较多，世界占比在7%~3%之间；英国、日本、西班牙、瑞士、波兰、巴西、印度、捷克、韩国、匈牙利、希腊、土耳其、加拿大、亚美尼亚也有相当数量的C层人才，世界占比超过1%。

表2-46 核物理A层人才的国家和地区的占比

单位：%

国家和地区	2011年	2012年	2013年	2014年	2015年	2016年	2017年	2018年	2019年	2020年	合计
美国	25.00	0.00	40.00	0.00	0.00	0.00	33.33	7.14	12.50	8.33	17.65
日本	16.67	0.00	0.00	0.00	0.00	0.00	22.22	0.00	12.50	0.00	8.82
法国	8.33	0.00	0.00	0.00	0.00	0.00	22.22	7.14	6.25	8.33	8.82
荷兰	8.33	0.00	20.00	0.00	0.00	0.00	0.00	7.14	6.25	8.33	7.35
德国	0.00	0.00	0.00	0.00	0.00	0.00	0.00	7.14	12.50	8.33	5.88
俄罗斯	8.33	0.00	20.00	0.00	0.00	0.00	0.00	7.14	0.00	8.33	5.88
英国	8.33	0.00	0.00	0.00	0.00	0.00	0.00	7.14	6.25	8.33	5.88
中国大陆	0.00	0.00	0.00	0.00	0.00	0.00	22.22	0.00	12.50	0.00	5.88
奥地利	8.33	0.00	0.00	0.00	0.00	0.00	0.00	7.14	6.25	0.00	4.41
瑞士	0.00	0.00	0.00	0.00	0.00	0.00	0.00	7.14	6.25	8.33	4.41
加拿大	0.00	0.00	0.00	0.00	0.00	0.00	0.00	7.14	0.00	8.33	2.94
韩国	8.33	0.00	0.00	0.00	0.00	0.00	0.00	0.00	0.00	8.33	2.94
阿根廷	0.00	0.00	0.00	0.00	0.00	0.00	0.00	7.14	0.00	0.00	1.47
白俄罗斯	0.00	0.00	0.00	0.00	0.00	0.00	0.00	7.14	0.00	0.00	1.47
比利时	0.00	0.00	0.00	0.00	0.00	0.00	0.00	7.14	0.00	0.00	1.47
保加利亚	0.00	0.00	0.00	0.00	0.00	0.00	0.00	7.14	0.00	0.00	1.47
匈牙利	0.00	0.00	20.00	0.00	0.00	0.00	0.00	0.00	0.00	0.00	1.47

表2-47 核物理B层人才排名前20的国家和地区的占比

单位：%

国家和地区	2011年	2012年	2013年	2014年	2015年	2016年	2017年	2018年	2019年	2020年	合计
美国	13.07	3.17	4.00	7.46	9.55	7.69	7.64	7.94	7.74	9.09	7.83
德国	9.80	3.17	2.67	5.22	5.73	7.69	5.73	4.76	7.10	8.44	6.16
法国	5.23	3.17	2.67	4.48	4.46	6.59	2.55	3.97	3.23	3.90	4.08
意大利	5.23	2.38	2.67	2.99	5.10	6.04	1.91	3.97	2.58	5.19	3.88
中国大陆	1.31	3.17	2.67	5.22	3.18	3.85	4.46	3.97	3.87	5.84	3.75
英国	3.27	2.38	2.67	4.48	3.18	4.40	3.18	3.17	2.58	5.84	3.55
俄罗斯	4.58	2.38	2.67	3.73	3.82	2.75	4.46	1.59	3.23	3.25	3.28
西班牙	3.27	2.38	2.67	2.99	3.82	3.30	1.91	3.97	3.23	3.90	3.15
瑞士	3.92	2.38	2.67	3.73	2.55	4.40	2.55	2.38	2.58	3.25	3.08
波兰	3.92	2.38	2.67	1.49	3.82	2.20	3.82	4.76	1.29	1.95	2.81
日本	1.96	1.59	2.00	2.99	0.64	2.75	3.18	3.17	4.52	3.25	2.61
荷兰	3.92	2.38	2.00	2.24	1.91	2.75	0.64	3.17	1.29	2.60	2.28

续表

国家和地区	2011年	2012年	2013年	2014年	2015年	2016年	2017年	2018年	2019年	2020年	合计
捷克	1.31	2.38	2.67	2.24	1.91	1.10	3.82	1.59	2.58	1.95	2.14
匈牙利	1.31	2.38	2.67	2.99	1.27	0.55	1.91	1.59	1.94	1.95	1.81
韩国	1.96	0.79	2.00	3.73	1.27	1.65	2.55	0.00	1.29	2.60	1.81
巴西	1.31	2.38	2.67	2.24	2.55	1.10	1.27	2.38	1.29	1.30	1.81
加拿大	1.96	1.59	2.00	2.24	1.27	3.30	0.64	1.59	1.29	1.95	1.81
奥地利	2.61	2.38	1.33	0.75	1.27	2.20	1.27	1.59	1.29	1.95	1.67
印度	1.31	0.79	2.67	2.99	1.27	0.55	3.18	1.59	0.65	1.95	1.67
罗马尼亚	1.96	2.38	2.67	1.49	1.91	1.65	1.27	1.59	1.29	0.65	1.67

表2-48 核物理C层人才排名前20的国家和地区的占比

单位：%

国家和地区	2011年	2012年	2013年	2014年	2015年	2016年	2017年	2018年	2019年	2020年	合计
美国	10.69	7.91	9.06	8.28	8.49	8.90	9.32	7.45	8.21	8.75	8.72
德国	9.06	6.57	7.42	5.99	5.66	6.01	6.31	4.50	5.06	6.08	6.28
中国大陆	4.43	3.28	3.84	3.23	3.40	4.36	4.46	4.57	4.71	6.45	4.26
法国	5.15	4.89	4.40	3.77	3.54	3.93	3.29	3.61	2.85	4.08	3.95
意大利	4.24	3.82	3.84	3.23	3.61	3.44	3.50	3.10	3.49	3.78	3.61
俄罗斯	4.24	3.55	3.71	3.03	3.68	3.19	3.56	2.73	2.56	3.48	3.37
英国	2.93	3.08	3.27	3.16	2.90	3.25	3.15	2.73	2.39	2.67	2.95
日本	3.06	3.49	3.08	2.62	2.34	3.37	2.95	2.14	3.03	3.19	2.94
西班牙	3.19	3.15	3.21	3.16	2.90	2.82	3.02	2.43	1.86	2.97	2.86
瑞士	3.46	3.22	2.77	3.16	2.76	2.45	2.74	2.80	2.44	2.89	2.86
波兰	3.00	3.28	3.08	2.76	3.04	2.70	2.40	2.36	2.39	2.30	2.74
巴西	2.35	2.01	2.20	2.42	2.12	2.82	2.33	2.51	2.39	2.08	2.33
印度	2.35	1.68	2.77	1.88	2.41	1.78	2.47	1.70	2.33	2.08	2.15
捷克	2.09	1.94	2.14	1.82	2.26	2.27	1.58	1.99	2.04	2.00	2.02
韩国	1.63	1.54	1.95	1.82	1.98	1.66	1.92	1.99	2.21	1.70	1.84
匈牙利	1.63	1.88	1.82	1.75	1.77	1.78	1.51	1.84	1.86	1.56	1.74
希腊	1.30	1.61	1.45	1.75	1.77	1.78	1.44	1.62	1.69	1.78	1.62
土耳其	1.11	1.68	1.51	1.75	1.70	1.60	1.58	1.62	1.80	1.33	1.57
加拿大	1.96	1.41	1.45	1.48	1.27	1.84	1.44	1.62	1.22	1.48	1.52
亚美尼亚	1.17	1.74	1.51	1.62	1.49	1.66	1.44	1.62	1.63	1.19	1.51

十七 核科学和技术

核科学和技术 A、B、C 层人才最多的国家是美国，分别占该学科全球 A、B、C 层人才的 14.29%、15.55%、14.93%。

日本、法国、德国、英国、沙特、土耳其、西班牙、加拿大、中国大陆、韩国、俄罗斯、印度的 A 层人才比较多，世界占比在 10%~3% 之间；澳大利亚、意大利、芬兰、捷克、奥地利、荷兰、瑞典也有相当数量的 A 层人才，世界占比超过 1%。

中国大陆、德国、法国、英国、日本、意大利、印度、瑞士、西班牙的 B 层人才比较多，世界占比在 8%~3% 之间；土耳其、俄罗斯、加拿大、沙特、埃及、韩国、荷兰、马来西亚、比利时、波兰也有相当数量的 B 层人才，世界占比超过 1%。

中国大陆、德国、法国、日本、英国、意大利、印度的 C 层人才比较多，世界占比在 11%~3% 之间；韩国、瑞士、西班牙、俄罗斯、土耳其、比利时、加拿大、瑞典、荷兰、波兰、埃及、伊朗也有相当数量的 C 层人才，世界占比超过 1%。

表 2-49 核科学和技术 A 层人才排名前 20 的国家和地区的占比

单位：%

国家和地区	2011年	2012年	2013年	2014年	2015年	2016年	2017年	2018年	2019年	2020年	合计
美国	6.67	50.00	16.67	31.25	0.00	6.25	16.67	15.38	13.33	6.25	14.29
日本	20.00	0.00	16.67	12.50	0.00	6.25	5.56	23.08	0.00	0.00	9.24
法国	6.67	0.00	16.67	12.50	0.00	6.25	5.56	7.69	13.33	0.00	7.56
德国	6.67	0.00	16.67	6.25	0.00	6.25	5.56	0.00	20.00	0.00	6.72
英国	6.67	50.00	0.00	6.25	0.00	6.25	5.56	7.69	6.67	0.00	5.88
沙特	0.00	0.00	0.00	0.00	0.00	0.00	5.56	7.69	13.33	12.50	5.04
土耳其	0.00	0.00	0.00	0.00	0.00	0.00	5.56	0.00	13.33	12.50	4.20
西班牙	6.67	0.00	0.00	0.00	0.00	6.25	5.56	0.00	6.67	0.00	3.36
加拿大	6.67	0.00	16.67	0.00	0.00	6.25	0.00	0.00	6.67	0.00	3.36
中国大陆	0.00	0.00	0.00	6.25	0.00	0.00	0.00	0.00	0.00	12.50	3.36
韩国	6.67	0.00	0.00	0.00	50.00	6.25	5.56	0.00	0.00	0.00	3.36

续表

国家和地区	2011年	2012年	2013年	2014年	2015年	2016年	2017年	2018年	2019年	2020年	合计
俄罗斯	6.67	0.00	0.00	6.25	0.00	6.25	0.00	0.00	6.67	0.00	3.36
印度	0.00	0.00	0.00	0.00	0.00	0.00	11.11	15.38	0.00	0.00	3.36
澳大利亚	0.00	0.00	0.00	0.00	0.00	6.25	0.00	0.00	0.00	12.50	2.52
意大利	6.67	0.00	0.00	6.25	0.00	6.25	0.00	0.00	0.00	0.00	2.52
芬兰	0.00	0.00	0.00	0.00	50.00	6.25	0.00	7.69	0.00	0.00	2.52
捷克	0.00	0.00	0.00	6.25	0.00	0.00	5.56	0.00	0.00	0.00	1.68
奥地利	6.67	0.00	0.00	0.00	0.00	0.00	0.00	7.69	0.00	0.00	1.68
荷兰	0.00	0.00	0.00	6.25	0.00	0.00	5.56	0.00	0.00	0.00	1.68
瑞典	0.00	0.00	16.67	0.00	0.00	0.00	5.56	0.00	0.00	0.00	1.68

表2-50 核科学和技术B层人才排名前20的国家和地区的占比

单位：%

国家和地区	2011年	2012年	2013年	2014年	2015年	2016年	2017年	2018年	2019年	2020年	合计
美国	10.34	28.70	17.45	16.33	18.92	20.15	12.84	14.29	11.89	7.19	15.55
中国大陆	2.76	4.35	3.36	6.12	7.43	5.22	6.08	12.93	17.48	10.07	7.63
德国	8.97	7.83	11.41	10.88	8.78	7.46	3.38	6.12	6.29	2.88	7.42
法国	7.59	5.22	6.71	10.20	6.76	5.22	3.38	5.44	2.10	3.60	5.65
英国	3.45	7.83	6.71	5.44	5.41	7.46	2.03	4.08	4.20	4.32	5.02
日本	8.28	4.35	7.38	9.52	1.35	5.97	5.41	2.72	2.80	1.44	4.95
意大利	6.21	1.74	5.37	3.40	4.05	2.99	3.38	6.80	6.29	1.44	4.24
印度	2.07	4.35	2.01	3.40	2.03	2.24	3.38	2.04	8.39	5.04	3.46
瑞士	5.52	1.74	4.70	2.72	2.70	5.22	2.70	4.76	0.70	0.72	3.18
西班牙	4.83	1.74	4.03	4.08	5.41	5.22	2.70	1.36	0.00	2.16	3.18
土耳其	2.76	0.87	0.67	0.68	0.68	2.24	1.35	6.12	4.90	7.19	2.76
俄罗斯	1.38	3.48	1.34	2.04	4.73	4.48	2.03	0.68	1.40	4.32	2.54
加拿大	5.52	0.87	3.36	2.72	2.03	3.73	2.03	1.36	0.70	1.44	2.40
沙特	0.69	0.87	0.00	0.00	1.35	0.75	1.35	3.40	6.29	7.19	2.19
埃及	2.07	0.00	0.00	0.00	1.35	1.49	0.68	4.76	3.50	7.19	2.12
韩国	0.69	4.35	2.68	2.04	1.35	1.49	2.03	0.00	1.40	3.60	1.91
荷兰	2.76	0.87	4.03	3.40	0.68	0.75	1.35	1.36	1.40	0.00	1.70
马来西亚	0.00	0.00	0.00	1.36	2.03	0.00	2.70	2.72	2.80	3.60	1.55
比利时	2.07	2.61	2.01	1.36	2.70	0.75	2.03	0.68	0.70	0.00	1.48
波兰	2.07	1.74	2.01	1.36	2.70	0.75	2.70	1.36	0.00	0.00	1.48

表2-51 核科学和技术C层人才排名前20的国家和地区的占比

单位：%

国家和地区	2011年	2012年	2013年	2014年	2015年	2016年	2017年	2018年	2019年	2020年	合计
美国	15.79	16.43	17.34	16.80	16.28	15.69	14.24	12.88	11.42	12.88	14.93
中国大陆	6.09	7.44	7.45	9.08	11.36	11.62	10.51	14.61	13.28	16.68	10.80
德国	11.31	8.41	9.89	7.86	7.65	8.23	6.71	6.85	5.78	4.32	7.70
法国	8.30	9.28	7.97	6.49	6.51	6.31	5.49	5.42	3.99	4.06	6.31
日本	7.56	5.80	5.54	5.05	4.54	5.85	4.20	4.52	3.85	3.20	4.99
英国	4.63	4.83	4.28	4.25	5.68	4.62	4.32	3.99	5.02	3.54	4.52
意大利	5.07	3.57	4.87	4.11	3.41	4.77	4.38	4.59	3.72	3.72	4.24
印度	3.60	3.67	3.39	3.82	1.67	2.85	3.74	3.09	3.17	5.01	3.39
韩国	1.47	2.32	2.73	3.82	3.03	3.00	2.98	2.94	2.96	3.37	2.87
瑞士	3.08	2.13	3.39	2.88	2.73	2.46	2.45	3.09	2.34	1.04	2.59
西班牙	3.38	2.51	1.99	2.24	2.57	2.85	3.09	2.33	1.51	1.99	2.46
俄罗斯	2.64	1.74	1.62	2.38	2.50	3.00	2.45	1.73	2.89	2.42	2.36
土耳其	1.03	1.74	1.40	2.24	1.67	1.92	1.63	3.01	3.44	3.37	2.13
比利时	1.98	2.22	2.80	1.95	2.27	1.31	2.45	1.58	1.58	1.38	1.97
加拿大	1.76	2.13	1.70	1.51	2.27	2.31	1.40	1.88	2.20	1.56	1.86
瑞典	1.62	2.61	2.36	2.24	2.04	1.46	1.93	1.58	1.65	0.52	1.80
荷兰	2.13	1.93	1.92	1.59	1.82	0.92	2.16	1.20	1.10	0.78	1.57
波兰	1.47	1.06	1.77	2.09	1.21	1.62	1.93	1.43	1.03	0.78	1.47
埃及	0.73	1.35	0.59	1.66	0.83	1.00	1.17	1.81	1.38	3.72	1.39
伊朗	0.95	1.35	1.18	1.15	0.76	1.46	1.17	1.43	1.03	2.94	1.31

十八 流体物理和等离子体物理

流体物理和等离子体物理A、B、C层人才最多的国家是美国，分别占该学科全球A、B、C层人才的28.26%、20.00%、19.67%。

法国、中国大陆、英国、德国、意大利、澳大利亚的A层人才比较多，世界占比在8%～4%之间；西班牙、伊朗、瑞士、荷兰、沙特、葡萄牙、印度、比利时、加拿大、塞浦路斯、捷克、罗马尼亚、日本也有相当数量的A层人才，世界占比超过1%。

中国大陆、英国、德国、法国、意大利、印度的B层人才比较多,世界占比在10%～3%之间;西班牙、日本、俄罗斯、荷兰、伊朗、澳大利亚、比利时、瑞士、葡萄牙、加拿大、芬兰、瑞典、波兰也有相当数量的B层人才,世界占比超过1%。

中国大陆、英国、德国、法国、意大利的C层人才比较多,世界占比在11%～3%之间;日本、印度、荷兰、西班牙、澳大利亚、俄罗斯、瑞士、瑞典、韩国、比利时、加拿大、葡萄牙、伊朗、捷克也有相当数量的C层人才,世界占比超过1%。

表2-52 流体物理和等离子体物理A层人才排名前20的国家和地区的占比

单位:%

国家和地区	2011年	2012年	2013年	2014年	2015年	2016年	2017年	2018年	2019年	2020年	合计
美国	33.33	30.77	27.27	21.43	31.25	11.76	46.67	23.53	37.50	26.67	28.26
法国	0.00	7.69	18.18	21.43	0.00	11.76	0.00	5.88	0.00	6.67	7.25
中国大陆	0.00	15.38	0.00	0.00	6.25	0.00	6.67	17.65	25.00	6.67	7.25
英国	8.33	0.00	9.09	14.29	12.50	5.88	0.00	5.88	0.00	6.67	6.52
德国	8.33	0.00	9.09	0.00	6.25	5.88	20.00	0.00	0.00	6.67	5.80
意大利	16.67	7.69	9.09	7.14	6.25	5.88	0.00	0.00	0.00	0.00	5.07
澳大利亚	8.33	15.38	9.09	7.14	0.00	0.00	0.00	0.00	12.50	0.00	4.35
西班牙	8.33	0.00	0.00	0.00	0.00	0.00	0.00	5.88	12.50	6.67	2.90
伊朗	0.00	7.69	9.09	0.00	6.25	0.00	0.00	0.00	0.00	0.00	2.17
瑞士	0.00	0.00	0.00	0.00	0.00	6.25	0.00	0.00	12.50	6.67	2.17
荷兰	0.00	0.00	0.00	9.09	0.00	0.00	5.88	6.67	0.00	0.00	2.17
沙特	0.00	0.00	0.00	0.00	0.00	5.88	0.00	5.88	0.00	6.67	2.17
葡萄牙	8.33	0.00	0.00	0.00	0.00	0.00	13.33	0.00	0.00	0.00	2.17
印度	0.00	7.69	0.00	7.14	0.00	0.00	0.00	0.00	0.00	6.67	2.17
比利时	0.00	0.00	0.00	0.00	0.00	5.88	6.67	0.00	0.00	0.00	1.45
加拿大	0.00	0.00	0.00	7.14	0.00	5.88	0.00	0.00	0.00	0.00	1.45
塞浦路斯	0.00	0.00	0.00	0.00	0.00	0.00	0.00	0.00	13.33	0.00	1.45
捷克	0.00	0.00	0.00	7.14	0.00	5.88	0.00	0.00	0.00	0.00	1.45
罗马尼亚	0.00	0.00	0.00	0.00	0.00	0.00	0.00	11.76	0.00	0.00	1.45
日本	0.00	0.00	0.00	0.00	6.25	5.88	0.00	0.00	0.00	0.00	1.45

表2–53 流体物理和等离子体物理B层人才排名前20的国家和地区的占比

单位：%

国家和地区	2011年	2012年	2013年	2014年	2015年	2016年	2017年	2018年	2019年	2020年	合计
美国	28.68	19.67	24.30	26.87	17.01	20.81	11.63	19.87	15.88	20.16	20.00
中国大陆	5.43	9.02	14.02	6.72	10.20	6.71	8.72	9.62	7.65	13.95	9.05
英国	8.53	9.84	12.15	7.46	6.12	6.71	6.40	7.69	4.12	5.43	7.21
德国	8.53	2.46	4.67	5.97	4.76	12.75	8.14	5.77	7.06	4.65	6.64
法国	7.75	2.46	9.35	9.70	4.08	8.72	4.65	7.05	7.06	6.20	6.64
意大利	3.88	3.28	1.87	3.73	3.40	0.67	4.65	3.85	4.71	2.33	3.32
印度	0.78	2.46	2.80	4.48	2.04	4.70	1.16	3.21	1.18	8.53	3.04
西班牙	2.33	4.92	3.74	5.22	4.08	0.67	3.49	1.92	2.35	0.78	2.90
日本	0.78	6.56	2.80	2.99	0.68	2.68	4.07	2.56	4.12	0.78	2.83
俄罗斯	0.78	4.10	0.93	0.75	4.76	4.03	2.91	1.92	1.76	2.33	2.47
荷兰	4.65	0.00	1.87	1.49	2.04	4.03	3.49	1.28	2.35	3.10	2.47
伊朗	1.55	3.28	1.87	2.99	0.68	6.04	2.33	3.21	0.59	1.55	2.40
澳大利亚	1.55	3.28	0.93	2.99	1.36	2.68	2.91	1.92	2.35	3.10	2.33
比利时	1.55	0.00	1.87	1.49	3.40	2.01	2.33	0.64	3.53	3.10	2.05
瑞士	2.33	0.82	0.93	0.75	3.40	3.36	1.74	1.28	1.18	0.78	1.70
葡萄牙	0.78	0.82	0.93	1.49	1.36	2.01	2.91	1.28	1.18	1.55	1.48
加拿大	1.55	2.46	0.00	2.24	0.00	0.00	2.91	1.28	1.76	1.55	1.41
芬兰	2.33	1.64	1.87	2.24	2.04	0.00	1.74	0.64	1.18	0.78	1.41
瑞典	0.00	1.64	0.93	1.49	3.40	1.34	0.58	1.28	1.18	1.55	1.34
波兰	1.55	0.00	0.93	0.75	0.68	2.01	1.16	1.28	3.53	0.00	1.27

表2–54 流体物理和等离子体物理C层人才排名前20的国家和地区的占比

单位：%

国家和地区	2011年	2012年	2013年	2014年	2015年	2016年	2017年	2018年	2019年	2020年	合计
美国	24.66	23.79	21.10	23.46	16.98	21.17	17.74	16.20	14.86	18.91	19.67
中国大陆	7.26	9.13	10.15	9.00	7.97	10.55	11.30	10.73	11.53	13.40	10.16
英国	8.22	7.20	8.87	8.47	7.69	8.58	7.84	6.73	6.58	7.50	7.75
德国	8.38	9.05	7.75	7.95	6.93	7.34	7.41	6.40	6.99	8.81	7.64
法国	7.90	8.12	7.91	8.02	6.44	6.68	6.32	6.00	6.17	6.51	6.94
意大利	3.59	3.60	3.44	5.02	3.67	3.93	3.89	3.27	3.26	4.06	3.77
日本	3.59	2.09	2.24	2.85	3.40	2.56	2.79	3.47	3.05	2.83	2.90
印度	2.23	2.68	2.24	2.62	2.43	2.16	2.67	3.53	3.19	4.82	2.86
荷兰	1.84	3.02	3.28	2.40	3.05	2.42	2.31	2.80	2.51	2.76	2.63
西班牙	2.55	1.93	2.96	2.70	2.63	2.42	2.61	2.33	2.99	2.37	2.56

续表

国家和地区	2011年	2012年	2013年	2014年	2015年	2016年	2017年	2018年	2019年	2020年	合计
澳大利亚	2.15	2.01	2.80	2.85	2.22	2.49	2.13	2.53	1.97	1.99	2.31
俄罗斯	2.15	1.76	1.60	1.95	2.63	2.69	2.07	3.00	2.58	1.68	2.24
瑞士	1.92	1.51	1.84	1.42	2.22	1.64	1.64	2.27	2.17	1.91	1.86
瑞典	1.68	1.51	2.08	1.87	1.73	1.51	2.19	1.60	1.90	1.45	1.76
韩国	1.52	1.68	1.60	1.72	2.15	1.97	1.52	1.73	1.56	1.45	1.69
比利时	1.36	0.92	1.84	1.12	1.87	1.57	1.88	1.67	1.76	1.38	1.56
加拿大	1.68	1.93	1.44	1.27	1.59	1.44	1.28	1.20	1.49	1.38	1.46
葡萄牙	1.12	0.84	1.92	1.72	1.39	0.85	1.28	1.47	1.76	1.07	1.34
伊朗	1.84	2.09	1.36	1.20	1.18	1.51	1.64	0.67	0.75	1.00	1.31
捷克	0.56	0.59	0.80	0.37	1.46	1.18	1.64	1.40	1.42	0.69	1.05

十九 应用物理学

应用物理学A、B、C层人才主要集中在美国和中国大陆，二者A、B、C层人才的世界占比合计为49.87%、52.95%、44.96%，其中，美国的A层人才多于中国大陆，B、C层人才少于中国大陆；在发展趋势上，中国大陆呈现相对上升趋势，美国呈现相对下降趋势。

英国、日本、德国、澳大利亚、新加坡、韩国的A层人才比较多，世界占比在6%~3%之间；意大利、沙特、法国、瑞士、加拿大、瑞典、西班牙、荷兰、中国香港、中国台湾、比利时、奥地利也有相当数量的A层人才，世界占比超过或接近0.5%。

德国、韩国、新加坡、英国、日本、澳大利亚的B层人才比较多，世界占比在6%~3%之间；中国香港、法国、加拿大、瑞士、西班牙、沙特、意大利、荷兰、印度、中国台湾、瑞典、比利时也有相当数量的B层人才，世界占比超过或接近1%。

德国、韩国、日本、英国的C层人才比较多，世界占比在7%~3%之间；法国、澳大利亚、新加坡、印度、意大利、西班牙、加拿大、中国香港、瑞士、荷兰、中国台湾、俄罗斯、沙特、瑞典也有相当数量的C层人才，世界占比超过1%。

表 2-55 应用物理学 A 层人才排名前 20 的国家和地区的占比

单位：%

国家和地区	2011 年	2012 年	2013 年	2014 年	2015 年	2016 年	2017 年	2018 年	2019 年	2020 年	合计
美国	34.38	28.57	35.71	34.75	21.19	26.19	24.81	17.91	21.90	20.55	26.04
中国大陆	18.75	17.14	15.18	20.34	14.41	20.63	28.68	29.85	30.66	35.62	23.83
英国	5.21	7.62	8.04	11.02	6.78	5.56	5.43	2.24	2.92	4.11	5.73
日本	6.25	6.67	6.25	1.69	5.93	3.17	4.65	5.22	6.57	3.42	4.91
德国	6.25	6.67	1.79	3.39	5.93	5.56	5.43	2.99	4.38	5.48	4.75
澳大利亚	1.04	1.90	2.68	2.54	3.39	6.35	7.75	6.72	2.92	5.48	4.26
新加坡	5.21	7.62	4.46	2.54	3.39	3.97	0.78	3.73	5.11	2.74	3.85
韩国	4.17	2.86	4.46	0.85	5.08	7.14	0.78	3.73	5.11	2.05	3.60
意大利	1.04	1.90	1.79	0.85	4.24	2.38	2.33	2.99	3.65	3.42	2.54
沙特	2.08	0.00	0.00	0.00	3.39	2.38	3.88	4.48	3.65	1.37	2.21
法国	1.04	2.86	2.68	1.69	3.39	2.38	1.55	2.24	0.73	2.74	2.13
瑞士	1.04	0.00	3.57	3.39	6.78	0.00	0.78	2.24	2.19	0.68	2.05
加拿大	3.13	0.00	0.00	1.69	2.54	3.17	3.10	1.49	2.19	1.37	1.88
瑞典	2.08	0.95	0.89	0.00	0.85	3.17	0.78	1.49	2.19	4.11	1.72
西班牙	3.13	0.95	0.89	4.24	3.39	0.00	0.78	0.00	0.73	1.37	1.47
荷兰	1.04	2.86	0.89	0.85	3.39	3.17	0.78	1.49	0.73	0.00	1.47
中国香港	1.04	0.00	0.00	3.39	0.00	0.00	0.78	3.73	0.73	2.74	1.31
中国台湾	0.00	3.81	1.79	0.85	0.00	0.79	1.55	0.00	0.73	0.00	0.90
比利时	0.00	1.90	0.89	0.85	0.85	0.79	0.00	1.49	0.73	0.00	0.74
奥地利	0.00	0.00	0.89	0.00	0.85	0.00	0.78	0.75	0.73	0.00	0.41

表 2-56 应用物理学 B 层人才排名前 20 的国家和地区的占比

单位：%

国家和地区	2011 年	2012 年	2013 年	2014 年	2015 年	2016 年	2017 年	2018 年	2019 年	2020 年	合计
中国大陆	14.89	16.32	20.93	24.19	26.95	31.28	36.12	39.54	39.97	38.65	29.88
美国	32.88	29.26	28.23	25.86	26.48	22.70	22.37	19.11	16.94	13.14	23.07
德国	8.13	6.32	6.12	6.70	5.26	4.51	4.27	3.04	3.54	4.28	5.06
韩国	4.47	5.79	6.32	5.40	5.16	4.07	3.33	3.28	3.04	2.88	4.27
新加坡	1.72	3.68	3.75	4.84	3.38	4.77	4.53	4.76	5.02	2.80	3.98
英国	4.93	4.95	4.05	4.28	4.13	3.55	3.25	3.36	2.88	3.65	3.84
日本	5.61	5.05	4.24	4.09	3.47	3.47	2.22	2.13	2.96	3.03	3.52
澳大利亚	1.95	2.32	2.37	2.42	3.10	3.55	4.01	4.10	4.44	5.52	3.49
中国香港	1.15	1.05	1.38	1.49	2.35	2.51	2.82	3.36	3.29	3.58	2.40

续表

国家和地区	2011年	2012年	2013年	2014年	2015年	2016年	2017年	2018年	2019年	2020年	合计
法国	2.86	2.84	2.86	2.51	1.78	2.25	1.88	1.39	1.23	1.01	2.00
加拿大	2.29	2.21	1.28	1.40	1.88	1.99	1.79	1.48	2.22	2.41	1.90
瑞士	1.83	2.21	1.97	2.14	1.60	1.91	0.94	1.15	1.48	1.48	1.64
西班牙	2.75	1.89	1.78	1.12	1.41	1.21	0.85	1.31	1.73	1.09	1.47
沙特	0.92	0.63	0.89	1.67	1.78	1.82	1.71	2.13	1.56	1.24	1.47
意大利	1.72	1.37	2.57	1.30	0.85	1.13	1.11	0.41	1.07	1.56	1.28
荷兰	2.18	2.84	1.38	0.93	0.85	0.61	0.51	0.74	0.49	1.32	1.13
印度	1.03	1.16	1.28	0.56	0.94	0.87	0.51	0.74	1.15	1.63	0.99
中国台湾	0.34	1.37	0.69	1.77	0.75	1.04	0.60	1.07	0.82	1.01	0.95
瑞典	0.92	1.05	0.59	1.12	0.85	0.95	0.68	1.31	0.99	0.62	0.91
比利时	0.92	0.84	0.89	0.65	0.47	0.43	0.43	0.33	0.58	0.70	0.61

表2–57 应用物理学C层人才排名前20的国家和地区的占比

单位：%

国家和地区	2011年	2012年	2013年	2014年	2015年	2016年	2017年	2018年	2019年	2020年	合计
中国大陆	13.21	15.15	18.79	21.22	24.20	25.88	30.58	33.66	35.60	32.72	25.88
美国	24.79	24.65	22.81	20.98	20.82	18.57	17.81	16.42	14.60	13.22	19.08
德国	9.19	7.74	7.40	6.85	5.88	5.99	5.25	4.88	4.21	4.36	6.02
韩国	4.80	4.28	4.43	4.58	4.80	4.36	4.50	4.79	4.78	4.37	4.57
日本	5.76	5.50	4.82	4.60	3.92	3.89	3.64	3.08	2.91	2.65	3.97
英国	4.60	4.39	4.37	4.51	3.98	4.08	3.73	3.50	3.23	3.46	3.94
法国	4.19	4.34	4.08	3.34	3.07	2.78	2.32	1.94	1.54	1.78	2.84
澳大利亚	1.89	2.03	1.82	2.27	2.61	2.52	2.76	2.92	3.43	3.29	2.60
新加坡	1.91	2.51	2.28	2.44	2.71	2.56	2.71	2.73	2.62	2.66	2.53
印度	2.47	2.22	2.51	2.44	2.39	2.20	2.16	2.13	2.04	2.68	2.32
意大利	2.51	2.17	2.37	2.29	2.15	2.04	1.73	1.74	1.73	2.11	2.06
西班牙	2.44	2.44	2.21	2.35	2.10	1.93	1.79	1.81	1.59	1.86	2.02
加拿大	2.10	1.89	1.99	2.02	2.03	2.09	1.73	1.65	1.56	1.72	1.86
中国香港	1.05	1.18	1.12	1.61	1.65	1.70	1.97	2.18	2.21	2.25	1.74
瑞士	1.94	2.28	2.00	1.82	1.77	1.72	1.42	1.61	1.12	1.14	1.65
荷兰	1.79	1.71	1.48	1.46	1.32	1.25	1.20	0.88	1.02	0.90	1.27
中国台湾	1.55	1.68	1.49	1.45	1.21	1.21	1.23	0.92	1.07	0.98	1.26
俄罗斯	1.08	1.26	1.20	1.16	1.02	1.28	1.09	1.14	1.10	1.15	1.15
沙特	0.30	0.54	0.81	0.99	1.38	1.24	1.12	1.20	1.21	1.87	1.10
瑞典	1.20	1.35	1.30	1.22	1.01	1.14	0.95	1.09	0.89	0.85	1.09

二十 多学科物理

多学科物理 A、B、C 层人才最多的国家是美国,分别占该学科全球 A、B、C 层人才的 17.53%、19.03%、18.20%。

德国、英国、中国大陆、法国、意大利、日本、西班牙、瑞士、韩国的 A 层人才比较多,世界占比在 8%~3%之间;比利时、俄罗斯、荷兰、澳大利亚、加拿大、匈牙利、印度、中国香港、中国台湾、波兰也有相当数量的 A 层人才,世界占比超过 1%。

德国、中国大陆、英国、日本、法国、瑞士、西班牙、意大利、加拿大的 B 层人才比较多,世界占比在 10%~3%之间;荷兰、俄罗斯、奥地利、澳大利亚、波兰、韩国、印度、以色列、中国台湾、巴西也有相当数量的 B 层人才,世界占比超过 1%。

德国、中国大陆、英国、法国、日本、意大利、瑞士的 C 层人才比较多,世界占比在 10%~3%之间;西班牙、加拿大、俄罗斯、荷兰、澳大利亚、奥地利、印度、韩国、以色列、沙特、瑞典、波兰也有相当数量的 C 层人才,世界占比超过 1%。

表 2-58 多学科物理 A 层人才排名前 20 的国家和地区的占比

单位:%

国家和地区	2011年	2012年	2013年	2014年	2015年	2016年	2017年	2018年	2019年	2020年	合计
美国	39.39	22.73	23.81	24.32	12.50	5.13	7.32	27.59	9.38	3.57	17.53
德国	6.06	11.36	11.90	8.11	7.50	5.13	4.88	6.90	6.25	3.57	7.40
英国	3.03	6.82	9.52	10.81	7.50	5.13	4.88	3.45	6.25	3.57	6.30
中国大陆	6.06	6.82	7.14	5.41	10.00	5.13	4.88	0.00	6.25	3.57	5.75
法国	9.09	2.27	7.14	0.00	7.50	5.13	4.88	10.34	6.25	7.14	5.75
意大利	6.06	2.27	7.14	5.41	7.50	5.13	4.88	3.45	6.25	7.14	5.48
日本	3.03	2.27	4.76	5.41	0.00	5.13	4.88	13.79	6.25	3.57	4.66
西班牙	3.03	2.27	4.76	2.70	7.50	5.13	4.88	0.00	3.13	3.57	3.84
瑞士	6.06	2.27	0.00	8.11	2.50	0.00	2.44	3.45	6.25	3.57	3.29
韩国	0.00	4.55	2.38	2.70	2.50	5.13	4.88	0.00	3.13	3.57	3.01
比利时	0.00	2.27	0.00	2.70	2.50	5.13	4.88	0.00	6.25	3.57	2.74

续表

国家和地区	2011年	2012年	2013年	2014年	2015年	2016年	2017年	2018年	2019年	2020年	合计
俄罗斯	3.03	2.27	0.00	0.00	2.50	5.13	4.88	3.45	3.13	3.57	2.74
荷兰	0.00	2.27	0.00	0.00	5.00	5.13	4.88	3.45	3.13	3.57	2.74
澳大利亚	0.00	2.27	2.38	0.00	2.50	5.13	4.88	0.00	3.13	3.57	2.47
加拿大	3.03	2.27	0.00	0.00	2.50	5.13	4.88	0.00	3.13	3.57	2.47
匈牙利	0.00	2.27	2.38	0.00	5.00	5.13	4.88	0.00	3.13	0.00	2.47
印度	3.03	0.00	2.38	0.00	2.50	5.13	4.88	0.00	3.13	0.00	2.19
中国香港	0.00	4.55	2.38	5.41	0.00	2.56	0.00	0.00	3.13	3.57	2.19
中国台湾	0.00	2.27	2.38	0.00	2.50	5.13	4.88	0.00	3.13	0.00	2.19
波兰	0.00	0.00	0.00	0.00	2.50	5.13	4.88	0.00	3.13	0.00	1.64

表2-59 多学科物理B层人才排名前20的国家和地区的占比

单位：%

国家和地区	2011年	2012年	2013年	2014年	2015年	2016年	2017年	2018年	2019年	2020年	合计
美国	20.94	23.16	22.43	24.87	15.76	17.82	20.24	20.05	12.69	14.53	19.03
德国	9.73	13.74	9.76	9.89	9.56	9.04	8.05	10.59	6.68	4.42	9.02
中国大陆	3.83	5.60	3.17	6.42	4.91	8.24	8.05	7.66	8.24	9.89	6.76
英国	5.31	6.11	5.28	6.42	5.17	6.65	4.88	7.66	3.12	4.63	5.49
日本	5.90	5.34	3.69	5.08	3.62	3.19	5.61	4.28	5.79	5.26	4.79
法国	4.42	4.58	4.75	5.88	4.13	5.59	4.39	4.28	3.79	3.79	4.52
瑞士	4.13	5.09	5.01	2.94	2.58	3.99	3.90	5.63	2.67	2.53	3.83
西班牙	3.83	3.05	3.69	4.28	3.36	3.99	4.63	4.28	3.56	2.11	3.65
意大利	3.54	3.31	4.22	3.21	2.58	4.79	3.17	3.60	2.90	2.95	3.40
加拿大	3.24	3.31	2.90	4.01	3.10	3.99	2.93	2.25	2.45	3.37	3.13
荷兰	1.77	1.53	3.96	2.94	3.88	2.39	2.20	3.15	2.23	2.11	2.61
俄罗斯	2.65	2.04	2.90	2.67	2.58	3.72	2.68	2.25	2.67	1.68	2.56
奥地利	2.36	3.82	1.06	2.14	1.81	1.33	1.22	1.80	2.23	1.47	1.91
澳大利亚	1.77	2.04	1.85	1.60	2.33	2.13	1.71	1.58	2.23	1.68	1.89
波兰	1.47	0.76	2.11	1.34	1.55	1.60	1.71	1.80	1.78	1.89	1.61
韩国	1.77	1.53	1.58	1.60	1.29	1.60	1.95	1.13	1.78	1.05	1.52
印度	1.18	1.27	0.79	0.53	1.03	1.60	1.46	0.68	1.56	4.21	1.49
以色列	2.36	2.54	1.32	1.34	1.29	0.53	0.73	1.80	1.34	1.05	1.42
中国台湾	0.59	1.02	1.58	1.07	1.29	1.86	0.98	0.45	1.56	2.74	1.34
巴西	2.06	1.02	1.06	0.53	1.81	2.13	1.46	0.90	1.11	1.05	1.29

表 2-60 多学科物理 C 层人才排名前 20 的国家和地区的占比

单位：%

国家和地区	2011 年	2012 年	2013 年	2014 年	2015 年	2016 年	2017 年	2018 年	2019 年	2020 年	合计
美国	20.01	20.93	19.68	18.86	19.68	18.96	17.71	16.15	16.72	14.54	18.20
德国	10.96	9.64	10.80	9.53	10.06	9.23	9.76	7.91	7.43	7.12	9.16
中国大陆	5.79	5.77	6.75	6.78	8.34	7.47	8.54	9.45	10.94	10.90	8.19
英国	6.03	6.00	6.17	6.73	7.23	6.96	7.03	5.53	5.88	4.81	6.20
法国	6.26	5.57	6.22	6.16	5.61	5.69	5.04	4.57	4.07	3.74	5.23
日本	4.82	4.81	4.03	3.88	3.95	4.50	4.00	4.14	3.97	3.78	4.17
意大利	3.75	3.10	3.29	4.07	3.73	3.18	3.63	3.74	3.01	3.09	3.45
瑞士	3.69	3.56	3.77	3.47	3.26	3.26	3.30	3.45	2.92	2.51	3.30
西班牙	2.93	3.33	3.53	2.99	2.83	2.67	2.91	2.64	2.59	2.35	2.86
加拿大	2.78	2.67	2.58	3.20	3.13	2.24	2.43	2.38	2.59	2.22	2.61
俄罗斯	2.19	2.21	2.06	2.61	2.67	2.40	2.28	2.07	1.76	2.26	2.24
荷兰	2.69	2.49	1.84	1.82	2.15	2.29	1.99	2.17	1.90	1.72	2.09
澳大利亚	1.92	1.78	1.55	1.33	1.54	1.81	1.64	1.52	1.36	1.43	1.58
奥地利	1.51	1.86	1.74	1.74	1.38	1.46	1.47	1.55	1.76	1.03	1.54
印度	1.12	0.94	1.29	1.28	1.40	1.11	1.51	1.60	1.74	2.55	1.48
韩国	1.39	1.58	1.26	1.30	1.56	1.29	1.47	1.43	1.43	1.39	1.41
以色列	1.18	1.35	1.21	1.33	1.77	1.51	1.56	1.17	1.53	1.10	1.37
沙特	0.12	0.23	0.50	0.49	0.66	1.24	1.89	1.43	1.76	3.00	1.19
瑞典	1.36	1.14	1.58	1.06	1.14	1.43	1.19	0.79	1.11	1.10	1.18
波兰	1.12	1.20	1.21	1.41	1.19	1.16	1.22	1.21	0.92	1.07	1.17

第二节 学科组

在数学与物理学各学科人才分析的基础上，按照 A、B、C 层三个人才层次，对各学科人才进行汇总分析，可以从学科组层面揭示人才的分布特点和发展趋势。

一 A 层人才

数学与物理学 A 层人才最多的国家是美国，占该学科组全球 A 层人才的21.13%,中国大陆以13.86%的世界占比排名第二,二者的A层人才合计超过全球的1/3;其后是英国、德国,世界占比分别为5.85%、5.54%;法国、意大利、日本、澳大利亚、加拿大、瑞士、西班牙、韩国的A层人才也比较多,世界占比在4%~2%之间;沙特、荷兰、新加坡、伊朗、印度、土耳其、俄罗斯、比利时、瑞典、中国台湾、中国香港也有相当数量的A层人才,世界占比超过1%;南非、罗马尼亚、丹麦、波兰、奥地利、以色列、巴基斯坦、芬兰、葡萄牙、巴西、爱尔兰、智利、马来西亚、匈牙利、捷克、墨西哥、希腊也有一定数量的A层人才,世界占比低于1%。

在发展趋势上,美国、英国、德国、法国、加拿大呈现相对下降趋势,中国大陆、澳大利亚、沙特、伊朗呈现相对上升趋势,其他国家和地区没有呈现明显变化。

表2-61 数学与物理学A层人才排名前40的国家和地区的占比

单位:%

国家和地区	2011年	2012年	2013年	2014年	2015年	2016年	2017年	2018年	2019年	2020年	合计
美国	28.65	27.61	30.39	25.12	19.23	18.33	19.73	20.33	15.30	12.65	21.13
中国大陆	6.37	11.86	6.94	9.36	11.87	13.50	15.02	18.54	19.62	20.63	13.86
英国	6.74	4.91	7.69	9.03	6.69	6.91	5.77	4.04	3.61	4.13	5.85
德国	5.99	4.91	8.07	6.08	7.19	5.31	6.22	3.59	5.05	3.85	5.54
法国	5.62	3.48	5.25	5.58	3.34	3.22	3.19	2.84	2.74	3.30	3.78
意大利	3.75	2.86	3.38	4.43	5.18	3.70	2.28	1.94	2.45	3.71	3.34
日本	5.06	3.27	3.19	2.46	3.18	2.41	2.43	4.04	3.32	2.75	3.18
澳大利亚	1.69	3.07	3.00	2.63	3.18	3.38	4.55	2.99	3.61	3.16	3.16
加拿大	5.24	1.84	2.06	3.45	2.84	3.22	3.19	1.35	2.60	2.28	2.80
瑞士	2.43	1.23	2.25	3.61	4.01	1.77	1.82	2.99	2.60	2.20	2.51
西班牙	3.56	1.23	1.88	3.78	3.01	1.61	2.28	1.05	1.88	2.75	2.30
韩国	2.25	1.64	2.44	1.31	3.34	3.54	1.06	1.94	2.45	1.51	2.14
沙特	0.37	0.61	0.56	0.66	2.17	2.89	2.12	3.29	3.17	2.89	1.99
荷兰	1.69	2.86	1.69	1.48	2.51	2.57	1.67	2.09	1.59	0.69	1.84
新加坡	1.50	2.86	1.88	1.15	1.84	1.93	0.76	1.20	2.16	1.65	1.66
伊朗	0.00	1.84	1.88	0.33	1.34	0.96	0.91	2.54	2.89	3.03	1.63

续表

国家和地区	2011年	2012年	2013年	2014年	2015年	2016年	2017年	2018年	2019年	2020年	合计
印度	1.31	2.66	1.31	0.66	2.17	1.29	1.37	1.35	1.59	2.34	1.60
土耳其	0.75	0.41	0.38	0.82	0.50	1.45	1.52	1.20	2.16	3.58	1.37
俄罗斯	1.50	1.43	2.63	0.99	0.84	1.13	1.52	1.05	1.01	1.24	1.30
比利时	1.12	1.64	1.50	1.15	1.34	1.45	1.82	1.49	1.01	0.41	1.27
瑞典	0.75	0.61	1.31	0.66	0.67	1.61	1.21	1.35	2.02	2.06	1.27
中国台湾	0.56	1.84	0.56	0.82	1.00	1.13	1.52	0.90	1.15	2.61	1.24
中国香港	0.56	1.43	0.75	1.48	0.33	0.48	1.06	1.64	0.58	1.93	1.04
南非	0.19	0.00	0.56	0.49	0.17	1.77	1.21	1.79	0.87	1.65	0.93
罗马尼亚	0.19	0.20	0.56	0.49	0.50	0.64	1.06	1.49	1.88	1.51	0.91
丹麦	1.87	1.23	1.31	1.31	1.00	0.64	0.76	0.60	0.00	0.69	0.90
波兰	0.75	0.61	0.00	1.15	1.00	1.29	1.52	0.45	0.87	0.83	0.86
奥地利	2.43	0.61	0.56	0.33	0.50	0.48	0.76	1.64	0.72	0.55	0.85
以色列	0.94	1.23	0.75	1.15	0.67	0.96	0.30	0.75	0.43	0.28	0.72
巴基斯坦	0.00	0.20	0.38	0.00	0.67	0.96	0.61	1.05	1.88	0.69	0.68
芬兰	0.19	1.23	0.38	0.82	0.50	1.13	0.61	0.60	0.58	0.55	0.65
葡萄牙	1.31	1.02	0.38	0.49	0.00	0.32	1.52	0.30	0.29	0.96	0.65
巴西	0.75	0.20	0.56	0.33	0.84	0.96	0.76	0.90	0.29	0.14	0.57
爱尔兰	0.19	0.00	1.13	1.15	0.17	0.64	0.30	0.60	0.00	0.55	0.47
智利	0.37	0.41	0.19	1.31	0.84	0.48	0.15	0.30	0.43	0.14	0.46
马来西亚	0.37	0.61	0.00	0.49	0.50	0.48	0.15	0.45	0.87	0.41	0.44
匈牙利	0.00	0.41	0.56	0.00	1.17	0.48	0.76	0.15	0.29	0.28	0.41
捷克	0.37	0.61	0.19	0.66	0.17	0.48	0.46	0.15	0.43	0.41	0.39
墨西哥	0.37	0.20	0.00	0.49	0.84	0.16	0.30	0.60	0.14	0.55	0.38
希腊	0.75	0.41	0.38	0.16	0.17	0.64	0.00	0.30	0.14	0.00	0.28

二 B层人才

数学与物理学B层人才最多的国家是美国，占该学科组全球B层人才的18.06%，中国大陆以17.17%的世界占比排名第二，二者的B层人才合计超过全球的1/3；其后是德国、英国，世界占比分别为5.54%、5.21%；法国、意大利、澳大利亚、日本、加拿大、西班牙、韩国、沙特、瑞士的B层人才也比较多，世界占比在4%~2%之间；印度、伊朗、荷兰、新加坡、中国香港、俄罗斯、土耳其、中国台湾也有相当数量的B层人才，世界占比超过1%；瑞典、巴基斯坦、波兰、比利时、丹麦、罗马尼亚、奥地利、巴西、以色列、南非、葡萄牙、芬兰、埃及、马来西亚、希腊、捷克、匈牙利、挪威、越南也有一定数量的B层人才，世界占比低于1%。

在发展趋势上，美国、德国、英国、法国、西班牙呈现相对下降趋势，中国大陆、沙特、伊朗呈现相对上升趋势，其他国家和地区没有呈现明显变化。

表2-62 数学与物理学B层人才排名前40的国家和地区的占比

单位：%

国家和地区	2011年	2012年	2013年	2014年	2015年	2016年	2017年	2018年	2019年	2020年	合计
美国	25.87	22.17	22.56	20.49	19.34	18.03	16.40	16.09	13.00	10.92	18.06
中国大陆	9.00	11.05	12.55	14.34	15.83	16.97	20.08	22.40	22.94	21.86	17.17
德国	7.75	6.53	5.82	6.44	6.31	5.91	4.79	4.89	3.98	3.99	5.54
英国	6.53	5.95	5.69	5.78	5.80	5.33	5.07	4.37	4.01	4.27	5.21
法国	5.16	4.16	4.36	4.14	3.97	3.76	2.76	2.94	2.44	2.19	3.50
意大利	3.45	2.92	3.33	3.09	3.08	3.23	2.81	2.31	2.25	2.49	2.86
澳大利亚	1.75	2.49	2.24	2.32	2.66	2.26	3.04	3.46	3.00	2.98	2.66
日本	3.37	3.22	2.94	2.85	2.40	2.58	2.32	1.91	2.63	2.20	2.61
加拿大	3.41	2.71	2.31	2.51	2.18	2.79	2.67	2.06	2.22	2.39	2.50
西班牙	3.17	2.83	2.26	2.91	2.57	2.21	2.20	2.05	1.83	1.61	2.32
韩国	2.15	2.55	2.87	2.77	2.62	1.95	2.14	1.59	1.99	1.76	2.21
沙特	0.88	1.10	1.31	1.69	2.09	2.15	2.37	2.49	2.71	2.80	2.02
瑞士	2.31	2.36	2.20	2.26	2.09	2.48	1.70	1.99	1.49	1.60	1.99
印度	1.31	1.72	2.03	1.73	2.06	1.94	1.90	1.54	1.97	3.13	1.96
伊朗	0.88	1.65	1.35	1.66	1.40	2.23	1.90	2.32	2.43	2.48	1.88
荷兰	2.05	1.85	2.07	1.57	1.46	1.79	1.34	1.54	1.32	1.60	1.64
新加坡	0.78	1.59	1.57	1.73	1.70	1.76	1.78	1.79	1.93	1.31	1.61
中国香港	0.82	1.05	1.07	1.26	1.53	1.15	1.44	1.76	1.71	1.73	1.38
俄罗斯	1.16	1.35	1.09	1.01	1.41	1.55	1.54	1.12	1.32	1.56	1.32
土耳其	0.90	0.94	1.13	0.97	0.60	0.98	1.05	1.57	1.99	2.60	1.31
中国台湾	0.66	1.22	0.74	0.99	0.99	1.07	1.00	1.19	1.38	2.20	1.17
瑞典	1.02	1.09	0.89	1.13	1.17	1.06	0.81	1.07	0.94	0.78	0.99
巴基斯坦	0.26	0.49	0.33	0.43	0.32	0.72	1.28	1.13	1.81	2.19	0.95

续表

国家和地区	2011年	2012年	2013年	2014年	2015年	2016年	2017年	2018年	2019年	2020年	合计
波兰	0.98	0.73	0.81	0.96	1.06	1.01	0.81	1.16	0.99	0.85	0.94
比利时	1.02	0.94	0.91	0.73	1.09	0.94	0.83	0.66	0.95	1.01	0.90
丹麦	1.10	0.99	1.04	1.09	0.61	0.90	0.97	0.76	0.54	0.66	0.85
罗马尼亚	0.56	0.60	0.79	0.56	0.58	0.75	0.84	1.12	1.14	1.00	0.81
奥地利	1.12	1.20	0.74	0.75	0.83	0.91	0.59	0.66	0.72	0.65	0.80
巴西	0.72	0.75	0.78	0.65	0.95	0.80	0.75	0.83	0.63	0.76	0.76
以色列	1.00	0.97	0.92	0.85	0.77	0.58	0.73	0.67	0.59	0.54	0.75
南非	0.32	0.28	0.55	0.63	0.32	0.86	0.59	0.81	0.85	1.07	0.65
葡萄牙	0.64	0.79	0.70	0.70	0.51	0.67	0.72	0.52	0.57	0.54	0.63
芬兰	0.76	0.62	0.67	0.77	0.71	0.91	0.62	0.52	0.48	0.31	0.63
埃及	0.46	0.41	0.33	0.41	0.48	0.46	0.64	0.55	0.75	1.26	0.59
马来西亚	0.32	0.39	0.67	0.75	0.66	0.53	0.76	0.41	0.54	0.69	0.58
希腊	0.62	0.56	0.61	0.60	0.49	0.42	0.55	0.37	0.51	0.32	0.50
捷克	0.48	0.62	0.52	0.51	0.54	0.30	0.50	0.52	0.44	0.34	0.47
匈牙利	0.34	0.43	0.54	0.41	0.49	0.29	0.59	0.34	0.45	0.48	0.44
挪威	0.48	0.43	0.48	0.55	0.31	0.54	0.33	0.34	0.31	0.59	0.43
越南	0.12	0.04	0.15	0.15	0.20	0.21	0.51	0.34	0.75	1.54	0.43

三 C层人才

数学与物理学C层人才最多的国家是美国，占该学科组全球C层人才的16.85%，中国大陆以16.56%的世界占比排名第二，二者的C层人才合计约占全球的1/3；其后是德国、英国、法国，世界占比分别为6.28%、5.13%、4.18%；意大利、日本、西班牙、印度、韩国、加拿大、澳大利亚的C层人才也比较多，世界占比在4%~2%之间；瑞士、伊朗、俄罗斯、荷兰、沙特、新加坡、土耳其、中国香港、瑞典、波兰、中国台湾也有相当数量的C层人才，世界占比超过1%；巴西、比利时、奥地利、以色列、丹麦、巴基斯坦、葡萄牙、捷克、埃及、芬兰、马来西亚、希腊、罗马尼亚、南非、智利、墨西哥、匈牙利也有一定数量的C层人才，世界占比低于1%。

在发展趋势上，美国、德国、英国、法国、日本呈现相对下降趋势，中国大陆、沙特呈现相对上升趋势,其他国家和地区没有呈现明显变化。

表2-63 数学与物理学C层人才排名前40的国家和地区的占比

单位:%

国家和地区	2011年	2012年	2013年	2014年	2015年	2016年	2017年	2018年	2019年	2020年	合计
美国	21.18	20.52	19.33	18.14	17.94	16.83	16.18	14.55	13.64	12.50	16.85
中国大陆	9.91	10.94	12.82	13.91	15.48	16.36	18.70	21.01	21.93	20.93	16.56
德国	8.19	7.58	7.15	6.78	6.50	6.34	5.87	5.37	5.03	4.93	6.28
英国	5.58	5.39	5.58	5.47	5.35	5.47	5.19	4.69	4.56	4.35	5.13
法国	5.52	5.36	5.20	4.76	4.46	4.26	3.73	3.34	3.02	2.95	4.18
意大利	3.64	3.54	3.57	3.81	3.66	3.45	3.31	3.07	2.99	3.18	3.40
日本	3.84	3.60	3.26	3.15	2.94	2.96	2.82	2.64	2.52	2.26	2.96
西班牙	3.10	2.99	2.96	2.82	2.61	2.57	2.42	2.33	2.17	2.28	2.60
印度	2.16	2.20	2.32	2.48	2.31	2.34	2.62	2.58	2.88	3.51	2.56
韩国	2.42	2.37	2.40	2.44	2.47	2.33	2.29	2.50	2.40	2.34	2.39
加拿大	2.72	2.59	2.56	2.59	2.46	2.38	2.20	2.12	2.15	1.97	2.35
澳大利亚	2.01	1.98	2.10	2.17	2.25	2.22	2.27	2.30	2.45	2.31	2.22
瑞士	2.13	2.21	2.12	2.00	2.07	2.08	1.87	1.91	1.68	1.57	1.95
伊朗	1.42	1.41	1.56	1.68	1.67	1.94	2.26	2.23	2.34	2.48	1.93
俄罗斯	1.56	1.57	1.55	1.55	1.74	1.73	1.72	1.79	1.77	1.75	1.68
荷兰	1.96	1.76	1.68	1.57	1.55	1.58	1.43	1.33	1.37	1.24	1.53
沙特	0.46	0.74	0.88	1.12	1.26	1.36	1.36	1.52	1.70	2.45	1.33
新加坡	0.93	1.13	1.06	1.19	1.25	1.18	1.22	1.29	1.17	1.21	1.17
土耳其	0.91	1.03	1.15	1.05	0.96	1.01	1.06	1.20	1.38	1.71	1.16
中国香港	0.82	0.94	0.89	1.08	1.10	1.11	1.23	1.30	1.29	1.25	1.11
瑞典	1.19	1.14	1.26	1.19	1.09	1.10	1.11	1.04	1.00	0.86	1.09
波兰	1.09	1.05	1.12	1.15	1.19	1.16	1.11	1.01	1.05	1.05	1.09
中国台湾	1.23	1.21	1.05	1.08	0.94	0.88	0.92	0.93	0.98	1.24	1.04
巴西	0.91	0.90	0.93	1.04	0.95	1.13	0.99	0.94	0.95	0.84	0.96
比利时	1.11	1.13	1.10	0.98	1.05	0.90	0.89	0.86	0.72	0.83	0.94
奥地利	1.02	1.05	0.98	0.84	0.88	0.88	0.78	0.80	0.72	0.62	0.85
以色列	0.94	0.93	0.89	0.81	0.88	0.89	0.78	0.71	0.64	0.58	0.80
丹麦	0.90	0.81	0.76	0.80	0.80	0.77	0.76	0.71	0.74	0.64	0.78
巴基斯坦	0.35	0.36	0.43	0.45	0.50	0.63	0.80	0.97	1.15	1.66	0.76
葡萄牙	0.71	0.73	0.75	0.77	0.67	0.65	0.62	0.62	0.64	0.57	0.67

续表

国家和地区	2011年	2012年	2013年	2014年	2015年	2016年	2017年	2018年	2019年	2020年	合计
捷克	0.64	0.68	0.62	0.61	0.65	0.68	0.64	0.60	0.62	0.55	0.63
埃及	0.39	0.38	0.43	0.48	0.49	0.49	0.56	0.67	0.85	1.18	0.61
芬兰	0.64	0.66	0.61	0.66	0.62	0.62	0.58	0.55	0.51	0.43	0.58
马来西亚	0.31	0.43	0.47	0.63	0.62	0.58	0.61	0.55	0.68	0.71	0.57
希腊	0.59	0.64	0.59	0.50	0.60	0.58	0.48	0.53	0.56	0.49	0.55
罗马尼亚	0.53	0.53	0.63	0.47	0.53	0.52	0.49	0.56	0.55	0.65	0.55
南非	0.33	0.42	0.44	0.48	0.43	0.60	0.55	0.54	0.57	0.60	0.50
智利	0.39	0.34	0.39	0.47	0.38	0.52	0.44	0.54	0.48	0.45	0.44
墨西哥	0.46	0.43	0.45	0.36	0.34	0.44	0.46	0.42	0.46	0.45	0.43
匈牙利	0.44	0.50	0.45	0.43	0.42	0.47	0.43	0.43	0.40	0.30	0.42

第三章 化学

化学是研究物质的组成、结构、性质和反应及物质转化的一门科学，是创造新分子和构建新物质的根本途径，是与其他学科密切交叉和相互渗透的中心科学。

第一节 学科

化学学科组包括以下学科：有机化学、高分子科学、电化学、物理化学、分析化学、晶体学、无机化学和核化学、纳米科学和纳米技术、化学工程、应用化学、多学科化学，共计11个。

一 有机化学

有机化学A、B、C层人才主要集中在中国大陆和美国，二者A、B、C层人才的世界占比合计为27.36%、40.62%、44.10%，其中，中国大陆和美国的A层人才相同，B层和C层人才远远高于美国。

德国、意大利、印度、西班牙、英国、新西兰、马来西亚、法国、澳大利亚的A层人才比较多，世界占比在9%~3%之间；伊朗、荷兰、日本、韩国、瑞典、巴西、加拿大、埃及、爱尔兰也有相当数量的A层人才，世界占比超过1%。

印度、德国、英国、法国、日本的B层人才比较多，世界占比在7%~3%之间；伊朗、韩国、西班牙、意大利、加拿大、巴西、沙特、埃及、澳大利亚、土耳其、荷兰、葡萄牙、新加坡也有相当数量的B层人才，世界占比超过或等于1%。

印度、德国、日本、英国、法国的 C 层人才比较多，世界占比在 8% ~ 3% 之间；西班牙、韩国、意大利、加拿大、伊朗、巴西、埃及、澳大利亚、新加坡、沙特、瑞士、俄罗斯、中国台湾也有相当数量的 C 层人才，世界占比超过或接近 1%。

表 3-1 有机化学 A 层人才排名前 20 的国家和地区的占比

单位：%

国家和地区	2011年	2012年	2013年	2014年	2015年	2016年	2017年	2018年	2019年	2020年	合计
中国大陆	16.00	4.17	12.50	12.00	9.52	9.52	21.74	21.74	20.83	8.33	13.68
美国	16.00	8.33	4.17	12.00	14.29	28.57	8.70	26.09	20.83	0.00	13.68
德国	8.00	16.67	8.33	12.00	14.29	4.76	13.04	4.35	4.17	0.00	8.55
意大利	0.00	8.33	8.33	4.00	4.76	14.29	4.35	4.35	0.00	12.50	5.98
印度	4.00	12.50	0.00	4.00	4.76	4.76	4.35	4.35	4.17	4.17	4.70
西班牙	4.00	4.17	4.17	4.00	4.76	14.29	4.35	0.00	0.00	8.33	4.70
英国	8.00	0.00	4.17	4.00	4.76	0.00	4.35	0.00	12.50	8.33	4.70
新西兰	0.00	8.33	4.17	4.00	4.76	4.76	4.35	4.35	4.17	4.17	4.27
马来西亚	8.00	4.17	0.00	8.00	0.00	0.00	0.00	8.70	8.33	0.00	3.85
法国	0.00	12.50	4.17	4.00	0.00	0.00	8.70	0.00	0.00	4.17	3.42
澳大利亚	0.00	0.00	4.17	4.00	0.00	0.00	0.00	4.35	12.50	8.33	3.42
伊朗	0.00	0.00	0.00	0.00	0.00	0.00	0.00	8.70	0.00	12.50	2.14
荷兰	0.00	4.17	4.17	0.00	9.52	0.00	4.35	0.00	0.00	0.00	2.14
日本	0.00	0.00	4.17	12.00	0.00	0.00	4.35	0.00	0.00	0.00	2.14
韩国	12.00	0.00	0.00	0.00	0.00	0.00	0.00	0.00	0.00	4.17	1.71
瑞典	4.00	4.17	4.17	0.00	4.76	0.00	0.00	0.00	0.00	0.00	1.71
巴西	8.00	0.00	0.00	0.00	0.00	0.00	0.00	4.35	0.00	0.00	1.28
加拿大	0.00	4.17	4.17	0.00	4.76	0.00	0.00	0.00	0.00	0.00	1.28
埃及	4.00	0.00	0.00	0.00	0.00	0.00	4.35	0.00	0.00	4.17	1.28
爱尔兰	0.00	0.00	8.33	0.00	0.00	0.00	0.00	0.00	4.17	0.00	1.28

表3-2 有机化学B层人才排名前20的国家和地区的占比

单位：%

国家和地区	2011年	2012年	2013年	2014年	2015年	2016年	2017年	2018年	2019年	2020年	合计
中国大陆	15.25	18.83	17.19	25.00	25.44	23.64	31.84	35.78	31.67	35.29	25.83
美国	18.39	17.49	18.55	18.75	18.86	12.73	14.80	10.29	9.50	7.35	14.79
印度	7.17	8.97	9.05	6.25	7.02	5.45	5.83	8.33	4.07	5.88	6.80
德国	5.38	7.62	9.95	5.80	4.82	6.82	6.73	5.88	4.07	0.98	5.84
英国	5.83	3.59	4.52	5.36	2.63	4.09	3.59	1.47	4.52	4.41	4.02
法国	4.93	3.14	5.88	2.68	1.75	4.55	2.69	2.45	2.26	1.96	3.24
日本	4.48	4.48	4.98	2.68	3.07	1.36	1.35	1.96	2.71	3.43	3.06
伊朗	0.00	0.45	2.26	2.23	1.32	3.64	4.48	3.43	3.17	7.35	2.78
韩国	4.48	2.69	2.71	6.25	2.19	1.82	2.69	0.49	0.90	2.45	2.69
西班牙	3.14	2.24	3.17	0.89	3.07	1.36	3.59	0.49	3.62	0.49	2.24
意大利	3.59	3.14	0.90	3.13	2.19	1.82	1.35	1.47	2.71	0.98	2.15
加拿大	3.14	3.59	0.90	1.34	0.88	0.91	1.79	0.49	2.71	2.45	1.83
巴西	3.14	1.35	2.26	1.34	1.32	2.27	1.35	0.98	1.36	0.98	1.64
沙特	0.90	0.45	0.00	0.45	2.63	1.82	0.90	3.43	1.81	2.45	1.46
埃及	0.45	0.45	0.90	0.89	0.88	1.36	0.45	1.47	1.81	5.39	1.37
澳大利亚	0.90	1.79	1.36	1.34	0.44	1.82	1.79	1.96	1.36	0.49	1.32
土耳其	0.00	0.00	0.45	0.00	1.32	0.45	2.24	1.47	4.98	1.47	1.23
荷兰	2.24	1.79	0.00	0.89	1.32	0.91	0.90	1.96	0.90	0.00	1.19
葡萄牙	0.90	0.90	0.90	1.79	1.75	0.00	0.90	0.49	0.90	1.47	1.05
新加坡	2.69	2.24	0.90	0.89	0.88	0.45	0.90	0.49	0.00	0.49	1.00

表3-3 有机化学C层人才排名前20的国家和地区的占比

单位：%

国家和地区	2011年	2012年	2013年	2014年	2015年	2016年	2017年	2018年	2019年	2020年	合计
中国大陆	21.90	23.12	25.10	30.86	31.34	35.62	33.78	39.03	38.50	35.40	31.37
美国	16.79	16.64	15.19	15.23	13.52	12.15	10.93	8.92	8.92	8.41	12.73
印度	6.56	7.69	7.93	8.00	8.01	7.42	7.12	7.54	7.91	7.68	7.59
德国	6.70	5.23	5.45	5.24	4.16	4.36	4.39	3.96	4.85	4.25	4.87
日本	6.61	5.28	5.23	4.55	4.52	3.76	3.63	2.96	2.47	2.93	4.21
英国	4.43	4.79	3.97	3.96	2.67	2.74	2.82	2.72	2.47	2.30	3.30
法国	4.07	4.11	3.70	3.31	3.35	2.74	3.32	2.53	2.01	2.74	3.20
西班牙	3.03	3.62	2.84	2.21	2.44	2.69	2.82	2.24	2.06	1.81	2.59
韩国	2.81	2.64	2.66	2.67	2.71	2.60	2.15	2.67	2.56	1.56	2.51
意大利	1.95	2.37	2.57	2.39	2.49	1.99	2.24	1.91	2.38	2.00	2.23
加拿大	2.76	2.33	2.84	1.98	2.40	2.69	1.43	1.34	1.37	1.71	2.09

续表

国家和地区	2011年	2012年	2013年	2014年	2015年	2016年	2017年	2018年	2019年	2020年	合计
伊朗	1.31	1.30	1.44	1.93	1.54	1.86	1.79	2.62	2.19	3.13	1.90
巴西	1.22	1.07	1.13	1.10	1.22	1.07	1.84	1.81	1.87	1.52	1.38
埃及	0.90	0.76	0.63	0.83	0.90	0.93	1.57	1.34	1.83	3.33	1.29
澳大利亚	1.00	1.48	1.31	0.92	1.45	1.44	1.21	0.91	1.05	1.17	1.19
新加坡	1.67	1.88	1.80	0.92	1.36	0.74	0.76	1.10	0.73	0.64	1.17
沙特	0.77	0.67	0.54	0.74	0.63	0.74	1.57	1.48	1.74	2.59	1.13
瑞士	1.58	1.61	1.22	0.78	0.81	0.65	0.99	0.67	0.82	0.73	0.99
俄罗斯	0.54	0.58	0.59	0.83	1.00	1.25	1.25	1.38	0.82	1.42	0.96
中国台湾	1.27	1.74	0.86	0.69	0.77	0.93	0.81	0.81	0.41	0.49	0.88

二 高分子科学

高分子科学A、B、C层人才主要集中在美国和中国大陆，二者A、B、C层人才的世界占比合计为30.57%、34.97%、37.63%，其中，美国的A层人才多于中国大陆，B、C层人才少于中国大陆；在发展趋势上，中国大陆呈现相对上升趋势，美国呈现相对下降趋势。

英国、印度、法国、韩国、马来西亚、德国、新加坡、澳大利亚、意大利的A层人才比较多，世界占比在6%~3%之间；加拿大、西班牙、沙特、比利时、土耳其、埃及、伊朗、荷兰、巴基斯坦也有相当数量的A层人才，世界占比超过1%。

印度、法国、德国、澳大利亚、韩国、英国、伊朗的B层人才比较多，世界占比在5%~3%之间；马来西亚、意大利、西班牙、日本、加拿大、新加坡、比利时、沙特、巴基斯坦、荷兰、巴西也有相当数量的B层人才，世界占比超过1%。

印度、德国、伊朗、韩国、法国、英国的C层人才比较多，世界占比在6%~3%之间；澳大利亚、日本、加拿大、意大利、西班牙、沙特、埃及、巴西、新加坡、荷兰、马来西亚、比利时也有相当数量的C层人才，世界占比超过1%。

表 3-4 高分子科学 A 层人才排名前 20 的国家和地区的占比

单位：%

国家和地区	2011年	2012年	2013年	2014年	2015年	2016年	2017年	2018年	2019年	2020年	合计
美国	23.81	25.00	20.83	16.00	8.70	19.23	29.63	13.79	15.63	10.53	17.74
中国大陆	9.52	5.00	0.00	8.00	13.04	19.23	14.81	27.59	18.75	7.89	12.83
英国	9.52	5.00	8.33	0.00	8.70	11.54	3.70	3.45	6.25	2.63	5.66
印度	0.00	0.00	4.17	8.00	4.35	3.85	3.70	6.90	9.38	7.89	5.28
法国	4.76	5.00	4.17	20.00	4.35	3.85	0.00	0.00	3.13	5.26	4.91
韩国	4.76	15.00	4.17	0.00	8.70	0.00	7.41	0.00	0.00	2.63	3.77
马来西亚	9.52	0.00	0.00	12.00	8.70	0.00	0.00	3.45	3.13	0.00	3.40
德国	0.00	5.00	8.33	4.00	4.35	0.00	3.70	6.90	2.63	0.00	3.40
新加坡	0.00	5.00	0.00	0.00	8.70	7.69	3.70	6.90	3.13	0.00	3.40
澳大利亚	0.00	5.00	0.00	0.00	4.35	0.00	3.70	0.00	6.25	5.26	3.02
意大利	9.52	0.00	12.50	0.00	0.00	0.00	0.00	3.45	0.00	5.26	3.02
加拿大	0.00	10.00	4.17	4.00	0.00	0.00	3.70	0.00	3.13	2.63	2.64
西班牙	4.76	5.00	8.33	0.00	0.00	0.00	3.70	0.00	3.13	2.63	2.64
沙特	0.00	0.00	0.00	0.00	0.00	7.69	3.70	0.00	3.13	7.89	2.64
比利时	4.76	0.00	12.50	0.00	0.00	3.85	3.70	0.00	0.00	0.00	2.26
土耳其	0.00	0.00	0.00	0.00	4.35	3.85	0.00	3.45	3.13	2.63	2.26
埃及	0.00	0.00	0.00	0.00	4.35	0.00	7.41	0.00	0.00	5.26	2.26
伊朗	0.00	0.00	0.00	8.00	4.35	0.00	0.00	0.00	3.13	2.63	1.89
荷兰	4.76	0.00	0.00	4.00	0.00	0.00	3.85	0.00	0.00	2.63	1.51
巴基斯坦	0.00	0.00	0.00	0.00	0.00	0.00	0.00	3.45	0.00	5.26	1.13

表 3-5 高分子科学 B 层人才排名前 20 的国家和地区的占比

单位：%

国家和地区	2011年	2012年	2013年	2014年	2015年	2016年	2017年	2018年	2019年	2020年	合计
中国大陆	8.70	12.96	12.78	14.80	15.49	17.83	18.85	28.57	27.27	23.72	18.92
美国	16.91	17.59	22.47	20.63	17.70	15.65	20.49	12.86	12.01	8.97	16.05
印度	6.28	1.85	3.52	5.38	6.19	3.91	4.10	5.71	5.19	5.13	4.77
法国	4.83	6.94	4.85	3.14	5.75	3.91	4.10	3.21	2.60	1.60	3.92
德国	9.18	8.33	4.85	3.14	3.54	3.48	4.51	1.79	1.95	0.64	3.84
澳大利亚	4.83	4.17	3.52	4.04	4.42	5.22	5.33	2.14	4.22	0.96	3.76
韩国	5.31	4.63	3.96	5.38	4.42	3.48	2.05	1.79	2.60	2.88	3.52
英国	4.35	2.78	2.64	4.93	1.33	2.61	4.92	1.79	2.92	3.53	3.15
伊朗	1.45	0.93	2.20	0.90	2.65	3.04	2.05	4.64	3.25	7.37	3.07
马来西亚	1.45	1.85	1.32	3.14	2.21	2.61	3.28	2.14	2.92	5.45	2.75
意大利	2.42	3.70	3.08	1.79	3.10	1.74	2.46	1.79	2.27	2.88	2.51

续表

国家和地区	2011年	2012年	2013年	2014年	2015年	2016年	2017年	2018年	2019年	2020年	合计
西班牙	2.42	2.31	3.08	1.79	3.54	3.48	1.64	2.50	1.30	2.88	2.47
日本	3.86	4.63	3.96	1.79	1.33	3.04	0.41	2.14	1.30	2.24	2.39
加拿大	3.38	5.56	1.76	4.48	1.77	0.43	1.23	1.07	2.92	1.28	2.30
新加坡	1.45	3.70	3.08	1.79	1.33	3.48	1.23	1.43	2.60	1.60	2.14
比利时	1.93	1.85	1.32	1.79	2.21	1.30	2.05	2.14	1.30	0.64	1.62
沙特	0.00	1.39	0.88	0.90	1.77	2.61	2.05	2.14	0.65	2.56	1.54
巴基斯坦	0.00	0.46	0.44	0.00	0.88	3.04	2.87	3.21	1.30	0.96	1.37
荷兰	3.86	2.31	1.32	0.90	2.21	1.30	1.64	0.36	0.32	0.32	1.33
巴西	1.45	0.46	1.32	0.45	2.65	0.87	2.05	2.14	0.65	0.64	1.25

表3-6 高分子科学C层人才排名前20的国家和地区的占比

单位：%

国家和地区	2011年	2012年	2013年	2014年	2015年	2016年	2017年	2018年	2019年	2020年	合计
中国大陆	17.71	19.23	20.53	21.38	21.69	23.99	25.25	28.82	30.83	27.32	24.26
美国	18.60	19.61	16.26	16.79	15.71	13.66	12.60	9.51	9.59	7.54	13.37
印度	3.42	3.59	4.28	4.76	4.70	5.21	5.81	5.74	5.78	6.21	5.08
德国	6.25	5.79	5.88	4.72	5.11	3.76	3.19	3.29	3.07	2.41	4.16
伊朗	1.34	0.91	1.92	2.69	2.37	3.50	3.44	5.34	5.38	6.36	3.60
韩国	3.37	3.78	3.70	3.13	4.20	3.93	3.52	3.44	3.37	2.97	3.51
法国	5.01	4.45	4.14	4.23	4.25	4.10	2.78	2.34	2.10	2.68	3.47
英国	4.91	3.92	3.52	3.57	3.93	3.33	3.36	3.00	2.44	2.47	3.34
澳大利亚	3.13	3.11	2.54	2.86	3.15	2.94	3.19	2.74	2.51	2.12	2.78
日本	4.17	4.54	3.61	2.95	2.60	2.26	2.74	1.87	1.40	1.65	2.64
加拿大	2.98	3.40	3.03	3.09	3.38	2.35	2.05	2.12	1.74	1.83	2.51
意大利	2.63	2.30	3.25	3.00	2.10	2.05	2.13	2.19	2.07	2.06	2.35
西班牙	1.74	2.10	2.54	2.64	2.28	2.73	2.21	2.82	2.00	1.50	2.23
沙特	0.84	0.77	1.47	1.45	1.51	2.22	1.88	1.72	1.80	2.71	1.71
埃及	0.99	0.43	0.85	1.01	1.10	1.58	1.43	1.87	2.14	3.03	1.56
巴西	1.49	1.29	1.11	0.93	1.51	1.24	1.64	1.79	2.17	1.85	1.55
新加坡	1.74	1.96	2.00	1.59	1.37	1.32	1.92	1.35	0.80	1.00	1.46
荷兰	2.28	2.20	1.74	1.85	1.37	1.15	1.19	0.88	1.07	0.77	1.38
马来西亚	0.74	0.53	1.07	0.97	0.87	1.45	1.84	1.39	1.50	2.47	1.36
比利时	1.44	1.67	1.83	1.28	1.55	1.32	1.39	0.91	0.94	0.71	1.25

三 电化学

电化学 A、B、C 层人才主要集中在美国和中国大陆，二者 A、B、C 层人才的世界占比合计为 39.89%、47.33%、48.95%，其中，美国的 A 层人才多于中国大陆，B 层和 C 层人才少于中国大陆。

德国、英国、韩国、沙特、法国、印度、澳大利亚的 A 层人才比较多，世界占比在 7%～3% 之间；加拿大、以色列、马来西亚、意大利、新加坡、南非、西班牙、瑞士、荷兰、日本、奥地利也有相当数量的 A 层人才，世界占比超过或接近 1%。

德国、韩国、印度、加拿大、日本、澳大利亚、英国的 B 层人才比较多，世界占比在 5%～3%；法国、意大利、沙特、伊朗、西班牙、新加坡、中国香港、马来西亚、瑞典、中国台湾、荷兰也有相当数量的 B 层人才，世界占比超过 1%。

韩国、印度、德国的 C 层人才比较多，世界占比在 6%～3% 之间；伊朗、英国、日本、加拿大、法国、澳大利亚、西班牙、意大利、新加坡、中国台湾、沙特、中国香港、土耳其、马来西亚、巴西也有相当数量的 C 层人才，世界占比超过或接近 1%。

表 3-7 电化学 A 层人才排名前 20 的国家和地区的占比

单位：%

国家和地区	2011 年	2012 年	2013 年	2014 年	2015 年	2016 年	2017 年	2018 年	2019 年	2020 年	合计
美国	40.00	37.50	18.75	21.05	29.41	30.00	21.74	15.79	25.00	19.05	25.28
中国大陆	0.00	25.00	25.00	26.32	5.88	15.00	0.00	21.05	8.33	19.05	14.61
德国	0.00	6.25	6.25	15.79	0.00	5.00	17.39	0.00	0.00	9.52	6.74
英国	0.00	12.50	6.25	5.26	0.00	5.00	21.74	0.00	0.00	0.00	5.62
韩国	6.67	0.00	6.25	10.53	0.00	0.00	4.35	10.53	0.00	9.52	5.06
沙特	0.00	0.00	0.00	5.26	5.88	10.00	0.00	5.26	16.67	4.76	4.49
法国	13.33	6.25	6.25	0.00	5.88	10.00	4.35	0.00	0.00	0.00	4.49
印度	0.00	6.25	0.00	5.26	5.88	0.00	0.00	5.26	0.00	9.52	3.37
澳大利亚	13.33	0.00	6.25	0.00	0.00	0.00	0.00	0.00	0.00	14.29	3.37

续表

国家和地区	2011年	2012年	2013年	2014年	2015年	2016年	2017年	2018年	2019年	2020年	合计
加拿大	6.67	0.00	0.00	0.00	11.76	0.00	0.00	0.00	8.33	0.00	2.25
以色列	0.00	0.00	0.00	0.00	0.00	0.00	8.70	10.53	0.00	0.00	2.25
马来西亚	6.67	0.00	0.00	5.26	0.00	5.00	0.00	0.00	8.33	0.00	2.25
意大利	0.00	0.00	0.00	5.26	0.00	0.00	4.35	5.26	0.00	0.00	1.69
新加坡	0.00	0.00	6.25	0.00	0.00	5.00	0.00	5.26	0.00	0.00	1.69
南非	0.00	0.00	6.25	0.00	0.00	0.00	0.00	0.00	16.67	0.00	1.69
西班牙	0.00	6.25	0.00	0.00	0.00	5.00	4.35	0.00	0.00	0.00	1.69
瑞士	0.00	0.00	6.25	0.00	0.00	0.00	4.35	5.26	0.00	0.00	1.69
荷兰	0.00	0.00	0.00	0.00	0.00	0.00	4.35	5.26	0.00	0.00	1.12
日本	0.00	0.00	0.00	0.00	5.88	5.00	0.00	0.00	0.00	0.00	1.12
奥地利	0.00	0.00	6.25	0.00	0.00	0.00	0.00	0.00	0.00	0.00	0.56

表3-8 电化学B层人才排名前20的国家和地区的占比

单位：%

国家和地区	2011年	2012年	2013年	2014年	2015年	2016年	2017年	2018年	2019年	2020年	合计
中国大陆	23.84	21.77	29.48	31.76	30.25	25.97	25.84	38.00	31.92	37.63	30.00
美国	27.15	25.85	17.92	16.47	9.88	15.47	18.18	20.50	14.55	10.31	17.33
德国	5.30	4.08	5.78	5.88	4.94	7.73	1.91	5.00	5.16	2.06	4.72
韩国	5.30	4.76	4.05	2.94	4.32	4.42	4.31	3.00	4.69	6.19	4.39
印度	1.99	3.40	3.47	2.35	4.32	4.42	5.74	4.00	5.16	4.12	4.00
加拿大	5.30	2.04	3.47	2.35	4.32	1.10	2.87	2.50	2.35	5.67	3.17
日本	5.30	4.76	4.05	2.35	4.94	2.21	2.87	2.00	2.35	2.06	3.17
澳大利亚	5.96	3.40	3.47	4.12	0.00	2.21	2.39	2.00	5.16	1.55	3.00
英国	0.66	1.36	1.16	2.94	4.32	5.52	5.26	2.50	2.35	3.09	3.00
法国	3.97	2.72	2.89	3.53	1.85	2.21	2.39	0.50	0.47	2.06	2.17
意大利	1.99	2.72	1.73	2.35	3.70	1.66	3.35	1.00	1.88	0.52	2.06
沙特	0.00	0.68	0.58	2.35	1.85	1.10	3.35	5.00	1.41	2.06	1.94
伊朗	0.00	2.04	3.47	1.18	1.23	3.31	1.91	1.50	0.94	0.52	1.61
西班牙	0.00	2.72	2.89	2.94	3.09	0.55	1.91	0.00	1.41	1.03	1.61
新加坡	0.66	3.40	1.73	1.18	2.47	2.76	1.91	0.50	0.47	1.03	1.56
中国香港	0.66	0.68	1.73	0.59	1.85	1.10	0.96	2.50	2.35	2.06	1.50
马来西亚	0.00	1.36	1.16	1.76	2.47	2.21	2.39	0.00	0.94	0.52	1.28
瑞典	0.66	1.36	1.16	1.76	0.00	1.66	0.96	1.50	1.88	1.03	1.22
中国台湾	1.99	3.40	3.47	1.18	0.62	0.00	0.00	0.00	0.94	1.55	1.22
荷兰	1.32	0.00	0.58	1.76	1.85	0.55	0.96	1.00	1.88	1.55	1.17

表 3-9 电化学 C 层人才排名前 20 的国家和地区的占比

单位：%

国家和地区	2011年	2012年	2013年	2014年	2015年	2016年	2017年	2018年	2019年	2020年	合计
中国大陆	27.37	31.36	34.73	40.74	41.65	37.05	38.13	39.10	40.11	37.65	37.06
美国	16.48	14.90	13.87	11.47	10.93	12.27	11.00	11.01	9.21	9.58	11.89
韩国	4.84	5.58	5.68	4.30	5.34	5.80	4.44	4.77	5.31	4.62	5.05
印度	3.56	3.74	3.89	4.72	4.15	3.94	5.12	4.87	4.50	4.45	4.34
德国	4.84	3.95	4.48	4.42	3.45	4.50	3.33	4.22	3.49	3.08	3.95
伊朗	1.75	2.38	2.03	2.87	2.26	3.43	3.38	3.32	2.83	3.37	2.81
英国	2.82	2.11	2.75	2.51	2.14	2.87	3.19	3.27	2.88	3.02	2.79
日本	4.77	3.54	3.83	3.35	2.51	2.25	2.41	1.81	2.28	1.48	2.75
加拿大	3.16	3.47	2.57	2.33	2.39	2.36	2.12	2.41	1.62	2.68	2.47
法国	3.90	2.59	3.17	1.67	1.82	1.91	2.03	2.16	1.77	1.31	2.19
澳大利亚	1.61	1.97	1.61	1.31	1.70	2.03	1.64	2.21	2.93	2.68	1.99
西班牙	2.76	2.31	1.91	2.15	1.88	1.91	2.08	1.46	1.42	1.25	1.88
意大利	2.35	2.59	2.39	1.31	2.07	1.86	2.08	1.16	1.52	1.65	1.87
新加坡	1.82	2.18	2.03	1.55	1.95	1.24	1.06	1.16	0.76	0.91	1.42
中国台湾	2.49	2.52	1.79	1.97	1.38	0.96	0.82	0.60	0.96	1.31	1.41
沙特	0.47	0.95	0.78	1.14	1.63	1.13	1.30	1.46	1.42	1.88	1.24
中国香港	0.74	0.68	0.72	0.78	1.44	1.46	1.40	0.95	1.16	1.08	1.06
土耳其	0.87	0.68	0.72	0.60	0.69	1.07	1.79	1.31	1.06	1.43	1.05
马来西亚	0.81	0.82	0.84	0.84	1.38	1.41	0.92	1.11	0.96	1.31	1.04
巴西	0.67	0.68	1.02	0.72	0.82	0.56	0.87	0.85	0.76	0.91	0.79

四 物理化学

物理化学 A、B、C 层人才主要集中在美国和中国大陆，二者 A、B、C 层人才的世界占比合计为 51.36%、54.14%、50.38%，其中，美国的 A 层人才多于中国大陆，B 层和 C 层人才少于中国大陆；在发展趋势上，中国大陆呈现相对上升趋势，美国呈现相对下降趋势。

英国、德国、新加坡、韩国、日本、沙特的 A 层人才比较多，世界占比在 5%~3% 之间；澳大利亚、加拿大、瑞士、法国、荷兰、意大利、西班牙、中国香港、瑞典、印度、中国台湾、伊朗也有相当数量的 A 层人才，世界占比超过或接近1%。

德国、韩国、新加坡、澳大利亚、英国的B层人才比较多,世界占比在5%~3%之间;日本、中国香港、沙特、加拿大、法国、西班牙、瑞士、印度、意大利、中国台湾、荷兰、瑞典、以色列也有相当数量的B层人才,世界占比超过或接近1%。

德国、韩国、英国的C层人才比较多,世界占比在5%~3%之间;澳大利亚、日本、新加坡、印度、法国、西班牙、中国香港、加拿大、沙特、意大利、瑞士、伊朗、荷兰、中国台湾、瑞典也有相当数量的C层人才,世界占比超过或接近1%。

表3-10 物理化学A层人才排名前20的国家和地区的占比

单位:%

国家和地区	2011年	2012年	2013年	2014年	2015年	2016年	2017年	2018年	2019年	2020年	合计
美国	38.89	29.58	39.47	38.10	20.45	30.77	29.00	26.21	19.49	12.07	27.20
中国大陆	13.89	19.72	14.47	15.48	20.45	26.37	28.00	36.89	34.75	21.55	24.16
英国	4.17	4.23	6.58	10.71	9.09	1.10	6.00	1.94	1.69	2.59	4.57
德国	2.78	9.86	2.63	3.57	4.55	6.59	5.00	1.94	4.24	4.31	4.46
新加坡	4.17	12.68	6.58	3.57	3.41	3.30	1.00	2.91	3.39	3.45	4.13
韩国	2.78	1.41	6.58	2.38	6.82	8.79	2.00	3.88	3.39	1.72	3.92
日本	5.56	8.45	3.95	0.00	3.41	2.20	1.00	2.91	3.39	2.59	3.16
沙特	0.00	0.00	0.00	3.57	5.68	2.20	5.00	5.83	4.24	2.59	3.16
澳大利亚	2.78	0.00	1.32	2.38	1.14	1.10	4.00	4.85	3.39	6.03	2.94
加拿大	2.78	0.00	0.00	1.19	3.41	4.40	4.00	0.97	3.39	4.31	2.61
瑞士	2.78	0.00	3.95	3.57	3.41	1.10	1.00	1.94	0.85	2.59	2.07
法国	4.17	1.41	3.95	1.19	2.27	0.00	3.00	0.00	0.85	3.45	1.96
荷兰	1.39	0.00	0.00	1.19	3.41	3.30	1.00	1.94	0.85	0.86	1.41
意大利	0.00	0.00	1.32	2.38	3.41	1.10	1.00	0.97	0.85	1.72	1.31
西班牙	4.17	0.00	1.32	0.00	4.55	1.10	1.00	0.00	0.00	0.86	1.20
中国香港	1.39	0.00	0.00	2.38	0.00	1.10	1.00	0.97	2.54	3.45	1.20
瑞典	1.39	1.41	0.00	0.00	0.00	2.20	1.00	0.97	0.00	4.31	1.09
印度	1.39	1.41	0.00	0.00	0.00	2.20	1.00	0.97	1.69	1.72	0.98
中国台湾	0.00	4.23	1.32	2.38	1.14	0.00	1.00	0.97	0.00	0.00	0.87
伊朗	0.00	1.41	0.00	0.00	0.00	0.00	0.00	0.00	1.69	3.45	0.76

表3-11 物理化学B层人才排名前20的国家和地区的占比

单位：%

国家和地区	2011年	2012年	2013年	2014年	2015年	2016年	2017年	2018年	2019年	2020年	合计
中国大陆	20.47	23.03	25.39	25.79	27.15	30.65	36.51	42.11	41.00	35.75	31.98
美国	31.63	30.61	30.42	25.66	24.87	22.10	18.53	18.29	16.12	14.25	22.16
德国	6.51	4.85	4.59	4.23	5.05	3.30	3.88	3.13	3.39	3.67	4.13
韩国	3.57	5.30	7.03	4.63	5.43	4.64	2.55	2.72	2.92	3.05	4.01
新加坡	3.10	3.79	3.16	4.89	3.79	5.25	4.77	3.97	4.34	2.42	3.94
澳大利亚	1.71	1.67	2.44	2.91	4.04	3.30	4.00	4.70	4.81	4.93	3.65
英国	4.03	3.94	3.73	3.70	3.03	4.40	4.55	2.30	1.89	3.14	3.38
日本	4.50	3.94	3.87	3.04	3.03	3.05	2.66	1.88	2.17	2.15	2.89
中国香港	1.24	2.27	0.72	2.38	2.02	1.83	3.11	2.93	3.86	2.78	2.44
沙特	1.24	0.91	0.86	2.51	2.53	2.44	3.11	3.13	2.07	2.24	2.19
加拿大	1.71	1.36	2.01	1.85	1.64	2.08	2.00	2.09	1.98	2.87	2.01
法国	2.17	2.42	1.58	2.12	1.64	1.47	0.78	1.15	1.23	1.43	1.53
西班牙	2.48	1.52	1.58	2.51	2.40	0.98	1.22	0.84	1.23	1.16	1.52
瑞士	1.24	1.36	1.72	2.25	1.39	1.83	1.33	0.94	1.41	1.16	1.44
印度	1.86	1.21	1.58	0.93	1.14	1.22	0.89	1.04	1.04	2.60	1.37
意大利	0.93	1.52	2.01	1.06	1.52	1.22	1.55	0.63	0.85	0.99	1.19
中国台湾	1.40	2.12	1.43	2.38	0.76	0.85	0.55	0.52	0.94	0.81	1.11
荷兰	1.09	1.97	1.72	0.79	0.88	0.49	0.89	0.63	0.47	1.34	0.99
瑞典	0.93	1.06	0.43	0.79	1.52	0.73	0.67	0.73	0.85	0.72	0.83
以色列	0.47	0.45	0.29	0.53	0.88	0.49	0.89	0.42	0.66	0.27	0.54

表3-12 物理化学C层人才排名前20的国家和地区的占比

单位：%

国家和地区	2011年	2012年	2013年	2014年	2015年	2016年	2017年	2018年	2019年	2020年	合计
中国大陆	18.91	20.62	23.05	26.41	29.84	30.41	35.61	38.98	41.45	38.12	31.67
美国	25.06	24.94	23.71	22.20	19.86	18.65	17.50	16.34	13.98	12.53	18.71
德国	6.16	6.43	5.87	5.66	4.78	4.77	3.72	3.91	3.30	3.31	4.59
韩国	4.51	4.83	4.58	4.78	4.87	4.66	4.49	4.15	4.02	3.75	4.41
英国	3.90	4.06	4.28	3.73	3.61	3.74	3.36	3.27	2.98	2.94	3.51
澳大利亚	2.30	2.30	2.38	2.36	2.67	2.63	3.22	3.35	3.89	3.73	2.99
日本	4.53	3.89	3.70	3.59	3.10	2.89	2.51	2.22	2.14	1.92	2.91
新加坡	2.57	2.67	2.72	2.54	2.93	2.63	2.92	3.04	2.66	2.56	2.69
印度	2.49	2.17	2.81	2.34	2.02	2.41	2.16	1.84	1.95	2.54	2.26
法国	3.93	3.08	3.15	2.60	2.42	2.22	1.76	1.28	1.20	1.41	2.16
西班牙	3.04	2.73	2.38	2.38	1.93	2.33	1.65	1.41	1.33	1.37	1.96

续表

国家和地区	2011年	2012年	2013年	2014年	2015年	2016年	2017年	2018年	2019年	2020年	合计
中国香港	1.28	1.44	1.32	1.27	1.81	1.97	2.36	2.49	2.23	2.54	1.95
加拿大	2.24	1.82	1.67	1.86	1.86	1.73	1.67	1.44	1.72	2.02	1.79
沙特	0.41	0.59	0.86	1.24	1.67	1.95	1.87	1.82	1.92	2.08	1.53
意大利	1.99	2.18	2.22	1.84	1.68	1.66	1.36	0.94	1.03	1.06	1.52
瑞士	1.58	1.71	1.87	1.62	1.39	1.49	1.15	1.42	1.09	1.16	1.41
伊朗	0.67	0.79	0.88	0.79	0.93	1.21	1.32	1.25	1.44	1.81	1.17
荷兰	1.50	1.42	1.37	1.32	1.45	1.22	0.89	0.90	0.90	0.81	1.13
中国台湾	1.71	1.79	1.05	1.06	0.99	1.00	0.87	0.77	0.84	1.06	1.07
瑞典	1.17	1.05	1.04	1.08	1.12	0.82	0.85	0.87	0.71	0.66	0.91

五 分析化学

分析化学A、B、C层人才主要集中在美国和中国大陆，二者A、B、C层人才的世界占比合计为38.11%、41.52%、42.86%，其中，美国的A层人才多于中国大陆，B层和C层人才少于中国大陆；在发展趋势上，中国大陆呈现相对上升趋势，美国呈现相对下降趋势。

德国、加拿大、韩国、沙特、意大利、澳大利亚、印度、西班牙的A层人才比较多，世界占比在6%~3%之间；伊朗、英国、波兰、法国、葡萄牙、荷兰、巴西、丹麦、日本、希腊也有相当数量的A层人才，世界占比超过或接近1%。

伊朗、韩国、英国、印度、西班牙、德国的B层人才比较多，世界占比在5%~3%之间；澳大利亚、加拿大、意大利、沙特、法国、瑞士、荷兰、新加坡、土耳其、马来西亚、中国台湾、瑞典也有相当数量的B层人才，世界占比超过1%。

西班牙、韩国、伊朗、印度、英国、德国的C层人才比较多，世界占比在4%~3%之间；意大利、加拿大、法国、澳大利亚、日本、巴西、瑞士、沙特、中国台湾、荷兰、土耳其、波兰也有相当数量的C层人才，世界占比超过1%。

表 3-13 分析化学 A 层人才排名前 20 的国家和地区的占比

单位：%

国家和地区	2011 年	2012 年	2013 年	2014 年	2015 年	2016 年	2017 年	2018 年	2019 年	2020 年	合计
美国	23.08	24.14	22.58	29.03	24.24	28.57	11.43	17.50	16.28	15.22	20.63
中国大陆	3.85	27.59	12.90	12.90	6.06	14.29	28.57	20.00	13.95	28.26	17.48
德国	7.69	6.90	6.45	0.00	3.03	5.71	5.71	5.00	6.98	4.35	5.16
加拿大	7.69	6.90	3.23	0.00	3.03	0.00	8.57	2.50	2.33	4.35	3.72
韩国	7.69	0.00	6.45	6.45	3.03	0.00	5.71	5.00	4.65	0.00	3.72
沙特	0.00	3.45	3.23	3.23	0.00	5.71	2.86	2.50	4.65	8.70	3.72
意大利	3.85	0.00	3.23	9.68	3.03	0.00	2.86	7.50	6.98	0.00	3.72
澳大利亚	3.85	3.45	3.23	3.23	0.00	8.57	0.00	0.00	9.30	0.00	3.15
印度	0.00	0.00	0.00	0.00	9.09	2.86	5.71	2.50	6.98	2.17	3.15
西班牙	3.85	3.45	3.23	6.45	3.03	8.57	0.00	2.50	0.00	2.17	3.15
伊朗	0.00	0.00	0.00	0.00	0.00	0.00	2.86	2.50	9.30	6.52	2.87
英国	3.85	3.45	3.23	0.00	6.06	8.57	2.86	2.50	0.00	0.00	2.87
波兰	0.00	3.45	3.23	0.00	3.03	2.86	0.00	5.00	4.65	2.17	2.58
法国	3.85	3.45	3.23	3.23	6.06	2.86	0.00	0.00	0.00	2.17	2.29
葡萄牙	0.00	0.00	0.00	0.00	3.03	0.00	5.71	5.00	2.33	0.00	1.72
荷兰	7.69	3.45	3.23	0.00	0.00	0.00	0.00	0.00	0.00	0.00	1.43
巴西	3.85	0.00	0.00	0.00	0.00	0.00	0.00	0.00	0.00	2.17	1.15
丹麦	3.85	0.00	0.00	3.23	0.00	0.00	0.00	0.00	0.00	2.17	1.15
日本	0.00	3.45	0.00	3.23	0.00	0.00	0.00	0.00	0.00	2.17	1.15
希腊	3.85	0.00	0.00	3.23	0.00	0.00	0.00	2.50	0.00	0.00	0.86

表 3-14 分析化学 B 层人才排名前 20 的国家和地区的占比

单位：%

国家和地区	2011 年	2012 年	2013 年	2014 年	2015 年	2016 年	2017 年	2018 年	2019 年	2020 年	合计
中国大陆	17.25	20.08	30.63	26.95	25.50	22.51	33.64	32.42	28.31	24.65	26.51
美国	25.49	20.85	19.56	16.31	11.41	17.36	15.58	10.99	10.13	9.62	15.01
伊朗	1.18	1.93	2.21	1.77	2.01	4.18	3.12	6.32	7.79	7.75	4.22
韩国	3.92	5.79	3.69	2.13	3.02	3.22	2.80	6.04	4.16	4.23	3.94
英国	5.10	7.34	3.69	6.03	4.03	2.25	4.05	3.30	3.90	1.41	3.91
印度	4.31	3.47	1.48	3.19	3.36	2.89	3.74	5.49	4.68	4.23	3.78
西班牙	3.53	3.86	4.43	4.96	5.37	4.50	2.49	2.47	2.08	1.88	3.40
德国	4.71	5.79	4.43	4.61	4.03	3.54	2.80	1.37	1.82	2.11	3.31
澳大利亚	3.14	3.09	1.11	2.13	1.68	3.22	2.49	3.30	4.94	0.94	2.62
加拿大	4.31	3.47	2.58	2.13	2.68	1.29	1.87	1.92	2.08	3.52	2.55
意大利	0.78	0.77	1.11	2.84	4.03	3.54	2.80	3.57	1.56	1.64	2.30

续表

国家和地区	2011年	2012年	2013年	2014年	2015年	2016年	2017年	2018年	2019年	2020年	合计
沙特	0.78	0.00	1.48	1.77	1.01	2.57	0.62	2.20	3.38	4.93	2.08
法国	1.96	1.16	0.74	2.13	3.36	2.25	1.87	1.10	1.30	2.11	1.80
瑞士	2.35	0.77	0.37	1.42	3.02	2.25	0.93	0.82	1.30	0.70	1.36
荷兰	1.96	0.77	3.32	1.42	1.01	1.93	1.56	0.82	1.04	0.23	1.32
新加坡	0.39	1.16	1.85	1.77	1.68	1.61	1.87	0.00	1.30	0.94	1.23
土耳其	0.78	1.93	0.00	1.77	1.01	1.61	1.25	0.82	1.30	1.64	1.23
马来西亚	0.78	2.32	0.74	1.06	1.01	0.64	1.56	0.55	1.30	0.94	1.07
中国台湾	1.96	0.77	1.85	1.77	0.34	1.29	0.62	1.65	0.00	0.70	1.04
瑞典	1.18	2.70	1.11	1.06	1.34	1.61	1.25	0.00	0.52	0.23	1.01

表3–15 分析化学C层人才排名前20的国家和地区的占比

单位：%

国家和地区	2011年	2012年	2013年	2014年	2015年	2016年	2017年	2018年	2019年	2020年	合计
中国大陆	21.02	23.08	25.67	30.09	31.00	31.98	35.10	36.67	33.83	28.77	30.21
美国	18.36	17.41	14.52	14.65	12.87	12.80	12.17	10.12	9.82	8.61	12.65
西班牙	5.40	4.89	5.11	4.40	4.48	3.61	3.41	2.90	2.99	2.92	3.87
韩国	3.91	3.52	3.47	3.54	3.61	3.91	4.26	4.21	3.94	3.45	3.79
伊朗	2.62	2.70	2.57	2.75	2.32	3.78	3.41	4.12	5.08	5.04	3.59
印度	2.82	2.27	3.29	3.82	3.50	3.58	4.16	3.47	3.97	3.84	3.53
英国	4.51	4.19	4.25	3.68	3.98	3.51	3.15	3.16	3.04	2.68	3.53
德国	4.19	4.23	3.93	2.86	3.34	3.68	2.33	2.50	2.81	2.36	3.13
意大利	2.86	2.86	3.29	2.64	2.53	2.63	2.62	2.64	2.58	3.38	2.81
加拿大	2.82	3.05	2.47	2.89	2.70	1.81	1.96	1.71	2.16	1.95	2.30
法国	2.98	2.15	2.22	2.04	2.49	2.40	2.02	1.82	1.55	1.74	2.09
澳大利亚	1.37	2.07	1.43	1.64	1.99	1.77	1.83	1.88	2.22	2.00	1.85
日本	2.09	2.31	2.07	2.11	1.28	1.48	1.51	1.11	1.19	1.76	1.65
巴西	1.17	1.72	1.89	1.68	1.18	1.58	1.61	1.82	1.49	1.37	1.55
瑞士	1.73	1.84	1.75	1.57	1.79	1.02	1.20	1.05	1.06	0.80	1.33
沙特	0.81	0.82	0.75	1.04	1.04	1.18	1.20	1.31	1.57	2.65	1.32
中国台湾	1.01	1.53	1.75	1.61	1.31	1.05	1.29	0.88	0.88	1.18	1.22
荷兰	2.17	1.45	1.32	1.29	1.42	1.05	0.91	1.05	0.88	0.84	1.19
土耳其	0.89	0.67	0.97	0.54	0.98	1.05	1.23	1.31	1.65	1.64	1.14
波兰	1.13	1.13	1.36	1.14	1.18	1.21	0.79	1.05	0.95	1.01	1.08

六 晶体学

晶体学 A 层人才主要集中在英国、中国大陆、美国、德国，世界占比分别为 20.72%、14.41%、14.41%、9.01%；荷兰、意大利、法国、印度、澳大利亚、俄罗斯的 A 层人才也比较多，世界占比在 6%~3% 之间；日本、瑞士、捷克、西班牙、马来西亚、波兰、伊朗、沙特、新加坡也有相当数量的 A 层人才，世界占比超过或接近 1%。

B 层人才主要集中在中国大陆和美国，世界占比分别为 24.73%、11.21%；德国、英国、印度、法国、日本的 B 层人才也比较多，世界占比在 9%~3% 之间；澳大利亚、意大利、西班牙、新加坡、荷兰、加拿大、伊朗、瑞士、沙特、俄罗斯、韩国、比利时、波兰也有相当数量的 B 层人才，世界占比超过 1%。

C 层人才主要集中在中国大陆和美国，世界占比分别为 24.68%、10.64%；印度、英国、德国、法国、日本的 C 层人才也比较多，世界占比在 9%~3% 之间；俄罗斯、西班牙、伊朗、意大利、波兰、韩国、澳大利亚、瑞士、加拿大、瑞典、沙特、新加坡、荷兰也有相当数量的 C 层人才，世界占比超过或接近 1%。

表 3-16　晶体学 A 层人才的国家和地区的占比

单位：%

国家和地区	2011 年	2012 年	2013 年	2014 年	2015 年	2016 年	2017 年	2018 年	2019 年	2020 年	合计
英国	41.18	15.38	23.08	9.09	9.09	25.00	9.09	20.00	27.27	20.00	20.72
中国大陆	0.00	7.69	23.08	0.00	9.09	0.00	27.27	20.00	18.18	40.00	14.41
美国	5.88	23.08	23.08	0.00	0.00	0.00	36.36	30.00	9.09	10.00	14.41
德国	5.88	7.69	0.00	18.18	45.45	0.00	9.09	0.00	0.00	0.00	9.01
荷兰	11.76	0.00	0.00	18.18	9.09	0.00	0.00	0.00	0.00	10.00	5.41
意大利	5.88	7.69	7.69	18.18	9.09	0.00	0.00	0.00	0.00	0.00	5.41
法国	0.00	7.69	0.00	0.00	9.09	0.00	0.00	20.00	9.09	0.00	4.50
印度	5.88	7.69	0.00	0.00	0.00	25.00	0.00	0.00	18.18	0.00	4.50
澳大利亚	0.00	0.00	0.00	7.69	0.00	25.00	9.09	10.00	0.00	0.00	3.60
俄罗斯	5.88	7.69	0.00	9.09	0.00	0.00	9.09	0.00	0.00	0.00	3.60
日本	11.76	0.00	7.69	0.00	0.00	0.00	0.00	0.00	0.00	0.00	2.70

续表

国家和地区	2011年	2012年	2013年	2014年	2015年	2016年	2017年	2018年	2019年	2020年	合计
瑞士	0.00	0.00	7.69	0.00	9.09	0.00	0.00	0.00	0.00	10.00	2.70
捷克	5.88	0.00	0.00	9.09	0.00	0.00	0.00	0.00	0.00	0.00	1.80
西班牙	0.00	0.00	0.00	9.09	0.00	0.00	0.00	0.00	0.00	10.00	1.80
马来西亚	0.00	0.00	0.00	0.00	0.00	0.00	0.00	0.00	9.09	0.00	0.90
波兰	0.00	7.69	0.00	0.00	0.00	0.00	0.00	0.00	0.00	0.00	0.90
伊朗	0.00	0.00	0.00	0.00	0.00	0.00	0.00	0.00	9.09	0.00	0.90
沙特	0.00	0.00	0.00	9.09	0.00	0.00	0.00	0.00	0.00	0.00	0.90
新加坡	0.00	7.69	0.00	0.00	0.00	0.00	0.00	0.00	0.00	0.00	0.90

表3–17 晶体学B层人才排名前20的国家和地区的占比

单位：%

国家和地区	2011年	2012年	2013年	2014年	2015年	2016年	2017年	2018年	2019年	2020年	合计
中国大陆	32.26	27.86	26.50	21.14	12.87	18.37	28.18	23.16	31.07	19.51	24.73
美国	11.61	12.14	17.95	8.13	16.83	7.14	10.91	7.37	8.74	9.76	11.21
德国	8.39	6.43	5.13	12.20	13.86	6.12	7.27	7.37	8.74	8.54	8.36
英国	9.03	10.00	5.98	5.69	6.93	7.14	6.36	7.37	4.85	6.10	7.12
印度	7.10	2.14	9.40	7.32	4.95	8.16	4.55	7.37	1.94	9.76	6.14
法国	3.87	2.14	5.13	4.07	8.91	2.04	1.82	2.11	0.97	2.44	3.38
日本	2.58	5.00	4.27	2.44	1.98	8.16	1.82	2.11	1.94	0.00	3.11
澳大利亚	1.94	2.14	2.56	2.44	0.99	1.02	4.55	4.21	2.91	1.22	2.40
意大利	2.58	1.43	1.71	3.25	1.98	4.08	1.82	2.11	3.88	0.00	2.31
西班牙	1.29	1.43	1.71	4.88	1.98	3.06	2.73	2.11	3.88	0.00	2.31
新加坡	3.87	0.71	1.71	1.63	0.00	4.08	4.55	0.00	1.94	0.00	1.96
荷兰	1.94	2.86	3.42	0.81	0.99	4.08	0.91	1.05	0.00	0.00	1.69
加拿大	0.65	2.14	0.00	0.81	0.99	3.06	3.64	3.16	1.94	1.22	1.69
伊朗	0.65	2.14	0.00	0.81	0.99	0.00	0.00	1.05	6.80	6.10	1.69
瑞士	0.65	1.43	0.00	0.81	4.95	2.04	1.82	4.21	0.97	0.00	1.60
沙特	1.29	2.14	0.85	0.81	1.98	0.00	0.91	3.16	1.94	3.66	1.60
俄罗斯	1.29	2.14	1.71	1.63	0.00	3.06	0.91	1.05	0.97	2.44	1.51
韩国	0.65	2.14	1.71	2.44	0.99	1.02	0.91	0.00	0.97	2.44	1.33
比利时	1.29	0.00	1.71	0.81	6.93	1.02	0.00	0.00	0.97	0.00	1.25
波兰	0.00	0.71	0.85	1.63	1.98	1.02	0.00	2.11	2.91	2.44	1.25

表 3-18　晶体学 C 层人才排名前 20 的国家和地区的占比

单位：%

国家和地区	2011 年	2012 年	2013 年	2014 年	2015 年	2016 年	2017 年	2018 年	2019 年	2020 年	合计
中国大陆	27.70	32.09	27.24	24.44	21.38	21.25	19.62	25.95	22.11	19.98	24.68
美国	11.49	9.75	11.78	12.68	11.35	12.36	9.01	10.07	8.33	8.79	10.64
印度	6.65	6.25	9.14	10.02	7.90	7.85	8.54	7.83	8.78	8.26	8.05
英国	6.13	5.58	5.12	5.88	6.89	6.47	7.51	6.04	5.11	4.29	5.91
德国	5.68	5.44	4.44	5.55	8.00	5.89	6.20	5.37	6.33	4.71	5.72
法国	4.07	3.87	4.27	3.48	3.85	4.27	3.76	3.47	4.44	2.09	3.78
日本	4.71	4.24	3.84	3.40	3.75	4.27	2.82	3.24	2.89	2.93	3.68
俄罗斯	1.81	1.79	1.28	2.73	2.13	2.31	5.07	5.15	4.33	3.97	2.91
西班牙	1.74	1.94	2.99	2.98	2.84	3.12	3.19	2.57	2.44	3.77	2.69
伊朗	1.74	1.41	1.62	1.74	2.33	1.50	2.54	2.01	5.33	4.39	2.35
意大利	1.81	2.38	2.99	1.66	3.04	1.50	2.91	2.13	1.56	2.93	2.29
波兰	1.81	1.94	2.39	2.65	1.72	1.85	2.91	1.34	2.11	1.67	2.06
韩国	2.58	2.08	1.96	2.07	2.13	2.19	1.22	1.01	1.56	1.46	1.88
澳大利亚	1.74	1.79	1.71	1.08	2.03	2.89	2.07	1.68	2.22	0.94	1.78
瑞士	1.36	1.04	1.37	0.99	1.42	1.85	1.13	1.79	1.56	1.26	1.34
加拿大	1.61	0.89	0.43	0.83	0.71	1.62	1.97	1.57	1.00	1.57	1.21
瑞典	0.84	0.67	1.37	0.99	1.11	0.92	1.41	1.79	1.33	1.36	1.14
沙特	0.26	0.52	0.68	1.24	0.81	0.92	0.85	1.45	1.56	2.51	1.01
新加坡	0.97	1.56	1.02	1.16	1.01	0.92	0.85	0.45	0.67	0.42	0.94
荷兰	0.58	1.27	1.28	0.83	1.22	0.69	0.85	0.56	1.11	0.52	0.90

七　无机化学和核化学

无机化学和核化学 A、B、C 层人才主要集中在中国大陆和美国，二者 A、B、C 层人才的世界占比合计为 45.51%、40.70%、35.10%，中国大陆的三层人才均多于美国；在发展趋势上，中国大陆呈现相对上升趋势，美国呈现相对下降趋势。

法国、德国、日本、英国、西班牙的 A 层人才比较多，世界占比在 10%~3% 之间；意大利、印度、韩国、瑞典、瑞士、荷兰、澳大利亚、比利时、新西兰、俄罗斯、沙特、伊朗、新加坡也有相当数量的 A 层人才，世界占比超过1%。

印度、德国、英国、法国、西班牙的B层人才比较多,世界占比在7%~3%之间;韩国、日本、澳大利亚、意大利、沙特、俄罗斯、伊朗、新加坡、瑞士、加拿大、中国香港、葡萄牙、波兰也有相当数量的B层人才,世界占比超过或接近1%。

印度、德国、法国、英国、西班牙、意大利、日本、伊朗的C层人才比较多,世界占比在8%~3%之间;韩国、加拿大、俄罗斯、澳大利亚、葡萄牙、瑞士、波兰、沙特、比利时、奥地利也有相当数量的C层人才,世界占比超过或接近1%。

表3-19 无机化学和核化学A层人才排名前20的国家和地区的占比

单位:%

国家和地区	2011年	2012年	2013年	2014年	2015年	2016年	2017年	2018年	2019年	2020年	合计
中国大陆	6.25	17.65	31.25	11.11	29.41	26.67	29.41	37.50	47.06	50.00	28.74
美国	25.00	5.88	31.25	27.78	17.65	6.67	5.88	18.75	17.65	11.11	16.77
法国	6.25	11.76	6.25	16.67	11.76	6.67	17.65	6.25	5.88	5.56	9.58
德国	25.00	11.76	6.25	0.00	5.88	0.00	5.88	0.00	5.88	0.00	5.99
日本	0.00	11.76	6.25	11.11	5.88	6.67	5.88	0.00	0.00	0.00	4.79
英国	0.00	0.00	0.00	11.11	0.00	0.00	5.88	12.50	5.88	0.00	3.59
西班牙	12.50	0.00	6.25	5.56	0.00	13.33	0.00	0.00	0.00	0.00	3.59
意大利	0.00	11.76	0.00	0.00	5.88	6.67	5.88	0.00	0.00	0.00	2.99
印度	0.00	0.00	0.00	0.00	0.00	0.00	0.00	6.25	5.88	11.11	2.40
韩国	0.00	5.88	0.00	0.00	0.00	0.00	6.67	0.00	11.76	0.00	2.40
瑞典	0.00	5.88	0.00	5.56	5.88	0.00	0.00	0.00	0.00	0.00	1.80
瑞士	6.25	5.88	0.00	0.00	5.88	0.00	0.00	0.00	0.00	0.00	1.80
荷兰	0.00	5.88	6.25	5.56	0.00	0.00	0.00	0.00	0.00	0.00	1.80
澳大利亚	0.00	0.00	0.00	0.00	0.00	6.67	0.00	6.25	0.00	0.00	1.20
比利时	0.00	0.00	0.00	0.00	5.88	6.67	0.00	0.00	0.00	0.00	1.20
新西兰	0.00	5.88	0.00	5.56	0.00	0.00	0.00	0.00	0.00	0.00	1.20
俄罗斯	0.00	0.00	0.00	0.00	0.00	0.00	11.76	0.00	0.00	0.00	1.20
沙特	0.00	0.00	0.00	0.00	0.00	6.67	0.00	0.00	0.00	5.56	1.20
伊朗	6.25	0.00	0.00	0.00	0.00	0.00	0.00	0.00	0.00	5.56	1.20
新加坡	0.00	0.00	0.00	0.00	0.00	6.67	0.00	6.25	0.00	0.00	1.20

第三章 化学

表 3-20 无机化学和核化学 B 层人才排名前 20 的国家和地区的占比

单位：%

国家和地区	2011年	2012年	2013年	2014年	2015年	2016年	2017年	2018年	2019年	2020年	合计
中国大陆	15.23	16.13	22.16	26.90	26.88	27.95	31.06	38.89	50.97	42.07	29.87
美国	15.89	14.19	14.37	10.53	15.00	8.07	12.42	7.41	7.74	3.05	10.83
印度	5.96	7.74	5.39	6.43	3.75	8.70	5.59	7.41	2.58	9.15	6.29
德国	9.27	8.39	8.98	7.60	3.13	4.35	3.73	4.32	1.94	0.61	5.23
英国	4.64	6.45	5.39	3.51	4.38	3.11	6.21	1.23	1.94	5.49	4.23
法国	5.30	3.23	6.59	5.85	1.88	8.70	4.35	1.85	0.65	2.44	4.11
西班牙	3.97	2.58	4.79	3.51	5.63	3.73	2.48	0.62	3.87	1.83	3.30
韩国	1.99	1.94	4.19	2.92	3.13	2.48	1.24	4.32	1.29	2.44	2.61
日本	4.64	1.94	2.99	2.34	3.13	2.48	3.11	3.09	0.00	1.22	2.49
澳大利亚	1.32	1.29	1.80	0.58	1.88	4.97	3.11	4.32	1.29	1.22	2.18
意大利	4.64	5.81	2.40	1.17	1.25	2.48	1.86	0.62	0.65	1.22	2.18
沙特	0.00	1.94	1.20	1.17	3.75	0.62	4.97	2.47	2.58	2.44	2.12
俄罗斯	1.32	3.87	1.80	3.51	1.88	1.24	1.86	0.62	3.87	0.00	1.99
伊朗	0.00	1.29	0.60	1.17	1.88	1.24	0.00	3.09	4.52	4.88	1.87
新加坡	1.32	0.65	0.60	1.75	2.50	1.86	0.62	3.70	2.58	1.83	1.74
瑞士	3.31	1.94	1.20	2.92	1.25	1.86	1.24	2.47	0.65	0.61	1.74
加拿大	3.97	2.58	1.20	4.09	1.25	0.00	0.62	0.62	2.58	0.61	1.74
中国香港	1.99	1.29	2.40	1.17	0.00	1.24	1.86	1.23	1.29	1.83	1.43
葡萄牙	1.32	1.29	1.80	1.75	1.88	0.62	1.86	1.23	1.94	0.61	1.43
波兰	1.32	1.29	0.60	1.17	1.25	0.62	0.62	0.62	0.65	1.22	0.93

表 3-21 无机化学和核化学 C 层人才排名前 20 的国家和地区的占比

单位：%

国家和地区	2011年	2012年	2013年	2014年	2015年	2016年	2017年	2018年	2019年	2020年	合计
中国大陆	16.55	18.21	17.26	21.98	22.79	23.20	24.84	33.35	36.08	31.96	24.65
美国	14.29	13.77	12.48	11.45	11.23	10.36	9.72	8.07	6.70	6.52	10.45
印度	6.80	6.23	8.14	8.21	7.86	6.48	8.24	7.11	8.79	10.08	7.81
德国	9.41	8.15	8.63	7.58	6.94	7.15	6.76	4.74	3.81	4.46	6.76
法国	5.98	6.49	5.69	4.28	5.48	4.75	3.35	3.52	2.95	2.88	4.52
英国	6.73	5.63	5.08	4.97	4.03	4.61	3.35	2.62	2.46	2.81	4.22
西班牙	4.12	4.97	4.22	4.34	4.29	3.61	3.67	2.88	2.46	2.13	3.67
意大利	2.75	4.50	4.10	3.41	3.10	3.07	3.28	3.14	1.97	3.09	3.24
日本	3.71	3.84	4.28	3.59	2.91	3.48	2.90	2.43	2.21	1.99	3.14
伊朗	1.30	2.12	1.53	1.56	2.58	2.34	2.51	4.93	6.45	5.01	3.03
韩国	1.92	1.19	2.08	1.74	1.65	2.14	2.19	1.73	2.46	2.13	1.92

续表

国家和地区	2011年	2012年	2013年	2014年	2015年	2016年	2017年	2018年	2019年	2020年	合计
加拿大	2.88	2.25	2.69	2.26	1.98	2.07	1.99	1.28	0.49	0.96	1.89
俄罗斯	1.24	0.66	1.41	0.98	1.92	2.34	2.57	2.62	2.15	2.33	1.81
澳大利亚	1.37	1.39	2.20	1.74	1.92	1.47	1.67	1.73	1.23	1.78	1.65
葡萄牙	1.92	1.92	1.90	1.97	1.59	1.54	1.42	1.09	1.11	0.55	1.51
瑞士	2.27	1.66	1.71	1.56	1.98	1.47	1.61	0.64	0.74	0.55	1.42
波兰	1.03	1.26	1.47	1.45	1.45	1.67	1.74	1.54	1.11	1.17	1.39
沙特	0.48	0.66	0.67	0.93	1.52	0.80	1.35	1.73	1.54	2.06	1.17
比利时	0.55	0.86	0.73	1.10	0.92	0.87	1.35	0.45	0.43	0.62	0.79
奥地利	1.03	0.99	1.04	0.58	0.92	1.07	0.58	0.45	0.25	0.21	0.71

八 纳米科学和纳米技术

纳米科学和纳米技术A、B、C层人才主要集中在中国大陆和美国，二者A、B、C层人才的世界占比合计为50.34%、57.62%、54.10%，其中，中国大陆的三层人才均多于美国；在发展趋势上，中国大陆呈现相对上升趋势，美国呈现相对下降趋势。

英国、韩国、德国、新加坡、日本、瑞士的A层人才比较多，世界占比在6%~3%之间；加拿大、沙特、澳大利亚、中国香港、意大利、西班牙、法国、瑞典、荷兰、中国台湾、比利时、丹麦也有相当数量的A层人才，世界占比超过或接近1%。

韩国、新加坡、澳大利亚、德国的B层人才比较多，世界占比在5%~3%之间；中国香港、英国、日本、沙特、西班牙、瑞士、加拿大、中国台湾、印度、意大利、法国、荷兰、瑞典、以色列也有相当数量的B层人才，世界占比超过或接近1%。

韩国、德国、新加坡、英国的C层人才比较多，世界占比在6%~3%之间；澳大利亚、日本、中国香港、印度、加拿大、法国、西班牙、意大利、瑞士、沙特、中国台湾、荷兰、瑞典、伊朗也有相当数量的C层人才，世界占比超过或接近1%。

表 3-22 纳米科学和纳米技术 A 层人才排名前 20 的国家和地区的占比

单位：%

国家和地区	2011 年	2012 年	2013 年	2014 年	2015 年	2016 年	2017 年	2018 年	2019 年	2020 年	合计
中国大陆	17.07	25.53	18.75	8.00	21.82	27.87	35.38	25.71	37.66	27.50	25.76
美国	29.27	27.66	31.25	32.00	25.45	21.31	21.54	21.43	22.08	21.25	24.58
英国	7.32	0.00	8.33	16.00	7.27	3.28	6.15	4.29	3.90	3.75	5.72
韩国	2.44	0.00	6.25	6.00	1.82	9.84	4.62	4.29	3.90	5.00	4.55
德国	2.44	2.13	2.08	8.00	3.64	3.28	3.08	2.86	5.19	5.00	3.87
新加坡	7.32	14.89	6.25	0.00	3.64	3.28	0.00	1.43	2.60	2.50	3.70
日本	12.20	4.26	4.17	0.00	3.64	3.28	1.54	2.86	1.30	1.25	3.03
瑞士	4.88	2.13	2.08	4.00	5.45	1.64	3.08	1.43	2.60	3.75	3.03
加拿大	0.00	0.00	2.08	0.00	0.00	6.56	3.08	4.29	2.60	5.00	2.69
沙特	0.00	0.00	0.00	0.00	1.82	3.28	7.69	4.29	5.19	0.00	2.53
澳大利亚	0.00	2.13	2.08	2.00	0.00	0.00	3.08	2.86	1.30	3.75	1.85
中国香港	2.44	2.13	0.00	4.00	1.82	1.64	0.00	2.86	1.30	1.25	1.68
意大利	0.00	0.00	2.08	4.00	5.45	1.64	0.00	0.00	1.30	2.50	1.68
西班牙	2.44	2.13	0.00	2.00	1.82	0.00	0.00	1.43	0.00	5.00	1.52
法国	2.44	0.00	4.17	2.00	1.82	0.00	1.54	1.43	0.00	1.25	1.35
瑞典	2.44	2.13	0.00	0.00	1.82	1.64	0.00	0.00	2.60	0.00	1.18
荷兰	2.44	0.00	0.00	2.00	0.00	3.64	0.00	1.54	1.30	0.00	1.01
中国台湾	0.00	4.26	0.00	2.00	0.00	1.64	1.54	1.43	0.00	0.00	1.01
比利时	0.00	0.00	2.08	2.00	0.00	1.64	0.00	1.43	0.00	0.00	0.67
丹麦	0.00	0.00	2.08	0.00	1.82	1.64	0.00	0.00	0.00	1.25	0.67

表 3-23 纳米科学和纳米技术 B 层人才排名前 20 的国家和地区的占比

单位：%

国家和地区	2011 年	2012 年	2013 年	2014 年	2015 年	2016 年	2017 年	2018 年	2019 年	2020 年	合计
中国大陆	24.74	24.65	28.87	27.31	26.95	32.80	40.58	40.35	42.75	41.45	34.38
美国	32.89	28.64	30.48	27.10	27.15	23.94	18.66	20.09	17.83	16.41	23.24
韩国	5.53	5.87	7.62	6.51	6.45	4.79	2.74	3.77	3.48	3.89	4.83
新加坡	2.89	5.40	4.85	4.41	3.71	4.79	5.48	4.40	5.80	3.62	4.57
澳大利亚	3.16	2.58	2.31	3.57	3.32	3.19	4.45	4.87	4.93	5.01	3.91
德国	5.26	3.99	2.31	3.15	4.30	3.01	2.91	1.88	2.61	2.50	3.06
中国香港	1.05	2.35	1.39	1.89	2.15	1.95	4.28	3.14	4.06	4.03	2.82
英国	4.47	2.82	3.46	2.94	2.54	3.01	3.77	2.20	1.88	2.23	2.82
日本	3.42	3.05	3.46	3.57	2.93	3.19	2.57	2.20	1.88	1.53	2.66
沙特	0.79	1.17	0.46	2.73	1.95	3.19	2.40	2.35	2.46	1.81	2.03
西班牙	1.05	2.11	1.15	2.31	2.93	1.95	1.03	0.63	0.87	0.70	1.40

续表

国家和地区	2011年	2012年	2013年	2014年	2015年	2016年	2017年	2018年	2019年	2020年	合计
瑞士	1.05	0.94	1.85	1.68	1.95	2.48	1.03	0.94	0.87	1.39	1.40
加拿大	0.53	0.94	0.69	1.05	0.98	1.60	1.88	1.57	1.88	1.81	1.38
中国台湾	2.11	2.35	2.08	2.73	0.59	0.89	0.68	0.94	1.16	0.83	1.33
印度	1.58	2.82	1.85	0.84	0.78	0.35	0.68	1.41	1.16	0.97	1.18
意大利	1.32	1.17	1.62	1.05	1.56	1.24	1.20	0.47	0.29	1.11	1.05
法国	0.53	1.17	1.15	1.26	0.98	1.60	0.34	1.41	0.87	0.28	0.94
荷兰	0.53	1.64	0.92	0.63	1.37	0.71	0.51	0.63	0.43	1.11	0.83
瑞典	1.05	0.94	0.46	0.84	1.17	0.71	0.34	0.78	0.58	0.83	0.76
以色列	0.26	0.00	0.46	0.42	0.39	0.71	0.68	0.31	0.29	1.11	0.50

表3-24 纳米科学和纳米技术C层人才排名前20的国家和地区的占比

单位：%

国家和地区	2011年	2012年	2013年	2014年	2015年	2016年	2017年	2018年	2019年	2020年	合计
中国大陆	18.94	20.10	24.31	27.00	30.78	33.58	37.97	40.70	43.26	41.02	33.43
美国	28.10	28.60	26.38	24.09	21.57	20.88	19.67	17.21	15.80	14.10	20.67
韩国	5.61	5.71	6.07	6.32	6.08	4.98	4.77	4.69	4.72	4.12	5.19
德国	5.87	5.57	4.86	4.52	4.21	4.01	3.31	3.33	2.89	3.38	4.01
新加坡	2.92	3.37	3.37	3.59	3.64	3.33	3.69	3.55	3.35	3.21	3.41
英国	3.50	3.58	3.88	3.29	3.07	3.24	3.02	3.20	2.62	2.86	3.17
澳大利亚	1.66	1.82	2.05	2.48	3.03	2.97	3.23	3.33	3.92	3.89	2.99
日本	4.29	3.85	2.86	3.31	2.54	2.76	2.37	1.85	2.09	1.90	2.64
中国香港	1.63	1.36	1.51	1.77	2.16	2.19	2.51	2.81	2.35	3.07	2.24
印度	2.42	2.44	2.37	2.33	2.14	2.07	1.63	1.39	1.43	1.62	1.91
加拿大	2.21	1.94	1.84	1.98	1.71	1.73	1.61	1.58	1.74	1.94	1.81
法国	3.06	2.72	2.30	1.75	1.81	1.71	1.08	1.06	1.02	1.15	1.64
西班牙	2.42	2.01	1.95	1.62	1.75	1.60	1.13	1.44	1.26	1.41	1.60
意大利	2.03	1.89	1.77	1.41	1.40	1.26	1.10	1.26	1.04	1.33	1.39
瑞士	1.55	1.62	1.81	1.71	1.57	1.46	1.17	1.29	0.84	1.22	1.38
沙特	0.32	0.48	0.95	1.49	1.44	1.51	1.41	1.40	1.20	1.52	1.23
中国台湾	1.66	1.89	1.60	1.39	1.18	1.05	1.06	0.80	0.95	1.16	1.22
荷兰	1.53	1.41	1.28	1.07	0.94	0.98	0.89	0.87	0.92	1.12	1.07
瑞典	1.26	1.08	0.70	0.94	0.85	0.77	0.88	0.98	0.84	0.84	0.90
伊朗	0.90	0.65	0.51	0.36	0.63	0.59	0.84	0.93	0.48	0.91	0.69

九 化学工程

化学工程 A、B、C 层人才主要集中在中国大陆和美国，二者 A、B、C 层人才的世界占比合计为 44.89%、48.38%、43.29%，中国大陆的三层人才均多于美国；在发展趋势上，中国大陆呈现相对上升趋势，美国呈现相对下降趋势。

英国、新加坡、澳大利亚、韩国、加拿大、德国、沙特、瑞士的 A 层人才比较多，世界占比在 6%~3% 之间；西班牙、日本、印度、马来西亚、中国香港、伊朗、意大利、法国、丹麦、荷兰也有相当数量的 A 层人才，世界占比超过 1%。

英国、澳大利亚、韩国、德国、新加坡的 B 层人才比较多，世界占比在 4%~3% 之间；印度、沙特、日本、加拿大、西班牙、伊朗、中国香港、马来西亚、法国、意大利、荷兰、瑞士、瑞典也有相当数量的 B 层人才，世界占比超过或接近 1%。

印度、英国、澳大利亚、韩国、伊朗、西班牙的 C 层人才比较多，世界占比在 4%~3% 之间；德国、加拿大、意大利、法国、日本、新加坡、马来西亚、沙特、荷兰、中国香港、巴西、土耳其也有相当数量的 C 层人才，世界占比超过 1%。

表 3-25 化学工程 A 层人才排名前 20 的国家和地区的占比

单位：%

国家和地区	2011年	2012年	2013年	2014年	2015年	2016年	2017年	2018年	2019年	2020年	合计
中国大陆	14.29	11.11	21.95	17.50	19.51	24.00	25.00	29.63	43.75	42.42	27.14
美国	22.86	25.00	19.51	25.00	12.20	14.00	19.23	24.07	14.06	9.09	17.75
英国	11.43	8.33	4.88	12.50	12.20	4.00	3.85	1.85	3.13	3.03	5.85
新加坡	5.71	8.33	4.88	2.50	0.00	8.00	5.77	1.85	1.56	4.55	4.18
澳大利亚	0.00	5.56	2.44	2.50	2.44	6.00	5.77	7.41	3.13	3.03	3.97
韩国	11.43	2.78	0.00	0.00	7.32	6.00	3.85	0.00	3.13	1.52	3.34
加拿大	8.57	2.78	7.32	2.50	0.00	0.00	1.92	7.41	3.13	0.00	3.13
德国	0.00	5.56	4.88	0.00	2.44	6.00	1.92	7.41	3.13	0.00	3.13
沙特	0.00	0.00	4.88	2.50	4.88	2.00	9.62	3.70	1.56	1.52	3.13

续表

国家和地区	2011年	2012年	2013年	2014年	2015年	2016年	2017年	2018年	2019年	2020年	合计
瑞士	2.86	2.78	2.44	2.50	7.32	8.00	1.92	3.70	0.00	1.52	3.13
西班牙	0.00	5.56	2.44	5.00	7.32	2.00	1.92	1.85	0.00	1.52	2.51
日本	0.00	0.00	7.32	2.50	4.88	4.00	0.00	0.00	3.13	3.03	2.51
印度	2.86	5.56	0.00	5.00	0.00	2.00	1.92	1.85	0.00	3.03	2.09
马来西亚	5.71	0.00	2.44	0.00	2.44	0.00	0.00	1.85	1.56	3.03	1.67
中国香港	0.00	0.00	0.00	0.00	2.44	0.00	0.00	1.85	4.69	4.55	1.67
伊朗	0.00	2.78	0.00	0.00	0.00	0.00	3.85	1.85	0.00	3.03	1.46
意大利	2.86	0.00	2.44	2.50	4.88	0.00	0.00	0.00	1.56	0.00	1.25
法国	0.00	0.00	4.88	5.00	0.00	2.00	0.00	0.00	0.00	1.52	1.25
丹麦	0.00	5.56	0.00	0.00	0.00	0.00	0.00	1.85	0.00	3.03	1.04
荷兰	2.86	0.00	2.44	2.50	2.44	0.00	0.00	0.00	1.56	0.00	1.04

表3-26 化学工程B层人才排名前20的国家和地区的占比

单位：%

国家和地区	2011年	2012年	2013年	2014年	2015年	2016年	2017年	2018年	2019年	2020年	合计
中国大陆	18.75	19.64	23.56	26.60	24.87	30.31	37.84	41.48	45.60	47.11	33.63
美国	25.00	21.13	18.08	20.21	17.84	11.73	12.90	12.02	9.15	9.52	14.75
英国	3.75	3.57	2.74	4.52	3.77	5.31	5.07	3.21	3.97	2.55	3.83
澳大利亚	2.81	4.46	2.74	2.93	3.52	3.76	3.38	2.81	4.84	4.08	3.60
韩国	2.81	2.38	4.11	3.99	4.52	3.98	2.75	3.01	4.49	1.53	3.33
德国	4.38	2.98	3.01	2.93	4.27	3.10	1.69	5.01	3.11	1.87	3.17
新加坡	2.81	4.76	4.38	5.05	1.51	2.88	2.75	2.81	2.42	2.21	3.03
印度	2.19	2.38	2.19	5.05	3.77	2.21	1.27	2.40	2.76	3.40	2.76
沙特	1.56	1.49	1.10	1.06	2.26	3.76	4.02	4.21	1.55	2.38	2.44
日本	3.13	1.79	3.29	2.66	1.51	3.76	2.54	1.00	1.38	2.04	2.23
加拿大	2.50	3.57	3.01	2.13	1.76	2.43	1.06	1.40	2.59	1.87	2.17
西班牙	3.44	3.57	2.74	1.86	2.51	1.77	1.48	1.00	0.52	1.19	1.82
伊朗	1.25	2.08	1.92	1.60	1.26	1.77	2.11	0.80	1.73	2.89	1.78
中国香港	0.31	0.60	1.64	2.66	1.51	1.55	2.96	1.20	2.25	2.04	1.76
马来西亚	2.19	1.19	1.10	3.19	2.26	1.99	1.27	1.40	1.04	0.34	1.60
法国	2.50	2.68	3.29	1.06	1.26	1.99	2.33	0.60	0.69	0.51	1.55
意大利	1.56	2.08	1.64	1.33	2.26	1.77	1.06	1.40	0.86	1.02	1.44
荷兰	1.56	2.98	2.19	0.53	1.01	1.77	1.27	1.00	0.69	0.68	1.32
瑞士	1.25	2.08	1.10	1.86	1.51	0.66	1.06	1.80	0.35	0.68	1.09
瑞典	0.31	0.89	2.47	0.53	1.26	1.11	0.85	0.80	0.35	0.68	0.89

表 3-27 化学工程 C 层人才排名前 20 的国家和地区的占比

单位：%

国家和地区	2011年	2012年	2013年	2014年	2015年	2016年	2017年	2018年	2019年	2020年	合计
中国大陆	18.41	19.17	22.53	23.64	25.93	30.07	34.94	38.81	42.87	43.90	31.78
美国	14.80	15.02	14.35	13.52	12.27	12.27	11.46	10.32	8.54	7.27	11.51
印度	4.08	3.86	4.48	4.22	3.86	3.85	3.98	3.37	3.51	3.02	3.76
英国	4.11	3.44	3.56	3.47	4.16	3.90	4.02	3.37	3.25	3.13	3.60
澳大利亚	3.51	3.41	3.34	3.13	3.51	3.51	3.09	3.49	3.70	3.49	3.43
韩国	2.72	3.89	3.53	3.47	3.43	3.18	3.42	3.23	3.47	3.51	3.39
伊朗	3.32	2.78	2.83	4.49	4.16	2.86	3.01	2.84	2.79	3.06	3.18
西班牙	5.00	5.09	3.99	4.43	3.51	3.18	2.55	2.46	1.92	1.43	3.13
德国	2.94	3.89	2.93	3.05	3.48	2.84	2.12	2.15	1.96	1.77	2.60
加拿大	2.50	2.99	2.74	2.24	2.19	2.07	1.84	2.30	2.12	1.77	2.23
意大利	2.12	3.11	2.96	2.54	2.39	2.66	2.18	1.69	1.50	1.50	2.18
法国	3.38	3.17	2.77	2.30	1.87	1.94	1.75	1.30	1.16	1.29	1.96
日本	2.88	2.39	2.61	2.38	1.82	1.76	1.60	1.58	1.39	1.49	1.90
新加坡	2.15	1.82	2.31	1.82	1.84	1.49	1.79	1.99	1.41	1.57	1.79
马来西亚	2.47	2.30	2.01	1.84	1.99	1.55	1.30	1.42	1.32	1.29	1.68
沙特	0.57	0.81	1.58	1.66	2.51	1.89	2.08	1.65	1.80	1.34	1.63
荷兰	1.64	2.09	1.66	1.34	1.49	1.31	0.99	1.14	0.85	0.82	1.27
中国香港	0.82	0.81	0.98	1.02	1.05	1.17	1.43	1.58	1.50	1.31	1.21
巴西	1.61	1.76	1.30	1.55	1.02	1.10	0.99	0.87	0.69	0.84	1.11
土耳其	1.87	1.26	1.03	1.15	1.37	1.04	0.89	0.77	0.46	1.06	1.03

十 应用化学

应用化学 A、B、C 层人才主要集中在中国大陆和美国，二者 A、B、C 层人才的世界占比合计为 25.38%、33.79%、37.43%，其中，中国大陆的三层人才均多于美国；在发展趋势上，中国大陆呈现相对上升趋势，美国呈现相对下降趋势。

印度、马来西亚、西班牙、意大利、德国、韩国、沙特、伊朗的 A 层人才比较多，世界占比在 8%～3% 之间；巴西、英国、法国、比利时、加拿大、巴基斯坦、土耳其、荷兰、埃及、卡塔尔也有相当数量的 A 层人才，世界占比超过1%。

印度、伊朗、西班牙的B层人才比较多，世界占比在7%~3%之间；韩国、马来西亚、英国、意大利、巴西、澳大利亚、法国、德国、沙特、加拿大、葡萄牙、巴基斯坦、埃及、日本、土耳其也有相当数量的B层人才，世界占比超过1%。

印度、伊朗、西班牙、巴西、韩国的C层人才比较多，世界占比在6%~3%之间；意大利、加拿大、法国、英国、德国、澳大利亚、埃及、日本、土耳其、沙特、马来西亚、葡萄牙、波兰也有相当数量的C层人才，世界占比超过1%。

表3–28 应用化学A层人才排名前20的国家和地区的占比

单位：%

国家和地区	2011年	2012年	2013年	2014年	2015年	2016年	2017年	2018年	2019年	2020年	合计
中国大陆	5.88	0.00	11.76	11.11	5.26	10.00	10.00	21.74	19.05	24.14	12.94
美国	29.41	17.65	11.76	16.67	21.05	10.00	5.00	8.70	9.52	3.45	12.44
印度	0.00	11.76	0.00	5.56	21.05	5.00	0.00	8.70	4.76	13.79	7.46
马来西亚	11.76	5.88	5.88	11.11	0.00	5.00	0.00	8.70	9.52	0.00	5.47
西班牙	11.76	11.76	5.88	0.00	5.26	0.00	10.00	4.35	4.76	3.45	5.47
意大利	5.88	11.76	5.88	5.56	0.00	15.00	5.00	0.00	0.00	3.45	4.98
德国	5.88	5.88	5.88	11.11	5.26	5.00	0.00	0.00	4.76	0.00	3.98
韩国	5.88	0.00	11.76	5.56	5.26	0.00	0.00	4.35	0.00	3.45	3.98
沙特	0.00	0.00	0.00	0.00	0.00	10.00	0.00	0.00	9.52	10.34	3.48
伊朗	0.00	0.00	5.88	0.00	0.00	10.00	5.00	0.00	9.52	3.45	3.48
巴西	5.88	0.00	0.00	0.00	5.26	5.00	0.00	8.70	0.00	0.00	2.99
英国	0.00	0.00	0.00	5.56	0.00	0.00	5.00	4.35	4.76	0.00	2.49
法国	0.00	17.65	0.00	0.00	0.00	0.00	0.00	0.00	0.00	0.00	1.99
比利时	5.88	0.00	0.00	0.00	0.00	0.00	10.00	4.35	0.00	0.00	1.99
加拿大	0.00	0.00	5.88	0.00	0.00	0.00	5.00	4.35	4.76	0.00	1.99
巴基斯坦	0.00	0.00	5.88	0.00	0.00	0.00	0.00	4.35	0.00	6.90	1.99
土耳其	0.00	0.00	0.00	0.00	0.00	10.00	0.00	4.35	4.76	0.00	1.99
荷兰	0.00	5.88	0.00	0.00	5.26	0.00	5.00	0.00	0.00	0.00	1.49
埃及	0.00	0.00	0.00	0.00	0.00	0.00	0.00	4.35	0.00	6.90	1.49
卡塔尔	0.00	0.00	0.00	5.56	0.00	0.00	0.00	0.00	4.76	3.45	1.49

表 3-29　应用化学 B 层人才排名前 20 的国家和地区的占比

单位：%

国家和地区	2011 年	2012 年	2013 年	2014 年	2015 年	2016 年	2017 年	2018 年	2019 年	2020 年	合计
中国大陆	13.38	9.03	16.56	17.65	17.54	22.16	25.91	34.55	34.50	34.11	24.15
美国	15.29	18.71	12.27	10.59	13.45	10.27	9.84	4.09	5.43	4.26	9.64
印度	8.28	5.81	8.59	5.29	7.02	8.11	5.70	9.55	6.98	3.88	6.84
伊朗	0.64	1.29	3.68	3.53	7.02	7.57	6.74	9.09	6.98	6.59	5.65
西班牙	5.10	5.81	4.91	4.12	3.51	2.70	2.07	2.27	2.33	1.55	3.21
韩国	2.55	5.16	4.29	2.94	3.51	2.16	3.11	0.91	1.55	3.49	2.85
马来西亚	1.91	2.58	1.84	2.94	1.17	1.62	3.63	2.27	3.10	5.43	2.80
英国	5.10	2.58	3.07	5.88	2.34	2.70	3.63	0.45	2.33	1.55	2.80
意大利	1.27	3.23	3.07	1.18	3.51	2.70	2.07	2.27	0.78	2.33	2.54
巴西	3.82	3.23	3.07	5.29	1.75	2.16	1.04	2.27	0.39	2.33	2.38
澳大利亚	2.55	0.65	2.45	1.76	1.17	2.70	2.07	1.82	3.49	2.33	2.18
法国	5.10	4.52	4.29	2.35	1.17	1.62	3.63	0.45	0.39	0.78	2.18
德国	3.18	2.58	2.45	2.94	4.09	2.16	2.59	0.45	1.94	0.78	2.18
沙特	0.64	1.94	0.00	1.18	5.26	3.24	3.11	3.18	1.16	1.16	2.07
加拿大	3.82	2.58	1.23	2.35	2.34	0.54	2.59	0.91	3.10	1.16	2.02
葡萄牙	2.55	3.23	2.45	2.94	4.09	1.08	1.04	0.45	0.78	1.16	1.81
巴基斯坦	0.64	0.65	0.61	0.59	1.75	3.78	4.15	3.18	1.16	0.78	1.76
埃及	0.00	1.29	0.61	1.18	0.00	0.54	0.52	1.82	3.10	4.26	1.55
日本	2.55	3.23	1.23	2.94	1.17	0.54	0.00	0.91	0.39	2.33	1.45
土耳其	0.00	1.29	0.61	1.18	2.92	1.08	1.55	2.73	1.16	1.55	1.45

表 3-30　应用化学 C 层人才排名前 20 的国家和地区的占比

单位：%

国家和地区	2011 年	2012 年	2013 年	2014 年	2015 年	2016 年	2017 年	2018 年	2019 年	2020 年	合计
中国大陆	17.64	20.76	23.09	24.71	24.33	26.06	30.36	33.33	40.00	38.04	29.13
美国	11.76	11.63	9.54	10.43	8.31	8.51	6.88	7.19	5.73	6.41	8.30
印度	4.33	4.34	6.01	5.30	4.60	5.40	5.94	5.20	5.52	5.07	5.20
伊朗	1.81	2.30	3.10	4.10	3.23	4.63	4.32	6.34	6.68	6.89	4.65
西班牙	6.52	7.36	5.41	5.91	5.02	4.63	4.22	3.83	2.66	2.76	4.57
巴西	2.45	3.09	2.92	2.95	3.41	3.00	3.85	3.36	3.49	2.46	3.10
韩国	3.04	3.75	2.86	3.19	4.06	3.16	3.39	3.07	2.32	2.31	3.04
意大利	4.20	3.88	4.92	2.35	3.11	2.34	2.92	2.60	1.91	2.27	2.93
加拿大	4.01	2.63	3.16	2.59	2.33	1.91	2.14	1.61	1.83	1.71	2.29
法国	3.23	2.83	2.79	2.83	3.05	2.40	1.61	2.51	1.33	1.30	2.27
英国	3.42	2.04	2.49	2.35	2.69	2.73	2.24	2.03	1.45	1.90	2.27

续表

国家和地区	2011年	2012年	2013年	2014年	2015年	2016年	2017年	2018年	2019年	2020年	合计
德国	2.97	3.61	3.28	2.17	2.51	2.02	1.41	1.42	1.24	0.71	1.98
澳大利亚	2.07	2.63	1.46	2.11	1.26	1.85	2.29	1.94	1.41	1.53	1.82
埃及	1.10	0.72	0.91	1.27	1.49	2.07	2.03	1.84	1.95	2.91	1.74
日本	3.42	2.63	2.43	2.59	1.49	1.58	0.89	0.85	1.08	1.45	1.74
土耳其	1.55	1.25	1.88	1.51	2.15	1.80	1.61	1.61	1.08	1.64	1.59
沙特	0.39	0.26	0.61	0.84	1.97	2.34	1.98	1.56	1.29	2.53	1.47
马来西亚	1.94	1.38	0.97	1.33	1.73	1.74	2.03	0.99	1.12	1.04	1.39
葡萄牙	1.74	1.58	1.88	1.33	1.61	1.42	1.35	1.42	1.00	0.89	1.37
波兰	0.78	1.25	1.70	1.27	1.49	1.36	0.99	0.90	1.33	0.63	1.14

十一 多学科化学

多学科化学A、B、C层人才主要集中在中国大陆和美国，二者A、B、C层人才的世界占比合计为49.27%、52.50%、47.86%，其中，中国大陆的A、B、C层人才均多于美国，排名第一；在发展趋势上，中国大陆呈现相对上升趋势，美国呈现相对下降趋势。

德国、英国、日本、新加坡、韩国的A层人才比较多，世界占比在7%~3%之间；澳大利亚、沙特、加拿大、瑞士、法国、西班牙、中国香港、意大利、印度、荷兰、中国台湾、瑞典、比利时也有相当数量的A层人才，世界占比超过或接近1%。

德国、新加坡、韩国、英国、澳大利亚、日本的B层人才比较多，世界占比在5%~3%之间；西班牙、中国香港、加拿大、法国、瑞士、沙特、意大利、荷兰、印度、中国台湾、瑞典、比利时也有相当数量的B层人才，世界占比超过或接近1%。

德国、英国、韩国、日本的C层人才比较多，世界占比在6%~3%之间；新加坡、法国、澳大利亚、西班牙、印度、意大利、加拿大、瑞士、中国香港、荷兰、沙特、中国台湾、瑞典、比利时也有相当数量的C层人才，世界占比超过或接近1%。

第三章 化学

表3-31 多学科化学A层人才排名前20的国家和地区的占比

单位：%

国家和地区	2011年	2012年	2013年	2014年	2015年	2016年	2017年	2018年	2019年	2020年	合计
中国大陆	14.63	20.45	25.26	16.51	23.89	25.83	30.47	27.21	34.21	31.33	26.00
美国	29.27	23.86	33.68	29.36	23.01	26.67	18.75	19.12	21.05	16.00	23.27
德国	14.63	5.68	6.32	5.50	6.19	5.83	5.47	9.56	3.95	5.33	6.56
英国	6.10	6.82	4.21	9.17	4.42	3.33	5.47	5.15	6.58	4.00	5.46
日本	4.88	5.68	2.11	6.42	2.65	1.67	2.34	1.47	1.97	8.67	3.75
新加坡	3.66	5.68	9.47	1.83	4.42	1.67	1.56	2.21	2.63	3.33	3.41
韩国	3.66	6.82	3.16	3.67	2.65	3.33	3.13	1.47	3.29	2.67	3.24
澳大利亚	0.00	0.00	1.05	4.59	3.54	1.67	4.69	5.88	1.97	2.00	2.73
沙特	0.00	0.00	1.05	2.75	4.42	2.50	5.47	4.41	3.95	0.67	2.73
加拿大	3.66	4.55	1.05	1.83	1.77	2.50	0.78	3.68	2.63	3.33	2.56
瑞士	2.44	0.00	1.05	4.59	5.31	1.67	3.91	2.21	1.32	1.33	2.39
法国	1.22	4.55	1.05	0.92	3.54	2.50	3.13	1.47	1.32	2.67	2.22
西班牙	1.22	2.27	0.00	1.83	3.54	1.67	0.00	4.41	0.66	2.67	1.88
中国香港	2.44	0.00	2.11	1.83	0.88	0.83	0.78	0.74	0.66	6.00	1.71
意大利	1.22	0.00	1.05	2.75	1.77	3.33	0.78	1.47	1.32	1.33	1.53
印度	1.22	2.27	0.00	1.83	0.00	0.83	1.56	1.47	1.97	0.67	1.19
荷兰	1.22	2.27	1.05	0.00	1.77	0.83	0.78	1.47	0.66	0.00	1.02
中国台湾	1.22	1.14	0.00	0.92	0.00	0.83	0.78	0.00	1.32	0.67	0.77
瑞典	2.44	1.14	0.00	0.92	0.88	1.67	0.00	0.00	0.00	1.33	0.77
比利时	0.00	1.14	0.00	0.00	0.00	0.83	1.56	1.47	0.00	1.33	0.68

表3-32 多学科化学B层人才排名前20的国家和地区的占比

单位：%

国家和地区	2011年	2012年	2013年	2014年	2015年	2016年	2017年	2018年	2019年	2020年	合计
中国大陆	19.09	22.53	24.08	23.96	26.13	28.85	36.92	40.19	37.08	36.90	30.83
美国	27.82	28.50	27.30	24.87	22.67	21.37	20.71	19.45	16.32	15.89	21.67
德国	6.99	6.21	5.65	4.99	5.86	5.43	3.55	2.91	4.37	3.67	4.77
新加坡	2.28	4.99	3.23	4.18	3.94	4.27	4.51	4.84	4.29	3.44	4.06
韩国	4.03	4.51	5.53	4.28	4.51	4.01	3.21	3.31	3.94	3.21	3.97
英国	5.38	4.02	4.26	4.38	4.23	4.10	3.64	3.87	2.36	3.82	3.90
澳大利亚	2.55	1.71	2.53	2.65	2.69	3.74	4.25	3.63	4.37	4.81	3.46
日本	3.09	3.78	3.23	3.77	3.65	3.29	3.21	2.18	3.01	1.99	3.05
西班牙	4.17	2.80	2.19	3.26	2.02	1.87	1.39	1.53	1.72	1.15	2.07
中国香港	0.94	1.10	0.58	1.63	2.31	1.42	2.86	2.66	2.86	2.90	2.07
加拿大	2.55	1.71	2.07	2.04	2.02	2.05	1.56	1.94	2.86	1.68	2.05

续表

国家和地区	2011年	2012年	2013年	2014年	2015年	2016年	2017年	2018年	2019年	2020年	合计
法国	2.96	1.95	2.65	2.34	2.02	2.05	1.47	1.61	2.00	1.83	2.03
瑞士	2.42	1.71	2.07	2.04	2.21	2.05	1.39	1.13	1.29	2.06	1.79
沙特	1.34	0.49	0.46	2.45	2.59	2.49	2.51	2.42	1.22	1.15	1.76
意大利	2.28	2.56	1.96	1.12	1.63	1.51	0.87	0.48	0.93	1.91	1.44
荷兰	1.75	1.71	1.50	1.83	1.83	1.07	0.95	0.56	1.07	1.38	1.31
印度	1.34	1.34	2.19	1.43	1.34	1.16	1.13	0.40	1.07	1.38	1.24
中国台湾	0.40	1.71	1.15	1.33	0.77	0.80	0.61	0.97	1.29	0.69	0.96
瑞典	0.81	0.97	0.81	0.71	0.67	1.51	0.61	0.97	0.93	1.22	0.94
比利时	1.21	0.73	0.92	0.51	0.58	1.60	0.87	0.48	0.50	0.46	0.76

表3-33 多学科化学C层人才排名前20的国家和地区的占比

单位：%

国家和地区	2011年	2012年	2013年	2014年	2015年	2016年	2017年	2018年	2019年	2020年	合计
中国大陆	16.93	18.56	21.83	22.28	25.07	25.85	29.20	32.74	34.53	32.88	27.09
美国	26.91	26.81	25.16	23.69	21.80	20.91	20.66	18.40	16.00	14.80	20.77
德国	7.79	7.11	7.01	6.31	6.20	6.10	5.69	5.24	4.89	4.58	5.91
英国	5.74	5.34	4.86	4.85	4.71	4.85	4.95	3.99	3.57	3.90	4.56
韩国	4.53	4.19	4.54	4.30	4.52	4.18	3.42	3.75	3.68	3.52	4.00
日本	6.39	5.29	4.88	4.48	4.01	3.63	3.11	2.82	2.81	2.62	3.79
新加坡	2.30	2.53	2.64	2.71	2.95	2.65	2.80	2.74	2.64	2.56	2.67
法国	3.48	3.51	2.95	2.95	2.38	2.47	2.13	2.02	1.89	1.84	2.46
澳大利亚	1.59	1.77	2.00	2.06	2.17	2.50	2.49	2.54	3.20	3.06	2.43
西班牙	2.86	2.58	2.54	2.38	2.45	2.55	1.93	2.04	2.02	2.03	2.29
印度	1.37	1.92	2.04	2.57	2.20	2.35	2.17	2.10	2.01	2.29	2.13
意大利	2.02	1.82	1.90	1.81	1.67	1.87	1.71	1.94	2.10	2.68	1.97
加拿大	2.29	2.14	2.19	2.38	1.85	1.94	1.72	1.59	1.85	1.71	1.93
瑞士	2.04	1.85	1.86	1.90	2.02	1.88	1.79	1.80	1.55	1.42	1.79
中国香港	1.21	1.17	1.38	1.30	1.43	1.52	1.73	2.19	1.99	2.27	1.69
荷兰	1.88	1.88	1.66	1.37	1.50	1.42	1.44	1.13	1.23	1.18	1.42
沙特	0.34	0.73	0.95	1.53	1.55	1.69	1.49	1.44	1.37	1.47	1.31
中国台湾	1.32	1.32	1.00	0.99	0.99	1.00	0.89	0.69	1.04	1.01	1.00
瑞典	0.95	0.97	0.76	0.95	0.92	0.92	0.94	0.97	0.75	0.99	0.91
比利时	1.08	1.03	0.94	0.88	0.77	0.84	0.61	0.61	0.61	0.77	0.79

第二节 学科组

在化学各学科人才分析的基础上,按照 A、B、C 三个人才层次,对各学科人才进行汇总分析,可以从学科组层面揭示人才的分布特点和发展趋势。

一 A 层人才

化学 A 层人才最多的是中国大陆,占该学科组全球 A 层人才的 22.55%,美国以 21.82% 的世界占比排名第二,二者的 A 层人才合计接近全球的 45%;其后是英国、德国,世界占比分别为 5.31%、5.20%;韩国、新加坡、沙特、澳大利亚、日本、法国、加拿大、西班牙、意大利、印度、瑞士的 A 层人才也比较多,世界占比在 4%~2% 之间;荷兰、中国香港、马来西亚、伊朗也有相当数量的 A 层人才,世界占比超过 1%;瑞典、中国台湾、比利时、丹麦、爱尔兰、以色列、巴西、新西兰、葡萄牙、波兰、土耳其、南非、俄罗斯、巴基斯坦、希腊、埃及、奥地利、墨西哥、芬兰、捷克、挪威也有一定数量的 A 层人才,世界占比低于 1%。

在发展趋势上,美国、日本呈现相对下降趋势,中国大陆、沙特呈现相对上升趋势,其他国家和地区没有呈现明显变化。

表 3-34 化学 A 层人才排名前 40 的国家和地区的占比

单位:%

国家和地区	2011 年	2012 年	2013 年	2014 年	2015 年	2016 年	2017 年	2018 年	2019 年	2020 年	合计
中国大陆	11.72	17.46	18.45	13.95	18.26	22.68	26.35	28.11	31.87	27.42	22.55
美国	28.07	24.07	27.68	27.44	20.09	23.76	20.36	20.84	18.74	13.38	21.82
英国	7.36	4.76	5.74	8.84	6.39	3.89	5.99	3.82	4.73	3.18	5.31
德国	6.81	7.14	4.99	5.58	5.94	4.97	5.39	4.97	4.03	3.68	5.20
韩国	4.90	3.17	4.24	3.26	3.88	4.97	3.19	2.68	3.33	2.68	3.55
新加坡	3.00	6.88	5.24	1.63	2.97	3.24	1.60	2.29	2.10	2.34	2.98
沙特	0.00	0.26	1.00	2.33	3.20	3.46	5.19	3.63	4.20	3.01	2.83

续表

国家和地区	2011年	2012年	2013年	2014年	2015年	2016年	2017年	2018年	2019年	2020年	合计
澳大利亚	1.36	1.32	2.00	2.79	1.60	2.38	3.39	4.21	3.33	3.85	2.76
日本	4.36	4.23	3.49	3.26	2.74	2.16	1.60	1.53	1.75	3.51	2.76
法国	2.72	4.50	3.24	3.49	3.20	1.94	2.99	1.15	1.05	2.51	2.57
加拿大	3.00	2.65	2.24	1.16	2.05	2.38	2.59	2.87	2.80	2.84	2.48
西班牙	3.27	2.91	2.00	2.33	3.42	2.81	1.40	1.91	0.53	2.68	2.25
意大利	1.91	1.85	2.99	3.72	3.20	2.81	1.40	1.72	1.40	2.01	2.25
印度	1.36	3.44	0.25	2.09	2.28	1.94	1.40	2.68	2.80	3.18	2.21
瑞士	2.45	1.06	2.49	2.79	3.88	1.94	2.00	1.72	0.88	1.67	2.03
荷兰	2.45	1.59	1.50	1.86	2.74	1.08	1.20	0.96	0.70	0.50	1.37
中国香港	1.09	0.53	1.00	1.40	0.68	0.65	1.20	0.96	1.40	3.18	1.28
马来西亚	2.72	0.53	0.75	2.33	0.91	0.65	0.00	1.53	1.40	0.33	1.07
伊朗	0.27	0.53	0.75	0.47	0.23	0.65	1.00	0.76	2.10	2.51	1.03
瑞典	1.36	1.59	0.25	0.93	1.60	1.30	0.00	0.57	0.18	1.67	0.92
中国台湾	0.82	1.85	0.50	1.16	0.68	0.65	0.60	0.38	0.53	0.50	0.73
比利时	0.82	0.26	1.00	0.23	0.68	1.30	1.20	0.76	0.18	0.67	0.71
丹麦	0.82	0.53	1.25	0.23	0.46	0.65	0.20	0.38	0.35	1.34	0.62
爱尔兰	0.54	1.32	1.50	0.23	0.68	0.43	0.60	0.00	0.53	0.33	0.58
以色列	0.54	0.26	0.50	0.23	0.68	0.86	0.60	0.96	0.53	0.17	0.54
巴西	2.18	0.00	0.00	0.00	0.68	0.43	0.40	1.53	0.18	0.17	0.54
新西兰	0.00	0.79	0.25	0.47	0.23	0.22	0.80	0.57	0.88	0.67	0.51
葡萄牙	0.00	1.06	0.00	0.70	1.14	0.00	0.80	0.38	0.35	0.50	0.49
波兰	0.00	0.79	0.50	0.93	0.23	0.22	0.40	0.57	0.70	0.33	0.47
土耳其	0.00	0.00	0.25	0.00	0.23	1.08	0.80	0.57	0.35	1.00	0.47
南非	0.00	0.00	0.50	0.00	0.00	0.22	0.20	0.38	0.70	1.51	0.41
俄罗斯	0.27	0.26	1.00	0.47	0.00	0.00	1.40	0.19	0.35	0.00	0.39
巴基斯坦	0.27	0.00	0.25	0.00	0.00	0.00	0.40	0.76	0.53	0.84	0.34
希腊	0.27	0.79	0.00	0.23	0.46	0.43	0.20	0.19	0.35	0.33	0.32
埃及	0.27	0.00	0.00	0.00	0.00	0.23	0.22	0.40	0.76	0.18	0.84	0.32
奥地利	0.27	0.26	1.00	0.23	0.00	0.22	0.40	0.38	0.18	0.17	0.30
墨西哥	0.00	0.00	0.00	0.47	0.23	0.00	0.40	0.38	0.18	0.84	0.28
芬兰	1.09	0.00	0.25	0.00	0.91	0.43	0.00	0.19	0.00	0.17	0.28
捷克	0.27	0.26	0.00	0.70	0.00	0.86	0.40	0.00	0.00	0.00	0.24
挪威	0.00	0.26	0.25	0.00	0.46	0.43	0.20	0.00	0.35	0.17	0.21

二 B层人才

化学B层人才最多的是中国大陆，占该学科组全球B层人才的30.01%，美国以18.71%的世界占比排名第二，二者的B层人才合计将近全球的50%；其后是德国，世界占比为4.15%；韩国、英国、澳大利亚、新加坡、印度、日本、西班牙、加拿大、法国的B层人才也比较多，世界占比在4%~2%之间；沙特、中国香港、意大利、伊朗、瑞士、荷兰也有相当数量的B层人才，世界占比超过1%；中国台湾、瑞典、马来西亚、比利时、葡萄牙、俄罗斯、巴西、波兰、土耳其、丹麦、以色列、爱尔兰、埃及、巴基斯坦、捷克、芬兰、奥地利、南非、希腊、泰国、新西兰、墨西哥也有一定数量的B层人才，世界占比低于1%。

在发展趋势上，美国、德国、英国、日本呈现相对下降趋势，中国大陆、新加坡、沙特、中国香港、伊朗呈现相对上升趋势，其他国家和地区没有呈现明显变化。

表3-35 化学B层人才排名前40的国家和地区的占比

单位：%

国家和地区	2011年	2012年	2013年	2014年	2015年	2016年	2017年	2018年	2019年	2020年	合计
中国大陆	19.30	20.92	24.12	24.82	25.14	27.88	34.57	38.56	38.04	36.37	30.01
美国	25.50	24.48	23.99	21.53	20.54	18.28	17.45	15.85	13.74	12.45	18.71
德国	6.23	5.43	4.92	4.63	5.01	4.24	3.48	3.09	3.41	2.70	4.15
韩国	3.84	4.44	5.21	4.38	4.50	3.84	2.78	3.07	3.33	3.20	3.78
英国	4.72	4.13	3.70	4.30	3.47	3.96	4.31	2.78	2.64	3.09	3.63
澳大利亚	2.63	2.35	2.40	2.73	2.76	3.41	3.74	3.62	4.36	3.69	3.26
新加坡	2.27	3.65	2.92	3.47	2.81	3.64	3.56	3.13	3.39	2.44	3.13
印度	3.28	2.85	3.19	2.83	2.74	2.53	2.25	2.82	2.38	3.00	2.76
日本	3.45	3.36	3.30	2.91	2.81	2.95	2.36	1.85	1.99	1.92	2.60
西班牙	2.92	2.63	2.54	2.86	2.89	2.03	1.64	1.26	1.58	1.25	2.07
加拿大	2.54	2.32	1.86	2.07	1.81	1.68	1.77	1.71	2.44	2.20	2.04
法国	2.95	2.54	2.86	2.35	2.15	2.35	1.75	1.40	1.36	1.40	2.03
沙特	0.97	0.96	0.70	1.95	2.42	2.53	2.65	2.90	1.79	2.14	1.97
中国香港	0.89	1.22	0.81	1.67	1.69	1.40	2.43	2.10	2.64	2.33	1.80
意大利	1.89	2.26	1.89	1.70	2.10	1.77	1.53	1.09	1.10	1.43	1.63

续表

国家和地区	2011年	2012年	2013年	2014年	2015年	2016年	2017年	2018年	2019年	2020年	合计
伊朗	0.56	0.79	1.05	0.84	1.00	1.47	1.18	1.75	2.07	2.83	1.45
瑞士	1.48	1.33	1.54	1.72	1.86	1.63	1.07	1.09	1.04	1.10	1.36
荷兰	1.65	1.75	1.57	1.21	1.44	1.06	0.94	0.72	0.74	0.93	1.15
中国台湾	1.12	1.70	1.40	1.37	0.64	0.83	0.55	0.80	0.99	0.63	0.97
瑞典	0.94	1.13	0.97	0.99	1.08	1.17	0.59	0.78	0.76	0.71	0.89
马来西亚	0.50	0.79	0.68	0.91	0.86	0.83	0.98	0.49	0.71	1.04	0.79
比利时	0.94	0.88	0.78	0.53	1.00	1.04	0.59	0.41	0.50	0.47	0.69
葡萄牙	0.86	0.85	0.43	0.76	0.61	0.37	0.37	0.31	0.50	0.56	0.54
俄罗斯	0.71	0.59	0.38	0.46	0.66	0.69	0.35	0.41	0.48	0.52	0.52
巴西	0.59	0.40	0.54	0.56	0.61	0.44	0.57	0.60	0.22	0.56	0.50
波兰	0.47	0.42	0.54	0.48	0.44	0.55	0.26	0.62	0.52	0.58	0.49
土耳其	0.47	0.48	0.24	0.43	0.44	0.37	0.46	0.45	0.60	0.60	0.46
丹麦	0.77	0.82	0.38	0.46	0.46	0.25	0.33	0.33	0.34	0.45	0.44
以色列	0.44	0.25	0.30	0.61	0.46	0.39	0.46	0.27	0.48	0.39	0.41
爱尔兰	0.56	0.57	0.68	0.25	0.39	0.46	0.17	0.31	0.32	0.41	0.40
埃及	0.21	0.28	0.19	0.25	0.32	0.30	0.15	0.43	0.58	0.93	0.39
巴基斯坦	0.06	0.20	0.14	0.13	0.32	0.55	0.50	0.49	0.39	0.73	0.38
捷克	0.47	0.28	0.43	0.35	0.24	0.12	0.46	0.27	0.34	0.45	0.34
芬兰	0.68	0.17	0.30	0.20	0.37	0.25	0.22	0.37	0.32	0.22	0.30
奥地利	0.35	0.25	0.19	0.53	0.29	0.60	0.15	0.23	0.17	0.17	0.28
南非	0.12	0.11	0.16	0.25	0.27	0.37	0.22	0.39	0.41	0.37	0.28
希腊	0.35	0.25	0.35	0.30	0.27	0.16	0.26	0.25	0.09	0.17	0.24
泰国	0.32	0.23	0.22	0.18	0.20	0.28	0.17	0.19	0.19	0.22	0.22
新西兰	0.18	0.08	0.11	0.15	0.24	0.41	0.17	0.27	0.30	0.11	0.21
墨西哥	0.21	0.23	0.16	0.00	0.12	0.07	0.20	0.23	0.20	0.20	0.16

三 C层人才

化学C层人才最多的是中国大陆，占该学科组全球C层人才的29.89%，美国以16.43%的世界占比排名第二，二者的C层人才合计超过全球的45%；其后是德国，世界占比为4.49%；韩国、英国、印度、日本、澳大利亚、西班牙、法国、新加坡、意大利、加拿大的C层人才也比较多，世界占比在4%~2%；伊朗、中国香港、沙特、瑞士、荷兰、中国台湾也有相当数量的C层人才，世界占比超过1%；瑞典、巴西、比利时、马来西亚、俄罗斯、土耳其、波兰、葡萄牙、埃及、丹麦、以色列、巴基斯坦、捷克、奥地利、芬兰、爱尔兰、希腊、南非、泰国、墨西哥、挪威也有一定数量的C层人才，世界占比低于1%。

在发展趋势上，美国、德国、英国、日本、法国呈现相对下降趋势，中国大陆、伊朗、沙特呈现相对上升趋势，其他国家和地区没有呈现明显变化。

表3-36 化学C层人才排名前40的国家和地区的占比

单位：%

国家和地区	2011年	2012年	2013年	2014年	2015年	2016年	2017年	2018年	2019年	2020年	合计
中国大陆	19.33	20.99	23.44	25.69	27.84	29.29	32.69	36.17	38.10	35.82	29.89
美国	21.33	21.41	19.81	19.00	17.36	16.73	15.80	14.18	12.52	11.31	16.43
德国	5.99	5.78	5.45	5.04	4.83	4.63	3.96	3.81	3.52	3.29	4.49
韩国	3.99	4.12	4.16	4.11	4.34	4.07	3.76	3.76	3.74	3.43	3.92
英国	4.58	4.25	4.14	3.94	3.87	3.89	3.79	3.38	3.02	3.08	3.72
印度	3.25	3.24	3.81	3.86	3.40	3.43	3.51	3.15	3.27	3.44	3.43
日本	4.63	4.02	3.71	3.51	2.97	2.82	2.50	2.14	2.10	2.03	2.92
澳大利亚	1.97	2.15	2.12	2.15	2.44	2.54	2.63	2.71	3.11	2.98	2.54
西班牙	3.35	3.26	2.99	2.88	2.67	2.65	2.19	2.09	1.88	1.82	2.50
法国	3.75	3.37	3.12	2.72	2.59	2.45	2.02	1.80	1.60	1.67	2.40
新加坡	2.03	2.19	2.15	2.14	2.30	2.06	2.25	2.26	2.01	1.99	2.13
意大利	2.25	2.42	2.57	2.07	2.00	1.96	1.87	1.73	1.69	1.99	2.02
加拿大	2.51	2.32	2.24	2.23	2.06	1.95	1.78	1.68	1.77	1.85	2.00
伊朗	1.27	1.27	1.37	1.66	1.66	1.81	1.88	2.20	2.34	2.69	1.88
中国香港	1.02	0.99	1.07	1.07	1.31	1.40	1.60	1.77	1.62	1.77	1.41
沙特	0.47	0.67	0.95	1.32	1.57	1.64	1.61	1.56	1.56	1.91	1.38
瑞士	1.59	1.54	1.47	1.44	1.42	1.33	1.21	1.01	0.99	1.29	
荷兰	1.53	1.50	1.37	1.20	1.27	1.14	1.02	0.94	0.94	0.88	1.15
中国台湾	1.44	1.60	1.13	1.04	1.00	0.99	0.88	0.75	0.93	1.01	1.05
瑞典	1.06	1.00	0.95	1.00	0.94	0.84	0.82	0.88	0.74	0.77	0.88
巴西	0.79	0.83	0.85	0.83	0.78	0.76	0.80	0.78	0.80	0.84	0.80
比利时	0.89	0.97	0.91	0.82	0.83	0.82	0.62	0.62	0.58	0.62	0.75

续表

国家和地区	2011年	2012年	2013年	2014年	2015年	2016年	2017年	2018年	2019年	2020年	合计
马来西亚	0.62	0.67	0.63	0.67	0.68	0.66	0.66	0.54	0.63	0.80	0.66
俄罗斯	0.50	0.48	0.45	0.69	0.58	0.67	0.74	0.73	0.74	0.78	0.65
土耳其	0.68	0.52	0.59	0.53	0.65	0.62	0.65	0.60	0.63	0.86	0.64
波兰	0.56	0.59	0.60	0.62	0.71	0.66	0.67	0.65	0.63	0.65	0.64
葡萄牙	0.80	0.65	0.79	0.66	0.60	0.63	0.53	0.49	0.49	0.47	0.60
埃及	0.40	0.28	0.33	0.41	0.49	0.56	0.57	0.63	0.77	1.12	0.59
丹麦	0.69	0.62	0.50	0.59	0.56	0.43	0.42	0.43	0.39	0.45	0.49
以色列	0.62	0.46	0.53	0.48	0.47	0.51	0.50	0.46	0.32	0.33	0.46
巴基斯坦	0.12	0.16	0.20	0.21	0.33	0.41	0.49	0.48	0.64	1.02	0.44
捷克	0.44	0.43	0.40	0.46	0.41	0.36	0.32	0.31	0.38	0.41	0.39
奥地利	0.56	0.49	0.51	0.33	0.36	0.45	0.37	0.30	0.30	0.28	0.38
芬兰	0.48	0.43	0.37	0.41	0.38	0.35	0.38	0.40	0.37	0.30	0.38
爱尔兰	0.49	0.48	0.41	0.47	0.39	0.46	0.28	0.26	0.29	0.24	0.36
希腊	0.36	0.37	0.31	0.37	0.35	0.34	0.28	0.26	0.24	0.29	0.31
南非	0.27	0.22	0.30	0.24	0.33	0.34	0.32	0.30	0.31	0.34	0.30
泰国	0.31	0.29	0.26	0.23	0.24	0.28	0.18	0.23	0.24	0.37	0.26
墨西哥	0.28	0.27	0.25	0.24	0.14	0.17	0.30	0.23	0.28	0.27	0.24
挪威	0.28	0.29	0.20	0.24	0.14	0.19	0.18	0.14	0.21	0.23	0.21

第四章 生命科学

生命科学是研究生命现象、揭示生命活动规律和生命本质的科学。其研究对象包括动物、植物、微生物及人类本身，其研究层次涉及分子、细胞、组织、器官、个体、群体及群落和生态系统。生命科学既是一门基础科学，又与国民经济和社会发展密切相关。它既探究生命起源、进化等重要理论问题，又有助于解决人口健康、农业、生态环境等国家重大需求。

第一节 学科

生命科学学科组包括以下学科：生物学、微生物学、病毒学、植物学、生态学、湖沼学、进化生物学、动物学、鸟类学、昆虫学、制奶和动物科学、生物物理学、生物化学和分子生物学、生物化学研究方法、遗传学和遗传性、数学生物学和计算生物学、细胞生物学、免疫学、神经科学、心理学、应用心理学、生理心理学、临床心理学、发展心理学、教育心理学、实验心理学、数学心理学、多学科心理学、心理分析、社会心理学、行为科学、生物材料学、细胞和组织工程学、生理学、解剖学和形态学、发育生物学、生殖生物学、农学、多学科农业、生物多样性保护、园艺学、真菌学、林学、兽医学、海洋生物学和淡水生物学、渔业学、食品科学和技术、生物医药工程、生物技术和应用微生物学，共计49个。

一 生物学

生物学A、B、C层人才最多的国家是美国，遥遥领先于其他国家和地区，分别占该学科全球A、B、C层人才的20.83%、23.27%、27.03%。

英国、德国、中国大陆、澳大利亚、加拿大的 A 层人才比较多,世界占比在 10%~4% 之间;荷兰、瑞典、瑞士、奥地利、以色列、中国香港、印度、法国、比利时、沙特、韩国、意大利、日本、新加坡也有相当数量的 A 层人才,世界占比超过 1%。

英国的 B 层人才虽与美国差距较大,但显著高于其他国家和地区,世界占比为 11.12%;德国、中国大陆、澳大利亚、加拿大、法国的 B 层人才比较多,世界占比在 7%~4% 之间;瑞士、荷兰、瑞典、意大利、西班牙、日本、丹麦、奥地利、巴西、比利时、芬兰、新西兰、印度也有相当数量的 B 层人才,世界占比超过或接近 1%。

英国的 C 层人才虽与美国差距较大,但显著高于其他国家和地区,世界占比为 12.29%;德国、中国大陆、法国、加拿大、澳大利亚的 C 层人才比较多,世界占比在 8%~4% 之间;瑞士、荷兰、日本、西班牙、意大利、瑞典、比利时、丹麦、奥地利、巴西、印度、以色列、南非也有相当数量的 C 层人才,世界占比超过或接近 1%。

表 4-1 生物学 A 层人才排名前 20 的国家和地区的占比

单位:%

国家和地区	2011 年	2012 年	2013 年	2014 年	2015 年	2016 年	2017 年	2018 年	2019 年	2020 年	合计
美国	10.00	22.22	12.50	26.09	37.04	27.59	16.13	26.09	17.24	15.00	20.83
英国	10.00	5.56	12.50	13.04	11.11	10.34	6.45	13.04	10.34	7.50	9.85
德国	5.00	5.56	12.50	4.35	3.70	10.34	6.45	4.35	10.34	5.00	6.82
中国大陆	0.00	11.11	0.00	0.00	3.70	3.45	0.00	4.35	3.45	30.00	6.82
澳大利亚	5.00	11.11	0.00	8.70	0.00	6.90	3.23	4.35	6.90	5.00	4.92
加拿大	5.00	11.11	0.00	4.35	0.00	10.34	3.23	4.35	6.90	2.50	4.55
荷兰	0.00	5.56	4.17	4.35	3.70	3.45	3.23	0.00	3.45	0.00	2.65
瑞典	0.00	5.56	4.17	4.35	0.00	3.45	3.23	4.35	0.00	0.00	2.65
瑞士	0.00	0.00	4.17	0.00	3.70	3.45	3.23	0.00	0.00	5.00	2.27
奥地利	0.00	0.00	8.33	0.00	3.70	0.00	3.23	0.00	3.45	0.00	1.89
以色列	5.00	0.00	0.00	0.00	0.00	6.90	3.23	0.00	0.00	2.50	1.89
中国香港	0.00	5.56	0.00	0.00	0.00	0.00	0.00	0.00	6.90	5.00	1.89
印度	0.00	0.00	0.00	0.00	3.70	0.00	3.23	0.00	10.34	0.00	1.89

续表

国家和地区	2011年	2012年	2013年	2014年	2015年	2016年	2017年	2018年	2019年	2020年	合计
法国	5.00	0.00	8.33	0.00	0.00	0.00	3.23	4.35	0.00	0.00	1.89
比利时	0.00	0.00	0.00	0.00	3.70	0.00	0.00	4.35	3.45	2.50	1.52
沙特	0.00	0.00	0.00	0.00	0.00	3.45	3.23	4.35	3.45	0.00	1.52
韩国	0.00	0.00	0.00	0.00	3.70	3.45	0.00	4.35	3.45	0.00	1.52
意大利	0.00	0.00	8.33	0.00	0.00	0.00	3.45	4.35	0.00	0.00	1.52
日本	5.00	0.00	0.00	0.00	0.00	0.00	3.23	4.35	0.00	2.50	1.52
新加坡	0.00	5.56	0.00	0.00	0.00	0.00	3.23	4.35	0.00	2.50	1.52

表4-2 生物学B层人才排名前20的国家和地区的占比

单位：%

国家和地区	2011年	2012年	2013年	2014年	2015年	2016年	2017年	2018年	2019年	2020年	合计
美国	30.94	22.49	27.31	23.18	29.02	16.54	22.56	17.39	24.63	20.62	23.27
英国	14.35	10.84	14.71	16.31	12.94	7.14	10.77	8.26	8.82	9.04	11.12
德国	7.17	6.83	5.88	7.30	5.88	6.77	9.09	4.78	6.99	6.21	6.73
中国大陆	1.79	2.01	2.52	3.86	3.92	3.38	4.38	6.96	7.72	10.17	4.93
澳大利亚	3.59	4.82	4.62	3.86	7.84	2.63	5.39	5.22	4.41	5.65	4.85
加拿大	3.59	4.02	3.78	6.01	6.27	2.63	4.71	3.91	4.41	4.80	4.43
法国	7.62	4.82	4.20	4.72	2.75	2.63	4.04	4.78	5.51	2.82	4.28
瑞士	3.14	4.02	0.84	4.29	1.96	2.63	3.70	4.78	2.21	1.98	2.90
荷兰	2.69	2.41	2.94	1.29	1.96	2.26	3.70	2.61	3.68	2.26	2.60
瑞典	1.35	3.21	3.36	2.58	1.57	1.13	3.37	3.91	1.47	2.26	2.41
意大利	4.04	2.41	3.78	3.43	0.78	1.50	2.02	1.74	1.47	2.26	2.29
西班牙	3.14	3.61	1.26	3.00	2.75	0.38	2.36	1.74	2.94	1.41	2.22
日本	2.24	2.01	3.78	3.00	1.18	0.75	1.35	1.30	1.10	2.26	1.87
丹麦	1.35	2.41	0.42	0.43	0.78	0.75	2.02	2.21	1.41	1.41	1.49
奥地利	0.00	0.40	0.84	1.72	1.57	1.88	0.67	1.74	1.10	2.26	1.26
巴西	0.90	2.01	0.42	1.29	1.18	1.50	1.01	0.87	2.57	0.28	1.18
比利时	1.35	2.01	1.26	0.43	0.78	1.88	1.01	0.87	0.37	1.41	1.15
芬兰	1.79	1.61	0.84	0.43	0.78	0.75	1.68	1.30	1.47	0.28	1.07
新西兰	0.00	1.61	0.42	2.15	1.18	0.75	1.35	2.17	0.37	0.85	1.07
印度	0.00	0.40	0.84	0.86	0.78	1.13	1.35	0.43	1.47	1.98	0.99

表4-3 生物学C层人才排名前20的国家和地区的占比

单位：%

国家和地区	2011年	2012年	2013年	2014年	2015年	2016年	2017年	2018年	2019年	2020年	合计
美国	29.04	29.41	30.84	29.66	28.76	26.95	25.66	25.04	24.39	23.07	27.03
英国	13.85	14.03	12.09	13.78	12.59	12.71	12.53	12.00	10.51	10.07	12.29
德国	7.20	7.10	7.03	7.74	8.61	7.78	7.16	8.01	7.03	6.97	7.44
中国大陆	2.35	3.36	3.56	2.84	3.14	4.02	5.13	7.14	8.40	8.26	5.01
法国	4.52	4.96	5.10	4.46	3.98	4.51	4.40	4.73	3.93	4.10	4.45
加拿大	4.85	4.83	4.60	4.51	3.74	3.98	4.29	4.12	3.44	3.47	4.14
澳大利亚	4.48	3.82	3.89	4.16	4.34	4.21	4.22	4.55	4.12	3.41	4.09
瑞士	3.19	2.65	2.47	3.24	2.90	3.27	2.69	2.80	2.53	2.73	2.83
荷兰	2.95	2.39	2.55	3.11	3.02	2.52	2.27	2.58	3.10	2.30	2.66
日本	2.12	2.39	3.05	2.01	2.25	2.59	2.41	2.01	2.23	2.90	2.43
西班牙	2.26	2.31	2.34	2.19	2.09	1.84	2.16	2.01	2.46	2.09	2.17
意大利	3.00	1.85	2.93	1.57	1.77	1.84	1.78	1.36	2.42	2.75	2.14
瑞典	2.03	1.76	1.80	2.06	2.45	2.22	2.41	1.84	1.78	1.81	2.02
比利时	1.11	1.34	1.26	1.27	1.09	1.32	1.05	1.14	1.21	1.61	1.25
丹麦	1.11	1.13	0.92	1.57	1.25	1.20	1.43	1.31	1.10	1.06	1.20
奥地利	0.74	0.97	0.96	1.05	1.21	1.39	1.26	0.70	1.29	1.23	1.10
巴西	1.06	1.05	1.46	1.09	0.97	1.02	0.77	0.96	0.95	1.15	1.05
印度	0.83	0.84	1.13	0.57	0.93	1.02	0.63	0.96	1.10	1.69	1.00
以色列	1.15	0.92	0.67	0.92	1.01	1.28	0.98	0.88	0.72	0.75	0.92
南非	0.74	0.76	0.63	0.87	0.72	0.94	1.01	0.96	0.95	0.69	0.83

二 微生物学

微生物学A、B、C层人才最多的国家是美国，大幅领先于其他国家和地区，分别占该学科全球A、B、C层人才的20.54%、25.92%、26.38%。

中国大陆、德国、加拿大、英国、法国、澳大利亚、瑞典、荷兰、西班牙的A层人才比较多，世界占比在9%~3%之间；丹麦、比利时、瑞士、意大利、韩国、中国香港、挪威、日本、巴西、新加坡也有相当数量的A层人才，世界占比超过1%。

英国、中国大陆、德国、法国、加拿大、荷兰、澳大利亚的 B 层人才比较多,世界占比在 8%~3% 之间;瑞士、西班牙、意大利、丹麦、瑞典、比利时、印度、以色列、奥地利、爱尔兰、韩国、日本也有相当数量的 B 层人才,世界占比超过 1%。

英国、德国、中国大陆、法国、加拿大、荷兰、澳大利亚、西班牙的 C 层人才比较多,世界占比在 8%~3% 之间;意大利、瑞士、比利时、丹麦、印度、日本、瑞典、巴西、韩国、奥地利、爱尔兰也有相当数量的 C 层人才,世界占比超过或等于 1%。

表 4-4 微生物学 A 层人才排名前 20 的国家和地区的占比

单位:%

国家和地区	2011年	2012年	2013年	2014年	2015年	2016年	2017年	2018年	2019年	2020年	合计
美国	27.27	25.71	22.22	19.44	23.08	30.00	13.33	25.71	16.33	10.71	20.54
中国大陆	3.03	2.86	5.56	0.00	2.56	7.50	2.22	5.71	6.12	33.93	8.17
德国	9.09	2.86	5.56	5.56	7.69	10.00	2.22	5.71	10.20	5.36	6.44
加拿大	12.12	2.86	5.56	11.11	2.56	12.50	4.44	5.71	4.08	1.79	5.94
英国	0.00	8.57	5.56	11.11	7.69	7.50	4.44	8.57	4.08	1.79	5.69
法国	6.06	5.71	5.56	8.33	5.13	5.00	2.22	2.86	2.04	3.57	4.46
澳大利亚	0.00	8.57	5.56	0.00	5.13	5.00	2.22	8.57	2.04	3.57	3.96
瑞典	9.09	5.71	5.56	8.33	5.13	2.50	2.22	2.86	2.04	0.00	3.96
荷兰	6.06	0.00	8.33	2.78	2.56	5.00	4.44	2.86	6.12	3.57	3.71
西班牙	6.06	0.00	0.00	2.78	5.13	5.00	4.44	5.71	2.04	1.79	3.22
丹麦	3.03	5.71	5.56	2.78	5.13	2.50	2.22	5.71	0.00	0.00	2.72
比利时	3.03	8.57	2.78	2.78	5.13	2.50	0.00	2.86	2.04	1.79	2.72
瑞士	0.00	2.86	5.56	5.56	0.00	2.50	2.22	2.86	6.12	0.00	2.48
意大利	0.00	0.00	0.00	2.78	2.56	0.00	2.22	2.86	6.12	3.57	2.23
韩国	0.00	2.86	0.00	2.78	0.00	2.50	6.67	2.86	2.04	0.00	1.98
中国香港	0.00	0.00	0.00	0.00	2.56	0.00	0.00	2.22	0.00	8.93	1.73
挪威	0.00	0.00	0.00	0.00	2.56	2.50	0.00	0.00	8.16	0.00	1.73
日本	3.03	0.00	0.00	0.00	2.56	2.50	0.00	2.86	2.04	0.00	1.24
巴西	3.03	0.00	0.00	0.00	2.56	0.00	4.44	0.00	2.04	0.00	1.24
新加坡	0.00	2.86	2.78	0.00	0.00	5.00	0.00	0.00	2.04	0.00	1.24

表4-5 微生物学B层人才排名前20的国家和地区的占比

单位：%

国家和地区	2011年	2012年	2013年	2014年	2015年	2016年	2017年	2018年	2019年	2020年	合计
美国	30.39	25.88	38.18	27.99	25.95	27.16	25.96	24.70	18.43	20.43	25.92
英国	10.46	6.71	6.67	9.33	8.38	7.61	8.17	7.19	6.07	6.48	7.60
中国大陆	1.63	1.92	4.55	3.21	4.05	3.30	5.05	5.28	4.04	19.84	5.91
德国	9.80	7.99	3.33	6.71	7.57	5.58	4.33	6.71	4.27	3.93	5.83
法国	5.56	6.71	5.15	4.66	5.14	4.31	5.29	4.08	3.60	5.11	4.89
加拿大	5.56	4.15	4.85	4.96	3.24	3.05	4.57	3.60	4.04	2.55	3.96
荷兰	2.94	4.79	2.42	4.37	2.70	4.31	3.61	6.71	3.15	2.95	3.80
澳大利亚	2.61	3.19	5.76	3.21	4.05	4.31	3.61	4.08	4.27	2.75	3.77
瑞士	1.96	3.51	2.12	2.62	4.05	3.05	2.88	2.88	2.92	2.36	2.84
西班牙	1.63	3.51	2.73	3.79	2.97	4.57	2.88	2.88	2.02	1.57	2.81
意大利	1.31	2.24	3.33	2.62	3.51	1.78	3.85	1.44	2.25	2.95	2.55
丹麦	1.96	2.56	1.82	2.04	3.51	2.03	2.40	2.40	1.57	1.77	2.19
瑞典	3.92	2.24	2.12	2.04	1.08	1.02	2.16	3.12	3.15	0.59	2.08
比利时	1.96	2.56	0.30	3.21	1.89	1.27	2.40	1.68	1.57	1.57	1.82
印度	0.98	0.96	1.21	0.58	0.54	2.79	2.88	2.64	1.35	1.38	1.59
以色列	0.65	0.96	0.91	1.17	0.81	3.05	1.20	1.20	1.57	1.18	1.30
奥地利	2.29	1.92	0.00	2.33	1.35	0.76	0.72	0.48	1.35	0.98	1.17
爱尔兰	1.31	0.96	1.52	1.17	1.62	1.02	1.20	1.44	1.12	0.59	1.17
韩国	1.31	0.32	0.30	0.87	0.54	1.27	2.40	1.44	0.90	1.77	1.17
日本	1.31	1.92	0.30	0.87	1.89	0.76	0.72	0.24	1.12	1.77	1.09

表4-6 微生物学C层人才排名前20的国家和地区的占比

单位：%

国家和地区	2011年	2012年	2013年	2014年	2015年	2016年	2017年	2018年	2019年	2020年	合计
美国	31.14	29.96	30.55	28.28	28.43	25.74	24.95	24.05	22.95	22.04	26.38
英国	8.31	7.89	6.97	7.27	7.31	7.30	7.32	7.55	6.99	6.76	7.33
德国	6.73	6.63	6.38	6.17	6.42	6.71	5.39	5.67	5.50	5.19	6.01
中国大陆	2.66	2.84	3.85	4.12	4.67	5.39	6.79	7.11	8.52	10.26	5.95
法国	6.83	5.74	5.76	5.07	5.09	5.06	4.95	4.96	4.69	4.37	5.17
加拿大	3.58	3.63	3.67	4.01	3.81	4.05	3.50	3.13	3.54	3.28	3.60
荷兰	3.65	3.85	3.64	3.77	3.36	3.20	3.40	3.54	3.31	3.39	3.49
澳大利亚	3.38	2.94	3.58	2.85	2.89	3.56	3.33	3.06	3.86	3.02	3.26
西班牙	2.96	3.19	3.88	3.62	2.78	2.91	2.80	3.64	2.59	2.80	3.09
意大利	2.17	2.94	2.22	2.70	2.61	2.84	3.16	2.64	2.73	3.52	2.79
瑞士	2.27	2.71	2.25	2.58	2.72	2.97	2.66	2.84	2.82	2.37	2.63

续表

国家和地区	2011年	2012年	2013年	2014年	2015年	2016年	2017年	2018年	2019年	2020年	合计
比利时	1.64	1.64	2.00	2.05	2.03	2.17	1.91	1.69	1.76	1.98	1.89
丹麦	1.61	1.89	1.82	1.93	1.95	2.17	1.67	1.83	1.58	1.52	1.79
印度	0.89	1.26	1.14	1.57	1.58	1.91	1.79	1.91	2.21	2.41	1.73
日本	2.23	2.05	1.91	1.36	1.39	1.50	1.64	1.66	1.69	1.50	1.67
瑞典	1.77	1.64	1.85	1.34	1.81	1.62	1.38	1.64	1.24	1.43	1.55
巴西	1.28	0.98	1.29	1.25	1.50	1.78	2.05	1.66	1.51	1.02	1.45
韩国	1.18	1.10	0.83	1.10	0.94	1.11	1.23	1.05	1.78	1.43	1.20
奥地利	1.02	1.48	1.48	1.13	1.31	1.11	1.18	1.12	1.04	0.98	1.17
爱尔兰	1.02	1.29	1.02	1.01	1.14	1.08	0.99	0.90	0.92	0.76	1.00

三 病毒学

病毒学A、B、C层人才最多的国家是美国，世界占比显著高于其他国家和地区，分别占该学科全球A、B、C层人才的33.05%、31.72%、32.67%。

中国大陆的A层人才虽与美国差距较大，但显著高于其他国家和地区，世界占比为14.41%；英国、法国、德国、加拿大、荷兰的A层人才比较多，世界占比在7%~3%之间；丹麦、中国香港、日本、新加坡、瑞典、澳大利亚、比利时、南非、危地马拉、中国澳门、新西兰、尼日利亚、挪威也有相当数量的A层人才，世界占比超过或接近1%。

中国大陆、英国、德国、荷兰、法国、加拿大的B层人才比较多，世界占比在8%~3%之间；日本、瑞士、西班牙、澳大利亚、意大利、巴西、南非、新加坡、中国香港、比利时、瑞典、丹麦、俄罗斯也有相当数量的B层人才，世界占比超过或接近1%。

英国、中国大陆、德国、法国、澳大利亚、荷兰、加拿大的C层人才比较多，世界占比在8%~3%之间；日本、瑞士、意大利、西班牙、巴西、南非、比利时、新加坡、瑞典、印度、中国香港、丹麦也有相当数量的C层人才，世界占比超过或接近1%。

表4-7 病毒学A层人才排名前20的国家和地区的占比

单位:%

国家和地区	2011年	2012年	2013年	2014年	2015年	2016年	2017年	2018年	2019年	2020年	合计
美国	66.67	36.36	38.46	28.57	15.38	55.56	33.33	14.29	40.00	15.38	33.05
中国大陆	0.00	9.09	15.38	0.00	7.69	11.11	11.11	7.14	20.00	61.54	14.41
英国	0.00	9.09	7.69	14.29	7.69	11.11	11.11	7.14	0.00	0.00	6.78
法国	8.33	9.09	0.00	7.14	7.69	0.00	0.00	7.14	10.00	0.00	5.08
德国	8.33	0.00	0.00	7.14	0.00	11.11	11.11	14.29	0.00	0.00	5.08
加拿大	0.00	0.00	0.00	7.14	0.00	0.00	22.22	7.14	10.00	0.00	4.24
荷兰	8.33	9.09	0.00	7.14	0.00	0.00	0.00	7.14	0.00	0.00	3.39
丹麦	0.00	0.00	0.00	0.00	7.69	0.00	0.00	14.29	0.00	0.00	2.54
中国香港	0.00	9.09	0.00	0.00	7.69	11.11	0.00	0.00	0.00	0.00	2.54
日本	0.00	9.09	0.00	0.00	0.00	0.00	0.00	0.00	10.00	7.69	2.54
新加坡	0.00	0.00	7.69	0.00	0.00	0.00	11.11	0.00	0.00	7.69	2.54
瑞典	8.33	0.00	0.00	0.00	7.69	0.00	0.00	7.14	0.00	0.00	2.54
澳大利亚	0.00	0.00	15.38	0.00	0.00	0.00	0.00	0.00	0.00	7.69	2.54
比利时	0.00	0.00	0.00	7.14	0.00	0.00	0.00	7.14	0.00	0.00	1.69
南非	0.00	0.00	0.00	0.00	7.69	0.00	0.00	0.00	10.00	0.00	1.69
危地马拉	0.00	9.09	0.00	0.00	0.00	0.00	0.00	0.00	0.00	0.00	0.85
中国澳门	0.00	0.00	0.00	0.00	7.69	0.00	0.00	0.00	0.00	0.00	0.85
新西兰	0.00	0.00	0.00	0.00	0.00	0.00	0.00	7.14	0.00	0.00	0.85
尼日利亚	0.00	0.00	0.00	7.14	0.00	0.00	0.00	0.00	0.00	0.00	0.85
挪威	0.00	0.00	0.00	0.00	0.00	7.69	0.00	0.00	0.00	0.00	0.85

表4-8 病毒学B层人才排名前20的国家和地区的占比

单位:%

国家和地区	2011年	2012年	2013年	2014年	2015年	2016年	2017年	2018年	2019年	2020年	合计
美国	44.44	31.67	33.33	30.16	38.98	33.59	35.71	25.78	19.09	24.39	31.72
中国大陆	0.85	3.33	7.41	1.59	1.69	2.29	2.68	5.47	6.36	42.28	7.46
英国	10.26	13.33	6.67	7.14	5.08	6.11	8.93	4.69	7.27	0.81	6.97
德国	6.84	7.50	4.44	5.56	7.63	8.40	5.36	7.81	4.55	5.69	6.39
荷兰	2.56	7.50	8.89	4.76	4.24	5.34	3.57	4.69	4.55	0.81	4.75

续表

国家和地区	2011年	2012年	2013年	2014年	2015年	2016年	2017年	2018年	2019年	2020年	合计
法国	2.56	6.67	5.19	6.35	3.39	3.05	6.25	4.69	3.64	3.25	4.51
加拿大	4.27	4.17	4.44	4.76	1.69	3.82	3.57	3.91	6.36	2.44	3.93
日本	2.56	2.50	2.96	3.17	3.39	1.53	1.79	2.34	2.73	1.63	2.46
瑞士	2.56	0.83	0.74	3.97	5.08	3.82	1.79	3.13	1.82	0.81	2.46
西班牙	3.42	1.67	2.22	4.76	5.08	0.76	2.68	2.34	0.91	0.00	2.38
澳大利亚	1.71	0.00	2.96	1.59	2.54	3.05	1.79	3.13	3.64	1.63	2.21
意大利	0.85	1.67	2.96	0.79	0.85	2.29	0.00	3.13	4.55	1.63	1.89
巴西	0.85	0.83	0.74	1.59	1.69	3.82	2.68	2.34	2.73	0.81	1.80
南非	1.71	1.67	0.74	5.56	0.85	0.76	1.79	2.34	1.82	0.00	1.72
新加坡	0.85	0.83	1.48	1.59	1.69	3.05	0.89	3.13	0.91	0.81	1.56
中国香港	0.00	0.83	5.19	0.00	0.00	0.76	0.00	0.78	2.73	4.07	1.48
比利时	1.71	0.83	0.00	1.59	1.69	0.76	0.00	1.56	2.73	0.81	1.15
瑞典	0.85	2.50	0.74	0.00	0.85	0.00	1.79	1.56	0.91	0.00	1.07
丹麦	0.00	3.33	1.48	0.79	1.69	0.00	2.68	0.78	0.00	0.00	1.07
俄罗斯	0.00	0.00	0.74	1.59	0.00	0.76	1.79	3.13	1.82	0.00	0.98

表4-9 病毒学C层人才排名前20的国家和地区的占比

单位：%

国家和地区	2011年	2012年	2013年	2014年	2015年	2016年	2017年	2018年	2019年	2020年	合计
美国	36.92	38.63	35.61	32.87	33.70	34.44	32.89	29.99	29.48	21.40	32.67
英国	8.86	6.91	7.42	8.74	8.06	6.37	7.42	6.37	7.59	4.62	7.24
中国大陆	4.78	4.16	5.40	4.86	5.83	6.61	8.55	7.65	6.60	17.47	7.14
德国	5.73	5.58	7.80	6.15	6.09	6.77	5.64	5.61	6.87	5.14	6.16
法国	6.08	5.83	5.62	5.43	4.80	5.40	4.98	4.93	4.79	3.25	5.13
澳大利亚	2.78	2.16	3.30	3.40	3.26	2.34	3.95	3.31	4.43	3.25	3.20
荷兰	3.39	3.58	2.92	3.64	3.17	3.15	2.73	2.39	3.53	1.80	3.12
加拿大	2.09	3.16	3.15	3.23	2.32	3.87	2.91	3.74	3.62	2.91	3.10
日本	3.30	4.50	2.47	2.27	1.97	2.34	2.73	2.72	1.90	1.88	2.61
瑞士	2.69	3.25	2.70	2.75	1.89	2.74	2.26	3.31	2.17	1.37	2.52
意大利	1.91	2.00	2.02	2.11	1.80	2.02	1.60	2.12	2.89	4.88	2.33
西班牙	1.56	1.75	1.50	3.08	1.54	2.42	2.35	1.61	2.80	1.37	1.99
巴西	0.52	0.42	0.82	1.30	1.11	2.02	2.35	1.44	1.63	1.63	1.31

续表

国家和地区	2011年	2012年	2013年	2014年	2015年	2016年	2017年	2018年	2019年	2020年	合计
南非	1.04	1.08	1.42	1.46	1.20	1.13	1.69	1.70	1.27	0.86	1.28
比利时	1.22	0.75	1.27	0.97	1.46	1.21	1.22	1.78	1.81	1.03	1.27
新加坡	1.30	1.25	1.05	1.38	1.80	1.13	1.13	1.19	0.90	0.86	1.20
瑞典	0.70	1.00	1.27	0.97	1.29	0.89	0.94	1.36	1.81	0.86	1.11
印度	0.70	0.75	0.45	0.89	0.60	1.05	1.13	1.02	0.72	3.08	1.03
中国香港	0.96	0.50	0.90	0.89	1.03	0.24	0.47	1.10	0.36	1.20	0.77
丹麦	0.78	0.58	0.67	0.81	0.60	1.13	0.47	0.85	1.27	0.34	0.75

四 植物学

植物学A、B、C层人才最多的国家是美国，分别占该学科全球A、B、C层人才的19.55%、16.48%、16.07%。其中，A、B层人才的世界占比显著高于其他国家和地区。

英国、中国大陆、澳大利亚、德国、荷兰、法国、加拿大、西班牙的A层人才比较多，世界占比在9%~3%之间；瑞士、印度、意大利、比利时、日本、巴西、波兰、巴基斯坦、奥地利、墨西哥、以色列也有相当数量的A层人才，世界占比超过1%。

中国大陆的B层人才虽与美国差距较大，但显著高于其他国家和地区，世界占比为10.75%；德国、英国、澳大利亚、法国、西班牙、日本、荷兰的B层人才比较多，世界占比在7%~3%之间；加拿大、印度、瑞士、意大利、比利时、瑞典、墨西哥、巴西、韩国、巴基斯坦、丹麦也有相当数量的B层人才，世界占比超过1%。

中国大陆的C层人才世界占比紧随美国之后，为15.48%；德国、英国、澳大利亚、法国、日本、西班牙的C层人才比较多，世界占比在8%~3%之间；印度、意大利、加拿大、荷兰、瑞士、比利时、韩国、巴西、瑞典、捷克、丹麦、奥地利也有相当数量的C层人才，世界占比超过或接近1%。

表 4－10　植物学 A 层人才排名前 20 的国家和地区的占比

单位：%

国家和地区	2011 年	2012 年	2013 年	2014 年	2015 年	2016 年	2017 年	2018 年	2019 年	2020 年	合计
美国	22.22	20.00	23.08	29.27	14.29	10.64	17.39	18.37	20.00	21.82	19.55
英国	13.89	5.71	12.82	4.88	4.76	12.77	6.52	8.16	9.09	9.09	8.76
中国大陆	2.78	2.86	0.00	7.32	16.67	2.13	4.35	8.16	21.82	10.91	8.31
澳大利亚	5.56	8.57	7.69	7.32	9.52	4.26	4.35	10.20	5.45	7.27	6.97
德国	8.33	8.57	7.69	4.88	9.52	2.13	4.35	6.12	5.45	3.64	5.84
荷兰	2.78	11.43	12.82	4.88	4.76	6.38	2.17	2.04	3.64	7.27	5.62
法国	8.33	2.86	5.13	4.88	9.52	2.13	2.17	4.08	1.82	5.45	4.49
加拿大	2.78	2.86	2.56	12.20	0.00	2.13	2.17	8.16	3.64	1.82	3.82
西班牙	0.00	5.71	2.56	7.32	0.00	2.13	8.70	2.04	1.82	3.64	3.37
瑞士	0.00	0.00	2.56	0.00	4.76	4.26	4.35	2.04	1.82	3.64	2.92
印度	2.78	2.86	2.56	0.00	2.38	2.13	6.52	0.00	0.00	3.64	2.25
意大利	5.56	5.71	0.00	2.44	0.00	0.00	0.00	4.08	0.00	5.45	2.25
比利时	5.56	0.00	5.13	0.00	0.00	0.00	2.17	2.04	3.64	1.82	2.02
日本	2.78	0.00	2.56	4.88	0.00	2.13	4.35	0.00	1.82	0.00	2.02
巴西	0.00	0.00	0.00	0.00	4.76	4.26	2.17	0.00	1.82	0.00	1.57
波兰	0.00	2.86	0.00	2.44	2.38	4.26	0.00	0.00	1.82	0.00	1.35
巴基斯坦	0.00	0.00	2.56	0.00	0.00	0.00	2.17	0.00	5.45	1.82	1.35
奥地利	0.00	5.71	2.56	0.00	2.38	0.00	0.00	0.00	1.82	0.00	1.12
墨西哥	2.78	0.00	0.00	0.00	2.38	2.13	4.35	0.00	0.00	0.00	1.12
以色列	2.78	2.86	0.00	2.44	0.00	0.00	0.00	2.04	1.82	0.00	1.12

表 4－11　植物学 B 层人才排名前 20 的国家和地区的占比

单位：%

国家和地区	2011 年	2012 年	2013 年	2014 年	2015 年	2016 年	2017 年	2018 年	2019 年	2020 年	合计
美国	20.30	20.11	16.35	17.18	17.46	14.19	17.32	16.55	15.48	12.59	16.48
中国大陆	5.67	6.23	7.63	9.49	10.72	11.40	14.32	12.24	11.11	15.04	10.75
德国	8.06	8.50	7.08	6.15	5.49	6.74	6.47	5.44	9.92	5.08	6.86
英国	8.36	11.05	5.99	5.90	5.24	6.98	6.47	5.22	4.96	5.08	6.35
澳大利亚	7.46	4.82	4.63	7.69	5.24	4.88	3.70	6.35	7.14	5.83	5.78
法国	6.57	6.52	7.63	5.38	3.99	6.74	5.08	4.76	3.37	2.44	5.06
西班牙	3.58	3.97	3.54	3.59	2.74	2.56	3.46	4.31	3.97	4.70	3.68
日本	5.67	5.10	5.18	4.62	3.99	2.09	2.08	2.72	2.78	2.63	3.54
荷兰	3.28	3.12	3.27	2.56	3.74	3.72	2.31	2.49	3.17	3.01	3.06

续表

国家和地区	2011年	2012年	2013年	2014年	2015年	2016年	2017年	2018年	2019年	2020年	合计
加拿大	4.18	3.97	2.18	4.87	3.49	0.93	2.77	2.72	3.17	2.26	2.99
印度	1.19	1.98	2.18	3.33	3.49	3.49	3.46	2.49	2.38	3.20	2.77
瑞士	2.09	3.12	2.45	2.56	2.74	2.56	1.85	2.49	0.99	2.26	2.27
意大利	2.09	1.42	3.27	2.31	1.75	1.86	2.08	1.81	2.38	2.26	2.13
比利时	1.19	2.83	2.72	1.28	1.00	2.09	0.69	2.27	2.18	2.07	1.84
瑞典	0.30	1.70	2.45	1.54	2.00	1.16	1.39	2.27	1.79	1.13	1.58
墨西哥	1.49	0.57	1.36	2.05	1.75	0.70	1.85	1.13	1.19	0.56	1.24
巴西	0.30	0.28	0.54	0.77	1.50	1.86	1.15	1.59	1.79	1.32	1.17
韩国	1.79	1.13	0.82	1.79	2.00	0.47	1.62	1.13	0.79	0.56	1.17
巴基斯坦	0.60	0.28	0.00	0.26	1.00	0.70	0.92	1.36	1.98	2.63	1.08
丹麦	0.90	1.42	2.72	1.28	0.50	0.93	0.23	0.91	0.79	0.94	1.03

表4-12 植物学C层人才排名前20的国家和地区的占比

单位：%

国家和地区	2011年	2012年	2013年	2014年	2015年	2016年	2017年	2018年	2019年	2020年	合计
美国	17.72	18.97	17.21	17.95	16.69	15.89	15.10	15.74	14.70	12.89	16.07
中国大陆	9.10	11.16	12.32	13.36	14.46	15.71	16.55	18.31	19.65	19.79	15.48
德国	8.71	7.69	8.13	8.20	7.43	7.22	6.80	6.87	6.65	5.97	7.27
英国	7.06	7.00	6.05	5.57	5.64	5.27	6.24	5.38	5.51	4.37	5.72
澳大利亚	5.14	4.62	4.63	4.36	4.60	5.03	5.52	4.70	4.03	4.19	4.66
法国	5.59	5.42	5.34	5.39	5.22	4.94	4.33	3.62	3.82	3.41	4.61
日本	5.50	5.08	4.49	4.33	3.78	3.26	3.14	3.19	2.64	2.80	3.70
西班牙	4.17	3.50	3.67	3.95	3.45	3.19	3.21	2.68	3.08	3.28	3.38
印度	2.40	2.47	2.22	2.01	2.78	3.38	2.58	2.68	2.70	3.39	2.70
意大利	2.55	2.58	2.38	2.55	2.76	2.98	2.63	3.07	2.83	2.55	2.70
加拿大	2.97	2.90	2.57	2.76	2.71	2.82	2.96	2.25	2.66	2.21	2.66
荷兰	2.79	2.35	2.57	2.45	2.14	2.19	2.12	1.83	1.96	1.73	2.18
瑞士	2.16	1.81	2.44	2.14	1.94	2.66	1.86	2.02	1.69	1.20	1.96
比利时	1.83	2.30	2.46	1.93	1.84	1.54	1.47	1.28	1.54	1.32	1.71
韩国	1.59	1.43	1.70	1.57	1.59	1.54	1.47	1.70	1.73	1.85	1.63
巴西	1.02	1.26	1.56	1.55	1.56	1.44	1.72	1.90	1.61	1.53	1.53
瑞典	1.05	1.43	1.37	1.34	1.19	1.40	1.49	1.40	1.23	1.20	1.31
捷克	0.90	1.35	0.93	1.19	1.29	1.03	1.23	1.08	1.04	1.28	1.14
丹麦	1.17	1.15	1.23	0.70	1.02	1.19	1.02	0.69	0.89	0.69	0.96
奥地利	0.81	0.83	1.07	1.06	1.07	0.89	0.84	0.85	0.87	1.05	0.93

五　生态学

生态学 A、B、C 层人才最多的国家是美国，分别占该学科全球 A、B、C 层人才的 15.88%、14.60%、19.83%，显著高于其他国家和地区。

英国、澳大利亚、加拿大、德国、法国、瑞典、荷兰的 A 层人才比较多，世界占比在 10%～3%之间；西班牙、瑞士、南非、意大利、墨西哥、巴西、中国大陆、新西兰、奥地利、芬兰、阿根廷、以色列也有相当数量的 A 层人才，世界占比超过 1%。

英国、澳大利亚、德国、加拿大、法国、瑞士、西班牙、荷兰、瑞典的 B 层人才比较多，世界占比在 9%～3%之间；中国大陆、巴西、丹麦、意大利、新西兰、南非、奥地利、日本、葡萄牙、芬兰也有相当数量的 B 层人才，世界占比超过 1%。

英国、澳大利亚、德国、加拿大、法国、中国大陆、瑞士、西班牙、荷兰的 C 层人才比较多，世界占比在 10%～3%之间；瑞典、意大利、丹麦、巴西、挪威、比利时、新西兰、南非、芬兰、奥地利也有相当数量的 C 层人才，世界占比超过 1%。

表 4-13　生态学 A 层人才排名前 20 的国家和地区的占比

单位：%

国家和地区	2011 年	2012 年	2013 年	2014 年	2015 年	2016 年	2017 年	2018 年	2019 年	2020 年	合计
美国	24.14	29.03	12.12	12.50	26.47	15.38	11.90	11.36	9.30	12.50	15.88
英国	10.34	16.13	9.09	6.25	11.76	7.69	7.14	13.64	4.65	9.38	9.47
澳大利亚	10.34	9.68	3.03	9.38	5.88	10.26	7.14	9.09	6.98	6.25	7.80
加拿大	6.90	9.68	3.03	0.00	5.88	5.13	2.38	6.82	4.65	6.25	5.01
德国	0.00	0.00	9.09	3.13	2.94	7.69	4.76	4.55	4.65	9.38	4.74
法国	3.45	9.68	6.06	0.00	2.94	2.56	4.76	4.55	4.65	0.00	3.90
瑞典	3.45	6.45	6.06	6.25	2.94	0.00	2.38	6.82	2.33	3.13	3.90
荷兰	3.45	3.23	3.03	3.13	0.00	5.13	4.76	2.27	4.65	6.25	3.62
西班牙	3.45	0.00	6.06	0.00	2.94	2.56	2.38	2.27	2.33	3.13	2.51
瑞士	3.45	0.00	6.06	0.00	2.94	2.56	2.38	2.27	0.00	6.25	2.51
南非	3.45	0.00	0.00	0.00	2.94	0.00	7.14	2.27	4.65	3.13	2.51
意大利	0.00	0.00	3.03	6.25	0.00	5.13	2.38	2.27	0.00	3.13	2.23

续表

国家和地区	2011年	2012年	2013年	2014年	2015年	2016年	2017年	2018年	2019年	2020年	合计
墨西哥	0.00	0.00	0.00	6.25	2.94	2.56	2.38	0.00	4.65	0.00	1.95
巴西	0.00	0.00	0.00	3.13	2.94	2.56	2.38	2.27	2.33	3.13	1.95
中国大陆	3.45	3.23	0.00	3.13	2.94	0.00	0.00	0.00	4.65	3.13	1.95
新西兰	3.45	0.00	3.03	3.13	2.94	2.56	2.38	0.00	2.33	0.00	1.95
奥地利	3.45	0.00	3.03	0.00	0.00	0.00	2.38	2.27	0.00	6.25	1.67
芬兰	6.90	0.00	3.03	0.00	0.00	0.00	2.38	2.27	0.00	3.13	1.67
阿根廷	0.00	0.00	0.00	3.13	2.94	7.69	0.00	0.00	2.33	0.00	1.67
以色列	0.00	3.23	3.03	0.00	5.88	0.00	0.00	4.55	0.00	0.00	1.67

表4-14 生态学B层人才排名前20的国家和地区的占比

单位：%

国家和地区	2011年	2012年	2013年	2014年	2015年	2016年	2017年	2018年	2019年	2020年	合计
美国	24.07	18.48	16.78	15.05	14.04	10.89	17.77	13.82	9.34	11.40	14.60
英国	9.63	7.61	8.39	10.34	8.48	9.50	10.08	6.03	6.83	7.31	8.30
澳大利亚	9.63	5.43	6.38	7.52	7.02	6.98	6.63	5.53	4.10	5.59	6.32
德国	6.67	4.71	5.37	6.90	6.43	5.03	5.31	5.03	4.56	5.38	5.48
加拿大	5.93	6.88	5.37	2.51	2.92	5.59	5.57	4.52	3.64	4.95	4.71
法国	3.33	4.35	3.69	4.08	4.39	4.19	4.77	3.77	3.19	4.30	4.01
瑞士	2.96	4.35	4.03	4.08	4.39	2.79	3.45	4.52	4.10	3.44	3.81
西班牙	4.44	4.71	3.69	3.45	4.09	3.63	2.65	2.51	3.19	1.72	3.27
荷兰	2.59	4.71	3.36	4.70	3.51	4.47	2.39	2.01	2.51	3.01	3.25
瑞典	2.96	1.81	4.03	3.76	3.22	2.23	3.98	3.27	3.19	1.94	3.02
中国大陆	0.37	2.17	2.01	2.82	2.63	2.51	3.45	3.27	2.28	3.44	2.60
巴西	2.22	2.54	1.68	2.19	4.09	2.23	3.18	2.51	1.82	2.37	2.48
丹麦	2.59	2.54	2.35	1.25	1.46	3.35	1.59	2.76	2.51	1.08	2.12
意大利	1.48	1.81	1.01	2.19	1.46	1.68	1.59	2.26	2.05	2.37	1.84
新西兰	2.22	1.09	1.68	2.19	1.46	3.35	0.80	1.51	1.59	1.94	1.78
南非	2.96	0.00	1.68	0.94	1.46	1.68	1.33	1.26	2.05	1.94	1.55
奥地利	1.85	1.09	0.67	1.25	1.75	1.12	1.06	1.76	1.37	2.58	1.50
日本	1.11	1.09	1.68	1.25	0.88	1.96	0.53	2.26	1.37	1.94	1.44
葡萄牙	1.11	0.72	1.68	1.25	0.88	1.40	1.06	1.76	2.05	1.94	1.44
芬兰	1.11	1.45	1.01	1.88	1.46	0.28	1.06	1.51	2.28	1.51	1.38

表4-15 生态学C层人才排名前20的国家和地区的占比

单位：%

国家和地区	2011年	2012年	2013年	2014年	2015年	2016年	2017年	2018年	2019年	2020年	合计
美国	24.39	24.56	22.64	21.62	21.08	19.69	18.84	17.37	17.77	15.09	19.83
英国	9.80	9.40	9.10	9.58	10.40	9.38	8.90	8.39	9.01	8.82	9.22
澳大利亚	6.18	5.98	7.24	7.67	7.00	7.24	6.60	6.17	7.15	6.08	6.73
德国	5.85	6.69	6.91	6.55	6.48	5.52	6.09	6.37	5.89	6.75	6.30
加拿大	6.29	5.09	5.26	5.75	5.13	5.04	5.24	4.64	5.05	4.20	5.10
法国	4.58	5.02	5.42	4.47	4.28	5.15	4.38	5.27	4.75	4.09	4.72
中国大陆	2.68	2.78	2.93	2.78	3.56	3.29	4.11	4.09	4.12	4.83	3.63
瑞士	2.87	2.92	3.50	3.45	3.08	3.52	3.50	3.52	3.26	3.46	3.33
西班牙	3.65	3.31	2.86	2.97	3.11	3.35	3.63	3.37	3.21	3.41	3.29
荷兰	3.58	3.38	4.04	3.32	3.59	3.32	2.73	2.90	2.78	2.55	3.16
瑞典	2.46	2.92	3.13	2.52	2.90	2.89	2.59	2.82	2.67	2.51	2.73
意大利	1.42	1.64	1.58	2.43	1.72	2.20	2.24	2.47	2.17	2.39	2.07
丹麦	1.90	2.49	1.55	2.01	1.99	2.26	1.82	2.07	1.86	1.83	1.97
巴西	1.27	1.42	1.31	1.72	2.17	2.40	1.98	1.97	1.95	2.58	1.93
挪威	1.53	1.32	1.52	1.41	1.36	1.20	1.42	1.67	1.45	2.09	1.51
比利时	1.38	1.28	1.35	1.34	1.66	1.32	1.71	1.52	1.61	1.51	1.48
新西兰	1.79	1.92	1.55	1.63	1.45	1.29	1.52	1.20	1.61	1.11	1.48
南非	1.45	0.71	1.35	1.53	1.24	1.80	1.68	1.37	1.45	1.76	1.46
芬兰	1.38	1.46	1.48	1.18	1.24	1.29	1.31	1.55	1.31	1.65	1.39
奥地利	1.04	0.96	0.98	1.21	1.21	1.46	1.34	1.70	1.45	1.44	1.31

六 湖沼学

湖沼学A、B、C层人才最多的国家是美国，分别占该学科全球A、B、C层人才的35.71%、23.93%、31.25%，显著高于其他国家和地区。

湖沼学是小学科，A层人才数量很少，除美国外，其他A层人才集中在澳大利亚，世界占比为21.43%；其余的人才分布在加拿大、中国大陆、法国、德国、荷兰、中国台湾，世界占比均为7.14%。

英国、澳大利亚、法国、加拿大、荷兰、中国大陆、意大利、德国、瑞士的B层人才比较多，世界占比在9%～4%之间；比利时、瑞典、日本、西班牙、奥地利、沙特、巴西、丹麦、以色列、波兰也有相当数量的B层人才，世界占比超过或接近1%。

英国、澳大利亚、加拿大、德国、中国大陆、瑞士、荷兰、瑞典、法国、意大利的C层人才比较多，世界占比在8%~3%之间；西班牙、丹麦、奥地利、日本、新西兰、挪威、比利时、芬兰、以色列也有相当数量的C层人才，世界占比超过或接近1%。

表4-16 湖沼学A层人才的国家和地区的占比

单位：%

国家和地区	2011年	2012年	2013年	2014年	2015年	2016年	2017年	2018年	2019年	2020年	合计
美国	0.00	50.00	0.00	0.00	33.33	100.00	0.00	100.00	0.00	0.00	35.71
澳大利亚	0.00	0.00	50.00	100.00	0.00	0.00	0.00	0.00	0.00	33.33	21.43
加拿大	0.00	50.00	0.00	0.00	0.00	0.00	0.00	0.00	0.00	0.00	7.14
中国大陆	0.00	0.00	0.00	0.00	0.00	0.00	0.00	0.00	0.00	33.33	7.14
法国	0.00	0.00	0.00	0.00	0.00	0.00	0.00	0.00	0.00	33.33	7.14
德国	0.00	0.00	0.00	0.00	33.33	0.00	0.00	0.00	0.00	0.00	7.14
荷兰	0.00	0.00	50.00	0.00	0.00	0.00	0.00	0.00	0.00	0.00	7.14
中国台湾	0.00	0.00	0.00	0.00	33.33	0.00	0.00	0.00	0.00	0.00	7.14

表4-17 湖沼学B层人才排名前20的国家和地区的占比

单位：%

国家和地区	2011年	2012年	2013年	2014年	2015年	2016年	2017年	2018年	2019年	2020年	合计
美国	15.38	37.50	22.22	36.36	25.93	12.90	29.03	23.33	18.75	23.33	23.93
英国	11.54	8.33	3.70	13.64	11.11	9.68	6.45	10.00	9.38	3.33	8.57
澳大利亚	3.85	12.50	7.41	9.09	14.81	9.68	3.23	3.33	6.25	0.00	6.79
法国	3.85	4.17	11.11	4.55	3.70	12.90	12.90	6.67	3.13	3.33	6.79
加拿大	7.69	4.17	3.70	9.09	11.11	3.23	3.23	6.67	6.25	3.33	5.71
荷兰	7.69	12.50	0.00	0.00	11.11	9.68	3.23	3.33	6.25	3.33	5.71
中国大陆	3.85	0.00	7.41	0.00	3.70	3.23	6.45	3.33	9.38	13.33	5.36
意大利	3.85	4.17	0.00	0.00	3.70	9.68	3.23	6.67	6.25	6.67	4.64
德国	7.69	4.17	3.70	9.09	3.70	3.23	6.45	0.00	6.25	3.33	4.64
瑞士	3.85	4.17	11.11	4.55	3.70	3.23	3.23	3.33	6.25	3.33	4.64

续表

国家和地区	2011年	2012年	2013年	2014年	2015年	2016年	2017年	2018年	2019年	2020年	合计
比利时	3.85	0.00	0.00	0.00	0.00	3.23	3.23	3.33	3.13	3.33	2.14
瑞典	0.00	0.00	7.41	4.55	3.70	0.00	0.00	0.00	3.13	3.33	2.14
日本	3.85	0.00	0.00	0.00	0.00	0.00	0.00	3.33	9.38	0.00	1.79
西班牙	0.00	0.00	0.00	0.00	0.00	3.23	3.23	10.00	0.00	0.00	1.79
奥地利	0.00	0.00	0.00	0.00	3.70	3.23	3.23	0.00	3.13	0.00	1.43
沙特	3.85	0.00	3.70	0.00	0.00	0.00	3.23	0.00	0.00	3.33	1.43
巴西	0.00	0.00	7.41	0.00	0.00	0.00	0.00	3.33	0.00	0.00	1.07
丹麦	3.85	0.00	0.00	0.00	0.00	0.00	3.23	0.00	0.00	3.33	1.07
以色列	3.85	0.00	0.00	0.00	0.00	0.00	0.00	3.33	0.00	3.33	1.07
波兰	0.00	4.17	0.00	0.00	0.00	0.00	3.23	0.00	0.00	0.00	0.71

表4-18 湖沼学C层人才排名前20的国家和地区的占比

单位：%

国家和地区	2011年	2012年	2013年	2014年	2015年	2016年	2017年	2018年	2019年	2020年	合计
美国	28.81	35.80	33.72	33.33	32.59	25.26	35.34	31.07	35.46	22.60	31.25
英国	7.63	7.00	8.91	8.63	7.04	9.47	6.36	8.93	6.71	8.36	7.90
澳大利亚	14.41	7.00	4.26	5.10	4.81	7.37	6.71	6.07	6.71	4.95	6.63
加拿大	4.24	5.76	5.43	4.31	6.30	6.32	4.95	6.07	5.75	7.74	5.75
德国	3.81	5.76	6.59	8.24	5.56	5.26	5.65	6.07	3.83	4.64	5.50
中国大陆	3.81	3.70	2.71	4.71	6.30	3.51	7.07	7.86	7.03	6.81	5.46
瑞士	3.81	3.29	3.88	4.71	6.67	4.91	4.24	2.50	4.15	4.95	4.33
荷兰	6.36	2.06	6.20	4.31	1.11	5.96	2.47	3.57	3.83	1.86	3.71
瑞典	1.69	4.12	3.49	1.96	3.33	2.46	3.53	5.00	2.88	3.72	3.24
法国	2.12	4.94	3.88	1.96	4.07	3.86	3.53	3.21	1.28	3.41	3.20
意大利	2.12	1.23	3.10	3.92	3.70	5.96	2.47	2.86	2.56	2.48	3.06
西班牙	2.12	1.23	1.55	1.96	1.11	2.11	2.83	1.07	2.88	2.17	1.93
丹麦	0.85	1.65	1.55	2.75	0.74	1.75	1.77	1.07	1.92	1.24	1.53
奥地利	0.85	2.47	0.78	1.18	1.85	1.40	1.41	1.07	1.60	1.55	1.42
日本	1.69	1.65	0.78	1.18	0.74	0.70	2.12	0.71	0.96	1.55	1.20
新西兰	1.27	1.65	1.55	1.18	1.85	1.75	1.41	0.71	0.32	0.62	1.20
挪威	1.27	0.82	1.16	0.39	1.85	0.70	0.71	2.14	0.64	0.93	1.06
比利时	0.85	1.23	0.78	0.39	1.48	1.75	0.35	0.36	0.96	0.93	0.91
芬兰	0.85	0.82	1.55	0.39	0.37	0.00	1.06	0.71	1.92	0.93	0.87
以色列	2.12	0.00	1.16	1.18	1.85	0.70	0.35	0.00	0.32	0.31	0.76

七　进化生物学

进化生物学 A、B、C 层人才最多的国家是美国，分别占该学科全球 A、B、C 层人才的 24.56%、22.21%、22.76%，优势突出。

英国的 A 层人才虽与美国有较大差距，但显著领先于其他国家和地区，世界占比为 11.40%；澳大利亚、奥地利、日本、沙特、德国、新西兰、瑞典、法国的 A 层人才比较多，世界占比在 7%~3% 之间；西班牙、中国大陆、丹麦、瑞士、加拿大、匈牙利、阿根廷、中国澳门、墨西哥、荷兰也有相当数量的 A 层人才，世界占比超过或接近 1%。

英国的 B 层人才虽与美国有较大差距，但显著领先于其他国家和地区，世界占比为 10.18%；加拿大、澳大利亚、德国、法国、瑞士、瑞典、荷兰、中国大陆的 B 层人才比较多，世界占比在 7%~3% 之间；西班牙、新西兰、丹麦、奥地利、挪威、南非、巴西、日本、葡萄牙、意大利也有相当数量的 B 层人才，世界占比超过或等于 1%。

英国的 C 层人才虽与美国有较大差距，但显著领先于其他国家和地区，世界占比为 10.60%；德国、澳大利亚、加拿大、法国、中国大陆、瑞士的 C 层人才比较多，世界占比在 7%~3% 之间；西班牙、瑞典、荷兰、丹麦、挪威、巴西、意大利、新西兰、比利时、日本、奥地利、芬兰也有相当数量的 C 层人才，世界占比超过 1%。

表 4-19　进化生物学 A 层人才排名前 20 的国家和地区的占比

单位：%

国家和地区	2011 年	2012 年	2013 年	2014 年	2015 年	2016 年	2017 年	2018 年	2019 年	2020 年	合计
美国	28.57	25.00	25.00	7.14	50.00	23.08	20.00	20.00	38.46	16.67	24.56
英国	14.29	16.67	0.00	7.14	10.00	15.38	10.00	13.33	15.38	8.33	11.40
澳大利亚	0.00	8.33	0.00	7.14	0.00	7.69	10.00	6.67	7.69	8.33	6.14
奥地利	14.29	0.00	12.50	7.14	10.00	7.69	0.00	6.67	0.00	8.33	6.14
日本	14.29	0.00	25.00	7.14	0.00	7.69	0.00	6.67	0.00	8.33	6.14

第四章 生命科学

续表

国家和地区	2011年	2012年	2013年	2014年	2015年	2016年	2017年	2018年	2019年	2020年	合计
沙特	0.00	0.00	12.50	7.14	0.00	15.38	0.00	6.67	0.00	8.33	5.26
德国	0.00	8.33	12.50	7.14	0.00	7.69	10.00	0.00	0.00	8.33	5.26
新西兰	14.29	16.67	0.00	7.14	0.00	0.00	0.00	6.67	0.00	0.00	4.39
瑞典	0.00	16.67	0.00	0.00	10.00	0.00	0.00	6.67	0.00	8.33	4.39
法国	0.00	8.33	12.50	0.00	0.00	0.00	10.00	0.00	7.69	0.00	3.51
西班牙	0.00	0.00	0.00	0.00	0.00	7.69	10.00	0.00	0.00	8.33	2.63
中国大陆	0.00	0.00	0.00	7.14	10.00	0.00	0.00	0.00	7.69	0.00	2.63
丹麦	0.00	0.00	0.00	7.14	0.00	0.00	20.00	0.00	0.00	0.00	2.63
瑞士	0.00	0.00	0.00	0.00	0.00	0.00	10.00	6.67	7.69	0.00	2.63
加拿大	0.00	0.00	0.00	0.00	0.00	0.00	0.00	6.67	0.00	8.33	1.75
匈牙利	0.00	0.00	0.00	0.00	0.00	0.00	0.00	0.00	0.00	8.33	0.88
阿根廷	0.00	0.00	0.00	0.00	0.00	7.69	0.00	0.00	0.00	0.00	0.88
中国澳门	0.00	0.00	0.00	7.14	0.00	0.00	0.00	0.00	0.00	0.00	0.88
墨西哥	0.00	0.00	0.00	7.14	0.00	0.00	0.00	0.00	0.00	0.00	0.88
荷兰	0.00	0.00	0.00	0.00	0.00	0.00	0.00	0.00	7.69	0.00	0.88

表4-20 进化生物学B层人才排名前20的国家和地区的占比

单位：%

国家和地区	2011年	2012年	2013年	2014年	2015年	2016年	2017年	2018年	2019年	2020年	合计
美国	26.36	27.19	26.02	25.40	28.68	31.30	17.27	15.32	14.81	14.84	22.21
英国	13.64	9.65	10.57	11.90	10.85	7.63	8.63	5.65	12.90	10.32	10.18
加拿大	5.45	9.65	4.88	6.35	6.20	8.40	7.19	8.06	5.16	7.10	6.81
澳大利亚	6.36	2.63	2.44	8.73	8.53	6.87	3.60	4.84	6.45	7.10	5.82
德国	10.00	7.89	3.25	7.14	4.65	4.58	3.60	4.03	5.16	5.16	5.44
法国	4.55	7.02	7.32	3.17	2.33	7.63	5.04	4.84	4.52	4.52	5.05
瑞士	3.64	4.39	4.88	2.38	3.88	3.82	3.60	6.45	3.87	1.94	3.83
瑞典	3.64	3.51	4.07	3.17	3.88	3.05	3.60	3.23	4.52	1.94	3.45
荷兰	4.55	5.26	4.07	3.97	1.55	2.29	1.44	1.61	3.23	4.52	3.22
中国大陆	1.82	1.75	1.63	3.17	0.00	3.05	5.04	4.84	5.81	3.23	3.14

127

续表

国家和地区	2011年	2012年	2013年	2014年	2015年	2016年	2017年	2018年	2019年	2020年	合计
西班牙	0.91	2.63	4.07	3.97	3.88	2.29	2.88	3.23	3.23	1.94	2.91
新西兰	2.73	4.39	3.25	3.17	3.10	0.76	3.60	2.42	3.23	1.29	2.76
丹麦	0.91	4.39	0.81	1.59	3.10	1.53	0.72	2.42	2.58	2.58	2.07
奥地利	3.64	0.00	2.44	0.79	2.33	1.53	0.72	2.42	1.29	2.58	1.76
挪威	0.91	0.88	2.44	0.79	1.55	1.53	2.16	1.61	1.29	2.58	1.61
南非	0.91	0.00	2.44	1.59	2.33	0.00	1.44	1.61	0.65	1.94	1.30
巴西	0.00	0.88	0.00	0.79	0.78	2.29	4.32	0.81	1.94	0.65	1.30
日本	0.91	2.63	0.81	1.59	0.00	0.76	2.16	0.81	1.29	1.29	1.23
葡萄牙	0.00	0.00	1.63	0.00	2.33	0.00	1.44	1.61	1.94	1.94	1.15
意大利	0.00	0.00	1.63	0.00	0.00	0.00	1.44	1.61	2.58	1.94	1.00

表4-21 进化生物学C层人才排名前20的国家和地区的占比

单位：%

国家和地区	2011年	2012年	2013年	2014年	2015年	2016年	2017年	2018年	2019年	2020年	合计
美国	25.47	25.51	25.04	23.08	26.27	25.12	20.08	21.18	20.47	17.66	22.76
英国	12.97	10.70	11.54	11.82	12.32	10.51	9.97	9.06	9.13	9.23	10.60
德国	6.34	6.59	7.64	7.43	5.83	5.64	5.30	6.76	5.80	6.59	6.36
澳大利亚	5.59	5.22	6.11	6.87	6.57	6.41	6.40	5.78	6.20	6.01	6.13
加拿大	6.82	5.65	5.35	6.71	5.50	5.10	5.30	6.06	4.73	5.42	5.63
法国	3.22	6.08	5.94	4.71	4.84	6.41	5.57	4.88	4.93	5.05	5.19
中国大陆	2.37	2.65	3.14	2.80	2.96	3.17	3.85	4.32	3.73	4.03	3.36
瑞士	3.03	3.25	2.97	2.96	2.63	2.40	4.06	4.04	2.73	3.74	3.20
西班牙	3.88	3.34	2.97	2.96	2.46	2.63	2.96	2.37	2.73	2.64	2.86
瑞典	2.56	2.65	2.46	2.08	2.63	2.94	3.30	3.28	3.60	2.64	2.85
荷兰	2.46	2.23	2.80	2.08	2.63	2.24	1.72	1.60	2.00	2.34	2.18
丹麦	1.70	2.83	1.19	1.60	1.72	1.47	1.99	2.23	1.87	1.98	1.87
挪威	1.80	1.28	1.61	1.52	1.89	1.70	1.72	2.16	1.67	2.20	1.76
巴西	1.04	1.11	0.68	1.52	1.56	1.31	2.20	1.67	2.13	2.64	1.63
意大利	2.08	1.63	1.02	1.84	0.99	1.70	1.72	1.74	1.93	1.61	1.63
新西兰	1.52	1.80	1.10	1.36	1.23	1.47	1.51	1.11	1.60	0.73	1.34
比利时	0.85	1.11	1.44	1.20	1.15	1.47	1.65	1.05	0.93	1.98	1.29
日本	1.23	1.88	0.85	0.80	1.40	1.24	1.38	1.74	1.40	0.95	1.29
奥地利	1.04	0.94	0.93	1.44	1.07	1.31	1.17	1.25	1.47	1.25	1.20
芬兰	1.42	0.94	1.19	1.20	1.48	1.39	0.89	1.05	0.87	1.68	1.20

八 动物学

动物学 A、B、C 层人才最多的国家是美国，分别占该学科全球 A、B、C 层人才的 20.20%、20.91%、21.61%，显著高于其他国家和地区。

德国、英国、法国、加拿大、巴西、澳大利亚、意大利、中国大陆、瑞士的 A 层人才比较多，世界占比在 10%～3% 之间；阿根廷、荷兰、挪威、瑞典、丹麦、日本、比利时、新西兰、西班牙、墨西哥也有相当数量的 A 层人才，世界占比超过 1%。

英国、德国、澳大利亚、加拿大、中国大陆、法国、意大利、西班牙的 B 层人才比较多，世界占比在 10%～3%；巴西、瑞典、瑞士、荷兰、日本、波兰、丹麦、挪威、奥地利、比利时、葡萄牙也有相当数量的 B 层人才，世界占比超过 1%。

英国、德国、澳大利亚、中国大陆、加拿大、法国、意大利、巴西、西班牙的 C 层人才比较多，世界占比在 9%～3% 之间；日本、瑞士、荷兰、瑞典、南非、比利时、挪威、波兰、丹麦、奥地利也有相当数量的 C 层人才，世界占比超过 1%。

表 4-22　动物学 A 层人才排名前 20 的国家和地区的占比

单位：%

国家和地区	2011 年	2012 年	2013 年	2014 年	2015 年	2016 年	2017 年	2018 年	2019 年	2020 年	合计
美国	100.00	25.00	27.27	20.00	22.73	33.33	8.00	22.22	20.00	6.67	20.20
德国	0.00	20.00	9.09	5.00	4.55	4.17	8.00	11.11	16.00	6.67	9.09
英国	0.00	10.00	9.09	10.00	22.73	4.17	4.00	11.11	4.00	6.67	8.59
法国	0.00	5.00	9.09	10.00	4.55	8.33	8.00	0.00	4.00	10.00	7.07
加拿大	0.00	10.00	4.55	5.00	9.09	0.00	4.00	11.11	4.00	0.00	4.55
巴西	0.00	0.00	4.55	0.00	0.00	12.50	8.00	0.00	4.00	0.00	3.54
澳大利亚	0.00	5.00	0.00	0.00	4.55	4.17	0.00	0.00	8.00	3.33	3.03
意大利	0.00	0.00	0.00	5.00	0.00	0.00	0.00	0.00	12.00	6.67	3.03
中国大陆	0.00	0.00	0.00	0.00	4.55	4.17	0.00	11.11	0.00	6.67	3.03
瑞士	0.00	0.00	9.09	0.00	0.00	0.00	0.00	0.00	8.00	3.33	3.03
阿根廷	0.00	0.00	0.00	0.00	0.00	4.17	4.00	11.11	0.00	3.33	2.53
荷兰	0.00	0.00	0.00	5.00	0.00	4.17	4.00	0.00	0.00	6.67	2.53

续表

国家和地区	2011年	2012年	2013年	2014年	2015年	2016年	2017年	2018年	2019年	2020年	合计
挪威	0.00	0.00	0.00	0.00	0.00	0.00	4.00	11.11	8.00	3.33	2.53
瑞典	0.00	0.00	0.00	5.00	4.55	0.00	0.00	0.00	4.00	3.33	2.02
丹麦	0.00	0.00	4.55	0.00	0.00	4.17	4.00	0.00	0.00	3.33	2.02
日本	0.00	5.00	0.00	5.00	0.00	0.00	4.00	0.00	0.00	0.00	1.52
比利时	0.00	0.00	0.00	0.00	4.55	0.00	4.00	0.00	0.00	3.33	1.52
新西兰	0.00	0.00	0.00	0.00	0.00	8.33	4.00	0.00	0.00	0.00	1.52
西班牙	0.00	5.00	0.00	0.00	0.00	0.00	4.00	0.00	0.00	3.33	1.52
墨西哥	0.00	0.00	0.00	5.00	0.00	0.00	4.00	0.00	4.00	0.00	1.52

表4-23 动物学B层人才排名前20的国家和地区的占比

单位：%

国家和地区	2011年	2012年	2013年	2014年	2015年	2016年	2017年	2018年	2019年	2020年	合计
美国	21.53	30.37	21.43	27.23	22.22	20.85	17.62	18.41	18.72	14.89	20.91
英国	13.88	11.52	11.22	10.99	13.53	7.11	10.00	8.79	8.51	6.38	10.00
德国	5.74	5.24	8.67	10.47	8.21	7.58	4.29	8.79	6.38	7.80	7.32
澳大利亚	5.26	6.81	6.12	6.81	5.80	7.58	6.67	5.86	5.53	3.90	5.94
加拿大	6.22	6.28	6.12	4.71	3.86	8.06	3.33	5.44	2.98	3.55	4.97
中国大陆	0.96	2.09	1.53	0.52	2.90	4.27	5.24	5.02	7.66	6.38	3.87
法国	3.83	2.09	5.61	1.05	7.73	4.27	3.81	2.51	1.28	3.55	3.55
意大利	1.44	0.00	2.55	3.66	5.31	2.37	5.24	2.93	3.40	4.61	3.22
西班牙	4.78	2.09	1.53	1.05	2.42	4.27	3.81	3.77	2.55	4.61	3.18
巴西	1.44	3.66	1.53	2.09	1.93	4.74	5.24	2.51	3.83	2.48	2.95
瑞典	1.91	3.14	3.06	1.05	0.97	3.32	0.48	3.77	0.85	1.06	1.93
瑞士	0.96	2.62	4.59	2.62	0.97	1.42	1.43	1.26	0.85	2.13	1.84
荷兰	1.44	2.62	2.55	2.09	1.45	3.32	0.95	1.67	1.28	0.35	1.70
日本	1.44	1.57	1.02	1.57	1.45	2.84	1.90	0.00	3.40	1.06	1.61
波兰	1.44	1.05	1.53	0.52	1.93	1.42	0.95	0.84	2.13	3.19	1.57
丹麦	2.39	0.52	2.55	1.05	0.48	1.42	1.90	0.84	1.28	2.13	1.47
挪威	2.39	1.05	0.51	0.00	0.00	2.84	2.38	1.67	1.28	2.13	1.47
奥地利	0.48	1.05	1.53	0.52	2.42	0.00	3.33	0.84	1.28	1.42	1.29
比利时	1.91	0.52	2.04	2.62	0.00	1.90	1.90	1.26	0.85	0.35	1.29
葡萄牙	0.96	0.52	1.02	1.57	0.48	0.00	1.90	2.09	0.85	2.13	1.20

表 4-24 动物学 C 层人才排名前 20 的国家和地区的占比

单位：%

国家和地区	2011 年	2012 年	2013 年	2014 年	2015 年	2016 年	2017 年	2018 年	2019 年	2020 年	合计
美国	26.33	25.93	24.37	25.80	23.41	20.93	19.09	21.15	17.11	15.29	21.61
英国	9.93	8.92	9.70	8.10	8.03	8.33	8.46	6.84	7.14	6.97	8.16
德国	7.04	5.67	6.60	5.84	7.10	6.52	5.91	5.78	5.17	6.06	6.15
澳大利亚	5.31	5.72	5.71	5.53	5.04	4.75	6.10	5.60	6.13	5.25	5.51
中国大陆	2.42	2.68	3.35	3.87	5.29	4.71	4.71	6.57	7.00	7.84	5.00
加拿大	6.15	5.98	4.66	5.18	5.39	4.51	5.31	4.93	4.46	3.54	4.95
法国	4.41	3.97	3.93	3.62	4.02	4.17	3.47	3.55	2.87	2.96	3.66
意大利	2.73	2.37	2.46	3.32	3.62	3.24	3.51	3.07	4.74	5.03	3.48
巴西	2.31	2.89	2.46	3.22	2.74	4.07	4.30	4.58	4.02	3.25	3.41
西班牙	3.68	3.71	3.25	3.07	2.55	2.89	3.51	3.20	2.59	3.94	3.26
日本	2.89	2.06	2.46	2.62	2.25	2.55	1.85	2.04	1.92	1.61	2.19
瑞士	1.68	1.75	2.04	1.56	2.69	1.91	2.36	1.73	1.63	1.50	1.88
荷兰	2.26	2.53	1.99	1.96	1.52	1.32	1.66	1.60	1.58	1.31	1.75
瑞典	1.63	1.91	1.78	1.56	1.27	1.42	1.57	1.55	1.20	1.24	1.50
南非	1.42	1.03	1.57	1.41	0.93	1.42	1.39	1.07	1.34	1.86	1.36
比利时	0.89	1.34	1.10	1.36	2.01	1.52	1.62	0.93	1.53	1.07	1.35
挪威	1.42	1.55	1.47	1.41	0.69	1.23	1.43	0.98	1.25	1.35	1.27
波兰	1.10	0.72	0.94	0.75	1.03	1.23	1.29	1.29	1.49	1.97	1.22
丹麦	1.05	1.19	1.36	1.01	1.08	1.13	1.11	1.55	1.05	1.35	1.20
奥地利	0.47	1.49	1.52	0.96	1.42	1.67	1.25	0.89	1.10	1.02	1.17

九 鸟类学

鸟类学 A 层人才主要集中在英国和美国，两国人数相当，均占该学科全球人才的 25.00%。B、C 层人才最多的国家是美国，分别占该学科全球 B、C 层人才的 25.64%、22.23%，显著高于其他国家和地区。

鸟类学是小学科，A 层人才数量很少，除英国和美国外，其他 A 层人才集中在加拿大、印度尼西亚、荷兰、新加坡，世界占比均为 12.50%。

加拿大、英国、西班牙、巴西、澳大利亚、新西兰、荷兰、瑞士、南非的 B 层人才比较多，世界占比在 9%～3% 之间；阿根廷、芬兰、捷克、中国大陆、哥伦比亚、丹麦、德国、肯尼亚、瑞典、土耳其也有相当数量的 B

层人才，世界占比超过1%。

英国、加拿大、澳大利亚、西班牙、荷兰、德国、法国的C层人才比较多，世界占比在10%~3%之间；中国大陆、南非、瑞士、瑞典、新西兰、丹麦、巴西、挪威、波兰、阿根廷、捷克、芬兰也有相当数量的C层人才，世界占比超过1%。

表4–25 鸟类学A层人才的国家和地区的占比

单位：%

国家和地区	2011年	2012年	2013年	2014年	2015年	2016年	2017年	2018年	2019年	2020年	合计
英国	0.00	100.00	0.00	0.00	0.00	0.00	50.00	0.00	0.00	0.00	25.00
美国	0.00	0.00	0.00	0.00	0.00	50.00	50.00	0.00	0.00	0.00	25.00
加拿大	0.00	0.00	0.00	0.00	0.00	50.00	0.00	0.00	0.00	0.00	12.50
印度尼西亚	0.00	0.00	0.00	0.00	0.00	0.00	0.00	0.00	0.00	50.00	12.50
荷兰	0.00	0.00	100.00	0.00	0.00	0.00	0.00	0.00	0.00	0.00	12.50
新加坡	0.00	0.00	0.00	0.00	0.00	0.00	0.00	0.00	0.00	50.00	12.50

表4–26 鸟类学B层人才排名前20的国家和地区的占比

单位：%

国家和地区	2011年	2012年	2013年	2014年	2015年	2016年	2017年	2018年	2019年	2020年	合计
美国	36.84	33.33	25.00	42.86	40.00	20.00	33.33	19.05	4.76	11.11	25.64
加拿大	0.00	0.00	6.25	7.14	13.33	0.00	44.44	14.29	0.00	11.11	8.33
英国	5.26	0.00	12.50	21.43	0.00	0.00	0.00	9.52	23.81	0.00	8.33
西班牙	0.00	5.56	6.25	0.00	6.67	20.00	0.00	14.29	16.67	0.00	6.41
巴西	0.00	5.56	12.50	0.00	6.67	0.00	0.00	0.00	4.76	11.11	4.49
澳大利亚	0.00	16.67	12.50	0.00	6.67	0.00	0.00	0.00	0.00	0.00	3.85
新西兰	5.26	5.56	0.00	0.00	0.00	0.00	0.00	4.76	0.00	16.67	3.85
荷兰	0.00	5.56	6.25	0.00	6.67	0.00	0.00	4.76	4.76	5.56	3.85
瑞士	5.26	0.00	0.00	0.00	0.00	40.00	0.00	4.76	4.76	0.00	3.21
南非	5.26	0.00	0.00	0.00	6.67	0.00	0.00	0.00	9.52	5.56	3.21
阿根廷	0.00	5.56	0.00	0.00	0.00	0.00	0.00	0.00	0.00	11.11	1.92
芬兰	5.26	0.00	0.00	0.00	0.00	6.67	0.00	4.76	0.00	0.00	1.92
捷克	5.26	0.00	0.00	0.00	7.14	0.00	0.00	4.76	0.00	0.00	1.92
中国大陆	0.00	0.00	0.00	0.00	0.00	0.00	11.11	4.76	0.00	0.00	1.28
哥伦比亚	0.00	0.00	0.00	0.00	0.00	0.00	0.00	4.76	0.00	5.56	1.28
丹麦	0.00	0.00	6.25	0.00	0.00	0.00	0.00	0.00	0.00	5.56	1.28
德国	0.00	0.00	6.25	7.14	0.00	0.00	0.00	0.00	0.00	0.00	1.28

续表

国家和地区	2011年	2012年	2013年	2014年	2015年	2016年	2017年	2018年	2019年	2020年	合计
肯尼亚	0.00	0.00	0.00	0.00	0.00	0.00	0.00	0.00	9.52	0.00	1.28
瑞典	10.53	0.00	0.00	0.00	0.00	0.00	0.00	0.00	0.00	0.00	1.28
土耳其	0.00	5.56	0.00	0.00	6.67	0.00	0.00	0.00	0.00	0.00	1.28

表4-27 鸟类学C层人才排名前20的国家和地区的占比

单位：%

国家和地区	2011年	2012年	2013年	2014年	2015年	2016年	2017年	2018年	2019年	2020年	合计
美国	33.14	22.54	25.48	21.57	22.50	18.71	22.86	21.99	14.69	19.47	22.23
英国	11.05	11.56	9.55	8.50	11.25	11.11	7.62	9.95	8.47	11.05	9.98
加拿大	8.14	11.56	8.92	11.76	6.25	5.85	9.05	9.95	4.52	7.89	8.38
澳大利亚	8.72	4.62	4.46	4.58	5.00	2.34	5.24	4.19	3.95	2.63	4.56
西班牙	4.07	4.05	5.73	5.23	1.88	4.68	3.81	6.81	1.69	4.21	4.22
荷兰	4.07	2.31	4.46	4.58	5.63	3.51	4.29	4.19	3.95	2.63	3.93
德国	4.07	5.20	2.55	5.23	4.38	1.17	6.19	1.05	2.82	4.21	3.71
法国	5.23	4.05	3.18	3.27	1.88	3.51	2.38	2.09	3.95	1.58	3.08
中国大陆	1.74	2.89	3.82	0.00	5.00	1.75	3.81	3.14	2.82	4.21	2.96
南非	1.16	1.16	2.55	5.88	5.63	1.17	1.43	4.71	1.13	3.16	2.74
瑞士	1.16	3.47	0.64	2.61	2.50	2.92	1.90	1.57	1.69	3.68	2.22
瑞典	0.00	1.73	1.27	2.61	1.88	2.92	2.86	3.14	3.39	1.58	2.17
新西兰	1.16	1.73	1.27	0.65	0.63	0.58	3.33	3.14	2.26	4.21	2.00
丹麦	0.58	2.31	3.18	0.65	0.00	1.75	2.38	2.62	2.82	2.11	1.88
巴西	1.74	1.73	2.55	0.65	0.63	1.17	1.90	2.09	1.13	3.16	1.71
挪威	1.16	0.58	1.91	0.65	0.63	2.92	0.95	2.62	2.26	2.11	1.60
波兰	0.58	2.31	2.55	1.96	3.13	1.17	0.95	1.05	2.82	0.00	1.60
阿根廷	1.16	1.73	4.46	1.31	0.00	0.58	0.00	2.62	1.05	1.05	1.48
捷克	0.58	0.58	2.55	3.92	1.25	2.92	0.48	0.00	1.13	0.53	1.31
芬兰	0.00	2.89	0.00	1.31	0.00	1.75	1.43	1.05	2.26	0.53	1.14

十 昆虫学

昆虫学A、B、C层人才最多的国家是美国，分别占该学科全球A、B、C层人才的20.93%、24.31%、23.14%，显著高于其他国家和地区。

澳大利亚、中国大陆的A层人才世界占比均为10.47%，虽与美国有较大差距，但显著领先于其他国家和地区；法国、荷兰、巴西、加拿大、英国、比利时的A层人才比较多，世界占比在7%~3%之间；新西兰、瑞士、德国、意大利、捷克、奥地利、贝宁、保加利亚、哥伦比亚、加蓬、墨西哥也有相当数量的A层人才，世界占比超过1%。

英国、法国、德国、意大利、中国大陆、澳大利亚、瑞士、荷兰、西班牙、巴西的B层人才比较多，世界占比在6%~3%之间；加拿大、比利时、日本、南非、以色列、丹麦、瑞典、希腊、新西兰也有相当数量的B层人才，世界占比超过1%。

中国大陆的C层人才世界占比为10.12%，虽与美国有较大差距，但显著领先于其他国家和地区；英国、德国、法国、巴西、意大利、澳大利亚、加拿大的C层人才比较多，世界占比在6%~3%之间；西班牙、比利时、瑞士、荷兰、日本、希腊、印度、奥地利、瑞典、南非、捷克也有相当数量的C层人才，世界占比超过1%。

表4-28 昆虫学A层人才排名前20的国家和地区的占比

单位：%

国家和地区	2011年	2012年	2013年	2014年	2015年	2016年	2017年	2018年	2019年	2020年	合计
美国	33.33	12.50	33.33	12.50	50.00	11.11	20.00	0.00	30.77	27.27	20.93
澳大利亚	16.67	0.00	11.11	25.00	0.00	11.11	10.00	10.00	7.69	9.09	10.47
中国大陆	16.67	12.50	11.11	0.00	0.00	11.11	20.00	10.00	15.38	0.00	10.47
法国	0.00	37.50	0.00	12.50	0.00	11.11	0.00	10.00	0.00	0.00	6.98
荷兰	0.00	0.00	11.11	12.50	0.00	0.00	0.00	10.00	0.00	9.09	5.81
巴西	0.00	0.00	0.00	12.50	0.00	11.11	0.00	20.00	7.69	0.00	5.81
加拿大	0.00	12.50	11.11	0.00	0.00	0.00	10.00	0.00	0.00	18.18	5.81
英国	0.00	25.00	11.11	0.00	0.00	0.00	0.00	0.00	0.00	9.09	4.65
比利时	0.00	0.00	0.00	12.50	0.00	11.11	0.00	10.00	0.00	0.00	3.49
新西兰	16.67	0.00	0.00	0.00	0.00	0.00	10.00	0.00	0.00	0.00	2.33
瑞士	0.00	0.00	0.00	0.00	0.00	0.00	10.00	0.00	0.00	0.00	2.33
德国	0.00	0.00	0.00	0.00	50.00	0.00	0.00	0.00	0.00	9.09	2.33
意大利	0.00	0.00	0.00	0.00	0.00	0.00	0.00	10.00	7.69	0.00	2.33

续表

国家和地区	2011年	2012年	2013年	2014年	2015年	2016年	2017年	2018年	2019年	2020年	合计
捷克	0.00	0.00	11.11	0.00	0.00	0.00	0.00	0.00	0.00	9.09	2.33
奥地利	0.00	0.00	0.00	0.00	0.00	0.00	0.00	0.00	7.69	0.00	1.16
贝宁	0.00	0.00	0.00	0.00	0.00	0.00	11.11	0.00	0.00	0.00	1.16
保加利亚	0.00	0.00	0.00	0.00	0.00	0.00	0.00	0.00	7.69	0.00	1.16
哥伦比亚	0.00	0.00	0.00	0.00	0.00	0.00	10.00	0.00	0.00	0.00	1.16
加蓬	0.00	0.00	0.00	0.00	0.00	0.00	11.11	0.00	0.00	0.00	1.16
墨西哥	16.67	0.00	0.00	0.00	0.00	0.00	0.00	0.00	0.00	0.00	1.16

表4-29 昆虫学B层人才排名前20的国家和地区的占比

单位：%

国家和地区	2011年	2012年	2013年	2014年	2015年	2016年	2017年	2018年	2019年	2020年	合计
美国	28.57	18.29	27.71	28.24	22.45	29.47	22.33	25.96	20.17	22.48	24.31
英国	7.79	6.10	4.82	10.59	6.12	5.26	4.85	2.88	3.36	8.53	5.95
法国	9.09	6.10	9.64	7.06	4.08	7.37	1.94	4.81	5.88	3.88	5.74
德国	3.90	4.88	3.61	7.06	9.18	7.37	2.91	1.92	4.20	10.08	5.64
意大利	2.60	4.88	6.02	3.53	2.04	7.37	6.80	4.81	5.88	4.65	4.92
中国大陆	5.19	2.44	0.00	2.35	3.06	5.26	2.91	2.88	7.56	10.08	4.51
澳大利亚	9.09	2.44	3.61	5.88	4.08	4.21	1.94	5.77	0.84	3.10	3.90
瑞士	2.60	4.88	3.61	3.53	2.04	5.26	4.85	3.85	2.52	2.33	3.49
荷兰	1.30	2.44	3.61	7.06	6.12	4.21	0.97	2.88	1.68	2.33	3.18
西班牙	2.60	4.88	4.82	2.35	2.04	3.16	3.88	4.81	3.36	0.00	3.08
巴西	0.00	0.00	2.41	3.53	1.02	2.11	5.83	6.73	2.52	4.65	3.08
加拿大	3.90	2.44	2.41	3.53	6.12	2.11	3.88	0.96	1.68	1.55	2.77
比利时	1.30	4.88	2.41	0.00	3.06	2.11	3.88	1.92	1.68	3.10	2.46
日本	1.30	1.22	2.41	0.00	2.04	2.11	1.94	0.00	1.68	2.33	1.54
南非	0.00	1.22	2.41	0.00	2.04	1.05	0.97	4.81	0.84	0.78	1.44
以色列	0.00	2.44	2.41	1.18	0.00	0.00	0.96	2.52	2.33	0.00	1.23
丹麦	1.30	2.44	2.41	1.18	0.00	1.05	3.88	0.00	0.84	0.00	1.23
瑞典	2.60	1.22	2.41	1.18	3.06	0.00	0.97	0.00	0.84	0.78	1.23
希腊	1.30	1.22	0.00	0.00	0.00	1.05	1.94	3.85	1.68	0.78	1.23
新西兰	1.30	0.00	1.20	0.00	1.02	1.05	1.94	1.92	1.68	0.78	1.13

表4-30 昆虫学C层人才排名前20的国家和地区的占比

单位：%

国家和地区	2011年	2012年	2013年	2014年	2015年	2016年	2017年	2018年	2019年	2020年	合计
美国	24.38	29.33	21.48	22.44	27.11	24.11	25.28	22.52	19.80	16.96	23.14
中国大陆	6.97	7.43	8.40	10.93	8.55	11.19	10.50	10.39	12.49	12.62	10.12
英国	6.97	4.70	5.93	6.11	6.07	5.17	4.89	6.21	4.55	3.35	5.34
德国	4.73	5.07	4.32	5.52	4.39	5.17	3.16	5.24	3.93	5.33	4.67
法国	4.73	4.46	5.80	3.76	3.37	4.20	4.38	4.17	4.91	3.65	4.33
巴西	3.11	3.47	3.33	3.76	4.61	4.63	4.18	4.76	4.82	4.24	4.15
意大利	3.98	3.71	2.96	4.11	4.05	3.66	3.87	4.27	4.28	4.54	3.97
澳大利亚	2.99	3.59	4.69	3.88	3.60	3.98	4.49	4.37	2.77	3.45	3.77
加拿大	3.98	3.84	3.46	3.53	3.04	3.12	3.16	2.52	3.12	2.66	3.20
西班牙	3.98	2.60	2.35	1.88	2.36	2.26	2.04	2.23	2.23	3.55	2.53
比利时	2.49	2.10	2.84	2.35	1.91	2.15	3.57	1.46	2.77	1.97	2.36
瑞士	2.24	1.24	2.35	2.70	1.69	1.72	2.24	2.14	2.05	1.68	2.00
荷兰	1.62	1.36	2.35	2.12	2.59	1.29	2.14	1.75	1.78	1.38	1.83
日本	3.11	1.61	1.48	1.18	2.36	1.72	1.33	1.26	0.98	1.48	1.61
希腊	1.49	1.11	1.73	0.94	1.35	1.08	1.63	1.36	2.14	1.78	1.48
印度	1.62	1.11	1.36	1.65	1.12	1.51	1.02	1.26	1.34	1.78	1.37
奥地利	0.62	1.11	1.85	1.41	1.01	0.75	1.73	1.07	1.34	1.08	1.20
瑞典	1.12	0.74	2.22	1.18	1.12	1.72	0.71	1.07	0.98	0.69	1.14
南非	1.49	2.23	1.85	0.59	0.90	0.97	0.92	0.78	0.54	1.28	1.12
捷克	1.12	0.62	0.74	0.94	0.79	1.08	0.61	1.46	1.87	1.08	1.06

十一 制奶和动物科学

制奶和动物科学A、B、C层人才最多的国家是美国，分别占该学科全球A、B、C层人才的19.20%、18.97%、17.49%，显著高于其他国家和地区。

意大利、加拿大、中国大陆的A层人才处于第二梯队，世界占比在

12%~9%之间；澳大利亚、法国、英国的A层人才比较多，世界占比在6%~3%之间；奥地利、马来西亚、荷兰、新西兰、挪威、印度、爱尔兰、丹麦、墨西哥、韩国、瑞典、伊朗、伊拉克也有相当数量的A层人才，世界占比超过或者接近1%。

中国大陆、意大利、加拿大、英国、澳大利亚、法国、德国、荷兰的B层人才比较多，世界占比在8%~3%之间；巴西、西班牙、丹麦、爱尔兰、韩国、比利时、新西兰、印度、埃及、瑞士、芬兰也有相当数量的B层人才，世界占比超过1%。

中国大陆、加拿大、英国、意大利、澳大利亚、巴西、法国、德国、荷兰、西班牙的C层人才比较多，世界占比在9%~3%之间；丹麦、埃及、伊朗、瑞士、波兰、韩国、新西兰、比利时、爱尔兰也有相当数量的C层人才，世界占比超过1%。

表4-31 制奶和动物科学A层人才排名前20的国家和地区的占比

单位：%

国家和地区	2011年	2012年	2013年	2014年	2015年	2016年	2017年	2018年	2019年	2020年	合计
美国	12.50	27.27	25.00	20.00	22.22	16.67	41.67	20.00	21.05	0.00	19.20
意大利	0.00	0.00	12.50	30.00	22.22	8.33	8.33	6.67	15.79	9.52	11.20
加拿大	12.50	0.00	25.00	10.00	11.11	0.00	16.67	26.67	0.00	4.76	9.60
中国大陆	0.00	0.00	0.00	10.00	11.11	8.33	8.33	6.67	5.26	28.57	9.60
澳大利亚	12.50	18.18	12.50	0.00	0.00	0.00	0.00	0.00	5.26	9.52	5.60
法国	0.00	9.09	0.00	10.00	0.00	8.33	0.00	0.00	0.00	4.76	3.20
英国	12.50	0.00	0.00	0.00	0.00	0.00	0.00	0.00	10.53	4.76	3.20
奥地利	12.50	0.00	0.00	0.00	0.00	8.33	0.00	0.00	5.26	0.00	2.40
马来西亚	0.00	0.00	0.00	0.00	0.00	0.00	0.00	6.67	10.53	0.00	2.40
荷兰	0.00	0.00	0.00	12.50	0.00	11.11	0.00	0.00	5.26	0.00	2.40
新西兰	0.00	0.00	0.00	12.50	0.00	0.00	8.33	0.00	0.00	4.76	2.40
挪威	0.00	9.09	0.00	0.00	0.00	0.00	8.33	0.00	0.00	4.76	2.40
印度	0.00	0.00	0.00	0.00	0.00	8.33	8.33	0.00	0.00	0.00	1.60
爱尔兰	12.50	0.00	0.00	0.00	0.00	0.00	0.00	0.00	5.26	0.00	1.60
丹麦	12.50	0.00	0.00	10.00	0.00	0.00	0.00	0.00	0.00	0.00	1.60

续表

国家和地区	2011年	2012年	2013年	2014年	2015年	2016年	2017年	2018年	2019年	2020年	合计
墨西哥	0.00	0.00	0.00	0.00	0.00	8.33	0.00	6.67	0.00	0.00	1.60
韩国	0.00	0.00	0.00	0.00	0.00	0.00	8.33	0.00	5.26	0.00	1.60
瑞典	0.00	0.00	0.00	0.00	0.00	0.00	0.00	6.67	0.00	4.76	1.60
伊朗	0.00	0.00	0.00	0.00	0.00	8.33	0.00	0.00	0.00	0.00	0.80
伊拉克	0.00	0.00	0.00	0.00	0.00	0.00	0.00	6.67	0.00	0.00	0.80

表4-32 制奶和动物科学B层人才排名前20的国家和地区的占比

单位：%

国家和地区	2011年	2012年	2013年	2014年	2015年	2016年	2017年	2018年	2019年	2020年	合计
美国	19.15	20.95	25.53	16.67	21.21	18.97	20.90	17.61	16.57	16.00	18.97
中国大陆	2.13	10.48	2.13	4.44	4.04	6.03	11.19	5.63	13.02	12.57	7.96
意大利	2.13	5.71	5.32	4.44	9.09	7.76	6.72	6.34	10.06	3.43	6.24
加拿大	11.70	14.29	7.45	2.22	2.02	6.03	6.72	6.34	2.96	3.43	5.99
英国	8.51	2.86	5.32	11.11	7.07	8.62	6.72	3.52	5.92	3.43	5.99
澳大利亚	5.32	6.67	4.26	10.00	4.04	3.45	1.49	4.23	5.92	2.86	4.60
法国	2.13	2.86	4.26	5.56	4.04	5.17	2.99	4.23	4.73	4.00	4.02
德国	6.38	4.76	3.19	0.00	5.05	1.72	3.73	4.93	3.55	4.00	3.78
荷兰	7.45	1.90	7.45	3.33	3.03	2.59	2.99	3.52	2.96	1.71	3.45
巴西	2.13	1.90	0.00	3.33	4.04	4.31	3.73	3.52	1.78	2.29	2.71
西班牙	2.13	5.71	1.06	0.00	5.05	2.59	2.24	2.11	2.96	2.86	2.71
丹麦	1.06	2.86	2.13	3.33	3.03	3.45	2.99	2.11	2.37	1.71	2.46
爱尔兰	3.19	0.95	1.06	2.22	2.02	3.45	2.99	4.93	2.96	0.00	2.38
韩国	2.13	0.95	5.32	3.33	1.01	0.00	0.75	3.52	1.18	2.86	2.05
比利时	5.32	2.86	1.06	3.33	3.03	2.59	1.49	1.41	0.59	0.57	1.97
新西兰	1.06	1.90	6.38	4.44	0.00	0.86	2.24	1.41	1.78	0.57	1.89
印度	1.06	0.00	3.19	2.22	2.02	2.59	1.49	2.11	1.78	1.71	1.81
埃及	0.00	0.00	0.00	1.11	0.00	0.00	0.00	0.70	1.78	9.14	1.72
瑞士	1.06	0.95	2.13	0.00	2.02	0.86	0.75	2.11	2.96	1.71	1.56
芬兰	0.00	0.00	2.13	1.11	0.00	2.59	2.24	1.41	2.96	1.14	1.48

表 4-33 制奶和动物科学 C 层人才排名前 20 的国家和地区的占比

单位：%

国家和地区	2011 年	2012 年	2013 年	2014 年	2015 年	2016 年	2017 年	2018 年	2019 年	2020 年	合计
美国	18.62	20.30	20.82	18.30	18.84	15.48	19.58	18.50	14.42	14.31	17.49
中国大陆	4.18	4.58	6.20	6.20	7.05	7.35	10.09	11.16	12.51	11.62	8.79
加拿大	6.88	7.86	5.65	6.31	6.84	5.88	5.95	5.86	4.83	3.95	5.79
英国	6.55	4.58	4.98	5.38	4.95	5.02	5.72	5.86	3.65	3.83	4.92
意大利	3.95	2.79	4.10	3.93	4.00	4.41	3.84	5.08	6.40	7.37	4.87
澳大利亚	4.74	5.47	5.09	6.51	5.47	5.36	3.99	4.66	3.98	3.89	4.77
巴西	3.39	2.99	3.65	5.48	4.95	3.81	5.42	3.88	4.10	2.34	3.95
法国	5.42	5.37	5.20	4.14	3.37	4.41	3.16	3.74	3.14	2.75	3.89
德国	5.08	4.28	3.77	3.10	4.00	3.55	2.86	3.04	3.93	4.01	3.72
荷兰	4.97	3.98	3.88	4.24	3.26	4.33	2.33	3.04	2.36	2.10	3.25
西班牙	3.39	4.18	4.10	3.83	2.32	2.85	2.48	1.98	2.58	3.47	3.03
丹麦	3.16	3.38	2.88	2.28	2.84	1.99	2.41	1.84	1.91	2.28	2.40
埃及	0.34	0.70	1.22	1.45	1.26	1.47	2.56	2.90	3.03	3.83	2.13
伊朗	1.13	1.89	1.88	1.96	1.89	1.38	2.41	2.05	1.91	1.44	1.81
瑞士	2.03	0.90	2.21	2.38	2.00	2.51	1.20	1.41	2.24	1.38	1.80
波兰	1.81	1.59	1.33	1.14	0.95	2.25	1.66	1.55	2.19	2.57	1.79
韩国	1.24	1.89	1.99	1.65	2.42	1.38	1.88	1.77	1.74	1.86	1.78
新西兰	1.92	1.69	2.21	2.28	2.11	1.99	1.96	0.85	1.46	1.38	1.71
比利时	0.79	1.29	2.21	1.86	1.89	2.16	1.88	1.41	1.40	1.20	1.58
爱尔兰	1.47	1.79	0.78	2.48	1.26	1.99	1.13	2.19	1.46	1.26	1.58

十二 生物物理学

生物物理学 A、B、C 层人才最多的国家是美国，分别占该学科全球 A、B、C 层人才的 28.87%、22.42%、21.42%。其中，A、B 层人才的世界占比显著高于其他国家和地区。

中国大陆和英国的 A 层人才虽与美国有较大差距，但显著高于其他国家和地区，世界占比分别为 14.23%、10.46%；印度、德国、澳大利亚、法国的 A 层人才比较多，世界占比在 6% ~ 3% 之间；荷兰、韩国、加拿大、日本、瑞士、西班牙、瑞典、意大利、丹麦、斯洛文尼亚、巴西、芬兰、波兰也有相当数量的 A 层人才，世界占比超过或接近 1%。

中国大陆的 B 层人才虽与美国有较大差距，但显著高于其他国家和地区，世界占比为 13.09%；英国、德国、印度、法国的 B 层人才比较多，世界占比在 8% ~ 3% 之间；意大利、加拿大、荷兰、瑞士、西班牙、日本、澳大利亚、韩国、瑞典、伊朗、波兰、以色列、沙特、奥地利也有相当数量的 B 层人才，世界占比超过 1%。

中国大陆的 C 层人才世界占比紧随美国之后，为 19.01%；德国、英国、印度、法国、意大利的 C 层人才比较多，世界占比在 6% ~ 3% 之间；日本、韩国、加拿大、西班牙、荷兰、伊朗、澳大利亚、瑞士、瑞典、巴西、葡萄牙、俄罗斯、奥地利也有相当数量的 C 层人才，世界占比超过或接近 1%。

表 4-34 生物物理学 A 层人才排名前 20 的国家和地区的占比

单位：%

国家和地区	2011年	2012年	2013年	2014年	2015年	2016年	2017年	2018年	2019年	2020年	合计
美国	25.00	27.27	37.50	44.44	40.00	20.83	36.36	24.00	20.00	12.00	28.87
中国大陆	0.00	18.18	8.33	14.81	12.00	12.50	13.64	20.00	8.00	32.00	14.23
英国	30.00	9.09	8.33	0.00	8.00	20.83	0.00	16.00	8.00	8.00	10.46
印度	0.00	0.00	4.17	0.00	0.00	0.00	9.09	4.00	8.00	24.00	5.02
德国	5.00	4.55	8.33	3.70	4.00	8.33	4.55	8.00	4.00	0.00	5.02
澳大利亚	5.00	4.55	4.17	7.41	4.00	0.00	0.00	0.00	4.00	4.00	3.35
法国	0.00	4.55	4.17	3.70	0.00	0.00	0.00	8.00	12.00	0.00	3.35
荷兰	10.00	4.55	0.00	0.00	0.00	4.55	0.00	4.00	0.00	0.00	2.51
韩国	10.00	0.00	0.00	3.70	0.00	0.00	4.00	8.00	0.00	0.00	2.51

续表

国家和地区	2011年	2012年	2013年	2014年	2015年	2016年	2017年	2018年	2019年	2020年	合计
加拿大	5.00	9.09	0.00	0.00	0.00	0.00	9.09	0.00	0.00	0.00	2.09
日本	0.00	9.09	4.17	0.00	4.00	0.00	0.00	4.00	0.00	0.00	2.09
瑞士	5.00	4.55	0.00	0.00	0.00	4.17	4.55	4.00	0.00	0.00	2.09
西班牙	0.00	0.00	4.17	0.00	8.00	4.17	0.00	0.00	0.00	0.00	1.67
瑞典	0.00	0.00	0.00	3.70	0.00	4.17	4.55	0.00	4.00	0.00	1.67
意大利	0.00	0.00	4.17	3.70	0.00	0.00	0.00	0.00	4.00	0.00	1.26
丹麦	0.00	0.00	4.17	3.70	0.00	4.17	0.00	0.00	0.00	0.00	1.26
斯洛文尼亚	0.00	4.55	0.00	0.00	0.00	0.00	0.00	0.00	8.00	0.00	1.26
巴西	0.00	0.00	0.00	0.00	0.00	0.00	4.55	0.00	0.00	0.00	0.84
芬兰	0.00	0.00	0.00	0.00	0.00	0.00	4.55	0.00	4.00	0.00	0.84
波兰	0.00	0.00	0.00	0.00	0.00	0.00	4.17	0.00	0.00	4.00	0.84

表4-35 生物物理学B层人才排名前20的国家和地区的占比

单位：%

国家和地区	2011年	2012年	2013年	2014年	2015年	2016年	2017年	2018年	2019年	2020年	合计
美国	30.93	31.10	28.57	28.69	21.01	19.28	22.18	12.72	16.89	14.10	22.42
中国大陆	7.73	3.83	9.96	11.07	13.03	13.90	20.97	18.86	19.63	10.13	13.09
英国	5.67	10.53	7.36	6.97	7.56	8.07	9.27	4.39	7.31	5.29	7.25
德国	6.70	9.57	6.06	6.15	7.14	4.48	4.03	4.82	3.65	3.52	5.57
印度	3.09	1.91	5.63	3.69	2.52	4.04	5.65	7.46	7.31	9.25	5.09
法国	5.67	4.78	3.46	3.28	3.36	3.59	2.82	2.19	2.28	3.08	3.41
意大利	1.55	2.39	1.30	4.92	2.52	4.04	2.02	2.19	2.28	3.96	2.74
加拿大	2.58	4.78	2.16	2.05	5.46	2.69	1.21	2.19	2.28	1.76	2.70
荷兰	3.09	0.96	2.16	5.33	2.10	2.24	2.42	2.63	2.74	3.08	2.70
瑞士	3.09	3.35	3.03	1.23	1.26	4.04	2.82	3.51	2.28	2.64	2.70
西班牙	4.12	1.91	2.16	2.87	1.68	1.79	2.02	3.07	1.83	3.52	2.48
日本	1.55	0.96	3.03	2.87	3.36	4.48	1.61	1.32	1.83	2.64	2.39
澳大利亚	2.58	2.87	4.76	2.87	1.68	2.24	1.61	1.32	2.28	1.32	2.34
韩国	0.52	1.91	2.16	1.23	2.10	2.69	0.40	3.51	3.65	3.96	2.21
瑞典	2.58	2.39	2.60	1.23	2.52	2.24	0.81	1.32	0.46	1.32	1.72
伊朗	0.00	0.00	2.16	1.23	0.84	2.24	1.61	2.63	1.83	1.76	1.46

续表

国家和地区	2011年	2012年	2013年	2014年	2015年	2016年	2017年	2018年	2019年	2020年	合计
波兰	1.55	2.39	0.87	0.41	1.68	0.00	1.61	1.75	1.83	1.76	1.37
以色列	0.52	1.91	1.30	0.82	1.26	2.24	1.21	0.88	1.37	0.88	1.24
沙特	0.00	0.48	0.00	0.41	1.68	1.35	0.81	2.63	1.37	1.76	1.06
奥地利	1.55	1.91	0.00	0.41	1.26	1.35	1.21	1.75	0.00	0.88	1.02

表4-36 生物物理学C层人才排名前20的国家和地区的占比

单位：%

国家和地区	2011年	2012年	2013年	2014年	2015年	2016年	2017年	2018年	2019年	2020年	合计
美国	28.24	29.00	25.21	24.34	22.09	19.62	18.09	16.75	16.07	16.14	21.42
中国大陆	11.45	10.17	15.86	15.80	19.66	20.98	24.80	26.83	25.00	17.85	19.01
德国	7.67	7.93	6.20	6.52	6.62	5.88	4.58	4.49	3.82	5.60	5.90
英国	6.11	5.99	5.59	5.28	6.13	5.97	5.20	5.81	6.08	6.08	5.81
印度	2.64	2.68	4.37	4.00	3.33	4.07	4.42	3.63	5.76	6.39	4.16
法国	4.82	4.53	3.54	3.26	3.29	2.89	2.86	2.22	3.18	2.84	3.31
意大利	3.16	2.53	3.32	3.26	3.37	3.21	3.93	3.50	2.90	3.06	3.24
日本	3.42	3.89	2.80	3.59	3.37	2.76	2.09	2.63	1.93	2.23	2.86
韩国	1.92	2.34	2.66	2.52	3.00	2.80	2.95	2.86	2.67	2.41	2.63
加拿大	3.21	3.36	3.06	2.97	2.63	2.94	2.29	1.82	2.16	1.71	2.60
西班牙	2.28	2.00	2.45	2.35	2.43	2.17	2.45	1.82	1.80	2.62	2.25
荷兰	2.33	2.38	2.36	2.35	2.06	1.76	1.84	1.27	1.89	2.27	2.05
伊朗	1.04	1.12	1.40	1.32	1.36	1.90	2.00	3.31	3.41	2.89	1.98
澳大利亚	2.33	1.95	1.88	2.27	1.77	2.40	1.55	2.04	2.12	1.49	1.97
瑞士	1.66	1.95	1.88	1.53	1.28	0.95	1.80	1.09	1.24	1.40	1.47
瑞典	1.24	1.22	1.40	1.24	0.95	1.54	1.19	1.36	1.06	1.22	1.24
巴西	0.98	0.88	1.14	1.07	1.07	1.36	1.51	1.23	1.43	1.49	1.22
葡萄牙	1.45	0.97	1.18	1.28	0.82	0.90	0.86	0.73	0.78	0.61	0.95
俄罗斯	0.62	1.02	0.83	0.58	0.86	0.90	1.06	0.77	1.43	1.09	0.92
奥地利	0.98	1.07	0.92	0.99	0.70	1.04	0.70	0.95	0.64	1.14	0.91

十三 生物化学和分子生物学

生物化学和分子生物学A、B、C层人才最多的国家是美国，分别占该学科全球A、B、C层人才的30.58%、31.78%、27.82%，遥遥领先于其他国家和地区。

英国、德国、中国大陆、瑞士、加拿大、法国、荷兰的 A 层人才比较多,世界占比在 11%~3% 之间;澳大利亚、瑞典、西班牙、丹麦、日本、奥地利、意大利、以色列、比利时、挪威、新加坡、韩国也有相当数量的 A 层人才,世界占比超过或接近 1%。

英国、中国大陆、德国、加拿大、法国的 B 层人才比较多,世界占比在 9%~3% 之间;澳大利亚、瑞士、荷兰、日本、意大利、西班牙、瑞典、丹麦、比利时、韩国、以色列、印度、奥地利、新加坡也有相当数量的 B 层人才,世界占比超过或接近 1%。

中国大陆、英国、德国、法国、日本、加拿大、意大利的 C 层人才比较多,世界占比在 10%~3% 之间;澳大利亚、西班牙、瑞士、荷兰、印度、韩国、瑞典、丹麦、比利时、奥地利、以色列、巴西也有相当数量的 C 层人才,世界占比超过或接近 1%。

表 4-37　生物化学和分子生物学 A 层人才排名前 20 的国家和地区的占比

单位:%

国家和地区	2011 年	2012 年	2013 年	2014 年	2015 年	2016 年	2017 年	2018 年	2019 年	2020 年	合计
美国	36.73	33.33	34.29	39.62	34.58	26.13	37.38	21.62	29.01	18.44	30.58
英国	12.24	9.26	6.67	13.21	9.35	6.31	10.28	10.81	12.98	12.06	10.40
德国	11.22	5.56	8.57	5.66	10.28	8.11	10.28	6.31	8.40	5.67	7.91
中国大陆	4.08	3.70	3.81	3.77	2.80	9.01	4.67	4.50	3.05	19.15	6.22
瑞士	4.08	4.63	4.76	3.77	5.61	4.50	4.67	3.60	6.87	3.55	4.62
加拿大	4.08	0.93	2.86	3.77	1.87	6.31	3.74	6.31	3.05	4.26	3.73
法国	3.06	5.56	2.86	3.77	0.93	5.41	1.87	6.31	2.29	4.26	3.64
荷兰	5.10	2.78	2.86	1.89	4.67	3.60	2.80	2.70	3.82	2.84	3.29
澳大利亚	2.04	2.78	2.86	0.94	5.61	0.90	1.87	2.70	0.76	6.38	2.76
瑞典	2.04	3.70	1.90	4.72	2.80	2.70	1.87	1.80	3.05	1.42	2.58
西班牙	0.00	4.63	1.90	0.94	2.80	1.80	2.80	1.80	5.34	1.42	2.40
丹麦	2.04	0.93	1.90	1.89	2.80	2.70	3.74	2.70	3.05	1.42	2.31
日本	4.08	3.70	1.90	2.83	0.93	2.70	1.87	2.70	2.29	0.00	2.22
奥地利	1.02	2.78	5.71	0.00	0.93	2.70	1.80	2.29	2.84	2.04	
意大利	1.02	0.93	2.86	0.00	0.93	1.80	2.80	0.90	3.05	2.13	1.69
以色列	0.00	0.93	0.00	2.83	2.80	2.70	1.87	2.70	0.76	0.71	1.51

续表

国家和地区	2011年	2012年	2013年	2014年	2015年	2016年	2017年	2018年	2019年	2020年	合计
比利时	3.06	0.93	0.00	0.94	0.93	1.80	0.93	2.70	0.76	0.71	1.24
挪威	0.00	1.85	2.86	0.94	0.00	0.00	0.00	1.80	1.53	0.71	0.98
新加坡	1.02	3.70	0.00	0.00	0.00	0.90	0.00	1.80	0.00	0.00	0.71
韩国	0.00	0.93	0.00	1.89	1.87	0.90	0.00	0.00	0.76	0.71	0.71

表4-38　生物化学和分子生物学B层人才排名前20的国家和地区的占比

单位：%

国家和地区	2011年	2012年	2013年	2014年	2015年	2016年	2017年	2018年	2019年	2020年	合计
美国	36.58	34.39	36.32	36.19	33.64	32.30	30.57	29.86	28.06	23.50	31.78
英国	9.52	8.88	9.36	8.66	9.18	8.50	8.28	8.22	6.67	8.44	8.52
中国大陆	2.89	3.57	5.35	5.26	5.99	6.90	8.57	8.72	12.49	13.56	7.63
德国	7.81	6.63	6.07	7.53	6.30	7.70	7.01	6.01	7.19	4.81	6.66
加拿大	4.28	4.08	3.09	4.54	3.10	3.41	3.01	2.99	2.92	3.56	3.56
法国	3.53	4.18	3.19	3.30	3.51	4.10	3.41	2.91	3.25	3.63	3.50
澳大利亚	2.35	2.04	3.60	3.20	3.10	2.30	3.31	2.81	3.17	2.68	2.86
瑞士	3.21	2.86	2.06	2.99	2.58	3.20	2.92	3.11	2.57	2.21	2.75
荷兰	2.78	4.08	2.57	2.89	1.65	2.70	3.21	3.01	2.40	2.21	2.73
日本	4.28	3.16	3.50	2.68	2.48	1.90	2.53	2.30	2.40	2.13	2.70
意大利	2.78	2.35	2.47	2.47	2.17	2.50	2.24	1.80	2.57	4.10	2.59
西班牙	2.57	2.55	2.57	2.58	2.06	2.90	2.43	1.80	2.14	2.13	2.36
瑞典	1.71	1.63	2.16	2.58	2.48	2.20	2.34	2.61	1.97	1.97	2.16
丹麦	1.71	1.63	1.95	1.03	1.24	1.60	2.14	2.10	1.03	1.58	1.59
比利时	1.50	2.14	1.23	1.24	0.93	1.30	1.27	2.00	1.37	1.18	1.41
韩国	1.07	1.63	1.13	1.24	1.44	1.10	1.46	2.00	1.45	1.34	1.39
以色列	0.96	0.82	1.34	1.55	1.34	1.90	1.46	1.10	1.80	0.87	1.31
印度	1.07	1.02	0.41	1.13	0.00	0.83	0.58	0.90	1.97	2.13	1.10
奥地利	1.07	0.92	0.72	0.52	1.75	1.50	0.88	1.20	0.94	0.47	0.98
新加坡	0.43	1.12	0.82	1.03	0.93	0.60	0.58	1.00	0.68	0.71	0.79

表4-39　生物化学和分子生物学C层人才排名前20的国家和地区的占比

单位：%

国家和地区	2011年	2012年	2013年	2014年	2015年	2016年	2017年	2018年	2019年	2020年	合计
美国	34.91	32.87	32.11	31.29	30.22	26.83	27.01	24.91	21.39	20.25	27.82
中国大陆	5.24	6.28	7.30	7.69	7.94	8.70	11.43	13.96	14.79	12.78	9.82
英国	8.28	7.93	8.23	8.11	8.24	8.38	7.39	7.10	6.24	6.16	7.54
德国	7.68	7.91	7.71	7.22	7.38	7.38	6.90	6.05	6.04	5.72	6.95

续表

国家和地区	2011年	2012年	2013年	2014年	2015年	2016年	2017年	2018年	2019年	2020年	合计
法国	4.52	4.69	4.21	3.82	4.17	4.15	3.90	3.31	3.30	3.05	3.88
日本	4.40	4.39	3.84	3.32	3.37	3.18	2.97	2.65	2.80	2.53	3.31
加拿大	3.77	3.47	3.68	3.64	3.57	3.56	3.10	2.89	2.59	2.60	3.25
意大利	2.90	2.64	3.29	2.68	2.69	2.93	3.05	3.48	3.90	4.29	3.22
澳大利亚	2.39	2.37	2.60	2.96	2.77	2.94	2.67	2.65	2.70	2.45	2.65
西班牙	2.11	2.70	2.07	2.44	2.50	2.38	2.44	2.52	2.35	2.67	2.42
瑞士	2.16	2.44	2.77	2.32	2.38	2.45	2.31	2.25	2.21	2.11	2.33
荷兰	2.30	2.46	2.51	2.66	2.19	2.25	2.02	2.23	2.01	1.91	2.24
印度	1.27	1.16	1.24	1.51	1.70	1.90	1.98	1.83	2.47	3.34	1.89
韩国	1.25	1.66	1.54	1.85	1.55	1.69	1.83	1.80	2.03	2.08	1.75
瑞典	1.67	1.57	1.52	1.63	1.71	1.87	1.41	1.66	1.71	1.59	1.63
丹麦	1.00	1.12	1.37	1.21	1.23	1.39	1.15	1.15	1.20	1.13	1.19
比利时	1.47	1.42	1.32	1.27	1.30	1.18	0.99	0.82	0.88	1.01	1.15
奥地利	0.95	0.98	0.97	1.15	0.86	1.14	0.94	0.93	0.91	0.87	0.97
以色列	1.20	1.13	0.97	0.99	1.05	1.04	0.97	0.90	0.66	0.76	0.96
巴西	0.65	0.77	0.59	0.69	0.92	0.92	1.07	0.93	1.10	1.18	0.90

十四 生物化学研究方法

生物化学研究方法A、B、C层人才最多的国家是美国，分别占该学科全球A、B、C层人才的33.20%、31.38%、28.32%，显著高于其他国家和地区。

英国、德国的A层人才虽与美国有较大差距，但明显领先于其他国家和地区，世界占比分别为11.07%、10.67%；澳大利亚、瑞士、西班牙的A层人才比较多，世界占比在6%～3%之间；瑞典、加拿大、法国、荷兰、比利时、中国大陆、丹麦、俄罗斯、意大利、巴西、新西兰、新加坡、日本、以色列也有相当数量的A层人才，世界占比超过1%。

中国大陆、德国、英国的B层人才也有较大优势，世界占比接近9%；加拿大、澳大利亚、瑞士的B层人才比较多，世界占比在4%～3%之间；法国、荷兰、丹麦、日本、西班牙、意大利、韩国、奥地利、沙特、比利时、瑞典、新加坡、芬兰也有相当数量的B层人才,世界占比超过或接近1%。

中国大陆、德国、英国的C层人才处于第二梯队,世界占比在11%~6%之间;加拿大、法国、西班牙、瑞士、意大利、荷兰、澳大利亚、日本的C层人才比较多,世界占比在4%~2%之间;韩国、瑞典、丹麦、比利时、奥地利、新加坡、印度、伊朗也有相当数量的C层人才,世界占比超过或接近1%。

表4-40 生物化学研究方法A层人才排名前20的国家和地区的占比

单位：%

国家和地区	2011年	2012年	2013年	2014年	2015年	2016年	2017年	2018年	2019年	2020年	合计
美国	33.33	44.00	43.48	19.05	32.00	42.31	39.29	50.00	11.54	12.50	33.20
英国	22.22	0.00	8.70	14.29	12.00	11.54	3.57	14.29	11.54	12.50	11.07
德国	7.41	8.00	8.70	23.81	16.00	19.23	7.14	3.57	7.69	8.33	10.67
澳大利亚	0.00	8.00	4.35	14.29	4.00	3.85	10.71	0.00	0.00	8.33	5.14
瑞士	3.70	8.00	0.00	4.76	8.00	0.00	0.00	3.57	7.69	4.17	3.95
西班牙	3.70	4.00	4.35	0.00	0.00	7.69	3.57	0.00	3.85	4.17	3.16
瑞典	3.70	0.00	8.70	9.52	0.00	3.85	0.00	0.00	3.85	0.00	2.77
加拿大	0.00	4.00	0.00	4.76	0.00	0.00	10.71	0.00	0.00	8.33	2.77
法国	0.00	8.00	0.00	0.00	0.00	0.00	3.57	3.57	11.54	0.00	2.77
荷兰	7.41	0.00	0.00	0.00	4.00	0.00	0.00	3.57	3.85	4.17	2.37
比利时	0.00	0.00	4.35	0.00	0.00	0.00	7.14	3.57	0.00	4.17	1.98
中国大陆	0.00	0.00	0.00	0.00	4.00	0.00	3.57	7.14	0.00	4.17	1.98
丹麦	11.11	0.00	0.00	0.00	0.00	0.00	0.00	0.00	3.85	0.00	1.58
俄罗斯	0.00	4.00	4.35	0.00	0.00	0.00	0.00	0.00	4.17	0.00	1.58
意大利	0.00	0.00	4.35	0.00	4.00	3.85	0.00	3.57	0.00	0.00	1.58
巴西	0.00	0.00	4.35	0.00	0.00	0.00	0.00	0.00	0.00	4.17	1.19
新西兰	0.00	4.00	0.00	4.76	0.00	0.00	0.00	0.00	3.85	0.00	1.19
新加坡	0.00	4.00	0.00	0.00	0.00	3.85	0.00	0.00	0.00	4.17	1.19
日本	0.00	0.00	0.00	0.00	4.00	0.00	0.00	0.00	3.85	4.17	1.19
以色列	0.00	0.00	4.35	0.00	0.00	3.85	0.00	0.00	3.85	0.00	1.19

第四章 生命科学

表4-41 生物化学研究方法 B 层人才排名前20的国家和地区的占比

单位：%

国家和地区	2011年	2012年	2013年	2014年	2015年	2016年	2017年	2018年	2019年	2020年	合计
美国	41.81	35.11	36.54	34.96	29.49	33.61	30.20	28.06	26.77	18.99	31.38
中国大陆	3.45	8.00	5.29	5.69	3.85	7.38	10.98	13.83	13.01	16.03	8.91
德国	8.19	12.00	8.17	8.13	7.69	8.20	9.02	9.09	9.67	6.75	8.70
英国	8.62	10.22	7.69	7.32	11.11	10.66	7.06	8.70	7.06	8.02	8.61
加拿大	4.31	3.56	2.40	4.07	3.42	2.87	5.10	3.56	4.46	2.95	3.70
澳大利亚	3.45	2.22	2.88	2.85	3.42	2.87	4.71	3.16	3.72	3.38	3.29
瑞士	4.31	3.56	2.40	3.66	3.42	2.87	3.53	0.79	4.09	3.38	3.20
法国	2.59	2.67	3.85	2.85	4.27	0.82	2.75	3.95	4.09	1.27	2.91
荷兰	2.16	1.78	2.88	2.44	3.42	2.87	3.14	3.16	2.97	3.80	2.87
丹麦	1.29	1.78	1.92	2.03	2.56	0.82	1.57	3.16	1.86	2.53	1.96
日本	1.29	1.33	0.00	0.81	2.99	2.46	1.96	1.58	3.35	2.11	1.83
西班牙	0.86	1.33	2.88	1.22	2.14	1.23	1.96	1.19	1.49	2.11	1.62
意大利	1.29	2.22	1.92	0.81	1.28	2.46	0.39	1.58	1.12	2.95	1.58
韩国	2.16	0.89	1.92	1.63	2.14	1.64	1.18	0.79	0.74	2.53	1.54
奥地利	1.72	1.33	0.96	4.07	1.28	0.00	1.96	1.98	0.74	0.84	1.50
沙特	0.86	0.00	1.92	2.44	0.85	4.51	1.18	1.58	0.37	0.84	1.46
比利时	1.72	0.89	0.48	2.03	2.99	1.23	0.39	0.79	1.86	1.27	1.37
瑞典	0.86	1.78	2.40	3.25	0.85	0.82	0.39	1.58	1.12	0.84	1.37
新加坡	0.43	0.44	0.96	0.81	1.28	1.64	2.35	0.40	1.49	1.27	1.12
芬兰	0.00	1.33	0.96	1.22	1.28	0.82	1.57	1.19	0.74	0.00	0.92

表4-42 生物化学研究方法 C 层人才排名前20的国家和地区的占比

单位：%

国家和地区	2011年	2012年	2013年	2014年	2015年	2016年	2017年	2018年	2019年	2020年	合计
美国	30.75	31.47	30.46	30.75	29.50	28.06	28.61	26.69	24.01	23.53	28.32
中国大陆	6.37	7.14	7.67	8.71	8.53	10.30	11.65	12.92	12.81	15.37	10.21
德国	7.92	8.55	8.10	8.15	9.18	8.84	6.93	7.39	6.98	7.80	7.96
英国	7.58	7.50	7.34	6.64	6.52	7.50	6.22	6.42	5.56	6.20	6.72
加拿大	4.15	3.59	3.15	3.49	3.56	3.10	3.15	3.35	3.38	2.64	3.36
法国	4.27	3.32	3.15	3.02	3.39	3.69	3.07	2.91	2.95	3.01	3.28
西班牙	3.85	3.14	3.43	3.84	3.43	3.02	2.64	3.03	3.30	2.10	3.18
瑞士	2.68	3.14	3.48	2.93	3.73	2.68	3.74	3.03	2.95	3.24	3.16
意大利	2.30	3.18	3.24	2.76	2.96	3.10	2.99	3.03	2.80	3.65	2.99
荷兰	2.89	2.86	3.29	2.67	2.57	3.02	2.13	2.79	3.57	2.42	2.82
澳大利亚	2.39	2.73	2.24	2.41	2.32	2.60	2.99	3.19	3.57	3.06	2.77

续表

国家和地区	2011年	2012年	2013年	2014年	2015年	2016年	2017年	2018年	2019年	2020年	合计
日本	2.26	2.77	2.10	1.85	2.19	1.72	1.65	1.94	1.96	2.19	2.05
韩国	2.43	1.96	1.29	1.81	1.80	2.05	1.97	1.90	1.73	1.64	1.86
瑞典	1.76	2.18	1.62	2.03	1.46	1.93	1.93	1.74	1.57	1.41	1.76
丹麦	1.47	1.64	1.10	1.72	1.63	1.38	1.57	2.14	1.65	1.41	1.58
比利时	1.09	1.00	1.76	1.68	2.10	1.30	0.98	1.53	1.53	1.00	1.40
奥地利	1.34	1.36	1.72	1.60	1.07	1.21	1.22	1.01	0.88	1.05	1.24
新加坡	1.17	1.50	1.14	1.21	0.94	1.21	1.18	1.05	1.19	0.73	1.13
印度	1.21	0.73	0.71	0.99	0.69	0.54	1.26	0.93	1.80	1.96	1.09
伊朗	0.75	0.59	0.67	0.52	0.64	1.13	1.10	1.09	1.00	1.50	0.90

十五 遗传学和遗传性

遗传学和遗传性A、B、C层人才最多的国家是美国，分别占该学科全球A、B、C层人才的15.56%、18.90%、24.06%，显著高于其他国家和地区。

英国、澳大利亚、西班牙、德国、荷兰、加拿大、意大利、瑞士、瑞典的A层人才比较多，世界占比在8%~3%之间；挪威、丹麦、芬兰、比利时、法国、日本、奥地利、中国大陆、冰岛、爱尔兰也有相当数量的A层人才，世界占比超过1%。

英国、德国、加拿大、澳大利亚、中国大陆、荷兰、法国、瑞典、西班牙、意大利的B层人才比较多，世界占比在10%~3%之间；瑞士、日本、丹麦、芬兰、挪威、奥地利、新加坡、韩国、比利时也有相当数量的B层人才，世界占比超过1%。

英国、中国大陆、德国、法国、加拿大、澳大利亚、荷兰、意大利的C层人才比较多，世界占比在10%~3%之间；西班牙、瑞典、日本、瑞士、丹麦、比利时、芬兰、奥地利、挪威、以色列、巴西也有相当数量的C层人才，世界占比超过或接近1%。

表 4-43　遗传学和遗传性 A 层人才排名前 20 的国家和地区的占比

单位：%

国家和地区	2011 年	2012 年	2013 年	2014 年	2015 年	2016 年	2017 年	2018 年	2019 年	2020 年	合计
美国	29.41	17.86	15.00	11.90	7.69	18.75	30.23	6.25	10.20	9.52	15.56
英国	8.82	10.71	7.50	2.38	5.13	10.42	9.30	6.25	8.16	9.52	7.65
澳大利亚	8.82	3.57	2.50	4.76	5.13	4.17	4.65	6.25	4.08	14.29	5.36
西班牙	5.88	7.14	7.50	2.38	5.13	4.17	4.65	4.17	4.08	9.52	5.10
德国	5.88	3.57	5.00	4.76	2.56	4.17	6.98	4.17	6.12	4.76	4.85
荷兰	2.94	3.57	5.00	2.38	5.13	2.08	4.65	6.25	6.12	0.00	4.08
加拿大	2.94	3.57	5.00	2.38	5.13	6.25	4.65	4.17	4.08	4.08	4.08
意大利	2.94	3.57	5.00	4.76	2.56	6.25	0.00	4.17	2.04	4.76	3.57
瑞士	0.00	3.57	5.00	2.38	5.13	2.08	4.65	6.25	4.08	0.00	3.57
瑞典	2.94	0.00	5.00	2.38	0.00	6.25	0.00	2.08	6.12	4.76	3.06
挪威	2.94	0.00	2.50	2.38	0.00	2.08	0.00	6.25	4.08	4.76	2.55
丹麦	2.94	3.57	0.00	2.38	2.56	0.00	4.65	2.08	4.08	4.76	2.55
芬兰	2.94	0.00	2.50	2.38	2.56	6.25	0.00	0.00	4.08	9.52	2.55
比利时	2.94	0.00	5.00	2.38	0.00	0.00	2.33	4.17	4.08	0.00	2.30
法国	2.94	3.57	5.00	2.38	2.56	0.00	2.33	2.08	2.04	0.00	2.30
日本	2.94	3.57	7.50	2.38	0.00	2.08	0.00	4.17	0.00	0.00	2.30
奥地利	0.00	0.00	2.50	2.38	2.56	4.17	0.00	2.08	2.04	4.76	2.04
中国大陆	0.00	7.14	0.00	2.38	2.56	2.08	2.33	2.08	2.04	0.00	2.04
冰岛	0.00	0.00	5.00	2.38	0.00	0.00	0.00	2.08	6.12	0.00	1.79
爱尔兰	2.94	0.00	2.50	2.38	0.00	0.00	2.33	2.08	4.08	0.00	1.79

表 4-44　遗传学和遗传性 B 层人才排名前 20 的国家和地区的占比

单位：%

国家和地区	2011 年	2012 年	2013 年	2014 年	2015 年	2016 年	2017 年	2018 年	2019 年	2020 年	合计
美国	23.12	25.13	17.77	17.17	20.05	21.00	15.27	16.67	15.94	18.71	18.90
英国	10.51	8.81	7.45	9.09	9.31	7.53	8.13	9.39	8.51	11.50	9.06
德国	7.51	5.70	6.02	5.56	4.77	4.57	6.40	5.40	5.62	7.02	5.83
加拿大	4.50	2.85	2.87	3.79	3.82	4.57	5.91	3.29	5.07	5.07	4.24
澳大利亚	3.00	4.15	4.30	3.79	4.06	4.11	3.45	4.93	4.35	4.68	4.13
中国大陆	1.50	3.89	2.01	4.55	3.58	4.34	3.45	4.93	4.89	5.26	3.98
荷兰	4.20	4.66	4.58	3.03	4.30	4.11	3.20	3.29	4.53	2.14	3.77
法国	3.60	4.15	4.01	4.29	2.39	5.48	4.43	3.29	2.36	2.14	3.53
瑞典	2.10	3.11	4.58	4.04	3.58	3.42	3.69	3.52	3.62	2.53	3.41
西班牙	3.90	4.40	3.44	2.78	3.10	3.65	3.20	2.82	2.90	2.73	3.25
意大利	3.60	3.63	3.44	2.27	3.34	2.97	3.94	2.58	3.08	1.75	3.01

续表

国家和地区	2011年	2012年	2013年	2014年	2015年	2016年	2017年	2018年	2019年	2020年	合计
瑞士	1.50	2.33	2.58	2.53	2.63	2.51	1.97	3.99	2.72	3.70	2.70
日本	2.70	1.55	1.72	2.27	2.86	2.05	2.22	1.88	2.36	3.31	2.32
丹麦	2.10	3.11	2.29	2.78	2.39	2.28	1.97	3.29	1.45	1.75	2.30
芬兰	1.80	2.07	3.15	1.52	1.67	2.51	2.46	2.11	2.17	1.17	2.04
挪威	2.40	1.04	2.87	1.52	1.43	2.51	1.48	2.35	1.99	1.56	1.90
奥地利	1.20	1.55	1.43	1.26	1.67	1.60	1.97	1.64	1.63	1.56	1.56
新加坡	0.90	0.52	1.72	1.26	0.95	0.91	1.97	1.88	1.27	1.95	1.35
韩国	0.60	1.81	0.86	2.27	1.91	1.37	0.49	0.94	1.27	1.75	1.35
比利时	1.80	1.55	1.15	0.25	1.67	1.37	1.97	1.17	1.27	0.97	1.30

表4–45 遗传学和遗传性C层人才排名前20的国家和地区的占比

单位：%

国家和地区	2011年	2012年	2013年	2014年	2015年	2016年	2017年	2018年	2019年	2020年	合计
美国	28.13	26.17	24.99	25.55	24.22	23.74	23.13	24.00	21.74	21.08	24.06
英国	9.39	10.03	9.50	9.27	9.34	8.79	9.14	8.85	8.58	8.02	9.04
中国大陆	3.84	3.92	4.68	5.09	5.32	6.18	6.52	8.78	10.05	10.80	6.78
德国	5.97	6.22	6.26	6.04	5.78	6.43	5.79	4.84	5.58	5.66	5.84
法国	5.09	4.90	5.12	4.15	4.62	4.12	4.16	4.23	4.17	4.02	4.42
加拿大	4.45	4.68	5.04	4.05	4.57	3.43	3.76	3.85	3.76	3.42	4.06
澳大利亚	3.44	3.94	4.08	3.87	3.68	3.54	3.76	4.02	3.88	4.00	3.83
荷兰	4.08	4.74	4.06	3.59	3.56	3.56	3.76	3.50	3.50	3.23	3.72
意大利	2.90	3.23	3.10	3.13	3.25	2.80	3.20	2.84	3.19	3.35	3.11
西班牙	2.80	3.12	2.45	3.26	2.62	2.73	2.16	2.49	2.62	2.58	2.68
瑞典	2.19	2.43	2.37	2.80	2.62	2.20	2.69	2.28	2.54	1.81	2.39
日本	2.29	2.46	2.67	2.34	2.05	2.06	2.26	1.55	2.10	1.85	2.14
瑞士	2.13	2.22	2.18	2.27	1.85	2.38	2.46	2.02	2.01	1.72	2.11
丹麦	1.46	1.48	2.48	2.19	2.31	1.94	1.83	2.11	1.66	1.57	1.90
比利时	1.58	1.53	1.77	1.35	1.64	1.41	1.42	1.29	1.38	1.48	1.48
芬兰	1.22	1.24	1.50	1.22	1.28	1.27	1.09	1.29	0.96	0.88	1.18
奥地利	1.43	1.03	1.28	1.17	1.04	1.23	1.12	1.06	1.22	1.25	1.18
挪威	1.13	0.77	1.03	0.99	1.23	0.88	1.55	1.01	0.96	1.08	1.06
以色列	1.13	1.11	0.90	1.02	0.94	1.06	0.79	0.82	1.03	1.18	1.00
巴西	0.91	0.82	0.65	0.79	0.94	1.00	0.84	1.34	1.05	1.23	0.97

十六　数学生物学和计算生物学

数学生物学和计算生物学 A、B、C 层人才最多的国家是美国，分别占该学科全球 A、B、C 层人才的 30.30%、26.20%、27.15%，显著高于其他国家和地区。

德国、英国的 A 层人才虽远不及美国，但相比其他国家和地区，优势显著，世界占比均为 11.36%；澳大利亚、加拿大、中国大陆、瑞士、新加坡的 A 层人才比较多，世界占比在 7%~3% 之间；新西兰、西班牙、瑞典、巴西、法国、中国香港、日本、荷兰、俄罗斯、韩国、希腊、意大利也有相当数量的 A 层人才，世界占比超过或接近 1%。

中国大陆、英国的 B 层人才虽远不及美国，但相比其他国家和地区，优势显著，世界占比分别为 13.34%、10.54%；德国、加拿大、澳大利亚、法国的 B 层人才比较多，世界占比在 6%~3% 之间；荷兰、瑞士、意大利、西班牙、日本、沙特、瑞典、比利时、新加坡、丹麦、土耳其、中国香港、奥地利也有相当数量的 B 层人才，世界占比超过 1%。

中国大陆、英国的 C 层人才虽远不及美国，但相比其他国家和地区，优势显著，世界占比分别为 10.15%、9.03%；德国、法国、加拿大、意大利的 C 层人才比较多，世界占比在 7%~3% 之间；澳大利亚、瑞士、西班牙、荷兰、印度、日本、瑞典、新加坡、丹麦、比利时、以色列、韩国、奥地利也有相当数量的 C 层人才，世界占比超过或接近 1%。

表 4-46　数学生物学和计算生物学 A 层人才排名前 20 的国家和地区的占比

单位：%

国家和地区	2011 年	2012 年	2013 年	2014 年	2015 年	2016 年	2017 年	2018 年	2019 年	2020 年	合计
美国	45.45	33.33	58.33	15.38	23.08	18.18	41.67	28.57	23.53	23.53	30.30
德国	9.09	16.67	8.33	23.08	7.69	27.27	0.00	14.29	11.76	0.00	11.36
英国	27.27	8.33	0.00	15.38	7.69	27.27	16.67	0.00	5.88	11.76	11.36
澳大利亚	0.00	16.67	0.00	23.08	0.00	0.00	16.67	0.00	5.88	5.88	6.82
加拿大	0.00	0.00	0.00	7.69	7.69	0.00	8.33	0.00	0.00	23.53	5.30

续表

国家和地区	2011年	2012年	2013年	2014年	2015年	2016年	2017年	2018年	2019年	2020年	合计
中国大陆	0.00	0.00	0.00	0.00	15.38	0.00	0.00	7.14	11.76	5.88	4.55
瑞士	9.09	0.00	0.00	7.69	7.69	0.00	0.00	7.14	11.76	0.00	4.55
新加坡	0.00	8.33	0.00	0.00	0.00	9.09	0.00	7.14	0.00	5.88	3.03
新西兰	0.00	8.33	0.00	7.69	0.00	0.00	0.00	0.00	5.88	0.00	2.27
西班牙	0.00	0.00	8.33	0.00	0.00	0.00	9.09	8.33	0.00	0.00	2.27
瑞典	0.00	0.00	8.33	0.00	0.00	0.00	9.09	0.00	5.88	0.00	2.27
巴西	0.00	0.00	8.33	0.00	7.69	0.00	0.00	0.00	0.00	0.00	1.52
法国	0.00	0.00	0.00	0.00	0.00	0.00	0.00	7.14	5.88	0.00	1.52
中国香港	0.00	0.00	0.00	0.00	7.69	0.00	0.00	0.00	5.88	0.00	1.52
日本	0.00	0.00	0.00	0.00	0.00	0.00	0.00	0.00	5.88	5.88	1.52
荷兰	9.09	0.00	0.00	0.00	0.00	7.69	0.00	0.00	0.00	0.00	1.52
俄罗斯	0.00	8.33	8.33	0.00	0.00	0.00	0.00	0.00	0.00	0.00	1.52
韩国	0.00	0.00	0.00	0.00	0.00	0.00	8.33	0.00	0.00	5.88	1.52
希腊	0.00	0.00	0.00	0.00	0.00	0.00	0.00	7.14	0.00	0.00	0.76
意大利	0.00	0.00	0.00	0.00	0.00	0.00	0.00	7.14	0.00	0.00	0.76

表4-47 数学生物学和计算生物学B层人才排名前20的国家和地区的占比

单位：%

国家和地区	2011年	2012年	2013年	2014年	2015年	2016年	2017年	2018年	2019年	2020年	合计
美国	34.34	42.20	35.54	25.62	23.08	25.42	21.43	21.43	20.13	19.87	26.20
中国大陆	1.01	10.09	4.13	6.61	7.69	10.17	16.67	15.87	23.27	27.56	13.34
英国	9.09	10.09	14.05	7.44	13.68	15.25	13.49	9.52	9.43	5.13	10.54
德国	10.10	11.93	4.13	7.44	7.69	5.08	4.76	3.97	3.77	1.92	5.75
加拿大	5.05	0.92	5.79	5.79	1.71	2.54	6.35	3.97	3.14	4.49	3.99
澳大利亚	5.05	0.92	4.13	4.96	2.56	1.69	7.14	3.17	1.26	3.85	3.43
法国	6.06	3.67	5.79	5.79	3.42	1.69	0.79	1.59	2.52	1.92	3.19
荷兰	4.04	0.92	1.65	3.31	3.42	2.54	1.59	3.17	3.14	1.92	2.56
瑞士	6.06	1.83	1.65	2.48	1.71	4.24	3.17	1.59	1.26	1.28	2.40
意大利	2.02	2.75	0.83	2.48	3.42	5.08	1.59	1.59	0.63	0.64	2.00
西班牙	1.01	0.92	1.65	0.83	3.42	2.54	3.17	3.17	1.26	1.28	1.92
日本	0.00	0.00	0.83	1.65	2.56	1.69	0.79	1.59	2.52	3.21	1.60
沙特	0.00	0.00	0.00	2.48	1.71	5.08	2.38	1.59	0.63	0.64	1.44
瑞典	0.00	1.83	1.65	2.48	0.85	1.69	1.59	1.59	1.26	0.64	1.36
比利时	4.04	0.92	0.00	0.83	2.56	0.00	0.79	1.59	1.89	0.64	1.28

续表

国家和地区	2011年	2012年	2013年	2014年	2015年	2016年	2017年	2018年	2019年	2020年	合计
新加坡	0.00	0.00	3.31	0.00	0.00	0.00	2.38	3.17	1.26	1.92	1.28
丹麦	2.02	0.92	0.83	3.31	1.71	0.85	0.79	1.59	0.63	0.00	1.20
土耳其	1.01	0.00	0.83	0.00	0.85	0.00	0.79	3.17	3.14	1.28	1.20
中国香港	0.00	1.83	0.00	0.83	3.42	0.85	1.59	0.79	1.26	0.64	1.12
奥地利	3.03	0.00	0.83	1.65	0.85	1.69	0.00	1.59	1.26	0.64	1.12

表4-48 数学生物学和计算生物学C层人才排名前20的国家和地区的占比

单位：%

国家和地区	2011年	2012年	2013年	2014年	2015年	2016年	2017年	2018年	2019年	2020年	合计
美国	33.57	30.58	30.25	29.36	29.88	29.36	25.44	25.06	22.19	20.45	27.15
中国大陆	5.27	5.30	6.60	6.18	8.00	9.64	11.28	14.36	13.13	17.60	10.15
英国	9.33	10.78	11.83	10.15	9.85	8.71	7.84	8.63	7.16	7.31	9.03
德国	6.69	7.06	7.80	6.94	7.91	6.18	5.92	5.06	4.53	4.67	6.17
法国	4.36	5.02	4.28	4.06	4.38	4.82	2.88	3.82	3.02	3.25	3.92
加拿大	4.67	4.28	3.68	4.57	2.44	3.47	3.28	3.49	4.01	3.05	3.66
意大利	2.13	3.44	3.94	3.30	2.78	3.21	2.88	2.41	3.35	3.93	3.17
澳大利亚	2.64	3.07	2.74	2.96	2.10	2.03	3.28	3.40	3.55	3.52	2.97
瑞士	3.25	3.07	2.91	2.71	2.53	1.69	3.36	2.24	2.36	1.83	2.56
西班牙	2.74	2.97	2.06	2.62	3.20	2.37	2.24	2.66	3.22	1.56	2.55
荷兰	3.04	1.77	2.40	3.05	2.02	1.78	1.76	2.57	2.43	1.62	2.22
印度	0.91	1.30	1.29	1.02	2.36	2.03	2.88	2.07	3.15	3.59	2.16
日本	1.72	2.97	1.20	1.44	1.35	1.86	2.16	2.24	2.04	1.83	1.88
瑞典	1.01	1.95	1.71	2.37	1.18	1.78	1.44	1.16	1.12	1.15	1.47
新加坡	0.91	0.84	0.77	0.68	1.01	1.69	1.68	1.16	0.85	1.42	1.11
丹麦	1.22	0.56	1.46	1.61	1.18	0.85	1.28	1.00	0.79	1.02	1.09
比利时	0.91	0.93	1.03	1.27	1.18	1.18	0.72	1.24	1.12	0.68	1.02
以色列	1.22	1.21	1.29	1.35	1.35	0.93	0.80	0.33	1.05	0.41	0.97
韩国	0.81	0.93	0.69	0.68	0.93	0.93	1.12	1.58	1.05	0.81	0.96
奥地利	1.83	0.56	0.77	1.02	0.93	1.35	0.96	0.50	0.46	0.74	0.88

十七 细胞生物学

细胞生物学A、B、C层人才最多的国家是美国，分别占该学科全球A、

B、C层人才的28.59%、36.39%、32.65%，遥遥领先于其他国家和地区。

英国、中国大陆、法国、德国、荷兰的A层人才比较多，世界占比在6%~3%之间；意大利、瑞典、西班牙、澳大利亚、比利时、瑞士、奥地利、加拿大、日本、以色列、芬兰、中国香港、丹麦、匈牙利也有相当数量的A层人才，世界占比超过1%。

英国、中国大陆、德国、荷兰、法国、加拿大、意大利的B层人才比较多，世界占比在8%~3%之间；瑞士、日本、西班牙、澳大利亚、瑞典、以色列、比利时、丹麦、韩国、奥地利、新加坡、芬兰也有相当数量的B层人才，世界占比超过或接近1%。

中国大陆、英国、德国、法国、日本、加拿大、意大利的C层人才比较多，世界占比在10%~3%之间；瑞士、荷兰、澳大利亚、西班牙、瑞典、韩国、比利时、丹麦、以色列、奥地利、新加坡、中国台湾也有相当数量的C层人才，世界占比超过或接近1%。

表4-49 细胞生物学A层人才排名前20的国家和地区的占比

单位：%

国家和地区	2011年	2012年	2013年	2014年	2015年	2016年	2017年	2018年	2019年	2020年	合计
美国	51.92	8.77	47.37	41.38	33.85	8.45	34.21	2.22	33.90	23.61	28.59
英国	13.46	1.75	1.75	8.62	3.08	2.82	5.26	2.22	6.78	9.72	5.56
中国大陆	1.92	1.75	7.02	1.72	1.54	2.82	3.95	2.22	3.39	18.06	4.74
法国	7.69	1.75	5.26	6.90	1.54	4.23	2.63	4.44	10.17	4.17	4.74
德国	3.85	1.75	3.51	3.45	7.69	1.41	7.89	2.22	5.08	6.94	4.58
荷兰	1.92	3.51	3.51	1.72	4.62	1.41	6.58	2.22	3.39	2.78	3.27
意大利	5.77	1.75	3.51	1.72	3.08	1.41	2.63	2.22	3.39	4.17	2.94
瑞典	1.92	1.75	5.26	3.45	3.08	4.23	1.32	2.22	5.08	1.39	2.94
西班牙	0.00	1.75	1.75	3.45	6.15	2.82	2.63	2.22	5.08	1.39	2.78
澳大利亚	0.00	1.75	1.75	5.17	0.00	1.41	2.22	2.22	1.69	4.17	2.12
比利时	3.85	1.75	0.00	1.72	3.08	1.41	1.32	2.22	5.08	0.00	1.96
瑞士	1.92	1.75	1.75	1.72	3.08	1.41	1.32	2.22	1.69	2.78	1.96
奥地利	0.00	1.75	0.00	1.72	1.54	1.41	2.63	2.22	1.69	4.17	1.80
加拿大	0.00	1.75	5.26	1.72	0.00	1.41	2.63	2.22	1.69	1.39	1.80
日本	5.77	1.75	0.00	3.45	0.00	1.41	2.63	2.22	1.69	0.00	1.80

续表

国家和地区	2011年	2012年	2013年	2014年	2015年	2016年	2017年	2018年	2019年	2020年	合计
以色列	0.00	1.75	0.00	1.72	3.08	1.41	2.63	2.22	1.69	1.39	1.63
芬兰	0.00	1.75	1.75	0.00	1.54	1.41	2.63	2.22	1.69	1.39	1.47
中国香港	0.00	1.75	0.00	0.00	1.54	1.41	0.00	0.00	0.00	6.94	1.31
丹麦	0.00	1.75	1.75	0.00	1.54	2.82	1.32	2.22	0.00	0.00	1.14
匈牙利	0.00	1.75	1.75	1.72	1.54	1.41	1.32	2.22	0.00	0.00	1.14

表 4–50 细胞生物学 B 层人才排名前 20 的国家和地区的占比

单位：%

国家和地区	2011年	2012年	2013年	2014年	2015年	2016年	2017年	2018年	2019年	2020年	合计
美国	45.03	39.61	39.26	41.02	36.06	36.59	36.36	33.33	33.27	26.89	36.39
英国	7.61	9.13	8.98	7.94	6.68	6.36	6.93	8.97	6.26	8.81	7.71
中国大陆	2.96	4.08	5.47	4.35	6.18	6.20	5.34	7.51	8.59	15.15	6.77
德国	7.61	5.83	3.91	8.32	6.01	6.51	6.93	6.96	7.87	5.41	6.52
荷兰	2.96	4.85	4.69	3.97	3.67	4.19	3.03	3.11	4.11	3.09	3.74
法国	4.02	1.94	4.69	3.59	3.17	3.10	4.04	2.56	3.22	3.71	3.41
加拿大	2.54	4.08	3.32	2.65	2.84	3.41	3.75	2.75	3.40	3.71	3.27
意大利	2.96	2.91	4.49	3.02	2.67	3.41	3.03	2.56	2.86	3.09	3.10
瑞士	3.59	2.72	1.37	2.46	2.84	3.10	2.74	3.66	3.94	2.94	2.94
日本	3.81	2.72	3.91	4.54	2.00	1.71	2.60	1.65	1.97	2.94	2.73
西班牙	3.17	2.33	2.54	1.51	2.34	1.86	3.32	2.56	2.68	2.32	2.47
澳大利亚	1.48	1.75	1.17	2.27	3.51	2.17	2.89	2.01	1.97	3.40	2.33
瑞典	1.48	1.36	1.95	2.46	2.84	2.48	2.02	2.75	2.15	2.63	2.24
以色列	1.27	0.78	1.56	0.95	3.01	2.33	1.88	1.28	2.33	1.70	1.75
比利时	1.27	2.52	0.59	1.51	2.17	1.09	1.30	2.20	1.43	1.24	1.52
丹麦	1.27	0.78	1.56	1.70	2.50	1.86	1.30	1.47	0.89	1.24	1.47
韩国	0.63	1.17	1.95	0.95	1.00	1.55	1.01	0.92	0.89	1.24	1.14
奥地利	0.42	0.78	1.56	0.19	1.34	1.09	1.01	1.47	1.61	0.46	1.00
新加坡	0.63	0.97	0.59	1.13	1.17	1.09	0.58	1.10	1.43	0.46	0.91
芬兰	1.06	1.17	1.17	0.38	0.17	0.93	0.43	0.37	0.54	0.31	0.63

表 4-51　细胞生物学 C 层人才排名前 20 的国家和地区的占比

单位：%

国家和地区	2011年	2012年	2013年	2014年	2015年	2016年	2017年	2018年	2019年	2020年	合计
美国	39.05	37.19	36.38	36.78	34.23	32.02	30.68	30.47	27.04	25.78	32.65
中国大陆	3.91	5.17	6.28	7.16	8.03	9.25	13.77	12.32	14.22	14.67	9.78
英国	8.19	8.31	7.90	7.80	8.50	8.46	7.90	7.90	7.53	7.00	7.94
德国	7.68	8.33	7.79	7.42	6.83	7.35	7.25	7.14	6.68	6.45	7.26
法国	4.67	4.29	4.26	4.52	4.76	3.92	4.15	3.66	3.66	3.74	4.15
日本	4.93	4.55	3.89	3.68	3.12	3.34	3.38	3.02	2.75	2.70	3.49
加拿大	3.76	3.61	2.91	3.19	3.65	3.62	3.06	3.17	2.90	2.92	3.27
意大利	2.77	3.12	3.17	3.11	3.46	3.30	3.03	3.34	3.22	3.55	3.22
瑞士	2.43	2.61	2.88	2.73	2.62	2.84	2.64	2.85	2.90	2.44	2.69
荷兰	2.58	3.02	2.99	2.51	2.35	2.77	2.15	2.45	2.61	2.85	2.61
澳大利亚	1.94	1.98	2.50	2.39	2.37	2.30	2.51	2.47	2.64	2.50	2.37
西班牙	2.35	2.51	2.21	2.37	2.10	2.35	2.18	2.56	2.34	2.50	2.34
瑞典	1.32	1.51	1.39	1.69	1.52	2.01	1.51	1.94	2.37	1.54	1.68
韩国	1.17	1.23	1.43	1.40	1.33	1.48	1.23	1.35	1.39	1.24	1.33
比利时	1.71	1.45	1.29	1.33	1.25	1.38	1.22	1.23	1.14	1.30	1.32
丹麦	0.81	0.98	1.51	1.35	1.18	1.24	1.02	1.16	1.20	1.34	1.18
以色列	1.32	0.94	1.08	1.16	1.40	1.04	1.00	1.06	1.00	0.85	1.08
奥地利	0.85	0.90	0.98	1.12	0.85	0.96	1.09	0.97	1.07	1.16	1.00
新加坡	0.98	1.23	1.33	0.70	1.10	1.06	0.93	0.85	0.82	0.99	1.00
中国台湾	0.60	0.53	0.65	0.65	0.67	0.62	0.64	0.57	0.69	0.64	0.63

十八　免疫学

免疫学 A、B、C 层人才最多的国家是美国，分别占该学科全球 A、B、C 层人才的 31.77%、30.06%、28.35%，遥遥领先于其他国家和地区。

英国、德国、法国、中国大陆、荷兰、日本、澳大利亚、意大利的 A 层人才比较多，世界占比在 8%~3% 之间；加拿大、瑞士、西班牙、比利时、新加坡、巴西、瑞典、奥地利、爱尔兰、丹麦、以色列也有相当数量的 A 层人才，世界占比超过 1%。

英国、德国、中国大陆、法国、意大利、澳大利亚、荷兰、瑞士、加拿大的B层人才比较多,世界占比在8%~3%之间;日本、西班牙、比利时、瑞典、丹麦、以色列、爱尔兰、新加坡、奥地利、巴西也有相当数量的B层人才,世界占比超过或接近1%。

英国、德国、中国大陆、法国、意大利、澳大利亚、荷兰、加拿大、瑞士的C层人才比较多,世界占比在8%~3%之间;日本、西班牙、瑞典、比利时、丹麦、巴西、奥地利、韩国、南非、印度也有相当数量的C层人才,世界占比超过或接近1%。

表4-52 免疫学A层人才排名前20的国家和地区的占比

单位:%

国家和地区	2011年	2012年	2013年	2014年	2015年	2016年	2017年	2018年	2019年	2020年	合计
美国	47.83	46.43	27.45	31.58	27.27	37.10	47.22	21.43	26.76	15.63	31.77
英国	2.17	10.71	5.88	7.02	10.91	4.84	5.56	8.93	5.63	7.81	7.04
德国	2.17	7.14	7.84	10.53	7.27	9.68	2.78	7.14	4.23	6.25	6.68
法国	6.52	7.14	7.84	7.02	1.82	3.23	2.78	1.79	1.41	6.25	4.51
中国大陆	0.00	1.79	0.00	0.00	3.64	4.84	0.00	1.79	1.41	23.44	4.15
荷兰	0.00	3.57	3.92	5.26	5.45	1.61	8.33	5.36	2.82	3.13	3.79
日本	8.70	1.79	7.84	3.51	1.82	3.23	0.00	3.57	4.23	1.56	3.61
澳大利亚	4.35	3.57	3.92	3.51	1.82	6.45	0.00	1.79	2.82	1.56	3.07
意大利	6.52	1.79	0.00	5.26	0.00	3.23	2.78	1.79	4.23	4.69	3.07
加拿大	4.35	1.79	1.96	1.75	5.45	1.61	0.00	7.14	1.41	3.13	2.89
瑞士	4.35	5.36	0.00	3.51	1.82	4.84	2.78	1.79	2.82	0.00	2.71
西班牙	2.17	1.79	1.96	0.00	1.82	1.61	2.78	7.14	2.82	1.56	2.35
比利时	0.00	0.00	3.92	3.51	1.82	1.61	0.00	1.79	2.82	1.56	1.81
新加坡	0.00	0.00	0.00	5.26	0.00	1.61	0.00	1.79	4.23	3.13	1.81
巴西	0.00	0.00	0.00	0.00	5.45	3.23	2.78	3.57	1.41	0.00	1.62
瑞典	4.35	0.00	1.96	0.00	0.00	1.61	5.56	0.00	1.41	1.56	1.44
奥地利	0.00	1.79	1.96	0.00	3.64	0.00	2.78	1.79	1.41	0.00	1.26
爱尔兰	0.00	0.00	0.00	1.75	0.00	4.84	2.78	0.00	1.41	1.56	1.26
丹麦	0.00	0.00	0.00	0.00	3.64	0.00	1.79	2.82	3.13	1.26	1.26
以色列	2.17	0.00	1.96	3.51	0.00	1.61	0.00	1.79	0.00	1.56	1.26

表4-53 免疫学B层人才排名前20的国家和地区的占比

单位：%

国家和地区	2011年	2012年	2013年	2014年	2015年	2016年	2017年	2018年	2019年	2020年	合计
美国	36.45	30.87	37.34	30.88	31.66	25.78	29.40	28.60	28.69	25.00	30.06
英国	10.02	7.57	9.92	10.48	9.43	6.27	7.44	5.92	6.41	4.97	7.65
德国	7.74	6.80	6.75	6.80	7.13	7.49	7.44	7.28	6.57	4.97	6.84
中国大陆	0.91	0.78	2.53	2.02	1.26	3.48	2.90	5.08	5.77	19.73	4.95
法国	2.96	4.27	4.43	5.70	6.29	4.01	3.63	4.40	3.53	3.61	4.25
意大利	3.64	3.50	2.53	3.31	2.10	3.31	3.09	4.57	4.01	4.07	3.47
澳大利亚	2.73	3.69	3.38	3.49	6.50	2.79	2.36	4.23	3.21	2.41	3.43
荷兰	3.87	3.50	3.59	3.31	2.31	4.36	3.99	3.21	2.72	1.96	3.25
瑞士	4.78	2.91	3.80	2.94	2.94	3.48	3.81	3.89	1.76	2.71	3.25
加拿大	4.33	2.52	3.59	3.49	3.56	2.09	2.90	3.05	3.37	3.61	3.23
日本	2.05	2.52	2.95	2.94	4.40	2.44	2.90	2.37	3.69	1.51	2.75
西班牙	1.37	1.94	1.27	2.21	1.26	2.44	2.00	1.69	1.60	2.26	1.83
比利时	2.05	1.94	1.27	1.84	1.47	1.57	2.36	1.86	2.24	1.36	1.80
瑞典	1.14	2.52	1.90	2.02	1.05	2.44	2.36	0.68	0.96	0.60	1.54
丹麦	1.14	1.36	1.69	1.65	0.21	1.74	2.18	1.69	0.32	0.60	1.25
以色列	0.91	0.97	0.84	1.47	1.89	0.87	1.45	1.02	1.76	1.20	1.25
爱尔兰	0.68	1.55	1.27	1.29	1.05	1.22	2.00	1.02	1.12	0.45	1.16
新加坡	0.91	1.75	1.48	0.74	1.26	0.87	0.73	0.85	1.12	1.36	1.10
奥地利	0.91	1.36	1.05	0.92	1.47	1.92	1.27	0.68	0.96	0.30	1.06
巴西	0.23	1.17	0.21	1.65	0.84	0.87	1.09	0.85	0.48	0.60	0.81

表4-54 免疫学C层人才排名前20的国家和地区的占比

单位：%

国家和地区	2011年	2012年	2013年	2014年	2015年	2016年	2017年	2018年	2019年	2020年	合计
美国	34.98	33.39	31.92	30.78	29.40	28.39	27.05	25.82	23.37	22.23	28.35
英国	7.94	7.85	8.25	8.17	7.41	7.54	7.74	7.52	6.69	6.45	7.51
德国	5.92	6.64	6.36	5.86	6.67	6.16	5.75	6.32	6.61	5.81	6.21
中国大陆	3.08	3.54	3.90	4.52	4.78	5.88	6.95	7.55	7.35	9.47	5.88
法国	4.75	4.25	4.51	4.69	4.34	4.19	4.32	4.15	4.83	4.09	4.41
意大利	3.44	3.88	3.92	3.71	3.94	3.62	4.02	4.36	3.95	5.14	4.03
澳大利亚	3.33	3.25	3.77	3.48	3.30	3.04	3.37	3.74	3.04	3.24	3.34
荷兰	3.47	3.17	3.68	3.58	3.52	3.23	3.37	3.51	2.96	3.04	3.33
加拿大	3.31	3.62	3.22	2.99	2.94	3.36	3.42	2.98	3.27	2.72	3.17
瑞士	3.26	3.17	2.82	2.77	2.94	3.51	3.27	2.94	2.90	2.72	3.02

续表

国家和地区	2011年	2012年	2013年	2014年	2015年	2016年	2017年	2018年	2019年	2020年	合计
日本	3.67	3.23	3.10	3.32	2.92	2.91	2.53	2.76	2.36	2.31	2.87
西班牙	2.34	2.23	2.27	2.26	2.34	2.35	2.67	2.62	2.72	2.60	2.45
瑞典	2.04	1.84	1.75	1.64	2.18	1.87	1.90	2.03	2.24	1.78	1.93
比利时	1.58	1.43	1.45	1.47	1.44	1.61	1.97	1.60	2.01	1.67	1.64
丹麦	0.85	1.15	1.12	1.07	1.46	1.27	1.26	1.03	1.39	1.08	1.18
巴西	0.73	0.88	0.84	1.19	1.20	1.45	1.35	1.26	1.21	1.24	1.15
奥地利	1.08	0.96	0.97	0.96	0.98	1.47	1.06	1.34	1.18	1.31	1.14
韩国	0.92	0.92	0.95	1.21	1.04	1.06	1.03	1.07	1.02	1.15	1.04
南非	0.87	1.14	1.33	1.11	1.12	0.99	0.97	1.14	0.91	0.80	1.03
印度	0.83	0.92	0.91	0.90	0.56	1.06	0.81	1.09	0.88	1.55	0.97

十九 神经科学

神经科学A、B、C层人才最多的国家是美国，分别占该学科全球A、B、C层人才的30.62%、33.18%、31.16%，遥遥领先于其他国家和地区。

英国、德国的A层人才虽远不及美国，但相比其他国家和地区，优势显著，世界占比分别为10.17%、8.36%；加拿大、荷兰、意大利、瑞士、法国、中国大陆、瑞典的A层人才比较多，世界占比在5%～3%之间；澳大利亚、西班牙、日本、比利时、丹麦、奥地利、新加坡、爱尔兰、挪威、芬兰也有相当数量的A层人才，世界占比超过1%。

英国、德国的B层人才虽远不及美国，但相比其他国家和地区，优势显著，世界占比分别为10.56%、7.38%；加拿大、荷兰、法国、中国大陆、澳大利亚、意大利、瑞士的B层人才比较多，世界占比在5%～3%之间；西班牙、瑞典、日本、比利时、丹麦、奥地利、爱尔兰、挪威、以色列、韩国也有相当数量的B层人才，世界占比超过或接近1%。

英国、德国的C层人才虽远不及美国，但相比其他国家和地区，优势显著，世界占比分别为9.39%、7.62%；中国大陆、加拿大、意大利、法国、荷兰、澳大利亚的C层人才比较多，世界占比在6%～3%之间；瑞士、西班牙、日本、瑞典、比利时、丹麦、韩国、巴西、以色列、奥地利、挪威也有相当数量的C层人才，世界占比超过或接近1%。

表4-55 神经科学A层人才排名前20的国家和地区的占比

单位：%

国家和地区	2011年	2012年	2013年	2014年	2015年	2016年	2017年	2018年	2019年	2020年	合计
美国	27.78	46.05	46.15	36.25	31.40	34.44	23.76	29.47	24.04	15.53	30.62
英国	6.94	15.79	15.38	12.50	6.98	6.67	12.87	5.26	15.38	4.85	10.17
德国	8.33	9.21	7.69	6.25	9.30	10.00	8.91	6.32	10.58	6.80	8.36
加拿大	11.11	5.26	3.85	2.50	5.81	2.22	3.96	5.26	1.92	5.83	4.63
荷兰	9.72	5.26	2.56	3.75	4.65	5.56	4.95	2.11	3.85	2.91	4.41
意大利	6.94	2.63	1.28	3.75	3.49	3.33	2.97	3.16	2.88	8.74	3.95
瑞士	2.78	2.63	2.56	3.75	5.81	3.33	5.94	5.26	1.92	0.97	3.50
法国	2.78	2.63	1.28	2.50	3.49	4.44	3.96	6.32	3.85	2.91	3.50
中国大陆	1.39	0.00	3.85	0.00	3.49	5.56	0.99	6.32	0.96	9.71	3.39
瑞典	4.17	2.63	1.28	1.25	3.49	4.44	2.97	4.21	5.77	0.97	3.16
澳大利亚	1.39	0.00	0.00	1.25	3.49	4.44	3.96	2.11	6.73	2.91	2.82
西班牙	2.78	0.00	1.28	3.75	0.00	3.33	2.97	2.11	0.96	2.91	2.03
日本	1.39	1.32	0.00	2.50	1.16	0.00	0.99	5.26	1.92	3.88	1.92
比利时	0.00	1.32	1.28	2.50	2.33	0.00	2.97	0.00	3.85	2.91	1.81
丹麦	1.39	0.00	0.00	2.50	3.49	1.11	1.98	0.00	1.92	1.94	1.47
奥地利	0.00	2.63	1.28	2.50	0.00	0.00	0.00	2.11	1.92	2.91	1.36
新加坡	1.39	0.00	0.00	0.00	1.16	0.00	0.00	4.21	0.96	3.88	1.24
爱尔兰	2.78	1.32	1.28	1.25	2.33	2.22	0.99	0.00	0.00	0.00	1.13
挪威	0.00	0.00	2.56	2.50	1.16	0.00	1.98	0.00	2.88	0.00	1.13
芬兰	1.39	0.00	1.28	2.50	1.16	0.00	0.99	1.05	0.00	1.94	1.02

表4-56 神经科学B层人才排名前20的国家和地区的占比

单位：%

国家和地区	2011年	2012年	2013年	2014年	2015年	2016年	2017年	2018年	2019年	2020年	合计
美国	40.65	38.74	39.23	37.93	32.86	31.00	33.22	30.98	28.84	23.75	33.18
英国	11.13	11.26	10.70	11.54	8.95	12.42	11.18	9.42	10.45	8.86	10.56
德国	7.73	8.48	7.42	6.76	7.67	7.96	7.02	7.89	7.24	6.02	7.38
加拿大	5.87	4.09	4.99	4.11	4.35	4.70	4.71	4.36	5.83	5.45	4.87
荷兰	3.55	4.53	4.28	4.11	4.35	3.74	4.61	4.48	3.12	3.86	4.05
法国	3.86	3.22	4.14	4.11	4.35	4.10	3.29	2.71	3.62	4.20	3.75
中国大陆	1.24	1.17	3.14	3.71	2.94	2.77	2.74	5.06	4.02	6.59	3.46

续表

国家和地区	2011年	2012年	2013年	2014年	2015年	2016年	2017年	2018年	2019年	2020年	合计
澳大利亚	2.78	2.34	3.28	2.79	3.20	3.38	3.40	4.59	4.12	3.86	3.44
意大利	2.78	3.51	2.43	2.79	2.69	3.38	3.62	2.59	3.82	4.20	3.22
瑞士	2.94	3.80	3.14	3.32	3.32	3.50	2.85	3.42	3.42	2.39	3.20
西班牙	2.01	3.07	2.00	1.59	3.71	2.17	1.64	2.24	1.51	3.30	2.30
瑞典	0.77	2.49	0.71	1.72	1.92	2.65	1.75	2.94	2.61	2.50	2.07
日本	1.24	1.02	2.28	2.39	2.30	1.57	2.41	1.65	1.41	1.93	1.83
比利时	1.85	0.88	1.28	0.93	0.77	1.69	1.86	1.41	1.81	1.25	1.39
丹麦	0.77	1.32	0.57	0.40	1.66	1.33	1.86	1.18	2.21	1.82	1.37
奥地利	0.93	1.17	1.28	0.80	1.15	1.57	1.21	1.06	1.11	1.36	1.17
爱尔兰	0.77	0.73	0.43	1.06	1.02	1.45	1.64	0.94	0.80	0.91	1.00
挪威	1.08	0.58	0.43	0.80	1.02	0.72	0.88	2.00	1.31	0.80	0.98
以色列	1.24	0.73	0.86	0.80	1.53	1.57	0.99	0.35	0.70	1.02	0.97
韩国	0.77	1.02	0.57	0.40	0.90	0.60	1.32	1.06	1.11	0.80	0.87

表4-57 神经科学C层人才排名前20的国家和地区的占比

单位：%

国家和地区	2011年	2012年	2013年	2014年	2015年	2016年	2017年	2018年	2019年	2020年	合计
美国	37.65	35.99	34.48	33.07	33.16	31.05	29.64	29.48	26.55	25.25	31.16
英国	9.73	9.95	9.86	8.86	9.65	9.44	9.09	9.75	9.04	8.89	9.39
德国	8.53	8.30	8.07	7.79	7.93	7.96	7.40	6.78	7.49	6.57	7.62
中国大陆	2.74	3.26	3.27	4.51	4.79	5.16	6.56	6.83	7.51	6.76	5.34
加拿大	4.77	4.94	5.03	5.19	4.83	4.76	5.07	5.00	4.76	5.11	4.95
意大利	4.04	4.22	3.93	4.16	4.05	3.87	3.91	4.21	4.50	5.05	4.22
法国	4.23	3.89	3.66	4.03	3.64	3.61	3.68	3.49	3.41	3.61	3.70
荷兰	3.89	4.30	3.69	3.88	3.46	3.50	3.42	3.27	3.66	3.33	3.61
澳大利亚	2.80	2.60	3.37	3.48	3.42	3.67	3.39	3.58	3.75	3.70	3.41
瑞士	2.61	2.43	2.80	2.67	2.81	2.58	2.59	2.41	2.47	2.56	2.59
西班牙	1.88	2.56	2.44	2.70	2.11	2.42	2.45	2.47	2.50	2.98	2.47
日本	2.72	2.69	2.79	2.22	2.52	2.42	2.50	2.09	2.15	2.11	2.40
瑞典	1.85	1.56	1.76	1.73	1.59	1.89	2.01	1.58	1.88	1.92	1.79
比利时	1.52	1.29	1.57	1.50	1.17	1.46	1.32	1.40	1.56	1.54	1.43
丹麦	0.65	1.04	0.91	1.03	1.27	1.28	1.38	1.29	1.41	1.48	1.20
韩国	0.70	0.99	1.09	1.12	1.07	1.41	1.20	1.20	1.22	0.90	1.10
巴西	0.64	0.79	0.84	0.98	0.78	1.11	1.19	1.34	1.19	1.32	1.04
以色列	1.10	0.95	1.11	1.04	1.07	0.95	0.90	0.89	0.90	0.82	0.96
奥地利	0.95	0.77	0.74	1.17	0.96	0.82	1.00	0.82	1.06	1.09	0.95
挪威	0.64	0.66	0.59	0.65	0.59	0.69	0.81	0.57	0.73	0.90	0.69

二十 心理学

心理学 A、B、C 层人才最多的国家是美国,分别占该学科全球 A、B、C 层人才的 40.71%、33.92%、34.94%,遥遥领先于其他国家和地区。

英国的 A 层人才虽远不及美国,但相比其他国家和地区,优势显著,世界占比为 15.71%;加拿大、澳大利亚、荷兰、德国、意大利的 A 层人才比较多,世界占比在 8%~3% 之间;中国大陆、新西兰、巴西、丹麦、西班牙、瑞士、芬兰、法国、中国香港、印度、爱尔兰、以色列、日本也有相当数量的 A 层人才,世界占比超过或接近 1%。

英国的 B 层人才虽远不及美国,但相比其他国家和地区,优势显著,世界占比为 12.50%;德国、荷兰、澳大利亚、加拿大的 B 层人才比较多,世界占比在 7%~5% 之间;比利时、意大利、瑞士、西班牙、以色列、中国大陆、法国、瑞典、爱尔兰、新西兰、巴西、日本、挪威、中国香港也有相当数量的 B 层人才,世界占比超过或接近 1%。

英国的 C 层人才虽远不及美国,但相比其他国家和地区,优势显著,世界占比为 12.81%;德国、澳大利亚、加拿大、荷兰的 C 层人才比较多,世界占比在 7%~5% 之间;意大利、西班牙、瑞士、比利时、法国、瑞典、中国大陆、以色列、丹麦、挪威、爱尔兰、奥地利、芬兰、日本也有相当数量的 C 层人才,世界占比超过或接近 1%。

表 4-58 心理学 A 层人才排名前 20 的国家和地区的占比

单位:%

国家和地区	2011 年	2012 年	2013 年	2014 年	2015 年	2016 年	2017 年	2018 年	2019 年	2020 年	合计
美国	45.45	60.00	43.75	41.18	37.50	62.50	53.33	40.00	27.78	14.29	40.71
英国	18.18	30.00	12.50	23.53	25.00	12.50	6.67	6.67	22.22	0.00	15.71
加拿大	9.09	10.00	6.25	5.88	6.25	25.00	6.67	0.00	5.56	14.29	7.86
澳大利亚	0.00	0.00	0.00	5.88	6.25	0.00	6.67	0.00	11.11	14.29	5.00
荷兰	0.00	0.00	12.50	11.76	0.00	0.00	0.00	13.33	5.56	0.00	5.00
德国	9.09	0.00	0.00	0.00	0.00	6.25	6.67	6.67	0.00	7.14	3.57
意大利	9.09	0.00	0.00	0.00	0.00	0.00	6.67	0.00	5.56	14.29	3.57

续表

国家和地区	2011年	2012年	2013年	2014年	2015年	2016年	2017年	2018年	2019年	2020年	合计
中国大陆	0.00	0.00	6.25	0.00	6.25	0.00	0.00	0.00	0.00	14.29	2.86
新西兰	0.00	0.00	6.25	5.88	0.00	0.00	6.67	0.00	0.00	0.00	2.14
巴西	0.00	0.00	0.00	0.00	0.00	0.00	0.00	0.00	11.11	0.00	1.43
丹麦	0.00	0.00	0.00	0.00	0.00	6.25	0.00	6.67	0.00	0.00	1.43
西班牙	0.00	0.00	0.00	0.00	0.00	0.00	0.00	6.67	5.56	0.00	1.43
瑞士	0.00	0.00	6.25	0.00	0.00	0.00	0.00	6.67	0.00	0.00	1.43
芬兰	0.00	0.00	0.00	0.00	0.00	0.00	0.00	6.67	0.00	0.00	0.71
法国	9.09	0.00	0.00	0.00	0.00	0.00	0.00	0.00	0.00	0.00	0.71
中国香港	0.00	0.00	0.00	0.00	0.00	0.00	6.67	0.00	0.00	0.00	0.71
印度	0.00	0.00	0.00	6.25	0.00	0.00	0.00	0.00	0.00	0.00	0.71
爱尔兰	0.00	0.00	0.00	0.00	0.00	0.00	6.67	0.00	0.00	0.00	0.71
以色列	0.00	0.00	0.00	0.00	6.25	0.00	0.00	0.00	0.00	0.00	0.71
日本	0.00	0.00	0.00	0.00	0.00	0.00	0.00	0.00	0.00	7.14	0.71

表4-59 心理学B层人才排名前20的国家和地区的占比

单位：%

国家和地区	2011年	2012年	2013年	2014年	2015年	2016年	2017年	2018年	2019年	2020年	合计
美国	49.14	40.00	31.29	32.68	43.36	25.47	34.21	24.09	34.97	28.03	33.92
英国	12.07	19.17	12.93	9.80	11.89	11.80	12.50	12.41	12.27	11.36	12.50
德国	3.45	6.67	12.24	5.88	1.40	5.59	4.61	10.22	8.59	6.06	6.53
荷兰	4.31	4.17	4.76	5.88	9.09	8.70	3.95	6.57	5.52	6.82	6.04
澳大利亚	2.59	4.17	6.80	3.27	6.29	6.21	5.92	6.57	4.91	7.58	5.48
加拿大	11.21	4.17	5.44	3.92	4.90	4.35	7.89	4.38	3.68	3.79	5.27
比利时	0.86	3.33	2.04	3.27	3.50	2.48	0.66	4.38	3.07	2.27	2.60
意大利	0.86	0.00	1.36	2.61	0.70	4.97	2.63	2.92	0.61	6.06	2.32
瑞士	1.72	0.83	2.04	0.65	0.70	3.11	0.66	5.11	3.07	0.00	1.83
西班牙	0.00	1.67	2.72	3.27	1.40	1.86	2.63	1.46	1.23	1.52	1.83
以色列	2.59	1.67	2.04	2.61	0.70	0.62	0.00	1.46	1.84	2.27	1.54
中国大陆	0.00	0.83	0.68	2.61	1.40	0.62	1.32	1.46	2.45	2.27	1.40
法国	0.00	2.50	2.72	1.96	0.70	1.24	1.32	1.46	0.61	1.52	1.40
瑞典	0.00	2.50	1.36	0.65	1.40	1.24	1.32	0.73	1.84	0.76	1.19
爱尔兰	0.86	0.83	0.68	0.65	0.70	1.86	1.32	0.73	1.23	2.27	1.12
新西兰	0.00	0.83	2.04	1.31	0.00	1.86	1.32	0.73	1.84	0.76	1.12

续表

国家和地区	2011年	2012年	2013年	2014年	2015年	2016年	2017年	2018年	2019年	2020年	合计
巴西	0.86	0.00	0.68	1.31	0.70	1.86	1.32	0.73	1.23	1.52	1.05
日本	0.86	0.83	0.00	1.31	0.00	1.24	1.32	1.46	1.23	1.52	0.98
挪威	0.00	2.50	0.68	0.00	0.70	1.24	1.32	0.73	1.23	0.00	0.84
中国香港	0.00	0.00	0.00	0.65	1.40	0.62	1.32	0.73	0.61	2.27	0.77

表 4−60 心理学 C 层人才排名前 20 的国家和地区的占比

单位：%

国家和地区	2011年	2012年	2013年	2014年	2015年	2016年	2017年	2018年	2019年	2020年	合计
美国	39.69	38.92	37.01	33.66	36.00	34.74	34.65	32.12	33.13	31.01	34.94
英国	13.72	13.57	12.92	12.49	12.43	12.14	13.78	13.18	12.94	11.18	12.81
德国	8.04	7.65	7.44	7.89	7.64	6.87	6.48	6.05	6.57	5.18	6.96
澳大利亚	5.77	5.58	5.89	4.93	6.43	5.55	7.30	6.91	6.71	6.59	6.18
加拿大	6.03	6.01	6.63	6.64	5.21	5.76	5.59	6.27	5.84	6.81	6.08
荷兰	5.42	5.84	5.14	5.46	5.50	5.48	5.53	5.06	5.90	4.89	5.42
意大利	2.27	1.80	2.71	3.22	2.93	2.64	2.18	2.99	2.88	2.66	2.65
西班牙	1.14	1.63	1.56	1.71	1.50	2.43	2.25	2.07	2.15	2.07	1.87
瑞士	1.22	0.95	2.17	2.89	2.00	1.32	1.71	2.35	1.54	1.85	1.83
比利时	2.01	1.46	1.83	1.91	1.79	2.08	1.71	1.85	1.54	1.92	1.81
法国	1.66	1.80	2.03	1.97	2.14	2.15	1.43	1.78	1.54	1.11	1.77
瑞典	2.10	1.20	1.08	2.04	1.64	1.73	1.84	1.99	1.74	2.15	1.75
中国大陆	0.96	0.86	1.35	1.12	1.36	1.73	1.91	2.14	2.21	3.18	1.70
以色列	0.79	1.03	1.08	1.38	1.57	1.18	0.89	1.21	1.48	1.33	1.20
丹麦	0.44	1.12	0.54	0.72	0.86	1.46	1.09	0.85	1.27	0.96	0.94
挪威	0.96	1.03	0.41	0.59	0.64	0.49	1.02	1.28	1.01	1.11	0.84
爱尔兰	0.70	0.86	0.54	0.85	0.64	0.62	0.48	0.43	0.74	2.07	0.79
奥地利	0.87	0.60	0.81	1.45	0.71	0.62	0.68	0.50	0.74	0.59	0.76
芬兰	0.79	0.60	0.47	0.92	0.57	0.76	0.68	0.78	0.67	0.96	0.72
日本	0.44	0.34	0.54	0.53	1.07	0.76	0.61	0.85	1.14	0.81	0.72

二十一 应用心理学

应用心理学 A、B、C 层人才最多的国家是美国，分别占该学科全球 A、B、C 层人才的 52.24%、41.49%、35.61%，遥遥领先于其他国家和地区。

荷兰、英国、澳大利亚的 A 层人才比较多，世界占比在 9%~5% 之间；法国、以色列、新西兰、南非、比利时、加拿大、德国、意大利、挪威、葡萄牙、斯洛文尼亚、西班牙也有相当数量的 A 层人才，世界占比超过 1%。

英国、澳大利亚、荷兰、加拿大、德国的 B 层人才比较多，世界占比在 9%~4% 之间；中国香港、中国大陆、法国、瑞士、比利时、新加坡、挪威、芬兰、西班牙、瑞典、意大利、爱尔兰、韩国、以色列也有相当数量的 B 层人才，世界占比超过或接近 1%。

英国、荷兰、澳大利亚、加拿大、德国、中国大陆的 C 层人才比较多，世界占比在 10%~3% 之间；中国香港、瑞士、比利时、西班牙、法国、意大利、新加坡、韩国、瑞典、以色列、挪威、芬兰、丹麦也有相当数量的 C 层人才，世界占比超过或接近 1%。

表 4-61　应用心理学 A 层人才的国家和地区的占比

单位：%

国家和地区	2011 年	2012 年	2013 年	2014 年	2015 年	2016 年	2017 年	2018 年	2019 年	2020 年	合计
美国	83.33	57.14	85.71	33.33	50.00	75.00	33.33	28.57	22.22	50.00	52.24
荷兰	0.00	28.57	14.29	0.00	16.67	0.00	16.67	0.00	11.11	0.00	8.96
英国	0.00	0.00	0.00	66.67	0.00	0.00	0.00	28.57	22.22	0.00	8.96
澳大利亚	0.00	14.29	0.00	0.00	0.00	0.00	0.00	0.00	22.22	12.50	5.97
法国	0.00	0.00	0.00	0.00	0.00	0.00	0.00	14.29	0.00	12.50	2.99
以色列	0.00	0.00	0.00	0.00	0.00	0.00	0.00	14.29	0.00	12.50	2.99
新西兰	0.00	0.00	0.00	0.00	0.00	0.00	0.00	0.00	22.22	0.00	2.99
南非	0.00	0.00	0.00	0.00	0.00	12.50	16.67	0.00	0.00	0.00	2.99
比利时	0.00	0.00	0.00	0.00	0.00	12.50	0.00	0.00	0.00	0.00	1.49
加拿大	0.00	0.00	0.00	0.00	0.00	0.00	0.00	14.29	0.00	0.00	1.49
德国	0.00	0.00	0.00	0.00	0.00	16.67	0.00	0.00	0.00	0.00	1.49
意大利	0.00	0.00	0.00	0.00	0.00	0.00	16.67	0.00	0.00	0.00	1.49
挪威	0.00	0.00	0.00	0.00	0.00	0.00	16.67	0.00	0.00	0.00	1.49
葡萄牙	0.00	0.00	0.00	0.00	0.00	0.00	0.00	0.00	0.00	12.50	1.49
斯洛文尼亚	0.00	0.00	0.00	0.00	0.00	16.67	0.00	0.00	0.00	0.00	1.49
西班牙	16.67	0.00	0.00	0.00	0.00	0.00	0.00	0.00	0.00	0.00	1.49

表4-62 应用心理学B层人才排名前20的国家和地区的占比

单位：%

国家和地区	2011年	2012年	2013年	2014年	2015年	2016年	2017年	2018年	2019年	2020年	合计
美国	56.45	52.38	53.97	43.90	47.22	45.68	41.46	28.38	22.47	34.38	41.49
英国	4.84	9.52	9.52	8.54	11.11	4.94	9.76	8.11	8.99	6.25	8.12
澳大利亚	3.23	4.76	4.76	6.10	6.94	8.64	8.54	6.76	8.99	8.33	6.94
荷兰	9.68	6.35	6.35	4.88	2.78	9.88	4.88	10.81	6.74	4.17	6.54
加拿大	3.23	6.35	7.94	7.32	5.56	7.41	2.44	8.11	5.62	5.21	5.89
德国	4.84	1.59	4.76	6.10	4.17	1.23	6.10	5.41	3.37	3.13	4.06
中国香港	1.61	6.35	3.17	2.44	0.00	0.00	2.44	6.76	2.25	2.08	2.62
中国大陆	1.61	0.00	1.59	1.22	0.00	2.47	2.44	2.70	4.49	6.25	2.49
法国	1.61	3.17	1.59	3.66	1.39	2.47	1.22	2.70	4.49	1.04	2.36
瑞士	1.61	1.59	0.00	0.00	2.78	3.70	2.44	4.05	1.12	4.17	2.23
比利时	0.00	1.59	0.00	0.00	5.56	3.70	2.44	2.70	3.37	1.04	2.09
新加坡	1.61	0.00	0.00	1.22	1.39	1.22	1.35	3.37	3.13	1.70	
挪威	1.61	3.17	0.00	1.22	1.39	0.00	2.44	0.00	2.25	1.04	1.31
芬兰	1.61	0.00	1.59	0.00	1.39	0.00	1.22	0.00	3.37	1.04	1.05
西班牙	0.00	0.00	1.59	3.66	0.00	0.00	2.44	0.00	1.12	0.00	1.05
瑞典	0.00	0.00	1.59	0.00	0.00	0.00	1.22	1.35	3.37	2.08	1.05
意大利	0.00	0.00	0.00	0.00	0.00	0.00	0.00	2.70	4.49	1.04	0.92
爱尔兰	0.00	0.00	0.00	0.00	1.39	1.23	2.44	1.35	1.12	0.00	0.79
韩国	0.00	1.59	0.00	0.00	1.39	0.00	1.22	2.70	0.00	0.00	0.65
以色列	1.61	0.00	1.59	1.22	0.00	1.23	0.00	0.00	0.00	0.00	0.52

表4-63 应用心理学C层人才排名前20的国家和地区的占比

单位：%

国家和地区	2011年	2012年	2013年	2014年	2015年	2016年	2017年	2018年	2019年	2020年	合计
美国	45.29	41.72	36.88	34.21	36.20	34.82	36.03	32.41	31.44	31.52	35.61
英国	7.44	8.59	10.14	8.65	8.31	10.33	10.72	9.35	9.49	9.16	9.27
荷兰	7.44	5.98	6.44	7.08	8.17	5.10	4.11	6.46	5.81	5.67	6.16
澳大利亚	4.30	3.99	5.31	7.73	5.07	6.25	7.36	5.93	5.69	5.78	5.82
加拿大	5.29	5.67	6.44	6.42	4.65	5.48	5.49	6.98	4.63	5.78	5.67
德国	3.97	5.98	4.51	5.11	4.93	5.74	6.23	5.53	6.29	7.31	5.66
中国大陆	1.49	2.30	3.54	3.15	5.21	4.08	4.36	3.29	5.34	3.82	3.74
中国香港	1.98	2.15	3.22	3.67	3.52	2.42	2.37	1.32	2.02	0.65	2.28
瑞士	0.99	2.76	2.58	1.83	2.82	1.53	1.25	1.19	2.73	2.51	2.03

续表

国家和地区	2011年	2012年	2013年	2014年	2015年	2016年	2017年	2018年	2019年	2020年	合计
比利时	1.82	2.15	1.77	2.23	1.97	2.42	1.12	2.11	1.78	1.96	1.93
西班牙	1.65	1.84	1.45	2.23	0.99	2.30	1.87	1.19	1.78	2.18	1.77
法国	1.49	1.69	1.13	0.92	2.11	2.30	1.50	1.84	1.66	1.85	1.66
意大利	1.82	1.84	1.13	1.31	1.55	0.89	1.37	1.84	1.54	1.85	1.52
新加坡	1.65	1.07	1.61	1.18	1.27	1.40	1.62	1.58	1.54	1.20	1.41
韩国	0.83	0.77	1.93	1.05	0.99	2.04	1.25	1.45	1.07	0.98	1.23
瑞典	1.32	0.31	0.97	1.70	1.41	0.77	1.25	1.84	0.59	1.64	1.19
以色列	2.31	1.53	0.97	0.39	1.41	0.89	1.37	1.58	0.47	1.09	1.17
挪威	1.65	0.46	0.97	1.18	1.27	1.28	0.75	1.32	1.30	0.76	1.09
芬兰	0.99	0.61	0.48	0.66	0.56	1.40	1.37	1.45	1.07	1.42	1.03
丹麦	0.83	1.53	0.81	0.79	0.99	0.38	0.25	0.66	1.42	0.87	0.84

二十二 生理心理学

生理心理学A、B、C层人才最多的国家是美国，分别占该学科全球A、B、C层人才的45.83%、32.94%、32.03%，遥遥领先于其他国家和地区。

英国的A层人才比较多，世界占比为29.17%；奥地利、加拿大、法国、德国、匈牙利、荷兰也有相当数量的A层人才，世界占比均为4.17%。

英国的B层人才世界占比为11.76%，虽与美国有较大差距，但显著高于其他国家和地区；德国、荷兰、加拿大、澳大利亚的B层人才比较多，世界占比在8%~3%之间；瑞典、瑞士、西班牙、意大利、比利时、中国大陆、以色列、法国、奥地利、丹麦、巴西、挪威、新西兰、匈牙利也有相当数量的B层人才，世界占比超过或接近1%。

英国的C层人才世界占比为12.51%，虽与美国有较大差距，但显著高于其他国家和地区；德国、加拿大、荷兰、澳大利亚的C层人才比较多，世界占比在9%~4%之间；瑞士、法国、意大利、西班牙、比利时、中国大陆、巴西、瑞典、丹麦、奥地利、日本、新西兰、以色列、芬兰也有相当数量的C层人才，世界占比超过或接近1%。

表4-64 生理心理学A层人才的国家和地区的占比

单位：%

国家和地区	2011年	2012年	2013年	2014年	2015年	2016年	2017年	2018年	2019年	2020年	合计
美国	33.33	66.67	0.00	50.00	66.67	75.00	50.00	0.00	0.00	0.00	45.83
英国	0.00	33.33	66.67	50.00	33.33	0.00	25.00	0.00	50.00	0.00	29.17
奥地利	0.00	0.00	0.00	0.00	0.00	0.00	0.00	0.00	50.00	0.00	4.17
加拿大	0.00	0.00	0.00	0.00	0.00	25.00	0.00	0.00	0.00	0.00	4.17
法国	33.33	0.00	0.00	0.00	0.00	0.00	0.00	0.00	0.00	0.00	4.17
德国	0.00	0.00	33.33	0.00	0.00	0.00	0.00	0.00	0.00	0.00	4.17
匈牙利	33.33	0.00	0.00	0.00	0.00	0.00	0.00	0.00	0.00	0.00	4.17
荷兰	0.00	0.00	0.00	0.00	0.00	0.00	25.00	0.00	0.00	0.00	4.17

表4-65 生理心理学B层人才排名前20的国家和地区的占比

单位：%

国家和地区	2011年	2012年	2013年	2014年	2015年	2016年	2017年	2018年	2019年	2020年	合计
美国	41.38	31.25	32.26	21.88	54.55	38.89	43.24	10.00	37.84	21.21	32.94
英国	6.90	6.25	16.13	12.50	15.15	16.67	13.51	5.00	10.81	15.15	11.76
德国	0.00	18.75	3.23	18.75	6.06	2.78	8.11	7.50	13.51	0.00	7.94
荷兰	6.90	12.50	6.45	6.25	6.06	2.78	8.11	7.50	10.81	9.09	7.65
加拿大	3.45	6.25	0.00	6.25	0.00	8.33	2.70	5.00	5.41	3.03	4.12
澳大利亚	6.90	6.25	3.23	6.25	0.00	2.78	2.70	5.00	2.70	3.03	3.82
瑞典	3.45	0.00	3.23	0.00	3.03	0.00	2.70	7.50	2.70	3.03	2.65
瑞士	0.00	0.00	6.45	3.13	0.00	2.78	2.70	5.00	0.00	3.03	2.35
西班牙	3.45	0.00	3.23	3.13	0.00	5.56	0.00	2.50	0.00	6.06	2.35
意大利	3.45	3.13	0.00	3.13	0.00	2.78	2.70	2.50	0.00	6.06	2.35
比利时	0.00	3.13	3.23	3.13	3.03	0.00	2.70	2.50	2.70	0.00	2.06
中国大陆	0.00	0.00	0.00	0.00	0.00	0.00	0.00	2.50	5.41	9.09	2.06
以色列	0.00	6.25	3.23	3.13	0.00	0.00	5.41	0.00	0.00	0.00	1.76
法国	3.45	0.00	3.23	3.13	3.03	0.00	0.00	2.50	0.00	3.03	1.76
奥地利	0.00	0.00	0.00	3.23	0.00	0.00	0.00	5.00	0.00	3.03	1.47
丹麦	3.45	0.00	3.23	0.00	3.03	5.56	0.00	0.00	0.00	0.00	1.47
巴西	0.00	0.00	3.23	0.00	0.00	0.00	0.00	0.00	0.00	6.06	1.18
挪威	0.00	3.13	0.00	0.00	0.00	0.00	2.70	2.50	2.70	0.00	1.18
新西兰	0.00	0.00	0.00	0.00	0.00	0.00	2.70	5.00	2.70	0.00	1.18
匈牙利	3.45	0.00	0.00	3.23	0.00	0.00	0.00	0.00	0.00	0.00	0.59

表 4-66　生理心理学 C 层人才排名前 20 的国家和地区的占比

单位：%

国家和地区	2011 年	2012 年	2013 年	2014 年	2015 年	2016 年	2017 年	2018 年	2019 年	2020 年	合计
美国	35.64	36.68	34.18	35.67	31.65	33.97	29.52	34.34	25.94	23.85	32.03
英国	13.49	15.36	12.03	9.55	8.54	11.51	15.52	14.84	12.10	11.31	12.51
德国	9.69	8.78	12.03	9.55	8.54	8.77	5.85	4.67	7.49	9.79	8.39
加拿大	4.84	4.39	5.06	3.82	6.65	6.58	5.34	5.22	2.88	4.59	4.96
荷兰	5.19	5.33	3.48	6.37	3.16	4.93	6.36	4.40	4.61	4.59	4.87
澳大利亚	3.81	3.45	5.70	3.50	5.38	3.84	6.36	4.40	4.03	4.89	4.57
瑞士	2.77	0.63	4.43	3.82	2.53	2.19	3.31	2.75	2.02	3.67	2.81
法国	3.11	2.51	1.90	1.27	3.16	3.01	2.80	2.20	2.59	2.75	2.54
意大利	1.73	2.19	2.53	2.55	3.16	2.74	2.29	2.75	2.02	2.14	2.42
西班牙	2.08	1.88	3.16	1.91	1.58	1.92	1.27	1.65	4.32	3.67	2.33
比利时	2.08	2.19	3.48	1.91	1.90	1.37	1.78	2.20	2.31	3.36	2.24
中国大陆	2.08	0.94	0.95	1.91	5.06	2.19	2.29	2.20	2.02	1.83	2.15
巴西	0.69	1.57	0.32	1.91	1.27	1.10	1.02	2.20	1.44	0.61	1.22
瑞典	1.73	0.94	1.27	1.91	2.53	0.82	1.02	0.82	0.86	0.31	1.19
丹麦	0.35	1.25	0.00	0.96	1.90	1.10	1.53	1.65	0.58	1.83	1.13
奥地利	1.38	1.57	0.95	2.55	1.27	0.27	0.76		0.86	0.31	1.04
日本	1.38	0.31	0.32	0.00	1.27	1.92	1.27	0.55	1.15	1.83	1.01
新西兰	1.04	0.31	0.63	0.96	0.63	2.19	0.76	0.82	1.15	1.22	0.99
以色列	0.35	0.31	0.32	2.23	0.32	0.82	1.27	0.55	1.44	0.92	0.87
芬兰	1.38	0.31	0.63	0.96	0.63	0.55	0.51	1.37	0.86	0.92	0.81

二十三　临床心理学

临床心理学 A、B、C 层人才最多的国家是美国，分别占该学科全球 A、B、C 层人才的 40.65%、36.01%、41.91%，遥遥领先于其他国家和地区。

英国、加拿大、荷兰 A 层人才比较多，世界占比在 14%～8% 之间；澳大利亚、比利时、德国、新西兰、瑞典、瑞士、以色列也有相当数量的 A 层人才，世界占比在 4%～1% 之间；丹麦、中国香港、伊朗、爱尔兰、墨西哥、挪威、沙特、新加坡、南非也有一定数量的 A 层人才，世界占比接近 1%。

英国的 B 层人才虽与美国差距巨大，但显著高于其他国家和地区，世界占比为12.28%；澳大利亚、加拿大、荷兰的B层人才比较多，世界占比在8%~4%之间；德国、比利时、意大利、瑞士、瑞典、新西兰、中国大陆、日本、西班牙、挪威、巴西、丹麦、爱尔兰、以色列、法国也有相当数量的B层人才，世界占比超过或接近1%。

英国的C层人才虽与美国差距巨大，但显著高于其他国家和地区，世界占比为11.45%；澳大利亚、加拿大、荷兰、德国的C层人才比较多，世界占比在7%~4%之间；意大利、瑞典、西班牙、比利时、瑞士、以色列、中国大陆、挪威、丹麦、法国、新西兰、爱尔兰、葡萄牙、芬兰也有相当数量的C层人才，世界占比超过或接近1%。

表4-67 临床心理学A层人才排名前20的国家和地区的占比

单位：%

国家和地区	2011年	2012年	2013年	2014年	2015年	2016年	2017年	2018年	2019年	2020年	合计
美国	53.85	63.64	50.00	35.71	46.15	60.00	28.57	21.43	41.18	23.53	40.65
英国	15.38	18.18	8.33	21.43	23.08	0.00	14.29	7.14	11.76	11.76	13.82
加拿大	7.69	0.00	8.33	7.14	7.69	40.00	14.29	7.14	5.88	17.65	9.76
荷兰	7.69	0.00	16.67	7.14	0.00	0.00	14.29	7.14	17.65	11.76	8.94
澳大利亚	0.00	0.00	0.00	7.14	7.69	0.00	14.29	7.14	0.00	0.00	3.25
比利时	7.69	0.00	8.33	7.14	0.00	0.00	0.00	7.14	0.00	0.00	3.25
德国	0.00	9.09	0.00	0.00	7.69	0.00	0.00	7.14	0.00	0.00	2.44
新西兰	0.00	0.00	8.33	7.14	0.00	14.29	0.00	0.00	0.00	0.00	2.44
瑞典	0.00	0.00	0.00	0.00	0.00	0.00	0.00	0.00	5.88	11.76	2.44
瑞士	7.69	0.00	0.00	0.00	0.00	0.00	7.14	5.88	0.00	0.00	2.44
以色列	0.00	0.00	0.00	0.00	7.69	0.00	0.00	0.00	0.00	5.88	1.63
丹麦	0.00	0.00	0.00	0.00	0.00	0.00	0.00	0.00	5.88	0.00	0.81
中国香港	0.00	0.00	0.00	0.00	0.00	0.00	0.00	0.00	5.88	0.00	0.81
伊朗	0.00	0.00	0.00	0.00	0.00	0.00	0.00	0.00	5.88	0.00	0.81
爱尔兰	0.00	9.09	0.00	0.00	0.00	0.00	0.00	0.00	0.00	0.00	0.81
墨西哥	0.00	0.00	0.00	0.00	0.00	0.00	7.14	0.00	0.00	0.00	0.81
挪威	0.00	0.00	0.00	0.00	0.00	0.00	7.14	0.00	0.00	0.00	0.81
沙特	0.00	0.00	0.00	7.14	0.00	0.00	0.00	0.00	0.00	0.00	0.81
新加坡	0.00	0.00	0.00	0.00	0.00	0.00	0.00	5.88	0.00	0.00	0.81
南非	0.00	0.00	0.00	0.00	0.00	0.00	7.14	0.00	0.00	0.00	0.81

表4-68 临床心理学B层人才排名前20的国家和地区的占比

单位：%

国家和地区	2011年	2012年	2013年	2014年	2015年	2016年	2017年	2018年	2019年	2020年	合计
美国	50.00	50.45	45.53	25.40	50.00	33.81	28.87	35.07	28.31	23.31	36.01
英国	15.00	11.71	13.82	12.70	11.67	10.07	9.86	9.70	15.66	12.27	12.28
澳大利亚	5.00	5.41	8.94	7.14	8.33	8.63	8.45	6.72	6.63	6.13	7.14
加拿大	9.17	7.21	5.69	6.35	0.83	7.19	3.52	5.22	7.23	4.29	5.65
荷兰	5.00	1.80	7.32	4.76	8.33	5.04	4.23	6.72	3.61	1.23	4.69
德国	1.67	4.50	3.25	2.38	1.67	2.16	2.82	3.73	5.42	1.84	2.98
比利时	0.83	2.70	2.44	3.17	2.50	2.16	1.41	1.49	3.61	1.23	2.16
意大利	0.83	0.00	1.63	1.59	1.67	1.44	3.52	1.49	1.20	3.68	1.79
瑞士	2.50	2.70	2.44	0.79	2.50	0.00	1.41	2.24	1.20	1.23	1.64
瑞典	0.83	0.90	0.81	1.59	0.83	2.16	1.41	2.99	1.20	2.45	1.56
新西兰	0.00	0.00	1.63	2.38	0.00	2.16	1.41	1.49	3.01	1.23	1.41
中国大陆	0.00	0.00	0.00	2.38	1.67	1.44	1.41	0.75	2.41	3.07	1.41
日本	0.83	0.00	0.81	1.59	0.83	1.44	2.11	1.49	1.20	2.45	1.34
西班牙	0.00	1.80	0.00	3.97	0.00	1.44	2.11	0.75	1.20	1.84	1.34
挪威	1.67	1.80	1.63	0.79	0.83	0.72	0.70	2.24	1.81	1.23	1.34
巴西	0.83	0.90	0.00	1.59	0.00	1.44	1.41	0.75	2.41	0.61	1.04
丹麦	0.83	1.80	0.81	0.79	0.83	0.00	1.41	2.99	1.20	0.00	1.04
爱尔兰	1.67	1.80	0.00	0.00	0.83	0.00	1.41	0.75	1.81	1.84	1.04
以色列	0.83	0.90	0.00	2.38	0.83	0.72	0.70	1.49	0.60	1.84	1.04
法国	0.00	0.00	0.00	1.59	0.83	2.88	1.41	0.75	0.00	1.84	0.97

表4-69 临床心理学C层人才排名前20的国家和地区的占比

单位：%

国家和地区	2011年	2012年	2013年	2014年	2015年	2016年	2017年	2018年	2019年	2020年	合计
美国	50.99	48.80	47.79	44.87	42.29	43.49	37.37	38.56	38.67	31.05	41.91
英国	10.46	9.87	11.16	12.09	11.94	10.51	12.48	10.89	12.74	11.73	11.45
澳大利亚	5.93	7.20	5.75	5.89	6.80	7.92	7.89	7.05	6.69	6.66	6.79
加拿大	6.92	6.55	7.33	6.44	7.38	6.25	5.11	5.88	5.53	5.47	6.23
荷兰	4.20	5.07	5.75	5.57	6.05	6.63	5.04	5.56	4.50	3.56	5.15
德国	4.20	3.87	4.33	4.61	3.90	3.96	4.81	5.25	5.15	3.82	4.41
意大利	0.99	0.83	1.17	1.43	1.74	1.60	2.63	2.59	3.15	4.35	2.15
瑞典	1.98	1.85	2.16	2.31	1.49	2.21	1.73	1.65	1.74	2.04	1.91
西班牙	1.24	1.29	1.58	1.59	1.24	1.37	2.11	2.27	1.74	2.57	1.73

续表

国家和地区	2011年	2012年	2013年	2014年	2015年	2016年	2017年	2018年	2019年	2020年	合计
比利时	1.15	1.11	1.17	0.88	2.07	1.37	2.11	1.72	2.06	1.32	1.51
瑞士	0.82	1.66	1.58	0.88	1.66	1.22	1.65	1.96	1.48	1.52	1.44
以色列	1.07	1.20	0.58	0.72	1.24	1.29	0.98	1.57	1.03	1.98	1.18
中国大陆	0.58	0.65	0.58	0.80	1.08	0.84	1.13	0.86	1.80	2.31	1.11
挪威	1.15	1.29	0.92	1.03	1.08	1.07	1.20	0.94	1.29	0.53	1.04
丹麦	0.91	0.74	0.33	0.88	1.00	0.84	1.05	0.94	0.64	1.25	0.86
法国	0.49	0.65	1.08	0.72	0.66	1.07	0.90	0.86	0.71	0.86	0.80
新西兰	0.74	0.65	0.50	0.48	0.83	0.99	0.90	0.94	0.84	0.79	0.77
爱尔兰	0.25	0.46	0.33	0.80	0.58	0.53	0.68	0.71	0.90	1.12	0.66
葡萄牙	0.33	0.37	0.50	0.88	0.91	0.61	0.60	0.47	0.58	0.79	0.61
芬兰	0.49	0.65	0.50	0.88	0.83	0.30	0.45	0.47	0.32	0.66	0.55

二十四　发展心理学

发展心理学A、B、C层人才最多的国家是美国，遥遥领先于其他国家和地区，分别占该学科全球A、B、C层人才的48.28%、40.67%、44.99%。

英国、加拿大的A层人才虽与美国差距巨大，但显著高于其他国家和地区，世界占比分别为17.24%、13.79%；澳大利亚、法国、巴西、中国大陆、塞浦路斯、中国香港、爱尔兰、荷兰、新西兰、挪威、沙特、瑞士、中国台湾也有相当数量的A层人才，世界占比超过1%。

英国的B层人才虽与美国差距巨大，但显著领先于其他国家和地区，世界占比为14.30%；加拿大、荷兰、澳大利亚、德国的B层人才比较多，世界占比在7%~4%之间；意大利、西班牙、瑞典、瑞士、法国、比利时、中国大陆、挪威、以色列、芬兰、奥地利、新加坡、中国台湾、新西兰也有相当数量的B层人才，世界占比超过或接近1%。

英国的C层人才世界占比为10.52%，虽与美国差距巨大，但明显领先于其他国家和地区；加拿大、澳大利亚、荷兰、德国的C层人才比较多，世界占比在7%~3%之间；意大利、瑞典、比利时、中国大陆、瑞士、以色列、挪威、西班牙、法国、丹麦、芬兰、中国香港、南非、新西兰也有相当数量的 C 层人才，世界占比超过或接近 1%。

表 4-70 发展心理学 A 层人才的国家和地区的占比

单位：%

国家和地区	2011 年	2012 年	2013 年	2014 年	2015 年	2016 年	2017 年	2018 年	2019 年	2020 年	合计
美国	33.33	0.00	50.00	75.00	44.44	30.00	27.27	72.73	54.55	46.15	48.28
英国	16.67	0.00	12.50	0.00	11.11	30.00	18.18	9.09	27.27	23.08	17.24
加拿大	33.33	0.00	25.00	12.50	0.00	20.00	18.18	9.09	9.09	7.69	13.79
澳大利亚	0.00	0.00	0.00	12.50	0.00	10.00	9.09	0.00	9.09	7.69	5.75
法国	0.00	0.00	0.00	0.00	11.11	0.00	0.00	0.00	0.00	7.69	2.30
巴西	0.00	0.00	0.00	0.00	11.11	0.00	0.00	0.00	0.00	0.00	1.15
中国大陆	0.00	0.00	0.00	0.00	0.00	0.00	0.00	0.00	0.00	7.69	1.15
塞浦路斯	0.00	0.00	0.00	0.00	11.11	0.00	0.00	0.00	0.00	0.00	1.15
中国香港	0.00	0.00	0.00	0.00	0.00	0.00	0.00	9.09	0.00	0.00	1.15
爱尔兰	0.00	0.00	0.00	0.00	0.00	0.00	0.00	9.09	0.00	0.00	1.15
荷兰	16.67	0.00	0.00	0.00	0.00	0.00	0.00	0.00	0.00	0.00	1.15
新西兰	0.00	0.00	0.00	0.00	0.00	0.00	9.09	0.00	0.00	0.00	1.15
挪威	0.00	0.00	12.50	0.00	0.00	0.00	0.00	0.00	0.00	0.00	1.15
沙特	0.00	0.00	0.00	0.00	0.00	10.00	0.00	0.00	0.00	0.00	1.15
瑞士	0.00	0.00	0.00	0.00	0.00	0.00	0.00	9.09	0.00	0.00	1.15
中国台湾	0.00	0.00	0.00	0.00	11.11	0.00	0.00	0.00	0.00	0.00	1.15

表 4-71 发展心理学 B 层人才排名前 20 的国家和地区的占比

单位：%

国家和地区	2011 年	2012 年	2013 年	2014 年	2015 年	2016 年	2017 年	2018 年	2019 年	2020 年	合计
美国	54.41	53.62	47.22	43.84	50.59	40.00	29.00	34.69	34.75	33.61	40.67
英国	8.82	15.94	9.72	9.59	11.76	20.00	15.00	16.33	16.10	15.57	14.30
加拿大	8.82	7.25	9.72	5.48	8.24	6.67	7.00	4.08	7.63	4.10	6.70
荷兰	8.82	2.90	2.78	6.85	4.71	4.44	5.00	5.10	5.08	3.28	4.80
澳大利亚	2.94	0.00	4.17	4.11	5.88	3.33	4.00	2.04	5.93	6.56	4.13
德国	4.41	1.45	5.56	4.11	3.53	3.33	9.00	4.08	2.54	2.46	4.02
意大利	1.47	1.45	1.39	1.37	1.18	2.22	3.00	4.08	1.69	3.28	2.23
西班牙	0.00	0.00	2.78	1.37	1.18	0.00	3.00	1.02	3.39	2.46	1.68
瑞典	0.00	0.00	1.39	1.37	1.18	1.11	3.00	2.04	2.54	1.64	1.56

续表

国家和地区	2011年	2012年	2013年	2014年	2015年	2016年	2017年	2018年	2019年	2020年	合计
瑞士	0.00	1.45	0.00	0.00	4.71	2.22	1.00	0.00	1.69	1.64	1.34
法国	1.47	0.00	1.39	2.74	0.00	1.11	2.00	0.00	1.69	1.64	1.23
比利时	0.00	0.00	0.00	0.00	1.18	1.11	2.00	2.04	1.69	1.64	1.12
中国大陆	0.00	2.90	0.00	2.74	0.00	0.00	1.00	1.02	0.00	3.28	1.12
挪威	2.94	4.35	0.00	1.37	0.00	1.11	0.00	2.04	0.85	0.00	1.12
以色列	1.47	0.00	2.78	2.74	0.00	1.11	0.00	0.00	1.69	0.82	1.12
芬兰	2.94	0.00	0.00	0.00	1.18	2.22	0.00	0.00	0.85	1.64	0.89
奥地利	0.00	0.00	1.39	1.37	0.00	0.00	0.00	0.00	2.54	0.82	0.78
新加坡	0.00	0.00	1.39	1.37	0.00	0.00	0.00	0.00	0.85	2.46	0.78
中国台湾	0.00	0.00	0.00	0.00	0.00	1.11	2.00	0.00	1.69	1.64	0.78
新西兰	0.00	0.00	0.00	1.37	0.00	2.22	1.00	1.02	0.00	0.82	0.67

表4-72 发展心理学C层人才排名前20的国家和地区的占比

单位：%

国家和地区	2011年	2012年	2013年	2014年	2015年	2016年	2017年	2018年	2019年	2020年	合计
美国	51.39	50.65	53.64	48.76	50.06	42.41	44.66	42.18	38.60	37.71	44.99
英国	9.81	10.06	10.64	9.23	9.06	10.35	9.84	11.92	12.75	10.31	10.52
加拿大	8.64	6.01	6.86	6.06	4.65	7.54	6.46	5.70	4.76	6.19	6.20
澳大利亚	4.39	3.41	5.18	5.51	3.79	6.07	6.24	6.32	5.57	5.76	5.35
荷兰	5.27	6.33	3.78	4.55	5.26	4.72	5.71	5.49	4.58	5.50	5.12
德国	2.93	3.41	3.08	3.17	3.06	3.71	3.60	3.94	3.23	4.04	3.46
意大利	1.90	1.79	1.26	1.79	2.45	2.02	2.22	2.38	2.06	3.44	2.21
瑞典	1.17	1.79	0.98	0.96	2.08	1.46	1.59	2.59	1.97	1.63	1.67
比利时	1.17	1.62	1.40	1.24	2.20	1.35	1.27	1.87	2.15	0.95	1.53
中国大陆	0.88	0.49	0.56	1.10	1.47	1.69	1.69	1.87	2.15	1.89	1.48
瑞士	0.73	1.46	1.26	0.96	1.71	1.12	1.27	1.45	2.51	1.63	1.47
以色列	1.46	1.46	1.12	0.83	1.47	1.01	0.83	0.99	1.12	1.18	
挪威	0.59	2.11	0.42	1.24	0.86	1.24	0.95	1.66	1.53	1.12	1.18
西班牙	0.59	0.49	0.56	0.83	0.73	1.24	1.48	1.35	1.80	1.46	1.14
法国	1.46	0.81	0.70	1.10	0.73	0.90	0.63	1.14	1.71	0.86	1.02
丹麦	0.59	0.32	0.42	0.96	0.37	1.01	0.95	0.83	1.08	0.86	0.78
芬兰	1.02	0.81	0.56	0.83	0.86	0.56	0.74	0.52	0.72	0.86	0.74
中国香港	0.44	0.16	0.42	0.83	0.61	0.56	0.53	0.41	0.99	1.03	0.64
南非	0.00	0.32	0.14	0.83	0.49	0.79	0.63	0.52	1.26	0.60	0.60
新西兰	0.59	0.65	0.42	0.14	0.86	0.56	0.42	0.31	0.63	0.86	0.56

二十五　教育心理学

教育心理学 A、B、C 层人才最多的国家是美国，分别占该学科全球 A、B、C 层人才的 73.68%、45.02%、42.58%，遥遥领先于其他国家和地区。

澳大利亚的 A 层人才虽与美国有巨大差距，但领先于其他国家和地区，世界占比为 10.53%；加拿大、荷兰的 A 层人才比较多，世界占比均为 5.26%；丹麦、西班牙也有相当数量的 A 层人才，世界占比均为 2.63%。

英国、德国的 B 层人才虽与美国有相当差距，但领先于其他国家和地区，世界占比分别为 9.45%、9.20%；加拿大、澳大利亚、荷兰的 B 层人才比较多，世界占比在 6%~3%之间；韩国、瑞士、芬兰、比利时、中国大陆、西班牙、挪威、法国、奥地利、希腊、意大利、波兰、新加坡、智利也有相当数量的 B 层人才，世界占比超过或接近 1%。

德国、英国、澳大利亚、加拿大、荷兰的 C 层人才比较多，世界占比在 9%~4%之间；中国大陆、西班牙、芬兰、比利时、挪威、中国香港、意大利、以色列、瑞士、韩国、法国、瑞典、中国台湾、新加坡也有相当数量的 C 层人才，世界占比超过或接近 1%。

表 4-73　教育心理学 A 层人才的国家和地区的占比

单位：%

国家和地区	2011 年	2012 年	2013 年	2014 年	2015 年	2016 年	2017 年	2018 年	2019 年	2020 年	合计
美国	100.00	100.00	66.67	100.00	100.00	100.00	75.00	60.00	50.00	40.00	73.68
澳大利亚	0.00	0.00	0.00	0.00	0.00	0.00	0.00	20.00	16.67	40.00	10.53
加拿大	0.00	0.00	0.00	0.00	0.00	0.00	25.00	0.00	0.00	20.00	5.26
荷兰	0.00	0.00	33.33	0.00	0.00	0.00	0.00	0.00	16.67	0.00	5.26
丹麦	0.00	0.00	0.00	0.00	0.00	0.00	0.00	0.00	16.67	0.00	2.63
西班牙	0.00	0.00	0.00	0.00	0.00	0.00	0.00	20.00	0.00	0.00	2.63

表 4-74 教育心理学 B 层人才排名前 20 的国家和地区的占比

单位：%

国家和地区	2011年	2012年	2013年	2014年	2015年	2016年	2017年	2018年	2019年	2020年	合计
美国	53.13	52.78	54.84	40.00	54.55	46.15	58.97	23.91	43.08	34.15	45.02
英国	6.25	11.11	0.00	7.50	0.00	12.82	10.26	10.87	13.85	14.63	9.45
德国	6.25	13.89	12.90	17.50	6.06	7.69	5.13	10.87	7.69	4.88	9.20
加拿大	9.38	5.56	12.90	7.50	3.03	10.26	2.56	2.17	3.08	2.44	5.47
澳大利亚	3.13	2.78	0.00	2.50	9.09	5.13	2.56	8.70	9.23	2.44	4.98
荷兰	6.25	2.78	6.45	5.00	6.06	0.00	5.13	4.35	4.62	0.00	3.98
韩国	6.25	2.78	3.23	0.00	3.03	5.13	0.00	2.17	3.08	0.00	2.49
瑞士	3.13	0.00	0.00	5.00	3.03	2.56	0.00	4.35	0.00	4.88	2.24
芬兰	3.13	0.00	3.23	2.50	0.00	2.56	0.00	2.17	0.00	7.32	1.99
比利时	0.00	0.00	0.00	0.00	3.03	0.00	2.56	4.35	1.54	0.00	1.24
中国大陆	0.00	2.78	0.00	0.00	0.00	0.00	0.00	4.35	1.54	2.44	1.24
西班牙	0.00	0.00	0.00	0.00	0.00	2.56	0.00	0.00	4.62	2.44	1.24
挪威	0.00	0.00	0.00	0.00	0.00	0.00	0.00	4.35	1.54	4.88	1.24
法国	0.00	0.00	0.00	2.50	0.00	0.00	2.56	0.00	1.54	2.44	1.00
奥地利	0.00	0.00	0.00	2.50	0.00	0.00	0.00	0.00	1.54	2.44	0.75
希腊	3.13	0.00	0.00	0.00	0.00	0.00	0.00	2.17	1.54	0.00	0.75
意大利	0.00	0.00	0.00	0.00	0.00	2.56	0.00	0.00	0.00	2.44	0.75
波兰	0.00	0.00	0.00	0.00	0.00	2.56	2.17	0.00	0.00	2.44	0.75
新加坡	0.00	2.78	3.23	0.00	0.00	0.00	2.56	0.00	0.00	0.00	0.75
智利	0.00	0.00	0.00	0.00	6.06	0.00	0.00	0.00	0.00	0.00	0.50

表 4-75 教育心理学 C 层人才排名前 20 的国家和地区的占比

单位：%

国家和地区	2011年	2012年	2013年	2014年	2015年	2016年	2017年	2018年	2019年	2020年	合计
美国	48.48	49.15	47.50	39.49	41.96	45.19	44.71	38.39	39.59	36.64	42.58
德国	6.40	5.37	8.75	11.03	8.52	9.89	6.88	8.29	8.36	11.35	8.57
英国	7.41	5.93	5.31	7.18	5.05	5.35	7.14	7.82	6.48	8.27	6.66
澳大利亚	4.71	4.80	5.94	7.95	8.83	4.55	6.61	5.92	5.63	5.91	6.06
加拿大	5.05	5.65	7.19	5.64	4.73	6.42	4.76	6.87	4.27	5.20	5.52
荷兰	5.72	5.65	3.13	4.62	5.99	3.21	5.56	4.27	5.80	5.44	4.97
中国大陆	1.68	1.13	0.94	1.03	1.26	1.87	1.59	3.55	3.07	3.78	2.12
西班牙	1.68	1.41	1.25	0.51	3.47	3.74	1.59	2.37	2.73	1.42	2.05
芬兰	2.36	1.13	2.50	1.79	1.26	1.87	1.85	2.13	1.88	2.13	1.89

续表

国家和地区	2011年	2012年	2013年	2014年	2015年	2016年	2017年	2018年	2019年	2020年	合计
比利时	1.68	1.69	0.94	2.05	1.89	1.34	1.32	1.42	2.05	1.42	1.61
挪威	1.68	1.41	2.19	1.03	0.95	1.07	1.32	2.37	2.22	1.18	1.58
中国香港	1.01	1.41	1.56	2.05	0.95	1.07	1.59	0.95	2.05	2.13	1.53
意大利	1.68	0.85	0.94	1.79	0.95	1.34	1.06	1.18	1.88	1.42	1.35
以色列	0.34	1.41	0.63	1.54	2.84	1.07	1.32	1.18	0.68	0.95	1.17
瑞士	1.01	1.69	0.94	1.03	0.63	0.27	1.06	0.71	1.54	1.65	1.09
韩国	0.67	0.56	0.00	1.54	1.58	1.60	1.32	1.18	1.02	1.18	1.09
法国	1.01	0.85	0.94	0.77	0.32	1.07	1.06	0.71	1.71		0.88
瑞典	1.35	0.56	0.94	0.51	0.63	0.80	0.53	1.66	0.34	0.47	0.75
中国台湾	1.68	0.85	2.19	0.00	0.32	0.27	0.79	0.24	0.34	0.24	0.62
新加坡	1.01	1.13	0.31	1.03	0.32	0.27	0.26	0.47	0.85	0.00	0.57

二十六　实验心理学

实验心理学 A、B、C 层人才最多的国家是美国，分别占该学科全球 A、B、C 层人才的 45.83%、31.70%、32.09%，显著高于其他国家和地区。

英国的 A 层人才虽与美国有较大差距，但显著领先于其他国家和地区，世界占比为 12.50%；荷兰、加拿大、德国的 A 层人才比较多，世界占比在 7%~4% 之间；澳大利亚、奥地利、比利时、法国、波兰、土耳其、巴西、中国大陆、捷克、丹麦、芬兰、印度、以色列、意大利、日本也有相当数量的 A 层人才，世界占比超过或接近 1%。

英国的 B 层人才虽与美国有较大差距，但显著领先于其他国家和地区，世界占比为 13.96%；荷兰、德国、加拿大、澳大利亚的 B 层人才比较多，世界占比在 7%~3% 之间；中国大陆、西班牙、瑞士、比利时、意大利、法国、瑞典、中国香港、奥地利、以色列、丹麦、韩国、新加坡、芬兰也有相当数量的 B 层人才，世界占比超过或接近 1%。

英国的 C 层人才虽与美国有较大差距，但显著领先于其他国家和地区，世界占比为 12.42%；德国、加拿大、荷兰、澳大利亚、意大利的 C 层人才比较多，世界占比在 8%~3% 之间；法国、比利时、中国大陆、瑞士、西班牙、以色列、韩国、瑞典、中国台湾、芬兰、奥地利、丹麦、中国香港也有相当数量的C层人才，世界占比超过或接近1%。

表4-76 实验心理学A层人才排名前20的国家和地区的占比

单位：%

国家和地区	2011年	2012年	2013年	2014年	2015年	2016年	2017年	2018年	2019年	2020年	合计
美国	54.55	54.55	53.85	50.00	58.33	64.29	57.14	20.00	14.29	21.43	45.83
英国	9.09	18.18	23.08	8.33	8.33	0.00	14.29	20.00	14.29	14.29	12.50
荷兰	0.00	9.09	7.69	16.67	8.33	0.00	7.14	20.00	0.00	7.14	6.67
加拿大	18.18	0.00	7.69	8.33	0.00	0.00	0.00	0.00	7.14	7.14	5.00
德国	9.09	0.00	0.00	0.00	0.00	0.00	14.29	0.00	14.29	0.00	4.17
澳大利亚	0.00	0.00	0.00	0.00	0.00	7.14	7.14	0.00	0.00	7.14	2.50
奥地利	0.00	9.09	0.00	0.00	0.00	7.14	0.00	0.00	0.00	7.14	2.50
比利时	0.00	0.00	7.69	8.33	8.33	0.00	0.00	0.00	0.00	0.00	2.50
法国	0.00	0.00	0.00	0.00	0.00	0.00	0.00	0.00	7.14	7.14	1.67
波兰	0.00	9.09	0.00	0.00	0.00	0.00	0.00	0.00	0.00	7.14	1.67
土耳其	0.00	0.00	0.00	0.00	8.33	0.00	0.00	0.00	7.14	0.00	1.67
巴西	0.00	0.00	0.00	0.00	0.00	0.00	0.00	0.00	0.00	7.14	0.83
中国大陆	0.00	0.00	0.00	0.00	0.00	0.00	0.00	0.00	0.00	7.14	0.83
捷克	0.00	0.00	0.00	0.00	0.00	0.00	0.00	20.00	0.00	0.00	0.83
丹麦	0.00	0.00	0.00	0.00	0.00	0.00	0.00	0.00	7.14	0.00	0.83
芬兰	0.00	0.00	0.00	0.00	0.00	7.14	0.00	0.00	0.00	0.00	0.83
印度	0.00	0.00	0.00	0.00	0.00	0.00	0.00	20.00	0.00	0.00	0.83
以色列	0.00	0.00	0.00	8.33	0.00	0.00	0.00	0.00	0.00	0.00	0.83
意大利	0.00	0.00	0.00	0.00	0.00	0.00	0.00	0.00	7.14	0.00	0.83
日本	0.00	0.00	0.00	0.00	0.00	0.00	0.00	7.14	0.00	0.00	0.83

表4-77 实验心理学B层人才排名前20的国家和地区的占比

单位：%

国家和地区	2011年	2012年	2013年	2014年	2015年	2016年	2017年	2018年	2019年	2020年	合计
美国	46.67	38.79	38.21	36.22	30.95	19.85	34.65	24.43	29.61	22.31	31.70
英国	9.52	16.38	15.45	10.24	18.25	16.79	11.81	8.40	16.45	15.38	13.96
荷兰	5.71	8.62	5.69	5.51	5.56	6.11	3.94	11.45	6.58	7.69	6.70
德国	6.67	6.90	6.50	8.66	4.76	3.82	7.09	5.34	6.58	6.92	6.31
加拿大	6.67	7.76	7.32	10.24	5.56	3.05	3.15	6.11	7.24	6.15	6.31
澳大利亚	1.90	1.72	4.88	0.79	6.35	0.76	3.94	4.58	7.24	3.85	3.71
中国大陆	1.90	1.72	0.00	3.15	0.79	3.05	6.30	3.05	2.63	4.62	2.76
西班牙	0.00	0.86	4.88	4.72	4.76	0.76	2.36	0.76	0.66	4.62	2.44

续表

国家和地区	2011年	2012年	2013年	2014年	2015年	2016年	2017年	2018年	2019年	2020年	合计
瑞士	2.86	1.72	2.44	1.57	0.00	2.29	2.36	2.29	1.32	3.08	1.97
比利时	0.00	1.72	3.25	1.57	1.59	1.53	3.15	1.53	2.63	1.54	1.89
意大利	2.86	2.59	1.63	0.79	1.59	4.58	0.79	2.29	0.00	1.54	1.81
法国	2.86	3.45	0.81	1.57	1.59	1.53	1.57	0.76	1.32	3.08	1.81
瑞典	0.00	0.86	0.81	0.79	0.79	0.00	1.57	3.82	0.66	1.54	1.10
中国香港	1.90	0.00	0.81	1.57	0.79	0.76	2.36	0.76	0.66	1.54	1.10
奥地利	0.00	0.00	1.63	4.72	0.79	0.76	0.00	1.53	0.66	0.00	1.03
以色列	1.90	0.86	1.63	1.57	1.59	0.00	1.57	0.00	1.32	0.00	1.03
丹麦	0.95	0.86	0.81	0.00	1.59	0.76	0.00	0.76	1.32	2.31	0.95
韩国	0.95	0.00	0.00	0.00	2.38	2.29	0.79	0.00	0.76	1.97	0.95
新加坡	0.95	0.86	0.00	0.79	1.59	1.53	0.79	1.53	0.66	0.00	0.87
芬兰	1.90	0.00	0.00	0.79	1.59	0.00	2.36	1.53	0.00	0.77	0.87

表4-78 实验心理学C层人才排名前20的国家和地区的占比

单位：%

国家和地区	2011年	2012年	2013年	2014年	2015年	2016年	2017年	2018年	2019年	2020年	合计
美国	37.09	35.75	35.49	33.71	34.15	32.13	32.07	29.66	27.09	25.50	32.09
英国	11.65	12.30	11.94	11.51	11.57	13.41	13.22	13.75	12.08	12.62	12.42
德国	7.55	9.20	8.49	8.43	7.91	6.67	7.11	6.99	7.47	9.08	7.86
加拿大	7.27	6.64	6.14	6.08	4.73	5.09	5.87	5.23	5.66	4.95	5.73
荷兰	6.24	4.78	4.71	4.54	5.87	3.97	5.04	5.55	7.19	5.69	5.37
澳大利亚	3.36	3.63	4.04	3.32	2.85	3.67	5.62	3.70	4.61	4.29	3.92
意大利	3.63	3.36	2.27	3.00	4.32	3.37	2.48	3.46	3.49	3.14	3.26
法国	3.17	3.89	3.28	2.84	2.77	2.47	2.07	2.65	2.86	2.64	2.85
比利时	2.80	2.39	3.20	2.84	1.79	2.32	2.23	1.93	2.72	3.71	2.59
中国大陆	1.30	1.24	1.35	1.94	2.36	3.15	3.22	3.22	3.63	3.47	2.54
瑞士	1.68	2.12	3.11	3.00	2.69	2.10	1.57	2.57	2.58	2.06	2.36
西班牙	1.49	1.42	2.02	1.94	2.28	2.62	1.57	2.01	2.30	2.39	2.03
以色列	1.86	1.68	1.60	1.62	1.71	1.50	1.49	1.93	1.33	1.40	1.60
韩国	0.65	0.88	0.93	1.38	1.22	1.50	1.49	1.05	0.77	0.83	1.07
瑞典	1.21	1.50	1.18	0.81	0.73	0.45	0.66	1.13	0.84	0.99	0.94
中国台湾	0.47	0.44	0.67	1.22	0.81	1.50	1.16	0.56	1.12	0.83	0.90
芬兰	0.93	0.71	0.59	0.89	0.90	1.12	0.74	0.72	0.91	1.16	0.87
奥地利	0.84	0.71	0.67	1.05	0.73	0.45	0.99	1.13	0.70	0.91	0.81
丹麦	0.65	1.06	0.84	0.81	0.65	0.97	0.99	0.96	0.63	0.41	0.80
中国香港	0.56	0.44	0.76	0.65	0.57	0.60	0.91	0.80	0.84	0.58	0.68

二十七　数学心理学

数学心理学 A、B、C 层人才最多的国家是美国，分别占该学科全球 A、B、C 层人才的 100%、36.67%、35.36%，遥遥领先于其他国家和地区。

荷兰、英国的 B 层人才处于第二梯队，世界占比均为 13.33%；加拿大、比利时、德国的 B 层人才比较多，世界占比在 9%~5% 之间；丹麦、新西兰、澳大利亚、捷克、芬兰、印度、以色列、意大利、日本、韩国、西班牙、瑞士也有相当数量的 B 层人才，世界占比超过 1%。

英国、荷兰的 C 层人才虽与美国差距巨大，但显著高于其他国家和地区，世界占比分别为 10.97%、10.04%；德国、加拿大、澳大利亚、比利时的 C 层人才比较多，世界占比在 8%~3% 之间；瑞士、西班牙、法国、瑞典、意大利、中国大陆、韩国、南非、中国香港、波兰、挪威、以色列、日本也有相当数量的 C 层人才，世界占比超过或接近 1%。

表 4-79　数学心理学 A 层人才的国家和地区的占比

单位：%

国家和地区	2011 年	2012 年	2013 年	2014 年	2015 年	2016 年	2017 年	2018 年	2019 年	2020 年	合计
美国	0.00	0.00	0.00	0.00	0.00	100.00	100.00	0.00	0.00	100.00	100.00

表 4-80　数学心理学 B 层人才的国家和地区的占比

单位：%

国家和地区	2011 年	2012 年	2013 年	2014 年	2015 年	2016 年	2017 年	2018 年	2019 年	2020 年	合计
美国	57.14	28.57	42.86	25.00	62.50	44.44	40.00	18.18	33.33	27.27	36.67
荷兰	0.00	28.57	0.00	12.50	0.00	22.22	10.00	36.36	8.33	9.09	13.33
英国	14.29	14.29	0.00	12.50	12.50	22.22	10.00	18.18	8.33	18.18	13.33
加拿大	28.57	14.29	14.29	25.00	0.00	0.00	10.00	0.00	8.33	0.00	8.89
比利时	0.00	14.29	14.29	12.50	12.50	0.00	10.00	0.00	0.00	9.09	6.67
德国	0.00	0.00	14.29	0.00	0.00	0.00	0.00	9.09	8.33	18.18	5.56
丹麦	0.00	0.00	0.00	0.00	0.00	0.00	10.00	0.00	8.33	0.00	2.22
新西兰	0.00	0.00	0.00	0.00	0.00	0.00	0.00	0.00	8.33	9.09	2.22
澳大利亚	0.00	0.00	0.00	0.00	0.00	11.11	0.00	0.00	0.00	0.00	1.11
捷克	0.00	0.00	0.00	0.00	0.00	0.00	0.00	9.09	0.00	0.00	1.11

续表

国家和地区	2011年	2012年	2013年	2014年	2015年	2016年	2017年	2018年	2019年	2020年	合计
芬兰	0.00	0.00	0.00	0.00	0.00	0.00	10.00	0.00	0.00	0.00	1.11
印度	0.00	0.00	0.00	0.00	0.00	0.00	0.00	0.00	9.09	0.00	1.11
以色列	0.00	0.00	0.00	12.50	0.00	0.00	0.00	0.00	0.00	0.00	1.11
意大利	0.00	0.00	0.00	0.00	0.00	0.00	0.00	0.00	0.00	9.09	1.11
日本	0.00	0.00	0.00	0.00	0.00	0.00	0.00	0.00	8.33	0.00	1.11
韩国	0.00	0.00	0.00	0.00	0.00	0.00	0.00	0.00	8.33	0.00	1.11
西班牙	0.00	0.00	0.00	0.00	12.50	0.00	0.00	0.00	0.00	0.00	1.11
瑞士	0.00	0.00	14.29	0.00	0.00	0.00	0.00	0.00	0.00	0.00	1.11

表4-81 数学心理学C层人才排名前20的国家和地区的占比

单位：%

国家和地区	2011年	2012年	2013年	2014年	2015年	2016年	2017年	2018年	2019年	2020年	合计
美国	32.39	30.88	38.46	41.10	40.79	49.46	23.71	33.66	40.38	25.69	35.36
英国	8.45	13.24	7.69	8.22	9.21	8.60	17.53	9.90	8.65	15.60	10.97
荷兰	7.04	7.35	4.62	9.59	10.53	9.68	13.40	10.89	9.62	13.76	10.04
德国	5.63	7.35	4.62	9.59	10.53	3.23	8.25	7.92	9.62	9.17	7.70
加拿大	5.63	5.88	6.15	4.11	2.63	7.53	5.15	2.97	6.73	3.67	5.02
澳大利亚	12.68	7.35	6.15	2.74	3.95	5.38	4.12	1.98	4.81	3.67	5.02
比利时	1.41	4.41	9.23	2.74	2.63	3.23	6.19	0.99	3.85	3.67	3.73
瑞士	5.63	2.94	0.00	0.00	3.95	1.08	0.00	6.93	4.81	1.83	2.80
西班牙	1.41	2.94	7.69	2.74	1.32	4.30	3.09	2.97	0.96	0.92	2.68
法国	1.41	2.94	4.62	2.74	2.63	2.15	2.06	0.99	1.92	4.59	2.57
瑞典	1.41	2.94	1.54	0.00	1.32	1.08	2.06	1.98	1.92	1.83	1.63
意大利	4.23	2.94	0.00	1.37	2.63	1.08	3.09	0.99	0.00	0.92	1.63
中国大陆	0.00	0.00	1.54	0.00	1.32	0.00	2.06	1.98	1.92	2.75	1.28
韩国	1.41	0.00	3.08	0.00	1.32	0.00	1.03	0.00	0.00	1.83	0.82
南非	0.00	0.00	0.00	1.37	0.00	0.00	2.97	0.96	0.92	0.00	0.70
中国香港	0.00	1.47	0.00	1.37	0.00	0.00	1.03	0.99	0.00	1.83	0.70
波兰	0.00	0.00	0.00	1.37	2.63	0.00	1.03	0.99	0.92	0.00	0.70
挪威	1.41	0.00	0.00	0.00	0.00	1.08	2.06	0.99	0.00	0.00	0.58
以色列	0.00	0.00	0.00	1.37	0.00	0.00	1.03	1.98	0.92	0.00	0.58
日本	0.00	1.47	0.00	0.00	0.00	1.08	0.00	0.00	0.00	2.75	0.58

二十八　多学科心理学

多学科心理学A、B、C层人才最多的国家是美国，分别占该学科全球A、B、C层人才的37.88%、38.98%、34.37%，遥遥领先于其他国家和地区。

英国的A层人才虽远不及美国，但相比其他国家和地区，优势显著，世界占比为16.16%；加拿大、荷兰、德国、澳大利亚、新西兰的A层人才比较多，世界占比在9%~3%之间；中国大陆、西班牙、瑞士、比利时、意大利、瑞典、法国、中国香港、以色列、奥地利、芬兰、希腊、印度尼西亚也有相当数量的A层人才，世界占比超过或接近1%。

英国的B层人才虽远不及美国，但相比其他国家和地区，优势显著，世界占比为11.94%；荷兰、加拿大、德国、澳大利亚的B层人才比较多，世界占比在7%~4%之间；西班牙、意大利、比利时、中国大陆、瑞士、挪威、芬兰、新西兰、中国台湾、韩国、瑞典、葡萄牙、新加坡、法国也有相当数量的B层人才，世界占比超过或接近1%。

英国的C层人才虽远不及美国，但相比其他国家和地区，优势显著，世界占比为9.34%；德国、澳大利亚、加拿大、荷兰、西班牙、意大利的C层人才比较多，世界占比在6%~3%之间；中国大陆、法国、比利时、瑞士、瑞典、以色列、挪威、韩国、芬兰、中国香港、奥地利、丹麦也有相当数量的C层人才，世界占比超过或接近1%。

表4-82　多学科心理学A层人才排名前20的国家和地区的占比

单位：%

国家和地区	2011年	2012年	2013年	2014年	2015年	2016年	2017年	2018年	2019年	2020年	合计
美国	58.33	61.11	47.06	42.11	15.79	29.17	38.10	33.33	47.62	23.08	37.88
英国	8.33	22.22	17.65	21.05	5.26	16.67	19.05	9.52	23.81	15.38	16.16
加拿大	8.33	5.56	11.76	10.53	5.26	8.33	4.76	4.76	4.76	15.38	8.08
荷兰	0.00	5.56	5.88	15.79	10.53	4.17	4.76	19.05	4.76	0.00	7.07
德国	16.67	0.00	5.88	0.00	5.26	4.17	9.52	4.76	4.76	0.00	4.55

续表

国家和地区	2011年	2012年	2013年	2014年	2015年	2016年	2017年	2018年	2019年	2020年	合计
澳大利亚	0.00	5.56	0.00	5.26	5.26	4.17	4.76	9.52	0.00	3.85	4.04
新西兰	8.33	0.00	0.00	0.00	0.00	4.17	9.52	0.00	0.00	11.54	3.54
中国大陆	0.00	0.00	5.88	0.00	0.00	0.00	0.00	0.00	0.00	11.54	2.02
西班牙	0.00	0.00	0.00	0.00	0.00	5.26	0.00	4.76	4.76	0.00	3.85	2.02
瑞士	0.00	0.00	5.88	0.00	0.00	4.17	0.00	0.00	4.76	3.85	2.02
比利时	0.00	0.00	0.00	0.00	0.00	5.26	4.17	0.00	4.76	0.00	1.52
意大利	0.00	0.00	0.00	0.00	0.00	5.26	0.00	0.00	0.00	7.69	1.52
瑞典	0.00	0.00	0.00	5.26	5.26	4.17	0.00	0.00	0.00	0.00	1.52
法国	0.00	0.00	0.00	0.00	0.00	0.00	4.17	4.76	0.00	0.00	1.01
中国香港	0.00	0.00	0.00	0.00	0.00	5.26	0.00	0.00	0.00	3.85	1.01
以色列	0.00	0.00	0.00	0.00	0.00	5.26	0.00	0.00	4.76	0.00	1.01
奥地利	0.00	0.00	0.00	0.00	0.00	5.26	0.00	0.00	0.00	0.00	0.51
芬兰	0.00	0.00	0.00	0.00	0.00	0.00	4.17	0.00	0.00	0.00	0.51
希腊	0.00	0.00	0.00	0.00	0.00	0.00	0.00	0.00	4.76	0.00	0.51
印度尼西亚	0.00	0.00	0.00	0.00	0.00	4.17	0.00	0.00	0.00	0.00	0.51

表4-83 多学科心理学B层人才排名前20的国家和地区的占比

单位：%

国家和地区	2011年	2012年	2013年	2014年	2015年	2016年	2017年	2018年	2019年	2020年	合计
美国	51.85	48.45	47.59	51.69	50.88	32.82	38.54	36.89	29.26	19.27	38.98
英国	7.41	12.42	16.87	7.30	8.77	15.44	10.24	13.11	14.85	9.63	11.94
荷兰	11.11	5.59	6.63	7.30	5.26	7.72	6.34	2.91	5.68	5.50	6.21
加拿大	7.41	8.70	4.22	10.11	7.02	3.86	8.29	2.91	4.80	1.83	5.63
德国	5.56	3.11	7.23	2.81	2.34	2.70	5.37	7.77	7.42	6.42	5.10
澳大利亚	0.93	3.11	5.42	3.93	6.43	5.02	3.41	5.34	5.24	4.13	4.47
西班牙	1.85	1.86	1.81	2.81	1.75	3.09	2.44	2.91	4.37	4.59	2.89
意大利	0.00	0.62	0.00	1.69	0.58	3.09	2.93	2.43	2.62	8.26	2.52
比利时	1.85	0.62	1.20	1.69	2.34	2.70	0.49	3.40	1.75	1.83	1.84
中国大陆	0.93	1.24	0.00	1.12	0.58	1.54	2.93	2.43	2.18	2.75	1.68
瑞士	0.93	0.00	2.41	0.56	0.58	2.32	2.93	1.46	1.75	0.46	1.42
挪威	0.00	2.48	0.00	0.56	1.17	1.16	0.00	1.94	1.75	0.46	1.00
芬兰	0.93	0.00	0.00	1.12	0.58	0.77	1.95	2.43	0.87	0.92	1.00
新西兰	0.93	1.24	1.20	0.56	0.58	0.39	1.46	0.00	1.75	0.46	0.84
中国台湾	0.93	1.24	0.00	1.12	0.00	0.77	0.49	0.49	1.75	0.92	0.79
韩国	0.93	0.00	0.00	0.00	1.75	1.54	0.49	0.49	1.75	0.46	0.79

续表

国家和地区	2011年	2012年	2013年	2014年	2015年	2016年	2017年	2018年	2019年	2020年	合计
瑞典	0.00	1.24	0.60	0.00	0.58	0.39	0.49	1.46	0.87	1.38	0.74
葡萄牙	0.00	0.62	0.00	0.00	0.58	1.16	2.93	0.49	0.00	0.92	0.74
新加坡	1.85	0.62	0.00	1.12	1.75	0.77	0.00	0.49	0.44	0.46	0.68
法国	0.00	1.86	0.60	0.00	0.58	0.77	0.49	1.46	0.00	0.92	0.68

表4–84 多学科心理学C层人才排名前20的国家和地区的占比

单位：%

国家和地区	2011年	2012年	2013年	2014年	2015年	2016年	2017年	2018年	2019年	2020年	合计
美国	46.00	44.36	42.22	39.42	37.31	31.89	32.91	31.06	26.18	24.35	34.37
英国	9.32	9.30	9.22	9.47	9.18	9.19	10.30	9.16	9.35	8.95	9.34
德国	5.89	5.98	4.79	6.22	5.96	5.55	5.53	6.73	5.37	6.17	5.81
澳大利亚	3.96	4.00	5.53	4.73	4.91	5.51	4.92	5.97	6.45	4.87	5.19
加拿大	5.36	5.98	6.76	5.19	5.09	4.37	4.82	4.75	4.72	4.31	5.04
荷兰	5.54	4.62	4.73	5.31	5.96	4.29	4.87	4.91	4.80	4.04	4.84
西班牙	2.11	2.09	2.52	2.28	3.27	3.18	4.47	4.45	5.11	4.27	3.52
意大利	2.37	1.79	1.72	2.11	2.81	3.63	2.91	3.29	3.94	4.78	3.07
中国大陆	1.32	1.23	1.04	1.77	1.40	2.98	3.27	3.95	4.15	5.38	2.86
法国	2.11	1.54	1.60	1.60	1.40	1.96	1.36	1.77	1.86	1.35	1.65
比利时	1.50	1.73	1.54	1.31	1.58	1.71	1.81	1.77	1.56	1.21	1.57
瑞士	1.50	1.79	1.72	1.71	1.75	1.55	1.16	1.52	1.86	1.25	1.57
瑞典	1.14	1.23	1.41	1.43	1.17	1.59	1.46	1.57	1.90	1.02	1.42
以色列	1.14	0.92	1.60	1.25	1.11	1.31	1.26	1.01	1.04	1.11	1.17
挪威	0.70	1.05	0.61	1.03	0.94	1.22	1.46	1.21	1.00	1.53	1.11
韩国	0.97	1.05	1.04	1.54	1.05	1.22	1.26	1.21	0.74	0.88	1.09
芬兰	0.88	0.55	0.74	0.86	0.99	0.94	1.01	1.06	1.25	0.88	0.93
中国香港	0.53	0.43	1.11	0.63	0.53	0.82	0.90	1.11	0.95	1.67	0.90
奥地利	1.14	0.68	0.55	0.91	1.05	0.78	0.95	0.76	0.91	1.07	0.88
丹麦	0.62	0.86	0.61	0.68	0.82	0.90	1.01	0.81	0.95	1.07	0.85

二十九 心理分析

心理分析A层人才最多的国家是美国，世界占比为55.56%，遥遥领先于其他国家；其余的人才分布在英国、奥地利、意大利，世界占比分别为

22.22%、11.11%、11.11%。

美国的 B 层人才最多，世界占比为 41.60%，遥遥领先于其他国家和地区；英国、意大利、德国的 B 层人才处于第二梯队，世界占比在 15%~8% 之间；澳大利亚、比利时、加拿大、荷兰、奥地利、以色列、西班牙、瑞典、瑞士、智利、法国、中国香港、爱尔兰、挪威、葡萄牙也有相当数量的 B 层人才，世界占比超过或接近 1%。

美国的 C 层人才最多，世界占比为 41.14%，遥遥领先于其他国家和地区；德国、英国 C 层人才虽与美国差距巨大，但明显领先于其他国家和地区，世界占比分别为 15.66%、12.13%；意大利、加拿大、以色列、瑞士、奥地利的 C 层人才比较多，世界占比在 5%~2% 之间；挪威、瑞典、澳大利亚、比利时、荷兰、南非、法国、西班牙、丹麦、爱尔兰、阿根廷、巴西也有相当数量的 C 层人才，世界占比超过或接近 1%。

表 4-85 心理分析 A 层人才的国家和地区的占比

单位：%

国家和地区	2011年	2012年	2013年	2014年	2015年	2016年	2017年	2018年	2019年	2020年	合计
美国	100.00	100.00	0.00	100.00	100.00	0.00	0.00	0.00	100.00	0.00	55.56
英国	0.00	0.00	100.00	0.00	0.00	0.00	100.00	0.00	0.00	0.00	22.22
奥地利	0.00	0.00	0.00	0.00	0.00	0.00	0.00	100.00	0.00	0.00	11.11
意大利	0.00	0.00	0.00	0.00	0.00	100.00	0.00	0.00	0.00	0.00	11.11

表 4-86 心理分析 B 层人才的国家和地区的占比

单位：%

国家和地区	2011年	2012年	2013年	2014年	2015年	2016年	2017年	2018年	2019年	2020年	合计
美国	66.67	42.86	25.00	66.67	41.67	53.33	26.67	18.75	50.00	33.33	41.60
英国	0.00	14.29	25.00	0.00	8.33	26.67	20.00	25.00	0.00	16.67	14.40
意大利	0.00	14.29	8.33	8.33	25.00	0.00	20.00	25.00	16.67	8.33	12.80
德国	25.00	14.29	8.33	8.33	8.33	0.00	6.67	6.25	16.67	0.00	8.80
澳大利亚	0.00	0.00	0.00	8.33	8.33	6.67	0.00	0.00	0.00	0.00	2.40
比利时	0.00	14.29	0.00	0.00	0.00	0.00	13.33	0.00	0.00	0.00	2.40
加拿大	0.00	0.00	8.33	0.00	0.00	0.00	6.67	6.25	0.00	0.00	2.40
荷兰	0.00	0.00	0.00	0.00	0.00	0.00	6.67	6.25	8.33	0.00	2.40
奥地利	0.00	0.00	0.00	0.00	0.00	0.00	0.00	16.67	0.00	0.00	1.60

续表

国家和地区	2011年	2012年	2013年	2014年	2015年	2016年	2017年	2018年	2019年	2020年	合计
以色列	8.33	0.00	0.00	0.00	0.00	0.00	0.00	0.00	0.00	8.33	1.60
西班牙	0.00	0.00	8.33	0.00	0.00	0.00	0.00	0.00	0.00	8.33	1.60
瑞典	0.00	0.00	8.33	0.00	8.33	0.00	0.00	0.00	0.00	0.00	1.60
瑞士	0.00	0.00	0.00	0.00	0.00	0.00	6.67	0.00	0.00	8.33	1.60
智利	0.00	0.00	8.33	0.00	0.00	0.00	0.00	0.00	0.00	0.00	0.80
法国	0.00	0.00	0.00	0.00	0.00	0.00	0.00	6.25	0.00	0.00	0.80
中国香港	0.00	0.00	0.00	8.33	0.00	0.00	0.00	0.00	0.00	0.00	0.80
爱尔兰	0.00	0.00	0.00	0.00	0.00	0.00	0.00	6.25	0.00	0.00	0.80
挪威	0.00	0.00	0.00	0.00	0.00	0.00	0.00	6.25	0.00	0.00	0.80
葡萄牙	0.00	0.00	0.00	0.00	0.00	0.00	0.00	0.00	0.00	8.33	0.80

表4-87 心理分析C层人才排名前20的国家和地区的占比

单位：%

国家和地区	2011年	2012年	2013年	2014年	2015年	2016年	2017年	2018年	2019年	2020年	合计
美国	50.85	53.33	36.89	39.67	44.35	34.26	38.93	42.31	36.07	33.33	41.14
德国	13.56	16.19	18.85	14.05	14.52	16.67	11.45	15.38	19.67	17.28	15.66
英国	11.86	13.33	12.30	15.70	12.10	14.81	15.27	9.23	9.02	6.17	12.13
意大利	5.08	0.95	4.92	3.31	3.23	4.63	1.53	8.46	6.56	6.17	4.48
加拿大	2.54	2.86	4.92	4.96	4.03	6.48	3.82	1.54	2.46	4.94	3.79
以色列	1.69	0.95	4.10	2.48	4.03	4.63	2.29	3.85	1.64	1.23	2.75
瑞士	1.69	1.90	2.46	3.31	3.23	0.93	3.05	1.54	4.10	1.23	2.41
奥地利	1.69	1.90	3.28	1.65	1.61	2.78	2.29	3.08	0.82	1.23	2.07
挪威	2.54	0.95	0.82	2.48	0.81	1.85	0.76	0.77	3.28	1.23	1.55
瑞典	1.69	1.90	1.64	2.48	0.81	2.78	0.76	2.31	0.00	1.23	1.55
澳大利亚	1.69	0.95	0.00	0.83	1.61	1.85	1.53	0.77	3.28	2.47	1.46
比利时	1.69	0.00	1.64	0.00	2.42	0.93	1.53	0.00	3.28	2.47	1.38
荷兰	0.00	0.00	1.64	2.48	0.00	0.93	1.53	0.77	0.82	1.23	0.95
南非	0.00	0.00	0.00	0.83	2.42	0.93	1.53	2.31	0.82	0.00	0.95
法国	0.85	0.95	0.82	0.83	0.81	0.93	0.76	2.31	0.82	0.00	0.95
西班牙	0.00	0.00	0.82	0.83	0.00	0.00	0.76	1.54	2.46	2.47	0.86
丹麦	0.00	0.95	0.82	1.65	1.61	0.00	0.76	0.00	1.64	0.00	0.77
爱尔兰	0.00	0.00	0.00	0.00	0.81	0.93	1.53	1.54	0.00	2.47	0.69
阿根廷	0.00	0.00	0.00	0.82	0.00	0.00	1.53	1.54	0.00	0.00	0.52
巴西	0.85	0.95	0.82	0.00	0.00	0.93	1.53	0.00	0.00	0.00	0.52

三十 社会心理学

社会心理学A、B、C层人才最多的国家是美国,分别占该学科全球A、B、C层人才的57.41%、43.24%、37.71%,遥遥领先于其他国家和地区。

英国的A层人才虽远不及美国,但相比其他国家和地区,优势明显,世界占比为12.96%;比利时、澳大利亚、意大利的A层人才比较多,世界占比在8%~3%之间;加拿大、德国、以色列、荷兰、秘鲁、菲律宾、土耳其也有相当数量的A层人才,世界占比均为1.85%。

英国、德国、荷兰、加拿大、澳大利亚的B层人才比较多,世界占比在9%~3%之间;比利时、意大利、瑞士、波兰、新西兰、中国大陆、法国、西班牙、韩国、丹麦、日本、奥地利、新加坡、中国香港也有相当数量的B层人才,世界占比超过或接近1%。

英国、加拿大、德国、荷兰、澳大利亚的C层人才比较多,世界占比在10%~4%之间;意大利、中国大陆、比利时、以色列、瑞士、西班牙、新西兰、波兰、新加坡、中国香港、法国、韩国、挪威、瑞典也有相当数量的C层人才,世界占比超过或接近1%。

表4-88 社会心理学A层人才的国家和地区的占比

单位:%

国家和地区	2011年	2012年	2013年	2014年	2015年	2016年	2017年	2018年	2019年	2020年	合计
美国	80.00	0.00	16.67	0.00	42.86	71.43	62.50	85.71	57.14	42.86	57.41
英国	0.00	0.00	33.33	0.00	14.29	14.29	12.50	14.29	14.29	0.00	12.96
比利时	0.00	0.00	16.67	0.00	14.29	0.00	0.00	0.00	14.29	14.29	7.41
澳大利亚	20.00	0.00	0.00	0.00	0.00	14.29	0.00	0.00	0.00	14.29	5.56
意大利	0.00	0.00	16.67	0.00	0.00	0.00	0.00	0.00	14.29	0.00	3.70
加拿大	0.00	0.00	0.00	0.00	0.00	0.00	0.00	0.00	0.00	14.29	1.85
德国	0.00	0.00	16.67	0.00	0.00	0.00	0.00	0.00	0.00	0.00	1.85
以色列	0.00	0.00	0.00	0.00	0.00	0.00	12.50	0.00	0.00	0.00	1.85
荷兰	0.00	0.00	0.00	0.00	0.00	0.00	12.50	0.00	0.00	0.00	1.85
秘鲁	0.00	0.00	0.00	0.00	14.29	0.00	0.00	0.00	0.00	0.00	1.85
菲律宾	0.00	0.00	0.00	0.00	0.00	0.00	0.00	0.00	0.00	14.29	1.85
土耳其	0.00	0.00	0.00	0.00	14.29	0.00	0.00	0.00	0.00	0.00	1.85

表4-89 社会心理学B层人才排名前20的国家和地区的占比

单位：%

国家和地区	2011年	2012年	2013年	2014年	2015年	2016年	2017年	2018年	2019年	2020年	合计
美国	63.46	56.14	40.74	37.31	52.38	47.76	42.86	30.56	41.25	29.33	43.24
英国	7.69	3.51	12.96	5.97	9.52	8.96	10.20	6.94	8.75	13.33	8.81
德国	7.69	7.02	5.56	7.46	4.76	2.99	6.12	8.33	12.50	10.67	7.55
荷兰	3.85	3.51	12.96	8.96	6.35	7.46	10.20	6.94	10.00	4.00	7.39
加拿大	3.85	5.26	12.96	5.97	6.35	13.43	8.16	4.17	8.75	2.67	7.08
澳大利亚	3.85	1.75	1.85	1.49	1.59	5.97	4.08	1.39	3.75	5.33	3.14
比利时	0.00	1.75	1.85	1.49	1.59	0.00	4.08	4.17	3.75	5.33	2.52
意大利	0.00	1.75	1.85	2.99	1.59	0.00	2.04	4.17	1.25	5.33	2.20
瑞士	0.00	3.51	1.85	1.49	0.00	0.00	2.04	2.78	1.25	2.67	1.57
波兰	0.00	1.75	0.00	2.99	1.59	0.00	2.04	1.39	0.00	4.00	1.42
新西兰	0.00	3.51	1.85	0.00	0.00	0.00	2.04	2.78	2.50	0.00	1.26
中国大陆	1.92	0.00	0.00	0.00	3.17	0.00	0.00	2.78	0.00	2.67	1.10
法国	0.00	0.00	0.00	0.00	1.59	2.99	0.00	2.78	1.25	1.33	1.10
西班牙	0.00	0.00	1.85	1.49	1.59	0.00	0.00	1.39	0.00	2.67	0.94
韩国	0.00	0.00	0.00	1.49	3.17	1.49	0.00	2.78	0.00	0.00	0.94
丹麦	0.00	0.00	0.00	1.49	0.00	1.49	0.00	1.39	1.25	1.33	0.79
日本	0.00	0.00	0.00	1.49	0.00	1.49	0.00	2.78	0.00	1.33	0.79
奥地利	1.92	0.00	0.00	2.99	0.00	0.00	2.04	0.00	0.00	0.00	0.63
新加坡	1.92	0.00	0.00	2.99	0.00	0.00	0.00	0.00	0.00	1.33	0.63
中国香港	0.00	0.00	0.00	2.99	1.59	0.00	0.00	1.39	0.00	0.00	0.63

表4-90 社会心理学C层人才排名前20的国家和地区的占比

单位：%

国家和地区	2011年	2012年	2013年	2014年	2015年	2016年	2017年	2018年	2019年	2020年	合计
美国	47.40	48.05	43.75	41.84	34.23	38.66	33.33	35.53	32.50	29.94	37.71
英国	7.90	8.17	6.62	10.71	10.41	9.85	9.74	9.65	9.34	8.47	9.17
加拿大	6.36	7.98	7.72	6.29	6.47	5.97	6.99	6.73	8.68	5.93	6.91
德国	6.55	3.70	5.33	7.65	7.10	4.93	5.99	6.14	7.37	7.06	6.24
荷兰	7.13	6.03	6.43	4.76	5.52	4.78	4.87	6.73	5.66	5.37	5.67
澳大利亚	3.08	2.92	3.49	3.91	5.36	5.22	5.49	5.41	6.18	5.79	4.84
意大利	2.70	2.53	1.47	1.19	1.89	2.99	2.37	1.32	3.03	2.82	2.26
中国大陆	0.39	0.78	1.47	2.04	2.68	2.09	2.25	2.63	2.76	3.39	2.15
比利时	1.73	1.75	2.21	1.87	2.21	0.90	1.00	2.92	1.97	2.97	1.95

续表

国家和地区	2011年	2012年	2013年	2014年	2015年	2016年	2017年	2018年	2019年	2020年	合计
以色列	2.89	1.56	1.47	1.53	1.74	2.54	1.25	1.61	1.45	1.41	1.71
瑞士	1.93	0.39	1.84	1.53	1.26	1.49	2.00	1.17	2.11	2.26	1.64
西班牙	0.96	1.56	0.74	1.53	0.95	1.94	1.75	1.46	1.32	1.84	1.43
新西兰	0.77	0.78	2.76	1.19	1.26	1.19	1.00	1.75	1.18	1.41	1.32
波兰	0.58	0.39	0.92	0.68	0.79	1.79	1.50	1.02	1.58	2.12	1.20
新加坡	1.16	0.97	0.92	1.36	0.79	1.19	0.75	0.88	1.05	1.27	1.03
中国香港	0.77	1.17	0.92	0.51	1.26	1.04	1.37	0.58	0.92	1.27	1.00
法国	0.96	0.97	0.92	1.36	0.32	0.60	1.12	1.61	0.66	1.27	0.98
韩国	0.77	0.97	0.55	1.19	1.58	0.90	1.37	0.44	0.26	0.42	0.84
挪威	1.16	0.58	0.37	0.85	0.79	0.30	1.37	1.46	0.39	0.56	0.79
瑞典	0.00	0.97	0.00	0.51	1.58	1.04	0.75	0.73	0.39	0.99	0.72

三十一 行为科学

行为科学A、B、C层人才最多的国家是美国，分别占该学科全球A、B、C层人才的31.07%、30.08%、29.53%，显著高于其他国家和地区。

英国、德国A层人才虽与美国有很大差距，但显著高于其他国家和地区，世界占比分别为14.56%、11.65%；荷兰、瑞典、澳大利亚、奥地利的A层人才比较多，世界占比在9%~3%之间；比利时、加拿大、西班牙、丹麦、芬兰、中国大陆、塞浦路斯、法国、爱尔兰、意大利、新西兰、巴拿马、波兰也有相当数量的A层人才，世界占比超过或接近1%。

英国B层人才虽远不及美国，但显著高于其他国家和地区，世界占比为15.18%；德国、加拿大、澳大利亚、荷兰、意大利的B层人才比较多，世界占比在9%~3%之间；法国、瑞士、巴西、中国大陆、比利时、以色列、瑞典、西班牙、丹麦、奥地利、日本、挪威、爱尔兰也有相当数量的B层人才，世界占比超过或接近1%。

英国C层人才虽与美国有较大差距，但相比其他国家和地区，优势显著，世界占比为11.98%；德国、加拿大、荷兰、澳大利亚、意大利、法国的C层人才比较多，世界占比在8%~3%之间；中国大陆、瑞士、西班牙、比利时、瑞典、巴西、日本、奥地利、丹麦、以色列、芬兰、新西兰也有相当数量的C层人才,世界占比超过或接近1%。

表4-91 行为科学A层人才排名前20的国家和地区的占比

单位:%

国家和地区	2011年	2012年	2013年	2014年	2015年	2016年	2017年	2018年	2019年	2020年	合计
美国	60.00	20.00	33.33	20.00	30.77	53.85	27.27	15.38	23.08	16.67	31.07
英国	10.00	0.00	44.44	30.00	15.38	0.00	9.09	7.69	23.08	0.00	14.56
德国	10.00	20.00	11.11	0.00	0.00	7.69	18.18	15.38	23.08	16.67	11.65
荷兰	10.00	0.00	11.11	0.00	0.00	7.69	18.18	15.38	7.69	16.67	8.74
瑞典	0.00	20.00	0.00	0.00	7.69	0.00	9.09	15.38	0.00	0.00	4.85
澳大利亚	10.00	0.00	0.00	0.00	15.38	7.69	0.00	0.00	0.00	0.00	3.88
奥地利	0.00	20.00	0.00	10.00	0.00	7.69	0.00	0.00	7.69	0.00	3.88
比利时	0.00	0.00	0.00	0.00	0.00	0.00	9.09	7.69	0.00	16.67	2.91
加拿大	0.00	0.00	0.00	0.00	7.69	7.69	0.00	0.00	0.00	16.67	2.91
西班牙	0.00	0.00	0.00	0.00	0.00	0.00	9.09	7.69	0.00	0.00	2.91
丹麦	0.00	0.00	0.00	0.00	0.00	7.69	0.00	7.69	0.00	0.00	1.94
芬兰	0.00	0.00	0.00	0.00	7.69	0.00	0.00	0.00	0.00	16.67	1.94
中国大陆	0.00	0.00	0.00	0.00	0.00	0.00	0.00	7.69	0.00	0.00	0.97
塞浦路斯	0.00	0.00	0.00	10.00	0.00	0.00	0.00	0.00	0.00	0.00	0.97
法国	0.00	0.00	0.00	0.00	0.00	0.00	0.00	0.00	7.69	0.00	0.97
爱尔兰	0.00	0.00	0.00	0.00	7.69	0.00	0.00	0.00	0.00	0.00	0.97
意大利	0.00	0.00	0.00	10.00	0.00	0.00	0.00	0.00	0.00	0.00	0.97
新西兰	0.00	20.00	0.00	0.00	0.00	0.00	0.00	0.00	0.00	0.00	0.97
巴拿马	0.00	0.00	0.00	0.00	0.00	7.69	0.00	0.00	0.00	0.00	0.97
波兰	0.00	0.00	0.00	0.00	0.00	0.00	0.00	7.69	0.00	0.00	0.97

表4-92 行为科学B层人才排名前20的国家和地区的占比

单位:%

国家和地区	2011年	2012年	2013年	2014年	2015年	2016年	2017年	2018年	2019年	2020年	合计
美国	34.44	35.63	29.35	27.84	31.67	36.84	30.58	30.91	22.61	22.22	30.08
英国	12.22	18.39	17.39	13.40	17.50	19.30	12.40	17.27	14.78	9.26	15.18
德国	11.11	5.75	7.61	10.31	7.50	6.14	9.92	8.18	10.43	10.19	8.73
加拿大	7.78	5.75	6.52	7.22	7.50	9.65	8.26	7.27	6.96	6.48	7.40
澳大利亚	3.33	5.75	2.17	3.09	10.00	4.39	6.61	6.36	6.09	5.56	5.50

续表

国家和地区	2011年	2012年	2013年	2014年	2015年	2016年	2017年	2018年	2019年	2020年	合计
荷兰	5.56	5.75	5.43	4.12	7.50	3.51	4.96	6.36	5.22	6.48	5.50
意大利	4.44	3.45	2.17	5.15	0.83	4.39	4.13	2.73	2.61	2.78	3.23
法国	3.33	3.45	6.52	3.09	0.83	0.88	1.65	0.91	3.48	1.85	2.47
瑞士	2.22	0.00	4.35	1.03	0.83	3.51	2.48	1.82	2.61	0.93	1.99
巴西	2.22	1.15	1.09	4.12	0.83	1.75	1.65	1.82	1.74	0.00	1.61
中国大陆	2.22	1.15	0.00	2.06	0.00	0.00	3.31	2.73	2.61	1.85	1.61
比利时	0.00	0.00	1.09	2.06	0.83	0.88	1.65	3.64	2.61	1.85	1.52
以色列	3.33	1.15	2.17	0.00	0.83	0.88	1.65	0.91	2.61	1.85	1.52
瑞典	0.00	1.15	2.17	3.09	2.50	0.00	1.65	1.82	0.00	1.85	1.42
西班牙	1.11	1.15	2.17	1.03	3.33	0.00	0.83	0.91	0.87	2.78	1.42
丹麦	0.00	1.15	3.26	0.00	0.00	0.88	0.83	0.91	0.87	0.93	1.14
奥地利	0.00	0.00	0.00	3.09	0.83	1.75	0.83	0.00	1.74	1.85	1.04
日本	0.00	0.00	0.00	1.03	0.00	0.88	0.00	0.91	1.74	2.78	0.76
挪威	1.11	0.00	1.09	0.00	0.00	0.00	1.65	0.00	0.87	1.85	0.76
爱尔兰	1.11	1.15	0.00	3.09	0.83	0.88	0.83	0.00	0.00	0.00	0.76

表4-93 行为科学C层人才排名前20的国家和地区的占比

单位：%

国家和地区	2011年	2012年	2013年	2014年	2015年	2016年	2017年	2018年	2019年	2020年	合计
美国	35.28	34.06	32.71	30.75	28.76	27.83	28.40	29.80	26.01	24.31	29.53
英国	14.49	12.15	12.84	10.25	12.35	10.97	12.12	13.32	10.61	11.10	11.98
德国	6.85	7.58	9.55	7.22	8.46	6.23	6.93	7.27	7.24	6.77	7.39
加拿大	5.51	5.90	5.38	6.07	5.16	5.09	5.97	5.96	5.05	6.24	5.61
荷兰	6.40	6.26	5.05	5.65	6.09	5.36	5.28	5.00	6.06	4.65	5.57
澳大利亚	4.16	4.57	4.72	4.50	5.33	7.37	5.89	5.78	6.06	4.97	5.43
意大利	3.71	4.69	3.18	3.66	6.18	4.13	4.33	3.51	3.79	5.71	4.30
法国	3.71	4.09	3.18	3.03	3.21	3.07	2.51	2.80	3.03	2.96	3.12
中国大陆	1.12	1.68	1.87	3.14	2.54	3.42	3.98	3.33	4.04	3.49	2.95
瑞士	2.25	2.29	3.18	2.72	2.88	2.02	2.51	2.72	2.69	2.33	2.56
西班牙	1.57	1.81	2.52	1.99	2.37	2.19	1.21	1.93	2.69	3.28	2.16
比利时	1.24	1.44	1.54	2.41	1.78	1.58	1.47	1.58	2.44	1.69	1.73
瑞典	1.24	1.20	1.32	1.99	1.52	1.93	1.56	1.05	1.35	1.59	1.48

续表

国家和地区	2011年	2012年	2013年	2014年	2015年	2016年	2017年	2018年	2019年	2020年	合计
巴西	1.24	1.08	0.44	1.57	0.68	1.40	2.16	1.23	2.10	2.11	1.42
日本	1.69	0.84	1.21	1.05	1.10	1.40	0.95	1.23	1.01	0.95	1.14
奥地利	0.56	0.48	0.55	1.36	1.18	0.53	1.82	1.49	1.52	1.16	1.10
丹麦	0.90	0.84	0.99	1.26	0.93	1.67	1.21	1.14	0.76	1.06	1.08
以色列	0.90	0.48	1.21	0.73	0.76	1.05	1.13	1.05	0.84	1.27	0.95
芬兰	0.67	0.84	0.55	0.63	0.25	1.14	0.35	1.05	0.59	0.85	0.69
新西兰	1.12	0.84	0.77	0.73	0.25	0.61	0.69	0.88	0.51	0.53	0.68

三十二　生物材料学

生物材料学A、B、C层人才主要集中在中国大陆和美国，二者A、B、C层人才的世界占比合计为40.00%、43.63%、46.01%，中国大陆的三层人才均多于或等于美国；在发展趋势上，中国大陆呈现相对上升趋势，美国呈现相对下降趋势。

印度、德国、英国、中国香港、沙特、韩国、澳大利亚、比利时、意大利的A层人才比较多，世界占比在7%~3%之间；加拿大、伊朗、日本、新加坡、瑞士、奥地利、巴西、法国、冰岛也有相当数量的A层人才，世界占比超过或接近1%。

印度、韩国、德国、英国、澳大利亚的B层人才比较多，世界占比在5%~3%之间；意大利、荷兰、新加坡、日本、伊朗、中国香港、葡萄牙、沙特、加拿大、瑞士、巴西、比利时、法国也有相当数量的B层人才，世界占比超过1%。

印度、德国、韩国、英国、伊朗的C层人才比较多，世界占比在5%~3%之间；澳大利亚、意大利、新加坡、日本、荷兰、加拿大、西班牙、法国、中国香港、葡萄牙、中国台湾、瑞士、巴西也有相当数量的C层人才，世界占比超过1%。

表4-94　生物材料学 A 层人才排名前20的国家和地区的占比

单位：%

国家和地区	2011年	2012年	2013年	2014年	2015年	2016年	2017年	2018年	2019年	2020年	合计
中国大陆	14.29	0.00	20.00	16.67	8.33	16.67	28.57	25.00	15.38	40.00	20.00
美国	57.14	25.00	0.00	16.67	25.00	33.33	21.43	25.00	0.00	13.33	20.00
印度	0.00	12.50	10.00	0.00	8.33	0.00	0.00	0.00	23.08	13.33	6.96
德国	14.29	12.50	0.00	0.00	0.00	0.00	7.14	0.00	7.69	13.33	5.22
英国	0.00	0.00	10.00	8.33	0.00	0.00	7.14	8.33	7.69	6.67	5.22
中国香港	0.00	0.00	0.00	0.00	0.00	0.00	14.29	0.00	7.69	13.33	4.35
沙特	0.00	12.50	10.00	0.00	8.33	8.33	0.00	8.33	0.00	0.00	4.35
韩国	14.29	0.00	0.00	0.00	8.33	8.33	7.14	8.33	0.00	0.00	4.35
澳大利亚	0.00	0.00	10.00	8.33	0.00	8.33	0.00	0.00	7.69	0.00	3.48
比利时	0.00	12.50	0.00	8.33	0.00	8.33	0.00	0.00	7.69	0.00	3.48
意大利	0.00	12.50	10.00	8.33	0.00	0.00	7.14	0.00	0.00	0.00	3.48
加拿大	0.00	0.00	0.00	8.33	0.00	0.00	0.00	8.33	7.69	0.00	2.61
伊朗	0.00	0.00	10.00	8.33	0.00	0.00	0.00	0.00	0.00	0.00	1.74
日本	0.00	12.50	0.00	0.00	0.00	0.00	0.00	0.00	7.69	0.00	1.74
新加坡	0.00	0.00	10.00	0.00	0.00	0.00	0.00	8.33	0.00	0.00	1.74
瑞士	0.00	0.00	10.00	0.00	8.33	0.00	0.00	0.00	0.00	0.00	1.74
奥地利	0.00	0.00	0.00	0.00	0.00	8.33	0.00	0.00	0.00	0.00	0.87
巴西	0.00	0.00	0.00	0.00	0.00	0.00	7.14	0.00	0.00	0.00	0.87
法国	0.00	0.00	0.00	0.00	0.00	0.00	0.00	0.00	7.69	0.00	0.87
冰岛	0.00	0.00	0.00	0.00	0.00	8.33	0.00	0.00	0.00	0.00	0.87

表4-95　生物材料学 B 层人才排名前20的国家和地区的占比

单位：%

国家和地区	2011年	2012年	2013年	2014年	2015年	2016年	2017年	2018年	2019年	2020年	合计
中国大陆	22.86	25.00	26.21	19.66	21.14	20.33	19.55	22.76	24.09	29.79	23.12
美国	35.71	23.68	20.39	23.93	21.14	20.33	20.30	21.95	15.33	12.06	20.51
印度	7.14	3.95	7.77	5.98	2.44	3.25	2.26	2.44	5.11	6.38	4.54
韩国	0.00	0.00	0.97	3.42	4.07	3.25	6.77	4.88	5.84	9.22	4.36
德国	2.86	0.00	1.94	5.13	10.57	3.25	5.26	4.88	0.73	2.84	3.93
英国	2.86	2.63	1.94	2.56	6.50	8.94	3.01	0.00	2.19	2.13	3.32
澳大利亚	1.43	3.95	2.91	4.27	4.88	2.44	3.01	1.63	4.38	2.84	3.23
意大利	1.43	1.32	1.94	2.56	3.25	3.25	0.00	4.88	3.65	3.55	2.71
荷兰	2.86	3.95	0.97	2.56	4.88	1.63	1.50	2.44	2.92	1.42	2.44

续表

国家和地区	2011年	2012年	2013年	2014年	2015年	2016年	2017年	2018年	2019年	2020年	合计
新加坡	0.00	1.32	1.94	1.71	0.81	4.07	1.50	4.88	2.19	3.55	2.36
日本	2.86	0.00	2.91	0.85	2.44	2.44	2.26	1.63	3.65	2.84	2.27
伊朗	0.00	1.32	0.00	0.00	0.00	4.07	3.01	2.44	4.38	4.26	2.18
中国香港	4.29	3.95	1.94	3.42	1.63	0.81	0.75	2.44	2.19	0.00	1.92
葡萄牙	2.86	1.32	1.94	1.71	2.44	0.00	1.50	1.63	1.46	1.42	1.57
沙特	1.43	0.00	1.94	0.85	0.00	2.44	3.01	2.44	2.19	0.71	1.57
加拿大	0.00	1.32	2.91	0.85	1.63	3.25	0.75	3.25	0.73	0.00	1.48
瑞士	2.86	2.63	2.91	0.85	2.44	1.63	0.00	0.81	2.19	0.00	1.48
巴西	1.43	1.32	2.91	2.56	0.00	1.63	0.00	1.63	0.73	0.00	1.13
比利时	1.43	2.63	0.97	1.71	2.44	0.00	2.26	0.81	0.00	0.00	1.13
法国	0.00	1.32	0.97	2.56	0.00	0.00	1.50	1.63	0.73	1.42	1.05

表4–96 生物材料学C层人才排名前20的国家和地区的占比

单位：%

国家和地区	2011年	2012年	2013年	2014年	2015年	2016年	2017年	2018年	2019年	2020年	合计
中国大陆	18.12	21.09	25.84	25.41	23.15	22.40	27.29	29.72	29.91	31.53	26.03
美国	26.96	25.77	20.02	23.00	22.82	20.18	17.30	16.81	18.03	14.68	19.98
印度	3.71	4.54	4.70	3.52	3.54	4.59	3.21	4.68	4.85	5.32	4.27
德国	5.71	4.81	5.31	3.69	4.78	3.94	4.33	2.95	3.19	3.55	4.10
韩国	3.71	4.67	3.58	3.86	3.05	5.00	3.43	3.90	3.69	3.55	3.81
英国	2.57	3.20	3.68	3.61	3.46	4.27	3.95	2.60	3.55	3.06	3.45
伊朗	1.14	0.93	2.15	1.72	1.98	3.69	3.50	3.55	5.21	4.35	3.04
澳大利亚	3.85	2.94	2.55	2.83	2.97	1.80	2.16	3.47	2.53	2.74	2.72
意大利	2.28	2.67	2.76	2.32	2.55	2.63	2.83	2.17	2.10	2.42	2.47
新加坡	2.57	2.67	2.25	3.26	2.47	2.05	2.83	2.77	1.52	1.77	2.39
日本	3.57	2.67	1.84	2.40	2.47	1.97	2.16	1.30	0.80	1.21	1.93
荷兰	2.00	2.27	2.45	2.23	2.06	1.64	1.79	1.47	1.38	1.85	1.88
加拿大	3.28	2.40	1.02	1.97	1.15	1.72	2.68	1.56	1.88	1.29	1.84
西班牙	1.71	1.47	1.43	1.89	2.14	1.97	1.79	1.56	1.52	1.45	1.71
法国	2.28	1.87	2.04	1.63	1.89	1.56	1.42	1.13	1.45	1.29	1.61
中国香港	1.14	1.60	1.63	1.20	2.22	0.98	1.34	2.17	1.38	2.26	1.61
葡萄牙	2.14	1.60	2.55	1.12	1.32	1.31	1.34	1.47	1.30	1.53	1.52
中国台湾	2.85	2.14	2.45	1.97	1.65	1.31	1.27	0.69	0.58	0.97	1.47
瑞士	2.00	1.60	2.04	1.12	2.06	1.72	1.42	1.30	0.36	0.89	1.39
巴西	0.71	0.67	1.12	0.94	1.65	1.48	1.49	1.39	1.09	1.05	1.20

三十三 细胞和组织工程学

细胞和组织工程学 A、B、C 层人才最多的国家是美国，大幅领先于其他国家和地区，分别占该学科全球 A、B、C 层人才的 48.08%、32.61%、29.98%。

中国大陆的 A 层人才虽远不及美国，但相比其他国家和地区，优势明显，世界占比为 13.46%；澳大利亚、加拿大、法国的 A 层人才比较多，世界占比在 6%～3% 之间；巴西、德国、中国香港、印度、伊朗、意大利、日本、马其顿、波兰、新加坡、瑞典、土耳其、英国也有相当数量的 A 层人才，世界占比均为 1.92%。

中国大陆的 B 层人才虽远不及美国，但相比其他国家和地区，优势明显，世界占比为 10.27%；日本、英国、德国、荷兰、加拿大、意大利的 B 层人才比较多，世界占比在 7%～3% 之间；法国、瑞士、韩国、瑞典、澳大利亚、新加坡、西班牙、伊朗、中国香港、比利时、爱尔兰、以色列也有相当数量的 B 层人才，世界占比超过或接近 1%。

中国大陆的 C 层人才虽远不及美国，但相比其他国家和地区，优势明显，世界占比为 11.93%；英国、德国、日本、意大利、加拿大的 C 层人才比较多，世界占比在 7%～3% 之间；荷兰、法国、澳大利亚、韩国、西班牙、瑞士、瑞典、新加坡、比利时、印度、巴西、奥地利、中国香港也有相当数量的 C 层人才，世界占比超过或接近 1%。

表 4-97 细胞和组织工程学 A 层人才的国家和地区的占比

单位：%

国家和地区	2011年	2012年	2013年	2014年	2015年	2016年	2017年	2018年	2019年	2020年	合计
美国	66.67	40.00	0.00	50.00	42.86	66.67	50.00	33.33	66.67	33.33	48.08
中国大陆	0.00	0.00	0.00	16.67	14.29	0.00	33.33	16.67	0.00	33.33	13.46
澳大利亚	0.00	20.00	0.00	0.00	14.29	0.00	0.00	16.67	0.00	0.00	5.77
加拿大	33.33	0.00	0.00	16.67	0.00	0.00	0.00	0.00	0.00	0.00	3.85
法国	0.00	0.00	0.00	16.67	0.00	0.00	0.00	16.67	0.00	0.00	3.85
巴西	0.00	0.00	0.00	0.00	0.00	0.00	0.00	0.00	16.67	0.00	1.92

续表

国家和地区	2011年	2012年	2013年	2014年	2015年	2016年	2017年	2018年	2019年	2020年	合计
德国	0.00	0.00	0.00	0.00	14.29	0.00	0.00	0.00	0.00	0.00	1.92
中国香港	0.00	0.00	0.00	0.00	0.00	0.00	16.67	0.00	0.00	0.00	1.92
印度	0.00	20.00	0.00	0.00	0.00	0.00	0.00	0.00	0.00	0.00	1.92
伊朗	0.00	0.00	0.00	0.00	0.00	0.00	0.00	0.00	0.00	16.67	1.92
意大利	0.00	0.00	0.00	0.00	0.00	16.67	0.00	0.00	0.00	0.00	1.92
日本	0.00	20.00	0.00	0.00	0.00	0.00	0.00	0.00	0.00	0.00	1.92
马其顿	0.00	0.00	0.00	0.00	0.00	0.00	0.00	16.67	0.00	0.00	1.92
波兰	0.00	0.00	0.00	0.00	0.00	0.00	0.00	0.00	16.67	0.00	1.92
新加坡	0.00	0.00	100.00	0.00	0.00	0.00	0.00	0.00	0.00	0.00	1.92
瑞典	0.00	0.00	0.00	0.00	14.29	0.00	0.00	0.00	0.00	0.00	1.92
土耳其	0.00	0.00	0.00	0.00	0.00	16.67	0.00	0.00	0.00	0.00	1.92
英国	0.00	0.00	0.00	0.00	0.00	0.00	0.00	0.00	16.67	0.00	1.92

表4-98 细胞和组织工程学B层人才排名前20的国家和地区的占比

单位：%

国家和地区	2011年	2012年	2013年	2014年	2015年	2016年	2017年	2018年	2019年	2020年	合计
美国	40.00	38.46	41.30	44.62	29.58	26.79	30.65	19.30	27.59	32.08	32.61
中国大陆	2.86	1.92	6.52	10.77	25.35	8.93	11.29	8.77	5.17	13.21	10.27
日本	5.71	7.69	17.39	7.69	4.23	1.79	4.84	8.77	3.45	5.66	6.49
英国	0.00	7.69	2.17	6.15	7.04	7.14	6.45	8.77	6.90	7.55	6.31
德国	0.00	7.69	4.35	4.62	7.04	7.14	6.45	7.02	0.00	5.66	5.23
荷兰	2.86	1.92	6.52	0.00	4.23	7.14	3.23	8.77	1.72	9.43	4.50
加拿大	5.71	11.54	0.00	0.00	1.41	3.57	3.23	8.77	5.17	1.89	3.96
意大利	0.00	1.92	4.35	6.15	4.23	5.36	1.61	1.75	5.17	3.77	3.60
法国	0.00	3.85	2.17	3.08	0.00	3.57	3.23	3.51	5.17	1.89	2.70
瑞士	0.00	1.92	4.35	1.54	4.23	3.57	3.23	1.75	5.17	0.00	2.70
韩国	5.71	1.92	0.00	1.54	4.23	1.79	1.61	1.75	3.45	3.77	2.52
瑞典	0.00	1.92	0.00	4.62	0.00	3.57	3.23	3.51	5.17	1.89	2.52
澳大利亚	2.86	0.00	6.52	0.00	0.00	0.00	4.84	3.51	3.45	0.00	1.98
新加坡	8.57	0.00	2.17	3.08	0.00	5.36	3.23	0.00	0.00	0.00	1.98
西班牙	5.71	0.00	0.00	0.00	1.54	1.41	1.79	1.61	0.00	3.45	1.89	1.62
伊朗	2.86	0.00	0.00	0.00	0.00	0.00	1.79	1.75	5.17	1.89	1.26
中国香港	5.71	0.00	0.00	3.08	0.00	0.00	1.61	1.75	0.00	0.00	1.08
比利时	0.00	0.00	0.00	0.00	2.82	3.57	0.00	0.00	1.72	0.00	0.90
爱尔兰	0.00	3.85	0.00	0.00	0.00	1.79	0.00	3.51	0.00	0.00	0.90
以色列	5.71	0.00	0.00	1.54	0.00	0.00	0.00	0.00	1.72	1.89	0.90

表4-99 细胞和组织工程学C层人才排名前20的国家和地区的占比

单位：%

国家和地区	2011年	2012年	2013年	2014年	2015年	2016年	2017年	2018年	2019年	2020年	合计
美国	38.22	33.40	31.82	36.58	29.02	31.33	29.00	26.13	24.40	22.87	29.98
中国大陆	6.32	6.68	6.94	7.69	8.05	11.11	11.33	15.86	20.14	23.45	11.93
英国	4.02	7.07	7.89	6.91	6.03	6.74	8.50	6.85	5.97	5.23	6.59
德国	6.90	6.48	6.22	6.28	6.90	6.92	4.67	5.95	4.61	6.20	6.08
日本	4.89	5.11	5.74	4.87	4.45	6.38	4.50	5.59	4.61	3.29	4.91
意大利	3.16	4.52	4.07	3.92	4.17	4.92	5.00	3.24	3.75	3.29	4.05
加拿大	3.45	3.93	1.91	2.04	3.59	2.55	3.00	3.42	4.27	1.94	3.03
荷兰	4.31	2.55	4.78	1.88	3.45	2.73	3.00	1.44	3.24	1.94	2.84
法国	2.01	3.73	4.31	2.83	2.30	1.64	2.00	2.88	2.22	1.94	2.66
澳大利亚	1.72	2.95	2.63	2.35	3.74	2.55	2.17	3.06	1.71	2.71	2.60
韩国	2.01	3.14	1.67	2.83	3.02	1.64	2.00	3.06	3.24	1.74	2.49
西班牙	3.45	2.95	1.91	1.57	2.30	2.91	2.50	2.16	2.05	1.94	2.33
瑞士	0.86	1.77	3.11	3.14	2.01	1.82	2.17	2.16	2.73	2.13	2.23
瑞典	1.15	1.57	0.48	1.41	2.01	1.82	2.00	1.80	1.02	1.55	1.53
新加坡	2.01	2.16	2.15	1.57	2.30	1.09	1.50	0.72	1.02	0.97	1.53
比利时	1.15	0.79	0.96	0.63	1.87	0.36	1.33	1.80	0.68	0.58	1.03
印度	1.44	0.59	0.48	0.94	1.15	1.09	1.50	1.26	0.34	1.36	1.02
巴西	0.86	1.18	0.72	0.78	0.72	1.09	1.50	1.26	0.51	0.78	0.94
奥地利	0.86	0.79	0.48	0.78	0.29	0.73	0.83	1.08	1.37	1.36	0.85
中国香港	0.86	0.59	0.48	1.57	0.86	0.73	0.33	1.08	0.68	0.78	0.81

三十四　生理学

生理学A、B、C层人才最多的国家是美国，分别占该学科全球A、B、C层人才的35.06%、27.11%、27.00%，优势突出。

英国、加拿大的A层人才虽远不及美国，但相比其他国家和地区，优势明显，世界占比分别为10.34%、8.05%；德国、澳大利亚、意大利、中国大陆的A层人才比较多，世界占比在6%~3%之间；日本、荷兰、伊朗、西班牙、比利时、中国香港、印度、瑞士、法国、墨西哥、丹麦、新西兰、立陶宛也有相当数量的A层人才，世界占比超过1%。

英国、中国大陆、德国、澳大利亚、加拿大、意大利、伊朗的 B 层人才比较多，世界占比在 8%～3% 之间；荷兰、西班牙、法国、瑞士、比利时、丹麦、日本、瑞典、巴西、挪威、芬兰、韩国也有相当数量的 B 层人才，世界占比超过或接近 1%。

中国大陆的 C 层人才虽与美国差距明显，但显著领先于其他国家和地区，世界占比为 11.62%；英国、加拿大、德国、澳大利亚、意大利的 C 层人才比较多，世界占比在 8%～3% 之间；法国、西班牙、荷兰、日本、丹麦、伊朗、瑞典、瑞士、巴西、比利时、韩国、新西兰、挪威也有相当数量的 C 层人才，世界占比超过或接近 1%。

表 4-100 生理学 A 层人才排名前 20 的国家和地区的占比

单位：%

国家和地区	2011年	2012年	2013年	2014年	2015年	2016年	2017年	2018年	2019年	2020年	合计
美国	46.67	29.41	37.50	38.89	42.11	35.29	27.78	31.82	26.09	44.44	35.06
英国	13.33	11.76	0.00	16.67	10.53	11.76	11.11	13.64	8.70	0.00	10.34
加拿大	6.67	17.65	12.50	0.00	5.26	23.53	5.56	0.00	4.35	11.11	8.05
德国	6.67	0.00	18.75	0.00	5.26	5.88	11.11	4.55	4.35	0.00	5.75
澳大利亚	0.00	17.65	12.50	0.00	0.00	11.76	0.00	4.55	4.35	0.00	5.17
意大利	6.67	0.00	0.00	5.56	0.00	0.00	0.00	0.00	13.04	11.11	3.45
中国大陆	0.00	0.00	0.00	5.56	5.26	0.00	5.56	0.00	4.35	22.22	3.45
日本	6.67	0.00	0.00	0.00	5.26	0.00	5.56	4.55	0.00	0.00	2.30
荷兰	0.00	0.00	0.00	0.00	0.00	0.00	11.11	0.00	4.35	0.00	2.30
伊朗	0.00	0.00	0.00	0.00	0.00	0.00	0.00	4.55	13.04	0.00	2.30
西班牙	0.00	0.00	0.00	0.00	5.26	5.88	0.00	4.55	0.00	0.00	1.72
比利时	0.00	0.00	0.00	5.56	0.00	5.88	5.56	0.00	0.00	0.00	1.72
中国香港	6.67	0.00	0.00	0.00	5.26	0.00	5.56	0.00	0.00	0.00	1.72
印度	0.00	0.00	0.00	11.11	5.26	0.00	0.00	0.00	0.00	0.00	1.72
瑞士	0.00	0.00	6.25	0.00	0.00	0.00	5.56	0.00	4.35	0.00	1.72
法国	0.00	0.00	6.25	5.56	0.00	0.00	0.00	4.55	0.00	0.00	1.72
墨西哥	0.00	0.00	6.25	0.00	5.26	0.00	0.00	4.55	0.00	0.00	1.72
丹麦	0.00	5.88	0.00	0.00	0.00	0.00	0.00	4.55	0.00	0.00	1.15
新西兰	0.00	5.88	0.00	0.00	5.56	0.00	0.00	0.00	0.00	0.00	1.15
立陶宛	0.00	0.00	0.00	0.00	0.00	0.00	0.00	4.55	4.35	0.00	1.15

表 4-101 生理学 B 层人才排名前 20 的国家和地区的占比

单位：%

国家和地区	2011年	2012年	2013年	2014年	2015年	2016年	2017年	2018年	2019年	2020年	合计
美国	27.08	32.68	33.54	33.33	31.43	30.39	25.70	26.40	21.30	13.54	27.11
英国	5.56	9.80	9.32	6.67	7.43	9.39	8.94	4.06	5.09	6.77	7.20
中国大陆	1.39	1.96	2.48	5.45	5.71	4.42	10.06	15.23	13.89	4.17	6.92
德国	6.25	9.15	6.83	10.30	5.14	4.97	6.70	5.08	3.70	4.69	6.13
澳大利亚	6.25	5.23	6.83	5.45	6.29	6.63	7.82	6.09	3.70	5.21	5.90
加拿大	9.03	5.88	4.35	7.88	6.29	7.18	2.23	2.54	5.09	5.73	5.50
意大利	1.39	3.92	5.59	6.67	3.43	3.87	1.12	4.57	4.63	4.69	4.03
伊朗	0.00	0.00	0.00	0.00	0.00	2.21	0.00	10.15	11.57	4.17	3.23
荷兰	2.78	5.23	4.35	4.85	4.00	1.66	1.12	1.52	1.39	2.08	2.78
西班牙	0.69	4.58	3.73	0.61	1.14	1.66	2.23	3.55	2.78	4.17	2.55
法国	4.86	1.31	1.24	1.21	5.14	2.76	3.91	2.03	1.85	1.56	2.55
瑞士	2.08	1.31	3.73	2.42	3.43	1.66	2.79	2.03	1.39	4.69	2.55
比利时	2.78	1.31	1.86	0.00	3.43	2.76	5.59	2.03	0.93	3.65	2.44
丹麦	1.39	1.31	1.86	0.00	2.29	3.31	2.79	0.51	2.78	2.08	1.87
日本	4.17	3.27	1.24	1.21	1.14	0.55	2.23	1.02	1.85	1.56	1.76
瑞典	2.08	1.31	0.62	3.03	1.71	1.66	1.12	0.51	0.93	2.08	1.47
巴西	2.08	1.31	1.24	1.82	1.14	3.31	0.00	1.02	0.93	1.04	1.36
挪威	0.00	2.61	1.24	0.61	1.71	0.00	1.12	0.51	0.00	2.08	0.96
芬兰	0.69	0.00	1.24	0.00	0.00	1.66	0.00	0.51	2.31	1.56	0.85
韩国	2.78	0.00	0.62	0.00	1.71	1.10	2.23	0.00	0.46	0.00	0.85

表 4-102 生理学 C 层人才排名前 20 的国家和地区的占比

单位：%

国家和地区	2011年	2012年	2013年	2014年	2015年	2016年	2017年	2018年	2019年	2020年	合计
美国	35.79	33.64	33.36	30.97	29.60	26.27	24.30	20.40	18.14	23.32	27.00
中国大陆	2.32	3.33	4.89	6.55	10.57	10.10	16.30	20.40	22.89	11.84	11.62
英国	7.93	8.62	7.62	8.81	7.93	8.43	8.35	6.37	5.95	6.77	7.61
加拿大	5.89	6.14	6.64	6.12	5.23	5.89	5.45	4.61	4.80	6.01	5.62
德国	5.89	5.88	6.12	5.14	6.21	5.29	4.60	3.94	3.84	5.65	5.28
澳大利亚	4.49	4.44	5.60	5.94	5.23	5.77	5.62	5.23	4.22	5.77	5.23
意大利	3.44	2.68	3.45	3.24	3.51	2.94	3.35	4.61	3.74	4.95	3.62
法国	2.95	3.14	2.48	2.75	2.82	3.29	2.16	2.64	1.68	2.83	2.64
西班牙	3.16	2.55	2.48	2.63	1.72	2.08	3.01	1.58	1.94	2.41	
荷兰	2.46	2.81	2.61	2.88	1.49	2.42	2.56	2.02	1.73	2.65	2.33

续表

国家和地区	2011年	2012年	2013年	2014年	2015年	2016年	2017年	2018年	2019年	2020年	合计
日本	3.30	3.20	3.45	2.20	2.41	2.31	2.04	1.45	1.25	1.94	2.28
丹麦	2.67	2.42	1.50	1.96	2.01	2.08	1.19	1.50	2.06	1.83	1.90
伊朗	0.14	0.26	0.07	0.31	0.23	0.40	0.91	2.64	7.10	2.77	1.67
瑞典	2.25	1.57	2.08	1.29	1.90	1.85	1.31	1.81	1.34	1.35	1.66
瑞士	2.18	1.44	1.76	1.71	1.67	1.79	1.02	1.50	0.91	1.12	1.48
巴西	0.84	1.31	0.98	1.47	1.32	1.85	1.48	1.14	1.10	2.47	1.40
比利时	1.19	2.16	1.11	1.47	1.26	1.39	1.31	1.09	1.15	1.24	1.32
韩国	1.40	1.05	1.24	1.84	1.09	1.56	1.14	0.98	0.67	0.65	1.14
新西兰	0.56	0.78	0.98	1.22	1.09	0.75	1.31	0.83	1.01	0.82	0.94
挪威	0.56	1.05	1.17	0.98	0.80	0.87	0.68	0.88	0.62	0.88	0.84

三十五 解剖学和形态学

解剖学和形态学A、B、C层人才最多的国家是美国,分别占该学科全球A、B、C层人才的33.33%、25.64%、24.22%,显著高于其他国家和地区。

澳大利亚、英国的A层人才处于第二梯队,世界占比均为11.11%;比利时、智利、法国、伊朗、意大利、新西兰、波兰、西班牙也有相当数量的A层人才,世界占比均为5.56%。

德国、法国、英国、巴基斯坦、中国大陆、意大利、西班牙的B层人才比较多,世界占比在9%~3%之间;加拿大、荷兰、沙特、瑞士、日本、澳大利亚、波兰、比利时、格林纳达、伊朗、以色列、韩国也有相当数量的B层人才,世界占比超过或接近1%。

德国、英国、中国大陆、意大利、西班牙、法国、加拿大、日本、澳大利亚的C层人才比较多,世界占比在9%~3%之间;荷兰、瑞士、巴西、波兰、巴基斯坦、伊朗、比利时、奥地利、韩国、土耳其也有相当数量的C层人才,世界占比超过1%。

第四章 生命科学

表4-103 解剖学和形态学A层人才的国家和地区的占比

单位：%

国家和地区	2011年	2012年	2013年	2014年	2015年	2016年	2017年	2018年	2019年	2020年	合计
美国	100.00	50.00	0.00	66.67	33.33	0.00	0.00	0.00	0.00	0.00	33.33
澳大利亚	0.00	0.00	0.00	33.33	0.00	100.00	0.00	0.00	0.00	0.00	11.11
英国	0.00	0.00	0.00	0.00	0.00	0.00	0.00	100.00	100.00	0.00	11.11
比利时	0.00	0.00	50.00	0.00	0.00	0.00	0.00	0.00	0.00	0.00	5.56
智利	0.00	0.00	0.00	0.00	0.00	0.00	33.33	0.00	0.00	0.00	5.56
法国	0.00	0.00	0.00	0.00	0.00	0.00	33.33	0.00	0.00	0.00	5.56
伊朗	0.00	0.00	0.00	0.00	0.00	0.00	33.33	0.00	0.00	0.00	5.56
意大利	0.00	0.00	0.00	0.00	33.33	0.00	0.00	0.00	0.00	0.00	5.56
新西兰	0.00	0.00	50.00	0.00	0.00	0.00	0.00	0.00	0.00	0.00	5.56
波兰	0.00	50.00	0.00	0.00	0.00	0.00	0.00	0.00	0.00	0.00	5.56
西班牙	0.00	0.00	0.00	0.00	33.33	0.00	0.00	0.00	0.00	0.00	5.56

表4-104 解剖学和形态学B层人才排名前20的国家和地区的占比

单位：%

国家和地区	2011年	2012年	2013年	2014年	2015年	2016年	2017年	2018年	2019年	2020年	合计
美国	26.92	45.45	28.00	36.36	25.81	35.48	30.00	16.22	26.19	6.52	25.64
德国	11.54	13.64	8.00	4.55	6.45	12.90	6.67	5.41	4.76	8.70	8.01
法国	11.54	0.00	8.00	9.09	16.13	9.68	6.67	5.41	0.00	4.35	6.73
英国	11.54	4.55	12.00	4.55	3.23	9.68	6.67	5.41	7.14	4.35	6.73
巴基斯坦	0.00	0.00	0.00	0.00	0.00	0.00	0.00	13.51	19.05	10.87	5.77
中国大陆	0.00	0.00	4.00	4.55	12.90	3.23	10.00	5.41	9.52	2.17	5.45
意大利	15.38	4.55	8.00	0.00	0.00	3.23	0.00	2.70	4.76	4.35	4.17
西班牙	7.69	4.55	8.00	4.55	0.00	0.00	3.33	2.70	2.38	6.52	3.85
加拿大	3.85	9.09	0.00	0.00	0.00	6.45	0.00	5.41	4.76	0.00	2.88
荷兰	3.85	0.00	8.00	9.09	0.00	0.00	3.33	2.70	0.00	4.35	2.88
沙特	0.00	0.00	0.00	0.00	0.00	0.00	0.00	8.11	7.14	6.52	2.88
瑞士	0.00	9.09	0.00	4.55	6.45	3.23	0.00	2.70	2.38	0.00	2.56
日本	3.85	0.00	8.00	0.00	3.23	0.00	3.33	2.70	0.00	4.35	2.56
澳大利亚	0.00	0.00	4.00	0.00	6.45	0.00	3.33	8.11	0.00	0.00	2.24
波兰	0.00	0.00	0.00	0.00	3.23	3.23	6.67	0.00	0.00	4.35	1.92
比利时	0.00	9.09	0.00	4.55	0.00	0.00	0.00	2.70	0.00	0.00	1.28
格林纳达	0.00	0.00	0.00	0.00	0.00	0.00	6.67	0.00	0.00	4.35	1.28
伊朗	0.00	0.00	0.00	4.55	0.00	0.00	0.00	2.70	2.38	0.00	0.96
以色列	0.00	0.00	0.00	4.00	0.00	3.23	0.00	0.00	2.38	0.00	0.96
韩国	0.00	0.00	0.00	0.00	0.00	3.23	3.23	0.00	0.00	2.17	0.96

表 4-105　解剖学和形态学 C 层人才排名前 20 的国家和地区的占比

单位：%

国家和地区	2011年	2012年	2013年	2014年	2015年	2016年	2017年	2018年	2019年	2020年	合计
美国	30.74	30.00	25.85	28.17	24.65	22.78	21.71	21.41	19.46	23.03	24.22
德国	8.95	6.92	7.63	8.10	11.27	12.46	7.24	7.95	8.70	5.06	8.37
英国	8.95	9.23	9.32	7.04	6.69	10.68	7.57	7.03	5.59	6.18	7.58
中国大陆	2.72	2.69	5.51	2.82	3.17	3.91	4.61	6.12	6.21	6.46	4.62
意大利	3.11	2.69	4.66	3.87	5.28	4.27	6.58	4.59	5.38	4.49	4.59
西班牙	4.28	2.31	3.81	5.63	6.69	3.56	4.28	3.67	4.14	2.53	4.07
法国	3.11	3.85	3.39	3.17	4.93	4.63	3.62	4.59	4.14	3.37	3.91
加拿大	4.67	4.23	4.66	3.17	3.87	5.69	3.29	3.06	2.69	4.78	3.91
日本	1.56	1.54	4.24	3.52	1.76	2.49	3.62	3.36	3.52	5.62	3.22
澳大利亚	3.50	2.31	4.24	2.46	5.28	2.85	2.96	3.06	3.93	1.69	3.22
荷兰	3.11	1.15	0.85	2.11	2.82	3.20	3.29	3.06	2.07	1.12	2.28
瑞士	2.33	1.15	0.85	3.87	1.76	2.85	2.63	1.53	2.48	0.84	2.05
巴西	0.39	2.69	3.81	3.17	1.06	1.78	1.97	1.83	0.83	1.97	1.86
波兰	1.17	1.92	0.85	1.76	1.06	1.07	1.97	1.22	2.07	4.49	1.86
巴基斯坦	0.00	0.00	0.00	0.00	0.00	0.00	0.33	3.67	4.76	2.81	1.50
伊朗	0.39	0.77	1.69	0.70	0.70	0.71	1.64	2.14	2.69	1.69	1.43
比利时	1.17	3.08	0.00	1.76	1.76	1.42	1.32	1.22	0.62	1.40	1.33
奥地利	1.56	2.31	0.85	1.06	0.35	1.07	0.66	1.83	1.66	1.12	1.27
韩国	1.17	1.92	1.27	2.46	0.35	0.71	1.32	0.92	1.04	1.40	1.24
土耳其	1.56	1.15	0.85	1.41	0.00	0.36	0.33	0.61	2.48	1.97	1.17

三十六　发育生物学

发育生物学 A、B、C 层人才最多的国家是美国，分别占该学科全球 A、B、C 层人才的 51.56%、40.00%、37.16%，遥遥领先于其他国家和地区。

英国的 A 层人才虽与美国差距巨大，但明显高于其他国家和地区，世界占比为 9.38%；德国、日本、中国大陆、法国、荷兰、瑞典的 A 层人才比较多，世界占比在 7%～3% 之间；奥地利、加拿大、丹麦、厄瓜多尔、爱尔兰、意大利、葡萄牙、新加坡、瑞士也有相当数量的 A 层人才，世界占比均为1.56%。

英国的B层人才虽与美国差距巨大，但明显高于其他国家和地区，世界占比为10.59%；德国、中国大陆、日本、法国、荷兰的B层人才比较多，世界占比在8%~3%之间；澳大利亚、西班牙、加拿大、瑞士、意大利、新加坡、奥地利、以色列、瑞典、比利时、挪威、丹麦、俄罗斯也有相当数量的B层人才，世界占比超过或接近1%。

英国的C层人才虽与美国差距巨大，但明显高于其他国家和地区，世界占比为10.20%；德国、法国、中国大陆、日本、加拿大、澳大利亚的C层人才比较多，世界占比在7%~3%之间；瑞士、西班牙、荷兰、意大利、瑞典、比利时、奥地利、以色列、新加坡、丹麦、韩国、芬兰也有相当数量的C层人才，世界占比超过或接近1%。

表4-106 发育生物学A层人才的国家和地区的占比

单位：%

国家和地区	2011年	2012年	2013年	2014年	2015年	2016年	2017年	2018年	2019年	2020年	合计
美国	25.00	71.43	71.43	33.33	60.00	57.14	100.00	28.57	66.67	28.57	51.56
英国	25.00	0.00	0.00	0.00	0.00	28.57	0.00	14.29	16.67	0.00	9.38
德国	0.00	0.00	14.29	16.67	20.00	0.00	0.00	0.00	16.67	0.00	6.25
日本	25.00	0.00	0.00	16.67	20.00	0.00	0.00	0.00	0.00	0.00	6.25
中国大陆	0.00	0.00	0.00	0.00	0.00	0.00	0.00	0.00	0.00	28.57	3.13
法国	0.00	0.00	0.00	16.67	0.00	0.00	0.00	14.29	0.00	0.00	3.13
荷兰	0.00	14.29	0.00	16.67	0.00	0.00	0.00	0.00	0.00	0.00	3.13
瑞典	12.50	0.00	0.00	0.00	0.00	0.00	0.00	14.29	0.00	0.00	3.13
奥地利	0.00	0.00	0.00	0.00	0.00	0.00	0.00	0.00	0.00	14.29	1.56
加拿大	0.00	0.00	0.00	0.00	0.00	0.00	0.00	0.00	0.00	0.00	1.56
丹麦	0.00	0.00	0.00	0.00	0.00	14.29	0.00	0.00	0.00	0.00	1.56
厄瓜多尔	0.00	14.29	0.00	0.00	0.00	0.00	0.00	0.00	0.00	0.00	1.56
爱尔兰	0.00	0.00	0.00	0.00	0.00	0.00	0.00	14.29	0.00	0.00	1.56
意大利	0.00	0.00	0.00	0.00	0.00	0.00	0.00	0.00	14.29	0.00	1.56
葡萄牙	0.00	0.00	0.00	0.00	0.00	0.00	14.29	0.00	0.00	0.00	1.56
新加坡	0.00	0.00	14.29	0.00	0.00	0.00	0.00	0.00	0.00	0.00	1.56
瑞士	12.50	0.00	0.00	0.00	0.00	0.00	0.00	0.00	0.00	0.00	1.56

表4-107 发育生物学B层人才排名前20的国家和地区的占比

单位：%

国家和地区	2011年	2012年	2013年	2014年	2015年	2016年	2017年	2018年	2019年	2020年	合计
美国	45.95	46.88	44.78	34.85	44.93	45.45	31.17	34.38	40.91	31.34	40.00
英国	6.76	6.25	8.96	21.21	10.14	9.09	12.99	12.50	10.61	7.46	10.59
德国	9.46	3.13	5.97	12.12	7.25	6.06	7.79	12.50	7.58	4.48	7.65
中国大陆	2.70	6.25	1.49	1.52	2.90	3.03	3.90	3.13	1.52	22.39	4.85
日本	6.76	3.13	1.49	4.55	4.35	6.06	1.30	0.00	4.55	4.48	3.68
法国	4.05	6.25	5.97	1.52	1.45	3.03	3.90	3.13	4.55	2.99	3.68
荷兰	2.70	3.13	0.00	4.55	2.90	6.06	6.49	1.56	3.03	2.99	3.38
澳大利亚	0.00	3.13	2.99	3.03	1.45	3.03	6.49	1.56	3.03	4.48	2.94
西班牙	2.70	3.13	4.48	1.52	1.45	1.52	2.60	0.00	7.58	2.99	2.79
加拿大	2.70	1.56	2.99	1.52	4.35	1.52	2.60	3.13	3.03	1.49	2.50
瑞士	4.05	0.00	2.99	1.52	1.45	0.00	3.90	7.81	0.00	1.49	2.35
意大利	2.70	0.00	1.49	3.03	2.90	1.52	0.00	1.56	3.03	4.48	2.06
新加坡	1.35	3.13	1.49	3.03	2.90	0.00	2.60	0.00	3.03	0.00	1.76
奥地利	0.00	1.56	2.99	0.00	1.45	0.00	0.00	4.69	1.52	1.49	1.47
以色列	1.35	0.00	0.00	1.52	2.90	3.03	2.60	0.00	0.00	1.49	1.32
瑞典	2.70	1.56	1.49	0.00	2.90	0.00	0.00	1.56	1.52	1.49	1.32
比利时	1.35	3.13	0.00	0.00	1.45	0.00	3.90	1.56	0.00	0.00	1.18
挪威	0.00	0.00	0.00	3.03	1.45	1.52	1.30	0.00	0.00	0.00	0.74
丹麦	0.00	1.56	2.99	0.00	1.45	0.00	0.00	0.00	0.00	0.00	0.59
俄罗斯	0.00	0.00	0.00	0.00	0.00	0.00	0.00	1.56	1.52	1.49	0.44

表4-108 发育生物学C层人才排名前20的国家和地区的占比

单位：%

国家和地区	2011年	2012年	2013年	2014年	2015年	2016年	2017年	2018年	2019年	2020年	合计
美国	41.78	44.68	38.51	36.65	41.33	33.54	37.23	34.87	34.35	27.79	37.16
英国	11.99	8.32	9.55	10.98	10.81	11.54	10.46	10.51	10.16	7.40	10.20
德国	5.12	6.63	7.61	7.86	6.22	7.08	7.34	6.53	6.77	8.76	6.98
法国	6.20	5.24	4.78	6.23	4.74	5.38	5.84	6.21	6.77	4.38	5.58
中国大陆	2.70	2.77	2.69	3.26	3.26	4.15	5.57	6.37	6.45	15.11	5.19
日本	4.18	5.86	6.12	4.30	4.00	5.08	3.94	4.78	3.23	3.47	4.49
加拿大	3.64	4.31	4.63	4.60	4.44	3.85	2.58	3.18	2.74	2.27	3.62
澳大利亚	2.56	1.85	2.99	3.41	3.56	2.92	3.94	3.34	3.71	2.72	3.10
瑞士	2.43	3.08	3.13	3.26	2.96	3.08	2.58	2.39	2.42	2.42	2.77

续表

国家和地区	2011年	2012年	2013年	2014年	2015年	2016年	2017年	2018年	2019年	2020年	合计
西班牙	2.56	2.47	2.24	1.78	1.93	2.62	2.17	2.07	3.55	2.27	2.36
荷兰	2.02	3.24	1.94	2.08	1.63	3.23	1.77	1.91	1.94	2.57	2.22
意大利	1.35	2.00	2.54	2.08	0.74	1.54	2.17	1.59	3.06	4.38	2.13
瑞典	1.21	1.23	1.34	0.89	0.74	0.77	1.36	1.75	1.77	1.66	1.27
比利时	0.94	0.92	1.34	1.19	1.33	1.54	0.82	1.11	1.29	1.06	1.15
奥地利	0.81	1.23	0.45	1.34	0.59	1.38	0.82	1.43	0.97	1.06	1.00
以色列	1.21	0.46	0.90	1.34	1.63	0.92	0.68	0.96	1.13	0.15	0.94
新加坡	0.40	0.92	1.79	1.48	0.89	0.46	0.54	1.11	0.48	0.60	0.86
丹麦	0.81	0.31	0.75	1.34	1.48	0.00	0.54	1.27	0.81	0.60	0.79
韩国	0.94	0.31	0.75	0.45	0.74	1.23	0.68	0.16	0.32	1.06	0.67
芬兰	0.94	0.31	1.34	0.89	0.74	0.46	0.27	0.48	0.65	0.15	0.63

三十七 生殖生物学

生殖生物学A、B、C层人才最多的国家是美国，分别占该学科全球A、B、C层人才的23.76%、19.14%、22.95%，显著高于其他国家和地区。

英国的A层人才虽远不及美国，但相比其他国家和地区，优势显著，世界占比为10.89%；荷兰、意大利、丹麦、澳大利亚、比利时、中国大陆、西班牙的A层人才比较多，世界占比在5%~3%之间；加拿大、芬兰、法国、希腊、挪威、德国、南非、土耳其、以色列、阿根廷、日本也有相当数量的A层人才，世界占比超过或接近1%。

英国的B层人才虽远不及美国，但相比其他国家和地区，优势明显，世界占比为9.97%；意大利、澳大利亚、西班牙、荷兰、法国、比利时、中国大陆、丹麦、德国的B层人才比较多，世界占比在7%~3%之间；加拿大、瑞典、巴西、日本、以色列、土耳其、瑞士、希腊、葡萄牙也有相当数量的B层人才，世界占比超过1%。

中国大陆、英国、意大利、澳大利亚、西班牙、法国、比利时、加拿大、荷兰、德国的C层人才比较多，世界占比在8%~3%之间；日本、巴西、丹麦、瑞典、以色列、印度、伊朗、韩国、土耳其也有相当数量的 C 层人才，世界占比超过 1%。

表 4-109　生殖生物学 A 层人才排名前 20 的国家和地区的占比

单位：%

国家和地区	2011 年	2012 年	2013 年	2014 年	2015 年	2016 年	2017 年	2018 年	2019 年	2020 年	合计
美国	8.33	41.67	25.00	0.00	63.64	14.29	11.11	10.00	27.27	20.00	23.76
英国	25.00	8.33	0.00	14.29	9.09	14.29	11.11	10.00	9.09	10.00	10.89
荷兰	8.33	8.33	0.00	14.29	0.00	14.29	0.00	10.00	0.00	0.00	4.95
意大利	16.67	8.33	0.00	0.00	0.00	0.00	11.11	0.00	0.00	10.00	4.95
丹麦	8.33	0.00	16.67	0.00	0.00	0.00	11.11	0.00	9.09	0.00	4.95
澳大利亚	0.00	8.33	0.00	0.00	0.00	0.00	0.00	20.00	9.09	0.00	3.96
比利时	8.33	0.00	8.33	14.29	0.00	14.29	0.00	0.00	0.00	0.00	3.96
中国大陆	0.00	0.00	0.00	0.00	0.00	0.00	0.00	0.00	0.00	40.00	3.96
西班牙	16.67	0.00	8.33	0.00	0.00	0.00	0.00	0.00	0.00	0.00	3.96
加拿大	0.00	0.00	0.00	0.00	0.00	0.00	11.11	0.00	18.18	0.00	2.97
芬兰	0.00	0.00	8.33	14.29	0.00	0.00	0.00	10.00	0.00	0.00	2.97
法国	0.00	0.00	0.00	0.00	9.09	0.00	11.11	0.00	9.09	0.00	2.97
希腊	8.33	8.33	0.00	0.00	0.00	0.00	0.00	0.00	0.00	0.00	1.98
挪威	0.00	0.00	8.33	0.00	0.00	0.00	11.11	0.00	0.00	0.00	1.98
德国	0.00	0.00	0.00	14.29	0.00	0.00	0.00	0.00	0.00	10.00	1.98
南非	0.00	0.00	0.00	0.00	9.09	0.00	11.11	0.00	0.00	0.00	1.98
土耳其	0.00	8.33	0.00	0.00	0.00	14.29	0.00	0.00	0.00	0.00	1.98
以色列	0.00	0.00	0.00	14.29	0.00	0.00	0.00	0.00	0.00	0.00	0.99
阿根廷	0.00	0.00	8.33	0.00	0.00	0.00	0.00	0.00	0.00	0.00	0.99
日本	0.00	0.00	0.00	0.00	9.09	0.00	0.00	0.00	0.00	0.00	0.99

表 4-110　生殖生物学 B 层人才排名前 20 的国家和地区的占比

单位：%

国家和地区	2011 年	2012 年	2013 年	2014 年	2015 年	2016 年	2017 年	2018 年	2019 年	2020 年	合计
美国	30.36	17.86	25.23	23.42	18.63	10.91	21.74	13.89	18.75	10.83	19.14
英国	14.29	13.39	13.51	13.51	8.82	7.27	6.96	6.48	8.04	7.50	9.97
意大利	2.68	7.14	4.50	8.11	6.86	6.36	8.70	8.33	5.36	7.50	6.56
澳大利亚	4.46	7.14	5.41	8.11	4.90	9.09	4.35	8.33	8.04	4.17	6.38
西班牙	7.14	5.36	5.41	4.50	7.84	3.64	6.96	3.70	0.89	4.17	4.94
荷兰	8.04	5.36	4.50	6.31	4.90	1.82	2.61	4.63	5.36	2.50	4.58

续表

国家和地区	2011年	2012年	2013年	2014年	2015年	2016年	2017年	2018年	2019年	2020年	合计
法国	5.36	4.46	3.60	3.60	6.86	6.36	3.48	3.70	3.57	5.00	4.58
比利时	4.46	5.36	3.60	1.80	3.92	4.55	4.35	5.56	2.68	6.67	4.31
中国大陆	2.68	3.57	4.50	5.41	4.90	2.73	2.61	3.70	8.04	4.17	4.22
丹麦	2.68	2.68	4.50	3.60	1.96	3.64	6.09	3.70	0.89	2.50	3.23
德国	0.89	4.46	1.80	3.60	1.96	3.64	2.61	3.70	3.57	4.17	3.05
加拿大	0.00	2.68	1.80	0.00	1.96	1.82	3.48	1.85	6.25	2.50	2.25
瑞典	1.79	0.89	0.90	0.90	3.92	2.73	2.61	2.78	1.79	1.67	1.98
巴西	0.00	0.00	2.70	0.00	3.92	1.82	2.61	0.00	2.68	2.50	1.62
日本	0.89	2.68	0.00	1.80	0.98	0.91	0.87	1.85	3.57	1.67	1.53
以色列	2.68	0.00	0.90	1.80	1.96	1.82	1.74	1.85	0.89	0.83	1.44
土耳其	0.89	4.46	1.80	1.80	0.00	0.00	0.87	0.93	0.89	1.67	1.35
瑞士	0.00	1.79	0.00	0.90	1.96	1.82	3.48	1.85	0.00	1.67	1.35
希腊	2.68	1.79	1.80	0.00	0.00	0.91	0.00	0.93	0.89	4.17	1.35
葡萄牙	0.00	0.89	0.90	0.90	0.00	0.91	1.74	2.78	1.79	2.50	1.26

表4-111 生殖生物学C层人才排名前20的国家和地区的占比

单位：%

国家和地区	2011年	2012年	2013年	2014年	2015年	2016年	2017年	2018年	2019年	2020年	合计
美国	25.67	24.07	23.40	25.73	24.28	23.72	24.36	21.74	18.01	17.74	22.95
中国大陆	2.75	5.10	4.36	5.77	7.68	7.71	9.39	10.40	13.29	9.82	7.51
英国	8.58	7.84	7.89	8.80	7.68	6.62	7.83	5.95	5.02	6.11	7.27
意大利	5.50	3.92	5.11	5.30	4.61	6.72	5.28	7.18	6.10	7.11	5.66
澳大利亚	4.17	5.20	4.83	4.35	5.28	4.74	4.70	3.97	4.72	4.31	4.62
西班牙	3.92	5.01	4.09	4.16	4.51	4.25	4.31	5.39	5.22	4.31	4.51
法国	3.33	5.29	3.53	4.07	3.36	4.25	3.23	2.93	3.15	3.21	3.64
比利时	3.25	3.74	4.27	4.54	3.55	3.56	2.94	3.78	2.66	3.81	3.61
加拿大	4.25	4.56	3.99	3.60	2.98	4.35	3.33	2.65	2.95	3.01	3.58
荷兰	3.83	3.83	3.44	4.07	3.55	2.77	3.62	3.40	3.74	3.41	3.57
德国	4.33	3.28	5.29	2.84	2.30	2.47	3.03	2.74	2.76	2.51	3.19
日本	3.08	3.56	3.34	2.27	2.69	2.77	2.45	3.12	3.05	3.11	2.95
巴西	2.50	2.28	2.79	1.99	2.30	3.06	2.64	2.74	2.85	2.10	2.52
丹麦	2.17	2.83	3.25	2.08	1.92	2.57	2.74	1.51	2.56	2.51	2.41
瑞典	2.75	1.91	1.39	1.42	2.78	1.48	1.57	1.32	1.77	2.00	1.85
以色列	1.50	2.10	0.93	1.80	1.73	1.28	0.98	1.70	1.28	1.20	1.46
印度	1.17	0.64	1.58	0.57	1.06	0.99	0.98	1.80	1.18	1.50	1.14

续表

国家和地区	2011年	2012年	2013年	2014年	2015年	2016年	2017年	2018年	2019年	2020年	合计
伊朗	0.67	0.36	0.65	0.76	0.86	0.49	1.17	1.42	2.17	2.10	1.05
韩国	1.42	1.09	1.30	1.32	1.54	0.79	0.68	0.38	1.28	0.60	1.05
土耳其	1.08	0.82	1.30	1.14	1.25	1.38	0.68	1.23	0.79	0.60	1.03

三十八 农学

农学A、B、C层人才主要集中在美国和中国大陆,二者A、B、C层人才的世界占比合计为32.26%、27.03%、30.35%,其中美国的A、B层人才多于中国大陆,C层人才少于中国大陆。

法国、巴西、澳大利亚、加拿大、德国、印度的A层人才比较多,世界占比在8%~4%之间;意大利、荷兰、伊朗、西班牙、比利时、捷克、孟加拉国、葡萄牙、丹麦、日本、芬兰、巴基斯坦也有相当数量的A层人才,世界占比超过1%。

澳大利亚、法国、德国、意大利、英国、西班牙、印度的B层人才比较多,世界占比在6%~3%之间;巴西、荷兰、加拿大、伊朗、墨西哥、瑞典、丹麦、瑞士、日本、奥地利、比利时也有相当数量的B层人才,世界占比超过1%。

澳大利亚、法国、德国、意大利、西班牙、英国、印度、巴西的C层人才比较多,世界占比在5%~3%之间;加拿大、荷兰、伊朗、墨西哥、日本、巴基斯坦、比利时、葡萄牙、瑞士、土耳其也有相当数量的C层人才,世界占比超过1%。

表4-112 农学A层人才排名前20的国家和地区的占比

单位:%

国家和地区	2011年	2012年	2013年	2014年	2015年	2016年	2017年	2018年	2019年	2020年	合计
美国	0.00	35.71	35.71	26.67	20.00	12.50	23.53	22.22	33.33	0.00	20.65
中国大陆	0.00	7.14	0.00	0.00	20.00	18.75	5.88	11.11	23.81	22.73	11.61
法国	15.38	21.43	0.00	6.67	0.00	12.50	5.88	5.56	4.76	0.00	7.10
巴西	7.69	0.00	7.14	6.67	0.00	18.75	5.88	11.11	0.00	0.00	5.81

续表

国家和地区	2011年	2012年	2013年	2014年	2015年	2016年	2017年	2018年	2019年	2020年	合计
澳大利亚	7.69	7.14	14.29	6.67	0.00	6.25	0.00	5.56	4.76	4.55	5.81
加拿大	0.00	7.14	7.14	20.00	0.00	0.00	11.76	0.00	0.00	0.00	4.52
德国	15.38	0.00	0.00	0.00	20.00	6.25	5.88	11.11	0.00	0.00	4.52
印度	0.00	7.14	0.00	13.33	0.00	6.25	0.00	0.00	9.52	4.55	4.52
意大利	7.69	0.00	7.14	0.00	0.00	0.00	5.88	0.00	4.76	0.00	2.58
荷兰	0.00	0.00	14.29	0.00	0.00	0.00	5.88	5.56	0.00	0.00	2.58
伊朗	0.00	0.00	0.00	0.00	0.00	0.00	5.88	5.56	4.76	4.55	2.58
西班牙	0.00	0.00	0.00	0.00	0.00	0.00	11.76	0.00	0.00	9.09	2.58
比利时	0.00	0.00	0.00	0.00	0.00	6.25	0.00	5.56	4.76	0.00	1.94
捷克	7.69	0.00	0.00	0.00	20.00	0.00	0.00	0.00	0.00	4.55	1.94
孟加拉国	0.00	0.00	0.00	0.00	0.00	0.00	0.00	5.56	0.00	4.55	1.29
葡萄牙	0.00	0.00	0.00	0.00	0.00	0.00	5.88	0.00	0.00	4.55	1.29
丹麦	7.69	0.00	0.00	0.00	0.00	0.00	0.00	0.00	0.00	4.55	1.29
日本	0.00	0.00	7.14	0.00	0.00	0.00	0.00	5.56	0.00	0.00	1.29
芬兰	7.69	0.00	0.00	0.00	0.00	0.00	5.88	0.00	0.00	0.00	1.29
巴基斯坦	0.00	7.14	0.00	0.00	0.00	0.00	0.00	0.00	0.00	4.55	1.29

表4–113 农学B层人才排名前20的国家和地区的占比

单位：%

国家和地区	2011年	2012年	2013年	2014年	2015年	2016年	2017年	2018年	2019年	2020年	合计
美国	20.00	14.88	16.11	16.08	12.57	14.29	12.42	16.77	13.47	13.78	14.83
中国大陆	6.40	4.13	8.05	9.79	5.14	13.61	15.03	13.77	15.03	23.11	12.20
澳大利亚	7.20	5.79	6.71	8.39	3.43	2.04	5.88	5.99	4.66	4.89	5.38
法国	5.60	7.44	8.72	5.59	5.14	6.12	6.54	2.99	4.15	1.78	5.13
德国	7.20	6.61	7.38	3.50	5.71	6.12	3.92	2.40	5.70	3.56	5.07
意大利	4.80	4.96	2.01	6.99	3.43	6.12	4.58	5.39	5.70	4.44	4.82
英国	4.00	4.13	4.03	2.80	4.57	2.72	4.58	5.99	4.15	1.33	3.75
西班牙	0.00	4.13	4.03	3.50	5.14	4.76	1.96	3.59	2.07	6.22	3.69
印度	5.60	3.31	4.70	4.90	4.00	0.00	1.96	1.20	3.63	3.56	3.25
巴西	0.80	3.31	2.01	2.80	3.43	4.08	2.61	4.79	0.52	4.44	2.94
荷兰	4.00	2.48	4.03	4.20	4.00	2.04	3.92	0.60	2.07	1.33	2.75
加拿大	4.80	3.31	2.68	3.50	1.14	4.76	0.65	1.80	0.00	1.78	2.25
伊朗	1.60	0.00	0.67	0.70	1.14	2.04	1.31	1.20	3.63	2.22	1.56
墨西哥	1.60	2.48	0.00	3.50	2.86	3.40	0.65	0.00	1.04	0.44	1.50

续表

国家和地区	2011年	2012年	2013年	2014年	2015年	2016年	2017年	2018年	2019年	2020年	合计
瑞典	0.00	0.83	1.34	0.00	4.57	1.36	1.96	1.20	1.55	0.89	1.44
丹麦	0.80	2.48	1.34	1.40	2.86	1.36	0.65	1.20	1.55	0.00	1.31
瑞士	3.20	1.65	1.34	1.40	2.29	1.36	1.31	1.20	0.52	0.00	1.31
日本	4.00	2.48	0.67	1.40	1.14	1.36	0.65	0.60	1.04	0.00	1.19
奥地利	0.80	1.65	2.68	0.70	1.71	0.00	0.65	1.80	1.04	0.44	1.13
比利时	0.00	1.65	1.34	0.70	2.29	2.04	0.00	0.60	0.52	1.78	1.13

表4-114 农学C层人才排名前20的国家和地区的占比

单位：%

国家和地区	2011年	2012年	2013年	2014年	2015年	2016年	2017年	2018年	2019年	2020年	合计
中国大陆	12.86	11.66	13.40	14.98	16.71	16.78	16.46	18.50	20.51	19.11	16.44
美国	17.09	17.25	13.60	14.05	14.82	14.15	14.73	13.68	11.16	11.19	13.91
澳大利亚	6.01	6.23	4.13	5.52	5.15	4.44	4.31	4.82	3.56	3.68	4.67
法国	4.40	4.55	5.87	5.09	3.96	4.37	4.18	4.10	2.95	2.96	4.16
德国	4.99	4.31	4.20	4.80	3.52	3.81	4.18	4.30	4.27	2.96	4.08
意大利	3.47	3.75	3.47	4.09	3.45	4.30	3.86	3.97	4.27	4.96	4.00
西班牙	2.88	4.87	5.07	3.58	4.02	3.40	3.34	3.65	3.56	4.14	3.86
英国	4.82	3.59	4.27	3.66	2.64	3.19	4.12	3.84	3.28	3.22	3.62
印度	4.06	4.71	4.20	2.51	3.27	3.33	3.22	2.87	3.06	4.04	3.50
巴西	2.20	2.96	2.87	3.73	3.58	3.54	4.24	3.58	2.90	3.47	3.33
加拿大	3.21	2.72	3.13	3.01	2.70	2.91	3.54	2.15	2.41	2.35	2.78
荷兰	2.03	2.48	1.73	2.37	1.57	2.22	3.15	1.69	2.24	1.89	2.13
伊朗	1.69	1.12	1.60	1.15	1.63	0.90	1.93	1.89	2.46	2.55	1.75
墨西哥	2.12	2.56	1.73	1.43	1.07	1.32	1.09	1.50	1.81	1.33	1.56
日本	2.12	2.16	1.93	1.94	1.19	1.94	0.96	1.30	1.37	1.12	1.56
巴基斯坦	0.93	0.96	1.20	1.08	1.26	1.32	1.48	1.43	1.97	1.69	1.37
比利时	1.52	1.12	1.33	1.15	1.01	1.18	1.29	1.24	1.48	1.02	1.23
葡萄牙	0.76	1.76	1.93	0.93	1.44	1.18	0.71	1.04	0.93	0.97	1.16
瑞士	1.35	0.80	1.00	1.36	1.57	1.46	0.77	1.37	0.82	0.61	1.09
土耳其	0.93	1.04	1.13	0.93	0.94	1.18	0.64	1.04	1.15	1.07	1.01

三十九 多学科农业

多学科农业A、B、C层人才主要集中在中国大陆和美国，显著高于其他国家和地区，二者A、B、C层人才的世界占比合计为25.92%、30.41%、

35.23%，其中，中国大陆的A层人才与美国相同，B、C层人才均多于美国。

澳大利亚、荷兰、加拿大、意大利、西班牙、法国、英国、巴西、德国的A层人才比较多，世界占比在8%~3%之间；新西兰、印度、奥地利、爱尔兰、芬兰、巴基斯坦、瑞典、希腊、中国香港也有相当数量的A层人才，世界占比超过或接近1%。

英国、西班牙、德国、澳大利亚、荷兰、意大利、法国的B层人才比较多，世界占比在7%~3%之间；加拿大、印度、巴西、墨西哥、瑞典、新西兰、比利时、希腊、肯尼亚、瑞士、韩国也有相当数量的B层人才，世界占比超过或接近1%。

西班牙、意大利、德国、澳大利亚、英国的C层人才比较多，世界占比在6%~3%之间；巴西、荷兰、法国、加拿大、韩国、印度、比利时、日本、中国台湾、丹麦、伊朗、土耳其、新西兰也有相当数量的C层人才，世界占比超过1%。

表4-115 多学科农业A层人才排名前20的国家和地区的占比

单位：%

国家和地区	2011年	2012年	2013年	2014年	2015年	2016年	2017年	2018年	2019年	2020年	合计
中国大陆	10.00	0.00	0.00	0.00	0.00	9.09	0.00	28.57	36.36	25.00	12.96
美国	10.00	44.44	22.22	16.67	0.00	9.09	8.33	7.14	0.00	18.75	12.96
澳大利亚	0.00	0.00	11.11	33.33	0.00	9.09	8.33	7.14	9.09	6.25	7.41
荷兰	0.00	11.11	0.00	16.67	10.00	0.00	25.00	0.00	9.09	6.25	7.41
加拿大	0.00	11.11	11.11	0.00	10.00	0.00	0.00	7.14	9.09	6.25	5.56
意大利	10.00	0.00	0.00	0.00	0.00	0.00	25.00	7.14	0.00	0.00	4.63
西班牙	0.00	11.11	0.00	16.67	0.00	0.00	8.33	7.14	0.00	6.25	4.63
法国	0.00	0.00	11.11	0.00	0.00	9.09	8.33	0.00	9.09	6.25	4.63
英国	10.00	0.00	11.11	0.00	0.00	9.09	8.33	7.14	0.00	0.00	4.63
巴西	10.00	0.00	0.00	16.67	0.00	0.00	0.00	7.14	9.09	0.00	3.70
德国	10.00	11.11	0.00	0.00	10.00	9.09	0.00	0.00	0.00	0.00	3.70
新西兰	0.00	0.00	22.22	0.00	0.00	0.00	0.00	0.00	0.00	6.25	2.78
印度	0.00	0.00	0.00	0.00	10.00	0.00	0.00	7.14	9.09	0.00	2.78
奥地利	10.00	0.00	11.11	0.00	0.00	0.00	0.00	0.00	0.00	0.00	1.85

续表

国家和地区	2011年	2012年	2013年	2014年	2015年	2016年	2017年	2018年	2019年	2020年	合计
爱尔兰	0.00	0.00	0.00	0.00	10.00	0.00	0.00	7.14	0.00	0.00	1.85
芬兰	10.00	0.00	0.00	0.00	0.00	0.00	0.00	0.00	0.00	6.25	1.85
巴基斯坦	10.00	0.00	0.00	0.00	0.00	10.00	0.00	0.00	0.00	0.00	1.85
瑞典	0.00	0.00	0.00	0.00	0.00	10.00	9.09	0.00	0.00	0.00	1.85
希腊	0.00	0.00	0.00	0.00	0.00	0.00	0.00	7.14	0.00	0.00	0.93
中国香港	0.00	0.00	0.00	0.00	0.00	0.00	9.09	0.00	0.00	0.00	0.93

表4-116 多学科农业B层人才排名前20的国家和地区的占比

单位：%

国家和地区	2011年	2012年	2013年	2014年	2015年	2016年	2017年	2018年	2019年	2020年	合计
中国大陆	14.89	16.09	10.47	8.79	19.78	10.38	11.43	16.13	23.44	28.57	16.81
美国	21.28	24.14	16.28	16.48	5.49	9.43	9.52	14.52	10.94	11.56	13.60
英国	8.51	5.75	6.98	7.69	5.49	9.43	7.62	2.42	5.47	4.08	6.14
西班牙	6.38	4.60	8.14	6.59	7.69	7.55	7.62	1.61	3.13	4.08	5.48
德国	2.13	4.60	4.65	5.49	5.49	7.55	4.76	5.65	2.34	4.76	4.72
澳大利亚	3.19	3.45	2.33	5.49	5.49	1.89	7.62	4.03	5.47	3.40	4.25
荷兰	4.26	2.30	2.33	5.49	1.10	0.94	6.67	8.06	5.47	4.08	4.25
意大利	2.13	5.75	2.33	6.59	5.49	4.72	2.86	2.42	3.91	4.08	3.97
法国	2.13	4.60	6.98	3.30	3.30	0.00	6.67	3.23	3.13	2.72	3.49
加拿大	3.19	2.30	1.16	3.30	5.49	2.83	4.76	1.61	2.34	0.68	2.64
印度	3.19	0.00	3.49	1.10	3.30	3.77	2.86	4.03	3.13	0.68	2.55
巴西	0.00	0.00	2.33	3.30	1.10	4.72	0.95	3.23	0.00	4.08	2.08
墨西哥	2.13	0.00	0.00	0.00	3.30	2.83	0.95	2.42	1.56	0.68	1.42
瑞典	1.06	3.45	0.00	1.10	1.10	0.94	0.95	0.00	0.78	2.72	1.23
新西兰	0.00	1.15	2.33	1.10	1.10	1.89	0.95	1.61	1.56	0.68	1.23
比利时	1.06	0.00	1.16	0.00	2.20	1.89	0.95	1.61	1.56	0.68	1.13
希腊	0.00	2.30	1.16	0.00	0.00	1.89	4.76	0.00	0.78	0.68	1.13
肯尼亚	1.06	0.00	2.33	2.20	1.10	0.94	0.00	1.61	0.78	1.36	1.13
瑞士	3.19	1.15	2.33	1.10	1.10	0.94	0.00	0.81	0.78	0.00	1.04
韩国	1.06	0.00	1.16	0.00	0.00	0.94	1.90	0.81	1.56	1.36	0.94

表 4-117 多学科农业 C 层人才排名前 20 的国家和地区的占比

单位：%

国家和地区	2011年	2012年	2013年	2014年	2015年	2016年	2017年	2018年	2019年	2020年	合计
中国大陆	13.71	14.71	14.99	18.41	16.63	17.58	24.77	29.50	30.53	29.05	21.98
美国	15.20	16.35	15.59	14.96	13.37	13.18	12.52	11.74	10.53	11.74	13.25
西班牙	7.12	7.53	7.43	5.98	4.78	3.91	4.55	4.18	4.39	3.20	5.09
意大利	4.04	4.35	5.52	5.06	5.87	5.08	3.99	3.14	5.35	3.20	4.45
德国	4.57	4.35	4.68	5.06	3.26	5.76	3.53	3.46	2.63	2.85	3.91
澳大利亚	4.57	4.12	3.84	4.26	3.26	3.71	3.62	4.58	2.63	2.57	3.66
英国	3.72	3.18	3.12	2.65	3.15	4.00	2.78	2.89	2.89	3.27	3.16
巴西	3.29	2.71	3.24	2.42	1.85	3.42	3.90	2.49	2.63	2.92	2.89
荷兰	2.55	2.00	3.48	3.57	3.26	2.54	2.04	3.14	2.54	2.50	2.74
法国	2.34	2.82	2.88	2.42	2.61	3.22	3.15	1.85	0.88	2.57	2.44
加拿大	2.55	2.47	2.16	1.84	2.50	2.54	2.69	2.57	2.19	2.22	2.38
韩国	1.91	2.94	2.40	1.27	2.72	1.56	1.95	1.61	1.49	1.25	1.85
印度	1.06	1.65	1.08	1.15	1.52	2.15	2.32	2.25	1.32	2.15	1.72
比利时	1.70	2.00	2.04	1.61	1.63	1.86	1.76	1.05	1.58	1.18	1.60
日本	3.29	2.59	2.28	1.50	1.85	1.37	0.56	1.13	0.61	1.04	1.53
中国台湾	4.04	2.82	1.56	0.58	1.41	0.88	0.56	0.56	0.53	0.56	1.25
丹麦	1.81	1.06	1.80	1.73	1.74	0.98	1.39	0.80	1.14	0.56	1.24
伊朗	1.38	1.18	1.08	0.46	1.20	1.37	0.93	1.05	1.58	1.81	1.24
土耳其	1.17	0.59	1.20	1.04	1.96	1.46	0.74	0.40	1.67	1.53	1.18
新西兰	1.59	1.18	0.96	1.27	0.87	0.88	0.65	0.96	1.05	1.18	1.05

四十　生物多样性保护

生物多样性保护 A、B、C 层人才最多的国家是美国，分别占该学科全球 A、B、C 层人才的 17.57%、12.26%、15.87%，优势突出。

德国、澳大利亚、加拿大、英国、中国大陆、瑞士的 A 层人才比较多，世界占比在 10%~4% 之间；日本、法国、巴西、南非、西班牙、荷兰有相当数量的 A 层人才，世界占比均为 2.70%；哥伦比亚、捷克、丹麦、芬兰、意大利、墨西哥、巴拿马也有相当数量的 A 层人才，世界占比均为 1.35%。

澳大利亚、英国、德国、中国大陆、法国、瑞士、加拿大、西班牙、巴西的 B 层人才比较多，世界占比在 7%～3% 之间；意大利、荷兰、瑞典、奥地利、比利时、丹麦、南非、新西兰、芬兰、日本也有相当数量的 B 层人才，世界占比超过 1%。

英国、澳大利亚、德国、中国大陆、加拿大、法国、西班牙的 C 层人才比较多，世界占比在 10%～3% 之间；意大利、荷兰、瑞士、瑞典、巴西、丹麦、南非、挪威、比利时、芬兰、奥地利、新西兰也有相当数量的 C 层人才，世界占比超过 1%。

表4-118　生物多样性保护 A 层人才排名前 20 的国家和地区的占比

单位：%

国家和地区	2011年	2012年	2013年	2014年	2015年	2016年	2017年	2018年	2019年	2020年	合计
美国	50.00	33.33	0.00	0.00	12.50	20.00	40.00	18.18	0.00	5.88	17.57
德国	0.00	33.33	14.29	0.00	0.00	0.00	10.00	18.18	0.00	5.88	9.46
澳大利亚	50.00	0.00	14.29	0.00	12.50	0.00	10.00	0.00	33.33	11.76	9.46
加拿大	0.00	0.00	0.00	0.00	12.50	20.00	20.00	0.00	0.00	0.00	6.76
英国	0.00	16.67	14.29	0.00	0.00	10.00	0.00	0.00	0.00	5.88	5.41
中国大陆	0.00	0.00	0.00	0.00	0.00	10.00	0.00	0.00	33.33	5.88	4.05
瑞士	0.00	0.00	14.29	0.00	0.00	10.00	0.00	0.00	0.00	5.88	4.05
日本	0.00	0.00	0.00	0.00	12.50	0.00	0.00	9.09	0.00	0.00	2.70
法国	0.00	0.00	14.29	0.00	0.00	0.00	10.00	0.00	0.00	0.00	2.70
巴西	0.00	0.00	0.00	0.00	0.00	0.00	0.00	9.09	0.00	5.88	2.70
南非	0.00	0.00	0.00	0.00	0.00	10.00	0.00	0.00	0.00	5.88	2.70
西班牙	0.00	0.00	0.00	0.00	0.00	0.00	10.00	0.00	0.00	5.88	2.70
荷兰	0.00	0.00	14.29	0.00	0.00	0.00	0.00	0.00	0.00	5.88	2.70
哥伦比亚	0.00	0.00	0.00	0.00	0.00	0.00	0.00	0.00	0.00	5.88	1.35
捷克	0.00	0.00	0.00	0.00	0.00	10.00	0.00	0.00	0.00	0.00	1.35
丹麦	0.00	0.00	0.00	0.00	12.50	0.00	0.00	0.00	0.00	0.00	1.35
芬兰	0.00	0.00	0.00	0.00	0.00	0.00	0.00	0.00	0.00	5.88	1.35
意大利	0.00	0.00	0.00	0.00	0.00	0.00	0.00	0.00	0.00	5.88	1.35
墨西哥	0.00	0.00	0.00	0.00	0.00	10.00	0.00	0.00	0.00	0.00	1.35
巴拿马	0.00	0.00	0.00	0.00	0.00	0.00	0.00	9.09	0.00	0.00	1.35

表 4-119 生物多样性保护 B 层人才排名前 20 的国家和地区的占比

单位：%

国家和地区	2011 年	2012 年	2013 年	2014 年	2015 年	2016 年	2017 年	2018 年	2019 年	2020 年	合计
美国	19.18	16.44	10.39	12.22	9.20	12.90	12.26	14.53	9.74	10.13	12.26
澳大利亚	9.59	8.22	3.90	8.89	4.60	5.38	9.43	7.69	3.90	6.33	6.61
英国	5.48	5.48	6.49	10.00	5.75	6.45	5.66	5.13	5.84	6.96	6.32
德国	6.85	6.85	2.60	5.56	5.75	5.38	3.77	6.84	2.60	5.70	5.06
中国大陆	1.37	1.37	1.30	4.44	4.60	4.30	6.60	2.56	7.79	3.16	4.09
法国	1.37	5.48	3.90	4.44	4.60	6.45	3.77	5.13	2.60	3.80	4.09
瑞士	5.48	4.11	3.90	2.22	1.15	2.15	4.72	5.13	1.95	4.43	3.50
加拿大	2.74	2.74	3.90	2.22	1.15	4.30	4.72	4.27	1.30	4.43	3.21
西班牙	5.48	5.48	3.90	4.44	2.30	2.15	2.83	4.27	1.95	1.90	3.21
巴西	2.74	1.37	1.30	3.33	3.45	5.38	1.89	2.56	3.25	3.80	3.02
意大利	1.37	5.48	1.30	3.33	2.30	2.15	4.72	2.56	1.30	4.43	2.92
荷兰	1.37	5.48	0.00	3.33	3.45	4.30	1.89	0.85	2.60	1.90	2.43
瑞典	2.74	2.74	1.30	4.44	2.30	4.30	1.89	2.56	1.30	1.90	2.43
奥地利	1.37	1.37	0.00	1.11	3.45	2.15	3.77	1.71	1.95	4.43	2.33
比利时	1.37	4.11	1.30	0.00	1.15	3.23	1.89	1.71	2.60	3.16	2.14
丹麦	4.11	1.37	2.60	2.22	3.45	3.23	1.89	2.56	1.30	0.00	2.04
南非	2.74	0.00	1.30	2.22	1.15	1.08	2.83	3.42	1.95	1.90	1.95
新西兰	2.74	1.37	1.30	2.22	1.15	2.15	1.89	0.85	1.30	3.16	1.85
芬兰	0.00	1.37	1.30	1.11	1.15	0.00	2.83	3.42	1.95	2.53	1.75
日本	1.37	0.00	2.60	1.11	1.15	2.15	1.89	1.71	0.65	1.90	1.46

表 4-120 生物多样性保护 C 层人才排名前 20 的国家和地区的占比

单位：%

国家和地区	2011 年	2012 年	2013 年	2014 年	2015 年	2016 年	2017 年	2018 年	2019 年	2020 年	合计
美国	20.59	19.83	19.97	18.01	15.71	14.34	15.53	14.96	14.76	11.59	15.87
英国	8.97	9.29	9.73	11.04	9.86	9.43	8.33	8.98	8.96	8.86	9.27
澳大利亚	8.68	7.91	6.87	8.04	6.26	6.52	7.48	7.32	7.34	5.20	7.00
德国	4.56	7.35	7.26	5.88	6.67	5.82	5.61	6.23	5.80	5.53	6.02
中国大陆	2.50	2.50	4.15	4.44	4.21	5.42	4.30	6.57	8.04	8.19	5.49
加拿大	5.00	5.41	4.15	5.64	4.72	5.22	4.86	4.16	3.94	3.33	4.51
法国	5.00	3.33	4.02	3.72	4.21	4.91	4.58	5.15	3.63	3.26	4.15
西班牙	3.68	4.16	2.08	2.52	4.21	2.31	2.99	3.57	2.86	3.80	3.24
意大利	2.06	2.64	2.33	3.24	3.18	3.41	2.81	3.49	2.47	3.40	2.97

续表

国家和地区	2011年	2012年	2013年	2014年	2015年	2016年	2017年	2018年	2019年	2020年	合计
荷兰	2.94	3.05	4.28	2.16	2.98	3.01	2.81	2.41	2.47	2.33	2.77
瑞士	2.65	2.22	1.95	3.60	3.39	2.91	2.71	2.99	2.32	2.13	2.67
瑞典	2.65	3.33	3.50	3.00	2.16	2.11	1.96	1.83	2.09	2.27	2.39
巴西	1.18	3.05	2.20	1.80	2.36	2.81	2.15	2.49	1.93	2.60	2.29
丹麦	2.06	2.36	1.95	2.04	2.46	2.01	2.34	2.33	2.09	1.20	2.04
南非	2.06	1.80	1.95	2.16	1.33	2.91	3.09	1.00	1.47	2.07	1.96
挪威	2.06	1.66	1.95	1.56	0.92	1.60	1.12	1.66	1.55	1.60	1.54
比利时	1.47	1.25	1.43	0.84	1.33	1.30	2.06	1.83	1.39	1.67	1.49
芬兰	1.03	1.66	1.30	1.20	1.64	0.80	1.12	1.33	1.85	1.93	1.43
奥地利	1.32	0.83	0.91	1.20	1.23	1.71	1.78	1.50	1.08	1.73	1.37
新西兰	0.88	1.25	1.04	1.92	1.64	0.90	2.06	0.91	1.31	1.00	1.28

四十一 园艺学

园艺学A层人才最多的是中国大陆和意大利，世界占比分别为14.29%、11.11%；美国紧随其后，世界占比为9.52%；印度、墨西哥、西班牙、澳大利亚、塞浦路斯、法国、德国、加拿大、新西兰、中国台湾的A层人才比较多，世界占比在7%~3%之间；比利时、巴西、哥伦比亚、埃及、希腊、以色列、日本也有相当数量的A层人才，世界占比均为1.59%。

B层人才主要集中在中国大陆和美国，世界占比分别为18.69%、14.95%；意大利、澳大利亚、德国、墨西哥、西班牙、法国、印度的B层人才比较多，世界占比在7%~3%之间；英国、以色列、伊朗、荷兰、埃及、南非、巴西、日本、土耳其、比利时、波兰也有相当数量的B层人才，世界占比超过1%。

C层人才主要集中在中国大陆和美国，世界占比分别为18.86%、15.64%；意大利、西班牙、澳大利亚、德国、法国的C层人才比较多，世界占比在6%~3%之间；印度、巴西、伊朗、日本、英国、加拿大、墨西哥、荷兰、南非、韩国、新西兰、土耳其、埃及也有相当数量的C层人才，世界占比超过1%。

表 4－121　园艺学 A 层人才排名前 20 的国家和地区的占比

单位：%

国家和地区	2011 年	2012 年	2013 年	2014 年	2015 年	2016 年	2017 年	2018 年	2019 年	2020 年	合计
中国大陆	37.50	0.00	14.29	0.00	0.00	33.33	12.50	0.00	0.00	33.33	14.29
意大利	0.00	0.00	0.00	0.00	28.57	16.67	25.00	40.00	0.00	0.00	11.11
美国	12.50	16.67	28.57	0.00	0.00	0.00	0.00	0.00	25.00	16.67	9.52
印度	12.50	0.00	14.29	33.33	0.00	0.00	0.00	0.00	0.00	0.00	6.35
墨西哥	0.00	0.00	0.00	33.33	0.00	33.33	0.00	0.00	0.00	0.00	6.35
西班牙	12.50	16.67	0.00	0.00	0.00	0.00	12.50	0.00	0.00	16.67	6.35
澳大利亚	12.50	0.00	0.00	0.00	0.00	0.00	0.00	0.00	25.00	16.67	4.76
塞浦路斯	0.00	0.00	0.00	0.00	0.00	0.00	12.50	40.00	0.00	0.00	4.76
法国	0.00	33.33	0.00	0.00	0.00	0.00	0.00	0.00	25.00	0.00	4.76
德国	0.00	16.67	0.00	0.00	14.29	0.00	0.00	0.00	0.00	16.67	4.76
加拿大	0.00	0.00	14.29	0.00	14.29	0.00	0.00	0.00	0.00	0.00	3.17
新西兰	0.00	0.00	0.00	0.00	0.00	0.00	12.50	0.00	25.00	0.00	3.17
中国台湾	0.00	0.00	14.29	0.00	0.00	0.00	12.50	0.00	0.00	0.00	3.17
比利时	0.00	0.00	0.00	0.00	14.29	0.00	0.00	0.00	0.00	0.00	1.59
巴西	0.00	0.00	0.00	0.00	14.29	0.00	0.00	0.00	0.00	0.00	1.59
哥伦比亚	0.00	16.67	0.00	0.00	0.00	0.00	0.00	0.00	0.00	0.00	1.59
埃及	12.50	0.00	0.00	0.00	0.00	0.00	0.00	0.00	0.00	0.00	1.59
希腊	0.00	0.00	0.00	0.00	0.00	0.00	0.00	20.00	0.00	0.00	1.59
以色列	0.00	0.00	0.00	0.00	0.00	16.67	0.00	0.00	0.00	0.00	1.59
日本	0.00	0.00	0.00	16.67	0.00	0.00	0.00	0.00	0.00	0.00	1.59

表 4－122　园艺学 B 层人才排名前 20 的国家和地区的占比

单位：%

国家和地区	2011 年	2012 年	2013 年	2014 年	2015 年	2016 年	2017 年	2018 年	2019 年	2020 年	合计
中国大陆	12.82	18.67	17.95	15.19	7.14	13.33	20.83	20.83	29.17	35.94	18.69
美国	15.38	13.33	12.82	20.25	9.52	17.33	12.50	22.22	11.11	15.63	14.95
意大利	5.13	4.00	6.41	6.33	10.71	16.00	5.56	5.56	2.78	3.13	6.68
澳大利亚	5.13	13.33	2.56	5.06	4.76	1.33	4.17	2.78	5.56	7.81	5.21
德国	3.85	8.00	6.41	3.80	4.76	5.33	4.17	5.56	4.17	1.56	4.81
墨西哥	10.26	8.00	2.56	5.06	5.95	4.00	1.39	2.78	2.78	0.00	4.41
西班牙	5.13	5.33	3.85	3.80	4.76	8.00	4.17	1.39	2.78	3.13	4.27
法国	5.13	2.67	8.97	3.80	5.95	1.33	2.78	4.17	2.78	0.00	3.87
印度	5.13	4.00	5.13	1.27	4.76	1.33	2.78	0.00	4.17	4.69	3.34

续表

国家和地区	2011年	2012年	2013年	2014年	2015年	2016年	2017年	2018年	2019年	2020年	合计
英国	2.56	2.67	1.28	3.80	0.00	2.67	4.17	6.94	2.78	0.00	2.67
以色列	3.85	2.67	0.00	1.27	0.00	8.00	0.00	4.17	0.00	0.00	2.00
伊朗	0.00	0.00	2.56	0.00	1.19	2.67	4.17	0.00	5.56	3.13	1.87
荷兰	0.00	1.33	2.56	3.80	2.38	4.00	1.39	1.39	0.00	1.56	1.87
埃及	1.28	0.00	1.28	1.27	2.38	0.00	1.39	1.39	1.39	7.81	1.74
南非	0.00	1.33	3.85	2.53	1.19	1.33	2.78	0.00	0.00	3.13	1.60
巴西	2.56	1.33	0.00	0.00	2.38	1.33	2.78	2.78	0.00	1.56	1.47
日本	2.56	0.00	5.13	0.00	0.00	0.00	2.78	0.00	1.39	1.56	1.34
土耳其	2.56	0.00	0.00	2.53	2.38	0.00	0.00	5.56	0.00	0.00	1.34
比利时	0.00	0.00	1.28	0.00	1.19	4.00	0.00	0.00	1.39	3.13	1.07
波兰	1.28	0.00	0.00	5.06	1.19	0.00	1.39	1.39	0.00	0.00	1.07

表4–123 园艺学C层人才排名前20的国家和地区的占比

单位：%

国家和地区	2011年	2012年	2013年	2014年	2015年	2016年	2017年	2018年	2019年	2020年	合计
中国大陆	12.80	14.45	14.23	15.69	19.16	16.38	18.72	23.93	25.72	28.53	18.86
美国	18.60	19.80	16.80	15.56	17.06	15.95	15.82	13.11	12.66	10.04	15.64
意大利	7.28	5.35	5.15	6.67	6.07	6.47	6.68	5.27	4.31	4.37	5.76
西班牙	5.93	5.98	6.64	4.97	5.49	5.60	4.93	4.13	4.18	5.09	5.31
澳大利亚	6.33	4.11	4.34	5.36	5.02	3.30	3.77	4.56	2.09	3.64	4.27
德国	3.37	3.61	4.20	4.31	3.62	3.88	3.92	3.42	3.79	2.62	3.68
法国	4.58	4.23	5.42	3.92	2.69	2.30	3.05	1.28	2.09	2.47	3.22
印度	2.43	3.36	3.93	3.14	3.27	2.87	2.47	1.85	2.35	2.62	2.85
巴西	2.83	2.12	2.30	2.22	2.45	2.30	2.76	3.56	3.39	2.04	2.59
伊朗	1.35	0.50	1.08	0.92	1.75	1.87	1.89	4.27	4.70	5.68	2.35
日本	2.70	4.11	1.76	2.48	1.75	2.59	1.16	1.99	1.57	1.46	2.18
英国	2.16	1.87	1.76	3.40	1.17	2.87	1.89	1.57	2.74	2.33	2.16
加拿大	2.43	1.62	1.90	1.18	2.45	3.88	2.47	2.14	1.83	1.46	2.12
墨西哥	0.81	1.74	2.98	2.22	1.29	1.72	1.60	2.14	2.35	1.46	1.83
荷兰	2.70	1.99	1.90	1.83	0.93	1.72	1.89	1.57	2.09	1.31	1.79
南非	1.62	1.00	1.49	0.92	1.29	1.58	1.74	1.14	1.17	1.16	1.30
韩国	1.62	0.62	0.68	1.05	1.75	1.44	1.31	1.14	1.57	1.89	1.30
新西兰	1.89	2.12	0.41	1.70	1.64	1.58	1.02	1.14	0.91	0.15	1.28
土耳其	1.48	1.25	1.36	1.18	0.93	1.29	1.60	0.71	1.17	1.31	1.22
埃及	1.08	0.37	0.41	0.92	0.93	0.29	0.87	2.56	1.17	1.89	1.03

四十二 真菌学

真菌学 A 层人才最多的国家是美国，世界占比为 20.00%；德国、荷兰、英国的 A 层人才处于第二梯队，世界占比均为 13.33%；加拿大、捷克、爱沙尼亚、法国、新西兰、瑞士也有相当数量的 A 层人才，世界占比均为 6.67%。

真菌学 B 层人才最多的国家是荷兰，占该学科全球 B 层人才的 7.76%；其次是美国、泰国、中国大陆、德国、英国、意大利、澳大利亚、新西兰、巴西，世界占比在 6%~3% 之间；加拿大、沙特、比利时、印度、日本、伊朗、西班牙、韩国、毛里求斯、丹麦也有相当数量的 B 层人才，世界占比超过 1%。

真菌学 C 层人才最多的国家是美国，世界占比为 12.42%；中国大陆、荷兰、德国、泰国、英国、法国、巴西、印度、西班牙的 C 层人才比较多，世界占比在 8%~3% 之间；意大利、澳大利亚、南非、加拿大、日本、奥地利、沙特、新西兰、比利时、葡萄牙也有相当数量的 C 层人才，世界占比超过 1%。

表 4-124 真菌学 A 层人才的国家和地区的占比

单位：%

国家和地区	2011 年	2012 年	2013 年	2014 年	2015 年	2016 年	2017 年	2018 年	2019 年	2020 年	合计
美国	33.33	0.00	0.00	0.00	0.00	50.00	0.00	0.00	0.00	0.00	20.00
德国	33.33	0.00	0.00	0.00	0.00	0.00	0.00	50.00	0.00	0.00	13.33
荷兰	33.33	50.00	0.00	0.00	0.00	0.00	0.00	0.00	0.00	0.00	13.33
英国	0.00	0.00	0.00	0.00	0.00	0.00	25.00	50.00	0.00	0.00	13.33
加拿大	0.00	0.00	0.00	0.00	0.00	25.00	0.00	0.00	0.00	0.00	6.67
捷克	0.00	0.00	0.00	0.00	0.00	0.00	25.00	0.00	0.00	0.00	6.67
爱沙尼亚	0.00	0.00	0.00	0.00	0.00	25.00	0.00	0.00	0.00	0.00	6.67
法国	0.00	0.00	0.00	0.00	0.00	0.00	25.00	0.00	0.00	0.00	6.67
新西兰	0.00	50.00	0.00	0.00	0.00	0.00	0.00	0.00	0.00	0.00	6.67
瑞士	0.00	0.00	0.00	0.00	0.00	0.00	25.00	0.00	0.00	0.00	6.67

表 4-125 真菌学 B 层人才排名前 20 的国家和地区的占比

单位：%

国家和地区	2011 年	2012 年	2013 年	2014 年	2015 年	2016 年	2017 年	2018 年	2019 年	2020 年	合计
荷兰	8.57	16.28	11.90	8.00	3.57	3.57	12.50	4.76	6.67	2.44	7.76
美国	5.71	6.98	9.52	4.00	7.14	3.57	0.00	9.52	0.00	2.44	5.59
泰国	2.86	6.98	2.38	4.00	7.14	7.14	0.00	9.52	6.67	2.44	5.28
中国大陆	5.71	6.98	2.38	4.00	7.14	3.57	12.50	7.14	6.67	2.44	5.28
德国	2.86	4.65	4.76	4.00	0.00	7.14	12.50	7.14	6.67	4.88	4.97
英国	5.71	6.98	7.14	4.00	3.57	3.57	0.00	4.76	0.00	2.44	4.35
意大利	0.00	0.00	4.76	8.00	3.57	7.14	0.00	2.38	6.67	2.44	3.42
澳大利亚	2.86	9.30	2.38	4.00	3.57	0.00	0.00	2.38	2.44	2.44	3.11
新西兰	5.71	6.98	2.38	0.00	3.57	3.57	0.00	0.00	0.00	2.44	3.11
巴西	2.86	2.33	7.14	0.00	3.57	3.57	12.50	0.00	3.33	2.44	3.11
加拿大	5.71	2.33	2.38	8.00	3.57	0.00	0.00	2.38	0.00	2.44	2.80
沙特	2.86	4.65	2.38	4.00	3.57	3.57	12.50	2.38	3.33	0.00	2.80
比利时	2.86	2.33	0.00	4.00	3.57	3.57	12.50	0.00	3.33	2.44	2.17
印度	0.00	2.33	2.38	4.00	3.57	3.57	0.00	2.38	3.33	2.44	2.17
日本	2.86	0.00	4.76	8.00	3.57	0.00	0.00	0.00	0.00	2.44	2.17
伊朗	2.86	0.00	2.38	0.00	3.57	3.57	12.50	0.00	3.33	2.44	2.17
西班牙	5.71	0.00	2.38	0.00	3.57	0.00	0.00	2.38	3.33	2.44	2.17
韩国	2.86	0.00	0.00	8.00	0.00	3.57	0.00	2.38	6.67	2.44	2.17
毛里求斯	0.00	0.00	0.00	0.00	3.57	7.14	0.00	4.76	3.33	2.44	2.17
丹麦	2.86	0.00	2.38	8.00	0.00	0.00	0.00	2.38	3.33	0.00	1.86

表 4-126 真菌学 C 层人才排名前 20 的国家和地区的占比

单位：%

国家和地区	2011 年	2012 年	2013 年	2014 年	2015 年	2016 年	2017 年	2018 年	2019 年	2020 年	合计
美国	21.08	20.35	13.70	12.10	11.31	10.47	7.14	12.11	8.09	8.49	12.42
中国大陆	5.41	8.79	7.75	7.53	8.28	7.07	7.88	6.37	8.67	8.22	7.60
荷兰	9.12	5.53	8.53	7.26	7.07	7.33	7.64	5.95	7.23	5.31	7.05
德国	4.56	5.03	8.53	6.18	6.46	5.76	3.69	6.37	5.78	6.90	5.95
泰国	4.56	3.77	3.88	5.11	4.44	3.93	6.40	3.29	4.91	5.57	4.55
英国	3.99	3.77	3.88	3.76	4.85	3.93	3.69	6.37	2.60	3.98	4.17
法国	3.13	3.77	3.62	3.49	3.84	4.19	2.46	4.93	3.18	2.65	3.57
巴西	3.70	3.02	4.13	2.96	3.64	3.66	3.45	3.08	2.89	3.18	3.37

续表

国家和地区	2011年	2012年	2013年	2014年	2015年	2016年	2017年	2018年	2019年	2020年	合计
印度	0.57	1.76	1.81	2.42	3.03	3.40	3.45	3.90	5.49	4.77	3.07
西班牙	2.85	3.02	3.88	2.69	2.63	3.40	2.22	3.70	2.89	2.92	3.02
意大利	1.42	2.01	1.55	2.96	3.84	2.62	3.69	3.08	2.02	3.18	2.70
澳大利亚	3.42	2.01	2.58	2.42	2.63	2.62	1.72	3.29	3.76	2.12	2.65
南非	0.57	1.76	2.07	3.23	3.43	3.14	3.69	2.87	3.76	1.06	2.60
加拿大	3.70	3.02	2.58	2.96	2.22	3.14	1.48	1.23	1.45	0.80	2.22
日本	1.42	2.26	4.13	2.69	2.83	2.09	1.48	0.82	1.45	2.12	2.12
奥地利	2.56	2.76	1.29	1.88	2.02	2.36	1.48	2.67	1.45	1.59	2.02
沙特	3.99	2.01	0.26	2.69	3.43	1.83	2.22	0.00	0.87	2.92	2.00
新西兰	1.42	2.01	1.55	2.42	1.41	1.57	1.23	1.64	2.60	2.39	1.80
比利时	1.42	1.76	1.03	1.34	2.02	1.57	1.97	2.46	1.73	2.12	1.77
葡萄牙	0.85	2.51	1.55	1.08	0.81	1.57	3.20	0.62	1.73	2.65	1.62

四十三 林学

林学A、B、C层人才最多的国家是美国，分别占该学科全球A、B、C层人才的25.00%、12.30%、15.95%，优势突出。

中国大陆、德国、澳大利亚、加拿大、英国、奥地利、法国、意大利、西班牙的A层人才比较多，世界占比在10%~3%之间；巴西、捷克、丹麦、爱沙尼亚、伊朗、以色列、日本、挪威、韩国、苏丹也有相当数量的A层人才，世界占比均为1.92%。

德国、中国大陆、加拿大、法国、意大利、瑞士、英国、澳大利亚、西班牙、奥地利、瑞典的B层人才比较多，世界占比在7%~3%之间；荷兰、芬兰、捷克、丹麦、日本、比利时、波兰、巴西也有相当数量的B层人才，世界占比超过1%。

中国大陆、德国、西班牙、法国、加拿大、澳大利亚、英国、意大利的C层人才比较多，世界占比在10%~3%之间；瑞典、芬兰、瑞士、捷克、巴西、奥地利、荷兰、葡萄牙、波兰、比利时、日本也有相当数量的C层人才，世界占比超过1%。

表4-127 林学A层人才排名前20的国家和地区的占比

单位：%

国家和地区	2011年	2012年	2013年	2014年	2015年	2016年	2017年	2018年	2019年	2020年	合计
美国	100.00	40.00	25.00	33.33	16.67	0.00	25.00	40.00	16.67	11.11	25.00
中国大陆	0.00	20.00	0.00	16.67	0.00	0.00	0.00	20.00	16.67	0.00	9.62
德国	0.00	0.00	0.00	33.33	0.00	0.00	0.00	20.00	8.33	0.00	7.69
澳大利亚	0.00	20.00	0.00	0.00	16.67	0.00	0.00	0.00	8.33	0.00	5.77
加拿大	0.00	0.00	25.00	0.00	0.00	0.00	0.00	20.00	0.00	11.11	5.77
英国	0.00	0.00	0.00	0.00	0.00	16.67	0.00	0.00	8.33	11.11	5.77
奥地利	0.00	0.00	0.00	0.00	0.00	0.00	0.00	0.00	8.33	11.11	3.85
法国	0.00	0.00	0.00	0.00	0.00	0.00	0.00	0.00	8.33	11.11	3.85
意大利	0.00	0.00	25.00	0.00	16.67	0.00	0.00	0.00	0.00	0.00	3.85
西班牙	0.00	0.00	0.00	0.00	0.00	0.00	25.00	0.00	8.33	0.00	3.85
巴西	0.00	0.00	0.00	0.00	16.67	0.00	0.00	0.00	0.00	0.00	1.92
捷克	0.00	0.00	0.00	0.00	0.00	0.00	25.00	0.00	0.00	0.00	1.92
丹麦	0.00	0.00	0.00	0.00	0.00	0.00	0.00	0.00	0.00	11.11	1.92
爱沙尼亚	0.00	0.00	0.00	0.00	0.00	0.00	0.00	0.00	0.00	11.11	1.92
伊朗	0.00	0.00	0.00	0.00	0.00	0.00	0.00	0.00	8.33	0.00	1.92
以色列	0.00	0.00	0.00	16.67	0.00	0.00	0.00	0.00	0.00	0.00	1.92
日本	0.00	0.00	0.00	0.00	0.00	0.00	25.00	0.00	0.00	0.00	1.92
挪威	0.00	0.00	0.00	0.00	0.00	0.00	0.00	0.00	8.33	0.00	1.92
韩国	0.00	0.00	25.00	0.00	0.00	0.00	0.00	0.00	0.00	0.00	1.92
苏丹	0.00	0.00	0.00	0.00	0.00	0.00	0.00	0.00	0.00	11.11	1.92

表4-128 林学B层人才排名前20的国家和地区的占比

单位：%

国家和地区	2011年	2012年	2013年	2014年	2015年	2016年	2017年	2018年	2019年	2020年	合计
美国	22.39	20.59	13.70	11.69	13.16	7.14	9.68	18.81	10.38	3.36	12.30
德国	4.48	7.35	6.85	6.49	5.26	8.16	10.75	4.95	3.77	7.56	6.61
中国大陆	4.48	1.47	0.00	2.60	9.21	2.04	7.53	11.88	7.55	5.88	5.58
加拿大	4.48	7.35	10.96	6.49	6.58	0.00	6.45	4.95	6.60	1.68	5.24
法国	8.96	4.41	8.22	5.19	5.26	5.10	3.23	6.93	3.77	2.52	5.13
意大利	2.99	1.47	4.11	9.09	5.26	4.08	5.38	3.96	1.89	5.04	4.33
瑞士	2.99	4.41	4.11	7.79	2.63	4.08	5.38	1.98	2.83	3.36	3.87
英国	2.99	4.41	6.85	5.19	2.63	3.06	5.38	1.98	2.83	2.52	3.64

续表

国家和地区	2011年	2012年	2013年	2014年	2015年	2016年	2017年	2018年	2019年	2020年	合计
澳大利亚	2.99	10.29	4.11	5.19	5.26	3.06	2.15	1.98	0.94	2.52	3.53
西班牙	2.99	2.94	4.11	5.19	2.63	4.08	2.15	1.98	0.94	5.04	3.19
奥地利	1.49	2.94	1.37	3.90	3.95	5.10	3.23	1.98	2.83	3.36	3.08
瑞典	0.00	5.88	1.37	2.60	3.95	2.04	6.45	1.98	2.83	3.36	3.08
荷兰	5.97	2.94	6.85	3.90	3.95	3.06	1.08	0.99	1.89	1.68	2.96
芬兰	1.49	4.41	2.74	0.00	1.32	2.04	2.15	2.97	1.89	5.04	2.51
捷克	1.49	2.94	2.74	1.30	2.63	4.08	4.30	0.99	0.94	2.52	2.39
丹麦	2.99	1.47	5.48	2.60	0.00	1.02	1.08	1.98	2.83	3.36	2.28
日本	5.97	1.47	1.37	1.30	3.95	0.00	0.00	1.98	0.94	1.68	1.71
比利时	0.00	0.00	1.37	2.60	1.32	1.02	0.00	2.97	1.89	3.36	1.59
波兰	2.99	0.00	1.37	0.00	1.32	3.06	1.08	1.98	1.89	1.68	1.59
巴西	2.99	1.47	2.74	1.30	1.32	2.04	1.08	0.00	0.94	2.52	1.59

表4－129 林学C层人才排名前20的国家和地区的占比

单位：%

国家和地区	2011年	2012年	2013年	2014年	2015年	2016年	2017年	2018年	2019年	2020年	合计
美国	19.32	21.09	17.65	17.58	19.54	15.58	15.53	15.30	12.67	10.70	15.95
中国大陆	4.13	4.96	8.32	4.95	9.01	8.13	9.70	11.58	13.04	12.21	9.11
德国	5.90	7.60	7.32	7.28	5.84	6.43	8.11	5.57	6.47	6.24	6.63
西班牙	4.72	6.98	4.73	4.40	5.08	4.85	3.88	4.59	4.10	3.83	4.61
法国	5.01	5.43	6.31	5.36	3.55	3.72	3.88	4.37	3.74	3.03	4.29
加拿大	5.60	5.43	3.87	3.43	5.08	3.95	2.63	3.50	4.28	4.01	4.12
澳大利亚	4.13	4.81	4.59	4.40	5.46	3.50	2.63	3.28	4.01	3.57	3.96
英国	4.42	2.02	4.16	3.57	3.30	3.50	3.54	3.93	5.01	3.83	3.80
意大利	3.98	2.48	4.02	3.85	4.31	3.16	3.54	3.39	3.65	4.28	3.69
瑞典	4.28	2.79	2.87	3.98	2.54	3.50	2.97	1.75	3.37	2.14	2.96
芬兰	3.10	3.41	2.44	3.43	2.92	2.93	2.74	2.84	3.01	2.85	2.95
瑞士	2.36	2.95	3.30	3.85	2.92	3.39	2.85	2.84	2.19	1.96	2.81
捷克	0.44	1.09	1.72	2.34	1.65	2.03	2.97	2.62	2.28	2.50	2.05
巴西	2.36	1.71	2.30	2.34	1.40	2.14	1.14	1.86	1.82	2.94	2.02
奥地利	1.03	2.17	1.43	1.65	1.78	1.47	3.54	1.31	2.10	1.43	1.80
荷兰	1.92	1.71	1.43	2.47	1.27	2.14	1.48	1.75	1.91	1.52	1.76
葡萄牙	1.62	0.93	1.87	1.51	1.65	2.03	1.26	1.53	0.82	1.25	1.42
波兰	0.74	0.47	0.43	1.37	0.38	1.13	2.51	1.97	1.46	2.58	1.41
比利时	2.21	1.40	1.72	1.10	0.76	1.47	0.80	1.31	1.64	1.43	1.38
日本	1.33	2.02	2.30	0.55	1.40	1.24	1.83	1.20	1.46	0.71	1.36

四十四 兽医学

兽医学 A、B、C 层人才最多的国家是美国，分别占该学科全球 A、B、C 层人才的 23.32%、16.81%、17.41%，显著高于其他国家和地区。

英国、意大利、中国大陆、加拿大、法国的 A 层人才比较多，世界占比在 8%~4%之间；澳大利亚、德国、瑞士、印度、西班牙、瑞典、巴西、埃及、挪威、马来西亚、日本、新西兰、智利、韩国也有相当数量的 A 层人才，世界占比超过 1%。

英国、中国大陆、德国、意大利、西班牙、加拿大、法国、澳大利亚、荷兰的 B 层人才比较多，世界占比在 10%~3%之间；比利时、丹麦、瑞士、印度、巴西、埃及、奥地利、伊朗、日本、泰国也有相当数量的 B 层人才，世界占比超过 1%。

中国大陆、英国、意大利、西班牙、德国、澳大利亚、加拿大、法国、巴西的 C 层人才比较多，世界占比在 10%~3%之间；荷兰、比利时、瑞士、丹麦、日本、印度、瑞典、埃及、韩国、波兰也有相当数量的 C 层人才，世界占比超过 1%。

表 4-130 兽医学 A 层人才排名前 20 的国家和地区的占比

单位：%

国家和地区	2011年	2012年	2013年	2014年	2015年	2016年	2017年	2018年	2019年	2020年	合计
美国	30.43	28.00	31.82	20.00	28.57	27.27	30.43	16.00	16.67	9.68	23.32
英国	4.35	12.00	9.09	10.00	0.00	13.64	4.35	12.00	5.56	3.23	7.62
意大利	8.70	4.00	4.55	10.00	7.14	4.55	8.70	4.00	11.11	9.68	7.17
中国大陆	0.00	4.00	4.55	10.00	14.29	4.55	4.35	8.00	0.00	9.68	5.83
加拿大	8.70	0.00	9.09	5.00	0.00	4.55	4.35	16.00	0.00	3.23	5.38
法国	4.35	8.00	9.09	5.00	0.00	4.55	0.00	4.00	5.56	6.45	4.93
澳大利亚	0.00	0.00	4.55	0.00	0.00	0.00	8.70	8.00	0.00	3.23	2.69
德国	4.35	0.00	0.00	10.00	0.00	0.00	0.00	0.00	11.11	3.23	2.69
瑞士	4.35	4.00	0.00	5.00	0.00	4.55	0.00	0.00	5.56	0.00	2.24
印度	0.00	0.00	0.00	5.00	7.14	0.00	0.00	0.00	0.00	6.45	2.24
西班牙	8.70	4.00	0.00	0.00	0.00	7.14	4.55	0.00	0.00	0.00	2.24
瑞典	0.00	0.00	0.00	5.00	0.00	0.00	0.00	0.00	16.67	3.23	2.24

续表

国家和地区	2011年	2012年	2013年	2014年	2015年	2016年	2017年	2018年	2019年	2020年	合计
巴西	0.00	4.00	0.00	5.00	7.14	4.55	0.00	0.00	0.00	0.00	1.79
埃及	0.00	0.00	0.00	0.00	0.00	0.00	4.35	0.00	0.00	9.68	1.79
挪威	4.35	0.00	4.55	0.00	0.00	0.00	0.00	4.00	5.56	0.00	1.79
马来西亚	0.00	4.00	0.00	0.00	0.00	4.55	0.00	4.00	5.56	0.00	1.79
日本	0.00	4.00	0.00	0.00	7.14	0.00	0.00	0.00	5.56	0.00	1.35
新西兰	0.00	0.00	4.55	0.00	7.14	4.55	0.00	0.00	0.00	0.00	1.35
智利	4.35	0.00	0.00	0.00	0.00	0.00	4.35	0.00	0.00	3.23	1.35
韩国	0.00	4.00	0.00	0.00	0.00	0.00	8.70	0.00	0.00	0.00	1.35

表4－131 兽医学B层人才排名前20的国家和地区的占比

单位：%

国家和地区	2011年	2012年	2013年	2014年	2015年	2016年	2017年	2018年	2019年	2020年	合计
美国	21.84	20.56	18.05	22.28	17.82	13.13	16.02	14.47	13.26	13.24	16.81
英国	11.17	11.68	11.71	10.36	8.42	9.60	11.65	5.96	6.82	5.51	9.07
中国大陆	3.88	5.61	5.85	5.18	4.95	8.59	9.22	8.94	9.47	9.93	7.33
德国	3.40	5.14	5.85	3.11	7.92	4.55	7.77	5.53	4.17	5.15	5.24
意大利	5.83	3.74	3.90	3.11	4.46	8.08	5.34	7.23	6.06	4.41	5.24
西班牙	4.37	6.07	4.39	4.66	5.94	6.57	2.43	3.83	4.17	4.04	4.60
加拿大	6.31	4.67	2.93	5.18	2.97	3.54	4.85	2.13	2.27	3.68	3.78
法国	4.37	5.14	4.88	1.55	3.96	4.04	4.37	2.55	1.89	4.78	3.74
澳大利亚	1.94	4.21	4.39	4.15	4.95	6.44	4.04	1.46	3.40	4.55	3.69
荷兰	4.85	3.74	4.88	2.07	2.97	3.03	1.46	5.53	1.52	2.21	3.19
比利时	3.40	2.80	3.90	3.11	3.47	1.52	0.97	2.98	1.89	2.57	2.64
丹麦	1.94	1.40	3.41	3.63	4.46	1.01	1.46	2.13	1.14	1.10	2.10
瑞士	1.94	1.87	1.46	3.63	2.48	1.52	2.55	1.52	2.94	1.10	2.10
印度	0.00	1.87	1.46	1.04	0.99	2.53	3.88	4.26	3.03	1.10	2.05
巴西	3.40	0.93	2.93	2.59	2.97	0.51	1.46	2.55	1.89	1.10	2.00
埃及	0.00	1.40	0.49	0.00	0.99	2.53	2.91	1.28	2.65	5.51	2.00
奥地利	0.97	1.40	0.98	1.04	2.48	2.02	3.40	2.13	1.14	1.47	1.69
伊朗	1.46	0.93	0.00	0.52	1.49	2.53	1.94	1.28	1.89	2.57	1.50
日本	2.91	1.87	0.00	1.55	0.99	3.03	0.97	1.28	1.14	1.47	1.50
泰国	0.49	0.93	0.98	1.55	0.50	0.51	1.94	2.13	2.65	1.84	1.41

表 4-132　兽医学 C 层人才排名前 20 的国家和地区的占比

单位：%

国家和地区	2011年	2012年	2013年	2014年	2015年	2016年	2017年	2018年	2019年	2020年	合计
美国	20.14	19.51	20.83	18.90	18.87	18.90	17.44	14.86	13.07	13.83	17.41
中国大陆	4.87	5.43	6.84	7.40	9.92	9.50	12.79	12.58	15.25	12.06	9.85
英国	9.55	9.76	8.67	9.85	9.16	8.77	7.97	7.85	6.17	5.62	8.22
意大利	3.99	4.10	3.94	3.83	3.71	4.15	4.28	5.48	5.44	6.81	4.66
西班牙	5.32	4.81	5.02	4.05	3.66	4.00	3.91	4.16	4.10	3.59	4.26
德国	4.09	4.63	3.89	3.78	4.83	3.89	4.44	4.16	3.41	4.42	4.14
澳大利亚	3.45	3.79	4.33	3.99	4.07	3.43	3.10	3.86	4.06	3.72	3.79
加拿大	3.74	4.05	3.59	3.89	3.61	4.47	3.42	3.95	3.26	2.73	3.65
法国	4.23	3.83	3.79	4.53	3.61	3.58	2.68	3.77	2.91	2.60	3.52
巴西	3.79	3.07	3.69	3.30	3.10	3.63	3.58	3.20	2.87	2.27	3.22
荷兰	3.45	3.39	3.05	3.46	2.49	2.08	2.03	2.06	2.15	1.28	2.51
比利时	2.76	2.54	2.61	2.24	2.49	1.61	1.82	2.15	2.11	1.40	2.16
瑞士	2.22	1.96	1.87	1.86	2.19	1.71	2.19	1.71	1.80	1.53	1.89
丹麦	1.87	2.36	2.07	1.70	1.88	2.08	1.61	1.97	1.53	1.20	1.82
日本	1.82	2.09	2.22	1.92	1.71	1.07	1.45	1.03	1.32	1.57	
印度	2.12	1.16	1.08	1.49	1.63	2.23	1.44	1.49	1.34	1.69	1.56
瑞典	2.02	1.83	1.48	1.38	1.37	1.66	1.12	1.40	1.23	1.11	1.45
埃及	0.44	0.53	0.74	0.69	0.81	0.88	1.39	1.97	2.57	3.55	1.44
韩国	1.53	1.60	1.18	0.91	1.12	1.56	1.39	1.58	0.96	1.49	1.33
波兰	0.59	1.07	1.23	0.80	0.97	0.88	1.66	1.18	1.65	2.19	1.25

四十五　海洋生物学和淡水生物学

海洋生物学和淡水生物学 A、B、C 层人才最多的国家是美国，分别占该学科全球 A、B、C 层人才的 23.03%、16.83%、15.80%，显著高于其他国家和地区。

英国、澳大利亚、法国、德国、意大利、加拿大、挪威、中国大陆、葡萄牙的 A 层人才比较多，世界占比在 10%~3% 之间；爱尔兰、荷兰、比利时、巴西、丹麦、西班牙、芬兰、韩国、波兰、瑞典也有相当数量的A层人才，世界占比超过1%。

英国、澳大利亚、中国大陆、加拿大、意大利、德国、法国、西班牙、挪威、荷兰的B层人才比较多，世界占比在9%~3%之间；丹麦、巴西、葡萄牙、比利时、瑞典、日本、韩国、南非、伊朗也有相当数量的B层人才，世界占比超过1%。

中国大陆、澳大利亚、英国、法国、西班牙、加拿大、德国、意大利的C层人才比较多，世界占比为10%~4%；挪威、巴西、葡萄牙、荷兰、丹麦、日本、印度、瑞典、新西兰、韩国、伊朗也有相当数量的C层人才，世界占比超过1%。

表4-133　海洋生物学和淡水生物学A层人才排名前20的国家和地区的占比

单位：%

国家和地区	2011年	2012年	2013年	2014年	2015年	2016年	2017年	2018年	2019年	2020年	合计
美国	31.25	38.46	23.53	11.76	11.76	31.58	33.33	25.00	8.70	22.22	23.03
英国	18.75	7.69	5.88	0.00	17.65	10.53	16.67	0.00	13.04	5.56	9.55
澳大利亚	6.25	23.08	23.53	11.76	0.00	5.26	16.67	5.00	0.00	5.56	8.99
法国	6.25	0.00	11.76	5.88	11.76	5.26	5.56	0.00	4.35	0.00	5.06
德国	0.00	15.38	5.88	0.00	5.88	10.53	5.56	0.00	4.35	5.56	5.06
意大利	0.00	0.00	5.88	11.76	5.88	0.00	5.56	0.00	8.70	5.56	4.49
加拿大	0.00	0.00	0.00	11.76	0.00	5.26	11.11	0.00	4.35	0.00	4.49
挪威	6.25	0.00	0.00	0.00	0.00	5.26	0.00	5.00	13.04	0.00	3.37
中国大陆	0.00	0.00	0.00	5.88	0.00	5.26	0.00	5.00	4.35	11.11	3.37
葡萄牙	0.00	0.00	0.00	5.88	5.26	0.00	15.00	4.35	0.00	3.37
爱尔兰	6.25	0.00	0.00	0.00	0.00	0.00	0.00	0.00	8.70	5.56	2.81
荷兰	0.00	0.00	0.00	0.00	5.88	0.00	0.00	0.00	8.70	5.56	2.81
比利时	6.25	0.00	5.88	0.00	5.88	0.00	0.00	0.00	0.00	0.00	2.25
巴西	0.00	0.00	0.00	0.00	5.88	5.26	0.00	10.00	0.00	0.00	2.25
丹麦	6.25	0.00	5.88	0.00	5.88	0.00	0.00	0.00	4.35	0.00	2.25
西班牙	6.25	0.00	5.88	0.00	5.88	0.00	0.00	0.00	4.35	5.56	2.25
芬兰	0.00	0.00	0.00	5.88	0.00	5.26	0.00	0.00	0.00	5.56	1.69
韩国	0.00	0.00	0.00	0.00	5.88	0.00	5.56	5.00	0.00	0.00	1.69
波兰	0.00	0.00	0.00	5.88	0.00	0.00	0.00	0.00	4.35	0.00	1.12
瑞典	0.00	0.00	0.00	5.88	0.00	0.00	0.00	0.00	0.00	5.56	1.12

表4-134 海洋生物学和淡水生物学B层人才排名前20的国家和地区的占比

单位：%

国家和地区	2011年	2012年	2013年	2014年	2015年	2016年	2017年	2018年	2019年	2020年	合计
美国	22.82	15.89	19.87	23.08	17.37	24.00	11.98	13.25	10.38	13.02	16.83
英国	9.40	5.30	7.28	7.05	11.38	10.29	10.42	6.02	8.20	5.58	8.09
澳大利亚	8.05	8.61	3.97	8.97	5.99	6.86	6.25	4.22	9.84	7.91	7.10
中国大陆	3.36	0.66	7.95	3.85	6.59	4.00	3.13	6.63	5.46	6.05	4.81
加拿大	4.70	8.61	3.97	6.41	4.19	6.29	3.13	4.22	3.83	2.79	4.69
意大利	3.36	3.97	2.65	4.49	6.59	4.57	4.69	7.23	2.19	3.26	4.28
德国	3.36	6.62	5.30	3.21	4.19	4.00	3.13	3.61	4.37	3.72	4.11
法国	2.01	7.28	1.99	1.28	2.99	4.00	5.73	3.61	5.46	1.86	3.64
西班牙	2.01	3.97	2.65	3.21	2.40	5.71	4.69	1.20	3.83	2.79	3.28
挪威	2.01	4.64	4.64	4.49	2.99	1.14	2.60	0.60	5.46	3.72	3.23
荷兰	2.68	3.31	2.65	2.56	2.40	4.57	5.21	3.01	2.73	1.86	3.11
丹麦	3.36	1.32	3.97	1.28	2.99	4.00	3.13	1.20	1.64	3.26	2.64
巴西	1.34	1.99	2.65	2.56	4.19	1.14	3.13	1.81	2.19	2.79	2.40
葡萄牙	2.68	1.32	0.66	2.56	1.20	2.29	2.60	4.22	2.73	1.86	2.23
比利时	2.01	3.31	1.32	1.92	1.80	1.14	2.60	0.60	1.64	0.93	1.70
瑞典	1.34	2.65	2.65	1.92	1.80	1.14	1.56	1.20	0.55	2.33	1.70
日本	3.36	0.66	2.65	0.64	1.80	0.57	2.08	1.20	2.73	0.47	1.58
韩国	2.01	1.32	2.65	1.28	0.60	0.57	1.04	1.81	1.09	0.47	1.23
南非	0.67	0.66	0.66	1.28	2.40	0.57	0.52	0.60	2.19	1.40	1.11
伊朗	0.00	0.00	0.00	0.64	1.20	0.00	0.52	1.20	2.73	3.26	1.06

表4-135 海洋生物学和淡水生物学C层人才排名前20的国家和地区的占比

单位：%

国家和地区	2011年	2012年	2013年	2014年	2015年	2016年	2017年	2018年	2019年	2020年	合计
美国	20.36	18.89	17.57	16.32	17.27	15.18	16.27	14.23	13.18	10.81	15.80
中国大陆	5.98	7.01	8.09	8.55	10.72	8.29	9.90	10.47	10.24	10.58	9.10
澳大利亚	7.84	7.92	7.63	7.57	7.35	7.53	6.71	6.07	6.08	5.95	7.01
英国	6.74	8.26	7.83	6.85	6.25	6.67	5.55	5.15	6.47	5.14	6.43
法国	4.68	4.38	4.80	4.70	3.86	4.12	4.01	4.22	4.61	3.58	4.28
西班牙	4.95	4.17	4.41	4.63	4.35	4.07	4.29	3.53	4.41	4.16	4.28
加拿大	5.57	5.97	3.88	3.07	4.41	4.44	3.57	3.35	3.53	3.53	4.08
德国	4.54	4.72	5.13	3.59	3.74	3.85	3.85	3.59	3.63	3.93	4.02

续表

国家和地区	2011年	2012年	2013年	2014年	2015年	2016年	2017年	2018年	2019年	2020年	合计
意大利	3.09	3.47	3.95	4.18	3.12	3.31	4.12	5.03	4.65	4.74	4.00
挪威	2.48	3.54	3.68	2.94	2.76	2.55	1.92	2.60	3.18	3.01	2.85
巴西	1.58	1.88	1.97	2.55	2.88	2.98	3.57	2.49	2.16	2.49	2.48
葡萄牙	2.75	1.88	1.38	2.42	2.45	2.66	1.81	1.97	1.47	2.49	2.11
荷兰	1.58	1.94	1.78	1.83	1.78	2.82	2.36	2.60	1.86	1.79	2.05
丹麦	2.34	2.22	1.64	1.70	2.63	1.63	1.98	1.56	1.67	1.73	1.89
日本	1.99	1.32	2.30	0.98	0.98	1.52	1.48	1.45	1.71	1.73	1.55
印度	1.79	1.46	1.38	1.57	1.22	1.68	0.99	1.62	1.67	1.97	1.53
瑞典	1.17	1.46	1.64	1.24	1.53	1.63	1.48	2.31	1.57	1.21	1.53
新西兰	1.58	1.32	0.39	1.44	1.65	1.41	1.37	1.74	1.18	1.39	1.35
韩国	1.24	1.25	1.32	0.85	1.22	0.76	1.21	1.21	0.88	1.50	1.13
伊朗	0.62	0.69	0.59	0.78	0.61	1.03	0.82	1.27	1.42	2.25	1.04

四十六 渔业学

渔业学A层人才最多的国家是美国，世界占比为15.94%；澳大利亚紧随其后，世界占比为11.59%；西班牙、挪威、加拿大、日本、埃及、法国、英国、意大利的A层人才比较多，世界占比在8%~4%之间；巴西、中国大陆、南非、爱尔兰、比利时、加纳、希腊、摩洛哥、新西兰、以色列也有相当数量的A层人才，世界占比均超过1%。

渔业学B层人才最多的国家是美国，世界占比为13.05%；英国、中国大陆、挪威、澳大利亚、加拿大、意大利、西班牙的B层人才比较多，世界占比在8%~3%之间；德国、伊朗、埃及、法国、泰国、荷兰、瑞典、巴西、丹麦、比利时、葡萄牙、日本也有相当数量的B层人才，世界占比超过1%。

渔业学C层人才主要集中在中国大陆和美国，世界占比分别为13.97%、13.77%；澳大利亚、加拿大、英国、挪威、西班牙、法国的C层人才比较多，世界占比在6%~3%之间；意大利、巴西、伊朗、德国、丹麦、埃及、日本、印度、荷兰、葡萄牙、泰国、韩国也有相当数量的C层人才，世界占比超过1%。

表 4–136　渔业学 A 层人才排名前 20 的国家和地区的占比

单位：%

国家和地区	2011 年	2012 年	2013 年	2014 年	2015 年	2016 年	2017 年	2018 年	2019 年	2020 年	合计
美国	37.50	0.00	57.14	25.00	0.00	28.57	0.00	0.00	0.00	9.09	15.94
澳大利亚	25.00	0.00	0.00	50.00	33.33	14.29	0.00	0.00	11.11	9.09	11.59
西班牙	25.00	14.29	0.00	0.00	0.00	0.00	12.50	20.00	0.00	0.00	7.25
挪威	0.00	0.00	14.29	0.00	33.33	0.00	0.00	20.00	22.22	0.00	7.25
加拿大	12.50	0.00	14.29	0.00	0.00	14.29	0.00	0.00	0.00	9.09	5.80
日本	0.00	0.00	0.00	0.00	0.00	0.00	0.00	20.00	11.11	9.09	4.35
埃及	0.00	0.00	0.00	0.00	0.00	0.00	12.50	20.00	11.11	0.00	4.35
法国	0.00	14.29	0.00	25.00	0.00	0.00	12.50	0.00	0.00	0.00	4.35
英国	0.00	0.00	0.00	0.00	33.33	14.29	12.50	0.00	0.00	0.00	4.35
意大利	0.00	14.29	0.00	0.00	0.00	0.00	0.00	0.00	11.11	9.09	4.35
巴西	0.00	0.00	0.00	0.00	0.00	14.29	12.50	0.00	0.00	0.00	2.90
中国大陆	0.00	0.00	0.00	0.00	0.00	0.00	0.00	20.00	11.11	0.00	2.90
南非	0.00	0.00	0.00	0.00	0.00	14.29	0.00	0.00	0.00	9.09	2.90
爱尔兰	0.00	0.00	14.29	0.00	0.00	0.00	0.00	0.00	0.00	0.00	2.90
比利时	0.00	0.00	0.00	0.00	0.00	0.00	0.00	0.00	0.00	9.09	1.45
加纳	0.00	0.00	0.00	0.00	0.00	0.00	0.00	0.00	11.11	0.00	1.45
希腊	0.00	14.29	0.00	0.00	0.00	0.00	0.00	0.00	0.00	0.00	1.45
摩洛哥	0.00	0.00	0.00	0.00	0.00	0.00	0.00	0.00	0.00	0.00	1.45
新西兰	0.00	0.00	0.00	0.00	0.00	0.00	0.00	0.00	0.00	9.09	1.45
以色列	0.00	14.29	0.00	0.00	0.00	0.00	0.00	0.00	0.00	0.00	1.45

表 4–137　渔业学 B 层人才排名前 20 的国家和地区的占比

单位：%

国家和地区	2011 年	2012 年	2013 年	2014 年	2015 年	2016 年	2017 年	2018 年	2019 年	2020 年	合计
美国	21.43	10.00	11.94	15.94	20.00	11.96	15.19	6.25	9.09	12.73	13.05
英国	11.43	7.14	5.97	5.80	6.25	10.87	7.59	5.21	9.09	7.27	7.71
中国大陆	2.86	4.29	10.45	4.35	6.25	6.52	8.86	9.38	9.09	7.27	7.12
挪威	2.86	14.29	4.48	7.25	3.75	5.43	6.33	7.29	7.27	2.73	6.05
澳大利亚	8.57	2.86	2.99	10.14	8.75	7.61	2.53	5.21	5.45	3.64	5.69
加拿大	10.00	8.57	4.48	10.14	5.00	7.61	6.33	4.17	0.91	1.82	5.46
意大利	4.29	4.29	8.96	0.00	3.75	4.35	2.53	6.25	6.36	5.45	4.74
西班牙	4.29	4.29	5.97	2.90	3.75	6.52	3.80	2.08	3.64	0.91	3.68
德国	2.86	4.29	2.99	4.35	2.50	1.09	5.06	3.13	2.73	1.82	2.97
伊朗	0.00	0.00	0.00	0.00	1.25	1.09	1.27	2.08	8.18	8.18	2.73

续表

国家和地区	2011年	2012年	2013年	2014年	2015年	2016年	2017年	2018年	2019年	2020年	合计
埃及	0.00	0.00	0.00	0.00	0.00	2.17	0.00	0.00	7.27	11.82	2.73
法国	1.43	5.71	4.48	2.90	0.00	3.26	5.06	2.08	1.82	1.82	2.73
泰国	0.00	0.00	4.48	1.45	3.75	2.17	1.27	2.08	4.55	3.64	2.49
荷兰	1.43	4.29	1.49	7.25	1.25	4.35	1.27	3.13	0.91	0.91	2.49
瑞典	1.43	2.86	2.99	2.90	2.50	2.17	1.27	4.17	0.91	1.82	2.25
巴西	1.43	0.00	2.99	0.00	3.75	2.17	3.80	3.13	0.00	1.82	1.90
丹麦	1.43	2.86	1.49	1.45	0.00	3.26	5.06	3.13	0.00	0.91	1.90
比利时	1.43	2.86	2.99	2.90	0.00	2.17	2.53	2.08	2.73	0.00	1.66
葡萄牙	2.86	4.29	4.48	0.00	1.25	1.09	2.53	2.08	0.00	0.00	1.66
日本	0.00	2.86	1.49	0.00	2.50	2.17	2.53	0.00	3.64	0.91	1.66

表4-138 渔业学C层人才排名前20的国家和地区的占比

单位：%

国家和地区	2011年	2012年	2013年	2014年	2015年	2016年	2017年	2018年	2019年	2020年	合计
中国大陆	10.40	9.80	12.33	13.66	16.95	12.06	14.02	17.39	16.26	14.71	13.97
美国	18.86	17.11	14.54	16.37	15.52	14.49	13.80	12.26	11.13	7.51	13.77
澳大利亚	7.21	5.85	4.55	5.71	5.56	6.42	4.42	4.12	6.49	5.07	5.53
加拿大	8.18	7.16	7.20	4.65	5.05	6.19	4.86	4.35	4.07	3.35	5.34
英国	6.24	7.16	4.99	4.50	6.08	5.53	5.08	5.13	4.94	3.96	5.30
挪威	5.83	6.43	8.52	5.41	4.53	5.09	4.08	4.35	4.74	4.26	5.19
西班牙	4.44	4.53	4.70	4.95	4.40	3.65	4.42	3.57	3.58	3.14	4.06
法国	3.88	3.95	4.26	4.65	4.01	2.43	2.98	2.34	2.23	2.94	3.25
意大利	2.08	1.32	3.08	3.75	2.85	2.32	2.21	2.68	2.13	3.75	2.62
巴西	2.08	2.63	1.91	2.25	1.81	2.54	3.42	2.23	2.81	2.94	2.51
伊朗	1.11	1.61	1.03	1.65	1.16	2.43	2.87	2.45	3.29	4.77	2.39
德国	2.50	1.90	3.38	1.65	2.46	2.32	1.99	2.12	1.65	2.94	2.28
丹麦	1.53	2.19	2.06	2.85	1.42	2.99	2.10	1.56	1.94	1.62	2.01
埃及	0.28	0.15	0.15	0.45	1.68	1.66	2.54	2.79	2.61	5.58	2.00
日本	3.05	1.75	2.20	1.80	1.03	1.77	1.66	2.12	1.36	1.22	1.76
印度	1.39	2.92	1.62	2.25	1.29	1.77	0.88	1.45	2.13	1.93	1.75
荷兰	1.25	1.90	2.20	1.80	1.81	2.10	1.77	1.67	1.36	1.62	1.73
葡萄牙	1.80	1.02	1.76	1.05	1.55	1.55	1.21	2.01	1.84	1.83	1.59
泰国	1.11	0.88	0.15	0.45	1.03	0.77	2.43	1.56	2.32	2.74	1.45
韩国	1.39	1.02	1.62	0.75	1.03	0.88	1.10	1.56	1.16	0.91	1.14

四十七 食品科学和技术

食品科学和技术 A 层人才最多的国家是美国，世界占比为 9.89%；西班牙、意大利、中国大陆、印度、英国、加拿大、德国、巴西、法国的 A 层人才比较多，世界占比在 7%～3% 之间；荷兰、伊朗、比利时、土耳其、葡萄牙、韩国、奥地利、瑞典、丹麦、澳大利亚也有相当数量的 A 层人才，世界占比超过 1%。

食品科学和技术 B 层人才主要集中在中国大陆和美国，世界占比分别为 13.58%、11.67%；西班牙、意大利、印度、英国、加拿大、伊朗、澳大利亚、法国的 B 层人才比较多，世界占比在 7%～3% 之间；巴西、爱尔兰、德国、荷兰、葡萄牙、韩国、比利时、土耳其、马来西亚、波兰也有相当数量的 B 层人才，世界占比超过 1%。

食品科学和技术 C 层人才最多的国家是中国大陆，世界占比为 18.07%，优势突出；美国的 C 层人才虽与中国大陆尚有差距，但显著领先于其他国家和地区，世界占比为 10.51%；西班牙、意大利、巴西、英国、加拿大的 C 层人才比较多，世界占比在 7%～3% 之间；印度、澳大利亚、法国、德国、伊朗、韩国、爱尔兰、葡萄牙、荷兰、土耳其、比利时、波兰、日本也有相当数量的 C 层人才，世界占比超过 1%。

表 4-139 食品科学和技术 A 层人才排名前 20 的国家和地区的占比

单位：%

国家和地区	2011 年	2012 年	2013 年	2014 年	2015 年	2016 年	2017 年	2018 年	2019 年	2020 年	合计
美国	29.63	15.38	6.67	12.50	8.82	2.86	9.76	13.16	8.51	1.85	9.89
西班牙	11.11	3.85	3.33	3.13	8.82	2.86	7.32	5.26	8.51	5.56	6.04
意大利	7.41	7.69	10.00	3.13	5.88	8.57	12.20	0.00	2.13	3.70	5.77
中国大陆	3.70	0.00	0.00	3.13	2.94	17.14	2.44	5.26	12.77	3.70	5.49
印度	3.70	11.54	6.67	3.13	5.88	0.00	0.00	10.53	2.13	3.70	4.40
英国	3.70	3.85	3.33	3.13	8.82	2.86	2.44	5.26	6.38	1.85	4.12
加拿大	0.00	7.69	0.00	3.13	5.88	2.86	2.44	7.89	6.38	1.85	3.85
德国	11.11	0.00	10.00	3.13	2.94	0.00	4.88	0.00	6.38	1.85	3.85

续表

国家和地区	2011年	2012年	2013年	2014年	2015年	2016年	2017年	2018年	2019年	2020年	合计
巴西	0.00	3.85	3.33	0.00	5.88	8.57	2.44	10.53	0.00	1.85	3.57
法国	0.00	7.69	3.33	3.13	2.94	8.57	4.88	0.00	0.00	1.85	3.02
荷兰	0.00	0.00	3.33	6.25	5.88	2.86	7.32	0.00	0.00	1.85	2.75
伊朗	0.00	0.00	0.00	0.00	0.00	5.71	2.44	2.63	10.64	1.85	2.75
比利时	3.70	3.85	3.33	3.13	2.94	0.00	2.44	2.63	2.13	1.85	2.47
土耳其	0.00	0.00	3.33	3.13	0.00	8.57	2.44	2.63	2.13	1.85	2.47
葡萄牙	0.00	0.00	3.33	3.13	5.88	0.00	9.76	0.00	0.00	0.00	2.20
韩国	7.41	0.00	3.33	3.13	0.00	0.00	4.88	0.00	5.26	0.00	2.20
奥地利	0.00	3.85	3.33	0.00	0.00	0.00	0.00	0.00	6.38	5.56	2.20
瑞典	0.00	0.00	3.33	6.25	5.88	0.00	0.00	2.63	0.00	3.70	2.20
丹麦	3.70	0.00	6.67	6.25	0.00	2.86	2.44	0.00	0.00	1.85	2.20
澳大利亚	0.00	0.00	6.67	0.00	2.94	5.71	0.00	0.00	2.13	1.85	1.92

表4-140 食品科学和技术B层人才排名前20的国家和地区的占比

单位：%

国家和地区	2011年	2012年	2013年	2014年	2015年	2016年	2017年	2018年	2019年	2020年	合计
中国大陆	8.10	3.54	10.33	8.80	7.35	14.85	15.22	16.57	23.52	16.90	13.58
美国	12.96	16.14	14.39	13.38	14.38	13.64	13.04	7.46	6.39	9.98	11.67
西班牙	8.91	7.48	5.17	6.69	8.63	3.94	4.08	7.73	5.02	5.09	6.08
意大利	5.67	5.91	8.12	7.39	7.03	5.45	2.99	4.97	4.57	4.89	5.51
印度	4.45	4.33	1.85	4.23	5.11	5.45	1.90	4.14	4.11	4.28	3.99
英国	6.88	3.15	5.17	4.93	1.28	2.73	3.80	4.70	2.74	2.85	3.66
加拿大	8.10	4.33	2.21	2.11	4.79	2.12	4.62	2.49	3.88	1.83	3.48
伊朗	0.81	1.97	2.58	2.46	3.51	3.03	4.35	3.87	4.57	4.28	3.37
澳大利亚	1.62	2.36	2.95	4.58	2.24	3.33	4.62	1.66	2.97	4.89	3.25
法国	2.83	5.12	2.95	3.17	4.47	2.42	2.99	2.76	2.51	2.44	3.07
巴西	2.02	2.76	2.21	3.52	1.60	2.73	2.72	4.42	3.20	3.46	2.95
爱尔兰	3.64	4.72	4.43	3.87	2.24	2.12	2.99	2.76	1.14	2.04	2.80
德国	3.64	3.15	2.58	2.11	2.56	2.42	3.53	1.93	2.28	2.44	2.62
荷兰	2.02	2.76	2.58	2.11	1.92	1.52	2.99	0.83	2.74	2.24	2.17
葡萄牙	1.62	3.15	3.32	3.87	2.24	1.82	1.09	2.49	1.60	1.02	2.08
韩国	1.62	0.79	1.85	1.76	2.24	1.21	2.45	0.55	2.28	2.04	1.73
比利时	2.02	3.54	1.48	2.46	1.60	2.73	0.82	0.55	0.91	0.81	1.55
土耳其	0.81	0.79	0.37	1.41	2.24	2.12	1.36	1.93	1.14	1.63	1.43
马来西亚	0.81	1.57	1.48	1.76	0.96	2.42	0.82	1.38	1.14	1.63	1.40
波兰	0.40	0.79	1.48	1.41	0.64	0.91	0.82	2.76	0.91	1.02	1.13

表4-141　食品科学和技术C层人才排名前20的国家和地区的占比

单位：%

国家和地区	2011年	2012年	2013年	2014年	2015年	2016年	2017年	2018年	2019年	2020年	合计
中国大陆	9.87	12.75	13.01	15.23	15.52	15.99	19.18	21.71	25.52	23.28	18.07
美国	12.39	12.67	10.82	11.74	10.77	10.38	10.47	10.13	8.55	9.26	10.51
西班牙	8.56	9.60	8.07	7.51	7.26	5.74	6.66	5.56	5.38	5.31	6.73
意大利	5.58	4.96	5.62	5.02	5.62	5.33	4.93	5.23	5.13	6.20	5.38
巴西	3.14	4.09	4.41	4.16	4.46	4.80	5.21	5.01	5.01	4.18	4.51
英国	4.20	2.56	2.94	3.56	3.20	3.17	2.74	3.07	2.48	3.20	3.07
加拿大	4.32	3.70	3.58	3.24	3.11	2.79	3.29	2.88	2.73	1.93	3.06
印度	2.81	1.97	2.68	2.67	3.61	3.61	2.49	2.41	2.60	2.58	2.74
澳大利亚	2.65	2.48	2.45	2.70	2.58	2.88	2.85	3.09	2.68	2.23	2.66
法国	3.47	3.50	2.98	2.85	2.89	2.98	2.41	2.33	1.62	2.02	2.60
德国	3.34	3.27	3.09	3.24	2.73	2.57	2.41	2.27	1.87	1.90	2.57
伊朗	1.51	1.42	2.11	1.85	1.85	2.85	2.27	3.09	3.41	3.57	2.52
韩国	2.98	2.87	2.64	2.35	2.61	2.79	1.97	1.73	1.92	1.74	2.28
爱尔兰	1.83	1.89	2.00	2.21	2.17	1.76	2.22	1.78	1.82	1.48	1.90
葡萄牙	2.04	1.81	2.00	1.42	1.57	1.94	1.84	1.94	1.84	1.83	1.82
荷兰	1.79	2.01	1.58	2.03	1.98	1.94	1.53	1.56	1.62	1.46	1.73
土耳其	2.04	1.57	1.58	1.46	1.73	1.91	1.92	1.73	1.45	1.67	1.70
比利时	1.92	1.65	1.89	1.89	2.42	1.47	1.78	1.31	0.93	0.99	1.57
波兰	1.10	1.22	1.32	1.28	1.41	1.72	1.48	1.23	1.77	1.64	1.45
日本	2.36	1.73	1.62	1.60	1.13	1.57	0.93	0.96	0.81	0.87	1.28

四十八　生物医药工程

生物医药工程A、B、C层人才最多的国家是美国，分别占该学科全球A、B、C层人才的27.76%、23.90%、25.10%。其中，A、C层人才的世界占比显著高于其他国家和地区。

中国大陆的A层人才虽远不及美国，但相比其他国家和地区，优势显著，世界占比为10.65%；英国、德国、荷兰、加拿大、法国、新加坡、澳大利亚的A层人才比较多，世界占比在7%~3%之间；日本、瑞士、芬兰、沙特、中国香港、韩国、马来西亚、意大利、葡萄牙、土耳其、波兰也有相当数量的 A 层人才，世界占比超过 1%。

中国大陆的 B 层人才世界占比紧随美国之后，为 19.98%；英国、韩国、德国、荷兰的 B 层人才比较多，世界占比在 5%~3% 之间；澳大利亚、加拿大、意大利、中国香港、新加坡、瑞士、印度、法国、西班牙、日本、葡萄牙、比利时、伊朗、中国台湾也有相当数量的 B 层人才，世界占比超过 1%。

中国大陆的 C 层人才虽远不及美国，但相比其他国家和地区，优势显著，世界占比为 15.76%；德国、英国、意大利、韩国、加拿大的 C 层人才比较多，世界占比在 6%~3% 之间；澳大利亚、荷兰、瑞士、日本、法国、印度、新加坡、西班牙、伊朗、中国香港、比利时、中国台湾、葡萄牙也有相当数量的 C 层人才，世界占比超过 1%。

表 4-142 生物医药工程 A 层人才排名前 20 的国家和地区的占比

单位：%

国家和地区	2011 年	2012 年	2013 年	2014 年	2015 年	2016 年	2017 年	2018 年	2019 年	2020 年	合计
美国	35.00	30.43	26.92	25.93	30.00	26.92	26.92	29.63	32.14	16.67	27.76
中国大陆	20.00	8.70	15.38	7.41	3.33	3.85	15.38	18.52	7.14	10.00	10.65
英国	5.00	8.70	3.85	3.70	6.67	3.85	3.85	14.81	10.71	3.33	6.46
德国	15.00	4.35	3.85	7.41	6.67	3.85	3.85	0.00	7.14	0.00	4.94
荷兰	5.00	8.70	0.00	3.70	6.67	11.54	11.54	0.00	0.00	0.00	4.56
加拿大	5.00	4.35	0.00	3.70	6.67	0.00	3.85	3.70	10.71	0.00	3.80
法国	0.00	0.00	7.69	3.70	3.33	3.85	3.70	0.00	7.14	0.00	3.04
新加坡	0.00	0.00	7.69	0.00	0.00	3.85	0.00	3.85	7.41	3.57	6.67	3.04
澳大利亚	0.00	0.00	7.69	7.41	3.33	3.85	0.00	3.70	3.57	3.33	3.04
日本	0.00	4.35	3.85	3.70	0.00	0.00	0.00	3.70	3.57	3.33	2.66
瑞士	0.00	8.70	0.00	0.00	3.33	3.85	0.00	0.00	3.57	0.00	2.28
芬兰	0.00	4.35	3.85	3.70	3.33	3.85	0.00	0.00	0.00	0.00	1.90
沙特	0.00	0.00	0.00	3.70	3.33	3.85	3.85	0.00	0.00	6.67	1.90
中国香港	0.00	0.00	0.00	0.00	0.00	0.00	11.54	3.70	3.57	0.00	1.90
韩国	5.00	0.00	0.00	3.70	0.00	3.85	3.85	0.00	0.00	3.33	1.90
马来西亚	0.00	0.00	0.00	0.00	0.00	0.00	3.85	7.41	0.00	3.33	1.52
意大利	0.00	4.35	3.85	3.70	3.33	0.00	0.00	0.00	0.00	0.00	1.52
葡萄牙	5.00	0.00	0.00	0.00	3.33	0.00	0.00	0.00	3.57	0.00	1.52
土耳其	0.00	0.00	0.00	0.00	3.33	3.85	3.85	0.00	3.33	0.00	1.52
波兰	0.00	0.00	0.00	3.70	0.00	3.85	0.00	3.70	0.00	0.00	1.14

表 4-143　生物医药工程 B 层人才排名前 20 的国家和地区的占比

单位：%

国家和地区	2011 年	2012 年	2013 年	2014 年	2015 年	2016 年	2017 年	2018 年	2019 年	2020 年	合计
美国	29.35	23.08	29.36	23.48	23.33	23.64	23.49	23.51	21.38	20.86	23.90
中国大陆	18.41	17.65	24.26	18.94	18.15	21.32	16.73	18.33	22.33	23.02	19.98
英国	2.49	4.52	2.98	4.17	8.89	7.36	4.63	4.78	4.09	4.32	4.89
韩国	2.49	3.17	2.55	4.17	2.96	2.71	4.98	6.77	6.60	4.32	4.19
德国	4.98	1.81	4.68	4.55	6.67	3.49	3.56	3.59	3.14	3.24	3.96
荷兰	3.98	2.71	2.13	4.17	4.07	2.71	3.56	1.99	3.14	1.80	3.03
澳大利亚	3.98	2.71	2.13	3.41	2.59	3.88	2.85	1.99	3.14	2.52	2.91
加拿大	2.49	3.17	3.83	2.27	1.85	2.33	2.85	3.98	2.83	1.44	2.68
意大利	1.99	4.07	2.13	2.27	3.70	1.94	1.78	2.79	2.20	2.88	2.56
中国香港	2.49	3.17	2.98	3.41	1.85	2.33	3.56	1.59	2.20	1.08	2.44
新加坡	3.98	1.81	3.40	1.14	1.48	3.10	0.36	4.78	2.20	2.52	2.41
瑞士	3.48	4.07	2.13	2.27	2.59	2.33	2.85	2.39	1.26	0.72	2.33
印度	1.49	1.81	0.85	3.03	2.22	1.94	1.42	1.99	3.46	4.32	2.33
法国	3.48	2.71	1.70	2.27	2.22	1.16	3.91	3.19	0.63	0.72	2.13
西班牙	1.99	1.36	1.28	1.14	2.22	1.55	2.14	1.59	2.20	1.44	1.71
日本	1.99	1.36	2.98	0.76	1.85	1.16	1.42	1.20	2.20	1.08	1.59
葡萄牙	1.49	1.36	2.55	1.14	0.37	0.78	0.71	1.20	0.94	1.80	1.20
比利时	1.00	1.81	0.00	0.76	1.85	0.78	2.49	0.80	0.94	0.36	1.09
伊朗	0.50	0.45	0.85	0.38	0.74	2.33	1.78	0.40	1.26	1.80	1.09
中国台湾	1.49	2.26	1.70	1.52	1.48	1.16	0.36	0.00	0.31	0.36	1.01

表 4-144　生物医药工程 C 层人才排名前 20 的国家和地区的占比

单位：%

国家和地区	2011 年	2012 年	2013 年	2014 年	2015 年	2016 年	2017 年	2018 年	2019 年	2020 年	合计
美国	30.95	28.54	27.85	27.24	25.52	25.14	23.59	23.14	21.98	20.30	25.10
中国大陆	10.30	11.85	14.01	14.91	13.33	13.54	16.08	17.38	20.90	21.86	15.76
德国	6.68	5.70	6.26	5.48	6.44	5.32	5.42	3.90	4.45	3.67	5.26
英国	4.08	4.48	5.12	5.17	5.49	5.24	5.77	4.85	4.99	4.50	5.00
意大利	4.03	4.52	3.81	4.03	3.87	4.37	4.11	3.30	3.03	3.12	3.79
韩国	3.62	4.21	2.92	3.68	2.98	4.01	3.75	3.82	3.51	2.91	3.52
加拿大	3.42	3.26	3.00	3.13	2.80	3.38	3.01	3.06	2.63	3.19	3.07
澳大利亚	3.26	3.12	2.75	2.74	2.72	2.50	2.80	2.74	2.83	2.67	2.80
荷兰	3.26	2.80	2.75	2.97	3.09	2.66	2.16	2.39	2.43	2.25	2.65
瑞士	2.65	2.94	2.96	2.35	2.95	2.86	2.05	2.78	1.69	1.46	2.43
日本	3.16	2.53	2.71	2.47	2.84	2.14	2.55	1.79	2.02	2.04	2.40

续表

国家和地区	2011年	2012年	2013年	2014年	2015年	2016年	2017年	2018年	2019年	2020年	合计
法国	2.55	3.03	3.00	2.35	2.28	2.58	2.20	1.91	2.16	1.77	2.35
印度	1.17	1.81	1.23	1.49	1.33	2.70	3.05	3.34	2.29	3.47	2.24
新加坡	2.19	1.58	2.24	2.11	1.99	1.87	1.98	2.11	2.12	1.91	2.01
西班牙	1.73	1.85	2.07	1.96	2.84	2.22	1.59	1.79	2.19	1.49	1.98
伊朗	0.56	0.59	1.06	0.94	0.85	1.75	1.88	3.18	2.56	2.46	1.65
中国香港	1.22	1.13	1.06	0.94	1.29	0.95	1.28	1.51	1.28	1.94	1.27
比利时	1.17	1.67	1.10	1.37	1.33	1.35	1.31	1.07	1.08	1.21	1.26
中国台湾	1.73	1.81	1.95	1.53	1.14	1.31	0.99	0.68	0.64	1.11	1.25
葡萄牙	1.27	1.09	1.57	1.06	1.47	1.59	1.17	0.91	1.08	1.07	1.22

四十九　生物技术和应用微生物学

生物技术和应用微生物学A、B、C层人才最多的国家是美国，分别占该学科全球A、B、C层人才的34.45%、27.58%、20.02%。其中，A、B层人才的世界占比遥遥领先于其他国家和地区。

英国、德国、澳大利亚、中国大陆、加拿大、法国的A层人才比较多，世界占比在10%~3%之间；瑞典、西班牙、韩国、新加坡、瑞士、比利时、丹麦、印度、意大利、俄罗斯、巴西、中国香港、奥地利也有相当数量的A层人才，世界占比超过或接近1%。

中国大陆的B层人才虽与美国有相当差距，但领先于其他国家和地区，世界占比为11.03%；英国、德国、澳大利亚、加拿大、法国、印度的B层人才比较多，世界占比在8%~3%之间；韩国、荷兰、日本、瑞士、西班牙、瑞典、意大利、丹麦、比利时、沙特、奥地利、巴西也有相当数量的B层人才，世界占比超过或接近1%。

中国大陆的C层人才世界占比紧随美国之后，为18.46%；英国、德国、印度、韩国的C层人才比较多，世界占比在6%~3%之间；意大利、澳大利亚、法国、西班牙、加拿大、荷兰、日本、巴西、丹麦、瑞典、瑞士、比利时、伊朗、中国台湾也有相当数量的C层人才，世界占比超过1%。

表4-145　生物技术和应用微生物学A层人才排名前20的国家和地区的占比

单位：%

国家和地区	2011年	2012年	2013年	2014年	2015年	2016年	2017年	2018年	2019年	2020年	合计
美国	48.72	37.84	52.50	36.17	32.61	21.74	37.78	28.26	29.41	26.00	34.45
英国	12.82	8.11	5.00	6.38	10.87	13.04	6.67	10.87	11.76	6.00	9.17
德国	2.56	5.41	5.00	14.89	6.52	10.87	2.22	10.87	7.84	4.00	7.16
澳大利亚	7.69	5.41	0.00	12.77	6.52	2.17	4.44	4.35	5.88	8.00	5.82
中国大陆	0.00	2.70	2.50	0.00	10.87	6.52	2.22	8.70	5.88	14.00	5.59
加拿大	0.00	2.70	5.00	4.26	2.17	2.17	6.67	2.17	7.84	6.00	4.03
法国	5.13	2.70	0.00	2.13	2.17	4.35	4.44	2.17	5.88	4.00	3.36
瑞典	2.56	0.00	5.00	2.13	2.17	6.52	4.44	0.00	1.96	0.00	2.46
西班牙	2.56	8.11	2.50	2.13	0.00	4.35	4.44	2.17	1.96	0.00	2.46
韩国	0.00	0.00	2.50	2.13	2.17	0.00	2.22	6.52	1.96	6.00	2.46
新加坡	0.00	5.41	2.50	0.00	0.00	4.44	2.17	1.96	4.00		2.01
瑞士	5.13	5.41	0.00	2.13	2.17	2.17	0.00	2.17	1.96	0.00	2.01
比利时	2.56	2.70	0.00	4.26	2.17	0.00	0.00	2.17	1.96	2.00	1.79
丹麦	2.56	0.00	0.00	0.00	2.17	0.00	2.17	2.17	3.92	0.00	1.57
印度	0.00	0.00	2.50	2.13	0.00	0.00	2.22	4.35	0.00	4.00	1.57
意大利	0.00	0.00	2.50	2.13	0.00	2.17	0.00	2.17	1.96	2.00	1.34
俄罗斯	0.00	2.70	2.50	0.00	0.00	0.00	4.44	2.17	0.00	0.00	1.12
巴西	0.00	0.00	2.50	0.00	2.17	2.17	0.00	2.17	0.00	0.00	0.89
中国香港	0.00	2.70	0.00	0.00	4.35	2.17	0.00	0.00	0.00	0.00	0.89
奥地利	2.56	0.00	0.00	0.00	2.17	0.00	2.22	0.00	0.00	0.00	0.67

表4-146　生物技术和应用微生物学B层人才排名前20的国家和地区的占比

单位：%

国家和地区	2011年	2012年	2013年	2014年	2015年	2016年	2017年	2018年	2019年	2020年	合计
美国	33.72	37.43	29.97	33.02	24.25	28.79	26.53	24.94	21.44	20.45	27.58
中国大陆	5.76	8.66	6.20	9.74	9.24	10.61	11.27	14.22	18.26	13.43	11.03
英国	7.49	7.82	5.43	5.46	9.01	8.33	6.34	8.16	7.43	7.64	7.32
德国	5.19	5.31	4.39	4.28	6.00	3.28	6.57	3.73	6.16	5.17	5.03
澳大利亚	3.46	3.63	4.65	5.23	3.00	2.53	3.29	2.10	2.76	2.48	3.28
加拿大	4.03	4.19	2.07	3.33	1.85	3.54	4.23	2.56	3.61	2.48	3.16
法国	2.59	3.35	4.13	3.80	1.62	3.79	2.58	3.03	2.97	3.10	3.08
印度	2.88	2.51	3.10	2.14	2.54	3.03	2.58	5.36	2.55	3.51	3.03
韩国	2.59	2.23	2.58	2.14	2.31	2.27	2.58	4.20	2.97	3.72	2.79

续表

国家和地区	2011年	2012年	2013年	2014年	2015年	2016年	2017年	2018年	2019年	2020年	合计
荷兰	2.59	2.79	3.62	1.90	2.31	4.29	2.35	2.56	2.55	2.48	2.72
日本	1.44	0.84	4.39	2.38	2.31	2.02	1.64	1.86	2.76	2.07	2.19
瑞士	2.59	2.23	1.29	2.61	1.85	1.77	2.11	1.86	2.55	2.07	2.10
西班牙	2.31	1.68	0.78	2.14	3.00	1.52	2.35	1.40	1.27	2.89	1.95
瑞典	1.73	1.68	1.81	1.19	1.85	2.27	2.11	2.10	2.12	2.07	1.90
意大利	2.31	0.84	1.81	1.43	1.39	2.02	1.64	2.33	1.49	2.27	1.76
丹麦	1.44	1.40	2.58	1.90	2.77	0.76	1.88	1.40	1.49	1.24	1.69
比利时	1.73	0.28	1.81	1.66	1.62	1.01	0.94	0.00	1.49	1.24	1.18
沙特	0.58	0.84	0.78	2.14	0.92	1.01	2.35	1.40	0.21	1.03	1.13
奥地利	1.73	1.12	1.55	1.43	0.69	1.01	1.17	0.23	0.64	1.03	1.04
巴西	0.58	0.84	0.00	0.71	1.62	0.76	0.70	1.63	1.06	1.03	0.92

表4-147 生物技术和应用微生物学C层人才排名前20的国家和地区的占比

单位：%

国家和地区	2011年	2012年	2013年	2014年	2015年	2016年	2017年	2018年	2019年	2020年	合计
美国	27.70	25.66	23.67	22.00	20.81	19.85	17.44	16.49	15.54	14.32	20.02
中国大陆	11.55	10.98	15.11	15.99	16.51	19.08	20.87	23.69	24.40	22.91	18.46
英国	5.82	6.09	5.10	5.49	5.23	5.45	5.36	4.41	4.65	4.02	5.12
德国	5.65	5.14	5.07	5.16	5.32	5.13	4.51	4.03	3.98	3.89	4.75
印度	3.17	3.65	3.39	3.86	2.96	3.77	4.07	3.92	4.74	5.22	3.91
韩国	2.62	3.06	3.08	2.53	3.01	3.37	2.94	3.33	3.14	3.28	3.04
意大利	2.28	3.23	2.43	3.62	2.79	2.79	3.27	2.78	2.84	3.35	2.95
澳大利亚	2.51	3.12	2.30	3.00	2.93	3.03	2.96	3.19	2.79	2.99	2.89
法国	3.31	3.51	3.21	3.00	2.51	2.84	2.43	2.08	1.93	2.77	2.77
西班牙	2.97	3.71	2.77	2.63	3.08	2.53	2.82	2.36	2.19	2.47	2.73
加拿大	3.11	2.98	2.87	2.98	3.34	2.34	2.35	2.17	2.60	1.93	2.65
荷兰	2.77	2.61	2.53	2.48	2.10	2.22	2.05	1.42	1.73	1.37	2.10
日本	2.25	2.67	2.79	2.18	1.91	1.96	2.16	1.86	1.65	1.19	2.03
巴西	1.57	1.60	1.60	1.47	1.79	1.84	1.57	1.68	1.82	1.78	1.68
丹麦	1.51	1.40	1.40	1.25	1.81	1.72	1.50	1.30	1.28	1.66	1.48
瑞典	1.34	1.82	1.45	1.35	1.55	1.34	1.79	1.13	1.39	1.42	1.45
瑞士	1.40	1.12	1.60	1.37	1.48	1.31	1.67	1.13	1.30	1.55	1.40
比利时	1.77	1.60	1.35	1.61	1.57	1.41	1.15	1.27	1.08	0.97	1.36
伊朗	0.57	0.65	0.80	0.54	0.93	1.65	1.36	2.57	1.86	1.82	1.31
中国台湾	1.14	0.84	1.35	1.23	1.15	0.69	0.94	0.90	0.69	1.33	1.02

第二节 学科组

在生命科学各学科人才分析的基础上,按照 A、B、C 层三个人才层次,对各学科人才进行汇总分析,可以从学科组层面揭示人才的分布特点和发展趋势。

一 A 层人才

生命科学 A 层人才最多的国家是美国,占该学科组全球 A 层人才的 27.49%,英国以 8.72% 的世界占比排名第二,这两个国家的 A 层人才合计超过全球的 35%;之后是德国、中国大陆、加拿大和澳大利亚,世界占比分别为 5.93%、5.54%、4.37%、4.32%;荷兰、法国、意大利、瑞士、西班牙、瑞典的 A 层人才也比较多,世界占比在 4%~2% 之间;日本、比利时、丹麦、奥地利、巴西、印度、挪威也有相当数量的 A 层人才,世界占比超过 1%;新加坡、韩国、以色列、新西兰、芬兰、中国香港、爱尔兰、葡萄牙、沙特、波兰、俄罗斯、墨西哥、南非、希腊、土耳其、伊朗、中国台湾、阿根廷、捷克、马来西亚、巴基斯坦也有一定数量的 A 层人才,世界占比低于 1%。

在发展趋势上,美国呈现相对下降趋势,中国大陆呈现相对上升趋势,其他国家和地区没有呈现明显变化。

表 4-148 生命科学 A 层人才排名前 40 的国家和地区的占比

单位:%

国家和地区	2011年	2012年	2013年	2014年	2015年	2016年	2017年	2018年	2019年	2020年	合计
美国	36.01	33.22	32.93	29.84	29.11	27.38	28.64	22.75	23.78	16.75	27.49
英国	10.15	9.29	8.34	9.19	8.80	8.15	7.77	8.70	10.14	7.13	8.72
德国	6.56	5.46	6.37	5.95	6.70	6.28	5.92	5.24	6.56	4.55	5.93
中国大陆	2.48	2.90	3.18	3.03	4.61	5.30	3.59	5.93	5.68	15.64	5.54
加拿大	4.70	3.83	4.17	4.54	3.35	4.71	4.76	5.24	3.58	4.73	4.37
澳大利亚	3.47	4.76	3.95	5.41	3.87	4.22	3.69	3.96	4.28	5.41	4.32

续表

国家和地区	2011年	2012年	2013年	2014年	2015年	2016年	2017年	2018年	2019年	2020年	合计
荷兰	4.08	3.48	4.17	3.57	3.66	2.55	4.56	3.17	3.58	2.84	3.54
法国	3.59	4.76	3.84	3.89	2.41	3.34	3.30	3.56	3.85	3.09	3.54
意大利	3.09	1.74	2.74	3.03	2.20	2.36	2.82	2.27	3.23	3.95	2.78
瑞士	2.23	2.56	2.85	2.16	2.83	2.16	2.72	2.77	2.88	1.72	2.48
西班牙	2.97	2.44	2.09	1.62	2.30	2.45	3.40	2.57	2.53	2.23	2.46
瑞典	2.23	1.74	2.41	2.70	2.51	2.55	1.46	2.18	2.53	1.46	2.17
日本	2.48	2.09	1.65	2.05	1.15	1.08	1.36	2.37	1.84	1.29	1.71
比利时	1.86	1.28	1.76	2.27	1.78	1.18	1.46	2.08	1.92	1.37	1.69
丹麦	1.73	0.81	1.43	1.19	2.20	1.37	1.84	1.48	1.57	1.12	1.48
奥地利	0.99	1.39	1.87	0.65	1.05	1.28	0.87	1.09	1.75	1.80	1.29
巴西	0.37	0.46	0.88	0.76	1.99	2.65	1.55	2.27	0.96	0.60	1.27
印度	0.50	0.93	1.21	1.19	1.05	0.49	1.26	1.38	1.40	1.89	1.16
挪威	0.62	0.58	1.65	0.86	1.05	0.69	0.87	1.19	2.01	0.69	1.04
新加坡	0.50	1.51	1.10	0.65	0.21	0.88	0.58	1.68	0.96	1.46	0.97
韩国	1.11	0.70	0.77	1.08	1.05	0.79	1.55	1.19	0.70	0.77	0.97
以色列	0.74	1.05	0.33	1.73	1.57	1.28	0.68	1.19	0.44	0.69	0.96
新西兰	0.62	1.74	0.99	1.19	0.31	1.28	1.17	0.59	0.96	0.52	0.93
芬兰	0.99	0.58	1.32	0.97	0.84	0.98	0.78	0.59	0.61	1.29	0.90
中国香港	0.12	0.58	0.00	0.22	1.15	0.39	1.17	0.10	0.44	2.32	0.69
爱尔兰	0.99	0.46	0.66	0.65	0.73	0.59	0.87	0.69	0.87	0.43	0.69
葡萄牙	0.50	0.58	0.66	0.43	0.73	0.49	1.17	0.99	0.61	0.26	0.64
沙特	0.12	0.23	0.66	0.54	0.84	1.08	0.58	0.69	0.26	0.77	0.59
波兰	0.25	0.46	0.11	0.43	0.21	0.98	0.39	0.89	0.87	0.60	0.54
俄罗斯	0.00	0.70	0.33	0.32	0.31	0.69	0.78	1.09	0.35	0.69	0.54
墨西哥	0.37	0.12	0.11	1.08	0.94	0.88	0.58	0.99	0.26	0.09	0.54
南非	0.12	0.46	0.11	0.43	0.31	0.79	1.07	0.49	0.52	0.77	0.53
希腊	0.12	0.70	0.33	0.54	0.21	0.49	0.19	0.59	0.52	1.03	0.49
土耳其	0.00	0.58	0.33	0.32	0.73	0.88	0.19	0.59	0.35	0.52	0.46
伊朗	0.00	0.23	0.22	0.11	0.00	0.49	0.39	0.49	0.96	0.86	0.41
中国台湾	0.37	0.58	0.22	0.22	0.73	0.39	0.39	0.30	0.09	0.60	0.39
阿根廷	0.12	0.23	0.22	0.22	0.31	0.69	0.68	0.40	0.52	0.34	0.39
捷克	0.37	0.12	0.55	0.22	0.10	0.29	0.49	0.40	0.35	0.52	0.35
马来西亚	0.25	0.23	0.11	0.22	0.21	0.20	0.39	1.09	0.52	0.09	0.34
巴基斯坦	0.12	0.12	0.33	0.00	0.31	0.20	0.29	0.00	0.26	0.69	0.24

二 B层人才

生命科学B层人才最多的国家是美国,占该学科组全球B层人才的26.12%,英国以8.30%的世界占比排名第二,这两个国家的B层人才合计超过全球的1/3;之后是中国大陆、德国、澳大利亚和加拿大,世界占比分别为7.09%、5.93%、4.04%、4.02%;法国、荷兰、意大利、西班牙、瑞士的B层人才也比较多,世界占比在4%~2%之间;日本、瑞典、比利时、丹麦、印度、韩国、巴西、奥地利也有相当数量的B层人才,世界占比超过1%;以色列、挪威、芬兰、爱尔兰、新加坡、葡萄牙、新西兰、伊朗、波兰、沙特、中国香港、南非、墨西哥、俄罗斯、希腊、土耳其、捷克、中国台湾、匈牙利、阿根廷、马来西亚也有一定数量的B层人才,世界占比低于1%。

在发展趋势上,美国呈现相对下降趋势,中国大陆呈现相对上升趋势,其他国家和地区没有呈现明显变化。

表4-149 生命科学B层人才排名前40的国家和地区的占比

单位:%

国家和地区	2011年	2012年	2013年	2014年	2015年	2016年	2017年	2018年	2019年	2020年	合计
美国	32.87	30.55	30.19	29.02	27.53	25.62	25.60	23.23	21.86	19.30	26.12
英国	9.11	9.03	8.83	8.73	8.61	8.74	8.40	7.43	7.63	7.21	8.30
中国大陆	3.51	4.15	5.20	5.46	5.69	6.26	7.47	8.32	9.65	12.30	7.09
德国	6.59	6.49	5.69	6.32	5.99	5.70	6.04	5.85	5.89	5.06	5.93
澳大利亚	3.70	3.67	4.05	4.40	4.54	3.84	4.01	4.04	4.17	3.93	4.04
加拿大	4.97	4.56	3.92	4.28	3.85	3.90	4.23	3.60	3.92	3.38	4.02
法国	3.71	3.95	4.12	3.60	3.54	3.66	3.59	3.14	2.94	3.05	3.50
荷兰	3.56	3.93	3.78	3.73	3.41	3.78	3.32	3.55	3.23	2.76	3.48
意大利	2.61	2.74	2.89	3.07	2.83	3.31	2.89	3.08	3.05	3.59	3.03
西班牙	2.76	2.97	2.71	2.68	2.99	2.70	2.67	2.51	2.45	2.84	2.72
瑞士	2.63	2.61	2.36	2.46	2.45	2.58	2.47	2.84	2.27	2.17	2.47
日本	2.27	1.84	2.30	2.06	2.03	1.66	1.71	1.51	2.00	1.88	1.91
瑞典	1.35	1.79	1.88	1.99	1.88	1.74	1.86	2.15	1.76	1.58	1.80
比利时	1.58	1.85	1.29	1.36	1.67	1.60	1.64	1.67	1.67	1.42	1.58

续表

国家和地区	2011年	2012年	2013年	2014年	2015年	2016年	2017年	2018年	2019年	2020年	合计
丹麦	1.40	1.47	1.67	1.25	1.59	1.49	1.64	1.60	1.29	1.27	1.46
印度	1.03	0.96	1.08	1.19	1.12	1.23	1.19	1.59	1.71	1.89	1.33
韩国	0.95	0.97	0.96	1.09	1.33	1.03	1.27	1.46	1.43	1.36	1.20
巴西	0.68	0.91	0.97	1.07	1.23	1.52	1.35	1.38	1.34	1.29	1.20
奥地利	0.96	0.98	1.01	1.11	1.21	1.11	1.14	1.04	0.98	1.07	1.06
以色列	1.01	0.77	0.89	0.94	1.05	1.24	0.92	0.75	1.01	0.91	0.95
挪威	0.74	1.15	0.87	0.73	0.82	0.75	0.83	1.04	1.04	0.84	0.88
芬兰	0.87	0.73	0.80	0.65	0.70	0.78	0.92	0.92	0.96	0.75	0.81
爱尔兰	0.77	0.85	0.77	0.68	0.80	0.89	0.98	0.89	0.67	0.69	0.80
新加坡	0.64	0.70	0.88	0.75	0.77	0.73	0.68	0.89	0.81	0.82	0.77
葡萄牙	0.65	0.66	0.88	0.78	0.67	0.74	0.80	0.88	0.54	0.79	0.74
新西兰	0.72	0.83	0.82	0.72	0.57	0.66	0.62	0.64	0.90	0.56	0.70
伊朗	0.25	0.19	0.34	0.28	0.40	0.58	0.57	0.81	1.26	1.20	0.63
波兰	0.48	0.53	0.38	0.46	0.48	0.67	0.52	0.89	0.84	0.83	0.62
沙特	0.30	0.27	0.37	0.60	0.76	0.84	0.61	0.60	0.46	0.99	0.60
中国香港	0.33	0.39	0.46	0.57	0.62	0.37	0.61	0.51	0.63	1.01	0.57
南非	0.42	0.36	0.50	0.51	0.63	0.49	0.67	0.76	0.54	0.69	0.57
墨西哥	0.61	0.48	0.44	0.52	0.50	0.45	0.67	0.38	0.46	0.42	0.49
俄罗斯	0.26	0.37	0.29	0.43	0.48	0.60	0.55	0.54	0.56	0.64	0.48
希腊	0.54	0.55	0.44	0.31	0.45	0.38	0.50	0.63	0.40	0.57	0.48
土耳其	0.28	0.34	0.27	0.35	0.35	0.40	0.35	0.57	0.46	0.81	0.43
捷克	0.42	0.36	0.44	0.41	0.49	0.35	0.48	0.48	0.40	0.47	0.43
中国台湾	0.28	0.39	0.31	0.44	0.36	0.33	0.46	0.34	0.46	0.65	0.41
匈牙利	0.49	0.19	0.33	0.24	0.38	0.33	0.40	0.37	0.33	0.32	0.34
阿根廷	0.35	0.30	0.31	0.35	0.20	0.25	0.42	0.39	0.40	0.32	0.33
马来西亚	0.15	0.22	0.30	0.32	0.31	0.46	0.27	0.39	0.43	0.33	0.32

三 C层人才

生命科学C层人才最多的国家是美国，占该学科组全球C层人才的25.36%，中国大陆以9.24%的世界占比排名第二，二者的C层人才合计超过全球的1/3；之后是英国、德国，世界占比分别为7.63%、6.05%；加拿大、澳大利亚、法国、意大利、荷兰、西班牙、日本、瑞士的C层人才也比较多，世界占比在 4%～2% 之间；瑞典、巴西、印度、比利时、韩国、丹麦也有相当数量的 C 层人才，世界占比超过 1%；奥地利、以色列、伊朗、挪威、葡萄牙、芬兰、波兰、新加坡、新西兰、爱尔兰、南非、中国台湾、捷克、土耳其、沙特、中国香港、墨西哥、俄罗斯、希腊、埃及、阿根廷、马来西亚也有一定数量的 C 层人才，世界占比低于 1%。

在发展趋势上，美国呈现相对下降趋势，中国大陆呈现相对上升趋势，其他国家和地区没有呈现明显变化。

表 4-150 生命科学 C 层人才排名前 40 的国家和地区的占比

单位：%

国家和地区	2011年	2012年	2013年	2014年	2015年	2016年	2017年	2018年	2019年	2020年	合计
美国	30.73	29.89	28.51	27.72	26.79	25.20	24.29	23.16	21.17	19.72	25.36
中国大陆	5.17	5.77	6.90	7.55	8.28	8.67	10.58	11.74	12.65	12.53	9.24
英国	8.27	8.09	7.96	7.88	7.83	7.85	7.69	7.43	7.03	6.71	7.63
德国	6.49	6.57	6.59	6.33	6.37	6.20	5.77	5.58	5.54	5.49	6.05
加拿大	4.38	4.29	4.11	4.07	3.92	3.98	3.86	3.70	3.61	3.38	3.90
澳大利亚	3.71	3.61	3.85	3.94	3.84	3.95	3.97	4.01	3.97	3.69	3.86
法国	4.19	4.14	4.03	3.77	3.71	3.73	3.48	3.40	3.26	3.10	3.65
意大利	3.03	3.07	3.14	3.23	3.27	3.27	3.29	3.44	3.57	4.06	3.36
荷兰	3.23	3.22	3.18	3.20	2.99	2.95	2.78	2.81	2.86	2.58	2.96
西班牙	2.98	3.14	2.93	2.96	2.84	2.78	2.84	2.84	2.84	2.90	2.90
日本	2.81	2.75	2.57	2.26	2.18	2.16	2.04	1.90	1.81	1.81	2.20
瑞士	2.12	2.15	2.33	2.24	2.25	2.27	2.22	2.16	2.07	1.95	2.17
瑞典	1.60	1.63	1.60	1.60	1.62	1.71	1.59	1.63	1.63	1.48	1.61
巴西	1.16	1.27	1.29	1.39	1.45	1.63	1.73	1.67	1.59	1.65	1.50
印度	1.17	1.15	1.25	1.28	1.32	1.53	1.46	1.50	1.70	2.12	1.47
比利时	1.52	1.51	1.58	1.51	1.54	1.47	1.42	1.35	1.44	1.38	1.47
韩国	1.23	1.34	1.31	1.38	1.31	1.45	1.39	1.37	1.37	1.37	1.36
丹麦	1.17	1.33	1.29	1.28	1.34	1.34	1.28	1.27	1.27	1.21	1.28
奥地利	0.89	0.93	0.94	1.01	0.92	1.00	0.98	0.97	0.96	0.99	0.96
以色列	1.02	0.88	0.83	0.85	0.92	0.82	0.78	0.77	0.73	0.70	0.82
伊朗	0.39	0.38	0.47	0.43	0.53	0.72	0.85	1.14	1.35	1.45	0.81
挪威	0.81	0.73	0.79	0.75	0.70	0.77	0.75	0.77	0.86	0.80	0.77
葡萄牙	0.79	0.68	0.78	0.74	0.77	0.80	0.74	0.78	0.79	0.83	0.77
芬兰	0.77	0.76	0.75	0.74	0.74	0.73	0.66	0.75	0.74	0.71	0.73

续表

国家和地区	2011年	2012年	2013年	2014年	2015年	2016年	2017年	2018年	2019年	2020年	合计
波兰	0.45	0.52	0.59	0.60	0.64	0.69	0.73	0.75	0.89	1.02	0.70
新加坡	0.60	0.67	0.66	0.64	0.64	0.67	0.69	0.67	0.65	0.69	0.66
新西兰	0.64	0.67	0.61	0.65	0.60	0.59	0.61	0.60	0.63	0.59	0.62
爱尔兰	0.64	0.63	0.62	0.60	0.63	0.61	0.58	0.61	0.58	0.62	0.61
南非	0.47	0.46	0.56	0.57	0.54	0.60	0.62	0.60	0.64	0.68	0.58
中国台湾	0.68	0.60	0.63	0.62	0.55	0.54	0.53	0.51	0.52	0.61	0.57
捷克	0.38	0.40	0.46	0.49	0.48	0.49	0.51	0.57	0.57	0.59	0.50
土耳其	0.40	0.37	0.34	0.40	0.48	0.54	0.50	0.48	0.56	0.72	0.49
沙特	0.21	0.24	0.27	0.44	0.55	0.56	0.51	0.50	0.62	0.81	0.49
中国香港	0.40	0.41	0.44	0.46	0.46	0.42	0.50	0.50	0.52	0.64	0.48
墨西哥	0.44	0.44	0.45	0.44	0.45	0.46	0.53	0.46	0.55	0.48	0.47
俄罗斯	0.28	0.26	0.31	0.32	0.42	0.40	0.45	0.45	0.56	0.67	0.42
希腊	0.36	0.38	0.39	0.42	0.44	0.34	0.41	0.39	0.46	0.50	0.41
埃及	0.16	0.18	0.17	0.25	0.28	0.35	0.41	0.47	0.59	0.88	0.39
阿根廷	0.37	0.40	0.37	0.38	0.39	0.36	0.35	0.37	0.35	0.38	0.37
马来西亚	0.22	0.28	0.30	0.32	0.34	0.33	0.36	0.41	0.37	0.41	0.34

第五章　地球科学

地球科学是人类认识地球的一门基础科学。它以地球系统及其组成部分为研究对象，探究发生在其中的各种现象、过程及过程之间的相互作用，以提高对地球的认识水平，并利用获取的知识为解决人类生存与可持续发展中的资源供给、环境保护、减轻灾害等重大问题提供科学依据与技术支撑。

第一节　学科

地球科学学科组包括以下学科：地理学、自然地理学、遥感、地质学、古生物学、矿物学、地质工程、地球化学和地球物理学、气象学和大气科学、海洋学、环境科学、土壤学、水资源、环境研究、多学科地球科学，共计15个。

一　地理学

地理学A、B、C层人才主要集中在英国和美国，两国A、B、C层人才的世界占比合计为35.79%、34.97%、37.68%，其中，英国的A层人才多于美国，两国的B层和C层人才数量相差不大。

荷兰、中国大陆、加拿大、澳大利亚、德国、奥地利、爱尔兰、挪威、西班牙、瑞典的A层人才比较多，世界占比在11%～3%之间；法国、丹麦、芬兰、以色列、意大利、日本也有相当数量的A层人才，世界占比超过1%。

中国大陆、荷兰、德国、加拿大、澳大利亚、瑞典、挪威的B层人才比较多，世界占比在8%～3%之间；意大利、奥地利、法国、瑞士、比利时、中国香港、新加坡、日本、西班牙、巴西、丹麦也有相当数量的B层人才，世界占比超过1%。

中国大陆、澳大利亚、加拿大、荷兰、德国的C层人才比较多，世界占比在7%~4%之间；瑞典、意大利、西班牙、法国、比利时、瑞士、中国香港、挪威、奥地利、丹麦、芬兰、新西兰、新加坡也有相当数量的C层人才，世界占比超过或接近1%。

表5-1 地理学A层人才的国家和地区的占比

单位：%

国家和地区	2011年	2012年	2013年	2014年	2015年	2016年	2017年	2018年	2019年	2020年	合计
英国	22.22	60.00	57.14	14.29	10.00	20.00	0.00	9.09	23.08	14.29	20.00
美国	11.11	20.00	14.29	28.57	20.00	40.00	11.11	0.00	15.38	7.14	15.79
荷兰	11.11	0.00	14.29	14.29	30.00	10.00	11.11	9.09	7.69	0.00	10.53
中国大陆	0.00	0.00	0.00	0.00	10.00	20.00	11.11	0.00	7.69	21.43	8.42
加拿大	0.00	0.00	0.00	0.00	0.00	0.00	0.00	9.09	15.38	7.14	5.26
澳大利亚	0.00	0.00	0.00	28.57	10.00	0.00	0.00	9.09	0.00	0.00	4.21
德国	11.11	0.00	0.00	0.00	0.00	10.00	11.11	9.09	0.00	0.00	4.21
奥地利	0.00	0.00	0.00	0.00	0.00	0.00	11.11	0.00	7.69	0.00	3.16
爱尔兰	0.00	0.00	0.00	14.29	0.00	0.00	0.00	9.09	7.69	0.00	3.16
挪威	0.00	20.00	14.29	0.00	0.00	0.00	0.00	0.00	7.69	0.00	3.16
西班牙	0.00	0.00	0.00	0.00	0.00	0.00	0.00	9.09	0.00	14.29	3.16
瑞典	11.11	0.00	0.00	0.00	0.00	10.00	0.00	0.00	0.00	7.14	3.16
法国	0.00	0.00	0.00	0.00	0.00	0.00	11.11	0.00	7.69	0.00	2.11
丹麦	11.11	0.00	0.00	0.00	0.00	0.00	0.00	0.00	0.00	0.00	1.05
芬兰	0.00	0.00	0.00	0.00	0.00	0.00	0.00	0.00	0.00	7.14	1.05
以色列	0.00	0.00	0.00	0.00	0.00	0.00	0.00	9.09	0.00	0.00	1.05
意大利	0.00	0.00	0.00	0.00	0.00	0.00	11.11	0.00	0.00	0.00	1.05
日本	0.00	0.00	0.00	0.00	0.00	0.00	11.11	0.00	0.00	0.00	1.05

表5-2 地理学B层人才排名前20的国家和地区的占比

单位：%

国家和地区	2011年	2012年	2013年	2014年	2015年	2016年	2017年	2018年	2019年	2020年	合计
美国	24.39	18.75	19.05	17.24	17.39	20.79	17.09	20.97	15.22	17.24	18.61
英国	34.15	20.00	16.67	16.09	20.65	13.86	5.98	12.90	13.77	17.24	16.36
中国大陆	3.66	5.00	5.95	5.75	7.61	7.92	8.55	5.65	11.59	6.03	7.05

续表

国家和地区	2011年	2012年	2013年	2014年	2015年	2016年	2017年	2018年	2019年	2020年	合计
荷兰	6.10	3.75	5.95	3.45	5.43	8.91	9.40	8.06	5.80	5.17	6.37
德国	0.00	5.00	8.33	8.05	8.70	4.95	8.55	4.03	4.35	3.45	5.48
加拿大	10.98	8.75	5.95	8.05	2.17	3.96	0.85	5.65	3.62	4.31	5.09
澳大利亚	3.66	7.50	1.19	4.60	4.35	4.95	5.98	2.42	3.62	7.76	4.60
瑞典	2.44	2.50	2.38	2.30	6.52	7.92	4.27	6.45	2.90	2.59	4.11
挪威	2.44	1.25	4.76	3.45	4.35	3.96	3.42	4.03	2.90	4.31	3.53
意大利	0.00	0.00	1.19	1.15	5.43	1.98	5.98	4.03	0.72	3.45	2.55
奥地利	0.00	0.00	2.38	2.30	0.00	2.97	5.98	4.03	2.90	1.72	2.45
法国	2.44	5.00	0.00	2.30	1.09	1.98	2.56	3.23	2.90	0.86	2.25
瑞士	0.00	2.50	5.95	2.30	1.09	2.97	1.71	2.42	0.72	2.59	2.15
比利时	0.00	0.00	1.19	2.30	1.09	2.97	1.71	2.42	3.62	1.72	1.86
中国香港	1.22	0.00	0.00	0.00	1.09	1.98	0.85	2.42	3.62	0.86	1.37
新加坡	1.22	1.25	1.19	1.15	2.17	0.99	0.00	0.00	2.90	2.59	1.37
日本	0.00	1.25	1.19	1.15	1.09	0.00	5.13	0.00	1.45	0.86	1.27
西班牙	0.00	2.50	2.38	0.00	1.09	0.00	0.85	1.61	1.45	1.72	1.18
巴西	0.00	1.25	2.38	2.30	3.26	0.00	0.00	0.00	1.45	0.86	1.08
丹麦	1.22	2.50	1.19	4.60	1.09	0.00	0.00	0.81	0.00	0.86	1.08

表5-3 地理学C层人才排名前20的国家和地区的占比

单位：%

国家和地区	2011年	2012年	2013年	2014年	2015年	2016年	2017年	2018年	2019年	2020年	合计
英国	24.91	23.68	22.34	19.84	18.56	18.23	20.54	17.41	18.01	16.56	19.67
美国	18.96	20.90	20.02	19.37	21.78	16.86	15.58	17.67	15.88	16.19	18.01
中国大陆	3.10	3.84	4.27	4.93	3.67	6.74	7.22	7.84	7.50	8.56	6.06
澳大利亚	5.08	6.22	7.33	5.28	7.11	6.32	5.92	5.09	5.81	6.23	6.00
加拿大	6.94	5.42	7.57	5.87	5.33	6.95	5.05	4.40	4.04	4.93	5.50
荷兰	5.95	4.89	5.37	5.87	4.78	5.37	4.87	5.09	4.93	5.02	5.18
德国	2.85	4.89	3.54	4.93	4.22	3.90	3.48	4.40	4.71	4.47	4.16
瑞典	3.10	2.51	2.69	3.29	3.67	2.95	3.31	2.76	3.09	2.51	2.99
意大利	3.10	1.98	3.17	2.58	3.00	3.58	3.48	3.02	2.72	2.23	2.90
西班牙	2.60	2.65	1.71	3.40	3.00	2.74	2.70	2.33	1.99	2.23	2.50
法国	2.48	1.85	1.34	2.70	1.89	1.58	2.00	1.81	2.28	1.49	1.94
比利时	1.73	1.72	1.83	1.64	1.11	2.11	1.57	2.50	1.62	1.67	1.76
瑞士	1.86	1.72	1.22	2.11	1.67	2.00	1.57	1.64	1.76	2.05	1.76
中国香港	1.24	1.06	0.73	1.06	1.11	1.48	1.57	2.16	1.62	2.14	1.48
挪威	1.61	0.79	0.98	1.41	1.67	1.05	1.31	1.72	1.69	1.86	1.44
奥地利	1.12	0.93	1.10	1.76	1.33	0.95	0.70	1.38	1.25	1.86	1.24

续表

国家和地区	2011年	2012年	2013年	2014年	2015年	2016年	2017年	2018年	2019年	2020年	合计
丹麦	0.62	0.93	1.59	1.53	1.56	1.69	0.87	1.38	1.03	1.02	1.21
芬兰	1.24	0.66	1.71	1.06	1.00	0.74	1.57	1.29	0.96	1.12	1.14
新西兰	1.98	1.59	0.85	0.94	1.44	0.95	0.70	0.95	0.74	0.74	1.04
新加坡	0.37	0.53	0.61	0.70	0.67	0.74	1.57	0.86	1.32	1.77	0.98

二 自然地理学

自然地理学A、B、C层人才最多的国家是美国，分别占该学科全球A、B、C层人才的24.14%、14.69%、15.87%；中国大陆紧随其后，A、B、C层人才占比均排名第二，分别为19.54%、10.33%、11.53%。

西班牙、英国、澳大利亚、德国、荷兰、奥地利、加拿大、瑞士的A层人才比较多，世界占比在10%~3%之间；法国、丹麦、意大利、日本、肯尼亚、挪威、葡萄牙、罗马尼亚、新加坡、瑞典也有相当数量的A层人才，世界占比超过1%。

英国、德国、加拿大、法国、瑞士、澳大利亚、荷兰的B层人才比较多，世界占比在8%~3%之间；意大利、挪威、西班牙、丹麦、比利时、奥地利、瑞典、日本、新西兰、芬兰、葡萄牙也有相当数量的B层人才，世界占比超过1%。

英国、德国、法国、澳大利亚、意大利、西班牙、瑞士、荷兰、加拿大的C层人才比较多，世界占比在10%~3%之间；比利时、瑞典、挪威、丹麦、日本、奥地利、巴西、芬兰、印度也有相当数量的C层人才，世界占比超过1%。

表5-4 自然地理学A层人才排名前20的国家和地区的占比

单位：%

国家和地区	2011年	2012年	2013年	2014年	2015年	2016年	2017年	2018年	2019年	2020年	合计
美国	57.14	28.57	0.00	16.67	12.50	15.38	36.36	33.33	25.00	13.33	24.14
中国大陆	0.00	0.00	0.00	8.33	25.00	7.69	27.27	0.00	12.50	60.00	19.54
西班牙	0.00	28.57	0.00	8.33	0.00	15.38	0.00	33.33	12.50	0.00	9.20
英国	0.00	14.29	0.00	8.33	12.50	15.38	9.09	0.00	12.50	0.00	8.05

续表

国家和地区	2011年	2012年	2013年	2014年	2015年	2016年	2017年	2018年	2019年	2020年	合计
澳大利亚	14.29	0.00	0.00	8.33	37.50	0.00	0.00	0.00	0.00	6.67	6.90
德国	0.00	0.00	0.00	0.00	0.00	0.00	9.09	16.67	12.50	6.67	4.60
荷兰	14.29	0.00	0.00	8.33	12.50	0.00	9.09	0.00	0.00	0.00	4.60
奥地利	0.00	0.00	0.00	8.33	0.00	7.69	9.09	0.00	0.00	0.00	3.45
加拿大	0.00	0.00	0.00	0.00	0.00	7.69	0.00	0.00	12.50	6.67	3.45
瑞士	0.00	0.00	0.00	8.33	0.00	0.00	0.00	16.67	0.00	6.67	3.45
法国	0.00	14.29	0.00	8.33	0.00	0.00	0.00	0.00	0.00	0.00	2.30
丹麦	0.00	0.00	0.00	8.33	0.00	0.00	0.00	0.00	0.00	0.00	1.15
意大利	0.00	0.00	0.00	0.00	0.00	0.00	7.69	0.00	0.00	0.00	1.15
日本	0.00	0.00	0.00	0.00	0.00	0.00	0.00	0.00	12.50	0.00	1.15
肯尼亚	14.29	0.00	0.00	0.00	0.00	0.00	0.00	0.00	0.00	0.00	1.15
挪威	0.00	0.00	0.00	0.00	0.00	0.00	7.69	0.00	0.00	0.00	1.15
葡萄牙	0.00	14.29	0.00	0.00	0.00	0.00	0.00	0.00	0.00	0.00	1.15
罗马尼亚	0.00	0.00	0.00	0.00	0.00	0.00	7.69	0.00	0.00	0.00	1.15
新加坡	0.00	0.00	0.00	8.33	0.00	0.00	0.00	0.00	0.00	0.00	1.15
瑞典	0.00	0.00	0.00	0.00	0.00	7.69	0.00	0.00	0.00	0.00	1.15

表5-5 自然地理学B层人才排名前20的国家和地区的占比

单位：%

国家和地区	2011年	2012年	2013年	2014年	2015年	2016年	2017年	2018年	2019年	2020年	合计
美国	18.99	18.99	19.27	18.18	7.96	19.20	16.52	9.30	10.71	12.59	14.69
中国大陆	5.06	6.33	4.59	12.12	6.19	9.60	13.91	8.53	13.57	18.52	10.33
英国	8.86	10.13	9.17	10.10	7.08	12.00	10.43	2.33	5.71	4.44	7.75
德国	6.33	5.06	3.67	8.08	7.08	8.80	8.70	3.10	10.71	7.41	7.03
加拿大	2.53	6.33	1.83	3.03	5.31	3.20	6.09	3.10	7.14	7.41	4.72
法国	2.53	6.33	5.50	6.06	4.42	2.40	3.48	4.65	5.00	3.70	4.36
瑞士	6.33	5.06	4.59	2.02	4.42	4.80	4.35	2.33	6.43	2.96	4.27
澳大利亚	11.39	6.33	4.59	2.02	3.54	4.80	5.22	2.33	2.86	2.22	4.19
荷兰	1.27	0.00	1.83	2.02	6.19	2.40	1.74	4.65	5.00	2.96	3.03
意大利	5.06	0.00	4.59	5.05	2.65	1.60	2.61	2.33	1.43	2.96	2.76
挪威	2.53	2.53	3.67	1.01	2.65	2.40	1.74	2.33	3.57	4.44	2.76
西班牙	5.06	3.80	0.00	1.01	5.31	2.40	2.61	1.55	0.71	2.96	2.40
丹麦	3.80	6.33	2.75	5.05	1.77	1.60	0.87	1.55	1.43	1.48	2.40
比利时	0.00	2.53	2.75	2.02	1.77	0.80	0.87	3.10	2.86	3.70	2.14
奥地利	1.27	1.27	2.75	2.02	3.54	2.40	0.87	2.33	2.14	1.48	2.05

续表

国家和地区	2011年	2012年	2013年	2014年	2015年	2016年	2017年	2018年	2019年	2020年	合计
瑞典	1.27	3.80	1.83	2.02	0.88	4.00	0.87	2.33	2.14	1.48	2.05
日本	2.53	0.00	1.83	0.00	1.77	0.00	0.00	3.10	4.29	2.96	1.78
新西兰	1.27	2.53	1.83	2.02	1.77	0.00	0.87	0.78	1.43	2.22	1.42
芬兰	0.00	2.53	0.00	1.01	0.00	4.00	0.00	2.33	1.43	1.48	1.34
葡萄牙	0.00	5.06	0.00	1.01	0.88	1.60	2.61	1.55	0.71	0.00	1.25

表5-6 自然地理学C层人才排名前20的国家和地区的占比

单位：%

国家和地区	2011年	2012年	2013年	2014年	2015年	2016年	2017年	2018年	2019年	2020年	合计
美国	18.73	16.83	17.51	17.04	17.03	16.20	14.45	15.21	14.71	12.98	15.87
中国大陆	6.24	7.48	10.20	11.36	11.23	9.45	13.22	14.80	14.63	13.14	11.53
英国	10.79	9.48	11.12	8.57	8.84	8.44	9.25	8.61	8.81	7.87	9.06
德国	7.15	7.86	7.93	7.60	6.63	7.51	6.43	7.48	6.70	7.32	7.24
法国	6.50	5.49	4.74	4.91	4.79	6.08	4.93	4.02	5.46	3.23	4.93
澳大利亚	3.64	3.49	5.97	4.14	4.42	3.71	3.52	4.26	3.88	3.93	4.10
意大利	4.29	2.99	2.37	3.56	4.24	4.98	3.08	3.46	3.17	3.78	3.61
西班牙	5.20	3.99	3.50	4.52	3.13	4.22	3.88	2.65	3.44	2.44	3.61
瑞士	3.77	4.24	2.99	3.66	3.41	4.05	3.52	2.98	2.73	4.25	3.54
荷兰	4.42	4.61	2.99	3.75	3.59	2.78	2.91	3.70	3.26	3.15	3.45
加拿大	2.47	4.24	3.60	3.08	4.24	3.63	2.47	3.22	2.56	3.93	3.35
比利时	1.82	2.00	1.96	1.15	1.75	1.27	1.59	1.77	1.41	2.05	1.66
瑞典	0.65	1.62	2.57	2.12	1.20	1.69	1.32	1.93	1.76	1.57	1.66
挪威	1.17	1.25	1.44	1.83	1.93	1.86	1.85	0.97	1.41	1.65	1.55
丹麦	0.78	1.87	1.65	1.54	1.29	1.94	1.41	1.13	1.15	1.34	1.41
日本	1.30	1.87	1.44	0.67	1.38	1.18	1.59	1.61	1.15	1.26	1.34
奥地利	1.56	0.75	0.72	1.25	0.92	1.86	1.59	0.64	1.23	1.34	1.19
巴西	0.65	1.00	0.51	1.25	1.20	0.93	1.23	1.61	1.67	1.34	1.18
芬兰	0.65	1.37	1.24	1.15	0.83	0.68	2.11	0.80	1.23	1.02	1.11
印度	0.39	1.12	0.93	1.54	1.29	1.43	0.97	0.88	1.23	0.94	1.09

三 遥感

遥感A、B、C层人才主要集中在美国和中国大陆，二者A、B、C层人才的世界占比合计为41.78%、36.03%、38.29%，其中，美国的A层人才多于中国大陆，B、C 层人才稍少于中国大陆。

德国、法国、西班牙、意大利、澳大利亚、奥地利、加拿大、荷兰、英国的 A 层人才比较多，世界占比在 10%～3% 之间；冰岛、葡萄牙、瑞士、比利时、丹麦、希腊、中国香港、印度、以色列也有相当数量的 A 层人才，世界占比超过或接近 1%。

德国、法国、意大利、西班牙、英国、加拿大、澳大利亚、荷兰的 B 层人才比较多，世界占比在 7%～3% 之间；奥地利、瑞士、日本、比利时、冰岛、葡萄牙、芬兰、印度、瑞典、中国香港也有相当数量的 B 层人才，世界占比超过或接近 1%。

德国、意大利、法国、英国、加拿大、澳大利亚、西班牙、荷兰的 C 层人才比较多，世界占比在 7%～3% 之间；瑞士、日本、印度、比利时、中国香港、巴西、伊朗、奥地利、芬兰、韩国也有相当数量的 C 层人才，世界占比超过或接近 1%。

表 5-7 遥感 A 层人才排名前 20 的国家和地区的占比

单位：%

国家和地区	2011年	2012年	2013年	2014年	2015年	2016年	2017年	2018年	2019年	2020年	合计
美国	71.43	27.27	23.08	18.75	12.50	11.11	20.00	28.57	18.75	15.00	21.23
中国大陆	0.00	0.00	15.38	6.25	31.25	33.33	13.33	35.71	25.00	25.00	20.55
德国	0.00	9.09	7.69	6.25	6.25	5.56	13.33	7.14	18.75	15.00	9.59
法国	14.29	18.18	15.38	0.00	6.25	0.00	13.33	0.00	6.25	10.00	7.53
西班牙	0.00	18.18	15.38	6.25	0.00	11.11	6.67	0.00	0.00	5.00	6.16
意大利	14.29	9.09	0.00	12.50	6.25	0.00	0.00	0.00	6.25	5.00	4.79
澳大利亚	0.00	0.00	0.00	6.25	6.25	5.56	0.00	0.00	6.25	5.00	3.42
奥地利	0.00	0.00	0.00	6.25	0.00	11.11	6.67	7.14	0.00	0.00	3.42
加拿大	0.00	0.00	0.00	12.50	0.00	5.56	0.00	7.14	6.25	0.00	3.42
荷兰	0.00	9.09	0.00	6.25	6.25	0.00	6.67	7.14	0.00	0.00	3.42
英国	0.00	0.00	0.00	6.25	12.50	5.56	0.00	0.00	0.00	5.00	3.42
冰岛	0.00	0.00	0.00	0.00	0.00	6.25	0.00	0.00	6.25	5.00	2.05
葡萄牙	0.00	9.09	15.38	0.00	0.00	0.00	0.00	0.00	0.00	0.00	2.05
瑞士	0.00	0.00	0.00	0.00	0.00	0.00	13.33	7.14	0.00	0.00	2.05
比利时	0.00	0.00	7.69	0.00	0.00	0.00	0.00	0.00	0.00	0.00	0.68
丹麦	0.00	0.00	0.00	6.25	0.00	0.00	0.00	0.00	0.00	0.00	0.68

续表

国家和地区	2011年	2012年	2013年	2014年	2015年	2016年	2017年	2018年	2019年	2020年	合计
希腊	0.00	0.00	0.00	0.00	6.25	0.00	0.00	0.00	0.00	0.00	0.68
中国香港	0.00	0.00	0.00	0.00	0.00	5.56	0.00	0.00	0.00	0.00	0.68
印度	0.00	0.00	0.00	0.00	0.00	0.00	0.00	0.00	0.00	5.00	0.68
以色列	0.00	0.00	0.00	0.00	0.00	0.00	0.00	0.00	0.00	5.00	0.68

表5-8 遥感B层人才排名前20的国家和地区的占比

单位：%

国家和地区	2011年	2012年	2013年	2014年	2015年	2016年	2017年	2018年	2019年	2020年	合计
中国大陆	6.41	4.63	16.13	22.30	17.36	18.56	18.24	22.11	22.86	21.05	18.31
美国	20.51	20.37	24.19	25.68	9.72	16.77	18.24	12.63	18.57	15.26	17.72
德国	7.69	6.48	4.84	8.78	9.03	7.78	6.29	4.74	8.57	5.26	6.92
法国	10.26	5.56	4.84	3.38	7.64	3.59	7.55	3.68	5.71	4.74	5.40
意大利	7.69	5.56	6.45	3.38	6.25	3.59	3.77	4.21	4.76	3.16	4.61
西班牙	6.41	4.63	6.45	4.73	3.47	4.79	3.77	4.21	5.71	2.11	4.48
英国	2.56	4.63	4.84	2.03	5.56	5.39	3.77	4.21	4.29	4.21	4.22
加拿大	2.56	5.56	2.42	3.38	4.17	2.99	3.14	3.68	2.86	5.79	3.69
澳大利亚	2.56	5.56	4.03	3.38	1.39	4.79	2.52	3.68	5.24	2.63	3.62
荷兰	3.85	7.41	4.03	2.70	4.86	3.59	3.77	3.16	1.43	2.63	3.49
奥地利	2.56	6.48	2.42	0.68	2.08	2.40	1.89	2.63	1.43	2.63	2.37
瑞士	1.28	3.70	0.81	2.03	2.08	4.79	2.52	1.58	0.95	2.11	2.17
日本	3.85	1.85	0.81	1.35	0.69	0.00	2.52	2.63	3.81	2.63	2.04
比利时	1.28	0.93	1.61	2.03	4.17	1.20	2.52	1.58	0.95	1.58	1.78
冰岛	1.28	0.00	0.81	2.70	4.17	0.60	2.52	1.58	1.43	1.05	1.65
葡萄牙	2.56	1.85	3.23	1.35	3.47	0.60	2.52	1.05	0.00	0.53	1.52
芬兰	2.56	0.93	1.61	0.00	0.69	2.40	2.52	1.58	1.05	1.05	1.32
印度	0.00	1.85	0.81	0.68	0.69	1.20	1.89	1.58	0.48	1.05	1.05
瑞典	1.28	0.93	0.00	0.00	0.00	2.99	0.00	1.58	0.95	1.05	0.92
中国香港	1.28	0.00	0.81	0.00	1.39	0.60	0.00	3.68	0.48	0.53	0.92

表5-9 遥感C层人才排名前20的国家和地区的占比

单位：%

国家和地区	2011年	2012年	2013年	2014年	2015年	2016年	2017年	2018年	2019年	2020年	合计
中国大陆	10.73	12.45	16.05	20.14	19.01	19.68	25.31	23.01	24.25	22.08	20.27
美国	23.44	22.45	22.63	19.79	18.02	18.26	17.31	16.54	14.80	13.87	18.02
德国	7.42	8.49	7.22	6.14	7.42	5.99	5.40	7.11	6.03	5.15	6.47

续表

国家和地区	2011年	2012年	2013年	2014年	2015年	2016年	2017年	2018年	2019年	2020年	合计
意大利	6.36	5.75	6.18	5.45	5.72	5.93	4.10	4.25	4.41	5.10	5.19
法国	6.09	5.00	4.25	4.83	4.45	4.62	4.23	3.44	3.97	3.06	4.24
英国	3.31	3.77	3.69	2.90	4.10	4.68	4.29	3.84	5.19	3.74	4.05
加拿大	3.84	4.34	3.85	4.28	3.82	2.85	4.42	3.67	3.48	3.34	3.73
澳大利亚	3.44	3.11	3.61	3.79	3.67	3.08	3.64	4.02	3.04	4.25	3.58
西班牙	4.11	3.87	3.37	3.86	2.61	3.85	3.06	4.08	2.89	3.57	3.48
荷兰	5.17	4.53	2.89	2.62	4.45	3.62	2.54	3.03	2.65	2.27	3.20
瑞士	2.12	1.42	2.17	1.93	2.12	1.78	1.50	1.69	0.98	1.08	1.62
日本	1.46	1.70	2.09	1.10	1.48	0.95	1.56	1.98	1.37	2.04	1.57
印度	1.32	1.13	1.20	1.59	1.13	1.66	1.50	1.40	1.47	2.66	1.55
比利时	1.99	1.60	0.88	1.03	1.48	1.66	1.30	1.57	1.32	0.96	1.35
中国香港	1.32	0.85	1.36	1.52	0.99	1.48	1.24	1.28	1.42	1.13	1.27
巴西	2.25	0.94	1.12	0.76	0.71	1.19	1.11	1.05	1.57	1.81	1.23
伊朗	0.93	0.57	0.80	0.83	1.06	1.07	1.04	1.05	1.96	2.15	1.23
奥地利	1.46	1.98	1.20	1.10	1.55	1.30	0.91	0.82	0.98	1.08	1.19
芬兰	1.06	1.23	1.28	1.24	0.71	1.24	1.17	0.64	1.08	0.91	1.04
韩国	0.26	0.75	0.80	0.76	0.42	0.53	0.65	1.46	1.47	1.64	0.95

四 地质学

地质学A、B、C层人才主要集中在中国大陆和美国，二者A、B、C层人才的世界占比合计为40.00%、32.05%、30.80%，其中，中国大陆的A层人才多于美国，B、C层人才稍少于美国。

澳大利亚、英国、德国、加拿大、马来西亚、瑞士的A层人才比较多，世界占比在14%~4%之间；法国、印度、南非、韩国、西班牙、斯里兰卡也有相当数量的A层人才，世界占比均为2.22%。

澳大利亚、英国、德国、加拿大、意大利、法国的B层人才比较多，世界占比在10%~3%之间；瑞士、挪威、日本、荷兰、新西兰、俄罗斯、奥地利、巴西、中国香港、西班牙、中国台湾、南非也有相当数量的B层人才，世界占比超过或接近1%。

英国、澳大利亚、德国、加拿大、法国、意大利的 C 层人才比较多，世界占比在 11%~3% 之间；瑞士、西班牙、挪威、日本、荷兰、巴西、新西兰、俄罗斯、南非、瑞典、丹麦、印度也有相当数量的 C 层人才，世界占比超过或接近 1%。

表 5-10　地质学 A 层人才的国家和地区的占比

单位：%

国家和地区	2011 年	2012 年	2013 年	2014 年	2015 年	2016 年	2017 年	2018 年	2019 年	2020 年	合计
中国大陆	0.00	0.00	0.00	0.00	0.00	0.00	28.57	33.33	42.86	60.00	22.22
美国	0.00	0.00	66.67	25.00	16.67	0.00	14.29	16.67	28.57	0.00	17.78
澳大利亚	50.00	0.00	0.00	25.00	0.00	20.00	14.29	33.33	0.00	0.00	13.33
英国	50.00	0.00	0.00	25.00	33.33	20.00	14.29	0.00	0.00	0.00	13.33
德国	0.00	0.00	33.33	25.00	0.00	20.00	0.00	0.00	0.00	0.00	6.67
加拿大	0.00	0.00	0.00	0.00	16.67	0.00	0.00	16.67	0.00	0.00	4.44
马来西亚	0.00	0.00	0.00	0.00	0.00	0.00	0.00	0.00	14.29	20.00	4.44
瑞士	0.00	0.00	0.00	0.00	0.00	20.00	14.29	0.00	0.00	0.00	4.44
法国	0.00	0.00	0.00	0.00	16.67	0.00	0.00	0.00	0.00	0.00	2.22
印度	0.00	0.00	0.00	0.00	0.00	0.00	14.29	0.00	0.00	0.00	2.22
南非	0.00	0.00	0.00	0.00	0.00	20.00	0.00	0.00	0.00	0.00	2.22
韩国	0.00	0.00	0.00	0.00	0.00	0.00	0.00	0.00	14.29	0.00	2.22
西班牙	0.00	0.00	0.00	0.00	16.67	0.00	0.00	0.00	0.00	0.00	2.22
斯里兰卡	0.00	0.00	0.00	0.00	0.00	0.00	0.00	0.00	0.00	20.00	2.22

表 5-11　地质学 B 层人才排名前 20 的国家和地区的占比

单位：%

国家和地区	2011 年	2012 年	2013 年	2014 年	2015 年	2016 年	2017 年	2018 年	2019 年	2020 年	合计
美国	13.73	29.09	24.00	12.50	17.86	8.77	17.39	17.19	12.05	11.11	16.11
中国大陆	19.61	10.91	10.00	10.42	25.00	8.77	24.64	14.06	18.07	14.29	15.94
澳大利亚	13.73	7.27	10.00	10.42	8.93	14.04	8.70	4.69	10.84	4.76	9.23
英国	7.84	9.09	8.00	10.42	5.36	12.28	8.70	10.94	8.43	11.11	9.23
德国	3.92	9.09	6.00	6.25	7.14	7.02	5.80	6.25	6.02	4.76	6.21
加拿大	7.84	1.82	6.00	2.08	7.14	5.26	4.35	4.69	7.23	9.52	5.70
意大利	7.84	0.00	2.00	4.17	5.36	5.26	1.45	3.13	1.20	7.94	3.69
法国	1.96	0.00	2.00	6.25	3.57	7.02	2.90	3.13	3.61	4.76	3.52
瑞士	3.92	3.64	6.00	0.00	0.00	3.51	4.35	3.13	2.41	1.59	2.85
挪威	0.00	7.27	4.00	2.08	0.00	1.75	1.45	3.13	2.41	1.59	2.35

续表

国家和地区	2011年	2012年	2013年	2014年	2015年	2016年	2017年	2018年	2019年	2020年	合计
日本	3.92	1.82	2.00	6.25	3.57	0.00	2.90	0.00	1.20	1.59	2.18
荷兰	0.00	3.64	0.00	4.17	1.79	0.00	4.35	1.56	0.00	4.76	2.01
新西兰	0.00	7.27	0.00	2.08	0.00	1.75	2.90	0.00	1.20	1.59	1.68
俄罗斯	1.96	0.00	0.00	2.08	1.79	1.75	1.45	1.56	2.41	1.59	1.51
奥地利	1.96	1.82	0.00	2.08	1.79	0.00	1.45	1.56	2.41	0.00	1.34
巴西	0.00	0.00	0.00	0.00	0.00	1.75	0.00	1.56	3.61	3.17	1.17
中国香港	3.92	0.00	2.00	0.00	0.00	3.51	0.00	1.56	0.00	0.00	1.01
西班牙	1.96	1.82	0.00	2.08	0.00	0.00	0.00	1.56	0.00	1.59	1.01
中国台湾	1.96	0.00	2.00	0.00	0.00	3.51	0.00	0.00	2.41	0.00	1.01
南非	0.00	1.82	6.00	0.00	0.00	1.75	0.00	0.00	0.00	0.00	0.84

表 5-12 地质学 C 层人才排名前 20 的国家和地区的占比

单位：%

国家和地区	2011年	2012年	2013年	2014年	2015年	2016年	2017年	2018年	2019年	2020年	合计
美国	19.68	22.64	18.26	20.22	15.89	17.22	16.18	15.33	14.84	12.75	16.97
中国大陆	14.00	9.06	12.86	10.00	14.58	14.55	16.91	16.64	14.23	13.08	13.83
英国	10.14	10.63	9.75	11.11	11.59	10.03	10.29	10.60	10.58	9.93	10.46
澳大利亚	4.67	6.10	6.02	6.44	8.22	6.86	6.91	6.69	7.42	6.62	6.67
德国	5.48	6.89	8.30	5.11	5.79	4.35	5.74	6.85	5.23	7.45	6.07
加拿大	6.09	4.53	5.81	6.00	7.10	6.86	5.74	3.92	5.11	4.80	5.55
法国	5.48	4.33	4.98	5.33	3.55	3.01	3.38	5.55	4.74	4.80	4.48
意大利	2.64	3.74	3.94	4.00	3.36	3.68	3.82	3.10	3.53	3.31	3.51
瑞士	3.65	2.95	2.49	2.44	2.24	2.84	2.79	1.79	2.55	2.15	2.58
西班牙	1.83	2.36	2.49	3.11	0.93	1.84	1.03	1.96	2.80	2.15	2.04
挪威	2.84	2.56	1.87	2.22	1.87	1.84	1.76	1.79	2.19	1.49	2.02
日本	3.04	3.74	2.49	1.78	1.50	1.00	1.03	1.14	1.34	1.66	1.78
荷兰	1.42	2.17	0.83	2.22	2.62	2.34	1.18	1.63	0.85	0.99	1.57
巴西	0.41	0.59	0.83	0.89	0.93	1.51	3.24	1.79	1.46	1.49	1.40
新西兰	0.61	2.56	0.62	0.44	1.50	1.17	0.44	0.82	1.34	2.48	1.21
俄罗斯	0.81	0.59	0.83	1.11	0.75	0.84	1.47	1.63	1.09	2.15	1.16
南非	0.81	0.98	0.62	1.33	0.93	0.33	0.44	1.31	1.58	2.65	1.12
瑞典	1.01	0.79	1.45	0.89	1.12	2.34	1.18	0.82	0.73	0.83	1.11
丹麦	1.22	1.18	1.04	1.33	1.50	0.50	0.74	0.98	0.85	0.50	0.95
印度	0.41	0.39	0.41	0.22	1.31	1.34	1.62	0.33	1.46	0.66	0.88

五 古生物学

古生物学 A、B、C 层人才主要集中在英国和美国，两国 A、B、C 层人才的世界占比合计为 38.24%、31.71%、28.47%，其中，英国的 A 层人才多于美国，B、C 层人才少于美国。

加拿大、中国大陆的 A 层人才处于第二梯队，世界占比均为 11.76%；阿根廷、德国的 A 层人才比较多，世界占比均为 5.88%；丹麦、马来西亚、摩洛哥、挪威、波兰、葡萄牙、俄罗斯、瑞士、中国台湾也有相当数量的 A 层人才，世界占比均为 2.94%。

德国、中国大陆、法国、瑞士、加拿大、意大利的 B 层人才比较多，世界占比在 10%~3% 之间；俄罗斯、西班牙、澳大利亚、瑞典、丹麦、阿根廷、挪威、比利时、南非、荷兰、奥地利、日本也有相当数量的 B 层人才，世界占比超过 1%。

德国、中国大陆、法国、西班牙、加拿大、意大利、瑞士、澳大利亚的 C 层人才比较多，世界占比在 10%~3% 之间；阿根廷、巴西、瑞典、俄罗斯、荷兰、波兰、日本、挪威、比利时、奥地利也有相当数量的 C 层人才，世界占比超过 1%。

表 5-13 古生物学 A 层人才的国家和地区的占比

单位：%

国家和地区	2011 年	2012 年	2013 年	2014 年	2015 年	2016 年	2017 年	2018 年	2019 年	2020 年	合计
英国	0.00	0.00	0.00	50.00	25.00	25.00	16.67	33.33	16.67	0.00	20.59
美国	33.33	33.33	0.00	0.00	0.00	25.00	0.00	0.00	50.00	0.00	17.65
加拿大	33.33	0.00	0.00	0.00	0.00	0.00	33.33	16.67	0.00	0.00	11.76
中国大陆	0.00	33.33	0.00	0.00	25.00	0.00	0.00	0.00	33.33	0.00	11.76
阿根廷	33.33	0.00	0.00	0.00	0.00	25.00	0.00	0.00	0.00	0.00	5.88
德国	0.00	0.00	0.00	0.00	25.00	25.00	0.00	0.00	0.00	0.00	5.88
丹麦	0.00	0.00	0.00	0.00	0.00	0.00	0.00	16.67	0.00	0.00	2.94
马来西亚	0.00	0.00	0.00	0.00	0.00	0.00	0.00	16.67	0.00	0.00	2.94
摩洛哥	0.00	0.00	0.00	0.00	0.00	0.00	16.67	0.00	0.00	0.00	2.94
挪威	0.00	0.00	0.00	50.00	0.00	0.00	0.00	0.00	0.00	0.00	2.94
波兰	0.00	0.00	0.00	0.00	25.00	0.00	0.00	0.00	0.00	0.00	2.94

续表

国家和地区	2011年	2012年	2013年	2014年	2015年	2016年	2017年	2018年	2019年	2020年	合计
葡萄牙	0.00	0.00	0.00	0.00	0.00	0.00	16.67	0.00	0.00	0.00	2.94
俄罗斯	0.00	0.00	0.00	0.00	0.00	0.00	16.67	0.00	0.00	0.00	2.94
瑞士	0.00	33.33	0.00	0.00	0.00	0.00	0.00	0.00	0.00	0.00	2.94
中国台湾	0.00	0.00	0.00	0.00	0.00	0.00	0.00	16.67	0.00	0.00	2.94

表5-14 古生物学B层人才排名前20的国家和地区的占比

单位：%

国家和地区	2011年	2012年	2013年	2014年	2015年	2016年	2017年	2018年	2019年	2020年	合计
美国	19.15	21.57	18.75	13.64	20.41	19.30	13.21	9.09	21.82	16.67	17.37
英国	14.89	15.69	12.50	15.91	20.41	8.77	9.43	14.55	20.00	11.11	14.34
德国	6.38	11.76	8.33	4.55	12.24	8.77	5.66	5.45	16.36	11.11	9.09
中国大陆	2.13	3.92	8.33	11.36	2.04	8.77	5.66	5.45	9.09	2.78	6.06
法国	6.38	5.88	6.25	2.27	6.12	5.26	5.66	5.45	7.27	5.56	5.66
瑞士	2.13	3.92	2.08	0.00	8.16	1.75	7.55	9.09	1.82	2.78	4.04
加拿大	4.26	1.96	4.17	2.27	6.12	3.51	5.66	0.00	1.82	8.33	3.64
意大利	4.26	1.96	0.00	2.27	4.08	0.00	7.55	7.27	1.82	5.56	3.43
俄罗斯	2.13	5.88	0.00	4.55	0.00	7.02	1.89	1.82	2.78		2.83
西班牙	4.26	1.96	4.17	2.27	0.00	1.75	1.89	3.64	1.82	2.78	2.42
澳大利亚	4.26	0.00	2.08	2.27	4.08	3.51	1.89	1.82	0.00	2.78	2.22
瑞典	2.13	3.92	2.08	0.00		1.75	5.66	3.64	1.82	0.00	2.22
丹麦	2.13	1.96	2.08	0.00		1.75	1.89		3.64	2.78	2.22
阿根廷	2.13	1.96	2.08	6.82	0.00	1.75	1.89	3.64	0.00	0.00	2.02
挪威	0.00	1.96	6.25	0.00	0.00	5.26	0.00	0.00	3.64	2.78	2.02
比利时	0.00	0.00	2.08	2.27	2.04	3.51	7.55	0.00	0.00	0.00	1.82
南非	0.00	0.00	4.17	2.27	4.08	0.00	1.89	1.82	0.00	2.78	1.62
荷兰	2.13	0.00	4.17	0.00	2.04	1.75	3.77	1.82	0.00	0.00	1.62
奥地利	4.26	0.00	0.00	2.27	0.00	1.75	0.00	1.82	1.82	0.00	1.21
日本	2.13	1.96	2.08	0.00	0.00	0.00	0.00	1.82	1.82	2.78	1.21

表5-15 古生物学C层人才排名前20的国家和地区的占比

单位：%

国家和地区	2011年	2012年	2013年	2014年	2015年	2016年	2017年	2018年	2019年	2020年	合计
美国	19.32	17.96	19.14	19.51	19.92	17.57	15.61	16.09	13.18	16.04	17.27
英国	11.16	12.04	12.68	13.17	11.64	11.39	9.67	9.39	11.64	10.00	11.20
德国	11.95	10.82	11.00	8.29	8.68	7.14	8.55	10.34	8.73	8.30	9.34
中国大陆	6.57	7.76	7.42	7.80	6.71	8.88	9.11	10.92	10.62	9.06	8.57

续表

国家和地区	2011年	2012年	2013年	2014年	2015年	2016年	2017年	2018年	2019年	2020年	合计
法国	7.37	5.71	6.94	6.59	5.33	5.98	6.13	5.75	4.45	4.91	5.86
西班牙	4.58	4.29	3.83	4.63	2.76	4.05	4.83	2.30	4.79	2.45	3.85
加拿大	2.99	4.08	4.78	4.63	3.94	3.86	3.90	3.07	3.25	2.26	3.63
意大利	2.99	3.06	3.11	3.66	4.34	4.05	3.16	3.83	3.60	3.58	3.55
瑞士	2.19	3.88	4.31	3.41	3.94	2.32	2.79	2.87	2.40	4.34	3.21
澳大利亚	2.79	2.45	2.39	2.68	2.56	3.47	4.09	2.68	4.62	3.58	3.19
阿根廷	1.99	4.08	2.63	1.95	3.75	3.47	2.23	2.87	2.74	3.40	2.93
巴西	1.39	1.22	2.63	1.22	1.58	2.51	1.86	3.07	4.45	3.96	2.45
瑞典	2.39	2.45	1.44	1.22	3.16	2.32	1.67	2.49	2.57	2.83	2.29
俄罗斯	1.99	1.43	1.44	1.22	1.58	2.12	0.93	1.92	1.88	1.89	1.65
荷兰	2.59	1.84	0.96	1.95	2.37	1.93	1.49	1.15	0.68	1.32	1.61
波兰	1.59	1.02	1.67	0.98	0.99	1.74	1.12	1.92	1.37	1.51	1.39
日本	0.80	2.04	1.20	1.46	0.79	0.39	2.23	1.72	1.37	1.13	1.32
挪威	2.39	1.43	1.20	0.73	0.59	1.35	0.93	0.57	0.68	1.13	1.10
比利时	1.20	0.82	0.48	1.95	0.99	0.77	1.67	1.15	0.86	0.75	1.06
奥地利	0.60	0.82	0.48	0.98	1.38	1.16	1.12	1.34	1.03	1.32	1.04

六 矿物学

矿物学A、B、C层人才主要集中在美国、澳大利亚和中国大陆，三者A、B、C层人才的世界占比合计为60.88%、46.46%、46.68%，其中，美国的A层人才多于澳大利亚和中国大陆，中国大陆的B、C层人才多于美国和澳大利亚。

加拿大、法国、英国的A层人才比较多，世界占比均为4.35%；阿尔及利亚、丹麦、印度、意大利、日本、巴基斯坦、卡塔尔、沙特、斯洛伐克、韩国、瑞士、中国台湾也有相当数量的A层人才，世界占比均为2.17%。

加拿大、法国、德国、英国的B层人才比较多，世界占比为8%~3%；俄罗斯、瑞士、韩国、意大利、马来西亚、日本、西班牙、土耳其、奥地利、南非、印度、中国台湾、比利时也有相当数量的B层人才，世界占比超过或接近1%。

加拿大、德国、英国、法国的C层人才比较多,世界占比在7%~4%之间;意大利、日本、西班牙、巴西、印度、伊朗、俄罗斯、瑞士、南非、中国香港、土耳其、瑞典、智利也有相当数量的C层人才,世界占比超过或接近1%。

表5-16 矿物学A层人才的国家和地区的占比

单位:%

国家和地区	2011年	2012年	2013年	2014年	2015年	2016年	2017年	2018年	2019年	2020年	合计
美国	25.00	0.00	25.00	33.33	20.00	25.00	16.67	33.33	14.29	14.29	21.74
澳大利亚	0.00	0.00	25.00	0.00	20.00	25.00	16.67	16.67	28.57	28.57	19.57
中国大陆	0.00	0.00	25.00	33.33	40.00	25.00	0.00	0.00	28.57	28.57	19.57
加拿大	25.00	0.00	0.00	33.33	0.00	0.00	0.00	0.00	0.00	0.00	4.35
法国	0.00	0.00	0.00	0.00	20.00	0.00	0.00	16.67	0.00	0.00	4.35
英国	25.00	0.00	0.00	0.00	0.00	25.00	0.00	0.00	0.00	0.00	4.35
阿尔及利亚	0.00	0.00	0.00	0.00	0.00	0.00	0.00	16.67	0.00	0.00	2.17
丹麦	25.00	0.00	0.00	0.00	0.00	0.00	0.00	0.00	0.00	0.00	2.17
印度	0.00	0.00	0.00	0.00	0.00	0.00	16.67	0.00	0.00	0.00	2.17
意大利	0.00	0.00	0.00	0.00	0.00	0.00	0.00	0.00	0.00	14.29	2.17
日本	0.00	0.00	0.00	0.00	0.00	0.00	0.00	0.00	0.00	14.29	2.17
巴基斯坦	0.00	0.00	0.00	0.00	0.00	0.00	16.67	0.00	0.00	0.00	2.17
卡塔尔	0.00	0.00	0.00	0.00	0.00	0.00	16.67	0.00	0.00	0.00	2.17
沙特	0.00	0.00	0.00	0.00	0.00	0.00	16.67	0.00	0.00	0.00	2.17
斯洛伐克	0.00	0.00	0.00	0.00	0.00	0.00	0.00	0.00	14.29	0.00	2.17
韩国	0.00	0.00	0.00	0.00	0.00	0.00	0.00	0.00	14.29	0.00	2.17
瑞士	0.00	0.00	0.00	0.00	0.00	0.00	16.67	0.00	0.00	0.00	2.17
中国台湾	0.00	0.00	25.00	0.00	0.00	0.00	0.00	0.00	0.00	0.00	2.17

表5-17 矿物学B层人才排名前20的国家和地区的占比

单位:%

国家和地区	2011年	2012年	2013年	2014年	2015年	2016年	2017年	2018年	2019年	2020年	合计
中国大陆	16.22	7.69	7.32	21.43	17.31	18.00	18.64	22.03	31.15	33.82	20.67
美国	10.81	15.38	21.95	16.67	23.08	20.00	18.64	5.08	4.92	13.24	14.57
澳大利亚	13.51	7.69	12.20	7.14	21.15	10.00	6.78	8.47	13.11	11.76	11.22
加拿大	8.11	10.26	9.76	11.90	9.62	4.00	3.39	8.47	6.56	4.41	7.28
法国	2.70	7.69	12.20	7.14	0.00	8.00	6.78	8.47	0.00	1.47	5.12

续表

国家和地区	2011年	2012年	2013年	2014年	2015年	2016年	2017年	2018年	2019年	2020年	合计
德国	8.11	2.56	7.32	7.14	1.92	4.00	8.47	5.08	4.92	1.47	4.92
英国	0.00	7.69	4.88	4.76	3.85	6.00	6.78	3.39	1.64	0.00	3.74
俄罗斯	5.41	0.00	2.44	2.38	5.77	2.00	3.39	0.00	1.64	1.47	2.36
瑞士	0.00	2.56	4.88	2.38	0.00	2.00	8.47	1.69	0.00	0.00	2.17
韩国	0.00	2.56	0.00	0.00	0.00	2.00	1.69	3.39	6.56	2.94	2.17
意大利	2.70	7.69	4.88	0.00	0.00	0.00	0.00	1.69	1.64	0.00	1.57
马来西亚	0.00	0.00	2.44	2.38	0.00	0.00	0.00	3.39	1.64	4.41	1.57
日本	5.41	2.56	0.00	4.76	0.00	2.00	1.69	0.00	0.00	0.00	1.38
西班牙	0.00	0.00	0.00	2.38	1.92	0.00	1.69	1.69	4.92	0.00	1.38
土耳其	0.00	2.56	0.00	0.00	1.92	2.00	0.00	3.39	0.00	2.94	1.38
奥地利	8.11	0.00	0.00	0.00	0.00	4.00	0.00	0.00	1.64	0.00	1.18
南非	5.41	2.56	0.00	0.00	1.92	0.00	0.00	1.69	1.64	0.00	1.18
印度	0.00	5.13	2.44	0.00	0.00	0.00	0.00	3.39	1.64	0.00	1.18
中国台湾	0.00	2.56	2.44	0.00	3.85	2.00	0.00	1.69	0.00	0.00	1.18
比利时	0.00	2.56	0.00	0.00	1.92	0.00	1.69	3.39	0.00	0.00	0.98

表5-18 矿物学C层人才排名前20的国家和地区的占比

单位：%

国家和地区	2011年	2012年	2013年	2014年	2015年	2016年	2017年	2018年	2019年	2020年	合计
中国大陆	17.36	25.00	20.94	25.12	23.66	21.92	21.03	27.80	27.13	23.64	23.64
美国	12.95	15.45	13.18	9.07	15.51	15.66	12.14	10.14	7.29	7.82	11.56
澳大利亚	10.47	14.61	8.71	11.40	10.93	13.57	10.94	9.44	12.87	12.07	11.48
加拿大	6.89	3.65	6.12	5.58	6.76	6.05	7.18	5.59	6.36	6.29	6.13
德国	7.71	5.06	4.71	4.65	5.17	4.18	5.47	5.07	3.57	4.76	4.93
英国	5.51	3.37	5.65	3.72	4.77	5.22	6.50	4.20	2.95	4.59	4.63
法国	4.41	3.65	6.82	4.42	2.19	3.97	4.27	4.72	4.19	5.27	4.39
意大利	2.75	1.69	3.53	2.09	2.58	1.04	2.05	2.97	2.17	2.38	2.33
日本	2.75	3.37	4.00	3.72	1.39	1.46	1.20	2.27	1.71	0.85	2.12
西班牙	1.65	2.25	2.12	1.86	1.79	2.09	1.20	2.10	2.02	1.70	1.86
巴西	2.48	0.84	0.71	2.79	1.59	1.04	2.56	1.05	2.64	2.21	1.84
印度	2.48	0.56	1.41	2.33	1.79	1.25	2.22	2.27	2.64	1.02	1.84
伊朗	1.65	1.40	1.18	1.86	2.58	1.46	2.05	1.57	2.02	2.21	1.84
俄罗斯	1.38	1.97	2.35	1.40	0.20	0.84	1.37	1.05	2.95	1.87	1.56
瑞士	1.65	1.69	0.94	2.33	1.59	1.88	2.39	1.22	0.62	1.53	1.56
南非	1.10	1.12	0.71	1.40	0.99	0.84	1.54	1.22	2.17	1.70	1.33

续表

国家和地区	2011年	2012年	2013年	2014年	2015年	2016年	2017年	2018年	2019年	2020年	合计
中国香港	1.10	1.97	2.59	2.33	1.99	0.84	0.51	1.05	0.93	0.34	1.27
土耳其	1.38	1.97	1.41	1.63	0.80	0.21	0.51	0.52	0.62	1.53	0.99
瑞典	0.83	0.56	1.65	0.47	0.99	1.04	0.51	0.35	1.09	0.68	0.81
智利	0.28	0.56	0.47	0.70	0.60	0.84	0.51	0.87	0.78	1.87	0.79

七 地质工程

地质工程A、B、C层人才最多的是中国大陆，分别占该学科全球A、B、C层人才的20.78%、34.13%、25.92%。

意大利、美国、沙特、加拿大、阿尔及利亚、英国、法国、德国、越南的A层人才比较多，世界占比在11%～3%之间；澳大利亚、埃及、伊朗、挪威、瑞典、瑞士、捷克、印度、马来西亚、塞尔维亚也有相当数量的A层人才，世界占比超过1%。

美国、澳大利亚、意大利、英国、中国香港、加拿大的B层人才比较多，世界占比在12%～3%之间；伊朗、新加坡、法国、日本、德国、瑞士、马来西亚、希腊、挪威、印度、韩国、土耳其、西班牙也有相当数量的B层人才，世界占比超过或接近1%。

美国、澳大利亚、意大利、英国、加拿大、中国香港、法国、伊朗的C层人才比较多，世界占比为12%～3%；日本、印度、新加坡、德国、瑞士、西班牙、希腊、土耳其、韩国、葡萄牙、中国台湾也有相当数量的C层人才，世界占比超过1%。

表5-19 地质工程A层人才排名前20的国家和地区的占比

单位：%

国家和地区	2011年	2012年	2013年	2014年	2015年	2016年	2017年	2018年	2019年	2020年	合计
中国大陆	16.67	0.00	0.00	0.00	11.11	0.00	57.14	33.33	15.38	35.71	20.78
意大利	16.67	0.00	0.00	14.29	11.11	0.00	0.00	33.33	7.69	7.14	10.39
美国	16.67	0.00	0.00	28.57	11.11	0.00	14.29	0.00	15.38	0.00	9.09
沙特	0.00	0.00	0.00	0.00	0.00	0.00	22.22	0.00	0.00	7.69	21.43	7.79

续表

国家和地区	2011年	2012年	2013年	2014年	2015年	2016年	2017年	2018年	2019年	2020年	合计
加拿大	0.00	0.00	0.00	28.57	11.11	0.00	0.00	0.00	7.69	7.14	6.49
阿尔及利亚	0.00	0.00	0.00	0.00	0.00	11.11	0.00	0.00	7.69	14.29	5.19
英国	0.00	33.33	0.00	0.00	11.11	0.00	14.29	0.00	7.69	0.00	5.19
法国	0.00	33.33	0.00	0.00	11.11	0.00	0.00	11.11	0.00	0.00	3.90
德国	0.00	33.33	0.00	0.00	0.00	0.00	0.00	11.11	0.00	7.14	3.90
越南	0.00	0.00	0.00	0.00	0.00	11.11	0.00	11.11	7.69	0.00	3.90
澳大利亚	0.00	0.00	0.00	14.29	0.00	0.00	0.00	0.00	0.00	7.14	2.60
埃及	0.00	0.00	0.00	0.00	0.00	22.22	0.00	0.00	0.00	0.00	2.60
伊朗	0.00	0.00	0.00	0.00	0.00	11.11	0.00	0.00	7.69	0.00	2.60
挪威	0.00	0.00	0.00	0.00	0.00	11.11	0.00	0.00	7.69	0.00	2.60
瑞典	0.00	0.00	0.00	0.00	11.11	0.00	14.29	0.00	0.00	0.00	2.60
瑞士	0.00	0.00	0.00	14.29	11.11	0.00	0.00	0.00	0.00	0.00	2.60
捷克	16.67	0.00	0.00	0.00	0.00	0.00	0.00	0.00	0.00	0.00	1.30
印度	0.00	0.00	0.00	0.00	0.00	0.00	0.00	0.00	7.69	0.00	1.30
马来西亚	0.00	0.00	0.00	0.00	0.00	11.11	0.00	0.00	0.00	0.00	1.30
塞尔维亚	16.67	0.00	0.00	0.00	0.00	0.00	0.00	0.00	0.00	0.00	1.30

表5-20 地质工程B层人才排名前20的国家和地区的占比

单位：%

国家和地区	2011年	2012年	2013年	2014年	2015年	2016年	2017年	2018年	2019年	2020年	合计
中国大陆	17.24	16.36	12.94	19.18	34.02	31.43	36.17	44.74	48.67	51.22	34.13
美国	13.79	7.27	16.47	16.44	19.59	14.29	7.45	8.77	7.96	6.50	11.56
澳大利亚	6.90	10.91	8.24	5.48	3.09	6.67	8.51	5.26	7.08	10.57	7.20
意大利	8.62	3.64	4.71	6.85	5.15	1.90	4.26	8.77	3.54	4.88	5.13
英国	10.34	5.45	9.41	5.48	6.19	4.76	6.38	3.51	2.65	1.63	5.13
中国香港	3.45	3.64	5.88	5.48	7.22	4.76	5.32	4.39	1.77	4.07	4.58
加拿大	5.17	10.91	3.53	12.33	3.09	4.76	0.00	0.00	1.77	0.81	3.49
伊朗	0.00	1.82	5.88	2.74	0.00	0.95	2.13	4.39	5.31	2.44	2.73
新加坡	5.17	5.45	3.53	1.37	2.06	3.81	0.00	1.75	0.00	2.44	2.29
法国	3.45	9.09	1.18	4.11	1.03	0.95	2.13	2.63	0.88	1.63	2.29
日本	3.45	1.82	4.71	1.37	2.06	0.95	1.06	2.63	3.54	0.81	2.18
德国	3.45	5.45	1.18	1.37	2.06	1.90	2.13	0.88	1.63	0.00	1.74
瑞士	3.45	3.64	2.35	1.37	2.06	1.90	1.06	0.88	0.00	0.00	1.42
马来西亚	0.00	0.00	1.18	2.74	3.09	0.95	2.13	0.00	2.65	0.81	1.42
希腊	1.72	0.00	0.00	2.74	1.03	2.86	2.13	0.00	0.00	0.81	1.09

续表

国家和地区	2011年	2012年	2013年	2014年	2015年	2016年	2017年	2018年	2019年	2020年	合计
挪威	0.00	1.82	2.35	0.00	0.00	0.95	3.19	0.00	2.65	0.00	1.09
印度	0.00	0.00	1.18	1.37	0.00	3.81	2.13	0.00	1.77	0.00	1.09
韩国	0.00	3.64	1.18	0.00	4.12	0.00	1.06	0.00	0.88	0.00	0.98
土耳其	1.72	1.82	1.18	2.74	0.00	0.95	0.00	0.88	0.88	0.00	0.87
西班牙	1.72	0.00	2.35	1.37	0.00	2.86	0.00	0.00	0.00	0.00	0.76

表5-21 地质工程C层人才排名前20的国家和地区的占比

单位：%

国家和地区	2011年	2012年	2013年	2014年	2015年	2016年	2017年	2018年	2019年	2020年	合计
中国大陆	12.65	14.34	17.14	17.90	21.82	25.80	26.37	32.52	35.21	36.36	25.92
美国	15.42	12.12	14.82	14.63	12.50	11.95	11.34	8.96	9.46	8.40	11.51
澳大利亚	7.45	7.68	8.63	7.24	8.58	8.47	7.63	6.91	7.19	6.55	7.59
意大利	6.93	6.46	4.25	7.39	8.47	3.98	7.63	5.84	6.37	6.38	6.33
英国	4.16	7.07	6.44	5.54	3.81	5.98	5.39	5.36	4.09	4.11	5.06
加拿大	5.55	3.84	5.03	4.83	5.40	5.08	4.38	4.09	2.91	3.61	4.39
中国香港	3.81	3.64	4.38	3.69	3.71	3.88	3.48	3.99	3.28	3.61	3.73
法国	3.81	5.45	4.77	4.12	3.28	3.59	3.37	2.04	2.18	2.35	3.27
伊朗	2.60	3.84	3.09	3.13	2.75	2.79	3.14	3.60	2.91	2.52	3.00
日本	4.16	3.64	3.87	2.70	2.65	1.29	2.69	2.14	2.55	2.02	2.61
印度	2.60	2.02	2.32	1.56	2.22	2.29	2.36	1.46	1.91	1.85	2.03
新加坡	1.39	2.63	2.32	1.42	1.38	1.69	1.46	2.24	2.64	2.18	1.95
德国	0.87	1.82	1.55	2.13	2.12	2.79	0.90	1.75	1.64	2.35	1.85
瑞士	1.56	2.22	0.77	2.70	1.91	1.99	1.57	1.56	1.36	0.92	1.60
西班牙	3.12	3.03	2.06	1.70	2.22	1.69	1.46	0.97	0.55	0.42	1.53
希腊	1.73	3.03	2.45	1.85	1.38	1.20	1.12	0.88	1.18	0.59	1.39
土耳其	2.77	1.41	2.06	2.41	1.59	1.29	0.56	0.88	0.73	0.25	1.25
韩国	1.91	1.82	1.42	1.28	0.42	1.00	0.56	0.88	1.64	0.92	1.11
葡萄牙	1.04	1.62	1.16	0.99	1.27	1.20	1.12	0.49	0.45	1.18	1.01
中国台湾	3.29	1.41	1.55	0.99	0.85	0.90	0.79	0.58	0.36	0.76	1.01

八 地球化学和地球物理学

地球化学和地球物理学A、B、C层人才最多的国家是美国，分别占该学科世界A、B、C层人才的23.04%、23.30%、22.43%；中国大陆A、B、

C层人才均排名第二，世界占比分别为15.71%、15.27%、13.48%。

德国、英国、法国、澳大利亚、荷兰、瑞士、意大利的A层人才比较多，世界占比在9%~3%之间；西班牙、加拿大、捷克、冰岛、新西兰、瑞典、奥地利、丹麦、中国香港、印度、俄罗斯也有相当数量的A层人才，世界占比超过1%。

英国、法国、德国、澳大利亚、加拿大、意大利的B层人才比较多，世界占比在7%~3%之间；瑞士、西班牙、日本、荷兰、挪威、冰岛、比利时、俄罗斯、葡萄牙、新西兰、丹麦、奥地利也有相当数量的B层人才，世界占比超过或接近1%。

英国、法国、德国、澳大利亚、加拿大、意大利、瑞士的C层人才比较多，世界占比在8%~3%之间；日本、荷兰、西班牙、挪威、瑞典、丹麦、俄罗斯、中国香港、新西兰、印度、比利时也有相当数量的C层人才，世界占比超过或接近1%。

表5-22 地球化学和地球物理学A层人才排名前20的国家和地区的占比

单位：%

国家和地区	2011年	2012年	2013年	2014年	2015年	2016年	2017年	2018年	2019年	2020年	合计
美国	21.43	61.54	18.75	25.00	27.78	14.29	19.05	21.74	24.00	10.00	23.04
中国大陆	7.14	7.69	6.25	10.00	5.56	33.33	14.29	34.78	20.00	5.00	15.71
德国	7.14	0.00	6.25	0.00	5.56	19.05	9.52	8.70	16.00	10.00	8.90
英国	14.29	7.69	12.50	5.00	5.56	0.00	9.52	8.70	4.00	10.00	7.33
法国	7.14	7.69	6.25	0.00	16.67	4.76	9.52	4.35	4.00	10.00	6.81
澳大利亚	7.14	0.00	12.50	15.00	0.00	4.76	0.00	4.35	0.00	5.00	4.71
荷兰	0.00	0.00	6.25	10.00	0.00	0.00	4.76	0.00	8.00	5.00	3.66
瑞士	7.14	0.00	6.25	0.00	5.56	0.00	4.76	4.35	0.00	5.00	3.14
意大利	7.14	7.69	0.00	5.00	5.56	0.00	0.00	0.00	4.00	0.00	3.14
西班牙	0.00	0.00	6.25	5.00	0.00	4.76	9.52	0.00	0.00	0.00	2.62
加拿大	0.00	7.69	0.00	0.00	5.56	0.00	0.00	4.35	4.00	0.00	2.09
捷克	0.00	0.00	0.00	5.00	0.00	0.00	4.76	0.00	4.00	5.00	2.09
冰岛	0.00	0.00	0.00	5.00	5.56	0.00	0.00	4.35	4.00	0.00	2.09
新西兰	0.00	0.00	12.50	0.00	0.00	0.00	0.00	0.00	0.00	5.00	1.57
瑞典	0.00	0.00	0.00	0.00	10.00	0.00	0.00	0.00	0.00	0.00	1.57
奥地利	0.00	0.00	0.00	0.00	0.00	5.56	0.00	4.76	0.00	0.00	1.05
丹麦	0.00	0.00	0.00	0.00	0.00	0.00	0.00	0.00	0.00	10.00	1.05

续表

国家和地区	2011年	2012年	2013年	2014年	2015年	2016年	2017年	2018年	2019年	2020年	合计
中国香港	0.00	0.00	0.00	0.00	0.00	4.76	0.00	0.00	4.00	0.00	1.05
印度	0.00	0.00	0.00	0.00	0.00	4.76	0.00	0.00	0.00	5.00	1.05
俄罗斯	7.14	0.00	0.00	0.00	0.00	0.00	0.00	4.76	0.00	0.00	1.05

表5-23 地球化学和地球物理学B层人才排名前20的国家和地区的占比

单位：%

国家和地区	2011年	2012年	2013年	2014年	2015年	2016年	2017年	2018年	2019年	2020年	合计
美国	32.62	28.00	23.12	22.60	26.32	25.65	21.88	18.89	20.00	19.53	23.30
中国大陆	6.38	8.67	11.56	9.60	14.62	17.28	16.67	17.51	20.83	22.33	15.27
英国	5.67	8.67	4.05	8.47	7.02	6.81	4.69	6.91	7.08	5.58	6.48
法国	6.38	8.67	8.67	7.91	5.85	5.24	7.29	4.61	5.42	6.05	6.48
德国	5.67	4.00	8.67	5.08	4.68	6.81	6.77	6.91	7.08	7.91	6.48
澳大利亚	3.55	6.00	6.94	6.21	7.02	5.24	5.73	3.23	3.75	5.58	5.25
加拿大	6.38	6.00	3.47	7.34	4.68	5.76	4.17	5.07	2.92	1.40	4.55
意大利	4.26	4.00	3.47	3.39	1.17	2.09	2.60	2.30	4.58	3.26	3.11
瑞士	1.42	1.33	2.89	2.82	2.92	1.57	3.13	4.61	4.58	2.33	2.89
西班牙	2.13	4.67	1.73	3.39	1.75	2.62	4.17	3.23	3.75	0.93	2.84
日本	5.67	2.00	2.89	2.26	1.75	2.09	5.21	0.46	2.50	3.72	2.79
荷兰	1.42	3.33	1.16	1.13	1.17	2.09	1.56	4.15	2.92	1.40	2.09
挪威	0.71	1.33	1.73	2.26	0.58	1.05	1.56	3.23	1.25	1.86	1.61
冰岛	0.71	0.00	0.58	1.69	4.09	1.05	3.13	0.92	1.67	1.40	1.55
比利时	0.00	1.33	0.58	1.69	0.58	1.05	2.08	2.30	0.00	0.93	1.07
俄罗斯	2.84	0.67	1.73	1.69	1.17	0.52	0.00	0.46	0.42	0.47	0.91
葡萄牙	1.42	2.00	1.73	0.56	2.34	0.00	0.52	0.46	0.42	0.47	0.91
新西兰	0.00	0.67	0.58	0.56	0.58	2.09	1.04	0.46	0.83	1.40	0.86
丹麦	1.42	1.33	1.16	0.56	0.00	1.05	1.56	0.92	0.42	0.00	0.80
奥地利	1.42	0.00	1.16	0.56	0.00	0.52	0.52	1.38	0.83	0.47	0.70

表5-24 地球化学和地球物理学C层人才排名前20的国家和地区的占比

单位：%

国家和地区	2011年	2012年	2013年	2014年	2015年	2016年	2017年	2018年	2019年	2020年	合计
美国	24.75	23.57	24.00	24.21	25.26	22.43	22.14	21.47	18.76	20.15	22.43
中国大陆	8.27	9.58	10.52	11.69	13.19	13.69	15.33	14.88	16.73	17.16	13.48
英国	7.99	7.47	7.19	8.64	8.34	8.36	7.90	8.39	7.59	7.63	7.95
法国	8.92	9.04	8.73	9.92	6.71	8.36	7.17	6.49	7.42	6.94	7.88

续表

国家和地区	2011年	2012年	2013年	2014年	2015年	2016年	2017年	2018年	2019年	2020年	合计
德国	8.77	8.42	7.61	7.20	6.24	6.93	6.91	7.54	6.34	6.55	7.16
澳大利亚	5.28	5.91	4.81	5.48	5.89	4.79	4.97	5.39	5.48	4.99	5.29
加拿大	4.14	5.16	5.05	4.49	5.08	3.84	4.71	3.99	4.31	4.60	4.51
意大利	4.64	3.26	3.57	2.33	3.79	3.25	3.19	3.69	3.36	3.42	3.42
瑞士	3.14	3.60	3.27	3.27	3.33	2.88	2.98	3.64	3.28	3.23	3.26
日本	2.14	2.72	3.45	2.11	1.58	2.34	2.62	2.75	2.63	2.15	2.45
荷兰	2.21	1.56	1.96	1.88	1.40	2.45	1.62	1.90	1.51	1.37	1.77
西班牙	2.50	1.63	1.78	1.94	1.52	1.07	1.73	1.40	1.55	1.32	1.61
挪威	1.21	1.36	1.31	1.33	0.88	1.28	1.36	1.50	1.68	1.12	1.32
瑞典	0.50	0.88	1.07	0.61	0.99	1.28	1.47	0.80	1.08	1.56	1.05
丹麦	1.43	0.95	0.95	0.94	0.88	1.17	0.94	0.60	1.08	1.22	1.01
俄罗斯	0.86	1.09	1.49	0.94	0.82	0.75	0.68	0.80	1.08	0.64	0.91
中国香港	0.86	0.88	0.53	0.78	0.88	0.96	0.94	0.85	0.65	0.68	0.80
新西兰	0.78	1.22	0.77	0.66	0.53	0.75	0.89	0.90	0.60	0.78	0.78
印度	0.93	0.61	0.83	0.78	0.70	0.59	0.52	0.45	0.99	0.98	0.74
比利时	0.71	0.54	0.48	0.72	0.53	0.64	0.63	1.15	1.03	0.54	0.71

九 气象学和大气科学

气象学和大气科学A、B、C层人才最多的国家是美国，分别占该学科全球A、B、C层人才的21.60%、19.37%、22.49%。

英国、中国大陆、德国、加拿大、日本、瑞士、澳大利亚、法国、荷兰的A层人才比较多，世界占比在10%~4%之间；奥地利、挪威、比利时、意大利、瑞典、沙特、西班牙、玻利维亚、捷克、新西兰也有相当数量的A层人才，世界占比超过或接近1%。

英国、德国、澳大利亚、中国大陆、荷兰、法国、瑞士、加拿大、意大利、日本的B层人才比较多，世界占比在10%~3%之间；西班牙、挪威、奥地利、瑞典、芬兰、丹麦、韩国、比利时、印度也有相当数量的B层人才，世界占比超过或接近1%。

中国大陆、英国、德国、法国、澳大利亚、加拿大、荷兰、瑞士的C

层人才比较多，世界占比在 10%～3% 之间；意大利、日本、西班牙、瑞典、挪威、奥地利、芬兰、印度、韩国、比利时、丹麦也有相当数量的 C 层人才，世界占比超过或接近 1%。

表 5-25 气象学和大气科学 A 层人才排名前 20 的国家和地区的占比

单位：%

国家和地区	2011 年	2012 年	2013 年	2014 年	2015 年	2016 年	2017 年	2018 年	2019 年	2020 年	合计
美国	12.50	52.94	28.57	29.41	22.22	11.54	20.00	14.81	16.67	16.67	21.60
英国	12.50	5.88	14.29	17.65	5.56	11.54	4.00	7.41	4.17	13.33	9.39
中国大陆	0.00	5.88	4.76	11.76	5.56	7.69	4.00	7.41	8.33	6.67	6.57
德国	12.50	5.88	4.76	0.00	5.56	7.69	12.00	3.70	8.33	3.33	6.10
加拿大	0.00	0.00	4.76	0.00	11.11	7.69	0.00	11.11	4.17	6.67	5.63
日本	12.50	5.88	9.52	5.88	5.56	7.69	4.00	3.70	4.17	3.33	5.63
瑞士	0.00	0.00	4.76	0.00	5.56	7.69	8.00	11.11	4.17	3.33	5.16
澳大利亚	0.00	5.88	0.00	5.88	5.56	7.69	0.00	14.81	4.17	3.33	5.16
法国	0.00	5.88	4.76	11.76	0.00	7.69	0.00	7.41	4.17	3.33	4.69
荷兰	12.50	0.00	0.00	5.88	0.00	3.85	4.00	7.41	4.17	10.00	4.69
奥地利	12.50	0.00	4.76	0.00	5.56	0.00	4.00	0.00	0.00	6.67	2.82
挪威	0.00	0.00	4.76	0.00	0.00	3.85	0.00	3.70	4.17	6.67	2.82
比利时	0.00	0.00	4.76	0.00	0.00	3.85	0.00	3.70	4.17	0.00	1.88
意大利	0.00	0.00	0.00	0.00	5.56	0.00	0.00	3.70	4.17	0.00	1.88
瑞典	12.50	0.00	0.00	0.00	5.56	0.00	0.00	0.00	4.17	0.00	1.88
沙特	0.00	5.88	0.00	11.76	0.00	0.00	0.00	0.00	0.00	0.00	1.41
西班牙	0.00	0.00	0.00	0.00	0.00	3.85	4.00	4.17	0.00	0.00	1.41
玻利维亚	0.00	0.00	0.00	0.00	0.00	0.00	0.00	0.00	0.00	3.33	0.94
捷克	0.00	0.00	0.00	0.00	0.00	0.00	0.00	0.00	0.00	3.33	0.94
新西兰	0.00	0.00	0.00	0.00	0.00	3.85	0.00	0.00	4.17	0.00	0.94

表 5-26 气象学和大气科学 B 层人才排名前 20 的国家和地区的占比

单位：%

国家和地区	2011 年	2012 年	2013 年	2014 年	2015 年	2016 年	2017 年	2018 年	2019 年	2020 年	合计
美国	24.55	18.75	18.04	20.20	19.60	19.92	25.32	19.07	17.49	13.48	19.37
英国	10.18	7.39	9.79	9.36	10.55	8.90	9.01	10.59	8.75	6.74	9.05
德国	8.98	7.39	7.22	6.90	7.04	7.20	6.87	9.32	9.51	6.74	7.72
澳大利亚	5.99	4.55	6.70	4.93	6.53	5.51	5.15	5.51	6.46	4.26	5.53
中国大陆	2.99	3.41	6.19	4.93	5.03	6.78	7.30	2.97	6.84	6.03	5.39
荷兰	6.59	3.41	3.61	4.93	4.02	6.78	3.86	5.51	4.56	4.26	4.75

续表

国家和地区	2011年	2012年	2013年	2014年	2015年	2016年	2017年	2018年	2019年	2020年	合计
法国	3.59	3.41	5.67	4.43	7.04	5.51	3.86	3.81	4.56	4.96	4.71
瑞士	3.59	5.11	3.09	3.45	6.03	3.81	5.15	4.24	4.56	4.26	4.34
加拿大	4.19	4.55	6.70	4.93	2.51	2.97	6.01	2.12	4.94	3.55	4.20
意大利	1.80	3.98	2.58	3.94	3.02	2.54	2.58	5.51	2.28	4.61	3.33
日本	5.39	2.27	3.61	3.45	3.52	3.81	2.58	2.54	3.04	2.84	3.24
西班牙	3.59	2.84	4.12	1.97	2.01	1.27	1.72	2.97	3.04	3.19	2.65
挪威	1.80	5.11	3.09	1.97	3.52	1.69	1.72	2.12	2.66	2.84	2.60
奥地利	5.39	1.70	1.03	2.96	1.51	3.39	2.58	2.54	1.14	2.48	2.42
瑞典	0.60	3.98	1.55	0.49	3.02	2.97	2.58	1.69	2.66	2.13	2.19
芬兰	1.80	2.84	2.58	2.46	1.01	1.27	1.72	1.27	0.38	2.13	1.69
丹麦	1.80	2.84	1.55	0.99	2.51	0.00	1.29	0.85	1.90	1.06	1.42
韩国	0.00	0.00	1.55	1.97	1.01	1.69	0.43	0.85	1.90	1.77	1.19
比利时	0.00	0.00	0.52	0.99	1.51	0.85	0.86	1.27	1.52	2.84	1.14
印度	0.00	0.00	1.03	2.46	1.01	1.69	0.86	0.42	0.76	0.71	0.91

表5-27 气象学和大气科学C层人才排名前20的国家和地区的占比

单位：%

国家和地区	2011年	2012年	2013年	2014年	2015年	2016年	2017年	2018年	2019年	2020年	合计
美国	26.69	27.64	25.34	25.61	24.74	22.67	22.61	18.42	19.14	17.32	22.49
中国大陆	6.63	7.49	6.25	7.38	9.76	9.66	10.28	10.05	11.70	10.89	9.26
英国	8.90	9.06	9.32	8.00	8.72	8.12	8.35	8.04	8.01	8.14	8.42
德国	7.24	8.01	7.66	6.56	7.30	7.78	6.78	6.53	6.64	6.78	7.09
法国	5.15	4.36	5.99	4.08	4.08	4.42	4.11	4.73	4.65	4.59	4.60
澳大利亚	3.37	4.30	4.43	4.08	3.51	3.83	3.59	3.68	3.52	4.00	3.82
加拿大	4.17	3.54	3.63	2.99	3.41	3.87	3.72	3.64	3.24	3.72	3.59
荷兰	3.56	2.85	2.77	3.61	2.84	3.19	3.28	3.35	2.79	2.99	3.11
瑞士	3.62	3.48	2.92	3.41	3.36	3.19	2.71	3.18	2.55	2.82	3.08
意大利	2.76	3.08	3.27	2.50	2.42	2.75	2.80	3.21	3.03	2.86	
日本	2.58	2.85	3.38	2.68	2.09	1.83	2.45	2.22	2.39	2.71	2.50
西班牙	2.09	2.44	1.56	1.96	1.90	1.91	1.44	2.39	2.71	2.37	2.09
瑞典	1.84	1.51	1.91	1.91	1.66	2.42	2.23	3.06	1.74	2.23	2.09
挪威	1.72	1.45	2.32	1.91	1.66	2.42	2.06	1.88	1.70	1.63	1.88
奥地利	1.78	1.45	1.56	1.86	1.47	1.57	1.62	2.05	1.78	1.91	1.72
芬兰	1.60	1.63	1.36	1.86	1.28	1.70	1.49	1.67	1.13	1.63	1.53
印度	1.66	1.10	1.06	1.45	1.66	1.23	1.66	1.13	1.82	1.88	1.48

续表

国家和地区	2011年	2012年	2013年	2014年	2015年	2016年	2017年	2018年	2019年	2020年	合计
韩国	0.92	0.75	0.76	1.03	1.00	0.94	1.62	1.26	1.66	1.43	1.17
比利时	1.17	0.81	0.91	0.88	1.18	0.94	1.53	1.38	1.25	0.87	1.10
丹麦	0.98	1.51	1.66	1.14	0.81	0.94	0.70	0.75	0.97	0.77	0.99

十 海洋学

海洋学A、B、C层人才最多的是美国，分别占该学科全球A、B、C层人才的36.45%、23.04%、22.20%，大幅领先于其他国家和地区。

英国、澳大利亚、加拿大、法国、德国、意大利的A层人才比较多，世界占比在11%~3%之间；中国大陆、瑞典、挪威、比利时、荷兰、百慕大、巴基斯坦、波兰、葡萄牙、俄罗斯、韩国、中国台湾、阿根廷也有相当数量的A层人才，世界占比超过或接近1%。

英国、澳大利亚、法国、德国、中国大陆、加拿大、挪威、西班牙、意大利的B层人才比较多，世界占比在10%~3%之间；荷兰、瑞典、日本、丹麦、葡萄牙、新西兰、比利时、南非、以色列、希腊也有相当数量的B层人才，世界占比超过或接近1%。

英国、中国大陆、澳大利亚、法国、德国、加拿大、西班牙、意大利、挪威的C层人才比较多，世界占比在10%~3%之间；荷兰、日本、丹麦、瑞典、葡萄牙、新西兰、巴西、比利时、韩国、印度也有相当数量的C层人才，世界占比超过或接近1%。

表5-28 海洋学A层人才排名前20的国家和地区的占比

单位：%

国家和地区	2011年	2012年	2013年	2014年	2015年	2016年	2017年	2018年	2019年	2020年	合计
美国	57.14	44.44	33.33	11.11	53.85	50.00	36.36	27.27	26.67	33.33	36.45
英国	0.00	0.00	11.11	22.22	7.69	12.50	9.09	9.09	13.33	13.33	10.28
澳大利亚	14.29	11.11	0.00	22.22	0.00	12.50	9.09	9.09	6.67	6.67	8.41
加拿大	0.00	11.11	11.11	11.11	11.11	7.69	0.00	9.09	13.33	6.67	7.48

续表

国家和地区	2011年	2012年	2013年	2014年	2015年	2016年	2017年	2018年	2019年	2020年	合计
法国	0.00	11.11	11.11	0.00	15.38	0.00	0.00	9.09	13.33	6.67	7.48
德国	0.00	11.11	0.00	0.00	0.00	12.50	9.09	9.09	6.67	13.33	6.54
意大利	14.29	0.00	11.11	11.11	0.00	0.00	0.00	0.00	0.00	6.67	3.74
中国大陆	0.00	0.00	11.11	0.00	0.00	0.00	0.00	0.00	6.67	6.67	2.80
瑞典	14.29	0.00	0.00	11.11	0.00	0.00	0.00	9.09	0.00	0.00	2.80
挪威	0.00	0.00	0.00	0.00	0.00	0.00	9.09	0.00	6.67	6.67	2.80
比利时	0.00	0.00	0.00	11.11	0.00	0.00	0.00	0.00	0.00	0.00	1.87
荷兰	0.00	0.00	0.00	0.00	0.00	0.00	0.00	9.09	6.67	0.00	1.87
百慕大	0.00	11.11	0.00	0.00	0.00	0.00	0.00	0.00	0.00	0.00	0.93
巴基斯坦	0.00	0.00	0.00	0.00	0.00	0.00	0.00	9.09	0.00	0.00	0.93
波兰	0.00	0.00	0.00	0.00	0.00	0.00	9.09	0.00	0.00	0.00	0.93
葡萄牙	0.00	0.00	0.00	0.00	0.00	12.50	0.00	0.00	0.00	0.00	0.93
俄罗斯	0.00	0.00	0.00	0.00	0.00	0.00	9.09	0.00	0.00	0.00	0.93
韩国	0.00	0.00	0.00	0.00	7.69	0.00	0.00	0.00	0.00	0.00	0.93
中国台湾	0.00	0.00	0.00	0.00	7.69	0.00	0.00	0.00	0.00	0.00	0.93
阿根廷	0.00	0.00	11.11	0.00	0.00	0.00	0.00	0.00	0.00	0.00	0.93

表5-29 海洋学B层人才排名前20的国家和地区的占比

单位：%

国家和地区	2011年	2012年	2013年	2014年	2015年	2016年	2017年	2018年	2019年	2020年	合计
美国	27.91	29.63	30.43	24.56	26.79	27.10	21.19	20.47	15.11	15.97	23.04
英国	8.14	6.17	10.87	9.65	8.93	10.28	7.63	7.87	12.95	7.64	9.11
澳大利亚	3.49	4.94	5.43	8.77	8.04	10.28	5.08	8.66	3.60	7.64	6.70
法国	5.81	3.70	6.52	2.63	3.57	8.41	8.47	7.87	8.63	6.25	6.34
德国	5.81	8.64	5.43	4.39	6.25	6.54	5.08	5.51	7.91	6.94	6.25
中国大陆	0.00	0.00	2.17	4.39	4.46	3.74	7.63	5.51	12.95	11.11	5.89
加拿大	5.81	3.70	2.17	3.51	7.14	2.80	5.08	5.51	4.32	6.25	4.73
挪威	3.49	4.94	2.17	7.02	6.25	1.87	5.08	3.15	0.72	5.56	4.02
西班牙	5.81	4.94	1.09	3.51	4.46	0.93	3.39	4.72	2.16	2.08	3.21
意大利	3.49	2.47	3.26	5.26	2.68	2.80	1.69	4.72	2.16	2.08	3.04
荷兰	2.33	3.70	1.09	2.63	1.79	3.39	0.93	2.36	3.60	1.39	2.32
瑞典	3.49	1.23	2.17	1.75	1.79	1.87	1.69	0.79	3.60	4.17	2.32
日本	2.33	1.23	2.17	1.75	1.79	1.87	1.69	1.57	3.60	3.47	2.23
丹麦	3.49	3.70	4.35	2.63	0.89	0.93	3.39	1.57	0.00	1.39	2.05

续表

国家和地区	2011年	2012年	2013年	2014年	2015年	2016年	2017年	2018年	2019年	2020年	合计
葡萄牙	1.16	1.23	1.09	1.75	1.79	0.93	2.54	2.36	1.44	2.08	1.70
新西兰	2.33	0.00	2.17	0.88	0.89	1.87	1.69	0.79	0.72	0.69	1.16
比利时	1.16	2.47	2.17	0.00	0.00	3.74	0.85	0.00	0.72	0.69	1.07
南非	2.33	1.23	1.09	0.00	0.89	1.87	0.00	1.57	1.44	0.00	0.98
以色列	1.16	1.23	0.00	0.00	1.79	0.93	0.85	3.15	0.00	0.69	0.98
希腊	2.33	1.23	1.09	1.75	0.00	0.93	1.69	0.00	0.72	0.00	0.89

表 5-30　海洋学 C 层人才排名前 20 的国家和地区的占比

单位：%

国家和地区	2011年	2012年	2013年	2014年	2015年	2016年	2017年	2018年	2019年	2020年	合计
美国	28.87	27.78	26.76	24.59	23.96	21.94	22.17	18.92	18.70	14.64	22.20
英国	8.89	10.37	9.36	9.56	8.44	10.46	7.93	10.07	8.76	8.26	9.15
中国大陆	4.63	4.94	4.79	5.37	7.25	5.56	9.55	10.73	12.30	12.93	8.25
澳大利亚	7.31	5.80	7.36	6.28	5.37	5.93	5.63	5.81	5.52	4.98	5.91
法国	7.19	7.65	5.46	5.92	5.80	5.00	5.29	5.98	4.27	4.60	5.58
德国	4.75	5.56	5.02	6.65	5.12	5.56	5.80	5.57	4.93	4.44	5.33
加拿大	5.24	4.20	5.35	4.37	5.12	3.43	3.58	4.18	4.34	4.28	4.37
西班牙	2.80	2.35	3.34	4.19	2.98	3.43	4.18	2.38	2.87	3.97	3.28
意大利	1.46	1.85	2.90	3.73	3.32	3.15	3.15	3.03	3.76	4.36	3.22
挪威	2.68	2.72	3.90	2.37	2.81	4.35	3.92	3.60	3.09	2.65	3.22
荷兰	3.41	2.84	2.01	2.09	3.15	2.22	2.30	3.11	2.72	2.41	2.62
日本	2.68	2.47	2.45	2.00	1.62	1.85	1.71	1.15	1.91	1.40	1.86
丹麦	1.83	1.23	1.56	2.09	1.96	2.31	1.53	1.72	1.55	1.48	1.73
瑞典	0.85	1.60	1.56	1.28	1.02	1.48	2.05	2.21	1.77	1.56	1.57
葡萄牙	0.97	1.98	1.00	1.09	1.28	1.20	0.85	1.39	1.55	1.95	1.34
新西兰	1.95	1.23	1.45	1.09	1.19	1.30	1.19	1.56	0.81	1.01	1.25
巴西	0.37	0.62	0.67	0.91	1.19	1.11	0.60	1.15	0.81	1.95	0.98
比利时	1.22	1.23	0.78	0.64	0.77	1.30	0.85	0.82	0.96	1.17	0.96
韩国	0.73	1.48	0.67	0.91	0.68	0.56	0.85	0.82	1.55	0.78	0.91
印度	0.37	0.86	1.23	0.82	0.43	1.30	1.02	0.82	0.59	1.48	0.90

十一　环境科学

环境科学 A、B、C 层人才最多的是美国和中国大陆，二者 A、B、C 层人才合计分别占该学科全球 A、B、C 层人才的 25.53%、28.51%、33.10%；美国的 A、B 层人才多于中国大陆，C 层人才少于中国大陆。

英国、澳大利亚、德国、荷兰、意大利、瑞士、加拿大、法国的 A 层人才比较多，世界占比在 8%～3%之间；瑞典、印度、西班牙、日本、奥地利、中国香港、韩国、挪威、丹麦、新加坡也有相当数量的 A 层人才，世界占比超过 1%。

英国、澳大利亚、德国、荷兰、加拿大、意大利的 B 层人才比较多，世界占比在 7%～3%之间；法国、西班牙、瑞士、印度、瑞典、韩国、日本、奥地利、丹麦、挪威、中国香港、比利时也有相当数量的 B 层人才，世界占比超过 1%。

英国、澳大利亚、德国、加拿大、意大利、西班牙的 C 层人才比较多，世界占比在 6%～3%之间；法国、荷兰、印度、瑞典、瑞士、韩国、日本、丹麦、中国香港、巴西、伊朗、比利时也有相当数量的 C 层人才，世界占比超过 1%。

表 5-31　环境科学 A 层人才排名前 20 的国家和地区的占比

单位：%

国家和地区	2011 年	2012 年	2013 年	2014 年	2015 年	2016 年	2017 年	2018 年	2019 年	2020 年	合计
美国	16.95	28.81	14.75	13.24	20.00	15.48	16.88	12.70	9.52	11.70	14.56
中国大陆	6.78	8.47	4.92	10.29	8.89	14.29	6.49	11.90	11.90	14.89	10.97
英国	6.78	5.08	14.75	13.24	8.89	5.95	9.09	8.73	8.73	4.26	7.95
澳大利亚	6.78	5.08	3.28	10.29	6.67	3.57	3.90	6.35	7.14	5.85	5.94
德国	3.39	10.17	13.11	1.47	8.89	4.76	5.19	8.73	4.76	3.19	5.82
荷兰	5.08	6.78	4.92	5.88	2.22	2.38	12.99	4.76	6.35	3.19	5.26
意大利	1.69	3.39	4.92	2.94	2.22	3.57	2.60	1.59	1.59	9.04	3.92
瑞士	0.00	5.08	3.28	2.94	4.44	7.14	3.90	4.76	4.76	1.06	3.58
加拿大	6.78	1.69	4.92	1.47	4.44	2.38	1.30	3.97	4.76	3.19	3.47
法国	1.69	1.69	4.92	8.82	0.00	2.38	2.60	3.17	3.17	2.66	3.14
瑞典	1.69	0.00	0.00	2.94	4.44	3.57	1.30	4.76	4.76	1.60	2.69
印度	0.00	1.69	0.00	1.47	2.22	2.38	1.30	2.38	3.17	4.26	2.35
西班牙	5.08	1.69	3.28	2.94	0.00	2.38	1.30	2.38	0.79	2.13	2.13
日本	3.39	0.00	1.64	1.47	2.22	3.57	2.60	0.00	0.79	2.66	1.79
奥地利	5.08	0.00	0.00	1.47	2.22	1.19	3.90	1.59	2.38	1.06	1.57
中国香港	0.00	0.00	0.00	1.47	0.00	0.00	1.30	2.38	1.59	3.72	1.57

续表

国家和地区	2011年	2012年	2013年	2014年	2015年	2016年	2017年	2018年	2019年	2020年	合计
韩国	1.69	0.00	1.64	1.47	2.22	2.38	3.90	0.00	1.59	1.60	1.57
挪威	1.69	1.69	1.64	0.00	0.00	0.00	1.30	1.59	2.38	2.13	1.46
丹麦	1.69	1.69	1.64	1.47	2.22	1.19	0.00	1.59	1.59	1.60	1.46
新加坡	0.00	1.69	1.64	0.00	0.00	2.38	0.00	2.38	0.79	1.60	1.23

表5-32 环境科学B层人才排名前20的国家和地区的占比

单位：%

国家和地区	2011年	2012年	2013年	2014年	2015年	2016年	2017年	2018年	2019年	2020年	合计
美国	22.72	20.11	18.39	17.13	13.35	17.22	14.52	13.32	10.77	10.63	14.50
中国大陆	8.38	8.73	9.69	12.04	10.99	12.92	13.21	16.31	18.45	17.06	14.01
英国	7.82	6.26	8.05	8.33	6.68	8.01	7.31	6.35	5.76	5.89	6.80
澳大利亚	5.03	5.12	5.25	4.78	4.19	6.34	5.35	5.29	5.17	4.92	5.15
德国	5.77	6.07	4.93	5.86	4.71	4.78	5.02	6.61	5.46	3.48	5.12
荷兰	3.72	3.98	3.45	4.32	4.06	4.43	4.15	3.35	2.58	2.34	3.43
加拿大	4.28	3.61	4.27	2.78	3.66	4.43	3.17	3.09	3.25	2.52	3.35
意大利	2.98	3.42	2.46	3.86	4.71	2.75	3.06	2.47	2.73	4.20	3.29
法国	4.10	3.42	3.94	3.09	3.27	4.55	3.60	1.59	2.29	2.40	2.99
西班牙	2.79	3.80	3.12	2.78	2.75	2.27	2.07	2.65	2.07	3.18	2.69
瑞士	2.79	3.80	3.12	2.93	2.88	2.15	2.40	3.00	1.85	1.74	2.48
印度	1.30	1.14	1.97	2.47	2.36	1.91	2.07	1.94	2.51	3.60	2.34
瑞典	2.79	3.04	2.46	2.31	2.23	2.03	2.51	2.73	1.62	1.38	2.16
韩国	2.42	1.14	0.99	1.54	1.70	2.63	2.07	2.47	2.66	1.74	2.02
日本	2.79	1.90	2.63	1.85	1.57	1.67	2.18	1.50	1.77	1.92	1.91
奥地利	2.23	1.33	1.97	2.31	1.44	1.67	1.75	1.76	0.96	0.90	1.50
丹麦	1.68	2.09	1.97	2.16	1.96	1.08	1.09	1.32	1.48	0.90	1.45
挪威	1.30	2.28	2.13	0.93	2.23	1.32	1.20	0.79	1.70	0.96	1.39
中国香港	0.19	0.76	0.99	0.77	0.39	1.08	0.98	2.29	2.14	1.44	1.29
比利时	1.30	0.95	1.81	1.39	1.57	1.44	1.64	0.88	1.18	1.02	1.27

表5-33 环境科学C层人才排名前20的国家和地区的占比

单位：%

国家和地区	2011年	2012年	2013年	2014年	2015年	2016年	2017年	2018年	2019年	2020年	合计
中国大陆	11.90	11.64	12.75	12.44	13.42	15.52	17.91	19.20	21.76	22.26	17.40
美国	22.90	22.98	21.73	20.53	17.53	16.86	15.24	13.28	12.21	10.36	15.70
英国	6.54	6.44	6.57	6.54	6.44	6.60	6.09	5.51	5.65	4.86	5.91

续表

国家和地区	2011年	2012年	2013年	2014年	2015年	2016年	2017年	2018年	2019年	2020年	合计
澳大利亚	4.34	4.75	4.79	4.88	4.91	4.45	4.71	4.69	4.27	4.06	4.51
德国	5.11	5.74	5.28	5.02	5.42	5.15	4.60	4.49	3.74	3.17	4.48
加拿大	4.66	3.62	3.65	3.60	3.87	3.69	3.19	2.96	2.84	2.65	3.29
意大利	2.56	2.82	2.98	3.09	3.09	3.35	3.41	3.16	3.13	3.40	3.16
西班牙	3.48	3.66	3.06	3.48	3.35	3.27	2.94	2.97	3.01	2.90	3.13
法国	3.10	3.27	3.23	3.35	3.07	3.15	2.87	2.91	2.65	2.06	2.83
荷兰	2.97	3.55	3.48	3.59	3.20	3.26	2.98	2.77	2.45	1.85	2.82
印度	2.07	1.49	1.98	1.75	2.21	2.26	2.16	2.66	3.16	3.84	2.62
瑞典	2.01	2.28	2.46	2.22	2.36	2.33	2.18	2.07	1.45	1.43	1.96
瑞士	2.43	2.84	2.40	2.68	2.80	2.19	2.10	1.75	1.37	1.16	1.96
韩国	1.47	1.68	1.63	1.29	1.67	1.45	1.39	1.97	1.94	1.94	1.71
日本	2.12	2.13	1.65	1.59	1.66	1.35	1.24	1.20	1.28	1.33	1.46
丹麦	1.47	1.61	1.56	1.50	1.69	1.35	1.48	1.20	1.22	1.16	1.36
中国香港	1.32	0.86	0.87	0.89	1.06	1.43	1.51	1.65	1.46	1.37	1.31
巴西	0.92	1.06	1.08	1.18	1.24	1.35	1.33	1.36	1.34	1.59	1.31
伊朗	0.55	0.37	0.47	0.70	0.60	0.85	1.33	1.76	1.94	2.03	1.30
比利时	1.24	1.12	1.28	1.15	1.70	1.12	1.20	1.24	1.04	0.93	1.16

十二 土壤学

土壤学A层人才最多的国家是美国，世界占比为17.86%；其后是德国、荷兰、中国大陆，世界占比分别为12.50%、10.71%、8.93%；澳大利亚、加拿大、意大利、奥地利、伊朗、西班牙、英国、越南的A层人才也比较多，世界占比在6%~3%之间；阿根廷、比利时、哥伦比亚、丹麦、俄罗斯、沙特、塞尔维亚、瑞典也有相当数量的A层人才，世界占比均为1.79%。

B层人才最多的是中国大陆，世界占比为14.38%；美国紧随其后，世界占比为13.84%；德国、澳大利亚、英国、意大利、法国、荷兰的B层人才比较多，世界占比在9%~3%之间；加拿大、西班牙、伊朗、瑞士、奥地利、韩国、比利时、印度、瑞典、新西兰、挪威、俄罗斯也有相当数量的B层人才，世界占比超过1%。

C层人才最多的是中国大陆，世界占比为19.48%；美国以13.04%的世界占比排名第二；德国、澳大利亚、英国、法国、西班牙的C层人才比较多，世界占比在8%~3%之间；意大利、加拿大、印度、巴西、荷兰、瑞士、伊朗、瑞典、比利时、奥地利、新西兰、丹麦、巴基斯坦也有相当数量的C层人才，世界占比超过1%。

表5-34 土壤学A层人才排名前20的国家和地区的占比

单位：%

国家和地区	2011年	2012年	2013年	2014年	2015年	2016年	2017年	2018年	2019年	2020年	合计
美国	0.00	33.33	28.57	33.33	0.00	25.00	14.29	0.00	33.33	10.00	17.86
德国	0.00	0.00	14.29	0.00	33.33	0.00	14.29	33.33	33.33	0.00	12.50
荷兰	0.00	0.00	14.29	33.33	16.67	12.50	14.29	16.67	0.00	0.00	10.71
中国大陆	0.00	0.00	0.00	0.00	0.00	12.50	14.29	0.00	0.00	30.00	8.93
澳大利亚	0.00	16.67	28.57	0.00	0.00	0.00	0.00	0.00	0.00	0.00	5.36
加拿大	0.00	16.67	0.00	33.33	0.00	0.00	14.29	0.00	0.00	0.00	5.36
意大利	0.00	0.00	14.29	0.00	16.67	12.50	0.00	0.00	0.00	0.00	5.36
奥地利	0.00	0.00	0.00	0.00	0.00	0.00	14.29	16.67	0.00	0.00	3.57
伊朗	0.00	0.00	0.00	0.00	0.00	0.00	0.00	0.00	0.00	20.00	3.57
西班牙	0.00	0.00	0.00	0.00	16.67	12.50	0.00	0.00	0.00	0.00	3.57
英国	0.00	16.67	0.00	0.00	0.00	12.50	0.00	0.00	0.00	0.00	3.57
越南	0.00	0.00	0.00	0.00	0.00	0.00	0.00	0.00	0.00	20.00	3.57
阿根廷	0.00	0.00	0.00	0.00	0.00	12.50	0.00	0.00	0.00	0.00	1.79
比利时	0.00	0.00	0.00	0.00	0.00	0.00	0.00	0.00	33.33	0.00	1.79
哥伦比亚	0.00	0.00	0.00	0.00	0.00	0.00	0.00	16.67	0.00	0.00	1.79
丹麦	0.00	0.00	0.00	0.00	0.00	0.00	0.00	0.00	0.00	10.00	1.79
俄罗斯	0.00	0.00	0.00	0.00	16.67	0.00	0.00	0.00	0.00	0.00	1.79
沙特	0.00	0.00	0.00	0.00	0.00	0.00	0.00	0.00	0.00	10.00	1.79
塞尔维亚	0.00	0.00	0.00	0.00	0.00	0.00	14.29	0.00	0.00	0.00	1.79
瑞典	0.00	16.67	0.00	0.00	0.00	0.00	0.00	0.00	0.00	0.00	1.79

表5-35 土壤学B层人才排名前20的国家和地区的占比

单位：%

国家和地区	2011年	2012年	2013年	2014年	2015年	2016年	2017年	2018年	2019年	2020年	合计
中国大陆	5.00	14.81	15.38	9.86	8.06	9.72	17.72	20.51	12.50	24.73	14.38
美国	20.00	12.96	15.38	22.54	11.29	16.67	10.13	12.82	9.38	10.75	13.84
德国	10.00	9.26	9.23	4.23	9.68	4.17	7.59	5.13	10.42	10.75	8.08

续表

国家和地区	2011年	2012年	2013年	2014年	2015年	2016年	2017年	2018年	2019年	2020年	合计
澳大利亚	10.00	1.85	3.08	11.27	8.06	6.94	6.33	6.41	9.38	7.53	7.26
英国	15.00	9.26	4.62	4.23	4.84	2.78	1.27	5.13	1.04	2.15	4.52
意大利	5.00	7.41	1.54	2.82	3.23	6.94	1.27	6.41	3.13	3.23	3.97
法国	5.00	1.85	7.69	2.82	1.61	4.17	3.80	2.56	4.17	2.15	3.56
荷兰	3.33	1.85	3.08	4.23	4.84	5.56	2.53	2.56	2.08	1.08	3.01
加拿大	1.67	3.70	0.00	4.23	3.23	4.17	2.53	3.85	3.13	2.15	2.88
西班牙	0.00	3.70	4.62	0.00	1.61	5.56	2.53	2.56	1.04	3.23	2.47
伊朗	0.00	1.85	0.00	1.41	0.00	2.78	3.80	2.56	7.29	2.15	2.47
瑞士	5.00	3.70	1.54	2.82	1.61	1.39	2.53	2.56	2.08	0.00	2.19
奥地利	0.00	0.00	4.62	1.41	1.61	5.56	1.27	1.28	1.04	3.23	2.05
韩国	3.33	0.00	0.00	1.41	0.00	0.00	5.06	2.56	3.13	3.23	2.05
比利时	1.67	1.85	6.15	0.00	1.61	2.78	2.53	1.28	2.08	0.00	1.92
印度	0.00	0.00	3.08	0.00	3.23	0.00	3.80	2.56	2.08	3.23	1.92
瑞典	1.67	3.70	0.00	0.00	4.84	1.39	1.27	0.00	4.17	1.08	1.78
新西兰	1.67	3.70	3.08	2.82	3.23	1.39	1.28	1.04	0.00	1.78	1.78
挪威	3.33	1.85	0.00	0.00	1.61	1.39	2.53	2.56	1.04	2.15	1.64
俄罗斯	0.00	0.00	3.08	0.00	1.61	0.00	1.27	1.28	2.08	3.23	1.37

表5-36 土壤学C层人才排名前20的国家和地区的占比

单位：%

国家和地区	2011年	2012年	2013年	2014年	2015年	2016年	2017年	2018年	2019年	2020年	合计
中国大陆	14.05	15.53	14.53	17.66	18.87	15.35	21.72	21.79	24.79	25.17	19.48
美国	15.51	14.58	12.19	13.77	13.74	12.11	14.80	11.21	11.12	12.88	13.04
德国	7.30	7.01	7.66	8.83	7.45	7.61	6.64	8.56	5.80	5.80	7.21
澳大利亚	6.57	7.39	4.84	7.19	7.62	5.49	5.53	5.16	6.29	5.68	6.10
英国	6.57	4.92	7.03	3.29	4.47	4.23	4.84	4.28	3.99	4.41	4.72
法国	4.56	4.92	4.22	4.04	3.15	4.37	2.35	2.90	2.90	2.90	3.53
西班牙	4.93	5.87	4.84	2.99	2.98	5.35	2.90	2.27	2.30	1.86	3.46
意大利	3.10	1.33	3.13	3.14	4.97	3.24	2.63	2.77	2.66	1.97	2.87
加拿大	2.92	4.36	2.97	2.25	1.49	1.55	2.63	3.15	3.02	3.36	2.77
印度	2.37	3.03	2.50	2.40	2.32	3.52	2.90	3.15	2.42	2.67	2.74
巴西	1.28	3.22	3.91	2.54	1.82	3.80	1.80	3.15	1.81	3.25	2.68

续表

国家和地区	2011年	2012年	2013年	2014年	2015年	2016年	2017年	2018年	2019年	2020年	合计
荷兰	3.47	1.70	1.41	1.80	2.98	2.68	3.32	1.76	3.02	2.55	2.48
瑞士	3.10	2.27	2.19	2.84	1.99	1.55	2.07	1.26	0.85	0.93	1.81
伊朗	0.18	0.95	0.78	1.50	1.49	0.85	1.66	1.89	2.78	3.13	1.64
瑞典	2.01	1.70	2.66	1.65	1.66	1.69	1.52	1.13	0.85	0.93	1.52
比利时	1.82	0.76	2.03	2.25	1.49	1.69	0.97	0.76	1.69	1.28	1.46
奥地利	2.01	0.19	1.41	1.65	0.99	1.13	2.07	0.63	1.21	1.62	1.30
新西兰	1.82	2.46	1.09	1.65	1.16	1.27	0.83	1.26	1.09	0.81	1.29
丹麦	1.09	1.70	1.88	1.50	0.99	1.27	1.38	0.63	1.09	1.04	1.23
巴基斯坦	0.91	1.70	0.47	0.45	0.99	1.27	2.07	1.64	0.97	1.39	1.20

十三 水资源

水资源A、B、C层人才主要集中在美国和中国大陆,二者A、B、C层人才的世界占比合计为19.64%、26.88%、30.27%;其中,美国的A、C层人才多于中国大陆,B层人才稍少于中国大陆。

荷兰、澳大利亚、英国、德国、意大利、瑞士、马来西亚、西班牙的A层人才比较多,世界占比在8%~3%之间;加拿大、沙特、印度、奥地利、比利时、法国、新加坡、葡萄牙、瑞典、越南也有相当数量的A层人才,世界占比超过1%。

英国、澳大利亚、荷兰、德国、意大利的B层人才比较多,世界占比在7%~3%之间;加拿大、法国、伊朗、马来西亚、印度、瑞士、西班牙、挪威、韩国、奥地利、沙特、日本、新加坡也有相当数量的B层人才,世界占比超过1%。

澳大利亚、英国、德国、意大利、印度、加拿大、伊朗、荷兰、西班牙的C层人才比较多,世界占比在6%~3%之间;法国、瑞士、韩国、瑞典、日本、马来西亚、比利时、土耳其、新加坡也有相当数量的C层人才,世界占比超过1%。

表 5−37　水资源 A 层人才排名前 20 的国家和地区的占比

单位：%

国家和地区	2011 年	2012 年	2013 年	2014 年	2015 年	2016 年	2017 年	2018 年	2019 年	2020 年	合计
美国	23.53	16.67	9.09	4.76	7.41	14.29	11.11	19.23	0.00	5.56	11.16
中国大陆	5.88	0.00	4.55	4.76	7.41	3.57	11.11	15.38	9.09	16.67	8.48
荷兰	17.65	5.56	9.09	9.52	0.00	10.71	11.11	0.00	18.18	2.78	7.14
澳大利亚	0.00	5.56	13.64	4.76	3.70	3.57	16.67	11.54	18.18	0.00	6.70
英国	0.00	16.67	4.55	9.52	18.52	3.57	0.00	7.69	9.09	0.00	6.70
德国	5.88	5.56	9.09	14.29	3.70	3.57	5.56	7.69	0.00	2.78	5.80
意大利	5.88	0.00	9.09	0.00	3.70	3.57	5.56	0.00	0.00	8.33	4.02
瑞士	5.88	5.56	9.09	9.52	3.70	3.57	0.00	0.00	9.09	0.00	4.02
马来西亚	5.88	0.00	0.00	4.76	7.41	3.57	5.56	0.00	0.00	2.78	3.13
西班牙	5.88	0.00	0.00	0.00	0.00	3.57	0.00	0.00	0.00	11.11	3.13
加拿大	5.88	0.00	0.00	0.00	0.00	3.57	0.00	7.69	0.00	2.78	2.68
沙特	0.00	5.56	4.55	0.00	3.70	0.00	0.00	0.00	5.56	0.00	2.68
印度	5.88	5.56	0.00	0.00	3.70	0.00	0.00	0.00	0.00	8.33	2.68
奥地利	5.88	0.00	4.55	4.76	0.00	3.57	0.00	3.85	0.00	0.00	2.23
比利时	0.00	0.00	4.55	4.76	0.00	3.57	5.56	0.00	0.00	2.78	2.23
法国	0.00	0.00	9.09	0.00	0.00	3.70	0.00	0.00	3.85	0.00	2.23
新加坡	0.00	0.00	0.00	4.76	0.00	0.00	0.00	7.69	0.00	2.78	1.79
葡萄牙	0.00	0.00	4.55	4.76	0.00	7.14	0.00	0.00	0.00	0.00	1.79
瑞典	0.00	5.56	0.00	4.76	3.70	3.57	0.00	0.00	0.00	0.00	1.79
越南	0.00	0.00	0.00	0.00	0.00	0.00	0.00	0.00	9.09	8.33	1.79

表 5−38　水资源 B 层人才排名前 20 的国家和地区的占比

单位：%

国家和地区	2011 年	2012 年	2013 年	2014 年	2015 年	2016 年	2017 年	2018 年	2019 年	2020 年	合计
中国大陆	6.33	9.25	8.50	11.54	12.30	14.59	14.02	22.01	15.08	24.30	14.78
美国	13.29	15.03	13.50	15.38	15.57	12.81	10.98	12.31	9.18	7.17	12.10
英国	7.59	8.09	8.00	7.21	9.84	6.41	4.55	4.48	5.25	4.36	6.32
澳大利亚	6.96	8.09	7.00	4.81	7.38	5.69	4.17	6.72	6.56	6.23	6.28
荷兰	7.59	8.67	6.50	4.33	4.10	5.69	3.41	2.99	3.28	1.87	4.46
德国	5.70	2.31	3.50	5.29	3.69	4.27	4.17	3.73	2.95	1.87	3.63
意大利	2.53	2.89	3.50	2.88	3.69	3.56	2.65	2.24	3.93	2.49	3.06
加拿大	5.06	4.05	4.00	2.88	4.51	3.91	1.14	1.12	1.97	2.18	2.89
法国	1.90	1.73	5.50	2.88	2.46	2.85	3.79	2.24	1.97	2.49	2.77
伊朗	1.90	2.89	1.50	2.40	1.64	2.14	3.03	2.99	4.59	3.43	2.77
马来西亚	1.27	5.20	2.00	3.37	3.28	2.49	1.52	2.61	1.31	3.12	2.56

续表

国家和地区	2011年	2012年	2013年	2014年	2015年	2016年	2017年	2018年	2019年	2020年	合计
印度	2.53	1.16	2.00	0.48	2.46	3.56	2.65	1.87	2.62	4.05	2.48
瑞士	1.90	6.36	4.50	1.92	1.23	3.20	1.89	2.24	2.62	0.62	2.48
西班牙	3.80	3.47	2.50	2.88	2.46	2.14	2.27	2.24	1.64	1.87	2.39
挪威	1.27	2.31	0.50	1.44	1.64	2.14	2.27	2.24	1.64	2.18	1.82
韩国	2.53	2.31	1.00	1.92	0.41	1.07	1.52	1.87	2.95	2.18	1.78
奥地利	2.53	1.73	3.00	2.88	0.82	0.36	2.65	1.87	0.98	1.56	1.73
沙特	3.16	0.58	0.50	0.96	1.23	2.49	2.27	0.75	0.66	0.93	1.32
日本	1.90	1.16	1.00	0.96	0.82	0.36	2.27	2.24	1.64	0.62	1.28
新加坡	1.27	1.73	0.50	1.44	0.41	0.36	2.27	1.49	1.64	1.56	1.28

表5-39 水资源C层人才排名前20的国家和地区的占比

单位：%

国家和地区	2011年	2012年	2013年	2014年	2015年	2016年	2017年	2018年	2019年	2020年	合计
美国	18.74	18.41	19.20	17.20	18.37	15.15	17.13	15.17	13.25	11.57	15.99
中国大陆	10.42	10.29	11.53	12.07	12.72	14.31	15.24	15.37	18.65	17.29	14.28
澳大利亚	5.97	6.88	5.71	6.20	5.77	5.63	5.38	5.12	5.33	5.02	5.62
英国	5.72	5.88	5.06	6.06	5.10	5.67	5.50	5.90	5.22	5.37	5.53
德国	4.57	5.29	4.86	5.08	4.51	4.94	3.92	4.27	2.99	3.07	4.24
意大利	3.11	4.24	3.86	4.20	3.96	3.77	3.17	3.88	3.18	3.42	3.65
印度	2.92	3.06	3.51	3.08	3.07	3.00	3.32	3.22	3.76	5.34	3.52
加拿大	4.45	3.88	4.06	3.76	3.66	3.26	3.28	3.18	3.07	3.23	3.50
伊朗	3.24	2.47	2.41	2.49	2.49	3.26	3.28	3.73	4.67	3.99	3.30
荷兰	4.38	3.71	4.16	4.01	2.82	3.37	3.32	3.14	2.52	2.46	3.28
西班牙	3.49	3.65	3.91	3.13	3.24	2.96	3.24	3.18	2.81	2.68	3.17
法国	3.24	4.00	3.66	3.03	2.40	2.71	2.53	2.29	1.68	1.34	2.55
瑞士	2.54	2.65	2.61	2.93	2.70	2.38	2.37	2.29	1.42	1.34	2.25
韩国	1.72	1.06	1.20	1.42	1.22	1.39	1.42	1.47	2.08	2.27	1.57
瑞典	1.21	1.41	1.25	1.17	1.47	1.68	1.39	1.28	1.09	1.25	1.33
日本	1.52	1.59	1.25	1.47	1.14	1.13	1.27	1.47	1.09	1.28	1.30
马来西亚	0.95	1.00	1.10	1.37	1.56	1.28	1.11	0.97	1.35	1.09	1.19
比利时	1.97	1.06	1.70	0.73	1.26	1.24	1.23	0.93	1.20	0.86	1.18
土耳其	1.21	1.71	0.85	1.37	1.14	0.99	0.95	0.97	0.88	1.12	1.09
新加坡	1.02	0.71	1.50	1.03	1.05	1.32	1.15	1.32	1.06	0.70	1.09

十四 环境研究

环境研究A、B、C层人才最多的国家是美国,分别占该学科全球A、B、C层人才的14.72%、15.26%、14.89%;英国排名第二,A、B、C层人才的世界占比分别为9.64%、10.44%、11.31%。

澳大利亚、德国、荷兰、加拿大、法国、瑞士、中国大陆、日本、瑞典、西班牙的A层人才比较多,世界占比在8%~3%之间;丹麦、奥地利、南非、意大利、芬兰、韩国、沙特、印度也有相当数量的A层人才,世界占比超过1%。

德国、澳大利亚、中国大陆、荷兰、加拿大、瑞典、意大利、法国的B层人才比较多,世界占比在7%~3%之间;西班牙、挪威、奥地利、瑞士、丹麦、日本、芬兰、印度、南非、比利时也有相当数量的B层人才,世界占比超过1%。

中国大陆、德国、澳大利亚、荷兰、意大利、加拿大、西班牙的C层人才比较多,世界占比在9%~3%之间;瑞典、法国、瑞士、挪威、奥地利、丹麦、中国香港、比利时、芬兰、印度、日本也有相当数量的C层人才,世界占比超过1%。

表5-40 环境研究A层人才排名前20的国家和地区的占比

单位:%

国家和地区	2011年	2012年	2013年	2014年	2015年	2016年	2017年	2018年	2019年	2020年	合计
美国	27.27	28.57	26.67	23.08	7.69	18.18	8.70	8.00	16.22	9.52	14.72
英国	18.18	0.00	20.00	15.38	7.69	9.09	4.35	8.00	8.11	9.52	9.64
澳大利亚	18.18	0.00	6.67	15.38	7.69	9.09	4.35	8.00	5.41	7.14	7.61
德国	0.00	14.29	6.67	0.00	7.69	9.09	8.70	8.00	10.81	9.52	7.61
荷兰	9.09	0.00	0.00	15.38	7.69	0.00	8.70	8.00	5.41	7.14	6.09
加拿大	9.09	0.00	6.67	0.00	7.69	0.00	0.00	8.00	5.41	7.14	5.08
法国	0.00	0.00	6.67	7.69	0.00	9.09	4.35	4.00	8.11	4.76	5.08
瑞士	0.00	14.29	0.00	7.69	7.69	9.09	4.35	8.00	2.70	4.76	5.08
中国大陆	0.00	28.57	0.00	7.69	7.69	18.18	4.35	0.00	2.70	2.38	4.57
日本	0.00	0.00	6.67	0.00	0.00	9.09	4.35	4.00	5.41	2.38	3.55
瑞典	0.00	0.00	0.00	0.00	15.38	0.00	0.00	4.00	5.41	4.76	3.55

续表

国家和地区	2011年	2012年	2013年	2014年	2015年	2016年	2017年	2018年	2019年	2020年	合计
西班牙	0.00	0.00	6.67	0.00	0.00	9.09	4.35	4.00	2.70	2.38	3.05
丹麦	0.00	0.00	6.67	0.00	0.00	0.00	0.00	4.00	2.70	4.76	2.54
奥地利	0.00	0.00	0.00	0.00	7.69	0.00	8.70	4.00	2.70	0.00	2.54
南非	0.00	0.00	6.67	0.00	0.00	0.00	4.35	0.00	2.70	2.38	2.03
意大利	0.00	0.00	0.00	0.00	7.69	0.00	8.70	4.00	0.00	0.00	2.03
芬兰	0.00	0.00	0.00	0.00	0.00	0.00	4.35	4.00	2.70	2.38	2.03
韩国	0.00	0.00	0.00	0.00	0.00	0.00	4.35	0.00	0.00	4.76	1.52
沙特	9.09	0.00	0.00	7.69	0.00	0.00	0.00	0.00	0.00	0.00	1.02
印度	0.00	0.00	0.00	0.00	0.00	0.00	0.00	0.00	2.70	2.38	1.02

表5-41 环境研究B层人才排名前20的国家和地区的占比

单位：%

国家和地区	2011年	2012年	2013年	2014年	2015年	2016年	2017年	2018年	2019年	2020年	合计
美国	26.27	15.32	17.39	13.17	18.18	15.00	18.14	13.31	12.61	12.71	15.26
英国	12.71	10.48	8.70	10.18	10.23	9.00	9.28	11.26	11.73	10.22	10.44
德国	8.47	7.26	7.25	4.79	5.68	7.50	6.33	7.85	5.57	6.08	6.54
澳大利亚	7.63	7.26	10.14	5.99	5.68	6.50	8.44	5.12	6.74	2.49	6.12
中国大陆	2.54	3.23	3.62	4.79	5.11	4.50	5.49	5.80	9.09	6.91	5.75
荷兰	3.39	6.45	6.52	5.99	7.39	7.00	7.59	6.48	4.11	3.59	5.66
加拿大	5.08	4.84	6.52	2.99	3.41	3.00	3.80	4.10	4.40	3.59	4.04
瑞典	4.24	3.23	5.07	2.40	5.11	2.00	3.80	4.78	4.69	4.14	4.04
意大利	3.39	3.23	2.17	4.79	4.55	3.00	3.38	4.10	2.05	5.52	3.71
法国	2.54	4.03	4.35	3.59	2.27	5.00	3.38	2.73	3.52	2.49	3.29
西班牙	1.69	1.61	5.07	0.60	2.27	1.50	2.53	3.75	2.64	4.14	2.78
挪威	0.85	2.42	4.35	2.40	3.98	2.00	2.95	2.39	3.23	2.49	2.74
奥地利	1.69	1.61	2.17	4.19	2.27	3.50	4.22	2.05	3.52	1.38	2.69
瑞士	0.85	4.84	2.90	1.80	3.41	4.00	1.69	1.37	1.47	2.49	2.32
丹麦	0.85	2.42	1.45	4.79	2.84	2.50	0.84	2.05	1.17	1.93	1.99
日本	0.85	2.42	1.45	2.99	0.57	2.50	3.80	2.05	1.76	0.55	1.86
芬兰	0.00	2.42	2.17	1.20	1.70	1.00	0.00	1.02	0.88	1.93	1.21
印度	0.85	0.00	1.45	2.99	1.14	1.50	0.84	1.02	0.88	1.38	1.21
南非	1.69	0.81	0.00	1.80	0.57	2.00	0.84	1.37	0.59	1.38	1.11
比利时	0.85	0.81	0.00	0.00	0.00	2.00	0.84	1.71	1.17	1.38	1.02

表 5-42　环境研究 C 层人才排名前 20 的国家和地区的占比

单位：%

国家和地区	2011 年	2012 年	2013 年	2014 年	2015 年	2016 年	2017 年	2018 年	2019 年	2020 年	合计
美国	20.55	19.08	19.04	17.96	16.03	17.84	15.02	13.64	12.22	10.17	14.89
英国	14.32	14.29	14.47	11.65	11.83	12.61	11.01	10.48	10.31	8.90	11.31
中国大陆	4.94	4.71	5.54	6.67	6.74	7.22	9.36	9.01	10.63	9.93	8.25
德国	4.86	6.64	5.82	6.07	7.04	6.36	6.05	5.31	5.29	5.44	5.78
澳大利亚	5.88	7.39	6.93	6.73	6.39	5.93	5.79	4.59	4.85	4.62	5.58
荷兰	5.80	4.54	5.96	5.77	5.14	4.64	4.88	4.81	4.47	3.49	4.73
意大利	2.98	2.27	2.98	1.68	2.84	3.40	4.31	3.37	4.47	5.31	3.71
加拿大	4.60	4.45	4.29	3.60	4.38	3.67	3.92	3.59	2.82	2.90	3.60
西班牙	3.50	2.94	3.19	3.00	3.37	2.80	3.31	3.63	3.97	4.36	3.56
瑞典	2.73	3.36	3.32	3.12	3.84	3.02	2.87	3.48	2.59	2.43	2.99
法国	3.07	2.69	2.01	3.42	2.42	2.48	2.35	3.05	2.70	2.22	2.61
瑞士	2.56	2.52	2.01	1.86	2.37	1.89	2.44	1.94	2.06	1.35	2.00
挪威	1.96	2.02	1.45	1.92	2.13	1.83	1.96	2.15	1.38	1.32	1.75
奥地利	1.62	2.10	1.39	2.64	1.71	1.78	1.48	1.58	1.62	1.45	1.68
丹麦	1.36	2.10	1.87	1.50	1.60	1.19	1.52	1.51	1.12	1.48	1.47
中国香港	2.13	1.18	1.18	1.08	1.24	1.83	1.61	1.08	1.09	1.24	1.32
比利时	1.62	1.01	0.83	1.14	1.60	1.35	1.52	1.65	1.03	1.19	1.29
芬兰	0.85	1.01	1.04	0.78	0.89	1.35	1.31	1.72	1.15	1.35	1.21
印度	0.51	0.59	0.48	1.08	1.18	1.56	1.00	0.93	1.67	1.45	1.16
日本	1.28	1.34	1.66	1.14	1.01	1.19	0.87	1.15	1.09	1.00	1.13

十五　多学科地球科学

多学科地球科学 A、B、C 层人才最多的国家是美国，分别占该学科全球 A、B、C 层人才的 13.75%、16.46%、17.66%。

德国、英国、中国大陆、法国、荷兰、澳大利亚、加拿大、瑞士、挪威、意大利、奥地利、日本的 A 层人才比较多，世界占比在 8%～3% 之间；比利时、瑞典、西班牙、丹麦、新西兰、俄罗斯、中国香港也有相当数量的 A 层人才，世界占比超过 1%。

中国大陆、英国、德国、法国、澳大利亚、加拿大、荷兰、瑞士的 B 层人才比较多，世界占比在 10%～3% 之间；意大利、挪威、日本、瑞典、奥地利、西班牙、比利时、伊朗、丹麦、印度、韩国也有相当数量的 B 层人才，世界占比超过1%。

中国大陆的C层人才以13.71%的世界占比排名第二；英国、德国、澳大利亚、法国、加拿大、意大利的C层人才也比较多，世界占比在8%~3%之间；瑞士、荷兰、西班牙、日本、挪威、印度、瑞典、比利时、伊朗、奥地利、丹麦、巴西也有相当数量的C层人才，世界占比超过或接近1%。

表5-43 多学科地球科学A层人才排名前20的国家和地区的占比

单位：%

国家和地区	2011年	2012年	2013年	2014年	2015年	2016年	2017年	2018年	2019年	2020年	合计
美国	26.67	23.33	10.81	17.07	13.33	10.00	10.64	10.71	14.75	10.14	13.75
德国	6.67	6.67	8.11	9.76	10.00	8.00	10.64	5.36	6.56	8.70	7.98
英国	3.33	10.00	8.11	9.76	10.00	8.00	6.38	8.93	4.92	5.80	7.32
中国大陆	6.67	3.33	5.41	4.88	13.33	6.00	8.51	3.57	3.28	7.25	5.99
法国	3.33	0.00	5.41	9.76	3.33	8.00	4.26	5.36	9.84	5.80	5.99
荷兰	10.00	3.33	5.41	4.88	6.67	4.00	6.38	5.36	6.56	5.80	5.76
澳大利亚	3.33	6.67	8.11	7.32	6.67	4.00	6.38	3.57	4.92	2.90	5.32
加拿大	3.33	10.00	5.41	2.44	3.33	6.00	2.13	7.14	3.28	5.80	4.88
瑞士	6.67	3.33	2.70	7.32	6.67	6.00	2.13	3.57	4.92	2.90	4.43
挪威	0.00	6.67	2.70	0.00	0.00	6.00	4.26	7.14	4.92	5.80	4.21
意大利	3.33	0.00	5.41	2.44	0.00	2.00	6.38	8.93	3.28	4.35	3.99
奥地利	3.33	3.33	0.00	2.44	3.33	6.00	6.38	5.36	1.64	4.35	3.77
日本	6.67	3.33	5.41	0.00	0.00	4.00	2.13	5.36	6.56	2.90	3.77
比利时	0.00	0.00	5.41	0.00	0.00	2.00	4.26	3.57	1.64	5.80	2.66
瑞典	3.33	0.00	5.41	4.88	6.67	2.00	0.00	0.00	1.64	2.90	2.44
西班牙	0.00	3.33	0.00	2.44	0.00	2.00	0.00	3.57	4.92	1.45	2.00
丹麦	0.00	3.33	2.70	4.88	3.33	0.00	0.00	1.79	1.64	1.45	1.77
新西兰	0.00	0.00	5.41	0.00	0.00	4.00	0.00	1.79	3.28	1.45	1.77
俄罗斯	0.00	0.00	2.70	2.44	6.67	2.00	0.00	0.00	0.00	1.45	1.77
中国香港	0.00	3.33	0.00	4.88	0.00	0.00	0.00	0.00	3.28	1.45	1.33

表5-44 多学科地球科学B层人才排名前20的国家和地区的占比

单位：%

国家和地区	2011年	2012年	2013年	2014年	2015年	2016年	2017年	2018年	2019年	2020年	合计
美国	23.73	18.89	18.45	19.29	16.19	15.80	14.79	14.29	15.74	12.97	16.46
中国大陆	9.49	5.88	6.15	10.66	7.10	7.00	10.56	11.35	11.11	15.56	9.92
英国	7.80	11.76	10.43	10.41	10.42	10.16	7.98	8.41	7.22	7.13	8.98

续表

国家和地区	2011年	2012年	2013年	2014年	2015年	2016年	2017年	2018年	2019年	2020年	合计
德国	4.75	8.98	6.15	6.60	7.32	7.45	7.51	6.46	4.44	7.46	6.70
法国	4.41	4.33	6.15	4.82	5.76	3.84	5.87	4.50	4.26	4.86	4.87
澳大利亚	4.41	5.57	4.01	4.06	4.88	4.97	3.52	4.31	5.93	6.00	4.85
加拿大	5.08	2.79	3.48	3.55	3.77	5.42	5.40	2.74	5.00	3.73	4.09
荷兰	4.07	3.72	4.28	4.06	4.21	3.61	3.99	3.33	3.52	3.40	3.77
瑞士	2.03	3.41	4.81	2.79	4.88	4.06	4.69	3.13	2.59	4.05	3.68
意大利	2.37	1.55	2.67	3.55	3.33	2.48	2.35	5.28	2.78	2.27	2.93
挪威	2.03	2.79	3.74	1.78	3.10	3.16	3.76	2.15	2.04	2.59	2.70
日本	4.07	1.55	1.87	2.79	1.55	2.93	2.35	3.13	2.78	2.27	2.51
瑞典	1.02	1.86	1.60	2.79	2.88	3.84	3.05	1.96	1.48	1.62	2.22
奥地利	2.71	1.86	2.41	1.52	1.77	1.81	1.64	2.35	1.67	2.76	2.06
西班牙	2.37	1.86	1.60	2.03	1.77	2.48	1.88	2.15	2.22	1.78	2.01
比利时	0.34	0.00	2.14	1.52	2.22	1.13	1.17	2.15	0.93	1.94	1.44
伊朗	0.68	1.24	0.53	0.76	0.67	1.35	0.70	1.17	4.63	1.46	1.44
丹麦	0.68	1.55	1.60	1.02	1.11	1.35	1.17	2.35	0.74	1.13	1.28
印度	0.34	0.62	0.53	0.76	0.44	1.13	1.88	1.57	2.04	0.81	1.07
韩国	1.36	0.62	1.07	1.52	0.44	0.68	0.70	1.17	2.04	0.97	1.07

表 5-45 多学科地球科学 C 层人才排名前 20 的国家和地区的占比

单位：%

国家和地区	2011年	2012年	2013年	2014年	2015年	2016年	2017年	2018年	2019年	2020年	合计
美国	21.68	19.97	18.71	20.05	18.91	18.78	17.82	16.47	14.93	13.71	17.66
中国大陆	8.66	10.98	10.37	11.59	13.08	12.96	14.24	15.87	18.29	15.99	13.71
英国	8.38	8.97	9.44	8.34	8.24	8.31	7.68	7.68	7.09	6.42	7.91
德国	6.95	6.32	7.57	7.20	6.99	6.61	6.25	5.82	5.87	5.94	6.48
澳大利亚	4.89	4.79	5.53	5.11	5.42	5.08	5.11	5.23	4.93	4.67	5.07
法国	5.83	5.14	5.61	5.24	5.02	5.32	4.84	4.32	3.93	4.21	4.84
加拿大	4.22	4.79	3.88	3.85	3.97	3.86	3.51	3.38	3.41	3.42	3.76
意大利	3.84	3.54	2.97	3.43	3.47	3.17	3.68	3.87	3.99	4.38	3.68
瑞士	2.76	3.32	2.61	2.92	2.98	2.92	3.15	2.78	2.22	2.33	2.76
荷兰	2.93	3.16	3.11	2.58	2.82	2.47	3.32	2.37	2.70	2.32	2.73
西班牙	2.34	2.17	2.50	2.40	1.97	2.49	2.25	2.53	2.34	2.37	2.34
日本	3.46	2.58	3.33	1.68	2.31	2.18	1.91	2.19	2.06	2.13	2.32
挪威	1.57	1.66	2.15	1.65	1.90	1.95	1.96	1.50	1.46	1.41	1.70
印度	1.33	1.34	1.87	1.57	1.37	1.37	1.40	1.48	2.00	2.13	1.62

续表

国家和地区	2011年	2012年	2013年	2014年	2015年	2016年	2017年	2018年	2019年	2020年	合计
瑞典	1.08	1.79	1.98	1.47	1.57	1.86	1.55	1.76	1.38	1.46	1.59
比利时	1.33	1.60	1.35	0.98	1.28	1.30	1.65	1.13	1.26	1.19	1.29
伊朗	0.63	0.64	1.02	0.83	1.01	1.01	1.38	1.40	2.12	1.87	1.27
奥地利	1.15	0.96	1.13	1.21	0.96	1.39	1.53	1.22	0.88	1.40	1.19
丹麦	0.98	1.21	0.88	1.06	1.08	1.03	1.36	0.79	0.90	0.92	1.01
巴西	1.01	0.64	0.83	0.88	0.96	0.74	0.99	1.01	1.00	1.23	0.95

第二节 学科组

在地球科学各学科人才分析的基础上，按照A、B、C三个人才层次，对各学科人才进行汇总分析，可以从学科组层面揭示人才的分布特点和发展趋势。

一 A层人才

地球科学A层人才最多的国家是美国，占该学科组全球A层人才的16.88%，中国大陆以10.45%的世界占比排名第二，二者的A层人才合计接近全球的30%；其后是英国、德国、澳大利亚，世界占比分别为8.21%、6.64%、5.97%；荷兰、加拿大、法国、瑞士、意大利、西班牙、瑞典、奥地利、日本的A层人才也比较多，世界占比在6%~2%之间；挪威、印度、比利时、丹麦、韩国也有相当数量的A层人才，世界占比超过1%；中国香港、沙特、新西兰、南非、马来西亚、葡萄牙、新加坡、芬兰、俄罗斯、伊朗、巴西、越南、巴基斯坦、中国台湾、捷克、智利、墨西哥、爱尔兰、冰岛、波兰、阿根廷也有一定数量的A层人才，世界占比低于1%。

在发展趋势上，美国呈现相对下降趋势，中国大陆呈现相对上升趋势，其他国家和地区没有呈现明显变化。

第五章 地球科学

表 5-46 地球科学 A 层人才排名前 40 的国家和地区的占比

单位：%

国家和地区	2011年	2012年	2013年	2014年	2015年	2016年	2017年	2018年	2019年	2020年	合计
美国	25.00	31.38	18.60	17.70	17.54	15.38	16.21	13.97	15.32	11.34	16.88
中国大陆	4.89	5.85	5.58	7.41	10.96	12.71	10.00	11.45	11.29	15.26	10.45
英国	7.61	9.04	12.09	11.52	10.53	8.03	6.55	7.82	7.53	5.57	8.21
德国	4.35	7.45	8.84	4.12	6.14	7.02	7.93	7.82	6.99	5.57	6.64
澳大利亚	5.98	4.79	6.51	10.29	6.14	5.02	4.48	6.98	5.65	4.95	5.97
荷兰	7.07	3.72	4.65	7.00	3.95	3.34	7.93	4.75	5.65	3.71	5.07
加拿大	4.89	4.26	3.72	3.70	5.26	3.34	2.07	5.87	5.11	4.12	4.26
法国	2.17	4.26	6.05	5.76	4.82	3.68	3.45	4.19	5.11	3.51	4.26
瑞士	2.17	3.72	3.26	4.12	3.95	4.68	4.14	4.75	3.23	2.06	3.56
意大利	3.80	2.13	4.19	3.29	3.51	2.34	3.45	3.35	2.15	5.77	3.53
西班牙	2.72	3.19	2.79	2.47	1.32	4.01	2.07	2.51	1.88	2.68	2.55
瑞典	2.72	1.06	0.93	3.29	4.39	2.01	1.03	2.23	2.69	1.86	2.20
奥地利	3.26	0.53	0.93	2.06	2.19	2.68	4.83	2.79	1.61	1.03	2.17
日本	2.72	1.06	2.79	1.23	0.88	3.01	2.07	1.40	2.69	2.47	2.10
挪威	0.54	2.13	2.33	0.82	0.00	2.01	1.72	2.23	2.96	2.47	1.89
印度	0.54	1.60	0.47	0.41	0.88	1.00	1.03	1.12	1.88	3.09	1.40
比利时	1.09	1.06	2.79	0.82	0.44	1.67	1.38	1.40	1.34	1.03	1.29
丹麦	1.63	1.06	1.40	2.06	1.32	0.67	0.00	1.40	1.08	1.86	1.26
韩国	1.09	0.00	0.47	0.41	1.32	0.67	3.45	0.28	1.08	1.24	1.05
中国香港	0.00	0.53	0.00	1.23	0.00	0.67	0.34	1.12	1.88	1.86	0.94
沙特	0.54	1.06	0.47	2.06	0.88	1.67	0.34	0.00	0.27	1.65	0.91
新西兰	0.00	0.00	1.86	0.82	0.44	1.34	0.69	0.84	1.88	0.62	0.91
南非	1.09	1.60	0.93	0.82	0.44	1.34	0.69	0.56	0.54	0.41	0.77
马来西亚	0.54	0.00	0.00	0.41	0.88	1.00	1.03	0.84	0.81	0.62	0.66
葡萄牙	0.00	1.06	2.33	0.41	0.00	1.00	0.69	0.56	0.54	0.21	0.63
新加坡	0.00	0.53	0.47	1.23	0.00	0.67	0.00	1.40	0.27	0.82	0.59
芬兰	0.54	0.00	0.47	0.00	0.88	0.33	1.03	0.00	0.84	0.82	0.59
俄罗斯	1.09	0.53	0.47	0.41	1.32	0.33	1.03	0.28	0.81	0.21	0.59
伊朗	0.54	0.53	0.00	0.00	0.00	0.33	0.69	0.56	0.54	1.24	0.52
巴西	1.09	0.00	0.47	0.00	0.00	1.00	0.34	0.56	0.27	1.03	0.52
越南	0.00	0.00	0.00	0.00	0.00	0.33	0.00	0.28	1.34	1.24	0.45
巴基斯坦	0.00	0.00	0.00	0.41	1.32	0.33	0.34	0.00	0.27	0.62	0.42
中国台湾	1.09	0.00	0.47	0.00	0.44	0.33	0.69	1.12	0.00	0.21	0.42
捷克	0.54	0.00	0.00	0.41	0.00	0.67	1.38	0.00	0.00	0.41	0.38
智利	0.00	0.53	0.93	0.82	0.00	0.00	0.00	0.28	0.00	0.82	0.35

续表

国家和地区	2011年	2012年	2013年	2014年	2015年	2016年	2017年	2018年	2019年	2020年	合计
墨西哥	0.54	0.00	0.00	0.00	0.00	0.33	0.34	0.28	0.54	0.62	0.31
爱尔兰	1.09	0.00	0.00	0.41	0.00	0.00	0.69	0.28	0.27	0.41	0.31
冰岛	0.00	0.00	0.00	0.41	0.88	0.00	0.00	0.28	0.54	0.41	0.28
波兰	1.63	0.53	0.00	0.00	0.44	0.33	0.34	0.00	0.00	0.21	0.28
阿根廷	1.09	1.06	0.47	0.00	0.00	0.67	0.00	0.28	0.00	0.00	0.28

二 B层人才

地球科学B层人才最多的国家是美国，占该学科组全球B层人才的16.15%，中国大陆以12.52%的世界占比排名第二，二者的B层人才合计接近全球的30%；其后是英国、德国、澳大利亚，世界占比分别为7.81%、5.87%、5.48%；法国、加拿大、荷兰、意大利、瑞士、西班牙、日本、挪威、瑞典的B层人才也比较多，世界占比在4%~2%之间；奥地利、印度、比利时、丹麦、韩国、伊朗、中国香港也有相当数量的B层人才，世界占比超过1%；芬兰、葡萄牙、巴西、马来西亚、新西兰、新加坡、南非、沙特、俄罗斯、土耳其、越南、希腊、捷克、中国台湾、以色列、波兰、爱尔兰、墨西哥、巴基斯坦也有一定数量的B层人才，世界占比低于1%。

在发展趋势上，美国呈现相对下降趋势，中国大陆呈现相对上升趋势，其他国家和地区没有呈现明显变化。

表5-47 地球科学B层人才排名前40的国家和地区的占比

单位：%

国家和地区	2011年	2012年	2013年	2014年	2015年	2016年	2017年	2018年	2019年	2020年	合计
美国	22.37	19.61	19.11	18.55	16.39	17.54	16.19	14.14	13.12	12.08	16.15
中国大陆	7.12	7.04	8.42	10.86	10.64	11.62	13.03	14.53	16.23	17.04	12.52
英国	9.38	8.77	8.59	8.72	8.70	8.36	7.06	7.28	7.11	6.41	7.81
德国	5.97	6.51	5.78	5.98	5.93	6.01	6.04	6.06	6.01	5.01	5.87
澳大利亚	5.82	5.78	5.70	5.15	5.46	6.08	5.27	4.97	5.64	5.24	5.48
法国	4.16	4.29	5.16	4.04	4.06	4.33	4.54	3.22	3.53	3.34	3.97

续表

国家和地区	2011年	2012年	2013年	2014年	2015年	2016年	2017年	2018年	2019年	2020年	合计
加拿大	4.96	4.48	4.15	4.12	4.10	4.19	3.67	3.22	3.80	3.34	3.90
荷兰	3.76	4.05	3.65	3.77	3.92	4.19	3.96	3.72	3.02	2.62	3.58
意大利	3.41	3.04	2.98	3.73	3.88	2.74	2.94	3.75	2.79	3.72	3.31
瑞士	2.41	3.81	3.39	2.42	3.09	2.97	3.03	2.78	2.30	2.17	2.76
西班牙	2.86	3.08	2.77	2.34	2.34	2.21	2.20	2.67	2.33	2.57	2.50
日本	3.16	1.69	2.14	2.06	1.58	1.65	2.49	1.86	2.28	1.90	2.05
挪威	1.45	2.65	2.56	1.70	2.37	1.92	2.11	1.78	1.91	1.96	2.02
瑞典	1.65	2.22	1.97	1.70	2.26	2.34	2.17	2.25	1.89	1.67	2.01
奥地利	2.36	1.54	1.89	1.94	1.37	1.92	1.95	1.89	1.42	1.44	1.73
印度	0.70	0.72	1.26	1.31	1.37	1.55	1.53	1.56	1.79	2.10	1.49
比利时	0.65	0.82	1.51	1.19	1.58	1.55	1.63	1.44	1.10	1.29	1.31
丹麦	1.35	1.98	1.55	1.94	1.37	1.12	0.99	1.44	1.03	0.88	1.30
韩国	1.45	0.82	0.84	1.11	1.01	1.35	1.21	1.44	1.84	1.33	1.29
伊朗	0.35	0.58	0.75	0.71	0.40	0.76	0.77	1.19	1.96	1.67	1.03
中国香港	0.85	0.43	0.84	0.59	0.93	1.02	0.83	1.78	1.27	1.08	1.03
芬兰	0.70	0.87	1.09	1.03	0.93	0.86	1.05	1.06	0.91	1.13	0.98
葡萄牙	0.90	0.77	0.75	0.59	0.90	0.79	0.80	1.14	0.71	0.99	0.85
巴西	0.45	0.77	0.38	1.03	0.47	1.02	0.77	0.58	0.86	1.13	0.78
马来西亚	0.30	1.16	0.54	1.11	0.93	0.50	0.64	0.92	0.66	0.93	0.78
新西兰	0.85	1.30	0.96	0.48	0.86	0.73	0.86	0.75	0.61	0.61	0.77
新加坡	0.95	0.77	0.50	0.71	0.75	0.66	0.54	0.56	0.98	0.77	0.72
南非	0.85	0.87	0.71	0.75	0.68	0.66	0.64	0.61	0.59	0.86	0.71
沙特	0.65	0.24	0.54	0.36	0.61	0.66	0.83	0.75	0.61	0.90	0.65
俄罗斯	0.75	1.11	0.92	0.83	0.65	0.56	0.64	0.28	0.44	0.61	0.64
土耳其	0.50	0.63	0.17	0.55	0.47	0.53	0.29	0.42	0.64	0.93	0.54
越南	0.15	0.24	0.08	0.24	0.07	0.23	0.51	0.53	0.93	1.26	0.51
希腊	0.35	0.43	0.38	0.40	0.36	0.73	0.51	0.47	0.61	0.59	0.50
捷克	0.25	0.34	0.29	0.44	0.43	0.40	0.57	0.67	0.42	0.59	0.46
中国台湾	0.25	0.63	0.67	0.16	0.50	0.40	0.26	0.58	0.34	0.65	0.45
以色列	0.45	0.34	0.38	0.32	0.29	0.50	0.61	0.64	0.32	0.36	0.42
波兰	0.30	0.29	0.34	0.52	0.50	0.53	0.45	0.50	0.32	0.41	0.42
爱尔兰	0.20	0.29	0.13	0.28	0.54	0.46	0.51	0.53	0.29	0.52	0.40
墨西哥	0.40	0.43	0.38	0.63	0.47	0.33	0.38	0.33	0.34	0.36	0.40
巴基斯坦	0.25	0.10	0.17	0.12	0.36	0.26	0.48	0.44	0.56	0.72	0.39

三 C层人才

地球科学C层人才最多的国家是美国,占该学科组全球C层人才的17.11%,中国大陆以14.50%的世界占比排名第二,二者的C层人才合计超过全球的30%;其后是英国、德国、澳大利亚,世界占比分别为7.58%、5.54%、5.06%;法国、加拿大、意大利、荷兰、西班牙、瑞士的C层人才也比较多,世界占比在4%~2%之间;印度、瑞典、日本、挪威、伊朗、比利时、丹麦、中国香港、韩国、奥地利、巴西也有相当数量的C层人才,世界占比超过1%;芬兰、葡萄牙、新西兰、南非、希腊、土耳其、马来西亚、新加坡、波兰、俄罗斯、中国台湾、沙特、巴基斯坦、捷克、智利、爱尔兰、越南、埃及也有一定数量的C层人才,世界占比低于1%。

在发展趋势上,美国呈现相对下降趋势,中国大陆呈现相对上升趋势,其他国家和地区没有呈现明显变化。

表5-48 地球科学C层人才排名前40的国家和地区的占比

单位:%

国家和地区	2011年	2012年	2013年	2014年	2015年	2016年	2017年	2018年	2019年	2020年	合计
美国	21.86	21.45	20.59	20.05	18.92	17.82	16.92	15.15	13.90	12.36	17.11
中国大陆	9.36	10.09	10.83	11.66	12.71	13.59	15.49	16.54	18.51	18.27	14.50
英国	8.53	8.48	8.52	7.89	7.74	7.91	7.68	7.26	7.15	6.34	7.58
德国	5.99	6.49	6.24	6.03	5.99	5.84	5.35	5.46	4.80	4.58	5.54
澳大利亚	4.96	5.38	5.44	5.35	5.44	5.06	5.08	4.93	4.86	4.62	5.06
法国	4.75	4.58	4.58	4.55	3.86	4.14	3.74	3.64	3.44	2.99	3.89
加拿大	4.51	4.19	4.21	3.89	4.17	3.84	3.72	3.42	3.28	3.27	3.75
意大利	3.33	3.22	3.35	3.38	3.69	3.51	3.53	3.47	3.49	3.80	3.51
荷兰	3.39	3.23	3.10	3.21	3.04	3.04	2.99	2.85	2.63	2.27	2.90
西班牙	3.14	3.07	2.83	3.03	2.68	2.87	2.70	2.73	2.77	2.74	2.83
瑞士	2.59	2.80	2.38	2.68	2.69	2.40	2.36	2.14	1.76	1.71	2.27
印度	1.53	1.34	1.63	1.58	1.67	1.78	1.73	1.83	2.27	2.77	1.90
瑞典	1.56	1.79	1.97	1.71	1.86	1.99	1.84	1.92	1.50	1.53	1.75
日本	2.18	2.21	2.26	1.65	1.64	1.48	1.54	1.59	1.54	1.56	1.71
挪威	1.41	1.35	1.54	1.46	1.40	1.53	1.51	1.35	1.24	1.10	1.37

续表

国家和地区	2011年	2012年	2013年	2014年	2015年	2016年	2017年	2018年	2019年	2020年	合计
伊朗	0.78	0.68	0.83	0.83	0.94	1.02	1.26	1.42	1.75	1.77	1.22
比利时	1.33	1.13	1.15	1.03	1.32	1.19	1.24	1.25	1.10	1.02	1.17
丹麦	1.15	1.31	1.25	1.23	1.21	1.17	1.21	1.00	1.04	1.05	1.14
中国香港	1.13	0.95	0.89	0.92	1.05	1.16	1.22	1.33	1.24	1.16	1.13
韩国	0.94	0.91	0.94	0.91	0.93	0.92	1.02	1.28	1.44	1.48	1.13
奥地利	1.11	1.07	1.03	1.31	1.12	1.16	1.16	1.14	1.04	1.07	1.12
巴西	0.82	0.89	0.95	0.99	0.98	1.12	1.12	1.21	1.22	1.40	1.11
芬兰	0.78	0.81	0.74	0.90	0.79	0.88	0.91	0.94	0.79	0.89	0.85
葡萄牙	0.74	0.82	0.82	0.64	0.76	0.82	0.80	0.73	0.87	0.78	0.78
新西兰	0.97	0.93	0.89	0.79	0.82	0.67	0.67	0.69	0.63	0.65	0.75
南非	0.55	0.50	0.59	0.73	0.66	0.59	0.67	0.77	0.75	0.83	0.69
希腊	0.60	0.70	0.65	0.56	0.63	0.70	0.67	0.66	0.73	0.60	0.65
土耳其	0.60	0.55	0.57	0.60	0.60	0.62	0.50	0.57	0.61	0.91	0.63
马来西亚	0.35	0.42	0.45	0.60	0.61	0.59	0.65	0.58	0.73	0.90	0.62
新加坡	0.51	0.52	0.63	0.54	0.53	0.58	0.59	0.66	0.67	0.64	0.60
波兰	0.42	0.33	0.35	0.36	0.52	0.62	0.57	0.66	0.66	0.92	0.58
俄罗斯	0.51	0.47	0.61	0.57	0.56	0.58	0.53	0.53	0.52	0.59	0.55
中国台湾	0.84	0.62	0.58	0.53	0.51	0.37	0.45	0.46	0.56	0.60	0.54
沙特	0.24	0.28	0.36	0.45	0.55	0.52	0.54	0.57	0.61	0.85	0.54
巴基斯坦	0.18	0.19	0.20	0.18	0.31	0.35	0.45	0.54	0.76	1.03	0.49
捷克	0.34	0.24	0.27	0.40	0.41	0.42	0.40	0.51	0.45	0.56	0.42
智利	0.31	0.31	0.37	0.30	0.34	0.36	0.37	0.44	0.35	0.44	0.37
爱尔兰	0.46	0.34	0.30	0.35	0.38	0.39	0.33	0.38	0.35	0.38	0.37
越南	0.10	0.11	0.13	0.13	0.17	0.20	0.22	0.32	0.61	1.01	0.37
埃及	0.28	0.10	0.18	0.23	0.24	0.30	0.27	0.32	0.46	0.68	0.34

第六章 工程与材料科学

工程与材料科学包括工程和材料两个学科领域,是保障国家安全、促进社会进步与经济可持续发展、提高人民生活质量的重要科学基础和技术支撑。

第一节 学科

工程与材料科学学科组包括以下学科:冶金和冶金工程、陶瓷材料、造纸和木材、涂料和薄膜、纺织材料、复合材料、材料检测和鉴定、多学科材料、石油工程、采矿和矿物处理、机械工程、制造工程、能源和燃料、电气和电子工程、建筑和建筑技术、土木工程、农业工程、环境工程、海洋工程、船舶工程、交通、交通科学和技术、航空和航天工程、工业工程、设备和仪器、显微镜学、绿色和可持续科学与技术、人体工程学、多学科工程,共计29个。

一 冶金和冶金工程

冶金和冶金工程A、B、C层人才主要集中在中国大陆和美国,二者A、B、C层人才的世界占比合计为39.77%、38.43%、41.92%,其中中国大陆的A、B、C层人才均多于美国。

德国、澳大利亚、英国、印度、日本的A层人才比较多,世界占比在10%~3%之间;瑞典、中国台湾、法国、中国香港、比利时、韩国、新加坡、沙特、伊朗、捷克、俄罗斯、波兰、葡萄牙也有相当数量的A层人才,世界占比超过1%。

德国、澳大利亚、英国、印度、日本的 B 层人才比较多，世界占比在 7%~3%之间；韩国、法国、伊朗、沙特、加拿大、俄罗斯、西班牙、中国香港、埃及、比利时、马来西亚、土耳其、奥地利也有相当数量的 B 层人才，世界占比超过 1%。

印度、德国、韩国、日本、英国、澳大利亚的 C 层人才比较多，世界占比在 6%~3%之间；法国、伊朗、加拿大、俄罗斯、西班牙、意大利、沙特、奥地利、波兰、土耳其、埃及、瑞典也有相当数量的 C 层人才，世界占比超过或接近 1%。

表 6-1 冶金和冶金工程 A 层人才排名前 20 的国家和地区的占比

单位：%

国家和地区	2011 年	2012 年	2013 年	2014 年	2015 年	2016 年	2017 年	2018 年	2019 年	2020 年	合计
中国大陆	13.64	26.32	4.17	12.50	8.33	8.00	24.14	35.71	30.56	26.32	20.07
美国	22.73	21.05	33.33	25.00	16.67	28.00	20.69	10.71	22.22	5.26	19.70
德国	18.18	5.26	16.67	16.67	4.17	20.00	10.34	3.57	2.78	5.26	9.67
澳大利亚	4.55	15.79	4.17	4.17	8.33	0.00	3.45	10.71	2.78	5.26	5.58
英国	4.55	0.00	8.33	8.33	8.33	8.00	0.00	7.14	2.78	2.63	4.83
印度	9.09	0.00	4.17	8.33	4.17	0.00	3.45	3.57	5.56	5.26	4.46
日本	9.09	5.26	4.17	0.00	4.17	8.00	0.00	0.00	2.78	2.63	3.35
瑞典	0.00	0.00	0.00	4.17	4.17	0.00	3.45	3.57	2.78	2.63	2.23
中国台湾	4.55	10.53	8.33	4.17	0.00	0.00	0.00	0.00	0.00	0.00	2.23
法国	9.09	0.00	0.00	0.00	4.17	4.00	3.45	0.00	0.00	2.63	2.23
中国香港	0.00	0.00	0.00	0.00	0.00	4.00	6.90	0.00	2.78	5.26	2.23
比利时	0.00	5.26	4.17	0.00	0.00	0.00	3.45	0.00	0.00	2.63	1.86
韩国	0.00	0.00	0.00	0.00	0.00	4.00	0.00	3.57	2.78	2.63	1.49
新加坡	0.00	0.00	0.00	0.00	4.17	0.00	0.00	3.57	2.78	2.63	1.49
沙特	0.00	5.26	0.00	0.00	0.00	4.17	0.00	3.45	0.00	2.63	1.49
伊朗	0.00	0.00	0.00	0.00	0.00	0.00	3.45	7.14	0.00	0.00	1.49
捷克	0.00	0.00	0.00	4.17	0.00	0.00	4.00	0.00	2.78	0.00	1.12
俄罗斯	0.00	0.00	0.00	4.17	0.00	0.00	0.00	3.57	0.00	2.63	1.12
波兰	0.00	0.00	0.00	0.00	4.17	4.00	0.00	0.00	2.78	0.00	1.12
葡萄牙	4.55	0.00	0.00	0.00	0.00	0.00	0.00	0.00	5.56	0.00	1.12

表 6-2 冶金和冶金工程 B 层人才排名前 20 的国家和地区的占比

单位：%

国家和地区	2011年	2012年	2013年	2014年	2015年	2016年	2017年	2018年	2019年	2020年	合计
中国大陆	17.73	17.48	20.00	20.55	20.74	23.98	25.57	26.34	28.26	34.64	24.51
美国	15.76	17.48	20.93	14.61	14.75	18.10	13.74	14.12	9.01	7.54	13.92
德国	8.37	11.17	5.12	11.87	9.22	7.24	4.58	8.02	2.17	2.23	6.48
澳大利亚	9.36	3.88	4.65	3.65	5.07	5.43	4.96	6.49	2.48	5.87	5.11
英国	2.96	1.94	4.65	5.02	8.76	9.05	5.34	2.67	3.73	1.12	4.31
印度	4.43	4.37	2.33	4.11	5.07	4.07	5.73	3.82	4.66	3.91	4.27
日本	4.43	5.34	4.65	4.11	4.15	2.71	4.20	1.91	3.11	1.40	3.42
韩国	2.96	4.85	3.72	3.65	2.30	2.26	3.05	3.05	2.17	1.96	2.90
法国	0.49	4.85	4.65	2.74	2.30	2.26	1.91	4.58	2.48	1.68	2.74
伊朗	4.43	2.43	1.86	0.91	2.76	1.36	2.29	2.67	3.73	2.79	2.58
沙特	0.99	0.49	0.47	0.91	0.92	1.36	0.76	2.67	3.42	3.91	1.81
加拿大	0.99	2.91	1.40	3.65	1.38	1.36	0.76	0.38	2.80	1.68	1.73
俄罗斯	0.99	1.46	1.40	1.37	1.84	2.26	1.15	1.15	1.86	1.40	1.49
西班牙	1.48	2.43	2.33	2.28	0.92	0.00	1.91	1.15	1.55	0.56	1.41
中国香港	1.97	0.49	2.33	0.91	2.30	0.45	1.91	1.15	0.62	1.40	1.33
埃及	0.99	0.49	1.40	0.46	1.38	0.90	0.76	0.76	2.48	2.51	1.33
比利时	0.99	0.49	1.86	1.37	1.38	1.36	0.76	2.67	0.62	0.28	1.13
马来西亚	0.99	1.46	1.40	0.00	0.00	0.90	1.15	0.76	1.86	1.96	1.13
土耳其	1.48	1.46	1.40	1.37	0.46	0.90	0.38	0.38	1.55	1.40	1.09
奥地利	0.99	1.46	1.86	0.91	0.00	1.81	2.29	1.15	0.62	0.00	1.05

表 6-3 冶金和冶金工程 C 层人才排名前 20 的国家和地区的占比

单位：%

国家和地区	2011年	2012年	2013年	2014年	2015年	2016年	2017年	2018年	2019年	2020年	合计
中国大陆	22.09	23.85	27.69	26.37	28.05	31.04	32.79	34.55	37.74	34.28	30.63
美国	13.61	13.79	12.15	12.30	13.37	12.78	11.57	11.79	8.31	6.95	11.29
印度	5.44	5.38	5.26	6.03	5.56	5.52	5.64	5.13	4.41	5.00	5.28
德国	5.60	5.73	4.79	5.70	6.03	4.99	4.77	4.88	3.71	3.63	4.85
韩国	4.42	4.38	5.44	4.86	3.60	3.72	3.93	2.99	4.35	3.54	4.07
日本	5.60	5.53	5.17	3.93	4.49	3.72	3.38	3.79	2.37	2.62	3.88
英国	5.14	4.83	3.96	3.93	3.88	4.20	3.90	3.39	3.07	2.99	3.82
澳大利亚	3.60	3.69	3.12	4.11	3.88	3.37	3.30	3.20	3.33	3.20	3.45
法国	4.52	3.74	4.23	3.79	2.76	2.93	2.78	2.40	1.82	1.77	2.93
伊朗	4.26	3.04	2.47	2.38	2.90	3.20	3.02	2.77	2.94	2.29	2.88
加拿大	2.62	3.04	2.51	2.34	2.85	1.97	1.83	1.75	1.50	1.37	2.09

续表

国家和地区	2011年	2012年	2013年	2014年	2015年	2016年	2017年	2018年	2019年	2020年	合计
俄罗斯	1.18	1.59	1.35	1.59	1.31	1.58	1.83	1.78	1.89	1.68	1.61
西班牙	1.54	1.74	1.86	1.59	1.54	1.40	1.07	1.71	1.34	1.40	1.50
意大利	0.56	0.50	1.21	0.75	0.70	0.70	1.03	2.00	1.89	1.77	1.20
沙特	0.72	0.70	0.88	0.98	1.26	0.66	0.83	0.80	1.15	2.50	1.11
奥地利	1.34	1.15	0.88	1.22	1.26	1.14	1.31	0.76	0.70	0.76	1.02
波兰	0.36	0.40	0.51	0.47	0.75	0.74	0.79	0.98	1.50	2.59	1.02
土耳其	1.54	1.20	1.21	0.98	1.03	0.61	0.60	0.80	0.93	1.22	1.00
埃及	1.18	0.85	1.07	0.56	0.84	0.35	0.76	0.66	1.06	2.13	0.99
瑞典	1.28	0.75	0.84	1.12	1.26	0.96	0.91	0.69	0.99	0.79	0.95

二 陶瓷材料

陶瓷材料A层人才最多的国家是美国，世界占比为20.59%，中国大陆以17.65%的世界占比排名第二，二者拥有近40%的A层人才；德国、意大利、沙特、伊朗、巴基斯坦、日本的A层人才比较多，世界占比在8%~4%之间；也门、马来西亚、土耳其、英国、墨西哥、埃及、法国、印度、伊拉克、哈萨克斯坦、澳大利亚、葡萄牙也有相当数量的A层人才，世界占比超过1%。

中国大陆的B层人才最多，世界占比为21.67%，显著高于世界占比为10.09%、排名第二的美国；伊朗、英国、印度、德国、沙特、韩国、土耳其、马来西亚的B层人才比较多，世界占比在9%~3%之间；澳大利亚、意大利、日本、法国、俄罗斯、西班牙、埃及、巴西、巴基斯坦、瑞士也有相当数量的B层人才，世界占比超过1%。

中国大陆的C层人才最多，世界占比为29.65%，遥遥领先于其他国家和地区；美国、印度、伊朗、韩国、德国的C层人才比较多，世界占比为8%~3%；法国、日本、沙特、英国、意大利、埃及、土耳其、西班牙、马来西亚、巴西、巴基斯坦、澳大利亚、俄罗斯、中国台湾也有相当数量的C层人才，世界占比超过或接近1%。

表6-4 陶瓷材料A层人才排名前20的国家和地区的占比

单位：%

国家和地区	2011年	2012年	2013年	2014年	2015年	2016年	2017年	2018年	2019年	2020年	合计
美国	75.00	16.67	16.67	60.00	14.29	20.00	12.50	37.50	0.00	0.00	20.59
中国大陆	0.00	0.00	16.67	20.00	0.00	40.00	25.00	12.50	33.33	20.00	17.65
德国	0.00	33.33	0.00	0.00	28.57	0.00	0.00	12.50	0.00	0.00	7.35
意大利	0.00	16.67	0.00	0.00	14.29	20.00	0.00	0.00	11.11	0.00	5.88
沙特	0.00	0.00	16.67	0.00	0.00	0.00	12.50	0.00	0.00	20.00	5.88
伊朗	0.00	0.00	0.00	0.00	0.00	20.00	12.50	0.00	22.22	0.00	5.88
巴基斯坦	0.00	0.00	0.00	0.00	0.00	0.00	12.50	0.00	0.00	20.00	4.41
日本	25.00	0.00	16.67	0.00	14.29	0.00	0.00	0.00	0.00	0.00	4.41
也门	0.00	0.00	16.67	0.00	0.00	0.00	0.00	0.00	11.11	0.00	2.94
马来西亚	0.00	0.00	16.67	0.00	0.00	0.00	0.00	12.50	0.00	0.00	2.94
土耳其	0.00	0.00	0.00	0.00	0.00	0.00	0.00	0.00	0.00	10.00	1.47
英国	0.00	0.00	0.00	0.00	0.00	0.00	12.50	0.00	0.00	0.00	1.47
墨西哥	0.00	16.67	0.00	0.00	0.00	0.00	0.00	0.00	0.00	0.00	1.47
埃及	0.00	0.00	0.00	0.00	0.00	0.00	0.00	0.00	0.00	10.00	1.47
法国	0.00	0.00	0.00	0.00	0.00	0.00	0.00	12.50	0.00	0.00	1.47
印度	0.00	0.00	0.00	0.00	0.00	0.00	12.50	0.00	0.00	0.00	1.47
伊拉克	0.00	0.00	0.00	0.00	0.00	0.00	0.00	0.00	11.11	0.00	1.47
哈萨克斯坦	0.00	0.00	0.00	0.00	0.00	0.00	0.00	0.00	0.00	10.00	1.47
澳大利亚	0.00	16.67	0.00	0.00	0.00	0.00	0.00	0.00	0.00	0.00	1.47
葡萄牙	0.00	0.00	0.00	20.00	0.00	0.00	0.00	0.00	0.00	0.00	1.47

表6-5 陶瓷材料B层人才排名前20的国家和地区的占比

单位：%

国家和地区	2011年	2012年	2013年	2014年	2015年	2016年	2017年	2018年	2019年	2020年	合计
中国大陆	20.97	19.35	17.65	19.74	23.94	25.64	25.33	23.08	26.88	12.50	21.67
美国	24.19	8.06	10.29	15.79	9.86	14.10	13.33	5.13	3.23	1.25	10.09
伊朗	3.23	0.00	2.94	5.26	5.63	8.97	4.00	11.54	13.98	21.25	8.21
英国	3.23	9.68	10.29	3.95	8.45	3.85	5.33	1.28	3.23	3.75	5.11
印度	3.23	4.84	5.88	5.26	8.45	5.13	5.33	6.41	3.23	1.25	4.85
德国	6.45	6.45	2.94	5.26	7.04	6.41	6.67	6.41	0.00	0.00	4.58
沙特	0.00	0.00	0.00	1.32	4.23	1.28	6.67	5.13	8.60	10.00	4.04
韩国	0.00	0.00	4.41	3.95	5.63	2.56	1.33	2.56	9.68	6.25	3.90
土耳其	0.00	1.61	1.47	1.32	1.41	0.00	2.67	3.85	10.75	6.25	3.23
马来西亚	6.45	1.61	4.41	3.95	1.41	3.85	4.00	1.28	3.23	1.25	3.10
澳大利亚	3.23	4.84	0.00	5.26	5.63	2.56	1.33	2.56	3.23	0.00	2.83

续表

国家和地区	2011年	2012年	2013年	2014年	2015年	2016年	2017年	2018年	2019年	2020年	合计
意大利	1.61	1.61	1.47	5.26	2.82	3.85	0.00	2.56	1.08	2.50	2.29
日本	0.00	1.61	11.76	3.95	2.82	0.00	1.33	2.56	0.00	0.00	2.29
法国	4.84	6.45	2.94	0.00	2.82	1.28	2.67	1.28	0.00	0.00	2.02
俄罗斯	0.00	0.00	4.41	0.00	1.41	0.00	1.33	3.85	1.08	6.25	1.88
西班牙	3.23	4.84	2.94	1.32	1.41	0.00	2.67	1.28	0.00	0.00	1.62
埃及	0.00	1.61	0.00	0.00	0.00	1.28	4.00	1.28	1.08	5.00	1.48
巴西	1.61	1.61	0.00	0.00	0.00	5.13	2.67	2.56	1.08	0.00	1.48
巴基斯坦	0.00	3.23	0.00	1.32	0.00	1.28	0.00	3.85	1.08	1.25	1.21
瑞士	3.23	4.84	1.47	2.63	0.00	0.00	0.00	0.00	0.00	0.00	1.08

表6–6　陶瓷材料C层人才排名前20的国家和地区的占比

单位：%

国家和地区	2011年	2012年	2013年	2014年	2015年	2016年	2017年	2018年	2019年	2020年	合计
中国大陆	20.14	22.79	23.14	25.94	28.92	30.45	33.75	39.04	39.53	27.80	29.65
美国	14.38	11.80	8.98	7.49	8.12	6.66	7.25	6.42	7.29	4.41	8.00
印度	4.57	9.67	7.76	9.71	8.26	7.22	7.81	8.56	6.94	6.44	7.68
伊朗	2.37	3.44	4.57	6.93	4.27	4.67	4.18	4.14	4.35	6.21	4.61
韩国	3.89	3.93	3.81	4.16	5.27	4.53	3.49	3.07	3.29	4.07	3.94
德国	5.75	4.43	5.94	2.64	4.84	4.82	2.79	2.01	1.88	1.47	3.49
法国	7.11	4.43	4.11	2.77	3.42	3.26	2.37	1.20	0.59	0.68	2.78
日本	4.40	5.08	4.11	2.77	2.85	2.27	3.35	1.87	1.29	1.02	2.75
沙特	0.34	0.98	0.61	1.39	1.99	1.70	1.53	3.74	4.94	7.46	2.71
英国	3.21	2.30	2.28	2.91	2.28	3.82	2.65	2.94	2.12	2.37	2.67
意大利	2.71	2.79	4.26	2.22	2.42	2.55	2.93	2.41	2.35	0.68	2.46
埃及	1.02	1.80	1.37	2.36	1.71	0.99	0.98	2.54	2.82	6.67	2.38
土耳其	1.18	1.80	2.44	1.25	1.71	1.70	1.12	1.47	3.29	5.08	2.21
西班牙	2.20	2.79	3.50	2.08	2.28	2.12	1.95	1.60	0.94	0.34	1.89
马来西亚	1.35	1.64	1.37	2.64	2.71	1.84	2.09	1.60	1.41	1.13	1.77
巴西	2.20	1.80	1.37	1.53	1.14	2.12	1.12	0.94	0.82	1.69	1.45
巴基斯坦	0.85	0.49	1.22	1.25	0.43	1.27	1.26	1.34	2.00	2.82	1.36
澳大利亚	1.86	1.15	1.52	1.25	1.00	0.85	1.53	2.01	1.65	0.68	1.34
俄罗斯	0.85	0.16	0.91	0.55	1.71	0.57	0.98	1.34	1.88	2.94	1.27
中国台湾	1.86	1.31	1.98	1.39	0.43	0.85	0.84	0.00	0.47	0.23	0.88

三 造纸和木材

中国大陆和美国的造纸和木材 A 层人才最多,世界占比均为 21.43%;奥地利和加拿大 A 层人才处于第二梯队,世界占比均为 14.29%;埃及、芬兰、罗马尼亚、瑞典的 A 层人才也比较多,世界占比均为 7.14%。

中国大陆的 B 层人才最多,世界占比为 17.56%;美国排名第二,世界占比为 10.04%;瑞典、加拿大、芬兰、马来西亚、法国、西班牙的 B 层人才也比较多,世界占比在 7%~3% 之间;印度、伊朗、澳大利亚、日本、挪威、埃及、意大利、德国、巴西、葡萄牙、瑞士、沙特也有相当数量的 B 层人才,世界占比超过 1%。

中国大陆的 C 层人才最多,世界占比为 21.50%;美国排名第二,世界占比为 10.27%;加拿大、芬兰、瑞典、法国、马来西亚、日本、德国的 C 层人才也比较多,世界占比在 6%~3% 之间;巴西、西班牙、伊朗、韩国、波兰、奥地利、印度、英国、埃及、澳大利亚、葡萄牙也有相当数量的 C 层人才,世界占比超过 1%。

表 6–7 造纸和木材 A 层人才的国家和地区的占比

单位:%

国家和地区	2011 年	2012 年	2013 年	2014 年	2015 年	2016 年	2017 年	2018 年	2019 年	2020 年	合计
中国大陆	0.00	0.00	0.00	50.00	0.00	0.00	0.00	0.00	33.33	33.33	21.43
美国	0.00	0.00	50.00	50.00	0.00	0.00	0.00	0.00	33.33	0.00	21.43
奥地利	0.00	0.00	0.00	0.00	0.00	50.00	0.00	0.00	33.33	0.00	14.29
加拿大	0.00	0.00	50.00	0.00	0.00	0.00	0.00	0.00	0.00	33.33	14.29
埃及	0.00	0.00	0.00	0.00	0.00	0.00	0.00	0.00	33.33	0.00	7.14
芬兰	50.00	0.00	0.00	0.00	0.00	0.00	0.00	0.00	0.00	0.00	7.14
罗马尼亚	50.00	0.00	0.00	0.00	0.00	0.00	0.00	0.00	0.00	0.00	7.14
瑞典	0.00	0.00	0.00	0.00	0.00	50.00	0.00	0.00	0.00	0.00	7.14

表 6–8 造纸和木材 B 层人才排名前 20 的国家和地区的占比

单位:%

国家和地区	2011 年	2012 年	2013 年	2014 年	2015 年	2016 年	2017 年	2018 年	2019 年	2020 年	合计
中国大陆	12.50	7.69	0.00	11.54	25.00	3.45	13.79	35.29	17.24	37.50	17.56
美国	12.50	11.54	9.09	7.69	10.71	6.90	20.69	2.94	6.90	12.50	10.04
瑞典	8.33	11.54	4.55	19.23	7.14	6.90	3.45	2.94	0.00	3.13	6.45

续表

国家和地区	2011年	2012年	2013年	2014年	2015年	2016年	2017年	2018年	2019年	2020年	合计
加拿大	4.17	3.85	4.55	11.54	17.86	6.90	6.90	0.00	0.00	3.13	5.73
芬兰	8.33	3.85	0.00	7.69	3.57	13.79	6.90	0.00	3.45	6.25	5.38
马来西亚	8.33	3.85	9.09	0.00	3.57	6.90	10.34	5.88	0.00	0.00	4.66
法国	4.17	11.54	4.55	0.00	3.57	6.90	0.00	5.88	3.45	0.00	3.94
西班牙	0.00	7.69	4.55	7.69	0.00	10.34	0.00	2.94	0.00	0.00	3.23
印度	4.17	0.00	4.55	0.00	3.57	0.00	3.45	2.94	3.45	3.13	2.51
伊朗	4.17	0.00	0.00	3.85	3.57	0.00	0.00	8.82	3.45	0.00	2.51
澳大利亚	0.00	0.00	9.09	0.00	3.57	0.00	0.00	2.94	6.90	0.00	2.15
日本	0.00	0.00	4.55	0.00	3.57	0.00	6.90	2.94	0.00	3.13	2.15
挪威	4.17	0.00	4.55	7.69	0.00	3.45	0.00	0.00	3.45	0.00	2.15
埃及	4.17	0.00	0.00	0.00	0.00	0.00	0.00	0.00	6.90	9.38	2.15
意大利	0.00	3.85	9.09	0.00	0.00	6.90	3.45	0.00	0.00	0.00	2.15
德国	0.00	3.85	4.55	0.00	0.00	3.45	0.00	2.94	6.90	0.00	2.15
巴西	0.00	0.00	0.00	3.85	0.00	0.00	6.90	2.94	3.45	0.00	1.79
葡萄牙	0.00	3.85	4.55	0.00	3.57	3.45	0.00	0.00	0.00	3.13	1.79
瑞士	4.17	0.00	4.55	11.54	0.00	0.00	0.00	0.00	0.00	0.00	1.79
沙特	4.17	0.00	0.00	0.00	0.00	6.90	0.00	0.00	3.45	0.00	1.43

表6-9 造纸和木材C层人才排名前20的国家和地区的占比

单位：%

国家和地区	2011年	2012年	2013年	2014年	2015年	2016年	2017年	2018年	2019年	2020年	合计
中国大陆	12.13	12.90	16.29	18.94	15.69	21.55	21.72	26.88	35.64	27.65	21.50
美国	9.21	12.90	13.12	14.02	8.76	9.19	9.36	10.94	8.65	7.72	10.27
加拿大	4.18	6.45	4.07	8.33	4.74	4.95	4.12	5.00	5.54	5.79	5.34
芬兰	7.95	6.05	4.98	7.58	4.01	3.53	5.99	4.38	2.77	4.82	5.12
瑞典	4.18	5.24	3.17	4.55	4.74	6.01	4.12	4.06	3.46	1.93	4.12
法国	5.44	6.45	4.52	3.79	4.38	2.12	4.49	2.19	2.08	2.25	3.65
马来西亚	5.44	6.05	5.43	2.65	4.74	4.95	2.25	2.81	1.73	1.29	3.61
日本	4.18	4.84	4.98	4.55	2.55	2.83	3.00	3.44	1.73	2.25	3.35
德国	4.18	1.61	4.52	4.17	5.11	3.53	1.12	2.19	2.42	2.25	3.06
巴西	4.60	3.23	2.26	1.89	3.28	2.47	3.37	0.94	2.42	4.18	2.84
西班牙	4.18	4.44	3.17	1.52	2.55	3.89	4.87	1.88	0.35	1.93	2.80
伊朗	2.51	0.81	3.17	1.89	1.46	1.77	1.50	2.50	3.81	2.25	2.17
韩国	1.26	1.61	1.81	1.14	1.46	0.71	2.25	1.88	3.11	2.25	1.77
波兰	0.42	0.81	1.36	0.76	1.09	2.83	2.62	2.50	0.69	3.86	1.77
奥地利	2.93	1.61	1.81	1.52	3.28	1.77	1.12	1.25	1.38	0.96	1.73

续表

国家和地区	2011年	2012年	2013年	2014年	2015年	2016年	2017年	2018年	2019年	2020年	合计
印度	2.09	2.42	1.36	0.76	1.09	1.41	3.00	1.56	1.04	2.57	1.73
英国	2.51	1.21	1.36	1.89	2.55	1.77	0.75	1.88	1.38	1.61	1.69
埃及	0.42	0.40	1.36	1.89	1.46	0.71	0.00	1.88	3.46	2.57	1.47
澳大利亚	0.84	0.81	0.90	0.38	2.19	2.12	1.12	1.88	2.42	1.29	1.44
葡萄牙	1.67	1.61	2.71	1.52	1.82	1.41	1.50	0.63	0.69	1.29	1.44

四 涂料和薄膜

中国大陆和美国的涂料和薄膜A层人才最多,其中,中国大陆的A层人才世界占比为20.00%,美国的A层人才世界占比为18.95%,二者合计超过全球A层人才总量的1/3;加拿大、沙特、德国、瑞典、印度、澳大利亚、法国、日本的A层人才比较多,世界占比在6%~3%之间;中国香港、马来西亚、卡塔尔、意大利、韩国、奥地利、巴西、捷克、埃及、冰岛也有相当数量的A层人才,世界占比超过1%。

中国大陆和美国的涂料和薄膜B层人才最多,其中,中国大陆的B层人才世界占比为30.68%,显著超过B层人才世界占比15.08%、排名第二的美国;德国、印度、伊朗、加拿大、日本、法国的B层人才比较多,世界占比为5%~3%;英国、韩国、沙特、澳大利亚、西班牙、马来西亚、荷兰、瑞士、新加坡、土耳其、中国香港、中国台湾也有相当数量的B层人才,世界占比超过或接近1%。

中国大陆的涂料和薄膜C层人才最多,世界占比为35.46%,遥遥领先于C层人才占比10.13%、排名第二的美国,印度、伊朗、德国、韩国的C层人才比较多,世界占比在6%~3%之间;加拿大、日本、法国、英国、澳大利亚、中国台湾、西班牙、意大利、马来西亚、土耳其、沙特、瑞典、波兰、中国香港也有相当数量的C层人才,世界占比超过或接近1%。

表6-10 涂料和薄膜A层人才排名前20的国家和地区的占比

单位:%

国家和地区	2011年	2012年	2013年	2014年	2015年	2016年	2017年	2018年	2019年	2020年	合计
中国大陆	0.00	12.50	22.22	0.00	22.22	11.11	30.00	25.00	42.86	28.57	20.00
美国	25.00	12.50	44.44	33.33	11.11	33.33	20.00	16.67	0.00	0.00	18.95
加拿大	12.50	0.00	0.00	11.11	11.11	0.00	0.00	16.67	0.00	0.00	5.26
沙特	0.00	0.00	0.00	0.00	11.11	0.00	20.00	8.33	14.29	0.00	5.26
德国	0.00	12.50	0.00	11.11	0.00	33.33	0.00	0.00	0.00	0.00	5.26
瑞典	0.00	12.50	0.00	11.11	0.00	11.11	0.00	8.33	0.00	0.00	4.21
印度	0.00	0.00	0.00	0.00	0.00	0.00	10.00	0.00	14.29	14.29	4.21
澳大利亚	25.00	0.00	11.11	0.00	0.00	0.00	0.00	0.00	0.00	0.00	3.16
法国	0.00	0.00	0.00	0.00	22.22	0.00	0.00	8.33	0.00	0.00	3.16
日本	0.00	0.00	11.11	0.00	11.11	0.00	0.00	0.00	0.00	7.14	3.16
中国香港	0.00	0.00	0.00	0.00	0.00	11.11	0.00	0.00	0.00	0.00	2.11
马来西亚	12.50	0.00	0.00	0.00	0.00	0.00	0.00	0.00	0.00	7.14	2.11
卡塔尔	0.00	0.00	0.00	0.00	0.00	0.00	0.00	0.00	14.29	7.14	2.11
意大利	0.00	0.00	0.00	11.11	0.00	0.00	0.00	8.33	0.00	0.00	2.11
韩国	0.00	12.50	0.00	0.00	0.00	0.00	0.00	0.00	0.00	7.14	2.11
奥地利	0.00	0.00	0.00	0.00	0.00	0.00	0.00	8.33	0.00	0.00	1.05
巴西	0.00	0.00	0.00	0.00	0.00	0.00	0.00	0.00	14.29	0.00	1.05
捷克	0.00	12.50	0.00	0.00	0.00	0.00	0.00	0.00	0.00	0.00	1.05
埃及	0.00	0.00	0.00	0.00	0.00	0.00	0.00	0.00	0.00	7.14	1.05
冰岛	0.00	12.50	0.00	0.00	0.00	0.00	0.00	0.00	0.00	0.00	1.05

表6-11 涂料和薄膜B层人才排名前20的国家和地区的占比

单位:%

国家和地区	2011年	2012年	2013年	2014年	2015年	2016年	2017年	2018年	2019年	2020年	合计
中国大陆	16.05	16.05	14.61	30.23	22.73	28.57	40.21	48.15	39.85	36.36	30.68
美国	28.40	32.10	26.97	20.93	12.50	5.95	8.25	12.04	8.27	5.79	15.08
德国	4.94	3.70	2.25	6.98	9.09	9.52	7.22	3.70	1.50	0.00	4.55
印度	2.47	1.23	7.87	4.65	3.41	7.14	1.03	4.63	3.01	6.61	4.24
伊朗	3.70	1.23	1.12	5.81	3.41	5.95	4.12	3.70	5.26	5.79	4.13
加拿大	8.64	1.23	4.49	3.49	4.55	2.38	4.12	2.78	4.51	3.31	3.93
日本	4.94	3.70	8.99	2.33	5.68	1.19	3.09	1.85	1.50	1.65	3.31
法国	4.94	2.47	4.49	3.49	4.55	4.76	4.12	0.00	2.26	0.83	3.00
英国	2.47	3.70	2.25	3.49	4.55	1.19	1.03	0.00	3.76	2.48	2.48
韩国	3.70	2.47	3.37	2.33	3.41	1.19	1.03	0.00	3.76	1.65	2.27
沙特	1.23	0.00	0.00	0.00	3.41	1.19	1.03	0.93	2.26	4.13	1.55
澳大利亚	0.00	1.23	4.49	0.00	1.14	4.76	1.03	1.85	1.50	2.00	1.55
西班牙	1.23	2.47	0.00	0.00	2.27	2.38	1.03	1.85	1.50	1.65	1.45
马来西亚	1.23	0.00	0.00	0.00	1.14	0.00	2.06	1.85	2.26	2.48	1.24
荷兰	2.47	2.47	0.00	0.00	1.14	0.00	1.03	0.00	3.01	0.00	1.03
瑞士	1.23	0.00	2.25	2.27	3.57	1.03	0.00	0.75	0.00	1.03

续表

国家和地区	2011年	2012年	2013年	2014年	2015年	2016年	2017年	2018年	2019年	2020年	合计
新加坡	0.00	2.47	0.00	2.33	1.14	2.38	0.00	0.00	0.75	1.65	1.03
土耳其	1.23	0.00	1.12	2.33	0.00	1.19	2.06	0.93	0.00	0.83	0.93
中国香港	0.00	1.23	2.25	0.00	1.14	0.00	0.00	1.85	1.50	0.83	0.93
中国台湾	1.23	1.23	2.25	0.00	0.00	0.00	0.00	0.00	1.50	1.65	0.83

表6-12　涂料和薄膜C层人才排名前20的国家和地区的占比

单位：%

国家和地区	2011年	2012年	2013年	2014年	2015年	2016年	2017年	2018年	2019年	2020年	合计
中国大陆	23.96	24.14	27.48	32.97	35.25	33.06	39.94	45.93	43.02	39.02	35.46
美国	12.95	14.56	13.05	13.11	10.07	11.10	8.45	8.15	6.29	7.65	10.13
印度	5.70	6.00	3.58	4.41	4.92	3.90	5.53	4.79	6.61	7.57	5.42
伊朗	4.79	3.70	5.31	6.00	2.93	4.25	4.02	5.56	5.14	3.28	4.49
德国	4.53	4.47	5.54	4.17	4.57	4.60	4.83	3.84	2.53	2.44	4.03
韩国	5.05	3.07	3.23	3.68	2.93	3.42	2.72	3.74	3.67	3.95	3.55
加拿大	4.15	3.45	4.85	3.19	3.63	2.95	3.52	2.40	1.63	1.43	2.98
日本	5.96	3.45	3.35	2.08	2.69	2.13	2.31	1.25	1.06	2.19	2.50
法国	3.24	3.70	3.58	1.72	2.11	2.72	1.71	1.73	1.96	1.26	2.28
英国	1.68	2.30	2.08	2.21	2.81	2.60	2.11	2.21	1.96	2.35	2.23
澳大利亚	1.68	1.79	1.50	1.47	1.64	2.01	1.41	1.73	1.88	1.26	1.63
中国台湾	2.72	2.43	2.08	1.84	0.35	0.83	1.01	0.86	1.31	1.43	1.44
西班牙	1.17	1.53	1.62	1.72	1.76	2.01	1.01	1.34	0.90	0.93	1.35
意大利	1.94	2.17	0.69	1.23	1.05	1.06	1.21	1.34	1.39	1.35	1.33
马来西亚	0.26	0.64	1.04	1.47	1.99	1.06	1.31	0.48	1.39	1.09	1.09
土耳其	1.04	1.53	1.39	1.23	1.29	1.53	0.60	0.77	0.82	1.01	1.09
沙特	0.39	0.77	0.35	0.25	1.76	0.71	0.80	1.15	1.31	2.44	1.07
瑞典	1.68	1.79	0.92	1.23	1.29	0.94	1.11	0.58	0.73	0.59	1.03
波兰	0.65	1.02	0.81	1.23	1.17	1.53	1.31	0.96	0.98	0.67	1.02
中国香港	0.78	0.64	1.04	0.61	0.82	0.83	1.11	0.96	1.31	0.76	0.91

五　纺织材料

中国大陆的纺织材料A、B、C层人才最多，分别占该学科全球A、B、C层人才的24.00%、24.13%、32.82%。

美国、印度的A层人才处于第二梯队，世界占比分别为16.00%、12.00%；芬兰、马来西亚的A层人才比较多，世界占比均为8%；奥地利、

第六章 工程与材料科学

加拿大、意大利、巴基斯坦、瑞典、中国台湾、泰国、突尼斯也有相当数量的 A 层人才，世界占比均为 4.00%。

印度、美国、加拿大、法国、韩国、瑞典、马来西亚的 B 层人才比较多，世界占比在 9%~3% 之间；芬兰、澳大利亚、伊朗、埃及、意大利、西班牙、瑞士、巴西、沙特、英国、巴基斯坦、挪威也有相当数量的 B 层人才，世界占比超过 1%。

印度、美国、韩国、伊朗的 C 层人才比较多，世界占比在 8%~3% 之间；土耳其、法国、加拿大、芬兰、瑞典、日本、意大利、澳大利亚、巴西、埃及、英国、西班牙、波兰、中国香港、德国也有相当数量的 C 层人才，世界占比超过 1%。

表 6-13 纺织材料 A 层人才的国家和地区的占比

单位：%

国家和地区	2011年	2012年	2013年	2014年	2015年	2016年	2017年	2018年	2019年	2020年	合计
中国大陆	33.33	0.00	0.00	33.33	0.00	0.00	33.33	0.00	40.00	20.00	24.00
美国	33.33	0.00	33.33	33.33	0.00	0.00	0.00	0.00	20.00	0.00	16.00
印度	0.00	0.00	0.00	33.33	0.00	0.00	0.00	0.00	0.00	40.00	12.00
芬兰	33.33	0.00	0.00	0.00	0.00	33.33	0.00	0.00	0.00	0.00	8.00
马来西亚	0.00	0.00	0.00	0.00	0.00	33.33	0.00	0.00	0.00	0.00	8.00
奥地利	0.00	0.00	0.00	0.00	0.00	0.00	0.00	0.00	20.00	0.00	4.00
加拿大	0.00	0.00	33.33	0.00	0.00	0.00	0.00	0.00	0.00	0.00	4.00
意大利	0.00	0.00	33.33	0.00	0.00	0.00	0.00	0.00	0.00	0.00	4.00
巴基斯坦	0.00	0.00	0.00	0.00	0.00	33.33	0.00	0.00	0.00	0.00	4.00
瑞典	0.00	0.00	0.00	0.00	0.00	33.33	0.00	0.00	0.00	0.00	4.00
中国台湾	0.00	0.00	0.00	0.00	0.00	0.00	0.00	0.00	20.00	0.00	4.00
泰国	0.00	0.00	0.00	0.00	0.00	0.00	0.00	0.00	0.00	20.00	4.00
突尼斯	0.00	0.00	0.00	0.00	0.00	0.00	33.33	0.00	0.00	0.00	4.00

表 6-14 纺织材料 B 层人才排名前 20 的国家和地区的占比

单位：%

国家和地区	2011年	2012年	2013年	2014年	2015年	2016年	2017年	2018年	2019年	2020年	合计
中国大陆	14.71	17.86	12.90	10.00	18.18	14.71	32.61	40.54	23.53	40.82	24.13
印度	0.00	3.57	0.00	3.33	6.06	2.94	10.87	8.11	17.65	18.37	8.31
美国	2.94	17.86	12.90	3.33	6.06	5.88	10.87	0.00	1.96	6.12	6.43

续表

国家和地区	2011年	2012年	2013年	2014年	2015年	2016年	2017年	2018年	2019年	2020年	合计
加拿大	2.94	7.14	9.68	10.00	18.18	2.94	2.17	0.00	0.00	2.04	4.83
法国	0.00	10.71	9.68	0.00	6.06	5.88	2.17	8.11	3.92	0.00	4.29
韩国	5.88	0.00	9.68	3.33	3.03	2.94	6.52	2.70	3.92	4.08	4.29
瑞典	2.94	7.14	0.00	16.67	9.09	5.88	2.17	2.70	0.00	2.04	4.02
马来西亚	2.94	3.57	0.00	0.00	3.03	8.82	2.17	2.70	5.88	4.08	3.49
芬兰	2.94	7.14	0.00	6.67	0.00	8.82	0.00	0.00	0.00	2.04	2.41
澳大利亚	0.00	3.57	6.45	0.00	3.03	0.00	0.00	5.41	3.92	0.00	2.41
伊朗	2.94	3.57	3.23	3.33	3.03	2.94	4.35	2.70	0.00	0.00	2.41
埃及	5.88	0.00	0.00	0.00	3.03	2.94	2.17	2.70	3.92	2.04	2.41
意大利	5.88	0.00	12.90	0.00	0.00	2.94	2.17	0.00	0.00	0.00	2.41
西班牙	0.00	3.57	6.45	10.00	0.00	5.88	0.00	0.00	0.00	0.00	2.14
瑞士	8.82	0.00	0.00	13.33	0.00	0.00	2.17	0.00	0.00	0.00	2.14
巴西	2.94	3.57	3.23	3.33	0.00	0.00	2.17	2.70	1.96	0.00	1.88
沙特	2.94	0.00	0.00	0.00	0.00	5.88	2.17	0.00	1.96	2.04	1.61
英国	5.88	0.00	0.00	0.00	0.00	2.94	2.17	2.70	0.00	2.04	1.61
巴基斯坦	0.00	0.00	0.00	3.33	0.00	0.00	2.94	0.00	2.70	2.04	1.34
挪威	2.94	0.00	3.23	3.33	0.00	2.94	0.00	0.00	1.96	0.00	1.34

表6-15 纺织材料C层人才排名前20的国家和地区的占比

单位：%

国家和地区	2011年	2012年	2013年	2014年	2015年	2016年	2017年	2018年	2019年	2020年	合计
中国大陆	17.31	18.29	28.38	22.90	27.80	31.93	39.90	39.90	46.02	39.48	32.82
印度	10.15	6.23	6.93	5.39	6.78	9.34	4.99	5.81	7.74	13.02	7.80
美国	8.06	5.84	5.94	11.45	6.78	6.63	6.41	7.58	4.52	3.47	6.46
韩国	4.78	7.39	3.30	3.70	5.08	3.31	3.33	4.04	4.95	1.74	4.01
伊朗	2.39	5.06	5.28	5.39	4.75	5.42	2.38	2.02	2.58	2.39	3.54
土耳其	6.87	7.78	2.97	2.02	1.69	3.01	2.14	1.01	1.29	1.52	2.78
法国	3.28	4.67	2.64	3.70	3.73	1.81	1.90	2.27	1.29	2.39	2.61
加拿大	2.69	1.56	1.65	5.05	2.71	2.11	1.90	2.53	1.29	2.17	2.30
芬兰	2.39	2.33	2.64	4.71	1.69	2.11	2.38	2.27	0.65	1.74	2.19
瑞典	2.09	3.11	1.98	2.69	2.37	2.41	2.14	2.27	1.51	1.30	2.11
日本	3.88	2.33	2.97	3.03	2.03	0.90	1.43	1.52	0.86	1.30	1.91
意大利	2.09	1.95	5.28	2.36	2.71	1.20	1.90	1.26	0.22	1.08	1.85
澳大利亚	0.60	3.11	2.31	0.34	2.71	2.41	0.71	2.27	2.58	0.22	1.66
巴西	1.49	2.33	1.32	2.02	1.69	1.81	2.38	1.01	0.86	1.52	1.60

续表

国家和地区	2011年	2012年	2013年	2014年	2015年	2016年	2017年	2018年	2019年	2020年	合计
埃及	1.19	0.39	1.98	1.35	2.71	1.51	0.71	1.77	2.15	1.95	1.60
英国	3.28	2.33	0.99	2.36	0.34	0.60	0.95	2.27	1.94	0.87	1.57
西班牙	1.79	1.17	1.98	2.02	1.69	2.11	2.61	1.01	0.65	0.87	1.54
波兰	2.39	1.17	1.65	0.67	1.36	2.41	1.66	1.77	0.65	1.74	1.54
中国香港	3.88	2.33	0.66	2.69	1.02	0.60	0.95	0.76	1.29	0.65	1.40
德国	1.79	1.56	1.98	1.35	1.36	2.11	0.95	0.76	1.08	1.30	1.38

六 复合材料

中国大陆的复合材料A层人才最多，世界占比为21.74%；美国、澳大利亚处于第二梯队，A层人才的世界占比分别为15.94%、10.14%；阿尔及利亚、沙特、印度、新西兰、英国、意大利的A层人才比较多，世界占比在9%~4%之间；中国香港、瑞典、埃及、芬兰、伊朗、马来西亚、荷兰、葡萄牙、南非、韩国、瑞士也有相当数量的A层人才，世界占比超过1%。

中国大陆的B层人才最多，世界占比为24.13%；美国、澳大利亚、伊朗、阿尔及利亚、沙特、意大利、中国香港、英国、印度的B层人才比较多，世界占比在10%~3%之间；韩国、埃及、葡萄牙、越南、德国、土耳其、马来西亚、加拿大、日本、比利时也有相当数量的B层人才，世界占比超过1%。

中国大陆的C层人才最多，世界占比为24.06%；美国、伊朗、意大利、英国、澳大利亚、印度、韩国的C层人才比较多，世界占比在9%~4%之间；中国香港、法国、加拿大、德国、西班牙、土耳其、葡萄牙、沙特、越南、日本、马来西亚、新加坡也有相当数量的C层人才，世界占比超过1%。

表6-16 复合材料A层人才排名前20的国家和地区的占比

单位：%

国家和地区	2011年	2012年	2013年	2014年	2015年	2016年	2017年	2018年	2019年	2020年	合计
中国大陆	0.00	20.00	0.00	0.00	14.29	14.29	40.00	11.11	36.36	55.56	21.74
美国	0.00	20.00	20.00	16.67	28.57	0.00	40.00	33.33	0.00	11.11	15.94
澳大利亚	20.00	20.00	0.00	0.00	0.00	0.00	20.00	22.22	9.09	11.11	10.14

续表

国家和地区	2011年	2012年	2013年	2014年	2015年	2016年	2017年	2018年	2019年	2020年	合计
阿尔及利亚	0.00	0.00	20.00	16.67	14.29	0.00	0.00	0.00	18.18	11.11	8.70
沙特	0.00	0.00	0.00	16.67	0.00	0.00	0.00	0.00	18.18	11.11	5.80
印度	0.00	0.00	20.00	0.00	14.29	0.00	0.00	11.11	0.00	0.00	4.35
新西兰	0.00	0.00	0.00	16.67	0.00	14.29	0.00	11.11	0.00	0.00	4.35
英国	0.00	20.00	0.00	16.67	0.00	0.00	0.00	11.11	0.00	0.00	4.35
意大利	40.00	0.00	0.00	0.00	14.29	0.00	0.00	0.00	0.00	0.00	4.35
中国香港	0.00	20.00	0.00	0.00	14.29	0.00	0.00	0.00	0.00	0.00	2.90
瑞典	20.00	0.00	0.00	0.00	0.00	14.29	0.00	0.00	0.00	0.00	2.90
埃及	0.00	0.00	0.00	16.67	0.00	0.00	0.00	0.00	0.00	0.00	1.45
芬兰	0.00	0.00	0.00	0.00	0.00	14.29	0.00	0.00	0.00	0.00	1.45
伊朗	0.00	0.00	0.00	0.00	0.00	0.00	0.00	0.00	9.09	0.00	1.45
马来西亚	0.00	0.00	0.00	0.00	0.00	14.29	0.00	0.00	0.00	0.00	1.45
荷兰	20.00	0.00	0.00	0.00	0.00	0.00	0.00	0.00	0.00	0.00	1.45
葡萄牙	0.00	0.00	20.00	0.00	0.00	0.00	0.00	0.00	0.00	0.00	1.45
南非	0.00	0.00	0.00	0.00	0.00	0.00	0.00	0.00	9.09	0.00	1.45
韩国	0.00	0.00	20.00	0.00	0.00	0.00	0.00	0.00	0.00	0.00	1.45
瑞士	0.00	0.00	0.00	0.00	0.00	14.29	0.00	0.00	0.00	0.00	1.45

表6-17 复合材料B层人才排名前20的国家和地区的占比

单位：%

国家和地区	2011年	2012年	2013年	2014年	2015年	2016年	2017年	2018年	2019年	2020年	合计
中国大陆	8.70	17.39	20.37	13.21	10.53	16.42	25.68	32.18	29.70	47.62	24.13
美国	6.52	8.70	12.96	7.55	9.21	7.46	10.81	16.09	6.93	8.33	9.59
澳大利亚	2.17	8.70	3.70	9.43	7.89	1.49	17.57	10.34	0.99	4.76	6.69
伊朗	8.70	4.35	1.85	5.66	3.95	8.96	6.76	5.75	7.92	7.14	6.25
阿尔及利亚	2.17	0.00	1.85	1.89	6.58	5.97	5.41	5.75	6.93	3.57	4.51
沙特	0.00	0.00	3.70	1.89	7.89	4.48	4.05	3.45	8.91	2.38	4.22
意大利	6.52	4.35	5.56	1.89	7.89	7.46	6.76	1.15	1.98	0.00	4.07
中国香港	8.70	6.52	7.41	9.43	5.26	2.99	0.00	0.00	0.99	2.38	3.63
英国	2.17	6.52	1.85	5.66	5.26	2.99	1.35	3.45	1.98	4.76	3.49
印度	2.17	4.35	9.26	7.55	2.63	4.48	4.05	1.15	1.98	1.19	3.49
韩国	0.00	4.35	5.56	7.55	5.26	1.49	2.70	3.45	0.99	0.00	2.91
埃及	0.00	0.00	3.70	0.00	7.89	2.99	0.00	1.15	3.96	2.38	2.47
葡萄牙	6.52	10.87	1.85	0.00	1.32	1.49	1.35	1.15	1.98	0.00	2.18
越南	2.17	0.00	0.00	0.00	0.00	1.32	4.48	1.35	0.00	3.96	3.57	1.89

续表

国家和地区	2011年	2012年	2013年	2014年	2015年	2016年	2017年	2018年	2019年	2020年	合计
德国	4.35	2.17	3.70	3.77	1.32	1.49	1.35	3.45	0.00	0.00	1.89
土耳其	0.00	2.17	7.41	1.89	2.63	0.00	2.70	0.00	1.98	1.19	1.89
马来西亚	0.00	0.00	1.85	3.77	1.32	5.97	1.35	1.15	2.97	0.00	1.89
加拿大	6.52	2.17	1.85	3.77	0.00	4.48	0.00	0.00	0.00	0.00	1.45
日本	2.17	0.00	0.00	0.00	1.32	5.97	0.00	1.15	1.98	1.19	1.45
比利时	4.35	2.17	0.00	1.89	2.63	1.49	0.00	0.00	1.98	0.00	1.31

表6–18　复合材料C层人才排名前20的国家和地区的占比

单位：%

国家和地区	2011年	2012年	2013年	2014年	2015年	2016年	2017年	2018年	2019年	2020年	合计
中国大陆	10.88	12.66	13.59	17.87	19.62	25.69	23.82	31.30	30.52	37.29	24.06
美国	12.94	10.26	9.68	9.39	8.60	7.07	8.97	9.90	6.08	6.19	8.58
伊朗	4.31	5.02	7.45	3.43	4.97	5.48	6.76	4.72	7.84	4.68	5.57
意大利	5.75	5.02	7.08	7.22	7.12	7.07	6.03	6.21	2.37	2.65	5.45
英国	6.98	8.08	7.64	6.50	7.53	5.63	3.53	3.57	3.30	3.54	5.28
澳大利亚	4.11	6.11	4.84	4.33	5.78	3.90	4.56	5.18	5.05	6.07	5.03
印度	3.49	3.06	3.91	3.43	2.82	2.74	4.41	4.72	7.22	4.55	4.25
韩国	4.11	3.06	4.10	4.51	4.97	4.47	4.41	2.99	4.85	3.03	4.07
中国香港	2.46	3.28	2.61	1.62	3.49	3.90	3.38	2.53	2.27	2.15	2.76
法国	6.37	5.02	3.72	3.97	2.69	2.60	2.21	0.81	1.65	1.01	2.65
加拿大	5.54	2.18	1.86	2.35	2.96	2.31	2.79	1.15	1.65	3.29	2.49
德国	4.11	2.18	1.68	4.33	2.42	2.31	1.91	2.99	1.75	2.02	2.49
西班牙	3.08	5.24	2.98	1.62	1.75	1.88	2.50	2.30	1.34	1.01	2.18
土耳其	1.44	1.31	2.61	3.25	1.21	2.74	2.21	2.42	2.37	1.26	2.09
葡萄牙	2.26	3.49	3.91	2.71	2.02	1.15	1.76	0.92	1.24	1.39	1.90
沙特	0.62	1.09	2.79	2.17	1.08	1.30	1.76	1.15	1.34	2.28	1.55
越南	0.41	0.44	1.49	0.54	1.88	1.44	0.88	1.27	1.96	3.03	1.46
日本	3.08	1.31	0.74	1.26	1.61	2.02	1.62	0.46	0.93	1.01	1.33
马来西亚	1.23	1.53	1.12	1.62	0.27	1.01	1.32	1.61	1.96	0.38	1.21
新加坡	1.03	1.75	1.30	1.44	0.81	1.62	1.27	0.82	1.26	1.16	1.16

七　材料检测和鉴定

中国大陆和美国的材料检测和鉴定A层人才最多，世界占比均为16.67%；其后是英国、阿尔及利亚，两国A层人才的世界占比分别为14.58%、12.50%；

沙特、法国、西班牙的 A 层人才比较多,世界占比在 9%~4% 之间;巴西、加拿大、中国香港、伊朗、荷兰、波兰、罗马尼亚、土耳其、拉脱维亚、马来西亚也有相当数量的 A 层人才,世界占比均为 2.08%。

中国大陆的 B 层人才最多,世界占比为 12.30%;美国紧随其后,B 层人才的世界占比为 11.27%;伊朗、印度、沙特、英国、德国、意大利、阿尔及利亚的 B 层人才比较多,世界占比在 7%~3% 之间;澳大利亚、土耳其、加拿大、法国、巴西、马来西亚、日本、波兰、泰国、埃及、西班牙也有相当数量的 B 层人才,世界占比超过 1%。

中国大陆的 C 层人才最多,世界占比为 20.25%;其后是美国,其 C 层人才的世界占比为 10.21%;伊朗、英国、印度、意大利、法国、德国的 C 层人才比较多,世界占比在 6%~3% 之间;韩国、波兰、加拿大、日本、澳大利亚、土耳其、巴西、西班牙、俄罗斯、葡萄牙、马来西亚、比利时也有相当数量的 C 层人才,世界占比超过 1%。

表 6-19 材料检测和鉴定 A 层人才的国家和地区的占比

单位:%

国家和地区	2011 年	2012 年	2013 年	2014 年	2015 年	2016 年	2017 年	2018 年	2019 年	2020 年	合计
中国大陆	40.00	20.00	50.00	0.00	0.00	0.00	33.33	0.00	0.00	16.67	16.67
美国	20.00	0.00	25.00	0.00	33.33	0.00	33.33	0.00	33.33	16.67	16.67
英国	0.00	20.00	25.00	25.00	33.33	50.00	16.67	0.00	0.00	0.00	14.58
阿尔及利亚	0.00	0.00	0.00	0.00	25.00	0.00	25.00	0.00	33.33	33.33	12.50
沙特	0.00	0.00	0.00	0.00	0.00	0.00	0.00	0.00	33.33	33.33	8.33
法国	0.00	20.00	0.00	25.00	0.00	0.00	0.00	20.00	0.00	0.00	6.25
西班牙	0.00	20.00	0.00	0.00	0.00	0.00	0.00	20.00	0.00	0.00	4.17
巴西	0.00	0.00	0.00	0.00	33.33	0.00	0.00	0.00	0.00	0.00	2.08
加拿大	0.00	0.00	0.00	0.00	0.00	0.00	0.00	20.00	0.00	0.00	2.08
中国香港	0.00	0.00	0.00	0.00	0.00	0.00	0.00	20.00	0.00	0.00	2.08
伊朗	20.00	0.00	0.00	0.00	0.00	0.00	0.00	0.00	0.00	0.00	2.08
荷兰	0.00	0.00	0.00	25.00	0.00	0.00	0.00	0.00	0.00	0.00	2.08
波兰	20.00	0.00	0.00	0.00	0.00	0.00	0.00	0.00	0.00	0.00	2.08
罗马尼亚	0.00	0.00	0.00	0.00	0.00	0.00	0.00	20.00	0.00	0.00	2.08
土耳其	0.00	0.00	0.00	0.00	0.00	0.00	16.67	0.00	0.00	0.00	2.08
拉脱维亚	0.00	20.00	0.00	0.00	0.00	0.00	0.00	0.00	0.00	0.00	2.08
马来西亚	0.00	0.00	0.00	0.00	0.00	25.00	0.00	0.00	0.00	0.00	2.08

表 6–20　材料检测和鉴定 B 层人才排名前 20 的国家和地区的占比

单位：%

国家和地区	2011 年	2012 年	2013 年	2014 年	2015 年	2016 年	2017 年	2018 年	2019 年	2020 年	合计
中国大陆	13.64	8.70	11.90	14.89	12.50	4.17	14.00	18.00	12.07	12.70	12.30
美国	18.18	17.39	14.29	10.64	17.50	12.50	8.00	12.00	8.62	0.00	11.27
伊朗	6.82	4.35	2.38	4.26	5.00	6.25	10.00	14.00	12.07	1.59	6.76
印度	6.82	2.17	4.76	4.26	0.00	8.33	10.00	2.00	5.17	9.52	5.53
沙特	0.00	0.00	2.38	0.00	2.50	2.08	2.00	4.00	12.07	22.22	5.53
英国	13.64	10.87	4.76	4.26	5.00	4.17	2.00	2.00	1.72	1.59	4.71
德国	9.09	4.35	0.00	2.13	5.00	4.17	2.00	6.00	5.17	3.17	4.10
意大利	0.00	4.35	4.76	4.26	5.00	4.17	6.00	2.00	5.17	1.59	3.89
阿尔及利亚	0.00	2.17	4.76	0.00	2.50	0.00	0.00	0.00	6.90	12.70	3.28
澳大利亚	2.27	4.35	4.76	6.38	2.50	0.00	4.00	0.00	0.00	4.76	2.87
土耳其	0.00	0.00	0.00	0.00	0.00	4.17	4.00	2.00	6.90	6.35	2.66
加拿大	4.55	0.00	2.38	2.13	7.50	6.25	4.00	0.00	0.00	0.00	2.46
法国	0.00	2.17	4.76	4.26	5.00	4.17	0.00	4.00	0.00	0.00	2.25
巴西	6.82	2.17	4.76	2.13	0.00	0.00	4.00	0.00	0.00	0.00	2.05
马来西亚	0.00	0.00	2.38	6.38	0.00	2.08	0.00	0.00	0.00	4.76	2.05
日本	2.27	0.00	4.76	4.26	0.00	0.00	2.00	0.00	3.45	0.00	1.64
波兰	0.00	2.17	0.00	0.00	0.00	6.25	0.00	0.00	1.72	0.00	1.64
泰国	0.00	2.17	0.00	0.00	2.50	0.00	0.00	0.00	1.72	7.94	1.64
埃及	0.00	0.00	0.00	0.00	2.50	4.17	4.00	0.00	5.17	0.00	1.64
西班牙	0.00	6.52	7.14	0.00	0.00	2.08	0.00	0.00	0.00	0.00	1.43

表 6–21　材料检测和鉴定 C 层人才排名前 20 的国家和地区的占比

单位：%

国家和地区	2011 年	2012 年	2013 年	2014 年	2015 年	2016 年	2017 年	2018 年	2019 年	2020 年	合计
中国大陆	12.93	15.64	16.34	18.18	22.37	21.55	27.44	23.11	23.34	19.93	20.25
美国	14.66	11.32	9.65	11.97	11.83	9.41	8.83	10.50	10.05	5.72	10.21
伊朗	2.59	5.14	3.47	3.99	7.20	6.07	5.08	6.30	9.69	6.86	5.75
英国	5.60	8.23	6.44	5.99	4.11	5.23	4.89	4.83	3.23	3.76	5.16
印度	5.60	3.91	3.96	3.55	4.11	4.18	3.76	3.99	6.10	7.84	4.83
意大利	6.03	2.47	5.69	3.99	5.91	5.23	3.57	2.52	3.77	3.92	4.23
法国	7.76	5.35	5.20	6.65	3.60	3.14	3.20	2.10	3.23	2.29	4.15
德国	4.31	5.76	5.45	2.88	3.34	5.65	3.76	4.20	1.62	2.29	3.84
韩国	3.45	2.88	3.96	3.99	2.06	2.51	2.44	2.10	2.15	3.27	2.87
波兰	2.37	2.06	3.22	1.77	1.80	3.56	2.82	2.94	3.05	1.80	2.54
加拿大	2.37	2.47	1.98	2.66	3.60	1.05	2.63	4.41	1.97	2.29	2.52

续表

国家和地区	2011年	2012年	2013年	2014年	2015年	2016年	2017年	2018年	2019年	2020年	合计
日本	3.45	2.47	1.24	2.66	2.57	1.88	3.01	1.68	1.62	1.80	2.23
澳大利亚	0.65	1.23	1.24	1.77	2.06	1.88	2.82	2.73	2.15	2.94	2.00
土耳其	1.51	2.47	0.99	0.44	1.80	1.26	1.50	2.31	3.41	2.78	1.92
巴西	1.51	2.47	2.48	1.55	1.29	2.51	2.07	1.05	2.33	0.82	1.79
西班牙	1.51	2.06	3.96	1.55	0.51	3.77	1.50	1.47	0.90	0.82	1.75
俄罗斯	2.16	1.23	2.23	2.00	1.03	1.26	1.32	2.10	1.62	1.14	1.59
葡萄牙	2.80	1.85	1.49	0.44	1.54	1.46	1.32	1.89	1.26	1.14	1.51
马来西亚	0.43	2.67	2.72	2.00	0.77	0.42	0.75	0.42	0.90	2.78	1.40
比利时	0.65	1.23	1.24	2.00	0.77	2.51	1.69	1.89	0.72	0.49	1.30

八 多学科材料

多学科材料A、B、C层人才主要集中在美国和中国大陆,二者A、B、C层人才的世界占比合计为48.41%、53.93%、48.07%,其中美国的A层人才多于中国大陆,B层和C层人才少于后者。

英国、韩国、德国、日本、澳大利亚、新加坡的A层人才比较多,世界占比在6%~3%之间;瑞士、加拿大、沙特、意大利、法国、中国香港、荷兰、瑞典、西班牙、中国台湾、比利时、以色列也有相当数量的A层人才,世界占比超过或接近1%。

德国、韩国、英国、新加坡、澳大利亚、日本的B层人才比较多,世界占比在5%~3%之间;中国香港、加拿大、法国、沙特、瑞士、西班牙、印度、中国台湾、意大利、荷兰、瑞典、以色列也有相当数量的B层人才,世界占比超过或接近1%。

德国、韩国、英国、日本、澳大利亚的C层人才比较多,世界占比在5%~3%之间;印度、新加坡、法国、中国香港、加拿大、西班牙、意大利、瑞士、沙特、中国台湾、荷兰、伊朗、瑞典也有相当数量的C层人才,世界占比超过或接近1%。

第六章 工程与材料科学

表6-22 多学科材料A层人才排名前20的国家和地区的占比

单位：%

国家和地区	2011年	2012年	2013年	2014年	2015年	2016年	2017年	2018年	2019年	2020年	合计
美国	37.23	28.00	32.89	31.41	26.53	31.68	24.86	25.51	24.66	21.68	27.82
中国大陆	19.71	23.33	13.82	16.03	17.01	18.63	19.89	25.00	27.35	20.80	20.59
英国	5.84	4.00	5.92	8.97	10.20	4.97	7.73	2.55	2.69	3.98	5.44
韩国	4.38	4.67	5.26	3.85	7.48	6.21	4.97	4.08	4.04	5.31	4.97
德国	3.65	6.67	3.95	5.77	4.76	6.21	4.42	3.57	4.04	4.87	4.74
日本	6.57	4.67	3.95	2.56	3.40	4.35	3.31	4.08	4.93	3.54	4.11
澳大利亚	1.46	2.00	1.97	1.92	2.04	1.24	4.97	4.08	4.48	4.42	3.07
新加坡	3.65	6.67	4.61	2.56	2.72	2.48	1.10	2.55	2.69	2.21	3.01
瑞士	2.92	2.00	3.95	2.56	2.72	3.11	2.76	2.55	1.79	2.21	2.60
加拿大	2.19	0.67	0.66	1.28	2.04	4.97	3.87	3.06	2.24	3.54	2.54
沙特	2.19	0.67	0.00	1.92	2.72	1.86	4.97	4.08	3.14	0.88	2.31
意大利	0.73	1.33	0.66	3.21	4.76	0.62	2.76	1.53	2.24	2.65	2.08
法国	1.46	2.00	4.61	1.28	2.04	1.24	2.76	1.02	0.45	2.65	1.91
中国香港	0.73	1.33	0.66	2.56	1.36	2.48	0.55	2.55	4.04	1.77	1.91
荷兰	1.46	1.33	1.32	1.28	2.72	1.24	1.10	1.02	1.79	0.88	1.39
瑞典	1.46	1.33	0.00	0.00	0.68	1.24	1.10	2.04	0.45	3.10	1.21
西班牙	0.73	0.67	0.66	1.92	2.04	0.00	1.66	1.02	0.90	2.21	1.21
中国台湾	0.00	2.67	1.32	2.56	0.00	0.62	1.10	1.53	0.90	1.00	1.04
比利时	0.00	0.00	2.63	0.64	0.68	2.48	0.55	0.51	1.35	0.44	0.93
以色列	0.00	0.67	0.66	0.00	0.00	2.48	1.66	0.51	0.90	0.88	0.81

表6-23 多学科材料B层人才排名前20的国家和地区的占比

单位：%

国家和地区	2011年	2012年	2013年	2014年	2015年	2016年	2017年	2018年	2019年	2020年	合计
中国大陆	19.62	21.78	24.12	25.12	25.09	28.92	33.90	38.48	38.66	38.64	30.65
美国	31.32	28.67	28.52	26.43	25.17	22.98	22.48	20.06	19.80	15.40	23.28
德国	6.05	5.04	4.25	5.30	4.69	4.00	4.22	2.99	3.48	3.52	4.23
韩国	4.91	5.63	6.16	4.96	4.99	4.55	2.93	3.10	2.99	3.10	4.16
英国	4.50	3.93	4.55	3.92	4.08	3.86	4.03	3.61	3.08	3.57	3.85
新加坡	2.94	3.63	3.37	4.40	3.70	4.07	4.46	3.94	4.33	3.24	3.83
澳大利亚	2.21	2.37	2.64	3.44	3.25	4.28	4.09	4.39	4.13	5.31	3.76
日本	4.82	3.70	3.52	3.10	3.40	3.73	3.18	2.54	2.84	2.30	3.21
中国香港	1.06	1.63	1.61	1.51	2.80	2.21	2.69	2.99	3.53	3.29	2.46
加拿大	1.96	1.78	1.54	1.65	1.66	1.86	1.65	1.69	2.69	2.35	1.93

续表

国家和地区	2011年	2012年	2013年	2014年	2015年	2016年	2017年	2018年	2019年	2020年	合计
法国	2.62	2.15	2.57	1.93	1.74	2.42	1.28	1.58	1.09	0.89	1.73
沙特	0.65	0.59	0.88	1.93	2.49	1.86	1.71	1.97	1.89	1.69	1.61
瑞士	1.88	1.33	1.54	1.72	1.74	2.35	0.98	1.35	1.14	1.27	1.49
西班牙	2.21	1.78	2.13	1.38	1.66	1.73	1.16	0.90	1.19	0.94	1.44
印度	1.55	1.85	1.32	1.45	1.51	0.76	0.92	1.18	1.09	2.16	1.39
中国台湾	1.23	2.07	1.47	2.00	1.06	0.83	0.61	0.62	1.04	0.85	1.13
意大利	1.23	1.26	1.83	1.10	1.59	1.59	0.86	0.51	0.55	0.80	1.07
荷兰	1.14	1.85	1.17	0.96	0.98	0.76	0.86	0.79	0.60	0.89	0.97
瑞典	0.82	0.96	0.66	1.38	1.21	0.69	0.49	1.46	0.80	0.99	0.95
以色列	0.74	0.44	0.51	0.69	0.53	0.62	0.79	0.51	0.40	0.47	0.56

表6-24 多学科材料C层人才排名前20的国家和地区的占比

单位：%

国家和地区	2011年	2012年	2013年	2014年	2015年	2016年	2017年	2018年	2019年	2020年	合计
中国大陆	17.47	20.24	22.77	26.29	28.97	29.78	33.05	35.70	37.77	35.56	29.80
美国	23.06	22.71	21.50	20.32	19.48	18.75	18.27	16.37	14.84	13.03	18.27
德国	6.80	6.20	5.93	5.50	5.01	4.69	4.06	4.25	3.83	3.85	4.86
韩国	4.81	4.80	4.81	5.04	5.07	4.81	4.44	4.28	4.21	3.88	4.55
英国	4.13	4.02	4.16	3.81	3.63	4.05	3.72	3.89	3.16	3.51	3.77
日本	4.96	4.11	3.83	3.70	3.15	3.13	2.68	2.51	2.51	2.20	3.15
澳大利亚	2.39	2.26	2.54	2.53	3.13	3.17	3.34	3.38	3.76	3.70	3.10
印度	3.23	2.99	3.17	2.87	2.49	2.57	2.20	2.40	2.40	3.18	2.74
新加坡	2.21	2.58	2.30	2.49	2.84	2.71	2.92	2.78	2.73	2.65	2.64
法国	4.12	3.81	3.38	2.83	2.27	2.29	2.00	1.77	1.41	1.45	2.39
中国香港	1.18	1.31	1.30	1.64	1.91	1.97	2.17	2.41	2.24	2.38	1.92
加拿大	2.21	2.06	1.99	2.12	1.92	1.78	1.78	1.63	1.75	1.87	1.89
西班牙	2.33	2.55	2.23	2.18	1.89	1.81	1.66	1.43	1.31	1.38	1.81
意大利	2.30	1.91	2.11	1.88	1.54	1.51	1.63	1.49	1.31	1.48	1.68
瑞士	1.55	1.63	1.65	1.48	1.52	1.45	1.51	1.52	1.17	1.23	1.45
沙特	0.38	0.53	0.81	1.12	1.38	1.39	1.59	1.39	1.44	1.78	1.24
中国台湾	1.60	1.71	1.39	1.24	1.25	1.04	0.94	0.85	0.93	1.06	1.17
荷兰	1.56	1.37	1.23	1.08	1.14	1.13	1.03	0.91	0.97	0.93	1.11
伊朗	1.23	0.94	0.98	0.91	1.01	1.11	0.99	0.92	1.01	1.26	1.04
瑞典	1.27	0.95	1.16	0.92	1.03	1.01	1.02	1.02	0.81	0.80	0.98

九 石油工程

中国大陆的石油工程 A 层人才最多,世界占比为 24.14%;马来西亚、美国、澳大利亚的 A 层人才比较多,世界占比在 14%~10% 之间;印度、荷兰、尼日利亚、德国、墨西哥、挪威、俄罗斯、英国也有相当数量的 A 层人才,世界占比在 7%~3% 之间。

美国和中国大陆的 B 层人才最多,世界占比分别为 30.33%、29.00%;伊朗、加拿大、澳大利亚、印度、英国的 B 层人才比较多,世界占比在 6%~3%;马来西亚、沙特、阿联酋、挪威、德国、伊拉克、法国、俄罗斯、巴西、土耳其、日本、荷兰、巴基斯坦也有相当数量的 B 层人才,世界占比超过或接近 1%。

中国大陆和美国的 C 层人才最多,世界占比分别为 27.38%、21.59%;伊朗、加拿大、澳大利亚、英国的 C 层人才比较多,世界占比在 8%~3% 之间;挪威、印度、俄罗斯、沙特、马来西亚、法国、巴西、德国、荷兰、意大利、韩国、日本、土耳其、阿联酋也有相当数量的 C 层人才,世界占比超过或接近 1%。

表 6-25 石油工程 A 层人才的国家和地区的占比

单位:%

国家和地区	2011 年	2012 年	2013 年	2014 年	2015 年	2016 年	2017 年	2018 年	2019 年	2020 年	合计
中国大陆	0.00	50.00	0.00	50.00	0.00	33.33	33.33	0.00	20.00	50.00	24.14
马来西亚	0.00	0.00	0.00	0.00	0.00	0.00	0.00	66.67	20.00	25.00	13.79
美国	0.00	0.00	0.00	50.00	66.67	0.00	0.00	0.00	20.00	0.00	13.79
澳大利亚	0.00	50.00	33.33	0.00	0.00	33.33	0.00	0.00	0.00	0.00	10.34
印度	0.00	0.00	0.00	0.00	0.00	0.00	0.00	0.00	40.00	0.00	6.90
荷兰	0.00	0.00	0.00	0.00	0.00	33.33	33.33	0.00	0.00	0.00	6.90
尼日利亚	0.00	0.00	33.33	0.00	0.00	0.00	0.00	33.33	0.00	0.00	6.90
德国	0.00	0.00	0.00	0.00	33.33	0.00	0.00	0.00	0.00	0.00	3.45
墨西哥	100.00	0.00	0.00	0.00	0.00	0.00	0.00	0.00	0.00	0.00	3.45
挪威	0.00	0.00	33.33	0.00	0.00	0.00	0.00	0.00	0.00	0.00	3.45
俄罗斯	0.00	0.00	0.00	0.00	0.00	0.00	33.33	0.00	0.00	0.00	3.45
英国	0.00	0.00	0.00	0.00	0.00	0.00	0.00	0.00	25.00	0.00	3.45

表6-26 石油工程B层人才排名前20的国家和地区的占比

单位：%

国家和地区	2011年	2012年	2013年	2014年	2015年	2016年	2017年	2018年	2019年	2020年	合计
美国	55.56	45.45	32.14	45.83	21.43	28.57	31.43	28.57	16.67	22.50	30.33
中国大陆	11.11	27.27	32.14	12.50	17.86	21.43	40.00	34.29	35.71	37.50	29.00
伊朗	0.00	0.00	10.71	4.17	10.71	7.14	0.00	2.86	4.76	12.50	5.67
加拿大	5.56	4.55	3.57	8.33	14.29	7.14	0.00	2.86	4.76	2.50	5.00
澳大利亚	0.00	18.18	0.00	4.17	0.00	3.57	5.71	5.71	2.38	5.00	4.33
印度	0.00	0.00	0.00	4.17	3.57	3.57	0.00	2.86	9.52	2.50	3.00
英国	0.00	0.00	0.00	8.33	3.57	0.00	5.71	5.71	4.76	0.00	3.00
马来西亚	0.00	0.00	3.57	0.00	3.57	7.14	2.86	0.00	2.38	5.00	2.67
沙特	5.56	0.00	0.00	4.17	3.57	0.00	0.00	8.57	0.00	0.00	2.00
阿联酋	0.00	4.55	3.57	4.17	0.00	3.57	0.00	2.86	0.00	0.00	2.00
挪威	0.00	0.00	3.57	0.00	3.57	0.00	0.00	2.86	2.38	2.50	1.67
德国	5.56	0.00	0.00	0.00	7.14	3.57	0.00	0.00	0.00	0.00	1.33
伊拉克	0.00	0.00	0.00	0.00	0.00	0.00	0.00	0.00	2.38	5.00	1.00
法国	0.00	0.00	3.57	4.17	0.00	3.57	0.00	0.00	0.00	0.00	1.00
俄罗斯	0.00	0.00	0.00	0.00	0.00	3.57	2.86	0.00	2.38	0.00	1.00
巴西	0.00	0.00	0.00	0.00	0.00	0.00	2.86	0.00	0.00	0.00	0.67
土耳其	0.00	0.00	0.00	0.00	0.00	0.00	2.86	0.00	2.38	0.00	0.67
日本	0.00	0.00	3.57	0.00	0.00	3.57	0.00	0.00	0.00	0.00	0.67
荷兰	0.00	0.00	0.00	0.00	3.57	0.00	2.86	0.00	0.00	0.00	0.67
巴基斯坦	0.00	0.00	0.00	0.00	3.57	3.57	0.00	0.00	0.00	0.00	0.67

表6-27 石油工程C层人才排名前20的国家和地区的占比

单位：%

国家和地区	2011年	2012年	2013年	2014年	2015年	2016年	2017年	2018年	2019年	2020年	合计
中国大陆	12.57	15.38	21.31	19.31	26.15	22.63	29.47	37.76	37.53	33.68	27.38
美国	25.14	28.51	24.40	25.10	26.50	19.34	23.82	23.56	14.53	13.62	21.59
伊朗	10.86	7.69	6.53	10.42	7.42	8.39	5.33	6.95	9.20	7.20	7.85
加拿大	7.43	9.50	8.25	5.79	4.95	7.30	5.02	5.14	5.08	6.17	6.26
澳大利亚	4.00	4.07	4.81	5.41	4.59	3.65	4.70	2.11	4.60	4.37	4.23
英国	6.29	1.36	3.09	3.86	2.47	3.65	2.82	2.72	2.66	2.57	3.01
挪威	3.43	5.43	3.78	3.09	2.83	2.92	3.76	1.81	1.21	2.06	2.84
印度	1.14	1.81	2.06	0.77	3.18	3.65	2.82	3.32	2.66	4.11	2.71
俄罗斯	5.14	1.36	3.44	2.70	1.77	2.92	3.45	2.42	1.21	2.06	2.50
沙特	1.14	1.36	0.69	1.93	2.47	3.28	3.13	0.91	3.15	2.83	2.20

续表

国家和地区	2011年	2012年	2013年	2014年	2015年	2016年	2017年	2018年	2019年	2020年	合计
马来西亚	1.14	1.36	0.69	0.77	1.77	1.46	2.19	1.81	3.87	2.57	1.93
法国	4.57	4.52	3.09	3.09	0.71	2.55	0.63	1.21	0.97	0.51	1.90
巴西	0.57	1.81	1.72	1.54	2.47	4.01	0.31	0.60	0.97	1.80	1.56
德国	0.57	1.81	2.41	3.47	0.71	1.09	0.63	0.30	0.48	0.77	1.15
荷兰	2.86	0.90	1.03	1.93	1.77	1.46	0.94	0.91	0.48	0.51	1.15
意大利	1.14	0.90	1.03	1.54	0.71	0.73	0.31	0.00	0.73	1.03	0.78
韩国	0.57	0.90	0.69	0.00	1.06	0.36	0.94	1.81	0.48	0.26	0.71
日本	0.57	1.36	1.72	0.00	0.00	1.09	1.25	0.00	0.73	0.26	0.68
土耳其	1.14	0.45	1.03	0.77	1.06	1.09	0.31	0.30	0.48	0.00	0.61
阿联酋	0.00	0.45	0.69	0.00	0.71	1.46	0.94	0.30	0.24	0.77	0.58

十　采矿和矿物处理

采矿和矿物处理A层人才主要集中在中国大陆和美国，二者A层人才的世界占比合计为51.29%；澳大利亚和加拿大的A层人才比较多，世界占比分别为10.26%、5.13%；比利时、德国、中国香港、印度、意大利、马来西亚、南非、韩国、西班牙、斯里兰卡、中国台湾、土耳其也有相当数量的A层人才，世界占比均为2.56%。

中国大陆的B层人才最多，世界占比为35.69%；澳大利亚和美国处于第二梯队，B层人才的世界占比分别为13.14%、12.55%；加拿大、德国、英国的B层人才比较多，世界占比在4%~3%之间；法国、日本、韩国、土耳其、伊朗、南非、印度、奥地利、马来西亚、巴西、瑞典、智利、俄罗斯、瑞士也有相当数量的B层人才，世界占比超过或接近1%。

中国大陆的C层人才最多，世界占比为29.90%；澳大利亚和美国处于第二梯队，C层人才的世界占比分别为12.04%、10.42%；加拿大、伊朗、德国、英国的C层人才比较多，世界占比在6%~3%之间；法国、印度、南非、日本、土耳其、俄罗斯、西班牙、瑞典、意大利、巴西、韩国、智利、中国香港也有相当数量的C层人才，世界占比超过或接近1%。

表 6–28　采矿和矿物处理 A 层人才的国家和地区的占比

单位：%

国家和地区	2011 年	2012 年	2013 年	2014 年	2015 年	2016 年	2017 年	2018 年	2019 年	2020 年	合计
中国大陆	0.00	0.00	0.00	33.33	25.00	0.00	25.00	33.33	37.50	42.86	28.21
美国	0.00	0.00	66.67	33.33	0.00	100.00	50.00	16.67	25.00	0.00	23.08
澳大利亚	0.00	0.00	0.00	0.00	0.00	0.00	0.00	0.00	25.00	28.57	10.26
加拿大	100.00	0.00	0.00	33.33	0.00	0.00	0.00	0.00	0.00	0.00	5.13
比利时	0.00	0.00	0.00	0.00	25.00	0.00	0.00	0.00	0.00	0.00	2.56
德国	0.00	0.00	0.00	0.00	0.00	0.00	25.00	0.00	0.00	0.00	2.56
中国香港	0.00	0.00	0.00	0.00	0.00	0.00	0.00	16.67	0.00	0.00	2.56
印度	0.00	0.00	0.00	0.00	0.00	0.00	0.00	16.67	0.00	0.00	2.56
意大利	0.00	50.00	0.00	0.00	0.00	0.00	0.00	0.00	0.00	0.00	2.56
马来西亚	0.00	0.00	0.00	0.00	0.00	0.00	0.00	0.00	0.00	14.29	2.56
南非	0.00	0.00	0.00	0.00	0.00	0.00	0.00	16.67	0.00	0.00	2.56
韩国	0.00	0.00	0.00	0.00	0.00	0.00	0.00	0.00	12.50	0.00	2.56
西班牙	0.00	0.00	0.00	0.00	25.00	0.00	0.00	0.00	0.00	0.00	2.56
斯里兰卡	0.00	0.00	0.00	0.00	0.00	0.00	0.00	0.00	0.00	14.29	2.56
中国台湾	0.00	0.00	0.00	33.33	0.00	0.00	0.00	0.00	0.00	0.00	2.56
土耳其	0.00	50.00	0.00	0.00	0.00	0.00	0.00	0.00	0.00	0.00	2.56

表 6–29　采矿和矿物处理 B 层人才排名前 20 的国家和地区的占比

单位：%

国家和地区	2011 年	2012 年	2013 年	2014 年	2015 年	2016 年	2017 年	2018 年	2019 年	2020 年	合计
中国大陆	28.13	22.73	27.45	18.42	39.53	18.37	47.06	32.73	51.39	49.33	35.69
澳大利亚	18.75	20.45	7.84	7.89	13.95	10.20	11.76	5.45	18.06	16.00	13.14
美国	9.38	18.18	15.69	23.68	16.28	20.41	17.65	5.45	2.78	6.67	12.55
加拿大	3.13	4.55	7.84	7.89	2.33	6.12	1.96	3.64	0.00	1.33	3.53
德国	0.00	4.55	1.96	7.89	4.65	4.08	3.92	5.45	1.39	1.33	3.33
英国	3.13	2.27	5.88	0.00	0.00	6.12	5.88	7.27	1.39	0.00	3.14
法国	3.13	4.55	1.96	5.26	0.00	4.08	3.92	3.64	1.33	0.00	2.55
日本	9.38	0.00	1.96	10.53	2.33	2.04	0.00	3.64	0.00	0.00	2.35
韩国	0.00	2.27	1.96	0.00	2.33	2.04	1.96	0.00	5.56	2.67	2.16
土耳其	3.13	2.27	7.84	0.00	0.00	0.00	0.00	7.27	0.00	1.33	2.16
伊朗	0.00	0.00	0.00	0.00	2.63	2.33	0.00	3.64	2.78	1.33	1.37
南非	0.00	0.00	0.00	0.00	0.00	2.04	0.00	3.64	1.39	2.67	1.18
印度	0.00	0.00	5.88	0.00	2.33	0.00	0.00	3.64	0.00	0.00	1.18
奥地利	6.25	0.00	0.00	0.00	0.00	2.33	4.08	0.00	0.00	0.00	0.98
马来西亚	0.00	2.27	1.96	0.00	0.00	0.00	0.00	1.82	1.39	1.33	0.98

续表

国家和地区	2011年	2012年	2013年	2014年	2015年	2016年	2017年	2018年	2019年	2020年	合计
巴西	0.00	0.00	0.00	2.63	0.00	2.04	3.92	0.00	0.00	1.33	0.98
瑞典	0.00	2.27	0.00	0.00	4.65	2.04	0.00	0.00	0.00	1.33	0.98
智利	3.13	0.00	0.00	2.63	0.00	2.04	0.00	1.82	0.00	0.00	0.78
俄罗斯	0.00	0.00	0.00	2.63	2.33	2.04	1.96	0.00	0.00	0.00	0.78
瑞士	0.00	4.55	1.96	2.63	0.00	0.00	0.00	0.00	0.00	0.00	0.78

表6-30 采矿和矿物处理C层人才排名前20的国家和地区的占比

单位:%

国家和地区	2011年	2012年	2013年	2014年	2015年	2016年	2017年	2018年	2019年	2020年	合计
中国大陆	19.26	23.27	22.63	26.49	33.17	31.17	31.53	35.49	33.58	34.10	29.90
澳大利亚	15.54	13.61	8.64	13.77	10.82	13.23	13.73	10.78	12.12	10.38	12.04
美国	10.81	10.15	10.70	12.73	13.70	12.56	11.22	10.20	7.59	7.58	10.42
加拿大	6.08	4.95	6.58	6.49	6.73	4.93	6.77	5.69	6.28	3.62	5.77
伊朗	4.73	4.70	3.09	3.38	3.13	2.91	2.51	2.55	3.07	2.80	3.18
德国	2.36	3.22	4.73	2.60	2.16	2.47	4.06	3.14	2.48	3.29	3.09
英国	4.39	3.22	2.88	4.68	1.92	3.14	3.87	2.75	2.92	1.81	3.05
法国	2.70	4.70	2.67	3.12	1.92	1.79	1.16	3.92	2.77	2.80	2.74
印度	3.38	3.22	3.50	2.08	1.92	2.47	1.55	1.96	3.50	2.14	2.57
南非	4.73	1.98	2.88	1.82	0.48	1.12	1.16	1.96	2.04	1.32	1.85
日本	2.03	1.24	2.06	2.86	1.92	1.12	0.97	2.16	1.75	1.65	1.75
土耳其	2.70	2.23	1.65	2.34	2.40	1.12	0.77	1.57	1.61	1.65	1.73
俄罗斯	0.34	1.24	1.65	1.04	0.72	0.67	1.93	0.39	2.63	1.98	1.39
西班牙	1.69	1.73	1.65	1.30	1.20	1.35	1.55	1.76	0.44	1.48	1.37
瑞典	0.34	1.73	1.65	1.82	1.44	1.57	0.58	0.98	1.46	0.82	1.24
意大利	1.69	1.24	2.88	1.04	0.72	0.90	0.97	1.18	0.88	0.82	1.20
巴西	1.01	0.74	1.65	1.04	0.24	1.57	1.35	0.78	1.31	0.99	1.09
韩国	2.03	0.99	1.03	1.30	0.72	0.67	0.58	0.39	1.17	1.65	1.03
智利	1.01	0.00	1.44	0.52	0.48	1.12	1.55	1.37	0.29	1.98	1.01
中国香港	0.00	0.00	0.82	1.30	3.13	0.67	0.97	0.98	0.29	0.82	0.88

十一 机械工程

机械工程A、B、C层人才主要集中在美国和中国大陆,二者A、B、C层人才的世界占比合计为35.91%、35.35%、37.01%,其中美国的A层人才多于中国大陆,B层和C层人才少于后者。

伊朗、英国、沙特、阿尔及利亚、巴基斯坦的A层人才比较多,世界占比在7%~3%之间;加拿大、德国、澳大利亚、韩国、印度、法国、越南、爱尔兰、比利时、马来西亚、芬兰、新加坡、意大利也有相当数量的A层人才,世界占比超过1%。

伊朗、英国、沙特的B层人才比较多,世界占比在8%~3%之间;澳大利亚、德国、印度、加拿大、法国、意大利、韩国、马来西亚、巴基斯坦、土耳其、中国香港、越南、西班牙、日本、新加坡也有相当数量的B层人才,世界占比超过1%。

英国、伊朗、印度、意大利、德国、法国、澳大利亚的C层人才比较多,世界占比在6%~3%之间;加拿大、韩国、日本、西班牙、土耳其、中国香港、沙特、波兰、马来西亚、新加坡、瑞典也有相当数量的C层人才,世界占比超过1%。

表6-31 机械工程A层人才排名前20的国家和地区的占比

单位:%

国家和地区	2011年	2012年	2013年	2014年	2015年	2016年	2017年	2018年	2019年	2020年	合计
美国	34.21	30.19	31.91	28.81	22.73	9.26	25.93	12.24	10.34	8.33	21.03
中国大陆	2.63	7.55	8.51	20.34	15.91	24.07	14.81	16.33	15.52	18.75	14.88
伊朗	0.00	0.00	8.51	3.39	2.27	3.70	9.26	14.29	12.07	14.58	6.94
英国	10.53	9.43	4.26	3.39	4.55	7.41	3.70	6.12	0.00	10.42	5.75
沙特	0.00	0.00	2.13	3.39	0.00	11.11	3.70	2.04	6.90	4.17	3.57
阿尔及利亚	0.00	0.00	0.00	3.39	4.55	7.41	5.56	2.04	1.72	8.33	3.37
巴基斯坦	0.00	1.89	2.13	0.00	4.55	5.56	1.85	4.08	8.62	2.08	3.17
加拿大	5.26	7.55	6.38	0.00	2.27	1.85	1.85	4.08	0.00	0.00	2.78
德国	7.89	3.77	2.13	6.78	4.55	1.85	0.00	0.00	0.00	0.00	2.58
澳大利亚	5.26	3.77	2.13	0.00	2.27	0.00	0.00	0.00	8.62	2.08	2.38
韩国	2.63	3.77	2.13	1.69	4.55	3.70	0.00	2.04	1.72	0.00	2.18
印度	0.00	3.77	0.00	1.69	4.55	5.56	0.00	0.00	1.72	2.08	1.98
法国	2.63	1.89	4.26	1.69	2.27	0.00	1.85	4.08	0.00	0.00	1.79
越南	0.00	0.00	0.00	0.00	0.00	0.00	0.00	4.08	3.45	10.42	1.79
爱尔兰	5.26	1.89	2.13	0.00	2.27	0.00	3.70	2.04	0.00	0.00	1.59
比利时	2.63	3.77	0.00	0.00	2.27	3.70	0.00	0.00	0.00	2.08	1.39

续表

国家和地区	2011年	2012年	2013年	2014年	2015年	2016年	2017年	2018年	2019年	2020年	合计
马来西亚	2.63	1.89	0.00	1.69	0.00	1.85	1.85	0.00	3.45	0.00	1.39
芬兰	0.00	1.89	0.00	3.39	2.27	0.00	3.70	0.00	1.72	0.00	1.39
新加坡	0.00	1.89	0.00	1.69	4.55	0.00	1.85	0.00	1.72	0.00	1.19
意大利	0.00	1.89	0.00	0.00	4.55	0.00	1.85	4.08	0.00	0.00	1.19

表6-32 机械工程B层人才排名前20的国家和地区的占比

单位：%

国家和地区	2011年	2012年	2013年	2014年	2015年	2016年	2017年	2018年	2019年	2020年	合计
中国大陆	11.11	12.58	18.20	17.61	24.33	23.25	21.24	20.64	28.89	25.46	20.60
美国	24.56	20.96	17.49	17.25	18.00	15.03	15.03	8.02	7.96	6.71	14.75
伊朗	3.51	4.82	4.02	6.34	4.14	8.82	8.82	11.02	8.89	9.49	7.19
英国	4.39	4.82	6.86	4.05	4.87	3.01	4.41	3.01	4.26	4.17	4.33
沙特	0.88	1.26	1.18	1.41	4.14	3.81	5.01	4.81	3.70	3.70	3.05
澳大利亚	2.92	1.47	1.42	3.52	3.41	3.01	2.81	3.61	2.59	5.09	2.99
德国	5.56	3.35	4.73	3.70	2.43	2.20	2.00	3.21	1.67	1.39	2.94
印度	1.75	3.77	3.78	2.64	3.16	4.01	1.20	2.20	2.22	4.40	2.90
加拿大	4.39	1.47	3.55	3.52	3.16	2.20	2.40	2.61	2.59	1.39	2.69
法国	5.56	4.61	4.02	4.05	1.70	2.61	1.40	0.80	0.56	2.08	2.64
意大利	1.75	3.98	3.55	2.99	2.68	2.00	3.41	2.20	1.85	0.23	2.49
韩国	2.63	4.19	3.31	4.05	1.95	1.80	1.00	1.00	0.37	2.08	2.22
马来西亚	1.17	1.89	2.36	1.41	1.70	1.20	2.20	2.61	2.41	2.78	1.98
巴基斯坦	0.58	0.84	0.71	1.06	0.24	2.20	5.21	4.61	1.67	1.39	1.94
土耳其	1.46	1.89	1.89	2.29	1.46	3.01	1.40	2.61	1.67	1.39	1.94
中国香港	1.17	1.68	2.13	1.41	2.19	1.00	1.00	1.60	2.41	1.62	1.62
越南	0.00	0.42	0.00	0.00	0.00	0.60	1.40	2.20	3.33	8.10	1.62
西班牙	1.17	2.73	1.65	1.94	1.70	0.60	1.00	1.20	0.56	0.69	1.32
日本	1.46	1.89	1.18	1.41	0.49	1.20	1.40	0.60	1.48	0.46	1.17
新加坡	0.88	1.68	0.47	1.06	2.43	0.40	1.40	0.00	0.37	0.69	1.04

表6-33 机械工程C层人才排名前20的国家和地区的占比

单位：%

国家和地区	2011年	2012年	2013年	2014年	2015年	2016年	2017年	2018年	2019年	2020年	合计
中国大陆	13.00	16.55	18.46	19.93	23.28	26.03	27.07	30.07	30.44	28.97	23.76
美国	18.96	16.22	16.92	14.49	15.41	12.36	12.15	9.94	9.86	8.60	13.25
英国	6.62	6.00	5.96	5.47	5.77	5.23	4.88	4.86	5.02	5.09	5.44
伊朗	2.81	4.32	3.02	4.35	3.48	5.04	5.36	4.98	6.02	6.39	4.67

续表

国家和地区	2011年	2012年	2013年	2014年	2015年	2016年	2017年	2018年	2019年	2020年	合计
印度	4.18	4.72	4.44	4.06	3.21	4.54	4.74	4.37	5.15	4.29	4.39
意大利	4.33	4.64	4.10	4.39	3.65	3.86	3.17	3.18	2.74	2.91	3.68
德国	4.46	4.09	3.70	4.03	3.80	3.23	3.24	3.12	2.86	2.41	3.47
法国	5.37	4.07	4.93	3.67	3.85	2.98	2.63	2.13	1.97	1.95	3.26
澳大利亚	2.96	2.62	3.14	3.10	3.65	3.25	3.32	3.55	3.01	2.80	3.14
加拿大	3.94	3.38	2.97	3.01	3.12	2.94	2.59	2.75	2.55	1.86	2.88
韩国	3.33	3.65	3.09	3.24	2.99	2.46	2.30	2.09	2.05	2.34	2.73
日本	2.41	2.08	2.53	2.35	1.78	1.58	1.75	1.19	1.56	1.79	1.88
西班牙	2.47	1.80	2.50	2.32	1.97	1.50	1.29	1.72	1.06	1.38	1.77
土耳其	1.65	1.53	1.52	1.35	1.56	1.40	1.38	1.68	1.35	1.83	1.51
中国香港	1.40	1.38	0.76	1.23	1.07	1.46	1.15	1.80	1.93	1.49	1.38
沙特	0.64	0.73	0.88	0.86	1.12	1.33	1.71	1.60	1.60	1.86	1.25
波兰	0.79	1.24	0.93	1.59	1.58	1.33	1.13	1.09	0.98	1.19	1.20
马来西亚	0.98	1.11	1.01	1.12	1.10	1.35	1.13	0.88	1.04	1.33	1.11
新加坡	0.92	0.82	1.37	1.19	0.95	1.23	0.83	1.00	1.04	1.10	1.05
瑞典	1.37	1.07	1.54	1.25	1.31	0.71	0.96	0.90	0.69	0.62	1.03

十二 制造工程

制造工程A层人才主要集中在美国，世界占比为21.30%；中国大陆、英国、德国、法国、澳大利亚、加拿大、印度、意大利的A层人才比较多，世界占比在9%～3%之间；巴西、丹麦、新加坡、比利时、土耳其、新西兰、西班牙、中国香港、伊朗、马来西亚、荷兰也有相当数量的A层人才，世界占比超过1%。

制造工程B层人才主要集中在美国和中国大陆，世界占比分别为15.85%、15.79%；英国、德国、法国、加拿大、印度、意大利、澳大利亚的B层人才比较多，世界占比在10%～3%之间；中国香港、韩国、比利时、新加坡、日本、瑞典、伊朗、西班牙、丹麦、葡萄牙、荷兰也有相当数量的B层人才，世界占比超过1%。

制造工程C层人才主要集中在中国大陆和美国，世界占比分别为19.27%、14.44%；英国、印度、德国、意大利、加拿大、法国的C层人才比较多，世界占比在8%~3%之间；伊朗、韩国、澳大利亚、中国香港、日本、中国台湾、新加坡、西班牙、土耳其、瑞典、荷兰、巴西也有相当数量的C层人才，世界占比超过1%。

表6-34 制造工程A层人才排名前20的国家和地区的占比

单位：%

国家和地区	2011年	2012年	2013年	2014年	2015年	2016年	2017年	2018年	2019年	2020年	合计
美国	20.00	18.75	31.58	37.50	30.77	9.09	6.67	26.32	19.05	10.53	21.30
中国大陆	5.00	0.00	15.79	12.50	0.00	0.00	6.67	21.05	4.76	10.53	8.28
英国	10.00	6.25	10.53	6.25	7.69	9.09	6.67	5.26	9.52	5.26	7.69
德国	10.00	6.25	10.53	6.25	0.00	9.09	6.67	0.00	4.76	15.79	7.10
法国	0.00	6.25	5.26	0.00	7.69	9.09	6.67	10.53	9.52	15.79	7.10
澳大利亚	5.00	12.50	0.00	0.00	30.77	9.09	0.00	10.53	4.76	0.00	6.51
加拿大	5.00	18.75	5.26	0.00	0.00	0.00	0.00	10.53	4.76	0.00	4.73
印度	0.00	0.00	0.00	6.25	7.69	0.00	6.67	0.00	4.76	15.79	4.14
意大利	10.00	0.00	5.26	0.00	0.00	9.09	13.33	0.00	0.00	0.00	3.55
巴西	0.00	0.00	0.00	0.00	0.00	0.00	6.67	5.26	9.52	0.00	2.37
丹麦	0.00	6.25	0.00	12.50	0.00	9.09	0.00	0.00	0.00	0.00	2.37
新加坡	0.00	0.00	0.00	0.00	7.69	0.00	13.33	0.00	4.76	0.00	2.37
比利时	0.00	6.25	0.00	6.25	0.00	0.00	6.67	0.00	0.00	0.00	1.78
土耳其	5.00	0.00	0.00	0.00	0.00	0.00	0.00	0.00	0.00	10.53	1.78
新西兰	0.00	6.25	0.00	0.00	0.00	0.00	0.00	0.00	0.00	5.26	1.78
西班牙	5.00	6.25	5.26	0.00	0.00	0.00	0.00	0.00	0.00	0.00	1.78
中国香港	5.00	0.00	5.26	0.00	0.00	0.00	0.00	0.00	0.00	0.00	1.18
伊朗	0.00	0.00	0.00	0.00	6.25	0.00	0.00	5.26	0.00	0.00	1.18
马来西亚	0.00	0.00	0.00	0.00	0.00	9.09	6.67	0.00	0.00	0.00	1.18
荷兰	5.00	0.00	0.00	0.00	0.00	9.09	0.00	0.00	0.00	0.00	1.18

表6-35 制造工程B层人才排名前20的国家和地区的占比

单位：%

国家和地区	2011年	2012年	2013年	2014年	2015年	2016年	2017年	2018年	2019年	2020年	合计
美国	15.08	16.50	12.87	17.48	20.00	15.56	12.77	14.94	16.50	17.26	15.85
中国大陆	7.82	9.22	18.71	6.99	13.08	12.59	23.40	20.11	19.00	26.79	15.79
英国	10.06	11.17	12.28	8.39	9.23	11.85	9.22	10.34	8.00	7.14	9.78
德国	10.06	4.85	5.85	13.99	7.69	6.67	4.26	3.45	5.00	3.57	6.38
法国	3.91	2.43	5.26	2.80	2.31	5.93	3.55	6.32	4.50	6.55	4.37

续表

国家和地区	2011年	2012年	2013年	2014年	2015年	2016年	2017年	2018年	2019年	2020年	合计
加拿大	10.61	4.37	2.92	3.50	5.38	2.22	2.84	4.02	1.50	2.38	4.01
印度	1.68	5.83	1.75	4.90	5.38	4.44	4.26	3.45	3.50	0.60	3.52
意大利	1.12	3.40	3.51	2.80	4.62	3.70	2.84	3.45	4.50	2.38	3.22
澳大利亚	2.23	3.40	2.92	2.10	3.85	2.96	5.67	2.87	2.50	3.57	3.16
中国香港	1.68	3.40	6.43	0.70	1.54	4.44	0.71	3.45	2.50	3.57	2.91
韩国	3.35	3.88	1.75	3.50	4.62	0.74	2.84	1.15	0.00	1.79	2.31
比利时	3.35	1.46	1.75	4.90	1.54	2.22	0.00	2.30	2.50	0.00	2.00
新加坡	1.68	0.97	1.17	1.40	2.31	1.48	3.55	3.45	1.50	2.98	2.00
日本	2.79	2.91	4.09	0.70	1.54	2.22	0.71	0.57	1.00	1.19	1.82
瑞典	1.12	1.46	1.75	2.10	3.08	0.74	4.26	0.57	1.50	1.19	1.70
伊朗	2.23	2.43	2.34	0.70	2.31	0.74	0.71	1.72	1.50	0.60	1.58
西班牙	2.23	2.43	1.75	1.40	1.54	2.22	1.42	0.57	1.00	1.19	1.58
丹麦	1.68	0.97	2.34	2.10	0.00	0.74	0.71	2.30	1.50	0.60	1.34
葡萄牙	1.68	1.94	0.58	0.00	0.00	0.00	3.55	0.57	1.00	1.19	1.28
荷兰	2.23	1.46	0.58	2.10	0.77	2.22	0.00	0.57	1.50	0.00	1.15

表6-36 制造工程C层人才排名前20的国家和地区的占比

单位：%

国家和地区	2011年	2012年	2013年	2014年	2015年	2016年	2017年	2018年	2019年	2020年	合计
中国大陆	12.19	14.88	15.35	17.71	18.57	24.27	19.85	21.75	22.98	26.59	19.27
美国	14.85	14.18	14.35	14.73	15.63	12.98	14.46	14.96	15.17	12.94	14.44
英国	6.86	6.64	7.00	6.30	7.78	7.73	6.86	7.33	7.36	7.46	7.11
印度	6.58	5.93	6.29	7.08	6.75	6.49	5.68	6.67	6.39	4.81	6.25
德国	4.37	4.73	4.59	4.32	3.73	3.48	4.50	3.69	3.20	3.61	4.03
意大利	4.25	2.82	4.24	3.47	4.29	3.09	4.35	3.16	3.35	3.67	3.64
加拿大	4.25	4.27	4.24	3.75	2.54	3.09	2.88	4.59	2.99	3.07	3.62
法国	3.63	3.52	4.00	3.47	4.52	3.25	3.25	3.04	3.30	2.83	3.46
伊朗	3.91	3.12	3.71	2.69	2.70	2.86	2.51	2.50	2.03	1.74	2.79
韩国	4.02	3.62	2.76	3.26	2.22	2.40	2.51	1.91	2.18	2.05	2.72
澳大利亚	1.64	2.01	2.35	2.20	3.41	1.55	3.54	2.68	2.59	2.59	2.37
中国香港	2.49	2.71	2.47	1.91	2.30	1.78	2.29	2.15	2.84	2.29	2.36
日本	3.46	2.97	2.12	2.62	2.14	2.40	2.29	1.43	1.67	1.56	2.27
中国台湾	3.68	4.32	2.71	2.90	1.19	0.77	1.18	1.07	0.91	0.66	2.03
新加坡	2.21	1.81	1.18	1.70	1.90	2.16	1.85	2.15	1.47	2.77	1.91
西班牙	2.61	2.56	2.82	1.13	1.59	1.55	1.55	1.79	1.22	1.26	1.85
土耳其	2.10	2.36	2.06	1.98	1.90	1.31	0.96	1.19	1.01	1.32	1.64

续表

国家和地区	2011年	2012年	2013年	2014年	2015年	2016年	2017年	2018年	2019年	2020年	合计
瑞典	1.08	1.46	1.47	1.56	1.27	1.93	1.99	1.43	1.47	1.44	1.49
荷兰	1.30	1.71	1.29	1.91	1.51	0.93	0.30	1.13	1.17	1.14	1.26
巴西	0.79	1.01	0.76	0.78	1.19	1.16	0.89	1.01	1.67	1.44	1.08

十三 能源和燃料

能源和燃料 A、B、C 层人才主要集中在中国大陆和美国，二者 A、B、C 层人才的世界占比合计为 40.09%、43.09%、40.63%，其中，中国大陆的 A 层人才略少于美国，B 层和 C 层人才均显著多于美国。

德国、英国、日本、澳大利亚、新加坡、加拿大、意大利、韩国的 A 层人才比较多，世界占比在 6%~3% 之间；西班牙、瑞士、印度、法国、中国香港、沙特、以色列、荷兰、马来西亚、瑞典也有相当数量的 A 层人才，世界占比超过 1%。

英国、澳大利亚、德国、加拿大、韩国的 B 层人才比较多，世界占比在 5%~3% 之间；印度、新加坡、马来西亚、日本、中国香港、西班牙、沙特、法国、意大利、伊朗、瑞士、荷兰、瑞典也有相当数量的 B 层人才，世界占比超过 1%。

英国、印度、澳大利亚、德国、韩国的 C 层人才比较多，世界占比在 5%~3% 之间；伊朗、加拿大、西班牙、意大利、马来西亚、日本、法国、新加坡、中国香港、沙特、瑞典、荷兰、土耳其也有相当数量的 C 层人才，世界占比超过 1%。

表 6-37 能源和燃料 A 层人才排名前 20 的国家和地区的占比

单位：%

国家和地区	2011年	2012年	2013年	2014年	2015年	2016年	2017年	2018年	2019年	2020年	合计
美国	33.33	30.00	21.15	21.67	10.94	20.83	17.65	20.00	25.81	14.43	20.41
中国大陆	6.06	15.00	25.00	15.00	21.88	16.67	21.18	21.18	24.73	19.59	19.68
德国	6.06	5.00	5.77	1.67	4.69	4.17	7.06	9.41	4.30	4.12	5.29

续表

国家和地区	2011年	2012年	2013年	2014年	2015年	2016年	2017年	2018年	2019年	2020年	合计
英国	3.03	7.50	3.85	11.67	7.81	5.56	8.24	2.35	2.15	2.06	5.14
日本	0.00	2.50	5.77	3.33	4.69	8.33	4.71	3.53	5.38	4.12	4.55
澳大利亚	3.03	5.00	1.92	1.67	4.69	2.78	4.71	4.71	2.15	9.28	4.26
新加坡	6.06	2.50	5.77	3.33	1.56	4.17	3.53	4.71	2.15	6.19	3.96
加拿大	9.09	0.00	3.85	1.67	4.69	4.17	1.18	3.53	6.45	3.09	3.67
意大利	3.03	2.50	1.92	5.00	7.81	2.78	3.53	3.53	3.23	3.09	3.67
韩国	6.06	5.00	1.92	1.67	4.69	6.94	2.35	2.35	2.15	3.09	3.38
西班牙	3.03	7.50	1.92	3.33	3.13	2.78	1.18	2.35	1.08	1.03	2.35
瑞士	3.03	0.00	3.85	1.67	4.69	6.94	2.35	1.18	0.00	1.03	2.35
印度	3.03	5.00	1.92	3.33	0.00	0.00	1.18	3.53	2.15	2.06	2.06
法国	0.00	2.50	3.85	3.33	0.00	1.39	5.88	1.18	0.00	1.03	1.91
中国香港	0.00	0.00	0.00	1.67	0.00	2.78	1.18	2.35	4.30	2.06	1.76
沙特	0.00	0.00	0.00	3.33	6.25	0.00	0.00	1.18	1.08	4.12	1.76
以色列	3.03	0.00	1.92	1.67	1.56	1.39	2.35	2.35	0.00	2.06	1.62
荷兰	0.00	0.00	1.92	1.67	1.56	0.00	1.18	2.35	3.23	1.03	1.47
马来西亚	3.03	2.50	0.00	0.00	1.56	1.39	2.35	1.18	1.08	1.03	1.32
瑞典	0.00	0.00	1.92	3.33	0.00	2.78	0.00	1.18	1.08	2.06	1.32

表6-38 能源和燃料B层人才排名前20的国家和地区的占比

单位：%

国家和地区	2011年	2012年	2013年	2014年	2015年	2016年	2017年	2018年	2019年	2020年	合计
中国大陆	14.72	15.24	20.51	26.10	24.82	22.14	25.62	32.50	32.25	29.09	25.93
美国	27.42	20.78	18.82	20.22	17.43	14.09	17.52	19.34	14.61	11.70	17.16
英国	3.01	5.82	4.02	4.78	4.23	6.35	5.62	3.95	3.86	4.32	4.62
澳大利亚	2.34	6.93	3.59	3.68	3.87	5.42	3.92	4.21	5.68	5.34	4.60
德国	4.01	4.43	3.17	5.15	5.63	3.87	3.14	4.47	3.99	3.52	4.08
加拿大	3.34	3.60	3.59	2.57	3.17	2.48	2.48	3.03	3.62	3.98	3.18
韩国	2.01	3.32	3.17	3.31	2.64	3.87	3.14	3.03	2.29	3.64	3.09
印度	1.67	3.05	3.81	3.31	4.05	2.94	3.53	1.97	1.69	3.41	2.94
新加坡	2.01	2.77	4.65	3.86	2.99	4.02	3.01	1.97	2.66	1.82	2.91
马来西亚	4.35	2.77	3.59	2.94	4.05	2.79	3.01	0.79	0.85	1.70	2.42
日本	4.01	2.22	2.96	2.02	1.41	2.94	2.61	1.45	1.93	1.70	2.19
中国香港	0.00	0.83	1.06	1.84	1.41	1.70	2.61	2.76	3.26	1.93	1.99
西班牙	2.68	4.71	2.54	1.65	2.29	2.32	1.83	1.18	1.09	0.91	1.86
沙特	0.33	0.00	1.48	0.74	1.94	2.01	2.11	2.48	2.05	1.82	1.70

续表

国家和地区	2011年	2012年	2013年	2014年	2015年	2016年	2017年	2018年	2019年	2020年	合计
法国	3.34	2.77	2.33	1.84	0.70	2.17	1.70	0.66	1.33	1.25	1.62
意大利	2.34	2.22	0.42	2.02	1.76	2.63	1.31	0.53	0.97	0.91	1.39
伊朗	0.33	0.55	1.48	1.47	0.70	1.08	1.18	1.05	1.57	2.84	1.37
瑞士	2.01	2.22	1.06	0.92	1.76	1.70	1.44	1.45	1.33	0.57	1.36
荷兰	1.67	2.49	1.48	0.55	1.41	1.55	1.18	0.92	0.97	0.57	1.16
瑞典	1.00	0.83	1.48	0.55	1.76	0.93	0.52	1.32	1.57	1.14	1.13

表6-39 能源和燃料C层人才排名前20的国家和地区的占比

单位：%

国家和地区	2011年	2012年	2013年	2014年	2015年	2016年	2017年	2018年	2019年	2020年	合计
中国大陆	15.84	16.82	23.42	27.76	29.48	26.97	28.17	31.84	33.74	30.41	28.00
美国	19.51	18.05	14.70	13.92	12.60	12.79	12.35	11.99	10.42	8.74	12.63
英国	4.95	5.26	4.67	4.01	4.31	4.47	5.19	4.70	4.11	4.64	4.59
印度	4.31	3.13	3.58	3.25	3.75	4.48	4.62	4.11	3.94	4.88	4.10
澳大利亚	3.07	3.36	3.28	3.16	3.72	3.57	3.75	3.92	4.13	3.90	3.68
德国	4.01	4.62	4.04	3.77	3.58	3.54	3.14	3.38	2.68	2.63	3.38
韩国	3.23	2.91	3.50	3.12	3.58	3.41	3.09	3.32	3.12	3.19	3.25
伊朗	1.55	1.65	2.19	2.42	2.37	3.35	3.18	2.78	3.18	3.48	2.80
加拿大	3.27	3.55	3.07	2.77	2.63	2.47	2.04	2.36	2.46	2.18	2.55
西班牙	3.44	3.72	3.05	3.23	2.65	2.33	2.29	1.67	1.85	1.75	2.40
意大利	2.32	3.02	2.61	2.75	2.77	2.47	2.51	1.75	1.90	1.91	2.32
马来西亚	2.76	2.63	2.93	2.64	2.30	2.42	2.23	1.74	1.62	1.67	2.18
日本	2.73	2.55	2.57	2.23	2.08	2.02	1.84	1.92	1.75	1.44	2.00
法国	2.80	2.71	2.61	2.36	1.73	1.66	1.72	1.29	1.26	1.49	1.81
新加坡	1.25	1.43	1.92	1.84	1.76	1.58	1.75	1.82	1.57	1.86	1.71
中国香港	0.74	1.06	1.26	1.26	1.52	1.50	1.59	1.96	1.89	1.92	1.58
沙特	0.47	0.87	0.84	0.89	1.61	1.57	1.49	1.63	1.60	1.82	1.40
瑞典	1.58	1.37	1.62	1.52	1.13	1.32	1.18	1.40	1.01	0.97	1.26
荷兰	1.79	2.07	1.87	1.26	1.24	1.43	0.95	1.07	1.00	0.86	1.25
土耳其	1.65	1.57	1.03	1.28	1.06	0.99	1.17	1.10	0.78	1.65	1.19

十四 电气和电子工程

电气和电子工程A、B、C层人才主要集中在美国和中国大陆，二者A、B、C层人才的世界占比合计为44.03%、43.10%、38.19%，其中美国的A

层人才多于中国大陆，B 层和 C 层人才少于中国大陆。

英国、德国、新加坡、澳大利亚、法国、加拿大的 A 层人才比较多，世界占比在 7%～3% 之间；中国香港、意大利、韩国、西班牙、瑞典、日本、瑞士、丹麦、印度、沙特、芬兰、荷兰也有相当数量的 A 层人才，世界占比超过或接近 1%。

英国、澳大利亚、加拿大的 B 层人才比较多，世界占比在 6%～4% 之间；新加坡、韩国、德国、中国香港、法国、意大利、印度、西班牙、日本、伊朗、沙特、丹麦、瑞典、瑞士、中国台湾也有相当数量的 B 层人才，世界占比超过 1%。

英国、加拿大、印度、意大利、韩国、澳大利亚的 C 层人才比较多，世界占比为 6%～3%；德国、法国、西班牙、伊朗、中国香港、日本、新加坡、中国台湾、瑞士、瑞典、沙特、荷兰也有相当数量的 C 层人才，世界占比超过 1%。

表 6-40 电气和电子工程 A 层人才排名前 20 的国家和地区的占比

单位：%

国家和地区	2011 年	2012 年	2013 年	2014 年	2015 年	2016 年	2017 年	2018 年	2019 年	2020 年	合计
美国	33.33	32.96	34.52	23.58	22.31	21.89	29.35	20.94	22.73	12.50	24.66
中国大陆	10.67	6.70	10.66	16.16	17.93	19.25	24.28	22.38	26.52	29.17	19.37
英国	7.33	5.03	4.06	6.55	5.58	7.92	6.88	9.39	6.06	7.08	6.70
德国	4.67	5.03	3.05	6.55	4.38	6.04	3.62	3.61	2.27	2.08	4.08
新加坡	4.00	3.35	5.58	2.18	2.39	3.40	2.90	3.61	6.44	6.67	4.04
澳大利亚	0.67	1.68	2.54	4.37	3.59	4.53	2.54	3.61	6.44	5.42	3.74
法国	3.33	4.47	5.08	4.37	4.38	2.64	2.90	2.53	2.65	3.33	3.48
加拿大	4.67	5.03	2.54	3.49	3.98	3.40	2.54	2.89	3.41	2.92	3.39
中国香港	4.67	1.68	4.06	3.06	1.99	2.26	3.99	3.61	1.89	1.25	2.79
意大利	2.00	2.23	2.03	3.49	4.38	3.02	0.36	3.25	0.76	2.92	2.45
韩国	1.33	2.79	0.51	2.18	2.79	2.26	2.17	2.89	2.65	2.50	2.28
西班牙	4.67	3.91	3.05	3.93	1.20	3.02	1.45	1.81	0.00	0.42	2.15
瑞典	0.67	2.23	2.03	1.75	1.59	1.89	2.90	1.08	0.76	2.92	1.80
日本	2.00	1.68	2.03	1.31	2.39	1.51	0.72	1.44	2.27	2.08	1.72
瑞士	2.00	3.35	1.52	0.87	1.59	1.51	2.17	2.89	0.00	0.83	1.63
丹麦	0.67	1.68	3.55	3.43	1.20	2.26	0.72	0.72	0.38	0.42	1.46

续表

国家和地区	2011年	2012年	2013年	2014年	2015年	2016年	2017年	2018年	2019年	2020年	合计
印度	0.00	1.68	2.54	0.44	0.80	0.75	0.72	0.36	1.52	2.92	1.16
沙特	0.67	0.56	0.00	1.75	0.80	1.51	0.36	0.36	1.52	2.08	0.99
芬兰	1.33	0.00	0.00	1.31	0.80	1.51	0.72	1.08	0.76	1.25	0.90
荷兰	0.67	2.23	0.51	0.87	0.80	1.13	0.36	0.72	0.76	0.42	0.82

表6−41 电气和电子工程B层人才排名前20的国家和地区的占比

单位：%

国家和地区	2011年	2012年	2013年	2014年	2015年	2016年	2017年	2018年	2019年	2020年	合计
中国大陆	11.93	13.36	16.09	18.79	21.99	25.12	26.02	30.74	31.57	31.69	23.80
美国	26.81	25.41	24.89	21.17	19.18	18.65	21.20	15.70	14.95	11.15	19.30
英国	4.59	6.02	5.68	4.95	6.50	5.83	6.12	5.74	6.32	5.76	5.81
澳大利亚	2.81	3.95	4.06	3.93	4.17	4.21	5.19	4.85	4.78	5.44	4.44
加拿大	4.96	5.33	4.12	4.76	4.57	4.30	3.93	4.13	3.25	3.53	4.22
新加坡	2.37	2.95	3.06	3.20	3.73	2.38	2.80	2.91	2.65	2.46	2.86
韩国	4.07	3.07	2.67	2.04	2.41	2.60	2.88	2.91	2.18	3.39	2.77
德国	3.48	3.45	3.62	3.50	2.46	3.36	2.80	2.31	1.88	1.35	2.75
中国香港	2.22	3.01	3.51	2.67	2.77	2.55	3.36	2.43	2.39	1.58	2.65
法国	3.41	3.64	3.40	3.35	2.55	2.51	2.31	1.82	1.75	1.39	2.51
意大利	3.33	3.39	2.84	3.35	2.77	2.13	2.19	1.98	1.84	2.04	2.50
印度	1.85	1.76	1.95	2.43	2.55	2.13	1.54	2.14	2.43	3.76	2.28
西班牙	3.63	2.63	3.01	2.38	1.89	1.96	1.70	1.46	1.75	1.35	2.07
日本	2.22	2.01	2.12	1.26	1.14	2.04	1.01	1.66	2.05	1.44	1.65
伊朗	0.59	1.38	1.00	1.84	1.49	1.49	0.93	1.21	1.32	1.81	1.33
沙特	0.44	0.00	0.84	1.07	1.23	0.89	1.34	1.33	1.58	3.30	1.28
丹麦	1.04	1.13	1.22	1.80	1.32	1.75	0.85	1.42	1.11	0.88	1.26
瑞典	1.33	1.32	1.11	1.36	1.49	1.53	1.38	1.17	1.03	0.79	1.25
瑞士	1.85	1.51	1.39	1.46	1.36	0.81	1.01	0.89	0.81	0.60	1.12
中国台湾	1.93	1.51	1.61	1.12	0.83	0.94	0.57	0.85	1.07	1.16	1.09

表6−42 电气和电子工程C层人才排名前20的国家和地区的占比

单位：%

国家和地区	2011年	2012年	2013年	2014年	2015年	2016年	2017年	2018年	2019年	2020年	合计
中国大陆	12.73	13.67	14.96	17.51	18.70	21.07	23.66	26.43	28.62	26.43	21.12
美国	21.82	21.53	20.78	18.27	18.31	16.50	16.99	15.22	13.84	11.49	17.07
英国	5.16	4.62	4.77	4.64	5.01	5.48	5.23	5.32	5.03	5.05	5.06

续表

国家和地区	2011年	2012年	2013年	2014年	2015年	2016年	2017年	2018年	2019年	2020年	合计
加拿大	4.83	4.70	4.49	4.20	4.12	4.11	3.78	3.82	3.39	3.32	4.01
印度	2.30	2.43	2.92	3.54	3.53	4.06	3.75	4.17	4.06	5.11	3.70
意大利	4.23	3.71	4.07	3.94	4.00	3.48	3.06	2.93	2.39	2.52	3.37
韩国	3.59	3.72	3.35	3.13	3.15	3.21	3.19	3.30	3.24	3.61	3.33
澳大利亚	2.63	2.64	2.71	2.87	3.10	2.73	3.21	3.27	3.29	3.18	3.00
德国	3.67	3.63	3.54	3.50	3.47	2.95	2.92	2.28	2.20	1.93	2.94
法国	4.10	3.85	3.81	3.30	3.01	3.03	2.57	2.09	1.84	1.75	2.83
西班牙	3.08	3.35	3.08	2.68	2.66	2.44	2.28	2.10	2.03	1.86	2.49
伊朗	1.97	1.89	1.89	2.09	2.18	2.41	2.34	2.31	2.33	2.63	2.23
中国香港	2.49	2.53	2.25	2.46	2.17	2.05	2.26	2.17	2.00	1.63	2.17
日本	3.01	2.70	2.53	2.52	2.32	2.01	1.87	1.77	1.58	1.55	2.12
新加坡	2.11	2.14	2.23	2.12	2.12	2.24	2.08	2.06	1.88	1.88	2.08
中国台湾	3.74	3.17	2.75	2.28	1.88	1.52	1.28	1.27	1.17	1.33	1.90
瑞士	1.51	1.48	1.35	1.53	1.27	1.16	1.19	1.01	0.80	0.64	1.16
瑞典	1.26	1.48	1.38	1.49	1.13	1.29	1.12	0.93	0.92	0.79	1.16
沙特	0.38	0.42	0.54	0.74	0.99	0.98	1.05	1.22	1.57	2.61	1.11
荷兰	1.36	1.43	1.28	1.13	1.14	1.01	0.97	0.84	0.78	0.70	1.03

十五 建筑和建筑技术

建筑和建筑技术A层人才最多的国家是美国，世界占比为14.61%，中国大陆紧随其后，A层人才的世界占比为12.92%；阿尔及利亚、英国、沙特、澳大利亚、瑞士、法国、加拿大的A层人才比较多，世界占比在8%~4%之间；德国、意大利、韩国、比利时、巴西、荷兰、土耳其、印度、马来西亚、挪威、葡萄牙也有相当数量的A层人才，世界占比超过1%。

中国大陆的B层人才最多，世界占比为14.95%，其次为美国，世界占比为12.08%；澳大利亚、英国、中国香港、加拿大的B层人才比较多，世界占比在7%~3%之间；马来西亚、意大利、伊朗、瑞士、印度、德国、沙特、韩国、荷兰、丹麦、葡萄牙、西班牙、阿尔及利亚、比利时也有相当数量的B层人才，世界占比超过1%。

中国大陆的C层人才最多，世界占比为18.23%，美国排名第二，C层人才的世界占比为12.78%；英国、澳大利亚、意大利、加拿大、中国香港、伊朗的C层人才比较多，世界占比在6%~3%之间；法国、西班牙、德国、印度、韩国、葡萄牙、瑞士、马来西亚、土耳其、荷兰、新加坡、比利时也有相当数量的C层人才，世界占比超过1%。

表6–43 建筑和建筑技术A层人才排名前20的国家和地区的占比

单位：%

国家和地区	2011年	2012年	2013年	2014年	2015年	2016年	2017年	2018年	2019年	2020年	合计
美国	15.38	14.29	7.14	11.76	20.00	15.79	28.57	10.53	8.33	13.64	14.61
中国大陆	7.69	14.29	14.29	11.76	13.33	15.79	19.05	5.26	8.33	18.18	12.92
阿尔及利亚	0.00	0.00	7.14	0.00	6.67	10.53	9.52	0.00	20.83	13.64	7.87
英国	0.00	7.14	14.29	17.65	6.67	0.00	4.76	21.05	4.17	4.55	7.87
沙特	0.00	0.00	0.00	0.00	0.00	5.26	9.52	0.00	20.83	18.18	6.74
澳大利亚	7.69	7.14	21.43	11.76	0.00	5.26	0.00	5.26	4.17	4.55	6.18
瑞士	30.77	14.29	0.00	0.00	6.67	0.00	0.00	10.53	4.17	0.00	5.62
法国	7.69	0.00	0.00	5.88	0.00	10.53	0.00	10.53	8.33	0.00	4.49
加拿大	7.69	0.00	0.00	5.88	6.67	5.26	14.29	5.26	0.00	0.00	4.49
德国	7.69	7.14	0.00	11.76	0.00	0.00	0.00	0.00	4.17	0.00	2.81
意大利	0.00	14.29	0.00	0.00	0.00	5.26	0.00	0.00	4.17	4.55	2.81
韩国	0.00	0.00	14.29	0.00	0.00	5.26	0.00	5.26	0.00	0.00	2.25
比利时	0.00	0.00	0.00	5.88	6.67	5.26	0.00	0.00	0.00	0.00	1.69
巴西	0.00	0.00	0.00	0.00	0.00	0.00	0.00	10.53	4.17	0.00	1.69
荷兰	0.00	0.00	7.14	0.00	0.00	6.67	0.00	0.00	0.00	4.55	1.69
土耳其	0.00	0.00	7.14	0.00	0.00	0.00	5.26	0.00	0.00	4.55	1.69
印度	0.00	0.00	0.00	5.88	13.33	0.00	0.00	0.00	0.00	0.00	1.69
马来西亚	0.00	0.00	0.00	5.88	0.00	5.26	4.76	0.00	0.00	0.00	1.69
挪威	0.00	7.14	0.00	0.00	0.00	0.00	4.76	0.00	0.00	0.00	1.12
葡萄牙	0.00	0.00	7.14	5.88	0.00	0.00	0.00	0.00	0.00	0.00	1.12

表6–44 建筑和建筑技术B层人才排名前20的国家和地区的占比

单位：%

国家和地区	2011年	2012年	2013年	2014年	2015年	2016年	2017年	2018年	2019年	2020年	合计
中国大陆	6.11	6.06	15.49	8.67	11.35	7.14	16.32	16.75	23.00	26.61	14.95
美国	18.32	16.67	15.49	16.00	11.35	9.18	11.58	12.32	9.86	6.85	12.08
澳大利亚	3.82	4.55	6.34	6.67	6.38	3.57	8.42	9.36	8.45	6.85	6.64

续表

国家和地区	2011年	2012年	2013年	2014年	2015年	2016年	2017年	2018年	2019年	2020年	合计
英国	6.11	9.85	6.34	6.67	6.38	5.10	5.79	2.96	4.23	6.45	5.78
中国香港	3.05	5.30	4.23	3.33	2.13	2.55	5.26	2.96	2.82	3.63	3.49
加拿大	5.34	6.06	3.52	4.00	2.84	6.12	0.53	2.46	3.29	2.02	3.44
马来西亚	0.76	3.03	3.52	4.67	2.84	4.08	3.68	1.97	3.29	1.61	2.92
意大利	2.29	4.55	4.23	2.67	3.55	5.10	2.11	2.46	1.41	2.02	2.92
伊朗	0.00	3.79	1.41	1.33	1.42	3.06	3.68	2.96	4.69	4.03	2.86
瑞士	4.58	2.27	2.11	2.67	4.26	3.57	2.11	5.91	0.94	0.81	2.81
印度	2.29	0.76	3.52	2.67	0.00	3.06	3.16	3.94	1.88	3.23	2.58
德国	3.05	2.27	2.82	2.00	3.55	4.08	2.11	1.97	1.41	2.02	2.46
沙特	0.76	0.76	0.00	0.67	4.26	1.02	1.58	3.45	3.29	4.84	2.29
韩国	4.58	0.76	4.93	2.67	2.13	1.53	0.53	2.96	2.82	1.21	2.29
荷兰	3.05	3.03	0.70	2.00	4.96	4.59	2.11	1.48	1.41	0.40	2.23
丹麦	5.34	3.79	2.82	0.00	0.71	1.02	5.26	0.49	0.47	2.02	2.06
葡萄牙	3.82	6.06	0.70	3.33	1.42	1.53	1.58	0.00	2.35	0.81	1.95
西班牙	4.58	0.00	2.11	6.67	2.13	2.04	3.16	0.00	0.47	0.00	1.89
阿尔及利亚	0.00	0.76	0.00	0.67	3.55	0.51	1.05	2.46	3.29	4.03	1.83
比利时	1.53	3.03	0.70	2.00	2.13	4.08	2.63	0.99	0.94	0.40	1.78

表6-45 建筑和建筑技术C层人才排名前20的国家和地区的占比

单位：%

国家和地区	2011年	2012年	2013年	2014年	2015年	2016年	2017年	2018年	2019年	2020年	合计
中国大陆	9.07	11.32	10.52	14.43	15.68	18.35	19.54	23.40	24.90	24.57	18.23
美国	18.53	15.92	15.38	14.23	12.28	11.87	13.98	10.84	10.85	8.68	12.78
英国	6.12	6.11	7.15	5.59	6.07	5.12	5.45	5.65	4.89	4.30	5.52
澳大利亚	3.88	3.40	4.65	4.65	5.25	5.54	5.83	5.81	6.78	6.42	5.40
意大利	4.42	4.53	4.79	5.52	5.99	4.27	4.64	4.08	2.37	3.65	4.30
加拿大	3.88	3.32	4.15	4.12	3.85	2.95	3.02	2.98	3.34	2.69	3.35
中国香港	3.64	2.94	2.43	2.59	3.25	3.38	3.67	4.08	3.63	3.26	3.33
伊朗	3.18	2.34	2.93	2.53	2.07	2.58	2.97	4.24	4.26	3.86	3.20
法国	4.42	3.85	3.86	3.86	3.18	3.01	1.94	1.88	1.79	1.26	2.71
西班牙	3.95	4.00	4.65	3.13	2.51	2.80	2.37	1.73	1.60	1.82	2.69
德国	2.25	2.34	2.07	3.13	3.48	2.43	2.59	2.30	2.28	2.17	2.47

续表

国家和地区	2011年	2012年	2013年	2014年	2015年	2016年	2017年	2018年	2019年	2020年	合计
印度	1.32	1.58	1.43	1.60	1.63	2.43	2.86	3.09	3.25	3.39	2.41
韩国	2.02	3.55	2.79	2.59	2.14	2.85	1.94	1.20	2.47	1.43	2.23
葡萄牙	1.86	3.40	2.36	3.13	2.22	2.27	1.73	1.73	1.50	0.95	2.01
瑞士	2.17	2.26	2.86	2.13	2.81	1.79	1.51	1.73	1.99	1.35	1.98
马来西亚	2.02	2.42	2.29	1.33	1.18	2.22	1.51	2.25	1.74	2.39	1.95
土耳其	2.56	3.17	2.00	2.19	2.59	1.53	0.97	1.47	1.16	1.91	1.86
荷兰	1.78	1.81	2.00	1.86	2.14	2.00	1.62	1.26	1.36	1.78	1.73
新加坡	1.16	1.43	1.65	1.60	0.89	1.69	2.10	2.25	2.47	1.48	1.73
比利时	1.71	1.81	1.72	1.66	2.29	1.79	1.08	1.47	0.63	0.91	1.43

十六 土木工程

土木工程A层人才最多的国家是美国，世界占比为14.53%；中国大陆和阿尔及利亚紧随其后，A层人才的世界占比分别为13.39%、11.11%；沙特、加拿大、澳大利亚、伊朗、英国的A层人才比较多，世界占比在9%~3%之间；中国香港、德国、埃及、法国、西班牙、印度、日本、越南、马来西亚、荷兰、韩国、比利时也有相当数量的A层人才，世界占比超过1%。

中国大陆的B层人才最多，世界占比为18.22%，其次为美国，世界占比为14.70%；澳大利亚、英国、伊朗、加拿大、中国香港、意大利的B层人才比较多，世界占比在7%~3%之间；马来西亚、印度、荷兰、韩国、葡萄牙、土耳其、新加坡、沙特、德国、阿尔及利亚、法国、西班牙也有相当数量的B层人才，世界占比超过1%。

中国大陆的C层人才最多，世界占比为19.32%，其次为美国，世界占比为14.45%；澳大利亚、英国、意大利、伊朗、加拿大、中国香港的C层人才比较多，世界占比在6%~3%之间；印度、西班牙、韩国、法国、德国、葡萄牙、土耳其、荷兰、新加坡、马来西亚、瑞士、日本也有相当数量的C层人才，世界占比超过1%。

表6-46 土木工程A层人才排名前20的国家和地区的占比

单位：%

国家和地区	2011年	2012年	2013年	2014年	2015年	2016年	2017年	2018年	2019年	2020年	合计
美国	16.67	13.79	22.58	25.81	10.71	12.12	18.92	20.93	6.52	4.08	14.53
中国大陆	4.17	6.90	9.68	9.68	14.29	18.18	13.51	20.93	10.87	18.37	13.39
阿尔及利亚	0.00	3.45	3.23	0.00	14.29	15.15	18.92	4.65	17.39	22.45	11.11
沙特	0.00	3.45	0.00	0.00	7.14	12.12	13.51	2.33	17.39	20.41	8.83
加拿大	8.33	0.00	6.45	12.90	3.57	0.00	10.81	2.33	4.35	2.04	4.84
澳大利亚	0.00	6.90	9.68	3.23	0.00	3.03	2.70	9.30	4.35	4.08	4.56
伊朗	4.17	10.34	3.23	3.23	0.00	3.03	0.00	4.65	4.35	8.16	4.27
英国	12.50	6.90	6.45	6.45	0.00	3.03	5.41	2.33	0.00	0.00	3.70
中国香港	0.00	3.45	0.00	0.00	3.57	0.00	0.00	9.30	4.35	4.08	2.85
德国	4.17	6.90	0.00	6.45	0.00	0.00	0.00	0.00	2.17	4.08	2.28
埃及	0.00	0.00	0.00	0.00	7.14	9.09	8.11	0.00	0.00	0.00	2.28
法国	8.33	0.00	0.00	3.23	0.00	9.09	0.00	2.33	2.17	0.00	2.28
西班牙	4.17	0.00	9.68	0.00	3.57	0.00	0.00	0.00	2.17	0.00	1.99
印度	0.00	3.45	3.23	3.23	3.57	0.00	0.00	0.00	2.17	2.04	1.71
日本	4.17	0.00	0.00	3.23	0.00	0.00	0.00	4.65	4.35	0.00	1.71
越南	0.00	0.00	0.00	0.00	0.00	0.00	0.00	0.00	6.52	6.12	1.71
马来西亚	0.00	3.45	3.23	0.00	0.00	3.03	2.70	0.00	0.00	0.00	1.42
荷兰	4.17	0.00	3.23	3.23	3.57	0.00	0.00	0.00	0.00	0.00	1.14
韩国	0.00	0.00	6.45	0.00	0.00	0.00	0.00	2.33	2.17	0.00	1.14
比利时	4.17	0.00	0.00	3.23	3.57	3.03	0.00	0.00	0.00	0.00	1.14

表6-47 土木工程B层人才排名前20的国家和地区的占比

单位：%

国家和地区	2011年	2012年	2013年	2014年	2015年	2016年	2017年	2018年	2019年	2020年	合计
中国大陆	8.64	9.63	15.77	12.98	14.83	13.69	18.73	19.03	26.89	29.66	18.22
美国	21.36	22.96	15.41	15.44	18.63	13.10	14.12	13.94	10.76	8.97	14.70
澳大利亚	2.27	3.70	7.53	4.91	4.56	5.65	8.36	6.97	6.85	8.28	6.22
英国	6.36	8.89	7.53	5.96	8.75	4.76	4.90	5.36	3.91	3.91	5.75
伊朗	1.82	3.33	3.58	2.81	2.66	3.57	4.03	4.83	6.85	8.05	4.51
加拿大	5.91	4.44	5.73	3.86	3.04	5.36	2.88	1.61	2.69	2.99	3.67
中国香港	5.00	3.70	2.51	3.16	3.04	2.38	5.19	2.95	2.69	3.45	3.36
意大利	4.55	3.33	3.94	4.56	4.18	4.17	2.59	2.68	1.47	2.30	3.20
马来西亚	1.82	3.33	3.23	3.51	3.04	2.98	2.88	3.22	2.44	1.61	2.77

续表

国家和地区	2011年	2012年	2013年	2014年	2015年	2016年	2017年	2018年	2019年	2020年	合计
印度	2.27	2.59	2.87	2.11	0.00	3.57	2.59	2.41	1.22	2.30	2.21
荷兰	4.09	1.85	1.43	3.86	4.94	3.27	2.02	1.07	0.24	0.23	2.05
韩国	3.64	1.85	2.87	2.11	3.04	1.79	0.58	1.34	2.44	1.38	1.99
葡萄牙	2.73	5.56	1.08	2.46	1.52	0.89	1.44	1.07	1.22	1.15	1.77
土耳其	3.64	3.70	0.72	1.75	2.66	0.89	1.15	1.61	1.47	1.15	1.74
新加坡	1.36	1.11	3.23	1.75	0.38	2.08	2.59	2.41	1.47	0.69	1.71
沙特	0.45	0.37	0.00	0.35	1.90	1.49	1.73	4.56	1.96	2.30	1.68
德国	1.82	0.74	1.79	3.86	1.52	2.08	0.86	1.34	1.96	1.15	1.68
阿尔及利亚	0.91	0.37	0.00	0.35	1.52	0.89	1.73	4.02	2.44	2.53	1.65
法国	1.82	2.22	1.79	2.46	1.52	2.08	2.59	0.80	0.49	0.92	1.59
西班牙	0.45	1.48	1.08	4.21	1.90	1.79	2.59	0.80	0.49	0.46	1.46

表6-48 土木工程C层人才排名前20的国家和地区的占比

单位：%

国家和地区	2011年	2012年	2013年	2014年	2015年	2016年	2017年	2018年	2019年	2020年	合计
中国大陆	9.89	11.93	12.45	14.84	16.18	18.76	21.51	25.48	26.26	25.02	19.32
美国	20.39	17.19	17.96	17.00	15.11	13.94	13.97	11.65	11.80	10.95	14.45
澳大利亚	4.85	4.44	5.87	5.25	6.16	5.80	6.51	6.33	6.42	5.60	5.80
英国	6.10	5.72	6.26	6.00	6.12	6.12	5.51	5.13	5.24	4.54	5.59
意大利	4.99	5.42	5.05	5.57	5.16	4.64	5.13	4.67	3.55	4.03	4.73
伊朗	3.56	3.05	3.56	3.23	3.52	3.57	3.83	4.24	4.83	4.81	3.92
加拿大	4.53	3.27	4.48	4.01	3.40	3.15	3.12	3.04	3.23	2.90	3.43
中国香港	3.47	3.69	2.74	2.38	3.17	3.06	3.12	3.45	3.33	3.02	3.14
印度	1.66	1.96	2.49	1.88	1.80	2.23	2.30	2.74	3.02	3.07	2.40
西班牙	3.56	3.05	3.17	2.95	2.56	2.26	2.18	1.90	1.64	1.33	2.33
韩国	1.85	3.24	2.35	1.88	2.10	2.20	2.00	1.93	2.22	1.82	2.14
法国	2.91	3.12	2.67	2.88	2.33	2.20	1.92	2.04	1.35	1.06	2.13
德国	2.36	2.52	1.56	2.70	2.75	2.14	1.97	1.87	1.86	1.55	2.07
葡萄牙	1.76	2.78	2.31	2.48	2.22	1.96	1.59	1.25	1.33	1.45	1.84
土耳其	2.45	2.37	1.96	2.09	2.29	1.75	1.38	1.36	1.35	1.84	1.82
荷兰	1.66	2.26	1.88	2.20	1.95	2.11	1.74	1.74	1.04	1.47	1.76
新加坡	0.92	1.81	1.53	1.28	1.38	1.78	1.92	1.98	1.81	1.47	1.63
马来西亚	1.16	1.32	1.74	0.96	1.11	1.87	1.15	1.79	1.26	1.72	1.43
瑞士	1.71	1.77	1.78	1.56	1.64	1.25	0.97	1.49	0.94	0.79	1.33
日本	1.94	2.33	1.32	1.24	1.49	1.37	1.15	0.79	1.01	1.08	1.31

十七 农业工程

农业工程A层人才最多的国家是美国，世界占比为25%；中国大陆和印度处于第二梯队，二者A层人才的世界占比分别为15.38%、11.54%；英国、荷兰、韩国、中国台湾、瑞典的A层人才比较多，世界占比在8%~3%之间；澳大利亚、比利时、加拿大、法国、中国香港、爱尔兰、马来西亚、菲律宾、沙特、瑞士也有相当数量的A层人才，世界占比均为1.92%。

中国大陆的B层人才最多，世界占比为24.40%；美国和印度处于第二梯队，两国B层人才的世界占比分别为11.65%、9.61%；韩国、中国台湾、澳大利亚、马来西亚、西班牙的B层人才比较多，世界占比在7%~3%之间；巴西、英国、法国、加拿大、德国、中国香港、葡萄牙、新加坡、比利时、瑞典、丹麦、土耳其也有相当数量的B层人才，世界占比超过或接近1%。

中国大陆的C层人才最多，世界占比为29.09%；其次是美国，C层人才的世界占比为10.07%；印度、韩国、西班牙、澳大利亚的C层人才比较多，世界占比在7%~3%之间；巴西、加拿大、意大利、英国、法国、马来西亚、中国台湾、日本、德国、伊朗、荷兰、丹麦、土耳其、比利时也有相当数量的C层人才，世界占比超过1%。

表6-49 农业工程A层人才的国家和地区的占比

单位：%

国家和地区	2011年	2012年	2013年	2014年	2015年	2016年	2017年	2018年	2019年	2020年	合计
美国	20.00	25.00	16.67	25.00	40.00	16.67	0.00	16.67	60.00	33.33	25.00
中国大陆	20.00	0.00	0.00	0.00	20.00	0.00	40.00	33.33	40.00	0.00	15.38
印度	0.00	0.00	0.00	50.00	0.00	16.67	20.00	16.67	0.00	16.67	11.54
英国	20.00	25.00	16.67	0.00	20.00	0.00	0.00	0.00	0.00	0.00	7.69
荷兰	20.00	25.00	16.67	0.00	0.00	0.00	0.00	0.00	0.00	0.00	5.77
韩国	0.00	0.00	0.00	25.00	0.00	16.67	0.00	0.00	0.00	16.67	5.77
中国台湾	20.00	0.00	0.00	0.00	0.00	0.00	20.00	0.00	0.00	16.67	5.77
瑞典	0.00	0.00	0.00	0.00	0.00	33.33	0.00	0.00	0.00	0.00	3.85
澳大利亚	0.00	0.00	0.00	0.00	20.00	0.00	0.00	0.00	0.00	0.00	1.92
比利时	0.00	0.00	16.67	0.00	0.00	0.00	0.00	0.00	0.00	0.00	1.92
加拿大	0.00	0.00	16.67	0.00	0.00	0.00	0.00	0.00	0.00	0.00	1.92
法国	0.00	0.00	0.00	0.00	0.00	16.67	0.00	0.00	0.00	0.00	1.92
中国香港	0.00	0.00	0.00	0.00	0.00	0.00	16.67	0.00	0.00	0.00	1.92

续表

国家和地区	2011年	2012年	2013年	2014年	2015年	2016年	2017年	2018年	2019年	2020年	合计
爱尔兰	0.00	0.00	0.00	0.00	0.00	0.00	0.00	16.67	0.00	0.00	1.92
马来西亚	0.00	0.00	0.00	0.00	0.00	0.00	20.00	0.00	0.00	0.00	1.92
菲律宾	0.00	0.00	0.00	0.00	0.00	0.00	0.00	0.00	0.00	16.67	1.92
沙特	0.00	0.00	16.67	0.00	0.00	0.00	0.00	0.00	0.00	0.00	1.92
瑞士	0.00	25.00	0.00	0.00	0.00	0.00	0.00	0.00	0.00	0.00	1.92

表6–50 农业工程B层人才排名前20的国家和地区的占比

单位：%

国家和地区	2011年	2012年	2013年	2014年	2015年	2016年	2017年	2018年	2019年	2020年	合计
中国大陆	13.04	31.82	15.00	23.08	28.26	28.57	21.15	26.79	32.76	23.94	24.40
美国	28.26	15.91	13.33	15.38	21.74	10.71	7.69	5.36	5.17	1.41	11.65
印度	10.87	2.27	11.67	9.62	8.70	7.14	9.62	16.07	8.62	9.86	9.61
韩国	0.00	4.55	6.67	3.85	4.35	1.79	5.77	8.93	10.34	11.27	6.10
中国台湾	0.00	4.55	3.33	1.92	6.52	3.57	7.69	0.00	1.72	5.63	3.51
澳大利亚	8.70	6.82	3.33	3.85	2.17	3.57	3.85	1.79	1.72	0.00	3.33
马来西亚	0.00	4.55	5.00	0.00	2.17	3.57	1.92	3.57	3.45	5.63	3.14
西班牙	0.00	9.09	0.00	1.92	6.52	3.57	1.92	5.36	3.45	1.41	3.14
巴西	2.17	2.27	6.67	0.00	0.00	5.36	1.92	3.57	1.72	2.82	2.77
英国	8.70	0.00	0.00	1.92	2.17	1.79	1.92	1.79	3.45	4.23	2.59
法国	4.35	2.27	5.00	1.92	2.17	1.79	0.00	0.00	3.45	0.00	2.03
加拿大	2.17	2.27	0.00	5.77	2.17	1.79	5.77	0.00	0.00	0.00	1.85
德国	2.17	2.27	0.00	5.77	2.17	1.79	0.00	1.79	0.00	2.82	1.85
中国香港	0.00	0.00	0.00	0.00	0.00	0.00	1.79	5.77	3.57	5.17	1.41	1.85
葡萄牙	0.00	0.00	3.33	1.92	0.00	3.57	0.00	0.00	0.00	2.82	1.29
新加坡	0.00	0.00	3.33	1.92	0.00	1.79	1.92	1.79	0.00	1.41	1.29
比利时	2.17	2.27	1.67	0.00	0.00	0.00	3.85	0.00	0.00	1.41	1.11
瑞典	2.17	2.27	0.00	0.00	0.00	1.79	0.00	1.92	0.00	1.41	1.11
丹麦	0.00	0.00	0.00	0.00	1.92	0.00	1.79	0.00	0.00	4.23	0.92
土耳其	2.17	0.00	1.67	1.92	0.00	0.00	1.92	0.00	1.72	0.00	0.92

表6–51 农业工程C层人才排名前20的国家和地区的占比

单位：%

国家和地区	2011年	2012年	2013年	2014年	2015年	2016年	2017年	2018年	2019年	2020年	合计
中国大陆	19.52	19.51	23.73	26.53	26.69	29.49	30.73	37.03	38.13	34.24	29.09
美国	17.98	15.70	11.53	11.63	9.76	8.97	9.35	6.62	6.87	5.73	10.07
印度	6.58	6.73	3.56	4.49	6.97	5.49	7.63	5.90	6.55	9.71	6.39

续表

国家和地区	2011年	2012年	2013年	2014年	2015年	2016年	2017年	2018年	2019年	2020年	合计
韩国	4.61	3.14	3.39	3.27	2.99	3.85	3.82	4.11	3.44	4.94	3.77
西班牙	4.17	4.26	4.41	4.08	5.18	3.11	3.44	2.86	1.47	2.23	3.44
澳大利亚	2.85	1.79	2.54	4.08	3.19	3.85	2.48	3.94	2.45	3.98	3.14
巴西	3.29	3.14	2.71	3.06	4.38	3.48	2.48	1.97	2.45	2.23	2.88
加拿大	3.95	2.69	2.71	2.45	2.19	1.47	2.67	1.79	3.11	1.91	2.47
意大利	2.19	2.02	1.86	2.65	1.79	2.75	3.24	2.68	2.78	1.75	2.37
英国	4.17	2.91	2.20	3.67	2.79	2.01	1.72	2.15	1.31	1.43	2.35
法国	1.10	4.04	3.39	3.47	2.39	2.93	2.10	2.15	0.98	0.64	2.26
马来西亚	3.73	2.47	2.54	2.45	2.19	2.20	1.53	1.43	1.96	1.43	2.15
中国台湾	2.85	2.24	2.20	2.45	2.39	1.47	1.53	1.97	1.80	2.71	2.15
日本	0.88	3.36	3.73	2.04	1.79	1.65	1.91	0.89	1.47	1.11	1.87
德国	2.19	1.57	2.37	1.63	2.19	2.75	2.10	1.43	0.65	0.80	1.74
伊朗	0.88	0.90	1.53	0.61	1.39	1.28	1.34	1.97	2.95	1.59	1.49
荷兰	3.07	2.47	2.54	1.43	1.20	1.47	0.76	0.36	0.65	0.80	1.42
丹麦	1.54	2.02	1.86	0.82	1.00	1.28	1.53	1.25	1.47	0.64	1.33
土耳其	1.10	2.24	1.53	1.43	2.19	0.55	0.57	0.89	0.82	1.43	1.25
比利时	0.66	1.35	1.53	1.43	0.80	1.28	1.53	1.97	0.82	0.80	1.21

十八 环境工程

中国大陆的环境工程A、B、C层人才最多，分别占该学科全球A、B、C层人才的17.27%、30.47%、31.59%；美国排名第二，A、B、C层人才的世界占比分别为11.87%、11.49%、12.50%，其中，B、C层人才的世界占比远远少于中国。

英国、荷兰、德国、瑞士、加拿大、澳大利亚、沙特、印度的A层人才比较多，世界占比在8%～3%之间；韩国、伊朗、瑞典、意大利、新加坡、挪威、西班牙、葡萄牙、波兰、马来西亚也有相当数量的A层人才，世界占比超过1%。

澳大利亚、英国的B层人才比较多，世界占比在5%～4%之间；印度、德国、荷兰、加拿大、沙特、韩国、意大利、日本、中国香港、法国、西班牙、伊朗、马来西亚、瑞典、瑞士、丹麦也有相当数量的B层人才，世界占比超过1%。

澳大利亚、英国、印度的 C 层人才比较多，世界占比在 4%~3% 之间；西班牙、德国、韩国、加拿大、意大利、荷兰、中国香港、法国、伊朗、瑞士、马来西亚、日本、丹麦、瑞典、沙特也有相当数量的 C 层人才，世界占比超过 1%。

表 6-52　环境工程 A 层人才排名前 20 的国家和地区的占比

单位：%

国家和地区	2011 年	2012 年	2013 年	2014 年	2015 年	2016 年	2017 年	2018 年	2019 年	2020 年	合计
中国大陆	11.76	4.55	0.00	4.76	31.82	10.71	12.50	22.86	36.84	17.39	17.27
美国	17.65	27.27	17.65	19.05	4.55	3.57	12.50	11.43	5.26	10.87	11.87
英国	5.88	22.73	11.76	4.76	13.64	7.14	6.25	2.86	5.26	4.35	7.55
荷兰	0.00	0.00	5.88	4.76	4.55	3.57	12.50	0.00	7.89	6.52	5.04
德国	5.88	4.55	11.76	9.52	0.00	0.00	6.25	8.57	5.26	0.00	4.68
瑞士	5.88	4.55	5.88	9.52	0.00	7.14	0.00	2.86	7.89	2.17	4.32
加拿大	11.76	0.00	5.88	4.76	0.00	3.57	0.00	5.71	2.63	2.17	3.24
澳大利亚	5.88	4.55	0.00	9.52	0.00	3.57	0.00	2.86	5.26	2.17	3.24
沙特	5.88	0.00	0.00	0.00	9.09	3.57	6.25	5.71	2.63	0.00	3.24
印度	5.88	4.55	0.00	4.76	4.55	3.57	3.13	5.71	0.00	2.17	3.24
韩国	11.76	0.00	0.00	9.52	4.55	0.00	3.13	0.00	2.63	2.17	2.88
伊朗	0.00	4.55	0.00	0.00	0.00	0.00	6.25	0.00	0.00	10.87	2.88
瑞典	0.00	0.00	0.00	4.76	0.00	10.71	0.00	5.71	2.63	0.00	2.52
意大利	0.00	0.00	11.76	0.00	0.00	7.14	0.00	2.86	0.00	4.35	2.52
新加坡	0.00	0.00	0.00	0.00	0.00	7.14	3.13	5.71	0.00	0.00	1.80
挪威	0.00	4.55	5.88	0.00	4.55	0.00	3.13	0.00	2.63	0.00	1.80
西班牙	0.00	0.00	0.00	0.00	0.00	9.09	0.00	0.00	0.00	2.17	1.44
葡萄牙	0.00	0.00	5.88	0.00	0.00	0.00	3.13	2.86	0.00	2.17	1.44
波兰	0.00	0.00	0.00	0.00	0.00	0.00	6.25	2.86	2.17	0.00	1.44
马来西亚	0.00	0.00	0.00	0.00	0.00	3.57	0.00	5.71	0.00	2.17	1.44

表 6-53　环境工程 B 层人才排名前 20 的国家和地区的占比

单位：%

国家和地区	2011 年	2012 年	2013 年	2014 年	2015 年	2016 年	2017 年	2018 年	2019 年	2020 年	合计
中国大陆	15.88	23.98	16.67	25.38	29.47	25.51	29.07	35.38	37.54	43.41	30.47
美国	19.41	15.31	17.16	13.20	11.59	15.38	12.11	9.54	6.74	5.52	11.49
澳大利亚	4.12	4.08	4.90	4.06	4.35	6.07	5.54	4.31	5.28	4.80	4.82
英国	7.65	5.10	4.41	5.08	4.83	4.05	4.84	3.08	2.93	3.60	4.28
印度	4.71	1.02	2.94	2.03	2.90	2.83	3.11	1.85	3.52	4.08	2.97

续表

国家和地区	2011年	2012年	2013年	2014年	2015年	2016年	2017年	2018年	2019年	2020年	合计
德国	2.35	3.06	3.43	4.57	1.93	1.21	3.11	3.69	2.35	0.96	2.55
荷兰	2.94	2.04	5.39	5.08	3.38	4.05	1.73	1.85	1.17	0.72	2.51
加拿大	4.12	1.53	3.92	1.02	2.90	2.43	3.11	2.46	1.47	0.72	2.20
沙特	1.76	0.51	0.49	2.03	2.90	2.43	2.77	2.15	3.52	2.16	2.20
韩国	2.35	1.53	3.92	0.51	0.48	2.43	2.08	1.85	4.11	0.96	2.04
意大利	0.59	4.08	2.94	4.06	2.42	1.21	2.42	0.92	1.47	1.44	2.01
日本	1.18	1.53	0.49	1.52	1.93	2.02	2.77	1.54	2.93	2.64	2.01
中国香港	1.76	1.53	2.45	3.05	1.45	1.21	1.38	1.23	2.35	2.40	1.89
法国	3.53	2.55	2.45	2.03	1.45	2.83	2.08	0.92	1.76	0.48	1.81
西班牙	3.53	4.08	2.45	3.05	2.42	0.40	0.69	1.85	1.47	0.72	1.81
伊朗	1.18	0.51	1.96	0.00	0.97	1.21	1.38	0.62	2.35	4.56	1.74
马来西亚	1.18	1.02	0.49	5.08	1.45	1.62	1.73	2.15	1.76	0.96	1.70
瑞典	2.35	2.04	1.96	2.03	1.93	1.62	2.08	0.92	0.88	0.72	1.50
瑞士	1.76	4.08	1.96	2.03	0.00	1.21	1.38	1.23	1.17	0.96	1.47
丹麦	2.35	1.02	3.43	1.02	0.97	0.81	1.04	1.54	1.17	0.72	1.31

表6–54 环境工程C层人才排名前20的国家和地区的占比

单位：%

国家和地区	2011年	2012年	2013年	2014年	2015年	2016年	2017年	2018年	2019年	2020年	合计
中国大陆	20.54	19.94	22.72	23.87	23.64	28.11	33.96	37.06	41.90	41.57	31.59
美国	16.51	18.36	17.38	17.87	14.39	13.05	11.48	9.94	8.86	7.45	12.50
澳大利亚	4.04	3.93	3.63	4.09	4.58	3.24	3.96	4.43	3.78	3.53	3.89
英国	4.46	3.77	4.53	3.68	4.18	3.99	4.17	3.09	3.60	3.08	3.75
印度	3.01	2.70	2.27	2.49	3.29	3.24	2.87	3.15	3.45	3.66	3.09
西班牙	3.92	4.18	3.12	3.94	3.48	3.44	2.36	2.37	1.56	1.51	2.74
德国	3.67	3.57	2.97	2.74	2.89	2.89	2.22	2.21	1.56	2.42	2.58
韩国	2.11	2.60	2.12	2.43	2.34	2.21	2.43	2.00	2.64	2.57	2.36
加拿大	4.46	3.42	2.87	2.23	2.59	1.98	1.67	1.84	1.50	1.82	2.25
意大利	1.33	2.70	2.27	2.64	3.14	2.97	2.08	2.12	1.56	1.49	2.15
荷兰	2.23	2.65	3.27	2.80	2.49	2.77	2.22	1.65	1.44	1.26	2.13
中国香港	2.11	1.63	1.21	1.50	1.69	2.37	2.39	2.49	2.46	1.99	2.06
法国	2.17	3.06	1.96	2.28	2.29	2.25	1.78	1.78	1.35	1.09	1.88
伊朗	1.39	1.33	1.31	1.35	1.44	1.50	1.71	2.40	2.04	2.32	1.78
瑞士	2.17	2.55	2.67	1.92	1.84	1.62	1.26	1.06	0.72	0.88	1.51
马来西亚	2.29	1.63	1.71	1.19	1.64	1.42	1.54	1.18	1.44	1.36	1.49

续表

国家和地区	2011年	2012年	2013年	2014年	2015年	2016年	2017年	2018年	2019年	2020年	合计
日本	1.81	2.29	2.07	1.76	1.54	1.74	1.16	1.09	0.87	1.09	1.44
丹麦	1.33	1.48	1.61	1.55	1.74	1.46	1.40	0.84	1.17	1.16	1.33
瑞典	1.45	1.27	1.86	1.92	1.94	1.58	1.50	1.00	0.90	0.66	1.31
沙特	0.60	0.61	0.91	1.61	1.29	1.54	1.64	1.50	1.35	1.26	1.28

十九 海洋工程

海洋工程A、B、C层人才主要集中在中国大陆和美国,二者A、B、C层人才的世界占比合计为46.88%、33.64%、35.04%,其中,中国大陆的A、B、C层人才均多于美国。

澳大利亚、印度、爱尔兰、日本的A层人才比较多,世界占比均为6.25%;加拿大、意大利、科威特、荷兰、韩国、西班牙、中国台湾、土耳其、英国也有相当数量的A层人才,世界占比均为3.13%。

英国的B层人才世界占比为10.19%,略低于美国,排名第三;荷兰、西班牙、意大利的B层人才比较多,世界占比在7%~3%之间;澳大利亚、新加坡、葡萄牙、日本、法国、德国、伊朗、挪威、中国香港、印度、比利时、加拿大、土耳其、丹麦也有相当数量的B层人才,世界占比超过1%。

英国的C层人才世界占比为9.69%,排名第三;意大利、澳大利亚、荷兰、挪威的C层人才比较多,世界占比在5%~3%之间;葡萄牙、法国、西班牙、韩国、日本、印度、加拿大、德国、伊朗、新加坡、土耳其、丹麦、比利时也有相当数量的C层人才,世界占比超过1%。

表6-55 海洋工程A层人才的国家和地区的占比

单位:%

国家和地区	2011年	2012年	2013年	2014年	2015年	2016年	2017年	2018年	2019年	2020年	合计
中国大陆	0.00	0.00	0.00	50.00	33.33	0.00	33.33	0.00	50.00	50.00	25.00
美国	50.00	50.00	50.00	0.00	0.00	33.33	33.33	20.00	0.00	25.00	21.88
澳大利亚	0.00	0.00	0.00	0.00	0.00	33.33	0.00	0.00	16.67	0.00	6.25
印度	0.00	0.00	0.00	0.00	33.33	0.00	0.00	0.00	16.67	0.00	6.25

续表

国家和地区	2011年	2012年	2013年	2014年	2015年	2016年	2017年	2018年	2019年	2020年	合计
爱尔兰	0.00	0.00	0.00	0.00	0.00	0.00	0.00	40.00	0.00	0.00	6.25
日本	0.00	50.00	0.00	0.00	0.00	0.00	0.00	20.00	0.00	0.00	6.25
加拿大	0.00	0.00	0.00	50.00	0.00	0.00	0.00	0.00	0.00	0.00	3.13
意大利	0.00	0.00	0.00	0.00	0.00	0.00	0.00	0.00	25.00	0.00	3.13
科威特	0.00	0.00	0.00	0.00	0.00	0.00	33.33	0.00	0.00	0.00	3.13
荷兰	50.00	0.00	0.00	0.00	0.00	0.00	0.00	0.00	0.00	0.00	3.13
韩国	0.00	0.00	0.00	0.00	0.00	33.33	0.00	0.00	0.00	0.00	3.13
西班牙	0.00	0.00	50.00	0.00	0.00	0.00	0.00	0.00	0.00	0.00	3.13
中国台湾	0.00	0.00	0.00	0.00	0.00	0.00	0.00	0.00	16.67	0.00	3.13
土耳其	0.00	0.00	0.00	0.00	0.00	0.00	0.00	20.00	0.00	0.00	3.13
英国	0.00	0.00	0.00	0.00	33.33	0.00	0.00	0.00	0.00	0.00	3.13

表6–56 海洋工程B层人才排名前20的国家和地区的占比

单位：%

国家和地区	2011年	2012年	2013年	2014年	2015年	2016年	2017年	2018年	2019年	2020年	合计
中国大陆	10.00	9.52	15.38	5.88	32.35	8.00	17.86	22.73	31.91	26.67	20.06
美国	30.00	19.05	23.08	17.65	17.65	20.00	14.29	4.55	4.26	6.67	13.58
英国	0.00	9.52	15.38	11.76	5.88	16.00	10.71	6.82	12.77	11.11	10.19
荷兰	10.00	14.29	7.69	11.76	2.94	12.00	3.57	9.09	2.13	0.00	6.48
西班牙	10.00	4.76	3.85	8.82	5.88	0.00	10.71	2.27	2.13	0.00	4.32
意大利	0.00	4.76	0.00	8.82	0.00	4.00	7.14	2.27	2.13	6.67	3.70
澳大利亚	0.00	0.00	7.69	0.00	2.94	0.00	3.57	4.55	2.13	4.44	2.78
新加坡	10.00	0.00	0.00	0.00	2.94	0.00	8.00	3.57	2.27	4.26	2.78
葡萄牙	0.00	0.00	0.00	0.00	2.94	2.94	0.00	3.57	2.27	2.13	8.89	2.78
日本	0.00	0.00	3.85	2.94	0.00	4.00	0.00	4.55	6.38	2.22	2.78
法国	0.00	9.52	0.00	0.00	5.88	0.00	3.57	4.55	2.13	0.00	2.47
德国	0.00	0.00	7.69	2.94	0.00	8.00	0.00	4.55	2.13	0.00	2.47
伊朗	0.00	0.00	0.00	0.00	2.94	4.00	3.57	9.09	2.13	0.00	2.47
挪威	5.00	4.76	7.69	2.94	2.94	0.00	0.00	0.00	0.00	2.22	2.16
中国香港	0.00	9.52	0.00	0.00	2.94	0.00	0.00	2.27	2.13	2.22	1.85
印度	0.00	0.00	3.85	0.00	2.94	0.00	0.00	0.00	6.38	2.22	1.85
比利时	0.00	0.00	0.00	0.00	2.94	4.00	10.71	0.00	0.00	0.00	1.54
加拿大	5.00	4.76	0.00	0.00	0.00	0.00	3.57	4.55	0.00	0.00	1.54
土耳其	5.00	0.00	0.00	2.94	2.94	0.00	0.00	2.27	0.00	0.00	1.23
丹麦	5.00	0.00	0.00	0.00	2.94	0.00	0.00	0.00	2.13	2.22	1.23

表 6-57 海洋工程 C 层人才排名前 20 的国家和地区的占比

单位：%

国家和地区	2011年	2012年	2013年	2014年	2015年	2016年	2017年	2018年	2019年	2020年	合计
中国大陆	9.74	10.71	13.28	12.54	14.33	15.79	26.32	26.34	29.20	26.86	20.54
美国	29.23	19.90	25.78	20.46	13.41	17.89	11.84	8.48	8.40	8.80	14.50
英国	10.77	6.63	6.64	10.23	10.06	12.28	10.20	11.16	9.54	8.35	9.69
意大利	5.64	4.08	3.91	4.62	5.18	2.81	3.29	4.69	3.24	5.87	4.33
澳大利亚	4.62	5.61	3.13	4.29	4.57	3.51	5.92	6.25	3.44	2.48	4.30
荷兰	1.54	3.06	1.56	4.29	3.96	3.86	2.96	3.79	2.67	4.51	3.35
挪威	3.08	6.12	3.52	2.31	5.49	3.16	2.30	3.13	2.86	2.71	3.32
葡萄牙	2.05	2.04	3.52	2.31	1.83	4.56	0.99	2.90	3.44	4.29	2.93
法国	4.62	3.57	2.34	2.31	3.35	3.16	3.62	2.01	1.72	2.93	2.77
西班牙	4.62	3.06	1.56	3.63	3.05	2.81	2.30	2.23	2.10	3.16	2.77
韩国	2.56	3.57	3.52	1.65	3.35	2.46	1.97	2.23	3.44	1.58	2.59
日本	1.54	7.65	2.73	3.30	1.83	3.86	1.64	2.23	2.86	0.68	2.59
印度	1.03	2.55	1.17	1.98	8.54	1.40	0.99	1.79	1.53	2.48	2.38
加拿大	1.54	1.53	3.91	2.64	2.13	2.46	2.30	2.23	2.48	2.03	2.35
德国	1.03	1.02	3.13	3.63	3.35	2.11	2.63	2.46	0.95	1.81	2.19
伊朗	2.56	1.53	2.34	1.32	3.35	1.40	1.64	1.56	2.86	2.71	2.19
新加坡	1.54	2.55	1.17	2.31	2.74	2.11	1.64	1.34	2.48	1.13	1.89
土耳其	2.05	1.02	1.56	0.99	0.91	2.81	2.63	1.56	1.91	1.58	1.71
丹麦	0.51	2.55	2.34	3.30	1.22	2.46	1.97	0.45	1.53	0.45	1.55
比利时	0.00	2.04	1.17	0.99	0.91	0.70	0.99	1.12	0.57	1.58	1.01

二十 船舶工程

船舶工程 A、B、C 层人才最多的是中国大陆，分别占该学科全球 A、B、C 层人才的 32.14%、24.46%、25.19%。

美国和英国的 A 层人才比较多，世界占比为 14.29%、10.71%；意大利、葡萄牙、澳大利亚、印度、爱尔兰、日本、科威特、波兰、中国台湾、土耳其也有相当数量的 A 层人才，世界占比在 8%~3% 之间。

英国的 B 层人才世界占比为 12.54%，排名第二；美国、澳大利亚、新加坡、葡萄牙、意大利、伊朗的 B 层人才比较多，世界占比在 7%~3% 之间；加拿大、挪威、荷兰、土耳其、波兰、法国、芬兰、韩国、西班牙、丹麦、印度、日本也有相当数量的B层人才，世界占比超过1%。

英国排名第二，C层人才世界占比10.17%；美国、韩国、挪威、意大利、澳大利亚、葡萄牙的C层人才比较多，世界占比在7%~3%之间；日本、伊朗、印度、土耳其、新加坡、荷兰、德国、加拿大、西班牙、波兰、瑞典、法国也有相当数量的C层人才，世界占比超过1%。

表6-58 船舶工程A层人才的国家和地区的占比

单位：%

国家和地区	2011年	2012年	2013年	2014年	2015年	2016年	2017年	2018年	2019年	2020年	合计
中国大陆	0.00	0.00	0.00	50.00	25.00	50.00	0.00	20.00	60.00	50.00	32.14
美国	0.00	0.00	0.00	50.00	25.00	0.00	33.33	0.00	0.00	25.00	14.29
英国	0.00	100.00	0.00	0.00	25.00	0.00	0.00	20.00	0.00	0.00	10.71
意大利	0.00	0.00	0.00	0.00	0.00	50.00	0.00	0.00	0.00	25.00	7.14
葡萄牙	0.00	0.00	50.00	0.00	0.00	0.00	0.00	20.00	0.00	0.00	7.14
澳大利亚	0.00	0.00	50.00	0.00	0.00	0.00	0.00	0.00	0.00	0.00	3.57
印度	0.00	0.00	0.00	0.00	0.00	0.00	0.00	0.00	20.00	0.00	3.57
爱尔兰	0.00	0.00	0.00	0.00	0.00	0.00	0.00	20.00	0.00	0.00	3.57
日本	0.00	0.00	0.00	0.00	25.00	0.00	0.00	0.00	0.00	0.00	3.57
科威特	0.00	0.00	0.00	0.00	0.00	0.00	33.33	0.00	0.00	0.00	3.57
波兰	0.00	0.00	0.00	0.00	0.00	0.00	33.33	0.00	0.00	0.00	3.57
中国台湾	0.00	0.00	0.00	0.00	0.00	0.00	0.00	0.00	20.00	0.00	3.57
土耳其	0.00	0.00	0.00	0.00	0.00	0.00	0.00	20.00	0.00	0.00	3.57

表6-59 船舶工程B层人才排名前20的国家和地区的占比

单位：%

国家和地区	2011年	2012年	2013年	2014年	2015年	2016年	2017年	2018年	2019年	2020年	合计
中国大陆	8.33	8.33	20.83	3.57	31.71	12.00	35.29	25.00	36.17	26.92	24.46
英国	8.33	16.67	16.67	7.14	12.20	16.00	8.82	9.62	21.28	9.62	12.54
美国	33.33	8.33	25.00	7.14	7.32	4.00	5.88	1.92	2.13	0.00	6.42
澳大利亚	0.00	0.00	4.17	3.57	4.88	4.00	0.00	7.69	0.00	9.62	4.28
新加坡	16.67	8.33	0.00	7.14	0.00	12.00	8.82	3.85	2.13	0.00	4.28
葡萄牙	0.00	8.33	4.17	10.71	2.44	4.00	2.94	0.00	4.26	5.77	3.98
意大利	0.00	0.00	4.17	10.71	2.44	4.00	8.82	1.92	2.13	3.85	3.98
伊朗	0.00	0.00	0.00	0.00	7.32	8.00	5.88	3.85	0.00	3.85	3.36
加拿大	8.33	0.00	0.00	3.57	4.88	4.00	2.94	3.85	0.00	1.92	2.75
挪威	0.00	16.67	4.17	0.00	2.44	8.00	0.00	0.00	0.00	1.92	2.45

续表

国家和地区	2011年	2012年	2013年	2014年	2015年	2016年	2017年	2018年	2019年	2020年	合计
荷兰	0.00	0.00	0.00	3.57	2.44	4.00	0.00	5.77	2.13	1.92	2.45
土耳其	8.33	0.00	0.00	3.57	2.44	0.00	2.94	5.77	2.13	0.00	2.45
波兰	0.00	0.00	0.00	0.00	4.88	4.00	0.00	3.85	0.00	3.85	2.14
法国	0.00	8.33	0.00	0.00	2.44	0.00	5.88	1.92	4.26	0.00	2.14
芬兰	0.00	0.00	0.00	0.00	2.44	4.00	0.00	1.92	0.00	5.77	1.83
韩国	0.00	8.33	0.00	7.14	2.44	0.00	0.00	1.92	0.00	1.92	1.83
西班牙	0.00	8.33	0.00	0.00	4.88	0.00	0.00	5.77	0.00	0.00	1.83
丹麦	0.00	0.00	8.33	7.14	0.00	0.00	0.00	1.92	0.00	0.00	1.53
印度	0.00	0.00	4.17	0.00	0.00	0.00	0.00	1.92	4.26	1.92	1.53
日本	0.00	0.00	4.17	3.57	2.44	0.00	0.00	1.92	0.00	1.92	1.53

表6–60 船舶工程C层人才排名前20的国家和地区的占比

单位：%

国家和地区	2011年	2012年	2013年	2014年	2015年	2016年	2017年	2018年	2019年	2020年	合计
中国大陆	13.64	14.39	20.53	22.99	19.50	19.85	29.45	30.53	31.46	27.63	25.19
英国	10.00	8.63	8.75	8.81	10.25	12.60	8.16	10.57	12.29	9.59	10.17
美国	8.18	8.63	9.13	9.96	8.25	8.02	5.25	4.70	5.63	5.25	6.77
韩国	7.27	11.51	7.22	8.05	6.50	6.11	4.37	3.52	4.17	2.51	5.30
挪威	2.73	5.04	3.80	3.83	4.25	7.25	5.25	4.31	4.58	3.42	4.46
意大利	2.73	3.60	3.04	3.83	5.25	4.58	4.08	4.31	2.92	6.39	4.27
澳大利亚	7.27	6.47	3.42	6.13	4.00	1.91	3.21	5.68	2.29	2.97	3.96
葡萄牙	7.27	5.04	5.70	2.68	3.25	3.82	2.92	2.94	3.13	4.57	3.74
日本	2.73	5.04	4.18	3.45	3.75	2.67	1.75	1.96	1.88	1.37	2.59
伊朗	3.64	2.88	2.66	3.83	4.00	2.29	2.33	1.96	2.71	1.14	2.59
印度	0.91	4.32	1.90	1.53	2.50	3.44	2.33	2.54	1.88	2.97	2.43
土耳其	2.73	2.16	1.90	0.38	1.00	3.05	2.33	1.76	1.88	2.05	1.90
新加坡	3.64	4.32	1.90	0.77	2.50	2.67	1.96	1.67	1.37	0.00	1.84
荷兰	1.82	0.00	0.76	0.38	0.75	0.76	2.33	2.94	1.46	3.65	1.75
德国	1.82	1.44	1.52	0.77	2.25	1.91	2.62	1.76	1.04	2.05	1.75
加拿大	3.64	1.44	2.28	0.77	1.50	1.15	2.92	1.37	1.46	0.91	1.59
西班牙	3.64	0.72	2.28	1.53	1.75	1.15	1.75	0.78	1.25	2.05	1.56
波兰	0.91	0.00	0.76	0.38	3.00	1.15	3.79	1.17	0.83	1.60	1.53
瑞典	1.82	0.72	1.90	1.53	0.75	1.53	1.46	1.57	1.67	1.83	1.50
法国	1.82	0.72	0.76	2.68	2.50	1.53	1.17	0.98	1.04	1.37	1.43

二十一 交通

交通A、B、C层人才最多的国家是美国,分别占该学科全球A、B、C层人才的27.27%、23.68%、20.08%。

荷兰、英国处于第二梯队,两国A层人才的世界占比为12.12%、10.61%;中国大陆、加拿大、智利、德国、中国香港、瑞典、澳大利亚、意大利、新加坡的A层人才比较多,世界占比在8%~3%之间;奥地利、巴西、丹麦、法国、伊朗、挪威、瑞士也有相当数量的A层人才,世界占比均为1.52%。

中国大陆排名第二,B层人才的世界占比为12.64%;之后是英国,B层人才的世界占比为9.28%;荷兰、加拿大、澳大利亚、中国香港、德国的B层人才比较多,世界占比在7%~3%之间;比利时、瑞士、法国、西班牙、瑞典、伊朗、新加坡、意大利、挪威、丹麦、土耳其、日本也有相当数量的B层人才,世界占比超过或接近1%。

中国大陆排名第二,C层人才的世界占比为13.06%;英国、澳大利亚、加拿大、荷兰、中国香港、德国的C层人才比较多,世界占比在9%~3%之间;意大利、瑞典、法国、西班牙、新加坡、比利时、丹麦、挪威、瑞士、韩国、中国台湾、印度也有相当数量的C层人才,世界占比超过1%。

表6-61 交通A层人才的国家和地区的占比

单位:%

国家和地区	2011年	2012年	2013年	2014年	2015年	2016年	2017年	2018年	2019年	2020年	合计
美国	25.00	60.00	20.00	16.67	16.67	62.50	14.29	37.50	22.22	0.00	27.27
荷兰	0.00	0.00	0.00	33.33	16.67	12.50	28.57	12.50	0.00	12.50	12.12
英国	50.00	40.00	0.00	16.67	0.00	12.50	14.29	0.00	0.00	0.00	10.61
中国大陆	0.00	0.00	0.00	0.00	16.67	0.00	0.00	12.50	11.11	25.00	7.58
加拿大	25.00	0.00	20.00	0.00	0.00	0.00	14.29	0.00	0.00	0.00	4.55
智利	0.00	0.00	20.00	0.00	16.67	0.00	0.00	0.00	0.00	12.50	4.55
德国	0.00	0.00	0.00	16.67	0.00	0.00	0.00	0.00	11.11	12.50	4.55
中国香港	0.00	0.00	0.00	0.00	0.00	0.00	0.00	0.00	22.22	12.50	4.55
瑞典	0.00	0.00	20.00	0.00	33.33	0.00	0.00	0.00	0.00	0.00	4.55
澳大利亚	0.00	0.00	20.00	0.00	0.00	12.50	0.00	0.00	0.00	0.00	3.03
意大利	0.00	0.00	0.00	16.67	0.00	0.00	0.00	12.50	0.00	0.00	3.03

续表

国家和地区	2011年	2012年	2013年	2014年	2015年	2016年	2017年	2018年	2019年	2020年	合计
新加坡	0.00	0.00	0.00	0.00	0.00	0.00	0.00	12.50	11.11	0.00	3.03
奥地利	0.00	0.00	0.00	0.00	0.00	0.00	0.00	0.00	11.11	0.00	1.52
巴西	0.00	0.00	0.00	0.00	0.00	0.00	14.29	0.00	0.00	0.00	1.52
丹麦	0.00	0.00	0.00	0.00	0.00	0.00	0.00	0.00	0.00	12.50	1.52
法国	0.00	0.00	0.00	0.00	0.00	0.00	0.00	0.00	11.11	0.00	1.52
伊朗	0.00	0.00	0.00	0.00	0.00	0.00	0.00	0.00	0.00	12.50	1.52
挪威	0.00	0.00	0.00	0.00	0.00	0.00	14.29	0.00	0.00	0.00	1.52
瑞士	0.00	0.00	0.00	0.00	0.00	0.00	0.00	12.50	0.00	0.00	1.52

表6-62 交通B层人才排名前20的国家和地区的占比

单位：%

国家和地区	2011年	2012年	2013年	2014年	2015年	2016年	2017年	2018年	2019年	2020年	合计
美国	22.50	30.43	20.75	20.37	30.19	27.40	29.58	21.52	19.75	17.33	23.68
中国大陆	5.00	4.35	1.89	7.41	9.43	9.59	14.08	15.19	25.93	20.00	12.64
英国	15.00	10.87	11.32	11.11	5.66	6.85	8.45	13.92	8.64	4.00	9.28
荷兰	2.50	4.35	5.66	5.56	5.66	8.22	5.63	6.33	6.17	8.00	6.08
加拿大	5.00	6.52	5.66	11.11	0.00	4.11	4.23	3.80	7.41	6.67	5.44
澳大利亚	2.50	2.17	3.77	11.11	3.77	8.22	2.82	6.33	1.23	8.00	5.12
中国香港	7.50	4.35	1.89	1.85	0.00	2.74	4.23	3.80	8.64	5.33	4.16
德国	2.50	6.52	3.77	3.70	3.77	2.74	2.82	3.80	0.00	2.67	3.04
比利时	0.00	0.00	3.77	1.85	3.77	2.74	4.23	1.27	4.94	1.33	2.56
瑞士	2.50	4.35	5.66	0.00	1.89	2.74	5.63	0.00	0.00	1.33	2.24
法国	5.00	2.17	5.66	1.85	0.00	1.37	2.82	1.27	1.23	0.00	1.92
西班牙	2.50	2.17	3.77	3.70	5.66	1.37	0.00	0.00	0.00	2.67	1.92
瑞典	2.50	4.35	1.89	0.00	1.89	2.74	1.41	2.53	1.23	1.33	1.92
伊朗	0.00	0.00	1.89	3.70	3.77	4.11	2.82	1.27	0.00	0.00	1.76
新加坡	0.00	2.17	0.00	5.56	0.00	1.37	0.00	3.80	2.47	0.00	1.60
意大利	2.50	0.00	1.89	1.85	3.77	0.00	4.23	0.00	0.00	1.33	1.44
挪威	2.50	0.00	1.89	3.70	0.00	1.37	0.00	2.53	0.00	1.33	1.28
丹麦	2.50	0.00	5.66	0.00	0.00	1.37	1.41	0.00	1.23	0.00	1.12
土耳其	0.00	2.17	1.89	0.00	3.77	0.00	0.00	2.53	1.23	0.00	1.12
日本	2.50	2.17	0.00	0.00	1.89	1.37	0.00	0.00	0.00	2.67	0.96

表6-63 交通C层人才排名前20的国家和地区的占比

单位：%

国家和地区	2011年	2012年	2013年	2014年	2015年	2016年	2017年	2018年	2019年	2020年	合计
美国	27.69	23.24	24.22	20.25	19.20	18.34	20.59	18.29	17.43	17.67	20.08
中国大陆	5.64	7.46	7.42	8.86	8.88	11.99	14.43	18.93	18.48	18.31	13.06
英国	11.03	11.30	8.59	7.59	7.43	9.31	7.84	6.27	8.78	9.22	8.56
澳大利亚	8.97	6.40	7.23	5.42	7.25	5.36	4.34	5.50	6.16	6.40	6.12
加拿大	4.10	4.48	7.03	6.33	5.80	5.78	3.92	4.60	4.06	4.61	5.01
荷兰	5.13	6.61	4.49	5.24	5.07	5.50	4.90	4.09	4.33	4.10	4.85
中国香港	3.08	2.99	2.34	3.25	1.81	3.67	2.94	4.86	3.41	5.12	3.49
德国	1.54	2.99	3.13	3.25	3.26	3.81	3.50	3.20	4.33	2.82	3.28
意大利	2.82	4.05	2.73	3.07	5.07	3.24	3.36	1.66	2.10	1.79	2.88
瑞典	3.85	3.20	3.32	3.07	3.08	2.26	1.96	2.69	1.57	3.59	2.76
法国	3.08	2.56	2.54	2.71	2.36	2.54	2.52	1.53	1.83	1.66	2.25
西班牙	1.28	2.56	1.37	2.17	3.62	2.96	1.68	1.53	1.70	1.15	1.98
新加坡	1.54	2.13	1.37	1.63	1.99	2.68	2.24	1.92	1.97	1.66	1.94
比利时	2.82	2.77	1.76	2.89	2.17	1.69	1.54	1.79	1.70	1.15	1.93
丹麦	1.54	1.28	2.15	2.35	2.36	1.41	1.68	1.92	1.05	1.02	1.64
挪威	2.56	0.64	1.56	1.45	1.63	0.99	1.82	1.02	1.70	1.54	1.46
瑞士	0.77	2.13	1.95	2.17	1.09	0.99	1.40	1.15	0.66	1.02	1.29
韩国	1.03	0.43	1.17	1.45	1.81	1.13	1.54	2.05	0.92	0.64	1.24
中国台湾	1.79	1.92	1.56	0.90	1.09	1.27	1.12	1.53	1.44	0.13	1.22
印度	0.26	0.21	1.17	0.54	0.36	1.69	1.82	1.28	1.05	1.66	1.11

二十二 交通科学和技术

交通科学和技术A、B、C层人才主要集中在美国和中国大陆，二者A、B、C层人才的世界占比合计分别达到56.61%、45.57%、40.49%，其中，美国的A层人才显著多于中国大陆，B层人才少于中国大陆，C层人才略多于中国大陆。

英国、德国、加拿大的A层人才比较多，世界占比在10%~5%之间；瑞典、新加坡、澳大利亚、丹麦、法国、希腊、日本、韩国、西班牙、中国台湾、智利、捷克、中国香港、伊朗、意大利也有相当数量的A层人才，世界占比超过或接近1%。

英国、加拿大、澳大利亚、荷兰的 B 层人才比较多，世界占比在 8%～3%之间；中国香港、德国、法国、新加坡、瑞典、韩国、瑞士、西班牙、意大利、日本、葡萄牙、挪威、印度、伊朗也有相当数量的 B 层人才，世界占比超过 1%。

英国、加拿大、澳大利亚、德国、荷兰的 C 层人才比较多，世界占比在 7%～3%之间；中国香港、法国、意大利、韩国、瑞典、新加坡、西班牙、日本、印度、瑞士、中国台湾、希腊、伊朗也有相当数量的 C 层人才，世界占比超过 1%。

表 6-64 交通科学和技术 A 层人才排名前 20 的国家和地区的占比

单位：%

国家和地区	2011年	2012年	2013年	2014年	2015年	2016年	2017年	2018年	2019年	2020年	合计
美国	25.00	72.73	44.44	33.33	45.45	43.75	25.00	31.58	29.41	17.65	35.29
中国大陆	12.50	0.00	22.22	8.33	27.27	12.50	25.00	31.58	29.41	29.41	21.32
英国	12.50	9.09	0.00	0.00	9.09	18.75	12.50	5.26	11.76	11.76	9.56
德国	12.50	0.00	0.00	33.33	0.00	0.00	0.00	0.00	5.88	11.76	5.88
加拿大	12.50	0.00	11.11	0.00	0.00	0.00	12.50	10.53	0.00	5.88	5.15
瑞典	0.00	9.09	0.00	0.00	18.18	0.00	0.00	0.00	5.88	0.00	2.94
新加坡	12.50	0.00	0.00	0.00	0.00	0.00	12.50	0.00	0.00	0.00	2.21
澳大利亚	0.00	0.00	0.00	0.00	0.00	6.25	0.00	5.26	0.00	0.00	1.47
丹麦	0.00	9.09	0.00	0.00	0.00	0.00	0.00	0.00	0.00	5.88	1.47
法国	0.00	0.00	0.00	0.00	0.00	6.25	0.00	0.00	5.88	0.00	1.47
希腊	0.00	0.00	0.00	8.33	0.00	0.00	0.00	0.00	5.88	0.00	1.47
日本	0.00	0.00	11.11	8.33	0.00	0.00	0.00	0.00	0.00	0.00	1.47
韩国	0.00	0.00	0.00	0.00	0.00	0.00	0.00	5.26	0.00	5.88	1.47
西班牙	0.00	0.00	0.00	0.00	0.00	0.00	6.25	5.26	0.00	0.00	1.47
中国台湾	12.50	0.00	0.00	0.00	0.00	0.00	0.00	0.00	5.88	0.00	1.47
智利	0.00	0.00	11.11	0.00	0.00	0.00	0.00	0.00	0.00	0.00	0.74
捷克	0.00	0.00	0.00	0.00	0.00	6.25	0.00	0.00	0.00	0.00	0.74
中国香港	0.00	0.00	0.00	0.00	0.00	0.00	0.00	0.00	5.88	0.00	0.74
伊朗	0.00	0.00	0.00	0.00	0.00	0.00	0.00	0.00	5.88	0.00	0.74
意大利	0.00	0.00	0.00	0.00	0.00	0.00	0.00	5.26	0.00	0.00	0.74

表6-65 交通科学和技术B层人才排名前20的国家和地区的占比

单位：%

国家和地区	2011年	2012年	2013年	2014年	2015年	2016年	2017年	2018年	2019年	2020年	合计
中国大陆	6.49	10.53	15.56	16.82	18.58	22.15	23.78	28.65	34.34	35.10	23.30
美国	25.97	23.16	26.67	24.30	33.63	26.17	23.78	18.13	16.87	12.58	22.27
英国	7.79	10.53	7.78	4.67	5.31	6.71	8.39	9.36	6.63	5.30	7.21
加拿大	9.09	6.32	3.33	3.74	5.31	7.38	6.99	5.26	7.23	7.95	6.34
澳大利亚	1.30	1.05	5.56	5.61	1.77	4.03	3.50	4.09	6.63	7.28	4.36
荷兰	3.90	5.26	6.67	6.54	4.42	2.01	2.80	2.34	2.41	2.65	3.57
中国香港	6.49	3.16	2.22	0.93	0.00	1.34	2.80	2.92	3.61	3.97	2.69
德国	2.60	3.16	4.44	8.41	0.88	2.01	1.40	4.09	0.60	1.32	2.69
法国	5.19	2.11	4.44	0.93	0.00	2.68	4.20	2.92	1.20	2.65	2.54
新加坡	1.30	2.11	2.22	2.80	0.00	2.01	0.70	4.09	3.01	0.00	1.90
瑞典	1.30	5.26	1.11	0.93	0.00	3.36	1.40	2.34	0.00	1.99	1.74
韩国	0.00	5.26	1.11	0.00	1.77	0.00	0.70	1.75	2.41	2.65	1.58
瑞士	1.30	4.21	2.22	3.74	0.88	2.68	1.40	0.00	0.00	0.66	1.51
西班牙	3.90	0.00	0.00	3.74	2.65	1.34	0.70	1.17	1.81	0.66	1.51
意大利	3.90	0.00	1.11	2.80	3.54	0.00	2.10	0.58	1.20	0.66	1.43
日本	2.60	2.11	0.00	1.87	0.88	1.34	1.40	1.75	2.41	0.00	1.43
葡萄牙	2.60	3.16	2.22	0.00	0.88	0.00	0.70	1.17	1.20	1.32	1.19
挪威	1.30	1.05	0.00	1.87	0.88	0.67	0.70	1.75	1.20	1.99	1.19
印度	1.30	0.00	0.00	1.87	0.00	0.67	1.40	0.58	1.20	2.65	1.11
伊朗	0.00	0.00	1.11	1.87	0.88	3.36	3.50	0.00	0.00	0.00	1.11

表6-66 交通科学和技术C层人才排名前20的国家和地区的占比

单位：%

国家和地区	2011年	2012年	2013年	2014年	2015年	2016年	2017年	2018年	2019年	2020年	合计
美国	30.14	26.69	25.25	21.32	20.97	17.60	19.06	18.42	18.36	15.36	20.37
中国大陆	8.81	9.55	10.79	12.97	16.56	21.26	21.99	26.09	27.80	28.66	20.12
英国	7.02	5.75	6.34	6.67	6.57	7.80	6.08	6.20	6.18	8.02	6.69
加拿大	6.00	5.65	5.67	6.30	5.40	5.94	4.92	4.97	6.62	4.41	5.54
澳大利亚	4.60	4.00	4.45	3.34	3.60	2.76	3.28	3.81	4.37	4.54	3.84
德国	3.07	4.21	3.67	4.63	3.96	3.24	3.48	3.74	3.00	2.61	3.51
荷兰	3.45	3.29	3.67	2.87	4.23	3.31	3.14	2.33	2.56	2.87	3.09
中国香港	3.07	2.36	2.11	3.61	1.98	2.83	1.91	3.25	2.81	4.07	2.84
法国	3.07	3.08	3.78	3.80	2.79	3.17	3.55	2.46	1.50	1.60	2.77
意大利	2.30	4.21	3.34	3.43	3.78	2.76	2.80	1.47	1.87	2.61	2.74
韩国	2.43	2.77	1.89	2.78	1.98	2.83	2.53	2.89	1.50	1.47	2.29

续表

国家和地区	2011年	2012年	2013年	2014年	2015年	2016年	2017年	2018年	2019年	2020年	合计
瑞典	2.81	2.16	3.00	2.59	2.43	2.28	2.39	2.27	1.37	1.74	2.23
新加坡	1.79	2.46	2.00	1.11	2.61	2.69	2.32	1.96	2.62	2.07	2.20
西班牙	2.43	3.29	1.67	2.87	1.71	2.62	1.57	1.60	1.31	0.67	1.87
日本	2.17	1.85	1.78	1.11	2.25	1.66	1.50	0.86	0.87	1.27	1.45
印度	0.77	0.92	1.00	0.83	0.81	1.59	1.64	1.53	1.56	2.07	1.36
瑞士	1.40	1.13	2.11	1.39	1.26	1.04	1.57	1.10	1.12	0.94	1.27
中国台湾	1.92	1.95	1.67	1.67	1.26	0.97	0.89	0.86	1.06	0.73	1.20
希腊	1.15	1.33	1.45	0.93	2.07	1.38	1.23	1.04	0.56	0.80	1.15
伊朗	0.38	1.33	1.11	0.83	1.26	0.90	1.16	1.17	1.19	1.20	1.08

二十三 航空和航天工程

航空和航天工程A、B、C层人才主要集中在中国大陆和美国，二者A、B、C层人才的世界占比合计为43.04%、42.26%、46.19%，其中二者的A层人才世界占比相同，均为21.52%，中国大陆的B、C层人才稍多于美国。

英国、加拿大、印度、日本、瑞典、土耳其的A层人才比较多，世界占比在7%～3%之间；阿尔及利亚、法国、德国、伊朗、意大利、俄罗斯、瑞士、泰国、澳大利亚、智利、丹麦、爱尔兰也有相当数量的A层人才，世界占比超过1%。

英国、德国、澳大利亚、伊朗、加拿大、意大利、法国、印度、韩国的B层人才比较多，世界占比在7%～3%之间；荷兰、新加坡、越南、俄罗斯、日本、西班牙、阿塞拜疆、瑞典、土耳其也有相当数量的B层人才，世界占比超过或接近1%。

英国、意大利、德国、加拿大、印度的C层人才比较多，世界占比在6%～3%之间；法国、伊朗、韩国、澳大利亚、荷兰、日本、俄罗斯、西班牙、土耳其、新加坡、瑞士、以色列、巴西也有相当数量的C层人才，世界占比超过或接近1%。

表6-67 航空和航天工程 A 层人才排名前 20 的国家和地区的占比

单位：%

国家和地区	2011年	2012年	2013年	2014年	2015年	2016年	2017年	2018年	2019年	2020年	合计
中国大陆	0.00	14.29	16.67	0.00	0.00	33.33	11.11	27.27	50.00	37.50	21.52
美国	0.00	14.29	16.67	20.00	11.11	33.33	33.33	18.18	40.00	12.50	21.52
英国	0.00	14.29	0.00	20.00	11.11	11.11	11.11	0.00	0.00	0.00	6.33
加拿大	0.00	0.00	16.67	20.00	0.00	0.00	11.11	0.00	0.00	0.00	3.80
印度	20.00	14.29	0.00	0.00	0.00	0.00	0.00	0.00	0.00	12.50	3.80
日本	20.00	14.29	0.00	0.00	11.11	0.00	0.00	0.00	0.00	0.00	3.80
瑞典	0.00	14.29	0.00	0.00	0.00	0.00	0.00	0.00	10.00	12.50	3.80
土耳其	0.00	0.00	0.00	0.00	0.00	11.11	0.00	9.09	0.00	12.50	3.80
阿尔及利亚	0.00	0.00	16.67	20.00	0.00	0.00	0.00	0.00	0.00	0.00	2.53
法国	20.00	0.00	0.00	0.00	0.00	0.00	0.00	11.11	0.00	0.00	2.53
德国	0.00	0.00	0.00	0.00	11.11	0.00	11.11	0.00	0.00	0.00	2.53
伊朗	0.00	0.00	0.00	0.00	0.00	0.00	0.00	18.18	0.00	0.00	2.53
意大利	0.00	0.00	0.00	0.00	11.11	0.00	0.00	9.09	0.00	0.00	2.53
俄罗斯	20.00	0.00	0.00	0.00	11.11	0.00	0.00	0.00	0.00	0.00	2.53
瑞士	0.00	0.00	0.00	0.00	11.11	0.00	11.11	0.00	0.00	0.00	2.53
泰国	0.00	0.00	0.00	0.00	20.00	0.00	0.00	0.00	0.00	12.50	2.53
澳大利亚	0.00	14.29	0.00	0.00	0.00	0.00	0.00	0.00	0.00	0.00	1.27
智利	20.00	0.00	0.00	0.00	0.00	0.00	0.00	0.00	0.00	0.00	1.27
丹麦	0.00	0.00	0.00	0.00	11.11	0.00	0.00	0.00	0.00	0.00	1.27
爱尔兰	0.00	0.00	16.67	0.00	0.00	0.00	0.00	0.00	0.00	0.00	1.27

表6-68 航空和航天工程 B 层人才排名前 20 的国家和地区的占比

单位：%

国家和地区	2011年	2012年	2013年	2014年	2015年	2016年	2017年	2018年	2019年	2020年	合计
中国大陆	14.58	20.00	21.88	13.64	14.81	33.33	23.16	22.47	29.00	29.67	23.10
美国	33.33	30.00	25.00	39.39	14.81	15.48	18.95	8.99	13.00	8.79	19.16
英国	14.58	4.29	7.81	7.58	6.17	7.14	5.26	5.62	4.00	3.30	6.09
德国	2.08	5.71	4.69	6.06	9.88	2.38	2.11	4.49	3.00	1.10	4.06
澳大利亚	2.08	5.71	1.56	4.55	2.47	2.38	4.21	4.49	4.00	6.59	3.93
伊朗	0.00	0.00	0.00	3.03	4.94	4.76	6.32	3.37	7.00	5.49	3.93
加拿大	2.08	7.14	1.56	4.55	3.70	1.19	5.26	2.25	4.00	4.40	3.68
意大利	0.00	5.71	4.69	4.55	3.70	2.38	3.16	2.25	2.00	5.49	3.43
法国	0.00	4.29	3.13	1.52	7.41	3.57	2.11	3.37	3.00	3.30	3.30
印度	0.00	1.43	1.56	3.03	7.41	7.14	5.26	1.12	2.20	3.17	
韩国	4.17	0.00	7.81	3.03	1.23	5.95	4.21	1.12	3.00	1.10	3.05

续表

国家和地区	2011年	2012年	2013年	2014年	2015年	2016年	2017年	2018年	2019年	2020年	合计
荷兰	2.08	0.00	1.56	1.52	1.23	2.38	3.16	4.49	1.00	0.00	1.78
新加坡	4.17	1.43	0.00	0.00	2.47	0.00	2.11	2.25	3.00	1.10	1.65
越南	0.00	0.00	0.00	0.00	0.00	0.00	3.16	0.00	2.00	7.69	1.52
俄罗斯	0.00	1.43	3.13	3.03	2.47	0.00	1.05	2.25	2.00	0.00	1.52
日本	4.17	0.00	3.13	0.00	2.47	0.00	1.05	1.12	2.00	1.10	1.40
西班牙	2.08	0.00	1.56	1.52	0.00	1.19	0.00	3.37	3.00	0.00	1.27
阿塞拜疆	0.00	0.00	0.00	0.00	0.00	0.00	1.05	1.12	0.00	4.40	1.02
瑞典	2.08	1.43	1.56	1.52	1.23	0.00	0.00	0.00	2.00	0.00	1.02
土耳其	0.00	4.29	0.00	0.00	1.23	0.00	1.05	1.12	1.00	0.00	0.89

表6-69　航空和航天工程C层人才排名前20的国家和地区的占比

单位：%

国家和地区	2011年	2012年	2013年	2014年	2015年	2016年	2017年	2018年	2019年	2020年	合计
中国大陆	12.45	15.05	21.64	22.91	24.43	25.22	31.92	31.75	37.91	31.26	26.89
美国	28.01	28.02	22.75	21.91	20.43	18.50	17.07	15.72	14.51	14.14	19.30
英国	10.17	6.71	6.16	6.19	5.21	4.69	5.41	5.17	5.03	5.23	5.76
意大利	7.68	5.51	4.42	6.69	4.54	6.46	4.56	4.52	4.93	5.52	5.34
德国	5.39	5.22	4.74	4.68	4.54	4.69	4.67	4.09	3.58	4.53	4.53
加拿大	3.53	4.77	3.63	3.34	3.74	4.31	3.61	3.34	2.22	2.40	3.44
印度	2.28	2.68	2.21	2.34	1.47	3.42	2.76	3.77	3.87	4.67	3.04
法国	4.15	3.87	3.79	2.34	3.60	4.31	1.91	2.15	2.13	2.40	2.95
伊朗	1.04	1.19	2.53	3.51	2.80	2.66	2.76	2.37	1.84	3.11	2.40
韩国	2.70	2.24	2.37	2.17	2.27	1.52	1.59	2.58	2.71	3.68	2.36
澳大利亚	2.28	3.58	3.16	2.51	2.27	2.28	2.65	2.26	0.77	1.56	2.26
荷兰	3.11	2.09	2.37	2.17	1.47	1.77	1.80	2.05	2.03	3.82	2.20
日本	3.11	2.24	3.00	2.17	1.34	0.89	1.80	1.61	1.93	0.85	1.82
俄罗斯	1.45	1.94	1.74	1.67	3.47	1.90	1.80	1.72	1.64	0.71	1.82
西班牙	0.83	1.64	1.26	1.00	2.67	1.39	2.01	1.72	1.26	1.41	1.57
土耳其	0.21	1.34	1.90	0.50	0.53	1.39	0.53	0.54	0.97	1.27	0.92
新加坡	0.83	0.45	0.79	1.17	1.34	0.51	0.95	1.40	0.68	0.57	0.88
瑞士	1.45	0.89	0.63	1.00	0.67	1.14	0.42	0.97	0.77	0.57	0.82
以色列	0.62	0.89	0.95	0.84	1.34	0.89	0.95	0.32	0.77	0.28	0.78
巴西	0.00	0.45	0.32	0.67	1.47	0.76	1.06	0.32	0.68	1.27	0.73

二十四 工业工程

工业工程A层人才最多的国家是美国，世界占比为20.13%；其后是中国大陆，世界占比为14.94%；澳大利亚、英国、德国、意大利、法国、印度、加拿大的A层人才比较多，世界占比在8%~3%之间；丹麦、荷兰、土耳其、南非、挪威、瑞典、奥地利、比利时、匈牙利、中国香港、巴西也有相当数量的A层人才，世界占比超过1%。

中国大陆和美国的B层人才最多，世界占比分别为16.86%、14.83%；英国、德国、加拿大、意大利、法国、澳大利亚的B层人才比较多，世界占比在9%~3%之间；印度、中国香港、伊朗、比利时、瑞典、西班牙、丹麦、中国台湾、土耳其、荷兰、巴西、芬兰也有相当数量的B层人才，世界占比超过1%。

中国大陆和美国的C层人才最多，世界占比分别为16.93%、14.14%；英国、意大利、德国、加拿大、澳大利亚、法国、印度的C层人才比较多，世界占比在9%~3%之间；中国香港、伊朗、西班牙、荷兰、中国台湾、韩国、瑞典、新加坡、土耳其、巴西、丹麦也有相当数量的C层人才，世界占比超过1%。

表6-70 工业工程A层人才排名前20的国家和地区的占比

单位：%

国家和地区	2011年	2012年	2013年	2014年	2015年	2016年	2017年	2018年	2019年	2020年	合计
美国	11.11	15.38	6.25	50.00	29.41	17.65	15.79	37.50	12.50	5.88	20.13
中国大陆	11.11	7.69	12.50	21.43	11.76	0.00	21.05	31.25	12.50	17.65	14.94
澳大利亚	0.00	15.38	6.25	0.00	17.65	5.88	5.26	6.25	12.50	0.00	7.14
英国	0.00	0.00	12.50	14.29	0.00	11.76	15.79	6.25	6.25	0.00	7.14
德国	0.00	7.69	0.00	0.00	11.76	11.76	5.26	0.00	6.25	17.65	6.49
意大利	11.11	7.69	6.25	0.00	0.00	5.88	5.26	6.25	0.00	5.88	4.55
法国	0.00	0.00	0.00	0.00	5.88	5.88	5.26	0.00	12.50	11.76	4.55
印度	0.00	0.00	6.25	0.00	11.76	0.00	0.00	0.00	6.25	11.76	3.90
加拿大	0.00	15.38	6.25	0.00	0.00	0.00	5.26	0.00	6.25	0.00	3.25
丹麦	0.00	15.38	0.00	7.14	0.00	5.88	0.00	0.00	0.00	0.00	2.60
荷兰	11.11	0.00	0.00	0.00	0.00	17.65	0.00	0.00	0.00	0.00	2.60

续表

国家和地区	2011年	2012年	2013年	2014年	2015年	2016年	2017年	2018年	2019年	2020年	合计
土耳其	22.22	0.00	12.50	0.00	0.00	0.00	0.00	0.00	0.00	0.00	2.60
南非	11.11	0.00	6.25	0.00	5.88	0.00	0.00	0.00	0.00	0.00	1.95
挪威	0.00	0.00	0.00	0.00	0.00	0.00	5.26	6.25	0.00	5.88	1.95
瑞典	0.00	7.69	0.00	0.00	5.88	0.00	0.00	6.25	0.00	0.00	1.95
奥地利	11.11	0.00	0.00	0.00	0.00	5.88	0.00	0.00	0.00	0.00	1.30
比利时	0.00	7.69	0.00	0.00	0.00	0.00	5.26	0.00	0.00	0.00	1.30
匈牙利	0.00	0.00	0.00	7.14	0.00	5.88	0.00	0.00	0.00	0.00	1.30
中国香港	11.11	0.00	6.25	0.00	0.00	0.00	0.00	0.00	0.00	0.00	1.30
巴西	0.00	0.00	0.00	0.00	0.00	0.00	5.26	0.00	6.25	0.00	1.30

表6-71 工业工程B层人才排名前20的国家和地区的占比

单位：%

国家和地区	2011年	2012年	2013年	2014年	2015年	2016年	2017年	2018年	2019年	2020年	合计
中国大陆	5.26	9.76	10.96	14.07	14.56	11.39	21.47	24.11	25.41	25.33	16.86
美国	12.28	15.45	18.49	22.96	18.35	15.19	11.86	12.06	13.26	9.33	14.83
英国	10.53	8.94	10.96	8.15	6.33	10.76	8.47	6.38	9.39	8.67	8.83
德国	9.65	8.13	6.16	11.11	9.49	10.13	4.52	2.84	4.97	2.67	6.81
加拿大	7.02	6.50	4.11	2.22	5.06	4.43	3.39	5.67	5.52	4.00	4.72
意大利	7.02	4.07	5.48	2.22	5.06	3.16	4.52	3.55	3.31	4.67	4.25
法国	3.51	2.44	6.16	2.22	2.53	3.80	2.82	5.67	4.42	4.67	3.84
澳大利亚	1.75	2.44	3.42	2.22	1.27	6.33	4.52	6.38	2.21	5.33	3.64
印度	1.75	2.44	1.37	2.96	3.16	3.16	2.26	2.84	2.76	6.00	2.90
中国香港	1.75	2.44	3.42	0.74	2.53	3.16	3.39	4.26	4.97	0.00	2.76
伊朗	1.75	0.81	1.37	2.22	2.53	0.00	3.95	2.13	1.66	3.33	2.02
比利时	4.39	2.44	2.74	4.44	0.00	3.16	0.00	0.71	1.10	0.67	1.82
瑞典	1.75	0.81	2.05	1.48	1.90	0.63	4.52	0.71	1.66	2.00	1.82
西班牙	6.14	2.44	0.68	2.22	1.90	2.53	1.69	0.71	0.00	1.33	1.82
丹麦	1.75	0.81	2.05	3.70	0.63	0.63	1.69	3.55	1.10	0.00	1.55
中国台湾	0.88	2.44	4.11	2.22	0.63	1.27	0.00	1.42	1.10	1.33	1.48
土耳其	1.75	0.81	2.05	1.48	0.63	1.90	1.69	0.71	1.10	0.67	1.28
荷兰	1.75	3.25	1.37	3.70	1.27	1.90	0.00	0.00	0.00	0.67	1.28
巴西	0.88	1.63	2.05	0.00	0.63	0.63	0.00	1.42	2.21	2.00	1.15
芬兰	1.75	0.00	0.68	1.48	3.16	0.63	1.13	0.00	1.10	1.33	1.15

表6-72 工业工程C层人才排名前20的国家和地区的占比

单位：%

国家和地区	2011年	2012年	2013年	2014年	2015年	2016年	2017年	2018年	2019年	2020年	合计
中国大陆	8.33	11.31	12.18	13.89	14.11	17.76	15.98	22.65	22.48	26.02	16.93
美国	17.98	17.26	15.13	16.20	13.03	12.94	13.36	13.20	13.11	11.53	14.14
英国	8.15	8.34	8.35	6.98	8.75	8.12	8.68	8.11	8.43	7.44	8.16
意大利	4.12	4.54	3.76	4.31	4.85	5.15	4.74	3.08	3.81	4.02	4.24
德国	5.06	4.79	5.00	5.13	4.28	4.49	4.39	3.35	2.93	2.64	4.14
加拿大	4.68	4.62	4.52	5.79	3.70	3.17	3.08	3.69	3.22	5.07	4.08
澳大利亚	3.65	3.47	4.04	2.75	4.15	3.43	3.88	3.89	4.22	3.43	3.72
法国	3.28	3.14	4.38	3.86	3.70	3.23	4.22	3.42	2.63	2.24	3.42
印度	2.53	2.73	2.81	3.05	3.13	3.17	3.25	4.09	4.51	3.69	3.35
中国香港	2.90	3.80	2.60	2.53	2.55	3.17	2.97	2.95	2.87	2.44	2.86
伊朗	2.06	2.73	2.81	2.38	2.94	2.77	2.74	3.82	2.93	2.50	2.79
西班牙	2.90	2.39	3.70	2.45	2.43	2.11	2.17	1.68	1.52	1.71	2.27
荷兰	3.65	2.64	2.26	2.23	2.17	2.31	1.60	1.61	1.70	1.32	2.08
中国台湾	3.37	3.72	2.12	2.53	2.23	1.06	1.54	1.34	1.35	1.12	1.94
韩国	1.87	2.23	1.71	1.93	2.11	1.52	1.94	1.47	1.58	1.38	1.76
瑞典	1.97	1.73	1.23	2.08	1.47	1.91	2.40	1.88	1.11	1.58	1.73
新加坡	1.31	1.32	1.30	1.63	1.60	1.52	1.54	1.94	1.58	1.65	1.55
土耳其	1.59	2.23	1.44	1.71	2.81	1.65	1.26	0.74	1.17	1.05	1.54
巴西	0.94	1.40	1.03	0.97	1.40	1.25	1.48	1.34	1.52	1.65	1.32
丹麦	1.31	1.07	1.30	1.04	1.21	1.06	1.03	1.41	1.23	1.25	1.19

二十五 设备和仪器

设备和仪器A、B、C层人才主要集中在中国大陆和美国，二者A、B、C层人才的世界占比合计为36.14%、31.45%、37.14%，其中，中国大陆的A、B、C层人才均显著多于美国；在发展趋势上，中国大陆呈现相对上升趋势，美国呈现相对下降趋势。

英国的A层人才世界占比为9.24%，排名第三；意大利、西班牙、澳大利亚、德国、韩国的A层人才比较多，世界占比在6%~3%之间；印度、加拿大、丹麦、日本、新加坡、沙特、法国、中国台湾、智利、新西兰、挪威、卡塔尔也有相当数量的 A 层人才，世界占比超过或接近 1%。

英国、澳大利亚、韩国、意大利、西班牙、德国的 B 层人才比较多，世界占比在 5%～3% 之间；加拿大、法国、印度、瑞士、新加坡、伊朗、沙特、日本、土耳其、中国台湾、瑞典、丹麦也有相当数量的 B 层人才，世界占比超过 1%。

韩国、英国、印度、意大利、德国的 C 层人才比较多，世界占比在 5%～3% 之间；西班牙、加拿大、法国、澳大利亚、伊朗、日本、中国台湾、瑞士、新加坡、波兰、土耳其、中国香港、巴西也有相当数量的 C 层人才，世界占比超过 1%。

表 6-73 设备和仪器 A 层人才排名前 20 的国家和地区的占比

单位：%

国家和地区	2011 年	2012 年	2013 年	2014 年	2015 年	2016 年	2017 年	2018 年	2019 年	2020 年	合计
中国大陆	9.52	18.18	8.70	14.29	13.79	6.06	62.50	25.00	31.58	45.24	22.49
美国	14.29	22.73	13.04	14.29	13.79	6.06	0.00	16.67	21.05	9.52	13.65
英国	4.76	9.09	17.39	9.52	13.79	9.09	0.00	8.33	5.26	9.52	9.24
意大利	4.76	0.00	0.00	9.52	13.79	3.03	0.00	8.33	5.26	7.14	5.62
西班牙	14.29	9.09	0.00	4.76	3.45	9.09	12.50	0.00	0.00	0.00	4.42
澳大利亚	0.00	4.55	4.35	4.76	0.00	9.09	0.00	8.33	5.26	2.38	4.02
德国	4.76	0.00	4.35	9.52	10.34	6.06	0.00	8.33	0.00	0.00	4.02
韩国	0.00	0.00	4.35	14.29	3.45	3.03	0.00	0.00	0.00	4.76	3.21
印度	0.00	9.09	8.70	0.00	0.00	6.06	0.00	0.00	2.63	0.00	2.81
加拿大	0.00	4.55	0.00	4.76	0.00	3.03	0.00	0.00	7.89	0.00	2.41
丹麦	4.76	4.55	8.70	0.00	3.45	0.00	0.00	0.00	0.00	2.38	2.41
日本	0.00	4.55	4.35	0.00	3.45	3.03	0.00	0.00	0.00	2.38	2.01
新加坡	0.00	0.00	8.70	0.00	0.00	0.00	0.00	8.33	5.26	0.00	2.01
沙特	0.00	0.00	0.00	4.76	3.45	3.03	0.00	0.00	2.63	2.38	2.01
法国	4.76	0.00	0.00	4.76	0.00	6.06	0.00	0.00	2.63	0.00	2.01
中国台湾	0.00	0.00	8.70	0.00	0.00	0.00	0.00	0.00	2.63	0.00	1.20
智利	4.76	4.55	0.00	0.00	0.00	0.00	12.50	0.00	0.00	0.00	1.20
新西兰	0.00	0.00	4.35	0.00	3.45	0.00	0.00	0.00	0.00	0.00	0.80
挪威	4.76	4.55	0.00	0.00	0.00	0.00	0.00	0.00	0.00	0.00	0.80
卡塔尔	0.00	0.00	0.00	0.00	3.45	3.03	0.00	0.00	0.00	0.00	0.80

表6-74 设备和仪器B层人才排名前20的国家和地区的占比

单位：%

国家和地区	2011年	2012年	2013年	2014年	2015年	2016年	2017年	2018年	2019年	2020年	合计
中国大陆	6.93	10.84	11.26	13.87	13.81	19.32	18.47	23.39	34.51	33.24	20.21
美国	18.32	12.81	13.42	14.71	10.07	10.51	8.28	9.14	10.62	9.50	11.24
英国	5.45	6.40	5.19	5.46	4.10	4.41	2.87	3.76	4.72	3.91	4.47
澳大利亚	0.00	3.45	1.73	3.36	4.10	5.42	3.18	4.30	5.31	3.91	3.69
韩国	4.95	5.42	2.60	3.78	1.87	4.07	2.87	2.96	3.54	3.63	3.48
意大利	3.96	2.96	2.16	3.78	4.85	3.39	2.23	3.23	4.13	1.96	3.23
西班牙	4.95	3.45	4.33	2.52	5.22	4.07	3.18	1.34	2.06	1.96	3.12
德国	4.46	3.94	3.46	3.36	3.36	4.07	2.87	1.61	2.65	2.51	3.09
加拿大	5.45	2.96	2.16	2.94	2.24	2.03	2.87	2.69	2.36	3.07	2.80
法国	5.45	3.45	3.46	2.52	3.73	2.71	1.91	2.15	1.77	1.96	2.73
印度	1.49	1.48	1.73	4.20	4.85	1.69	2.55	2.15	4.42	2.23	2.73
瑞士	3.47	2.96	4.76	2.94	2.24	2.03	1.91	1.34	0.59	0.84	2.09
新加坡	1.49	0.99	0.87	2.10	3.73	1.69	1.91	1.08	2.06	1.96	1.81
伊朗	0.50	2.46	2.60	2.10	0.75	2.37	1.27	2.69	1.18	1.96	1.81
沙特	0.00	0.00	0.87	1.26	0.75	1.36	1.59	2.42	0.88	2.79	1.35
日本	2.48	1.97	1.30	0.42	1.12	2.03	0.96	1.34	1.18	1.12	1.35
土耳其	1.49	2.96	0.43	2.10	1.49	1.69	0.96	0.54	1.18	0.84	1.28
中国台湾	0.99	1.48	1.30	1.26	1.49	2.03	1.27	2.42	0.59	0.00	1.28
瑞典	0.99	2.96	2.16	0.42	1.12	2.03	0.64	1.34	0.59	0.84	1.24
丹麦	2.48	0.99	2.60	1.68	0.75	0.68	0.96	0.27	1.18	1.40	1.21

表6-75 设备和仪器C层人才排名前20的国家和地区的占比

单位：%

国家和地区	2011年	2012年	2013年	2014年	2015年	2016年	2017年	2018年	2019年	2020年	合计
中国大陆	13.93	15.19	16.75	20.91	23.66	25.54	30.16	32.85	31.18	28.52	25.12
美国	18.80	17.72	13.91	12.44	12.74	11.31	11.92	9.35	9.25	8.86	12.02
韩国	5.13	4.75	4.67	4.94	5.05	4.80	4.80	5.20	4.82	4.30	4.83
英国	5.33	4.95	4.88	4.98	4.33	4.40	4.62	4.18	4.88	4.53	4.66
印度	2.77	2.98	4.40	4.41	4.45	3.86	5.01	4.97	4.85	4.08	4.27
意大利	4.88	4.59	4.71	4.50	3.99	3.86	3.56	3.57	3.33	3.26	3.91
德国	4.88	5.10	4.19	3.09	3.35	4.03	2.65	2.16	2.98	2.33	3.31
西班牙	3.67	2.73	3.92	3.13	3.05	2.52	2.96	2.92	2.62	2.22	2.91
加拿大	3.37	3.84	2.83	3.44	3.01	3.02	2.50	2.05	2.68	2.33	2.82

续表

国家和地区	2011年	2012年	2013年	2014年	2015年	2016年	2017年	2018年	2019年	2020年	合计
法国	4.37	3.69	3.23	2.43	2.75	3.22	2.15	1.78	1.96	2.08	2.63
澳大利亚	1.71	1.87	1.70	2.34	2.83	2.25	2.50	2.54	2.92	2.39	2.36
伊朗	1.16	1.36	1.48	2.51	2.30	2.58	2.65	2.92	2.50	2.62	2.31
日本	2.56	3.18	2.62	2.56	1.77	1.85	1.41	1.64	1.84	1.97	2.06
中国台湾	2.71	2.22	2.66	2.25	1.62	1.11	0.99	1.23	1.01	1.35	1.60
瑞士	2.71	2.32	2.14	1.81	1.58	1.41	0.71	1.08	0.57	0.76	1.38
新加坡	1.86	1.67	1.53	1.46	1.21	1.38	1.59	1.23	1.13	1.04	1.36
波兰	1.46	1.36	1.44	1.01	1.02	1.48	0.85	1.11	0.74	1.63	1.20
土耳其	1.11	0.96	1.00	1.41	1.28	1.24	1.20	0.88	1.46	1.13	1.17
中国香港	1.26	1.21	1.05	0.97	1.17	1.51	1.34	1.02	1.19	0.90	1.16
巴西	0.96	1.01	1.00	1.15	1.02	1.01	0.95	1.26	1.10	1.10	1.06

二十六 显微镜学

显微镜学A、B、C层人才最多的国家是美国,分别占该学科全球A、B、C层人才的25.00%、21.47%、18.42%。

德国的A层人才比较多,世界占比为18.75%;其后是加拿大、荷兰、英国,三国的A层人才世界占比均为12.50%;比利时、日本、韩国的A层人才也较多,世界占比均为6.25%。

德国、英国的B层人才处于第二梯队,世界占比分别为13.09%、12.04%;巴基斯坦、比利时、中国大陆、日本、沙特、澳大利亚、奥地利、加拿大的B层人才比较多,世界占比在8%~3%之间;荷兰、瑞士、法国、印度、俄罗斯、意大利、西班牙、丹麦、巴西也有相当数量的B层人才,世界占比超过或接近1%。

德国的C层人才世界占比为11.25%,排名第二;英国、日本、中国大陆、法国、澳大利亚、荷兰的C层人才比较多,世界占比在9%~3%之间;巴基斯坦、比利时、意大利、西班牙、加拿大、巴西、奥地利、瑞士、沙特、波兰、印度、韩国也有相当数量的C层人才,世界占比超过1%。

表 6-76 显微镜学 A 层人才的国家和地区的占比

单位：%

国家和地区	2011 年	2012 年	2013 年	2014 年	2015 年	2016 年	2017 年	2018 年	2019 年	2020 年	合计
美国	100.00	0.00	0.00	50.00	0.00	0.00	0.00	50.00	50.00	0.00	25.00
德国	0.00	100.00	50.00	0.00	0.00	0.00	50.00	0.00	0.00	0.00	18.75
加拿大	0.00	0.00	0.00	50.00	0.00	0.00	0.00	0.00	50.00	0.00	12.50
荷兰	0.00	0.00	0.00	0.00	50.00	50.00	0.00	0.00	0.00	0.00	12.50
英国	0.00	0.00	50.00	0.00	0.00	50.00	0.00	0.00	0.00	0.00	12.50
比利时	0.00	0.00	0.00	0.00	50.00	0.00	0.00	0.00	0.00	0.00	6.25
日本	0.00	0.00	0.00	0.00	0.00	0.00	0.00	50.00	0.00	0.00	6.25
韩国	0.00	0.00	0.00	0.00	0.00	0.00	50.00	0.00	0.00	0.00	6.25

表 6-77 显微镜学 B 层人才排名前 20 的国家和地区的占比

单位：%

国家和地区	2011 年	2012 年	2013 年	2014 年	2015 年	2016 年	2017 年	2018 年	2019 年	2020 年	合计
美国	15.00	22.22	35.00	23.53	42.11	26.32	17.39	0.00	21.05	11.11	21.47
德国	15.00	5.56	10.00	29.41	15.79	15.79	17.39	16.67	0.00	5.56	13.09
英国	10.00	22.22	10.00	17.65	15.79	15.79	13.04	11.11	5.26	0.00	12.04
巴基斯坦	0.00	0.00	0.00	0.00	0.00	0.00	16.67	31.58	27.78		7.33
比利时	5.00	11.11	10.00	5.88	5.26	5.26	0.00	0.00	0.00	5.56	4.71
中国大陆	0.00	5.56	0.00	0.00	0.00	0.00	0.00	11.11	21.05	5.56	4.19
日本	5.00	5.56	5.00	0.00	0.00	10.53	4.35	11.11	0.00	0.00	4.19
沙特	0.00	0.00	0.00	0.00	0.00	0.00	0.00	11.11	15.79	16.67	4.19
澳大利亚	10.00	5.56	0.00	0.00	10.53	0.00	4.35	0.00	0.00	5.56	3.66
奥地利	5.00	5.56	0.00	5.88	0.00	5.26	8.70	0.00	0.00	0.00	3.14
加拿大	5.00	5.56	10.00	0.00	0.00	0.00	5.56	0.00	5.56	0.00	3.14
荷兰	5.00	5.56	0.00	5.88	0.00	5.26	0.00	0.00	0.00	5.56	2.62
瑞士	10.00	0.00	5.00	0.00	0.00	5.26	4.35	0.00	0.00	0.00	2.62
法国	5.00	0.00	10.00	0.00	0.00	5.26	4.35	0.00	0.00	0.00	2.62
印度	0.00	0.00	0.00	11.76	0.00	0.00	4.35	0.00	0.00	0.00	1.57
俄罗斯	0.00	0.00	5.00	0.00	0.00	0.00	8.70	0.00	0.00	0.00	1.57
意大利	0.00	0.00	0.00	0.00	0.00	0.00	4.35	5.56	0.00	0.00	1.05
西班牙	0.00	0.00	0.00	0.00	5.26	0.00	4.35	0.00	0.00	0.00	1.05
丹麦	0.00	0.00	0.00	0.00	0.00	5.26	0.00	0.00	0.00	5.56	1.05
巴西	5.00	0.00	0.00	0.00	0.00	0.00	0.00	0.00	0.00	0.00	0.52

第六章 工程与材料科学

表 6-78 显微镜学 C 层人才排名前 20 的国家和地区的占比

单位：%

国家和地区	2011年	2012年	2013年	2014年	2015年	2016年	2017年	2018年	2019年	2020年	合计
美国	19.37	26.47	17.48	23.03	16.22	21.71	18.32	15.61	8.93	16.97	18.42
德国	12.04	14.71	13.59	12.92	12.97	13.71	8.91	8.67	5.95	8.48	11.25
英国	14.14	3.53	7.77	10.67	11.89	8.00	10.40	6.36	8.33	6.06	8.83
日本	10.99	4.71	5.83	6.18	11.35	5.14	5.94	6.36	4.76	7.27	6.89
中国大陆	2.09	1.76	3.88	5.06	2.16	6.86	5.94	10.40	16.07	7.27	6.01
法国	6.28	4.12	5.83	7.30	3.78	5.71	3.96	3.47	2.98	1.82	4.58
澳大利亚	7.33	4.71	6.80	2.25	4.86	1.14	5.45	1.73	1.79	2.42	3.97
荷兰	2.62	5.29	5.34	3.93	4.32	2.29	2.97	5.20	0.60	2.42	3.53
巴基斯坦	0.00	0.00	0.00	0.00	0.00	0.00	0.99	9.25	13.10	6.06	2.76
比利时	2.09	2.35	2.91	2.25	5.41	1.14	2.97	2.89	0.60	3.03	2.59
意大利	2.09	3.53	3.88	1.12	3.24	2.86	0.99	0.58	2.98	3.64	2.48
西班牙	2.62	1.76	3.88	2.25	2.70	3.43	3.47	0.58	1.19	1.21	2.37
加拿大	3.14	2.94	2.91	1.69	1.62	1.71	3.96	0.58	1.19	1.82	2.21
巴西	0.52	1.76	2.43	2.25	0.00	3.43	1.98	2.31	2.38	3.64	2.04
奥地利	1.57	1.76	2.43	2.25	2.70	1.14	2.97	2.31	0.60	0.61	1.88
瑞士	1.57	1.76	1.46	2.25	1.08	2.29	2.48	1.73	1.19	1.21	1.71
沙特	0.52	0.00	0.00	0.00	0.00	0.57	0.99	4.05	5.95	2.42	1.38
波兰	1.05	1.18	0.00	0.56	2.16	2.29	0.00	2.31	0.60	3.03	1.27
印度	0.52	1.76	1.94	1.69	1.62	0.00	1.98	1.16	0.60	0.61	1.21
韩国	3.66	0.59	0.97	1.12	0.00	0.57	0.99	1.73	1.19	0.00	1.10

二十七 绿色和可持续科学与技术

英国的绿色和可持续科学与技术 A 层人才最多，占该学科全球 A 层人才的 9.38%；其后是中国大陆，A 层人才的世界占比为 8.33%；美国、印度、荷兰、德国、瑞典、澳大利亚、马来西亚、意大利、法国的 A 层人才比较多，世界占比在 7%~3% 之间；西班牙、伊朗、沙特、丹麦、土耳其、巴基斯坦、瑞士、加拿大、韩国也有相当数量的 A 层人才，世界占比超过 1%。

中国大陆的 B 层人才最多，占该学科全球 B 层人才的 15.39%；美国排名第二，B层人才的世界占比为9.09%；英国、马来西亚、印度、澳大利亚的B层人才比较多，世界占比在6%～4%之间；德国、加拿大、伊朗、西班牙、意大利、瑞典、荷兰、法国、沙特、丹麦、土耳其、韩国、巴基斯坦、巴西也有相当数量的B层人才，世界占比超过1%。

中国大陆的C层人才最多，占该学科全球C层人才的20.46%；美国排名第二，C层人才的世界占比为8.97%，远低于中国大陆；英国、印度、澳大利亚、马来西亚、西班牙、德国、意大利、伊朗的C层人才比较多，世界占比在6%～3%之间；加拿大、荷兰、法国、韩国、瑞典、沙特、巴西、丹麦、巴基斯坦、土耳其也有相当数量的C层人才，世界占比超过1%。

表6-79 绿色和可持续科学与技术A层人才排名前20的国家和地区的占比

单位：%

国家和地区	2011年	2012年	2013年	2014年	2015年	2016年	2017年	2018年	2019年	2020年	合计
英国	0.00	0.00	28.57	20.00	0.00	8.00	25.00	5.00	11.11	7.55	9.38
中国大陆	0.00	25.00	0.00	0.00	0.00	8.00	0.00	10.00	11.11	7.55	8.33
美国	0.00	25.00	0.00	0.00	0.00	4.00	0.00	5.00	6.67	11.32	6.77
印度	25.00	0.00	14.29	0.00	0.00	0.00	0.00	10.00	6.67	3.77	5.73
荷兰	0.00	0.00	14.29	10.00	0.00	4.00	25.00	5.00	6.67	1.89	5.21
德国	0.00	0.00	14.29	0.00	0.00	4.00	0.00	5.00	8.89	1.89	4.69
瑞典	0.00	0.00	14.29	0.00	0.00	8.00	0.00	2.50	4.44	3.77	4.17
澳大利亚	0.00	0.00	0.00	0.00	0.00	0.00	0.00	7.50	0.00	3.77	3.65
马来西亚	25.00	0.00	0.00	0.00	0.00	0.00	25.00	5.00	0.00	1.89	3.65
意大利	0.00	0.00	0.00	10.00	0.00	0.00	0.00	5.00	0.00	1.89	3.13
法国	0.00	0.00	0.00	0.00	0.00	4.00	0.00	0.00	8.89	1.89	3.13
西班牙	0.00	0.00	0.00	10.00	0.00	4.00	0.00	2.50	2.22	1.89	2.60
伊朗	25.00	0.00	0.00	0.00	0.00	0.00	0.00	0.00	2.22	5.66	2.60
沙特	0.00	0.00	0.00	0.00	0.00	0.00	0.00	5.00	2.22	1.89	2.60
丹麦	0.00	0.00	0.00	0.00	10.00	0.00	0.00	2.50	4.44	1.89	2.60
土耳其	0.00	0.00	0.00	0.00	0.00	0.00	0.00	2.22	3.77		2.60
巴基斯坦	0.00	0.00	0.00	0.00	0.00	0.00	0.00	2.50	4.44	0.00	2.08
瑞士	25.00	25.00	0.00	0.00	0.00	0.00	0.00	0.00	0.00	1.89	1.56
加拿大	0.00	0.00	0.00	0.00	0.00	0.00	0.00	0.00	2.22	3.77	1.56
韩国	0.00	0.00	0.00	0.00	0.00	4.00	0.00	5.00	0.00	0.00	1.56

表6-80 绿色和可持续科学与技术B层人才排名前20的国家和地区的占比

单位：%

国家和地区	2011年	2012年	2013年	2014年	2015年	2016年	2017年	2018年	2019年	2020年	合计
中国大陆	11.63	5.08	6.85	10.38	6.98	12.33	12.54	19.42	16.95	21.02	15.39
美国	20.93	10.17	10.96	16.98	6.98	10.13	6.71	10.24	7.64	8.25	9.09
英国	6.98	10.17	5.48	9.43	5.23	5.29	6.41	5.25	5.25	5.11	5.75
马来西亚	11.63	5.08	5.48	9.43	7.56	7.49	7.58	4.46	3.34	2.36	5.19
印度	2.33	10.17	4.11	8.49	5.81	7.93	6.71	2.36	4.30	3.14	4.85
澳大利亚	2.33	3.39	6.85	1.89	3.49	4.41	3.50	3.67	4.77	4.72	4.12
德国	2.33	10.17	6.85	1.89	4.07	3.52	1.75	2.89	1.91	2.95	2.96
加拿大	4.65	0.00	4.11	2.83	2.33	3.52	2.62	2.62	3.10	2.75	2.83
伊朗	0.00	1.69	5.48	0.94	1.16	2.64	2.33	1.31	3.82	3.54	2.62
西班牙	4.65	6.78	1.37	3.77	4.07	3.96	2.04	1.57	2.15	2.16	2.57
意大利	2.33	3.39	0.00	3.77	2.91	2.20	2.04	2.36	2.63	2.75	2.49
瑞典	0.00	0.00	0.00	0.00	3.49	1.76	2.62	3.41	3.10	2.36	2.44
荷兰	0.00	8.47	5.48	3.77	4.07	2.64	2.92	2.10	1.67	0.98	2.40
法国	6.98	5.08	4.11	5.66	2.91	2.20	2.33	1.31	2.15	1.57	2.36
沙特	0.00	0.00	0.00	0.94	2.33	1.32	2.92	3.15	2.86	2.36	2.32
丹麦	2.33	0.00	2.74	0.00	2.33	2.20	2.04	2.10	1.67	2.16	1.93
土耳其	2.33	1.69	0.00	1.89	1.16	2.64	1.75	1.31	1.19	2.16	1.67
韩国	0.00	0.00	4.11	0.00	0.94	1.74	1.76	2.62	1.84	1.43	0.79	1.63
巴基斯坦	0.00	0.00	1.37	0.00	0.00	0.88	0.87	2.10	1.67	2.16	1.37
巴西	0.00	0.00	1.37	0.94	1.16	1.32	0.87	1.84	2.15	0.98	1.33

表6-81 绿色和可持续科学与技术C层人才排名前20的国家和地区的占比

单位：%

国家和地区	2011年	2012年	2013年	2014年	2015年	2016年	2017年	2018年	2019年	2020年	合计
中国大陆	11.46	9.82	10.14	14.75	15.08	18.65	20.46	22.79	25.40	22.04	20.46
美国	14.32	14.74	13.06	12.94	10.16	9.59	8.59	8.52	8.11	6.97	8.97
英国	7.40	5.44	5.00	6.66	5.95	5.50	5.90	5.56	5.51	5.49	5.67
印度	5.25	6.49	5.83	5.90	6.60	6.51	6.32	5.64	4.24	5.31	5.60
澳大利亚	3.10	3.86	3.19	3.90	4.72	3.12	3.26	4.07	4.39	3.73	3.83
马来西亚	6.44	7.02	6.39	5.14	4.53	4.62	3.70	2.43	2.32	2.44	3.42
西班牙	3.58	4.39	4.72	3.04	3.82	3.65	2.62	3.18	2.93	3.07	3.21
德国	6.44	5.96	5.00	4.47	4.60	2.59	3.26	3.18	2.60	2.25	3.18
意大利	1.91	2.63	2.50	3.04	2.98	3.08	2.97	3.26	2.93	3.64	3.13
伊朗	1.19	1.05	3.06	2.19	2.20	2.86	3.48	3.56	3.13	3.54	3.11
加拿大	3.82	3.86	3.19	3.62	2.78	2.90	2.07	2.54	1.97	2.44	2.54
荷兰	2.63	3.33	3.75	3.14	2.98	2.15	2.39	1.59	2.12	1.81	2.21

续表

国家和地区	2011年	2012年	2013年	2014年	2015年	2016年	2017年	2018年	2019年	2020年	合计
法国	3.34	2.98	2.92	2.09	2.20	1.89	2.04	1.46	1.67	1.43	1.82
韩国	1.19	1.75	0.83	2.19	1.68	1.93	2.01	1.91	1.77	1.71	1.80
瑞典	1.67	1.23	2.08	2.38	1.94	1.36	1.85	1.83	1.54	1.24	1.63
沙特	0.00	1.05	1.11	0.67	1.23	1.23	1.76	1.54	1.41	2.17	1.53
巴西	0.48	1.40	1.11	0.86	1.29	1.28	1.69	2.00	1.34	1.54	1.49
丹麦	1.67	1.23	2.22	2.00	1.75	1.67	1.09	1.46	1.36	1.37	1.46
巴基斯坦	0.72	0.53	1.53	0.76	1.29	1.28	1.47	1.21	1.41	1.85	1.40
土耳其	1.43	1.58	1.53	0.76	1.62	1.67	1.53	1.13	0.91	1.73	1.38

二十八 人体工程学

人体工程学A、B、C层人才最多的国家是美国，分别占该学科全球A、B、C层人才的42.86%、28.40%、24.74%。

英国的A层人才比较多，世界占比为19.05%；其后是加拿大、中国大陆、韩国，A层人才的世界占比均为9.52%；澳大利亚、瑞士也有相当数量的A层人才，世界占比均为4.76%。

英国、中国大陆、德国、荷兰、澳大利亚、韩国、法国、中国香港的B层人才比较多，世界占比在10%~3%之间；加拿大、瑞典、挪威、土耳其、丹麦、西班牙、伊朗、意大利、新西兰、爱尔兰、芬兰也有相当数量的B层人才，世界占比超过或接近1%。

中国大陆、英国、澳大利亚、加拿大、德国、荷兰的C层人才比较多，世界占比在10%~3%之间；瑞典、意大利、韩国、法国、挪威、西班牙、中国香港、中国台湾、芬兰、丹麦、伊朗、印度、比利时也有相当数量的C层人才，世界占比超过或接近1%。

表6-82 人体工程学A层人才的国家和地区的占比

单位：%

国家和地区	2011年	2012年	2013年	2014年	2015年	2016年	2017年	2018年	2019年	2020年	合计
美国	50.00	0.00	66.67	50.00	50.00	100.00	50.00	33.33	33.33	0.00	42.86
英国	50.00	0.00	0.00	0.00	0.00	0.00	50.00	0.00	33.33	33.33	19.05
加拿大	0.00	0.00	0.00	50.00	50.00	0.00	0.00	0.00	0.00	0.00	9.52

续表

国家和地区	2011年	2012年	2013年	2014年	2015年	2016年	2017年	2018年	2019年	2020年	合计
中国大陆	0.00	0.00	33.33	0.00	0.00	0.00	0.00	33.33	0.00	0.00	9.52
韩国	0.00	0.00	0.00	0.00	0.00	0.00	0.00	33.33	0.00	33.33	9.52
澳大利亚	0.00	0.00	0.00	0.00	0.00	0.00	0.00	0.00	0.00	33.33	4.76
瑞士	0.00	0.00	0.00	0.00	0.00	0.00	0.00	0.00	33.33	0.00	4.76

表6-83　人体工程学B层人才排名前20的国家和地区的占比

单位：%

国家和地区	2011年	2012年	2013年	2014年	2015年	2016年	2017年	2018年	2019年	2020年	合计
美国	27.27	40.91	34.62	19.05	37.50	26.47	36.36	23.08	13.16	36.67	28.40
英国	9.09	13.64	0.00	19.05	6.25	11.76	9.09	19.23	10.53	0.00	9.73
中国大陆	0.00	13.64	3.85	9.52	6.25	2.94	4.55	3.85	15.79	20.00	8.56
德国	9.09	4.55	3.85	9.52	6.25	8.82	9.09	11.54	7.89	0.00	7.00
荷兰	0.00	13.64	0.00	4.76	6.25	8.82	0.00	3.85	7.89	0.00	4.67
澳大利亚	9.09	0.00	3.85	9.52	0.00	2.94	4.55	7.69	2.63	6.67	4.67
韩国	0.00	4.55	11.54	4.76	12.50	0.00	0.00	0.00	2.63	6.67	3.89
法国	9.09	4.55	7.69	0.00	0.00	2.94	0.00	0.00	5.26	3.33	3.50
中国香港	0.00	0.00	7.69	4.76	0.00	0.00	8.82	0.00	7.89	0.00	3.50
加拿大	0.00	4.55	0.00	0.00	0.00	2.94	4.55	11.54	0.00	3.33	2.72
瑞典	4.55	0.00	0.00	4.76	6.25	0.00	0.00	7.69	2.63	3.33	2.72
挪威	4.55	0.00	7.69	0.00	6.25	2.94	0.00	0.00	0.00	0.00	1.95
土耳其	0.00	0.00	3.85	0.00	0.00	2.94	0.00	0.00	2.63	6.67	1.95
丹麦	4.55	0.00	3.85	0.00	6.25	2.94	0.00	0.00	0.00	0.00	1.56
西班牙	0.00	0.00	7.69	0.00	0.00	0.00	9.09	0.00	0.00	0.00	1.56
伊朗	0.00	0.00	0.00	0.00	0.00	0.00	4.55	0.00	2.63	6.67	1.56
意大利	0.00	0.00	0.00	0.00	0.00	0.00	0.00	3.85	2.63	3.33	1.17
新西兰	9.09	0.00	0.00	0.00	0.00	2.94	0.00	0.00	0.00	0.00	1.17
爱尔兰	0.00	0.00	0.00	0.00	0.00	2.94	0.00	3.85	2.63	0.00	1.17
芬兰	0.00	0.00	0.00	0.00	0.00	0.00	4.55	0.00	2.63	0.00	0.78

表6-84　人体工程学C层人才排名前20的国家和地区的占比

单位：%

国家和地区	2011年	2012年	2013年	2014年	2015年	2016年	2017年	2018年	2019年	2020年	合计
美国	29.22	23.47	28.46	23.53	24.46	26.06	25.81	23.86	21.10	22.73	24.74
中国大陆	4.11	5.10	6.15	7.84	7.73	11.73	8.87	11.74	12.43	11.89	9.17
英国	7.76	9.69	8.85	7.35	10.30	11.40	9.27	7.58	9.54	4.55	8.66

续表

国家和地区	2011年	2012年	2013年	2014年	2015年	2016年	2017年	2018年	2019年	2020年	合计
澳大利亚	12.79	9.69	10.00	7.35	8.58	9.45	8.06	4.92	4.91	6.99	8.08
加拿大	5.02	6.63	5.00	6.86	3.43	2.93	3.23	3.41	3.76	5.59	4.45
德国	2.74	6.63	1.92	5.39	3.86	3.58	5.24	4.55	5.78	3.85	4.33
荷兰	5.02	4.59	1.15	2.94	3.43	2.61	4.84	2.65	3.76	2.45	3.28
瑞典	4.57	1.53	2.31	1.96	2.58	2.93	4.44	2.27	1.73	2.80	2.69
意大利	1.83	2.04	1.15	1.96	5.58	1.63	3.63	3.03	1.45	0.70	2.22
韩国	0.91	1.53	2.69	1.96	3.43	2.28	2.42	2.65	2.02	1.75	2.18
法国	4.11	2.04	2.69	3.43	2.58	1.30	2.02	2.65	1.16	1.05	2.18
挪威	4.11	0.51	2.69	1.47	1.29	0.98	2.82	2.65	2.02	1.05	1.95
西班牙	1.83	3.06	1.15	1.47	1.72	2.28	1.21	1.89	1.73	2.10	1.83
中国香港	1.37	1.53	1.15	2.45	0.86	2.28	2.02	1.14	2.60	1.75	1.76
中国台湾	3.20	2.04	3.08	1.47	0.86	1.95	0.81	0.38	2.02	1.05	1.68
芬兰	1.83	1.02	0.38	2.45	2.58	1.63	0.40	1.14	1.73	1.40	1.44
丹麦	0.91	2.55	1.54	3.92	0.86	0.98	0.40	1.52	0.58	1.40	1.37
伊朗	0.46	1.53	0.38	0.98	0.86	0.65	0.81	1.52	1.16	4.20	1.29
印度	0.46	1.02	0.77	0.49	0.43	0.65	0.81	0.38	1.16	4.20	1.09
比利时	0.00	1.02	0.77	2.45	1.29	0.98	0.81	0.76	0.87	1.05	0.98

二十九 多学科工程

多学科工程A、B、C层人才主要集中在中国大陆和美国，二者A、B、C层人才的世界占比合计为35.92%、33.87%、32.80%，其中，中国大陆的A、B、C层人才均多于美国。

伊朗、澳大利亚、英国、意大利、印度、德国的A层人才比较多，世界占比在7%~3%之间；荷兰、韩国、中国香港、加拿大、越南、法国、土耳其、丹麦、爱尔兰、阿尔及利亚、埃及、沙特也有相当数量的A层人才，世界占比超过1%。

伊朗、印度、意大利、澳大利亚、英国的B层人才比较多，世界占比为6%~3%；德国、韩国、法国、加拿大、沙特、土耳其、越南、中国香港、马来西亚、西班牙、日本、葡萄牙、埃及也有相当数量的B层人才，世界占比超过1%。

印度、伊朗、英国、意大利、德国、澳大利亚的C层人才比较多,世界占比在6%~3%之间;韩国、法国、西班牙、加拿大、土耳其、沙特、日本、马来西亚、波兰、中国台湾、中国香港、埃及也有相当数量的C层人才,世界占比超过1%。

表6-85 多学科工程A层人才排名前20的国家和地区的占比

单位:%

国家和地区	2011年	2012年	2013年	2014年	2015年	2016年	2017年	2018年	2019年	2020年	合计
中国大陆	0.00	8.33	4.00	10.00	23.68	20.51	16.22	20.51	23.26	32.00	18.10
美国	21.74	25.00	32.00	20.00	21.05	17.95	13.51	20.51	11.63	8.00	17.82
伊朗	4.35	4.17	0.00	6.67	7.89	7.69	0.00	10.26	16.28	4.00	6.61
澳大利亚	8.70	8.33	0.00	6.67	2.63	2.56	13.51	5.13	6.98	4.00	5.75
英国	4.35	4.17	4.00	6.67	5.26	5.13	2.70	5.13	0.00	8.00	4.60
意大利	4.35	4.17	4.00	0.00	5.26	5.13	8.11	0.00	0.00	4.00	3.45
印度	0.00	0.00	8.00	6.67	0.00	0.00	5.41	0.00	4.65	0.00	3.45
德国	0.00	4.17	4.00	0.00	7.89	7.69	5.41	0.00	0.00	2.00	3.16
荷兰	4.35	4.17	8.00	3.33	0.00	0.00	2.70	2.56	0.00	2.00	2.30
韩国	0.00	4.17	0.00	0.00	10.53	0.00	0.00	0.00	5.13	0.00	2.30
中国香港	4.35	4.17	0.00	3.33	0.00	0.00	0.00	5.13	4.65	0.00	2.30
加拿大	4.35	0.00	0.00	3.33	2.63	2.56	5.41	0.00	2.33	0.00	2.01
越南	0.00	0.00	0.00	0.00	0.00	5.13	2.70	5.13	0.00	4.00	2.01
法国	13.04	4.17	4.00	0.00	0.00	0.00	2.56	0.00	0.00	2.00	2.01
土耳其	4.35	0.00	0.00	3.33	0.00	5.13	0.00	0.00	2.33	0.00	1.72
丹麦	8.70	4.17	0.00	3.33	0.00	0.00	2.70	0.00	0.00	0.00	1.72
爱尔兰	0.00	4.17	0.00	0.00	0.00	0.00	0.00	5.13	0.00	2.00	1.44
阿尔及利亚	0.00	0.00	0.00	6.67	2.63	0.00	0.00	0.00	2.33	0.00	1.15
埃及	4.35	0.00	0.00	6.67	0.00	0.00	2.56	0.00	0.00	0.00	1.15
沙特	0.00	0.00	0.00	3.33	0.00	0.00	0.00	2.56	4.65	0.00	1.15

表6-86 多学科工程B层人才排名前20的国家和地区的占比

单位:%

国家和地区	2011年	2012年	2013年	2014年	2015年	2016年	2017年	2018年	2019年	2020年	合计
中国大陆	8.06	8.84	16.67	16.24	17.76	18.87	19.60	23.94	28.89	29.37	20.34
美国	24.64	20.47	10.09	20.66	14.75	13.21	13.54	12.39	6.91	8.52	13.53
伊朗	5.21	7.91	5.26	4.43	5.19	7.82	4.32	5.63	9.63	4.26	6.00

续表

国家和地区	2011年	2012年	2013年	2014年	2015年	2016年	2017年	2018年	2019年	2020年	合计
印度	4.74	6.98	9.65	5.17	3.55	8.09	4.03	5.35	2.96	4.93	5.32
意大利	3.79	4.65	3.95	2.95	6.83	4.58	6.92	4.79	3.21	1.79	4.32
澳大利亚	2.37	2.33	3.07	3.32	4.37	4.04	4.90	8.17	4.20	3.59	4.23
英国	3.79	4.65	7.02	4.80	3.83	4.04	3.75	3.66	2.22	3.81	3.98
德国	5.69	4.19	2.63	4.43	4.64	3.77	1.73	1.97	1.48	1.57	2.99
韩国	3.32	3.26	2.63	4.06	2.46	1.89	2.31	1.41	4.20	2.91	2.80
法国	6.16	6.05	2.19	2.95	3.83	3.23	2.59	1.69	0.49	1.35	2.74
加拿大	1.90	2.79	4.82	1.85	3.01	2.16	3.17	1.41	1.73	1.12	2.27
沙特	0.47	1.40	3.07	1.11	2.19	1.89	2.02	2.25	2.22	3.59	2.15
土耳其	2.84	0.93	3.95	2.58	0.82	1.62	1.73	1.13	1.98	3.59	2.08
越南	1.42	0.93	0.88	0.74	0.82	1.62	1.44	2.54	5.43	2.69	2.05
中国香港	0.47	1.40	1.75	1.48	2.73	1.35	1.44	2.82	2.96	1.79	1.93
马来西亚	0.00	0.47	1.32	1.48	1.64	1.62	0.86	1.97	2.72	1.79	1.52
西班牙	1.42	1.40	3.07	1.85	1.64	0.54	2.02	1.13	0.49	1.12	1.37
日本	2.37	3.26	1.32	1.48	1.64	0.54	0.86	0.56	1.48	0.67	1.28
葡萄牙	2.37	1.86	2.19	1.85	0.00	0.27	2.31	0.56	1.48	0.22	1.15
埃及	0.95	0.47	1.75	1.11	1.37	0.81	0.29	1.41	1.48	0.90	1.06

表6-87 多学科工程C层人才排名前20的国家和地区的占比

单位：%

国家和地区	2011年	2012年	2013年	2014年	2015年	2016年	2017年	2018年	2019年	2020年	合计
中国大陆	15.73	14.68	16.04	17.35	18.55	19.78	21.62	23.10	26.25	23.98	20.50
美国	17.46	15.68	14.49	14.28	14.35	12.23	12.50	11.58	8.90	7.61	12.30
印度	3.30	3.97	5.32	6.15	5.68	7.71	6.09	6.64	6.50	5.13	5.84
伊朗	6.21	6.61	6.59	4.60	4.53	4.69	3.66	4.32	4.80	3.95	4.79
英国	6.71	5.57	5.50	4.86	4.97	4.20	3.96	4.09	3.92	3.83	4.57
意大利	3.55	4.01	4.23	4.67	4.36	4.77	6.09	5.12	3.54	3.64	4.42
德国	4.44	4.34	3.09	4.12	2.96	3.76	3.72	2.55	2.35	2.86	3.30
澳大利亚	3.01	1.89	2.77	3.15	2.55	2.41	3.78	3.20	3.44	3.35	3.01
韩国	1.92	3.07	2.36	2.82	2.99	2.61	2.46	2.93	4.10	3.07	2.91
法国	4.04	4.06	3.82	3.30	2.88	2.72	2.52	2.49	2.05	1.58	2.76
西班牙	2.37	2.93	2.77	2.30	2.47	2.41	2.70	2.64	1.95	2.43	2.47
加拿大	2.86	3.02	2.77	2.15	2.66	2.25	2.28	2.04	1.72	1.98	2.30
土耳其	2.02	2.31	2.23	2.26	1.76	2.30	1.32	1.93	1.85	2.06	1.98
沙特	0.74	1.18	1.32	1.63	1.40	2.19	1.29	1.36	1.69	2.83	1.66

续表

国家和地区	2011年	2012年	2013年	2014年	2015年	2016年	2017年	2018年	2019年	2020年	合计
日本	2.86	1.89	1.50	2.00	1.65	1.26	1.74	1.04	0.99	1.39	1.54
马来西亚	1.13	1.37	2.04	1.85	1.32	1.51	1.32	1.24	1.67	1.63	1.51
波兰	0.99	1.23	1.59	1.04	1.98	1.23	1.86	1.27	1.21	1.56	1.42
中国台湾	2.61	1.79	1.41	1.45	1.43	1.21	0.84	1.24	1.16	1.37	1.38
中国香港	1.04	1.18	1.00	0.96	1.04	1.32	1.17	1.07	1.77	1.30	1.22
埃及	0.99	0.61	1.41	1.15	0.91	1.18	0.90	0.95	1.26	1.72	1.14

第二节 学科组

在工程与材料科学各学科人才分析的基础上，按照A、B、C三个人才层次，对各学科人才进行汇总分析，可以从学科组层面揭示人才的分布特点和发展趋势。

一 A层人才

工程与材料科学A层人才最多的国家是美国，占该学科组全球A层人才的22.19%，中国大陆以18.42%的世界占比排名第二，二者的A层人才合计达到全球的40.61%；其后是英国、德国，世界占比分别为6.17%、4.34%；澳大利亚、加拿大、韩国、法国、新加坡、意大利、日本、沙特的A层人才也比较多，世界占比在4%~2%之间；中国香港、印度、瑞士、西班牙、荷兰、瑞典、伊朗、阿尔及利亚、丹麦也有相当数量的A层人才，世界占比超过1%；中国台湾、土耳其、马来西亚、比利时、爱尔兰、葡萄牙、芬兰、以色列、挪威、巴基斯坦、巴西、奥地利、新西兰、越南、希腊、波兰、埃及、俄罗斯、南非也有一定数量的A层人才，世界占比低于1%。

在发展趋势上，美国呈现相对下降趋势，中国大陆呈现相对上升趋势，其他国家和地区没有呈现明显变化。

表6-88 工程与材料科学A层人才排名前40的国家和地区的占比

单位：%

国家和地区	2011年	2012年	2013年	2014年	2015年	2016年	2017年	2018年	2019年	2020年	合计
美国	29.28	27.80	29.11	25.89	21.12	20.97	23.42	20.42	19.41	12.89	22.19
中国大陆	10.93	12.42	11.82	14.66	17.21	16.57	20.93	21.88	24.72	23.98	18.42
英国	6.70	6.68	6.20	7.93	7.30	6.95	6.79	5.63	3.88	5.12	6.17
德国	4.94	5.43	4.03	6.34	4.69	5.45	4.07	3.44	3.03	3.32	4.34
澳大利亚	2.65	4.35	3.31	3.04	3.52	3.59	3.28	4.48	4.92	4.55	3.87
加拿大	4.59	3.11	3.17	3.30	2.87	3.01	3.39	3.13	2.94	2.37	3.12
韩国	2.47	2.80	2.74	2.51	3.91	3.36	2.15	3.02	2.18	2.75	2.78
法国	3.17	2.48	3.46	2.51	2.61	2.90	2.60	2.08	2.18	2.18	2.56
新加坡	2.47	2.80	3.31	1.59	1.96	2.32	2.26	2.81	3.13	2.75	2.56
意大利	2.29	2.48	1.73	2.91	4.43	2.78	1.81	2.71	1.33	2.75	2.50
日本	3.17	2.64	2.59	1.59	2.61	2.55	1.36	2.19	2.75	1.90	2.29
沙特	0.88	0.62	0.43	1.85	2.22	2.55	2.83	1.88	3.69	3.32	2.21
中国香港	1.94	1.40	1.59	1.85	1.43	1.51	1.92	3.02	2.37	2.09	1.96
印度	1.06	2.02	2.59	1.98	1.83	1.04	1.24	1.77	2.37	3.13	1.95
瑞士	2.47	2.48	1.87	1.32	2.22	2.09	1.81	1.88	0.95	1.14	1.75
西班牙	3.17	2.48	2.02	2.25	1.96	1.74	1.24	1.46	0.47	0.85	1.62
荷兰	1.94	1.71	1.59	1.72	1.56	1.85	1.58	1.04	1.52	1.14	1.53
瑞典	1.06	1.86	1.15	1.19	1.56	2.32	1.24	1.46	1.04	1.90	1.49
伊朗	0.71	1.09	1.15	0.79	0.65	1.04	1.02	2.08	1.99	2.46	1.39
阿尔及利亚	0.00	0.16	0.58	0.92	1.17	1.39	1.36	0.31	1.89	2.09	1.09
丹麦	1.23	2.02	1.59	1.98	0.78	1.16	0.34	0.52	0.47	1.14	1.05
中国台湾	0.88	1.09	1.44	1.06	0.52	0.46	1.02	0.73	0.95	0.57	0.85
土耳其	0.71	0.31	1.30	0.79	0.52	1.04	0.34	0.52	0.57	1.80	0.81
马来西亚	0.88	0.78	0.29	0.79	0.39	1.16	1.13	1.15	0.57	0.85	0.81
比利时	1.06	1.09	1.30	0.92	1.04	1.16	0.79	0.31	0.47	0.28	0.79
爱尔兰	1.06	1.09	1.15	0.13	0.26	0.35	0.45	0.94	0.19	0.38	0.56
葡萄牙	1.06	0.93	1.15	0.66	0.52	0.23	0.23	0.31	0.38	0.47	0.55
芬兰	0.88	0.16	0.00	0.66	0.91	0.93	0.45	0.52	0.28	0.66	0.55
以色列	0.88	0.31	0.29	0.13	0.65	0.81	0.90	0.52	0.28	0.47	0.53
挪威	1.06	0.62	0.72	0.26	0.39	0.12	1.02	0.21	0.57	0.47	0.52
巴基斯坦	0.18	0.47	0.29	0.13	0.39	0.81	0.34	0.63	0.85	0.57	0.50
巴西	0.18	0.16	0.29	0.26	0.52	0.23	1.02	0.63	0.47	0.38	0.44
奥地利	0.18	0.31	0.14	0.53	0.52	0.46	0.68	0.31	0.76	0.00	0.40
新西兰	0.00	0.16	0.58	0.53	0.52	0.35	0.68	0.63	0.09	0.38	0.40
越南	0.00	0.00	0.00	0.00	0.00	0.46	0.11	0.73	0.57	1.33	0.39

续表

国家和地区	2011年	2012年	2013年	2014年	2015年	2016年	2017年	2018年	2019年	2020年	合计
希腊	0.18	0.16	0.29	0.40	0.65	0.12	0.34	0.52	0.38	0.57	0.38
波兰	0.18	0.00	0.43	0.53	0.26	0.46	0.45	0.21	0.57	0.47	0.38
埃及	0.35	0.16	0.14	0.66	0.26	0.81	0.57	0.10	0.00	0.57	0.36
俄罗斯	0.35	0.31	0.72	0.40	0.26	0.12	0.34	0.21	0.28	0.47	0.34
南非	0.35	0.16	0.43	0.13	0.52	0.00	0.23	0.42	0.47	0.47	0.33

二 B层人才

中国大陆的工程与材料科学B层人才最多，占该学科组全球B层人才的24.01%，美国以17.49%的世界占比排名第二，二者的B层人才合计超过全球的40%；其后是英国，B层人才的世界占比为5.11%；澳大利亚、德国、加拿大、韩国、印度、新加坡、法国、中国香港、伊朗、意大利的B层人才也比较多，世界占比在5%~2%之间；日本、西班牙、沙特、马来西亚、荷兰、瑞士、瑞典也有相当数量的B层人才，世界占比超过1%；土耳其、中国台湾、丹麦、比利时、葡萄牙、巴西、芬兰、巴基斯坦、埃及、挪威、越南、希腊、俄罗斯、波兰、奥地利、以色列、爱尔兰、阿尔及利亚、新西兰、南非也有一定数量的B层人才，世界占比低于1%。

在发展趋势上，美国呈现相对下降趋势，中国大陆呈现相对上升趋势，其他国家和地区没有呈现明显变化。

表6-89 工程与材料科学B层人才排名前40的国家和地区的占比

单位：%

国家和地区	2011年	2012年	2013年	2014年	2015年	2016年	2017年	2018年	2019年	2020年	合计
中国大陆	13.31	15.16	17.99	19.29	21.20	22.49	25.53	29.45	31.58	32.19	24.01
美国	25.01	23.00	21.70	20.59	18.61	17.13	17.61	14.87	13.34	10.82	17.49
英国	5.19	5.84	5.76	5.02	5.55	5.34	5.27	4.70	4.66	4.40	5.11
澳大利亚	2.84	3.57	3.67	3.82	3.93	4.37	4.70	4.86	4.49	5.29	4.28
德国	4.84	4.26	3.77	4.87	3.93	3.78	3.02	3.06	2.51	2.20	3.48
加拿大	4.16	3.52	3.28	3.37	3.41	3.25	2.87	2.82	2.86	2.76	3.16
韩国	3.46	3.70	3.68	3.10	2.89	2.72	2.46	2.49	2.52	2.68	2.89

续表

国家和地区	2011年	2012年	2013年	2014年	2015年	2016年	2017年	2018年	2019年	2020年	合计
印度	2.15	2.47	2.73	2.78	2.84	2.86	2.44	2.32	2.47	3.32	2.66
新加坡	1.86	2.29	2.31	2.71	2.67	2.26	2.54	2.50	2.47	1.81	2.35
法国	3.39	3.34	3.23	2.69	2.24	2.58	2.03	1.79	1.52	1.35	2.29
中国香港	1.71	2.16	2.46	1.99	2.22	1.93	2.52	2.29	2.64	2.08	2.23
伊朗	1.32	1.81	1.56	2.01	1.85	2.43	2.13	2.37	2.76	2.97	2.21
意大利	2.39	2.72	2.56	2.65	2.82	2.35	2.22	1.71	1.67	1.55	2.19
日本	2.94	2.47	2.54	1.84	1.82	2.17	1.79	1.56	2.01	1.43	1.99
西班牙	2.67	2.53	2.39	2.23	2.04	1.80	1.64	1.26	1.28	1.02	1.79
沙特	0.56	0.38	0.85	1.16	1.89	1.52	1.85	2.13	2.17	2.67	1.65
马来西亚	0.96	1.15	1.16	1.47	1.37	1.31	1.52	1.17	1.22	1.17	1.26
荷兰	1.90	1.89	1.46	1.37	1.41	1.57	1.09	0.99	0.83	0.66	1.25
瑞士	2.01	1.55	1.54	1.57	1.33	1.39	1.06	1.06	0.77	0.77	1.24
瑞典	1.22	1.25	1.05	1.29	1.44	1.17	1.06	1.25	0.94	1.03	1.16
土耳其	1.49	1.09	0.97	0.90	0.90	1.06	0.80	0.77	0.98	1.17	0.99
中国台湾	1.26	1.40	1.42	1.16	0.81	0.86	0.59	0.77	0.91	1.00	0.98
丹麦	1.30	0.92	1.16	1.12	0.82	1.05	0.83	0.93	0.70	0.75	0.93
比利时	1.19	1.00	1.17	1.00	0.70	1.11	0.79	0.64	0.64	0.48	0.83
葡萄牙	1.17	1.33	0.75	0.81	0.55	0.56	0.75	0.68	0.67	0.72	0.77
巴西	0.56	0.53	0.60	0.41	0.62	0.61	0.45	0.70	0.68	0.46	0.56
芬兰	0.64	0.54	0.42	0.59	0.81	0.60	0.56	0.50	0.51	0.49	0.56
巴基斯坦	0.17	0.23	0.35	0.29	0.26	0.50	0.68	0.77	0.77	1.03	0.56
埃及	0.34	0.21	0.49	0.22	0.68	0.67	0.52	0.53	0.58	0.97	0.55
挪威	0.70	0.67	0.48	0.52	0.48	0.55	0.40	0.61	0.36	0.49	0.51
越南	0.09	0.21	0.09	0.06	0.16	0.26	0.30	0.37	0.98	1.54	0.47
希腊	0.45	0.69	0.60	0.66	0.49	0.56	0.49	0.25	0.32	0.30	0.46
俄罗斯	0.21	0.38	0.35	0.35	0.40	0.41	0.41	0.47	0.46	0.57	0.42
波兰	0.34	0.38	0.26	0.34	0.45	0.46	0.41	0.48	0.43	0.49	0.42
奥地利	0.87	0.48	0.39	0.31	0.36	0.60	0.47	0.32	0.23	0.26	0.40
以色列	0.68	0.35	0.45	0.46	0.44	0.46	0.44	0.24	0.31	0.24	0.39
爱尔兰	0.55	0.51	0.32	0.45	0.42	0.44	0.28	0.43	0.27	0.26	0.38
阿尔及利亚	0.15	0.13	0.18	0.14	0.31	0.22	0.39	0.47	0.55	0.51	0.33
新西兰	0.47	0.33	0.15	0.29	0.22	0.37	0.43	0.30	0.32	0.30	0.32
南非	0.06	0.16	0.22	0.18	0.27	0.40	0.40	0.31	0.36	0.29	0.28

三 C层人才

中国大陆的工程与材料科学C层人才最多,占该学科组全球C层人才的24.48%,美国以15.10%的世界占比排名第二,二者的C层人才占比合计接近全球的40%;英国排名第三,C层人才的世界占比为4.82%;印度、德国、澳大利亚、韩国、加拿大、意大利、法国、伊朗、西班牙、日本的C层人才也比较多,世界占比在4%~2%之间;中国香港、新加坡、中国台湾、荷兰、瑞典、沙特、瑞士、土耳其、马来西亚也有相当数量的C层人才,世界占比超过1%;巴西、比利时、丹麦、葡萄牙、波兰、埃及、巴基斯坦、芬兰、俄罗斯、希腊、挪威、奥地利、爱尔兰、越南、以色列、捷克、墨西哥、阿联酋也有一定数量的C层人才,世界占比低于1%。

在发展趋势上,美国、德国呈现相对下降趋势,中国大陆、印度呈现相对上升趋势,其他国家和地区没有呈现明显变化。

表6-90 工程与材料科学C层人才排名前40的国家和地区的占比

单位:%

国家和地区	2011年	2012年	2013年	2014年	2015年	2016年	2017年	2018年	2019年	2020年	合计
中国大陆	14.61	16.22	18.29	20.82	22.32	24.07	26.71	29.79	31.75	29.85	24.48
美国	20.18	19.36	18.21	16.90	16.22	14.88	14.84	13.33	12.05	10.41	15.10
英国	5.35	4.96	4.98	4.73	4.90	5.07	4.86	4.77	4.49	4.46	4.82
印度	3.21	3.23	3.40	3.54	3.54	3.93	3.76	3.89	3.89	4.35	3.73
德国	4.61	4.48	4.14	4.07	3.85	3.52	3.30	3.05	2.74	2.68	3.53
澳大利亚	2.97	2.89	3.10	3.12	3.52	3.20	3.58	3.66	3.76	3.59	3.39
韩国	3.63	3.73	3.50	3.50	3.43	3.30	3.16	3.15	3.24	3.13	3.34
加拿大	3.68	3.53	3.44	3.34	3.20	3.03	2.78	2.76	2.59	2.51	3.01
意大利	3.36	3.25	3.38	3.38	3.37	3.09	2.94	2.69	2.28	2.44	2.96
法国	4.02	3.71	3.56	3.12	2.76	2.67	2.32	1.95	1.70	1.60	2.59
伊朗	2.24	2.24	2.28	2.37	2.36	2.67	2.57	2.62	2.82	2.81	2.53
西班牙	2.77	2.89	2.81	2.52	2.42	2.27	2.07	1.92	1.67	1.68	2.23
日本	3.40	2.97	2.72	2.58	2.28	2.09	1.95	1.73	1.68	1.63	2.20
中国香港	1.76	1.82	1.59	1.77	1.80	1.90	1.95	2.00	2.00	1.90	1.88
新加坡	1.66	1.77	1.73	1.75	1.80	1.83	1.85	1.82	1.74	1.71	1.77
中国台湾	2.31	2.15	1.84	1.58	1.36	1.11	0.96	0.92	0.94	1.04	1.34

续表

国家和地区	2011年	2012年	2013年	2014年	2015年	2016年	2017年	2018年	2019年	2020年	合计
荷兰	1.59	1.65	1.51	1.33	1.33	1.33	1.17	1.07	1.02	1.00	1.26
瑞典	1.33	1.26	1.37	1.34	1.18	1.18	1.13	1.07	0.90	0.87	1.14
沙特	0.43	0.54	0.71	0.87	1.12	1.14	1.22	1.21	1.39	2.00	1.14
瑞士	1.44	1.46	1.38	1.30	1.23	1.14	1.11	1.05	0.86	0.77	1.14
土耳其	1.41	1.34	1.10	1.10	1.10	1.03	0.92	0.95	1.00	1.29	1.11
马来西亚	0.93	1.10	1.18	1.20	1.09	1.16	1.05	0.97	1.06	1.21	1.10
巴西	0.97	0.93	0.88	0.92	0.81	0.89	0.83	0.81	0.83	0.88	0.87
比利时	1.04	1.10	1.08	0.98	0.94	0.81	0.74	0.75	0.58	0.63	0.84
丹麦	0.75	0.82	0.82	0.83	0.85	0.80	0.82	0.80	0.75	0.83	0.81
葡萄牙	0.83	1.05	0.95	0.94	0.81	0.82	0.68	0.72	0.74	0.68	0.81
波兰	0.55	0.66	0.58	0.63	0.77	0.72	0.69	0.63	0.59	0.89	0.68
埃及	0.45	0.38	0.51	0.53	0.53	0.61	0.62	0.65	0.85	1.22	0.67
巴基斯坦	0.22	0.18	0.33	0.31	0.45	0.55	0.63	0.71	0.93	1.17	0.60
芬兰	0.56	0.56	0.60	0.70	0.64	0.58	0.53	0.57	0.54	0.52	0.58
俄罗斯	0.46	0.50	0.46	0.51	0.54	0.53	0.54	0.57	0.60	0.67	0.55
希腊	0.70	0.70	0.63	0.57	0.58	0.62	0.53	0.44	0.44	0.41	0.55
挪威	0.56	0.47	0.54	0.50	0.48	0.49	0.48	0.43	0.46	0.46	0.48
奥地利	0.61	0.52	0.51	0.47	0.48	0.44	0.46	0.38	0.31	0.32	0.43
爱尔兰	0.43	0.44	0.39	0.36	0.36	0.42	0.35	0.33	0.30	0.30	0.36
越南	0.09	0.10	0.15	0.15	0.17	0.24	0.23	0.34	0.57	1.09	0.35
以色列	0.46	0.48	0.47	0.42	0.36	0.37	0.32	0.28	0.24	0.22	0.35
捷克	0.33	0.32	0.31	0.32	0.33	0.30	0.29	0.29	0.29	0.31	0.31
墨西哥	0.32	0.34	0.35	0.36	0.28	0.31	0.29	0.24	0.29	0.30	0.30
阿联酋	0.14	0.18	0.21	0.21	0.32	0.30	0.25	0.27	0.41	0.45	0.29

第七章 信息科学

信息科学是研究信息的获取、存储、传输和处理的科学。随着学科发展和经济社会进步，信息科学的研究拓展到高速网络及信息安全、高性能计算（网络计算与并行计算）、软件技术与高性能算法、虚拟现实与网络多媒体技术、控制技术、电子与光子学器件技术等领域。

第一节 学科

信息科学学科组包括以下学科：电信、影像科学和照相技术、计算机理论和方法、软件工程、计算机硬件和体系架构、信息系统、控制论、计算机跨学科应用、自动化和控制系统、机器人学、量子科学和技术、人工智能，共计12个。

一 电信

电信A、B、C层人才主要集中在美国和中国大陆，二者A、B、C层人才的世界占比合计为35.45%、39.35%、37.97%，其中美国的A层人才多于中国大陆，B层和C层人才少于中国大陆；在发展趋势上，中国大陆呈现相对上升趋势，美国呈现相对下降趋势。

英国、新加坡、法国、加拿大、澳大利亚、德国、韩国的A层人才比较多，世界占比在8%～3%之间；意大利、瑞典、芬兰、中国香港、印度、西班牙、希腊、日本、沙特、卡塔尔、爱尔兰也有相当数量的A层人才，世界占比超过或接近1%。

英国、加拿大、澳大利亚、韩国、新加坡的B层人才比较多，世界占比在8%～3%之间；意大利、印度、德国、法国、瑞典、中国香港、日本、沙特、西班牙、芬兰、中国台湾、希腊、巴基斯坦也有相当数量的 B 层人才，世界占比超过 1%。

英国、加拿大、韩国、印度、意大利的 C 层人才比较多，世界占比在 6%~3%；澳大利亚、法国、德国、西班牙、新加坡、中国香港、沙特、中国台湾、日本、瑞典、伊朗、芬兰、巴基斯坦也有相当数量的 C 层人才，世界占比超过 1%。

表 7-1　电信 A 层人才排名前 20 的国家和地区的占比

单位：%

国家和地区	2011 年	2012 年	2013 年	2014 年	2015 年	2016 年	2017 年	2018 年	2019 年	2020 年	合计
美国	27.27	46.34	38.18	21.43	20.97	22.06	19.75	17.07	12.63	8.89	20.97
中国大陆	0.00	0.00	7.27	8.93	17.74	13.24	16.05	24.39	15.79	21.11	14.48
英国	9.09	2.44	5.45	3.57	8.06	10.29	8.64	7.32	8.42	7.78	7.39
新加坡	3.03	0.00	12.73	1.79	6.45	5.88	2.47	4.88	10.53	8.89	6.18
法国	6.06	2.44	5.45	8.93	3.23	4.41	4.94	2.44	7.37	2.22	4.68
加拿大	6.06	2.44	3.64	5.36	3.23	5.88	8.64	3.66	3.16	2.22	4.37
澳大利亚	0.00	4.88	1.82	8.93	3.23	1.47	2.47	1.22	8.42	6.67	4.22
德国	9.09	4.88	3.64	7.14	3.23	2.94	4.94	4.88	2.11	0.00	3.77
韩国	3.03	7.32	0.00	3.57	3.23	2.94	7.41	4.88	3.16	1.11	3.62
意大利	6.06	4.88	3.64	5.36	6.45	2.94	0.00	0.00	1.05	3.33	2.87
瑞典	3.03	4.88	3.64	1.79	0.00	1.47	3.70	0.00	2.11	5.56	2.56
芬兰	3.03	2.44	0.00	3.57	0.00	4.41	3.70	2.44	1.05	2.22	2.26
中国香港	0.00	0.00	3.64	0.00	3.23	2.94	2.47	2.44	1.05	4.44	2.26
印度	3.03	7.32	0.00	0.00	1.61	1.47	1.23	0.00	2.11	4.44	1.96
西班牙	6.06	2.44	3.64	5.36	1.61	1.47	1.23	1.22	0.00	0.00	1.81
希腊	0.00	0.00	3.64	1.79	1.61	0.00	2.47	1.22	3.16	1.11	1.66
日本	3.03	0.00	1.82	0.00	1.61	1.47	1.23	3.66	0.00	2.22	1.51
沙特	3.03	0.00	0.00	1.79	0.00	1.47	0.00	2.44	3.16	1.11	1.36
卡塔尔	0.00	0.00	0.00	0.00	3.23	1.47	1.23	1.22	1.05	3.33	1.36
爱尔兰	0.00	0.00	0.00	0.00	0.00	2.94	0.00	0.00	2.11	2.22	0.90

表 7-2　电信 B 层人才排名前 20 的国家和地区的占比

单位：%

国家和地区	2011 年	2012 年	2013 年	2014 年	2015 年	2016 年	2017 年	2018 年	2019 年	2020 年	合计
中国大陆	11.88	13.10	12.85	16.73	19.54	20.61	22.91	27.38	30.05	26.27	21.86
美国	28.38	23.80	25.69	21.46	17.05	16.61	17.97	15.17	13.11	10.41	17.49
英国	4.62	5.88	6.72	5.51	7.64	9.11	7.68	6.85	7.19	7.51	7.10

续表

国家和地区	2011年	2012年	2013年	2014年	2015年	2016年	2017年	2018年	2019年	2020年	合计
加拿大	5.28	6.68	5.53	5.91	8.35	7.67	6.31	4.70	5.34	5.21	6.02
澳大利亚	0.99	3.21	2.96	2.95	3.37	3.35	5.35	3.76	4.06	4.12	3.66
韩国	4.62	2.94	3.16	2.76	2.31	3.35	3.84	4.03	1.97	4.48	3.33
新加坡	2.97	3.48	3.75	4.92	4.80	2.40	2.47	2.42	2.90	2.66	3.16
意大利	5.94	6.68	3.75	2.95	3.55	2.08	2.06	1.48	1.86	1.82	2.76
印度	1.32	1.34	1.19	1.38	1.42	2.40	2.06	2.01	3.48	5.81	2.53
德国	3.96	2.67	3.75	4.13	3.02	3.35	2.33	1.61	1.51	1.21	2.52
法国	1.98	2.14	3.75	2.95	2.84	2.40	2.61	1.34	2.09	1.94	2.35
瑞典	2.31	2.67	1.98	1.18	3.20	2.72	2.61	2.01	1.28	0.97	2.00
中国香港	1.98	2.14	2.77	2.36	2.49	2.40	1.51	1.48	1.39	1.57	1.92
日本	2.64	2.94	2.17	1.77	1.24	2.40	1.37	2.15	1.51	1.33	1.84
沙特	1.32	0.27	1.58	1.77	0.89	0.96	2.06	1.61	2.09	3.87	1.82
西班牙	2.31	1.87	2.17	3.54	1.07	2.08	1.37	1.61	1.04	0.97	1.67
芬兰	1.32	1.87	1.58	1.57	2.84	1.44	1.92	1.34	1.16	0.97	1.56
中国台湾	2.64	1.07	2.17	0.20	1.78	1.60	1.37	0.94	1.04	1.57	1.37
希腊	1.32	3.21	2.57	1.97	1.95	1.44	0.96	0.13	0.00	1.09	1.26
巴基斯坦	0.00	0.00	0.20	0.79	0.71	0.48	0.96	2.01	1.04	2.18	1.01

表7-3 电信C层人才排名前20的国家和地区的占比

单位：%

国家和地区	2011年	2012年	2013年	2014年	2015年	2016年	2017年	2018年	2019年	2020年	合计
中国大陆	12.23	15.29	16.47	17.98	18.79	22.25	23.98	28.29	30.21	25.64	22.65
美国	22.70	21.83	19.77	18.62	16.29	15.97	15.23	12.87	11.57	9.47	15.32
英国	5.63	5.04	5.39	5.86	6.41	6.48	6.44	6.39	5.84	5.82	6.00
加拿大	6.94	7.14	5.88	5.50	4.96	5.78	4.61	4.94	4.09	3.75	5.08
韩国	4.33	4.74	3.73	2.91	3.63	3.62	3.50	3.56	3.54	4.02	3.69
印度	1.20	1.77	2.31	2.63	4.18	3.45	4.03	3.97	3.84	5.85	3.64
意大利	4.50	3.95	4.49	3.93	4.38	3.23	2.94	2.52	1.97	2.09	3.17
澳大利亚	2.20	2.26	2.43	2.77	2.75	2.61	3.13	3.88	3.26	3.33	2.98
法国	3.74	2.89	3.10	3.31	3.20	2.77	2.44	1.88	1.65	1.22	2.43
德国	3.61	2.43	3.18	3.19	3.32	2.62	2.23	1.98	1.54	1.32	2.37

续表

国家和地区	2011年	2012年	2013年	2014年	2015年	2016年	2017年	2018年	2019年	2020年	合计
西班牙	2.75	3.22	2.98	2.29	2.70	2.07	2.10	1.80	1.68	1.74	2.20
新加坡	2.23	2.70	2.43	2.47	2.52	2.69	1.88	2.01	1.62	1.82	2.16
中国香港	2.78	2.75	2.53	2.79	2.25	2.18	2.22	1.86	1.87	1.38	2.15
沙特	0.69	0.90	1.29	1.18	1.32	1.66	1.90	1.67	2.31	4.17	1.90
中国台湾	3.61	2.72	2.63	2.23	2.14	1.68	1.38	1.27	1.18	1.34	1.81
日本	2.44	2.18	1.86	2.29	2.00	1.58	1.83	1.50	1.37	1.40	1.75
瑞典	1.79	1.61	2.29	1.89	1.86	2.22	1.62	1.28	1.18	1.04	1.61
伊朗	1.27	1.69	1.31	0.80	1.41	1.16	1.16	1.39	1.63	1.86	1.39
芬兰	1.06	1.04	1.61	1.81	1.64	1.38	1.32	1.08	1.15	1.09	1.31
巴基斯坦	0.24	0.25	0.49	0.48	0.52	0.64	1.11	1.32	2.06	2.59	1.15

二 影像科学和照相技术

影像科学和照相技术A、B、C层人才主要集中在美国和中国大陆，二者A、B、C层人才的世界占比合计分别为47.23%、37.93%、40.38%；其中，美国的A、B层人才多于中国大陆，中国大陆的C层人才略多于美国。

德国、法国、西班牙、中国香港、葡萄牙的A层人才比较多，世界占比在9%~3%之间；澳大利亚、英国、意大利、奥地利、加拿大、新加坡、瑞士、荷兰、冰岛、韩国、以色列、阿联酋、比利时也有相当数量的A层人才，世界占比超过或接近1%。

德国、法国、英国、意大利、西班牙、荷兰、澳大利亚、加拿大的B层人才比较多，世界占比在7%~3%之间；瑞士、奥地利、日本、比利时、冰岛、中国香港、葡萄牙、芬兰、韩国、印度也有相当数量的B层人才，世界占比超过1%。

德国、英国、意大利、法国、加拿大、西班牙、澳大利亚的C层人才比较多，世界占比在7%~3%之间；荷兰、瑞士、中国香港、日本、印度、韩国、比利时、奥地利、巴西、伊朗、芬兰也有相当数量的C层人才，世界占比超过或接近1%。

表7-4 影像科学和照相技术 A 层人才排名前 20 的国家和地区的占比

单位：%

国家和地区	2011年	2012年	2013年	2014年	2015年	2016年	2017年	2018年	2019年	2020年	合计
美国	61.54	20.00	23.08	30.00	14.29	37.50	26.32	47.62	20.83	13.04	28.83
中国大陆	0.00	0.00	15.38	30.00	0.00	18.75	15.79	33.33	25.00	26.09	18.40
德国	7.69	10.00	7.69	10.00	7.14	12.50	5.26	0.00	12.50	13.04	8.59
法国	0.00	20.00	15.38	0.00	7.14	0.00	10.53	0.00	4.17	8.70	6.13
西班牙	15.38	10.00	15.38	10.00	0.00	0.00	5.26	0.00	0.00	4.35	4.91
中国香港	0.00	0.00	0.00	10.00	0.00	12.50	0.00	4.76	4.17	0.00	3.07
葡萄牙	7.69	10.00	15.38	0.00	7.14	0.00	0.00	0.00	0.00	0.00	3.07
澳大利亚	0.00	0.00	0.00	0.00	0.00	6.25	0.00	4.76	4.17	4.35	2.45
英国	0.00	10.00	0.00	0.00	7.14	0.00	5.26	0.00	0.00	4.35	2.45
意大利	7.69	10.00	0.00	0.00	0.00	0.00	0.00	0.00	4.17	4.35	2.45
奥地利	0.00	0.00	0.00	0.00	0.00	6.25	10.53	0.00	0.00	0.00	1.84
加拿大	0.00	0.00	0.00	0.00	7.14	0.00	0.00	4.76	4.17	0.00	1.84
新加坡	0.00	0.00	0.00	10.00	0.00	0.00	0.00	0.00	8.33	0.00	1.84
瑞士	0.00	0.00	0.00	0.00	7.14	0.00	10.53	0.00	0.00	0.00	1.84
荷兰	0.00	10.00	0.00	0.00	7.14	0.00	5.26	0.00	0.00	0.00	1.84
冰岛	0.00	0.00	0.00	0.00	0.00	0.00	0.00	0.00	4.17	4.35	1.23
韩国	0.00	0.00	0.00	0.00	0.00	0.00	0.00	4.76	0.00	0.00	1.23
以色列	0.00	0.00	0.00	0.00	7.14	0.00	0.00	0.00	0.00	4.35	1.23
阿联酋	0.00	0.00	0.00	0.00	0.00	0.00	0.00	0.00	4.17	4.35	1.23
比利时	0.00	0.00	7.69	0.00	0.00	0.00	0.00	0.00	0.00	0.00	0.61

表7-5 影像科学和照相技术 B 层人才排名前 20 的国家和地区的占比

单位：%

国家和地区	2011年	2012年	2013年	2014年	2015年	2016年	2017年	2018年	2019年	2020年	合计
美国	23.53	21.88	24.39	30.40	10.14	29.45	19.16	20.74	17.19	14.83	20.50
中国大陆	9.24	5.21	14.63	18.40	18.84	16.44	15.57	22.34	19.46	23.44	17.43
德国	5.04	7.29	4.88	8.80	6.52	6.85	7.78	5.85	7.69	4.78	6.53
法国	8.40	6.25	6.50	1.60	7.97	2.05	7.78	4.26	4.98	4.31	5.29
英国	2.52	5.21	4.88	3.20	7.97	5.48	4.19	6.38	4.07	4.31	4.83
意大利	7.56	4.17	7.32	1.60	7.25	2.74	3.59	1.60	5.43	2.87	4.24
西班牙	4.20	5.21	8.13	3.20	3.62	3.42	4.19	2.66	4.98	1.91	3.98
荷兰	6.72	6.25	2.44	3.20	4.35	3.42	4.79	2.66	1.81	2.39	3.52
澳大利亚	2.52	6.25	3.25	2.40	1.45	4.11	2.99	3.19	5.43	2.87	3.46
加拿大	2.52	5.21	1.63	3.20	3.62	2.74	2.40	2.66	4.07	5.74	3.46
瑞士	1.68	2.08	0.00	2.40	1.45	5.48	2.99	1.60	1.81	1.91	2.15

续表

国家和地区	2011年	2012年	2013年	2014年	2015年	2016年	2017年	2018年	2019年	2020年	合计
奥地利	2.52	5.21	1.63	2.40	0.72	1.37	1.80	0.53	1.81	2.39	1.89
日本	2.52	2.08	0.81	0.80	0.72	0.68	2.40	1.60	3.62	2.39	1.89
比利时	1.68	1.04	1.63	3.20	4.35	0.68	2.40	0.53	0.90	1.44	1.70
冰岛	1.68	0.00	0.81	2.40	5.07	0.00	2.40	1.60	0.90	0.96	1.57
中国香港	0.84	1.04	0.81	2.40	1.45	2.74	0.60	3.19	1.36	0.48	1.50
葡萄牙	0.84	2.08	2.44	1.60	3.62	0.68	1.80	1.06	0.00	0.48	1.31
芬兰	3.36	1.04	2.44	0.00	0.72	0.68	2.40	0.53	0.45	0.96	1.17
韩国	0.84	0.00	0.81	0.00	0.00	0.68	0.00	4.26	1.81	1.44	1.17
印度	0.84	1.04	0.00	0.00	0.72	0.00	1.80	2.13	0.90	1.91	1.04

表7-6 影像科学和照相技术C层人才排名前20的国家和地区的占比

单位：%

国家和地区	2011年	2012年	2013年	2014年	2015年	2016年	2017年	2018年	2019年	2020年	合计
中国大陆	9.60	10.30	15.23	20.05	19.67	19.67	24.87	24.66	25.02	23.02	20.32
美国	26.08	25.75	23.85	22.19	18.80	22.07	19.55	19.70	15.63	14.75	20.06
德国	6.79	8.65	6.69	6.08	6.82	5.89	5.68	5.88	5.58	4.64	6.08
英国	3.97	4.43	4.44	3.86	4.50	4.73	4.84	4.53	5.35	4.21	4.55
意大利	6.71	5.05	5.19	4.52	5.15	4.66	3.95	3.62	4.05	3.95	4.54
法国	7.04	5.77	5.44	4.85	4.57	4.59	4.30	3.29	4.05	2.90	4.47
加拿大	3.97	3.91	3.68	3.53	3.92	2.06	3.89	3.40	3.35	3.53	3.49
西班牙	3.56	4.22	3.18	3.78	2.47	3.29	3.17	3.24	2.79	3.58	3.27
澳大利亚	2.57	2.37	2.93	4.19	3.19	3.15	2.87	3.13	2.98	3.53	3.11
荷兰	3.81	3.71	2.26	1.97	3.85	3.02	2.21	1.83	2.84	2.32	2.71
瑞士	2.32	2.06	2.51	1.97	2.39	2.33	1.67	1.89	1.30	1.05	1.87
中国香港	1.32	1.34	1.92	2.14	1.45	2.33	1.37	1.94	1.58	1.74	1.72
日本	1.24	1.75	2.18	1.15	1.31	0.55	1.20	2.00	1.53	2.11	1.52
印度	0.99	0.82	1.09	1.23	0.94	1.17	1.61	1.30	1.07	2.48	1.33
韩国	1.16	1.34	1.00	0.49	0.87	1.10	0.60	1.83	1.86	2.05	1.31
比利时	1.32	1.34	0.75	0.99	1.60	1.51	1.20	1.19	1.26	1.32	1.25
奥地利	0.99	2.16	1.26	1.31	1.45	1.30	0.78	0.92	1.12	0.95	1.17
巴西	1.57	0.82	1.00	0.66	0.80	0.89	1.14	0.92	1.30	1.53	1.09
伊朗	0.41	0.82	0.67	0.49	1.02	0.75	0.96	0.86	1.67	2.05	1.06
芬兰	0.99	1.13	1.09	1.07	0.80	1.03	1.14	0.65	1.12	0.90	0.98

三 计算机理论和方法

计算机理论和方法 A、B、C 层人才主要集中分布在美国和中国大陆，二者 A、B、C 层人才占比合计为 49.94%、45.08%、37.52%，其中，美国的 A、B、C 层人才均明显多于中国大陆。

英国、澳大利亚、中国香港、德国的 A 层人才比较多，世界占比在 8%~3% 之间；新加坡、印度、加拿大、瑞士、法国、意大利、韩国、西班牙、日本、奥地利、芬兰、伊朗、以色列、沙特也有相当数量的 A 层人才，世界占比超过或接近 1%。

英国、澳大利亚、印度、新加坡、德国、中国香港的 B 层人才比较多，世界占比在 7%~3% 之间；加拿大、法国、意大利、韩国、西班牙、沙特、瑞士、日本、荷兰、以色列、伊朗、巴西也有相当数量的 B 层人才，世界占比超过或接近 1%。

英国、德国、印度、法国、澳大利亚、意大利、加拿大的 C 层人才比较多，世界占比在 6%~3% 之间；西班牙、中国香港、新加坡、韩国、日本、瑞士、荷兰、中国台湾、奥地利、以色列、伊朗也有相当数量的 C 层人才，世界占比超过 1%。

表 7-7 计算机理论和方法 A 层人才排名前 20 的国家和地区的占比

单位：%

国家和地区	2011 年	2012 年	2013 年	2014 年	2015 年	2016 年	2017 年	2018 年	2019 年	2020 年	合计
美国	33.33	38.78	35.19	34.18	36.56	39.78	37.89	21.90	28.18	11.76	31.51
中国大陆	10.53	8.16	11.11	11.39	20.43	21.51	18.95	18.10	27.27	25.00	18.43
英国	14.04	14.29	9.26	1.27	8.60	4.30	10.53	8.57	3.64	1.47	7.10
澳大利亚	0.00	6.12	7.41	3.80	5.38	2.15	2.11	5.71	8.18	8.82	4.98
中国香港	3.51	0.00	1.85	5.06	3.23	3.23	2.11	3.81	4.55	4.41	3.36
德国	0.00	4.08	3.70	5.06	5.38	6.45	4.21	0.00	1.82	1.47	3.24
新加坡	7.02	0.00	1.85	1.27	0.00	4.30	4.21	1.90	5.45	2.94	2.99
印度	1.75	0.00	7.41	2.53	1.08	1.08	1.05	3.81	2.73	7.35	2.74
加拿大	1.75	4.08	3.70	3.80	2.15	3.23	0.00	4.76	0.91	2.94	2.62
瑞士	1.75	0.00	1.85	1.27	4.30	2.15	3.16	3.81	0.00	0.00	1.99
法国	3.51	8.16	0.00	2.53	2.15	1.08	3.16	0.00	0.00	1.47	1.87
意大利	1.75	4.08	0.00	1.27	0.00	2.15	2.11	1.90	1.82	1.47	1.62

续表

国家和地区	2011年	2012年	2013年	2014年	2015年	2016年	2017年	2018年	2019年	2020年	合计
韩国	3.51	2.04	1.85	1.27	0.00	2.15	0.00	1.90	1.82	1.47	1.49
西班牙	3.51	0.00	1.85	3.80	0.00	1.08	0.00	1.90	0.91	1.47	1.37
日本	0.00	0.00	1.85	1.27	1.08	0.00	1.05	1.90	2.73	0.00	1.12
奥地利	3.51	2.04	0.00	0.00	0.00	0.00	2.11	0.95	1.82	0.00	1.00
芬兰	0.00	0.00	0.00	5.06	0.00	1.08	1.05	1.90	0.00	0.00	1.00
伊朗	0.00	0.00	1.85	0.00	0.00	0.00	0.00	0.95	0.91	4.41	0.75
以色列	1.75	0.00	1.85	1.27	1.08	0.00	0.00	1.90	0.00	0.00	0.75
沙特	0.00	0.00	0.00	0.00	0.00	1.08	0.00	0.95	0.00	4.41	0.62

表7-8 计算机理论和方法B层人才排名前20的国家和地区的占比

单位：%

国家和地区	2011年	2012年	2013年	2014年	2015年	2016年	2017年	2018年	2019年	2020年	合计
美国	33.97	29.78	28.22	27.51	24.67	25.53	27.89	19.54	18.92	7.92	23.78
中国大陆	12.14	13.70	14.73	19.34	19.07	21.28	21.59	26.02	27.67	27.30	21.30
英国	6.07	6.96	6.22	5.16	6.08	6.86	6.07	6.90	5.29	8.40	6.34
澳大利亚	3.61	4.57	5.39	4.73	5.13	4.73	5.25	4.60	5.09	5.98	4.93
印度	2.09	1.09	3.11	2.58	3.22	2.72	2.80	4.81	3.26	5.98	3.27
新加坡	1.71	3.48	2.49	3.15	3.81	3.43	2.92	4.39	3.36	2.26	3.22
德国	4.74	3.70	6.02	3.15	3.81	3.55	3.85	2.19	1.93	0.65	3.19
中国香港	2.47	2.61	3.73	4.01	3.34	3.43	3.27	4.08	3.15	0.81	3.18
加拿大	3.98	3.04	1.66	3.87	1.91	1.77	2.57	3.13	2.14	2.91	2.64
法国	4.17	4.35	3.94	2.44	2.86	2.48	1.87	1.36	1.22	0.65	2.31
意大利	1.33	2.61	2.49	2.29	2.15	2.13	1.75	1.99	1.53	1.62	1.95
韩国	1.33	1.74	1.66	1.58	1.19	1.54	2.92	1.67	2.85	2.26	1.93
西班牙	1.33	3.04	1.04	1.72	1.31	1.18	1.17	1.25	2.24	1.94	1.58
沙特	0.38	0.87	0.62	1.29	1.07	2.01	1.17	1.15	2.34	4.04	1.55
瑞士	2.47	1.52	2.28	1.58	1.79	1.54	1.63	1.36	1.32	0.32	1.54
日本	1.14	1.30	1.04	1.43	1.19	1.18	1.28	1.25	1.53	1.62	1.31
荷兰	3.04	1.96	1.45	0.43	1.07	0.35	0.93	0.63	0.92	0.81	1.03
以色列	1.71	1.30	1.04	2.15	0.83	1.18	0.70	0.10	0.32	0.85	
伊朗	0.19	1.09	0.83	0.57	0.36	0.83	0.70	0.84	0.71	1.45	0.74
巴西	0.57	0.43	1.45	0.72	0.83	0.83	0.70	0.84	0.20	0.65	0.70

表7-9 计算机理论和方法C层人才排名前20的国家和地区的占比

单位：%

国家和地区	2011年	2012年	2013年	2014年	2015年	2016年	2017年	2018年	2019年	2020年	合计
美国	28.24	25.35	23.46	22.89	23.76	23.24	24.74	20.71	20.46	12.67	22.52
中国大陆	8.65	9.73	10.47	12.11	11.21	13.46	17.16	18.96	21.51	20.55	15.00
英国	6.33	6.46	6.04	5.79	5.50	6.11	5.35	5.78	4.85	5.21	5.68
德国	6.75	5.32	5.38	5.40	5.35	4.71	4.40	3.93	3.54	2.59	4.64
印度	2.00	3.33	3.01	3.00	4.48	4.77	3.25	4.86	4.80	8.49	4.23
法国	5.23	4.20	4.78	4.33	4.07	3.67	2.84	2.79	2.11	1.98	3.47
澳大利亚	2.60	2.86	3.36	3.16	3.30	3.27	3.48	3.58	4.14	4.52	3.46
意大利	3.57	3.61	3.65	3.43	3.35	3.65	2.99	2.92	2.43	3.03	3.21
加拿大	4.17	3.59	3.86	3.32	3.71	2.85	2.45	2.51	2.65	2.38	3.05
西班牙	2.84	3.06	3.36	2.69	2.48	2.14	2.04	2.08	1.91	2.36	2.40
中国香港	1.94	1.87	1.92	2.30	1.80	1.80	2.35	2.09	2.48	1.63	2.06
新加坡	1.46	1.85	1.92	2.46	1.93	1.93	2.12	1.79	2.04	1.65	1.94
韩国	1.44	1.51	1.57	1.57	1.80	1.50	2.32	2.01	2.20	2.26	1.86
日本	1.70	1.62	1.59	1.95	2.05	1.92	1.82	1.46	1.27	1.24	1.67
瑞士	1.86	2.26	1.67	1.80	1.51	1.76	1.82	1.58	1.59	0.92	1.67
荷兰	1.92	2.03	2.21	1.45	1.71	1.57	1.52	1.44	1.08	0.90	1.54
中国台湾	1.46	1.64	1.63	1.21	1.13	1.05	0.80	0.87	0.98	1.28	1.14
奥地利	1.10	1.19	1.32	1.48	1.16	1.31	0.99	1.11	0.80	0.65	1.11
以色列	1.78	1.69	1.51	1.38	1.20	1.10	1.16	0.79	0.61	0.43	1.11
伊朗	0.74	0.73	0.58	0.81	0.65	0.75	1.06	1.14	1.30	2.71	1.03

四 软件工程

软件工程A、B、C层人才主要集中在美国和中国大陆，二者A、B、C层人才世界占比合计为45.10%、41.65%、36.36%；其中，美国的A、B、C层人才均显著多于中国大陆。

澳大利亚A层人才的世界占比为9.44%，排名第三；德国、英国、印度、法国的A层人才比较多，世界占比在6%~3%之间；西班牙、加拿大、中国香港、荷兰、以色列、奥地利、比利时、巴西、中国澳门、瑞士、瑞典、爱尔兰、意大利也有相当数量的A层人才，世界占比超过1%。

英国、德国、澳大利亚、加拿大、印度、法国的B层人才比较多，世界占比在6%~3%之间；意大利、中国香港、新加坡、瑞士、日本、荷兰、韩国、西班牙、以色列、沙特、伊朗、瑞典也有相当数量的 B 层人才，世界占比超过或接近 1%。

英国、德国、加拿大、法国、意大利、印度的 C 层人才比较多，世界占比在 6%~3% 之间；澳大利亚、瑞士、西班牙、中国香港、新加坡、荷兰、奥地利、韩国、日本、瑞典、巴西、中国台湾也有相当数量的 C 层人才，世界占比超过 1%。

表 7-10 软件工程 A 层人才排名前 20 的国家和地区的占比

单位：%

国家和地区	2011 年	2012 年	2013 年	2014 年	2015 年	2016 年	2017 年	2018 年	2019 年	2020 年	合计
美国	42.11	22.22	35.00	20.00	21.88	34.38	38.24	34.29	24.32	20.59	29.02
中国大陆	5.26	0.00	5.00	8.00	6.25	15.63	8.82	28.57	29.73	32.35	16.08
澳大利亚	5.26	11.11	0.00	8.00	6.25	9.38	8.82	5.71	16.22	17.65	9.44
德国	0.00	5.56	0.00	12.00	15.63	6.25	5.88	2.86	2.70	0.00	5.24
英国	0.00	22.22	10.00	4.00	6.25	3.13	0.00	0.00	5.41	2.94	4.55
印度	10.53	0.00	5.00	0.00	0.00	0.00	5.88	5.71	2.70	8.82	3.85
法国	5.26	0.00	10.00	16.00	0.00	3.13	3.13	2.94	0.00	0.00	3.50
西班牙	5.26	5.56	0.00	0.00	6.25	3.13	2.94	2.86	0.00	0.00	2.45
加拿大	0.00	5.56	0.00	0.00	0.00	0.00	5.88	0.00	0.00	2.94	1.40
中国香港	5.26	0.00	0.00	0.00	3.13	3.13	0.00	0.00	2.70	0.00	1.40
荷兰	5.26	0.00	0.00	0.00	0.00	3.13	0.00	2.86	2.70	0.00	1.40
以色列	0.00	0.00	5.00	8.00	0.00	0.00	0.00	2.86	0.00	0.00	1.40
奥地利	5.26	0.00	0.00	0.00	0.00	6.25	0.00	0.00	0.00	0.00	1.05
比利时	0.00	0.00	5.00	4.00	0.00	0.00	0.00	0.00	2.70	0.00	1.05
巴西	5.26	0.00	0.00	0.00	0.00	0.00	2.94	0.00	0.00	0.00	1.05
中国澳门	0.00	0.00	0.00	0.00	0.00	0.00	2.94	2.86	2.70	0.00	1.05
瑞士	0.00	0.00	5.00	4.00	0.00	0.00	0.00	2.86	0.00	0.00	1.05
瑞典	0.00	0.00	0.00	0.00	0.00	9.38	0.00	0.00	0.00	0.00	1.05
爱尔兰	0.00	11.11	0.00	0.00	0.00	0.00	0.00	0.00	0.00	2.94	1.05
意大利	0.00	0.00	0.00	0.00	3.13	0.00	2.94	0.00	2.70	0.00	1.05

表 7-11 软件工程 B 层人才排名前 20 的国家和地区的占比

单位：%

国家和地区	2011 年	2012 年	2013 年	2014 年	2015 年	2016 年	2017 年	2018 年	2019 年	2020 年	合计
美国	32.20	30.18	29.90	31.38	27.97	24.04	24.50	18.35	21.90	14.18	24.52
中国大陆	6.78	11.83	8.76	14.64	12.59	12.89	19.54	21.10	24.21	27.66	17.13
英国	6.78	5.92	8.25	7.53	4.55	5.92	5.96	5.20	4.32	2.84	5.52

续表

国家和地区	2011年	2012年	2013年	2014年	2015年	2016年	2017年	2018年	2019年	2020年	合计
德国	3.95	5.92	5.15	5.02	5.24	5.23	4.64	4.89	2.59	2.48	4.41
澳大利亚	6.21	2.37	3.09	4.18	4.55	3.83	4.30	5.20	5.19	3.19	4.29
加拿大	2.82	4.14	3.09	4.60	4.20	6.62	2.98	3.98	2.59	4.61	3.98
印度	2.26	0.59	2.06	2.51	1.75	1.74	3.31	4.89	6.63	8.87	3.79
法国	3.39	7.10	7.22	3.77	3.85	4.88	2.98	3.36	0.58	1.77	3.56
意大利	2.82	2.96	3.61	2.09	4.20	3.83	2.65	3.98	2.59	0.71	2.95
中国香港	4.52	2.37	2.58	1.26	1.75	2.44	2.32	3.67	2.59	1.77	2.49
新加坡	0.00	2.96	2.06	2.51	2.45	3.48	3.31	1.83	1.44	2.48	2.30
瑞士	1.69	2.96	3.61	2.09	3.85	2.44	3.64	0.61	1.44	0.71	2.22
日本	1.13	1.18	1.55	0.00	1.40	2.44	1.99	1.83	1.73	1.06	1.49
荷兰	2.26	1.78	2.06	1.26	1.40	0.70	1.66	2.14	0.86	0.00	1.34
韩国	1.13	0.59	0.52	1.67	0.70	0.70	0.99	1.83	2.31	2.13	1.34
西班牙	2.26	2.96	2.06	0.84	1.75	1.05	0.99	0.92	0.86	0.35	1.26
以色列	4.52	1.18	1.55	1.26	0.70	0.35	1.66	0.92	0.86	0.35	1.19
沙特	0.00	0.59	1.03	1.26	1.05	0.70	0.33	0.72	1.15	3.55	1.00
伊朗	0.56	0.00	0.52	1.26	0.70	2.09	2.32	0.31	0.86	0.71	1.00
瑞典	0.56	1.18	0.52	0.84	0.70	1.05	0.99	1.53	1.15	0.71	0.96

表7–12 软件工程C层人才排名前20的国家和地区的占比

单位：%

国家和地区	2011年	2012年	2013年	2014年	2015年	2016年	2017年	2018年	2019年	2020年	合计
美国	24.15	25.54	24.39	24.71	22.74	23.81	21.33	19.00	19.30	14.33	21.49
中国大陆	8.63	9.06	11.12	10.83	12.47	13.97	14.90	18.71	20.34	21.07	14.87
英国	5.79	5.94	6.06	5.88	4.90	5.71	5.46	5.29	4.89	4.86	5.40
德国	7.68	6.59	5.46	5.92	6.01	5.46	5.43	4.62	4.77	3.31	5.37
加拿大	4.95	4.41	5.36	4.96	5.63	4.99	4.29	3.28	3.46	3.28	4.37
法国	4.84	4.65	4.71	4.08	3.96	2.94	3.42	3.19	2.65	2.62	3.55
意大利	3.56	3.59	4.01	3.63	4.38	3.48	3.72	3.03	2.71	3.02	3.47
印度	1.95	1.59	0.95	1.54	1.56	1.94	2.75	4.53	4.28	7.18	3.03
澳大利亚	1.84	2.47	2.55	2.21	2.19	2.66	3.01	3.67	3.58	4.09	2.92
瑞士	2.34	2.59	2.40	2.83	2.78	2.08	2.51	2.52	1.92	1.14	2.29
西班牙	2.89	2.30	2.80	2.83	2.01	2.12	2.55	1.98	1.78	1.51	2.21

续表

国家和地区	2011年	2012年	2013年	2014年	2015年	2016年	2017年	2018年	2019年	2020年	合计
中国香港	2.39	2.12	2.30	1.92	2.01	2.37	1.57	1.91	2.30	2.10	2.08
新加坡	1.50	1.88	2.40	1.75	2.05	2.41	1.88	1.91	1.86	1.84	1.95
荷兰	1.89	2.83	1.60	2.17	2.22	1.54	2.24	1.79	1.60	1.44	1.90
奥地利	1.45	1.71	1.45	2.17	1.88	1.58	1.67	1.69	1.28	0.92	1.57
韩国	1.56	1.65	1.15	1.33	1.28	1.62	1.84	1.12	1.37	2.10	1.50
日本	1.45	0.88	1.10	1.29	1.56	1.80	1.57	1.72	1.28	1.14	1.41
瑞典	1.28	1.24	0.75	1.46	1.49	1.44	1.41	1.37	1.34	1.29	1.33
巴西	1.11	1.12	1.10	1.25	1.25	1.47	1.57	1.53	1.14	1.40	1.32
中国台湾	2.45	1.65	2.15	1.46	1.42	1.08	1.11	0.96	0.70	0.88	1.29

五 计算机硬件和体系架构

计算机硬件和体系架构A、B、C层人才主要集中在美国和中国大陆，二者A、B、C层人才合计分别占该学科全球A、B、C层人才的52.81%、46.48%、41.63%；其中，美国的A层和C层人才多于中国大陆，B层人才数量略少于中国大陆。

英国、澳大利亚、新加坡、加拿大的A层人才比较多，世界占比在6%～3%之间；法国、意大利、日本、中国香港、韩国、德国、印度、马来西亚、瑞典、希腊、西班牙、比利时、瑞士、芬兰也有相当数量的A层人才，世界占比超过或接近1%。

澳大利亚、英国、加拿大的B层人才比较多，世界占比在6%～4%之间；中国香港、印度、韩国、意大利、德国、新加坡、法国、沙特、日本、瑞典、西班牙、希腊、伊朗、卡塔尔、中国澳门也有相当数量的B层人才，世界占比超过或接近1%。

英国、印度、加拿大、意大利、德国的C层人才比较多，世界占比在5%～3%之间；澳大利亚、法国、中国香港、韩国、西班牙、新加坡、中国台湾、日本、伊朗、瑞士、沙特、希腊、瑞典也有相当数量的C层人才，世界占比超过1%。

表7-13 计算机硬件和体系架构 A 层人才排名前20 的国家和地区的占比

单位：%

国家和地区	2011年	2012年	2013年	2014年	2015年	2016年	2017年	2018年	2019年	2020年	合计
美国	21.43	38.89	31.82	24.00	35.71	28.00	46.15	20.00	24.00	13.04	28.57
中国大陆	7.14	22.22	13.64	16.00	32.14	32.00	19.23	32.00	32.00	26.09	24.24
英国	7.14	0.00	18.18	4.00	3.57	4.00	3.85	4.00	8.00	4.35	5.63
澳大利亚	0.00	5.56	0.00	4.00	0.00	12.00	3.85	4.00	8.00	4.35	4.33
新加坡	7.14	0.00	4.55	0.00	7.14	4.00	0.00	0.00	4.00	4.35	3.03
加拿大	0.00	11.11	0.00	4.00	3.57	4.00	0.00	0.00	0.00	8.70	3.03
法国	0.00	0.00	0.00	16.00	0.00	0.00	3.57	0.00	0.00	4.35	2.60
意大利	7.14	5.56	0.00	0.00	3.57	4.00	0.00	4.00	0.00	4.35	2.60
日本	0.00	5.56	0.00	0.00	3.57	4.00	0.00	8.00	4.00	0.00	2.16
中国香港	7.14	5.56	4.55	0.00	3.57	0.00	0.00	0.00	0.00	4.35	2.16
韩国	0.00	5.56	4.55	4.00	0.00	0.00	3.85	0.00	0.00	0.00	2.16
德国	7.14	0.00	0.00	0.00	0.00	0.00	0.00	8.00	0.00	0.00	2.16
印度	7.14	0.00	4.55	0.00	0.00	0.00	0.00	0.00	4.00	0.00	1.30
马来西亚	0.00	0.00	0.00	4.00	0.00	0.00	7.69	0.00	0.00	0.00	1.30
瑞典	7.14	0.00	0.00	0.00	0.00	0.00	0.00	0.00	4.00	4.35	1.30
希腊	0.00	0.00	4.55	0.00	0.00	0.00	3.85	0.00	0.00	4.35	1.30
西班牙	7.14	0.00	4.55	0.00	0.00	0.00	0.00	0.00	0.00	0.00	0.87
比利时	7.14	0.00	0.00	0.00	0.00	0.00	0.00	0.00	0.00	0.00	0.87
瑞士	0.00	0.00	0.00	0.00	3.57	0.00	3.85	0.00	0.00	0.00	0.87
芬兰	0.00	0.00	0.00	4.00	0.00	0.00	0.00	0.00	0.00	4.35	0.87

表7-14 计算机硬件和体系架构 B 层人才排名前20 的国家和地区的占比

单位：%

国家和地区	2011年	2012年	2013年	2014年	2015年	2016年	2017年	2018年	2019年	2020年	合计
中国大陆	16.00	11.18	19.14	22.69	23.55	25.45	21.65	30.30	29.96	34.72	24.04
美国	35.33	30.59	27.27	24.37	22.39	23.21	22.83	17.75	15.61	11.57	22.44
澳大利亚	4.67	4.12	5.26	5.04	5.79	7.14	6.69	7.79	6.33	5.09	5.90
英国	5.33	5.88	4.78	5.46	5.02	2.23	3.94	6.06	7.17	4.17	4.98
加拿大	3.33	2.94	6.70	4.20	5.41	4.46	2.36	4.33	2.53	3.70	4.02
中国香港	2.00	2.94	3.83	3.36	3.09	3.57	4.33	1.30	2.53	1.39	2.88
印度	1.33	2.35	3.83	1.26	0.77	0.89	2.36	3.03	4.22	5.56	2.56
韩国	1.33	2.35	1.91	2.52	2.32	3.13	2.76	3.46	2.53	1.39	2.42
意大利	2.00	4.12	1.91	1.68	2.32	2.23	3.94	2.60	2.11	1.39	2.42
德国	2.67	4.12	3.83	2.94	1.93	1.34	2.76	1.30	1.69	0.93	2.29
新加坡	2.67	2.35	1.91	2.94	3.09	1.34	2.36	2.60	0.84	2.31	2.24

续表

国家和地区	2011年	2012年	2013年	2014年	2015年	2016年	2017年	2018年	2019年	2020年	合计
法国	4.00	2.94	2.87	2.10	1.54	1.79	1.97	0.87	0.00	1.85	1.87
沙特	0.67	0.59	1.44	0.42	1.93	3.13	1.57	1.73	1.69	2.78	1.65
日本	0.67	1.18	0.00	1.68	1.93	1.34	1.97	1.73	0.84	3.24	1.51
瑞典	0.00	1.18	0.48	0.00	2.32	1.34	2.36	3.03	2.11	0.46	1.42
西班牙	2.67	3.53	0.96	2.94	0.77	1.34	0.79	0.87	0.42	0.46	1.37
希腊	0.67	1.18	1.91	2.52	1.93	0.89	0.39	0.00	0.00	1.39	1.10
伊朗	1.33	1.18	1.44	0.84	0.39	0.89	1.97	0.00	1.69	0.46	1.01
卡塔尔	0.67	0.59	0.00	0.42	1.16	1.34	1.57	0.87	1.27	1.39	0.96
中国澳门	0.67	0.00	0.00	0.84	1.54	0.45	0.39	0.00	2.11	1.39	0.78

表7-15 计算机硬件和体系架构C层人才排名前20的国家和地区的占比

单位：%

国家和地区	2011年	2012年	2013年	2014年	2015年	2016年	2017年	2018年	2019年	2020年	合计
美国	31.77	31.30	28.87	28.27	21.63	21.85	23.34	20.76	20.95	16.28	24.01
中国大陆	11.88	11.21	13.43	13.41	14.75	18.94	18.78	23.92	23.01	23.75	17.62
英国	4.56	4.37	3.89	3.95	3.84	3.90	4.27	4.33	4.48	4.48	4.18
印度	2.14	2.40	1.97	2.76	4.94	2.87	3.79	5.28	5.42	6.79	3.95
加拿大	4.83	4.13	4.64	3.69	4.07	3.72	2.94	3.70	3.63	3.47	3.83
意大利	4.49	3.51	4.49	3.57	3.88	3.94	3.18	2.57	3.18	2.84	3.53
德国	4.42	4.00	3.23	4.12	4.41	3.63	3.10	2.17	2.37	1.69	3.29
澳大利亚	1.86	2.77	2.68	2.04	3.08	2.91	3.63	3.97	2.51	3.56	2.95
法国	3.66	3.51	3.08	3.74	3.76	2.42	2.62	2.21	1.92	1.78	2.85
中国香港	3.73	2.46	2.78	3.35	2.21	2.42	2.50	2.93	2.55	2.31	2.69
韩国	2.21	1.60	2.17	2.42	2.21	2.60	2.34	2.62	2.55	2.84	2.38
西班牙	2.35	2.22	2.88	2.12	2.59	1.57	2.62	1.49	1.61	1.59	2.10
新加坡	2.56	1.97	2.42	2.12	1.63	2.55	1.93	1.71	1.43	2.07	2.01
中国台湾	2.83	2.71	3.28	1.87	2.09	2.33	1.73	1.17	1.16	1.11	1.97
日本	0.97	2.28	2.37	1.70	2.43	1.61	1.98	1.35	1.92	1.64	1.85
伊朗	0.55	1.05	1.31	1.36	1.41	1.12	1.69	1.67	1.57	2.31	1.44
瑞士	1.59	1.42	1.11	1.66	1.25	1.34	1.25	1.49	1.07	0.72	1.28
沙特	0.48	0.43	0.91	0.89	1.18	1.52	1.25	1.58	1.52	1.88	1.21
希腊	1.10	1.42	1.56	1.02	1.10	0.99	0.81	0.90	0.85	0.87	1.04
瑞典	0.97	0.92	0.71	0.85	1.18	1.30	1.57	0.68	0.85	0.92	1.01

六 信息系统

信息系统 A、B、C 层人才主要集中在美国和中国大陆,合计分别占该学科全球 A、B、C 层人才的 40.12%、40.89%、38.58%;其中,美国的 A 层人才显著多于中国大陆,B 层人才略多于中国大陆,C 层人才略少于中国大陆。

英国、加拿大、澳大利亚、新加坡、德国、法国的 A 层人才比较多,世界占比在 7%~3% 之间;印度、韩国、意大利、西班牙、中国香港、卡塔尔、芬兰、挪威、日本、荷兰、中国澳门、马来西亚也有相当数量的 A 层人才,世界占比超过或接近 1%。

英国、加拿大、澳大利亚、印度的 B 层人才比较多,世界占比在 6%~3% 之间;德国、新加坡、韩国、意大利、法国、中国香港、西班牙、沙特、日本、中国台湾、瑞士、瑞典、巴基斯坦、芬兰也有相当数量的 B 层人才,世界占比超过 1%。

英国、加拿大、澳大利亚、印度、德国的 C 层人才比较多,世界占比在 6%~3% 之间;意大利、韩国、西班牙、法国、中国香港、新加坡、中国台湾、沙特、日本、荷兰、瑞士、巴基斯坦、伊朗也有相当数量的 C 层人才,世界占比超过 1%。

表 7-16 信息系统 A 层人才排名前 20 的国家和地区的占比

单位:%

国家和地区	2011 年	2012 年	2013 年	2014 年	2015 年	2016 年	2017 年	2018 年	2019 年	2020 年	合计
美国	30.23	35.14	40.38	27.69	30.26	31.94	20.27	21.18	15.38	14.00	24.58
中国大陆	6.98	2.70	7.69	16.92	9.21	13.89	16.22	21.18	20.19	23.00	15.54
英国	9.30	5.41	5.77	3.08	5.26	4.17	8.11	5.88	6.73	7.00	6.07
加拿大	2.33	2.70	5.77	4.62	2.63	11.11	8.11	3.53	5.77	2.00	4.94
澳大利亚	0.00	5.41	3.85	9.23	1.32	2.78	2.70	3.53	7.69	7.00	4.66
新加坡	2.33	0.00	3.85	1.54	3.95	4.17	4.05	5.88	6.73	4.00	4.10
德国	9.30	8.11	7.69	3.08	3.95	4.17	6.76	2.35	1.92	0.00	3.95
法国	2.33	2.70	3.85	9.23	1.32	0.00	5.41	2.35	5.77	3.00	3.53
印度	2.33	2.70	0.00	3.08	1.32	1.39	4.05	2.35	1.92	5.00	2.54
韩国	0.00	0.00	1.92	1.54	2.63	2.78	2.70	3.53	2.88	1.00	2.12

续表

国家和地区	2011年	2012年	2013年	2014年	2015年	2016年	2017年	2018年	2019年	2020年	合计
意大利	6.98	8.11	1.92	3.08	2.63	2.78	0.00	0.00	0.96	1.00	2.12
西班牙	4.65	5.41	5.77	1.54	2.63	2.78	0.00	1.18	0.00	1.00	1.98
中国香港	0.00	5.41	0.00	1.54	2.63	2.78	1.35	1.18	0.96	3.00	1.84
卡塔尔	0.00	0.00	0.00	1.54	2.63	0.00	1.35	1.18	0.96	4.00	1.41
芬兰	0.00	2.70	0.00	1.54	0.00	1.39	1.35	2.35	0.96	1.00	1.13
挪威	0.00	0.00	0.00	0.00	0.00	2.78	1.35	1.18	2.88	1.00	1.13
日本	2.33	0.00	0.00	0.00	1.32	0.00	1.35	3.53	0.00	2.00	1.13
荷兰	4.65	2.70	0.00	0.00	2.63	0.00	0.00	1.18	0.96	1.00	1.13
中国澳门	0.00	0.00	0.00	1.54	0.00	0.00	2.70	1.18	2.88	0.00	0.99
马来西亚	0.00	0.00	1.92	0.00	3.95	0.00	0.00	0.00	0.96	2.00	0.99

表7-17 信息系统B层人才排名前20的国家和地区的占比

单位：%

国家和地区	2011年	2012年	2013年	2014年	2015年	2016年	2017年	2018年	2019年	2020年	合计
美国	32.92	33.05	30.95	26.42	21.75	21.60	22.93	15.80	13.25	10.57	20.74
中国大陆	8.73	10.73	9.52	16.56	15.77	17.07	21.87	26.04	28.81	26.92	20.15
英国	4.24	8.19	7.36	3.85	6.57	7.25	5.13	5.44	5.57	5.90	5.86
加拿大	4.49	3.11	3.68	5.35	5.40	6.04	3.47	4.02	4.00	3.78	4.36
澳大利亚	3.24	1.69	3.25	2.84	3.07	3.93	4.98	2.98	4.73	4.89	3.77
印度	2.00	2.26	1.52	1.34	1.75	2.57	2.87	3.24	4.52	6.01	3.12
德国	5.24	3.67	3.68	4.18	4.38	3.63	2.11	2.07	2.10	0.89	2.92
新加坡	2.24	2.54	1.95	4.18	2.63	3.93	2.87	2.33	2.10	1.89	2.64
韩国	2.74	3.11	1.95	1.67	2.34	2.42	2.26	3.37	2.21	3.45	2.57
意大利	2.24	3.11	1.73	2.51	2.04	2.57	2.41	1.68	2.63	1.33	2.17
法国	2.49	2.26	3.68	3.01	3.36	2.57	1.51	1.55	1.26	1.45	2.17
中国香港	2.74	3.11	1.95	3.01	2.04	1.96	3.17	2.07	1.26	1.33	2.13
西班牙	2.24	3.39	3.68	3.18	1.75	1.96	1.06	2.07	1.37	1.33	2.02
沙特	0.75	0.28	1.30	0.84	1.31	1.36	2.26	1.30	2.31	4.00	1.80
日本	0.50	0.28	1.73	1.34	1.31	1.81	1.96	2.20	1.68	1.89	1.60
中国台湾	1.75	0.85	1.73	1.67	1.61	1.81	1.36	1.04	1.37	2.00	1.54
瑞士	3.24	1.98	2.60	1.67	1.90	1.21	1.36	0.39	0.11	0.44	1.24
瑞典	0.75	0.85	1.08	0.50	1.46	1.66	2.26	1.17	1.16	0.56	1.16
巴基斯坦	0.50	0.00	0.43	0.84	0.58	0.45	0.75	2.07	1.16	2.56	1.10
芬兰	0.25	1.41	1.95	0.50	1.75	1.06	1.36	1.42	0.84	0.67	1.10

表 7-18 信息系统 C 层人才排名前 20 的国家和地区的占比

单位：%

国家和地区	2011 年	2012 年	2013 年	2014 年	2015 年	2016 年	2017 年	2018 年	2019 年	2020 年	合计
中国大陆	8.25	10.37	12.44	13.00	13.91	18.49	21.39	26.09	28.60	24.25	19.39
美国	28.55	27.09	24.07	24.46	22.22	20.22	19.97	16.38	12.95	10.70	19.19
英国	6.23	5.31	5.65	5.27	5.51	5.60	5.30	5.54	5.07	5.02	5.39
加拿大	4.72	5.08	4.17	4.04	3.76	4.09	3.82	3.68	2.93	3.11	3.77
澳大利亚	2.84	2.89	3.08	3.61	3.78	3.78	3.62	4.32	3.37	3.59	3.57
印度	1.20	2.08	1.79	2.18	3.36	2.99	3.36	3.61	4.10	5.69	3.35
德国	5.95	4.59	3.95	4.28	4.75	3.56	2.88	2.75	2.05	1.53	3.33
意大利	3.08	3.03	3.71	3.37	3.33	3.25	3.20	2.16	2.36	2.24	2.88
韩国	1.95	2.66	2.27	2.15	2.11	2.41	2.47	2.67	3.27	3.73	2.67
西班牙	3.00	3.26	3.34	2.73	2.81	2.41	2.10	1.54	1.76	1.65	2.30
法国	3.46	2.66	2.75	3.02	2.97	2.38	1.99	1.99	1.42	1.26	2.24
中国香港	2.84	2.80	2.75	2.49	2.49	2.45	2.28	1.61	1.68	1.28	2.13
新加坡	1.95	2.51	2.27	2.34	2.44	2.58	1.90	1.88	1.45	1.59	2.03
中国台湾	3.25	3.18	2.79	2.42	2.05	1.45	1.32	1.35	1.32	1.57	1.88
沙特	0.41	0.55	0.87	0.89	0.99	1.33	1.46	1.80	2.30	4.07	1.70
日本	1.90	1.65	1.64	1.58	1.79	1.50	1.61	1.38	1.44	1.29	1.54
荷兰	2.38	2.14	2.16	1.86	1.82	1.36	1.07	1.03	0.70	0.63	1.36
瑞士	1.82	1.33	1.88	1.79	1.38	1.19	1.32	0.94	0.79	0.58	1.21
巴基斯坦	0.10	0.26	0.37	0.45	0.44	0.60	1.08	1.41	2.40	2.75	1.20
伊朗	0.36	0.87	0.96	0.79	0.68	0.94	0.94	1.02	1.40	2.03	1.08

七 控制论

中国大陆的控制论 A、B、C 层人才最多，分别占该学科全球 A、B、C 层人才的 46.97%、38.40%、25.87%；其中，A、B 层人才遥遥领先于其他国家和地区，C 层人才显著多于排名第二的美国。

澳大利亚、英国处于第二梯队，A 层人才世界占比分别为 15.15%、10.61%；新加坡、加拿大、中国香港、荷兰、美国的 A 层人才比较多，世界占比在 7%~3% 之间；克罗地亚、法国、以色列、中国澳门、卡塔尔、中国台湾也有相当数量的 A 层人才，世界占比均为 1.52%。

美国、英国、澳大利亚、中国香港、加拿大、新加坡的 B 层人才比较多，世界占比在 10%~3% 之间；中国澳门、意大利、德国、韩国、瑞士、法国、日本、荷兰、卡塔尔、沙特、西班牙、印度、中国台湾也有相当数量的 B 层人才，世界占比超过或接近 1%。

美国 C 层人才的世界占比为 17.80%，排名第二；英国、澳大利亚、德国、加拿大、中国香港的 C 层人才比较多，世界占比在 7%~3% 之间；意大利、新加坡、韩国、法国、西班牙、日本、中国台湾、荷兰、印度、沙特、中国澳门、瑞士、奥地利也有相当数量的 C 层人才，世界占比超过或接近 1%。

表 7-19 控制论 A 层人才的国家和地区的占比

单位：%

国家和地区	2011 年	2012 年	2013 年	2014 年	2015 年	2016 年	2017 年	2018 年	2019 年	2020 年	合计
中国大陆	50.00	50.00	20.00	40.00	40.00	100.00	44.44	33.33	63.64	50.00	46.97
澳大利亚	0.00	0.00	0.00	0.00	0.00	0.00	33.33	16.67	18.18	30.00	15.15
英国	0.00	0.00	40.00	0.00	20.00	0.00	11.11	8.33	9.09	10.00	10.61
新加坡	0.00	50.00	20.00	0.00	0.00	0.00	0.00	16.67	0.00	0.00	6.06
加拿大	0.00	0.00	0.00	0.00	20.00	0.00	11.11	0.00	0.00	0.00	3.03
中国香港	0.00	0.00	0.00	0.00	0.00	0.00	0.00	16.67	0.00	0.00	3.03
荷兰	25.00	0.00	20.00	0.00	0.00	0.00	0.00	0.00	0.00	0.00	3.03
美国	0.00	0.00	0.00	0.00	20.00	0.00	0.00	0.00	9.09	0.00	3.03
克罗地亚	0.00	0.00	0.00	0.00	20.00	0.00	0.00	0.00	0.00	0.00	1.52
法国	25.00	0.00	0.00	0.00	0.00	0.00	0.00	0.00	0.00	0.00	1.52
以色列	0.00	0.00	0.00	20.00	0.00	0.00	0.00	0.00	0.00	0.00	1.52
中国澳门	0.00	0.00	0.00	20.00	0.00	0.00	0.00	0.00	0.00	0.00	1.52
卡塔尔	0.00	0.00	0.00	0.00	0.00	0.00	0.00	8.33	0.00	0.00	1.52
中国台湾	0.00	0.00	0.00	0.00	0.00	0.00	0.00	0.00	0.00	10.00	1.52

表 7-20 控制论 B 层人才排名前 20 的国家和地区的占比

单位：%

国家和地区	2011 年	2012 年	2013 年	2014 年	2015 年	2016 年	2017 年	2018 年	2019 年	2020 年	合计
中国大陆	24.44	13.33	30.19	30.61	39.62	37.04	41.57	39.50	45.76	52.04	38.40
美国	28.89	6.67	15.09	12.24	15.09	8.64	5.62	6.72	5.93	7.14	9.60
英国	17.78	24.44	7.55	14.29	5.66	8.64	8.99	5.04	7.63	5.10	9.07
澳大利亚	4.44	2.22	5.66	10.20	7.55	8.64	12.36	6.72	7.63	8.16	7.73
中国香港	2.22	4.44	3.77	6.12	9.43	6.17	5.62	4.20	2.54	1.02	4.27
加拿大	6.67	4.44	5.66	0.00	1.89	2.47	3.37	9.24	1.69	3.06	4.00
新加坡	0.00	2.22	1.89	4.08	1.89	3.70	6.74	6.72	2.54	1.02	3.47
中国澳门	2.22	0.00	0.00	2.04	1.89	4.94	3.37	4.20	1.69	4.08	2.80
意大利	2.22	0.00	3.77	0.00	3.77	0.00	2.25	5.04	3.39	2.04	2.53

续表

国家和地区	2011年	2012年	2013年	2014年	2015年	2016年	2017年	2018年	2019年	2020年	合计
德国	0.00	4.44	3.77	4.08	0.00	4.94	2.25	1.68	2.54	0.00	2.27
韩国	0.00	2.22	5.66	0.00	1.89	0.00	1.12	2.52	3.39	2.04	2.00
瑞士	2.22	6.67	5.66	2.04	0.00	2.47	0.00	0.00	0.85	0.00	1.47
法国	2.22	2.22	0.00	2.04	3.77	1.23	1.12	0.84	0.85	1.02	1.33
日本	0.00	2.22	1.89	0.00	0.00	0.00	0.00	0.00	4.24	3.06	1.33
荷兰	0.00	13.33	0.00	0.00	0.00	2.47	0.00	0.00	0.85	0.00	1.20
卡塔尔	0.00	0.00	0.00	0.00	1.89	1.23	0.00	0.00	1.69	3.06	0.93
沙特	0.00	0.00	0.00	0.00	1.89	3.70	1.12	1.68	0.00	0.00	0.93
西班牙	0.00	4.44	0.00	4.08	1.89	0.00	1.12	0.00	0.00	0.00	0.80
印度	2.22	2.22	0.00	0.00	1.89	0.00	0.00	1.68	0.00	1.02	0.80
中国台湾	2.22	0.00	0.00	0.00	0.00	0.00	1.12	0.00	1.69	2.04	0.80

表7-21 控制论C层人才排名前20的国家和地区的占比

单位：%

国家和地区	2011年	2012年	2013年	2014年	2015年	2016年	2017年	2018年	2019年	2020年	合计
中国大陆	12.59	13.98	15.14	20.70	22.20	21.51	30.25	22.45	33.21	42.66	25.87
美国	22.14	22.27	18.88	16.15	22.79	20.19	18.06	19.72	14.45	10.85	17.80
英国	8.16	7.58	8.04	7.25	6.68	7.44	6.96	6.78	6.73	5.64	6.96
澳大利亚	4.43	2.84	4.67	5.59	4.52	3.85	5.01	4.58	5.75	6.28	4.92
德国	4.90	3.79	5.79	3.73	4.32	4.38	4.57	5.37	2.60	0.96	3.90
加拿大	3.26	4.27	2.62	4.35	4.52	4.12	4.03	4.23	3.14	3.51	3.78
中国香港	2.33	2.61	2.24	2.90	3.14	3.05	4.24	2.64	3.32	4.79	3.27
意大利	3.26	3.32	3.36	3.73	2.16	2.52	2.18	2.46	1.97	1.28	2.43
新加坡	3.50	2.37	2.06	2.28	2.55	2.79	4.03	1.14	1.53	1.70	2.27
韩国	1.40	1.90	2.43	2.48	1.77	1.59	0.54	1.94	2.78	2.45	1.95
法国	2.80	1.90	2.62	2.48	3.73	1.86	1.41	2.20	0.90	0.53	1.82
西班牙	3.26	2.84	2.43	2.69	1.77	1.59	1.09	1.58	1.35	0.43	1.66
日本	4.66	1.90	2.24	1.86	0.98	2.66	0.65	1.06	0.90	0.85	1.52
中国台湾	3.73	3.55	2.06	2.90	0.98	1.46	0.76	0.70	0.90	1.38	1.52
荷兰	2.10	3.79	2.62	2.28	1.18	1.86	1.09	1.41	0.99	0.11	1.49
印度	0.93	1.66	1.87	1.66	0.98	1.20	0.65	2.73	1.44	1.28	1.49
沙特	0.23	1.42	0.75	1.66	1.38	2.12	1.52	1.23	1.62	1.60	1.42
中国澳门	0.23	0.24	0.37	1.04	0.98	1.46	1.74	1.50	1.71	1.60	1.27
瑞士	1.86	2.84	4.49	0.62	0.20	1.20	0.65	1.06	0.45	0.21	1.13
奥地利	1.63	1.90	0.56	0.62	0.79	0.93	0.33	0.97	0.63	0.43	0.79

八 计算机跨学科应用

计算机跨学科应用A、B、C层人才最多的国家是美国，分别占该学科全球A、B、C层人才的26.27%、19.78%、18.90%。

英国、中国大陆、德国、澳大利亚、瑞士、加拿大、法国的A层人才比较多，世界占比在9%~3%之间；荷兰、西班牙、丹麦、意大利、日本、印度、新加坡、挪威、中国香港、以色列、南非、伊朗也有相当数量的A层人才，世界占比超过1%。

中国大陆的B层人才世界占比为14.97%，排名第二；英国、德国、澳大利亚的B层人才比较多，世界占比在8%~3%之间；加拿大、西班牙、印度、法国、荷兰、伊朗、意大利、瑞士、韩国、中国香港、土耳其、新加坡、沙特、马来西亚、瑞典也有相当数量的B层人才，世界占比超过1%。

中国大陆的C层人才世界占比为15.20%，排名第二；英国、德国、印度、澳大利亚、加拿大、西班牙、伊朗、意大利的C层人才比较多，世界占比在6%~3%之间；法国、荷兰、中国台湾、韩国、中国香港、土耳其、瑞士、新加坡、日本、巴西也有相当数量的C层人才，世界占比超过1%。

表7-22 计算机跨学科应用A层人才排名前20的国家和地区的占比

单位：%

国家和地区	2011年	2012年	2013年	2014年	2015年	2016年	2017年	2018年	2019年	2020年	合计
美国	33.33	33.33	34.29	25.00	24.00	26.00	25.00	24.00	28.07	16.98	26.27
英国	15.15	3.03	5.71	12.50	8.00	10.00	9.62	12.00	5.26	7.55	8.83
中国大陆	3.03	6.06	2.86	5.00	4.00	4.00	11.54	14.00	19.30	7.55	8.39
德国	3.03	6.06	5.71	12.50	10.00	10.00	3.85	8.00	5.26	1.89	6.62
澳大利亚	3.03	6.06	5.71	12.50	6.00	6.00	9.62	0.00	3.51	3.77	5.52
瑞士	0.00	12.12	0.00	2.50	10.00	2.00	3.85	4.00	3.51	1.89	3.97
加拿大	0.00	3.03	0.00	5.00	4.00	2.00	11.54	4.00	1.75	3.77	3.75
法国	9.09	3.03	2.86	7.50	4.00	2.00	1.92	2.00	1.75	1.89	3.09
荷兰	6.06	3.03	2.86	0.00	0.00	10.00	3.85	2.00	0.00	3.51	2.87
西班牙	3.03	3.03	0.00	0.00	2.00	6.00	1.92	4.00	0.00	0.00	1.99
丹麦	0.00	0.00	2.86	0.00	4.00	4.00	3.85	2.00	1.75	0.00	1.77
意大利	6.06	0.00	2.86	2.50	0.00	2.00	1.92	2.00	0.00	0.00	1.55

续表

国家和地区	2011年	2012年	2013年	2014年	2015年	2016年	2017年	2018年	2019年	2020年	合计
日本	0.00	0.00	2.86	0.00	2.00	0.00	0.00	2.00	0.00	5.66	1.32
印度	0.00	0.00	2.86	2.50	0.00	0.00	0.00	0.00	5.26	1.89	1.32
新加坡	0.00	0.00	0.00	0.00	0.00	0.00	0.00	4.00	3.51	3.77	1.32
挪威	0.00	0.00	0.00	0.00	2.00	0.00	3.85	2.00	1.75	1.89	1.32
中国香港	0.00	3.03	2.86	0.00	4.00	0.00	0.00	0.00	1.75	0.00	1.32
以色列	3.03	0.00	0.00	0.00	6.00	2.00	0.00	0.00	0.00	0.00	1.10
南非	6.06	0.00	0.00	2.50	0.00	0.00	1.92	0.00	0.00	1.89	1.10
伊朗	0.00	0.00	2.86	2.50	0.00	2.00	0.00	0.00	1.75	1.89	1.10

表7-23 计算机跨学科应用B层人才排名前20的国家和地区的占比

单位：%

国家和地区	2011年	2012年	2013年	2014年	2015年	2016年	2017年	2018年	2019年	2020年	合计
美国	26.78	28.00	22.40	23.64	20.04	21.91	19.14	17.46	15.38	10.13	19.78
中国大陆	5.42	9.85	6.62	11.96	10.02	10.64	18.28	21.32	23.67	23.21	14.97
英国	7.80	8.31	7.57	7.34	9.60	7.87	5.59	6.12	5.52	6.33	7.12
德国	7.46	8.31	4.42	5.16	7.31	5.11	4.09	2.49	3.16	2.74	4.83
澳大利亚	1.36	3.38	3.79	4.62	3.34	2.98	4.95	4.76	5.13	3.16	3.84
加拿大	3.05	2.15	4.42	2.45	1.46	4.89	1.94	3.63	4.14	1.27	2.92
西班牙	4.75	2.15	4.10	3.53	2.92	3.40	3.23	2.04	1.58	2.11	2.87
印度	2.71	1.23	3.47	2.72	1.46	2.77	2.58	2.72	3.16	5.49	2.87
法国	4.75	4.00	3.47	4.08	3.76	2.55	3.01	2.04	1.18	1.48	2.87
荷兰	3.39	3.08	1.89	2.99	2.51	3.83	2.15	1.81	1.38	0.84	2.32
伊朗	1.69	1.54	2.52	1.63	2.30	2.13	3.23	1.13	2.17	3.80	2.27
意大利	2.03	2.46	3.47	1.63	2.71	1.28	1.94	1.81	1.78	1.27	1.98
瑞士	3.73	1.54	2.52	2.17	1.88	1.91	1.29	1.81	1.18	0.63	1.76
韩国	1.02	1.85	1.26	0.82	1.67	0.85	1.51	3.17	2.37	1.69	1.67
中国香港	1.02	0.92	0.95	1.36	1.88	1.28	3.01	2.49	1.58	1.48	1.67
土耳其	2.03	1.54	2.84	1.09	2.09	0.85	0.43	1.81	1.78	2.32	1.64
新加坡	1.69	1.54	1.58	0.54	1.25	0.85	3.01	2.95	1.78	0.63	1.59
沙特	0.00	0.92	0.63	1.36	1.67	1.49	1.08	1.59	1.78	4.22	1.59
马来西亚	1.02	2.15	1.26	0.82	1.67	1.91	1.94	1.81	1.38	1.48	1.57
瑞典	0.34	0.62	3.15	1.90	0.84	0.64	2.37	1.13	1.38	0.63	1.28

表7-24 计算机跨学科应用C层人才排名前20的国家和地区的占比

单位：%

国家和地区	2011年	2012年	2013年	2014年	2015年	2016年	2017年	2018年	2019年	2020年	合计
美国	22.16	23.13	21.47	21.87	19.81	18.88	18.69	17.04	15.91	14.14	18.90
中国大陆	9.02	9.82	11.54	11.41	12.77	13.25	16.19	19.00	20.64	22.25	15.20
英国	6.11	6.40	6.01	6.38	6.39	6.03	5.95	5.72	5.65	5.32	5.96
德国	5.08	5.13	5.21	4.76	4.94	4.58	4.57	2.95	3.14	2.46	4.17
印度	2.61	2.53	2.51	2.85	2.83	3.75	4.19	4.54	5.44	4.65	3.73
澳大利亚	2.92	3.14	3.50	3.04	3.89	3.39	3.55	4.11	3.22	3.40	3.44
加拿大	4.05	3.58	2.89	3.79	3.46	3.17	2.96	3.10	3.07	3.11	3.28
西班牙	4.63	3.74	4.56	3.90	3.41	3.13	2.80	2.91	2.62	2.17	3.26
伊朗	2.44	2.82	3.34	2.50	2.59	3.05	3.63	3.33	3.57	3.82	3.16
意大利	3.36	3.49	3.15	3.61	3.52	3.28	3.28	2.60	2.64	2.54	3.12
法国	3.60	4.25	3.79	3.58	3.41	2.83	2.44	2.43	2.18	1.77	2.91
荷兰	2.85	2.57	2.96	2.39	2.11	2.30	1.86	1.61	1.79	1.21	2.08
中国台湾	3.64	2.69	2.38	2.48	1.96	1.64	1.44	1.47	1.04	1.48	1.90
韩国	1.54	2.12	1.48	1.61	1.61	1.88	1.84	1.96	1.74	1.71	1.76
中国香港	1.58	1.90	1.25	1.13	1.70	1.45	1.50	2.01	1.79	1.98	1.64
土耳其	2.06	1.46	1.80	1.51	1.81	1.58	1.29	1.35	1.47	1.86	1.60
瑞士	1.58	1.62	1.67	1.69	1.59	1.43	1.46	1.23	1.41	1.31	1.48
新加坡	1.17	1.24	1.16	1.00	1.46	1.17	1.42	1.89	1.43	1.31	1.34
日本	1.51	1.17	1.09	1.24	1.07	1.28	1.54	1.04	1.39	1.29	1.27
巴西	0.93	0.95	0.87	1.00	1.11	1.39	1.29	1.54	1.14	1.31	1.18

九 自动化和控制系统

中国大陆的自动化和控制系统A、B、C层人才最多，分别占该学科全球A、B、C层人才的32.69%、34.35%、27.88%；美国排名第二，其A、B、C层人才的世界占比分别为13.46%、13.06%、13.46%，均明显低于中国大陆。

澳大利亚、英国、德国、加拿大的A层人才比较多，世界占比在9%~3%之间；意大利、新加坡、法国、西班牙、韩国、土耳其、荷兰、卡塔尔、瑞典、中国香港、中国澳门、中国台湾、挪威、瑞士也有相当数量的A层人才，世界占比超过或接近1%。

英国、澳大利亚、中国香港、加拿大、新加坡的B层人才比较多，世界占比在7%~3%之间；意大利、德国、法国、韩国、西班牙、瑞典、沙特、中国澳门、印度、伊朗、日本、瑞士、丹麦也有相当数量的B层人才，世界占比超过或接近 1%。

英国、澳大利亚、加拿大、意大利、法国的 C 层人才比较多，世界占比在 5%~3% 之间；德国、印度、韩国、中国香港、新加坡、伊朗、西班牙、日本、瑞典、瑞士、荷兰、中国台湾、沙特也有相当数量的 C 层人才，世界占比超过 1%。

表 7-25　自动化和控制系统 A 层人才排名前 20 的国家和地区的占比

单位：%

国家和地区	2011 年	2012 年	2013 年	2014 年	2015 年	2016 年	2017 年	2018 年	2019 年	2020 年	合计
中国大陆	4.00	12.90	16.67	23.68	22.73	30.43	46.15	34.00	53.19	55.32	32.69
美国	32.00	19.35	13.89	21.05	18.18	10.87	7.69	12.00	8.51	4.26	13.46
澳大利亚	0.00	9.68	8.33	10.53	6.82	6.52	11.54	12.00	10.64	8.51	8.89
英国	8.00	9.68	8.33	7.89	4.55	4.35	5.77	6.00	8.51	4.26	6.49
德国	8.00	9.68	5.56	5.26	9.09	8.70	0.00	0.00	2.13	0.00	4.33
加拿大	0.00	6.45	0.00	2.63	0.00	6.52	7.69	6.00	2.13	2.13	3.61
意大利	4.00	0.00	2.78	2.63	4.55	2.17	1.92	2.00	2.13	4.26	2.88
新加坡	0.00	3.23	5.56	0.00	2.27	2.17	1.92	2.00	6.38	0.00	2.40
法国	4.00	3.23	2.78	0.00	6.82	0.00	1.92	2.00	2.13	0.00	2.16
西班牙	4.00	0.00	0.00	2.63	2.27	4.35	5.77	0.00	0.00	0.00	1.92
韩国	4.00	0.00	0.00	5.26	4.55	2.17	0.00	0.00	0.00	2.13	1.68
土耳其	8.00	0.00	2.78	0.00	4.55	2.17	0.00	0.00	0.00	0.00	1.44
荷兰	0.00	3.23	5.56	2.63	2.27	0.00	0.00	0.00	0.00	0.00	1.20
卡塔尔	0.00	0.00	2.78	0.00	0.00	2.17	0.00	2.00	2.13	0.00	1.20
瑞典	0.00	6.45	2.78	0.00	2.27	0.00	0.00	0.00	0.00	0.00	1.20
中国香港	0.00	0.00	2.78	0.00	0.00	4.35	1.92	0.00	0.00	0.00	0.96
中国澳门	0.00	0.00	0.00	0.00	0.00	2.17	0.00	0.00	2.13	2.13	0.96
中国台湾	0.00	0.00	2.78	2.63	0.00	0.00	0.00	0.00	0.00	4.26	0.96
挪威	0.00	3.23	0.00	0.00	0.00	0.00	1.92	2.00	0.00	2.13	0.96
瑞士	4.00	0.00	0.00	5.26	2.27	0.00	0.00	0.00	0.00	0.00	0.96

表 7-26　自动化和控制系统 B 层人才排名前 20 的国家和地区的占比

单位：%

国家和地区	2011 年	2012 年	2013 年	2014 年	2015 年	2016 年	2017 年	2018 年	2019 年	2020 年	合计
中国大陆	20.09	17.25	23.10	25.57	31.04	33.49	39.65	40.45	45.72	50.34	34.35
美国	19.21	24.30	14.62	19.89	11.45	12.03	10.24	12.05	7.82	7.13	13.06
英国	3.49	9.86	5.56	5.68	4.83	7.55	6.10	4.09	7.58	7.36	6.24

续表

国家和地区	2011年	2012年	2013年	2014年	2015年	2016年	2017年	2018年	2019年	2020年	合计
澳大利亚	4.80	4.23	5.26	5.68	7.89	5.42	8.06	5.23	6.36	5.75	6.00
中国香港	2.62	4.93	3.22	3.69	4.33	3.77	6.10	4.55	4.16	2.53	4.06
加拿大	3.49	2.46	2.63	2.84	2.80	3.30	2.83	4.55	2.69	2.53	3.03
新加坡	3.93	1.76	2.63	3.41	2.54	3.77	5.23	2.95	1.71	2.07	3.03
意大利	3.93	4.23	2.63	3.69	3.05	2.59	1.96	2.05	3.18	2.07	2.81
德国	2.62	4.23	4.39	2.27	3.56	3.07	1.31	1.82	1.22	0.92	2.42
法国	5.24	2.82	4.68	1.99	3.05	2.36	1.74	1.82	0.98	0.23	2.28
韩国	2.62	1.06	2.05	1.42	3.82	1.42	2.83	1.59	2.20	2.07	2.12
西班牙	3.93	1.76	3.22	1.70	2.80	1.18	0.44	0.91	0.49	0.46	1.51
瑞典	0.87	1.06	2.05	1.99	1.78	0.94	1.53	1.36	1.71	0.46	1.38
沙特	0.00	0.00	1.17	0.85	1.27	1.89	1.09	2.50	1.71	0.69	1.22
中国澳门	0.00	0.00	0.00	0.85	0.51	0.71	1.53	2.27	1.71	2.53	1.14
印度	0.87	0.70	1.46	1.14	1.27	1.65	0.44	0.91	1.47	1.38	1.14
伊朗	0.44	0.35	1.17	3.13	1.27	0.94	0.65	1.14	0.98	0.23	1.04
日本	0.87	1.06	1.75	0.00	0.76	0.94	0.44	0.68	1.96	1.38	0.98
瑞士	1.75	3.52	1.46	0.85	1.27	1.42	0.00	0.45	0.00	0.46	0.98
丹麦	2.62	1.06	2.34	1.70	0.51	0.47	1.09	0.45	0.00	0.46	0.96

表7－27　自动化和控制系统C层人才排名前20的国家和地区的占比

单位：%

国家和地区	2011年	2012年	2013年	2014年	2015年	2016年	2017年	2018年	2019年	2020年	合计
中国大陆	16.81	18.51	20.19	22.75	24.87	27.83	32.05	31.78	35.68	37.88	27.88
美国	16.72	17.23	15.87	14.16	14.75	13.32	12.09	12.51	11.80	9.34	13.46
英国	5.65	5.27	4.82	4.60	4.13	5.34	4.34	4.82	5.08	5.43	4.90
澳大利亚	4.28	3.56	3.20	3.64	3.29	3.22	3.91	3.72	3.60	4.51	3.68
加拿大	3.93	3.99	3.70	3.38	3.67	3.49	3.48	3.50	3.29	3.56	3.57
意大利	4.98	4.91	4.08	3.70	3.92	2.95	3.26	3.23	2.51	2.69	3.50
法国	5.87	4.59	5.02	3.73	4.03	3.93	2.75	2.72	2.15	1.79	3.48
德国	3.26	4.31	3.85	3.41	2.85	3.32	2.62	2.77	2.13	1.77	2.95
印度	2.82	2.67	3.00	2.39	3.62	2.56	2.92	3.12	2.92	3.22	2.94
韩国	2.25	2.74	2.38	2.74	2.57	2.68	2.36	3.17	2.27	2.27	2.56
中国香港	2.21	1.99	2.17	2.27	2.34	2.66	2.66	2.63	3.02	3.09	2.55
新加坡	2.21	1.85	2.12	2.30	2.32	2.34	2.53	2.48	2.39	1.93	2.27
伊朗	1.72	1.71	2.15	2.13	2.62	2.37	2.43	2.50	1.89	2.14	2.21
西班牙	3.62	3.20	3.20	2.48	2.22	1.61	1.37	1.54	1.28	1.19	2.03

续表

国家和地区	2011年	2012年	2013年	2014年	2015年	2016年	2017年	2018年	2019年	2020年	合计
日本	2.03	1.99	1.41	1.78	1.48	1.41	0.99	1.03	0.70	1.11	1.32
瑞典	1.10	1.53	1.47	1.95	1.32	1.12	1.37	0.89	1.18	0.79	1.26
瑞士	1.41	1.57	1.53	1.89	1.50	1.49	0.94	0.96	0.73	0.50	1.21
荷兰	1.32	1.53	1.56	1.72	0.87	1.15	1.14	1.09	0.99	0.92	1.20
中国台湾	2.25	2.10	1.53	1.63	0.99	0.73	0.75	0.58	0.65	0.98	1.11
沙特	0.22	0.25	0.47	0.84	1.30	1.20	1.07	1.25	1.50	1.40	1.02

十 机器人学

机器人学A、B、C层人才最多的国家是美国，分别占该学科全球A、B、C层人才的37.30%、30.70%、24.04%，均遥遥领先于其他国家和地区。

德国、瑞士处于第二梯队，两国A层人才的世界占比分别为11.11%、9.52%；中国大陆、西班牙、英国、意大利、瑞典的A层人才比较多，世界占比在6%~3%之间；澳大利亚、比利时、中国香港、加拿大、以色列、日本、新西兰、哥伦比亚、荷兰、罗马尼亚、韩国、中国台湾也有相当数量的A层人才，世界占比超过或接近1%。

德国、中国大陆、瑞士、英国、意大利、法国、澳大利亚的B层人才比较多，世界占比在8%~3%之间；韩国、加拿大、中国香港、西班牙、日本、新加坡、荷兰、瑞典、比利时、印度、新西兰、希腊也有相当数量的B层人才，世界占比超过或接近1%。

中国大陆、德国、意大利、英国、瑞士、法国、日本、加拿大的C层人才比较多，世界占比在9%~3%之间；韩国、西班牙、澳大利亚、荷兰、新加坡、中国香港、瑞典、葡萄牙、印度、比利时、伊朗也有相当数量的C层人才，世界占比超过或接近1%。

表7-28 机器人学A层人才排名前20的国家和地区的占比

单位：%

国家和地区	2011年	2012年	2013年	2014年	2015年	2016年	2017年	2018年	2019年	2020年	合计
美国	66.67	50.00	28.57	36.36	42.11	25.00	37.50	33.33	46.15	23.08	37.30
德国	16.67	10.00	42.86	18.18	5.26	12.50	6.25	6.67	7.69	7.69	11.11
瑞士	16.67	0.00	0.00	9.09	15.79	12.50	12.50	6.67	7.69	7.69	9.52

续表

国家和地区	2011 年	2012 年	2013 年	2014 年	2015 年	2016 年	2017 年	2018 年	2019 年	2020 年	合计
中国大陆	0.00	0.00	0.00	0.00	10.53	0.00	6.25	13.33	7.69	7.69	5.56
西班牙	0.00	10.00	14.29	9.09	5.26	6.25	12.50	0.00	0.00	0.00	5.56
英国	0.00	0.00	0.00	0.00	5.26	6.25	12.50	13.33	0.00	7.69	5.56
意大利	0.00	10.00	0.00	9.09	0.00	0.00	6.25	0.00	7.69	7.69	4.76
瑞典	0.00	0.00	0.00	9.09	0.00	6.25	0.00	0.00	0.00	15.38	3.17
澳大利亚	0.00	10.00	0.00	0.00	0.00	12.50	0.00	0.00	0.00	0.00	2.38
比利时	0.00	0.00	14.29	0.00	5.26	0.00	0.00	6.67	0.00	0.00	2.38
中国香港	0.00	0.00	0.00	0.00	5.26	0.00	6.25	6.67	0.00	0.00	2.38
加拿大	0.00	0.00	0.00	0.00	0.00	0.00	0.00	0.00	15.38	0.00	1.59
以色列	0.00	0.00	0.00	0.00	5.26	6.25	0.00	0.00	0.00	0.00	1.59
日本	0.00	0.00	0.00	0.00	0.00	0.00	0.00	6.67	0.00	7.69	1.59
新西兰	0.00	10.00	0.00	0.00	0.00	0.00	0.00	0.00	0.00	7.69	1.59
哥伦比亚	0.00	0.00	0.00	0.00	0.00	6.25	0.00	0.00	0.00	0.00	0.79
荷兰	0.00	0.00	0.00	0.00	0.00	0.00	0.00	0.00	0.00	7.69	0.79
罗马尼亚	0.00	0.00	0.00	0.00	0.00	0.00	0.00	0.00	7.69	0.00	0.79
韩国	0.00	0.00	0.00	9.09	0.00	0.00	0.00	0.00	0.00	0.00	0.79
中国台湾	0.00	0.00	0.00	0.00	0.00	0.00	0.00	6.67	0.00	0.00	0.79

表 7-29 机器人学 B 层人才排名前 20 的国家和地区的占比

单位：%

国家和地区	2011 年	2012 年	2013 年	2014 年	2015 年	2016 年	2017 年	2018 年	2019 年	2020 年	合计
美国	38.33	32.22	31.25	39.64	25.27	30.22	33.33	34.75	30.34	20.00	30.70
德国	11.67	10.00	10.42	7.21	10.44	7.19	5.33	6.38	4.83	5.71	7.58
中国大陆	1.67	2.22	4.17	1.80	5.49	2.88	8.00	8.51	12.41	20.71	7.50
瑞士	6.67	6.67	11.46	8.11	7.69	10.79	6.67	7.09	7.59	2.14	7.42
英国	8.33	3.33	5.21	5.41	4.40	5.76	6.67	8.51	6.90	5.71	5.98
意大利	6.67	6.67	5.21	4.50	8.24	7.19	5.33	3.55	4.83	4.29	5.66
法国	1.67	5.56	5.21	3.60	4.40	2.88	0.67	4.26	1.38	2.86	3.19
澳大利亚	3.33	10.00	1.04	3.60	3.30	1.44	1.33	2.13	2.07	5.00	3.11
韩国	0.00	2.22	3.13	2.70	2.75	1.44	4.67	2.84	3.45	4.29	2.95
加拿大	0.00	1.11	3.13	4.50	1.65	5.76	2.67	2.13	2.76	3.57	2.87
中国香港	1.67	0.00	1.04	0.90	1.10	1.44	4.00	4.96	2.76	8.57	2.87
西班牙	6.67	2.22	3.13	2.70	1.65	2.88	0.00	2.84	4.14	0.00	2.31
日本	1.67	3.33	2.08	0.90	1.65	2.16	2.67	2.84	2.76	0.71	2.07
新加坡	3.33	0.00	1.04	0.00	3.30	1.44	4.67	1.42	1.38	1.43	1.91

续表

国家和地区	2011年	2012年	2013年	2014年	2015年	2016年	2017年	2018年	2019年	2020年	合计
荷兰	3.33	3.33	2.08	1.80	1.10	1.44	1.33	1.42	0.00	1.43	1.52
瑞典	0.00	2.22	0.00	0.00	1.10	0.72	2.67	0.71	2.07	1.43	1.20
比利时	0.00	2.22	1.04	0.90	1.65	0.72	0.67	1.42	0.00	0.71	0.96
印度	0.00	0.00	0.00	0.00	1.10	2.16	0.67	0.71	1.38	1.43	0.88
新西兰	1.67	0.00	1.04	0.90	1.10	0.00	0.67	0.71	1.38	1.43	0.88
希腊	0.00	1.11	0.00	0.90	1.65	1.44	0.00	0.00	0.69	0.00	0.64

表7-30 机器人学C层人才排名前20的国家和地区的占比

单位：%

国家和地区	2011年	2012年	2013年	2014年	2015年	2016年	2017年	2018年	2019年	2020年	合计
美国	29.04	28.15	24.63	25.72	24.42	22.40	22.06	24.59	24.17	20.07	24.04
中国大陆	6.78	6.29	5.54	6.43	7.50	7.04	8.88	9.48	11.38	14.81	8.73
德国	9.39	10.87	9.06	8.25	8.18	9.46	8.88	6.44	5.37	5.41	7.90
意大利	5.57	6.75	6.18	6.14	6.70	7.61	6.73	7.33	6.01	6.44	6.63
英国	4.00	4.58	4.48	5.57	6.08	5.26	6.88	7.11	8.13	7.63	6.23
瑞士	3.48	4.00	4.48	4.61	3.58	4.48	4.73	3.63	4.03	4.52	4.16
法国	3.83	5.61	4.80	4.13	3.86	4.48	3.44	4.37	3.39	2.96	4.01
日本	5.74	4.81	4.37	2.98	3.69	3.22	4.44	2.89	3.25	2.59	3.66
加拿大	4.70	2.75	3.30	3.55	3.63	3.34	2.87	2.96	2.90	2.67	3.20
韩国	1.91	3.55	2.88	2.88	2.78	2.49	2.51	3.63	3.11	2.96	2.90
西班牙	2.78	3.09	4.16	3.26	2.61	2.70	2.58	2.52	1.91	2.07	2.68
澳大利亚	3.30	2.40	2.99	2.59	2.61	3.27	2.22	3.11	2.05	2.52	2.67
荷兰	1.39	1.83	1.92	2.69	1.14	1.56	1.86	2.00	1.84	2.96	1.91
新加坡	0.87	0.57	1.07	2.21	1.87	2.56	1.86	1.93	2.12	1.63	1.78
中国香港	0.35	0.34	0.64	1.15	0.62	1.56	1.58	2.67	3.75	3.26	1.74
瑞典	0.87	1.03	1.71	1.34	0.97	1.35	1.15	0.67	1.70	1.78	1.26
葡萄牙	1.57	1.37	2.35	1.34	0.91	1.28	1.29	0.74	1.13	1.04	1.23
印度	0.52	0.69	0.85	0.86	1.70	1.14	0.79	1.70	1.06	1.26	1.14
比利时	1.74	1.03	0.64	0.86	1.14	0.85	1.36	1.19	0.49	0.59	0.96
伊朗	1.04	0.46	1.60	1.15	1.08	1.21	0.64	0.74	0.71	0.44	0.89

十一 量子科学和技术

量子科学和技术A、B、C层人才最多的国家是美国，分别占该学科全球A、B、C层人才的25.00%、18.15%、17.81%，均显著领先于其他国家和地区。

日本A层人才的世界占比为12.50%，排名第二；巴西、加拿大、法国、德国、爱尔兰、墨西哥、荷兰、巴基斯坦、沙特、瑞士的A层人才比较多，世界占比均为6.25%。

英国B层人才的世界占比为10.56%，排名第二；德国、中国大陆、加拿大、法国、意大利、澳大利亚、日本、荷兰、俄罗斯的B层人才比较多，世界占比在8%~3%之间；比利时、西班牙、瑞士、匈牙利、印度、波兰、巴西、中国台湾、韩国也有相当数量的B层人才，世界占比超过1%。

中国大陆C层人才的世界占比为9.82%，排名第二，英国、德国、加拿大、法国、意大利、日本、西班牙的C层人才比较多，世界占比在8%~3%之间；瑞士、荷兰、印度、俄罗斯、伊朗、澳大利亚、奥地利、波兰、中国台湾、瑞典、巴西也有相当数量的C层人才，世界占比超过1%。

表7-31 量子科学和技术A层人才的国家和地区的占比

单位：%

国家和地区	2011年	2012年	2013年	2014年	2015年	2016年	2017年	2018年	2019年	2020年	合计
美国	50.00	0.00	50.00	0.00	0.00	50.00	0.00	25.00	0.00	0.00	25.00
日本	0.00	50.00	0.00	0.00	0.00	0.00	0.00	25.00	0.00	0.00	12.50
巴西	0.00	0.00	0.00	0.00	0.00	50.00	0.00	0.00	0.00	0.00	6.25
加拿大	0.00	0.00	0.00	0.00	0.00	0.00	0.00	0.00	0.00	25.00	6.25
法国	0.00	0.00	0.00	0.00	0.00	0.00	0.00	25.00	0.00	0.00	6.25
德国	0.00	0.00	50.00	0.00	0.00	0.00	0.00	0.00	0.00	0.00	6.25
爱尔兰	50.00	0.00	0.00	0.00	0.00	0.00	0.00	0.00	0.00	0.00	6.25
墨西哥	0.00	50.00	0.00	0.00	0.00	0.00	0.00	0.00	0.00	0.00	6.25
荷兰	0.00	0.00	0.00	0.00	0.00	0.00	0.00	0.00	25.00	0.00	6.25
巴基斯坦	0.00	0.00	0.00	0.00	0.00	0.00	0.00	0.00	25.00	0.00	6.25
沙特	0.00	0.00	0.00	0.00	0.00	0.00	0.00	0.00	25.00	0.00	6.25
瑞士	0.00	0.00	0.00	0.00	0.00	0.00	25.00	0.00	0.00	0.00	6.25

表7-32 量子科学和技术B层人才排名前20的国家和地区的占比

单位：%

国家和地区	2011年	2012年	2013年	2014年	2015年	2016年	2017年	2018年	2019年	2020年	合计
美国	17.39	12.50	34.78	26.92	4.55	15.38	21.88	15.00	19.74	8.33	18.15
英国	13.04	8.33	13.04	15.38	4.55	23.08	6.25	7.50	13.16	4.17	10.56
德国	13.04	8.33	13.04	0.00	4.55	7.69	12.50	12.50	2.63	4.17	7.26

续表

国家和地区	2011年	2012年	2013年	2014年	2015年	2016年	2017年	2018年	2019年	2020年	合计
中国大陆	0.00	0.00	4.35	7.69	4.55	7.69	6.25	10.00	6.58	4.17	5.61
加拿大	0.00	4.17	0.00	3.85	4.55	15.38	6.25	5.00	7.89	4.17	5.28
法国	8.70	8.33	13.04	7.69	9.09	7.69	0.00	2.50	1.32	4.17	4.95
意大利	8.70	8.33	8.70	7.69	9.09	0.00	3.13	2.50	1.32	4.17	4.62
澳大利亚	0.00	0.00	0.00	7.69	4.55	0.00	6.25	7.50	2.63	4.17	3.63
日本	8.70	8.33	4.35	0.00	0.00	7.69	6.25	0.00	2.63	4.17	3.63
荷兰	4.35	8.33	4.35	0.00	4.55	0.00	3.13	5.00	1.32	4.17	3.30
俄罗斯	4.35	4.17	0.00	0.00	4.55	7.69	3.13	7.50	1.32	4.17	3.30
比利时	0.00	4.17	0.00	7.69	4.55	0.00	3.13	0.00	1.32	4.17	2.31
西班牙	4.35	8.33	0.00	0.00	4.55	0.00	3.13	0.00	1.32	4.17	2.31
瑞士	0.00	4.17	0.00	0.00	0.00	7.69	0.00	5.00	1.32	4.17	1.98
匈牙利	0.00	4.17	0.00	0.00	9.09	0.00	3.13	0.00	1.32	4.17	1.98
印度	4.35	4.17	0.00	0.00	0.00	0.00	3.13	0.00	0.00	4.17	1.65
波兰	4.35	4.17	0.00	0.00	4.55	0.00	0.00	0.00	1.32	4.17	1.65
巴西	0.00	0.00	0.00	0.00	4.55	0.00	3.13	0.00	1.32	4.17	1.32
中国台湾	4.35	0.00	0.00	0.00	4.55	0.00	3.13	0.00	0.00	4.17	1.32
韩国	0.00	0.00	0.00	0.00	4.55	0.00	3.13	2.50	0.00	4.17	1.32

表7-33 量子科学和技术C层人才排名前20的国家和地区的占比

单位：%

国家和地区	2011年	2012年	2013年	2014年	2015年	2016年	2017年	2018年	2019年	2020年	合计
美国	22.27	17.83	18.03	17.52	20.35	19.73	16.11	17.60	15.74	17.26	17.81
中国大陆	5.46	4.78	12.70	8.55	9.82	10.88	15.77	13.52	9.65	6.75	9.82
英国	8.40	8.70	6.97	9.40	8.07	9.18	6.38	4.59	8.94	4.88	7.38
德国	7.98	5.65	4.92	5.13	7.02	6.80	6.38	7.40	6.81	7.32	6.69
加拿大	5.46	4.35	4.51	5.98	5.96	7.14	5.03	5.87	4.68	4.50	5.24
法国	8.40	7.39	6.15	4.70	2.46	4.42	3.36	3.32	3.83	5.82	4.75
意大利	4.62	5.65	5.33	5.98	4.21	6.12	2.35	4.34	2.98	4.50	4.34
日本	4.62	4.78	6.56	2.56	4.91	3.74	4.70	2.81	2.70	2.63	3.68
西班牙	3.78	3.48	6.15	3.85	2.81	2.04	3.36	2.30	3.55	3.56	3.42
瑞士	1.26	1.74	1.23	2.56	4.21	2.04	2.01	2.55	2.98	2.81	2.49
荷兰	2.52	3.04	1.23	2.99	1.40	1.02	2.01	3.32	2.98	2.44	2.40
印度	1.68	2.61	0.00	2.14	2.81	2.72	3.36	1.02	1.70	3.00	2.11

续表

国家和地区	2011年	2012年	2013年	2014年	2015年	2016年	2017年	2018年	2019年	2020年	合计
俄罗斯	0.42	2.61	2.46	3.42	2.11	1.70	1.68	2.04	1.70	2.44	2.03
伊朗	0.84	0.87	0.82	1.28	1.05	1.70	3.02	1.28	2.70	2.44	1.82
澳大利亚	1.68	3.91	1.64	1.28	1.40	2.38	2.01	2.30	1.13	1.31	1.77
奥地利	0.84	1.30	0.41	0.43	1.75	1.02	2.01	1.79	1.84	2.06	1.51
波兰	1.26	2.61	1.23	1.28	1.40	1.02	1.01	0.77	1.84	1.88	1.48
中国台湾	0.84	1.74	3.28	2.14	1.05	1.70	1.68	1.02	1.13	0.56	1.36
瑞典	2.94	0.87	1.64	0.43	1.75	1.02	1.01	0.51	0.99	1.31	1.19
巴西	2.10	2.61	0.41	0.85	1.40	1.36	1.34	1.28	0.85	0.56	1.16

十二 人工智能

人工智能A、B、C层人才主要集中在美国和中国大陆，二者A、B、C层人才的世界占比合计为48.96%、44.74%、39.97%，其中，美国的A层人才多于中国大陆，B、C层人才少于中国大陆；在发展趋势上，中国大陆呈现相对上升趋势，美国呈现相对下降趋势。

英国、中国香港、澳大利亚、加拿大、德国、法国的A层人才比较多，世界占比在8%～3%之间；新加坡、瑞士、西班牙、荷兰、日本、韩国、瑞典、印度、意大利、奥地利、比利时、伊朗也有相当数量的A层人才，世界占比超过或接近1%。

英国、澳大利亚、中国香港、新加坡、德国的B层人才比较多，世界占比在7%～3%之间；加拿大、印度、法国、西班牙、瑞士、韩国、日本、意大利、沙特、伊朗、荷兰、土耳其、奥地利也有相当数量的B层人才，世界占比超过或接近1%。

英国、印度、澳大利亚、德国的C层人才比较多，世界占比在6%～3%之间；西班牙、加拿大、中国香港、法国、新加坡、意大利、伊朗、韩国、中国台湾、瑞士、日本、土耳其、沙特、荷兰也有相当数量的C层人才，世界占比超过1%。

表7-34　人工智能A层人才排名前20的国家和地区的占比

单位：%

国家和地区	2011年	2012年	2013年	2014年	2015年	2016年	2017年	2018年	2019年	2020年	合计
美国	19.05	25.53	28.26	36.21	41.43	31.94	39.08	41.46	23.60	18.99	31.25
中国大陆	11.90	8.51	17.39	13.79	15.71	18.06	14.94	17.07	24.72	26.58	17.71
英国	9.52	10.64	0.00	6.90	8.57	12.50	8.05	9.76	6.74	2.53	7.59
中国香港	9.52	0.00	6.52	6.90	2.86	5.56	4.60	4.88	6.74	2.53	4.91
澳大利亚	2.38	2.13	0.00	0.00	1.43	4.17	2.30	4.88	7.87	10.13	4.02
加拿大	2.38	2.13	4.35	6.90	4.29	2.78	6.90	1.22	2.25	5.06	3.87
德国	4.76	8.51	2.17	1.72	5.71	1.39	3.45	2.44	5.62	2.53	3.72
法国	7.14	4.26	10.87	1.72	0.00	1.39	3.45	1.22	4.49	2.53	3.27
新加坡	7.14	2.13	2.17	0.00	2.86	4.17	2.30	3.66	2.25	2.53	2.83
瑞士	2.38	10.64	4.35	0.00	4.29	2.78	2.30	0.00	1.12	0.00	2.38
西班牙	4.76	4.26	4.35	5.17	0.00	0.00	2.30	1.22	0.00	2.53	2.08
荷兰	0.00	4.26	4.35	3.45	0.00	1.39	3.45	0.00	1.12	1.27	1.79
日本	2.38	0.00	4.35	0.00	0.00	1.39	0.00	3.66	5.62	0.00	1.79
韩国	0.00	2.13	2.17	0.00	5.71	2.78	1.15	2.44	0.00	1.27	1.79
瑞典	0.00	2.13	0.00	5.17	1.43	1.39	2.30	1.22	0.00	1.27	1.49
印度	2.38	0.00	0.00	1.72	0.00	0.00	0.00	0.00	4.49	2.53	1.34
意大利	2.38	0.00	2.17	3.45	0.00	0.00	0.00	1.22	1.12	0.00	1.04
奥地利	2.38	2.13	2.17	0.00	0.00	1.39	0.00	0.00	0.00	0.00	0.60
比利时	2.38	0.00	2.17	0.00	2.86	0.00	0.00	0.00	0.00	0.00	0.60
伊朗	0.00	2.13	0.00	0.00	0.00	1.39	0.00	0.00	0.00	2.53	0.60

表7-35　人工智能B层人才排名前20的国家和地区的占比

单位：%

国家和地区	2011年	2012年	2013年	2014年	2015年	2016年	2017年	2018年	2019年	2020年	合计
中国大陆	16.71	17.20	19.73	24.26	22.13	22.53	24.15	27.84	30.42	34.92	25.04
美国	24.42	22.25	23.36	19.12	20.70	23.92	23.14	18.78	17.24	9.24	19.70
英国	7.97	10.32	7.48	7.17	8.28	7.25	6.57	5.95	4.31	5.57	6.81
澳大利亚	3.08	4.59	4.76	5.15	4.14	4.32	5.69	6.76	5.58	5.84	5.16
中国香港	4.37	4.59	5.22	4.96	5.41	3.70	3.92	3.24	2.79	1.36	3.78
新加坡	2.83	4.13	2.95	2.94	4.46	2.93	3.41	3.24	2.92	3.94	3.39
德国	4.63	3.90	4.76	3.86	2.87	4.78	3.41	2.70	2.79	1.49	3.35
加拿大	3.34	2.98	2.72	3.49	3.50	2.62	2.28	3.11	2.79	2.45	2.88
印度	1.54	0.92	1.36	3.31	2.23	2.01	2.28	1.62	2.15	4.89	2.34
法国	2.57	4.13	3.17	2.39	3.34	1.85	2.15	2.43	1.52	0.68	2.28

续表

国家和地区	2011年	2012年	2013年	2014年	2015年	2016年	2017年	2018年	2019年	2020年	合计
西班牙	2.57	2.52	3.40	2.02	2.55	2.16	1.52	2.03	1.65	1.90	2.13
瑞士	3.08	2.75	2.04	1.47	1.75	2.62	1.90	1.35	1.77	0.82	1.86
韩国	1.29	1.38	1.36	0.92	1.43	1.23	2.15	1.62	2.28	2.31	1.68
日本	0.51	0.46	2.27	1.65	1.59	1.23	1.26	2.03	1.52	1.63	1.47
意大利	1.54	1.38	1.36	1.65	1.59	1.08	1.26	1.76	1.01	1.22	1.37
沙特	0.00	0.46	0.45	1.10	0.96	1.39	1.52	1.76	1.27	2.17	1.24
伊朗	1.29	0.46	0.91	0.92	0.64	0.93	0.51	1.49	1.77	1.49	1.07
荷兰	1.54	2.06	0.68	0.55	0.80	1.39	0.51	1.22	1.01	0.14	0.93
土耳其	3.34	0.92	1.13	0.55	0.64	0.93	0.51	0.41	1.01	0.82	0.91
奥地利	1.54	0.23	0.68	0.37	1.27	0.93	1.39	0.00	0.51	0.14	0.68

表7－36 人工智能C层人才排名前20的国家和地区的占比

单位：%

国家和地区	2011年	2012年	2013年	2014年	2015年	2016年	2017年	2018年	2019年	2020年	合计
中国大陆	16.21	15.11	17.53	19.84	22.21	24.09	24.91	28.23	30.21	29.80	23.97
美国	17.17	17.22	18.21	17.66	17.47	16.47	17.21	16.00	14.98	9.97	16.00
英国	6.02	6.21	6.76	5.90	5.27	5.73	6.03	5.64	5.15	5.15	5.71
印度	3.18	3.11	2.80	3.30	3.35	3.46	3.65	4.01	4.58	6.60	3.94
澳大利亚	2.97	2.86	3.68	3.65	4.04	3.58	4.27	4.09	4.32	4.22	3.87
德国	4.27	4.07	4.15	3.93	3.13	3.45	3.68	2.65	2.19	1.52	3.15
西班牙	4.04	4.72	3.64	3.52	3.40	2.74	2.39	2.13	2.27	2.52	2.96
加拿大	3.07	3.56	2.89	2.38	2.97	3.34	2.72	2.69	2.58	2.46	2.83
中国香港	2.84	3.02	2.63	2.81	2.89	2.71	2.71	2.83	3.11	2.30	2.78
法国	3.91	4.16	4.13	3.76	2.67	2.62	2.37	1.96	1.61	1.45	2.65
新加坡	2.29	2.60	2.84	2.87	2.94	2.70	2.38	2.70	2.24	2.20	2.56
意大利	2.03	2.72	2.70	2.50	2.71	2.35	2.41	1.78	1.62	2.01	2.23
伊朗	2.53	1.86	1.82	1.83	1.66	1.52	1.68	2.03	1.85	2.69	1.93
韩国	2.11	2.35	1.94	1.79	2.15	1.52	1.60	1.75	2.24	1.80	1.90
中国台湾	4.82	3.49	1.98	2.24	1.46	1.11	0.90	1.17	0.85	1.36	1.69
瑞士	1.90	1.81	1.96	1.62	1.23	1.33	1.44	1.65	1.15	0.89	1.44
日本	1.75	1.46	1.49	1.45	1.54	1.60	1.65	1.17	1.20	1.26	1.44
土耳其	2.97	2.02	1.28	1.01	1.38	1.28	1.11	1.02	1.12	1.95	1.43
沙特	0.29	0.49	0.61	1.15	1.61	1.63	1.49	1.33	1.13	1.65	1.23
荷兰	1.56	1.77	1.59	1.10	0.89	1.10	0.85	0.74	0.94	0.64	1.04

第二节 学科组

在信息科学各学科人才分析的基础上，按照 A、B、C 三个人才层次，对各学科人才进行汇总分析，可以从学科组层面揭示人才的分布特点和发展趋势。

一 A 层人才

信息科学 A 层人才最多的国家是美国，占该学科组全球 A 层人才的 26.07%，中国大陆以 17.75% 的世界占比排名第二，二者的 A 层人才合计超过全球的 40%；其后是英国、澳大利亚、德国，世界占比分别为 6.76%、5.30%、4.37%；加拿大、新加坡、法国、中国香港、意大利、西班牙的 A 层人才也比较多，世界占比在 4%～2%；印度、瑞士、韩国、日本、瑞典、荷兰也有相当数量的 A 层人才，世界占比超过 1%；芬兰、卡塔尔、以色列、沙特、希腊、奥地利、比利时、挪威、爱尔兰、土耳其、马来西亚、中国澳门、中国台湾、伊朗、巴基斯坦、丹麦、葡萄牙、新西兰、俄罗斯、巴西、南非、阿联酋、波兰也有一定数量的 A 层人才，世界占比低于 1%。

在发展趋势上，美国、英国呈现相对下降趋势，中国大陆、澳大利亚呈现相对上升趋势，其他国家和地区没有呈现明显变化。

表 7-37 信息科学 A 层人才排名前 40 的国家和地区的占比

单位：%

国家和地区	2011年	2012年	2013年	2014年	2015年	2016年	2017年	2018年	2019年	2020年	合计
美国	31.62	32.89	31.99	27.91	29.61	29.29	28.26	24.73	20.75	13.24	26.07
中国大陆	6.87	6.71	10.37	13.35	15.21	17.58	18.72	22.26	25.65	25.55	17.75
英国	9.28	8.05	6.92	4.61	7.10	6.67	7.89	7.24	6.05	5.15	6.76
澳大利亚	1.03	5.70	3.46	6.31	3.45	4.65	4.77	4.59	8.17	8.09	5.30
德国	5.15	6.38	5.19	6.07	6.09	5.66	4.04	2.83	3.27	1.47	4.37
加拿大	1.72	3.69	2.59	4.13	2.84	4.24	5.87	3.18	2.94	3.13	3.52

续表

国家和地区	2011年	2012年	2013年	2014年	2015年	2016年	2017年	2018年	2019年	2020年	合计
新加坡	3.78	1.01	4.61	0.97	2.43	3.23	2.20	3.53	5.39	3.49	3.17
法国	4.81	4.03	4.61	6.07	2.64	1.21	3.49	1.41	3.27	2.02	3.13
中国香港	2.75	1.34	2.59	2.43	2.84	3.23	2.02	2.83	2.61	2.39	2.54
意大利	4.12	3.36	1.73	2.67	2.03	2.22	1.10	1.24	1.47	1.84	2.00
西班牙	4.81	3.02	3.46	3.16	1.62	2.22	2.02	1.41	0.16	0.92	2.00
印度	2.41	1.34	2.31	1.46	0.61	1.01	1.28	1.41	2.61	4.04	1.87
瑞士	1.72	3.36	1.15	1.46	4.46	2.02	2.20	1.59	0.65	0.37	1.82
韩国	1.37	2.01	1.44	1.94	2.23	1.82	1.83	2.12	1.47	1.47	1.78
日本	1.37	0.67	1.44	0.24	1.22	0.61	0.73	3.00	1.63	1.65	1.33
瑞典	1.37	1.68	1.15	1.70	1.62	1.01	1.10	0.53	0.65	2.21	1.26
荷兰	3.09	2.01	2.02	1.21	1.01	1.41	1.10	0.53	0.82	0.74	1.24
芬兰	0.34	0.67	0.00	2.43	0.41	1.21	0.92	1.06	0.49	1.10	0.89
卡塔尔	0.00	0.00	0.58	0.49	1.42	0.61	0.37	0.71	0.49	1.65	0.70
以色列	2.41	0.34	0.86	1.46	1.62	0.40	0.00	0.71	0.00	0.18	0.70
沙特	0.34	0.00	0.00	0.73	0.41	0.40	0.37	0.88	1.47	1.47	0.70
希腊	0.34	0.67	1.73	0.49	0.41	0.20	1.10	0.71	0.49	0.55	0.65
奥地利	2.06	1.01	0.58	0.00	0.41	1.41	0.92	0.35	0.33	0.00	0.63
比利时	1.37	0.34	1.15	0.73	1.01	0.40	0.00	0.88	0.82	0.00	0.63
挪威	0.00	1.01	0.00	0.00	0.20	0.61	1.10	0.88	0.98	0.74	0.61
爱尔兰	1.03	1.01	0.00	0.00	0.00	1.21	0.00	0.71	0.65	1.47	0.61
土耳其	1.03	0.34	1.44	0.97	0.81	0.20	0.18	0.00	0.33	1.10	0.59
马来西亚	0.00	0.34	0.29	0.49	0.81	0.00	0.55	0.71	0.49	1.10	0.52
中国澳门	0.00	0.00	0.00	0.73	0.00	0.20	1.10	1.06	0.98	0.18	0.50
中国台湾	0.69	0.34	0.86	0.24	0.00	0.20	0.00	0.53	0.16	1.84	0.48
伊朗	0.00	0.34	0.86	0.73	0.00	0.40	0.00	0.53	0.49	1.29	0.48
巴基斯坦	0.00	0.34	0.00	0.00	0.00	0.40	0.00	0.71	0.49	1.65	0.41
丹麦	0.00	0.34	0.58	0.49	1.22	0.61	0.37	0.18	0.16	0.00	0.39
葡萄牙	0.34	0.67	0.58	0.24	1.42	0.40	0.18	0.00	0.00	0.18	0.37
新西兰	0.00	1.34	0.00	0.00	0.00	0.20	0.18	0.53	0.00	1.29	0.35
俄罗斯	0.00	1.01	0.29	0.24	0.20	0.40	0.37	0.71	0.00	0.18	0.33
巴西	0.34	0.00	0.58	0.49	0.61	0.20	0.37	0.00	0.00	0.55	0.30
南非	1.03	0.00	0.00	0.24	0.00	0.00	0.37	0.88	0.00	0.37	0.28
阿联酋	0.00	0.00	0.00	0.00	0.00	0.00	0.00	0.71	0.98	0.37	0.26
波兰	0.00	0.00	0.58	0.49	0.00	0.20	0.18	0.00	0.16	0.55	0.22

二 B层人才

中国大陆的信息科学B层人才最多,占该学科组全球B层人才的21.81%,美国以20.26%的世界占比排名第二,二者的B层人才合计超过全球的40%;其后是英国、澳大利亚,世界占比分别为6.40%、4.54%;加拿大、德国、中国香港、新加坡、印度、法国、意大利、韩国的B层人才也比较多,世界占比在4%~2%之间;西班牙、瑞士、日本、沙特、瑞典、荷兰也有相当数量的B层人才,世界占比超过1%;伊朗、中国台湾、芬兰、土耳其、马来西亚、巴基斯坦、比利时、奥地利、巴西、希腊、葡萄牙、以色列、丹麦、挪威、中国澳门、埃及、卡塔尔、阿联酋、俄罗斯、新西兰、波兰、爱尔兰也有一定数量的B层人才,世界占比低于1%。

在发展趋势上,中国大陆呈现逐年上升趋势,美国、德国呈现相对下降趋势,其他国家或地区没有呈现明显变化。

表7-38 信息科学B层人才排名前40的国家和地区的占比

单位:%

国家和地区	2011年	2012年	2013年	2014年	2015年	2016年	2017年	2018年	2019年	2020年	合计
中国大陆	11.81	12.66	14.25	18.57	18.60	20.00	23.11	26.77	28.82	30.19	21.81
美国	29.18	26.85	25.37	24.59	20.54	21.62	21.52	17.39	15.73	10.29	20.26
英国	6.03	7.92	6.71	5.84	6.74	7.16	6.11	6.07	5.85	6.25	6.40
澳大利亚	3.20	3.86	4.06	4.30	4.35	4.25	5.49	4.75	5.05	4.84	4.54
加拿大	3.72	3.47	3.57	4.10	3.89	4.42	3.21	3.87	3.45	3.47	3.71
德国	4.82	4.70	4.74	4.05	4.31	4.07	3.31	2.61	2.43	1.57	3.46
中国香港	2.58	2.83	2.92	3.14	3.05	2.83	3.31	3.01	2.25	1.63	2.73
新加坡	2.13	2.69	2.40	3.09	3.18	2.83	3.15	2.96	2.30	2.20	2.71
印度	1.77	1.27	1.91	1.92	1.88	2.15	2.24	2.80	3.21	5.08	2.57
法国	3.68	3.75	4.06	2.80	3.36	2.50	2.28	1.93	1.43	1.41	2.53
意大利	2.91	3.47	2.89	2.39	2.96	2.23	2.20	2.08	2.20	1.63	2.40
韩国	1.88	1.87	1.91	1.58	1.90	1.75	2.50	2.63	2.34	2.76	2.17
西班牙	2.72	2.76	2.80	2.52	1.92	1.88	1.41	1.60	1.58	1.31	1.93
瑞士	2.43	2.30	2.28	1.71	1.88	1.97	1.47	1.09	1.03	0.54	1.55
日本	1.14	1.41	1.51	1.14	1.30	1.51	1.51	1.67	1.74	1.59	1.47
沙特	0.37	0.46	0.92	0.99	1.15	1.51	1.37	1.46	1.72	3.05	1.42
瑞典	0.63	1.13	1.14	0.80	1.30	1.20	1.43	1.21	1.26	0.69	1.10

续表

国家和地区	2011年	2012年	2013年	2014年	2015年	2016年	2017年	2018年	2019年	2020年	合计
荷兰	2.32	2.16	1.14	1.22	1.06	1.25	1.05	0.88	0.66	0.44	1.10
伊朗	0.63	0.85	0.92	1.04	0.66	0.94	0.97	0.74	1.15	1.25	0.94
中国台湾	1.29	0.74	1.23	0.80	0.95	0.81	0.65	0.60	1.03	1.31	0.93
芬兰	0.66	0.85	1.05	0.75	1.33	0.79	0.79	0.80	0.69	0.46	0.81
土耳其	1.47	0.74	0.99	0.70	0.73	0.61	0.52	0.66	0.81	1.07	0.80
马来西亚	0.37	0.64	0.46	0.67	0.55	0.64	0.97	0.91	0.89	0.65	0.71
巴基斯坦	0.18	0.07	0.22	0.47	0.31	0.31	0.67	0.97	0.96	2.00	0.70
比利时	1.25	1.31	0.89	0.80	0.68	0.48	0.46	0.47	0.28	0.38	0.63
奥地利	1.36	0.67	0.49	0.49	0.73	0.88	0.65	0.37	0.50	0.34	0.61
巴西	0.40	0.39	0.80	0.52	0.55	0.68	0.56	0.60	0.89	0.48	0.61
希腊	0.81	0.99	0.83	0.96	1.04	0.55	0.38	0.25	0.18	0.52	0.60
葡萄牙	0.48	0.92	0.55	0.78	0.60	0.55	0.28	0.66	0.74	0.42	0.59
以色列	1.14	0.88	0.86	0.96	0.57	0.53	0.48	0.41	0.23	0.12	0.55
丹麦	0.99	0.42	0.74	0.54	0.82	0.72	0.42	0.62	0.21	0.26	0.55
挪威	0.81	0.42	0.62	0.49	0.31	0.31	0.34	0.47	0.78	0.91	0.54
中国澳门	0.18	0.00	0.09	0.41	0.55	0.57	0.40	0.56	0.74	0.99	0.51
埃及	0.29	0.04	0.22	0.16	0.24	0.15	0.30	0.47	0.76	1.23	0.43
卡塔尔	0.11	0.11	0.09	0.44	0.55	0.46	0.52	0.27	0.48	0.54	0.39
阿联酋	0.15	0.25	0.12	0.21	0.46	0.18	0.22	0.35	0.51	0.97	0.37
俄罗斯	0.15	0.14	0.25	0.16	0.42	0.37	0.32	0.43	0.53	0.56	0.36
新西兰	0.37	0.35	0.40	0.31	0.22	0.37	0.16	0.41	0.41	0.58	0.36
波兰	0.33	0.28	0.34	0.49	0.40	0.39	0.20	0.19	0.41	0.38	0.34
爱尔兰	0.55	0.32	0.49	0.23	0.53	0.33	0.26	0.37	0.18	0.12	0.32

三 C层人才

中国大陆的信息科学C层人才最多，占该学科组全球C层人才的19.51%，美国以18.72%的世界占比排名第二，二者的C层人才合计超过全球的1/3；其后是英国，世界占比为5.56%；德国、加拿大、印度、澳大利亚、意大利、法国、西班牙、韩国、中国香港、新加坡的C层人才也比较多，世界占比在4%~2%；日本、伊朗、中国台湾、瑞士、荷兰、沙特、瑞典也有相当数量的C层人才，世界占比超过1%；土耳其、巴西、巴基斯坦、马来西亚、比利时、芬兰、希腊、奥地利、葡萄牙、丹麦、波兰、以色列、挪威、埃及、爱尔兰、俄罗斯、越南、墨西哥、卡塔尔、阿联酋也有一定数量的C层人才,世界占比低于1%。

在发展趋势上,美国、德国、法国呈现相对下降趋势,中国大陆、印度呈现相对上升趋势,其他国家和地区没有呈现明显变化。

表7-39 信息科学C层人才排名前40的国家和地区的占比

单位:%

国家和地区	2011年	2012年	2013年	2014年	2015年	2016年	2017年	2018年	2019年	2020年	合计
中国大陆	11.03	12.27	14.10	15.19	15.99	18.60	21.45	24.10	26.24	25.46	19.51
美国	24.11	23.11	21.60	21.33	20.15	19.33	19.05	17.10	15.66	11.84	18.72
英国	5.87	5.71	5.65	5.55	5.44	5.79	5.59	5.63	5.36	5.28	5.56
德国	5.42	4.80	4.53	4.52	4.58	4.13	3.80	3.26	2.83	2.13	3.83
加拿大	4.45	4.37	4.07	3.80	3.92	3.80	3.38	3.41	3.16	3.13	3.66
印度	2.01	2.41	2.28	2.55	3.43	3.27	3.33	3.94	4.05	5.59	3.46
澳大利亚	2.77	2.83	3.11	3.18	3.35	3.25	3.56	3.88	3.57	3.82	3.40
意大利	3.72	3.72	3.87	3.55	3.74	3.40	3.15	2.71	2.46	2.61	3.20
法国	4.42	3.95	3.97	3.73	3.49	3.07	2.61	2.43	2.00	1.72	2.97
西班牙	3.31	3.40	3.39	2.89	2.73	2.33	2.23	2.00	1.94	1.96	2.50
韩国	2.05	2.49	2.16	2.02	2.17	2.14	2.24	2.39	2.53	2.72	2.31
中国香港	2.33	2.28	2.23	2.35	2.14	2.21	2.26	2.17	2.31	1.94	2.22
新加坡	1.81	2.01	2.09	2.21	2.14	2.25	2.02	1.99	1.76	1.70	2.00
日本	1.91	1.79	1.73	1.73	1.82	1.66	1.70	1.41	1.37	1.37	1.62
伊朗	1.30	1.44	1.46	1.27	1.33	1.34	1.56	1.60	1.71	2.30	1.56
中国台湾	2.89	2.45	2.15	1.88	1.55	1.27	1.08	1.07	1.01	1.27	1.53
瑞士	1.74	1.77	1.81	1.81	1.50	1.48	1.46	1.37	1.18	0.86	1.45
荷兰	1.94	1.95	1.83	1.60	1.48	1.40	1.22	1.16	1.07	0.92	1.39
沙特	0.35	0.51	0.76	0.88	1.05	1.21	1.24	1.33	1.48	2.57	1.23
瑞典	1.01	1.01	1.11	1.12	1.11	1.25	1.14	0.87	0.88	0.82	1.02
土耳其	1.34	1.03	0.92	0.84	0.84	0.91	0.82	0.74	0.89	1.18	0.93
巴西	0.86	0.89	0.90	0.96	0.97	0.98	0.89	0.93	0.90	0.93	0.92
巴基斯坦	0.12	0.26	0.35	0.42	0.44	0.60	0.77	0.97	1.50	1.90	0.82
马来西亚	0.46	0.63	0.56	0.76	0.88	0.75	0.85	0.79	0.94	1.16	0.81
比利时	1.16	1.20	0.94	1.01	0.94	0.75	0.70	0.62	0.62	0.46	0.79
芬兰	0.69	0.60	0.94	1.01	0.91	0.85	0.74	0.65	0.67	0.67	0.77
希腊	1.16	1.09	1.01	0.77	0.81	0.72	0.69	0.59	0.54	0.59	0.75

续表

国家和地区	2011年	2012年	2013年	2014年	2015年	2016年	2017年	2018年	2019年	2020年	合计
奥地利	0.84	0.91	0.89	1.00	0.87	0.82	0.72	0.70	0.55	0.44	0.75
葡萄牙	0.77	0.77	0.73	0.81	0.67	0.75	0.54	0.59	0.68	0.51	0.67
丹麦	0.78	0.71	0.80	0.67	0.73	0.62	0.61	0.67	0.57	0.58	0.66
波兰	0.58	0.76	0.75	0.83	0.85	0.78	0.46	0.54	0.45	0.57	0.64
以色列	0.89	0.86	0.76	0.83	0.73	0.72	0.60	0.45	0.33	0.27	0.61
挪威	0.52	0.51	0.55	0.52	0.47	0.57	0.45	0.39	0.45	0.55	0.49
埃及	0.22	0.26	0.27	0.33	0.35	0.38	0.34	0.53	0.74	1.04	0.48
爱尔兰	0.46	0.49	0.47	0.34	0.44	0.37	0.42	0.45	0.37	0.31	0.41
俄罗斯	0.17	0.33	0.26	0.33	0.44	0.39	0.33	0.43	0.37	0.38	0.36
越南	0.06	0.09	0.13	0.18	0.17	0.19	0.27	0.44	0.52	1.09	0.35
墨西哥	0.36	0.35	0.39	0.34	0.34	0.37	0.33	0.28	0.33	0.42	0.35
卡塔尔	0.06	0.10	0.25	0.28	0.40	0.39	0.36	0.31	0.44	0.47	0.33
阿联酋	0.13	0.15	0.19	0.29	0.30	0.33	0.23	0.30	0.54	0.60	0.33

第八章 管理科学

管理科学是研究人类管理活动规律及其应用的综合性交叉科学。管理科学的基础是数学、经济学和行为科学。

第一节 学科

管理科学学科组包括以下学科：运筹学和管理科学、管理学、商学、经济学、金融学、人口统计学、农业经济和政策、公共行政、卫生保健科学和服务、医学伦理学、区域和城市规划、信息学和图书馆学，共计12个。

一 运筹学和管理科学

运筹学和管理科学A、B、C层人才最多的国家是美国，分别占该学科全球A、B、C层人才的21.83%、18.24%、17.27%。

中国大陆、德国、法国、加拿大、英国、澳大利亚、巴西、荷兰、比利时、中国香港的A层人才比较多，世界占比在9%~3%之间；印度、丹麦、伊朗、挪威、土耳其、马来西亚、西班牙、沙特、瑞典也有相当数量的A层人才，世界占比超过1%。

中国大陆B层人才的世界占比为15.10%，排名第二；英国、法国、加拿大、印度、德国、中国香港的B层人才比较多，世界占比在9%~3%之间；伊朗、意大利、澳大利亚、荷兰、西班牙、丹麦、比利时、土耳其、新加坡、中国台湾、葡萄牙、瑞士也有相当数量的B层人才，世界占比超过1%。

中国大陆C层人才的世界占比为15.96%，略少于美国，排名第二；英国、加拿大、法国、中国香港、印度、意大利的C层人才比较多，世界占比在 8%～3% 之间；德国、西班牙、澳大利亚、伊朗、中国台湾、荷兰、土耳其、韩国、新加坡、巴西、比利时、葡萄牙也有相当数量的 C 层人才，世界占比超过 1%。

表 8-1 运筹学和管理科学 A 层人才排名前 20 的国家和地区的占比

单位：%

国家和地区	2011 年	2012 年	2013 年	2014 年	2015 年	2016 年	2017 年	2018 年	2019 年	2020 年	合计
美国	35.29	18.75	26.67	29.41	19.05	15.00	25.00	25.00	20.00	11.54	21.83
中国大陆	11.76	0.00	0.00	5.88	4.76	5.00	20.00	20.00	8.00	3.85	8.12
德国	0.00	0.00	6.67	11.76	4.76	5.00	0.00	5.00	12.00	23.08	7.61
法国	0.00	0.00	13.33	5.88	4.76	0.00	0.00	15.00	12.00	15.38	7.11
加拿大	5.88	18.75	13.33	0.00	4.76	0.00	5.00	10.00	8.00	3.85	6.60
英国	17.65	0.00	13.33	5.88	0.00	10.00	0.00	0.00	4.00	3.85	5.58
澳大利亚	0.00	6.25	0.00	0.00	19.05	5.00	0.00	5.00	8.00	3.85	5.08
巴西	0.00	0.00	6.67	0.00	0.00	5.00	5.00	10.00	4.00	3.85	3.55
荷兰	5.88	0.00	0.00	5.88	4.76	10.00	5.00	5.00	0.00	0.00	3.55
比利时	5.88	0.00	6.67	5.88	4.76	0.00	5.00	0.00	4.00	0.00	3.05
中国香港	11.76	6.25	6.67	0.00	0.00	10.00	0.00	0.00	0.00	0.00	3.05
印度	0.00	0.00	0.00	0.00	0.00	0.00	0.00	0.00	0.00	15.38	2.03
丹麦	0.00	6.25	0.00	5.88	4.76	0.00	0.00	0.00	0.00	3.85	2.03
伊朗	0.00	6.25	0.00	0.00	4.76	0.00	0.00	0.00	0.00	7.69	2.03
挪威	0.00	6.25	0.00	0.00	4.76	5.00	0.00	0.00	0.00	0.00	1.52
土耳其	5.88	6.25	0.00	0.00	4.76	0.00	0.00	0.00	0.00	0.00	1.52
马来西亚	0.00	0.00	0.00	0.00	4.76	0.00	0.00	0.00	0.00	0.00	1.02
西班牙	0.00	0.00	0.00	5.88	0.00	0.00	5.00	0.00	0.00	0.00	1.02
沙特	0.00	0.00	0.00	0.00	0.00	0.00	10.00	0.00	0.00	0.00	1.02
瑞典	0.00	6.25	0.00	0.00	4.76	0.00	0.00	0.00	0.00	0.00	1.02

表 8-2 运筹学和管理科学 B 层人才排名前 20 的国家和地区的占比

单位：%

国家和地区	2011 年	2012 年	2013 年	2014 年	2015 年	2016 年	2017 年	2018 年	2019 年	2020 年	合计
美国	23.46	19.21	25.83	22.01	20.00	22.06	12.90	17.46	14.29	10.34	18.24
中国大陆	12.35	13.25	12.58	9.43	13.16	13.24	15.05	19.05	20.98	18.10	15.10
英国	6.79	7.28	7.28	7.55	5.79	8.82	12.37	8.99	7.59	8.62	8.17
法国	1.85	3.31	5.30	4.40	5.26	6.86	4.30	1.59	4.91	4.74	4.33
加拿大	3.70	6.62	5.96	4.40	2.63	3.43	5.38	2.65	4.02	3.02	4.06
印度	0.00	2.65	1.32	5.03	5.79	2.45	3.23	3.17	5.36	5.60	3.63
德国	3.70	3.97	3.97	4.40	6.32	1.96	2.15	2.65	4.46	2.59	3.57

续表

国家和地区	2011年	2012年	2013年	2014年	2015年	2016年	2017年	2018年	2019年	2020年	合计
中国香港	6.79	4.64	4.64	2.52	2.11	3.92	1.61	3.70	4.02	2.16	3.52
伊朗	1.23	0.00	2.65	4.40	3.16	1.47	3.76	3.17	3.57	4.31	2.87
意大利	4.32	2.65	1.32	2.52	2.11	1.47	2.69	3.70	3.13	3.45	2.76
澳大利亚	1.85	1.99	0.66	2.52	2.63	2.94	2.15	3.70	2.23	3.88	2.54
荷兰	0.62	3.31	2.65	3.14	2.63	1.47	3.23	2.12	2.23	1.29	2.22
西班牙	2.47	1.99	0.66	1.89	3.16	1.96	3.23	1.59	2.68	1.72	2.16
丹麦	2.47	1.99	0.00	3.77	0.53	1.47	2.69	2.65	1.34	0.86	1.73
比利时	4.32	3.97	3.97	1.89	1.58	1.96	0.54	0.53	0.45	0.00	1.73
土耳其	5.56	2.65	0.66	0.63	2.11	3.43	0.54	1.06	0.89	0.00	1.68
新加坡	0.00	2.65	1.99	3.14	2.11	0.49	0.00	0.00	1.79	3.45	1.57
中国台湾	4.32	2.65	2.65	1.26	1.05	1.47	0.00	1.59	0.45	0.86	1.52
葡萄牙	1.23	2.65	0.66	1.26	1.58	0.00	1.08	2.12	0.45	0.86	1.14
瑞士	0.62	0.66	1.99	1.89	2.63	1.47	1.08	0.00	0.00	1.29	1.14

表8-3 运筹学和管理科学C层人才排名前20的国家和地区的占比

单位：%

国家和地区	2011年	2012年	2013年	2014年	2015年	2016年	2017年	2018年	2019年	2020年	合计
美国	20.06	19.07	20.73	20.28	16.87	16.98	17.66	16.06	15.41	12.66	17.27
中国大陆	12.80	12.24	11.33	13.35	14.69	15.91	16.59	17.36	19.25	21.95	15.96
英国	5.92	6.22	6.67	6.17	6.84	7.57	8.40	7.71	7.50	7.16	7.09
加拿大	4.71	4.24	4.40	4.90	4.14	4.27	3.75	4.15	3.57	3.28	4.09
法国	3.44	3.55	4.67	3.37	3.66	4.42	3.85	3.61	4.11	3.23	3.79
中国香港	4.08	4.78	3.67	3.37	3.40	3.41	3.05	3.34	3.03	3.33	3.49
印度	3.31	2.87	2.00	3.94	3.29	3.05	2.94	3.50	4.16	4.94	3.47
意大利	2.23	3.21	3.07	3.43	3.93	3.66	3.32	3.34	3.16	2.82	3.23
德国	2.55	3.83	3.80	3.12	3.18	3.00	3.10	2.75	2.89	2.13	2.99
西班牙	3.18	4.44	3.87	3.37	2.92	3.30	2.41	2.32	1.99	2.40	2.93
澳大利亚	2.04	2.12	3.53	2.54	3.08	2.64	2.73	3.45	3.25	3.00	2.87
伊朗	3.18	2.53	2.40	2.48	2.55	1.83	2.46	3.07	3.12	3.84	2.77
中国台湾	5.99	4.72	3.00	2.73	1.70	1.12	1.34	1.35	1.63	1.29	2.32
荷兰	2.17	1.91	2.87	2.42	2.55	2.64	2.25	2.21	1.90	1.89	2.26
土耳其	3.82	3.01	2.13	1.72	2.60	1.88	1.44	1.29	1.67	1.94	2.10
韩国	1.97	1.64	1.53	1.59	2.07	1.68	1.87	1.83	1.76	1.43	1.74
新加坡	2.10	1.78	0.93	1.65	2.02	2.24	1.23	1.56	1.63	1.66	1.69
巴西	1.08	1.71	1.73	1.34	1.75	2.14	1.71	1.62	1.49	1.20	1.58
比利时	1.91	1.03	1.80	1.27	1.43	1.22	1.23	0.86	1.54	0.88	1.30
葡萄牙	1.27	1.50	1.40	0.70	1.22	1.02	1.39	1.24	0.81	0.65	1.10

二 管理学

管理学A、B、C层人才最多的国家是美国,分别占该学科全球A、B、C层人才的31.55%、27.82%、23.85%;明显高于其他国家和地区。

英国的A层人才世界占比为13.39%,排名第二;德国、荷兰、澳大利亚、中国大陆、加拿大、法国的A层人才比较多,世界占比在8%~3%之间;丹麦、西班牙、意大利、挪威、瑞士、芬兰、以色列、巴西、奥地利、中国香港、波兰、葡萄牙也有相当数量的A层人才,世界占比超过或接近1%。

英国的B层人才世界占比为12.18%,排名第二;中国大陆、加拿大、澳大利亚、荷兰、德国、西班牙的B层人才比较多,世界占比在6%~3%之间;法国、意大利、中国香港、芬兰、瑞典、新加坡、比利时、瑞士、丹麦、挪威、中国台湾、韩国也有相当数量的B层人才,世界占比超过1%。

英国的C层人才世界占比为11.32%,排名第二;中国大陆、澳大利亚、德国、加拿大、荷兰、意大利、西班牙的C层人才比较多,世界占比在7%~3%之间;法国、中国香港、瑞典、瑞士、芬兰、丹麦、印度、中国台湾、韩国、比利时、新加坡也有相当数量的C层人才,世界占比超过1%。

表8-4 管理学A层人才排名前20的国家和地区的占比

单位:%

国家和地区	2011年	2012年	2013年	2014年	2015年	2016年	2017年	2018年	2019年	2020年	合计
美国	63.33	46.15	32.14	34.38	37.50	25.00	23.68	27.78	21.05	17.50	31.55
英国	3.33	7.69	14.29	18.75	6.25	19.44	10.53	19.44	18.42	12.50	13.39
德国	0.00	11.54	14.29	6.25	6.25	13.89	2.63	8.33	5.26	5.00	7.14
荷兰	3.33	11.54	3.57	6.25	9.38	8.33	2.63	5.56	5.26	2.50	5.65
澳大利亚	3.33	3.85	7.14	3.13	6.25	5.56	2.63	5.56	2.63	7.50	4.76
中国大陆	3.33	0.00	0.00	0.00	0.00	0.00	7.89	5.56	10.53	7.50	3.87
加拿大	3.33	3.85	3.57	3.13	3.13	2.78	5.26	2.78	7.89	0.00	3.57
法国	3.33	0.00	3.57	3.13	3.13	0.00	2.63	2.78	7.89	5.00	3.27
丹麦	0.00	0.00	0.00	6.25	6.25	2.78	2.63	0.00	5.26	2.50	2.68
西班牙	6.67	0.00	3.57	3.13	3.13	0.00	5.26	0.00	2.63	5.00	2.68
意大利	0.00	0.00	3.57	0.00	0.00	2.78	5.26	2.78	2.63	5.00	2.38
挪威	0.00	0.00	0.00	0.00	3.13	2.78	7.89	0.00	2.63	2.50	2.08

续表

国家和地区	2011年	2012年	2013年	2014年	2015年	2016年	2017年	2018年	2019年	2020年	合计
瑞士	3.33	3.85	0.00	0.00	0.00	2.78	5.26	2.78	0.00	0.00	1.79
芬兰	0.00	0.00	0.00	0.00	0.00	2.78	0.00	0.00	2.63	5.00	1.19
以色列	3.33	0.00	0.00	3.13	0.00	2.78	0.00	2.78	0.00	0.00	1.19
巴西	0.00	3.85	3.57	0.00	0.00	0.00	0.00	0.00	2.63	2.50	1.19
奥地利	0.00	0.00	0.00	3.13	0.00	0.00	5.26	0.00	0.00	0.00	0.89
中国香港	3.33	3.85	0.00	3.13	0.00	0.00	0.00	0.00	0.00	0.00	0.89
波兰	0.00	0.00	0.00	3.13	0.00	0.00	2.63	0.00	2.63	0.00	0.89
葡萄牙	0.00	0.00	0.00	3.13	3.13	0.00	0.00	0.00	0.00	2.50	0.89

表8-5 管理学B层人才排名前20的国家和地区的占比

单位：%

国家和地区	2011年	2012年	2013年	2014年	2015年	2016年	2017年	2018年	2019年	2020年	合计
美国	44.77	38.49	35.04	31.49	28.23	30.38	23.21	22.39	18.23	15.90	27.82
英国	10.47	10.04	12.20	13.15	12.93	12.03	12.61	13.19	11.53	13.01	12.18
中国大陆	2.17	3.35	2.76	4.15	5.10	4.43	6.30	8.59	10.19	8.38	5.84
加拿大	7.22	7.95	7.09	5.54	7.14	3.48	4.87	5.21	3.49	3.18	5.32
澳大利亚	3.61	3.77	4.72	3.11	4.42	5.70	4.58	4.60	2.95	6.94	4.47
荷兰	5.42	7.11	3.94	4.15	4.42	2.22	6.02	4.60	3.75	2.02	4.28
德国	2.17	1.67	3.94	3.81	5.10	4.11	4.01	4.91	5.90	4.62	4.15
西班牙	1.81	2.93	4.33	3.81	3.06	3.16	3.44	3.37	4.02	2.02	3.20
法国	2.17	1.67	2.76	3.81	2.72	3.48	2.01	2.76	5.63	2.02	2.97
意大利	1.44	2.93	1.18	1.38	1.36	3.80	3.44	3.68	3.75	3.76	2.78
中国香港	2.17	4.18	2.36	2.77	3.06	2.85	2.87	2.45	1.61	1.45	2.51
芬兰	2.17	2.09	1.57	1.73	2.38	2.22	2.87	1.84	0.27	2.02	1.89
瑞典	1.44	2.09	1.97	0.69	0.34	1.58	2.87	1.23	0.80	2.89	1.60
新加坡	0.72	0.42	1.18	2.42	2.38	2.53	0.00	1.23	2.14	2.60	1.60
比利时	1.81	0.42	1.97	1.38	2.38	1.58	2.58	1.53	1.61	0.29	1.57
瑞士	1.08	3.77	0.39	1.38	2.72	1.27	2.29	0.92	1.34	0.58	1.53
丹麦	1.44	0.84	1.18	1.73	1.36	1.90	1.72	1.53	1.34	2.02	1.53
挪威	1.44	1.67	1.18	1.38	1.02	0.32	1.43	1.84	1.07	0.58	1.18
中国台湾	0.36	0.84	1.97	1.73	0.68	1.90	1.15	1.23	0.80	0.29	1.08
韩国	1.08	0.42	0.00	0.00	2.72	1.27	1.15	0.92	0.80	1.45	1.01

表 8-6 管理学 C 层人才排名前 20 的国家和地区的占比

单位：%

国家和地区	2011年	2012年	2013年	2014年	2015年	2016年	2017年	2018年	2019年	2020年	合计
美国	31.36	30.14	26.71	26.34	24.75	22.68	23.62	22.06	17.96	17.37	23.85
英国	11.59	12.22	11.60	11.70	11.72	11.32	11.38	10.16	11.16	10.84	11.32
中国大陆	3.09	3.82	4.39	4.48	6.05	6.05	6.37	7.40	9.58	8.96	6.23
澳大利亚	4.54	4.53	4.51	4.87	4.46	4.97	5.09	4.71	4.79	4.87	4.75
德国	3.78	4.16	4.86	5.19	5.18	4.94	4.68	4.71	3.67	4.00	4.51
加拿大	5.31	4.83	5.82	4.41	4.11	4.35	3.48	4.16	3.44	2.63	4.17
荷兰	4.72	4.41	4.55	4.51	4.08	4.38	3.45	4.07	3.38	2.75	3.98
意大利	2.40	2.90	2.87	2.81	3.63	3.83	3.28	3.98	4.76	4.78	3.60
西班牙	3.09	3.65	2.99	3.80	3.98	3.86	3.25	3.21	3.56	3.51	3.49
法国	2.29	2.60	2.99	2.92	2.97	2.96	2.86	3.12	3.10	3.51	2.95
中国香港	3.20	2.27	3.51	2.56	3.08	2.72	2.62	1.93	2.12	1.15	2.47
瑞典	1.67	1.55	1.91	1.78	1.59	2.07	1.64	1.44	1.38	1.82	1.68
瑞士	1.42	2.14	2.11	2.10	1.83	1.82	1.76	1.56	1.23	1.03	1.67
芬兰	1.31	1.64	1.67	2.17	1.45	1.94	1.67	1.65	1.46	1.66	1.66
丹麦	1.67	1.97	1.32	2.03	1.76	1.79	1.28	1.25	1.55	1.94	1.65
印度	0.84	0.67	0.88	1.10	1.21	1.33	1.82	2.51	2.09	2.81	1.60
中国台湾	2.07	1.72	2.15	1.53	1.76	0.86	1.40	1.16	1.43	1.42	1.52
韩国	1.53	1.81	1.24	0.96	1.24	1.36	1.70	1.56	1.58	1.27	1.43
比利时	1.53	1.30	1.83	2.06	1.45	1.36	1.04	1.16	1.00	0.91	1.34
新加坡	1.49	1.39	1.48	1.24	1.69	1.23	1.52	1.13	0.95	0.97	1.29

三 商学

商学 A、B、C 层人才最多的国家是美国，分别占该学科全球 A、B、C 层人才的 36.29%、28.05%、24.60%，均明显高于其他国家和地区。

德国的 A 层人才世界占比为 9.27%，排名第二；英国、澳大利亚、荷兰、挪威、新西兰、法国、加拿大的 A 层人才比较多，世界占比在 8%～3% 之间；意大利、印度、西班牙、马来西亚、瑞士、中国大陆、葡萄牙、韩国、奥地利、巴西、塞浦路斯也有相当数量的 A 层人才，世界占比超过或接近 1%。

英国的 B 层人才世界占比为 11.95%，排名第二；德国、加拿大、法国、澳大利亚、中国大陆、荷兰、西班牙、意大利的 B 层人才比较多，世界占比在5%~3%之间；芬兰、瑞典、印度、比利时、瑞士、中国香港、挪威、丹麦、新加坡、中国台湾也有相当数量的B层人才，世界占比超过1%。

英国的C层人才占比为11.07%，排名第二；中国大陆、德国、澳大利亚、加拿大、荷兰、西班牙、意大利、法国的C层人才比较多，世界占比在6%~3%之间；瑞典、芬兰、瑞士、中国香港、印度、韩国、丹麦、中国台湾、比利时、新西兰也有相当数量的C层人才，世界占比超过1%。

表8-7 商学A层人才排名前20的国家和地区的占比

单位：%

国家和地区	2011年	2012年	2013年	2014年	2015年	2016年	2017年	2018年	2019年	2020年	合计
美国	42.86	61.11	42.11	34.78	26.92	42.86	45.16	37.93	15.63	28.13	36.29
德国	9.52	11.11	10.53	8.70	15.38	10.71	3.23	6.90	15.63	3.13	9.27
英国	0.00	0.00	10.53	13.04	7.69	7.14	16.13	10.34	3.13	3.13	7.34
澳大利亚	0.00	5.56	5.26	4.35	7.69	7.14	6.45	0.00	3.13	6.25	4.63
荷兰	0.00	5.56	5.26	0.00	7.69	10.71	0.00	6.90	0.00	3.13	3.86
挪威	0.00	0.00	0.00	0.00	0.00	0.00	3.23	3.45	9.38	12.50	3.47
新西兰	4.76	0.00	5.26	4.35	3.85	0.00	0.00	0.00	15.63	0.00	3.47
法国	4.76	0.00	0.00	13.04	0.00	0.00	3.23	3.45	6.25	3.13	3.47
加拿大	9.52	0.00	10.53	8.70	3.85	0.00	0.00	0.00	3.13	0.00	3.09
意大利	0.00	5.56	0.00	0.00	0.00	0.00	3.23	10.34	3.13	3.13	2.70
印度	0.00	0.00	0.00	0.00	0.00	10.71	3.23	3.45	3.13	3.13	2.70
西班牙	14.29	5.56	0.00	0.00	0.00	0.00	0.00	0.00	0.00	6.25	2.32
马来西亚	0.00	0.00	0.00	3.85	0.00	0.00	0.00	0.00	12.50	0.00	1.93
瑞士	4.76	0.00	0.00	0.00	0.00	0.00	3.23	3.45	0.00	3.13	1.54
中国大陆	0.00	0.00	0.00	0.00	0.00	3.57	3.23	0.00	0.00	3.13	1.16
葡萄牙	0.00	0.00	0.00	0.00	7.69	3.57	0.00	0.00	0.00	0.00	1.16
韩国	0.00	5.56	5.26	0.00	3.85	0.00	0.00	0.00	0.00	0.00	1.16
奥地利	0.00	0.00	0.00	0.00	3.85	0.00	3.23	0.00	0.00	0.00	0.77
巴西	0.00	0.00	0.00	0.00	0.00	0.00	0.00	3.45	0.00	3.13	0.77
塞浦路斯	0.00	0.00	5.26	0.00	0.00	0.00	0.00	3.45	0.00	0.00	0.77

表8-8 商学B层人才排名前20的国家和地区的占比

单位：%

国家和地区	2011年	2012年	2013年	2014年	2015年	2016年	2017年	2018年	2019年	2020年	合计
美国	42.42	41.42	32.58	32.68	31.17	30.22	27.05	22.70	17.47	17.32	28.05
英国	10.10	8.28	14.61	12.20	10.82	12.69	14.23	12.06	12.33	11.11	11.95
德国	4.55	4.14	5.06	5.37	5.63	4.10	4.63	4.26	5.14	5.23	4.81

续表

国家和地区	2011年	2012年	2013年	2014年	2015年	2016年	2017年	2018年	2019年	2020年	合计
加拿大	6.57	7.69	6.74	5.85	6.06	1.87	4.27	5.67	2.74	2.29	4.65
法国	3.03	1.78	3.37	4.39	5.63	4.85	3.56	3.90	8.22	5.56	4.65
澳大利亚	3.54	2.37	3.93	5.85	3.46	6.72	3.20	4.96	3.08	6.21	4.44
中国大陆	1.01	4.73	1.12	2.93	3.90	3.73	3.20	6.38	6.85	5.56	4.19
荷兰	5.56	5.33	1.69	3.90	3.46	2.61	6.05	4.26	3.42	0.98	3.65
西班牙	3.03	4.14	2.81	4.88	2.60	4.10	3.56	3.90	3.77	2.29	3.49
意大利	1.52	2.37	2.25	0.49	2.16	4.10	2.14	4.61	3.77	5.23	3.07
芬兰	1.52	1.18	3.37	1.95	2.60	1.87	3.20	1.06	1.71	3.92	2.28
瑞典	1.52	0.59	2.81	1.95	2.16	2.24	3.56	1.42	2.05	2.94	2.20
印度	0.00	0.00	0.00	1.46	0.87	1.87	2.14	2.13	2.05	6.21	1.95
比利时	1.52	0.59	1.69	0.00	1.30	2.24	3.20	2.13	1.71	1.31	1.66
瑞士	2.02	2.37	2.25	0.98	3.46	1.87	1.07	0.71	1.37	0.65	1.58
中国香港	2.53	3.55	1.12	0.98	1.73	1.49	1.42	1.77	1.37	0.33	1.54
挪威	1.01	2.37	0.56	1.46	0.87	1.49	1.07	2.13	2.74	1.31	1.54
丹麦	1.01	1.18	1.12	0.00	1.30	1.49	2.14	1.06	1.71	2.61	1.45
新加坡	1.01	0.00	0.56	1.95	2.16	2.24	0.36	0.71	1.03	2.94	1.37
中国台湾	1.52	1.78	0.56	2.93	0.43	0.75	1.07	0.35	0.34	1.31	1.04

表8-9 商学C层人才排名前20的国家和地区的占比

单位：%

国家和地区	2011年	2012年	2013年	2014年	2015年	2016年	2017年	2018年	2019年	2020年	合计
美国	34.70	32.52	28.67	29.11	25.16	24.84	23.58	23.09	18.59	15.67	24.60
英国	9.93	10.96	12.10	10.92	11.25	12.00	10.55	10.56	10.29	12.00	11.07
中国大陆	1.89	2.98	2.90	3.44	4.45	5.07	5.13	7.05	7.38	6.93	5.04
德国	4.45	5.00	4.41	5.34	6.24	5.91	4.95	4.75	3.97	4.63	4.96
澳大利亚	4.81	4.23	4.85	5.00	4.93	4.92	4.88	4.75	5.53	4.40	4.84
加拿大	5.58	4.94	5.91	4.80	4.19	4.85	4.56	4.20	3.82	3.16	4.48
荷兰	4.20	4.17	4.07	4.46	3.41	3.05	3.51	3.38	2.78		3.65
西班牙	3.02	3.22	3.23	3.88	4.23	3.86	3.84	3.07	3.93	3.70	3.63
意大利	1.64	2.62	2.90	2.67	3.10	3.26	3.27	3.76	4.95	5.01	3.47
法国	2.46	2.62	3.35	3.44	2.97	3.29	3.63	3.84	3.89	3.80	3.40
瑞典	2.10	1.61	1.90	2.57	1.92	1.97	1.94	1.75	1.71	2.11	1.96
芬兰	1.18	1.73	1.84	2.18	2.05	1.89	1.87	1.72	1.75	2.01	1.83
瑞士	1.84	2.38	1.95	1.84	1.92	1.74	1.58	1.42	1.27	1.15	1.65
中国香港	1.64	2.03	2.68	1.55	1.70	1.44	1.94	1.46	1.49	1.09	1.65
印度	0.61	0.66	0.84	1.02	1.05	1.33	1.72	2.37	2.40	3.03	1.65

续表

国家和地区	2011年	2012年	2013年	2014年	2015年	2016年	2017年	2018年	2019年	2020年	合计
韩国	1.48	2.08	1.67	0.97	1.96	1.70	1.72	1.75	1.46	1.34	1.60
丹麦	1.54	1.43	2.12	1.80	1.53	1.21	1.36	1.13	1.38	1.66	1.49
中国台湾	2.51	2.03	1.73	1.41	2.09	1.29	1.04	1.13	0.80	0.99	1.42
比利时	1.43	1.43	1.39	1.21	1.13	1.21	1.26	1.10	0.95	1.18	1.21
新西兰	1.69	1.31	0.67	0.73	1.13	0.98	1.22	1.13	1.31	1.40	1.17

四 经济学

经济学A、B、C层人才最多的国家是美国，分别占该学科全球A、B、C层人才的32.60%、31.29%、26.37%。

英国的A层人才世界占比为13.00%，排名第二；荷兰、加拿大、德国、中国大陆、澳大利亚、法国的A层人才比较多，世界占比在7%~3%之间；西班牙、瑞典、意大利、丹麦、瑞士、奥地利、比利时、土耳其、中国香港、印度、新西兰、阿根廷也有相当数量的A层人才，世界占比超过或接近1%。

英国的B层人才世界占比为10.98%，排名第二；中国大陆、德国、荷兰、法国、澳大利亚、加拿大的B层人才比较多，世界占比在8%~3%之间；意大利、西班牙、瑞士、瑞典、新加坡、比利时、中国香港、丹麦、挪威、奥地利、日本、土耳其也有相当数量的B层人才，世界占比超过或接近1%。

英国的C层人才世界占比为11.01%，排名第二；中国大陆、德国、荷兰、澳大利亚、意大利、法国、加拿大的C层人才比较多，世界占比在7%~3%之间；西班牙、瑞士、瑞典、比利时、中国香港、丹麦、挪威、新加坡、奥地利、日本、印度也有相当数量的C层人才，世界占比超过或接近1%。

表8-10 经济学A层人才排名前20的国家和地区的占比

单位：%

国家和地区	2011年	2012年	2013年	2014年	2015年	2016年	2017年	2018年	2019年	2020年	合计
美国	42.50	46.67	32.65	34.62	42.31	39.29	27.42	25.81	21.54	23.81	32.60
英国	15.00	11.11	8.16	11.54	15.38	14.29	12.90	12.90	15.38	12.70	13.00
荷兰	10.00	8.89	6.12	5.77	7.69	7.14	6.45	3.23	6.15	1.59	6.04

续表

国家和地区	2011年	2012年	2013年	2014年	2015年	2016年	2017年	2018年	2019年	2020年	合计
加拿大	7.50	6.67	8.16	5.77	3.85	3.57	3.23	4.84	1.54	1.59	4.40
德国	5.00	6.67	6.12	3.85	0.00	3.57	3.23	4.84	7.69	3.17	4.40
中国大陆	0.00	0.00	2.04	1.92	1.92	1.79	1.61	4.84	7.69	11.11	3.66
澳大利亚	0.00	0.00	4.08	1.92	1.92	5.36	6.45	4.84	3.08	3.17	3.30
法国	2.50	2.22	0.00	1.92	1.92	1.79	3.23	6.45	6.15	3.17	3.11
西班牙	2.50	0.00	6.12	1.92	0.00	1.79	4.84	1.61	6.15	1.59	2.75
瑞典	2.50	2.22	2.04	1.92	3.85	3.57	3.23	1.61	1.54	0.00	2.20
意大利	0.00	4.44	0.00	0.00	1.92	1.79	3.23	1.61	1.54	4.76	2.01
丹麦	5.00	0.00	2.04	7.69	0.00	1.79	1.61	0.00	0.00	1.59	1.83
瑞士	2.50	0.00	0.00	1.92	1.92	0.00	3.23	3.23	1.54	3.17	1.83
奥地利	0.00	0.00	6.12	0.00	3.85	1.79	1.61	1.61	1.54	0.00	1.65
比利时	2.50	2.22	0.00	3.85	0.00	3.57	1.61	0.00	0.00	1.59	1.47
土耳其	0.00	2.22	2.04	1.92	3.85	0.00	1.61	0.00	1.54	0.00	1.28
中国香港	2.50	2.22	0.00	0.00	0.00	0.00	0.00	3.23	3.08	1.59	1.28
印度	0.00	0.00	0.00	0.00	0.00	0.00	3.23	3.23	1.54	1.59	1.10
新西兰	0.00	0.00	4.08	0.00	0.00	1.79	1.61	0.00	0.00	0.00	0.73
阿根廷	0.00	0.00	4.08	1.92	1.92	0.00	0.00	0.00	0.00	0.00	0.73

表8-11 经济学B层人才排名前20的国家和地区的占比

单位：%

国家和地区	2011年	2012年	2013年	2014年	2015年	2016年	2017年	2018年	2019年	2020年	合计
美国	44.44	40.76	36.51	37.08	36.47	30.78	29.34	24.23	23.88	18.20	31.29
英国	11.85	12.32	9.75	10.17	11.62	11.96	9.48	12.02	11.07	9.89	10.98
中国大陆	2.47	1.90	2.72	4.24	4.61	6.47	8.77	11.29	14.19	15.37	7.72
德国	5.43	6.40	5.22	4.87	5.81	4.12	4.11	5.65	6.06	5.48	5.30
荷兰	4.20	4.74	4.76	4.45	3.61	4.31	3.40	3.64	2.60	2.83	3.78
法国	2.47	3.79	2.72	3.60	4.21	4.90	3.94	3.46	4.33	2.83	3.66
澳大利亚	1.23	2.37	2.95	4.24	3.41	3.73	3.22	3.46	3.29	5.65	3.44
加拿大	2.22	5.21	3.40	2.54	2.40	3.33	5.19	2.73	2.77	4.42	3.44
意大利	1.48	2.37	2.95	3.18	2.81	3.73	2.33	2.00	2.60	3.00	2.66
西班牙	2.22	2.61	4.54	2.33	1.60	2.35	2.33	2.91	2.08	2.65	2.54
瑞士	2.72	2.61	2.04	1.48	2.40	1.96	2.68	1.28	2.77	2.12	2.20
瑞典	2.47	0.71	2.04	1.91	2.20	1.37	1.43	2.37	2.25	1.06	1.78
新加坡	0.74	1.42	2.49	0.42	2.20	1.37	2.50	2.73	1.21	1.06	1.64
比利时	1.48	1.90	1.59	1.69	2.00	1.37	1.43	1.28	1.21	0.88	1.46

续表

国家和地区	2011年	2012年	2013年	2014年	2015年	2016年	2017年	2018年	2019年	2020年	合计
中国香港	1.73	0.71	1.36	0.85	1.20	1.37	1.79	1.28	1.38	2.12	1.40
丹麦	1.23	0.71	1.13	1.91	0.60	0.98	1.07	1.82	1.04	0.88	1.14
挪威	0.99	0.47	0.91	1.06	1.00	0.39	1.97	1.09	1.38	0.35	0.98
奥地利	0.74	0.95	0.68	2.33	0.60	0.98	0.54	1.09	0.87	0.18	0.88
日本	0.49	0.24	0.68	0.64	0.60	0.78	0.89	0.73	0.35	1.77	0.74
土耳其	0.49	0.24	0.68	0.42	0.40	0.39	0.72	0.73	1.21	1.24	0.68

表8–12 经济学C层人才排名前20的国家和地区的占比

单位：%

国家和地区	2011年	2012年	2013年	2014年	2015年	2016年	2017年	2018年	2019年	2020年	合计
美国	34.02	31.29	29.90	28.90	27.90	26.11	25.59	23.66	21.13	19.04	26.37
英国	10.89	12.31	11.53	11.30	11.43	11.47	11.05	10.71	9.70	10.14	11.01
中国大陆	3.39	4.35	4.68	4.62	4.95	6.26	7.22	8.16	10.09	11.50	6.71
德国	6.57	6.75	6.83	6.62	6.80	7.01	6.13	5.76	5.90	5.57	6.37
荷兰	4.29	4.76	4.61	4.23	3.13	3.83	3.61	3.21	3.49	3.19	3.79
澳大利亚	3.69	3.26	3.77	3.34	3.59	3.29	3.79	4.07	3.85	4.26	3.71
意大利	3.24	3.22	3.56	3.38	3.90	3.47	3.72	3.58	3.79	3.57	3.56
法国	3.76	2.83	3.88	3.32	3.90	3.49	3.68	3.63	3.31	3.13	3.50
加拿大	3.41	3.65	3.36	3.65	3.43	3.31	3.25	3.21	2.74	3.01	3.28
西班牙	2.56	2.66	2.79	3.47	2.68	2.87	2.19	2.70	2.63	2.34	2.68
瑞士	2.11	2.15	2.20	1.80	2.28	1.88	2.23	1.96	2.15	1.90	2.06
瑞典	1.88	2.20	1.88	2.28	2.14	2.25	2.41	1.99	1.68	1.59	2.03
比利时	1.61	1.28	1.66	1.50	1.74	1.41	1.32	1.59	1.32	1.00	1.44
中国香港	1.25	1.40	1.02	1.19	1.07	1.41	1.16	1.43	1.41	1.71	1.31
丹麦	1.15	1.19	1.36	1.63	1.43	1.59	1.34	1.34	0.88	0.98	1.29
挪威	1.48	1.09	1.20	1.26	1.19	1.01	1.49	1.06	0.95	1.13	1.18
新加坡	0.73	1.02	0.95	0.76	1.13	1.18	0.93	1.39	1.02	1.17	1.04
奥地利	1.00	1.26	1.32	0.89	0.79	1.08	0.98	0.72	1.11	1.02	1.02
日本	0.85	1.43	1.29	0.93	0.93	0.91	0.96	0.70	1.02	1.15	1.01
印度	0.43	0.51	0.79	0.67	0.87	0.83	0.67	1.27	1.27	1.23	0.88

五 金融学

金融学A、B、C层人才最多的国家是美国，分别占该学科全球A、B、

C层人才的35.17%、34.41%、29.81%。

英国、中国大陆、法国、加拿大、中国香港、爱尔兰、荷兰的A层人才比较多,世界占比在9%~3%之间;意大利、黎巴嫩、新西兰、韩国、瑞士、澳大利亚、比利时、捷克也有相当数量的A层人才,世界占比超过1%。

英国、中国大陆、澳大利亚、加拿大、德国、法国、中国香港的B层人才比较多,世界占比在10%~3%之间;荷兰、意大利、西班牙、瑞士、新加坡、比利时、南非、新西兰、韩国、瑞典、土耳其、阿联酋也有相当数量的B层人才,世界占比超过或接近1%。

英国、澳大利亚、中国大陆、德国、加拿大、法国的C层人才比较多,世界占比在11%~3%之间;荷兰、意大利、中国香港、瑞士、西班牙、新加坡、新西兰、韩国、马来西亚、比利时、瑞典、中国台湾、芬兰也有相当数量的C层人才,世界占比超过或接近1%。

表8-13 金融学A层人才的国家和地区的占比

单位:%

国家和地区	2011年	2012年	2013年	2014年	2015年	2016年	2017年	2018年	2019年	2020年	合计
美国	63.64	63.64	50.00	46.67	37.50	53.85	31.25	11.76	12.50	11.11	35.17
英国	0.00	0.00	0.00	13.33	6.25	7.69	12.50	17.65	12.50	11.11	8.97
中国大陆	0.00	0.00	8.33	6.67	12.50	0.00	0.00	5.88	6.25	16.67	6.21
法国	0.00	0.00	0.00	0.00	6.25	7.69	12.50	0.00	18.75	0.00	4.83
加拿大	9.09	0.00	0.00	6.67	6.25	0.00	0.00	11.76	12.50	0.00	4.83
中国香港	9.09	18.18	0.00	6.67	0.00	0.00	0.00	5.88	0.00	5.56	4.14
爱尔兰	0.00	0.00	0.00	0.00	0.00	15.38	0.00	5.88	12.50	5.56	4.14
荷兰	9.09	0.00	25.00	0.00	0.00	0.00	7.69	0.00	0.00	0.00	3.45
意大利	0.00	9.09	0.00	0.00	12.50	0.00	0.00	0.00	6.25	0.00	2.76
黎巴嫩	0.00	0.00	0.00	0.00	0.00	0.00	12.50	0.00	12.50	0.00	2.76
新西兰	0.00	0.00	0.00	0.00	6.67	0.00	0.00	0.00	0.00	11.11	2.07
韩国	9.09	9.09	0.00	0.00	0.00	0.00	0.00	5.88	0.00	0.00	2.07
瑞士	0.00	0.00	0.00	0.00	0.00	6.25	0.00	5.88	0.00	5.56	2.07
澳大利亚	0.00	0.00	0.00	0.00	0.00	6.25	0.00	5.88	0.00	5.56	2.07
比利时	0.00	0.00	0.00	0.00	0.00	0.00	7.69	6.25	0.00	0.00	1.38
捷克	0.00	0.00	0.00	0.00	0.00	0.00	0.00	5.88	6.25	0.00	1.38

表8-14 金融学B层人才排名前20的国家和地区的占比

单位：%

国家和地区	2011年	2012年	2013年	2014年	2015年	2016年	2017年	2018年	2019年	2020年	合计
美国	43.62	53.06	44.54	43.57	43.33	34.65	33.10	27.70	16.13	18.35	34.41
英国	11.70	8.16	5.88	10.00	7.33	10.24	9.15	10.81	13.55	8.86	9.62
中国大陆	4.26	3.06	3.36	2.86	7.33	5.51	9.15	6.08	11.61	10.76	6.76
澳大利亚	5.32	4.08	5.04	5.71	7.33	3.94	7.04	4.73	7.10	5.06	5.63
加拿大	7.45	4.08	5.04	2.86	2.67	3.94	6.34	5.41	3.23	2.53	4.21
德国	1.06	2.04	6.72	2.86	5.33	6.30	1.41	5.41	2.58	2.53	3.68
法国	3.19	1.02	3.36	1.43	2.00	3.94	1.41	3.38	8.39	3.80	3.31
中国香港	7.45	3.06	4.20	3.57	4.00	4.72	3.52	0.00	0.00	2.53	3.08
荷兰	2.13	4.08	3.36	2.86	2.00	3.15	2.11	2.03	1.29	1.90	2.40
意大利	1.06	3.06	2.52	1.43	2.00	3.15	3.52	4.05	3.23	0.00	2.40
西班牙	0.00	1.02	2.52	3.57	2.00	3.94	0.70	2.70	2.58	2.53	2.25
瑞士	3.19	3.06	0.00	2.14	2.00	2.36	1.41	1.35	2.58	0.63	1.80
新加坡	1.06	2.04	1.68	0.71	2.67	2.36	2.11	1.35	0.00	1.27	1.50
比利时	1.06	1.02	3.36	0.71	0.67	1.57	0.00	2.03	1.29	0.63	1.20
南非	0.00	0.00	0.00	0.71	0.67	1.57	2.11	2.70	1.94	1.27	1.20
新西兰	1.06	0.00	0.00	0.71	0.00	1.57	2.82	1.35	1.29	1.90	1.13
韩国	0.00	2.04	1.68	2.14	0.00	0.79	0.70	1.35	0.00	0.00	0.83
瑞典	1.06	0.00	0.00	1.43	1.33	0.00	2.11	0.68	1.29	0.00	0.83
土耳其	0.00	0.00	0.00	0.71	0.00	0.79	0.70	1.35	1.94	1.27	0.75
阿联酋	0.00	1.02	0.84	0.00	0.67	0.00	1.41	0.00	0.65	2.53	0.75

表8-15 金融学C层人才排名前20的国家和地区的占比

单位：%

国家和地区	2011年	2012年	2013年	2014年	2015年	2016年	2017年	2018年	2019年	2020年	合计
美国	43.65	42.74	37.01	32.49	28.95	29.53	28.41	26.18	21.01	19.30	29.81
英国	9.53	10.96	10.84	12.23	12.15	11.18	10.81	11.47	10.80	9.52	10.99
澳大利亚	5.84	5.28	4.91	4.56	7.15	5.94	5.41	5.26	6.74	6.54	5.81
中国大陆	3.07	2.84	2.84	3.04	4.18	4.70	6.14	6.41	7.85	11.04	5.48
德国	3.59	3.55	5.16	5.93	4.25	5.09	4.09	4.25	3.80	3.77	4.36
加拿大	4.20	4.06	5.25	4.41	4.86	4.39	4.24	4.45	2.81	3.37	4.17
法国	2.46	2.23	4.30	3.62	4.25	3.32	3.43	4.72	3.66	2.84	3.55
荷兰	4.00	3.86	3.36	2.60	2.63	2.47	2.41	1.75	2.16	1.59	2.57
意大利	2.36	1.52	1.55	2.75	3.31	2.85	2.85	2.23	2.68	2.71	2.53
中国香港	2.46	3.96	3.27	2.32	2.16	2.47	2.34	1.75	2.36	1.59	2.39

续表

国家和地区	2011年	2012年	2013年	2014年	2015年	2016年	2017年	2018年	2019年	2020年	合计
瑞士	1.43	1.73	1.81	1.74	2.29	1.93	2.34	1.82	1.77	1.59	1.86
西班牙	1.64	1.32	1.29	2.03	2.02	1.46	1.46	1.69	2.09	1.92	1.72
新加坡	1.23	1.52	1.55	1.59	2.02	2.00	0.88	1.82	0.98	1.12	1.47
新西兰	1.13	1.42	1.29	0.87	1.01	1.16	2.19	1.89	1.96	1.39	1.45
韩国	1.02	1.12	0.60	1.16	1.08	0.85	0.73	1.28	2.16	1.12	1.14
马来西亚	0.41	0.30	0.77	1.09	1.42	1.39	1.24	1.01	0.98	1.72	1.09
比利时	1.02	1.02	1.29	1.01	0.61	1.00	1.46	1.55	0.92	0.59	1.04
瑞典	0.92	0.41	1.20	1.37	0.81	1.62	1.17	0.81	0.92	0.79	1.01
中国台湾	0.82	1.52	0.77	1.16	1.08	0.62	0.88	0.94	0.85	0.99	0.96
芬兰	0.72	1.12	0.52	1.30	1.15	1.00	1.17	0.34	0.65	0.59	0.85

六 人口统计学

人口统计学A、B、C层人才最多的国家是美国，分别占该学科全球A、B、C层人才的35.00%、33.60%、26.18%。

英国的A层人才比较多，世界占比为15.00%；奥地利、瑞士、比利时、中国大陆、法国、希腊、挪威、瑞典也有相当数量的A层人才，世界占比为10%~5%。

英国的B层人才排名第二，世界占比为19.76%；德国、澳大利亚、加拿大、荷兰的B层人才比较多，世界占比在6%~3%之间；瑞士、意大利、瑞典、丹麦、奥地利、西班牙、法国、以色列、中国大陆、挪威、比利时、土耳其、芬兰、新加坡也有相当数量的B层人才，世界占比超过或接近1%。

英国的C层人才排名第二，世界占比为14.50%；德国、荷兰、意大利、加拿大、澳大利亚的C层人才比较多，世界占比在7%~3%之间；瑞典、西班牙、瑞士、中国大陆、法国、比利时、奥地利、挪威、丹麦、新加坡、印度、芬兰、中国香港也有相当数量的C层人才，世界占比超过或接近1%。

表8-16 人口统计学A层人才的国家和地区的占比

单位：%

国家和地区	2011年	2012年	2013年	2014年	2015年	2016年	2017年	2018年	2019年	2020年	合计
美国	0.00	50.00	0.00	0.00	33.33	50.00	50.00	0.00	50.00	66.67	35.00
英国	0.00	0.00	50.00	0.00	0.00	0.00	0.00	50.00	50.00	0.00	15.00
奥地利	50.00	0.00	0.00	0.00	0.00	0.00	50.00	0.00	0.00	0.00	10.00
瑞士	0.00	50.00	0.00	0.00	0.00	50.00	0.00	0.00	0.00	0.00	10.00
比利时	0.00	0.00	50.00	0.00	0.00	0.00	0.00	0.00	0.00	0.00	5.00
中国大陆	0.00	0.00	0.00	0.00	0.00	0.00	0.00	0.00	0.00	33.33	5.00
法国	50.00	0.00	0.00	0.00	0.00	0.00	0.00	0.00	0.00	0.00	5.00
希腊	0.00	0.00	0.00	0.00	0.00	0.00	0.00	50.00	0.00	0.00	5.00
挪威	0.00	0.00	0.00	0.00	33.33	0.00	0.00	0.00	0.00	0.00	5.00
瑞典	0.00	0.00	0.00	0.00	33.33	0.00	0.00	0.00	0.00	0.00	5.00

表8-17 人口统计学B层人才排名前20的国家和地区的占比

单位：%

国家和地区	2011年	2012年	2013年	2014年	2015年	2016年	2017年	2018年	2019年	2020年	合计
美国	47.62	52.63	45.83	37.04	35.71	23.33	40.63	0.00	20.00	18.75	33.60
英国	23.81	26.32	20.83	22.22	17.86	23.33	9.38	0.00	22.50	15.63	19.76
德国	9.52	0.00	4.17	0.00	3.57	10.00	6.25	0.00	5.00	9.38	5.53
澳大利亚	4.76	0.00	8.33	7.41	7.14	3.33	0.00	0.00	2.50	6.25	4.35
加拿大	0.00	10.53	0.00	3.70	7.14	3.33	6.25	0.00	2.50	3.13	3.95
荷兰	0.00	0.00	4.17	0.00	3.57	10.00	6.25	0.00	2.50	3.13	3.56
瑞士	0.00	0.00	0.00	0.00	3.57	6.67	3.13	0.00	5.00	3.13	2.77
意大利	0.00	0.00	4.17	0.00	0.00	0.00	3.13	0.00	2.50	9.38	2.37
瑞典	0.00	0.00	0.00	3.70	0.00	0.00	6.25	0.00	7.50	0.00	2.37
丹麦	0.00	0.00	0.00	0.00	0.00	6.67	0.00	0.00	2.50	6.25	1.98
奥地利	4.76	0.00	0.00	3.70	0.00	0.00	3.13	0.00	2.50	3.13	1.98
西班牙	0.00	0.00	8.33	0.00	3.57	0.00	6.25	0.00	0.00	0.00	1.98
法国	4.76	0.00	0.00	0.00	3.57	0.00	3.13	0.00	2.50	0.00	1.98
以色列	4.76	0.00	0.00	0.00	3.57	0.00	0.00	0.00	5.00	0.00	1.58
中国大陆	0.00	0.00	0.00	0.00	3.70	3.33	0.00	0.00	2.50	3.13	1.58
挪威	0.00	5.26	4.17	0.00	0.00	0.00	3.13	0.00	2.50	0.00	1.58
比利时	0.00	0.00	0.00	3.70	0.00	0.00	3.13	0.00	0.00	0.00	0.79
土耳其	0.00	0.00	0.00	0.00	0.00	0.00	0.00	0.00	0.00	6.25	0.79
芬兰	0.00	0.00	0.00	0.00	3.70	0.00	0.00	0.00	2.50	0.00	0.79
新加坡	0.00	0.00	0.00	0.00	3.70	0.00	0.00	0.00	2.50	0.00	0.79

表 8-18 人口统计学 C 层人才排名前 20 的国家和地区的占比

单位：%

国家和地区	2011年	2012年	2013年	2014年	2015年	2016年	2017年	2018年	2019年	2020年	合计
美国	30.88	36.51	34.85	29.20	29.55	29.97	26.64	15.00	22.56	19.35	26.18
英国	17.97	13.23	12.03	13.72	18.56	12.93	13.82	12.89	16.41	13.78	14.50
德国	6.91	5.29	9.13	6.19	6.82	5.05	7.57	3.68	9.23	7.62	6.76
荷兰	4.15	6.35	7.47	2.65	7.20	10.41	7.24	6.05	7.95	6.16	6.76
意大利	3.23	3.70	4.15	4.87	3.03	3.47	3.95	4.21	4.36	4.11	3.94
加拿大	4.15	1.06	2.90	5.31	3.79	2.84	5.92	2.63	4.62	4.40	3.83
澳大利亚	3.23	2.12	3.32	2.65	3.41	5.99	2.96	2.11	4.10	4.11	3.49
瑞典	2.30	2.65	1.66	2.65	3.41	3.15	4.61	2.63	3.33	2.35	2.93
西班牙	2.76	4.23	3.32	2.65	1.14	2.52	0.99	2.37	1.54	3.23	2.37
瑞士	0.92	1.06	0.83	1.77	2.27	3.79	2.30	2.11	2.31	2.35	2.09
中国大陆	1.38	1.06	0.41	2.21	1.89	1.58	1.97	2.11	2.31	4.11	2.02
法国	3.23	1.59	1.66	2.21	1.14	2.84	1.97	1.58	1.28	2.05	1.92
比利时	0.92	3.17	1.66	2.65	1.52	0.63	2.96	1.84	1.28	2.64	1.88
奥地利	1.38	1.59	1.24	2.21	1.89	1.58	1.64	2.37	2.82	0.59	1.78
挪威	0.92	2.12	2.49	3.54	0.76	1.26	1.64	2.89	0.51	1.47	1.71
丹麦	2.30	1.59	0.41	0.88	0.76	0.63	2.30	0.79	1.54	0.88	1.19
新加坡	1.38	0.00	1.24	0.88	1.14	0.32	0.99	0.79	2.05	1.17	1.05
印度	0.92	1.59	0.00	0.44	0.00	0.00	0.99	2.11	1.28	1.47	0.94
芬兰	0.92	1.06	1.24	0.00	0.38	0.32	0.99	1.05	0.77	1.76	0.87
中国香港	0.46	1.59	0.00	0.44	0.76	0.32	1.32	1.05	1.28	0.59	0.80

七 农业经济和政策

农业经济和政策 A、B、C 层人才最多的国家是美国，分别占该学科全球 A、B、C 层人才的 25.00%、28.30%、25.91%。

意大利的 A 层人才比较多，世界占比为 12.50%；加拿大、法国、瑞典、英国、比利时、塞浦路斯、丹麦、德国、肯尼亚、荷兰、西班牙也有相当数量的 A 层人才，世界占比在 9%~4% 之间。

意大利、德国、英国、中国大陆、加拿大、法国、澳大利亚的 B 层人才比较多，世界占比在 7%~3% 之间；荷兰、瑞士、肯尼亚、埃塞俄比亚、挪威、新西兰、比利时、丹麦、瑞典、马拉维、印度尼西亚、日本也有相当数量的 B 层人才，世界占比超过 1%。

德国、意大利、英国、中国大陆、澳大利亚、荷兰的 C 层人才比较多，世界占比在 8%~3% 之间；西班牙、法国、比利时、加拿大、挪威、肯尼亚、印度、丹麦、瑞士、瑞典、新西兰、日本、马来西亚也有相当数量的 C 层人才，世界占比超过或接近 1%。

表 8-19　农业经济和政策 A 层人才的国家和地区的占比

单位：%

国家和地区	2011 年	2012 年	2013 年	2014 年	2015 年	2016 年	2017 年	2018 年	2019 年	2020 年	合计
美国	0.00	50.00	0.00	0.00	50.00	0.00	66.67	33.33	0.00	33.33	25.00
意大利	0.00	0.00	0.00	0.00	50.00	33.33	0.00	33.33	0.00	0.00	12.50
加拿大	0.00	0.00	0.00	0.00	0.00	33.33	0.00	0.00	33.33	33.33	8.33
法国	0.00	0.00	0.00	0.00	0.00	33.33	0.00	0.00	0.00	33.33	8.33
瑞典	0.00	0.00	50.00	0.00	0.00	0.00	0.00	0.00	33.33	0.00	8.33
英国	100.00	0.00	0.00	0.00	0.00	0.00	0.00	0.00	33.33	0.00	8.33
比利时	0.00	0.00	0.00	50.00	0.00	0.00	0.00	0.00	0.00	0.00	4.17
塞浦路斯	0.00	0.00	0.00	0.00	0.00	33.33	0.00	0.00	0.00	0.00	4.17
丹麦	0.00	0.00	0.00	50.00	0.00	0.00	0.00	0.00	0.00	0.00	4.17
德国	0.00	0.00	0.00	0.00	0.00	0.00	0.00	33.33	0.00	0.00	4.17
肯尼亚	0.00	0.00	50.00	0.00	0.00	0.00	0.00	0.00	0.00	0.00	4.17
荷兰	0.00	50.00	0.00	0.00	0.00	0.00	0.00	0.00	0.00	0.00	4.17
西班牙	0.00	0.00	0.00	0.00	0.00	0.00	0.00	0.00	33.33	0.00	4.17

表 8-20　农业经济和政策 B 层人才排名前 20 的国家和地区的占比

单位：%

国家和地区	2011 年	2012 年	2013 年	2014 年	2015 年	2016 年	2017 年	2018 年	2019 年	2020 年	合计
美国	44.00	31.58	38.10	20.00	20.00	14.29	37.93	26.67	31.25	22.22	28.30
意大利	0.00	5.26	9.52	6.67	13.33	10.71	13.79	0.00	9.38	0.00	6.79
德国	0.00	5.26	9.52	6.67	3.33	10.71	3.45	6.67	3.13	11.11	6.04
英国	20.00	5.26	4.76	6.67	6.67	7.14	3.45	3.33	3.13	2.78	6.04
中国大陆	4.00	5.26	0.00	6.67	6.67	0.00	0.00	10.00	12.50	8.33	5.28
加拿大	0.00	0.00	0.00	0.00	6.67	0.00	3.45	3.33	0.00	25.00	4.91
法国	0.00	0.00	9.52	6.67	3.33	3.57	3.45	3.33	9.38	5.56	4.53
澳大利亚	0.00	10.53	4.76	6.67	0.00	3.57	0.00	6.67	6.25	2.78	3.77
荷兰	0.00	0.00	0.00	13.33	0.00	7.14	0.00	6.67	0.00	2.78	2.64
瑞士	4.00	5.26	0.00	0.00	6.67	0.00	0.00	0.00	3.13	2.78	2.26

续表

国家和地区	2011年	2012年	2013年	2014年	2015年	2016年	2017年	2018年	2019年	2020年	合计
肯尼亚	0.00	5.26	0.00	6.67	3.33	3.57	0.00	0.00	3.13	0.00	1.89
埃塞俄比亚	0.00	0.00	4.76	6.67	3.33	3.57	3.45	0.00	0.00	0.00	1.89
挪威	8.00	0.00	4.76	0.00	3.33	0.00	0.00	3.33	0.00	0.00	1.89
新西兰	0.00	0.00	4.76	0.00	0.00	0.00	0.00	6.67	6.25	0.00	1.89
比利时	4.00	0.00	4.76	0.00	0.00	0.00	3.45	0.00	0.00	0.00	1.51
丹麦	0.00	10.53	0.00	0.00	0.00	0.00	0.00	3.33	3.13	0.00	1.51
瑞典	8.00	5.26	0.00	0.00	0.00	3.57	0.00	0.00	0.00	0.00	1.51
马拉维	4.00	0.00	0.00	0.00	0.00	0.00	7.14	0.00	0.00	0.00	1.13
印度尼西亚	0.00	0.00	0.00	0.00	0.00	0.00	3.45	0.00	3.13	2.78	1.13
日本	0.00	5.26	0.00	6.67	0.00	0.00	0.00	0.00	0.00	2.78	1.13

表8-21 农业经济和政策C层人才排名前20的国家和地区的占比

单位：%

国家和地区	2011年	2012年	2013年	2014年	2015年	2016年	2017年	2018年	2019年	2020年	合计
美国	31.45	27.80	29.67	26.41	23.32	24.04	29.83	29.15	21.52	19.70	25.91
德国	8.47	8.78	6.70	10.39	7.67	6.97	9.15	6.78	4.11	6.97	7.48
意大利	4.03	3.90	3.35	6.93	3.51	8.01	7.12	6.44	10.76	9.39	6.60
英国	10.08	5.85	6.70	6.93	5.75	5.92	8.14	5.42	4.43	3.64	6.16
中国大陆	3.63	6.34	4.31	1.73	4.15	5.57	4.41	4.75	8.54	6.36	5.09
澳大利亚	4.84	5.85	4.31	3.90	5.75	3.48	2.37	3.05	3.16	2.73	3.85
荷兰	4.03	4.88	5.74	5.19	4.79	3.48	2.03	3.73	1.58	2.12	3.59
西班牙	4.44	4.39	3.35	1.30	3.19	4.18	2.03	2.03	1.58	3.33	2.93
法国	0.81	3.90	3.35	3.46	2.24	2.44	3.39	2.03	2.53	2.42	2.60
比利时	2.02	1.95	4.78	3.03	2.24	2.79	1.69	2.71	2.85	1.52	2.49
加拿大	2.02	3.41	1.91	2.16	2.56	3.14	1.36	1.36	0.63	5.15	2.38
挪威	1.21	1.46	1.44	2.60	2.56	2.79	3.39	3.39	3.16	0.61	2.31
肯尼亚	2.82	1.46	1.91	2.16	2.88	2.09	0.68	1.02	1.27	0.61	1.65
印度	0.81	0.49	0.00	0.87	1.92	2.44	2.03	2.71	1.58	2.12	1.61
丹麦	0.81	0.98	2.39	0.43	0.96	1.05	1.36	2.37	1.27	1.82	1.36
瑞士	0.40	1.95	1.44	0.87	0.96	1.74	0.34	1.36	0.95	2.42	1.25
瑞典	1.21	1.46	0.96	0.43	1.92	2.09	0.00	1.02	0.95	1.52	1.17
新西兰	0.81	0.98	0.48	0.43	0.32	0.35	0.68	1.69	1.58	2.73	1.06
日本	0.81	0.00	1.44	4.33	0.64	1.05	0.00	0.68	1.58	0.30	1.03
马来西亚	0.40	0.00	0.48	0.87	1.60	1.05	1.02	1.02	0.63	1.82	0.95

八 公共行政

公共行政 A、B、C 层人才最多的国家是美国，分别占该学科全球 A、B、C 层人才的 32.14%、26.90%、24.25%。

英国的 A 层人才世界占比为 12.50%，排名第二；澳大利亚、荷兰、意大利、瑞典、加拿大、德国的 A 层人才比较多，世界占比在 9%~3% 之间；奥地利、比利时、巴西、中国大陆、丹麦、匈牙利、爱尔兰、韩国、西班牙、瑞士也有相当数量的 A 层人才，世界占比均为 1.79%。

英国、荷兰 B 层人才的世界占比分别为 15.88%、10.29%，分列第二、第三位；澳大利亚、加拿大、德国、意大利、丹麦的 B 层人才比较多，世界占比在 6%~3% 之间；瑞士、中国大陆、瑞典、比利时、中国香港、西班牙、挪威、新加坡、韩国、南非、法国、葡萄牙也有相当数量的 B 层人才，世界占比超过或接近 1%。

英国、荷兰 C 层人才的世界占比分别为 14.90%、9.46%，分列第二、第三位；德国、澳大利亚、丹麦、加拿大的 C 层人才比较多，世界占比在 7%~3% 之间；瑞典、意大利、中国大陆、西班牙、比利时、瑞士、挪威、韩国、中国香港、新加坡、法国、奥地利、芬兰也有相当数量的 C 层人才，世界占比超过或接近 1%。

表 8-22 公共行政 A 层人才的国家和地区的占比

单位：%

国家和地区	2011年	2012年	2013年	2014年	2015年	2016年	2017年	2018年	2019年	2020年	合计
美国	25.00	40.00	40.00	50.00	60.00	16.67	42.86	14.29	42.86	12.50	32.14
英国	25.00	20.00	20.00	0.00	0.00	33.33	0.00	14.29	0.00	12.50	12.50
澳大利亚	25.00	0.00	0.00	0.00	20.00	0.00	14.29	0.00	14.29	12.50	8.93
荷兰	0.00	0.00	0.00	0.00	20.00	33.33	28.57	0.00	0.00	0.00	8.93
意大利	0.00	0.00	20.00	50.00	0.00	0.00	0.00	14.29	14.29	0.00	7.14
瑞典	0.00	0.00	20.00	0.00	0.00	0.00	0.00	0.00	14.29	12.50	5.36
加拿大	25.00	20.00	0.00	0.00	0.00	0.00	0.00	0.00	0.00	0.00	3.57
德国	0.00	0.00	0.00	0.00	0.00	0.00	0.00	28.57	0.00	0.00	3.57
奥地利	0.00	0.00	0.00	0.00	0.00	0.00	0.00	0.00	0.00	12.50	1.79
比利时	0.00	0.00	0.00	0.00	0.00	0.00	0.00	14.29	0.00	0.00	1.79
巴西	0.00	0.00	20.00	0.00	0.00	0.00	0.00	0.00	0.00	0.00	1.79
中国大陆	0.00	0.00	0.00	0.00	0.00	0.00	0.00	14.29	0.00	0.00	1.79

续表

国家和地区	2011年	2012年	2013年	2014年	2015年	2016年	2017年	2018年	2019年	2020年	合计
丹麦	0.00	0.00	0.00	0.00	0.00	0.00	14.29	0.00	0.00	0.00	1.79
匈牙利	0.00	0.00	0.00	0.00	0.00	0.00	0.00	0.00	0.00	12.50	1.79
爱尔兰	0.00	0.00	0.00	0.00	0.00	0.00	0.00	0.00	14.29	0.00	1.79
韩国	0.00	0.00	0.00	0.00	0.00	0.00	0.00	0.00	0.00	12.50	1.79
西班牙	0.00	0.00	0.00	0.00	0.00	16.67	0.00	0.00	0.00	0.00	1.79
瑞士	0.00	0.00	0.00	0.00	0.00	0.00	0.00	0.00	0.00	12.50	1.79

表8-23 公共行政B层人才排名前20的国家和地区的占比

单位：%

国家和地区	2011年	2012年	2013年	2014年	2015年	2016年	2017年	2018年	2019年	2020年	合计
美国	48.84	44.44	25.58	23.08	28.57	26.79	23.44	18.33	16.67	22.39	26.90
英国	20.93	14.81	16.28	17.31	16.33	14.29	15.63	25.00	12.12	8.96	15.88
荷兰	4.65	9.26	11.63	11.54	12.24	10.71	14.06	11.67	13.64	2.99	10.29
澳大利亚	0.00	9.26	6.98	1.92	0.00	1.79	10.94	10.00	6.06	1.49	5.05
加拿大	2.33	5.56	4.65	7.69	8.16	1.79	1.56	6.67	4.55	4.48	4.69
德国	0.00	0.00	0.00	9.62	6.12	7.14	4.69	3.33	10.61	2.99	4.69
意大利	2.33	0.00	4.65	0.00	0.00	7.14	7.81	5.00	4.55	5.97	3.97
丹麦	2.33	0.00	6.98	0.00	4.08	3.57	6.25	1.67	4.55	5.97	3.61
瑞士	2.33	1.85	2.33	1.92	6.12	7.14	1.56	3.33	1.52	0.00	2.71
中国大陆	0.00	1.85	2.33	0.00	0.00	0.00	0.00	3.33	1.52	11.94	2.35
瑞典	2.33	3.70	0.00	3.85	0.00	1.79	0.00	1.67	3.03	4.48	2.17
比利时	4.65	0.00	2.33	0.00	4.08	0.00	1.56	1.67	3.03	2.99	1.99
中国香港	2.33	0.00	2.33	3.85	4.08	0.00	0.00	0.00	1.52	4.48	1.81
西班牙	4.65	0.00	0.00	1.92	4.08	3.57	3.13	0.00	0.00	1.49	1.81
挪威	0.00	0.00	2.33	1.92	0.00	3.57	3.13	0.00	1.52	2.99	1.62
新加坡	0.00	0.00	0.00	3.85	4.08	1.79	0.00	1.67	0.00	1.49	1.26
韩国	0.00	1.85	4.65	1.92	0.00	1.79	0.00	0.00	0.00	1.49	1.08
南非	0.00	0.00	0.00	0.00	0.00	2.04	0.00	1.56	1.67	3.03	0.00	0.90
法国	0.00	1.85	2.33	0.00	0.00	0.00	1.79	0.00	1.67	0.00	0.72
葡萄牙	0.00	0.00	2.33	0.00	0.00	1.79	0.00	1.67	0.00	0.00	0.54

表8-24 公共行政C层人才排名前20的国家和地区的占比

单位：%

国家和地区	2011年	2012年	2013年	2014年	2015年	2016年	2017年	2018年	2019年	2020年	合计
美国	31.32	30.11	26.97	28.12	25.77	24.03	18.56	21.86	21.04	19.87	24.25
英国	18.33	17.23	20.45	16.49	16.49	14.23	14.29	12.20	12.74	10.25	14.90
荷兰	9.74	7.20	7.87	8.25	8.04	10.72	10.34	11.86	10.67	8.83	9.46

续表

国家和地区	2011年	2012年	2013年	2014年	2015年	2016年	2017年	2018年	2019年	2020年	合计
德国	4.64	5.11	5.39	5.71	5.77	7.21	7.55	6.78	7.85	5.68	6.28
澳大利亚	5.10	3.41	3.82	5.50	3.51	5.55	4.60	4.58	4.44	3.63	4.40
丹麦	3.02	2.65	4.04	4.44	4.95	3.14	3.78	4.92	2.67	1.89	3.49
加拿大	4.18	4.73	3.60	2.54	3.71	4.25	2.79	2.37	2.22	3.63	3.35
瑞典	3.02	2.08	2.47	2.96	2.68	2.03	2.96	2.03	3.70	3.63	2.79
意大利	1.86	1.14	1.12	1.48	2.47	3.51	2.96	4.58	2.96	4.10	2.74
中国大陆	0.93	1.70	2.70	1.90	2.89	1.66	1.64	3.05	2.96	4.26	2.44
西班牙	1.39	2.84	2.47	2.75	2.47	2.96	2.63	2.37	2.67	1.42	2.40
比利时	2.09	1.14	2.25	1.90	2.27	1.85	2.63	3.90	2.37	2.52	2.33
瑞士	1.62	3.03	2.25	1.90	2.47	0.92	2.46	2.20	2.81	3.00	2.31
挪威	1.39	0.57	1.35	1.69	2.47	1.85	1.81	1.69	2.22	1.74	1.70
韩国	1.62	1.52	1.35	1.69	2.27	2.03	2.13	1.69	1.48	1.26	1.70
中国香港	2.09	1.70	0.90	2.11	1.24	0.92	1.48	0.85	1.33	0.63	1.29
新加坡	0.46	0.57	0.90	0.63	2.47	1.11	1.81	1.53	1.33	1.58	1.28
法国	0.93	1.33	1.12	1.27	0.41	1.66	0.99	0.85	1.78	1.10	1.16
奥地利	0.46	0.76	1.12	1.27	0.62	0.74	1.15	0.68	0.89	1.89	0.98
芬兰	0.23	1.70	0.00	0.63	1.44	0.74	1.31	0.68	1.19	0.63	0.89

九 卫生保健科学和服务

卫生保健科学和服务A、B、C层人才最多的国家是美国，分别占该学科全球A、B、C层人才的30.34%、32.67%、33.00%，均大幅高于其他国家和地区。

英国、加拿大的A层人才世界占比分别为17.24%、10.00%，分列第二、第三位；荷兰、澳大利亚的A层人才比较多，世界占比在9%~7%之间；中国大陆、西班牙、挪威、瑞士、德国、丹麦、比利时、奥地利、中国香港、巴西、瑞典、印度、以色列、阿根廷、黎巴嫩也有相当数量的A层人才，世界占比超过或接近1%。

英国、加拿大的B层人才世界占比分别为13.75%、8.93%；分列第二、第三位；澳大利亚、荷兰、德国的B层人才比较多，世界占比在6%~3%之间；挪威、西班牙、中国大陆、意大利、瑞士、瑞典、比利时、法国、新加坡、丹麦、南非、新西兰、奥地利、韩国也有相当数量的B层人才，世界占比超过或接近1%。

英国的C层人才世界占比为12.65%，排名第二；加拿大、澳大利亚、荷兰、德国的C层人才比较多，世界占比在8%~3%之间；中国大陆、意大利、西班牙、瑞士、瑞典、比利时、挪威、法国、丹麦、印度、爱尔兰、南非、新加坡、韩国也有相当数量的C层人才，世界占比超过或接近1%。

表8-25 卫生保健科学和服务A层人才排名前20的国家和地区的占比

单位：%

国家和地区	2011年	2012年	2013年	2014年	2015年	2016年	2017年	2018年	2019年	2020年	合计
美国	11.11	22.22	21.74	37.04	23.08	28.13	22.86	31.25	40.54	45.24	30.34
英国	11.11	27.78	30.43	11.11	15.38	18.75	22.86	12.50	21.62	7.14	17.24
加拿大	11.11	11.11	8.70	14.81	15.38	18.75	11.43	3.13	8.11	2.38	10.00
荷兰	11.11	5.56	4.35	14.81	7.69	12.50	5.71	12.50	8.11	2.38	8.28
澳大利亚	5.56	27.78	0.00	3.70	19.23	0.00	8.57	9.38	2.70	4.76	7.24
中国大陆	0.00	0.00	0.00	0.00	0.00	3.13	5.71	0.00	2.70	9.52	2.76
西班牙	11.11	0.00	0.00	0.00	0.00	3.13	0.00	9.38	0.00	2.38	2.41
挪威	11.11	5.56	0.00	3.70	0.00	3.13	0.00	0.00	0.00	2.38	2.07
瑞士	11.11	0.00	0.00	3.70	0.00	0.00	2.86	3.13	2.70	0.00	2.07
德国	11.11	0.00	0.00	0.00	3.85	0.00	2.86	3.13	2.70	0.00	2.07
丹麦	5.56	0.00	0.00	0.00	0.00	0.00	5.71	0.00	0.00	4.76	1.72
比利时	0.00	0.00	0.00	0.00	0.00	0.00	2.86	0.00	5.41	2.38	1.38
奥地利	0.00	0.00	8.70	0.00	0.00	0.00	0.00	0.00	2.70	0.00	1.03
中国香港	0.00	0.00	0.00	3.70	0.00	0.00	0.00	3.13	0.00	2.38	1.03
巴西	0.00	0.00	0.00	0.00	3.85	0.00	0.00	3.13	0.00	0.00	0.69
瑞典	0.00	0.00	0.00	0.00	3.85	0.00	0.00	0.00	0.00	2.38	0.69
印度	0.00	0.00	0.00	0.00	0.00	0.00	0.00	3.13	0.00	2.38	0.69
以色列	0.00	0.00	8.70	0.00	0.00	0.00	0.00	0.00	0.00	0.00	0.69
阿根廷	0.00	0.00	8.70	0.00	0.00	0.00	0.00	0.00	0.00	0.00	0.69
黎巴嫩	0.00	0.00	0.00	0.00	0.00	3.13	0.00	0.00	2.70	0.00	0.69

表8-26 卫生保健科学和服务B层人才排名前20的国家和地区的占比

单位：%

国家和地区	2011年	2012年	2013年	2014年	2015年	2016年	2017年	2018年	2019年	2020年	合计
美国	33.71	34.09	37.77	34.84	42.18	32.88	34.94	26.56	27.46	27.85	32.67
英国	12.57	18.64	14.59	16.39	12.00	12.67	15.06	15.63	12.54	9.87	13.75
加拿大	14.29	13.64	10.73	10.25	8.00	11.64	8.65	7.19	5.97	4.81	8.93
澳大利亚	4.00	8.18	3.86	4.92	6.91	7.53	3.85	9.06	5.37	4.05	5.78
荷兰	6.29	5.91	6.87	6.15	5.45	7.53	4.17	4.69	3.28	3.54	5.18

续表

国家和地区	2011年	2012年	2013年	2014年	2015年	2016年	2017年	2018年	2019年	2020年	合计
德国	4.57	1.36	4.72	3.69	2.18	3.77	3.53	2.50	3.88	3.80	3.39
挪威	6.29	2.73	3.86	1.23	1.45	2.40	0.96	2.19	2.09	1.52	2.25
西班牙	2.86	0.00	3.00	2.46	2.55	2.05	1.60	1.25	2.69	2.28	2.07
中国大陆	0.00	0.91	0.00	1.23	0.00	1.37	2.56	3.75	2.39	3.54	1.82
意大利	1.14	1.82	1.29	1.64	1.09	1.71	1.60	0.63	2.09	3.80	1.79
瑞士	5.14	0.91	2.58	0.82	1.82	1.03	1.92	2.19	0.60	1.27	1.68
瑞典	2.29	0.91	0.00	1.64	1.09	2.05	2.24	0.63	3.28	1.27	1.57
比利时	0.57	1.36	0.43	1.64	1.09	2.40	0.32	1.25	2.39	1.01	1.29
法国	0.57	0.45	0.86	1.23	1.09	1.37	2.88	0.00	0.90	2.03	1.21
新加坡	0.57	0.45	0.00	0.82	0.00	1.03	1.28	1.25	1.79	2.03	1.04
丹麦	1.14	0.91	1.29	0.82	0.36	0.34	1.60	1.56	0.60	1.52	1.04
南非	0.00	0.00	0.00	0.00	0.73	0.34	0.64	2.19	0.90	1.52	0.75
新西兰	0.57	0.00	0.86	0.41	0.73	0.68	0.64	1.25	0.90	0.76	0.71
奥地利	0.57	2.27	0.43	0.41	0.73	0.68	0.32	0.00	0.30	1.01	0.64
韩国	0.00	0.91	1.29	0.00	0.73	0.34	0.00	0.31	1.19	1.27	0.64

表 8-27　卫生保健科学和服务 C 层人才排名前 20 的国家和地区的占比

单位：%

国家和地区	2011年	2012年	2013年	2014年	2015年	2016年	2017年	2018年	2019年	2020年	合计
美国	36.27	35.15	34.61	37.31	34.93	32.84	31.34	31.02	30.89	29.73	33.00
英国	14.36	13.69	13.64	12.55	13.26	13.56	12.44	12.52	11.12	11.08	12.65
加拿大	9.80	8.19	8.03	7.40	7.82	8.41	8.74	7.12	7.43	6.44	7.82
澳大利亚	6.34	6.78	6.60	6.54	7.60	6.52	6.25	6.51	6.61	6.56	6.63
荷兰	5.59	6.31	6.34	5.10	5.01	4.78	4.68	5.15	5.00	3.65	5.06
德国	3.46	3.01	3.37	3.54	2.78	2.94	3.41	3.45	3.21	2.70	3.17
中国大陆	0.92	1.41	1.12	1.60	1.50	2.14	2.13	2.78	3.36	4.60	2.33
意大利	1.44	1.51	2.20	1.52	1.68	1.67	2.36	1.99	2.03	2.70	1.96
西班牙	1.33	1.88	1.90	1.77	1.75	2.17	2.13	1.93	2.18	2.17	1.96
瑞士	1.44	1.84	1.94	1.77	1.42	1.74	2.06	2.31	1.73	1.87	1.83
瑞典	1.44	1.41	1.94	1.36	1.42	1.38	1.90	1.39	1.73	1.31	1.53
比利时	1.50	1.08	1.60	1.19	1.17	1.38	1.08	1.96	1.45	1.16	1.36
挪威	1.44	1.32	1.55	1.32	1.06	1.45	1.54	1.30	1.06	1.19	1.31
法国	0.98	0.99	1.51	1.23	1.21	0.91	1.38	1.61	1.36	1.19	1.26
丹麦	0.92	1.04	1.12	0.95	1.06	1.23	1.02	0.98	1.45	1.10	1.10
印度	0.23	0.66	0.52	1.03	0.88	0.94	0.95	0.95	1.30	1.07	0.90
爱尔兰	0.58	0.61	0.56	0.90	0.73	0.72	0.88	1.04	1.03	1.01	0.84
南非	0.63	1.18	0.52	0.53	0.77	0.98	1.08	1.01	0.70	0.80	0.83
新加坡	0.58	0.42	0.47	0.41	0.91	0.76	0.43	0.63	1.27	1.49	0.78
韩国	0.29	0.71	0.65	0.49	0.73	0.94	0.62	0.73	0.82	1.07	0.73

十 医学伦理学

医学伦理学 A、B、C 层人才最多的国家是美国,分别占该学科全球 A、B、C 层人才的 70.00%、29.82%、33.82%,其中,A 层人才的世界占比遥遥领先,B、C 层人才的世界占比大幅高于其他国家和地区。

英国、瑞士的 A 层人才世界占比分别为 20.00% 和 10.00%,和美国一起集中了全球所有的 A 层人才。

英国的 B 层人才世界占比为 15.79%,排名第二;其后是加拿大、澳大利亚,两国 B 层人才的世界占比分别为 11.70%、10.53%;荷兰的 B 层人才比较多,世界占比为 4.09%;比利时、德国、意大利、瑞典、瑞士、法国、爱尔兰、日本、新加坡、南非、奥地利、喀麦隆、克罗地亚、印度、以色列也有相当数量的 B 层人才,世界占比超过或接近 1%。

英国的 C 层人才世界占比为 15.78%,排名第二;澳大利亚、加拿大、荷兰、德国的 C 层人才比较多,世界占比在 8%~3% 之间;南非、瑞士、比利时、挪威、新加坡、新西兰、瑞典、肯尼亚、丹麦、尼日利亚、伊朗、爱尔兰、意大利、中国大陆也有相当数量的 C 层人才,世界占比超过或接近 1%。

表 8-28 医学伦理学 A 层人才的国家和地区的占比

单位:%

国家和地区	2011 年	2012 年	2013 年	2014 年	2015 年	2016 年	2017 年	2018 年	2019 年	2020 年	合计
美国	100.00	100.00	100.00	0.00	0.00	0.00	0.00	100.00	100.00	0.00	70.00
英国	0.00	0.00	0.00	0.00	0.00	100.00	0.00	0.00	0.00	100.00	20.00
瑞士	0.00	0.00	0.00	0.00	0.00	0.00	100.00	0.00	0.00	0.00	10.00

表 8-29 医学伦理学 B 层人才排名前 20 的国家和地区的占比

单位:%

国家和地区	2011 年	2012 年	2013 年	2014 年	2015 年	2016 年	2017 年	2018 年	2019 年	2020 年	合计
美国	26.67	45.45	43.75	31.58	30.00	30.00	15.00	31.25	45.45	17.39	29.82
英国	33.33	9.09	12.50	10.53	15.00	20.00	20.00	6.25	0.00	21.74	15.79
加拿大	6.67	18.18	18.75	26.32	5.00	5.00	20.00	6.25	9.09	4.35	11.70

续表

国家和地区	2011年	2012年	2013年	2014年	2015年	2016年	2017年	2018年	2019年	2020年	合计
澳大利亚	0.00	9.09	6.25	5.26	15.00	15.00	10.00	12.50	18.18	13.04	10.53
荷兰	6.67	0.00	0.00	5.26	10.00	0.00	5.00	0.00	9.09	4.35	4.09
比利时	0.00	9.09	0.00	10.53	0.00	5.00	0.00	0.00	9.09	0.00	2.92
德国	0.00	0.00	6.25	0.00	0.00	5.00	5.00	6.25	0.00	4.35	2.92
意大利	0.00	0.00	0.00	0.00	0.00	0.00	5.00	6.25	0.00	8.70	2.34
瑞典	0.00	0.00	6.25	0.00	5.00	0.00	5.00	0.00	0.00	4.35	2.34
瑞士	0.00	9.09	0.00	0.00	0.00	5.00	0.00	6.25	0.00	4.35	2.34
法国	13.33	0.00	0.00	0.00	0.00	0.00	0.00	6.25	0.00	0.00	1.75
爱尔兰	0.00	0.00	0.00	0.00	0.00	0.00	5.00	0.00	0.00	4.35	1.75
日本	0.00	0.00	0.00	5.26	0.00	0.00	5.00	0.00	0.00	0.00	1.17
新加坡	0.00	0.00	0.00	0.00	0.00	0.00	0.00	0.00	0.00	4.35	1.17
南非	0.00	0.00	0.00	0.00	5.00	0.00	0.00	0.00	9.09	0.00	1.17
奥地利	0.00	0.00	0.00	5.26	0.00	0.00	0.00	0.00	0.00	0.00	0.58
喀麦隆	0.00	0.00	0.00	0.00	0.00	0.00	0.00	6.25	0.00	0.00	0.58
克罗地亚	0.00	0.00	0.00	0.00	0.00	0.00	5.00	0.00	0.00	0.00	0.58
印度	0.00	0.00	0.00	0.00	0.00	5.00	0.00	0.00	0.00	0.00	0.58
以色列	0.00	0.00	6.25	0.00	0.00	0.00	0.00	0.00	0.00	0.00	0.58

表8-30 医学伦理学C层人才排名前20的国家和地区的占比

单位：%

国家和地区	2011年	2012年	2013年	2014年	2015年	2016年	2017年	2018年	2019年	2020年	合计
美国	41.55	38.40	28.57	27.01	30.21	36.11	37.37	40.12	23.56	38.89	33.82
英国	18.31	16.00	13.64	14.37	19.27	11.11	15.79	15.57	15.87	17.68	15.78
澳大利亚	2.82	7.20	5.84	6.90	5.73	7.22	7.89	4.79	9.62	13.64	7.40
加拿大	9.86	8.00	7.79	10.92	7.81	7.78	9.47	4.79	4.33	3.54	7.28
荷兰	6.34	3.20	4.55	4.60	8.33	3.33	3.68	5.39	3.85	2.53	4.57
德国	3.52	6.40	4.55	4.02	3.13	1.11	3.16	2.40	4.81	2.02	3.41
南非	0.00	1.60	5.19	2.87	4.17	2.78	1.58	1.20	0.96	2.02	2.25
瑞士	0.00	1.60	1.95	2.87	2.60	1.67	2.11	3.59	2.88	1.52	2.14
比利时	3.52	4.00	1.95	3.45	1.04	2.22	2.11	1.80	1.44	1.01	2.14
挪威	2.11	0.80	4.55	2.30	1.04	3.89	2.63	1.80	0.48	1.01	2.02
新加坡	0.00	0.00	0.65	0.00	1.04	1.11	2.63	0.60	1.44	4.04	1.27

续表

国家和地区	2011年	2012年	2013年	2014年	2015年	2016年	2017年	2018年	2019年	2020年	合计
新西兰	2.11	0.00	0.00	0.00	0.00	0.56	1.05	2.99	2.40	1.52	1.10
瑞典	0.70	0.80	1.30	1.15	1.56	0.56	0.53	1.80	0.96	1.01	1.04
肯尼亚	1.41	1.60	1.95	0.00	1.04	0.56	0.53	0.00	0.96	1.52	0.92
丹麦	0.00	0.00	1.95	0.00	1.04	2.78	0.00	1.20	0.96	0.51	0.87
尼日利亚	0.00	0.00	1.30	1.15	0.52	1.11	1.05	0.00	0.48	0.51	0.69
伊朗	0.70	0.80	0.00	1.15	0.52	1.67	0.53	0.00	0.96	0.00	0.64
爱尔兰	0.70	0.80	0.00	0.00	0.52	0.00	1.11	0.53	1.80	0.48	1.01	0.64
意大利	0.00	0.80	1.30	2.30	0.00	0.56	0.00	0.60	0.96	0.00	0.64
中国大陆	0.70	0.80	0.65	0.57	0.52	0.00	1.05	1.80	0.48	0.00	0.64

十一 区域和城市规划

区域和城市规划A、B、C层人才最多的国家是美国和英国,两个国家合计分别占该学科全球A、B、C层人才的32.39%、29.55%、28.05%;其中,美国的A、B、C层人才均多于英国。

荷兰、澳大利亚、法国、意大利、瑞典、中国大陆的A层人才比较多,世界占比在10%~4%之间;巴西、塞浦路斯、丹麦、德国、瑞士、阿联酋、比利时、加拿大、匈牙利、黎巴嫩、巴基斯坦、俄罗斯也有相当数量的A层人才,世界占比均超过1%。

中国大陆B层人才的世界占比为10.62%,排名第三;荷兰、德国、澳大利亚、西班牙、瑞典、意大利、中国香港的B层人才比较多,世界占比在6%~3%之间;法国、加拿大、比利时、瑞士、挪威、芬兰、奥地利、南非、丹麦、中国台湾也有相当数量的B层人才,世界占比超过或等于1%。

中国大陆C层人才的世界占比为9.11%,排名第三;荷兰、澳大利亚、德国、意大利、西班牙、加拿大的C层人才比较多,世界占比在7%~3%之间;瑞典、法国、中国香港、韩国、比利时、芬兰、瑞士、奥地利、挪威、丹麦、葡萄牙也有相当数量的C层人才,世界占比超过1%。

表 8–31　区域和城市规划 A 层人才排名前 20 的国家和地区的占比

单位：%

国家和地区	2011 年	2012 年	2013 年	2014 年	2015 年	2016 年	2017 年	2018 年	2019 年	2020 年	合计
美国	0.00	0.00	16.67	42.86	14.29	28.57	18.18	25.00	11.11	16.67	18.31
英国	40.00	40.00	16.67	0.00	0.00	28.57	18.18	12.50	0.00	0.00	14.08
荷兰	20.00	20.00	0.00	0.00	42.86	14.29	9.09	0.00	0.00	0.00	9.86
澳大利亚	0.00	20.00	16.67	14.29	14.29	0.00	9.09	0.00	11.11	0.00	8.45
法国	0.00	0.00	0.00	0.00	0.00	14.29	9.09	12.50	11.11	16.67	7.04
意大利	0.00	0.00	0.00	14.29	0.00	0.00	0.00	12.50	11.11	33.33	7.04
瑞典	20.00	0.00	16.67	0.00	14.29	0.00	9.09	0.00	0.00	0.00	5.63
中国大陆	0.00	0.00	0.00	14.29	0.00	14.29	9.09	0.00	0.00	0.00	4.23
巴西	0.00	0.00	0.00	0.00	0.00	0.00	0.00	12.50	11.11	0.00	2.82
塞浦路斯	0.00	0.00	0.00	0.00	0.00	0.00	0.00	12.50	0.00	0.00	2.82
丹麦	20.00	0.00	16.67	0.00	0.00	0.00	0.00	0.00	0.00	0.00	2.82
德国	0.00	20.00	0.00	0.00	0.00	0.00	0.00	12.50	0.00	0.00	2.82
瑞士	0.00	0.00	0.00	14.29	0.00	0.00	9.09	0.00	0.00	0.00	2.82
阿联酋	0.00	0.00	0.00	0.00	0.00	0.00	0.00	0.00	11.11	16.67	2.82
比利时	0.00	0.00	0.00	0.00	0.00	0.00	0.00	0.00	11.11	0.00	1.41
加拿大	0.00	0.00	16.67	0.00	0.00	0.00	0.00	0.00	0.00	0.00	1.41
匈牙利	0.00	0.00	0.00	0.00	0.00	0.00	0.00	0.00	11.11	0.00	1.41
黎巴嫩	0.00	0.00	0.00	0.00	0.00	0.00	0.00	0.00	11.11	0.00	1.41
巴基斯坦	0.00	0.00	0.00	14.29	0.00	0.00	0.00	0.00	0.00	0.00	1.41
俄罗斯	0.00	0.00	0.00	0.00	0.00	0.00	0.00	0.00	0.00	16.67	1.41

表 8–32　区域和城市规划 B 层人才排名前 20 的国家和地区的占比

单位：%

国家和地区	2011 年	2012 年	2013 年	2014 年	2015 年	2016 年	2017 年	2018 年	2019 年	2020 年	合计
美国	30.43	22.81	7.02	22.54	22.22	14.67	13.13	15.28	6.90	7.14	15.35
英国	23.91	14.04	19.30	12.68	9.52	14.67	15.15	12.50	11.49	12.86	14.20
中国大陆	0.00	5.26	10.53	8.45	7.94	13.33	12.12	11.11	13.79	17.14	10.62
荷兰	4.35	5.26	3.51	5.63	11.11	5.33	8.08	6.94	5.75	0.00	5.74
德国	4.35	5.26	3.51	5.63	6.35	8.00	7.07	6.94	2.30	2.86	5.31
澳大利亚	4.35	8.77	3.51	7.04	4.76	1.33	3.03	5.56	5.75	4.29	4.73
西班牙	4.35	5.26	1.75	4.23	1.59	5.33	6.06	4.17	4.60	4.29	4.30
瑞典	0.00	7.02	5.26	2.82	6.35	2.67	3.03	4.17	3.45	2.86	3.73
意大利	0.00	3.51	3.51	2.82	3.17	2.67	3.03	4.17	5.75	2.86	3.30
中国香港	4.35	1.75	0.00	4.23	3.17	5.33	4.04	2.78	2.30	1.43	3.01

续表

国家和地区	2011年	2012年	2013年	2014年	2015年	2016年	2017年	2018年	2019年	2020年	合计
法国	2.17	3.51	1.75	1.41	3.17	2.67	1.01	2.78	8.05	1.43	2.87
加拿大	2.17	1.75	1.75	0.00	3.17	1.33	3.03	0.00	2.30	5.71	2.15
比利时	0.00	0.00	3.51	4.23	1.59	1.33	1.01	1.39	3.45	0.00	1.72
瑞士	0.00	5.26	3.51	0.00	4.76	2.67	1.01	0.00	0.00	1.43	1.72
挪威	4.35	5.26	0.00	0.00	0.00	1.33	2.02	0.00	3.45	0.00	1.58
芬兰	0.00	0.00	3.51	2.82	0.00	1.33	0.00	1.39	0.00	5.71	1.43
奥地利	2.17	0.00	1.75	1.41	1.59	2.67	0.00	2.78	1.15	0.00	1.29
南非	2.17	1.75	1.75	2.82	0.00	0.00	1.01	2.78	0.00	1.15	1.15
丹麦	2.17	0.00	1.75	2.82	0.00	2.67	1.01	0.00	1.15	0.00	1.15
中国台湾	2.17	0.00	0.00	4.23	0.00	1.33	0.00	0.00	1.15	1.43	1.00

表8-33 区域和城市规划C层人才排名前20的国家和地区的占比

单位：%

国家和地区	2011年	2012年	2013年	2014年	2015年	2016年	2017年	2018年	2019年	2020年	合计
美国	19.09	18.82	13.31	16.01	13.58	14.23	13.35	12.71	13.38	11.75	14.31
英国	13.88	17.53	18.80	13.36	13.30	10.56	14.20	13.99	11.74	11.90	13.74
中国大陆	3.04	5.72	5.16	7.64	9.05	12.25	7.68	11.04	12.79	12.95	9.11
荷兰	9.11	6.46	9.98	7.05	6.51	7.04	6.10	5.52	5.05	4.67	6.56
澳大利亚	5.64	7.75	6.99	6.90	4.67	5.35	5.99	4.36	4.46	4.82	5.60
德国	4.77	6.09	3.16	5.73	6.65	4.37	4.00	4.62	4.58	4.82	4.84
意大利	4.34	3.32	4.33	3.23	4.95	3.10	4.21	4.36	5.28	4.82	4.23
西班牙	3.69	2.21	4.33	3.38	3.96	5.21	3.68	3.85	3.64	3.01	3.73
加拿大	3.47	2.77	4.49	3.96	3.96	2.68	3.36	2.44	1.64	2.56	3.08
瑞典	4.12	2.21	3.00	2.79	2.97	2.54	3.26	3.47	3.52	1.66	2.96
法国	2.17	2.21	2.50	2.94	2.55	1.27	2.10	2.05	3.29	3.16	2.43
中国香港	2.17	2.03	2.16	2.35	1.84	2.82	2.52	2.70	2.11	1.20	2.22
韩国	0.87	0.92	0.67	1.47	3.39	2.25	1.89	1.41	1.29	0.90	1.57
比利时	1.08	1.29	1.00	1.62	0.42	1.83	2.52	1.67	2.00	1.36	1.55
芬兰	0.87	1.29	1.66	1.76	1.13	1.27	2.52	1.28	1.76	1.05	1.53
瑞士	2.17	1.66	1.00	1.47	2.83	1.27	0.63	1.28	1.06	1.81	1.45
奥地利	1.52	0.92	1.50	0.88	2.69	0.99	0.53	1.16	1.88	1.66	1.35
挪威	1.52	0.92	1.16	1.17	1.13	1.13	2.10	1.41	1.41	1.05	1.34
丹麦	0.43	1.48	1.00	1.17	1.27	1.69	1.37	1.16	1.29	1.36	1.25
葡萄牙	1.52	0.92	1.00	0.88	0.99	0.99	1.26	1.41	1.41	1.05	1.15

十二 信息学和图书馆学

信息学和图书馆学 A、B、C 层人才最多的国家是美国，分别占该学科全球 A、B、C 层人才的 36.50%、27.39%、27.44%，大幅高于其他国家和地区。

英国 A 层人才的世界占比为 11.68%，排名第二；加拿大、荷兰、西班牙、印度的 A 层人才比较多，世界占比在 7%~3% 之间；澳大利亚、中国大陆、挪威、葡萄牙、丹麦、芬兰、德国、法国、中国香港、约旦、新加坡、中国台湾、奥地利、巴西也有相当数量的 A 层人才，世界占比超过或接近 1%。

英国、中国大陆的 B 层人才世界占比分别为 8.52%、6.77%，分列第二、第三位；加拿大、荷兰、德国、澳大利亚、西班牙、中国香港的 B 层人才比较多，世界占比在 6%~3% 之间；韩国、中国台湾、芬兰、印度、瑞士、马来西亚、意大利、新加坡、法国、丹麦、瑞典也有相当数量的 B 层人才，世界占比超过 1%。

英国、中国大陆的 C 层人才世界占比分别为 7.87%、7.85%，分列第二、第三位；加拿大、澳大利亚、荷兰、西班牙、德国的 C 层人才比较多，世界占比在 5%~3% 之间；韩国、中国台湾、意大利、中国香港、芬兰、法国、印度、瑞典、新加坡、丹麦、瑞士、马来西亚也有相当数量的 C 层人才，世界占比超过 1%。

表 8-34 信息学和图书馆学 A 层人才排名前 20 的国家和地区的占比

单位：%

国家和地区	2011 年	2012 年	2013 年	2014 年	2015 年	2016 年	2017 年	2018 年	2019 年	2020 年	合计
美国	58.33	46.15	50.00	50.00	38.46	14.29	43.75	28.57	6.67	35.71	36.50
英国	0.00	23.08	7.14	0.00	0.00	21.43	12.50	21.43	20.00	7.14	11.68
加拿大	0.00	0.00	7.14	0.00	15.38	7.14	0.00	21.43	13.33	0.00	6.57
荷兰	0.00	0.00	7.14	0.00	15.38	7.14	12.50	7.14	0.00	14.29	6.57
西班牙	8.33	7.69	0.00	0.00	7.69	0.00	0.00	14.29	0.00	7.14	4.38
印度	0.00	0.00	0.00	8.33	0.00	0.00	0.00	0.00	13.33	14.29	3.65
澳大利亚	0.00	7.69	7.14	0.00	0.00	7.14	0.00	7.14	0.00	0.00	2.92
中国大陆	0.00	0.00	7.14	8.33	0.00	0.00	6.25	0.00	6.67	0.00	2.92
挪威	8.33	0.00	0.00	0.00	0.00	14.29	6.25	0.00	0.00	0.00	2.92
葡萄牙	0.00	0.00	0.00	16.67	7.69	0.00	0.00	0.00	0.00	7.14	2.92

续表

国家和地区	2011年	2012年	2013年	2014年	2015年	2016年	2017年	2018年	2019年	2020年	合计
丹麦	0.00	0.00	0.00	0.00	0.00	14.29	0.00	0.00	0.00	7.14	2.19
芬兰	8.33	0.00	0.00	0.00	0.00	7.14	0.00	0.00	6.67	0.00	2.19
德国	0.00	7.69	7.14	0.00	7.69	0.00	0.00	0.00	0.00	0.00	2.19
法国	0.00	0.00	0.00	0.00	0.00	0.00	0.00	0.00	6.67	7.14	1.46
中国香港	0.00	7.69	0.00	0.00	0.00	7.14	0.00	0.00	0.00	0.00	1.46
约旦	0.00	0.00	0.00	0.00	0.00	0.00	12.50	0.00	0.00	0.00	1.46
新加坡	0.00	0.00	7.14	0.00	0.00	0.00	0.00	0.00	6.67	0.00	1.46
中国台湾	8.33	0.00	0.00	8.33	0.00	0.00	0.00	0.00	0.00	0.00	1.46
奥地利	0.00	0.00	0.00	0.00	0.00	0.00	0.00	0.00	6.67	0.00	0.73
巴西	0.00	0.00	0.00	0.00	0.00	0.00	0.00	0.00	6.67	0.00	0.73

表8–35 信息学和图书馆学B层人才排名前20的国家和地区的占比

单位：%

国家和地区	2011年	2012年	2013年	2014年	2015年	2016年	2017年	2018年	2019年	2020年	合计
美国	37.07	41.88	38.71	35.34	27.42	23.02	22.92	19.38	14.05	15.57	27.39
英国	6.03	8.55	8.87	9.77	12.10	6.35	5.56	7.75	9.09	11.48	8.52
中国大陆	1.72	2.56	4.84	5.26	5.65	10.32	9.72	6.20	8.26	12.30	6.77
加拿大	7.76	5.98	5.65	7.52	7.26	7.94	4.86	2.33	4.13	4.92	5.81
荷兰	7.76	4.27	4.03	5.26	5.65	3.97	4.17	2.33	0.83	2.46	4.06
德国	4.31	1.71	4.03	5.26	7.26	4.76	3.47	2.33	2.48	4.10	3.98
澳大利亚	3.45	4.27	4.03	2.26	3.23	1.59	4.86	3.88	1.65	3.28	3.26
西班牙	3.45	4.27	3.23	1.50	1.61	1.59	3.47	3.10	4.13	5.74	3.18
中国香港	3.45	3.42	4.03	4.51	4.03	3.17	3.47	1.55	0.83	1.64	3.03
韩国	6.03	3.42	2.42	3.76	4.03	2.38	2.78	0.00	3.31	0.82	2.87
中国台湾	3.45	1.71	2.42	3.76	3.23	3.17	3.47	3.10	1.65	0.82	2.71
芬兰	0.86	4.27	1.61	0.75	3.23	4.76	2.08	4.65	2.48	1.64	2.63
印度	0.86	0.00	0.81	0.00	0.81	0.79	2.08	5.43	4.13	5.74	2.07
瑞士	2.59	1.71	1.61	1.50	2.42	0.00	2.08	1.55	0.83	2.46	1.67
马来西亚	0.86	0.00	1.61	1.50	0.81	4.76	0.69	0.00	4.96	1.64	1.67
意大利	0.00	0.00	0.00	0.75	1.61	2.38	4.86	2.33	1.65	2.46	1.67
新加坡	4.31	0.85	2.42	1.50	0.81	0.00	2.08	1.55	0.83	0.00	1.43
法国	0.86	0.85	0.00	1.50	0.81	1.59	0.69	3.88	1.65	2.46	1.43
丹麦	0.00	0.85	1.61	0.00	2.42	1.59	0.00	4.65	1.65	0.00	1.27
瑞典	0.00	0.00	0.81	0.00	0.00	3.17	2.08	0.78	3.31	0.00	1.04

表 8-36 信息学和图书馆学 C 层人才排名前 20 的国家和地区的占比

单位：%

国家和地区	2011年	2012年	2013年	2014年	2015年	2016年	2017年	2018年	2019年	2020年	合计
美国	33.30	34.73	33.68	32.26	29.88	25.89	24.51	23.54	19.51	18.12	27.44
英国	8.43	7.22	8.68	8.35	6.80	7.20	7.39	7.05	8.53	9.02	7.87
中国大陆	4.73	5.31	6.11	6.51	7.21	7.36	7.75	8.70	12.40	12.10	7.85
加拿大	6.11	4.35	5.63	4.83	4.70	3.72	3.51	3.69	4.42	2.92	4.37
澳大利亚	4.13	4.09	4.26	4.83	4.13	4.61	4.90	3.77	3.71	4.96	4.35
荷兰	4.82	3.83	4.10	4.37	3.97	5.34	3.44	2.95	2.45	3.01	3.82
西班牙	3.61	3.05	4.18	4.29	3.81	3.16	3.95	3.61	4.19	3.49	3.75
德国	3.01	2.87	3.38	2.99	3.72	3.88	4.02	3.53	3.95	3.09	3.46
韩国	2.93	2.52	2.65	3.45	3.32	3.64	2.85	2.30	2.69	2.03	2.84
中国台湾	3.70	3.13	3.05	2.84	2.91	2.10	2.19	1.80	1.90	2.19	2.57
意大利	1.89	2.35	2.17	1.46	2.91	2.75	1.83	2.30	1.90	2.60	2.21
中国香港	2.50	2.87	2.01	1.53	2.67	2.27	3.15	2.05	1.58	1.06	2.17
芬兰	1.03	1.48	1.37	1.69	1.38	1.94	1.83	1.72	1.82	1.71	1.60
法国	1.29	1.39	0.80	1.46	2.43	1.54	1.61	2.05	1.58	1.46	1.56
印度	0.77	0.61	0.24	1.15	1.05	0.81	1.68	2.54	2.45	3.57	1.50
瑞典	1.98	1.74	1.13	1.30	1.05	1.29	1.17	1.56	0.95	1.46	1.35
新加坡	1.55	1.57	1.37	1.07	1.54	1.46	1.17	1.15	1.18	1.46	1.35
丹麦	1.38	1.13	1.21	0.84	1.46	1.86	1.39	1.39	1.42	1.22	1.33
瑞士	0.77	0.87	1.37	1.00	0.81	1.38	1.10	0.98	1.26	1.46	1.10
马来西亚	0.77	0.35	0.64	0.84	1.13	1.21	1.61	1.48	1.97	0.81	1.10

第二节 学科组

在管理科学各学科人才分析的基础上，按照 A、B、C 三个人才层次，对各学科人才进行汇总分析，可以从学科组层面揭示人才的分布特点和发展趋势。

一 A 层人才

管理科学 A 层人才最多的国家是美国，占该学科组全球 A 层人才的 31.61%，英国以 11.91% 的世界占比排名第二，两国 A 层人才占比合计超过全球的40%；其后是荷兰、加拿大、德国、澳大利亚，世界占比分别为5.74%、5.12%、4.88%、4.54%；中国大陆、法国、西班牙、意大利的A层人才也比较多，世界占比在4%~2%之间；丹麦、瑞士、挪威、瑞典、比利时、中国香港、印度、奥地利、巴西也有相当数量的A层人才，世界占比超过或等于1%；新西兰、葡萄牙、以色列、马来西亚、黎巴嫩、新加坡、芬兰、韩国、土耳其、南非、伊朗、塞浦路斯、爱尔兰、沙特、波兰、阿根廷、中国台湾、阿联酋、巴基斯坦、墨西哥、斯洛伐克也有一定数量的A层人才，世界占比低于1%。

在发展趋势上，美国、英国、荷兰呈现相对下降趋势，中国大陆、法国呈现相对上升趋势，其他国家和地区没有呈现明显变化。

表8-37 管理科学A层人才排名前40的国家和地区的占比

单位：%

国家和地区	2011年	2012年	2013年	2014年	2015年	2016年	2017年	2018年	2019年	2020年	合计
美国	42.59	42.59	33.52	36.51	33.50	31.19	30.17	27.59	22.71	25.39	31.61
英国	9.88	11.11	13.07	11.11	8.37	15.60	13.22	13.36	13.55	8.98	11.91
荷兰	6.17	6.79	5.68	5.29	8.87	9.63	5.37	5.17	3.59	2.34	5.74
加拿大	6.79	6.17	7.39	5.82	5.91	4.59	4.13	5.17	5.58	1.56	5.12
德国	3.70	6.17	6.25	4.23	4.43	5.05	2.07	6.47	6.37	4.30	4.88
澳大利亚	1.85	6.17	3.98	2.65	8.37	4.13	4.96	4.74	3.59	4.69	4.54
中国大陆	1.85	0.00	1.70	2.65	1.97	2.29	5.37	4.74	5.58	7.81	3.73
法国	2.47	0.62	1.70	3.17	1.97	1.83	2.89	4.31	6.77	4.69	3.25
西班牙	5.56	1.23	2.27	1.59	0.99	1.38	2.89	2.59	1.99	2.73	2.30
意大利	0.00	2.47	1.14	1.06	1.97	2.29	2.48	3.45	2.39	3.13	2.15
丹麦	2.47	0.62	2.27	5.29	1.48	1.83	2.07	0.00	0.00	3.13	1.87
瑞士	3.09	1.23	0.00	2.12	1.48	0.92	3.31	3.02	0.80	1.95	1.82
挪威	1.85	1.23	0.00	1.06	1.48	2.29	2.89	0.43	1.99	2.34	1.63
瑞典	2.47	1.23	2.84	0.53	2.96	0.92	2.07	0.43	1.20	0.78	1.48
比利时	1.23	0.62	1.14	2.65	0.99	2.29	1.24	1.72	1.59	0.78	1.29
中国香港	3.09	3.70	0.57	1.59	0.00	1.38	0.00	1.72	0.80	1.17	1.29
印度	0.00	0.00	0.00	0.53	1.97	1.38	1.24	1.72	1.59	3.52	1.15
奥地利	0.62	0.00	2.84	0.53	1.48	0.92	2.07	0.86	1.20	0.39	1.10
巴西	0.00	1.23	1.14	0.53	0.49	0.46	0.41	2.16	1.99	1.17	1.00
新西兰	0.62	0.00	2.84	1.06	0.49	0.46	0.41	0.00	1.99	1.17	0.91

续表

国家和地区	2011年	2012年	2013年	2014年	2015年	2016年	2017年	2018年	2019年	2020年	合计
葡萄牙	0.00	0.00	0.00	2.12	1.97	0.46	0.00	0.43	0.00	1.56	0.67
以色列	0.62	0.00	2.27	1.59	0.00	0.46	1.72	0.00	0.00	0.00	0.62
马来西亚	0.00	0.62	0.00	0.00	1.97	0.00	0.00	0.43	1.59	1.17	0.62
黎巴嫩	0.00	0.00	0.00	0.00	0.00	0.46	1.24	0.86	1.99	0.39	0.57
新加坡	0.00	0.62	1.14	0.00	0.49	1.38	0.41	0.43	1.20	0.00	0.57
芬兰	0.62	0.00	0.00	0.00	0.99	0.92	0.00	0.43	0.80	1.56	0.57
韩国	0.62	1.23	1.14	0.00	0.99	0.46	0.00	1.29	0.00	0.39	0.57
土耳其	0.62	1.85	0.57	0.53	0.99	0.00	0.41	0.00	0.00	0.40	0.53
南非	0.00	0.00	0.00	1.06	0.99	0.46	0.83	0.00	0.00	1.17	0.48
伊朗	0.00	0.62	0.00	0.00	1.48	0.00	0.00	0.43	0.80	1.17	0.48
塞浦路斯	0.00	0.00	1.14	0.00	0.00	0.00	0.83	1.29	0.00	0.78	0.48
爱尔兰	0.00	0.00	0.00	0.00	0.00	0.92	0.00	0.86	1.20	0.39	0.38
沙特	0.00	0.00	0.00	0.00	0.00	0.46	1.24	0.00	0.40	0.78	0.33
波兰	0.00	0.62	0.00	1.59	0.00	0.00	0.83	0.00	0.00	0.00	0.33
阿根廷	0.00	0.00	2.27	0.53	0.49	0.00	0.00	0.00	0.00	0.00	0.29
中国台湾	0.62	0.00	0.00	1.06	0.00	0.00	0.41	0.43	0.40	0.00	0.29
阿联酋	0.00	0.00	0.00	0.00	0.00	0.00	0.41	0.00	1.20	0.78	0.29
巴基斯坦	0.00	0.00	0.00	0.00	0.00	0.99	0.00	0.00	0.00	1.56	0.29
墨西哥	0.00	0.00	0.00	0.00	0.00	0.46	0.41	0.43	0.40	0.39	0.24
斯洛伐克	0.00	0.00	0.00	0.00	0.00	0.46	1.65	0.00	0.00	0.00	0.24

二 B层人才

管理科学B层人才最多的国家是美国，占该学科组全球B层人才的28.57%，英国以11.51%的世界占比排名第二，两国B层人才世界占比合计为全球的40%；其后是中国大陆、加拿大、德国、澳大利亚、荷兰，世界占比分别为6.49%、5.01%、4.41%、4.28%、4.06%；法国、西班牙、意大利的B层人才也比较多，世界占比在4%~2%之间；中国香港、瑞士、瑞典、比利时、新加坡、丹麦、挪威、印度、芬兰也有相当数量的B层人才，世界占比超过1%；中国台湾、韩国、奥地利、新西兰、南非、土耳其、伊朗、葡萄牙、马来西亚、日本、希腊、巴西、爱尔兰、巴基斯坦、以色列、智利、沙特、阿联酋、俄罗斯、黎巴嫩、波兰也有一定数量的B层人才，世界占比低于1%。

在发展趋势上，美国呈现相对下降趋势，中国大陆呈现相对上升趋势，其他国家和地区没有呈现明显变化。

表8-38 管理科学B层人才排名前40的国家和地区的占比

单位：%

国家和地区	2011年	2012年	2013年	2014年	2015年	2016年	2017年	2018年	2019年	2020年	合计
美国	39.89	37.88	34.74	33.30	32.77	28.80	26.57	23.06	20.01	18.32	28.57
英国	11.60	11.61	11.38	11.88	11.01	11.74	11.77	12.35	11.32	10.54	11.51
中国大陆	2.85	3.62	3.43	4.05	4.97	5.80	6.99	8.77	10.41	10.41	6.49
加拿大	5.83	7.17	5.90	5.26	5.02	4.53	5.50	4.38	3.59	4.12	5.01
德国	3.87	3.49	4.70	4.49	5.17	4.43	3.88	4.38	4.93	4.46	4.41
澳大利亚	2.79	4.19	3.73	4.27	4.35	4.73	3.97	5.19	3.85	5.18	4.28
荷兰	4.50	5.14	4.27	4.65	4.35	4.14	4.74	4.05	3.20	2.29	4.06
法国	2.16	2.16	2.59	2.90	3.23	3.80	2.80	2.69	4.75	3.06	3.08
西班牙	2.35	2.35	3.25	2.85	2.30	2.73	2.80	2.73	2.85	2.42	2.67
意大利	1.52	2.22	2.11	1.86	2.10	3.22	3.02	2.88	3.15	3.53	2.64
中国香港	2.73	2.16	1.93	1.92	2.00	2.10	1.85	1.51	1.47	1.61	1.89
瑞士	2.28	2.41	1.69	1.31	2.76	1.75	1.89	1.23	1.56	1.36	1.79
瑞典	1.71	1.14	1.63	1.42	1.38	1.61	2.30	1.41	2.16	1.61	1.66
比利时	1.65	1.40	1.81	1.48	1.59	1.66	1.49	1.41	1.51	0.76	1.46
新加坡	0.95	1.02	1.38	1.42	1.74	1.51	1.22	1.46	1.34	1.87	1.41
丹麦	1.20	1.02	1.20	1.37	0.92	1.32	1.53	1.79	1.30	1.49	1.33
挪威	1.71	1.40	1.32	1.04	0.92	0.93	1.26	1.51	1.60	0.85	1.24
印度	0.13	0.38	0.42	0.82	1.02	1.02	0.95	1.60	1.73	2.85	1.19
芬兰	0.76	0.89	0.90	1.10	1.28	1.02	1.31	1.13	0.86	1.53	1.10
中国台湾	1.20	0.76	1.02	1.37	0.72	0.83	0.68	0.80	0.65	0.93	0.88
韩国	0.82	1.02	1.26	1.04	1.08	0.83	0.68	0.80	0.69	0.72	0.88
奥地利	0.57	1.08	0.72	1.37	0.61	0.93	0.59	0.94	0.86	0.59	0.82
新西兰	1.14	0.25	0.48	0.33	0.67	0.49	0.41	0.75	0.78	1.10	0.65
南非	0.19	0.19	0.18	0.33	0.31	0.54	0.63	1.37	0.82	0.85	0.58
土耳其	0.76	0.38	0.36	0.44	0.46	0.63	0.36	0.42	0.82	0.98	0.58
伊朗	0.13	0.06	0.48	0.77	0.51	0.54	0.77	0.61	0.78	0.76	0.57
葡萄牙	0.51	0.32	0.36	0.44	0.72	0.63	0.19	0.63	0.61	0.61	0.53
马来西亚	0.38	0.25	0.42	0.66	0.26	0.20	0.63	0.41	0.61	0.78	0.68	0.52
日本	0.19	0.32	0.54	0.55	0.46	0.58	0.32	0.42	0.56	0.81	0.49
希腊	0.57	0.44	0.48	0.33	0.31	0.29	0.50	0.66	0.56	0.59	0.48

续表

国家和地区	2011年	2012年	2013年	2014年	2015年	2016年	2017年	2018年	2019年	2020年	合计
巴西	0.13	0.13	0.24	0.49	0.46	0.29	0.68	0.42	0.73	0.64	0.45
爱尔兰	0.44	0.19	0.30	0.60	0.46	0.44	0.32	0.52	0.48	0.64	0.45
巴基斯坦	0.19	0.13	0.24	0.16	0.05	0.49	0.59	0.24	0.82	1.19	0.45
以色列	0.25	0.44	0.78	0.38	0.46	0.34	0.14	0.28	0.39	0.25	0.36
智利	0.00	0.06	0.24	0.16	0.31	0.49	0.54	0.61	0.48	0.21	0.33
沙特	0.00	0.00	0.18	0.16	0.05	0.10	0.36	0.38	0.65	0.76	0.30
阿联酋	0.13	0.13	0.36	0.00	0.10	0.15	0.41	0.09	0.65	0.59	0.30
俄罗斯	0.00	0.19	0.12	0.05	0.00	0.29	0.41	0.47	0.43	0.68	0.29
黎巴嫩	0.13	0.06	0.06	0.05	0.00	0.34	0.36	0.28	0.43	0.42	0.23
波兰	0.00	0.06	0.24	0.11	0.20	0.19	0.32	0.28	0.30	0.47	0.23

三 C层人才

管理科学C层人才最多的国家是美国，占该学科组全球C层人才的25.70%，英国以10.96%的世界占比排名第二，两国的C层人才占比合计超过全球C层人才的1/3；其后是中国大陆、德国、澳大利亚、加拿大、荷兰，世界占比分别为6.49%、4.75%、4.64%、4.43%、4.06%；意大利、西班牙、法国的C层人才也比较多，世界占比在4%~2%之间；中国香港、瑞典、瑞士、比利时、印度、丹麦、韩国、中国台湾、挪威、新加坡、芬兰也有相当数量的C层人才，世界占比超过1%；奥地利、新西兰、土耳其、葡萄牙、巴西、马来西亚、日本、南非、伊朗、爱尔兰、希腊、以色列、波兰、巴基斯坦、沙特、智利、阿联酋、捷克、俄罗斯也有一定数量的C层人才，世界占比低于1%。

在发展趋势上，美国呈现相对下降趋势，中国大陆呈现相对上升趋势，其他国家和地区没有呈现明显变化。

表8-39 管理科学C层人才排名前40的国家和地区的占比

单位：%

国家和地区	2011年	2012年	2013年	2014年	2015年	2016年	2017年	2018年	2019年	2020年	合计
美国	32.50	31.21	29.27	28.87	26.63	25.28	24.70	23.54	20.85	19.28	25.70
英国	10.96	11.61	11.67	11.11	11.30	11.13	11.03	10.62	10.26	10.34	10.96
中国大陆	3.77	4.35	4.39	4.77	5.60	6.36	6.57	7.58	9.22	9.96	6.49

续表

国家和地区	2011年	2012年	2013年	2014年	2015年	2016年	2017年	2018年	2019年	2020年	合计
德国	4.52	4.81	4.98	5.17	5.13	5.11	4.83	4.59	4.41	4.14	4.75
澳大利亚	4.38	4.34	4.63	4.56	4.79	4.61	4.68	4.60	4.82	4.86	4.64
加拿大	5.17	4.73	5.12	4.72	4.56	4.59	4.41	4.17	3.81	3.62	4.43
荷兰	4.61	4.61	4.84	4.35	4.03	4.27	3.79	3.85	3.70	3.12	4.06
意大利	2.41	2.62	2.85	2.77	3.29	3.22	3.21	3.33	3.69	3.76	3.17
西班牙	2.68	2.90	2.88	3.20	2.98	3.11	2.68	2.66	2.84	2.74	2.86
法国	2.52	2.35	3.03	2.78	2.94	2.82	2.88	3.06	2.95	2.76	2.83
中国香港	2.02	2.06	1.97	1.69	1.78	1.78	1.83	1.60	1.63	1.41	1.76
瑞典	1.70	1.64	1.73	1.85	1.68	1.84	1.96	1.65	1.59	1.58	1.72
瑞士	1.50	1.95	1.86	1.68	1.87	1.69	1.81	1.74	1.62	1.51	1.72
比利时	1.55	1.28	1.63	1.49	1.36	1.35	1.32	1.49	1.28	1.06	1.37
印度	0.79	0.84	0.74	1.12	1.14	1.18	1.30	1.80	1.85	2.28	1.36
丹麦	1.28	1.24	1.36	1.48	1.39	1.47	1.28	1.26	1.24	1.28	1.33
韩国	1.20	1.26	1.10	1.16	1.40	1.34	1.31	1.30	1.38	1.11	1.26
中国台湾	1.98	1.78	1.35	1.21	1.28	0.87	0.92	0.88	0.91	0.88	1.16
挪威	1.28	0.99	1.13	1.16	1.00	1.20	1.26	1.10	1.08	1.13	1.13
新加坡	1.14	1.07	1.06	0.97	1.38	1.23	1.08	1.09	1.08	1.20	1.13
芬兰	0.79	0.95	1.00	1.23	1.01	1.12	1.17	1.06	0.97	1.02	1.04
奥地利	0.76	0.92	0.97	0.88	0.84	0.95	0.79	0.72	0.91	0.88	0.86
新西兰	0.91	0.75	0.68	0.61	0.65	0.60	0.81	0.98	0.83	0.91	0.78
土耳其	0.88	0.74	0.56	0.63	0.78	0.71	0.63	0.63	0.83	1.09	0.75
葡萄牙	0.72	0.75	0.57	0.68	0.60	0.71	0.86	0.96	0.85	0.65	0.74
巴西	0.49	0.56	0.46	0.61	0.59	0.76	0.78	0.70	0.91	0.82	0.68
马来西亚	0.47	0.26	0.39	0.65	0.72	0.77	0.68	0.75	0.74	0.94	0.66
日本	0.62	0.83	0.67	0.61	0.64	0.54	0.66	0.48	0.65	0.76	0.64
南非	0.26	0.43	0.40	0.47	0.57	0.55	0.78	0.75	0.80	0.78	0.60
伊朗	0.57	0.44	0.42	0.46	0.56	0.51	0.53	0.65	0.72	0.89	0.59
爱尔兰	0.54	0.43	0.46	0.54	0.49	0.55	0.54	0.55	0.51	0.66	0.53
希腊	0.52	0.52	0.71	0.55	0.56	0.48	0.53	0.43	0.54	0.47	0.53
以色列	0.61	0.52	0.58	0.51	0.50	0.39	0.37	0.39	0.35	0.33	0.44
波兰	0.13	0.15	0.22	0.35	0.36	0.52	0.55	0.42	0.63	0.69	0.42
巴基斯坦	0.10	0.11	0.19	0.12	0.20	0.21	0.38	0.45	0.81	1.10	0.40
沙特	0.13	0.17	0.16	0.30	0.34	0.35	0.28	0.33	0.41	0.67	0.33
智利	0.11	0.16	0.27	0.30	0.32	0.35	0.37	0.44	0.38	0.26	0.31
阿联酋	0.16	0.14	0.18	0.16	0.17	0.26	0.28	0.38	0.52	0.55	0.30
捷克	0.08	0.17	0.17	0.23	0.30	0.35	0.36	0.33	0.30	0.37	0.28
俄罗斯	0.12	0.08	0.16	0.17	0.12	0.22	0.32	0.32	0.47	0.55	0.27

第九章 医学

医学是研究机体细胞、组织、器官和系统的形态、结构、功能及发育异常，以及疾病发生、发展、转归、诊断、治疗和预防的科学。

第一节 学科

医学学科组包括以下学科：呼吸系统，心脏和心血管系统，周围血管疾病学，胃肠病学和肝脏病学，产科医学和妇科医学，男科学，儿科学，泌尿学和肾脏学，运动科学，内分泌学和新陈代谢，营养学和饮食学，血液学，临床神经学，药物滥用医学，精神病学，敏感症学，风湿病学，皮肤医学，眼科学，耳鼻喉学，听觉学和言语病理学，牙科医学、口腔外科和口腔医学，急救医学，危机护理医学，整形外科学，麻醉学，肿瘤学，康复医学，医学信息学，神经影像学，传染病学，寄生物学，医学化验技术，放射医学、核医学和影像医学，法医学，老年病学和老年医学，初级卫生保健，公共卫生、环境卫生和职业卫生，热带医学，药理学和药剂学，医用化学，毒理学，病理学，外科学，移植医学，护理学，全科医学和内科医学，综合医学和补充医学，研究和实验医学，共计49个。

一 呼吸系统

呼吸系统A、B、C层人才最多的国家是美国，分别占该学科全球A、B、C层人才的19.88%、18.79%、25.25%，均显著高于其他国家和地区。

加拿大、英国A层人才的世界占比均为9.94%，分列第二、第三位；澳大利亚、中国大陆、法国、德国、意大利、瑞士的A层人才比较多，世界占比在 7%~3% 之间；西班牙、荷兰、比利时、日本、巴西、瑞典、丹麦、中国香港、南非、阿根廷、希腊也有相当数量的 A 层人才，世界占比超过或接近 1%。

英国 B 层人才的世界占比为 10.81%，排名第二；加拿大、意大利、德国、法国、澳大利亚、荷兰、西班牙、比利时的 B 层人才比较多，世界占比在 7%~3% 之间；瑞士、中国大陆、日本、瑞典、丹麦、巴西、韩国、爱尔兰、南非、奥地利也有相当数量的 B 层人才，世界占比超过或接近 1%。

英国 C 层人才的世界占比为 9.88%，排名第二；加拿大、德国、意大利、法国、荷兰、中国大陆、澳大利亚、西班牙、日本的 C 层人才比较多，世界占比在 6%~3% 之间；瑞士、比利时、瑞典、韩国、丹麦、巴西、奥地利、南非、希腊也有相当数量的 C 层人才，世界占比超过或接近 1%。

表 9-1 呼吸系统 A 层人才排名前 20 的国家和地区的占比

单位：%

国家和地区	2011年	2012年	2013年	2014年	2015年	2016年	2017年	2018年	2019年	2020年	合计
美国	31.82	16.67	40.63	13.33	17.07	21.88	8.33	20.00	13.33	16.33	19.88
加拿大	9.09	12.50	12.50	10.00	12.20	12.50	8.33	6.67	11.11	6.12	9.94
英国	9.09	16.67	3.13	10.00	9.76	6.25	8.33	13.33	11.11	10.20	9.94
澳大利亚	9.09	4.17	3.13	6.67	9.76	3.13	8.33	8.89	11.11	0.00	6.33
中国大陆	0.00	4.17	0.00	0.00	0.00	6.25	8.33	4.44	0.00	26.53	5.72
法国	9.09	12.50	0.00	10.00	7.32	3.13	8.33	4.44	8.89	0.00	5.72
德国	13.64	8.33	3.13	3.33	2.44	6.25	8.33	4.44	8.89	4.08	5.72
意大利	4.55	4.17	6.25	3.33	7.32	3.13	8.33	4.44	4.44	2.04	4.52
瑞士	0.00	4.17	0.00	3.33	7.32	6.25	0.00	2.22	2.22	4.08	3.31
西班牙	0.00	0.00	3.13	0.00	2.44	6.25	8.33	2.22	2.22	4.08	2.71
荷兰	0.00	4.17	12.50	3.33	0.00	3.13	0.00	2.22	2.22	0.00	2.71
比利时	0.00	0.00	0.00	0.00	6.67	7.32	0.00	8.33	2.22	2.22	2.41
日本	0.00	0.00	3.13	3.33	2.44	3.13	8.33	2.22	2.22	2.04	2.41
巴西	0.00	0.00	0.00	6.67	0.00	3.13	0.00	0.00	4.44	0.00	1.51
瑞典	0.00	4.17	3.13	3.33	0.00	6.25	0.00	0.00	0.00	0.00	1.51
丹麦	0.00	0.00	3.13	0.00	2.44	0.00	0.00	6.67	0.00	0.00	1.51
中国香港	0.00	4.17	0.00	0.00	0.00	0.00	0.00	0.00	2.22	6.12	1.51

续表

国家和地区	2011年	2012年	2013年	2014年	2015年	2016年	2017年	2018年	2019年	2020年	合计
南非	0.00	0.00	0.00	3.33	2.44	0.00	0.00	2.22	2.22	0.00	1.20
阿根廷	0.00	0.00	3.13	0.00	2.44	0.00	0.00	2.22	0.00	0.00	0.90
希腊	0.00	0.00	0.00	3.33	0.00	3.13	0.00	0.00	0.00	2.04	0.90

表9-2 呼吸系统B层人才排名前20的国家和地区的占比

单位：%

国家和地区	2011年	2012年	2013年	2014年	2015年	2016年	2017年	2018年	2019年	2020年	合计
美国	22.90	24.90	24.71	16.33	21.41	18.61	15.31	20.05	15.77	13.41	18.79
英国	9.81	10.44	12.36	12.33	11.38	13.06	10.77	12.07	8.33	8.18	10.81
加拿大	8.88	10.44	6.61	4.00	5.15	7.50	6.46	7.97	6.31	5.45	6.70
意大利	6.54	3.61	4.60	4.33	4.34	4.17	5.74	5.69	6.31	7.73	5.42
德国	7.48	4.82	3.74	5.33	5.69	6.39	6.22	5.92	5.41	3.64	5.39
法国	5.61	2.41	4.89	5.67	3.25	6.39	4.78	4.56	5.86	5.23	4.91
澳大利亚	2.80	4.02	4.31	5.33	4.34	3.33	5.98	4.56	3.60	5.00	4.41
荷兰	4.21	4.02	3.45	4.33	5.69	3.89	3.11	4.78	4.05	3.41	4.08
西班牙	3.27	5.62	4.60	3.33	3.52	4.17	4.07	2.73	3.83	4.32	3.91
比利时	3.27	2.01	2.30	1.00	1.90	3.89	3.35	2.73	2.93	3.41	3.10
瑞士	3.27	1.61	2.30	3.33	4.07	2.50	4.07	2.05	2.70	2.73	2.88
中国大陆	0.00	0.80	1.44	2.00	1.36	2.78	2.15	2.05	2.93	7.05	2.51
日本	1.40	1.61	1.44	1.00	2.71	3.61	2.63	2.28	2.48	2.73	2.29
瑞典	1.40	2.01	2.30	0.33	2.44	1.67	1.91	1.82	2.48	1.14	1.79
丹麦	1.87	2.41	3.74	1.00	1.90	2.50	1.20	0.46	1.58	0.91	1.68
巴西	1.40	0.00	0.86	2.00	1.63	1.67	0.96	0.91	0.68	2.05	1.23
韩国	1.87	2.01	0.86	0.00	1.36	1.11	0.24	1.59	1.80	1.59	1.23
爱尔兰	0.00	0.80	0.86	0.00	1.36	0.83	1.91	1.82	1.13	1.36	1.12
南非	0.93	0.80	1.44	1.00	1.36	1.39	0.96	0.91	1.58	0.68	1.12
奥地利	1.40	0.80	0.86	1.67	0.27	0.56	0.72	0.46	1.80	0.45	0.87

表9-3 呼吸系统C层人才排名前20的国家和地区的占比

单位：%

国家和地区	2011年	2012年	2013年	2014年	2015年	2016年	2017年	2018年	2019年	2020年	合计
美国	27.44	28.96	27.23	25.55	27.07	25.39	23.73	24.65	23.70	22.26	25.25
英国	10.33	10.69	10.04	10.00	9.74	9.81	10.12	9.74	8.97	10.06	9.88
加拿大	5.75	6.01	6.03	5.58	5.45	5.32	6.19	5.31	5.87	4.97	5.62
德国	6.84	5.43	5.14	6.10	5.74	6.01	5.56	5.47	5.10	4.90	5.54

续表

国家和地区	2011年	2012年	2013年	2014年	2015年	2016年	2017年	2018年	2019年	2020年	合计
意大利	4.67	4.56	4.39	4.90	4.80	4.88	5.01	5.64	4.70	6.90	5.12
法国	4.62	3.56	4.22	3.90	4.40	4.55	4.45	3.92	4.25	4.53	4.25
荷兰	4.20	4.31	5.05	4.38	4.16	4.19	4.20	3.94	4.08	4.01	4.23
中国大陆	1.98	1.66	2.82	2.81	3.97	4.01	4.08	5.14	6.29	5.98	4.19
澳大利亚	3.68	3.36	4.19	3.66	3.59	4.64	4.63	3.69	4.08	3.92	3.98
西班牙	3.35	3.77	3.03	3.46	3.33	3.78	3.93	3.31	3.10	2.98	3.38
日本	3.68	3.98	3.71	3.25	3.33	3.27	2.99	3.40	3.10	2.39	3.25
瑞士	2.40	2.61	2.58	2.09	2.41	2.38	2.84	2.70	2.08	2.44	2.46
比利时	2.97	1.95	2.38	2.57	2.09	2.53	2.37	2.25	2.79	2.42	2.43
瑞典	1.18	1.53	1.75	2.09	1.37	1.78	1.33	2.28	1.46	1.38	1.63
韩国	1.41	1.41	1.40	1.71	1.42	1.43	1.13	1.27	1.64	1.24	1.40
丹麦	1.37	1.53	1.37	1.37	1.53	1.13	1.28	1.29	1.20	1.41	1.34
巴西	0.80	0.75	1.25	0.96	1.05	1.04	1.38	1.20	1.20	1.06	1.10
奥地利	0.75	1.20	1.04	1.44	1.07	0.77	0.75	0.80	1.09	1.10	1.00
南非	1.37	1.24	1.22	0.99	1.13	0.56	0.60	0.82	0.80	0.87	0.92
希腊	0.71	0.66	0.95	1.13	0.86	0.71	1.03	0.80	1.06	0.63	0.86

二 心脏和心血管系统

心脏和心血管系统A、B、C层人才最多的国家是美国，分别占该学科全球A、B、C层人才的13.40%、19.58%、25.33%，其中，C层人才大幅高于其他国家和地区。

英国、法国、意大利、加拿大、荷兰、德国、瑞典、澳大利亚的A层人才比较多，世界占比在8%～3%之间；比利时、丹麦、西班牙、瑞士、波兰、日本、捷克、中国大陆、芬兰、巴西、挪威也有相当数量的A层人才，世界占比超过1%。

英国、德国、加拿大、意大利、荷兰、法国、澳大利亚的B层人才比较多，世界占比在9%～3%之间；西班牙、瑞士、瑞典、丹麦、比利时、中国大陆、日本、波兰、巴西、奥地利、希腊、挪威也有相当数量的B层人才，世界占比超过1%。

英国、德国、意大利、加拿大、荷兰、法国、中国大陆的 C 层人才比较多，世界占比在 9%~3% 之间；澳大利亚、西班牙、日本、瑞士、瑞典、丹麦、比利时、波兰、奥地利、希腊、韩国、挪威也有相当数量的 C 层人才，世界占比超过或等于 1%。

表 9–4　心脏和心血管系统 A 层人才排名前 20 的国家和地区的占比

单位：%

国家和地区	2011 年	2012 年	2013 年	2014 年	2015 年	2016 年	2017 年	2018 年	2019 年	2020 年	合计
美国	26.79	15.52	5.97	25.40	9.23	15.94	0.00	6.85	16.67	12.79	13.40
英国	8.93	12.07	7.46	7.94	3.08	11.59	2.08	4.11	9.52	8.14	7.50
法国	7.14	12.07	8.96	3.17	10.77	7.25	2.08	1.37	4.76	4.65	6.22
意大利	5.36	5.17	7.46	1.59	9.23	11.59	2.08	2.74	0.00	8.14	5.74
加拿大	10.71	5.17	4.48	7.94	7.69	5.80	0.00	1.37	11.90	3.49	5.58
荷兰	8.93	6.90	8.96	1.59	4.62	10.14	2.08	1.37	2.38	3.49	5.10
德国	3.57	8.62	8.96	4.76	3.08	4.35	2.08	1.37	2.38	5.81	4.63
瑞典	1.79	5.17	5.97	3.17	4.62	2.90	2.08	2.74	4.76	2.33	3.51
澳大利亚	8.93	1.72	2.99	4.76	1.54	2.90	0.00	2.74	2.38	2.33	3.03
比利时	1.79	1.72	4.48	4.76	4.62	4.35	2.08	1.37	0.00	2.33	2.87
丹麦	0.00	5.17	2.99	6.35	0.00	2.90	2.08	4.11	4.76	1.16	2.87
西班牙	1.79	1.72	5.97	0.00	1.54	2.90	2.08	2.74	0.00	4.65	2.55
瑞士	0.00	1.72	1.49	0.00	1.54	7.25	2.08	2.74	0.00	2.33	2.07
波兰	3.57	0.00	2.99	0.00	3.08	2.90	2.08	1.37	2.38	2.33	2.07
日本	0.00	3.45	1.49	6.35	0.00	1.54	0.00	0.00	1.37	4.76	1.16	1.91
捷克	1.79	1.72	2.99	0.00	1.54	1.45	2.08	1.37	2.38	1.16	1.59
中国大陆	0.00	0.00	0.00	0.00	0.00	1.54	0.00	0.00	2.38	8.14	1.59
芬兰	1.79	0.00	2.99	0.00	1.54	0.00	0.00	1.37	0.00	3.49	1.44
巴西	1.79	1.72	2.99	1.59	1.54	0.00	0.00	1.37	2.38	1.16	1.44
挪威	0.00	0.00	1.49	0.00	3.08	1.45	2.08	1.37	0.00	1.16	1.12

表 9–5　心脏和心血管系统 B 层人才排名前 20 的国家和地区的占比

单位：%

国家和地区	2011 年	2012 年	2013 年	2014 年	2015 年	2016 年	2017 年	2018 年	2019 年	2020 年	合计
美国	24.06	26.74	21.04	20.10	20.21	17.74	18.72	15.57	17.10	18.13	19.58
英国	5.57	8.42	8.32	7.45	9.23	8.32	8.17	9.02	8.23	8.16	8.15
德国	6.76	8.06	9.14	8.15	8.01	6.59	7.73	6.97	6.43	5.70	7.28
加拿大	6.96	6.59	6.53	8.15	4.36	6.75	5.65	5.05	6.30	4.53	6.01
意大利	6.36	4.76	6.69	5.37	5.92	5.02	4.61	4.64	5.40	7.25	5.60

续表

国家和地区	2011年	2012年	2013年	2014年	2015年	2016年	2017年	2018年	2019年	2020年	合计
荷兰	4.77	5.86	4.89	4.16	4.36	5.02	4.61	5.19	5.01	3.76	4.75
法国	4.97	3.66	5.22	4.51	5.23	5.18	5.65	4.23	4.37	3.24	4.59
澳大利亚	2.39	3.66	2.28	3.64	4.18	2.98	4.16	3.55	3.34	2.20	3.23
西班牙	2.78	1.83	3.10	2.95	3.31	2.98	2.08	3.28	2.31	2.98	2.76
瑞士	1.39	2.38	2.61	2.25	1.92	2.20	3.27	2.87	3.47	2.98	2.61
瑞典	2.98	2.20	2.28	2.60	2.61	1.73	2.97	2.60	3.08	1.94	2.50
丹麦	1.39	2.38	2.28	3.29	2.79	2.51	2.82	2.05	1.80	1.81	2.30
比利时	1.99	1.28	2.12	2.77	3.48	2.51	1.34	2.46	2.44	1.81	2.22
中国大陆	0.60	0.92	1.31	1.39	1.22	1.26	1.63	1.50	1.80	4.66	1.73
日本	2.19	2.20	1.47	1.21	1.92	2.67	1.34	1.64	1.41	1.04	1.67
波兰	1.99	1.28	2.28	1.39	1.39	1.26	1.34	1.09	1.67	2.59	1.64
巴西	1.19	1.28	1.47	1.04	2.09	1.57	1.04	2.32	1.29	1.55	1.50
奥地利	1.79	1.28	1.63	1.21	0.87	1.26	1.04	1.50	1.03	1.42	1.30
希腊	0.99	0.73	1.14	1.04	0.70	1.41	1.19	1.23	1.29	2.07	1.22
挪威	1.59	0.00	0.98	1.04	1.39	1.57	1.78	1.37	0.77	1.04	1.16

表9-6 心脏和心血管系统C层人才排名前20的国家和地区的占比

单位：%

国家和地区	2011年	2012年	2013年	2014年	2015年	2016年	2017年	2018年	2019年	2020年	合计
美国	30.86	30.17	28.15	27.79	26.11	25.19	23.49	23.17	19.84	22.13	25.33
英国	7.99	7.88	7.60	7.88	8.30	8.20	8.58	8.76	8.14	8.67	8.23
德国	8.30	7.39	7.21	7.33	6.85	6.69	6.66	6.75	6.36	6.30	6.93
意大利	6.31	6.10	6.68	6.00	6.06	5.65	6.02	5.94	6.16	7.25	6.23
加拿大	5.32	5.75	5.44	6.07	4.91	5.30	5.24	5.46	4.82	4.85	5.29
荷兰	5.67	5.12	5.04	4.86	4.82	4.68	4.68	4.84	4.87	4.25	4.85
法国	3.91	4.14	3.82	3.88	4.19	4.40	4.06	3.84	3.60	3.60	3.93
中国大陆	2.02	2.69	3.08	3.05	3.05	3.10	3.23	3.09	3.07	3.71	3.05
澳大利亚	2.51	2.60	3.14	2.93	2.74	2.84	3.01	3.27	3.21	2.77	2.92
西班牙	2.89	2.87	2.48	2.65	3.00	2.92	2.90	3.13	2.91	2.92	2.87
日本	3.20	3.46	3.27	2.63	2.69	2.54	2.53	2.50	2.35	1.87	2.66
瑞士	2.63	2.30	2.67	2.33	2.54	2.53	2.84	2.55	2.59	2.74	2.58
瑞典	2.17	2.01	2.07	2.00	2.52	2.40	2.26	2.26	2.30	2.25	2.23
丹麦	1.46	1.71	1.56	2.04	2.11	2.01	2.20	2.40	2.22	2.01	1.99
比利时	1.64	1.69	1.78	1.72	2.09	2.06	2.09	2.05	2.28	1.96	1.95
波兰	0.93	0.74	1.10	1.04	1.29	1.45	1.26	1.20	1.53	1.64	1.24
奥地利	0.97	1.16	1.13	1.40	1.15	1.06	1.20	1.16	1.18	1.30	1.18

续表

国家和地区	2011年	2012年	2013年	2014年	2015年	2016年	2017年	2018年	2019年	2020年	合计
希腊	0.93	1.05	1.10	1.05	1.25	0.98	1.14	1.00	1.21	1.22	1.10
韩国	1.28	1.14	1.05	1.02	0.93	1.12	1.14	1.09	1.25	0.99	1.10
挪威	0.71	0.70	0.91	0.98	0.89	1.04	1.25	1.19	1.28	0.87	1.00

三 周围血管疾病学

周围血管疾病学A、B、C层人才最多的国家是美国，分别占该学科全球A、B、C层人才的28.99%、23.95%、27.33%，均遥遥领先于其他国家和地区。

英国、加拿大、意大利、荷兰、法国、德国、瑞士、中国大陆的A层人才比较多，世界占比在8%~4%之间；澳大利亚、比利时、瑞典、爱尔兰、丹麦、奥地利、捷克、希腊、日本、挪威、西班牙也有相当数量的A层人才，世界占比超过或接近1%。

英国、加拿大、德国、意大利、荷兰、法国、澳大利亚的B层人才比较多，世界占比在8%~3%之间；瑞典、中国大陆、西班牙、日本、瑞士、比利时、丹麦、奥地利、波兰、挪威、芬兰、巴西也有相当数量的B层人才，世界占比超过1%。

英国、德国、加拿大、意大利、荷兰、中国大陆、法国、澳大利亚、日本的C层人才比较多，世界占比在9%~3%之间；瑞典、西班牙、瑞士、丹麦、比利时、韩国、希腊、奥地利、芬兰、巴西也有相当数量的C层人才，世界占比超过或接近1%。

表9–7 周围血管疾病学A层人才排名前20的国家和地区的占比

单位：%

国家和地区	2011年	2012年	2013年	2014年	2015年	2016年	2017年	2018年	2019年	2020年	合计
美国	30.00	25.93	14.29	40.00	46.15	21.43	0.00	26.67	66.67	19.35	28.99
英国	10.00	7.41	9.52	0.00	7.69	0.00	0.00	13.33	0.00	9.68	7.73
加拿大	6.67	7.41	0.00	16.00	11.54	7.14	0.00	0.00	0.00	6.45	6.76
意大利	10.00	7.41	4.76	4.00	3.85	7.14	0.00	3.33	0.00	12.90	6.76
荷兰	13.33	7.41	4.76	8.00	3.85	0.00	0.00	3.33	0.00	6.45	6.28

续表

国家和地区	2011年	2012年	2013年	2014年	2015年	2016年	2017年	2018年	2019年	2020年	合计
法国	3.33	7.41	9.52	0.00	3.85	7.14	0.00	3.33	0.00	9.68	5.31
德国	3.33	0.00	4.76	12.00	7.69	7.14	0.00	3.33	0.00	3.23	4.83
瑞士	3.33	3.70	4.76	0.00	0.00	7.14	0.00	6.67	0.00	9.68	4.35
中国大陆	0.00	3.70	0.00	0.00	3.85	0.00	0.00	3.33	0.00	19.35	4.35
澳大利亚	3.33	3.70	4.76	0.00	3.85	7.14	0.00	3.33	0.00	0.00	2.90
比利时	0.00	3.70	4.76	4.00	3.85	7.14	0.00	3.33	0.00	0.00	2.90
瑞典	6.67	0.00	4.76	4.00	0.00	7.14	0.00	3.33	0.00	0.00	2.90
爱尔兰	0.00	0.00	0.00	0.00	0.00	7.14	0.00	3.33	33.33	0.00	1.93
丹麦	0.00	3.70	0.00	4.00	0.00	0.00	0.00	3.33	0.00	0.00	1.45
奥地利	6.67	3.70	0.00	0.00	0.00	0.00	0.00	0.00	0.00	0.00	1.45
捷克	0.00	3.70	4.76	0.00	0.00	7.14	0.00	0.00	0.00	0.00	1.45
希腊	0.00	3.70	4.76	0.00	0.00	0.00	0.00	3.33	0.00	0.00	1.45
日本	3.33	0.00	0.00	0.00	0.00	0.00	0.00	0.00	0.00	3.23	0.97
挪威	0.00	0.00	4.76	0.00	0.00	0.00	0.00	3.33	0.00	0.00	0.97
西班牙	0.00	0.00	4.76	0.00	0.00	0.00	0.00	3.33	0.00	0.00	0.97

表9-8 周围血管疾病学B层人才排名前20的国家和地区的占比

单位：%

国家和地区	2011年	2012年	2013年	2014年	2015年	2016年	2017年	2018年	2019年	2020年	合计
美国	32.45	33.33	27.22	21.81	22.41	27.50	16.54	23.03	19.19	17.03	23.95
英国	7.55	8.55	7.95	8.23	8.62	7.14	6.92	9.78	6.73	7.25	7.89
加拿大	6.04	8.12	6.73	9.88	6.55	7.86	5.77	6.62	8.42	6.16	7.17
德国	8.30	8.12	8.87	8.64	6.90	3.93	5.38	5.68	4.71	3.26	6.35
意大利	4.91	4.27	5.20	5.76	4.14	5.00	2.31	4.10	3.70	9.06	4.84
荷兰	4.53	5.98	4.59	6.17	4.48	4.29	2.69	5.99	3.70	2.90	4.52
法国	4.91	3.42	3.98	5.76	3.45	2.50	3.46	3.79	2.69	5.43	3.91
澳大利亚	2.26	1.28	3.36	4.53	4.48	1.79	4.62	5.68	3.03	3.62	3.51
瑞典	2.26	3.85	2.45	4.53	3.10	2.86	3.46	0.63	3.37	1.81	2.76
中国大陆	1.89	1.71	1.22	2.88	1.03	2.50	2.31	1.58	1.68	6.16	2.26
西班牙	3.02	2.14	3.36	1.65	2.41	1.79	0.77	1.58	1.68	2.90	2.15
日本	1.13	1.28	2.14	1.23	2.41	2.50	1.54	2.84	2.69	2.54	2.08
瑞士	1.51	1.71	3.06	1.23	1.72	1.43	1.54	2.21	4.04	1.45	2.04
比利时	1.89	2.14	0.92	1.65	2.07	1.79	1.15	2.21	2.69	0.72	1.72
丹麦	1.89	1.71	1.22	0.82	1.38	2.86	1.92	0.95	1.68	2.17	1.65
奥地利	1.13	1.28	1.53	2.06	1.38	1.07	0.77	1.89	1.35	1.81	1.43

续表

国家和地区	2011年	2012年	2013年	2014年	2015年	2016年	2017年	2018年	2019年	2020年	合计
波兰	2.64	0.43	0.92	0.82	1.03	1.43	1.15	0.95	1.01	1.09	1.15
挪威	0.75	1.71	1.22	0.41	0.69	1.79	1.15	1.89	1.01	0.36	1.11
芬兰	1.51	1.28	0.92	0.82	2.07	1.07	0.77	0.32	0.67	1.45	1.08
巴西	0.75	0.43	1.22	0.00	1.72	1.07	0.38	1.89	0.34	2.17	1.04

表9-9 周围血管疾病学C层人才排名前20的国家和地区的占比

单位：%

国家和地区	2011年	2012年	2013年	2014年	2015年	2016年	2017年	2018年	2019年	2020年	合计
美国	32.07	31.28	29.84	28.52	28.37	26.78	25.81	25.21	23.90	21.67	27.33
英国	7.52	8.30	8.30	7.57	8.23	8.02	8.24	8.09	7.82	8.11	8.03
德国	7.33	7.52	6.91	6.62	6.73	6.14	5.86	6.37	5.85	5.92	6.53
加拿大	4.81	5.18	4.76	5.88	6.15	5.99	5.40	5.13	5.42	5.59	5.42
意大利	5.08	5.43	5.14	4.97	4.22	4.22	4.85	4.81	4.38	7.02	5.01
荷兰	5.04	4.32	5.46	5.26	5.47	4.99	4.85	4.39	4.76	4.31	4.89
中国大陆	2.89	4.11	3.94	3.93	4.47	4.95	5.44	5.44	4.73	4.68	4.50
法国	4.40	3.78	3.85	3.85	3.36	4.14	3.68	3.57	3.95	3.98	3.85
澳大利亚	3.20	2.88	3.53	3.48	3.29	3.45	3.14	3.05	3.64	3.80	3.35
日本	3.38	3.62	3.25	3.35	3.11	3.22	3.30	3.70	2.83	2.56	3.23
瑞典	2.89	2.18	2.15	2.44	2.61	2.46	2.63	2.01	2.25	1.97	2.35
西班牙	2.07	2.55	2.02	2.36	2.11	1.69	2.34	2.47	2.63	2.60	2.28
瑞士	2.26	1.93	2.68	1.37	1.36	1.50	1.92	1.72	2.17	2.41	1.95
丹麦	1.54	1.56	1.04	1.82	1.43	1.84	2.30	1.36	1.36	1.75	1.58
比利时	1.39	1.52	1.51	1.61	1.47	1.19	1.51	1.33	1.32	1.64	1.45
韩国	1.39	0.78	1.48	1.45	1.57	1.27	1.67	1.40	1.51	0.95	1.35
希腊	1.20	1.07	0.85	1.20	1.32	1.19	1.09	1.40	1.28	1.43	1.20
奥地利	1.17	1.11	1.20	1.20	1.11	1.11	1.05	1.23	1.24	1.24	1.17
芬兰	1.43	0.86	1.14	1.03	0.93	0.96	0.75	0.58	1.05	0.73	0.95
巴西	0.83	0.62	0.91	0.50	1.11	1.00	0.79	1.10	0.97	1.35	0.93

四 胃肠病学和肝脏病学

胃肠病学和肝脏病学A、B、C层人才最多的国家是美国，分别占该学科全球A、B、C层人才的21.24%、18.39%、23.33%，均大幅高于其他国家和地区。

英国、意大利、西班牙、法国、中国大陆、德国、加拿大的 A 层人才比较多,世界占比在 9%~4% 之间;荷兰、瑞士、澳大利亚、比利时、以色列、中国香港、日本、丹麦、印度、芬兰、韩国、爱尔兰也有相当数量的 A 层人才,世界占比超过 1%。

英国、意大利、法国、德国、加拿大、西班牙、荷兰、中国大陆、比利时、澳大利亚的 B 层人才比较多,世界占比在 8%~3% 之间;日本、瑞士、瑞典、奥地利、中国香港、丹麦、韩国、葡萄牙、以色列也有相当数量的 B 层人才,世界占比超过 1%。

英国、意大利、中国大陆、德国、日本、法国、加拿大、西班牙、荷兰的 C 层人才比较多,世界占比在 8%~3% 之间;澳大利亚、韩国、比利时、瑞士、瑞典、丹麦、中国香港、中国台湾、印度、奥地利也有相当数量的 C 层人才,世界占比超过 1%。

表 9-10 胃肠病学和肝脏病学 A 层人才排名前 20 的国家和地区的占比

单位:%

国家和地区	2011 年	2012 年	2013 年	2014 年	2015 年	2016 年	2017 年	2018 年	2019 年	2020 年	合计
美国	21.21	21.21	19.35	36.84	23.26	13.16	13.33	50.00	26.00	4.35	21.24
英国	3.03	9.09	6.45	15.79	9.30	13.16	13.33	8.33	6.00	4.35	8.55
意大利	6.06	6.06	9.68	7.89	9.30	2.63	0.00	8.33	4.00	4.35	5.90
西班牙	9.09	9.09	3.23	10.53	4.65	7.89	0.00	8.33	2.00	2.17	5.60
法国	12.12	6.06	9.68	7.89	2.33	5.26	6.67	0.00	2.00	2.17	5.31
中国大陆	0.00	0.00	0.00	0.00	0.00	2.63	6.67	0.00	2.00	30.43	5.01
德国	12.12	6.06	6.45	2.63	4.65	0.00	0.00	0.00	6.00	4.35	4.72
加拿大	6.06	3.03	9.68	2.63	6.98	5.26	13.33	0.00	2.00	0.00	4.42
荷兰	3.03	12.12	6.45	0.00	2.33	2.63	0.00	0.00	4.00	0.00	2.95
瑞士	0.00	6.06	3.23	0.00	2.33	2.63	6.67	16.67	2.00	2.17	2.95
澳大利亚	3.03	0.00	0.00	2.63	2.33	2.63	6.67	8.33	2.00	4.35	2.65
比利时	3.03	0.00	9.68	0.00	2.33	2.63	6.67	0.00	4.00	0.00	2.65
以色列	3.03	3.03	0.00	0.00	4.65	0.00	0.00	0.00	2.00	2.17	2.36
中国香港	0.00	0.00	0.00	2.63	0.00	2.63	6.67	0.00	0.00	8.70	2.36
日本	9.09	0.00	0.00	0.00	0.00	2.63	6.67	0.00	0.00	4.35	2.06
丹麦	0.00	3.03	0.00	2.63	4.65	0.00	0.00	0.00	2.00	2.17	1.77

续表

国家和地区	2011年	2012年	2013年	2014年	2015年	2016年	2017年	2018年	2019年	2020年	合计
印度	0.00	0.00	0.00	0.00	2.33	2.63	0.00	0.00	4.00	2.17	1.47
芬兰	0.00	6.06	0.00	2.63	0.00	0.00	6.67	0.00	0.00	2.17	1.47
韩国	0.00	0.00	3.23	2.63	0.00	2.63	0.00	0.00	2.00	2.17	1.47
爱尔兰	0.00	3.03	0.00	2.63	0.00	0.00	6.67	0.00	2.00	0.00	1.18

表9-11 胃肠病学和肝脏病学B层人才排名前20的国家和地区的占比

单位：%

国家和地区	2011年	2012年	2013年	2014年	2015年	2016年	2017年	2018年	2019年	2020年	合计
美国	24.41	24.34	19.69	17.96	22.34	20.95	14.03	15.73	15.98	12.95	18.39
英国	8.14	8.80	6.77	7.46	7.79	6.98	6.56	6.29	6.16	6.25	7.03
意大利	6.78	4.69	6.46	5.80	5.45	7.23	5.66	6.29	5.25	6.92	6.05
法国	5.08	6.74	6.46	5.52	6.75	6.73	5.66	6.52	5.71	4.46	5.95
德国	6.78	7.04	4.62	7.73	6.23	4.99	5.88	4.72	3.88	3.35	5.41
加拿大	6.78	5.57	5.23	5.25	5.19	3.49	4.52	1.80	4.79	2.23	4.33
西班牙	4.41	3.52	4.62	4.14	4.16	3.74	5.88	3.37	3.20	4.24	4.12
荷兰	5.08	3.52	3.69	3.59	4.68	4.24	3.39	2.92	3.65	2.46	3.66
中国大陆	1.69	2.35	1.23	1.66	1.56	3.99	2.71	3.60	5.94	6.92	3.35
比利时	3.39	3.81	3.08	6.63	3.12	3.74	3.17	2.47	1.60	2.23	3.25
澳大利亚	4.41	2.93	3.38	3.59	3.64	2.74	2.49	2.70	3.42	2.90	3.17
日本	2.71	4.11	2.46	1.10	3.38	3.49	2.04	4.04	2.97	2.46	2.89
瑞士	2.03	4.11	2.46	2.49	2.34	2.49	2.71	2.92	2.05	1.34	2.47
瑞典	1.69	0.88	3.08	3.59	2.60	1.50	2.71	1.12	1.37	1.56	1.98
奥地利	1.36	1.76	2.77	3.87	1.56	2.74	2.71	0.67	0.46	1.12	1.85
中国香港	0.00	0.88	0.92	0.28	1.04	1.25	1.81	4.04	1.83	2.68	1.60
丹麦	1.02	0.88	1.85	2.21	0.78	1.50	1.36	0.90	1.83	1.12	1.34
韩国	0.68	1.17	0.62	0.83	1.56	1.00	1.36	2.25	2.05	1.34	1.34
葡萄牙	0.34	0.59	1.85	1.93	2.08	0.25	1.58	1.57	1.14	1.34	1.29
以色列	1.69	0.29	0.92	1.66	1.82	1.00	1.58	1.12	0.91	1.34	1.24

表9-12 胃肠病学和肝脏病学C层人才排名前20的国家和地区的占比

单位：%

国家和地区	2011年	2012年	2013年	2014年	2015年	2016年	2017年	2018年	2019年	2020年	合计
美国	25.54	25.57	25.42	25.29	25.06	23.29	22.47	22.28	20.36	20.52	23.33
英国	7.13	6.64	7.39	6.62	6.87	7.04	7.04	7.36	7.13	7.31	7.06
意大利	5.71	6.46	5.54	6.34	6.12	6.86	6.17	6.63	6.11	7.56	6.39
中国大陆	4.02	5.58	5.88	6.18	5.66	6.15	5.23	5.77	6.61	7.06	5.89

续表

国家和地区	2011年	2012年	2013年	2014年	2015年	2016年	2017年	2018年	2019年	2020年	合计
德国	6.45	6.07	6.04	5.51	5.69	5.43	5.18	5.14	5.20	5.13	5.53
日本	5.95	5.10	5.07	5.31	5.12	5.80	5.18	4.95	5.12	4.37	5.16
法国	5.57	5.61	4.75	5.03	4.71	4.75	5.05	5.22	4.40	5.45	5.04
加拿大	3.58	3.68	3.30	3.76	4.18	3.96	3.91	3.92	4.23	3.50	3.82
西班牙	3.58	3.32	4.25	3.56	3.10	3.56	3.44	3.58	3.95	3.88	3.63
荷兰	3.72	3.71	4.59	3.34	3.31	3.51	3.91	3.41	3.04	3.57	3.58
澳大利亚	2.94	2.48	2.64	2.56	3.25	3.06	2.85	2.67	2.54	2.31	2.72
韩国	2.60	2.90	2.20	2.84	2.36	2.80	2.16	2.64	2.65	1.97	2.50
比利时	2.64	2.23	2.05	2.03	2.00	2.45	2.43	2.50	2.23	2.40	2.30
瑞士	2.16	1.66	1.83	1.64	1.59	1.71	2.40	1.85	1.99	1.70	1.85
瑞典	1.66	1.81	1.79	1.47	1.74	1.27	1.68	1.63	1.60	1.48	1.61
丹麦	1.72	1.45	1.45	1.75	1.46	1.77	1.29	1.78	1.73	1.37	1.58
中国香港	1.62	1.33	1.42	1.17	1.00	1.48	1.31	1.32	1.32	2.00	1.40
中国台湾	1.49	1.24	1.29	0.86	0.95	1.24	0.72	1.32	1.26	0.92	1.12
印度	0.88	1.06	1.10	0.92	0.69	1.13	1.04	1.08	1.28	1.43	1.08
奥地利	1.22	1.09	1.23	0.81	0.95	0.71	1.36	0.96	1.26	0.85	1.04

五 产科医学和妇科医学

产科医学和妇科医学A、B、C层人才最多的国家是美国，分别占该学科全球A、B、C层人才的20.64%、20.98%、25.70%，均大幅高于其他国家和地区。

英国的A层人才世界占比为13.52%，排名第二；澳大利亚、意大利、中国大陆、西班牙、荷兰、以色列、比利时、瑞士的A层人才比较多，世界占比在6%~3%之间；加拿大、巴西、丹麦、南非、挪威、法国、印度、瑞典、中国香港、日本也有相当数量的A层人才，世界占比超过1%。

英国的B层人才世界占比为11.93%，排名第二；意大利、澳大利亚、加拿大、西班牙、荷兰、比利时、法国的B层人才比较多，世界占比在6%~3%之间；中国大陆、瑞士、丹麦、瑞典、德国、巴西、挪威、以色列、日本、印度、葡萄牙也有相当数量的B层人才，世界占比超过或接近1%。

英国的C层人才世界占比为9.43%，排名第二；意大利、澳大利亚、中国大陆、加拿大、荷兰的C层人才比较多，世界占比在6%~3%之间；西班牙、法国、德国、比利时、瑞典、丹麦、日本、瑞士、巴西、挪威、以色列、土耳其、新西兰也有相当数量的C层人才，世界占比超过或接近1%。

表9-13 产科医学和妇科医学A层人才排名前20的国家和地区的占比

单位：%

国家和地区	2011年	2012年	2013年	2014年	2015年	2016年	2017年	2018年	2019年	2020年	合计
美国	23.08	29.17	36.36	14.81	27.27	6.67	13.89	17.86	14.81	30.77	20.64
英国	23.08	12.50	0.00	11.11	18.18	16.67	8.33	10.71	11.11	15.38	13.52
澳大利亚	7.69	8.33	9.09	0.00	9.09	10.00	2.78	7.14	3.70	0.00	5.34
意大利	11.54	4.17	0.00	3.70	3.03	0.00	8.33	3.57	3.70	5.13	4.63
中国大陆	0.00	0.00	9.09	7.41	0.00	0.00	2.78	7.14	0.00	15.38	4.27
西班牙	0.00	0.00	0.00	7.41	9.09	3.33	5.56	0.00	3.70	5.13	3.91
荷兰	3.85	8.33	0.00	3.70	3.03	10.00	0.00	3.57	0.00	2.56	3.56
以色列	0.00	0.00	18.18	7.41	3.03	3.33	5.56	0.00	3.70	0.00	3.20
比利时	7.69	0.00	0.00	3.70	0.00	6.67	5.56	3.57	0.00	0.00	3.20
瑞士	0.00	12.50	9.09	0.00	0.00	6.67	0.00	3.57	0.00	2.56	3.20
加拿大	0.00	4.17	0.00	3.70	0.00	3.33	5.56	3.57	3.70	2.56	2.85
巴西	0.00	0.00	0.00	7.41	0.00	3.33	2.78	3.57	3.70	0.00	2.14
丹麦	3.85	0.00	0.00	0.00	3.03	0.00	8.33	0.00	3.70	0.00	2.14
南非	3.85	4.17	0.00	0.00	0.00	3.33	2.78	3.57	3.70	0.00	2.14
挪威	3.85	0.00	0.00	0.00	0.00	6.67	5.56	0.00	0.00	0.00	1.78
法国	0.00	0.00	0.00	0.00	0.00	0.00	2.78	3.57	3.70	2.56	1.78
印度	0.00	0.00	0.00	3.70	3.03	0.00	0.00	3.57	7.41	0.00	1.78
瑞典	0.00	0.00	0.00	0.00	0.00	6.06	3.33	0.00	3.70	2.56	1.78
中国香港	0.00	0.00	0.00	0.00	0.00	0.00	2.78	0.00	3.70	5.13	1.42
日本	0.00	0.00	0.00	0.00	0.00	0.00	0.00	10.71	3.70	0.00	1.42

表9-14 产科医学和妇科医学B层人才排名前20的国家和地区的占比

单位：%

国家和地区	2011年	2012年	2013年	2014年	2015年	2016年	2017年	2018年	2019年	2020年	合计
美国	26.89	23.81	20.53	23.27	29.10	12.29	19.69	20.38	17.89	18.96	20.98
英国	15.97	12.70	15.23	13.45	11.37	9.22	12.19	12.42	12.47	6.32	11.93
意大利	1.26	5.56	3.31	6.18	4.68	4.10	5.31	4.78	4.88	10.99	5.29
澳大利亚	5.88	3.97	4.30	6.18	3.68	7.17	4.06	7.32	3.79	3.85	4.96
加拿大	6.30	2.78	4.97	2.55	3.34	4.78	5.00	4.14	5.69	2.75	4.23
西班牙	4.62	4.37	2.32	5.09	4.35	4.10	4.38	4.46	3.25	2.75	3.90

续表

国家和地区	2011年	2012年	2013年	2014年	2015年	2016年	2017年	2018年	2019年	2020年	合计
荷兰	6.72	3.17	3.64	5.82	4.68	4.10	2.19	3.82	3.79	1.65	3.83
比利时	2.52	2.78	2.65	2.55	2.68	4.10	3.13	4.46	3.52	3.85	3.27
法国	2.52	4.37	1.66	2.55	3.01	4.10	2.81	3.18	4.07	3.57	3.21
中国大陆	2.10	1.59	2.65	4.00	1.34	2.73	2.19	2.87	1.36	5.77	2.71
瑞士	1.68	3.97	1.99	2.91	2.01	5.12	3.13	2.55	2.44	0.82	2.61
丹麦	3.36	2.78	2.98	1.09	1.67	2.73	3.75	2.87	3.25	1.37	2.58
瑞典	2.10	1.19	2.65	0.73	2.34	3.75	1.25	2.23	5.15	2.20	2.45
德国	2.94	2.78	1.99	1.82	1.67	4.10	1.88	1.91	3.25	1.65	2.38
巴西	0.42	0.79	0.99	1.82	1.34	2.39	3.44	1.91	0.81	1.92	1.62
挪威	2.52	0.00	1.99	1.09	0.33	1.37	1.25	0.64	2.71	1.65	1.39
以色列	2.52	1.19	1.32	1.09	0.67	1.71	1.88	0.64	1.36	0.82	1.29
日本	0.84	0.40	0.99	1.82	1.00	0.68	1.25	1.27	2.17	0.55	1.12
印度	0.84	1.19	0.99	0.73	1.34	0.68	0.94	1.59	1.08	1.10	1.06
葡萄牙	0.00	0.79	0.00	1.09	0.33	0.34	1.25	1.59	1.36	1.92	0.93

表9-15 产科医学和妇科医学C层人才排名前20的国家和地区的占比

单位：%

国家和地区	2011年	2012年	2013年	2014年	2015年	2016年	2017年	2018年	2019年	2020年	合计
美国	28.96	27.47	27.54	27.91	28.30	26.22	26.09	23.48	22.29	21.99	25.70
英国	11.18	9.85	9.71	9.48	9.16	9.25	9.69	8.74	9.22	8.71	9.43
意大利	5.11	4.61	4.91	4.91	4.93	6.35	5.81	6.33	6.29	7.61	5.80
澳大利亚	4.55	4.90	5.33	5.87	5.20	5.46	5.48	5.75	5.39	4.85	5.29
中国大陆	1.65	2.99	3.43	3.61	4.23	4.51	4.60	4.59	6.07	5.15	4.24
加拿大	4.64	5.03	4.34	4.95	4.09	3.72	4.34	3.50	4.32	3.67	4.21
荷兰	4.29	4.07	3.82	4.07	3.85	3.62	3.65	3.53	3.47	2.82	3.67
西班牙	2.60	3.03	2.63	2.38	3.19	2.32	3.16	3.15	3.17	3.53	2.95
法国	2.64	3.57	2.94	2.88	2.67	2.77	2.84	2.60	2.68	2.68	2.81
德国	3.34	2.74	3.08	2.99	2.25	2.53	2.48	2.96	2.54	2.88	2.76
比利时	2.30	3.28	2.80	2.57	2.67	2.42	2.28	2.79	2.19	3.01	2.63
瑞典	2.60	2.66	2.45	2.38	2.50	2.29	2.38	2.18	1.94	2.00	2.31
丹麦	1.91	2.70	2.52	2.15	1.84	2.15	2.12	1.48	2.08	1.45	2.01
日本	1.60	1.75	1.30	2.00	1.46	1.43	1.34	1.54	2.19	1.64	1.63
瑞士	1.30	1.16	1.58	1.65	1.21	2.39	1.63	2.15	1.31	1.70	1.62
巴西	1.34	1.37	1.12	1.42	1.66	1.78	1.37	2.02	1.42	2.22	1.60
挪威	1.13	2.12	1.54	1.34	1.35	1.40	1.63	1.41	1.20	0.96	1.39

续表

国家和地区	2011年	2012年	2013年	2014年	2015年	2016年	2017年	2018年	2019年	2020年	合计
以色列	1.73	1.33	1.02	1.38	1.18	1.13	1.11	1.25	1.70	1.53	1.34
土耳其	1.00	0.91	1.26	1.07	1.25	0.99	0.75	1.00	1.20	1.51	1.11
新西兰	0.78	0.91	0.84	0.92	0.76	1.09	1.24	1.12	1.04	0.85	0.96

六 男科学

男科学是小学科，人才数量少，只有韩国有 A 层人才。

B 层人才最多的国家是美国，世界占比为 23.26%；意大利 B 层人才的世界占比为 13.95%，排名第二；澳大利亚、德国、南非、中国大陆、加拿大、法国、希腊、英国的 B 层人才比较多，世界占比在 7%~3%之间；比利时、巴西、丹麦、葡萄牙、荷兰、西班牙、瑞典、日本、墨西哥、菲律宾也有相当数量的 B 层人才，世界占比超过 1%。

C 层人才最多的国家是美国，世界占比为 20.29%；中国大陆、意大利 C 层人才的世界占比分别为 8.22%、7.60%，分列第二、第三位；英国、德国、巴西、澳大利亚、西班牙、伊朗、丹麦、法国、加拿大的 C 层人才比较多，世界占比在 5%~3%之间；土耳其、南非、印度、荷兰、瑞典、埃及、沙特、马来西亚也有相当数量的 C 层人才，世界占比超过 1%。

表 9-16 男科学 A 层人才的国家和地区的占比

单位：%

国家和地区	2011年	2012年	2013年	2014年	2015年	2016年	2017年	2018年	2019年	2020年	合计
韩国	0.00	0.00	0.00	0.00	0.00	0.00	0.00	0.00	0.00	100.00	100.00

表 9-17 男科学 B 层人才排名前 20 的国家和地区的占比

单位：%

国家和地区	2011年	2012年	2013年	2014年	2015年	2016年	2017年	2018年	2019年	2020年	合计
美国	22.22	0.00	37.50	37.50	42.86	50.00	30.77	22.22	0.00	0.00	23.26
意大利	11.11	30.00	0.00	12.50	0.00	0.00	7.69	11.11	0.00	31.25	13.95
澳大利亚	33.33	20.00	0.00	12.50	0.00	0.00	0.00	0.00	0.00	0.00	6.98

续表

国家和地区	2011年	2012年	2013年	2014年	2015年	2016年	2017年	2018年	2019年	2020年	合计
德国	0.00	0.00	0.00	12.50	0.00	0.00	7.69	11.11	0.00	12.50	5.81
南非	0.00	0.00	0.00	12.50	14.29	0.00	0.00	22.22	0.00	0.00	4.65
中国大陆	0.00	0.00	0.00	0.00	14.29	0.00	15.38	0.00	0.00	6.25	4.65
加拿大	11.11	0.00	0.00	0.00	0.00	16.67	7.69	0.00	0.00	0.00	3.49
法国	0.00	0.00	12.50	0.00	14.29	0.00	7.69	0.00	0.00	0.00	3.49
希腊	0.00	0.00	0.00	0.00	0.00	0.00	0.00	11.11	0.00	12.50	3.49
英国	0.00	0.00	0.00	0.00	0.00	0.00	7.69	0.00	0.00	12.50	3.49
比利时	0.00	10.00	0.00	0.00	0.00	0.00	0.00	0.00	0.00	6.25	2.33
巴西	0.00	0.00	0.00	0.00	0.00	33.33	0.00	0.00	0.00	0.00	2.33
丹麦	0.00	10.00	12.50	0.00	0.00	0.00	0.00	0.00	0.00	0.00	2.33
葡萄牙	0.00	0.00	12.50	0.00	0.00	0.00	7.69	0.00	0.00	0.00	2.33
荷兰	0.00	0.00	0.00	12.50	0.00	0.00	0.00	11.11	0.00	0.00	2.33
西班牙	0.00	0.00	12.50	0.00	0.00	0.00	7.69	0.00	0.00	0.00	2.33
瑞典	0.00	0.00	0.00	0.00	0.00	0.00	0.00	11.11	0.00	6.25	2.33
日本	0.00	10.00	0.00	0.00	0.00	0.00	0.00	0.00	0.00	0.00	1.16
墨西哥	11.11	0.00	0.00	0.00	0.00	0.00	0.00	0.00	0.00	0.00	1.16
菲律宾	0.00	0.00	12.50	0.00	0.00	0.00	0.00	0.00	0.00	0.00	1.16

表9-18 男科学C层人才排名前20的国家和地区的占比

单位：%

国家和地区	2011年	2012年	2013年	2014年	2015年	2016年	2017年	2018年	2019年	2020年	合计
美国	15.12	20.65	26.67	20.00	16.88	27.59	21.43	22.22	17.19	17.69	20.29
中国大陆	9.30	8.70	12.00	12.00	6.49	2.30	7.14	11.11	8.59	6.15	8.22
意大利	9.30	6.52	8.00	5.33	6.49	6.90	9.82	4.04	7.03	10.77	7.60
英国	4.65	5.43	4.00	5.33	3.90	3.45	1.79	5.05	3.91	3.85	4.06
德国	6.98	4.35	4.00	4.00	5.19	3.45	5.36	0.00	5.47	1.54	3.95
巴西	2.33	1.09	0.00	1.33	1.30	10.34	4.46	7.07	3.13	4.62	3.75
澳大利亚	6.98	2.17	2.67	2.67	7.79	1.15	4.46	2.02	3.13	3.85	3.64
西班牙	2.33	1.09	8.00	4.00	6.49	5.75	3.57	3.03	1.56	2.31	3.54
伊朗	0.00	2.17	2.67	6.67	2.60	0.00	6.25	6.06	3.91	2.31	3.33
丹麦	3.49	7.61	2.67	4.00	0.00	6.90	1.79	0.00	1.56	4.62	3.23
法国	6.98	6.52	2.67	1.33	1.30	5.75	2.68	2.02	3.13	0.77	3.23
加拿大	5.81	2.17	1.33	2.67	9.09	3.45	0.89	3.03	3.13	1.54	3.12
土耳其	0.00	3.26	0.00	2.67	3.90	0.00	2.68	2.02	4.69	4.62	2.60
南非	3.49	3.26	0.00	0.00	3.90	1.15	0.89	2.02	1.56	7.69	2.60
印度	1.16	4.35	4.00	0.00	1.30	1.15	1.79	5.05	3.13	3.08	2.60

续表

国家和地区	2011年	2012年	2013年	2014年	2015年	2016年	2017年	2018年	2019年	2020年	合计
荷兰	4.65	4.35	2.67	2.67	3.90	2.30	0.89	4.04	0.78	0.77	2.50
瑞典	2.33	1.09	1.33	4.00	1.30	3.45	0.89	1.01	0.78	0.77	1.56
埃及	0.00	1.09	1.33	0.00	1.30	0.00	1.79	3.03	2.34	2.31	1.46
沙特	0.00	0.00	0.00	2.67	1.30	3.45	0.89	1.01	1.56	2.31	1.35
马来西亚	1.16	2.17	0.00	1.33	0.00	1.15	0.00	0.00	2.34	3.08	1.25

七 儿科学

儿科学A、B、C层人才最多的国家是美国，分别占该学科全球A、B、C层人才的30.70%、31.87%、35.18%，均遥遥领先于其他国家和地区。

英国的A层人才世界占比为9.58%，排名第二；加拿大、澳大利亚、荷兰、意大利、法国、德国的A层人才比较多，世界占比在7%~3%之间；中国大陆、瑞士、瑞典、比利时、以色列、西班牙、南非、奥地利、巴西、印度、丹麦、芬兰也有相当数量的A层人才，世界占比超过1%。

英国的B层人才世界占比为9.11%，排名第二；加拿大、澳大利亚、意大利、德国、荷兰的B层人才比较多，世界占比在7%~3%之间；西班牙、法国、瑞典、瑞士、比利时、丹麦、印度、以色列、中国大陆、芬兰、日本、新西兰、挪威也有相当数量的B层人才，世界占比超过或接近1%。

英国的C层人才世界占比为8.10%，排名第二；加拿大、澳大利亚、意大利、荷兰、德国的C层人才比较多，世界占比在7%~3%之间；法国、瑞典、西班牙、瑞士、中国大陆、比利时、印度、挪威、巴西、丹麦、日本、以色列、芬兰也有相当数量的C层人才，世界占比超过1%。

表9-19 儿科学A层人才排名前20的国家和地区的占比

单位：%

国家和地区	2011年	2012年	2013年	2014年	2015年	2016年	2017年	2018年	2019年	2020年	合计
美国	58.06	29.63	62.50	31.25	37.50	16.22	28.21	35.71	17.78	13.04	30.70
英国	6.45	22.22	0.00	12.50	9.38	5.41	12.82	7.14	8.89	10.87	9.58
加拿大	9.68	3.70	12.50	6.25	6.25	8.11	5.13	4.76	11.11	0.00	6.48

续表

国家和地区	2011年	2012年	2013年	2014年	2015年	2016年	2017年	2018年	2019年	2020年	合计
澳大利亚	0.00	0.00	8.33	3.13	9.38	2.70	2.56	7.14	8.89	8.70	5.35
荷兰	3.23	7.41	4.17	12.50	3.13	0.00	5.13	4.76	2.22	0.00	3.94
意大利	0.00	7.41	0.00	3.13	0.00	0.00	5.13	2.38	2.22	13.04	3.66
法国	3.23	3.70	0.00	3.13	12.50	2.70	5.13	4.76	0.00	2.17	3.66
德国	0.00	3.70	8.33	3.13	0.00	0.00	2.56	2.38	4.44	6.52	3.10
中国大陆	0.00	0.00	0.00	0.00	0.00	2.70	0.00	0.00	2.22	17.39	2.82
瑞士	0.00	0.00	0.00	0.00	3.13	8.11	2.56	2.38	2.22	6.52	2.82
瑞典	0.00	0.00	4.17	0.00	0.00	2.70	5.13	2.38	4.44	2.17	2.25
比利时	0.00	0.00	0.00	3.13	3.13	2.70	0.00	4.76	2.22	2.17	1.97
以色列	3.23	3.70	0.00	3.13	0.00	2.70	0.00	0.00	2.22	2.17	1.69
西班牙	0.00	3.70	0.00	3.13	3.13	0.00	2.56	0.00	2.22	2.17	1.69
南非	3.23	0.00	0.00	0.00	0.00	5.41	0.00	2.38	2.22	0.00	1.41
奥地利	0.00	0.00	0.00	0.00	0.00	0.00	2.56	4.76	0.00	4.35	1.41
巴西	0.00	0.00	0.00	0.00	3.13	5.41	2.56	0.00	2.22	0.00	1.41
印度	0.00	0.00	0.00	0.00	0.00	8.11	0.00	2.38	0.00	2.17	1.41
丹麦	0.00	3.70	0.00	3.13	0.00	0.00	2.56	0.00	4.44	0.00	1.41
芬兰	0.00	3.70	0.00	3.13	0.00	2.70	0.00	0.00	2.22	0.00	1.13

表9-20 儿科学B层人才排名前20的国家和地区的占比

单位：%

国家和地区	2011年	2012年	2013年	2014年	2015年	2016年	2017年	2018年	2019年	2020年	合计
美国	39.07	36.29	38.21	41.72	34.52	31.92	25.00	26.79	26.42	26.89	31.87
英国	8.60	13.90	9.30	8.28	7.10	9.32	6.46	10.97	9.38	8.49	9.11
加拿大	6.09	8.49	5.98	3.45	5.16	7.63	7.30	7.91	6.91	2.59	6.11
澳大利亚	5.38	5.02	7.31	5.17	5.48	5.65	5.34	6.38	4.69	3.30	5.31
意大利	3.94	3.09	2.33	3.45	2.58	3.39	5.06	3.57	2.72	9.67	4.15
德国	4.66	2.32	3.32	2.41	4.52	2.54	4.49	4.08	4.20	2.36	3.53
荷兰	5.02	3.09	3.99	3.10	2.58	3.11	3.09	4.34	2.96	1.89	3.26
西班牙	0.72	1.54	2.99	2.07	2.58	1.98	3.93	1.79	3.70	3.30	2.55
法国	3.58	2.70	1.66	1.03	2.58	3.39	1.97	3.06	1.48	2.59	2.40
瑞典	2.51	1.93	2.66	1.38	0.97	3.39	2.25	2.30	3.95	1.65	2.34
瑞士	3.23	1.93	2.66	0.69	5.16	1.69	1.97	1.79	1.73	1.65	2.20
比利时	1.43	1.16	1.00	2.07	1.29	2.26	1.97	2.04	0.99	1.89	1.63
丹麦	0.72	2.70	2.33	2.07	2.58	0.85	1.12	0.00	1.48	1.42	1.45
印度	0.36	0.39	1.33	1.38	1.94	1.13	1.12	0.77	1.48	3.07	1.36

续表

国家和地区	2011年	2012年	2013年	2014年	2015年	2016年	2017年	2018年	2019年	2020年	合计
以色列	1.08	1.54	1.00	1.38	1.94	1.13	1.40	2.04	0.74	1.18	1.34
中国大陆	0.36	0.00	1.33	1.03	0.32	0.28	0.84	0.77	1.48	5.19	1.31
芬兰	1.43	1.93	1.33	1.03	1.61	1.69	0.84	1.02	0.74	0.94	1.22
日本	0.00	1.16	1.00	1.72	0.65	1.13	0.56	1.28	1.98	0.47	1.01
新西兰	1.79	0.77	0.66	1.38	1.29	1.13	1.40	1.02	0.99	0.00	1.01
挪威	1.08	0.00	1.00	1.03	1.29	1.69	0.84	0.77	1.48	0.47	0.98

表9-21 儿科学C层人才排名前20的国家和地区的占比

单位:%

国家和地区	2011年	2012年	2013年	2014年	2015年	2016年	2017年	2018年	2019年	2020年	合计
美国	39.67	39.27	38.49	37.79	36.45	37.66	34.25	32.71	31.87	29.02	35.18
英国	7.85	7.55	8.15	8.28	8.37	7.60	7.88	8.26	8.15	8.66	8.10
加拿大	7.48	6.01	7.47	6.92	6.76	6.24	7.16	7.07	6.28	5.64	6.66
澳大利亚	5.04	4.98	5.46	6.47	5.31	5.16	4.75	5.38	5.05	4.62	5.19
意大利	2.85	3.67	4.23	3.69	3.97	3.45	4.33	4.25	4.21	6.13	4.18
荷兰	3.63	4.27	3.99	3.38	3.46	3.86	4.00	3.52	3.23	3.40	3.65
德国	3.15	3.67	3.24	3.17	3.53	2.99	3.97	3.66	2.91	3.59	3.39
法国	2.78	2.45	2.56	2.09	2.39	2.15	2.50	2.15	2.49	2.29	2.37
瑞典	2.33	1.86	1.98	2.64	2.49	2.29	2.08	2.64	2.17	2.12	2.26
西班牙	1.59	1.34	1.40	1.50	1.48	1.60	2.41	1.96	1.92	2.60	1.84
瑞士	1.33	1.30	1.60	1.25	1.85	1.48	1.36	1.99	2.14	1.51	1.61
中国大陆	1.22	1.03	0.78	1.18	1.34	1.33	1.61	1.34	2.41	2.88	1.60
比利时	1.59	1.15	1.30	1.15	1.38	1.51	1.30	1.45	1.70	1.56	1.43
印度	1.22	1.11	0.82	1.15	0.91	0.96	1.19	1.43	1.53	2.08	1.28
挪威	1.11	1.42	1.30	1.29	1.24	1.13	1.28	1.37	0.94	1.06	1.20
巴西	0.85	0.87	0.96	0.80	0.94	1.22	1.28	1.24	1.35	1.63	1.15
丹麦	1.15	0.95	1.13	1.08	1.21	1.28	1.11	0.97	1.16	1.18	1.12
日本	1.15	1.03	1.19	0.84	0.84	1.13	0.97	0.91	1.18	1.13	1.04
以色列	1.22	0.83	0.99	0.97	0.94	1.13	1.00	1.32	0.99	0.92	1.03
芬兰	1.11	1.30	0.92	0.84	1.45	0.93	1.05	0.97	1.03	0.78	1.02

八 泌尿学和肾脏学

泌尿学和肾脏学A、B、C层人才最多的国家是美国,分别占该学科全球A、B、C层人才的17.01%、21.95%、27.21%,均大幅高于其他国家和地区。

英国A层人才的世界占比为9.96%,排名第二;荷兰、法国、德国、比利时、意大利、瑞士、加拿大、西班牙的A层人才比较多,世界占比在9%~4%之间;中国大陆、捷克、瑞典、澳大利亚、芬兰、俄罗斯、奥地利、中国香港、日本、印度也有相当数量的A层人才,世界占比超过或接近1%。

英国、德国、荷兰、意大利、加拿大、法国、澳大利亚、比利时的B层人才比较多,世界占比在9%~3%之间;瑞典、西班牙、日本、瑞士、中国大陆、奥地利、丹麦、巴西、芬兰、中国香港、土耳其也有相当数量的B层人才,世界占比超过或接近1%。

英国、德国、意大利、加拿大、荷兰、法国、中国大陆、澳大利亚的C层人才比较多,世界占比在8%~3%之间;日本、比利时、西班牙、瑞典、瑞士、奥地利、韩国、丹麦、巴西、土耳其、希腊也有相当数量的C层人才,世界占比超过或接近1%。

表9-22 泌尿学和肾脏学A层人才排名前20的国家和地区的占比

单位:%

国家和地区	2011年	2012年	2013年	2014年	2015年	2016年	2017年	2018年	2019年	2020年	合计
美国	30.00	35.71	16.00	10.34	12.50	18.52	6.67	13.64	12.12	33.33	17.01
英国	10.00	7.14	8.00	10.34	12.50	7.41	16.67	9.09	9.09	0.00	9.96
荷兰	5.00	7.14	8.00	10.34	8.33	3.70	10.00	9.09	12.12	0.00	8.30
法国	5.00	7.14	0.00	10.34	8.33	3.70	13.33	9.09	12.12	0.00	7.88
德国	10.00	0.00	8.00	10.34	4.17	3.70	10.00	9.09	6.06	0.00	6.64
比利时	10.00	7.14	0.00	10.34	4.17	0.00	10.00	9.09	6.06	0.00	6.22
意大利	5.00	7.14	4.00	10.34	8.33	0.00	3.33	9.09	9.09	0.00	6.22
瑞士	10.00	7.14	0.00	3.45	4.17	11.11	3.33	4.55	3.03	0.00	4.98
加拿大	5.00	0.00	16.00	0.00	4.17	7.41	0.00	4.55	3.03	0.00	4.15
西班牙	5.00	3.57	0.00	10.34	0.00	0.00	6.67	4.55	6.06	0.00	4.15
中国大陆	0.00	3.57	4.00	0.00	4.17	3.70	0.00	0.00	0.00	66.67	2.49
捷克	0.00	0.00	0.00	0.00	4.17	3.70	3.33	4.55	6.06	0.00	2.49
瑞典	0.00	3.57	0.00	3.45	4.17	7.41	0.00	0.00	3.03	0.00	2.49
澳大利亚	0.00	3.57	0.00	0.00	4.17	7.41	3.33	0.00	0.00	0.00	2.07
芬兰	0.00	3.57	0.00	3.45	0.00	0.00	6.67	4.55	0.00	0.00	2.07
俄罗斯	5.00	0.00	0.00	6.90	0.00	0.00	3.33	0.00	3.03	0.00	2.07

续表

国家和地区	2011年	2012年	2013年	2014年	2015年	2016年	2017年	2018年	2019年	2020年	合计
奥地利	0.00	0.00	0.00	0.00	0.00	3.70	3.33	4.55	3.03	0.00	1.66
中国香港	0.00	0.00	4.00	0.00	0.00	3.70	0.00	0.00	0.00	0.00	0.83
日本	0.00	3.57	4.00	0.00	0.00	0.00	0.00	0.00	0.00	0.00	0.83
印度	0.00	0.00	4.00	0.00	4.17	0.00	0.00	0.00	0.00	0.00	0.83

表9-23 泌尿学和肾脏学B层人才排名前20的国家和地区的占比

单位：%

国家和地区	2011年	2012年	2013年	2014年	2015年	2016年	2017年	2018年	2019年	2020年	合计
美国	25.42	26.52	21.07	24.03	24.71	21.54	23.67	21.65	16.95	16.53	21.95
英国	7.92	6.09	8.68	7.75	8.11	7.31	8.48	9.62	9.15	7.71	8.09
德国	7.92	11.11	7.85	7.36	7.34	8.08	6.36	5.15	6.10	3.58	6.93
荷兰	6.67	6.45	7.44	6.59	5.02	6.15	7.07	6.19	6.78	4.41	6.21
意大利	4.17	8.24	4.55	4.65	7.72	5.77	6.71	6.19	4.75	6.89	6.03
加拿大	6.67	6.81	8.26	6.59	4.63	3.85	7.42	5.50	5.42	4.13	5.85
法国	5.83	5.02	6.61	5.04	6.95	4.23	5.30	4.81	5.76	5.23	5.45
澳大利亚	2.50	5.38	4.55	6.20	2.32	4.62	4.95	4.12	3.73	3.86	4.22
比利时	2.08	4.66	2.48	3.10	3.86	5.00	4.95	3.09	4.41	3.86	3.79
瑞典	3.33	1.79	3.31	4.26	3.09	3.08	1.77	1.37	2.71	2.48	2.67
西班牙	5.42	1.43	2.48	1.55	2.70	1.92	1.41	1.72	2.71	3.31	2.45
日本	2.08	1.79	2.48	2.71	1.93	3.08	2.83	3.44	1.69	0.83	2.24
瑞士	1.25	0.36	3.31	1.16	2.70	3.46	2.12	2.75	1.69	3.31	2.24
中国大陆	2.50	1.79	0.00	1.55	2.70	0.77	3.18	1.37	2.03	5.23	2.24
奥地利	3.33	1.79	2.07	1.55	1.93	1.92	0.00	2.06	1.36	2.20	1.81
丹麦	0.00	0.72	1.24	1.94	0.77	0.77	2.12	1.72	2.03	2.20	1.41
巴西	0.00	0.36	0.41	1.55	1.16	1.54	0.71	1.37	1.02	2.75	1.16
芬兰	1.67	0.00	1.65	1.16	1.16	1.15	0.71	1.03	0.68	0.28	0.90
中国香港	1.67	0.36	0.83	0.39	0.39	1.15	0.71	0.69	1.02	1.10	0.83
土耳其	0.42	0.00	0.83	1.16	0.77	1.92	0.00	0.69	0.68	1.38	0.79

表9-24 泌尿学和肾脏学C层人才排名前20的国家和地区的占比

单位：%

国家和地区	2011年	2012年	2013年	2014年	2015年	2016年	2017年	2018年	2019年	2020年	合计
美国	32.23	30.55	31.06	28.54	27.77	27.11	25.88	25.62	23.62	21.85	27.21
英国	6.18	6.82	6.74	7.60	7.42	7.14	7.89	7.31	7.17	7.18	7.16
德国	7.91	7.18	6.62	6.82	6.65	6.01	6.70	6.49	5.64	5.46	6.51

续表

国家和地区	2011年	2012年	2013年	2014年	2015年	2016年	2017年	2018年	2019年	2020年	合计
意大利	5.37	5.93	7.12	5.65	5.54	6.09	6.07	6.34	6.63	7.08	6.20
加拿大	6.43	5.93	5.58	5.58	5.69	5.86	5.68	5.25	5.06	4.37	5.51
荷兰	4.57	4.46	4.45	4.68	4.62	3.92	4.87	4.20	3.98	4.40	4.41
法国	4.40	4.42	4.00	4.60	4.62	4.54	3.89	4.35	4.59	4.44	4.38
中国大陆	2.28	3.24	4.25	2.85	4.04	3.57	4.31	4.13	3.64	3.74	3.62
澳大利亚	3.30	3.13	3.12	3.31	3.23	3.03	3.05	3.86	4.04	3.14	3.33
日本	2.62	3.87	2.83	3.20	2.54	2.75	2.52	3.15	3.26	2.71	2.95
比利时	2.28	2.58	2.33	2.69	3.00	2.75	2.81	2.03	3.30	4.04	2.81
西班牙	2.24	2.17	2.12	2.38	2.54	2.48	2.21	2.33	2.96	2.52	2.40
瑞典	2.28	1.84	2.50	2.07	2.46	2.33	2.42	2.36	2.14	1.29	2.15
瑞士	1.44	1.07	1.29	1.72	1.62	1.59	1.86	2.21	1.97	1.66	1.65
奥地利	1.35	1.73	1.50	1.60	1.69	1.05	1.72	1.46	1.73	1.62	1.55
韩国	1.02	0.81	1.25	1.29	1.19	1.32	1.30	1.05	1.77	1.49	1.26
丹麦	1.14	0.88	0.83	1.64	1.38	0.89	1.65	1.01	0.78	0.99	1.12
巴西	1.31	1.33	0.71	0.66	0.92	1.28	1.12	1.28	0.92	1.49	1.11
土耳其	1.18	1.40	0.87	1.01	0.65	1.01	1.05	0.79	0.78	1.46	1.03
希腊	0.38	0.63	0.62	0.86	0.81	0.85	0.95	0.45	1.02	1.39	0.81

九 运动科学

运动科学A、B、C层人才最多的国家是美国，分别占该学科全球A、B、C层人才的25.14%、23.25%、25.32%，均大幅高于其他国家和地区。

澳大利亚、英国的A层人才世界占比分别为13.66%、12.57%，分列第二、第三位；加拿大、挪威、瑞士、荷兰的A层人才比较多，世界占比在9%~3%之间；德国、新西兰、比利时、丹麦、爱尔兰、西班牙、瑞典、芬兰、卡塔尔、肯尼亚、南非、日本、波斯尼亚和黑塞哥维那也有相当数量的A层人才，世界占比超过或接近1%。

澳大利亚、英国的B层人才世界占比分别为12.84%、11.52%，分列第二、第三位；加拿大、荷兰、瑞士、西班牙、挪威的B层人才比较多，世界占比在7%~3%；瑞典、德国、意大利、法国、比利时、丹麦、卡塔尔、巴西、新西兰、爱尔兰、葡萄牙、芬兰也有相当数量的B层人才，世界占比超过或接近1%。

英国、澳大利亚的C层人才世界占比分别为10.45%、10.32%，分列第二、第三位；加拿大、德国、西班牙、荷兰的C层人才比较多，世界占比在7%~3%之间；意大利、法国、瑞士、巴西、瑞典、挪威、丹麦、新西兰、比利时、日本、葡萄牙、爱尔兰、中国大陆也有相当数量的C层人才，世界占比超过1%。

表9-25 运动科学A层人才排名前20的国家和地区的占比

单位：%

国家和地区	2011年	2012年	2013年	2014年	2015年	2016年	2017年	2018年	2019年	2020年	合计
美国	46.67	38.89	18.75	37.50	18.75	28.57	13.04	27.27	21.43	9.09	25.14
澳大利亚	6.67	16.67	12.50	18.75	6.25	23.81	17.39	13.64	7.14	9.09	13.66
英国	13.33	5.56	12.50	0.00	25.00	9.52	21.74	9.09	21.43	9.09	12.57
加拿大	20.00	5.56	6.25	6.25	0.00	19.05	4.35	9.09	7.14	4.55	8.20
挪威	0.00	0.00	12.50	18.75	0.00	4.76	8.70	4.55	0.00	4.55	5.46
瑞士	0.00	5.56	6.25	6.25	0.00	4.76	4.35	4.55	0.00	4.55	3.83
荷兰	0.00	0.00	0.00	0.00	0.00	0.00	4.35	13.64	7.14	4.55	3.28
德国	0.00	5.56	0.00	0.00	0.00	0.00	4.35	4.55	7.14	4.55	2.73
新西兰	0.00	5.56	6.25	0.00	0.00	0.00	0.00	4.55	14.29	0.00	2.73
比利时	0.00	0.00	0.00	0.00	6.25	4.76	0.00	4.55	0.00	4.55	2.19
丹麦	0.00	0.00	0.00	0.00	0.00	12.50	4.76	0.00	0.00	4.55	2.19
爱尔兰	0.00	0.00	6.25	0.00	6.25	0.00	0.00	0.00	0.00	4.55	1.64
西班牙	0.00	0.00	0.00	0.00	0.00	0.00	4.35	0.00	7.14	4.55	1.64
瑞典	0.00	5.56	0.00	0.00	0.00	0.00	4.35	4.55	0.00	0.00	1.64
芬兰	0.00	0.00	0.00	6.25	0.00	0.00	0.00	0.00	0.00	4.55	1.09
卡塔尔	0.00	0.00	6.25	0.00	0.00	0.00	4.35	0.00	0.00	0.00	1.09
肯尼亚	0.00	5.56	0.00	0.00	0.00	0.00	0.00	0.00	0.00	4.55	1.09
南非	0.00	0.00	0.00	0.00	0.00	0.00	4.35	0.00	0.00	4.55	1.09
日本	0.00	0.00	6.25	0.00	0.00	0.00	4.35	0.00	0.00	0.00	1.09
波斯尼亚和黑塞哥维那	0.00	0.00	0.00	0.00	6.25	0.00	0.00	0.00	0.00	0.00	0.55

表9-26 运动科学B层人才排名前20的国家和地区的占比

单位：%

国家和地区	2011年	2012年	2013年	2014年	2015年	2016年	2017年	2018年	2019年	2020年	合计
美国	24.32	35.12	24.34	26.74	25.42	20.42	24.64	17.21	23.17	15.56	23.25
澳大利亚	14.19	7.14	11.84	12.21	14.69	16.23	14.98	13.95	13.82	8.89	12.84
英国	8.78	10.12	9.21	12.21	12.99	9.95	14.49	11.63	11.38	13.33	11.52
加拿大	6.76	7.14	5.92	6.40	6.21	8.90	8.21	7.44	6.10	5.33	6.84
荷兰	1.35	3.57	2.63	3.49	6.78	3.14	1.93	5.12	2.03	3.56	3.37
瑞士	4.05	1.19	5.92	0.58	2.82	3.66	2.90	3.72	2.85	5.33	3.31
西班牙	2.70	2.98	3.95	2.33	2.26	2.62	1.93	3.72	4.07	4.44	3.16
挪威	2.03	2.38	2.63	5.23	2.26	6.28	1.93	2.33	3.25	1.78	3.00
瑞典	4.05	2.38	4.61	2.91	1.69	3.14	0.97	2.79	3.25	3.11	2.84
德国	2.70	1.19	2.63	2.91	2.82	2.09	2.90	2.79	2.44	4.00	2.68
意大利	4.05	3.57	2.63	2.33	2.82	0.00	1.93	1.86	2.44	4.89	2.63
法国	2.70	3.57	1.32	4.07	3.39	3.66	1.45	3.26	0.81	2.22	2.58
比利时	2.70	0.00	3.29	0.58	0.56	3.66	2.42	2.33	2.85	2.67	2.16
丹麦	4.73	2.98	1.97	1.16	2.26	2.09	0.48	3.26	1.22	2.22	2.16
卡塔尔	1.35	0.00	3.29	2.91	1.13	3.66	0.97	3.26	0.41	4.44	2.16
巴西	0.68	2.38	1.97	1.74	1.13	1.57	3.86	2.79	2.03	1.78	2.05
新西兰	2.03	1.19	1.97	0.58	1.13	1.57	2.90	0.93	0.81	0.89	1.37
爱尔兰	0.00	0.00	1.32	1.16	0.56	3.14	2.90	0.93	1.63	0.00	1.21
葡萄牙	0.68	1.79	0.66	1.16	1.13	0.00	1.45	2.33	0.00	0.89	1.00
芬兰	1.35	0.60	1.32	0.58	1.69	0.00	0.48	0.47	1.22	0.89	0.84

表9-27 运动科学C层人才排名前20的国家和地区的占比

单位：%

国家和地区	2011年	2012年	2013年	2014年	2015年	2016年	2017年	2018年	2019年	2020年	合计
美国	31.16	31.50	27.70	25.18	27.11	25.07	25.91	23.02	22.79	18.83	25.32
英国	9.11	9.74	9.61	11.10	10.59	10.60	10.99	10.99	10.48	10.68	10.45
澳大利亚	9.38	9.43	9.80	9.98	10.41	11.39	10.51	11.73	10.43	9.73	10.32
加拿大	4.93	6.17	6.58	7.54	6.22	5.41	6.00	6.26	6.11	5.55	6.06
德国	3.63	3.21	3.49	3.44	3.72	4.29	3.50	3.84	3.81	4.18	3.74
西班牙	2.53	3.02	3.42	3.56	2.79	3.34	3.36	4.19	4.23	4.76	3.61
荷兰	2.88	2.90	3.75	3.15	3.14	3.50	3.60	2.81	3.01	2.73	3.13
意大利	2.67	3.39	2.83	2.55	2.09	2.28	2.45	2.96	3.10	3.93	2.86
法国	3.70	2.71	2.83	2.24	2.79	3.13	2.30	2.12	2.40	2.61	2.70
瑞士	3.01	2.47	3.62	1.90	2.68	2.12	2.26	2.07	2.49	3.02	2.54

续表

国家和地区	2011年	2012年	2013年	2014年	2015年	2016年	2017年	2018年	2019年	2020年	合计
巴西	1.10	2.47	1.91	1.72	2.44	2.70	2.50	2.37	2.82	3.06	2.38
瑞典	3.22	2.03	2.30	2.49	1.75	2.23	2.35	2.56	1.93	2.28	2.30
挪威	1.58	1.36	2.43	2.08	1.98	1.91	2.06	2.56	1.83	2.15	2.01
丹麦	2.05	1.29	1.51	2.49	2.39	1.43	1.49	1.92	1.36	2.11	1.80
新西兰	2.60	2.03	1.51	2.32	1.98	1.43	2.11	1.23	1.60	1.28	1.77
比利时	1.78	2.10	1.58	2.14	1.75	1.38	1.63	1.87	1.32	1.41	1.67
日本	1.16	1.36	1.97	1.54	1.40	1.64	1.82	1.43	1.32	1.57	1.53
葡萄牙	1.10	1.36	0.79	1.54	0.99	1.32	1.06	1.43	1.83	1.41	1.30
爱尔兰	0.68	0.74	1.18	1.07	0.99	1.01	1.39	1.68	1.69	1.70	1.26
中国大陆	0.75	1.05	1.05	0.95	1.05	1.48	1.49	1.23	1.64	1.41	1.25

十　内分泌学和新陈代谢

内分泌学和新陈代谢A、B、C层人才最多的国家是美国，分别占该学科全球A、B、C层人才的21.25%、23.79%、25.93%，均大幅高于其他国家和地区。

英国的A层人才世界占比为9.69%，排名第二；意大利、加拿大、德国、澳大利亚、比利时、丹麦、荷兰、法国、中国大陆的A层人才比较多，世界占比在7%～3%之间；希腊、瑞士、印度、瑞典、西班牙、阿根廷、韩国、巴西、俄罗斯也有相当数量的A层人才，世界占比超过或接近1%。

英国的B层人才世界占比为9.30%，排名第二；德国、意大利、加拿大、澳大利亚、荷兰、法国、瑞典、丹麦的B层人才比较多，世界占比在6%～3%之间；中国大陆、西班牙、瑞士、比利时、日本、印度、奥地利、巴西、芬兰、希腊也有相当数量的B层人才，世界占比超过1%。

英国的C层人才世界占比为8.58%，排名第二；德国、中国大陆、意大利、加拿大、澳大利亚、荷兰、法国的C层人才比较多，世界占比在6%～3%之间；瑞典、西班牙、丹麦、日本、瑞士、比利时、韩国、巴西、奥地利、印度、芬兰也有相当数量的C层人才，世界占比超过1%。

表9-28 内分泌学和新陈代谢A层人才排名前20的国家和地区的占比

单位：%

国家和地区	2011年	2012年	2013年	2014年	2015年	2016年	2017年	2018年	2019年	2020年	合计
美国	42.86	16.22	13.64	31.11	0.00	30.00	25.00	23.40	4.35	19.23	21.25
英国	11.43	13.51	9.09	6.67	0.00	10.00	25.00	14.89	6.52	5.77	9.69
意大利	2.86	10.81	4.55	4.44	0.00	10.00	0.00	8.51	2.17	9.62	6.25
加拿大	5.71	0.00	4.55	6.67	0.00	20.00	0.00	10.64	2.17	0.00	4.69
德国	2.86	8.11	2.27	2.22	0.00	10.00	0.00	2.13	8.70	3.85	4.38
澳大利亚	0.00	8.11	2.27	6.67	0.00	0.00	25.00	4.26	6.52	1.92	4.38
比利时	2.86	0.00	0.00	11.11	0.00	0.00	0.00	6.38	4.35	3.85	4.06
丹麦	0.00	5.41	4.55	4.44	0.00	0.00	0.00	6.38	2.17	1.92	3.75
荷兰	5.71	8.11	2.27	6.67	0.00	0.00	25.00	0.00	2.17	1.92	3.75
法国	2.86	0.00	9.09	4.44	0.00	10.00	0.00	0.00	2.17	5.77	3.75
中国大陆	0.00	2.70	4.55	0.00	0.00	0.00	0.00	4.26	2.17	9.62	3.44
希腊	0.00	5.41	0.00	0.00	0.00	0.00	0.00	4.26	0.00	5.77	2.19
瑞士	14.29	0.00	0.00	0.00	0.00	0.00	0.00	0.00	0.00	3.85	2.19
印度	0.00	2.70	2.27	0.00	0.00	0.00	0.00	0.00	4.35	5.77	2.19
瑞典	0.00	0.00	4.55	2.22	0.00	0.00	0.00	6.38	2.17	0.00	2.19
西班牙	0.00	0.00	2.27	2.22	0.00	0.00	0.00	2.13	2.17	1.92	1.56
阿根廷	2.86	0.00	2.27	2.22	0.00	0.00	0.00	0.00	2.17	0.00	1.25
韩国	2.86	2.70	0.00	0.00	0.00	0.00	0.00	2.13	2.17	0.00	1.25
巴西	0.00	0.00	2.27	0.00	0.00	0.00	0.00	0.00	2.17	3.85	1.25
俄罗斯	0.00	0.00	2.27	0.00	0.00	0.00	0.00	0.00	4.35	0.00	0.94

表9-29 内分泌学和新陈代谢B层人才排名前20的国家和地区的占比

单位：%

国家和地区	2011年	2012年	2013年	2014年	2015年	2016年	2017年	2018年	2019年	2020年	合计
美国	34.04	32.75	30.45	31.13	23.97	16.96	16.26	26.64	16.08	16.95	23.79
英国	9.94	10.14	8.17	8.49	10.17	7.37	7.82	13.32	7.10	11.16	9.30
德国	5.12	5.22	6.44	4.95	6.78	5.13	5.56	7.01	5.01	4.94	5.61
意大利	4.22	4.64	2.97	2.83	4.84	4.02	4.12	4.67	2.71	11.59	4.71
加拿大	6.63	5.22	6.19	4.01	3.63	3.35	4.73	3.04	4.38	3.00	4.33
澳大利亚	3.61	3.48	2.97	3.30	3.15	3.13	3.09	2.80	3.97	5.58	3.53
荷兰	3.31	2.32	3.96	3.54	4.84	2.90	4.12	2.80	3.97	1.93	3.38
法国	3.01	2.90	2.23	2.59	3.63	3.13	3.09	3.74	3.76	3.22	3.15

续表

国家和地区	2011年	2012年	2013年	2014年	2015年	2016年	2017年	2018年	2019年	2020年	合计
瑞典	3.61	3.48	3.22	3.54	3.63	3.79	2.47	3.50	2.71	1.93	3.15
丹麦	3.61	2.61	2.23	2.36	3.87	3.13	3.70	3.97	3.34	1.72	3.05
中国大陆	1.51	1.74	2.72	3.77	1.94	2.01	1.44	3.27	3.34	7.08	2.96
西班牙	1.81	3.77	2.72	3.77	3.15	2.23	2.67	2.57	2.30	1.72	2.65
瑞士	3.61	4.06	2.23	1.65	1.69	2.46	1.85	1.17	2.51	2.36	2.30
比利时	1.81	1.45	2.23	2.36	1.21	1.56	1.85	1.40	1.88	2.15	1.80
日本	1.20	2.61	2.48	1.89	2.18	1.79	1.44	0.47	2.30	1.29	1.75
印度	1.20	0.58	0.99	1.18	0.97	1.12	1.03	0.70	0.63	5.79	1.47
奥地利	0.60	0.58	1.49	1.18	1.21	1.56	1.65	1.40	2.09	0.86	1.30
巴西	0.30	0.58	1.98	1.42	0.97	1.79	1.03	0.93	1.67	1.93	1.30
芬兰	0.60	1.16	1.98	1.89	1.69	1.34	1.23	1.17	1.04	0.43	1.25
希腊	1.20	1.45	0.50	1.18	1.45	1.12	0.41	0.93	1.04	1.93	1.11

表9-30 内分泌学和新陈代谢C层人才排名前20的国家和地区的占比

单位：%

国家和地区	2011年	2012年	2013年	2014年	2015年	2016年	2017年	2018年	2019年	2020年	合计
美国	31.88	29.88	29.01	27.52	27.44	26.19	25.04	23.75	22.06	19.94	25.93
英国	8.17	8.14	9.25	8.35	7.74	9.89	8.46	8.93	8.18	8.57	8.58
德国	6.03	5.69	6.04	5.96	6.01	5.23	5.68	5.43	5.12	4.99	5.59
中国大陆	2.62	3.61	3.81	4.57	4.82	5.45	5.75	6.32	7.31	7.24	5.29
意大利	4.73	4.86	5.34	5.74	4.39	4.58	5.48	5.22	5.43	6.64	5.29
加拿大	4.67	4.32	4.58	4.36	4.74	4.31	3.75	4.00	3.65	3.34	4.13
澳大利亚	4.16	3.73	3.66	4.55	4.56	3.91	3.90	4.38	4.05	3.58	4.04
荷兰	3.86	3.88	3.66	2.97	3.48	3.72	3.52	2.97	2.93	2.93	3.36
法国	3.80	3.73	3.91	3.09	3.50	3.30	3.46	3.28	2.93	2.81	3.35
瑞典	3.08	3.14	2.75	2.82	2.75	3.30	2.69	2.87	2.84	2.57	2.87
西班牙	2.90	3.17	2.62	3.04	2.96	2.45	2.69	2.47	2.87	2.46	2.75
丹麦	2.53	2.37	2.50	2.48	2.64	3.12	2.67	2.99	2.54	3.02	2.70
日本	2.14	3.26	2.57	2.80	2.43	2.40	2.42	2.25	2.43	1.93	2.45
瑞士	2.02	2.40	2.45	2.04	2.02	1.68	2.11	1.77	1.93	1.82	2.01
比利时	1.81	1.81	1.63	1.61	1.59	1.36	1.75	1.77	1.49	1.61	1.64
韩国	1.33	1.60	1.81	1.48	1.16	1.46	1.30	1.32	1.79	1.37	1.47
巴西	1.21	0.95	1.09	1.53	1.29	1.29	1.35	1.51	1.53	1.35	1.32
奥地利	1.09	1.18	0.99	1.12	1.11	1.07	1.62	1.24	1.23	1.09	1.18
印度	0.75	0.56	0.77	0.85	1.02	0.94	0.88	1.01	1.03	2.61	1.08
芬兰	1.24	0.86	1.09	1.02	1.32	1.07	0.99	1.13	1.03	0.96	1.07

十一 营养学和饮食学

营养学和饮食学 A、B、C 层人才最多的国家是美国,分别占该学科全球 A、B、C 层人才的 20.40%、18.50%、18.11%,均大幅高于其他国家和地区。

英国、加拿大的 A 层人才世界占比分别为 9.45%、8.96%,分列第二、第三位;荷兰、澳大利亚、意大利、比利时、德国的 A 层人才比较多,世界占比在 6%~3% 之间;法国、巴西、以色列、西班牙、中国大陆、瑞士、奥地利、新西兰、波兰、瑞典、突尼斯、克罗地亚也有相当数量的 A 层人才,世界占比超过或等于 1%。

英国的 B 层人才世界占比为 8.44%,排名第二;意大利、加拿大、澳大利亚、西班牙、法国、德国、荷兰的 B 层人才比较多,世界占比在 6%~3% 之间;中国大陆、瑞士、巴西、比利时、丹麦、瑞典、印度、挪威、波兰、希腊、新西兰也有相当数量的 B 层人才,世界占比超过 1%。

中国大陆的 C 层人才世界占比为 9.85%,排名第二;英国、西班牙、意大利、澳大利亚、加拿大、德国、荷兰的 C 层人才比较多,世界占比在 8%~3% 之间;法国、巴西、伊朗、丹麦、瑞士、比利时、印度、瑞典、波兰、韩国、日本也有相当数量的 C 层人才,世界占比超过 1%。

表 9-31 营养学和饮食学 A 层人才排名前 20 的国家和地区的占比

单位:%

国家和地区	2011 年	2012 年	2013 年	2014 年	2015 年	2016 年	2017 年	2018 年	2019 年	2020 年	合计
美国	37.50	16.67	39.13	50.00	10.00	33.33	0.00	16.67	3.23	21.88	20.40
英国	12.50	16.67	4.35	10.00	5.00	13.33	11.11	12.50	6.45	9.38	9.45
加拿大	12.50	0.00	4.35	0.00	15.00	26.67	11.11	12.50	6.45	3.13	8.96
荷兰	0.00	8.33	4.35	10.00	5.00	0.00	11.11	4.17	6.45	6.25	5.47
澳大利亚	6.25	0.00	8.70	0.00	15.00	13.33	5.56	0.00	3.23	0.00	4.98
意大利	0.00	8.33	0.00	0.00	5.00	0.00	5.56	12.50	3.23	6.25	4.48
比利时	6.25	0.00	0.00	0.00	5.00	0.00	11.11	4.17	6.45	0.00	3.48
德国	0.00	8.33	0.00	0.00	5.00	0.00	5.56	4.17	6.45	3.13	3.48

续表

国家和地区	2011年	2012年	2013年	2014年	2015年	2016年	2017年	2018年	2019年	2020年	合计
法国	0.00	0.00	0.00	0.00	5.00	0.00	5.56	8.33	0.00	6.25	2.99
巴西	0.00	0.00	4.35	0.00	0.00	0.00	0.00	8.33	3.23	3.13	2.49
以色列	0.00	8.33	0.00	0.00	10.00	0.00	0.00	0.00	6.45	0.00	2.49
西班牙	0.00	8.33	4.35	0.00	0.00	0.00	0.00	4.17	3.23	3.13	2.49
中国大陆	0.00	0.00	0.00	10.00	0.00	0.00	0.00	4.17	3.23	3.13	1.99
瑞士	0.00	0.00	4.35	10.00	0.00	0.00	5.56	0.00	3.23	0.00	1.99
奥地利	0.00	0.00	0.00	0.00	0.00	0.00	5.56	4.17	0.00	0.00	1.49
新西兰	0.00	0.00	4.35	0.00	5.00	0.00	0.00	0.00	0.00	3.13	1.49
波兰	0.00	0.00	0.00	0.00	5.00	0.00	0.00	0.00	3.23	3.13	1.49
瑞典	0.00	0.00	0.00	0.00	0.00	0.00	5.56	0.00	3.23	0.00	1.49
突尼斯	6.25	0.00	0.00	0.00	0.00	0.00	0.00	0.00	0.00	3.13	1.00
克罗地亚	0.00	0.00	0.00	0.00	5.00	0.00	5.56	0.00	0.00	0.00	1.00

表9－32　营养学和饮食学B层人才排名前20的国家和地区的占比

单位：%

国家和地区	2011年	2012年	2013年	2014年	2015年	2016年	2017年	2018年	2019年	2020年	合计
美国	23.93	24.36	25.57	24.16	25.12	19.90	12.90	12.28	9.32	16.32	18.50
英国	9.20	10.90	11.42	7.87	11.59	8.96	7.26	8.33	5.38	6.25	8.44
意大利	2.45	3.85	4.11	5.06	5.31	4.98	4.84	4.39	5.38	10.76	5.40
加拿大	9.82	7.05	4.57	3.93	3.86	4.98	5.65	5.70	3.23	5.21	5.21
澳大利亚	3.68	3.85	2.74	5.06	6.28	6.97	4.44	3.95	1.79	4.86	4.29
西班牙	3.07	5.13	4.57	5.06	4.35	2.99	1.61	4.82	3.94	4.86	4.01
法国	5.52	3.85	4.11	3.93	3.38	3.48	2.02	3.07	3.23	3.82	3.55
德国	3.68	4.49	3.20	2.81	3.38	2.99	4.44	2.19	3.23	3.82	3.41
荷兰	5.52	4.49	4.57	5.06	4.35	3.98	2.82	2.63	1.79	1.04	3.37
中国大陆	1.23	0.00	1.37	1.12	2.90	6.47	2.42	3.07	3.58	4.51	2.86
瑞士	1.84	3.85	3.65	2.81	0.97	1.00	3.23	4.82	1.43	3.47	2.72
巴西	3.68	1.28	1.83	1.69	0.97	1.99	2.02	4.39	1.79	3.82	2.40
比利时	3.07	1.28	0.91	1.69	1.45	3.48	3.23	1.75	1.79	2.08	2.08
丹麦	3.07	2.56	2.74	2.81	2.42	2.99	2.42	1.32	0.72	1.04	2.08
瑞典	1.23	3.21	1.83	1.69	1.45	1.49	4.84	1.75	1.08	0.69	1.89
印度	0.61	2.56	1.37	2.25	0.48	1.49	1.61	2.19	2.15	2.08	1.71
挪威	0.61	1.28	0.91	0.00	1.93	2.49	1.61	1.32	1.08	2.43	1.43
波兰	0.61	0.64	0.46	3.37	0.97	0.50	2.42	2.63	0.36	2.08	1.43
希腊	2.45	0.64	0.46	1.69	1.93	1.99	0.81	2.19	0.72	0.35	1.25
新西兰	1.23	1.28	0.91	0.56	1.93	1.00	0.81	2.19	1.79	0.35	1.20

表9-33 营养学和饮食学C层人才排名前20的国家和地区的占比

单位：%

国家和地区	2011年	2012年	2013年	2014年	2015年	2016年	2017年	2018年	2019年	2020年	合计
美国	24.14	23.71	20.66	21.79	21.03	16.96	16.48	14.72	13.63	14.83	18.11
中国大陆	4.51	5.58	5.62	8.55	8.64	8.51	10.76	11.67	14.32	14.16	9.85
英国	9.47	8.03	7.78	6.83	8.19	8.00	6.23	6.84	5.67	6.05	7.12
西班牙	6.21	5.51	4.87	5.46	4.85	4.98	4.49	4.92	6.47	4.97	5.26
意大利	3.95	3.65	4.36	4.10	4.35	4.48	4.96	6.20	5.96	6.96	5.10
澳大利亚	4.45	4.05	4.78	5.64	4.80	5.39	5.04	4.47	4.03	3.45	4.54
加拿大	4.58	6.11	4.45	4.69	4.00	4.33	4.74	4.33	4.00	3.55	4.38
德国	3.89	3.85	3.84	2.79	3.05	3.47	3.98	2.51	2.80	2.77	3.24
荷兰	3.89	3.65	4.31	2.97	2.80	3.52	3.26	3.19	2.47	2.47	3.18
法国	2.95	3.59	3.75	2.85	3.15	2.77	2.92	2.78	2.73	2.33	2.93
巴西	1.38	2.12	1.64	2.38	2.60	2.57	2.84	3.56	3.34	3.28	2.67
伊朗	0.94	1.06	1.50	1.60	1.05	2.06	1.27	1.55	2.36	3.07	1.76
丹麦	1.63	1.73	1.78	1.96	1.30	2.37	1.19	2.23	1.34	1.42	1.66
瑞士	1.94	1.86	1.73	1.25	1.85	1.46	2.12	1.55	1.60	1.32	1.65
比利时	1.63	2.52	1.45	1.96	1.80	1.11	1.44	2.01	0.91	1.35	1.55
印度	1.25	1.20	1.87	1.72	1.80	1.91	1.48	1.28	1.82	1.08	1.54
瑞典	2.13	1.66	2.34	1.43	1.60	1.36	1.52	1.14	1.05	1.42	1.53
波兰	0.56	1.13	1.12	0.95	1.25	1.61	1.10	1.96	2.18	2.03	1.47
韩国	1.76	1.46	1.59	1.31	1.60	1.51	1.27	1.60	1.60	1.01	1.45
日本	1.50	1.13	1.55	1.07	1.20	1.36	1.14	1.50	1.31	1.22	1.30

十二　血液学

血液学A、B、C层人才最多的国家是美国，分别占该学科全球A、B、C层人才的25.20%、24.55%、28.06%，均遥遥领先于其他国家和地区。

意大利、英国、法国、德国、加拿大、荷兰、西班牙、比利时、澳大利亚的A层人才比较多，世界占比在9%~3%之间；奥地利、瑞典、瑞士、中国大陆、日本、捷克、以色列、巴西、丹麦、希腊也有相当数量的A层人才，世界占比超过1%。

德国、英国、意大利、法国、加拿大、荷兰、西班牙的B层人才比较多，世界占比在8%~3%之间；中国大陆、澳大利亚、瑞士、奥地利、日本、比利时、瑞典、丹麦、波兰、以色列、希腊、韩国也有相当数量的B

层人才，世界占比超过或等于1%。

德国、英国、意大利、法国、荷兰、加拿大、中国大陆的C层人才比较多，世界占比在8%~4%之间；西班牙、澳大利亚、日本、瑞士、瑞典、奥地利、比利时、丹麦、以色列、韩国、波兰、捷克也有相当数量的C层人才，世界占比超过或接近1%。

表9-34 血液学A层人才排名前20的国家和地区的占比

单位：%

国家和地区	2011年	2012年	2013年	2014年	2015年	2016年	2017年	2018年	2019年	2020年	合计
美国	48.57	26.32	14.71	20.00	20.45	20.45	27.27	27.91	23.53	25.00	25.20
意大利	11.43	7.89	11.76	5.00	6.82	9.09	6.06	9.30	0.00	13.89	8.14
英国	5.71	5.26	11.76	12.50	2.27	4.55	6.06	11.63	8.82	11.11	7.87
法国	5.71	7.89	2.94	7.50	4.55	4.55	12.12	6.98	8.82	5.56	6.56
德国	8.57	5.26	2.94	5.00	4.55	11.36	6.06	6.98	8.82	2.78	6.30
加拿大	2.86	7.89	8.82	5.00	6.82	2.27	6.06	4.65	8.82	5.56	5.77
荷兰	2.86	2.63	2.94	5.00	2.27	2.27	6.06	9.30	2.94	5.56	4.20
西班牙	5.71	5.26	2.94	5.00	4.55	6.82	6.06	2.33	0.00	0.00	3.94
比利时	0.00	7.89	5.88	2.50	2.27	4.55	3.03	6.98	5.88	0.00	3.67
澳大利亚	0.00	2.63	5.88	2.50	2.27	4.55	6.06	2.33	8.82	0.00	3.67
奥地利	2.86	5.26	2.94	5.00	4.55	0.00	0.00	0.00	5.88	0.00	2.62
瑞典	2.86	0.00	5.88	2.50	2.27	2.27	3.03	0.00	5.88	0.00	2.36
瑞士	0.00	5.26	0.00	2.50	0.00	2.27	0.00	2.33	2.94	2.78	1.84
中国大陆	0.00	0.00	0.00	0.00	2.27	0.00	0.00	0.00	0.00	16.67	1.84
日本	0.00	2.63	2.94	0.00	2.27	2.27	3.03	0.00	0.00	5.56	1.84
捷克	0.00	2.63	2.94	0.00	4.55	2.27	0.00	0.00	0.00	0.00	1.31
以色列	0.00	2.63	2.94	0.00	4.55	2.27	3.03	0.00	0.00	0.00	1.31
巴西	0.00	2.63	0.00	0.00	2.27	2.27	0.00	2.33	0.00	0.00	1.05
丹麦	0.00	0.00	0.00	2.50	2.27	2.27	0.00	0.00	2.94	0.00	1.05
希腊	2.86	0.00	0.00	0.00	2.27	2.27	0.00	0.00	0.00	2.78	1.05

表9-35 血液学B层人才排名前20的国家和地区的占比

单位：%

国家和地区	2011年	2012年	2013年	2014年	2015年	2016年	2017年	2018年	2019年	2020年	合计
美国	27.88	27.54	25.70	32.65	24.88	22.59	24.16	23.47	22.69	14.92	24.55
德国	9.62	9.28	7.43	9.25	8.06	6.35	8.71	7.65	5.95	4.42	7.59
英国	8.97	8.70	8.98	5.66	7.37	8.47	7.30	5.87	7.05	7.73	7.54

续表

国家和地区	2011年	2012年	2013年	2014年	2015年	2016年	2017年	2018年	2019年	2020年	合计
意大利	9.29	5.51	8.05	6.43	5.99	6.35	4.78	7.40	6.61	7.73	6.75
法国	6.73	6.96	5.88	5.40	6.22	5.88	6.74	6.38	5.51	6.63	6.20
加拿大	3.53	5.80	3.10	7.20	4.84	5.65	5.62	4.85	5.95	4.14	5.14
荷兰	3.85	4.93	4.95	3.86	4.38	5.41	3.93	3.57	3.52	3.87	4.22
西班牙	2.88	3.19	3.72	3.08	3.69	3.76	3.37	3.83	5.51	4.70	3.82
中国大陆	0.96	0.87	2.17	3.34	2.53	0.94	1.97	3.57	5.73	6.63	2.95
澳大利亚	2.56	1.74	2.48	2.57	2.07	2.12	3.37	4.59	3.96	3.59	2.93
瑞士	2.88	2.61	4.02	2.06	3.23	3.53	3.37	1.53	3.08	2.49	2.87
奥地利	2.56	1.45	3.10	2.06	2.76	2.59	2.25	2.30	1.98	1.10	2.22
日本	1.28	2.03	1.24	2.31	2.53	2.59	2.53	1.53	3.08	1.38	2.11
比利时	1.60	2.61	1.55	1.03	2.53	2.82	0.84	2.81	1.54	2.76	2.03
瑞典	2.88	1.16	2.48	1.03	2.76	2.12	2.25	1.02	1.10	1.93	1.85
丹麦	1.28	2.32	1.55	0.26	2.07	2.35	1.97	1.79	0.44	1.10	1.50
波兰	0.96	1.74	0.31	0.00	1.38	0.47	2.25	1.28	1.54	2.21	1.21
以色列	1.92	0.29	1.55	1.29	0.46	1.88	0.84	1.28	1.10	1.38	1.19
希腊	0.64	1.45	1.24	0.00	1.61	0.00	0.56	1.28	0.88	2.49	1.03
韩国	1.28	1.45	0.93	0.77	0.23	0.47	0.56	1.79	1.76	0.83	1.00

表 9-36 血液学 C 层人才排名前 20 的国家和地区的占比

单位：%

国家和地区	2011年	2012年	2013年	2014年	2015年	2016年	2017年	2018年	2019年	2020年	合计
美国	31.18	31.06	29.27	28.62	28.69	27.55	28.05	27.43	26.74	22.46	28.06
德国	8.41	8.53	8.54	8.17	7.59	7.77	7.74	7.32	7.63	6.91	7.84
英国	8.03	7.77	8.94	8.04	7.82	8.01	7.97	6.43	7.79	7.79	7.84
意大利	6.71	7.10	7.05	7.14	6.32	6.73	5.91	6.30	6.43	7.88	6.74
法国	5.36	5.85	5.71	5.67	5.19	5.50	5.43	5.56	5.59	6.00	5.58
荷兰	4.99	4.60	5.11	4.59	4.64	4.78	3.91	4.39	4.26	3.88	4.51
加拿大	3.70	3.84	4.38	4.00	4.98	4.49	4.77	4.36	4.63	4.00	4.34
中国大陆	2.38	3.44	2.98	3.17	3.83	3.53	4.74	5.05	4.91	5.73	4.01
西班牙	2.73	2.33	2.80	2.86	2.72	2.66	3.08	3.24	3.32	3.44	2.92
澳大利亚	1.76	2.27	2.43	2.84	2.70	2.91	2.20	2.60	2.43	3.23	2.55
日本	3.11	2.62	2.52	2.47	2.45	2.79	2.49	2.53	2.34	1.97	2.52
瑞士	2.45	2.74	2.10	1.75	1.94	2.22	2.20	1.91	2.55	2.79	2.25
瑞典	2.76	2.27	2.10	2.35	2.38	2.49	1.97	2.22	1.85	1.88	2.22
奥地利	1.76	1.60	1.43	1.96	1.85	1.75	1.83	1.58	1.64	1.59	1.70

续表

国家和地区	2011年	2012年	2013年	2014年	2015年	2016年	2017年	2018年	2019年	2020年	合计
比利时	1.60	1.46	1.46	1.75	1.41	1.45	1.71	2.12	1.68	1.88	1.65
丹麦	1.51	1.19	1.43	1.60	1.71	1.55	1.51	1.15	1.24	1.35	1.43
以色列	1.10	1.05	1.00	0.95	0.99	1.18	1.09	1.53	1.43	1.44	1.18
韩国	0.97	0.96	0.97	0.93	1.20	0.76	0.74	0.69	0.73	0.62	0.86
波兰	0.50	0.44	0.58	0.67	0.65	0.81	1.03	1.25	0.94	1.18	0.81
捷克	0.66	0.55	0.49	0.57	0.60	0.76	0.89	1.12	1.10	0.71	0.75

十三　临床神经学

临床神经学A、B、C层人才最多的国家是美国，分别占该学科全球A、B、C层人才的17.98%、21.92%、26.49%，均大幅高于其他国家和地区。

英国的A层人才世界占比为9.15%，排名第二；加拿大、德国、法国、澳大利亚、意大利、西班牙、荷兰、瑞典、日本的A层人才比较多，世界占比在9%~3%；瑞士、中国大陆、奥地利、丹麦、芬兰、比利时、爱尔兰、挪威、巴西也有相当数量的A层人才，世界占比超过或接近1%。

英国的B层人才世界占比为10.64%，排名第二；德国、加拿大、荷兰、意大利、法国、澳大利亚、瑞典、西班牙的B层人才比较多，世界占比在8%~3%之间；瑞士、比利时、奥地利、丹麦、中国大陆、日本、巴西、挪威、芬兰、以色列也有相当数量的B层人才，世界占比超过或接近1%。

英国的C层人才世界占比为9.27%，排名第二；德国、加拿大、意大利、澳大利亚、荷兰、法国、中国大陆的C层人才比较多，世界占比在8%~3%之间；西班牙、瑞士、瑞典、日本、比利时、丹麦、奥地利、韩国、巴西、挪威、芬兰也有相当数量的C层人才，世界占比超过或接近1%。

表 9-37 临床神经学 A 层人才排名前 20 的国家和地区的占比

单位：%

国家和地区	2011年	2012年	2013年	2014年	2015年	2016年	2017年	2018年	2019年	2020年	合计
美国	14.29	28.30	25.37	14.93	15.71	20.00	12.82	16.13	5.13	19.80	17.98
英国	12.50	11.32	10.45	13.43	5.71	8.75	10.26	8.06	2.56	7.92	9.15
加拿大	12.50	5.66	8.96	4.48	12.86	6.25	10.26	8.06	2.56	7.92	8.04
德国	3.57	13.21	8.96	5.97	8.57	8.75	5.13	6.45	2.56	5.94	7.10
法国	5.36	7.55	5.97	5.97	7.14	8.75	7.69	4.84	2.56	4.95	6.15
澳大利亚	7.14	1.89	7.46	5.97	7.14	6.25	10.26	9.68	2.56	2.97	5.99
意大利	7.14	0.00	4.48	5.97	1.43	3.75	5.13	3.23	2.56	8.91	4.57
西班牙	3.57	3.77	4.48	4.48	4.29	5.00	2.56	6.45	2.56	4.95	4.42
荷兰	7.14	1.89	2.99	4.48	4.29	7.50	2.56	6.45	0.00	1.98	4.10
瑞典	3.57	5.66	2.99	5.97	4.29	6.25	2.56	3.23	2.56	1.98	3.94
日本	3.57	1.89	2.99	4.48	2.86	1.25	5.13	4.84	2.56	1.98	3.00
瑞士	3.57	5.66	1.49	2.99	1.43	6.25	2.56	3.23	0.00	0.99	2.84
中国大陆	0.00	0.00	4.48	1.49	1.43	0.00	2.56	0.00	2.56	7.92	2.37
奥地利	0.00	1.89	1.49	0.00	2.86	1.25	2.56	1.61	2.56	2.97	1.74
丹麦	1.79	1.89	0.00	2.99	2.86	1.25	0.00	3.23	0.00	0.99	1.58
芬兰	0.00	0.00	1.49	4.29	1.25	2.56	1.61	2.56	1.98	1.58	
比利时	1.79	0.00	1.49	1.49	0.00	2.50	2.56	0.00	0.00	0.99	1.10
爱尔兰	3.57	1.89	0.00	2.99	1.43	1.25	0.00	0.00	0.00	0.00	1.10
挪威	1.79	1.89	0.00	0.00	1.43	0.00	2.56	0.00	2.56	0.99	0.95
巴西	0.00	0.00	1.49	1.49	1.43	0.00	2.56	0.00	2.56	0.00	0.79

表 9-38 临床神经学 B 层人才排名前 20 的国家和地区的占比

单位：%

国家和地区	2011年	2012年	2013年	2014年	2015年	2016年	2017年	2018年	2019年	2020年	合计
美国	26.47	26.11	27.38	24.60	24.12	22.01	19.98	19.68	15.39	20.47	21.92
英国	9.80	13.48	11.64	12.06	9.74	11.96	11.33	10.59	8.95	8.51	10.64
德国	8.82	6.48	7.87	7.23	7.03	8.56	6.46	7.47	7.14	5.60	7.17
加拿大	7.06	8.02	6.07	8.20	6.39	6.25	5.60	4.98	5.43	5.06	6.14
荷兰	5.69	4.95	3.93	4.82	5.59	5.43	4.51	5.11	3.92	3.13	4.60
意大利	4.90	3.75	4.26	3.54	4.47	4.76	4.02	4.11	4.73	6.14	4.53
法国	4.51	2.90	5.25	5.14	4.47	4.08	4.87	4.98	3.02	4.85	4.38
澳大利亚	4.71	4.10	4.75	3.86	4.47	4.89	3.41	4.48	3.92	4.20	4.24

续表

国家和地区	2011年	2012年	2013年	2014年	2015年	2016年	2017年	2018年	2019年	2020年	合计
瑞典	2.35	3.75	3.28	3.54	2.88	4.21	3.78	3.36	3.02	2.59	3.28
西班牙	2.16	2.56	2.79	3.86	3.19	3.53	3.05	3.61	2.72	4.53	3.26
瑞士	1.76	2.22	2.13	3.54	3.19	3.26	3.41	4.11	1.61	2.69	2.81
比利时	1.76	2.05	2.13	2.25	1.76	2.04	1.95	2.12	2.11	0.97	1.89
奥地利	2.55	1.88	1.64	1.61	3.19	0.95	2.44	2.37	1.11	1.40	1.85
丹麦	1.76	0.68	1.48	1.61	1.92	2.04	2.07	2.24	2.11	1.29	1.76
中国大陆	1.57	0.85	0.49	1.45	0.96	1.49	1.58	1.37	1.51	4.74	1.73
日本	0.98	1.37	1.31	2.09	1.44	1.63	2.07	1.74	1.41	1.51	1.58
巴西	0.98	0.85	1.48	1.77	0.64	1.49	0.97	1.12	1.11	0.97	1.13
挪威	1.18	1.19	0.98	0.64	0.96	1.22	1.46	0.87	1.11	0.86	1.05
芬兰	0.98	2.05	0.98	0.80	1.12	0.14	0.97	0.87	0.91	0.54	0.90
以色列	0.98	0.68	1.31	0.64	0.96	0.82	0.61	0.50	0.91	0.65	0.79

表9-39 临床神经学C层人才排名前20的国家和地区的占比

单位：%

国家和地区	2011年	2012年	2013年	2014年	2015年	2016年	2017年	2018年	2019年	2020年	合计
美国	32.11	29.91	28.80	27.93	26.98	26.23	25.73	25.18	23.27	23.37	26.49
英国	8.96	9.51	9.52	9.97	9.67	8.94	9.44	9.49	9.34	8.25	9.27
德国	7.09	7.99	7.32	7.38	7.21	7.33	6.98	6.79	7.50	6.60	7.19
加拿大	5.94	5.48	5.68	5.89	5.92	5.57	5.71	5.81	5.40	5.28	5.64
意大利	5.06	5.83	5.28	5.20	4.73	5.52	5.16	5.23	5.81	7.38	5.59
澳大利亚	4.24	4.13	4.31	4.83	4.49	4.30	4.29	4.16	4.04	3.29	4.17
荷兰	4.16	4.47	4.64	4.16	4.12	3.94	4.29	4.03	4.43	3.61	4.17
法国	3.98	4.02	3.93	3.88	4.00	4.22	4.07	4.04	3.97	4.15	4.03
中国大陆	1.87	2.09	2.27	2.46	2.69	2.97	3.41	3.56	3.99	4.25	3.09
西班牙	2.53	2.33	2.74	2.66	2.82	2.71	2.74	2.71	3.18	3.66	2.86
瑞士	2.55	2.58	2.42	2.71	2.48	2.47	2.63	2.74	3.04	2.87	2.67
瑞典	2.53	2.02	2.32	2.41	2.58	2.25	2.53	2.37	2.50	2.23	2.37
日本	2.07	2.42	2.61	2.18	2.21	2.52	2.13	2.13	1.86	1.74	2.16
比利时	1.69	1.48	1.72	1.63	1.70	1.75	1.65	1.82	1.92	1.90	1.74
丹麦	1.29	0.97	1.45	1.44	1.77	1.63	1.77	1.83	2.00	1.65	1.62
奥地利	1.41	1.04	1.50	1.15	1.51	1.22	1.42	1.35	1.47	1.47	1.36
韩国	1.16	1.20	1.35	1.30	1.19	1.63	1.38	1.60	1.32	1.07	1.33
巴西	0.86	0.85	0.95	1.02	1.05	1.41	1.42	1.23	1.14	1.29	1.15
挪威	1.16	1.20	0.94	0.86	0.91	0.89	0.91	0.81	0.80	0.75	0.90
芬兰	1.02	1.04	0.85	1.11	0.91	0.92	0.76	0.71	0.95	0.57	0.87

十四　药物滥用医学

药物滥用医学 A、B、C 层人才最多的国家是美国，分别占该学科全球 A、B、C 层人才的 38.10%、32.91%、45.38%，均遥遥领先于其他国家和地区。

英国的 A 层人才世界占比为 14.29%，排名第二；澳大利亚、加拿大、波兰、瑞典、德国、新西兰、瑞士、土耳其的 A 层人才比较多，世界占比在 7%～3% 之间；比利时、法国、希腊、中国香港、匈牙利、伊朗、意大利、荷兰、挪威也有相当数量的 A 层人才，世界占比超过 1%。

英国的 B 层人才世界占比为 12.28%，排名第二；加拿大、澳大利亚、德国的 B 层人才比较多，世界占比在 7%～3% 之间；荷兰、瑞士、瑞典、西班牙、意大利、法国、葡萄牙、比利时、挪威、希腊、南非、黎巴嫩、丹麦、新西兰、以色列也有相当数量的 B 层人才，世界占比超过或接近 1%。

英国的 C 层人才世界占比为 9.84%，排名第二；澳大利亚、加拿大、德国的 C 层人才比较多，世界占比在 8%～3% 之间；荷兰、西班牙、意大利、瑞典、瑞士、中国大陆、法国、新西兰、挪威、比利时、巴西、丹麦、芬兰、匈牙利、伊朗也有相当数量的 C 层人才，世界占比超过或接近 1%。

表 9-40　药物滥用医学 A 层人才的国家和地区的占比

单位：%

国家和地区	2011 年	2012 年	2013 年	2014 年	2015 年	2016 年	2017 年	2018 年	2019 年	2020 年	合计
美国	0.00	20.00	57.14	57.14	75.00	28.57	12.50	0.00	57.14	22.22	38.10
英国	0.00	40.00	14.29	14.29	0.00	14.29	12.50	0.00	14.29	22.22	14.29
澳大利亚	20.00	20.00	0.00	0.00	12.50	0.00	12.50	0.00	0.00	0.00	6.35
加拿大	20.00	0.00	0.00	0.00	0.00	0.00	12.50	0.00	14.29	0.00	4.76
波兰	0.00	0.00	14.29	28.57	0.00	0.00	0.00	0.00	0.00	0.00	4.76
瑞典	0.00	20.00	0.00	0.00	0.00	0.00	12.50	0.00	0.00	11.11	4.76
德国	0.00	0.00	0.00	0.00	0.00	0.00	12.50	0.00	14.29	0.00	3.17
新西兰	40.00	0.00	0.00	0.00	0.00	0.00	0.00	0.00	0.00	0.00	3.17
瑞士	20.00	0.00	0.00	0.00	0.00	0.00	12.50	0.00	0.00	0.00	3.17

续表

国家和地区	2011年	2012年	2013年	2014年	2015年	2016年	2017年	2018年	2019年	2020年	合计
土耳其	0.00	0.00	0.00	0.00	12.50	0.00	0.00	0.00	0.00	11.11	3.17
比利时	0.00	0.00	0.00	0.00	0.00	14.29	0.00	0.00	0.00	0.00	1.59
法国	0.00	0.00	0.00	0.00	0.00	0.00	12.50	0.00	0.00	0.00	1.59
希腊	0.00	0.00	0.00	0.00	0.00	0.00	0.00	0.00	0.00	11.11	1.59
中国香港	0.00	0.00	0.00	0.00	0.00	0.00	0.00	0.00	0.00	11.11	1.59
匈牙利	0.00	0.00	0.00	0.00	0.00	14.29	0.00	0.00	0.00	0.00	1.59
伊朗	0.00	0.00	0.00	0.00	0.00	0.00	0.00	0.00	0.00	11.11	1.59
意大利	0.00	0.00	0.00	0.00	0.00	14.29	0.00	0.00	0.00	0.00	1.59
荷兰	0.00	0.00	14.29	0.00	0.00	0.00	0.00	0.00	0.00	0.00	1.59
挪威	0.00	0.00	0.00	0.00	0.00	0.00	14.29	0.00	0.00	0.00	1.59

表9-41 药物滥用医学B层人才排名前20的国家和地区的占比

单位：%

国家和地区	2011年	2012年	2013年	2014年	2015年	2016年	2017年	2018年	2019年	2020年	合计
美国	26.98	36.23	46.88	30.14	50.67	36.49	48.75	9.91	31.58	24.42	32.91
英国	15.87	11.59	14.06	12.33	12.00	13.51	16.25	5.41	10.53	15.12	12.28
加拿大	6.35	8.70	14.06	4.11	1.33	8.11	11.25	3.60	6.32	4.65	6.58
澳大利亚	4.76	7.25	4.69	5.48	8.00	10.81	7.50	3.60	7.37	4.65	6.33
德国	11.11	5.80	6.25	2.74	4.00	2.70	1.25	2.70	3.16	1.16	3.80
荷兰	7.94	1.45	0.00	5.48	2.67	2.70	0.00	0.90	2.11	1.16	2.28
瑞士	3.17	1.45	1.56	5.48	1.33	2.70	1.25	2.70	1.05	1.16	2.15
瑞典	1.59	2.90	1.56	2.74	0.00	1.35	1.25	0.90	2.11	4.65	1.90
西班牙	3.17	1.45	3.13	2.74	0.00	1.35	0.00	0.90	4.21	1.16	1.77
意大利	3.17	2.90	0.00	2.74	1.33	1.35	2.50	1.80	1.05	1.16	1.77
法国	3.17	1.45	0.00	4.11	1.33	0.00	0.00	0.90	2.11	1.16	1.39
葡萄牙	0.00	2.90	0.00	1.37	1.33	1.35	1.25	1.80	1.05	1.16	1.27
比利时	0.00	0.00	0.00	1.37	1.33	1.35	2.50	0.90	3.16	1.16	1.27
挪威	1.59	0.00	0.00	1.37	1.33	2.70	1.25	0.90	1.05	0.00	1.01
希腊	0.00	0.00	0.00	1.37	2.67	0.00	1.25	0.90	2.11	1.16	1.01
南非	1.59	0.00	3.13	1.37	0.00	0.00	0.00	1.80	0.00	1.16	0.89
黎巴嫩	0.00	0.00	1.56	0.00	5.33	0.00	0.00	0.90	1.05	0.00	0.89
丹麦	0.00	2.90	0.00	1.37	0.00	1.35	0.00	0.90	2.11	0.00	0.76
新西兰	0.00	1.45	0.00	1.37	0.00	0.00	0.00	1.80	0.00	2.33	0.76
以色列	0.00	1.45	0.00	0.00	0.00	0.00	0.00	0.90	2.11	2.33	0.76

表 9–42 药物滥用医学 C 层人才排名前 20 的国家和地区的占比

单位：%

国家和地区	2011年	2012年	2013年	2014年	2015年	2016年	2017年	2018年	2019年	2020年	合计
美国	51.39	49.00	47.65	46.12	46.52	48.16	48.27	44.21	39.56	36.04	45.38
英国	9.33	8.73	9.67	9.63	10.29	9.75	8.71	9.92	11.15	10.73	9.84
澳大利亚	8.18	8.58	6.12	8.56	8.42	8.33	9.35	7.13	7.43	7.29	7.91
加拿大	6.55	6.43	6.69	5.75	5.75	5.93	7.04	7.44	8.74	9.08	7.01
德国	2.78	2.91	4.27	4.01	3.07	3.39	2.94	3.20	3.61	3.85	3.41
荷兰	2.62	3.37	5.41	3.07	2.41	1.98	2.18	1.86	1.42	1.79	2.54
西班牙	1.80	1.84	1.56	1.87	1.60	2.40	2.56	2.07	1.75	2.20	1.97
意大利	1.31	1.07	1.71	2.41	1.74	2.12	1.28	2.07	2.08	1.93	1.80
瑞典	1.80	1.84	1.42	2.01	1.74	1.84	1.02	1.96	0.98	1.51	1.60
瑞士	0.98	1.53	2.70	1.20	1.60	1.55	1.02	1.96	1.20	0.69	1.45
中国大陆	0.98	0.92	1.00	1.07	2.01	1.13	1.54	0.41	2.08	1.79	1.30
法国	1.80	1.84	1.14	1.47	1.34	0.71	1.28	1.45	1.09	0.69	1.27
新西兰	0.82	1.38	0.71	0.67	1.60	0.56	0.26	1.14	0.98	0.83	0.90
挪威	0.82	0.61	1.14	1.34	0.80	1.41	0.51	1.14	0.55	0.55	0.89
比利时	0.33	0.77	1.00	1.47	0.67	0.85	1.15	1.03	0.33	0.69	0.83
巴西	0.33	1.23	0.28	0.40	0.27	0.42	1.15	0.41	0.77	0.96	0.62
丹麦	0.65	0.46	0.57	0.40	0.67	0.42	0.77	0.41	0.77	0.83	0.60
芬兰	0.49	0.46	0.43	0.94	0.80	0.00	0.64	1.14	0.22	0.55	0.58
匈牙利	0.00	0.15	0.28	0.67	0.27	0.14	0.64	0.93	1.09	0.83	0.54
伊朗	0.16	0.15	0.28	0.13	0.27	0.56	0.77	0.41	0.98	1.38	0.53

十五 精神病学

精神病学 A、B、C 层人才最多的国家是美国，分别占该学科全球 A、B、C 层人才的 20.96%、22.85%、28.08%，均大幅高于其他国家和地区。

英国 A 层人才的世界占比为 13.73%，排名第二；加拿大、澳大利亚、德国、中国大陆、荷兰、意大利的 A 层人才比较多，世界占比在 7%~3% 之间；瑞典、瑞士、西班牙、巴西、爱尔兰、比利时、中国香港、丹麦、新西兰、新加坡、法国、印度也有相当数量的 A 层人才，世界占比超过 1%。

英国 B 层人才的世界占比为 12.38%，排名第二；澳大利亚、加拿大、德国、荷兰、意大利的 B 层人才比较多，世界占比在 7%~3% 之间；中国大陆、西班牙、瑞士、法国、瑞典、巴西、比利时、丹麦、爱尔兰、日本、挪威、印度、奥地利也有相当数量的 B 层人才，世界占比超过或接近 1%。

英国 C 层人才的世界占比为 12.24%，排名第二；澳大利亚、德国、加拿大、荷兰、意大利的 C 层人才比较多，世界占比在 7%~3% 之间；中国大陆、西班牙、瑞典、瑞士、法国、丹麦、巴西、比利时、日本、挪威、爱尔兰、以色列、奥地利也有相当数量的 C 层人才，世界占比超过或接近 1%。

表 9-43　精神病学 A 层人才排名前 20 的国家和地区的占比

单位：%

国家和地区	2011 年	2012 年	2013 年	2014 年	2015 年	2016 年	2017 年	2018 年	2019 年	2020 年	合计
美国	12.50	32.50	32.43	30.43	0.00	30.00	18.18	4.55	21.57	11.11	20.96
英国	7.50	30.00	10.81	19.57	0.00	14.00	13.64	4.55	15.69	9.52	13.73
加拿大	2.50	7.50	8.11	6.52	0.00	6.00	9.09	2.27	9.80	3.17	6.02
澳大利亚	2.50	5.00	13.51	4.35	0.00	6.00	13.64	2.27	3.92	3.17	5.78
德国	7.50	5.00	10.81	4.35	0.00	6.00	0.00	4.55	7.84	1.59	5.06
中国大陆	2.50	0.00	0.00	0.00	0.00	2.00	0.00	2.27	1.96	25.40	4.82
荷兰	5.00	5.00	5.41	6.52	0.00	4.00	6.82	4.55	1.96	0.00	4.10
意大利	5.00	2.50	2.70	0.00	0.00	2.00	4.55	2.27	5.88	6.35	3.61
瑞典	2.50	2.50	2.70	4.35	0.00	0.00	0.00	2.27	7.84	3.17	2.89
瑞士	2.50	7.50	5.41	0.00	0.00	0.00	0.00	4.55	3.92	0.00	2.41
西班牙	5.00	0.00	0.00	0.00	0.00	4.00	2.27	2.27	3.92	1.59	2.17
巴西	0.00	0.00	0.00	0.00	0.00	2.00	4.55	2.27	3.92	1.59	1.93
爱尔兰	0.00	0.00	2.70	4.35	0.00	6.00	2.27	2.27	0.00	0.00	1.93
比利时	2.50	0.00	0.00	2.17	0.00	4.00	2.27	2.27	1.96	0.00	1.69
中国香港	2.50	0.00	0.00	0.00	0.00	0.00	2.27	2.27	1.96	4.76	1.69
丹麦	5.00	0.00	0.00	2.17	0.00	2.00	0.00	2.27	0.00	1.59	1.45
新西兰	2.50	5.00	0.00	2.17	0.00	0.00	4.55	0.00	0.00	0.00	1.45
新加坡	0.00	0.00	0.00	0.00	0.00	0.00	0.00	2.27	1.96	6.35	1.45
法国	0.00	0.00	0.00	0.00	0.00	2.00	2.27	4.55	1.96	0.00	1.20
印度	5.00	0.00	0.00	0.00	0.00	0.00	0.00	0.00	0.00	4.76	1.20

表9–44 精神病学B层人才排名前20的国家和地区的占比

单位：%

国家和地区	2011年	2012年	2013年	2014年	2015年	2016年	2017年	2018年	2019年	2020年	合计
美国	28.69	33.24	26.60	25.06	24.79	21.78	17.22	18.44	21.51	17.41	22.85
英国	12.81	15.66	13.05	11.33	11.76	13.53	11.83	11.07	13.63	10.12	12.38
澳大利亚	4.46	5.22	6.16	7.71	6.09	9.09	7.88	8.40	7.72	4.97	6.86
加拿大	6.69	4.95	4.68	6.02	3.36	5.50	3.94	5.33	6.08	5.86	5.24
德国	4.74	4.95	5.91	4.34	4.62	5.07	4.98	6.15	5.75	3.02	4.94
荷兰	5.29	3.30	7.88	4.82	4.41	4.44	4.36	5.53	4.11	1.78	4.49
意大利	2.79	3.02	2.22	3.13	2.52	3.38	3.53	3.69	2.96	5.86	3.39
中国大陆	1.11	0.82	0.49	3.13	1.89	1.69	2.70	2.66	1.81	11.01	2.98
西班牙	2.79	2.47	2.46	2.17	2.31	2.75	2.07	3.48	3.28	2.49	2.65
瑞士	3.06	1.92	2.46	2.17	1.68	2.11	3.32	3.28	1.97	1.95	2.37
法国	3.06	3.02	3.20	2.89	2.31	1.48	1.87	1.43	1.97	2.66	2.33
瑞典	0.84	1.92	2.71	1.93	1.26	1.90	2.70	3.28	3.12	1.60	2.18
巴西	1.67	1.10	2.96	2.41	1.89	2.33	3.94	2.05	1.31	1.78	2.14
比利时	1.67	1.92	1.72	1.93	2.10	3.38	1.87	2.46	1.81	1.24	2.01
丹麦	1.95	0.82	1.97	1.20	1.47	0.85	2.07	2.87	2.96	1.07	1.77
爱尔兰	1.11	2.75	0.74	1.20	1.47	1.48	1.66	1.23	1.81	1.24	1.47
日本	1.39	1.10	1.72	1.69	0.84	1.90	1.87	1.02	1.64	1.42	1.47
挪威	0.84	0.82	0.74	1.45	1.47	1.90	0.41	2.05	1.97	0.53	1.25
印度	1.67	0.55	0.25	0.48	0.21	0.63	1.45	0.61	0.33	3.20	0.97
奥地利	0.84	1.10	1.48	0.96	0.84	0.63	0.62	0.41	1.48	0.89	0.93

表9–45 精神病学C层人才排名前20的国家和地区的占比

单位：%

国家和地区	2011年	2012年	2013年	2014年	2015年	2016年	2017年	2018年	2019年	2020年	合计
美国	33.06	32.13	33.21	29.44	30.79	28.94	26.20	25.91	24.64	21.41	28.08
英国	12.53	12.61	13.09	12.36	11.67	12.79	11.68	11.97	12.57	11.38	12.24
澳大利亚	5.01	6.02	6.25	5.59	6.05	6.62	6.64	6.60	6.24	6.02	6.14
德国	6.62	5.96	6.12	6.09	6.03	5.23	5.32	5.20	6.34	4.77	5.73
加拿大	4.59	5.30	6.20	5.31	5.43	5.08	4.69	5.85	5.74	6.02	5.45
荷兰	5.29	6.07	5.12	5.33	4.74	5.51	4.49	4.38	4.21	3.60	4.79
意大利	4.00	3.09	3.61	2.89	3.08	3.31	3.37	3.71	3.80	4.43	3.56
中国大陆	1.46	1.71	1.45	2.01	2.53	2.43	3.54	3.75	4.21	4.94	2.96
西班牙	2.34	2.40	1.88	2.53	2.16	2.35	2.51	2.49	2.64	2.92	2.45
瑞典	1.91	1.85	2.01	2.72	2.30	2.41	2.29	2.37	2.04	2.23	2.22
瑞士	2.03	2.26	2.06	2.53	2.35	2.05	2.49	2.01	2.24	2.06	2.21

续表

国家和地区	2011年	2012年	2013年	2014年	2015年	2016年	2017年	2018年	2019年	2020年	合计
法国	2.22	2.07	1.73	2.51	2.23	2.03	2.07	2.01	1.83	1.87	2.04
丹麦	1.46	1.46	0.93	1.66	1.91	1.94	1.74	1.78	1.76	1.55	1.64
巴西	1.10	1.41	1.28	1.63	1.45	1.84	1.80	1.72	1.32	1.78	1.55
比利时	1.10	1.46	1.38	1.54	1.24	1.58	1.52	1.66	1.13	1.23	1.38
日本	0.99	1.24	1.33	1.09	1.17	1.58	1.61	1.32	1.28	1.19	1.29
挪威	1.10	1.32	0.98	1.14	0.99	1.37	1.25	1.43	1.30	1.00	1.19
爱尔兰	1.01	0.97	0.95	1.04	1.15	0.73	1.21	1.11	0.91	1.48	1.06
以色列	1.07	1.13	0.90	0.95	1.20	0.81	0.66	1.11	0.84	1.00	0.96
奥地利	0.79	0.61	0.58	0.90	0.78	0.77	0.92	0.63	1.03	0.97	0.81

十六 敏感症学

敏感症学A、B、C层人才最多的国家是美国，分别占该学科全球A、B、C层人才的30.77%、14.76%、17.45%；其中，A层人才大幅高于其他国家和地区，B、C层人才显著多于其他国家和地区。

英国、瑞士的A层人才比较多，世界占比分别为15.38%和10.26%，分列第二、第三位；其后是中国大陆、德国，二者A层人才的世界占比均为7.69%；加拿大、瑞典、土耳其的A层人才比较多，世界占比均为5.13%；爱尔兰、以色列、意大利、日本、西班牙也有相当数量的A层人才，世界占比均为2.56%。

英国、德国B层人才的世界占比均为7.32%，处于第二梯队；意大利、瑞士、法国、西班牙、日本、荷兰、加拿大、波兰的B层人才比较多，世界占比在6%~3%之间；澳大利亚、丹麦、中国大陆、奥地利、比利时、瑞典、土耳其、芬兰、葡萄牙也有相当数量的B层人才，世界占比超过1%。

英国、德国C层人才的世界占比分别为7.91%、7.02%，分列第二、第三位；意大利、西班牙、法国、荷兰、瑞士、加拿大、瑞典、澳大利亚的C层人才比较多，世界占比在5%~3%之间；日本、丹麦、奥地利、比利时、波兰、中国大陆、芬兰、土耳其、希腊也有相当数量的C层人才，世界占比超过1%。

表9-46 敏感症学A层人才的国家和地区的占比

单位：%

国家和地区	2011年	2012年	2013年	2014年	2015年	2016年	2017年	2018年	2019年	2020年	合计
美国	25.00	37.50	0.00	100.00	0.00	0.00	0.00	0.00	50.00	9.09	30.77
英国	25.00	12.50	0.00	0.00	0.00	100.00	0.00	0.00	10.00	9.09	15.38
瑞士	25.00	0.00	0.00	0.00	0.00	0.00	0.00	0.00	0.00	18.18	10.26
中国大陆	0.00	0.00	0.00	0.00	0.00	0.00	0.00	0.00	0.00	27.27	7.69
德国	0.00	0.00	0.00	0.00	0.00	0.00	0.00	0.00	10.00	18.18	7.69
加拿大	0.00	12.50	0.00	0.00	0.00	0.00	0.00	0.00	10.00	0.00	5.13
瑞典	12.50	12.50	0.00	0.00	0.00	0.00	0.00	0.00	0.00	0.00	5.13
土耳其	0.00	12.50	0.00	0.00	0.00	0.00	0.00	0.00	0.00	9.09	5.13
爱尔兰	0.00	0.00	0.00	0.00	0.00	0.00	0.00	0.00	0.00	9.09	2.56
以色列	0.00	12.50	0.00	0.00	0.00	0.00	0.00	0.00	0.00	0.00	2.56
意大利	0.00	0.00	0.00	0.00	0.00	0.00	0.00	0.00	0.00	0.00	2.56
日本	0.00	0.00	0.00	0.00	0.00	0.00	0.00	0.00	10.00	0.00	2.56
西班牙	12.50	0.00	0.00	0.00	0.00	0.00	0.00	0.00	0.00	0.00	2.56

表9-47 敏感症学B层人才排名前20的国家和地区的占比

单位：%

国家和地区	2011年	2012年	2013年	2014年	2015年	2016年	2017年	2018年	2019年	2020年	合计
美国	16.44	15.38	19.77	13.75	12.79	15.38	14.58	10.00	12.77	18.39	14.76
英国	10.96	7.69	8.14	7.50	6.98	6.59	9.38	5.00	8.51	3.45	7.32
德国	8.22	15.38	8.14	8.75	6.98	7.69	4.17	5.00	10.64	5.75	7.32
意大利	6.85	7.69	3.49	6.25	3.49	5.49	7.29	6.00	6.38	5.75	5.71
瑞士	2.74	15.38	6.98	6.25	2.33	6.59	4.17	5.00	3.19	6.90	5.09
法国	2.74	0.00	3.49	5.00	4.65	3.30	4.17	3.00	7.45	3.45	4.09
西班牙	1.37	0.00	4.65	5.00	3.49	4.40	2.08	6.00	5.32	3.45	3.97
日本	1.37	7.69	3.49	3.75	5.81	2.20	6.25	4.00	3.19	3.45	3.85
荷兰	2.74	7.69	2.33	2.50	3.49	4.40	3.13	5.00	5.32	1.15	3.47
加拿大	4.11	0.00	2.33	3.75	4.65	1.10	4.17	2.00	3.19	5.75	3.35
波兰	1.37	0.00	4.65	2.50	2.33	5.49	1.04	4.00	4.26	3.45	3.23
澳大利亚	2.74	7.69	2.33	1.25	6.98	2.20	4.17	2.00	1.06	2.30	2.85
丹麦	4.11	7.69	1.16	3.75	2.33	3.30	1.04	4.00	3.19	1.15	2.73
中国大陆	2.74	0.00	0.00	1.25	1.16	4.40	1.04	3.00	0.00	8.05	2.36
奥地利	0.00	0.00	2.33	3.75	0.00	3.30	0.00	4.00	5.32	1.15	2.23
比利时	2.74	0.00	2.33	0.00	1.16	4.40	2.08	1.00	2.13	2.30	1.99
瑞典	2.74	0.00	2.33	2.50	1.16	4.40	2.08	0.00	2.13	1.15	1.99

续表

国家和地区	2011年	2012年	2013年	2014年	2015年	2016年	2017年	2018年	2019年	2020年	合计
土耳其	0.00	0.00	3.49	0.00	1.16	2.20	1.04	4.00	2.13	2.30	1.86
芬兰	1.37	0.00	1.16	3.75	2.33	1.10	3.13	1.00	1.06	1.15	1.74
葡萄牙	1.37	0.00	3.49	3.75	1.16	0.00	1.04	1.00	0.00	1.15	1.36

表9-48 敏感症学C层人才排名前20的国家和地区的占比

单位：%

国家和地区	2011年	2012年	2013年	2014年	2015年	2016年	2017年	2018年	2019年	2020年	合计
美国	19.40	18.23	22.06	21.98	16.69	18.77	18.04	16.34	13.16	13.20	17.45
英国	9.43	9.11	8.39	9.51	8.03	8.47	8.84	7.35	5.80	5.82	7.91
德国	8.06	8.23	8.65	7.41	7.26	5.40	7.08	6.91	5.80	6.28	7.02
意大利	4.23	4.18	4.90	4.20	5.10	5.52	5.42	4.61	3.68	5.63	4.75
西班牙	4.78	3.29	4.39	4.81	3.95	3.93	4.01	5.48	3.31	5.08	4.31
法国	5.19	3.92	4.65	4.57	3.82	4.17	4.25	4.17	3.50	3.32	4.10
荷兰	4.51	3.67	5.42	4.32	3.82	4.05	4.48	4.17	3.31	2.86	3.99
瑞士	5.60	3.42	3.10	3.46	3.69	3.80	4.48	3.95	3.40	3.79	3.84
加拿大	3.28	3.54	4.13	3.09	3.31	2.33	2.83	4.06	3.22	2.49	3.21
瑞典	2.87	3.29	4.13	2.72	3.06	2.70	4.25	2.41	3.31	2.59	3.11
澳大利亚	2.60	3.42	2.84	2.96	3.82	3.31	3.07	3.62	2.48	2.49	3.03
日本	1.91	2.78	1.81	2.96	2.17	3.19	2.71	3.18	2.12	2.22	2.50
丹麦	3.14	1.77	2.45	2.59	2.55	2.58	3.07	2.41	2.67	1.39	2.43
奥地利	3.01	2.41	1.81	2.35	2.93	1.60	2.36	2.96	2.12	2.22	2.36
比利时	3.01	1.27	2.19	1.60	2.04	1.96	2.95	2.30	2.76	2.40	2.27
波兰	2.73	1.90	1.68	1.73	1.66	1.60	2.12	2.63	2.39	2.31	2.10
中国大陆	1.37	1.01	1.16	1.48	1.78	1.96	1.53	2.30	1.56	4.43	1.95
芬兰	1.78	1.65	1.03	1.23	1.91	0.86	1.53	1.43	1.47	1.85	1.48
土耳其	0.96	1.14	0.90	0.74	0.76	1.10	1.30	1.75	1.47	1.94	1.25
希腊	0.96	1.01	1.29	1.23	1.53	0.98	1.53	0.88	1.10	1.75	1.24

十七 风湿病学

风湿病学A、B、C层人才集中在英国和美国，其中，A层人才最多的国家是英国，占该学科全球A层人才的10.80%，美国紧随其后，A层人才的世界占比为10.23%；B、C层人才最多的国家是美国，分别占该学科全球 B、C 层人才的 15.71%、18.62%。

荷兰、加拿大、德国、法国、意大利、奥地利、澳大利亚、西班牙、丹麦、瑞典、日本的 A 层人才比较多，世界占比在 7%~3% 之间；比利时、瑞士、中国大陆、墨西哥、土耳其、塞浦路斯、希腊也有相当数量的 A 层人才，世界占比超过 1%。

英国 B 层人才以 9.75% 的世界占比排名第二，德国、荷兰、法国、加拿大、意大利、西班牙、瑞士的 B 层人才比较多，世界占比在 7%~3% 之间；澳大利亚、比利时、瑞典、奥地利、丹麦、日本、挪威、墨西哥、葡萄牙、中国大陆、爱尔兰也有相当数量的 B 层人才，世界占比超过 1%。

英国 C 层人才的世界占比为 10.00%，排名第二；荷兰、德国、意大利、法国、加拿大、西班牙、中国大陆、澳大利亚、日本、瑞典的 C 层人才比较多，世界占比在 7%~3% 之间；瑞士、丹麦、比利时、挪威、奥地利、土耳其、韩国、巴西也有相当数量的 C 层人才，世界占比超过 1%。

表 9-49 风湿病学 A 层人才排名前 20 的国家和地区的占比

单位：%

国家和地区	2011年	2012年	2013年	2014年	2015年	2016年	2017年	2018年	2019年	2020年	合计
英国	16.67	13.33	8.33	13.33	21.05	14.29	4.35	11.54	7.41	7.69	10.80
美国	0.00	20.00	8.33	13.33	21.05	28.57	4.35	11.54	3.70	3.85	10.23
荷兰	16.67	0.00	8.33	6.67	15.79	0.00	4.35	3.85	11.11	3.85	6.82
加拿大	33.33	13.33	0.00	6.67	5.26	28.57	4.35	0.00	3.70	3.85	6.25
德国	16.67	0.00	8.33	6.67	5.26	0.00	4.35	11.54	3.70	7.69	6.25
法国	16.67	0.00	8.33	13.33	5.26	0.00	0.00	7.69	0.00	3.85	5.11
意大利	0.00	0.00	8.33	0.00	0.00	0.00	4.35	7.69	3.70	11.54	4.55
奥地利	0.00	0.00	8.33	0.00	0.00	0.00	4.35	11.54	3.70	3.85	3.98
澳大利亚	0.00	6.67	0.00	13.33	0.00	0.00	4.35	0.00	7.41	0.00	3.41
西班牙	0.00	6.67	8.33	0.00	0.00	0.00	4.35	0.00	7.41	3.85	3.41
丹麦	0.00	6.67	8.33	6.67	0.00	0.00	0.00	3.85	3.85	3.85	3.41
瑞典	0.00	6.67	0.00	6.67	0.00	0.00	4.35	0.00	7.41	3.85	3.41
日本	0.00	0.00	8.33	6.67	0.00	0.00	4.35	3.85	3.70	3.85	3.41
比利时	0.00	0.00	0.00	6.67	0.00	0.00	4.35	3.85	3.70	3.85	2.84
瑞士	0.00	6.67	0.00	0.00	10.53	0.00	0.00	0.00	0.00	3.85	2.84
中国大陆	0.00	0.00	0.00	0.00	0.00	0.00	4.35	0.00	3.70	7.69	2.27

续表

国家和地区	2011年	2012年	2013年	2014年	2015年	2016年	2017年	2018年	2019年	2020年	合计
墨西哥	0.00	0.00	8.33	0.00	0.00	0.00	4.35	0.00	3.70	3.85	2.27
土耳其	0.00	6.67	8.33	0.00	0.00	0.00	0.00	7.69	0.00	0.00	2.27
塞浦路斯	0.00	0.00	0.00	0.00	0.00	0.00	4.35	0.00	3.70	3.85	1.70
希腊	0.00	0.00	0.00	0.00	5.26	0.00	0.00	3.85	3.70	0.00	1.70

表9-50 风湿病学B层人才排名前20的国家和地区的占比

单位：%

国家和地区	2011年	2012年	2013年	2014年	2015年	2016年	2017年	2018年	2019年	2020年	合计
美国	16.00	16.00	18.58	12.79	20.19	16.80	10.34	14.58	16.60	15.64	15.71
英国	6.67	8.00	8.41	11.87	9.86	12.30	9.48	9.58	8.91	10.70	9.75
德国	7.33	7.33	7.52	6.39	5.63	5.74	6.47	6.67	8.50	5.35	6.65
荷兰	7.33	7.33	5.31	6.85	7.51	4.51	5.17	8.33	4.86	4.94	6.10
法国	6.00	6.00	4.42	6.39	6.10	3.28	6.03	6.67	4.86	8.64	5.82
加拿大	4.67	3.33	5.31	5.94	8.92	4.51	4.31	5.00	6.88	5.76	5.55
意大利	6.00	6.00	2.65	3.65	5.16	3.69	4.31	4.58	4.86	6.58	4.67
西班牙	3.33	6.00	4.42	4.57	4.69	4.51	5.17	2.50	3.64	4.12	4.25
瑞士	2.67	2.67	3.54	4.57	2.82	4.10	3.45	3.75	3.24	4.12	3.56
澳大利亚	4.67	0.67	3.54	4.57	3.29	3.69	2.16	0.83	2.02	2.88	2.82
比利时	2.00	2.67	1.33	4.11	0.94	2.87	2.16	5.83	2.43	1.23	2.59
瑞典	2.00	4.00	2.21	1.83	2.35	4.10	3.02	1.67	1.62	2.88	2.54
奥地利	2.00	2.67	1.77	4.57	1.41	2.87	1.29	2.50	2.83	2.88	2.50
丹麦	2.67	1.33	1.77	1.37	3.29	3.28	1.29	2.50	1.21	0.82	1.94
日本	0.00	2.67	1.33	0.91	1.41	1.64	2.59	2.50	4.05	1.23	1.89
挪威	2.67	2.00	0.88	1.83	1.41	1.64	3.45	2.92	0.40	1.23	1.80
墨西哥	2.00	1.33	1.77	0.91	2.82	2.05	1.72	1.67	2.02	0.41	1.66
葡萄牙	1.33	0.67	0.88	3.20	0.47	1.23	2.59	1.25	1.21	2.47	1.57
中国大陆	0.67	1.33	1.77	0.46	0.94	1.64	0.86	0.83	2.02	2.47	1.34
爱尔兰	0.67	1.33	1.33	0.46	0.94	1.64	1.72	1.67	0.40	1.65	1.20

表9-51 风湿病学C层人才排名前20的国家和地区的占比

单位：%

国家和地区	2011年	2012年	2013年	2014年	2015年	2016年	2017年	2018年	2019年	2020年	合计
美国	20.71	21.81	21.65	18.82	18.91	18.77	17.44	17.88	15.50	17.13	18.62
英国	10.71	9.78	10.71	10.36	9.86	9.85	9.70	10.02	9.81	9.50	10.00
荷兰	8.00	6.41	7.46	6.69	6.49	6.45	6.05	5.12	4.91	4.21	6.07

续表

国家和地区	2011年	2012年	2013年	2014年	2015年	2016年	2017年	2018年	2019年	2020年	合计
德国	6.79	6.74	6.26	6.21	5.88	5.87	5.65	6.00	5.02	5.76	5.95
意大利	4.71	3.97	5.35	5.01	4.79	5.52	5.44	6.58	5.49	7.35	5.50
法国	6.43	6.15	4.97	5.30	5.40	5.87	4.87	4.99	5.61	5.52	5.46
加拿大	5.21	4.49	4.88	4.92	4.93	4.73	4.44	4.64	5.38	4.26	4.79
西班牙	3.29	3.37	3.06	3.77	4.60	3.98	2.96	3.36	3.06	3.84	3.53
中国大陆	1.14	2.25	2.20	2.96	3.13	3.45	2.74	4.55	4.00	5.01	3.27
澳大利亚	3.21	3.04	3.49	3.49	3.65	2.74	3.13	3.05	3.38	2.53	3.17
日本	2.50	3.90	2.96	3.82	2.61	2.61	2.74	2.83	3.96	3.60	3.16
瑞典	3.50	3.04	3.73	3.01	3.27	3.75	2.96	2.65	2.67	2.15	3.05
瑞士	3.36	2.38	2.01	2.01	2.46	2.61	2.74	2.38	2.43	2.76	2.49
丹麦	2.21	1.45	1.82	2.67	2.04	2.34	2.35	2.03	2.16	1.36	2.06
比利时	1.36	1.59	2.10	2.20	1.94	1.72	2.00	1.59	2.00	1.64	1.84
挪威	1.64	1.12	1.58	1.48	1.75	1.94	1.96	1.46	1.33	0.89	1.52
奥地利	1.36	1.78	1.43	1.48	1.75	1.19	1.26	1.10	1.14	1.45	1.38
土耳其	0.71	0.93	0.91	1.29	1.28	1.02	1.35	1.63	1.53	2.01	1.30
韩国	0.71	1.19	1.10	1.05	1.14	1.41	1.30	1.68	1.49	1.31	1.27
巴西	0.86	1.19	1.05	1.10	1.23	0.80	1.13	0.88	1.37	1.17	1.09

十八 皮肤医学

皮肤医学A、B、C层人才最多的国家是美国，分别占该学科全球A、B、C层人才的18.82%、22.28%、23.92%，均大幅高于其他国家和地区。

英国、德国A层人才的世界占比分别为10.75%、9.14%，分列第二、第三位；法国、加拿大、意大利、丹麦、西班牙、波兰、瑞士、日本的A层人才比较多，世界占比在7%~3%之间；澳大利亚、荷兰、奥地利、匈牙利、瑞典、比利时、中国大陆、印度、以色列也有相当数量的A层人才，世界占比超过1%。

德国B层人才的世界占比为9.88%，排名第二；英国、法国、加拿大、意大利、荷兰、丹麦、澳大利亚、西班牙、日本的B层人才比较多，世界占比在8%~3%之间；瑞士、波兰、奥地利、瑞典、比利时、中国大陆、以色列、希腊、印度也有相当数量的B层人才，世界占比超过或接近1%。

德国C层人才的世界占比为9.01%，排名第二；英国、意大利、法国、日本、荷兰、加拿大、西班牙、澳大利亚、中国大陆的C层人才比较多，世界占比在7%~3%之间；丹麦、瑞士、韩国、印度、奥地利、巴西、瑞典、比利时、波兰也有相当数量的C层人才，世界占比超过1%。

表9-52 皮肤医学A层人才排名前20的国家和地区的占比

单位：%

国家和地区	2011年	2012年	2013年	2014年	2015年	2016年	2017年	2018年	2019年	2020年	合计
美国	0.00	15.00	33.33	20.00	11.76	22.73	18.18	0.00	37.04	5.00	18.82
英国	50.00	10.00	16.67	15.00	5.88	4.55	13.64	0.00	14.81	10.00	10.75
德国	0.00	5.00	11.11	10.00	11.76	13.64	9.09	11.11	3.70	10.00	9.14
法国	50.00	10.00	5.56	0.00	5.88	9.09	4.55	11.11	7.41	5.00	6.99
加拿大	0.00	5.00	0.00	10.00	0.00	18.18	9.09	0.00	7.41	5.00	6.45
意大利	0.00	5.00	5.56	0.00	0.00	0.00	0.00	11.11	3.70	20.00	5.38
丹麦	0.00	15.00	0.00	0.00	5.88	4.55	0.00	11.11	3.70	0.00	4.30
西班牙	0.00	5.00	0.00	5.00	5.88	0.00	4.55	11.11	0.00	10.00	4.30
波兰	0.00	5.00	0.00	0.00	5.88	4.55	9.09	11.11	0.00	0.00	3.76
瑞士	0.00	5.00	0.00	5.00	11.76	0.00	4.55	11.11	0.00	0.00	3.76
日本	0.00	0.00	0.00	5.00	0.00	13.64	4.55	0.00	3.70	0.00	3.23
澳大利亚	0.00	0.00	0.00	0.00	10.00	0.00	9.09	5.56	0.00	0.00	2.69
荷兰	0.00	5.00	5.56	0.00	5.88	0.00	4.55	0.00	3.70	0.00	2.69
奥地利	0.00	5.00	5.56	0.00	0.00	0.00	0.00	5.56	0.00	5.00	2.15
匈牙利	0.00	5.00	0.00	0.00	0.00	0.00	4.55	11.11	0.00	0.00	2.15
瑞典	0.00	0.00	0.00	0.00	0.00	5.88	0.00	0.00	7.41	0.00	1.61
比利时	0.00	0.00	0.00	0.00	0.00	0.00	0.00	0.00	3.70	0.00	1.08
中国大陆	0.00	0.00	0.00	0.00	0.00	0.00	0.00	0.00	0.00	10.00	1.08
印度	0.00	0.00	5.56	0.00	0.00	0.00	0.00	0.00	5.00	0.00	1.08
以色列	0.00	0.00	5.56	0.00	0.00	0.00	0.00	0.00	0.00	0.00	1.08

表9-53 皮肤医学B层人才排名前20的国家和地区的占比

单位：%

国家和地区	2011年	2012年	2013年	2014年	2015年	2016年	2017年	2018年	2019年	2020年	合计
美国	29.00	21.16	30.21	22.22	11.48	25.25	22.12	22.94	23.58	16.98	22.28
德国	11.50	11.64	10.42	9.60	8.61	8.91	10.18	10.09	10.57	7.92	9.88
英国	4.00	7.94	7.81	8.59	6.70	8.42	11.06	6.88	6.50	4.91	7.23

续表

国家和地区	2011年	2012年	2013年	2014年	2015年	2016年	2017年	2018年	2019年	2020年	合计
法国	7.50	4.76	4.69	7.07	7.18	5.45	8.41	5.96	6.10	7.92	6.57
加拿大	2.00	2.65	5.21	4.55	7.18	4.46	4.87	5.96	5.69	4.53	4.76
意大利	3.50	5.82	5.21	3.54	6.22	4.46	3.10	3.21	2.85	8.68	4.71
荷兰	5.00	3.17	5.21	3.54	4.78	6.44	3.10	2.29	2.44	2.26	3.73
丹麦	4.50	3.70	2.60	2.53	2.87	4.95	3.98	3.21	4.47	3.40	3.64
澳大利亚	3.00	4.76	2.08	3.03	3.35	2.48	3.98	2.75	4.47	4.15	3.45
西班牙	2.00	2.12	1.04	3.54	2.87	1.49	4.42	2.75	4.07	7.92	3.40
日本	4.50	4.76	5.21	1.52	1.91	2.97	3.10	2.75	2.85	3.02	3.22
瑞士	1.50	3.70	2.08	2.53	3.83	1.98	3.54	3.67	2.44	2.64	2.80
波兰	1.00	3.17	2.08	0.51	3.35	2.97	1.33	1.83	1.63	2.64	2.05
奥地利	2.50	2.65	1.56	2.02	2.87	0.99	1.33	0.92	2.44	1.13	1.82
瑞典	2.50	2.12	1.56	1.52	1.44	2.48	2.21	1.38	2.44	0.38	1.77
比利时	2.00	1.59	1.56	0.51	2.39	1.98	0.44	2.29	2.44	1.89	1.72
中国大陆	1.50	1.06	0.52	2.53	0.96	0.50	1.33	1.83	0.81	3.02	1.45
以色列	0.00	1.59	1.56	0.51	1.91	0.99	1.33	1.83	0.81	1.89	1.26
希腊	1.00	1.06	0.00	2.53	1.91	0.99	0.88	0.46	1.63	0.75	1.12
印度	0.00	0.53	1.04	1.01	0.96	1.49	0.88	0.92	0.41	1.13	0.84

表9–54 皮肤医学C层人才排名前20的国家和地区的占比

单位：%

国家和地区	2011年	2012年	2013年	2014年	2015年	2016年	2017年	2018年	2019年	2020年	合计
美国	25.25	27.25	24.89	25.20	25.06	23.93	23.08	24.21	22.27	20.19	23.92
德国	10.80	10.95	9.85	8.85	8.73	8.67	8.83	8.01	8.32	8.05	9.01
英国	6.76	6.69	7.85	6.08	6.99	6.91	7.51	7.69	7.01	5.09	6.83
意大利	4.21	4.26	3.98	4.87	5.75	5.43	4.32	4.40	5.66	9.58	5.38
法国	5.48	4.92	4.26	5.03	4.78	4.81	4.23	3.94	5.24	4.33	4.69
日本	5.04	4.48	4.87	4.82	4.11	3.62	3.46	3.98	2.93	2.40	3.87
荷兰	4.21	3.43	3.04	3.21	3.24	3.15	4.32	2.78	3.39	2.76	3.35
加拿大	2.77	3.10	2.99	2.88	2.93	3.96	3.46	3.80	3.08	3.85	3.31
西班牙	2.55	2.49	3.26	2.67	2.77	3.05	3.37	2.87	3.47	5.13	3.23
澳大利亚	2.49	2.99	2.65	4.14	3.90	3.05	2.46	3.47	3.16	3.00	3.13
中国大陆	2.27	2.49	2.88	2.57	2.93	3.19	2.82	3.01	4.04	3.41	3.02
丹麦	2.33	2.38	2.60	2.25	2.93	3.43	3.46	3.38	2.58	2.00	2.74
瑞士	2.10	1.93	1.66	1.31	2.00	1.86	2.73	2.31	2.39	3.08	2.18
韩国	2.88	2.32	2.65	3.14	1.85	1.57	1.59	2.18	1.58	1.04	2.02

续表

国家和地区	2011年	2012年	2013年	2014年	2015年	2016年	2017年	2018年	2019年	2020年	合计
印度	1.33	0.88	1.77	1.83	1.69	2.05	1.50	1.85	1.69	2.88	1.79
奥地利	2.33	1.93	2.10	1.73	1.90	1.24	2.14	1.81	1.39	1.32	1.76
巴西	1.83	1.66	1.94	2.51	1.85	1.57	1.18	1.44	1.43	1.32	1.64
瑞典	1.72	1.66	1.99	1.15	1.64	1.91	1.41	1.53	1.62	1.24	1.57
比利时	1.16	1.82	1.49	1.62	1.03	1.53	1.68	1.71	1.58	1.72	1.55
波兰	0.94	0.83	1.38	1.31	1.08	1.19	1.82	1.11	1.62	1.68	1.33

十九 眼科学

眼科学A、B、C层人才最多的国家是美国，分别占该学科全球A、B、C层人才的25.97%、28.68%、29.90%，均大幅高于其他国家和地区。

英国A层人才的世界占比为9.52%，排名第二；新加坡、德国、澳大利亚、中国大陆、法国、日本、奥地利、瑞士、中国香港、意大利、荷兰的A层人才比较多，世界占比在8%~3%之间；加拿大、西班牙、巴西、韩国、比利时、印度、丹麦也有相当数量的A层人才，世界占比超过或接近0.5%。

英国B层人才的世界占比为10.12%，排名第二；德国、澳大利亚、日本、意大利、新加坡、中国大陆、法国的B层人才比较多，世界占比在7%~3%之间；加拿大、瑞士、印度、西班牙、荷兰、巴西、韩国、奥地利、中国香港、以色列、中国台湾也有相当数量的B层人才，世界占比超过或接近1%。

英国C层人才的世界占比为8.32%，排名第二；中国大陆C层人才以5.79%的世界占比排名第三；德国、日本、澳大利亚、意大利的C层人才比较多，世界占比在6%~4%之间；印度、西班牙、法国、韩国、新加坡、加拿大、荷兰、瑞士、巴西、土耳其、奥地利、中国香港、以色列也有相当数量的C层人才，世界占比超过或接近1%。

表 9-55 眼科学 A 层人才排名前 20 的国家和地区的占比

单位：%

国家和地区	2011 年	2012 年	2013 年	2014 年	2015 年	2016 年	2017 年	2018 年	2019 年	2020 年	合计
美国	46.15	40.00	36.00	28.00	39.13	25.00	11.54	23.08	23.33	4.17	25.97
英国	0.00	6.67	12.00	16.00	8.70	4.17	11.54	3.85	13.33	12.50	9.52
新加坡	0.00	6.67	0.00	8.00	4.35	12.50	3.85	3.85	13.33	16.67	7.36
德国	7.69	13.33	8.00	12.00	8.70	8.33	3.85	3.85	3.33	4.17	6.93
澳大利亚	7.69	6.67	4.00	0.00	4.35	8.33	7.69	15.38	3.33	0.00	5.63
中国大陆	0.00	0.00	4.00	0.00	8.70	0.00	7.69	7.69	0.00	25.00	5.63
法国	7.69	6.67	4.00	4.00	8.70	8.33	3.85	7.69	0.00	0.00	4.76
日本	0.00	6.67	0.00	4.00	4.35	0.00	7.69	3.85	6.67	4.17	3.90
奥地利	7.69	6.67	4.00	4.00	0.00	0.00	0.00	3.85	6.67	4.17	3.46
瑞士	7.69	6.67	8.00	0.00	4.35	0.00	0.00	7.69	0.00	4.17	3.46
中国香港	0.00	0.00	0.00	0.00	0.00	4.17	3.85	0.00	10.00	8.33	3.03
意大利	7.69	0.00	0.00	8.00	0.00	0.00	0.00	7.69	3.33	4.17	3.03
荷兰	7.69	0.00	4.00	0.00	0.00	0.00	3.85	7.69	3.33	0.00	3.03
加拿大	0.00	0.00	0.00	0.00	4.35	4.17	7.69	0.00	0.00	4.17	2.16
西班牙	0.00	0.00	0.00	0.00	0.00	12.50	3.85	3.85	0.00	0.00	2.16
巴西	0.00	0.00	0.00	0.00	0.00	0.00	3.85	0.00	0.00	8.33	1.73
韩国	0.00	0.00	0.00	0.00	0.00	0.00	7.69	0.00	3.33	0.00	1.73
比利时	0.00	0.00	4.00	0.00	4.35	0.00	0.00	0.00	3.33	0.00	1.30
印度	0.00	0.00	0.00	0.00	0.00	4.17	0.00	0.00	3.33	0.00	0.87
丹麦	0.00	0.00	0.00	0.00	0.00	4.17	0.00	0.00	0.00	0.00	0.43

表 9-56 眼科学 B 层人才排名前 20 的国家和地区的占比

单位：%

国家和地区	2011 年	2012 年	2013 年	2014 年	2015 年	2016 年	2017 年	2018 年	2019 年	2020 年	合计
美国	34.97	37.09	36.24	34.63	30.30	33.47	25.82	23.11	23.21	17.15	28.68
英国	9.09	11.92	9.17	7.79	9.09	9.21	8.61	10.76	11.43	13.50	10.12
德国	9.09	3.97	7.86	8.23	5.63	5.44	4.51	6.37	5.36	5.11	6.07
澳大利亚	6.99	5.30	6.55	5.63	3.90	3.35	5.33	4.38	8.21	5.11	5.46
日本	8.39	4.64	5.24	5.19	3.46	4.60	4.92	3.59	4.29	3.28	4.58
意大利	2.80	1.99	3.49	3.90	3.46	3.77	4.10	7.17	4.64	6.57	4.40
新加坡	1.40	4.64	0.87	2.16	3.03	5.02	3.28	4.78	4.29	6.20	3.70
中国大陆	1.40	3.31	3.06	4.33	2.60	1.67	4.10	3.98	4.64	5.47	3.61
法国	2.10	1.99	3.06	3.03	5.63	4.18	2.46	4.78	2.86	4.01	3.52
加拿大	1.40	4.64	3.93	1.73	2.60	2.51	3.28	1.59	4.29	2.55	2.86

续表

国家和地区	2011年	2012年	2013年	2014年	2015年	2016年	2017年	2018年	2019年	2020年	合计
瑞士	1.40	3.31	1.75	2.60	3.90	1.26	2.05	3.19	3.21	2.19	2.51
印度	1.40	1.32	1.31	1.30	2.16	4.18	1.23	2.79	2.50	5.11	2.46
西班牙	2.10	1.32	1.75	1.73	2.16	1.26	3.69	2.79	2.14	3.28	2.29
荷兰	3.50	1.32	1.75	1.73	2.60	1.67	1.64	2.39	2.86	2.55	2.20
巴西	2.10	2.65	1.75	0.87	2.60	3.77	3.69	1.20	0.36	0.36	1.85
韩国	2.10	1.99	1.75	0.87	1.30	2.93	2.87	1.59	0.71	1.09	1.67
奥地利	0.70	0.66	0.87	3.03	0.87	1.26	2.46	1.59	1.07	0.73	1.36
中国香港	0.70	1.32	0.87	0.87	0.87	0.84	1.23	0.40	2.50	2.55	1.28
以色列	2.10	0.00	0.00	0.87	0.43	0.42	0.82	1.99	0.71	0.73	0.79
中国台湾	0.00	0.66	1.75	0.43	0.43	0.42	0.82	1.59	1.07	0.00	0.75

表9-57 眼科学C层人才排名前20的国家和地区的占比

单位：%

国家和地区	2011年	2012年	2013年	2014年	2015年	2016年	2017年	2018年	2019年	2020年	合计
美国	38.79	34.00	31.25	32.05	30.39	30.63	30.25	28.22	24.79	24.39	29.90
英国	7.42	7.20	9.12	8.37	8.71	9.06	8.90	7.76	7.53	8.57	8.32
中国大陆	3.71	4.27	5.10	5.71	6.21	6.21	5.74	6.19	6.92	6.23	5.79
德国	5.75	4.53	5.99	6.06	6.76	5.08	5.65	5.41	5.55	4.66	5.57
日本	5.09	6.27	5.59	5.54	3.90	4.28	4.63	5.29	4.64	3.90	4.86
澳大利亚	5.53	5.00	5.23	4.80	5.03	4.91	3.96	4.74	4.98	4.62	4.85
意大利	2.62	3.27	3.31	3.10	4.08	3.40	5.03	4.59	4.98	6.10	4.15
印度	2.04	2.40	2.01	2.09	2.22	2.81	2.49	3.29	3.99	4.71	2.88
西班牙	2.91	2.20	2.95	3.10	3.36	2.22	2.54	2.51	2.89	2.29	2.70
法国	2.62	2.47	2.55	2.35	2.81	3.27	2.85	2.63	2.59	2.60	2.68
韩国	2.04	3.40	2.68	3.01	2.00	2.60	2.80	2.78	2.40	2.15	2.58
新加坡	2.47	2.60	1.97	2.09	2.22	2.77	2.31	2.55	2.36	3.72	2.50
加拿大	2.40	2.53	3.17	2.57	2.68	1.93	1.91	2.23	2.28	2.33	2.39
荷兰	2.40	2.67	2.19	1.74	2.27	1.54	1.676	2.18	2.12	1.79	1.70	2.04
瑞士	1.16	1.80	1.52	1.40	1.81	2.22	2.27	2.31	2.74	2.42	2.02
巴西	1.75	1.00	1.48	1.31	1.18	2.01	1.29	1.41	1.44	1.26	1.42
土耳其	0.66	0.67	1.07	1.61	1.00	1.13	1.16	1.41	1.56	1.57	1.23
奥地利	1.38	1.20	0.72	0.83	1.27	0.84	1.11	0.86	1.44	0.90	1.04
中国香港	0.95	0.80	1.16	0.96	1.09	1.13	0.85	0.98	0.87	1.35	1.02
以色列	0.36	1.00	0.80	0.78	0.86	0.92	0.98	0.98	0.87	1.39	0.91

二十 耳鼻喉学

耳鼻喉学A、B、C层人才最多的国家是美国,分别占该学科全球A、B、C层人才的38.64%、30.95%、35.42%,均以全球1/3左右的占比优势遥遥领先于其他国家和地区。

英国的A层人才比较多,世界占比为13.64%,排名第二;之后是意大利,其A层人才以9.09%的世界占比位列第三;加拿大、德国、爱尔兰的A层人才也比较多,世界占比在7%~4%之间;澳大利亚、比利时、丹麦、法国、印度、伊朗、卢森堡、新加坡、西班牙、瑞士也有相当数量的A层人才,世界占比均为2.27%。

英国B层人才的世界占比为7.46%,排名第二;德国、加拿大、澳大利亚、荷兰、比利时、法国的B层人才比较多,世界占比在6%~3%之间;意大利、日本、瑞典、瑞士、西班牙、中国大陆、韩国、波兰、巴西、奥地利、丹麦、中国台湾也有相当数量的B层人才,世界占比超过或接近1%。

英国、意大利、德国、加拿大、澳大利亚、荷兰的C层人才比较多,世界占比在7%~3%之间;中国大陆、比利时、法国、韩国、西班牙、瑞典、日本、瑞士、巴西、中国台湾、土耳其、丹麦、奥地利也有相当数量的C层人才,世界占比超过或接近1%。

表9-58 耳鼻喉学A层人才的国家和地区的占比

单位:%

国家和地区	2011年	2012年	2013年	2014年	2015年	2016年	2017年	2018年	2019年	2020年	合计
美国	57.14	25.00	50.00	62.50	50.00	0.00	0.00	50.00	0.00	15.38	38.64
英国	28.57	12.50	50.00	12.50	0.00	0.00	0.00	0.00	0.00	0.00	13.64
意大利	0.00	12.50	0.00	0.00	0.00	0.00	0.00	0.00	0.00	23.08	9.09
加拿大	0.00	0.00	0.00	25.00	0.00	0.00	0.00	0.00	0.00	7.69	6.82
德国	14.29	12.50	0.00	0.00	0.00	0.00	0.00	0.00	0.00	0.00	4.55
爱尔兰	0.00	0.00	0.00	0.00	0.00	0.00	0.00	50.00	0.00	7.69	4.55
澳大利亚	0.00	12.50	0.00	0.00	0.00	0.00	0.00	0.00	0.00	0.00	2.27

续表

国家和地区	2011年	2012年	2013年	2014年	2015年	2016年	2017年	2018年	2019年	2020年	合计
比利时	0.00	0.00	0.00	0.00	0.00	0.00	0.00	0.00	0.00	7.69	2.27
丹麦	0.00	12.50	0.00	0.00	0.00	0.00	0.00	0.00	0.00	0.00	2.27
法国	0.00	0.00	0.00	0.00	0.00	0.00	0.00	0.00	0.00	7.69	2.27
印度	0.00	0.00	0.00	0.00	0.00	50.00	0.00	0.00	0.00	0.00	2.27
伊朗	0.00	0.00	0.00	0.00	0.00	0.00	0.00	0.00	0.00	7.69	2.27
卢森堡	0.00	12.50	0.00	0.00	0.00	0.00	0.00	0.00	0.00	0.00	2.27
新加坡	0.00	0.00	0.00	0.00	0.00	0.00	0.00	0.00	0.00	7.69	2.27
西班牙	0.00	0.00	0.00	0.00	0.00	0.00	0.00	0.00	0.00	7.69	2.27
瑞士	0.00	0.00	0.00	0.00	0.00	0.00	0.00	0.00	0.00	7.69	2.27

表9-59 耳鼻喉学B层人才排名前20的国家和地区的占比

单位：%

国家和地区	2011年	2012年	2013年	2014年	2015年	2016年	2017年	2018年	2019年	2020年	合计
美国	49.30	40.28	37.04	51.32	42.17	30.10	24.47	21.88	23.48	10.00	30.95
英国	4.23	5.56	6.17	11.84	4.82	11.65	9.57	6.25	6.09	7.50	7.46
德国	5.63	4.17	3.70	3.95	7.23	5.83	8.51	7.29	6.09	1.67	5.38
加拿大	4.23	2.78	6.17	7.89	8.43	3.88	6.38	3.13	4.35	2.50	4.83
澳大利亚	4.23	6.94	9.88	3.95	2.41	5.83	3.19	5.21	5.22	1.67	4.72
荷兰	8.45	8.33	2.47	1.32	1.20	6.80	4.26	6.25	4.35	1.67	4.39
比利时	1.41	5.56	2.47	3.95	4.82	3.88	3.19	7.29	6.96	2.50	4.28
法国	2.82	2.78	4.94	2.63	2.41	0.97	0.00	4.17	6.96	2.50	3.07
意大利	0.00	1.39	2.47	1.32	2.41	2.91	2.13	5.21	4.35	5.00	2.96
日本	1.41	0.00	4.94	0.00	3.61	1.94	6.38	3.13	2.61	0.83	2.52
瑞典	1.41	4.17	1.23	1.32	2.41	0.97	3.19	2.08	5.22	1.67	2.41
瑞士	4.23	2.78	2.47	1.32	0.00	1.94	3.19	1.04	0.00	1.67	1.76
西班牙	0.00	0.00	1.23	0.00	1.20	1.94	1.06	3.13	4.35	2.50	1.76
中国大陆	1.41	1.39	0.00	1.32	2.41	2.91	2.13	1.04	0.00	2.50	1.54
韩国	0.00	0.00	1.23	1.32	3.61	1.94	2.13	0.00	3.48	0.83	1.54
波兰	0.00	1.39	3.70	0.00	0.00	0.97	2.13	2.08	1.74	1.67	1.43
巴西	0.00	1.39	2.47	0.00	2.41	0.97	1.06	2.08	0.87	1.67	1.32
奥地利	1.41	0.00	1.23	1.32	1.20	2.91	2.13	0.00	0.87	0.83	1.21
丹麦	1.41	1.39	1.23	0.00	1.20	0.97	0.00	2.08	0.87	1.67	1.10
中国台湾	2.82	1.39	1.23	0.00	0.00	0.97	1.06	2.08	0.87	0.00	0.99

表9-60 耳鼻喉学C层人才排名前20的国家和地区的占比

单位：%

国家和地区	2011年	2012年	2013年	2014年	2015年	2016年	2017年	2018年	2019年	2020年	合计
美国	36.30	37.87	37.63	39.23	35.72	34.12	34.95	37.75	32.00	31.55	35.42
英国	7.75	6.03	4.52	5.98	5.35	8.40	6.49	5.93	5.21	7.91	6.41
意大利	4.02	5.61	5.32	5.45	4.25	4.63	4.72	4.04	5.52	8.87	5.35
德国	5.02	6.87	4.79	4.92	6.08	5.06	5.79	4.80	5.52	4.29	5.28
加拿大	4.30	4.77	6.25	4.79	5.47	5.92	5.90	3.91	4.19	3.05	4.81
澳大利亚	4.16	5.05	5.72	5.05	3.77	4.63	4.01	4.80	2.76	3.15	4.22
荷兰	4.45	3.65	3.86	5.32	4.62	4.52	2.72	4.04	3.58	1.81	3.78
中国大陆	2.30	2.10	2.39	1.73	2.31	1.83	2.83	3.41	4.60	3.81	2.81
比利时	1.29	2.66	2.79	2.79	2.43	1.94	2.24	2.65	3.17	3.53	2.59
法国	2.44	2.10	2.39	1.99	1.46	1.40	1.53	1.52	3.58	4.10	2.32
韩国	1.72	1.68	2.93	1.73	2.92	2.48	2.83	1.89	2.66	1.91	2.29
西班牙	2.15	2.52	1.46	2.26	1.22	2.26	2.01	1.39	2.45	2.57	2.05
瑞典	2.58	1.40	1.33	1.73	2.07	1.72	2.36	2.40	1.53	1.91	1.90
日本	3.01	1.82	1.73	1.46	1.46	1.61	2.36	2.15	2.04	1.24	1.86
瑞士	2.15	1.68	1.46	0.93	1.70	1.51	2.36	1.64	1.84	1.43	1.67
巴西	2.01	1.96	1.86	1.33	1.46	1.61	1.30	1.14	1.23	1.81	1.56
中国台湾	1.43	0.98	1.33	0.80	1.82	2.26	1.42	1.39	1.43	0.38	1.32
土耳其	1.72	0.84	1.06	0.93	1.22	1.08	1.77	0.88	1.53	1.81	1.31
丹麦	0.72	0.56	0.66	1.06	1.82	1.08	1.30	1.26	1.02	0.57	1.01
奥地利	1.00	1.12	0.66	0.80	1.58	0.97	0.71	0.38	1.64	0.76	0.97

二十一 听觉学和言语病理学

听觉学和言语病理学A、B、C层人才最多的国家是美国，分别占该学科全球A、B、C层人才的58.62%、34.38%、36.83%，其中，A层人才占全球一半以上，B、C层人才超过全球1/3。

中国大陆的A层人才世界占比为6.90%，排名第二；澳大利亚、奥地利、巴西、捷克、法国、以色列、意大利、荷兰、新西兰、英国的A层人才也比较多，世界占比均为3.45%。

英国的B层人才世界占比为13.92%，排名第二；德国、澳大利亚、加拿大、瑞典、荷兰、丹麦、比利时的 B 层人才比较多，世界占比在 6%～3% 之间；法国、西班牙、中国大陆、瑞士、芬兰、奥地利、以色列、意大利、波兰、捷克、哥伦比亚也有相当数量的 B 层人才，世界占比超过或接近 1%。

英国的 C 层人才世界占比为 10.12%，排名第二；其后是澳大利亚，其 C 层人才的世界占比为 7.37%；加拿大、德国、荷兰、法国的 C 层人才比较多，世界占比在 6%～3% 之间；中国大陆、瑞典、比利时、丹麦、西班牙、意大利、瑞士、奥地利、芬兰、韩国、巴西、新西兰、以色列也有相当数量的 C 层人才，世界占比超过或接近 1%。

表 9-61　听觉学和言语病理学 A 层人才的国家和地区的占比

单位：%

国家和地区	2011 年	2012 年	2013 年	2014 年	2015 年	2016 年	2017 年	2018 年	2019 年	2020 年	合计
美国	66.67	66.67	100.00	33.33	66.67	0.00	75.00	50.00	25.00	75.00	58.62
中国大陆	0.00	0.00	0.00	0.00	0.00	0.00	0.00	0.00	25.00	25.00	6.90
澳大利亚	0.00	0.00	0.00	0.00	0.00	0.00	0.00	25.00	0.00	0.00	3.45
奥地利	0.00	0.00	0.00	0.00	0.00	0.00	25.00	0.00	0.00	0.00	3.45
巴西	0.00	0.00	0.00	0.00	33.33	0.00	0.00	0.00	0.00	0.00	3.45
捷克	0.00	0.00	0.00	0.00	0.00	0.00	0.00	25.00	0.00	0.00	3.45
法国	0.00	0.00	0.00	33.33	0.00	0.00	0.00	0.00	0.00	0.00	3.45
以色列	0.00	0.00	0.00	0.00	0.00	0.00	0.00	0.00	25.00	0.00	3.45
意大利	0.00	0.00	0.00	0.00	0.00	0.00	0.00	25.00	0.00	0.00	3.45
荷兰	33.33	0.00	0.00	0.00	0.00	0.00	0.00	0.00	0.00	0.00	3.45
新西兰	0.00	33.33	0.00	0.00	0.00	0.00	0.00	0.00	0.00	0.00	3.45
英国	0.00	0.00	0.00	33.33	0.00	0.00	0.00	0.00	0.00	0.00	3.45

表 9-62　听觉学和言语病理学 B 层人才排名前 20 的国家和地区的占比

单位：%

国家和地区	2011 年	2012 年	2013 年	2014 年	2015 年	2016 年	2017 年	2018 年	2019 年	2020 年	合计
美国	36.67	45.45	37.14	35.48	41.18	28.57	34.15	33.33	30.00	25.00	34.38
英国	6.67	6.06	11.43	22.58	11.76	14.29	21.95	12.12	10.00	20.00	13.92
德国	10.00	6.06	5.71	6.45	5.88	5.71	0.00	6.06	10.00	5.00	5.97
澳大利亚	6.67	6.06	5.71	12.90	5.88	0.00	2.44	9.09	2.50	7.50	5.68

续表

国家和地区	2011年	2012年	2013年	2014年	2015年	2016年	2017年	2018年	2019年	2020年	合计
加拿大	10.00	6.06	2.86	9.68	0.00	8.57	7.32	3.03	2.50	7.50	5.68
瑞典	3.33	9.09	2.86	3.23	2.94	2.86	4.88	6.06	5.00	7.50	4.83
荷兰	0.00	9.09	2.86	0.00	2.94	11.43	4.88	6.06	5.00	2.50	4.55
丹麦	3.33	0.00	2.86	3.23	5.88	2.86	7.32	3.03	2.50	2.50	3.41
比利时	3.33	3.03	5.71	0.00	2.94	2.86	2.44	3.03	7.50	0.00	3.13
法国	3.33	0.00	2.86	3.23	2.94	2.86	0.00	0.00	5.00	0.00	1.99
西班牙	0.00	0.00	2.86	0.00	0.00	2.86	0.00	6.06	2.50	5.00	1.99
中国大陆	0.00	0.00	0.00	0.00	0.00	0.00	4.88	3.03	5.00	2.50	1.70
瑞士	0.00	0.00	2.86	0.00	0.00	2.86	2.44	0.00	0.00	7.50	1.70
芬兰	3.33	0.00	0.00	0.00	2.94	0.00	0.00	3.03	2.50	0.00	1.14
奥地利	0.00	0.00	2.86	0.00	2.94	0.00	2.44	0.00	0.00	0.00	0.85
以色列	0.00	3.03	2.86	0.00	0.00	0.00	0.00	0.00	0.00	2.50	0.85
意大利	0.00	3.03	0.00	0.00	2.94	2.86	0.00	0.00	0.00	0.00	0.85
波兰	0.00	0.00	5.71	0.00	0.00	0.00	2.44	0.00	0.00	0.00	0.85
捷克	3.33	0.00	0.00	0.00	0.00	2.86	2.44	0.00	0.00	0.00	0.85
哥伦比亚	0.00	0.00	0.00	0.00	0.00	2.86	0.00	0.00	0.00	2.50	0.57

表9-63 听觉学和言语病理学C层人才排名前20的国家和地区的占比

单位：%

国家和地区	2011年	2012年	2013年	2014年	2015年	2016年	2017年	2018年	2019年	2020年	合计
美国	43.10	37.38	41.19	40.40	34.47	31.71	35.24	35.03	37.34	34.33	36.83
英国	10.34	11.84	8.18	10.60	9.94	8.57	10.17	9.04	10.97	11.64	10.12
澳大利亚	6.21	9.03	7.23	9.60	6.83	9.14	6.95	6.78	6.79	5.37	7.37
加拿大	5.17	6.23	7.23	5.63	4.97	6.57	4.22	4.52	6.01	5.07	5.54
德国	4.83	5.92	5.97	4.30	5.28	5.14	5.96	3.67	4.96	5.07	5.12
荷兰	3.10	4.36	5.35	5.30	5.90	5.43	2.23	5.93	3.66	4.18	4.50
法国	4.14	3.43	3.77	2.65	4.97	4.57	2.98	3.67	2.35	1.49	3.37
中国大陆	2.07	1.87	0.63	3.64	2.80	3.14	3.47	3.11	3.66	2.99	2.78
瑞典	2.41	2.18	1.89	2.65	3.42	3.43	2.23	3.39	2.87	1.49	2.61
比利时	1.72	1.87	1.26	1.32	2.48	2.57	2.48	1.41	1.83	3.28	2.04
丹麦	2.41	3.43	0.94	1.99	1.55	2.00	1.24	3.39	1.04	2.09	1.98
西班牙	1.72	1.25	1.57	0.99	1.24	2.29	2.48	0.28	2.09	2.39	1.66
意大利	1.72	1.87	2.83	0.99	0.62	1.43	2.48	0.56	1.31	2.39	1.63
瑞士	1.38	0.62	1.89	0.66	2.48	1.43	1.74	1.41	1.31	1.19	1.42
奥地利	0.69	0.31	0.63	0.99	2.17	1.71	0.50	1.41	1.04	1.49	1.10
芬兰	1.03	0.62	0.63	0.99	0.31	0.86	0.99	1.41	0.52	1.79	0.92

续表

国家和地区	2011年	2012年	2013年	2014年	2015年	2016年	2017年	2018年	2019年	2020年	合计
韩国	0.34	0.62	1.26	0.00	0.31	0.86	1.74	1.41	0.78	1.19	0.89
巴西	0.69	1.25	0.00	0.99	0.00	1.71	0.74	0.85	0.00	1.19	0.74
新西兰	0.34	0.93	1.57	0.33	0.62	0.57	1.49	0.56	0.52	0.30	0.74
以色列	0.00	0.93	1.26	0.66	0.31	0.57	0.99	1.13	0.52	0.30	0.68

二十二 牙科医学、口腔外科和口腔医学

牙科医学、口腔外科和口腔医学A、B、C层人才最多的国家是美国，分别占该学科全球A、B、C层人才的20.37%、17.89%、17.40%。

英国A层人才的世界占比为11.11%，排名第二；荷兰、意大利、德国、中国香港、加拿大、瑞士、瑞典、巴西、丹麦、日本的A层人才比较多，世界占比在7%~3%之间；澳大利亚、中国大陆、印度、法国、冰岛、西班牙、爱尔兰、以色列也有相当数量的A层人才，世界占比超过1%。

英国、德国、瑞士、意大利、巴西、瑞典、比利时、西班牙、荷兰的B层人才比较多，世界占比在9%~3%之间；日本、澳大利亚、加拿大、中国大陆、丹麦、中国香港、印度、法国、芬兰、以色列也有相当数量的B层人才，世界占比超过1%。

巴西、德国、意大利、英国、中国大陆、瑞士、西班牙、日本的C层人才比较多，世界占比在9%~3%之间；荷兰、瑞典、加拿大、澳大利亚、韩国、土耳其、比利时、印度、沙特、法国、中国香港也有相当数量的C层人才，世界占比超过1%。

表9-64 牙科医学、口腔外科和口腔医学A层人才排名前20的国家和地区的占比

单位：%

国家和地区	2011年	2012年	2013年	2014年	2015年	2016年	2017年	2018年	2019年	2020年	合计
美国	28.57	26.67	26.67	17.65	20.00	16.67	35.29	25.00	9.09	9.52	20.37
英国	0.00	6.67	6.67	17.65	13.33	16.67	17.65	12.50	9.09	9.52	11.11
荷兰	0.00	20.00	6.67	5.88	0.00	5.56	5.88	0.00	9.09	4.76	6.17

续表

国家和地区	2011年	2012年	2013年	2014年	2015年	2016年	2017年	2018年	2019年	2020年	合计
意大利	7.14	0.00	20.00	5.88	0.00	5.56	5.88	0.00	0.00	9.52	5.56
德国	7.14	0.00	0.00	5.88	6.67	5.56	5.88	12.50	9.09	4.76	5.56
中国香港	7.14	6.67	0.00	0.00	0.00	11.11	5.88	25.00	0.00	4.76	4.94
加拿大	0.00	0.00	6.67	11.76	0.00	5.56	0.00	0.00	9.09	4.76	4.32
瑞士	0.00	20.00	0.00	5.88	6.67	5.56	0.00	0.00	0.00	4.76	4.32
瑞典	7.14	0.00	0.00	5.88	6.67	5.56	5.88	12.50	0.00	0.00	3.70
巴西	7.14	6.67	0.00	0.00	6.67	0.00	0.00	0.00	9.09	4.76	3.70
丹麦	7.14	0.00	6.67	5.88	6.67	5.56	5.88	0.00	0.00	0.00	3.70
日本	14.29	0.00	6.67	0.00	6.67	5.56	5.88	0.00	0.00	0.00	3.70
澳大利亚	0.00	0.00	6.67	5.88	0.00	0.00	0.00	0.00	9.09	0.00	2.47
中国大陆	0.00	0.00	0.00	0.00	0.00	0.00	0.00	0.00	0.00	19.05	2.47
印度	0.00	0.00	0.00	0.00	0.00	0.00	0.00	0.00	18.18	0.00	2.47
法国	0.00	0.00	0.00	5.88	0.00	5.56	5.88	0.00	0.00	4.76	2.47
冰岛	0.00	13.33	0.00	0.00	6.67	0.00	0.00	0.00	0.00	0.00	1.85
西班牙	0.00	0.00	0.00	0.00	6.67	0.00	0.00	12.50	0.00	4.76	1.85
爱尔兰	0.00	0.00	0.00	0.00	0.00	0.00	0.00	0.00	9.09	0.00	1.23
以色列	0.00	0.00	6.67	0.00	0.00	0.00	0.00	0.00	0.00	4.76	1.23

表9-65 牙科医学、口腔外科和口腔医学B层人才排名前20的国家和地区的占比

单位：%

国家和地区	2011年	2012年	2013年	2014年	2015年	2016年	2017年	2018年	2019年	2020年	合计
美国	28.24	17.65	27.78	21.79	16.99	22.50	9.88	12.63	14.43	13.62	17.89
英国	8.40	10.29	13.89	7.05	7.84	5.00	7.56	7.37	7.73	10.33	8.49
德国	5.34	5.88	7.64	7.69	7.84	8.13	9.88	8.95	5.15	4.23	7.03
瑞士	5.34	6.62	6.25	7.05	4.58	9.38	10.47	6.32	5.15	2.35	6.25
意大利	6.11	3.68	3.47	3.85	5.88	5.63	8.14	6.84	8.76	7.51	6.19
巴西	6.87	4.41	3.47	6.41	4.58	3.75	5.81	4.74	4.12	4.69	4.85
瑞典	5.34	4.41	0.00	5.77	5.23	6.88	3.49	5.26	2.58	3.76	4.24
比利时	2.29	5.15	1.39	5.13	3.92	5.63	6.40	4.21	2.58	2.35	3.88
西班牙	0.00	2.94	2.78	0.64	5.23	3.13	3.49	5.79	5.67	5.63	3.76
荷兰	5.34	2.21	2.78	5.77	6.54	1.88	4.65	2.63	1.55	2.35	3.46
日本	3.05	3.68	1.39	3.21	2.61	3.75	1.74	3.16	2.58	0.94	2.55
澳大利亚	1.53	4.41	0.69	1.92	0.00	3.13	2.91	4.74	2.06	2.82	2.49
加拿大	1.53	2.94	5.56	3.85	1.31	3.13	0.58	2.11	2.06	1.88	2.43
中国大陆	2.29	2.21	1.39	2.56	3.27	1.88	2.33	1.05	2.58	4.23	2.43

续表

国家和地区	2011年	2012年	2013年	2014年	2015年	2016年	2017年	2018年	2019年	2020年	合计
丹麦	1.53	2.21	1.39	1.92	1.31	1.25	3.49	2.11	3.09	1.88	2.06
中国香港	1.53	3.68	0.00	1.92	0.65	0.63	0.58	4.21	2.58	0.94	1.70
印度	0.00	0.00	0.00	0.64	1.31	1.88	0.58	1.58	6.19	2.35	1.64
法国	0.00	1.47	2.08	1.28	0.65	0.63	2.33	1.05	3.09	1.41	1.46
芬兰	3.05	0.74	4.17	1.28	1.31	0.00	1.16	1.58	0.52	0.94	1.39
以色列	0.76	0.74	0.69	0.00	2.61	1.25	0.58	3.68	0.52	0.00	1.09

表9-66 牙科医学、口腔外科和口腔医学C层人才排名前20的国家和地区的占比

单位：%

国家和地区	2011年	2012年	2013年	2014年	2015年	2016年	2017年	2018年	2019年	2020年	合计
美国	21.28	20.37	19.04	18.60	16.60	17.73	16.98	15.51	15.95	14.43	17.40
巴西	7.48	8.26	9.65	8.36	8.59	10.15	9.36	9.25	8.53	7.69	8.72
德国	5.71	6.98	6.46	7.64	6.84	6.33	6.62	5.91	6.29	5.30	6.37
意大利	7.02	7.41	5.19	6.33	5.27	6.00	5.84	6.61	6.12	7.36	6.33
英国	6.40	6.77	7.12	5.61	6.32	5.41	6.85	5.27	5.61	6.12	6.12
中国大陆	4.47	5.34	5.13	5.29	5.60	6.00	5.18	4.97	5.84	5.54	5.36
瑞士	4.78	4.91	3.93	5.09	4.95	4.22	5.13	5.56	4.94	4.06	4.75
西班牙	2.24	2.85	2.93	3.46	2.99	3.30	3.28	3.04	4.04	4.16	3.29
日本	3.62	3.06	3.66	2.55	2.73	3.76	3.10	3.63	2.92	3.49	3.25
荷兰	3.70	2.64	3.66	3.59	2.99	3.76	2.56	2.57	2.41	1.96	2.92
瑞典	2.54	3.49	2.33	2.55	3.39	2.57	2.44	3.16	2.64	1.67	2.64
加拿大	2.62	2.28	2.53	2.42	2.73	2.83	2.56	1.87	1.85	2.15	2.36
澳大利亚	1.85	1.57	2.86	2.15	1.50	2.24	2.32	3.28	2.70	2.25	2.30
韩国	2.31	1.85	2.40	2.48	2.08	2.04	1.91	1.64	2.36	2.29	2.14
土耳其	1.62	1.50	2.06	2.22	1.95	1.78	1.61	1.76	1.74	1.86	1.81
比利时	1.77	1.99	1.73	1.44	2.41	1.71	2.21	1.58	1.46	1.39	1.75
印度	1.85	1.07	1.80	1.44	2.02	1.52	1.79	1.87	1.40	1.72	1.65
沙特	1.08	1.28	1.00	0.85	1.63	1.38	1.85	2.13	2.29	1.56	
法国	1.00	1.14	1.40	0.85	1.30	1.19	1.79	1.81	1.29	1.34	1.33
中国香港	1.31	1.28	1.33	1.17	0.98	0.73	1.13	1.46	1.29	1.34	1.21

二十三 急救医学

急救医学A、B、C层人才最多的国家是美国，分别占该学科全球A、B、C层人才的32.56%、19.41%、29.70%，均大幅高于其他国家和地区。

英国A层人才的世界占比为11.63%，排名第二；意大利、瑞典、中国大陆、法国、日本、土耳其的A层人才比较多，世界占比在7%~4%之间；澳大利亚、加拿大、芬兰、德国、中国香港、伊朗、爱尔兰、挪威、巴基斯坦、南非也有相当数量的A层人才，世界占比均为2.33%。

英国、加拿大、澳大利亚、意大利、德国、荷兰、法国的B层人才比较多，世界占比在7%~3%之间；瑞典、芬兰、比利时、挪威、巴西、奥地利、以色列、瑞士、丹麦、韩国、中国台湾、西班牙也有相当数量的B层人才，世界占比超过1%。

英国、加拿大、澳大利亚、德国、意大利的C层人才比较多，世界占比在8%~3%之间；荷兰、法国、瑞典、韩国、日本、瑞士、中国大陆、西班牙、丹麦、挪威、芬兰、土耳其、奥地利、比利时也有相当数量的C层人才，世界占比超过1%。

表9-67 急救医学A层人才的国家和地区的占比

单位：%

国家和地区	2011年	2012年	2013年	2014年	2015年	2016年	2017年	2018年	2019年	2020年	合计
美国	33.33	33.33	50.00	50.00	0.00	0.00	33.33	0.00	100.00	44.44	32.56
英国	33.33	16.67	16.67	0.00	16.67	0.00	16.67	0.00	0.00	0.00	11.63
意大利	0.00	0.00	0.00	0.00	16.67	0.00	0.00	25.00	0.00	11.11	6.98
瑞典	33.33	0.00	16.67	0.00	0.00	0.00	16.67	0.00	0.00	0.00	6.98
中国大陆	0.00	16.67	0.00	0.00	0.00	0.00	0.00	0.00	0.00	11.11	4.65
法国	0.00	0.00	0.00	0.00	16.67	0.00	16.67	0.00	0.00	0.00	4.65
日本	0.00	0.00	16.67	50.00	0.00	0.00	0.00	0.00	0.00	0.00	4.65
土耳其	0.00	0.00	0.00	0.00	0.00	0.00	0.00	50.00	0.00	0.00	4.65
澳大利亚	0.00	0.00	0.00	0.00	0.00	0.00	0.00	25.00	0.00	0.00	2.33
加拿大	0.00	16.67	0.00	0.00	0.00	0.00	0.00	0.00	0.00	0.00	2.33
芬兰	0.00	0.00	0.00	0.00	16.67	0.00	0.00	0.00	0.00	0.00	2.33
德国	0.00	0.00	0.00	0.00	16.67	0.00	0.00	0.00	0.00	0.00	2.33
中国香港	0.00	0.00	0.00	0.00	0.00	0.00	0.00	0.00	0.00	11.11	2.33
伊朗	0.00	0.00	0.00	0.00	0.00	0.00	0.00	0.00	0.00	11.11	2.33
爱尔兰	0.00	16.67	0.00	0.00	0.00	0.00	0.00	0.00	0.00	0.00	2.33
挪威	0.00	0.00	0.00	0.00	16.67	0.00	0.00	0.00	0.00	0.00	2.33
巴基斯坦	0.00	0.00	0.00	0.00	0.00	0.00	0.00	0.00	0.00	11.11	2.33
南非	0.00	0.00	0.00	0.00	0.00	16.67	0.00	0.00	0.00	0.00	2.33

表9-68 急救医学B层人才排名前20的国家和地区的占比

单位：%

国家和地区	2011年	2012年	2013年	2014年	2015年	2016年	2017年	2018年	2019年	2020年	合计
美国	30.00	50.00	22.95	36.84	8.33	9.21	13.51	12.50	18.39	5.88	19.41
英国	5.00	6.45	4.92	7.02	13.89	5.26	4.05	9.72	5.75	4.71	6.66
加拿大	10.00	8.06	1.64	10.53	2.78	3.95	2.70	4.17	5.75	3.53	5.10
澳大利亚	6.67	6.45	6.56	7.02	1.39	5.26	6.76	2.78	4.60	2.35	4.82
意大利	3.33	3.23	6.56	3.51	6.94	5.26	4.05	2.78	4.60	5.88	4.67
德国	6.67	3.23	3.28	1.75	6.94	5.26	2.70	4.17	3.45	2.35	3.97
荷兰	3.33	0.00	4.92	8.77	8.33	3.95	1.35	4.17	1.15	2.35	3.68
法国	1.67	4.84	0.00	1.75	1.39	2.63	4.05	6.94	3.45	3.53	3.12
瑞典	6.67	0.00	3.28	1.75	2.78	3.95	1.35	1.39	0.00	3.53	2.41
芬兰	1.67	0.00	3.28	0.00	1.39	3.95	4.05	2.78	2.30	3.53	2.41
比利时	0.00	0.00	1.64	1.75	6.94	2.63	0.00	5.56	1.15	2.35	2.27
挪威	0.00	1.61	0.00	1.75	5.56	2.63	2.70	2.78	0.00	4.71	2.27
巴西	0.00	0.00	3.28	0.00	0.00	2.63	4.05	2.78	3.45	2.35	1.98
奥地利	1.67	1.61	0.00	1.75	5.56	3.95	0.00	1.39	0.00	2.35	1.84
以色列	0.00	0.00	1.64	0.00	0.00	2.63	4.05	4.17	2.30	2.35	1.84
瑞士	1.67	0.00	0.00	1.75	4.17	2.63	0.00	2.78	1.15	2.35	1.70
丹麦	1.67	0.00	0.00	0.00	1.39	1.32	2.70	1.39	4.60	1.18	1.56
韩国	1.67	1.61	4.92	1.75	1.39	0.00	2.70	1.39	1.15	0.00	1.56
中国台湾	1.67	1.61	1.64	3.51	1.39	0.00	1.35	1.39	2.30	0.00	1.42
西班牙	1.67	0.00	1.64	0.00	1.39	2.63	1.35	0.00	1.15	3.53	1.42

表9-69 急救医学C层人才排名前20的国家和地区的占比

单位：%

国家和地区	2011年	2012年	2013年	2014年	2015年	2016年	2017年	2018年	2019年	2020年	合计
美国	36.54	37.95	33.63	34.93	26.99	27.43	27.84	25.10	26.58	24.89	29.70
英国	11.36	7.49	7.39	6.46	8.81	7.69	7.00	6.10	7.71	6.17	7.52
加拿大	6.29	7.17	4.98	6.95	5.26	6.10	5.25	7.07	5.92	6.17	6.10
澳大利亚	5.77	5.54	5.43	4.64	4.55	5.08	5.10	5.27	5.65	5.95	5.32
德国	4.20	4.07	4.52	5.30	3.41	3.63	2.19	3.61	4.41	3.79	3.88
意大利	2.45	1.79	3.17	3.31	3.41	3.34	3.06	2.50	3.44	5.09	3.24
荷兰	4.20	2.44	1.36	2.15	3.13	2.76	3.50	3.05	4.96	1.73	2.90
法国	1.92	2.12	2.87	2.48	2.27	1.16	1.75	2.36	2.48	3.14	2.29
瑞典	2.62	0.81	2.41	1.66	2.13	2.61	2.62	2.64	2.75	1.52	2.17
韩国	1.40	2.44	2.41	1.32	1.42	2.76	1.90	1.66	2.34	2.16	2.00
日本	1.92	1.79	1.81	2.65	1.28	1.60	2.62	1.94	2.48	1.73	1.97

续表

国家和地区	2011年	2012年	2013年	2014年	2015年	2016年	2017年	2018年	2019年	2020年	合计
瑞士	1.40	2.44	3.02	1.32	2.27	2.76	1.31	1.39	1.52	2.16	1.97
中国大陆	1.22	0.98	1.96	2.65	1.28	1.89	2.33	2.50	1.52	2.49	1.91
西班牙	1.75	2.28	0.90	1.66	1.28	1.45	1.75	2.08	1.93	2.81	1.83
丹麦	1.57	0.98	1.51	1.49	2.70	1.16	1.75	2.22	2.20	1.62	1.74
挪威	1.57	1.30	1.81	1.82	1.70	1.16	1.75	1.11	1.52	1.62	1.54
芬兰	0.70	1.14	1.21	1.16	1.14	1.16	1.31	1.66	1.52	1.95	1.33
土耳其	1.05	0.65	1.96	1.66	1.42	1.74	0.73	0.69	1.24	1.19	1.23
奥地利	2.10	1.47	2.11	1.16	1.14	1.60	0.44	0.83	0.69	0.76	1.19
比利时	1.22	0.49	1.51	0.99	1.14	1.31	1.17	1.11	1.38	1.08	1.14

二十四 危机护理医学

危机护理医学A、B、C层人才最多的国家是美国，分别占该学科全球A、B、C层人才的18.67%、18.02%、26.21%，均大幅高于其他国家和地区。

加拿大A层人才的世界占比为12.65%，排名第二；英国、法国、澳大利亚、意大利、瑞士、德国、荷兰、比利时的A层人才比较多，世界占比在8%~3%之间；巴西、中国大陆、西班牙、沙特、瑞典、印度、丹麦、日本、葡萄牙、以色列也有相当数量的A层人才，世界占比超过1%。

英国B层人才的世界占比为9.24%，排名第二；加拿大、法国、意大利、德国、澳大利亚、荷兰、比利时的B层人才比较多，世界占比在8%~3%之间；西班牙、中国大陆、瑞士、瑞典、丹麦、日本、巴西、奥地利、挪威、沙特、印度也有相当数量的B层人才，世界占比超过1%。

英国、加拿大、法国、德国、意大利、澳大利亚、荷兰、比利时的C层人才比较多，世界占比在9%~3%之间；西班牙、中国大陆、瑞士、瑞典、日本、丹麦、巴西、奥地利、韩国、挪威、爱尔兰也有相当数量的C层人才，世界占比超过或接近1%。

第九章 医学

表9-70 危机护理医学A层人才排名前20的国家和地区的占比

单位：%

国家和地区	2011年	2012年	2013年	2014年	2015年	2016年	2017年	2018年	2019年	2020年	合计
美国	33.33	25.00	6.25	25.00	25.00	13.04	5.26	32.00	17.39	8.33	18.67
加拿大	16.67	25.00	6.25	5.00	25.00	13.04	5.26	16.00	17.39	8.33	12.65
英国	16.67	12.50	6.25	5.00	0.00	8.70	5.26	12.00	8.70	0.00	7.83
法国	0.00	0.00	6.25	10.00	12.50	8.70	5.26	8.00	8.70	8.33	7.23
澳大利亚	0.00	0.00	6.25	10.00	0.00	8.70	5.26	8.00	13.04	0.00	6.63
意大利	0.00	25.00	0.00	10.00	0.00	4.35	5.26	4.00	0.00	16.67	5.42
瑞士	0.00	12.50	6.25	5.00	25.00	4.35	0.00	0.00	4.35	8.33	4.82
德国	8.33	0.00	6.25	0.00	0.00	8.70	5.26	0.00	4.35	0.00	4.22
荷兰	0.00	0.00	6.25	0.00	0.00	8.70	5.26	4.00	4.35	0.00	3.61
比利时	8.33	0.00	6.25	0.00	0.00	4.35	5.26	0.00	0.00	0.00	3.01
巴西	0.00	0.00	6.25	0.00	12.50	0.00	0.00	0.00	4.35	0.00	2.41
中国大陆	0.00	0.00	0.00	0.00	0.00	0.00	0.00	0.00	0.00	33.33	2.41
西班牙	0.00	0.00	0.00	0.00	0.00	8.70	5.26	0.00	0.00	0.00	2.41
沙特	0.00	0.00	0.00	0.00	0.00	0.00	5.26	4.00	4.35	0.00	1.81
瑞典	16.67	0.00	0.00	0.00	0.00	4.35	0.00	0.00	0.00	0.00	1.81
印度	0.00	0.00	6.25	0.00	0.00	0.00	5.26	0.00	4.35	0.00	1.81
丹麦	0.00	0.00	0.00	0.00	0.00	0.00	5.26	4.00	0.00	0.00	1.20
日本	0.00	0.00	6.25	0.00	0.00	0.00	5.26	0.00	0.00	0.00	1.20
葡萄牙	0.00	0.00	6.25	0.00	0.00	0.00	5.26	0.00	0.00	0.00	1.20
以色列	0.00	0.00	6.25	0.00	0.00	0.00	5.26	0.00	0.00	0.00	1.20

表9-71 危机护理医学B层人才排名前20的国家和地区的占比

单位：%

国家和地区	2011年	2012年	2013年	2014年	2015年	2016年	2017年	2018年	2019年	2020年	合计
美国	29.84	21.60	18.75	19.61	15.98	18.10	15.64	19.00	16.10	13.38	18.02
英国	11.29	10.40	7.95	11.27	12.37	9.05	8.06	12.22	5.93	6.32	9.24
加拿大	9.68	15.20	8.52	4.90	5.15	7.14	6.64	8.14	6.78	6.32	7.41
法国	9.68	5.60	5.11	5.88	7.22	6.19	4.27	6.33	7.20	5.20	6.14
意大利	5.65	5.60	5.68	5.39	5.67	5.24	3.32	5.43	5.08	5.95	5.28
德国	6.45	4.80	5.68	4.41	6.19	8.57	4.27	4.52	2.97	4.09	5.08
澳大利亚	3.23	6.40	2.84	5.88	5.15	2.86	5.21	4.98	2.12	3.72	4.16
荷兰	1.61	1.60	4.55	5.39	4.64	3.81	2.37	5.43	3.81	2.97	3.76

续表

国家和地区	2011年	2012年	2013年	2014年	2015年	2016年	2017年	2018年	2019年	2020年	合计
比利时	3.23	3.20	5.11	3.92	5.15	1.90	2.84	4.52	2.54	1.49	3.30
西班牙	2.42	3.20	3.41	2.45	3.61	4.76	3.32	1.36	2.54	2.23	2.89
中国大陆	0.00	0.00	0.57	0.98	0.52	1.43	1.90	2.71	1.27	9.67	2.34
瑞士	2.42	2.40	2.84	1.96	2.06	1.90	2.84	3.17	1.69	1.86	2.28
瑞典	0.00	3.20	3.98	1.47	1.03	1.90	1.42	1.36	2.12	0.37	1.62
丹麦	1.61	0.80	2.27	0.98	1.03	2.86	0.95	1.36	1.27	1.49	1.47
日本	0.81	0.00	1.14	1.47	0.52	1.90	1.90	1.36	1.27	1.86	1.32
巴西	1.61	0.80	0.57	1.47	1.03	1.43	1.42	0.45	1.27	2.23	1.27
奥地利	2.42	1.60	2.27	0.98	2.06	1.43	1.42	0.45	0.85	0.00	1.22
挪威	0.00	4.00	1.14	0.98	3.09	0.48	0.47	0.90	0.42	0.37	1.07
沙特	0.81	1.60	1.14	0.98	0.52	0.95	1.42	0.90	0.85	1.49	1.07
印度	0.00	0.00	0.57	0.98	2.58	0.00	1.90	0.45	1.27	1.49	1.02

表9-72 危机护理医学C层人才排名前20的国家和地区的占比

单位：%

国家和地区	2011年	2012年	2013年	2014年	2015年	2016年	2017年	2018年	2019年	2020年	合计
美国	28.87	31.47	31.56	29.56	29.08	27.48	24.17	24.56	22.41	19.34	26.21
英国	8.35	8.55	8.90	7.65	8.29	7.66	8.67	8.77	8.86	8.44	8.41
加拿大	6.87	7.07	6.76	6.55	6.98	7.75	7.75	7.75	7.24	6.10	7.09
法国	7.36	5.92	6.42	6.10	6.27	6.32	5.80	5.80	5.20	7.41	6.23
德国	5.13	4.77	4.22	5.25	3.76	4.99	4.68	4.41	5.07	4.88	4.72
意大利	3.39	2.63	4.16	4.30	3.44	5.66	4.14	5.01	4.64	6.76	4.61
澳大利亚	4.80	5.01	4.51	4.80	4.53	4.99	4.97	3.95	4.47	4.26	4.60
荷兰	3.72	4.27	4.10	4.50	4.80	4.37	4.58	4.41	4.69	3.65	4.33
比利时	2.65	2.30	3.12	3.15	2.89	3.28	2.88	3.20	3.24	3.07	3.03
西班牙	2.98	3.37	2.83	2.60	3.11	3.28	3.02	2.79	3.07	2.91	2.98
中国大陆	1.74	2.30	1.85	2.15	2.29	2.66	2.44	2.04	3.54	5.04	2.74
瑞士	2.32	2.30	2.60	1.95	2.51	2.09	2.49	2.60	2.51	2.25	2.36
瑞典	1.32	1.73	1.91	2.05	2.51	1.19	2.24	2.04	1.79	1.31	1.81
日本	1.90	1.15	1.85	1.55	1.47	1.85	1.46	2.14	1.75	1.52	1.68
丹麦	0.91	1.40	1.50	0.95	1.64	1.47	2.29	1.76	2.00	1.84	1.63
巴西	1.41	1.23	1.10	1.75	1.47	1.28	2.14	2.00	1.58	1.64	1.59
奥地利	1.24	1.40	1.68	1.35	0.87	1.14	0.73	1.16	1.41	1.07	1.19
韩国	0.66	1.56	0.81	0.65	0.55	0.76	0.68	1.07	1.15	1.02	0.89
挪威	0.91	1.07	0.64	1.20	1.04	0.48	0.73	0.79	0.72	0.66	0.80
爱尔兰	0.17	0.82	0.46	0.65	0.33	0.76	1.32	0.93	1.15	0.82	0.78

二十五 整形外科学

整形外科学 A、B、C 层人才最多的国家是美国，分别占该学科全球 A、B、C 层人才的 34.27%、37.31%、35.23%，均超过全球的 1/3，其中，B、C 层人才遥遥领先于其他国家和地区。

英国 A 层人才的世界占比为 14.08%，排名第二；澳大利亚、加拿大、荷兰、瑞典、法国的 A 层人才比较多，世界占比在 8%～3% 之间；德国、比利时、中国大陆、丹麦、瑞士、新加坡、芬兰、意大利、西班牙、巴西、新西兰、日本、奥地利也有相当数量的 A 层人才，世界占比超过或接近 0.5%。

英国、加拿大、澳大利亚、意大利、荷兰、瑞士、德国、中国大陆、法国的 B 层人才比较多，世界占比在 8%～3% 之间；日本、丹麦、瑞典、比利时、韩国、挪威、巴西、西班牙、奥地利、爱尔兰也有相当数量的 B 层人才，世界占比超过或接近 1%。

英国、德国、加拿大、中国大陆、澳大利亚、荷兰、日本、意大利、法国的 C 层人才比较多，世界占比在 8%～3%；瑞士、韩国、瑞典、西班牙、丹麦、比利时、奥地利、巴西、挪威、芬兰也有相当数量的 C 层人才，世界占比超过或接近 1%。

表 9-73 整形外科学 A 层人才排名前 20 的国家和地区的占比

单位：%

国家和地区	2011 年	2012 年	2013 年	2014 年	2015 年	2016 年	2017 年	2018 年	2019 年	2020 年	合计
美国	43.75	41.18	29.41	35.00	47.06	36.36	43.48	33.33	15.38	29.03	34.27
英国	18.75	17.65	11.76	10.00	11.76	9.09	17.39	12.50	19.23	12.90	14.08
澳大利亚	6.25	11.76	0.00	5.00	5.88	13.64	8.70	4.17	7.69	6.45	7.04
加拿大	0.00	5.88	11.76	5.00	11.76	0.00	4.35	4.17	7.69	9.68	6.10
荷兰	6.25	0.00	5.88	5.00	11.76	9.09	0.00	4.17	3.85	3.23	4.69
瑞典	12.50	5.88	5.88	5.00	0.00	0.00	4.35	0.00	3.85	3.23	3.76
法国	0.00	0.00	17.65	5.00	0.00	5.88	0.00	4.35	0.00	3.23	3.29
德国	6.25	0.00	0.00	5.00	0.00	4.55	0.00	8.33	3.85	0.00	2.82

续表

国家和地区	2011年	2012年	2013年	2014年	2015年	2016年	2017年	2018年	2019年	2020年	合计
比利时	0.00	5.88	0.00	5.00	0.00	0.00	0.00	0.00	3.85	6.45	2.35
中国大陆	0.00	0.00	0.00	0.00	0.00	0.00	4.35	4.17	3.85	6.45	2.35
丹麦	0.00	0.00	0.00	0.00	5.00	0.00	4.55	0.00	12.50	0.00	0.00	2.35
瑞士	0.00	0.00	5.88	0.00	0.00	0.00	0.00	0.00	3.85	6.45	1.88
新加坡	0.00	5.88	0.00	0.00	0.00	9.09	0.00	0.00	0.00	3.23	1.88
芬兰	0.00	0.00	5.88	0.00	5.88	0.00	0.00	0.00	3.85	0.00	1.41
意大利	0.00	0.00	0.00	0.00	0.00	9.09	0.00	0.00	0.00	0.00	1.41
西班牙	0.00	0.00	0.00	0.00	0.00	0.00	4.35	0.00	3.85	3.23	1.41
巴西	0.00	0.00	0.00	0.00	0.00	0.00	4.35	4.17	0.00	0.00	0.94
新西兰	0.00	0.00	0.00	0.00	0.00	0.00	0.00	4.17	3.85	0.00	0.94
日本	0.00	0.00	0.00	0.00	5.00	0.00	0.00	0.00	3.85	0.00	0.94
奥地利	0.00	0.00	0.00	0.00	0.00	0.00	0.00	0.00	0.00	3.23	0.47

表 9-74 整形外科学 B 层人才排名前 20 的国家和地区的占比

单位：%

国家和地区	2011年	2012年	2013年	2014年	2015年	2016年	2017年	2018年	2019年	2020年	合计
美国	41.43	35.03	39.41	47.25	38.14	34.13	40.65	44.17	33.05	25.40	37.31
英国	10.71	7.64	5.88	6.04	8.25	9.62	6.54	4.85	6.78	8.33	7.40
加拿大	5.71	8.28	5.29	5.49	6.19	4.81	4.67	4.37	4.66	5.16	5.36
澳大利亚	2.14	2.55	5.29	4.95	6.19	7.21	6.54	4.85	7.63	3.57	5.26
意大利	6.43	3.18	1.18	2.75	3.09	1.92	3.27	3.40	3.81	5.95	3.52
荷兰	5.71	5.73	4.12	2.20	2.58	3.85	3.27	2.91	3.81	2.38	3.52
瑞士	2.14	3.82	4.71	2.75	3.61	2.88	1.87	2.43	4.66	5.16	3.47
德国	2.86	1.91	4.12	2.20	1.55	4.33	3.27	4.85	2.12	5.16	3.32
中国大陆	0.71	1.27	1.76	1.65	2.58	1.92	3.27	3.88	6.36	4.76	3.06
法国	2.14	3.18	1.76	3.85	1.55	2.88	2.80	3.40	3.81	3.97	3.01
日本	0.71	4.46	4.71	1.65	2.58	1.92	1.87	2.91	2.97	1.59	2.50
丹麦	1.43	1.91	2.94	1.65	2.58	3.37	3.74	1.46	1.27	0.40	2.04
瑞典	3.57	1.27	2.94	4.40	1.03	1.44	1.87	1.46	2.54	0.40	1.99
比利时	2.86	0.00	2.35	2.20	1.55	0.96	0.93	2.43	0.85	3.97	1.84
韩国	0.00	1.27	2.35	2.75	0.52	0.96	2.80	1.46	2.54	1.98	1.74
挪威	0.71	1.27	0.59	1.65	1.55	3.85	1.40	1.94	2.12	1.19	1.68
巴西	0.00	0.64	1.18	1.65	1.55	2.40	1.87	0.00	0.85	1.19	1.17
西班牙	0.71	1.27	0.59	1.65	2.58	0.48	0.47	0.49	1.27	1.59	1.12
奥地利	3.57	0.64	1.18	1.65	1.03	1.92	0.47	0.97	0.42	1.19	1.07
爱尔兰	0.00	1.27	1.76	0.00	1.55	1.44	0.93	0.49	2.12	0.00	0.97

表 9-75　整形外科学 C 层人才排名前 20 的国家和地区的占比

单位：%

国家和地区	2011 年	2012 年	2013 年	2014 年	2015 年	2016 年	2017 年	2018 年	2019 年	2020 年	合计
美国	34.09	39.93	35.80	39.38	38.89	35.52	35.80	35.64	34.09	27.64	35.23
英国	9.04	7.70	9.48	6.59	7.83	7.67	6.47	6.37	7.18	7.77	7.54
德国	4.91	5.39	5.75	5.40	4.26	5.01	4.22	4.41	5.24	5.76	5.04
加拿大	5.69	3.75	4.80	5.28	5.73	5.81	4.86	4.12	4.47	3.50	4.73
中国大陆	2.85	2.96	3.62	3.86	4.41	4.71	5.79	4.90	5.46	6.46	4.70
澳大利亚	5.34	4.67	3.62	3.35	4.10	4.06	5.30	4.71	4.11	4.01	4.30
荷兰	4.20	3.82	4.45	3.52	3.10	3.36	3.68	3.19	2.98	3.32	3.51
日本	2.35	3.09	2.37	3.75	3.47	3.36	3.87	3.73	3.39	3.61	3.36
意大利	2.92	4.47	3.50	3.92	3.00	2.51	2.84	2.75	2.89	4.01	3.27
法国	3.91	2.37	2.85	2.44	2.84	3.16	2.60	2.99	3.39	3.36	3.00
瑞士	3.99	2.83	3.08	2.22	2.36	2.66	2.89	2.25	3.16	3.83	2.94
韩国	2.49	2.76	3.26	2.73	2.36	2.15	2.35	2.84	1.63	2.41	2.47
瑞典	3.13	2.24	1.72	2.05	2.36	2.51	1.86	2.45	1.90	2.30	2.23
西班牙	1.49	1.45	1.90	1.42	1.31	1.30	0.93	1.47	1.67	1.86	1.49
丹麦	1.35	1.05	1.13	1.93	1.58	1.50	1.72	1.52	1.49	1.39	1.48
比利时	1.42	1.18	1.13	1.19	1.37	1.50	1.42	1.62	1.26	1.53	1.38
奥地利	1.42	1.18	1.07	1.25	0.89	1.00	0.98	1.23	1.26	1.64	1.26
巴西	0.43	1.05	1.01	1.02	1.26	1.20	0.78	1.18	1.72	1.35	1.14
挪威	1.07	0.86	1.24	1.19	0.58	0.80	1.37	1.62	1.58	0.80	1.11
芬兰	0.93	0.86	0.83	0.85	0.89	0.80	0.98	0.59	0.63	0.40	0.75

二十六　麻醉学

麻醉学 A、B、C 层人才最多的国家是美国，分别占该学科全球 A、B、C 层人才的 22.37%、21.91%、27.17%，均大幅高于其他国家和地区。

英国、加拿大 A 层人才的世界占比分别为 15.79%、9.21%，分列第二、第三位；荷兰、澳大利亚、比利时、德国的 A 层人才比较多，世界占比在 8%~5% 之间；其后是中国大陆、丹麦、法国、意大利、日本、新加坡、瑞典，A 层人才的世界占比均为 2.63%；中国香港、爱尔兰、新西兰、挪威、葡萄牙、瑞士也有相当数量的 A 层人才，世界占比均为 1.32%。

英国、加拿大 B 层人才的世界占比分别为 11.39%、8.41%，分列第

二、第三位；德国、澳大利亚、荷兰、丹麦、意大利、法国、西班牙、比利时的B层人才比较多，世界占比在6%~3%之间；瑞典、瑞士、挪威、奥地利、爱尔兰、中国大陆、印度、韩国、中国香港也有相当数量的B层人才，世界占比超过或接近1%。

英国、加拿大的C层人才世界占比分别为9.89%、7.89%，分列第二、第三位；德国、澳大利亚、法国、荷兰、中国大陆、丹麦、意大利的C层人才比较多，世界占比在7%~3%之间；比利时、瑞士、西班牙、瑞典、日本、韩国、奥地利、印度、新西兰、巴西也有相当数量的C层人才，世界占比超过或接近1%。

表9-76 麻醉学A层人才排名前20的国家和地区的占比

单位：%

国家和地区	2011年	2012年	2013年	2014年	2015年	2016年	2017年	2018年	2019年	2020年	合计
美国	40.00	30.00	60.00	11.11	0.00	30.00	0.00	25.00	8.33	13.33	22.37
英国	20.00	20.00	0.00	22.22	50.00	10.00	0.00	12.50	8.33	20.00	15.79
加拿大	20.00	0.00	20.00	11.11	0.00	20.00	0.00	0.00	0.00	13.33	9.21
荷兰	0.00	20.00	20.00	0.00	0.00	10.00	0.00	12.50	8.33	0.00	7.89
澳大利亚	0.00	0.00	0.00	11.11	0.00	10.00	0.00	12.50	8.33	6.67	6.58
比利时	0.00	20.00	0.00	0.00	0.00	0.00	0.00	12.50	8.33	0.00	5.26
德国	0.00	0.00	0.00	11.11	0.00	0.00	0.00	12.50	8.33	6.67	5.26
中国大陆	0.00	0.00	0.00	0.00	0.00	0.00	0.00	0.00	0.00	13.33	2.63
丹麦	0.00	0.00	0.00	0.00	0.00	0.00	0.00	0.00	8.33	6.67	2.63
法国	0.00	0.00	0.00	11.11	0.00	0.00	0.00	0.00	8.33	0.00	2.63
意大利	0.00	0.00	0.00	0.00	0.00	10.00	0.00	0.00	8.33	0.00	2.63
日本	0.00	0.00	0.00	0.00	0.00	0.00	0.00	12.50	0.00	6.67	2.63
新加坡	0.00	0.00	0.00	0.00	0.00	0.00	0.00	0.00	0.00	13.33	2.63
瑞典	0.00	10.00	0.00	0.00	0.00	0.00	0.00	0.00	8.33	0.00	2.63
中国香港	0.00	0.00	0.00	11.11	0.00	0.00	0.00	0.00	0.00	0.00	1.32
爱尔兰	0.00	0.00	0.00	0.00	50.00	0.00	0.00	0.00	0.00	0.00	1.32
新西兰	0.00	0.00	0.00	0.00	0.00	10.00	0.00	0.00	0.00	0.00	1.32
挪威	0.00	0.00	0.00	0.00	0.00	0.00	0.00	0.00	8.33	0.00	1.32
葡萄牙	20.00	0.00	0.00	0.00	0.00	0.00	0.00	0.00	0.00	0.00	1.32
瑞士	0.00	0.00	0.00	11.11	0.00	0.00	0.00	0.00	0.00	0.00	1.32

表 9-77 麻醉学 B 层人才排名前 20 的国家和地区的占比

单位：%

国家和地区	2011 年	2012 年	2013 年	2014 年	2015 年	2016 年	2017 年	2018 年	2019 年	2020 年	合计
美国	33.71	27.37	21.78	13.39	21.62	18.33	28.68	21.82	18.05	18.44	21.91
英国	12.36	17.89	11.88	8.04	9.91	13.33	10.08	12.73	9.77	9.93	11.39
加拿大	6.74	11.58	7.92	7.14	7.21	6.67	6.20	6.36	11.28	12.06	8.41
德国	7.87	6.32	7.92	5.36	9.91	5.83	3.88	2.73	6.02	4.26	5.87
澳大利亚	3.37	5.26	4.95	2.68	4.50	5.00	2.33	10.00	6.02	7.80	5.26
荷兰	4.49	6.32	5.94	5.36	7.21	2.50	3.10	4.55	6.02	3.55	4.82
丹麦	3.37	2.11	6.93	4.46	2.70	3.33	5.43	5.45	1.50	2.13	3.68
意大利	2.25	1.05	2.97	4.46	3.60	3.33	4.65	2.73	6.02	4.26	3.68
法国	5.62	2.11	3.96	4.46	4.50	2.50	3.88	3.64	3.01	2.13	3.51
西班牙	3.37	2.11	2.97	5.36	2.70	3.33	5.43	3.64	1.50	2.13	3.24
比利时	2.25	1.05	3.96	7.14	3.60	1.67	3.10	2.73	5.26	0.00	3.07
瑞典	2.25	1.05	2.97	1.79	4.50	5.00	1.55	0.91	2.26	0.71	2.28
瑞士	2.25	3.16	3.96	0.89	2.70	0.83	2.33	2.73	1.50	2.13	2.19
挪威	1.12	3.16	0.99	0.89	2.70	2.50	2.33	0.91	0.75	1.42	1.67
奥地利	1.12	1.05	0.99	2.68	0.90	2.50	2.33	1.82	1.50	0.71	1.58
爱尔兰	0.00	2.11	0.99	0.89	0.90	1.67	2.33	0.00	3.76	1.42	1.49
中国大陆	1.12	0.00	0.99	0.89	0.00	0.83	0.00	0.91	0.75	5.67	1.31
印度	0.00	0.00	0.00	2.68	0.00	1.67	0.78	0.91	1.50	2.84	1.14
韩国	1.12	0.00	0.99	0.00	0.90	0.83	2.33	1.82	0.75	1.42	1.05
中国香港	0.00	1.05	0.99	1.79	0.00	0.83	0.00	0.00	0.75	3.55	0.96

表 9-78 麻醉学 C 层人才排名前 20 的国家和地区的占比

单位：%

国家和地区	2011 年	2012 年	2013 年	2014 年	2015 年	2016 年	2017 年	2018 年	2019 年	2020 年	合计
美国	30.93	27.78	30.34	30.17	26.58	26.48	26.57	24.46	23.54	27.10	27.17
英国	10.47	9.86	9.70	8.21	11.17	9.39	8.89	10.08	10.60	10.56	9.89
加拿大	6.86	7.21	7.15	6.73	7.51	9.21	8.01	9.56	9.16	6.77	7.89
德国	6.26	7.64	6.54	6.92	6.62	5.76	5.75	5.25	5.37	4.84	6.02
澳大利亚	4.81	5.41	5.21	4.52	4.25	4.52	5.05	5.08	4.77	5.24	4.89
法国	4.81	5.51	3.47	4.24	3.16	3.28	3.48	3.70	3.26	4.03	3.84
荷兰	3.61	3.39	3.37	4.15	3.85	3.28	4.01	4.31	3.79	3.55	3.74
中国大陆	2.05	2.33	3.17	3.41	3.95	4.16	4.36	3.19	2.95	4.84	3.50
丹麦	3.85	3.29	3.27	3.69	4.45	4.16	3.22	3.10	2.95	2.26	3.38

续表

国家和地区	2011年	2012年	2013年	2014年	2015年	2016年	2017年	2018年	2019年	2020年	合计
意大利	2.65	2.97	3.27	3.14	3.85	2.57	2.53	3.70	3.18	3.71	3.17
比利时	2.05	1.91	2.35	2.40	3.26	1.95	3.14	2.93	3.48	2.10	2.59
瑞士	1.81	2.44	1.74	1.38	1.88	2.13	2.18	2.41	2.73	3.31	2.24
西班牙	1.32	1.48	1.53	1.57	2.47	2.48	1.66	2.50	2.12	1.61	1.90
瑞典	2.65	2.01	1.63	1.48	1.98	1.95	1.92	1.81	1.97	1.37	1.85
日本	1.08	1.27	1.94	2.21	1.28	1.59	1.57	1.29	1.51	1.53	1.54
韩国	0.96	2.01	1.43	0.92	1.09	1.68	2.00	1.72	1.36	0.56	1.37
奥地利	0.96	1.38	0.92	1.01	1.28	1.15	0.96	1.81	1.06	0.97	1.15
印度	0.96	0.53	0.61	0.92	0.79	1.33	0.78	0.78	0.91	2.10	1.00
新西兰	0.84	0.74	0.82	0.55	1.38	0.62	1.66	0.78	1.21	0.97	0.97
巴西	1.32	0.95	1.12	0.74	0.99	1.24	1.05	0.95	0.76	0.65	0.96

二十七　肿瘤学

肿瘤学A、B、C层人才最多的国家是美国，分别占该学科全球A、B、C层人才的17.57%、22.06%、27.02%，均大幅高于其他国家和地区。

法国、英国、德国、加拿大、西班牙、意大利、澳大利亚、日本、荷兰、韩国的A层人才比较多，世界占比在8%~3%之间；中国大陆、俄罗斯、比利时、瑞士、波兰、巴西、瑞典、以色列、中国台湾也有相当数量的A层人才，世界占比超过1%。

英国、德国、法国、意大利、加拿大、西班牙、澳大利亚、中国大陆、荷兰的B层人才比较多，世界占比在8%~3%之间；瑞士、日本、比利时、韩国、瑞典、丹麦、波兰、奥地利、以色列、中国台湾也有相当数量的B层人才，世界占比超过或等于1%。

中国大陆C层人才的世界占比为11.66%，排名第二；英国、德国、意大利、法国、加拿大、日本、荷兰的C层人才比较多，世界占比在7%~3%之间；澳大利亚、西班牙、瑞士、韩国、比利时、瑞典、丹麦、奥地利、中国台湾、挪威、以色列也有相当数量的C层人才，世界占比超过或接近1%。

表9–79 肿瘤学A层人才排名前20的国家和地区的占比

单位：%

国家和地区	2011年	2012年	2013年	2014年	2015年	2016年	2017年	2018年	2019年	2020年	合计
美国	25.30	23.23	17.82	21.05	18.87	18.11	12.32	15.22	13.64	15.43	17.57
法国	7.23	9.09	5.94	5.26	9.43	8.66	4.35	9.42	7.27	6.79	7.30
英国	6.02	8.08	6.93	7.02	5.66	6.30	4.35	5.80	6.36	6.17	6.20
德国	7.23	6.06	4.95	5.26	5.66	7.09	5.80	5.80	6.36	5.56	5.94
加拿大	8.43	8.08	7.92	7.02	6.60	3.94	3.62	3.62	3.64	5.56	5.60
西班牙	2.41	3.03	2.97	5.26	7.55	7.09	5.80	5.07	4.55	5.56	5.09
意大利	7.23	4.04	5.94	5.26	5.66	4.72	5.07	5.07	4.55	4.32	5.09
澳大利亚	4.82	4.04	7.92	5.26	5.66	3.94	3.62	5.80	3.64	4.32	4.84
日本	3.61	1.01	4.95	2.63	2.83	3.94	5.07	6.52	4.55	6.79	4.41
荷兰	3.61	5.05	1.98	1.75	3.77	3.94	3.62	2.17	3.64	3.09	3.23
韩国	0.00	2.02	1.98	4.39	0.94	2.36	4.35	4.35	3.64	4.94	3.14
中国大陆	2.41	0.00	0.99	1.75	0.00	1.57	2.90	2.90	2.73	6.79	2.46
俄罗斯	0.00	5.05	3.96	3.51	2.83	0.79	1.45	2.90	2.73	1.23	2.38
比利时	3.61	1.01	4.95	3.51	0.94	3.94	1.45	1.45	1.82	1.23	2.38
瑞士	4.82	5.05	0.99	2.63	1.89	2.36	1.45	0.72	3.64	1.23	2.29
波兰	1.20	4.04	0.99	1.75	3.77	0.79	1.45	2.17	3.64	0.00	1.87
巴西	0.00	1.01	0.00	0.88	1.89	1.57	1.45	2.90	2.73	0.62	1.44
瑞典	2.41	0.00	1.98	2.63	1.89	0.79	0.72	1.45	0.00	2.47	1.44
以色列	1.20	0.00	0.00	0.88	0.94	3.15	0.72	1.45	1.82	1.85	1.27
中国台湾	0.00	0.00	0.99	0.00	0.94	0.00	1.45	1.45	2.73	3.70	1.27

表9–80 肿瘤学B层人才排名前20的国家和地区的占比

单位：%

国家和地区	2011年	2012年	2013年	2014年	2015年	2016年	2017年	2018年	2019年	2020年	合计
美国	27.88	25.37	26.26	21.84	21.50	24.01	20.95	21.29	20.23	16.61	22.06
英国	8.67	8.49	8.24	7.67	8.74	7.69	6.29	6.36	6.77	7.65	7.54
德国	5.58	7.36	5.60	6.70	6.12	6.91	6.69	5.61	5.98	5.31	6.15
法国	6.82	5.10	5.93	6.12	6.21	6.04	7.25	6.21	5.34	6.27	6.13
意大利	4.96	4.64	5.49	6.12	4.98	4.92	5.40	5.91	5.48	5.24	5.34
加拿大	5.08	5.44	4.84	4.56	4.37	4.49	5.72	4.85	4.99	4.89	4.92
西班牙	3.47	4.19	3.74	4.08	3.76	3.63	5.08	4.70	4.56	5.79	4.40
澳大利亚	4.09	4.42	3.30	3.59	4.46	4.06	4.03	3.79	4.49	4.55	4.11
中国大陆	2.23	1.93	3.41	3.98	3.58	3.28	3.46	3.18	6.34	5.58	3.89
荷兰	4.21	2.94	2.86	3.88	3.23	3.28	3.71	3.41	3.49	2.96	3.38

续表

国家和地区	2011年	2012年	2013年	2014年	2015年	2016年	2017年	2018年	2019年	2020年	合计
瑞士	2.11	2.60	3.19	3.01	3.23	3.20	3.63	2.50	3.35	2.62	2.97
日本	2.60	2.15	2.97	2.23	3.67	2.07	2.26	3.03	2.71	3.72	2.78
比利时	3.35	2.72	2.75	3.59	2.88	2.59	2.74	2.20	2.28	2.89	2.76
韩国	1.24	1.59	1.87	1.94	2.45	2.50	2.58	2.80	2.56	3.86	2.46
瑞典	1.98	1.36	1.54	1.65	1.49	1.55	1.77	1.36	0.93	1.45	1.48
丹麦	1.24	2.15	1.21	1.55	0.96	1.99	1.13	1.21	1.78	1.24	1.44
波兰	1.49	1.93	1.76	1.46	0.96	0.86	1.69	1.29	1.28	1.65	1.42
奥地利	1.24	1.13	1.21	1.07	1.40	1.73	1.29	1.36	1.50	0.83	1.28
以色列	0.37	1.36	1.10	0.78	1.14	1.04	0.89	1.06	1.71	1.17	1.09
中国台湾	0.87	1.13	1.32	0.68	0.96	1.12	1.05	1.14	0.64	1.17	1.00

表9–81 肿瘤学C层人才排名前20的国家和地区的占比

单位：%

国家和地区	2011年	2012年	2013年	2014年	2015年	2016年	2017年	2018年	2019年	2020年	合计
美国	33.36	31.15	29.83	30.42	27.93	27.08	26.42	25.43	23.65	20.87	27.02
中国大陆	5.11	6.28	7.70	10.19	11.31	13.16	13.84	14.80	15.55	13.05	11.66
英国	7.02	6.28	6.33	6.46	6.39	5.81	5.89	5.46	5.24	5.97	6.02
德国	6.07	5.78	6.09	5.45	5.15	5.42	5.16	5.22	4.94	5.25	5.40
意大利	4.67	5.48	4.68	5.10	5.29	5.04	5.13	4.80	5.65	6.54	5.29
法国	4.46	4.95	4.57	4.38	4.03	4.30	4.49	4.40	4.56	4.97	4.51
加拿大	4.37	4.36	4.26	3.69	3.96	3.87	4.12	3.64	3.51	3.73	3.91
日本	3.98	3.71	3.57	3.15	3.36	3.92	3.59	3.54	3.65	3.38	3.57
荷兰	3.67	4.01	3.57	3.15	3.54	3.04	3.02	3.28	3.06	3.38	3.34
澳大利亚	2.55	3.02	3.12	2.98	2.90	3.02	2.75	2.88	2.47	3.03	2.87
西班牙	2.41	2.47	2.37	2.77	2.74	2.68	2.75	3.09	3.15	3.48	2.85
瑞士	2.03	2.20	1.97	1.89	1.92	2.10	2.12	2.17	2.22	2.17	2.09
韩国	1.87	1.91	1.79	1.81	1.69	1.82	1.88	1.94	2.35	1.91	1.91
比利时	1.74	1.95	2.11	1.91	1.78	1.83	1.85	1.70	1.86	1.83	1.85
瑞典	2.01	1.84	1.70	1.56	1.55	1.68	1.45	1.40	1.25	1.20	1.52
丹麦	1.21	1.25	1.48	1.35	1.26	1.06	1.10	1.32	1.02	1.21	1.22
奥地利	1.01	0.94	1.30	1.11	1.00	1.00	1.10	1.13	1.04	1.03	1.06
中国台湾	0.92	1.05	1.21	1.04	1.15	1.20	0.99	0.88	1.12	0.96	1.05
挪威	1.02	0.94	0.89	0.97	0.86	0.73	0.63	0.81	0.76	0.57	0.80
以色列	0.69	0.64	0.71	0.71	0.74	0.91	0.84	0.81	0.78	0.93	0.79

二十八 康复医学

康复医学A、B、C层人才最多的国家是美国，分别占该学科全球A、B、C层人才的28.10%、27.89%、29.66%，均大幅高于其他国家和地区。

荷兰、英国、加拿大、澳大利亚、德国、意大利、瑞士的A层人才比较多，世界占比在10%~3%之间；法国、丹麦、奥地利、比利时、巴西、中国大陆、以色列、新西兰、挪威、西班牙、中国台湾、爱尔兰也有相当数量的A层人才，世界占比超过1%。

英国、澳大利亚、加拿大、荷兰、意大利、德国的B层人才比较多，世界占比在10%~3%之间；中国大陆、比利时、巴西、瑞士、西班牙、法国、韩国、瑞典、爱尔兰、丹麦、新加坡、新西兰、中国台湾也有相当数量的B层人才，世界占比超过或等于1%。

澳大利亚、英国、加拿大、荷兰、意大利的C层人才比较多，世界占比在10%~3%之间；德国、巴西、西班牙、比利时、瑞典、中国大陆、瑞士、韩国、丹麦、法国、挪威、新西兰、爱尔兰、中国台湾也有相当数量的C层人才，世界占比超过1%。

表9-82 康复医学A层人才排名前20的国家和地区的占比

单位：%

国家和地区	2011年	2012年	2013年	2014年	2015年	2016年	2017年	2018年	2019年	2020年	合计
美国	33.33	64.29	53.85	12.50	15.38	25.00	35.29	18.75	11.11	22.22	28.10
荷兰	8.33	0.00	0.00	6.25	30.77	12.50	5.88	6.25	11.11	11.11	9.15
英国	8.33	0.00	7.69	18.75	0.00	6.25	17.65	6.25	5.56	11.11	8.50
加拿大	8.33	14.29	7.69	6.25	0.00	12.50	0.00	12.50	11.11	11.11	8.50
澳大利亚	16.67	0.00	0.00	6.25	7.69	6.25	5.88	6.25	5.56	11.11	6.54
德国	0.00	7.14	0.00	18.75	7.69	6.25	5.88	0.00	5.56	0.00	5.23
意大利	0.00	0.00	7.69	6.25	7.69	0.00	5.88	6.25	5.56	11.11	5.23
瑞士	8.33	0.00	0.00	0.00	7.69	0.00	0.00	0.00	5.56	11.11	3.27
法国	0.00	0.00	0.00	6.25	0.00	6.25	0.00	6.25	5.56	0.00	2.61
丹麦	0.00	7.14	0.00	0.00	0.00	0.00	6.25	0.00	0.00	0.00	1.96
奥地利	0.00	0.00	7.69	6.25	0.00	0.00	0.00	0.00	0.00	0.00	1.31

续表

国家和地区	2011年	2012年	2013年	2014年	2015年	2016年	2017年	2018年	2019年	2020年	合计
比利时	0.00	0.00	0.00	0.00	7.69	0.00	0.00	0.00	0.00	5.56	1.31
巴西	0.00	0.00	0.00	0.00	0.00	0.00	0.00	0.00	11.11	0.00	1.31
中国大陆	0.00	0.00	0.00	0.00	0.00	0.00	11.76	0.00	0.00	0.00	1.31
以色列	0.00	0.00	0.00	0.00	0.00	0.00	0.00	0.00	11.11	0.00	1.31
新西兰	0.00	0.00	7.69	0.00	0.00	6.25	0.00	0.00	0.00	0.00	1.31
挪威	0.00	0.00	0.00	0.00	0.00	0.00	0.00	6.25	5.56	0.00	1.31
西班牙	0.00	0.00	0.00	0.00	0.00	0.00	5.88	6.25	0.00	0.00	1.31
中国台湾	8.33	7.14	0.00	0.00	0.00	0.00	0.00	0.00	0.00	0.00	1.31
爱尔兰	0.00	0.00	7.69	0.00	7.69	0.00	0.00	0.00	0.00	0.00	1.31

表9-83 康复医学B层人才排名前20的国家和地区的占比

单位：%

国家和地区	2011年	2012年	2013年	2014年	2015年	2016年	2017年	2018年	2019年	2020年	合计
美国	30.91	39.68	37.70	35.92	32.00	20.59	27.52	19.42	19.35	22.50	27.89
英国	10.00	7.94	9.02	8.45	8.80	12.50	7.38	7.19	8.60	10.63	9.03
澳大利亚	8.18	9.52	4.92	10.56	11.20	8.09	12.75	10.79	9.14	4.38	8.96
加拿大	8.18	7.14	13.11	6.34	8.00	8.09	10.74	6.47	5.91	6.25	7.89
荷兰	7.27	4.76	4.92	5.63	3.20	8.82	6.04	2.88	5.38	5.00	5.38
意大利	4.55	0.79	4.10	2.82	2.40	2.21	4.03	2.16	5.91	11.88	4.30
德国	3.64	4.76	0.82	6.34	4.00	4.41	2.68	5.76	3.76	3.13	3.94
中国大陆	0.00	3.97	2.46	0.70	0.80	2.94	2.68	3.60	4.84	3.75	2.72
比利时	0.91	0.00	1.64	0.70	3.20	5.15	2.01	1.44	2.69	3.13	2.15
巴西	0.91	1.59	1.64	2.82	3.20	1.47	2.01	0.72	4.30	1.88	2.15
瑞士	2.73	3.97	0.00	0.70	3.20	0.00	2.01	4.32	3.23	1.25	2.15
西班牙	1.82	1.59	1.64	2.82	2.40	2.94	0.67	2.16	3.23	1.88	2.15
法国	1.82	0.00	0.82	0.00	3.20	5.15	2.68	0.72	1.61	2.50	1.86
韩国	0.00	0.79	4.10	1.41	2.40	0.74	1.34	2.16	0.54	1.88	1.51
瑞典	4.55	1.59	0.00	0.70	2.40	0.74	0.67	2.88	2.15	0.00	1.51
爱尔兰	0.00	0.00	0.82	2.40	2.21	1.34	3.60	0.54	1.25	1.29	
丹麦	0.91	1.59	0.00	1.41	0.00	2.21	2.01	0.72	2.69	0.63	1.29
新加坡	0.91	0.00	1.64	0.00	0.00	0.00	1.34	2.16	2.69	1.88	1.15
新西兰	1.82	1.59	0.00	1.41	0.80	1.47	1.34	0.00	1.08	0.63	1.00
中国台湾	0.91	2.38	0.82	0.70	0.80	0.00	2.01	0.72	1.08	0.63	1.00

表 9-84 康复医学 C 层人才排名前 20 的国家和地区的占比

单位：%

国家和地区	2011 年	2012 年	2013 年	2014 年	2015 年	2016 年	2017 年	2018 年	2019 年	2020 年	合计
美国	38.87	35.81	30.50	32.43	31.26	28.42	27.62	26.38	26.01	23.09	29.66
澳大利亚	7.76	7.20	9.83	8.95	9.77	10.99	9.89	9.34	10.39	8.58	9.34
英国	7.39	8.01	8.82	7.59	8.25	7.09	8.77	9.34	7.53	8.72	8.15
加拿大	7.57	7.52	8.66	7.87	7.60	8.22	7.65	6.86	7.97	9.40	7.95
荷兰	4.74	5.07	6.05	4.08	4.05	4.61	3.76	4.75	4.48	4.29	4.55
意大利	3.74	3.60	4.54	3.36	3.55	3.40	4.09	3.84	3.80	5.65	3.97
德国	3.10	3.27	2.02	2.79	2.97	2.91	2.77	2.49	2.68	2.32	2.72
巴西	1.82	1.64	1.60	2.15	2.60	1.84	2.90	3.17	2.61	3.41	2.42
西班牙	1.55	1.96	2.44	2.58	2.03	2.48	2.18	2.34	3.17	2.79	2.39
比利时	2.28	1.88	2.52	2.51	2.39	2.41	2.04	2.11	2.86	1.84	2.29
瑞典	2.74	2.78	2.10	1.93	2.32	2.48	1.78	1.88	2.92	1.77	2.26
中国大陆	0.46	0.82	1.68	1.29	1.30	1.84	3.63	2.64	3.48	3.88	2.20
瑞士	2.01	1.88	1.43	1.72	1.09	2.34	2.18	1.81	1.74	1.57	1.78
韩国	1.64	1.55	1.68	2.43	1.81	1.84	1.52	1.73	1.31	1.63	1.71
丹麦	1.55	1.72	0.92	0.79	1.16	1.98	1.19	1.73	1.56	1.43	1.40
法国	0.82	1.14	0.84	1.22	1.66	1.98	1.85	1.36	1.12	1.29	1.35
挪威	1.37	2.04	0.92	1.22	1.16	0.92	1.19	0.98	0.93	1.98	1.26
新西兰	1.28	2.13	1.34	1.43	0.80	0.92	1.32	1.13	1.18	1.02	1.24
爱尔兰	0.73	1.39	0.84	1.22	1.30	1.06	1.12	1.58	1.12	1.29	1.17
中国台湾	1.19	0.82	1.43	1.07	0.94	1.42	1.05	0.83	1.00	0.75	1.04

二十九　医学信息学

医学信息学 A、B、C 层人才最多的国家是美国，分别占该学科全球 A、B、C 层人才的 32.43%、27.02%、27.30%，均大幅高于其他国家和地区。

英国 A 层人才以 16.22% 的世界占比排名第二；之后是荷兰，其 A 层人才的世界占比为 9.46%；加拿大、新加坡的 A 层人才比较多，世界占比分别为 8.11%、4.05%；澳大利亚、比利时、德国、瑞士的 A 层人才世界占比均为 2.70%；巴林、巴西、中国大陆、芬兰、中国香港、印度、意大利、科威特也有相当数量的 A 层人才，世界占比均为 1.35%。

英国 B 层人才的世界占比为 11.83%，排名第二；加拿大、中国大陆、澳大利亚、荷兰的 B 层人才比较多，世界占比在 8%~3% 之间；西班牙、德国、意大利、印度、瑞士、巴基斯坦、韩国、沙特、中国香港、挪威、伊朗、新加坡、比利时、法国也有相当数量的 B 层人才，世界占比超过 1%。

英国 C 层人才以 9.38% 的世界占比排名第二；中国大陆排名第三，C 层人才的世界占比为 7.05%；澳大利亚、加拿大、荷兰、德国的 C 层人才比较多，世界占比在 6%~3% 之间；西班牙、印度、意大利、法国、韩国、瑞士、中国台湾、瑞典、马来西亚、伊朗、沙特、新加坡、挪威也有相当数量的 C 层人才，世界占比超过 1%。

表 9-85 医学信息学 A 层人才的国家和地区的占比

单位：%

国家和地区	2011年	2012年	2013年	2014年	2015年	2016年	2017年	2018年	2019年	2020年	合计
美国	25.00	20.00	16.67	16.67	42.86	14.29	50.00	50.00	40.00	30.77	32.43
英国	25.00	20.00	50.00	0.00	0.00	14.29	25.00	12.50	30.00	0.00	16.22
荷兰	25.00	20.00	16.67	16.67	0.00	14.29	0.00	0.00	10.00	7.69	9.46
加拿大	0.00	20.00	0.00	33.33	14.29	14.29	12.50	0.00	0.00	0.00	8.11
新加坡	0.00	0.00	0.00	16.67	0.00	0.00	12.50	12.50	0.00	0.00	4.05
澳大利亚	0.00	0.00	16.67	0.00	0.00	14.29	0.00	0.00	0.00	0.00	2.70
比利时	0.00	0.00	0.00	0.00	14.29	14.29	0.00	0.00	0.00	0.00	2.70
德国	25.00	0.00	0.00	0.00	0.00	0.00	0.00	0.00	10.00	0.00	2.70
瑞士	0.00	0.00	0.00	0.00	14.29	0.00	0.00	0.00	10.00	0.00	2.70
巴林	0.00	0.00	0.00	0.00	0.00	0.00	0.00	0.00	0.00	7.69	1.35
巴西	0.00	0.00	0.00	0.00	0.00	14.29	0.00	0.00	0.00	0.00	1.35
中国大陆	0.00	0.00	0.00	0.00	0.00	14.29	0.00	0.00	0.00	0.00	1.35
芬兰	0.00	0.00	0.00	16.67	0.00	0.00	0.00	0.00	0.00	0.00	1.35
中国香港	0.00	0.00	0.00	0.00	0.00	0.00	12.50	0.00	0.00	0.00	1.35
印度	0.00	0.00	0.00	0.00	0.00	0.00	0.00	0.00	0.00	7.69	1.35
意大利	0.00	0.00	0.00	0.00	0.00	0.00	0.00	0.00	0.00	7.69	1.35
科威特	0.00	0.00	0.00	0.00	0.00	0.00	0.00	0.00	0.00	7.69	1.35

表 9-86 医学信息学 B 层人才排名前 20 的国家和地区的占比

单位：%

国家和地区	2011 年	2012 年	2013 年	2014 年	2015 年	2016 年	2017 年	2018 年	2019 年	2020 年	合计
美国	38.46	30.19	30.99	33.33	35.29	25.33	13.70	22.54	26.85	23.08	27.02
英国	15.38	20.75	15.49	7.25	7.35	13.33	19.18	9.86	8.33	8.55	11.83
加拿大	17.95	11.32	11.27	8.70	1.47	12.00	4.11	5.63	4.63	5.98	7.53
中国大陆	0.00	1.89	1.41	4.35	4.41	2.67	15.07	9.86	5.56	8.55	5.91
澳大利亚	2.56	5.66	4.23	7.25	5.88	10.67	8.22	4.23	5.56	1.71	5.51
荷兰	12.82	1.89	8.45	4.35	2.94	0.00	6.85	1.41	1.85	0.85	3.49
西班牙	5.13	1.89	2.82	1.45	5.88	2.67	1.37	4.23	2.78	1.71	2.82
德国	0.00	1.89	2.82	2.90	2.94	1.33	5.48	1.41	3.70	2.56	2.69
意大利	0.00	0.00	1.41	4.35	4.41	1.33	2.74	1.41	0.93	3.42	2.15
印度	0.00	1.89	0.00	5.80	0.00	0.00	2.74	4.23	0.93	2.56	1.88
瑞士	2.56	0.00	1.41	0.00	2.94	2.67	1.37	0.00	2.78	1.71	1.61
巴基斯坦	0.00	1.89	0.00	0.00	0.00	0.00	0.00	1.41	1.85	6.84	1.61
韩国	0.00	3.77	0.00	0.00	2.94	1.33	0.00	4.23	0.93	1.71	1.48
沙特	0.00	1.89	0.00	1.45	1.47	1.33	0.00	1.41	1.85	2.56	1.34
中国香港	0.00	0.00	0.00	0.00	4.41	1.33	2.74	0.00	0.93	2.56	1.34
挪威	2.56	0.00	1.41	0.00	0.00	1.33	0.00	2.82	0.93	1.71	1.21
伊朗	0.00	0.00	1.41	2.90	1.47	0.00	2.74	0.00	0.93	1.71	1.21
新加坡	2.56	0.00	0.00	0.00	0.00	0.00	1.37	0.00	5.56	0.00	1.21
比利时	0.00	1.89	0.00	2.90	1.47	0.00	0.00	1.41	1.85	0.85	1.08
法国	0.00	1.89	2.82	1.45	0.00	2.67	0.00	0.00	0.93	0.85	1.08

表 9-87 医学信息学 C 层人才排名前 20 的国家和地区的占比

单位：%

国家和地区	2011 年	2012 年	2013 年	2014 年	2015 年	2016 年	2017 年	2018 年	2019 年	2020 年	合计
美国	33.75	29.64	31.34	30.09	32.32	28.81	26.44	24.32	23.79	21.51	27.30
英国	8.93	10.90	11.08	9.57	9.26	8.11	8.94	8.70	9.42	9.31	9.38
中国大陆	2.73	4.97	3.21	4.17	4.25	6.85	8.68	8.70	8.47	12.01	7.05
澳大利亚	3.97	4.97	4.52	6.17	7.59	5.45	6.26	6.11	5.52	4.66	5.55
加拿大	6.45	6.69	4.96	6.64	4.70	4.20	5.62	5.16	4.76	3.72	5.10
荷兰	7.44	4.59	5.98	4.32	3.49	4.34	3.19	4.35	2.76	2.33	3.96
德国	2.98	3.82	5.54	4.01	4.70	2.38	3.83	3.40	2.95	3.07	3.61
西班牙	3.23	3.25	2.33	1.85	3.64	2.52	2.68	2.58	3.14	2.05	2.68
印度	0.74	1.34	1.46	2.01	1.97	3.22	2.94	3.67	4.38	2.33	2.61
意大利	3.23	1.53	3.21	2.16	2.28	2.66	2.81	1.49	1.90	3.07	2.43
法国	1.74	2.29	2.04	2.01	1.52	1.12	1.66	1.90	2.00	1.40	1.74

续表

国家和地区	2011年	2012年	2013年	2014年	2015年	2016年	2017年	2018年	2019年	2020年	合计
韩国	1.24	2.49	1.02	2.16	1.21	2.94	0.77	1.49	1.81	1.68	1.68
瑞士	1.99	1.15	1.75	1.54	1.82	0.84	2.43	1.22	1.81	1.77	1.65
中国台湾	0.99	2.49	1.17	1.85	1.52	1.12	0.89	1.09	0.95	1.58	1.33
瑞典	0.99	0.76	1.90	0.93	0.91	1.40	2.17	2.04	1.05	0.93	1.32
马来西亚	0.50	0.57	1.02	1.08	2.12	0.56	0.51	3.40	1.52	1.21	1.31
伊朗	0.99	0.96	0.73	1.23	0.91	0.70	1.66	1.22	1.24	2.23	1.26
沙特	0.00	0.76	0.58	0.93	1.06	1.82	0.89	0.68	1.33	2.79	1.24
新加坡	0.74	1.34	0.73	1.08	0.91	1.40	0.64	0.68	1.90	1.68	1.18
挪威	0.74	1.34	1.60	1.23	0.76	1.68	1.15	1.09	0.67	1.30	1.15

三十　神经影像学

神经影像学A、B、C层人才最多的国家是美国，分别占该学科全球A、B、C层人才的37.14%、28.73%、30.00%，均大幅高于其他国家和地区。

英国的A层人才世界占比为28.57%，排名第二，和美国两国合计集中了超过全球65%的A层人才；比利时、中国大陆、瑞士的A层人才比较多，世界占比均为5.71%；澳大利亚、法国、德国、中国香港、荷兰、中国台湾也有相当数量的A层人才，世界占比均为2.86%。

英国、德国的B层人才世界占比分别为11.36%、9.80%，分列第二、第三位；加拿大、法国、荷兰、澳大利亚、意大利、中国大陆、瑞士的B层人才比较多，世界占比在7%~3%之间；西班牙、丹麦、挪威、奥地利、比利时、新加坡、韩国、巴西、芬兰、匈牙利也有相当数量的B层人才，世界占比超过或接近1%。

英国、德国处于第二梯队，C层人才的世界占比分别为11.29%、10.19%，分列第二、第三位；加拿大、荷兰、中国大陆、法国、意大利、瑞士、澳大利亚的C层人才比较多，世界占比在6%~3%之间；西班牙、丹麦、比利时、瑞典、韩国、日本、奥地利、挪威、芬兰、爱尔兰也有相当数量的C层人才，世界占比超过或接近1%。

表 9-88 神经影像学 A 层人才的国家和地区的占比

单位：%

国家和地区	2011年	2012年	2013年	2014年	2015年	2016年	2017年	2018年	2019年	2020年	合计
美国	66.67	66.67	50.00	50.00	33.33	33.33	25.00	0.00	0.00	33.33	37.14
英国	33.33	33.33	50.00	25.00	33.33	33.33	25.00	0.00	33.33	16.67	28.57
比利时	0.00	0.00	0.00	0.00	0.00	33.33	0.00	0.00	33.33	0.00	5.71
中国大陆	0.00	0.00	0.00	0.00	0.00	0.00	0.00	50.00	0.00	16.67	5.71
瑞士	0.00	0.00	0.00	25.00	0.00	0.00	25.00	0.00	0.00	0.00	5.71
澳大利亚	0.00	0.00	0.00	0.00	0.00	0.00	0.00	0.00	33.33	0.00	2.86
法国	0.00	0.00	0.00	0.00	0.00	0.00	0.00	0.00	0.00	16.67	2.86
德国	0.00	0.00	0.00	0.00	0.00	0.00	25.00	0.00	0.00	0.00	2.86
中国香港	0.00	0.00	0.00	0.00	0.00	0.00	0.00	50.00	0.00	0.00	2.86
荷兰	0.00	0.00	0.00	0.00	33.33	0.00	0.00	0.00	0.00	0.00	2.86
中国台湾	0.00	0.00	0.00	0.00	0.00	0.00	0.00	0.00	0.00	16.67	2.86

表 9-89 神经影像学 B 层人才排名前 20 的国家和地区的占比

单位：%

国家和地区	2011年	2012年	2013年	2014年	2015年	2016年	2017年	2018年	2019年	2020年	合计
美国	32.26	42.86	34.29	19.51	23.81	26.09	34.78	28.85	20.63	31.03	28.73
英国	3.23	11.43	20.00	9.76	7.14	19.57	10.87	13.46	12.70	5.17	11.36
德国	16.13	22.86	8.57	9.76	11.90	8.70	6.52	5.77	9.52	5.17	9.80
加拿大	12.90	2.86	5.71	2.44	4.76	6.52	8.70	7.69	7.94	5.17	6.46
法国	3.23	0.00	0.00	4.88	11.90	2.17	10.87	3.85	4.76	10.34	5.57
荷兰	3.23	2.86	8.57	7.32	7.14	2.17	8.70	1.92	6.35	1.72	4.90
澳大利亚	3.23	5.71	5.71	4.88	0.00	2.17	4.35	9.62	6.35	3.45	4.68
意大利	3.23	5.71	5.71	7.32	4.76	0.00	2.17	3.85	6.35	5.17	4.45
中国大陆	3.23	2.86	2.86	0.00	0.00	2.17	4.35	5.77	1.59	10.34	3.56
瑞士	6.45	0.00	0.00	2.44	2.38	6.52	0.00	5.77	4.76	5.17	3.56
西班牙	3.23	0.00	0.00	2.44	4.76	4.35	2.17	1.92	1.59	0.00	2.00
丹麦	0.00	0.00	0.00	2.44	4.76	2.17	0.00	0.00	4.76	1.72	1.78
挪威	0.00	0.00	2.86	4.88	0.00	2.17	0.00	0.00	1.59	1.72	1.34
奥地利	3.23	2.86	0.00	0.00	0.00	0.00	2.17	1.92	0.00	1.72	1.11
比利时	0.00	0.00	2.86	4.88	0.00	0.00	0.00	1.92	0.00	1.72	1.11
新加坡	0.00	0.00	0.00	0.00	2.38	2.17	0.00	1.59	3.45	0.00	1.11
韩国	0.00	0.00	0.00	4.88	2.38	2.17	0.00	1.92	0.00	0.00	1.11

续表

国家和地区	2011年	2012年	2013年	2014年	2015年	2016年	2017年	2018年	2019年	2020年	合计
巴西	0.00	0.00	0.00	0.00	0.00	2.17	0.00	3.85	0.00	1.72	0.89
芬兰	0.00	0.00	2.86	2.44	4.76	0.00	0.00	0.00	0.00	0.00	0.89
匈牙利	3.23	0.00	0.00	0.00	2.38	0.00	0.00	0.00	1.59	1.72	0.89

表9-90 神经影像学C层人才排名前20的国家和地区的占比

单位：%

国家和地区	2011年	2012年	2013年	2014年	2015年	2016年	2017年	2018年	2019年	2020年	合计
美国	28.53	35.76	35.11	30.77	30.65	27.09	29.86	30.42	27.35	27.57	30.00
英国	15.71	15.12	10.18	12.41	9.87	13.09	9.95	9.74	11.58	8.11	11.29
德国	12.18	10.17	11.96	9.68	10.39	11.29	10.42	9.15	9.06	9.19	10.19
加拿大	2.56	3.49	4.83	4.96	4.68	3.16	5.79	6.96	7.05	6.67	5.27
荷兰	4.81	5.81	5.60	4.96	4.42	4.97	4.63	5.37	5.70	3.60	4.97
中国大陆	5.77	3.49	2.80	2.98	4.68	3.84	3.24	5.77	6.88	3.60	4.40
法国	5.13	3.49	5.34	2.98	4.68	4.06	5.09	3.78	4.87	4.14	4.35
意大利	3.85	2.33	4.33	3.23	4.68	4.06	3.24	2.98	3.86	2.34	3.46
瑞士	3.53	2.91	3.82	4.47	3.12	3.61	2.78	1.59	4.03	3.24	3.30
澳大利亚	1.92	3.49	3.82	1.74	6.23	2.71	2.55	3.78	2.68	3.06	3.18
西班牙	1.28	1.45	2.04	1.74	1.56	2.93	3.94	1.39	2.01	2.70	2.15
丹麦	0.64	0.58	1.02	1.74	1.82	1.35	1.85	1.99	1.17	1.98	1.47
比利时	2.56	1.16	1.27	1.74	1.30	0.68	1.85	0.40	1.85	1.62	1.42
瑞典	1.28	1.16	1.27	0.74	1.56	2.26	0.93	0.80	1.01	2.34	1.35
韩国	1.28	1.45	0.51	1.74	1.56	1.58	1.16	1.19	1.34	1.08	1.28
日本	0.96	1.16	0.76	1.49	0.52	2.26	0.93	1.19	0.84	1.08	1.12
奥地利	1.28	0.29	0.25	1.74	0.78	0.68	1.39	2.19	0.84	0.72	1.03
挪威	0.64	0.87	0.76	1.49	0.78	0.90	0.69	0.40	0.84	1.98	0.96
芬兰	0.96	1.16	0.51	0.99	0.78	1.81	0.93	1.39	0.50	0.72	0.96
爱尔兰	0.32	0.00	0.00	0.74	0.26	0.68	1.16	1.19	1.17	1.62	0.80

三十一 传染病学

传染病学A、B、C层人才最多的国家是美国，分别占该学科全球A、B、C层人才的16.56%、16.76%、21.65%，均显著多于其他国家和地区。

英国A层人才以10.43%的世界占比排名第二；中国大陆、瑞士、加拿大、法国、德国、瑞典的 A 层人才比较多，世界占比在 5%～3% 之间；巴西、荷兰、南非、澳大利亚、丹麦、奥地利、中国香港、西班牙、印度、意大利、泰国、越南也有相当数量的 A 层人才，世界占比超过 1%。

英国 B 层人才的世界占比为 8.41%，排名第二；中国大陆排名第三，B 层人才的世界占比为 5.36%；法国、德国、瑞士、荷兰、澳大利亚、加拿大的 B 层人才比较多，世界占比在 5%～3% 之间；意大利、南非、西班牙、比利时、巴西、丹麦、中国香港、印度、瑞典、日本、沙特也有相当数量的 B 层人才，世界占比超过 1%。

英国 C 层人才的世界占比为 8.96%，排名第二；法国、中国大陆、德国、瑞士、澳大利亚、荷兰、意大利的 C 层人才比较多，世界占比在 5%～3% 之间；加拿大、西班牙、南非、比利时、巴西、瑞典、印度、丹麦、泰国、日本、韩国也有相当数量的 C 层人才，世界占比超过或接近 1%。

表 9-91　传染病学 A 层人才排名前 20 的国家和地区的占比

单位：%

国家和地区	2011 年	2012 年	2013 年	2014 年	2015 年	2016 年	2017 年	2018 年	2019 年	2020 年	合计
美国	29.63	28.57	20.00	18.75	9.68	23.08	20.59	11.76	2.56	8.16	16.56
英国	7.41	10.71	13.33	12.50	6.45	10.26	14.71	11.76	5.13	12.24	10.43
中国大陆	0.00	0.00	0.00	0.00	0.00	2.56	2.94	0.00	0.00	28.57	4.91
瑞士	7.41	10.71	10.00	3.13	6.45	2.56	5.88	5.88	2.56	0.00	4.91
加拿大	7.41	7.14	3.33	9.38	3.23	2.56	2.94	11.76	2.56	2.04	4.60
法国	7.41	3.57	0.00	0.00	12.90	5.13	2.94	5.88	5.13	4.08	4.60
德国	3.70	0.00	3.33	3.13	6.45	5.13	2.94	5.88	2.56	8.16	4.29
瑞典	3.70	3.57	3.33	9.38	3.23	5.13	2.94	5.88	2.56	2.04	3.99
巴西	3.70	0.00	0.00	0.00	9.68	10.26	2.94	0.00	0.00	0.00	2.76
荷兰	0.00	3.57	0.00	3.13	0.00	2.56	5.88	5.88	2.56	2.04	2.45
南非	3.70	0.00	6.67	0.00	6.45	0.00	5.88	5.88	0.00	0.00	2.45
澳大利亚	0.00	3.57	3.33	0.00	6.45	2.56	5.88	0.00	2.56	2.04	2.15
丹麦	0.00	3.57	0.00	0.00	3.23	2.56	5.88	0.00	2.56	2.04	2.15
奥地利	0.00	3.57	0.00	0.00	0.00	5.13	2.94	5.88	2.56	0.00	1.84
中国香港	0.00	0.00	0.00	0.00	0.00	0.00	0.00	0.00	2.56	10.20	1.84
西班牙	0.00	0.00	0.00	0.00	3.23	5.13	5.88	0.00	2.56	0.00	1.84
印度	3.70	0.00	3.33	6.25	0.00	0.00	2.94	0.00	0.00	0.00	1.53

续表

国家和地区	2011年	2012年	2013年	2014年	2015年	2016年	2017年	2018年	2019年	2020年	合计
意大利	0.00	0.00	0.00	0.00	0.00	2.56	2.94	5.88	2.56	2.04	1.53
泰国	3.70	3.57	3.33	3.13	3.23	0.00	0.00	0.00	0.00	0.00	1.53
越南	0.00	3.57	3.33	3.13	0.00	0.00	0.00	0.00	0.00	2.04	1.23

表9–92 传染病学B层人才排名前20的国家和地区的占比

单位：%

国家和地区	2011年	2012年	2013年	2014年	2015年	2016年	2017年	2018年	2019年	2020年	合计
美国	18.55	19.08	24.74	19.17	26.71	13.52	17.99	9.32	9.69	15.08	16.76
英国	10.08	8.78	11.85	9.58	10.10	5.63	10.32	6.30	6.28	7.54	8.41
中国大陆	0.81	1.53	2.09	2.24	2.28	1.41	1.77	2.52	0.79	28.60	5.36
法国	4.44	5.34	5.23	7.35	4.89	3.94	5.31	2.52	2.88	5.76	4.70
德国	3.63	3.82	4.53	4.79	3.91	2.54	5.01	3.78	3.40	3.55	3.86
瑞士	4.84	3.82	4.88	4.15	5.21	3.10	5.31	3.27	2.62	2.66	3.86
荷兰	3.23	3.44	3.83	5.11	2.93	3.10	2.95	3.27	2.88	1.77	3.17
澳大利亚	2.82	3.05	4.53	3.19	3.58	3.10	3.24	3.53	3.14	1.77	3.14
加拿大	3.23	3.44	3.48	2.56	1.63	2.82	4.13	2.77	3.93	3.33	3.14
意大利	2.82	2.29	3.48	2.24	1.63	1.41	2.95	3.27	2.36	3.10	2.57
南非	4.03	2.29	1.39	2.24	2.93	1.13	3.54	2.02	2.88	0.44	2.18
西班牙	2.02	1.91	3.14	2.24	1.63	1.41	3.83	2.77	2.09	0.67	2.13
比利时	3.63	2.29	0.70	3.19	1.95	1.41	1.77	2.77	1.57	1.33	2.01
巴西	2.02	1.53	0.70	1.60	1.95	3.94	1.47	3.02	1.83	0.44	1.86
丹麦	2.42	2.67	1.74	1.92	2.28	1.69	1.47	1.76	0.79	1.33	1.74
中国香港	0.40	0.00	1.39	0.64	0.98	1.13	2.36	1.01	1.05	5.76	1.68
印度	2.02	1.53	1.05	1.28	0.98	2.25	1.77	3.02	2.09	0.67	1.68
瑞典	2.02	1.15	2.09	1.28	1.95	0.85	2.06	1.51	1.83	1.33	1.59
日本	1.21	0.38	0.35	0.64	2.28	1.13	0.29	1.26	1.83	1.55	1.14
沙特	0.00	0.76	1.74	1.60	0.98	1.97	0.88	0.76	1.05	0.67	1.05

表9–93 传染病学C层人才排名前20的国家和地区的占比

单位：%

国家和地区	2011年	2012年	2013年	2014年	2015年	2016年	2017年	2018年	2019年	2020年	合计
美国	25.30	26.02	25.03	24.01	22.64	22.58	22.10	18.70	18.56	16.72	21.65
英国	9.32	9.57	9.07	8.92	9.29	8.76	9.18	9.46	9.41	7.38	8.96
法国	5.42	5.01	4.91	4.96	4.43	4.83	4.26	4.88	3.98	4.13	4.63
中国大陆	1.39	2.68	2.69	2.24	2.65	2.89	2.58	3.64	3.46	11.15	3.92

续表

国家和地区	2011年	2012年	2013年	2014年	2015年	2016年	2017年	2018年	2019年	2020年	合计
德国	3.55	3.37	3.48	4.06	3.32	3.53	3.95	4.08	3.72	3.67	3.69
瑞士	3.75	3.64	3.30	3.37	3.82	3.87	4.95	3.83	3.83	2.54	3.65
澳大利亚	3.07	4.13	4.12	3.37	4.26	3.58	3.70	3.42	3.83	2.76	3.58
荷兰	2.83	3.44	3.55	3.37	3.55	3.15	3.39	3.78	3.46	2.32	3.26
意大利	2.79	2.79	3.26	2.43	2.25	3.04	3.24	2.95	3.22	5.15	3.21
加拿大	3.82	3.21	2.65	2.53	3.22	3.32	3.55	2.70	2.73	2.56	2.99
西班牙	2.59	2.76	3.41	2.92	2.35	2.23	3.33	2.95	2.70	2.41	2.74
南非	2.11	3.10	2.83	2.79	3.12	2.37	2.99	2.98	2.18	1.44	2.53
比利时	2.31	2.18	1.97	1.82	1.64	1.71	1.87	2.12	1.97	1.50	1.88
巴西	1.71	1.53	1.86	1.78	1.71	2.25	2.18	2.10	2.07	1.37	1.86
瑞典	1.39	1.34	1.76	1.59	1.68	1.45	1.77	2.23	1.97	1.44	1.67
印度	1.31	1.26	1.00	1.33	1.34	1.30	1.00	1.21	1.34	1.59	1.28
丹麦	1.27	1.57	1.08	1.23	1.34	1.42	1.09	1.24	1.26	0.88	1.22
泰国	1.20	1.49	1.43	1.30	1.27	1.27	1.28	1.10	1.10	0.60	1.17
日本	0.92	1.34	1.04	1.01	0.74	0.56	0.75	1.10	1.02	1.63	1.03
韩国	0.56	0.69	0.61	0.94	0.84	0.69	0.87	0.72	0.92	1.63	0.89

三十二 寄生物学

寄生物学A、B、C层人才最多的国家是美国,分别占该学科全球A、B、C层人才的30.21%、30.52%、23.49%,均遥遥领先于其他国家和地区。

中国大陆、英国的A层人才世界占比均为8.33%;荷兰、加拿大、德国、丹麦、法国、瑞典的A层人才比较多,世界占比在8%~3%之间;巴西、希腊、爱尔兰、意大利、瑞士也有相当数量的A层人才,世界占比均为2.08%;澳大利亚、贝宁、中国香港、印度、伊朗、肯尼亚的A层人才世界占比均为1.04%。

英国的B层人才世界占比为8.82%,排名第二;德国、中国大陆、加拿大、澳大利亚、巴西、法国、瑞士的B层人才比较多,世界占比在6%~3%之间;意大利、荷兰、瑞典、西班牙、比利时、新加坡、日本、丹麦、印度、爱尔兰、泰国也有相当数量的B层人才,世界占比超过或接近1%。

英国C层人才的世界占比为9.69%，排名第二；法国、德国、中国大陆、澳大利亚、瑞士、巴西的C层人才比较多，世界占比在5%~3%之间；荷兰、加拿大、意大利、西班牙、日本、印度、泰国、比利时、瑞典、南非、丹麦、新加坡也有相当数量的C层人才，世界占比超过或接近1%。

表9-94 寄生物学A层人才排名前20的国家和地区的占比

单位：%

国家和地区	2011年	2012年	2013年	2014年	2015年	2016年	2017年	2018年	2019年	2020年	合计
美国	25.00	33.33	50.00	27.27	0.00	40.00	20.00	11.11	50.00	28.57	30.21
中国大陆	0.00	0.00	0.00	0.00	12.50	10.00	20.00	11.11	0.00	28.57	8.33
英国	25.00	11.11	10.00	18.18	0.00	10.00	20.00	0.00	0.00	0.00	8.33
荷兰	12.50	11.11	10.00	9.09	0.00	0.00	0.00	11.11	0.00	14.29	7.29
加拿大	0.00	0.00	0.00	9.09	0.00	0.00	20.00	11.11	16.67	0.00	5.21
德国	0.00	11.11	0.00	0.00	0.00	20.00	0.00	11.11	0.00	7.14	5.21
丹麦	0.00	0.00	0.00	0.00	12.50	0.00	0.00	22.22	0.00	0.00	3.13
法国	0.00	0.00	10.00	9.09	0.00	0.00	0.00	11.11	0.00	0.00	3.13
瑞典	12.50	0.00	0.00	0.00	12.50	0.00	0.00	11.11	0.00	0.00	3.13
巴西	0.00	11.11	0.00	0.00	12.50	0.00	0.00	0.00	0.00	0.00	2.08
希腊	0.00	11.11	0.00	0.00	0.00	0.00	0.00	0.00	0.00	7.14	2.08
爱尔兰	0.00	0.00	0.00	0.00	0.00	0.00	0.00	0.00	16.67	0.00	2.08
意大利	0.00	11.11	0.00	0.00	0.00	10.00	0.00	0.00	0.00	0.00	2.08
瑞士	12.50	0.00	0.00	9.09	0.00	0.00	0.00	0.00	0.00	0.00	2.08
澳大利亚	0.00	0.00	10.00	0.00	0.00	0.00	0.00	0.00	0.00	0.00	1.04
贝宁	12.50	0.00	0.00	0.00	0.00	0.00	0.00	0.00	0.00	0.00	1.04
中国香港	0.00	0.00	0.00	0.00	12.50	0.00	0.00	0.00	0.00	0.00	1.04
印度	0.00	0.00	0.00	9.09	0.00	0.00	0.00	0.00	0.00	0.00	1.04
伊朗	0.00	0.00	0.00	0.00	0.00	0.00	0.00	0.00	8.33	0.00	1.04
肯尼亚	0.00	0.00	0.00	9.09	0.00	0.00	0.00	0.00	0.00	0.00	1.04

表9-95 寄生物学B层人才排名前20的国家和地区的占比

单位：%

国家和地区	2011年	2012年	2013年	2014年	2015年	2016年	2017年	2018年	2019年	2020年	合计
美国	32.10	31.46	24.49	35.35	31.19	34.00	30.91	31.82	27.03	28.00	30.52
英国	13.58	13.48	6.12	10.10	7.34	8.00	10.91	8.18	4.50	8.00	8.82
德国	6.17	5.62	3.06	5.05	7.34	4.00	4.55	4.55	8.11	4.00	5.23

续表

国家和地区	2011年	2012年	2013年	2014年	2015年	2016年	2017年	2018年	2019年	2020年	合计
中国大陆	0.00	3.37	4.08	4.04	3.67	2.00	0.91	5.45	3.60	15.20	4.55
加拿大	4.94	4.49	4.08	3.03	4.59	4.00	4.55	3.64	5.41	3.20	4.17
澳大利亚	3.70	2.25	3.06	5.05	2.75	3.00	3.64	7.27	5.41	2.40	3.88
巴西	0.00	3.37	2.04	5.05	3.67	9.00	4.55	3.64	2.70	3.20	3.78
法国	3.70	6.74	4.08	2.02	1.83	4.00	3.64	1.82	4.50	4.00	3.59
瑞士	2.47	4.49	4.08	3.03	5.50	0.00	7.27	1.82	3.60	3.20	3.59
意大利	1.23	1.12	3.06	3.03	3.67	2.00	1.82	4.55	4.50	3.20	2.91
荷兰	1.23	3.37	4.08	4.04	1.83	1.00	2.73	0.91	0.90	2.40	2.33
瑞典	1.23	3.37	2.04	2.02	2.75	0.00	0.00	1.82	1.80	3.20	1.84
西班牙	3.70	2.25	2.04	2.02	1.83	1.00	0.91	1.82	1.80	0.80	1.74
比利时	1.23	0.00	1.02	2.02	2.75	3.00	0.91	0.91	1.80	1.60	1.55
新加坡	0.00	1.12	3.06	1.01	0.00	2.00	1.82	0.91	0.90	1.60	1.26
日本	1.23	2.25	1.02	3.03	0.00	0.00	0.91	0.00	1.80	1.60	1.26
丹麦	0.00	1.12	2.04	0.00	2.75	1.00	0.00	1.82	0.90	1.60	1.16
印度	1.23	0.00	1.02	0.00	2.75	1.00	2.73	0.00	0.00	1.60	1.07
爱尔兰	0.00	1.12	2.04	0.00	0.92	1.00	0.00	0.00	0.00	1.60	0.87
泰国	2.47	1.12	0.00	0.00	0.00	1.00	0.91	0.91	0.90	1.60	0.87

表9-96 寄生物学C层人才排名前20的国家和地区的占比

单位：%

国家和地区	2011年	2012年	2013年	2014年	2015年	2016年	2017年	2018年	2019年	2020年	合计
美国	24.88	26.29	26.17	22.01	24.48	24.95	24.43	21.03	22.47	19.77	23.49
英国	10.63	9.78	9.35	10.42	11.05	9.10	9.06	10.24	10.03	7.86	9.69
法国	6.50	5.51	6.02	4.58	5.24	5.23	5.03	4.52	4.18	3.57	4.96
德国	3.75	5.51	6.54	4.38	5.43	4.59	5.67	3.69	3.44	4.54	4.74
中国大陆	3.25	2.36	3.12	3.80	3.43	5.14	4.76	5.35	5.48	7.62	4.57
澳大利亚	3.50	4.16	4.78	3.99	4.10	5.95	3.66	3.14	4.46	4.62	4.26
瑞士	5.00	4.38	3.95	4.58	4.00	3.60	4.39	4.52	4.46	3.40	4.19
巴西	2.63	2.58	2.91	4.58	3.43	3.15	4.57	5.54	4.18	4.78	3.91
荷兰	2.75	2.47	3.22	2.24	3.81	3.06	2.29	1.94	2.97	2.67	2.74
加拿大	2.75	3.15	3.12	2.63	2.76	3.00	1.56	2.03	2.32	2.92	2.61
意大利	2.13	1.91	2.70	2.53	3.14	2.25	2.93	2.86	2.23	2.84	2.58
西班牙	1.50	2.02	1.77	2.43	1.81	2.25	2.38	2.77	2.88	2.67	2.29
日本	2.38	2.58	1.97	1.75	1.43	1.35	1.28	1.11	1.11	0.73	1.51
印度	2.00	1.46	1.66	1.36	1.43	1.80	1.01	1.57	1.21	1.46	1.48

续表

国家和地区	2011年	2012年	2013年	2014年	2015年	2016年	2017年	2018年	2019年	2020年	合计
泰国	1.38	2.02	1.45	1.95	1.05	0.99	1.37	1.48	0.84	1.13	1.35
比利时	2.13	1.01	1.14	1.07	1.05	0.90	1.37	1.48	1.58	1.62	1.33
瑞典	1.38	1.24	0.83	0.68	1.14	0.45	0.91	0.74	1.21	1.22	0.97
南非	0.00	0.79	1.04	0.78	0.76	1.44	0.82	1.29	1.02	1.22	0.95
丹麦	0.50	0.79	0.73	0.97	0.86	0.54	1.01	0.65	0.93	0.89	0.79
新加坡	1.00	0.90	0.83	1.56	1.33	0.63	0.55	0.28	0.37	0.65	0.79

三十三 医学化验技术

医学化验技术A、B、C层人才最多的国家是美国，分别占该学科全球A、B、C层人才的39.39%、27.41%、23.71%，均遥遥领先于其他国家和地区。

德国、意大利、英国的A层人才世界占比均为9.09%，处于第二梯队；澳大利亚、中国大陆、瑞典的A层人才比较多，世界占比均为6.06%；奥地利、比利时、巴西、加拿大、法国也有相当数量的A层人才，世界占比均为3.03%。

中国大陆B层人才的世界占比为7.04%，排名第二；英国、意大利、德国、荷兰、澳大利亚、加拿大、法国的B层人才比较多，世界占比在7%~4%之间；比利时、瑞典、西班牙、瑞士、日本、丹麦、印度、挪威、波兰、土耳其、中国香港也有相当数量的B层人才，世界占比超过1%。

中国大陆C层人才的世界占比为9.28%，排名第二；意大利、英国、德国、加拿大、荷兰的C层人才比较多，世界占比在8%~3%之间；澳大利亚、西班牙、法国、比利时、瑞典、印度、日本、韩国、丹麦、瑞士、伊朗、奥地利、巴西也有相当数量的C层人才，世界占比超过1%。

表9-97 医学化验技术A层人才的国家和地区的占比

单位：%

国家和地区	2011年	2012年	2013年	2014年	2015年	2016年	2017年	2018年	2019年	2020年	合计
美国	42.86	60.00	33.33	0.00	25.00	0.00	20.00	0.00	50.00	50.00	39.39
德国	14.29	0.00	33.33	0.00	0.00	0.00	20.00	0.00	0.00	0.00	9.09
意大利	0.00	0.00	0.00	0.00	25.00	0.00	0.00	0.00	0.00	33.33	9.09

续表

国家和地区	2011年	2012年	2013年	2014年	2015年	2016年	2017年	2018年	2019年	2020年	合计
英国	0.00	20.00	0.00	0.00	0.00	0.00	20.00	0.00	50.00	0.00	9.09
澳大利亚	28.57	0.00	0.00	0.00	0.00	0.00	0.00	0.00	0.00	0.00	6.06
中国大陆	0.00	0.00	0.00	0.00	25.00	0.00	20.00	0.00	0.00	0.00	6.06
瑞典	14.29	0.00	0.00	0.00	0.00	0.00	20.00	0.00	0.00	0.00	6.06
奥地利	0.00	0.00	0.00	0.00	25.00	0.00	0.00	0.00	0.00	0.00	3.03
比利时	0.00	0.00	0.00	0.00	0.00	0.00	0.00	100.00	0.00	0.00	3.03
巴西	0.00	0.00	0.00	0.00	0.00	0.00	0.00	0.00	0.00	16.67	3.03
加拿大	0.00	20.00	0.00	0.00	0.00	0.00	0.00	0.00	0.00	0.00	3.03
法国	0.00	0.00	33.33	0.00	0.00	0.00	0.00	0.00	0.00	0.00	3.03

表9-98 医学化验技术B层人才排名前20的国家和地区的占比

单位：%

国家和地区	2011年	2012年	2013年	2014年	2015年	2016年	2017年	2018年	2019年	2020年	合计
美国	25.71	30.43	29.79	32.61	33.33	24.56	38.78	24.07	21.79	20.37	27.41
中国大陆	5.71	6.52	6.38	2.17	5.13	1.75	4.08	7.41	8.97	20.37	7.04
英国	2.86	8.70	6.38	4.35	7.69	7.02	12.24	12.96	7.69	0.00	6.85
意大利	5.71	4.35	0.00	4.35	7.69	1.75	6.12	3.70	2.56	25.93	6.11
德国	4.29	4.35	8.51	10.87	2.56	5.26	2.04	3.70	8.97	1.85	5.37
荷兰	8.57	8.70	4.26	4.35	5.13	5.26	2.04	3.70	3.85	0.00	4.63
澳大利亚	5.71	6.52	4.26	2.17	7.69	3.51	2.04	5.56	2.56	5.56	4.44
加拿大	1.43	6.52	10.64	4.35	2.56	7.02	2.04	7.41	1.28	1.85	4.26
法国	4.29	4.35	8.51	0.00	5.13	5.26	6.12	3.70	3.85	1.85	4.26
比利时	4.29	0.00	4.26	2.17	5.13	1.75	4.08	1.85	2.56	3.70	2.96
瑞典	4.29	0.00	2.13	4.35	0.00	3.51	2.04	3.70	2.56	3.70	2.78
西班牙	2.86	0.00	2.13	0.00	7.69	5.26	2.04	3.70	2.56	0.00	2.59
瑞士	4.29	0.00	0.00	0.00	0.00	7.02	0.00	1.85	1.28	0.00	1.67
日本	0.00	2.17	4.26	4.35	0.00	0.00	2.04	1.85	1.28	0.00	1.48
丹麦	1.43	2.17	2.13	2.17	0.00	1.75	2.04	1.85	1.28	0.00	1.48
印度	1.43	2.17	2.13	0.00	0.00	1.75	0.00	1.85	2.56	0.00	1.48
挪威	1.43	2.17	0.00	2.17	2.56	1.75	0.00	0.00	1.28	1.85	1.30
波兰	0.00	2.17	0.00	0.00	0.00	1.75	4.08	1.85	1.28	0.00	1.11
土耳其	1.43	0.00	0.00	0.00	0.00	0.00	1.85	2.56	1.85	0.00	1.11
中国香港	1.43	2.17	2.13	2.17	0.00	0.00	0.00	0.00	1.28	1.85	1.11

表9–99 医学化验技术C层人才排名前20的国家和地区的占比

单位：%

国家和地区	2011年	2012年	2013年	2014年	2015年	2016年	2017年	2018年	2019年	2020年	合计
美国	26.85	27.25	28.19	26.70	27.08	19.47	25.72	17.83	21.31	18.38	23.71
中国大陆	5.81	5.24	5.73	7.52	6.71	7.25	8.20	12.70	13.72	18.18	9.28
意大利	6.68	7.97	6.61	7.28	6.25	5.15	7.32	9.22	6.86	10.83	7.39
英国	5.66	6.29	5.95	5.83	6.94	6.87	5.32	5.94	5.40	3.87	5.77
德国	5.66	6.08	7.05	7.52	4.86	4.96	4.43	5.94	5.99	4.84	5.71
加拿大	4.64	3.14	4.85	5.83	5.09	3.63	4.21	4.10	3.50	3.29	4.17
荷兰	3.77	2.10	3.30	3.16	3.24	7.06	2.66	5.33	3.65	2.32	3.70
澳大利亚	2.32	5.45	1.32	2.91	1.62	3.05	1.77	3.89	3.65	3.29	2.96
西班牙	2.76	2.52	2.42	2.43	3.24	4.01	3.55	2.25	3.21	1.74	2.83
法国	2.47	2.73	3.52	2.67	1.62	3.63	2.44	3.69	2.19	2.90	2.77
比利时	2.18	2.10	2.42	2.43	1.85	2.48	2.66	1.84	1.61	2.71	2.20
瑞典	1.45	2.73	2.64	2.43	2.31	1.91	3.10	1.64	2.19	1.93	2.18
印度	2.76	2.31	1.98	2.18	1.62	1.91	2.44	1.23	2.04	1.55	2.03
日本	3.92	2.31	1.76	1.21	1.39	2.86	1.55	1.02	1.31	0.58	1.87
韩国	1.74	2.10	1.54	0.24	1.62	0.95	1.33	1.64	1.90	2.13	1.56
丹麦	1.89	1.26	1.76	1.94	2.31	1.53	2.00	1.23	0.88	0.58	1.50
瑞士	1.02	1.26	0.66	2.43	1.62	1.34	2.22	1.23	2.04	1.35	1.50
伊朗	0.73	0.84	1.10	1.46	0.93	1.53	1.55	0.61	2.77	2.32	1.42
奥地利	1.60	1.26	0.88	1.46	1.62	0.76	0.67	2.87	1.02	1.74	1.38
巴西	2.32	0.84	1.54	0.73	1.85	1.53	1.33	1.43	0.73	1.35	1.38

三十四 放射医学、核医学和影像医学

放射医学、核医学和影像医学A、B、C层人才最多的国家是美国，分别占该学科全球A、B、C层人才的25.41%、26.10%、28.33%，均大幅高于其他国家和地区。

英国、德国A层人才世界占比分别为9.43%、9.22%，分列第二、第三位；中国大陆、荷兰、加拿大、法国、意大利、韩国的A层人才比较多，世界占比在9%~3%之间；奥地利、比利时、瑞士、丹麦、挪威、澳大利亚、西班牙、日本、中国香港、以色列、罗马尼亚也有相当数量的A层人才，世界占比超过1%。

英国、德国B层人才世界占比分别为9.61%、8.59%，分列第二、第

三位；加拿大、中国大陆、荷兰、意大利、法国的 B 层人才比较多，世界占比在 6%~4%之间；澳大利亚、瑞士、韩国、比利时、奥地利、西班牙、日本、丹麦、瑞典、挪威、中国香港、印度也有相当数量的 B 层人才，世界占比超过或接近 1%。

德国、英国 C 层人才的世界占比分别为 9.39%、7.49%，分列第二、第三位；中国大陆、荷兰、意大利、加拿大、法国、瑞士的 C 层人才比较多，世界占比在 6%~3%之间；韩国、日本、澳大利亚、比利时、西班牙、奥地利、丹麦、瑞典、挪威、印度、巴西也有相当数量的 C 层人才，世界占比超过或接近 1%。

表 9-100 放射医学、核医学和影像医学 A 层人才排名前 20 的国家和地区的占比

单位：%

国家和地区	2011 年	2012 年	2013 年	2014 年	2015 年	2016 年	2017 年	2018 年	2019 年	2020 年	合计
美国	30.95	34.04	21.95	31.37	17.39	24.32	27.27	21.43	28.81	18.46	25.41
英国	9.52	17.02	12.20	9.80	8.70	8.11	9.09	8.93	6.78	6.15	9.43
德国	14.29	6.38	12.20	11.76	13.04	5.41	8.11	11.36	3.57	11.86	3.08	9.22
中国大陆	2.38	0.00	2.44	1.96	0.00	8.11	4.55	8.93	5.08	38.46	8.40
荷兰	7.14	8.51	0.00	5.88	6.52	10.81	9.09	5.36	10.17	6.15	6.97
加拿大	4.76	4.26	2.44	3.92	6.52	2.70	9.09	3.57	3.39	4.62	4.51
法国	4.76	4.26	9.76	3.92	6.52	0.00	2.27	5.36	0.00	4.62	4.10
意大利	2.38	6.38	7.32	7.84	4.35	0.00	0.00	3.57	1.69	6.15	4.10
韩国	2.38	2.13	0.00	5.88	0.00	5.41	4.55	3.57	1.69	4.62	3.07
奥地利	4.76	2.13	2.44	0.00	4.35	0.00	2.27	5.36	1.69	0.00	2.25
比利时	2.38	4.26	2.44	1.96	4.35	2.70	2.27	1.79	1.69	0.00	2.25
瑞士	2.38	0.00	2.44	1.96	2.17	2.70	4.55	1.79	3.39	1.54	2.25
丹麦	2.38	4.26	0.00	0.00	4.35	2.70	0.00	1.79	5.08	0.00	2.05
挪威	0.00	2.13	7.32	0.00	0.00	0.00	2.27	3.57	1.69	1.54	1.84
澳大利亚	2.38	0.00	2.44	1.96	0.00	0.00	2.27	1.79	5.08	0.00	1.64
西班牙	2.38	0.00	2.44	0.00	4.35	0.00	2.27	3.57	1.69	0.00	1.64
日本	0.00	0.00	0.00	3.92	2.17	0.00	2.27	1.79	0.00	1.54	1.23
中国香港	2.38	0.00	0.00	0.00	0.00	0.00	2.27	5.36	0.00	1.54	1.23
以色列	0.00	0.00	0.00	3.92	2.17	5.41	0.00	0.00	1.69	0.00	1.23
罗马尼亚	0.00	2.13	4.88	0.00	0.00	0.00	0.00	3.57	0.00	0.00	1.02

表 9-101 放射医学、核医学和影像医学 B 层人才排名前 20 的国家和地区的占比

单位：%

国家和地区	2011 年	2012 年	2013 年	2014 年	2015 年	2016 年	2017 年	2018 年	2019 年	2020 年	合计
美国	32.81	37.14	26.81	30.50	22.01	23.55	23.22	23.72	24.07	21.54	26.10
英国	11.72	12.86	13.40	8.71	9.40	9.85	7.74	8.79	8.50	7.52	9.61
德国	9.90	10.48	8.31	8.71	8.76	10.92	8.76	7.16	9.20	4.96	8.59
加拿大	4.17	5.71	6.70	4.58	6.62	4.28	5.91	6.34	5.66	4.44	5.42
中国大陆	1.82	2.86	1.88	4.36	2.78	3.00	3.87	4.09	6.02	15.90	5.08
荷兰	4.17	3.10	5.36	4.36	5.77	6.42	4.89	5.52	6.02	3.59	4.94
意大利	4.17	2.86	4.83	4.14	5.77	4.50	3.87	3.68	4.07	9.06	4.81
法国	5.47	3.57	2.95	3.27	6.41	4.07	5.91	5.11	3.54	5.64	4.64
澳大利亚	2.08	2.62	4.29	2.40	1.92	2.36	3.05	3.68	2.65	2.22	2.70
瑞士	2.86	1.43	3.22	4.36	2.14	2.78	2.44	2.66	2.65	2.22	2.66
韩国	1.56	1.67	1.34	3.05	3.42	2.14	2.44	4.29	3.36	2.05	2.60
比利时	1.56	2.62	2.14	1.96	2.78	3.21	2.44	1.43	1.95	2.22	2.23
奥地利	2.34	0.95	1.88	1.96	1.28	2.36	2.24	2.25	2.83	1.37	1.96
西班牙	1.04	1.90	1.88	1.74	2.56	2.14	2.44	2.45	1.24	1.54	1.89
日本	1.82	1.19	2.14	1.74	2.56	1.50	1.63	2.04	2.30	1.20	1.81
丹麦	1.04	1.43	1.61	1.09	2.56	2.36	2.04	2.25	2.12	1.20	1.79
瑞典	1.82	1.90	1.61	0.87	1.71	1.93	1.22	1.23	1.59	0.68	1.43
挪威	0.78	0.00	1.07	1.31	0.85	1.50	1.02	0.61	0.71	1.03	0.89
中国香港	0.78	0.95	0.54	0.87	0.43	0.21	2.04	0.41	1.06	1.20	0.87
印度	0.78	0.24	0.80	1.09	0.21	1.07	1.43	1.02	0.71	1.03	0.85

表 9-102 放射医学、核医学和影像医学 C 层人才排名前 20 的国家和地区的占比

单位：%

国家和地区	2011 年	2012 年	2013 年	2014 年	2015 年	2016 年	2017 年	2018 年	2019 年	2020 年	合计
美国	33.77	32.65	30.34	30.04	29.19	28.14	28.25	27.29	24.77	22.13	28.33
德国	10.29	9.61	10.24	10.32	10.38	10.25	9.33	8.80	8.06	7.55	9.39
英国	7.75	7.41	7.45	7.15	7.27	7.52	7.31	7.45	8.42	7.10	7.49
中国大陆	3.31	3.81	2.84	4.04	4.60	5.51	5.40	6.26	8.57	8.33	5.46
荷兰	5.42	5.80	6.02	5.03	5.44	5.16	4.44	4.90	5.23	5.28	5.25
意大利	3.76	3.95	4.67	4.44	4.20	4.61	5.19	4.80	4.80	6.78	4.78
加拿大	4.71	4.52	4.77	4.42	4.71	4.44	4.88	5.09	4.06	4.34	4.58
法国	3.76	4.05	4.67	4.18	4.20	4.63	4.04	4.01	4.12	3.73	4.13
瑞士	3.20	2.65	3.63	3.06	2.82	3.28	2.96	3.28	3.15	3.50	3.15

续表

国家和地区	2011年	2012年	2013年	2014年	2015年	2016年	2017年	2018年	2019年	2020年	合计
韩国	2.27	2.82	2.70	3.10	2.69	2.58	2.42	2.65	3.02	2.44	2.67
日本	3.76	3.29	2.41	2.81	2.16	2.75	2.52	2.25	2.02	2.18	2.58
澳大利亚	1.80	1.99	2.25	1.99	2.29	2.29	1.98	2.86	2.21	2.56	2.24
比利时	1.75	2.01	2.31	1.99	1.89	1.66	1.85	2.09	2.00	2.14	1.97
西班牙	1.53	1.70	2.09	1.81	1.98	1.57	1.73	1.71	1.72	1.95	1.78
奥地利	1.24	1.44	1.30	1.32	1.47	1.55	1.85	1.88	1.66	2.18	1.62
丹麦	0.77	1.06	1.51	1.61	1.31	1.81	1.19	1.71	1.62	1.76	1.46
瑞典	1.16	1.49	1.49	1.16	1.49	1.16	1.63	1.44	1.45	1.21	1.37
挪威	0.63	0.62	0.61	0.74	0.93	0.70	0.73	0.79	0.87	0.93	0.76
印度	0.58	0.62	0.61	0.74	0.58	0.92	0.81	0.71	0.79	0.80	0.72
巴西	0.63	0.71	0.61	0.58	0.53	0.66	0.81	0.69	0.70	0.80	0.68

三十五 法医学

法医学A、B、C层人才最多的国家是美国，分别占该学科全球A、B、C层人才的26.09%、24.05%、19.56%，均大幅高于其他国家和地区。

英国的A层人才世界占比为13.04%，排名第二；其后是丹麦、荷兰、瑞士，A层人才世界占比均为8.70%；澳大利亚、德国、希腊、伊朗、爱尔兰、意大利、墨西哥、波兰的A层人才也比较多，世界占比均为4.35%。

英国B层人才的世界占比为10.65%，排名第二；德国、荷兰、瑞士、意大利、中国大陆、法国的B层人才比较多，世界占比在8%~3%之间；澳大利亚、奥地利、比利时、加拿大、丹麦、葡萄牙、西班牙、挪威、日本、巴西、印度、爱尔兰也有相当数量的B层人才，世界占比超过1%。

英国C层人才以8.80%的世界占比排名第二；德国、瑞士、澳大利亚、中国大陆、意大利、荷兰、西班牙的C层人才比较多，世界占比在7%~3%之间；法国、奥地利、比利时、加拿大、丹麦、日本、挪威、巴西、葡萄牙、波兰、瑞典也有相当数量的C层人才，世界占比超过1%。

表9-103 法医学A层人才的国家和地区的占比

单位:%

国家和地区	2011年	2012年	2013年	2014年	2015年	2016年	2017年	2018年	2019年	2020年	合计
美国	100.00	0.00	0.00	33.33	0.00	50.00	25.00	66.67	0.00	0.00	26.09
英国	0.00	0.00	0.00	33.33	0.00	0.00	25.00	0.00	25.00	0.00	13.04
丹麦	0.00	0.00	0.00	33.33	0.00	0.00	0.00	33.33	0.00	0.00	8.70
荷兰	0.00	0.00	33.33	0.00	0.00	0.00	0.00	0.00	25.00	0.00	8.70
瑞士	0.00	0.00	0.00	0.00	0.00	50.00	25.00	0.00	0.00	0.00	8.70
澳大利亚	0.00	0.00	0.00	0.00	0.00	0.00	0.00	0.00	25.00	0.00	4.35
德国	0.00	0.00	0.00	0.00	0.00	0.00	0.00	0.00	0.00	33.33	4.35
希腊	0.00	0.00	33.33	0.00	0.00	0.00	0.00	0.00	0.00	0.00	4.35
伊朗	0.00	0.00	0.00	0.00	0.00	0.00	0.00	0.00	25.00	0.00	4.35
爱尔兰	0.00	0.00	0.00	0.00	0.00	0.00	25.00	0.00	0.00	0.00	4.35
意大利	0.00	0.00	0.00	0.00	0.00	0.00	0.00	0.00	33.33	0.00	4.35
墨西哥	0.00	0.00	0.00	0.00	0.00	0.00	0.00	0.00	33.33	0.00	4.35
波兰	0.00	0.00	33.33	0.00	0.00	0.00	0.00	0.00	0.00	0.00	4.35

表9-104 法医学B层人才排名前20的国家和地区的占比

单位:%

国家和地区	2011年	2012年	2013年	2014年	2015年	2016年	2017年	2018年	2019年	2020年	合计
美国	29.63	17.39	18.52	14.29	18.18	22.58	23.26	22.86	36.36	32.00	24.05
英国	18.52	17.39	3.70	7.14	12.12	3.23	6.98	11.43	15.15	12.00	10.65
德国	11.11	8.70	7.41	14.29	9.09	9.68	4.65	8.57	3.03	8.00	7.90
荷兰	7.41	13.04	3.70	0.00	9.09	6.45	9.30	5.71	3.03	0.00	6.19
瑞士	7.41	8.70	3.70	0.00	9.09	6.45	9.30	2.86	0.00	12.00	6.19
意大利	3.70	0.00	3.70	7.14	9.09	3.23	2.33	5.71	9.09	4.00	4.81
中国大陆	3.70	4.35	0.00	0.00	3.03	0.00	2.33	5.71	6.06	4.00	3.09
法国	0.00	4.35	3.70	7.14	3.03	0.00	4.65	5.71	3.03	0.00	3.09
澳大利亚	3.70	0.00	7.41	0.00	0.00	0.00	2.33	2.86	6.06	4.00	2.75
奥地利	3.70	0.00	0.00	7.14	0.00	6.45	2.33	5.71	0.00	0.00	2.75
比利时	0.00	0.00	3.70	0.00	9.09	6.45	2.33	2.86	0.00	0.00	2.75
加拿大	3.70	4.35	3.70	0.00	0.00	0.00	2.33	2.86	3.03	4.00	2.41
丹麦	3.70	0.00	0.00	7.14	3.03	3.23	2.33	0.00	0.00	4.00	2.41
葡萄牙	3.70	0.00	3.70	0.00	0.00	3.23	2.33	2.86	0.00	4.00	2.41
西班牙	0.00	4.35	7.41	7.14	0.00	3.23	4.65	0.00	0.00	0.00	2.41
挪威	0.00	4.35	3.70	7.14	0.00	6.45	2.33	0.00	0.00	0.00	2.06

续表

国家和地区	2011年	2012年	2013年	2014年	2015年	2016年	2017年	2018年	2019年	2020年	合计
日本	0.00	0.00	3.70	0.00	3.03	0.00	4.65	2.86	0.00	0.00	1.72
巴西	0.00	0.00	3.70	7.14	0.00	3.23	2.33	0.00	0.00	0.00	1.37
印度	0.00	0.00	0.00	0.00	0.00	3.23	0.00	0.00	6.06	4.00	1.37
爱尔兰	0.00	4.35	0.00	0.00	6.06	0.00	2.33	0.00	0.00	0.00	1.37

表9-105 法医学C层人才排名前20的国家和地区的占比

单位：%

国家和地区	2011年	2012年	2013年	2014年	2015年	2016年	2017年	2018年	2019年	2020年	合计
美国	19.84	18.43	20.75	17.59	22.26	19.09	18.91	22.22	17.98	19.10	19.56
英国	8.10	10.59	9.81	6.48	8.22	7.12	10.87	9.91	8.43	8.15	8.80
德国	8.50	7.06	6.42	6.48	4.79	6.15	6.86	5.71	5.62	7.02	6.42
瑞士	7.69	5.88	6.42	5.56	3.77	8.09	4.02	6.61	4.49	2.53	5.35
澳大利亚	7.29	4.31	7.17	5.86	5.48	5.18	3.78	5.11	5.90	3.93	5.28
中国大陆	2.43	1.96	2.64	2.47	4.45	6.15	4.96	9.31	8.43	5.90	5.09
意大利	3.24	5.10	3.40	6.48	4.45	5.83	5.20	3.30	6.74	6.18	5.09
荷兰	6.48	4.31	2.26	4.32	4.11	4.85	4.02	5.11	3.93	4.21	4.34
西班牙	2.83	5.88	4.15	3.09	2.74	2.59	3.31	2.10	2.81	2.25	3.10
法国	4.45	3.92	3.02	3.40	1.37	2.27	2.60	0.60	2.53	2.53	2.59
奥地利	1.62	1.57	1.51	3.40	2.74	1.94	2.60	2.10	2.53	2.81	2.34
比利时	1.21	3.14	3.02	3.09	1.71	1.62	2.36	0.90	1.69	2.81	2.15
加拿大	1.21	1.57	2.26	1.85	3.77	1.62	2.36	1.80	1.40	2.25	2.03
丹麦	1.21	2.75	1.51	3.09	2.40	1.62	2.13	2.10	1.40	1.40	1.96
日本	2.83	2.35	2.26	2.47	1.37	2.27	1.18	1.20	0.56	2.25	1.80
挪威	2.02	3.53	1.51	2.47	2.40	1.62	1.65	1.20	0.84	0.84	1.74
巴西	0.81	0.78	1.51	1.23	4.45	1.94	1.42	2.40	0.84	1.69	1.71
葡萄牙	0.81	1.96	1.89	1.54	1.71	2.27	0.47	1.20	2.25	2.25	1.61
波兰	0.81	0.39	3.02	2.78	1.37	1.29	1.89	1.50	1.12	1.69	1.61
瑞典	1.21	2.35	1.13	0.93	1.03	1.29	1.89	0.90	2.25	2.81	1.61

三十六 老年病学和老年医学

老年病学和老年医学A、B、C层人才最多的国家是美国，分别占该学科全球A、B、C层人才的20.59%、23.01%、24.69%，世界占比均超过1/5，大幅高于其他国家和地区。

英国、意大利A层人才的世界占比分别为12.75%、9.80%,分列第二、第三位;加拿大、法国、荷兰、澳大利亚、中国大陆、西班牙的A层人才比较多,世界占比在5%~3%之间;比利时、中国香港、韩国、瑞士、德国、日本、中国台湾、泰国、捷克、印度、爱尔兰也有相当数量的A层人才,世界占比超过或接近1%。

英国B层人才以12.34%的世界占比排名第二;意大利、荷兰、中国大陆、澳大利亚、加拿大、法国、西班牙、德国的B层人才比较多,世界占比在8%~3%之间;日本、瑞士、瑞典、比利时、爱尔兰、以色列、中国香港、奥地利、巴西、韩国也有相当数量的B层人才,世界占比超过或接近1%。

英国、中国大陆C层人才的世界占比分别为9.73%、6.69%,分列第二、第三位;意大利、澳大利亚、德国、加拿大、荷兰、西班牙、法国的C层人才比较多,世界占比在6%~3%之间;瑞典、日本、瑞士、比利时、巴西、韩国、爱尔兰、芬兰、丹麦、奥地利也有相当数量的C层人才,世界占比超过或接近1%。

表9-106 老年病学和老年医学A层人才排名前20的国家和地区的占比

单位:%

国家和地区	2011年	2012年	2013年	2014年	2015年	2016年	2017年	2018年	2019年	2020年	合计
美国	33.33	42.86	10.00	18.18	40.00	11.11	35.71	33.33	7.69	5.26	20.59
英国	0.00	14.29	10.00	0.00	30.00	22.22	14.29	16.67	15.38	5.26	12.75
意大利	33.33	0.00	10.00	9.09	0.00	11.11	14.29	33.33	7.69	5.26	9.80
加拿大	0.00	0.00	20.00	0.00	20.00	0.00	7.14	0.00	0.00	0.00	4.90
法国	0.00	0.00	0.00	0.00	0.00	0.00	7.14	16.67	7.69	5.26	4.90
荷兰	0.00	14.29	10.00	9.09	0.00	11.11	0.00	0.00	7.69	0.00	4.90
澳大利亚	0.00	14.29	0.00	0.00	0.00	22.22	7.14	0.00	0.00	0.00	3.92
中国大陆	0.00	0.00	0.00	0.00	9.09	0.00	0.00	0.00	0.00	15.79	3.92
西班牙	33.33	0.00	0.00	0.00	0.00	0.00	0.00	0.00	15.38	5.26	3.92
比利时	0.00	0.00	10.00	0.00	0.00	0.00	7.14	0.00	7.69	0.00	2.94
中国香港	0.00	0.00	0.00	0.00	9.09	0.00	0.00	0.00	0.00	10.53	2.94
韩国	0.00	0.00	0.00	0.00	9.09	0.00	0.00	0.00	0.00	10.53	2.94

续表

国家和地区	2011年	2012年	2013年	2014年	2015年	2016年	2017年	2018年	2019年	2020年	合计
瑞士	0.00	0.00	0.00	0.00	0.00	22.22	7.14	0.00	0.00	0.00	2.94
德国	0.00	0.00	10.00	0.00	0.00	0.00	0.00	0.00	7.69	0.00	1.96
日本	0.00	0.00	0.00	9.09	0.00	0.00	0.00	0.00	0.00	5.26	1.96
中国台湾	0.00	0.00	0.00	9.09	0.00	0.00	0.00	0.00	0.00	5.26	1.96
泰国	0.00	0.00	0.00	9.09	0.00	0.00	0.00	0.00	0.00	5.26	1.96
捷克	0.00	0.00	0.00	0.00	0.00	0.00	0.00	7.69	0.00	0.00	0.98
印度	0.00	0.00	0.00	0.00	0.00	0.00	0.00	0.00	0.00	5.26	0.98
爱尔兰	0.00	0.00	0.00	0.00	10.00	0.00	0.00	0.00	0.00	0.00	0.98

表9-107 老年病学和老年医学B层人才排名前20的国家和地区的占比

单位：%

国家和地区	2011年	2012年	2013年	2014年	2015年	2016年	2017年	2018年	2019年	2020年	合计
美国	32.53	29.55	26.37	33.98	22.02	22.50	15.08	18.49	15.92	23.81	23.01
英国	16.87	9.09	9.89	13.59	14.68	10.83	12.70	15.07	9.55	11.90	12.34
意大利	6.02	9.09	4.40	5.83	7.34	7.50	8.73	6.85	7.01	9.52	7.39
荷兰	6.02	9.09	7.69	6.80	5.50	4.17	2.38	4.79	5.73	4.17	5.37
中国大陆	0.00	0.00	0.00	2.91	1.83	3.33	5.56	6.16	8.28	11.31	4.79
澳大利亚	2.41	5.68	7.69	1.94	4.59	5.00	5.56	4.79	5.73	3.57	4.70
加拿大	6.02	5.68	5.49	3.88	5.50	1.67	3.17	4.11	5.73	5.36	4.62
法国	2.41	4.55	9.89	2.91	3.67	3.33	6.35	2.74	2.55	4.76	4.20
西班牙	1.20	2.27	8.79	2.91	3.67	5.00	6.35	3.42	3.18	3.57	4.03
德国	6.02	4.55	3.30	2.91	4.59	3.33	3.97	4.11	3.82	0.60	3.53
日本	2.41	1.14	2.20	2.91	1.83	1.67	1.59	4.11	3.82	2.98	2.60
瑞士	2.41	3.41	2.20	0.97	0.00	4.17	0.79	2.05	3.18	1.19	2.02
瑞典	4.82	0.00	2.20	2.91	1.83	1.67	0.79	1.37	3.18	1.19	1.93
比利时	0.00	0.00	0.00	1.94	1.83	4.17	1.59	2.05	1.27	1.79	1.60
爱尔兰	3.61	1.14	1.10	2.91	1.83	0.83	1.59	0.68	0.64	1.79	1.51
以色列	1.20	2.27	2.20	0.00	2.75	0.00	1.59	0.00	1.27	1.19	1.34
中国香港	0.00	2.27	0.00	2.91	2.75	0.00	0.79	0.68	1.27	1.79	1.26
奥地利	1.20	2.27	1.10	0.00	1.83	0.83	0.00	2.74	0.64	0.00	1.01
巴西	0.00	0.00	0.00	0.00	0.00	0.92	0.83	0.79	2.05	1.91	1.79	1.01
韩国	0.00	0.00	0.00	0.97	0.92	1.67	1.59	1.37	1.27	0.60	0.92

表 9-108 老年病学和老年医学 C 层人才排名前 20 的国家和地区的占比

单位：%

国家和地区	2011年	2012年	2013年	2014年	2015年	2016年	2017年	2018年	2019年	2020年	合计
美国	37.63	31.73	29.33	26.71	26.85	22.86	22.84	21.01	19.31	20.32	24.69
英国	10.26	9.42	9.71	10.43	8.53	11.18	9.93	9.89	9.29	9.12	9.73
中国大陆	1.97	2.47	2.62	2.53	3.93	5.00	5.89	8.36	12.59	12.69	6.69
意大利	5.79	5.94	5.56	6.43	5.08	4.83	6.62	6.44	6.00	6.50	5.97
澳大利亚	4.08	4.71	5.45	4.58	5.18	6.01	4.52	5.29	5.21	3.69	4.85
德国	6.05	5.61	5.45	5.26	5.37	3.98	4.04	4.91	4.55	3.46	4.71
加拿大	4.61	5.38	4.69	4.19	5.56	4.57	4.44	4.37	4.48	4.65	4.66
荷兰	3.55	4.26	5.56	4.97	3.84	4.32	4.12	4.06	3.89	2.80	4.05
西班牙	2.89	3.59	3.71	3.41	3.93	3.73	3.95	4.14	3.03	3.93	3.66
法国	3.16	3.25	3.38	3.41	4.79	3.13	3.39	2.61	2.37	2.26	3.08
瑞典	2.37	2.35	2.29	2.44	1.63	2.20	2.42	2.53	1.98	2.21	2.23
日本	1.45	2.13	2.07	2.34	3.07	2.62	2.91	1.46	1.98	1.79	2.17
瑞士	2.24	1.23	1.31	1.85	2.21	2.12	2.34	2.07	2.18	1.73	1.95
比利时	0.53	1.12	1.96	1.85	1.44	1.61	1.94	1.53	2.50	1.19	1.62
巴西	0.66	1.01	1.09	1.56	1.53	2.37	1.45	1.15	1.65	1.73	1.48
韩国	0.26	1.35	1.96	1.46	1.15	1.19	1.05	1.99	1.78	1.25	1.38
爱尔兰	0.66	1.23	1.42	0.78	0.77	0.93	1.13	1.38	0.92	1.61	1.12
芬兰	1.58	1.01	1.20	1.75	0.86	0.93	1.05	0.77	0.33	0.95	0.99
丹麦	0.79	1.12	1.42	1.07	0.58	1.02	0.97	0.46	0.99	0.83	0.91
奥地利	0.66	0.56	0.87	0.88	1.05	1.10	0.56	1.38	0.99	0.66	0.88

三十七 初级卫生保健

初级卫生保健 A、B、C 层人才最多的国家是美国，分别占该学科全球 A、B、C 层人才的 48.15%、35.01%、30.46%，遥遥领先于其他国家和地区。

加拿大、英国、荷兰的 A 层人才比较多，世界占比在 15%~11% 之间；中国大陆、西班牙、中国台湾也有相当数量的 A 层人才，世界占比均为 3.70%。

英国、加拿大处于第二梯队，B 层人才的世界占比分别为 16.91%、11.28%，分列第二、第三位；荷兰、澳大利亚的 B 层人才比较多，世界占比在7%~4%之间；西班牙、印度、爱尔兰、丹麦、新西兰、中国大陆、德国、法国、新加坡、韩国、希腊、瑞典、泰国、比利时、巴西也有相当数量的B层人才，世界占比超过或接近1%。

英国C层人才的世界占比为18.17%，排名第二；加拿大、澳大利亚、荷兰的C层人才比较多，世界占比在8%~5%之间；西班牙、德国、印度、瑞典、比利时、丹麦、挪威、爱尔兰、新西兰、南非、意大利、中国大陆、瑞士、法国、韩国也有相当数量的C层人才，世界占比超过或接近1%。

表9-109 初级卫生保健A层人才的国家和地区的占比

单位：%

国家和地区	2011年	2012年	2013年	2014年	2015年	2016年	2017年	2018年	2019年	2020年	合计
美国	50.00	50.00	66.67	100.00	50.00	66.67	33.33	33.33	33.33	33.33	48.15
加拿大	0.00	50.00	0.00	0.00	25.00	33.33	0.00	33.33	0.00	0.00	14.81
英国	50.00	0.00	0.00	0.00	25.00	0.00	0.00	33.33	33.33	0.00	14.81
荷兰	0.00	0.00	33.33	0.00	0.00	0.00	66.67	0.00	0.00	0.00	11.11
中国大陆	0.00	0.00	0.00	0.00	0.00	0.00	0.00	0.00	0.00	33.33	3.70
西班牙	0.00	0.00	0.00	0.00	0.00	0.00	0.00	0.00	0.00	33.33	3.70
中国台湾	0.00	0.00	0.00	0.00	0.00	0.00	0.00	0.00	33.33	0.00	3.70

表9-110 初级卫生保健B层人才排名前20的国家和地区的占比

单位：%

国家和地区	2011年	2012年	2013年	2014年	2015年	2016年	2017年	2018年	2019年	2020年	合计
美国	48.28	44.83	26.67	24.24	38.89	41.94	41.94	38.46	39.53	16.33	35.01
英国	17.24	17.24	16.67	18.18	16.67	25.81	16.13	19.23	11.63	14.29	16.91
加拿大	6.90	10.34	6.67	12.12	13.89	16.13	12.90	23.08	4.65	10.20	11.28
荷兰	6.90	10.34	6.67	15.15	5.56	3.23	9.68	0.00	2.33	4.08	6.23
澳大利亚	3.45	3.45	0.00	6.06	2.78	3.23	9.68	7.69	0.00	8.16	4.45
西班牙	0.00	3.45	6.67	3.03	2.78	3.23	3.23	3.85	2.33	0.00	2.67
印度	0.00	0.00	0.00	0.00	0.00	0.00	0.00	0.00	9.30	6.12	2.08
爱尔兰	3.45	3.45	0.00	9.09	2.78	0.00	0.00	0.00	2.33	0.00	2.08
丹麦	3.45	3.45	3.33	0.00	2.78	3.23	0.00	0.00	2.33	0.00	1.78
新西兰	3.45	0.00	3.33	0.00	0.00	3.23	0.00	0.00	0.00	4.08	1.48
中国大陆	0.00	0.00	3.33	0.00	0.00	0.00	0.00	0.00	2.33	6.12	1.48

续表

国家和地区	2011年	2012年	2013年	2014年	2015年	2016年	2017年	2018年	2019年	2020年	合计
德国	0.00	0.00	3.33	3.03	5.56	0.00	0.00	0.00	0.00	2.04	1.48
法国	3.45	0.00	3.33	3.03	0.00	0.00	0.00	0.00	0.00	2.04	1.19
新加坡	0.00	0.00	0.00	0.00	0.00	0.00	0.00	0.00	2.33	4.08	0.89
韩国	0.00	3.45	0.00	0.00	0.00	0.00	0.00	0.00	2.33	2.04	0.89
希腊	3.45	0.00	0.00	0.00	0.00	0.00	3.23	0.00	0.00	2.04	0.89
瑞典	0.00	0.00	0.00	3.03	2.78	0.00	0.00	0.00	2.33	0.00	0.89
泰国	0.00	0.00	0.00	0.00	0.00	0.00	0.00	0.00	0.00	4.08	0.59
比利时	0.00	0.00	3.33	3.03	0.00	0.00	0.00	0.00	0.00	0.00	0.59
巴西	0.00	0.00	0.00	0.00	2.78	0.00	0.00	3.85	0.00	0.00	0.59

表9–111 初级卫生保健C层人才排名前20的国家和地区的占比

单位：%

国家和地区	2011年	2012年	2013年	2014年	2015年	2016年	2017年	2018年	2019年	2020年	合计
美国	34.73	32.12	32.50	33.11	31.27	33.97	29.90	34.51	26.11	20.42	30.46
英国	16.47	18.21	20.63	18.21	17.46	22.86	19.61	19.01	16.02	14.79	18.17
加拿大	10.48	5.96	5.63	8.28	10.14	7.62	7.07	7.75	6.82	6.57	7.64
澳大利亚	6.29	6.95	6.25	7.28	8.73	5.71	7.40	5.28	2.08	5.16	6.09
荷兰	6.59	6.29	5.31	4.64	5.92	9.52	6.11	3.87	5.34	3.76	5.69
西班牙	2.40	3.97	2.50	2.32	3.10	1.27	3.22	1.76	2.08	5.16	2.86
德国	2.99	2.65	1.88	4.30	1.97	1.90	0.96	3.17	1.19	2.58	2.34
印度	0.30	0.66	0.31	0.00	0.28	0.00	0.32	0.00	6.82	9.86	2.16
瑞典	2.10	1.99	1.56	1.66	1.41	1.59	1.61	2.46	2.08	2.58	1.92
比利时	2.99	1.66	2.50	2.32	1.13	1.27	1.61	0.70	1.78	1.41	1.73
丹麦	1.80	0.33	0.94	1.66	2.54	1.90	1.61	2.82	1.78	1.41	1.67
挪威	2.69	1.66	1.56	1.66	1.41	0.63	2.57	0.70	0.59	0.94	1.43
爱尔兰	0.00	0.99	0.94	1.66	1.41	0.63	1.61	2.46	0.59	1.64	1.19
新西兰	0.90	1.99	1.25	0.33	0.85	0.63	0.96	1.76	0.89	1.88	1.16
南非	0.00	0.33	0.31	0.99	1.97	0.63	1.93	1.76	0.59	2.11	1.10
意大利	0.60	1.32	1.88	0.33	0.56	1.27	0.96	0.70	1.19	1.41	1.03
中国大陆	0.30	0.00	0.94	0.99	2.25	0.95	1.61	1.06	0.59	0.94	0.97
瑞士	1.50	0.99	0.31	0.66	0.28	1.27	0.64	0.70	2.97	0.23	0.94
法国	0.30	1.66	0.94	0.66	0.00	0.32	0.64	0.35	1.48	1.41	0.79
韩国	0.30	0.33	2.19	0.66	0.00	0.95	0.32	0.70	1.48	0.94	0.79

三十八 公共卫生、环境卫生和职业卫生

公共卫生、环境卫生和职业卫生 A、B、C 层人才最多的国家是美国，分别占该学科全球 A、B、C 层人才的 20.31%、21.43%、28.61%，均大幅高于其他国家和地区。

英国 A 层人才的世界占比为 11.04%，排名第二；澳大利亚、加拿大、中国大陆、荷兰、德国、瑞典的 A 层人才比较多，世界占比在 6% ~3% 之间；瑞士、印度、南非、意大利、法国、西班牙、丹麦、日本、新加坡、新西兰、墨西哥、挪威也有相当数量的 A 层人才，世界占比超过 1%。

英国的 B 层人才以 9.46% 的世界占比排名第二；加拿大、澳大利亚、瑞士的 B 层人才比较多，世界占比在 5% ~3%；中国大陆、荷兰、德国、巴西、意大利、瑞典、印度、西班牙、南非、法国、丹麦、挪威、日本、比利时、韩国也有相当数量的 B 层人才，世界占比超过或接近 1%。

英国 C 层人才的世界占比为 9.89%，排名第二；澳大利亚、加拿大、中国大陆的 C 层人才比较多，世界占比在 6% ~4% 之间；荷兰、德国、意大利、西班牙、瑞典、瑞士、法国、丹麦、巴西、南非、印度、挪威、比利时、芬兰、日本也有相当数量的 C 层人才，世界占比超过或接近 1%。

表 9－112 公共卫生、环境卫生和职业卫生 A 层人才排名前 20 的国家和地区的占比

单位：%

国家和地区	2011 年	2012 年	2013 年	2014 年	2015 年	2016 年	2017 年	2018 年	2019 年	2020 年	合计
美国	17.78	3.33	25.45	12.28	0.00	0.00	17.50	13.64	23.40	27.27	20.31
英国	11.11	3.33	20.00	7.02	0.00	0.00	15.00	4.55	9.57	11.82	11.04
澳大利亚	6.67	3.33	12.73	3.51	0.00	0.00	12.50	4.55	4.26	2.73	5.74
加拿大	13.33	3.33	5.45	1.75	0.00	0.00	5.00	4.55	4.26	2.73	4.64
中国大陆	0.00	3.33	1.82	1.75	0.00	0.00	0.00	4.55	5.32	9.09	4.19
荷兰	4.44	3.33	5.45	1.75	0.00	0.00	7.50	4.55	4.26	0.91	3.53
德国	4.44	0.00	3.64	1.75	0.00	0.00	5.00	4.55	1.06	5.45	3.31
瑞典	2.22	3.33	1.82	3.51	0.00	0.00	0.00	4.55	5.32	2.73	3.09
瑞士	8.89	0.00	3.64	1.75	0.00	0.00	7.50	0.00	3.19	0.00	2.87
印度	0.00	3.33	3.64	1.75	0.00	0.00	5.00	4.55	2.13	0.91	2.21

续表

国家和地区	2011年	2012年	2013年	2014年	2015年	2016年	2017年	2018年	2019年	2020年	合计
南非	0.00	3.33	1.82	1.75	0.00	0.00	7.50	0.00	4.26	0.00	2.21
意大利	0.00	3.33	0.00	1.75	0.00	0.00	5.00	0.00	3.19	1.82	1.99
法国	4.44	3.33	0.00	0.00	0.00	0.00	0.00	4.55	1.06	3.64	1.99
西班牙	6.67	3.33	0.00	0.00	0.00	0.00	0.00	4.55	1.06	1.82	1.77
丹麦	6.67	3.33	0.00	1.75	0.00	0.00	2.50	0.00	1.06	0.91	1.77
日本	2.22	3.33	1.82	1.75	0.00	0.00	0.00	0.00	1.06	1.82	1.55
新加坡	0.00	3.33	0.00	3.51	0.00	0.00	5.00	0.00	0.00	1.82	1.55
新西兰	2.22	3.33	3.64	1.75	0.00	0.00	0.00	0.00	1.06	0.91	1.55
墨西哥	0.00	3.33	1.82	1.75	0.00	0.00	0.00	0.00	2.13	0.91	1.32
挪威	6.67	0.00	1.82	1.75	0.00	0.00	0.00	0.00	1.06	0.00	1.32

表9-113 公共卫生、环境卫生和职业卫生B层人才排名前20的国家和地区的占比

单位：%

国家和地区	2011年	2012年	2013年	2014年	2015年	2016年	2017年	2018年	2019年	2020年	合计
美国	31.08	19.96	22.44	20.38	17.65	13.25	17.80	22.50	23.11	26.43	21.43
英国	11.84	9.98	14.83	7.92	7.17	6.11	9.37	9.75	10.58	8.98	9.46
加拿大	7.19	4.19	3.81	4.91	4.45	2.77	4.82	4.09	4.01	2.76	4.14
澳大利亚	4.65	5.99	6.01	3.21	3.73	3.20	4.15	3.73	3.77	3.16	4.00
瑞士	4.86	3.79	4.61	2.64	2.73	2.18	2.54	2.77	3.16	2.24	3.00
中国大陆	1.27	2.20	2.00	1.32	1.43	1.89	1.47	3.01	3.65	6.02	2.69
荷兰	3.81	3.19	4.81	2.26	2.87	2.47	2.01	1.81	1.95	1.94	2.54
德国	3.38	1.80	4.01	2.64	1.58	1.16	3.21	2.29	2.07	2.04	2.33
巴西	2.33	2.20	1.40	2.45	2.73	1.89	1.74	2.89	1.46	1.84	2.08
意大利	1.48	1.00	2.40	2.26	1.43	1.16	1.87	0.72	1.22	4.49	1.89
瑞典	2.96	2.99	1.80	0.94	2.01	1.46	2.28	1.56	1.82	1.33	1.85
印度	0.85	1.80	1.40	1.89	1.43	1.89	1.07	2.65	2.31	1.73	1.76
西班牙	2.33	1.60	2.20	1.32	1.58	1.16	1.61	2.17	1.70	1.84	1.74
南非	0.85	2.00	2.40	1.51	1.29	1.46	1.20	2.41	1.82	1.43	1.64
法国	1.90	2.20	1.80	1.13	1.58	1.16	2.01	1.32	1.34	1.84	1.61
丹麦	3.59	1.80	1.80	1.13	1.29	1.31	1.61	1.08	1.82	0.71	1.51
挪威	2.11	2.20	2.61	0.94	1.29	1.60	1.34	1.32	0.97	0.61	1.39
日本	1.27	1.40	1.40	1.32	1.29	0.87	1.07	1.20	0.73	0.71	1.08
比利时	0.85	1.00	1.60	0.75	1.43	0.73	0.80	0.84	1.46	0.82	1.02
韩国	0.42	0.60	1.00	1.51	0.86	0.73	1.61	0.96	1.09	0.82	0.98

表9-114 公共卫生、环境卫生和职业卫生C层人才排名前20的国家和地区的占比

单位：%

国家和地区	2011年	2012年	2013年	2014年	2015年	2016年	2017年	2018年	2019年	2020年	合计
美国	34.79	33.89	32.74	32.43	30.01	29.73	29.29	27.36	25.64	20.46	28.61
英国	10.84	10.65	11.14	10.13	10.35	9.91	10.23	10.07	9.56	7.94	9.89
澳大利亚	5.48	4.61	5.13	5.10	5.55	5.10	5.45	5.33	4.97	4.46	5.08
加拿大	5.85	5.56	5.54	5.78	4.98	5.36	5.34	4.91	4.62	3.89	5.04
中国大陆	1.97	2.21	2.34	2.37	2.86	3.27	3.58	4.46	6.53	7.03	4.09
荷兰	3.38	4.06	2.85	2.99	3.45	3.16	3.22	2.79	2.72	2.14	2.98
德国	2.61	3.24	3.07	3.16	2.99	2.75	2.93	2.71	2.77	2.60	2.85
意大利	1.99	1.73	2.14	1.79	2.24	2.07	2.08	2.22	2.46	3.72	2.36
西班牙	2.04	1.96	2.14	2.19	2.07	2.06	2.19	2.05	2.61	3.20	2.33
瑞典	2.59	2.88	2.73	2.25	2.29	2.37	2.28	2.08	2.00	1.60	2.23
瑞士	1.78	2.21	2.18	2.23	2.59	2.37	2.25	2.04	2.30	1.80	2.16
法国	2.55	2.34	2.38	1.92	2.30	2.30	2.05	2.04	2.25	1.68	2.14
丹麦	1.86	2.17	1.78	1.82	1.96	1.97	1.81	1.42	1.52	1.26	1.70
巴西	1.24	1.28	1.29	1.38	1.22	1.79	1.37	1.76	1.26	2.02	1.50
南非	1.31	1.07	1.27	1.46	1.34	1.64	1.70	1.79	1.50	1.25	1.45
印度	0.69	1.14	1.27	0.95	1.24	1.13	1.10	1.31	1.55	2.10	1.33
挪威	1.35	1.41	1.31	1.42	1.40	1.30	1.49	1.23	1.38	0.76	1.27
比利时	1.03	1.37	1.15	1.59	1.38	1.10	1.12	1.24	1.18	1.06	1.21
芬兰	1.18	1.01	0.89	1.18	1.10	1.12	0.82	1.02	0.87	0.59	0.94
日本	1.01	0.93	0.69	0.72	0.76	0.81	0.94	0.88	0.95	1.14	0.90

三十九 热带医学

热带医学A、B、C层人才最多的国家是美国，分别占该学科全球A、B、C层人才的18.67%、16.15%、15.53%。

英国A层人才的世界占比为16.00%，排名第二；法国、巴西、瑞士、中国大陆、澳大利亚的A层人才比较多，世界占比在7%~4%之间；比利时、德国、加拿大、马来西亚、法属圭亚那、新喀里多尼亚、南非也有相当数量的A层人才，世界占比均为2.67%；新加坡、柬埔寨、希腊、印度、阿尔及利亚、捷克的A层人才世界占比均为1.33%。

英国B层人才的世界占比为10.70%，排名第二；瑞士、巴西、澳大利

亚、法国的 B 层人才比较多,世界占比在 7%~3% 之间;泰国、意大利、中国大陆、印度、西班牙、加拿大、荷兰、德国、坦桑尼亚、南非、比利时、秘鲁、肯尼亚、新加坡也有相当数量的 B 层人才,世界占比超过 1%。

英国 C 层人才的世界占比为 10.09%,排名第二;巴西、瑞士、法国、澳大利亚、中国大陆的 C 层人才比较多,世界占比在 6%~3% 之间;德国、荷兰、泰国、西班牙、印度、意大利、比利时、肯尼亚、坦桑尼亚、南非、加拿大、埃塞俄比亚、乌干达也有相当数量的 C 层人才,世界占比超过 1%。

表 9-115 热带医学 A 层人才排名前 20 的国家和地区的占比

单位:%

国家和地区	2011 年	2012 年	2013 年	2014 年	2015 年	2016 年	2017 年	2018 年	2019 年	2020 年	合计
美国	25.00	42.86	0.00	50.00	25.00	12.50	0.00	20.00	15.38	25.00	18.67
英国	25.00	28.57	0.00	50.00	25.00	0.00	11.11	20.00	15.38	0.00	16.00
法国	0.00	0.00	0.00	0.00	0.00	25.00	11.11	0.00	7.69	0.00	6.67
巴西	0.00	0.00	0.00	0.00	25.00	12.50	5.56	20.00	0.00	0.00	5.33
瑞士	12.50	0.00	0.00	0.00	25.00	0.00	5.56	20.00	0.00	0.00	5.33
中国大陆	0.00	0.00	0.00	0.00	0.00	0.00	0.00	0.00	0.00	37.50	4.00
澳大利亚	12.50	0.00	0.00	0.00	0.00	0.00	0.00	0.00	15.38	0.00	4.00
比利时	0.00	0.00	0.00	0.00	0.00	0.00	11.11	0.00	0.00	0.00	2.67
德国	0.00	0.00	0.00	0.00	0.00	12.50	0.00	0.00	0.00	12.50	2.67
加拿大	0.00	0.00	0.00	0.00	0.00	0.00	5.56	0.00	7.69	0.00	2.67
马来西亚	12.50	0.00	0.00	0.00	0.00	0.00	0.00	0.00	7.69	0.00	2.67
法属圭亚那	0.00	0.00	0.00	0.00	0.00	12.50	5.56	0.00	0.00	0.00	2.67
新喀里多尼亚	0.00	0.00	0.00	0.00	0.00	12.50	0.00	0.00	7.69	0.00	2.67
南非	0.00	0.00	0.00	0.00	0.00	0.00	0.00	20.00	7.69	0.00	2.67
新加坡	0.00	0.00	0.00	0.00	0.00	0.00	5.56	0.00	0.00	0.00	1.33
柬埔寨	0.00	14.29	0.00	0.00	0.00	0.00	0.00	0.00	0.00	0.00	1.33
希腊	0.00	0.00	0.00	0.00	0.00	0.00	5.56	0.00	0.00	0.00	1.33
印度	0.00	0.00	0.00	0.00	0.00	0.00	5.56	0.00	0.00	0.00	1.33
阿尔及利亚	0.00	0.00	0.00	0.00	0.00	0.00	0.00	0.00	7.69	0.00	1.33
捷克	0.00	0.00	0.00	0.00	0.00	12.50	0.00	0.00	0.00	0.00	1.33

表9-116 热带医学B层人才排名前20的国家和地区的占比

单位：%

国家和地区	2011年	2012年	2013年	2014年	2015年	2016年	2017年	2018年	2019年	2020年	合计
美国	12.50	22.39	14.29	17.72	18.12	12.09	17.82	15.91	13.85	16.33	16.15
英国	12.50	14.93	9.52	11.39	12.32	8.79	9.77	11.36	10.77	7.14	10.70
瑞士	5.56	8.96	4.76	10.13	7.97	3.30	9.20	5.30	6.92	3.06	6.67
巴西	2.78	2.99	4.76	2.53	6.52	10.99	4.02	5.30	4.62	6.12	5.16
澳大利亚	5.56	5.97	1.19	3.80	6.52	5.49	3.45	4.55	7.69	2.04	4.69
法国	5.56	1.49	4.76	5.06	3.62	4.40	3.45	2.27	3.08	0.00	3.29
泰国	5.56	2.99	0.00	1.27	2.90	3.30	3.45	2.27	3.85	2.04	2.82
意大利	1.39	1.49	5.95	2.53	0.72	1.10	3.45	5.30	1.54	3.06	2.72
中国大陆	2.78	2.99	0.00	1.27	2.17	1.10	1.15	4.55	1.54	9.18	2.63
印度	4.17	1.49	1.19	2.53	0.72	2.20	1.72	3.79	2.31	2.04	2.16
西班牙	2.78	0.00	4.76	2.53	2.90	2.20	2.87	2.27	0.00	1.02	2.16
加拿大	1.39	2.99	0.00	3.80	2.90	2.20	1.15	3.79	1.54	1.02	2.07
荷兰	0.00	2.99	3.57	1.27	2.17	3.30	4.02	0.00	0.77	2.04	2.07
德国	0.00	0.00	1.19	2.53	2.17	2.20	3.45	1.52	0.77	1.02	1.69
坦桑尼亚	2.78	0.00	3.57	2.53	1.45	1.10	0.00	2.27	2.31	2.04	1.69
南非	0.00	2.99	1.19	3.80	0.72	0.00	2.87	2.27	0.77	1.02	1.60
比利时	2.78	0.00	1.19	0.00	2.17	3.30	0.57	0.76	1.54	1.02	1.31
秘鲁	1.39	0.00	3.57	1.27	1.45	1.10	0.00	0.76	1.54	3.06	1.31
肯尼亚	1.39	1.49	1.19	2.53	0.72	2.20	0.57	1.52	0.77	1.02	1.22
新加坡	2.78	0.00	2.38	0.00	1.45	2.20	0.57	0.00	1.54	0.00	1.03

表9-117 热带医学C层人才排名前20的国家和地区的占比

单位：%

国家和地区	2011年	2012年	2013年	2014年	2015年	2016年	2017年	2018年	2019年	2020年	合计
美国	16.17	16.62	16.04	14.25	14.80	18.00	16.62	15.58	14.95	12.32	15.53
英国	10.41	11.87	11.38	12.72	10.74	8.22	9.49	10.08	9.43	8.21	10.09
巴西	4.36	4.90	5.05	6.22	5.67	4.53	6.18	6.08	6.37	6.42	5.71
瑞士	5.77	5.19	4.53	5.12	4.06	2.98	3.93	4.58	4.08	3.26	4.24
法国	4.08	3.71	5.82	3.46	3.60	5.48	3.54	4.42	2.80	2.84	3.88
澳大利亚	3.80	5.04	4.14	2.90	3.37	4.05	3.82	3.67	4.50	3.47	3.85
中国大陆	0.98	3.12	2.07	2.77	2.91	4.17	2.30	3.67	3.91	6.11	3.22
德国	2.11	2.52	1.29	2.49	2.07	2.38	3.43	1.83	2.55	2.63	2.42
荷兰	2.39	1.34	1.81	2.07	3.37	3.22	2.25	1.83	1.78	2.32	2.28
泰国	1.83	2.67	2.33	2.77	2.07	3.34	2.02	1.67	1.95	1.79	2.17
西班牙	1.69	0.89	1.81	1.11	2.68	2.26	2.13	2.75	2.46	2.00	2.10

续表

国家和地区	2011年	2012年	2013年	2014年	2015年	2016年	2017年	2018年	2019年	2020年	合计
印度	2.67	1.78	2.72	1.52	1.99	2.03	1.80	1.42	2.55	2.42	2.05
意大利	1.55	1.48	2.46	2.63	1.69	1.91	1.91	1.25	2.21	2.53	1.93
比利时	1.83	1.48	2.20	2.21	1.99	1.19	1.80	1.75	1.53	2.21	1.82
肯尼亚	3.38	1.93	1.94	1.94	1.84	1.31	1.57	1.67	1.36	1.79	1.80
坦桑尼亚	2.95	2.23	2.46	2.49	1.23	0.83	1.46	1.33	1.87	2.11	1.78
南非	0.84	0.45	0.78	1.66	1.69	1.79	1.46	2.08	1.53	2.11	1.51
加拿大	1.13	2.08	0.91	1.80	1.69	1.67	1.18	1.58	0.85	1.26	1.38
埃塞俄比亚	0.56	0.74	0.65	1.24	0.84	0.72	1.24	1.50	1.36	1.47	1.09
乌干达	1.13	1.78	0.91	1.52	0.84	1.07	1.07	0.58	1.10	1.37	1.09

四十 药理学和药剂学

药理学和药剂学A、B、C层人才最多的国家是美国，分别占该学科全球A、B、C层人才的28.21%、24.86%、21.15%，均大幅高于其他国家和地区。

英国的A层人才以10.67%的世界占比排名第二；中国大陆、加拿大、法国、德国、澳大利亚、印度、瑞士的A层人才比较多，世界占比在7%~3%之间；意大利、荷兰、比利时、丹麦、瑞典、韩国、沙特、日本、西班牙、葡萄牙、爱尔兰也有相当数量的A层人才，世界占比超过1%。

英国、中国大陆B层人才的世界占比分别为7.86%、7.45%，分列第二、第三位；意大利、德国、印度、澳大利亚、法国的B层人才比较多，世界占比在5%~3%之间；加拿大、西班牙、荷兰、伊朗、瑞士、日本、比利时、韩国、瑞典、丹麦、巴西、葡萄牙也有相当数量的B层人才，世界占比超过1%。

中国大陆的C层人才以13.28%的世界占比排名第二；英国、意大利、德国、印度的C层人才比较多，世界占比在7%~3%之间；澳大利亚、法国、西班牙、加拿大、荷兰、日本、伊朗、韩国、瑞士、比利时、巴西、瑞典、丹麦、埃及也有相当数量的C层人才，世界占比超过1%。

表 9-118　药理学和药剂学 A 层人才排名前 20 的国家和地区的占比

单位：%

国家和地区	2011 年	2012 年	2013 年	2014 年	2015 年	2016 年	2017 年	2018 年	2019 年	2020 年	合计
美国	23.81	34.85	29.58	38.03	34.67	38.67	36.59	22.89	19.39	12.62	28.21
英国	9.52	10.61	14.08	8.45	13.33	12.00	12.20	8.43	10.20	8.74	10.67
中国大陆	1.59	0.00	5.63	4.23	2.67	0.00	2.44	12.05	5.10	21.36	6.23
加拿大	6.35	3.03	5.63	2.82	8.00	4.00	2.44	3.61	3.06	3.88	4.19
法国	1.59	4.55	5.63	4.23	4.00	2.67	2.44	0.00	3.06	9.71	3.94
德国	6.35	4.55	2.82	1.41	2.67	1.33	2.44	4.82	6.12	4.85	3.81
澳大利亚	0.00	0.00	5.63	1.41	2.67	4.00	2.44	6.02	6.12	3.88	3.43
印度	0.00	4.55	2.82	4.23	4.00	4.00	6.10	3.61	3.06	1.94	3.43
瑞士	4.76	4.55	2.82	1.41	5.33	2.67	7.32	0.00	4.08	0.97	3.30
意大利	6.35	1.52	1.41	2.82	1.33	1.33	2.44	3.61	5.10	1.94	2.80
荷兰	6.35	7.58	1.41	0.00	1.33	2.67	1.22	3.61	4.08	0.97	2.80
比利时	6.35	4.55	0.00	2.82	0.00	4.00	1.22	0.00	0.00	2.91	2.03
丹麦	3.17	1.52	0.00	4.23	2.67	0.00	2.44	1.20	1.02	0.97	1.65
瑞典	4.76	0.00	4.23	0.00	1.33	2.67	2.44	1.20	0.00	0.00	1.52
韩国	1.59	3.03	0.00	2.82	0.00	1.33	2.44	2.41	1.02	0.97	1.52
沙特	0.00	1.52	0.00	1.41	0.00	2.67	1.22	1.20	2.04	3.88	1.52
日本	1.59	0.00	2.82	0.00	1.33	0.00	3.66	1.20	1.02	0.00	1.14
西班牙	3.17	0.00	0.00	1.41	2.67	1.33	0.00	2.41	1.02	0.00	1.14
葡萄牙	3.17	1.52	0.00	0.00	0.00	1.33	0.00	2.41	2.04	0.97	1.14
爱尔兰	0.00	0.00	1.41	0.00	1.33	2.67	2.44	1.20	0.00	0.97	1.02

表 9-119　药理学和药剂学 B 层人才排名前 20 的国家和地区的占比

单位：%

国家和地区	2011 年	2012 年	2013 年	2014 年	2015 年	2016 年	2017 年	2018 年	2019 年	2020 年	合计
美国	29.49	33.06	28.79	26.22	28.57	25.78	24.66	21.66	20.16	16.34	24.86
英国	9.42	8.51	7.98	7.69	10.42	7.51	7.14	7.79	6.37	6.86	7.86
中国大陆	4.19	2.84	4.54	3.92	5.06	6.80	9.43	9.91	11.12	12.34	7.45
意大利	2.97	4.67	3.76	4.24	5.65	4.11	5.12	5.42	4.17	6.86	4.79
德国	4.71	4.51	4.85	6.28	6.10	4.39	2.83	4.10	2.55	2.86	4.19
印度	3.49	4.17	2.82	2.35	2.53	3.26	3.91	3.70	4.40	4.91	3.62
澳大利亚	4.54	3.01	3.91	4.08	3.42	4.96	3.77	2.77	3.13	2.74	3.58
法国	4.71	5.34	4.23	3.77	2.68	2.83	3.23	3.17	3.48	3.09	3.58
加拿大	2.79	3.84	3.76	3.77	2.08	2.69	3.50	3.17	2.20	1.94	2.92
西班牙	2.62	1.67	2.97	1.88	2.23	3.26	2.83	2.38	2.78	3.20	2.62
荷兰	2.09	2.34	3.29	2.98	2.68	1.98	3.23	3.83	2.32	1.14	2.56

续表

国家和地区	2011年	2012年	2013年	2014年	2015年	2016年	2017年	2018年	2019年	2020年	合计
伊朗	0.87	0.67	0.63	0.94	1.49	3.12	3.23	2.38	3.36	3.77	2.19
瑞士	1.92	2.50	2.50	2.67	3.87	1.42	1.75	2.51	1.16	1.26	2.10
日本	3.32	2.84	2.66	2.04	1.64	2.41	0.94	1.19	1.74	1.37	1.94
比利时	1.40	1.34	2.50	2.83	2.23	1.42	1.75	1.59	1.74	1.03	1.76
韩国	1.22	1.17	1.25	1.26	0.74	2.69	0.94	1.98	2.67	1.37	1.57
瑞典	1.75	1.00	1.25	2.20	1.49	1.70	1.75	1.59	1.39	0.80	1.47
丹麦	1.75	1.50	1.56	1.41	1.79	1.70	0.94	0.53	1.27	0.57	1.26
巴西	2.09	0.67	0.94	1.57	1.19	1.70	1.08	1.19	1.04	1.03	1.23
葡萄牙	0.52	0.83	1.25	1.10	1.04	1.27	0.67	0.40	1.16	2.17	1.08

表9-120 药理学和药剂学C层人才排名前20的国家和地区的占比

单位：%

国家和地区	2011年	2012年	2013年	2014年	2015年	2016年	2017年	2018年	2019年	2020年	合计
美国	25.91	26.50	25.51	24.57	23.65	21.52	20.02	18.32	16.29	14.88	21.15
中国大陆	7.06	9.37	8.69	10.20	10.89	11.83	14.61	16.93	19.60	17.94	13.28
英国	7.27	7.23	7.23	6.91	6.42	6.21	6.08	5.68	5.19	5.31	6.25
意大利	4.47	4.78	5.21	4.42	4.20	4.76	4.84	5.22	4.77	5.78	4.88
德国	5.71	5.40	4.77	5.11	4.42	4.03	4.14	3.85	3.67	3.18	4.33
印度	3.40	3.28	3.44	3.91	3.35	3.63	3.70	3.68	3.49	3.74	3.57
澳大利亚	2.55	2.84	3.12	3.00	2.94	3.31	2.96	2.91	2.74	2.45	2.87
法国	3.35	3.09	3.34	3.08	3.11	3.16	2.47	2.37	2.33	2.56	2.84
西班牙	2.87	2.69	2.98	2.66	2.91	2.68	2.71	2.46	2.50	2.41	2.67
加拿大	3.01	2.90	2.95	2.49	2.61	2.37	2.89	2.39	2.49	2.21	2.60
荷兰	2.61	2.52	2.79	2.85	2.95	2.73	2.37	2.15	1.85	1.81	2.41
日本	3.79	2.72	2.70	2.52	2.44	1.97	1.98	1.89	1.80	1.68	2.28
伊朗	0.74	0.69	1.41	1.18	1.53	2.14	2.36	3.04	3.02	3.74	2.12
韩国	2.17	2.13	2.38	2.07	2.12	2.31	1.85	2.30	2.08	1.74	2.10
瑞士	2.41	2.18	1.79	2.26	2.09	1.99	1.71	1.62	1.61	1.88	1.93
比利时	2.11	1.98	1.85	1.85	1.73	1.65	1.50	1.30	1.25	1.26	1.61
巴西	1.39	1.60	1.71	1.57	1.82	1.87	1.71	1.56	1.53	1.39	1.61
瑞典	1.97	1.40	1.47	1.46	1.53	1.36	1.14	1.08	1.02	0.92	1.30
丹麦	1.30	1.45	1.21	1.21	1.39	1.33	1.05	1.00	1.02	0.97	1.18
埃及	0.58	0.46	0.63	0.76	1.00	1.20	1.64	1.37	1.45	1.85	1.15

第九章 医学

四十一 医用化学

医用化学 A、B、C 层人才最多的国家是美国，分别占该学科全球 A、B、C 层人才的 26.73%、21.79%、18.45%，均大幅高于其他国家和地区。

中国大陆 A 层人才的世界占比为 7.83%，排名第二；英国、德国、意大利、加拿大、印度、新西兰、瑞士、澳大利亚的 A 层人才比较多，世界占比在 6%~3% 之间；伊朗、波兰、西班牙、巴基斯坦、法国、瑞典、韩国、爱尔兰、沙特、奥地利也有相当数量的 A 层人才，世界占比超过或接近 1%。

中国大陆的 B 层人才以 10.56% 的世界占比排名第二；印度、意大利、德国、英国、西班牙的 B 层人才比较多，世界占比在 7%~3% 之间；澳大利亚、韩国、伊朗、瑞士、巴西、法国、加拿大、葡萄牙、沙特、日本、荷兰、波兰、土耳其也有相当数量的 B 层人才，世界占比超过 1%。

中国大陆的 C 层人才以 15.05% 的世界占比排名第二；意大利、印度、德国、英国的 C 层人才比较多，世界占比在 7%~4% 之间；韩国、法国、西班牙、澳大利亚、日本、巴西、埃及、瑞士、伊朗、加拿大、沙特、葡萄牙、土耳其、比利时也有相当数量的 C 层人才，世界占比超过 1%。

表 9-121 医用化学 A 层人才排名前 20 的国家和地区的占比

单位：%

国家和地区	2011 年	2012 年	2013 年	2014 年	2015 年	2016 年	2017 年	2018 年	2019 年	2020 年	合计
美国	28.57	47.62	10.00	30.00	22.73	22.73	36.36	50.00	10.71	17.39	26.73
中国大陆	14.29	4.76	5.00	0.00	9.09	9.09	9.09	0.00	10.71	13.04	7.83
英国	14.29	4.76	5.00	10.00	9.09	4.55	4.55	5.56	3.57	0.00	5.99
德国	9.52	4.76	5.00	10.00	0.00	9.09	4.55	0.00	10.71	4.35	5.99
意大利	0.00	4.76	10.00	5.00	4.55	9.09	0.00	5.56	7.14	0.00	4.61
加拿大	14.29	4.76	5.00	5.00	4.55	0.00	0.00	0.00	3.57	4.35	4.15
印度	4.76	9.52	0.00	5.00	4.55	0.00	13.64	0.00	0.00	0.00	4.15
新西兰	0.00	4.76	5.00	0.00	4.55	4.55	4.55	5.56	3.57	4.35	3.69
瑞士	4.76	9.52	5.00	0.00	4.55	9.09	4.55	0.00	0.00	0.00	3.69
澳大利亚	0.00	0.00	10.00	5.00	0.00	0.00	0.00	5.56	3.57	8.70	3.23

续表

国家和地区	2011年	2012年	2013年	2014年	2015年	2016年	2017年	2018年	2019年	2020年	合计
伊朗	0.00	0.00	0.00	5.00	4.55	0.00	0.00	5.56	7.14	0.00	2.30
波兰	0.00	0.00	0.00	0.00	4.55	4.55	0.00	0.00	0.00	8.70	1.84
西班牙	4.76	0.00	0.00	0.00	0.00	0.00	0.00	5.56	7.14	0.00	1.84
巴基斯坦	0.00	0.00	0.00	0.00	0.00	0.00	0.00	5.56	0.00	8.70	1.38
法国	0.00	0.00	5.00	5.00	0.00	4.55	0.00	0.00	0.00	0.00	1.38
瑞典	0.00	4.76	5.00	0.00	0.00	0.00	4.55	0.00	0.00	0.00	1.38
韩国	0.00	0.00	0.00	0.00	0.00	0.00	9.09	0.00	0.00	4.35	1.38
爱尔兰	0.00	0.00	5.00	0.00	0.00	0.00	4.55	0.00	3.57	0.00	1.38
沙特	0.00	0.00	0.00	0.00	4.55	4.55	4.55	0.00	0.00	0.00	1.38
奥地利	0.00	0.00	5.00	0.00	0.00	4.55	0.00	0.00	0.00	0.00	0.92

表9-122 医用化学B层人才排名前20的国家和地区的占比

单位：%

国家和地区	2011年	2012年	2013年	2014年	2015年	2016年	2017年	2018年	2019年	2020年	合计
美国	26.67	26.84	23.96	23.47	22.11	21.83	20.92	17.92	17.93	18.57	21.79
中国大陆	7.18	5.79	10.94	9.18	11.06	6.60	12.24	10.85	18.33	10.97	10.56
印度	7.69	6.84	8.33	8.67	6.03	6.09	6.12	6.60	6.77	6.33	6.92
意大利	5.13	4.21	7.81	6.12	4.52	7.61	7.65	7.55	5.18	11.39	6.78
德国	3.59	9.47	3.13	7.65	6.03	5.58	5.61	5.66	3.98	2.95	5.28
英国	8.21	7.89	7.81	4.59	2.01	5.08	4.08	4.25	3.59	2.53	4.89
西班牙	3.08	2.63	3.65	1.53	2.51	3.05	2.55	4.25	3.59	5.49	3.29
澳大利亚	2.56	2.63	1.04	3.06	5.53	4.57	2.04	1.42	1.99	1.27	2.57
韩国	0.00	3.16	2.60	5.10	2.51	2.03	1.02	3.30	2.39	2.53	2.47
伊朗	2.05	0.53	2.60	2.55	2.01	4.57	2.55	3.30	1.59	2.11	2.37
瑞士	2.56	2.63	4.17	2.55	2.51	1.52	0.00	2.36	1.20	1.27	2.03
巴西	2.56	1.58	2.60	2.04	2.01	2.03	2.04	2.83	1.59	1.27	2.03
法国	2.56	2.63	1.56	2.04	0.00	2.03	3.06	2.36	1.99	2.11	2.03
加拿大	3.08	1.05	1.04	1.02	1.01	1.52	3.06	3.30	1.59	1.69	1.84
葡萄牙	1.03	2.63	3.13	2.55	2.51	2.04	0.47	1.20	1.27	1.84	1.84
沙特	0.51	0.00	1.04	0.51	2.01	2.03	3.06	1.42	2.79	3.38	1.74
日本	3.08	1.05	2.08	1.02	2.01	2.54	0.51	1.42	1.99	1.27	1.69
荷兰	2.05	3.68	1.04	1.02	0.50	0.51	2.04	1.42	1.99	1.27	1.55
波兰	1.54	1.58	0.00	1.02	2.01	0.51	2.55	0.00	1.20	1.69	1.21
土耳其	1.54	0.00	1.04	0.00	3.02	1.52	1.02	0.47	0.80	1.69	1.11

表 9-123 医用化学 C 层人才排名前 20 的国家和地区的占比

单位：%

国家和地区	2011 年	2012 年	2013 年	2014 年	2015 年	2016 年	2017 年	2018 年	2019 年	2020 年	合计
美国	22.50	22.72	22.20	19.05	18.93	18.29	17.76	16.38	14.02	15.06	18.45
中国大陆	10.12	11.33	12.73	13.67	14.85	14.32	15.33	18.71	20.43	16.48	15.05
意大利	6.40	5.67	6.53	6.60	5.92	6.93	7.49	6.32	6.65	7.97	6.67
印度	6.14	6.48	6.80	7.07	5.31	6.05	5.58	5.64	4.76	4.54	5.77
德国	4.98	5.13	4.82	5.75	4.64	5.22	5.32	4.37	4.80	3.74	4.85
英国	4.61	5.83	4.71	4.12	4.95	4.75	4.75	4.66	3.86	4.41	4.63
韩国	2.62	2.64	2.30	2.59	2.91	2.38	2.43	3.30	3.54	3.21	2.83
法国	2.67	3.08	2.78	2.80	2.60	2.27	2.53	2.53	2.32	2.27	2.57
西班牙	3.30	2.70	2.41	2.27	3.06	2.22	2.37	2.19	2.76	2.27	2.55
澳大利亚	1.57	2.00	1.98	2.37	1.99	2.48	2.07	2.14	2.05	1.92	2.05
日本	4.25	2.32	2.09	1.48	1.73	1.96	1.91	1.51	1.42	1.47	1.98
巴西	1.73	2.32	2.14	2.11	2.24	1.65	2.01	1.90	1.57	2.00	1.96
埃及	1.10	1.51	1.50	1.37	1.63	1.76	2.12	1.90	1.97	2.81	1.79
瑞士	2.41	1.67	1.61	1.42	1.73	2.02	2.07	1.55	1.61	1.29	1.73
伊朗	0.94	1.13	1.82	1.27	1.99	1.65	1.70	1.94	1.77	2.72	1.72
加拿大	2.10	1.73	1.98	1.42	1.99	1.45	1.65	1.55	1.65	1.47	1.69
沙特	0.73	1.13	0.86	1.64	1.48	2.48	1.91	1.90	1.42	1.78	1.54
葡萄牙	1.05	1.40	1.34	1.32	1.22	1.29	1.39	1.36	1.50	1.34	1.33
土耳其	1.15	0.70	1.18	0.79	1.28	2.43	1.34	1.07	1.06	1.56	1.26
比利时	2.15	1.73	1.50	1.58	1.02	1.29	0.77	0.92	0.55	0.94	1.21

四十二 毒理学

毒理学 A、B、C 层人才最多的国家是美国，分别占该学科全球 A、B、C 层人才的 20.21%、22.50%、20.85%，均大幅高于其他国家和地区。

中国大陆、英国、意大利、西班牙、德国、加拿大、印度、比利时的 A 层人才比较多，世界占比在 7%~3% 之间；澳大利亚、瑞士、巴西、法国、新西兰、巴基斯坦、韩国、土耳其、日本、丹麦、斯洛伐克也有相当数量的 A 层人才，世界占比超过 1%。

中国大陆、英国、意大利、德国、法国、加拿大、荷兰、印度的 B 层人才比较多，世界占比在 8%~3% 之间；比利时、瑞士、澳大利亚、西班牙、丹麦、瑞典、韩国、巴西、日本、伊朗、新西兰也有相当数量的B层人才，世界占比超过1%。

中国大陆C层人才以12.53%的世界占比排名第二；英国、意大利、德国、印度、加拿大、法国的C层人才比较多，世界占比在6%~3%之间；西班牙、荷兰、韩国、巴西、瑞士、澳大利亚、瑞典、日本、丹麦、比利时、伊朗、葡萄牙也有相当数量的C层人才，世界占比超过1%。

表9-124 毒理学A层人才排名前20的国家和地区的占比

单位：%

国家和地区	2011年	2012年	2013年	2014年	2015年	2016年	2017年	2018年	2019年	2020年	合计
美国	11.76	27.78	33.33	11.11	22.22	23.81	26.32	13.04	23.08	16.67	20.21
中国大陆	5.88	0.00	11.11	5.56	5.56	19.05	0.00	8.70	7.69	4.17	6.74
英国	17.65	5.56	0.00	11.11	0.00	4.76	10.53	8.70	3.85	4.17	6.74
意大利	5.88	0.00	0.00	11.11	5.56	0.00	10.53	4.35	3.85	8.33	5.18
西班牙	5.88	0.00	11.11	0.00	0.00	0.00	10.53	4.35	3.85	8.33	4.15
德国	5.88	11.11	0.00	0.00	0.00	14.29	0.00	0.00	7.69	0.00	4.15
加拿大	5.88	5.56	0.00	5.56	11.11	4.76	0.00	0.00	3.85	0.00	3.63
印度	0.00	0.00	11.11	0.00	11.11	4.76	0.00	4.35	3.85	4.17	3.63
比利时	5.88	11.11	0.00	0.00	0.00	5.56	0.00	0.00	3.85	4.17	3.11
澳大利亚	5.88	0.00	0.00	0.00	0.00	9.52	5.26	4.35	0.00	0.00	2.59
瑞士	0.00	5.56	11.11	5.56	0.00	0.00	5.26	4.35	0.00	0.00	2.59
巴西	0.00	0.00	0.00	11.11	0.00	0.00	0.00	8.70	0.00	0.00	2.07
法国	0.00	0.00	0.00	5.56	5.56	0.00	0.00	4.35	3.85	0.00	2.07
新西兰	0.00	0.00	0.00	0.00	0.00	0.00	0.00	4.35	0.00	12.50	2.07
巴基斯坦	0.00	0.00	0.00	0.00	5.56	4.76	0.00	0.00	3.85	0.00	1.55
韩国	0.00	5.56	0.00	0.00	0.00	11.11	0.00	0.00	0.00	0.00	1.55
土耳其	0.00	5.56	0.00	0.00	0.00	0.00	0.00	0.00	0.00	8.33	1.55
日本	0.00	0.00	0.00	0.00	5.56	0.00	0.00	4.35	3.85	0.00	1.55
丹麦	0.00	0.00	0.00	0.00	5.56	0.00	0.00	4.35	0.00	4.17	1.55
斯洛伐克	11.76	0.00	0.00	0.00	0.00	4.76	0.00	0.00	0.00	0.00	1.55

表9-125 毒理学B层人才排名前20的国家和地区的占比

单位：%

国家和地区	2011年	2012年	2013年	2014年	2015年	2016年	2017年	2018年	2019年	2020年	合计
美国	38.82	33.13	25.00	28.41	26.74	22.50	19.39	13.94	14.41	11.30	22.50
中国大陆	2.94	4.82	2.27	2.84	5.35	6.00	5.61	11.06	12.23	13.04	7.02
英国	7.65	4.82	6.82	7.95	8.02	3.50	5.61	4.81	6.11	5.65	6.04

续表

国家和地区	2011年	2012年	2013年	2014年	2015年	2016年	2017年	2018年	2019年	2020年	合计
意大利	4.12	2.41	3.98	6.82	5.88	4.00	5.61	6.73	2.18	6.09	4.80
德国	5.88	3.61	4.55	7.39	5.88	4.00	3.57	2.40	2.18	3.48	4.18
法国	3.53	5.42	3.41	5.11	3.74	4.50	4.59	2.88	1.75	4.35	3.87
加拿大	4.12	4.22	5.11	5.68	4.81	3.00	3.57	2.88	1.75	3.91	3.82
荷兰	3.53	4.82	3.41	4.55	4.28	3.50	2.55	1.44	3.06	1.30	3.15
印度	2.35	3.01	0.57	1.70	2.14	2.00	1.53	5.77	6.55	3.91	3.10
比利时	1.18	2.41	3.98	1.14	4.81	2.50	4.08	1.44	1.31	2.61	2.53
瑞士	0.59	1.20	4.55	3.41	4.28	3.50	3.57	1.92	1.31	1.30	2.53
澳大利亚	3.53	2.41	2.84	1.70	2.14	3.50	1.53	1.44	4.37	0.43	2.37
西班牙	1.18	1.81	4.55	1.70	2.67	3.00	3.57	2.40	1.31	1.74	2.37
丹麦	1.76	2.41	2.84	2.27	3.74	1.50	2.55	1.44	1.31	1.74	2.12
瑞典	0.59	1.81	3.41	1.70	2.14	3.50	1.53	0.96	2.18	1.74	1.96
韩国	0.59	1.81	3.98	0.57	1.07	2.00	1.02	2.40	1.75	1.74	1.70
巴西	2.35	1.20	0.57	0.00	0.53	2.50	1.02	3.37	2.18	1.30	1.55
日本	1.18	0.60	2.27	0.57	1.60	3.00	1.02	1.92	2.62	0.43	1.55
伊朗	0.59	0.60	1.14	1.14	0.00	0.00	2.55	4.33	2.62	0.87	1.44
新西兰	0.59	0.60	0.57	0.00	0.00	1.00	0.51	0.96	4.37	3.04	1.29

表9-126 毒理学C层人才排名前20的国家和地区的占比

单位：%

国家和地区	2011年	2012年	2013年	2014年	2015年	2016年	2017年	2018年	2019年	2020年	合计
美国	28.02	26.97	25.12	23.90	22.86	21.64	20.44	16.03	15.30	13.64	20.85
中国大陆	7.94	8.31	9.74	10.87	9.21	10.15	11.15	16.56	19.82	16.99	12.53
英国	5.04	5.42	5.41	6.77	5.59	5.10	4.44	4.44	3.93	4.81	5.03
意大利	3.73	4.33	5.29	4.38	4.71	4.79	5.07	4.53	4.56	4.62	4.61
德国	4.92	4.09	4.45	4.89	4.17	4.89	4.81	3.96	4.01	4.58	4.46
印度	3.44	2.89	3.43	2.96	3.62	3.75	2.85	3.20	3.34	3.89	3.35
加拿大	4.38	3.25	3.31	4.27	3.56	3.17	4.28	2.81	2.26	2.01	3.26
法国	3.79	4.15	3.61	2.62	2.58	3.38	3.38	3.10	2.76	2.52	3.15
西班牙	2.43	2.89	2.58	3.07	3.45	3.28	2.85	2.39	2.55	2.98	2.84
荷兰	2.25	3.13	2.40	3.07	3.13	3.17	3.17	2.29	2.01	2.43	2.68
韩国	2.84	2.35	3.13	2.96	2.08	2.29	1.64	2.00	1.67	1.60	2.21
巴西	1.66	1.81	1.50	2.22	1.64	2.13	2.01	2.96	2.09	2.56	2.09
瑞士	2.61	2.17	1.74	1.94	2.47	2.13	1.80	1.62	1.46	1.42	1.90

续表

国家和地区	2011年	2012年	2013年	2014年	2015年	2016年	2017年	2018年	2019年	2020年	合计
澳大利亚	1.60	1.87	2.28	1.54	1.59	1.87	1.69	2.05	1.80	1.97	1.83
瑞典	1.78	2.89	1.92	1.94	1.75	1.61	1.64	1.62	1.34	1.37	1.75
日本	2.13	1.57	1.62	1.02	2.36	1.98	2.06	1.34	1.59	1.74	1.73
丹麦	1.78	2.47	1.50	1.48	2.25	2.08	1.16	1.72	1.46	1.51	1.72
比利时	1.78	1.26	2.10	1.88	1.86	1.66	1.80	1.91	1.25	1.65	1.70
伊朗	0.53	0.78	0.66	0.85	0.66	1.14	2.11	3.05	2.34	2.52	1.56
葡萄牙	1.36	1.44	1.56	1.59	1.32	1.35	1.11	0.76	1.21	1.14	1.27

四十三　病理学

病理学A、B、C层人才最多的国家是美国，分别占该学科全球A、B、C层人才的27.18%、30.05%、28.85%，均遥遥领先于其他国家和地区。

德国、英国处于第二梯队，A层人才的世界占比分别为10.19%、9.71%；加拿大、瑞士、法国、荷兰、意大利、日本的A层人才比较多，世界占比在6%～4%之间；瑞典、澳大利亚、奥地利、丹麦、新西兰、韩国、比利时、中国大陆、捷克、印度、卡塔尔也有相当数量的A层人才，世界占比超过或接近1%。

英国B层人才的世界占比为10.46%，排名第二；德国、加拿大、荷兰、意大利、法国、澳大利亚的B层人才比较多，世界占比在8%～3%之间；中国大陆、日本、瑞士、瑞典、西班牙、比利时、奥地利、巴西、韩国、丹麦、波兰、新加坡也有相当数量的B层人才，世界占比超过或接近1%。

中国大陆C层人才的世界占比为8.09%，排名第二；英国、德国、加拿大、日本、意大利、荷兰、法国的C层人才比较多，世界占比在8%～3%之间；澳大利亚、西班牙、瑞士、韩国、瑞典、巴西、比利时、奥地利、中国台湾、丹麦、印度也有相当数量的C层人才，世界占比超过或接近1%。

表 9-127 病理学 A 层人才排名前 20 的国家和地区的占比

单位：%

国家和地区	2011 年	2012 年	2013 年	2014 年	2015 年	2016 年	2017 年	2018 年	2019 年	2020 年	合计
美国	52.63	18.18	14.29	10.53	31.82	26.32	27.27	22.22	30.43	38.10	27.18
德国	15.79	13.64	0.00	5.26	13.64	5.26	9.09	11.11	13.04	14.29	10.19
英国	10.53	9.09	9.52	5.26	4.55	10.53	13.64	11.11	13.04	9.52	9.71
加拿大	0.00	9.09	9.52	5.26	4.55	10.53	9.09	11.11	0.00	0.00	5.83
瑞士	0.00	4.55	9.52	5.26	9.09	5.26	4.55	11.11	0.00	9.52	5.83
法国	0.00	9.09	0.00	5.26	4.55	5.26	9.09	5.56	8.70	0.00	4.85
荷兰	10.53	4.55	0.00	5.26	4.55	5.26	4.55	5.56	0.00	4.76	4.37
意大利	0.00	4.55	19.05	5.26	0.00	0.00	0.00	11.11	0.00	4.76	4.37
日本	5.26	9.09	0.00	5.26	9.09	0.00	4.55	5.56	4.35	0.00	4.37
瑞典	0.00	4.55	9.52	5.26	0.00	5.26	0.00	0.00	0.00	0.00	2.43
澳大利亚	5.26	0.00	0.00	5.26	0.00	5.26	0.00	5.56	4.35	0.00	2.43
奥地利	0.00	4.55	0.00	5.26	0.00	0.00	4.55	0.00	4.35	0.00	1.94
丹麦	0.00	0.00	4.76	0.00	0.00	0.00	4.55	0.00	8.70	0.00	1.94
新西兰	0.00	0.00	9.52	0.00	0.00	5.26	0.00	0.00	0.00	0.00	1.46
韩国	0.00	4.55	0.00	0.00	4.55	0.00	0.00	0.00	0.00	4.76	1.46
比利时	0.00	0.00	0.00	0.00	0.00	4.55	0.00	0.00	0.00	4.76	0.97
中国大陆	0.00	0.00	0.00	0.00	0.00	0.00	0.00	0.00	0.00	4.76	0.97
捷克	0.00	0.00	4.76	5.26	0.00	0.00	0.00	0.00	0.00	0.00	0.97
印度	0.00	0.00	0.00	5.26	0.00	0.00	0.00	0.00	4.35	0.00	0.97
卡塔尔	0.00	0.00	0.00	5.26	0.00	0.00	0.00	0.00	4.35	0.00	0.97

表 9-128 病理学 B 层人才排名前 20 的国家和地区的占比

单位：%

国家和地区	2011 年	2012 年	2013 年	2014 年	2015 年	2016 年	2017 年	2018 年	2019 年	2020 年	合计
美国	39.33	38.58	32.45	30.85	26.37	24.49	28.43	29.90	28.30	22.96	30.05
英国	12.36	9.64	11.17	7.46	11.94	13.27	10.66	11.27	8.02	9.18	10.46
德国	5.62	8.63	9.04	9.45	7.96	9.69	7.11	6.86	5.66	5.10	7.51
加拿大	5.06	11.17	10.11	6.97	6.47	5.10	5.08	7.35	4.72	5.61	6.75
荷兰	2.81	5.08	3.72	2.49	5.47	5.10	4.57	6.37	5.19	6.12	4.72
意大利	4.49	3.55	3.72	2.49	4.98	5.61	4.57	2.94	5.66	7.14	4.52
法国	2.81	2.54	3.72	3.98	4.98	4.08	4.06	5.39	3.30	4.59	3.96
澳大利亚	2.81	1.02	2.66	4.98	3.48	4.59	4.06	2.94	3.30	3.06	3.30
中国大陆	1.69	0.00	3.19	4.48	2.99	2.55	1.02	2.45	4.72	4.08	2.74

续表

国家和地区	2011年	2012年	2013年	2014年	2015年	2016年	2017年	2018年	2019年	2020年	合计
日本	2.25	3.05	3.72	3.48	1.49	1.53	2.54	3.92	0.94	3.06	2.59
瑞士	2.25	2.03	3.72	2.49	2.99	2.55	1.52	3.92	1.89	2.55	2.59
瑞典	3.93	1.02	0.53	2.49	1.99	2.04	3.05	1.96	4.25	2.04	2.34
西班牙	1.69	1.02	0.53	0.50	1.99	3.57	3.05	1.47	5.19	2.04	2.13
比利时	1.12	2.54	1.60	1.00	1.99	3.06	3.05	0.98	2.36	1.02	1.88
奥地利	2.25	2.54	2.66	2.49	1.00	1.02	3.05	0.49	0.00	3.06	1.83
巴西	0.56	0.51	0.53	1.00	1.49	2.04	0.51	1.96	0.47	1.53	1.07
韩国	0.00	1.02	0.53	1.49	1.49	1.02	2.03	0.49	1.42	1.02	1.07
丹麦	0.00	0.51	0.00	0.00	0.50	0.00	2.03	0.98	2.36	1.02	0.76
波兰	0.56	1.02	0.53	1.49	1.00	1.53	1.52	0.00	0.00	0.00	0.76
新加坡	2.25	0.51	0.53	1.00	1.00	0.51	0.00	0.00	0.47	1.02	0.71

表9-129 病理学C层人才排名前20的国家和地区的占比

单位：%

国家和地区	2011年	2012年	2013年	2014年	2015年	2016年	2017年	2018年	2019年	2020年	合计
美国	33.26	30.66	32.12	30.29	27.31	32.77	29.61	24.88	24.66	22.80	28.85
中国大陆	4.46	3.93	6.37	10.61	15.24	5.06	5.51	8.05	12.79	7.96	8.09
英国	7.45	8.18	7.57	6.46	6.73	7.38	7.29	8.47	6.06	7.37	7.28
德国	6.66	8.02	7.19	7.02	5.94	5.90	6.81	5.13	6.47	6.36	6.55
加拿大	5.25	4.91	4.63	4.20	4.60	5.22	5.13	5.45	4.64	5.60	4.95
日本	5.53	6.59	4.95	3.95	5.39	4.90	4.43	4.24	4.99	3.59	4.87
意大利	4.52	4.45	4.52	4.15	4.06	4.69	4.81	4.98	4.08	6.42	4.64
荷兰	3.90	3.63	2.78	4.00	2.67	3.37	2.92	3.60	2.24	3.71	3.27
法国	3.44	3.63	2.50	3.23	2.62	2.90	3.84	3.55	3.26	3.42	3.23
澳大利亚	2.54	2.20	3.10	2.97	2.62	2.69	3.03	3.12	3.26	3.12	2.86
西班牙	3.05	2.45	2.89	2.41	1.83	2.58	2.38	2.70	2.14	2.42	2.47
瑞士	2.26	1.89	1.36	1.90	1.39	2.00	2.43	2.65	2.70	3.01	2.14
韩国	1.47	1.69	2.78	1.85	1.63	2.05	1.67	1.16	1.32	1.24	1.69
瑞典	1.64	1.43	1.69	2.05	1.39	1.48	1.30	1.48	2.14	1.89	1.65
巴西	0.85	0.97	1.36	1.08	0.99	1.42	1.51	1.96	1.43	1.12	1.27
比利时	1.07	1.33	1.14	1.18	1.09	0.58	1.30	1.80	0.87	1.59	1.19
奥地利	1.58	1.33	0.87	1.38	1.29	1.26	1.13	1.11	0.76	0.71	1.15
中国台湾	1.13	0.82	0.93	1.03	1.34	1.21	0.92	0.53	1.07	1.06	1.00
丹麦	0.56	0.61	0.87	0.77	0.69	0.79	1.24	0.79	1.32	0.77	0.84
印度	0.62	0.97	0.87	0.21	0.74	0.63	0.97	1.38	0.76	1.30	0.84

四十四 外科学

外科学A、B、C层人才最多的国家是美国,分别占该学科全球A、B、C层人才的21.93%、28.56%、33.11%,均大幅高于其他国家和地区。

英国、加拿大、意大利、德国、荷兰、法国、西班牙、瑞士、比利时、瑞典的A层人才比较多,世界占比在9%~3%之间;澳大利亚、爱尔兰、日本、丹麦、印度、挪威、阿根廷、芬兰、中国香港也有相当数量的A层人才,世界占比超过1%。

英国、意大利、德国、加拿大、荷兰、法国、日本的B层人才比较多,世界占比在9%~3%之间;西班牙、澳大利亚、瑞士、比利时、瑞典、中国大陆、奥地利、丹麦、韩国、印度、挪威、希腊也有相当数量的B层人才,世界占比超过或接近1%。

英国、德国、意大利、日本、加拿大、中国大陆、荷兰、法国的C层人才比较多,世界占比在8%~3%之间;澳大利亚、韩国、瑞士、西班牙、瑞典、比利时、巴西、奥地利、丹麦、中国台湾、印度也有相当数量的C层人才,世界占比超过或接近1%。

表9-130 外科学A层人才排名前20的国家和地区的占比

单位:%

国家和地区	2011年	2012年	2013年	2014年	2015年	2016年	2017年	2018年	2019年	2020年	合计
美国	26.23	37.50	31.34	23.61	18.31	30.14	20.51	14.49	6.52	18.81	21.93
英国	11.48	9.38	5.97	8.33	5.63	9.59	8.97	10.14	8.70	6.93	8.42
加拿大	9.84	9.38	11.94	2.78	5.63	4.11	2.56	4.35	4.35	2.97	5.48
意大利	6.56	1.56	7.46	5.56	4.23	2.74	6.41	4.35	4.35	9.90	5.48
德国	3.28	6.25	2.99	5.56	5.63	4.11	7.69	5.80	4.35	3.96	4.95
荷兰	8.20	6.25	4.48	5.56	5.63	1.37	6.41	4.35	5.43	1.98	4.81
法国	4.92	4.69	2.99	4.17	4.23	4.11	3.85	4.35	5.43	2.97	4.14
西班牙	3.28	1.56	1.49	2.78	2.82	2.74	5.13	7.25	3.26	6.93	3.88
瑞士	1.64	3.13	8.96	4.17	4.23	1.37	0.00	4.35	5.43	0.99	3.34
比利时	0.00	1.56	0.00	6.94	5.63	2.74	2.56	5.80	4.35	1.98	3.21
瑞典	4.92	1.56	7.46	1.39	1.41	1.37	3.85	2.90	5.43	1.98	3.21

续表

国家和地区	2011年	2012年	2013年	2014年	2015年	2016年	2017年	2018年	2019年	2020年	合计
澳大利亚	4.92	0.00	1.49	1.39	5.63	1.37	3.85	1.45	5.43	1.98	2.81
爱尔兰	0.00	6.25	1.49	1.39	1.41	2.74	1.28	2.90	1.09	1.98	2.01
日本	3.28	3.13	1.49	1.39	2.82	4.11	1.28	0.00	2.17	0.00	1.87
丹麦	0.00	3.13	0.00	2.78	2.82	1.37	1.28	1.45	1.09	0.99	1.47
印度	0.00	0.00	0.00	1.39	2.82	1.37	1.28	1.45	3.26	1.98	1.47
挪威	0.00	0.00	2.99	0.00	1.41	0.00	1.28	4.35	1.09	1.98	1.34
阿根廷	0.00	0.00	0.00	1.39	2.82	1.37	1.28	1.45	2.17	0.99	1.20
芬兰	0.00	1.56	0.00	1.39	0.00	1.37	1.28	4.35	0.00	1.98	1.20
中国香港	3.28	0.00	0.00	0.00	2.82	1.37	0.00	0.00	2.17	1.98	1.20

表9-131 外科学B层人才排名前20的国家和地区的占比

单位：%

国家和地区	2011年	2012年	2013年	2014年	2015年	2016年	2017年	2018年	2019年	2020年	合计
美国	39.64	34.67	33.78	32.41	32.13	25.82	29.65	20.08	21.61	23.47	28.56
英国	7.82	10.63	6.89	8.33	9.65	8.51	9.50	7.05	8.44	8.52	8.52
意大利	5.09	5.57	3.19	4.78	4.52	5.07	4.68	5.19	5.37	8.19	5.30
德国	5.64	5.57	5.71	6.17	4.98	5.37	5.11	4.79	4.22	4.04	5.08
加拿大	4.73	5.23	4.37	4.78	4.83	4.18	5.82	3.46	5.50	3.82	4.64
荷兰	3.64	4.01	3.70	4.78	4.68	4.18	3.69	6.25	4.60	3.17	4.27
法国	4.73	5.05	3.19	4.48	4.37	3.73	3.12	4.79	4.22	4.69	4.25
日本	2.18	3.14	4.20	4.32	4.22	2.69	1.99	3.86	3.32	1.97	3.15
西班牙	2.00	2.44	2.35	2.93	2.56	2.24	2.70	1.99	2.69	4.69	2.74
澳大利亚	1.45	2.96	3.03	3.24	2.41	2.69	2.98	2.13	3.96	2.07	2.70
瑞士	2.55	3.14	2.69	2.16	2.41	1.64	1.84	1.86	3.45	2.07	2.36
比利时	2.36	2.26	1.34	1.85	1.51	1.79	1.70	2.26	2.30	2.18	1.97
瑞典	2.18	1.39	1.01	2.62	1.96	1.79	1.84	1.99	2.94	1.42	1.93
中国大陆	0.73	1.39	1.51	1.54	1.51	1.94	1.84	1.60	2.17	3.82	1.91
奥地利	2.00	1.39	1.01	2.01	1.66	1.49	1.42	1.46	1.41	1.75	1.56
丹麦	1.45	1.57	1.85	1.54	1.06	1.64	1.56	1.06	1.02	1.09	1.36
韩国	0.91	0.70	2.02	1.23	1.96	0.75	1.13	1.86	1.41	0.66	1.25
印度	0.55	0.70	1.51	1.08	1.06	0.75	0.99	1.60	0.90	0.98	1.02
挪威	0.36	0.70	1.01	0.77	1.21	1.64	0.71	0.93	1.41	1.20	1.02
希腊	0.73	0.87	0.84	0.93	0.45	1.04	0.71	1.86	0.90	0.98	0.95

表 9-132 外科学 C 层人才排名前 20 的国家和地区的占比

单位：%

国家和地区	2011 年	2012 年	2013 年	2014 年	2015 年	2016 年	2017 年	2018 年	2019 年	2020 年	合计
美国	36.38	35.61	35.01	36.17	33.97	32.93	31.72	32.31	30.44	29.02	33.11
英国	8.28	8.15	7.94	7.27	7.14	7.78	7.25	6.41	6.40	6.77	7.27
德国	5.92	5.91	5.81	5.31	5.17	5.15	5.18	5.48	5.32	5.34	5.44
意大利	4.43	5.16	4.93	4.92	5.02	5.38	4.88	5.24	5.48	7.08	5.30
日本	4.34	4.51	4.48	4.89	4.62	4.71	4.29	4.30	4.14	3.95	4.41
加拿大	3.87	3.87	4.17	4.23	4.70	4.36	4.73	4.44	4.51	4.07	4.31
中国大陆	2.68	3.54	3.87	3.94	4.19	3.47	3.93	4.47	4.87	5.38	4.10
荷兰	3.98	3.29	4.00	3.49	3.65	3.98	4.38	4.22	3.99	3.62	3.87
法国	3.98	3.54	3.67	3.50	3.92	4.06	3.63	3.79	3.75	3.95	3.78
澳大利亚	2.47	2.43	2.55	2.20	2.72	2.81	2.77	2.71	2.40	2.26	2.53
韩国	2.67	3.06	2.52	2.88	2.41	2.29	2.04	2.19	1.84	1.61	2.31
瑞士	2.43	2.11	2.06	1.99	1.82	2.02	2.04	2.03	2.13	2.22	2.08
西班牙	2.11	1.73	2.06	2.01	1.71	2.03	1.93	1.78	2.24	2.10	1.98
瑞典	1.51	1.43	1.33	1.85	1.67	1.74	1.64	1.64	1.71	1.72	1.63
比利时	1.35	1.21	1.47	1.14	1.27	1.64	1.32	1.47	1.53	1.65	1.42
巴西	1.13	1.14	1.32	1.11	1.24	1.36	1.29	1.29	1.25	1.14	1.23
奥地利	0.99	1.28	1.06	0.89	1.02	1.01	0.93	1.19	1.25	1.22	1.09
丹麦	0.67	0.90	0.96	1.07	1.19	0.84	1.19	1.00	1.16	0.98	1.01
中国台湾	1.39	1.32	0.91	0.90	0.97	0.82	0.79	1.11	0.87	0.62	0.95
印度	0.65	0.60	0.84	0.75	0.74	0.74	0.80	0.94	0.87	1.27	0.84

四十五 移植医学

移植医学 A、B、C 层人才最多的国家是美国，分别占该学科全球 A、B、C 层人才的 35.09%、23.50%、28.64%，均遥遥领先于其他国家和地区。

加拿大的 A 层人才以 9.94% 的世界占比排名第二；德国、英国、法国、澳大利亚、意大利、西班牙、比利时的 A 层人才比较多，世界占比在 7%~3% 之间；瑞士、荷兰、日本、奥地利、巴西、中国大陆、捷克、新加坡、哥伦比亚、中国香港、印度也有相当数量的 A 层人才，世界占比超过或接近 1%。

英国、德国、法国、意大利、加拿大、西班牙、荷兰、瑞士、澳大利亚、比利时的 B 层人才比较多,世界占比在 9%~3% 之间;奥地利、瑞典、中国大陆、日本、以色列、波兰、捷克、巴西、土耳其也有相当数量的 B 层人才,世界占比超过 1%。

德国、英国、法国、意大利、加拿大、荷兰、西班牙、中国大陆、日本的 C 层人才比较多,世界占比在 8%~3% 之间;澳大利亚、比利时、瑞士、瑞典、奥地利、韩国、巴西、波兰、以色列、丹麦也有相当数量的 C 层人才,世界占比超过或接近 1%。

表 9-133 移植医学 A 层人才排名前 20 的国家和地区的占比

单位:%

国家和地区	2011 年	2012 年	2013 年	2014 年	2015 年	2016 年	2017 年	2018 年	2019 年	2020 年	合计
美国	30.77	29.41	27.78	42.11	30.00	26.67	42.86	31.25	45.00	42.11	35.09
加拿大	7.69	29.41	11.11	5.26	10.00	0.00	7.14	12.50	15.00	0.00	9.94
德国	15.38	11.76	5.56	5.26	5.00	6.67	7.14	6.25	5.00	0.00	6.43
英国	0.00	0.00	5.56	5.26	5.00	13.33	7.14	12.50	10.00	0.00	5.85
法国	7.69	5.88	11.11	10.53	0.00	6.67	7.14	6.25	0.00	0.00	5.26
澳大利亚	0.00	0.00	5.56	5.26	5.00	0.00	14.29	12.50	5.00	5.26	5.26
意大利	7.69	0.00	5.56	0.00	0.00	13.33	0.00	0.00	10.00	10.53	4.68
西班牙	0.00	0.00	0.00	0.00	10.00	6.67	7.14	6.25	0.00	10.53	4.09
比利时	7.69	5.88	0.00	5.26	5.00	0.00	0.00	6.25	5.00	0.00	3.51
瑞士	7.69	0.00	0.00	0.00	10.00	0.00	6.67	0.00	6.25	0.00	2.92
荷兰	0.00	0.00	5.56	0.00	0.00	6.67	7.14	0.00	0.00	5.26	2.34
日本	0.00	0.00	11.11	0.00	5.00	0.00	0.00	0.00	0.00	0.00	1.75
奥地利	7.69	0.00	0.00	0.00	0.00	0.00	0.00	0.00	0.00	0.00	1.17
巴西	0.00	0.00	0.00	5.26	5.00	0.00	0.00	0.00	0.00	0.00	1.17
中国大陆	0.00	0.00	0.00	5.26	0.00	0.00	0.00	0.00	0.00	5.26	1.17
捷克	0.00	5.88	0.00	0.00	0.00	0.00	0.00	0.00	0.00	5.26	1.17
新加坡	0.00	0.00	0.00	5.26	0.00	0.00	0.00	0.00	0.00	5.26	1.17
哥伦比亚	0.00	0.00	0.00	0.00	0.00	0.00	0.00	0.00	0.00	5.26	0.58
中国香港	0.00	0.00	0.00	5.26	0.00	0.00	0.00	0.00	0.00	0.00	0.58
印度	0.00	0.00	0.00	0.00	0.00	0.00	0.00	0.00	0.00	5.26	0.58

第九章 医学

表9-134 移植医学B层人才排名前20的国家和地区的占比

单位：%

国家和地区	2011年	2012年	2013年	2014年	2015年	2016年	2017年	2018年	2019年	2020年	合计
美国	26.39	21.95	32.53	24.87	26.60	19.76	27.60	17.92	23.71	13.10	23.50
英国	6.94	6.71	7.83	9.14	6.38	8.38	8.33	9.25	9.79	7.14	8.04
德国	9.03	9.76	7.83	7.61	5.85	6.59	9.38	8.67	4.64	4.76	7.36
法国	5.56	9.15	6.02	6.09	6.38	8.98	5.21	5.20	5.67	6.55	6.45
意大利	6.25	6.71	7.23	8.12	6.91	4.19	2.08	4.62	5.67	9.52	6.10
加拿大	4.17	3.66	7.83	5.58	7.45	5.39	5.73	4.62	6.19	2.98	5.42
西班牙	5.56	3.05	3.01	4.06	4.79	3.59	4.17	6.36	3.61	8.93	4.68
荷兰	2.78	7.32	1.20	5.08	3.19	4.19	4.17	3.47	6.19	5.95	4.39
瑞士	3.47	4.88	3.01	2.54	2.66	2.99	1.56	2.89	3.61	3.57	3.08
澳大利亚	2.78	4.88	1.81	3.55	2.13	4.19	2.60	2.89	2.58	2.98	3.02
比利时	4.17	2.44	2.41	2.54	2.13	4.79	3.65	1.73	4.12	2.38	3.02
奥地利	2.78	3.05	1.81	3.05	2.66	2.40	3.13	3.47	1.03	2.38	2.57
瑞典	1.39	3.05	1.81	1.52	3.19	1.80	1.56	6.36	2.58	2.38	2.57
中国大陆	2.08	2.44	2.41	1.02	2.66	0.00	2.60	3.47	0.52	4.76	2.17
日本	1.39	1.83	1.81	3.05	2.66	1.80	1.56	1.73	2.58	0.60	1.88
以色列	1.39	1.22	0.60	0.51	1.60	2.40	0.52	2.89	3.09	1.79	1.60
波兰	0.69	0.00	1.20	1.02	0.00	0.60	1.56	2.89	2.58	2.38	1.31
捷克	0.69	0.61	0.60	0.51	0.53	1.80	3.13	1.73	1.55	0.60	1.20
巴西	0.69	1.83	0.00	1.52	2.13	1.80	1.04	0.00	0.52	0.60	1.03
土耳其	0.69	0.61	1.20	0.51	1.06	2.40	0.00	1.73	1.03	1.19	1.03

表9-135 移植医学C层人才排名前20的国家和地区的占比

单位：%

国家和地区	2011年	2012年	2013年	2014年	2015年	2016年	2017年	2018年	2019年	2020年	合计
美国	29.81	27.11	30.38	30.31	28.53	30.80	28.21	28.97	26.95	25.56	28.64
德国	7.77	8.60	7.27	6.65	7.57	7.66	6.26	7.58	6.12	5.91	7.11
英国	6.37	6.27	6.41	7.07	6.56	7.48	7.17	6.36	5.14	6.02	6.49
法国	5.46	5.10	4.44	4.80	5.55	5.30	6.09	4.85	5.71	5.12	5.24
意大利	4.69	5.04	4.87	4.65	5.89	4.59	4.84	5.39	5.02	6.25	5.13
加拿大	4.13	4.79	4.44	4.17	4.37	5.30	5.18	5.45	4.90	4.84	4.76
荷兰	4.83	3.38	5.11	4.17	4.37	3.95	4.32	4.12	4.39	4.50	4.31
西班牙	3.85	4.18	3.45	4.17	3.20	3.89	3.58	3.27	4.33	4.00	3.79
中国大陆	2.66	4.00	3.20	3.91	3.36	2.53	3.64	3.52	5.14	4.62	3.68
日本	3.57	3.63	2.96	3.54	2.97	3.77	2.62	2.79	2.31	2.36	3.04

续表

国家和地区	2011年	2012年	2013年	2014年	2015年	2016年	2017年	2018年	2019年	2020年	合计
澳大利亚	2.87	3.13	3.82	3.27	3.03	2.36	3.13	2.85	2.71	1.86	2.90
比利时	2.31	2.58	2.77	2.32	2.80	3.00	3.30	2.91	2.71	2.87	2.76
瑞士	2.66	1.97	1.91	1.80	2.02	2.00	2.50	3.15	2.54	2.65	2.31
瑞典	2.45	1.66	1.48	1.74	2.69	2.00	1.59	2.18	1.90	1.86	1.95
奥地利	1.61	2.03	1.66	1.69	2.19	1.24	1.08	1.88	1.85	1.91	1.71
韩国	2.03	2.70	1.42	1.95	1.74	1.77	2.05	1.58	0.92	0.90	1.70
巴西	1.05	1.29	1.48	0.84	1.23	1.06	1.48	0.67	0.58	0.90	1.05
波兰	0.91	0.55	0.80	1.11	1.23	1.00	0.63	0.97	1.04	1.58	0.99
以色列	0.63	0.74	0.68	0.74	0.84	0.94	0.97	1.39	1.10	1.13	0.92
丹麦	0.49	0.61	0.62	0.74	1.07	0.65	1.19	0.91	0.69	0.56	0.76

四十六 护理学

护理学A、B、C层人才最多的国家是美国,分别占该学科全球A、B、C层人才的28.48%、27.53%、28.95%。

英国、澳大利亚处于第二梯队,A层人才的世界占比分别为14.55%、12.73%,分列第二、第三位;加拿大、瑞典、比利时、新西兰的A层人才比较多,世界占比在7%~3%之间;中国香港、荷兰也有相当数量的A层人才,世界占比均为2.42%;中国大陆、芬兰、爱尔兰、意大利、挪威、韩国、西班牙的A层人才世界占比均为1.82%;巴西、丹麦、厄瓜多尔、德国的A层人才世界占比均为0.61%。

澳大利亚、英国处于第二梯队,B层人才的世界占比分别为11.25%、10.51%,分列第二、第三位;之后是加拿大、中国大陆的B层人才比较多,世界占比分别为5.63%、4.27%;瑞典、西班牙、荷兰、爱尔兰、比利时、挪威、意大利、芬兰、韩国、瑞士、德国、中国台湾、土耳其、新加坡、希腊也有相当数量的B层人才,世界占比超过或接近1%。

澳大利亚、英国C层人才的世界占比分别为11.89%、8.64%,分列第二、第三位;加拿大、瑞典、中国大陆的C层人才比较多,世界占比在6%~3%之间;挪威、荷兰、中国台湾、韩国、土耳其、意大利、芬兰、西班牙、爱尔兰、巴西、伊朗、丹麦、比利时、中国香港也有相当数量的C层人才，世界占比超过1%。

表9-136 护理学A层人才排名前20的国家和地区的占比

单位：%

国家和地区	2011年	2012年	2013年	2014年	2015年	2016年	2017年	2018年	2019年	2020年	合计
美国	30.77	38.46	14.29	46.15	31.25	35.29	41.18	26.32	28.57	4.55	28.48
英国	7.69	7.69	35.71	7.69	18.75	5.88	5.88	15.79	19.05	18.18	14.55
澳大利亚	7.69	7.69	7.14	15.38	6.25	17.65	11.76	5.26	4.76	36.36	12.73
加拿大	15.38	15.38	7.14	7.69	0.00	5.88	11.76	5.26	4.76	0.00	6.67
瑞典	7.69	7.69	0.00	0.00	0.00	0.00	5.88	5.26	14.29	0.00	4.24
比利时	0.00	7.69	14.29	0.00	12.50	0.00	0.00	5.26	0.00	0.00	3.64
新西兰	0.00	7.69	0.00	7.69	0.00	5.88	0.00	0.00	4.76	4.55	3.03
中国香港	0.00	0.00	0.00	0.00	0.00	0.00	0.00	10.53	0.00	9.09	2.42
荷兰	0.00	0.00	7.14	7.69	12.50	0.00	0.00	0.00	0.00	0.00	2.42
中国大陆	0.00	0.00	0.00	0.00	0.00	0.00	0.00	0.00	4.76	9.09	1.82
芬兰	0.00	0.00	7.14	0.00	0.00	11.76	0.00	0.00	0.00	0.00	1.82
爱尔兰	0.00	0.00	0.00	0.00	0.00	5.88	5.88	0.00	4.76	0.00	1.82
意大利	0.00	0.00	0.00	0.00	0.00	5.88	0.00	10.53	0.00	0.00	1.82
挪威	7.69	0.00	7.14	0.00	0.00	0.00	0.00	5.26	0.00	0.00	1.82
韩国	0.00	7.69	0.00	0.00	6.25	0.00	0.00	5.26	0.00	0.00	1.82
西班牙	0.00	0.00	0.00	0.00	6.25	0.00	5.88	0.00	4.76	0.00	1.82
巴西	0.00	0.00	0.00	0.00	0.00	5.88	0.00	0.00	0.00	0.00	0.61
丹麦	7.69	0.00	0.00	0.00	0.00	0.00	0.00	0.00	0.00	0.00	0.61
厄瓜多尔	0.00	0.00	0.00	0.00	0.00	0.00	0.00	0.00	4.76	0.00	0.61
德国	7.69	0.00	0.00	0.00	0.00	0.00	0.00	0.00	0.00	0.00	0.61

表9-137 护理学B层人才排名前20的国家和地区的占比

单位：%

国家和地区	2011年	2012年	2013年	2014年	2015年	2016年	2017年	2018年	2019年	2020年	合计
美国	26.72	39.02	35.51	29.63	31.13	29.19	26.00	23.36	21.28	18.75	27.53
澳大利亚	8.62	10.57	10.14	22.96	9.93	9.94	11.33	12.41	7.98	10.23	11.25
英国	13.79	7.32	7.25	10.37	13.25	12.42	9.33	11.68	10.64	9.09	10.51
加拿大	3.45	6.50	5.80	3.70	7.95	6.21	9.33	6.57	4.26	2.84	5.63
中国大陆	2.59	2.44	3.62	2.96	1.99	0.62	4.00	7.30	5.85	9.66	4.27
瑞典	6.03	5.69	2.90	2.22	1.99	3.11	3.33	2.19	0.53	2.27	2.85
西班牙	3.45	2.44	1.45	0.00	1.99	1.86	4.00	2.19	3.72	5.11	2.71
荷兰	5.17	2.44	4.35	2.96	3.31	1.24	0.67	2.19	1.06	1.70	2.37

续表

国家和地区	2011年	2012年	2013年	2014年	2015年	2016年	2017年	2018年	2019年	2020年	合计
爱尔兰	5.17	3.25	2.17	1.48	1.99	1.24	0.67	4.38	3.72	0.57	2.37
比利时	2.59	0.81	5.07	2.22	2.65	1.86	2.00	2.19	1.60	2.27	2.31
挪威	0.86	2.44	4.35	1.48	1.99	1.86	2.67	3.65	2.13	0.57	2.17
意大利	0.86	1.63	1.45	1.48	2.65	1.86	1.33	2.19	3.72	3.41	2.17
芬兰	2.59	1.63	2.90	1.48	0.66	1.86	2.67	1.46	2.13	1.70	1.90
韩国	0.00	0.81	0.72	0.00	3.31	2.48	2.67	2.19	1.06	1.14	1.49
瑞士	2.59	1.63	2.90	0.00	1.32	2.48	0.00	0.73	1.06	2.27	1.49
德国	0.86	1.63	2.90	0.74	1.32	2.48	1.33	0.73	1.60	0.57	1.42
中国台湾	0.86	1.63	0.00	1.48	1.32	0.62	2.67	0.73	0.53	1.70	1.15
土耳其	0.00	0.00	0.72	1.48	0.00	1.24	2.00	0.73	1.60	1.70	1.02
新加坡	1.72	2.44	0.72	1.48	0.00	0.00	0.67	1.46	0.53	0.57	0.88
希腊	0.86	1.63	0.72	0.00	0.00	1.24	1.33	0.00	1.60	1.14	0.88

表9-138 护理学C层人才排名前20的国家和地区的占比

单位：%

国家和地区	2011年	2012年	2013年	2014年	2015年	2016年	2017年	2018年	2019年	2020年	合计
美国	31.43	32.74	34.03	32.61	29.07	29.93	30.85	25.04	25.65	23.85	28.95
澳大利亚	13.20	11.85	12.30	11.37	12.50	12.12	12.82	11.58	10.53	11.56	11.89
英国	11.67	9.55	9.86	8.53	9.21	9.17	8.10	9.18	6.15	7.12	8.64
加拿大	5.28	6.14	6.47	6.06	5.50	4.19	4.72	5.08	4.28	4.68	5.15
瑞典	5.45	4.09	4.96	5.39	4.64	4.91	4.01	3.99	3.96	2.54	4.28
中国大陆	0.77	1.96	1.44	2.24	3.00	2.36	3.31	4.11	5.01	6.00	3.29
挪威	2.81	3.15	2.73	2.47	2.14	2.36	2.11	2.28	2.45	1.85	2.39
荷兰	2.04	2.39	2.73	2.24	2.29	2.10	1.90	1.83	2.66	2.29	2.25
中国台湾	3.66	2.81	1.87	2.17	2.43	2.69	1.41	1.60	2.29	1.27	2.14
韩国	1.62	1.02	1.37	2.17	2.57	1.77	2.11	2.28	2.55	2.24	2.03
土耳其	1.45	1.88	1.08	1.42	1.14	1.83	1.97	1.71	2.35	2.83	1.84
意大利	1.02	1.11	1.15	1.27	1.86	1.57	1.90	1.83	2.09	2.98	1.77
芬兰	1.53	1.53	1.37	1.42	1.93	1.57	1.27	2.11	1.72	1.85	1.66
西班牙	1.11	0.85	0.79	1.42	1.71	2.29	1.34	1.88	2.35	2.05	1.66
爱尔兰	1.36	1.19	1.15	1.57	1.29	1.64	2.75	1.43	1.98	1.17	1.56
巴西	0.68	1.45	1.15	1.65	1.50	1.83	2.39	1.31	0.99	1.27	1.41
伊朗	0.77	0.85	0.65	1.12	0.79	0.72	1.34	2.17	2.45	2.05	1.39
丹麦	0.85	1.45	1.01	0.67	1.07	1.24	0.92	1.08	1.67	1.46	1.18
比利时	1.70	0.94	1.29	1.27	0.86	0.98	0.85	0.91	0.99	1.37	1.11
中国香港	1.19	1.02	1.73	0.67	0.93	1.24	0.49	1.08	1.04	1.51	1.11

第九章 医学

四十七 全科医学和内科医学

全科医学和内科医学 A、B、C 层人才最多的国家是美国，分别占该学科全球 A、B、C 层人才的 15.79%、13.72%、30.00%；英国排名第二，A、B、C 层人才的世界占比分别为 14.29%、8.72%、12.48%。

加拿大、中国大陆、澳大利亚、瑞士、法国、巴西、南非、丹麦、荷兰的 A 层人才比较多，世界占比在 9%~3% 之间；中国香港、肯尼亚、印度、阿根廷、德国、挪威、捷克、希腊、匈牙利也有相当数量的 A 层人才，世界占比超过或接近 1%。

加拿大、澳大利亚、荷兰、德国的 B 层人才比较多，世界占比在 6%~3% 之间；中国大陆、意大利、法国、瑞士、西班牙、瑞典、比利时、挪威、丹麦、南非、巴西、波兰、印度、阿根廷也有相当数量的 B 层人才，世界占比超过 1%。

加拿大、澳大利亚的 C 层人才比较多，世界占比在 6%~4% 之间；中国大陆、瑞士、德国、荷兰、法国、意大利、西班牙、瑞典、南非、印度、丹麦、挪威、日本、韩国、比利时、新西兰也有相当数量的 C 层人才，世界占比超过或接近 1%。

表 9-139 全科医学和内科医学 A 层人才排名前 20 的国家和地区的占比

单位：%

国家和地区	2011 年	2012 年	2013 年	2014 年	2015 年	2016 年	2017 年	2018 年	2019 年	2020 年	合计
美国	11.11	28.57	0.00	21.43	20.00	11.76	6.25	12.50	18.75	13.04	15.79
英国	22.22	21.43	0.00	21.43	20.00	5.88	6.25	12.50	18.75	8.70	14.29
加拿大	11.11	7.14	0.00	7.14	13.33	5.88	6.25	12.50	18.75	0.00	8.27
中国大陆	0.00	0.00	0.00	7.14	0.00	0.00	0.00	0.00	6.25	39.13	8.27
澳大利亚	0.00	7.14	0.00	7.14	13.33	5.88	0.00	12.50	18.75	0.00	6.77
瑞士	22.22	0.00	0.00	7.14	0.00	0.00	6.25	12.50	0.00	0.00	3.76
法国	0.00	0.00	100.00	7.14	6.67	5.88	0.00	0.00	6.25	0.00	3.76
巴西	0.00	0.00	0.00	0.00	0.00	5.88	6.25	0.00	0.00	8.70	3.01
南非	0.00	7.14	0.00	0.00	0.00	0.00	0.00	12.50	0.00	4.35	3.01
丹麦	11.11	0.00	0.00	0.00	6.67	5.88	0.00	0.00	6.25	0.00	3.01

续表

国家和地区	2011年	2012年	2013年	2014年	2015年	2016年	2017年	2018年	2019年	2020年	合计
荷兰	11.11	7.14	0.00	0.00	0.00	0.00	6.25	0.00	6.25	0.00	3.01
中国香港	0.00	0.00	0.00	0.00	0.00	0.00	0.00	0.00	0.00	13.04	2.26
肯尼亚	0.00	7.14	0.00	0.00	0.00	5.88	0.00	0.00	0.00	0.00	1.50
印度	0.00	0.00	0.00	0.00	0.00	5.88	6.25	0.00	0.00	0.00	1.50
阿根廷	0.00	0.00	0.00	0.00	0.00	0.00	6.25	0.00	0.00	4.35	1.50
德国	0.00	0.00	0.00	0.00	0.00	0.00	6.25	0.00	0.00	4.35	1.50
挪威	11.11	0.00	0.00	0.00	0.00	0.00	0.00	12.50	0.00	0.00	1.50
捷克	0.00	0.00	0.00	0.00	0.00	0.00	6.25	0.00	0.00	0.00	0.75
希腊	0.00	0.00	0.00	0.00	6.67	0.00	0.00	0.00	0.00	0.00	0.75
匈牙利	0.00	0.00	0.00	0.00	0.00	0.00	6.25	0.00	0.00	0.00	0.75

表9-140 全科医学和内科医学B层人才排名前20的国家和地区的占比

单位：%

国家和地区	2011年	2012年	2013年	2014年	2015年	2016年	2017年	2018年	2019年	2020年	合计
美国	14.62	20.63	16.17	15.89	16.46	11.90	2.26	1.04	17.58	14.41	13.72
英国	10.00	12.70	13.77	11.26	8.54	6.35	2.26	1.04	9.70	8.11	8.72
加拿大	6.15	8.73	10.18	7.95	5.49	3.97	1.50	1.04	3.03	3.15	5.20
澳大利亚	6.15	5.56	3.59	4.64	3.05	3.97	2.26	1.04	3.64	1.35	3.45
荷兰	3.08	3.97	3.59	3.97	4.88	2.38	1.50	1.04	4.24	2.25	3.18
德国	4.62	3.17	2.40	2.65	4.88	1.59	1.50	1.04	3.03	4.50	3.11
中国大陆	3.08	0.00	2.40	1.32	2.44	1.59	1.50	1.04	2.42	8.11	2.77
意大利	0.77	4.76	2.99	2.65	3.05	1.59	1.50	1.04	2.42	2.25	2.36
法国	1.54	3.17	2.40	1.99	3.66	2.38	0.75	1.04	2.42	1.80	2.16
瑞士	1.54	4.76	1.20	3.31	2.44	0.79	1.50	1.04	1.82	1.80	2.03
西班牙	0.77	1.59	2.40	1.99	3.05	1.59	1.50	1.04	2.42	2.25	1.96
瑞典	3.08	3.17	2.40	2.65	1.83	0.79	1.50	1.04	1.21	0.90	1.82
比利时	1.54	3.97	1.80	2.65	2.44	0.79	1.50	1.04	1.21	0.90	1.76
挪威	3.85	2.38	1.20	0.66	1.83	0.79	2.26	1.04	1.21	0.90	1.55
丹麦	2.31	3.17	1.80	2.65	1.22	0.79	0.75	1.04	0.00	1.35	1.49
南非	1.54	2.38	1.80	1.99	1.83	0.79	1.50	1.04	1.82	0.45	1.49
巴西	1.54	0.79	1.20	1.99	1.22	0.79	1.50	1.04	1.82	1.35	1.35
波兰	1.54	0.00	1.20	1.99	2.44	0.79	1.50	1.04	1.21	0.45	1.22
印度	2.31	0.00	1.80	1.99	0.61	0.79	1.50	1.04	1.21	0.45	1.15
阿根廷	1.54	0.79	1.20	1.99	1.22	0.79	0.00	1.04	0.61	0.90	1.01

表 9-141　全科医学和内科医学 C 层人才排名前 20 的国家和地区的占比

单位：%

国家和地区	2011年	2012年	2013年	2014年	2015年	2016年	2017年	2018年	2019年	2020年	合计
美国	35.16	32.57	35.29	34.45	32.79	27.76	24.97	21.42	32.75	27.23	30.00
英国	15.24	14.68	15.83	14.57	15.01	12.59	9.96	7.42	12.79	9.79	12.48
加拿大	6.59	6.12	6.07	5.38	5.53	5.12	5.28	4.50	4.64	3.85	5.19
澳大利亚	5.08	6.20	6.00	4.66	5.46	4.41	4.51	3.99	5.11	2.85	4.70
中国大陆	2.22	1.65	2.11	2.89	2.51	2.12	2.46	1.74	3.52	6.39	2.92
瑞士	3.33	2.83	2.37	3.08	3.27	2.59	2.64	2.30	2.00	2.99	2.72
德国	2.78	2.90	2.51	3.28	1.82	2.18	2.11	2.08	2.52	2.99	2.51
荷兰	2.46	4.24	3.30	2.43	2.76	2.41	2.75	1.63	2.23	1.68	2.51
法国	2.30	2.35	2.44	2.03	2.51	2.76	2.05	2.02	1.94	1.63	2.18
意大利	1.35	1.81	1.39	2.56	2.39	1.76	1.76	1.63	1.94	3.99	2.14
西班牙	0.95	1.26	1.39	0.98	1.13	1.59	1.52	1.46	1.35	2.08	1.41
瑞典	0.95	1.18	0.92	1.25	1.51	2.41	1.41	1.01	1.53	0.95	1.32
南非	1.43	2.04	0.99	1.12	0.94	1.65	1.29	1.24	1.41	1.00	1.29
印度	1.27	1.18	1.39	1.71	1.07	1.53	1.06	1.18	1.00	1.13	1.24
丹麦	0.95	2.04	1.65	1.25	1.01	1.47	0.94	1.52	0.88	0.86	1.23
挪威	0.95	1.02	0.59	0.85	1.07	0.88	1.82	1.01	1.06	0.68	0.99
日本	1.43	0.63	0.53	0.92	1.19	0.71	1.29	1.18	0.88	1.00	0.98
韩国	0.87	0.39	0.66	0.98	0.69	0.59	0.70	0.96	1.58	1.68	0.95
比利时	0.48	0.86	0.73	1.18	0.94	1.24	0.88	1.35	1.00	0.72	0.95
新西兰	0.79	1.10	0.79	1.05	0.75	0.65	1.00	0.73	1.00	1.00	0.89

四十八　综合医学和补充医学

综合医学和补充医学 A、B、C 层人才最多的是中国大陆，分别占该学科全球 A、B、C 层人才的 29.31%、23.25%、25.93%，均大幅高于其他国家和地区。

韩国、美国的 A 层人才世界占比均为 10.34%，处于第二梯队；马来西亚、中国香港、印度、意大利、中国澳门、巴基斯坦、西班牙、英国的 A 层人才比较多，世界占比在 7%~3% 之间；阿根廷、巴西、保加利亚、埃塞俄比亚、德国、以色列、卢森堡、沙特、瑞典也有相当数量的 A 层人才，世界占比均为 1.72%。

美国B层人才以8.13%的世界占比排名第二；印度、韩国、伊朗、澳大利亚、意大利、英国、德国的B层人才比较多，世界占比在6%~3%之间；巴西、南非、中国香港、巴基斯坦、加拿大、中国澳门、中国台湾、西班牙、马来西亚、葡萄牙、日本也有相当数量的B层人才，世界占比超过1%。

美国、韩国、印度、德国、中国台湾、巴西的C层人才比较多，世界占比在9%~3%之间；伊朗、马来西亚、英国、中国香港、澳大利亚、意大利、巴基斯坦、沙特、南非、加拿大、日本、土耳其、西班牙也有相当数量的C层人才，世界占比超过1%。

表9-142 综合医学和补充医学A层人才排名前20的国家和地区的占比

单位：%

国家和地区	2011年	2012年	2013年	2014年	2015年	2016年	2017年	2018年	2019年	2020年	合计
中国大陆	40.00	20.00	57.14	33.33	14.29	33.33	0.00	16.67	14.29	60.00	29.31
韩国	0.00	0.00	0.00	16.67	14.29	0.00	50.00	33.33	0.00	0.00	10.34
美国	0.00	20.00	14.29	0.00	14.29	16.67	25.00	0.00	14.29	0.00	10.34
马来西亚	20.00	0.00	0.00	16.67	0.00	16.67	25.00	0.00	0.00	0.00	6.90
中国香港	0.00	0.00	14.29	0.00	0.00	0.00	0.00	0.00	14.29	20.00	5.17
印度	0.00	0.00	0.00	0.00	14.29	16.67	0.00	0.00	0.00	0.00	3.45
意大利	0.00	0.00	0.00	16.67	0.00	0.00	0.00	16.67	0.00	0.00	3.45
中国澳门	0.00	0.00	0.00	0.00	0.00	0.00	0.00	16.67	14.29	0.00	3.45
巴基斯坦	0.00	20.00	0.00	0.00	0.00	0.00	0.00	0.00	14.29	0.00	3.45
西班牙	0.00	0.00	14.29	0.00	14.29	0.00	0.00	0.00	0.00	0.00	3.45
英国	0.00	0.00	0.00	16.67	0.00	0.00	0.00	0.00	0.00	20.00	3.45
阿根廷	0.00	0.00	0.00	0.00	14.29	0.00	0.00	0.00	0.00	0.00	1.72
巴西	20.00	0.00	0.00	0.00	0.00	0.00	0.00	0.00	0.00	0.00	1.72
保加利亚	20.00	0.00	0.00	0.00	0.00	0.00	0.00	0.00	0.00	0.00	1.72
埃塞俄比亚	0.00	0.00	0.00	0.00	0.00	0.00	0.00	0.00	14.29	0.00	1.72
德国	0.00	20.00	0.00	0.00	0.00	0.00	0.00	0.00	0.00	0.00	1.72
以色列	0.00	0.00	0.00	0.00	14.29	0.00	0.00	0.00	0.00	0.00	1.72
卢森堡	0.00	0.00	0.00	0.00	0.00	16.67	0.00	0.00	0.00	0.00	1.72
沙特	0.00	0.00	0.00	0.00	0.00	0.00	0.00	0.00	14.29	0.00	1.72
瑞典	0.00	0.00	0.00	0.00	0.00	0.00	0.00	16.67	0.00	0.00	1.72

表 9-143　综合医学和补充医学 B 层人才排名前 20 的国家和地区的占比

单位：%

国家和地区	2011 年	2012 年	2013 年	2014 年	2015 年	2016 年	2017 年	2018 年	2019 年	2020 年	合计
中国大陆	8.00	17.74	21.88	25.37	22.73	16.42	31.48	24.07	36.36	26.15	23.25
美国	12.00	3.23	1.56	8.96	6.06	10.45	9.26	9.26	13.64	7.69	8.13
印度	16.00	4.84	6.25	1.49	3.03	4.48	5.56	5.56	1.52	7.69	5.37
韩国	0.00	8.06	6.25	5.97	6.06	4.48	3.70	9.26	3.03	4.62	5.20
伊朗	4.00	1.61	7.81	1.49	1.52	5.97	9.26	0.00	7.58	4.62	4.39
澳大利亚	4.00	8.06	3.13	1.49	0.00	5.97	5.56	0.00	7.58	4.62	4.07
意大利	6.00	1.61	3.13	2.99	3.03	5.97	1.85	7.41	1.52	4.62	3.74
英国	4.00	6.45	1.56	2.99	6.06	2.99	3.70	7.41	0.00	3.08	3.74
德国	2.00	6.45	1.56	5.97	4.55	1.49	0.00	1.85	1.52	4.62	3.09
巴西	0.00	3.23	1.56	4.48	7.58	1.49	5.56	1.85	3.03	1.54	2.93
南非	4.00	1.61	3.13	1.49	1.52	1.49	5.56	0.00	4.55	3.08	2.60
中国香港	0.00	1.61	0.00	4.48	4.55	4.48	0.00	1.85	4.55	1.54	2.44
巴基斯坦	2.00	4.84	0.00	4.48	4.55	1.49	0.00	1.85	1.52	0.00	2.11
加拿大	0.00	1.61	4.69	1.49	1.52	4.48	3.70	0.00	0.00	1.54	1.95
中国澳门	2.00	3.23	1.56	0.00	1.52	4.48	1.85	1.85	0.00	3.08	1.95
中国台湾	4.00	1.61	6.25	0.00	0.00	1.49	0.00	1.85	1.52	1.54	1.79
西班牙	6.00	1.61	1.56	1.49	0.00	2.99	0.00	3.70	0.00	1.54	1.63
马来西亚	0.00	1.61	1.56	1.49	0.00	2.99	0.00	1.85	3.03	1.54	1.46
葡萄牙	0.00	1.61	1.56	2.99	4.55	0.00	0.00	1.85	0.00	1.54	1.46
日本	0.00	1.61	1.56	2.99	0.00	1.49	0.00	0.00	1.52	3.08	1.30

表 9-144　综合医学和补充医学 C 层人才排名前 20 的国家和地区的占比

单位：%

国家和地区	2011 年	2012 年	2013 年	2014 年	2015 年	2016 年	2017 年	2018 年	2019 年	2020 年	合计
中国大陆	17.23	22.04	22.46	22.07	23.91	28.05	27.80	26.80	32.20	34.81	25.93
美国	8.40	8.43	9.73	10.35	9.04	8.87	7.88	7.76	7.98	5.95	8.47
韩国	6.72	5.67	6.14	7.15	6.12	7.92	6.43	9.80	7.39	5.34	6.83
印度	6.72	5.35	7.34	5.78	3.35	4.12	5.19	4.07	4.87	4.43	5.09
德国	4.41	3.89	3.44	3.20	2.77	3.01	2.70	3.14	3.40	3.21	3.30
中国台湾	3.78	5.35	3.29	3.96	3.06	2.38	2.70	2.40	3.69	1.37	3.20
巴西	5.46	4.21	3.59	2.13	3.94	3.80	1.24	2.77	1.62	1.98	3.05
伊朗	1.26	1.46	1.80	2.44	3.64	2.69	4.56	3.14	2.66	4.27	2.79
马来西亚	2.94	3.40	5.24	3.65	2.77	1.43	2.28	1.66	1.92	1.53	2.71

续表

国家和地区	2011年	2012年	2013年	2014年	2015年	2016年	2017年	2018年	2019年	2020年	合计
英国	3.36	4.05	3.29	2.44	3.21	2.22	1.87	1.48	1.48	1.83	2.53
中国香港	3.78	2.27	1.80	2.28	3.06	1.74	2.70	1.29	2.81	1.83	2.33
澳大利亚	0.63	4.21	1.95	2.28	2.04	2.22	3.32	1.66	2.22	1.83	2.25
意大利	1.68	1.46	1.65	2.59	1.75	2.38	2.07	2.40	3.25	1.37	2.07
巴基斯坦	1.05	0.65	1.05	2.13	2.92	1.74	3.11	1.48	0.44	0.92	1.53
沙特	0.21	1.13	1.05	1.98	1.31	2.22	2.70	2.03	1.62	1.07	1.53
南非	1.89	2.43	2.10	1.83	1.60	1.43	0.41	1.66	0.74	1.07	1.53
加拿大	1.26	1.94	1.20	1.22	1.46	1.43	1.04	0.55	1.48	1.53	1.33
日本	3.57	1.78	0.60	1.67	0.87	0.79	0.83	1.85	1.03	0.76	1.31
土耳其	1.05	1.30	1.05	1.07	1.90	0.79	1.24	1.85	0.89	1.53	1.26
西班牙	2.10	1.13	1.80	0.76	1.31	1.90	1.24	1.29	0.44	0.76	1.25

四十九 研究和实验医学

研究和实验医学A、B、C层人才最多的国家是美国，分别占该学科全球A、B、C层人才的38.75%、33.50%、28.34%，遥遥领先于其他国家和地区。

英国、中国大陆、意大利、德国、澳大利亚、荷兰的A层人才比较多，世界占比在8%~3%之间；法国、西班牙、加拿大、瑞典、韩国、瑞士、中国香港、日本、比利时、巴西、新加坡、丹麦、芬兰也有相当数量的A层人才，世界占比超过1%。

中国大陆、英国、德国、意大利、加拿大、法国的B层人才比较多，世界占比在8%~3%之间；荷兰、瑞士、日本、澳大利亚、瑞典、西班牙、韩国、比利时、印度、丹麦、以色列、巴西、新加坡也有相当数量的B层人才，世界占比超过或接近1%。

中国大陆的C层人才以15.08%的世界占比排名第二；英国、德国、意大利、法国、加拿大的C层人才比较多，世界占比在7%~3%之间；日本、澳大利亚、荷兰、西班牙、瑞士、韩国、印度、瑞典、比利时、伊朗、巴西、中国台湾、丹麦也有相当数量的C层人才，世界占比超过或接近1%。

第九章 医学

表9-145 研究和实验医学A层人才排名前20的国家和地区的占比

单位：%

国家和地区	2011年	2012年	2013年	2014年	2015年	2016年	2017年	2018年	2019年	2020年	合计
美国	59.38	42.86	58.97	31.82	38.00	38.46	34.15	30.36	37.10	31.88	38.75
英国	6.25	8.57	5.13	9.09	6.00	3.85	4.88	14.29	6.45	7.25	7.29
中国大陆	3.13	5.71	0.00	0.00	4.00	3.85	2.44	8.93	9.68	17.39	6.46
意大利	0.00	5.71	10.26	9.09	2.00	3.85	2.44	3.57	3.23	7.25	4.79
德国	12.50	2.86	0.00	6.82	2.00	7.69	0.00	7.14	4.84	2.90	4.58
澳大利亚	0.00	0.00	10.26	9.09	2.00	5.77	0.00	3.57	1.61	4.35	3.75
荷兰	12.50	5.71	0.00	0.00	2.00	1.92	9.76	1.79	1.61	2.90	3.33
法国	0.00	5.71	2.56	2.27	2.00	3.85	4.88	1.79	3.23	2.90	2.92
西班牙	0.00	5.71	0.00	0.00	2.00	1.92	7.32	1.79	3.23	1.45	2.71
加拿大	0.00	0.00	0.00	6.82	6.00	3.85	4.88	0.00	0.00	1.45	2.29
瑞典	3.13	0.00	0.00	4.55	0.00	1.92	4.88	3.57	4.84	0.00	2.29
韩国	0.00	0.00	0.00	2.27	6.00	1.92	2.44	3.57	1.61	0.00	1.88
瑞士	0.00	2.86	2.56	2.27	4.00	0.00	0.00	1.79	3.23	1.45	1.88
中国香港	0.00	0.00	0.00	0.00	4.00	0.00	0.00	1.79	1.61	5.80	1.67
日本	0.00	0.00	7.69	4.55	0.00	0.00	0.00	0.00	3.23	0.00	1.46
比利时	3.13	0.00	0.00	0.00	2.00	0.00	2.44	3.57	1.61	0.00	1.25
巴西	0.00	2.86	0.00	2.27	0.00	1.92	2.44	0.00	1.61	0.00	1.04
新加坡	0.00	2.86	0.00	2.27	0.00	0.00	2.44	0.00	0.00	1.45	1.04
丹麦	0.00	0.00	0.00	0.00	2.00	1.92	4.88	0.00	1.61	0.00	1.04
芬兰	0.00	0.00	0.00	0.00	2.00	0.00	2.44	1.79	1.61	1.45	1.04

表9-146 研究和实验医学B层人才排名前20的国家和地区的占比

单位：%

国家和地区	2011年	2012年	2013年	2014年	2015年	2016年	2017年	2018年	2019年	2020年	合计
美国	36.03	36.00	39.31	38.07	38.29	33.83	31.84	32.63	31.65	24.88	33.50
中国大陆	3.03	2.15	5.20	4.82	6.76	6.38	8.35	10.42	12.30	12.68	7.95
英国	5.72	7.38	7.51	6.35	7.43	7.45	8.16	7.34	6.15	8.78	7.33
德国	7.07	6.46	7.23	6.35	4.50	6.38	6.99	3.86	6.33	3.58	5.70
意大利	5.39	5.54	2.60	3.55	4.05	3.83	3.30	3.09	2.89	6.02	4.00
加拿大	4.38	4.00	4.62	3.30	5.63	2.55	3.88	4.83	2.89	1.95	3.69
法国	4.04	4.31	4.91	3.05	4.05	4.26	2.52	3.28	3.07	3.41	3.60
荷兰	2.36	3.38	3.47	1.78	2.03	2.77	2.52	3.67	3.25	2.76	2.81
瑞士	3.70	1.85	2.31	4.82	3.83	2.34	2.52	2.90	2.71	1.46	2.77

续表

国家和地区	2011年	2012年	2013年	2014年	2015年	2016年	2017年	2018年	2019年	2020年	合计
日本	5.39	5.23	3.47	2.28	1.13	2.98	2.14	2.90	1.99	1.63	2.68
澳大利亚	1.68	2.46	2.02	3.81	2.93	2.55	2.52	2.12	2.17	2.76	2.52
瑞典	2.02	1.85	2.02	2.28	2.25	3.83	1.75	1.35	1.99	2.11	2.14
西班牙	3.37	3.08	0.87	1.02	2.48	1.28	1.36	2.32	2.53	2.60	2.08
韩国	2.02	2.46	2.31	1.27	1.58	2.13	1.17	2.90	1.63	1.14	1.81
比利时	0.67	2.15	2.60	0.51	1.13	2.98	1.17	0.77	1.27	0.81	1.36
印度	0.67	0.62	0.00	1.78	0.68	0.64	1.94	1.54	1.45	2.60	1.32
丹麦	1.68	0.00	0.58	1.02	0.68	1.06	1.75	0.77	0.54	0.81	0.89
以色列	0.67	0.62	0.58	0.76	0.90	0.43	0.58	0.97	1.45	0.81	0.80
巴西	0.00	1.23	0.87	0.51	0.45	0.21	0.97	0.39	1.45	1.14	0.76
新加坡	1.01	0.92	1.45	1.52	0.90	0.85	0.19	0.19	0.72	0.49	0.76

表9–147 研究和实验医学C层人才排名前20的国家和地区的占比

单位：%

国家和地区	2011年	2012年	2013年	2014年	2015年	2016年	2017年	2018年	2019年	2020年	合计
美国	37.94	37.24	32.67	31.03	28.63	28.89	27.02	26.41	22.63	21.36	28.34
中国大陆	4.86	5.51	6.35	9.54	11.69	13.92	16.37	21.22	26.78	20.87	15.08
英国	6.36	6.01	6.78	6.35	6.50	6.08	7.04	5.45	5.06	5.34	6.03
德国	6.77	6.88	6.93	6.81	5.76	5.68	5.48	4.68	4.73	4.54	5.65
意大利	4.14	4.17	4.30	4.87	4.86	3.72	3.79	3.66	3.20	4.61	4.10
法国	3.80	4.27	4.68	2.96	3.48	3.72	3.27	2.59	2.39	2.92	3.30
加拿大	4.17	3.89	3.12	3.44	3.04	3.04	2.68	2.85	2.66	2.42	3.03
日本	4.62	3.52	3.15	2.81	2.89	1.98	2.64	2.43	1.95	1.91	2.65
澳大利亚	2.09	2.52	2.86	2.50	2.74	2.53	2.50	2.83	2.11	2.35	2.50
荷兰	2.98	2.96	2.54	3.22	2.43	2.64	2.34	1.85	2.04	2.08	2.44
西班牙	1.78	2.12	2.57	2.07	2.12	2.00	2.10	1.65	2.02	2.13	2.05
瑞士	2.05	1.96	2.89	2.04	1.97	2.18	2.15	1.81	1.73	1.82	2.03
韩国	1.74	1.99	1.36	2.09	2.41	1.92	1.47	1.55	1.37	1.71	1.75
印度	1.06	1.06	1.59	1.71	1.23	1.59	1.65	2.13	1.44	2.26	1.62
瑞典	1.37	1.43	1.41	1.56	1.23	1.67	1.47	1.55	1.46	1.17	1.43
比利时	1.61	1.90	1.44	1.51	1.73	1.56	1.37	1.13	0.93	1.11	1.39
伊朗	0.24	0.09	0.46	0.36	0.55	1.21	1.21	1.41	1.35	2.02	1.00
巴西	0.48	0.97	0.84	1.02	1.16	1.04	0.83	0.98	0.91	0.98	0.94
中国台湾	1.09	1.06	1.04	0.89	0.98	1.10	0.89	0.84	0.62	1.00	0.93
丹麦	0.92	1.06	0.92	0.92	1.07	0.99	0.81	0.70	0.97	0.87	0.92

第二节 学科组

在医学各学科人才分析的基础上，按照 A、B、C 三个人才层次，对各学科人才进行汇总分析，可以从学科组层面揭示人才的分布特点和发展趋势。

一 A 层人才

医学 A 层人才最多的国家是美国，占该学科组全球 A 层人才的 23.06%，英国以 9.57% 的世界占比排名第二，这两个国家的 A 层人才合计接近全球的 1/3；其后是加拿大、德国、意大利、法国、澳大利亚、荷兰，世界占比分别为 5.60%、5.03%、4.41%、4.36%、4.35%、4.02%；中国大陆、瑞士、西班牙、比利时、瑞典的 A 层人才也比较多，世界占比在 4%~2% 之间；日本、丹麦、印度、巴西、韩国、奥地利也有相当数量的 A 层人才，世界占比超过 1%；中国香港、以色列、爱尔兰、挪威、芬兰、新加坡、波兰、新西兰、南非、希腊、俄罗斯、捷克、葡萄牙、土耳其、中国台湾、阿根廷、沙特、匈牙利、伊朗、墨西哥、巴基斯坦也有一定数量的 A 层人才，世界占比低于 1%。

在发展趋势上，美国、英国呈现相对下降趋势，中国大陆、印度呈现相对上升趋势，其他国家和地区没有呈现明显变化。

表 9-148 医学 A 层人才排名前 40 的国家和地区的占比

单位：%

国家和地区	2011年	2012年	2013年	2014年	2015年	2016年	2017年	2018年	2019年	2020年	合计
美国	29.99	28.89	26.00	25.47	23.48	23.75	20.65	20.39	18.71	18.01	23.06
英国	10.33	11.39	9.87	10.48	8.47	8.91	10.19	9.02	9.42	8.35	9.57
加拿大	7.35	6.20	6.52	5.65	7.00	6.19	4.92	4.59	5.34	3.61	5.60
德国	6.26	5.37	4.89	5.00	4.60	5.60	4.48	4.59	5.49	4.38	5.03
意大利	4.37	3.80	4.98	4.42	3.78	3.73	3.69	4.83	3.45	6.28	4.41
法国	3.87	4.72	4.62	4.34	5.71	4.66	4.22	4.43	3.59	3.85	4.36

续表

国家和地区	2011年	2012年	2013年	2014年	2015年	2016年	2017年	2018年	2019年	2020年	合计
澳大利亚	3.97	2.87	5.34	4.26	4.42	5.00	4.83	5.16	4.92	3.02	4.35
荷兰	5.26	5.46	4.26	3.77	3.78	4.07	4.48	3.71	3.94	2.49	4.02
中国大陆	1.29	0.93	1.90	1.56	1.66	2.12	2.11	3.46	2.88	14.75	3.81
瑞士	3.77	4.17	2.99	2.21	3.59	3.48	2.90	2.66	2.32	2.13	2.94
西班牙	2.48	1.85	1.99	2.29	3.50	3.31	3.60	3.22	2.46	2.96	2.78
比利时	2.28	1.94	1.99	2.87	2.76	2.63	2.20	2.50	2.39	1.54	2.29
瑞典	2.88	1.94	2.90	2.38	1.93	2.37	2.20	2.01	2.95	1.30	2.25
日本	1.79	1.20	2.36	2.38	1.57	1.44	2.28	2.10	1.90	1.95	1.91
丹麦	1.29	2.22	0.82	2.13	2.21	1.78	1.41	2.42	1.62	0.83	1.64
印度	0.60	0.83	1.27	1.23	1.38	1.44	1.49	0.81	1.76	1.30	1.23
巴西	0.50	0.56	0.82	1.15	1.66	1.70	1.23	1.45	1.97	0.89	1.21
韩国	0.40	0.93	0.36	1.88	1.20	0.85	1.67	1.53	0.91	1.30	1.13
奥地利	0.99	1.20	1.09	0.57	1.10	0.93	1.14	1.45	1.20	0.95	1.06
中国香港	0.70	0.46	0.54	0.41	0.74	0.68	0.79	0.97	1.20	2.55	0.99
以色列	0.50	0.83	0.63	0.82	1.01	1.36	0.88	0.48	1.13	0.95	0.87
爱尔兰	0.30	0.93	0.82	0.66	1.01	1.53	0.97	0.56	1.13	0.65	0.85
挪威	0.99	0.56	1.54	0.33	0.83	0.76	1.23	1.05	0.91	0.53	0.85
芬兰	0.30	0.65	0.82	0.98	1.20	0.59	0.79	0.89	0.63	0.71	0.76
新加坡	0.10	0.56	0.45	0.90	0.18	0.68	0.70	0.56	0.84	1.84	0.75
波兰	0.40	0.83	0.63	0.98	1.01	0.68	0.70	0.81	0.84	0.47	0.73
新西兰	0.60	1.02	1.09	0.33	0.55	0.76	0.62	0.73	0.91	0.47	0.70
南非	0.30	0.28	0.63	0.57	0.83	0.85	1.14	0.81	1.13	0.12	0.66
希腊	0.30	0.65	0.63	0.41	0.46	0.51	0.53	0.81	0.49	1.30	0.64
俄罗斯	0.10	0.65	0.45	0.82	0.64	0.17	0.53	0.64	0.70	0.59	0.54
捷克	0.40	0.46	0.82	0.25	0.46	0.68	0.79	0.48	0.77	0.24	0.53
葡萄牙	0.70	0.28	0.18	0.33	0.55	0.25	0.70	0.64	0.91	0.47	0.51
土耳其	0.00	0.65	0.09	0.16	0.37	0.68	0.26	0.89	0.56	0.53	0.44
中国台湾	0.20	0.28	0.45	0.29	0.55	0.17	0.26	0.48	0.70	0.59	0.44
阿根廷	0.60	0.19	0.45	0.25	0.64	0.17	0.35	0.40	0.56	0.24	0.38
沙特	0.10	0.28	0.00	0.25	0.46	0.51	0.44	0.40	0.35	0.77	0.38
匈牙利	0.00	0.56	0.18	0.16	0.46	0.42	0.70	0.40	0.42	0.24	0.35
伊朗	0.20	0.09	0.36	0.33	0.09	0.17	0.18	0.48	0.49	0.71	0.34
墨西哥	0.30	0.09	0.63	0.25	0.18	0.08	0.35	0.32	0.70	0.30	0.33
巴基斯坦	0.00	0.19	0.36	0.33	0.09	0.42	0.26	0.40	0.28	0.41	0.29

二 B层人才

医学B层人才最多的国家是美国,占该学科组全球B层人才的23.46%,英国以8.91%的世界占比排名第二,这两个国家的B层人才合计接近全球的1/3;其后是德国、加拿大、意大利、澳大利亚、法国,世界占比分别为5.39%、4.96%、4.62%、4.12%、4.01%;荷兰、中国大陆、西班牙、瑞士、比利时、瑞典的B层人才也比较多,世界占比在4%~2%之间;日本、丹麦、巴西、韩国、奥地利、印度也有相当数量的B层人才,世界占比超过1%;挪威、波兰、以色列、希腊、芬兰、爱尔兰、新加坡、葡萄牙、中国香港、新西兰、南非、土耳其、中国台湾、捷克、伊朗、俄罗斯、阿根廷、匈牙利、墨西哥、沙特、泰国也有一定数量的B层人才,世界占比低于1%。

在发展趋势上,美国呈现相对下降趋势,澳大利亚、中国大陆、巴西、印度呈现相对上升趋势,其他国家和地区没有呈现明显变化。

表9-149 医学B层人才排名前40的国家和地区的占比

单位:%

国家和地区	2011年	2012年	2013年	2014年	2015年	2016年	2017年	2018年	2019年	2020年	合计
美国	29.46	28.94	27.10	26.04	24.90	22.35	21.45	20.75	20.11	18.78	23.46
英国	9.33	9.97	9.64	8.78	9.23	8.83	8.73	8.81	8.22	8.22	8.91
德国	6.07	6.04	5.81	6.05	5.64	5.52	5.46	5.18	5.01	3.97	5.39
加拿大	5.46	5.81	5.50	5.15	4.71	4.74	5.17	4.71	4.93	4.03	4.96
意大利	4.35	4.11	4.14	4.33	4.45	4.14	4.27	4.51	4.31	6.90	4.62
澳大利亚	3.86	4.05	4.03	4.45	4.08	4.35	4.30	4.24	4.24	3.57	4.12
法国	4.32	3.99	3.96	4.08	4.17	3.92	4.09	3.96	3.67	4.11	4.01
荷兰	4.24	3.99	4.10	4.10	4.10	3.84	3.53	3.99	3.63	2.68	3.77
中国大陆	1.76	1.79	2.28	2.75	2.58	2.63	3.19	3.63	4.55	7.76	3.51
西班牙	2.60	2.57	2.93	2.68	2.93	2.77	3.01	2.98	2.99	3.44	2.92
瑞士	2.62	2.75	2.98	2.70	2.94	2.62	2.88	2.77	2.58	2.35	2.71
比利时	1.98	1.99	2.05	2.41	2.26	2.50	2.07	2.15	2.08	1.86	2.13
瑞典	2.29	2.05	2.07	2.11	2.03	2.27	2.13	1.92	2.20	1.60	2.05
日本	1.85	1.99	2.11	1.87	2.02	2.02	1.74	2.04	2.07	1.65	1.93

续表

国家和地区	2011年	2012年	2013年	2014年	2015年	2016年	2017年	2018年	2019年	2020年	合计
丹麦	1.77	1.67	1.72	1.53	1.73	1.86	1.79	1.50	1.70	1.22	1.64
巴西	1.08	0.98	1.12	1.34	1.38	1.65	1.56	1.56	1.21	1.46	1.35
韩国	0.93	1.03	1.24	1.08	1.25	1.17	1.23	1.66	1.50	1.31	1.26
奥地利	1.43	1.22	1.30	1.39	1.26	1.35	1.18	1.23	1.15	0.94	1.23
印度	1.04	0.99	1.02	1.14	0.90	1.08	1.16	1.36	1.40	1.85	1.22
挪威	0.88	0.87	0.96	0.84	0.99	1.26	0.96	1.03	0.98	0.76	0.95
波兰	0.80	0.74	0.86	0.81	0.66	0.70	1.06	1.03	0.93	0.92	0.86
以色列	0.81	0.73	0.74	0.77	0.86	0.88	0.78	1.02	0.87	0.84	0.84
希腊	0.58	0.68	0.67	0.82	0.74	0.62	0.77	0.84	0.78	0.91	0.75
芬兰	0.90	0.72	0.84	0.81	0.87	0.73	0.71	0.72	0.66	0.52	0.74
爱尔兰	0.60	0.66	0.57	0.49	0.67	0.97	0.83	0.79	0.77	0.70	0.72
新加坡	0.46	0.54	0.63	0.66	0.57	0.67	0.57	0.75	0.84	1.09	0.70
葡萄牙	0.45	0.59	0.59	0.69	0.57	0.80	0.77	0.74	0.67	0.79	0.68
中国香港	0.46	0.47	0.53	0.45	0.57	0.54	0.74	0.69	0.71	1.19	0.66
新西兰	0.47	0.58	0.63	0.52	0.65	0.62	0.65	0.59	0.69	0.55	0.60
南非	0.40	0.46	0.51	0.61	0.59	0.50	0.67	0.81	0.68	0.54	0.59
土耳其	0.36	0.32	0.45	0.51	0.46	0.61	0.59	0.43	0.64	0.87	0.54
中国台湾	0.44	0.57	0.44	0.40	0.47	0.54	0.55	0.62	0.58	0.49	0.51
捷克	0.40	0.40	0.42	0.44	0.46	0.72	0.50	0.60	0.56	0.44	0.50
伊朗	0.15	0.18	0.28	0.32	0.28	0.48	0.61	0.55	0.71	0.91	0.48
俄罗斯	0.24	0.21	0.23	0.34	0.35	0.40	0.42	0.44	0.58	0.78	0.42
阿根廷	0.32	0.41	0.41	0.41	0.42	0.36	0.44	0.46	0.43	0.36	0.40
匈牙利	0.35	0.33	0.44	0.34	0.35	0.40	0.43	0.48	0.35	0.40	0.39
墨西哥	0.29	0.28	0.33	0.34	0.37	0.39	0.39	0.46	0.39	0.37	0.37
沙特	0.24	0.25	0.23	0.30	0.30	0.51	0.38	0.29	0.45	0.57	0.37
泰国	0.46	0.25	0.25	0.25	0.30	0.30	0.25	0.34	0.20	0.27	0.28

三 C层人才

医学C层人才最多的国家是美国，占该学科组全球C层人才的26.48%，英国以8.04%的世界占比排名第二，这两个国家的C层人才合计超过全球的1/3；其后是中国大陆、德国、意大利、加拿大，世界占比分别为6.04%、5.38%、4.75%、4.48%；澳大利亚、荷兰、法国、西班牙、日本、瑞士的C层人才也比较多，世界占比在4%~2%之间；瑞典、比利时、韩国、丹麦、巴西、印度、奥地利也有相当数量的C层人才，世界占比超过1%；挪威、中国台湾、以色列、芬兰、希腊、波兰、伊朗、土耳其、爱尔兰、中国香港、新加坡、葡萄牙、新西兰、南非、沙特、捷克、埃及、泰国、匈牙利、墨西哥、俄罗斯也有一定数量的 C 层人才,世界占比低于 1%。

在发展趋势上,美国呈现相对下降趋势,中国大陆呈现相对上升趋势,其他国家和地区没有呈现明显变化。

表 9-150 医学 C 层人才排名前 40 的国家和地区的占比

单位:%

国家和地区	2011 年	2012 年	2013 年	2014 年	2015 年	2016 年	2017 年	2018 年	2019 年	2020 年	合计
美国	31.18	30.42	29.36	28.75	27.64	26.78	25.74	24.70	23.08	21.34	26.48
英国	8.42	8.27	8.51	8.13	8.18	8.12	8.08	7.85	7.68	7.55	8.04
中国大陆	3.24	3.99	4.24	4.99	5.56	5.77	6.35	7.23	8.47	8.28	6.04
德国	5.98	5.96	5.76	5.75	5.41	5.31	5.27	5.08	5.03	4.79	5.38
意大利	4.29	4.53	4.62	4.53	4.40	4.55	4.61	4.68	4.77	6.08	4.75
加拿大	4.66	4.61	4.66	4.57	4.59	4.51	4.58	4.46	4.32	4.06	4.48
澳大利亚	3.61	3.73	4.01	3.93	3.99	4.06	3.94	4.01	3.84	3.60	3.87
荷兰	3.94	3.93	4.03	3.72	3.73	3.72	3.61	3.47	3.38	3.11	3.63
法国	3.79	3.76	3.67	3.50	3.55	3.68	3.50	3.41	3.36	3.43	3.55
西班牙	2.51	2.50	2.56	2.60	2.60	2.58	2.66	2.64	2.84	2.97	2.66
日本	2.90	2.85	2.64	2.58	2.46	2.56	2.44	2.45	2.34	2.14	2.51
瑞士	2.37	2.23	2.24	2.12	2.19	2.23	2.39	2.28	2.32	2.27	2.27
瑞典	2.09	1.94	1.95	1.94	1.98	1.99	1.88	1.91	1.81	1.64	1.90
比利时	1.71	1.73	1.77	1.76	1.70	1.69	1.73	1.74	1.71	1.73	1.73
韩国	1.58	1.65	1.63	1.70	1.55	1.60	1.47	1.60	1.66	1.45	1.59
丹麦	1.35	1.40	1.38	1.50	1.55	1.55	1.49	1.49	1.45	1.35	1.45
巴西	1.15	1.27	1.29	1.28	1.38	1.48	1.52	1.53	1.41	1.56	1.40
印度	1.06	1.00	1.15	1.14	1.10	1.22	1.13	1.23	1.32	1.61	1.21
奥地利	1.02	1.05	1.01	1.04	1.04	0.94	1.04	1.02	1.03	1.01	1.02
挪威	0.85	0.89	0.82	0.87	0.85	0.83	0.90	0.86	0.86	0.73	0.84
中国台湾	0.85	0.82	0.79	0.73	0.78	0.74	0.66	0.70	0.73	0.68	0.74
以色列	0.73	0.70	0.63	0.66	0.70	0.72	0.67	0.75	0.73	0.72	0.70
芬兰	0.79	0.69	0.67	0.74	0.77	0.68	0.67	0.65	0.68	0.60	0.69
希腊	0.67	0.71	0.69	0.67	0.64	0.59	0.69	0.67	0.73	0.79	0.69
波兰	0.48	0.53	0.55	0.57	0.67	0.69	0.74	0.78	0.80	0.87	0.68
伊朗	0.29	0.34	0.45	0.50	0.45	0.43	0.57	0.62	0.74	0.83	1.13	0.62
土耳其	0.53	0.50	0.55	0.55	0.57	0.62	0.56	0.59	0.64	0.90	0.61
爱尔兰	0.52	0.52	0.57	0.54	0.59	0.57	0.63	0.65	0.68	0.68	0.60

续表

国家和地区	2011年	2012年	2013年	2014年	2015年	2016年	2017年	2018年	2019年	2020年	合计
中国香港	0.54	0.55	0.57	0.55	0.50	0.54	0.55	0.56	0.61	0.77	0.58
新加坡	0.48	0.51	0.50	0.51	0.50	0.58	0.57	0.57	0.62	0.77	0.57
葡萄牙	0.41	0.45	0.47	0.48	0.55	0.57	0.58	0.60	0.63	0.72	0.56
新西兰	0.52	0.50	0.49	0.53	0.55	0.47	0.60	0.58	0.57	0.55	0.54
南非	0.40	0.43	0.47	0.46	0.51	0.47	0.52	0.58	0.50	0.53	0.49
沙特	0.19	0.26	0.26	0.38	0.40	0.40	0.41	0.41	0.45	0.61	0.39
捷克	0.28	0.31	0.32	0.34	0.36	0.40	0.42	0.40	0.43	0.40	0.37
埃及	0.26	0.22	0.22	0.30	0.32	0.33	0.42	0.41	0.49	0.54	0.37
泰国	0.28	0.31	0.28	0.30	0.28	0.30	0.29	0.34	0.33	0.31	0.30
匈牙利	0.26	0.29	0.27	0.30	0.28	0.29	0.32	0.29	0.33	0.27	0.29
墨西哥	0.24	0.25	0.26	0.27	0.29	0.31	0.30	0.27	0.32	0.34	0.29
俄罗斯	0.14	0.12	0.18	0.19	0.25	0.26	0.28	0.35	0.38	0.47	0.28

第十章 交叉学科

交叉学科是指跨学科组的多学科交叉的学科。在同一学科组内部的多学科交叉学科,归入各学科组,并已在上文相关学科组中进行了分析。

第一节 A层人才

交叉学科A层人才最多的国家是美国,占该学科组全球A层人才的38.64%;中国大陆A层人才以11.36%的世界占比排名第二;英国、德国、瑞士、法国、中国香港、意大利、新加坡的A层人才也比较多,世界占比在8%~3%之间;澳大利亚、西班牙、瑞典、加拿大、丹麦、日本、墨西哥、挪威、俄罗斯、韩国、中国台湾也有相当数量的A层人才,世界占比均超过1%。

表10-1 交叉学科A层人才排名前20的国家和地区的占比

单位:%

国家和地区	2011年	2012年	2013年	2014年	2015年	2016年	2017年	2018年	2019年	2020年	合计
美国	40.00	0.00	50.00	20.00	50.00	33.33	46.15	55.56	23.08	41.67	38.64
中国大陆	0.00	0.00	0.00	20.00	10.00	0.00	7.69	22.22	7.69	25.00	11.36
英国	0.00	0.00	0.00	0.00	0.00	16.67	7.69	11.11	7.69	16.67	7.95
德国	20.00	0.00	0.00	10.00	0.00	16.67	0.00	0.00	7.69	0.00	5.68
瑞士	0.00	0.00	0.00	20.00	0.00	0.00	7.69	0.00	15.38	0.00	5.68
法国	0.00	0.00	0.00	10.00	10.00	8.33	0.00	0.00	7.69	0.00	4.55
中国香港	0.00	0.00	0.00	10.00	0.00	0.00	7.69	0.00	0.00	8.33	3.41
意大利	0.00	0.00	0.00	10.00	0.00	0.00	0.00	0.00	7.69	8.33	3.41
新加坡	0.00	0.00	0.00	0.00	20.00	8.33	0.00	0.00	0.00	0.00	3.41
澳大利亚	0.00	0.00	0.00	0.00	0.00	0.00	7.69	0.00	7.69	0.00	2.27
西班牙	0.00	0.00	25.00	0.00	0.00	0.00	7.69	0.00	0.00	0.00	2.27

续表

国家和地区	2011年	2012年	2013年	2014年	2015年	2016年	2017年	2018年	2019年	2020年	合计
瑞典	20.00	0.00	0.00	0.00	0.00	0.00	0.00	0.00	7.69	0.00	2.27
加拿大	20.00	0.00	0.00	0.00	0.00	0.00	0.00	0.00	0.00	0.00	1.14
丹麦	0.00	0.00	0.00	0.00	0.00	8.33	0.00	0.00	0.00	0.00	1.14
日本	0.00	0.00	0.00	0.00	0.00	0.00	0.00	0.00	7.69	0.00	1.14
墨西哥	0.00	0.00	25.00	0.00	0.00	0.00	0.00	0.00	0.00	0.00	1.14
挪威	0.00	0.00	0.00	0.00	0.00	8.33	0.00	0.00	0.00	0.00	1.14
俄罗斯	0.00	0.00	0.00	0.00	0.00	0.00	7.69	0.00	0.00	0.00	1.14
韩国	0.00	0.00	0.00	0.00	0.00	0.00	0.00	11.11	0.00	0.00	1.14
中国台湾	0.00	0.00	0.00	0.00	10.00	0.00	0.00	0.00	0.00	0.00	1.14

第二节　B层人才

交叉学科B层人才最多的国家是美国，占该学科组全球B层人才的30.46%；中国大陆、英国处于第二梯队，B层人才世界占比分别为8.70%、8.21%，分列第二、第三位；德国、加拿大、荷兰、日本、法国的B层人才也比较多，世界占比在5%~3%之间；澳大利亚、瑞士、新加坡、韩国、瑞典、意大利、中国香港、西班牙、比利时、丹麦、奥地利、巴西也有相当数量的B层人才，世界占比超过或接近1%。

表10-2　交叉学科B层人才排名前20的国家和地区的占比

单位：%

国家和地区	2011年	2012年	2013年	2014年	2015年	2016年	2017年	2018年	2019年	2020年	合计
美国	26.98	28.99	27.85	34.83	35.92	33.04	24.39	24.63	36.97	30.77	30.46
中国大陆	1.59	5.80	7.59	10.11	6.80	7.83	10.57	11.19	10.08	10.26	8.70
英国	3.17	8.70	5.06	6.74	11.65	7.83	11.38	7.46	8.40	8.55	8.21
德国	3.17	1.45	3.80	3.37	3.88	2.61	9.76	5.22	5.04	3.42	4.45
加拿大	6.35	2.90	6.33	3.37	1.94	2.61	2.44	3.73	4.20	4.27	3.66
荷兰	3.17	2.90	1.27	2.25	1.94	6.09	2.44	5.22	3.36	4.27	3.46
日本	1.59	1.45	6.33	2.25	4.85	2.61	4.88	2.99	3.36	0.85	3.17
法国	1.59	4.35	5.06	2.25	2.91	3.48	2.44	5.22	0.84	3.42	3.17
澳大利亚	4.76	1.45	6.33	1.12	1.94	2.61	0.00	2.99	2.52	4.27	2.67

续表

国家和地区	2011年	2012年	2013年	2014年	2015年	2016年	2017年	2018年	2019年	2020年	合计
瑞士	3.17	1.45	0.00	1.12	2.91	1.74	1.63	3.73	4.20	1.71	2.27
新加坡	1.59	1.45	3.80	3.37	0.00	2.61	4.07	0.75	2.52	0.85	2.08
韩国	1.59	1.45	2.53	3.37	0.00	2.61	2.44	1.49	3.36	1.71	2.08
瑞典	1.59	1.45	1.27	1.12	4.85	3.48	1.63	2.24	0.84	0.85	1.98
意大利	0.00	4.35	1.27	4.49	0.00	2.61	0.00	3.73	0.00	2.56	1.88
中国香港	1.59	1.45	2.53	0.00	0.97	1.74	0.81	2.24	1.68	5.13	1.88
西班牙	3.17	2.90	3.80	1.12	2.61	3.25	0.75	0.84	0.85	1.88	
比利时	1.59	0.00	3.80	1.12	2.91	2.61	0.00	0.75	1.68	2.56	1.68
丹麦	0.00	2.90	2.53	1.12	1.94	1.74	2.44	0.75	1.68	0.85	1.58
奥地利	1.59	1.45	0.00	1.12	2.91	0.00	1.63	1.49	1.68	0.00	1.19
巴西	3.17	1.45	0.00	2.25	0.97	0.87	0.81	0.00	0.00	1.71	0.99

第三节　C层人才

交叉学科C层人才最多的国家是美国，占该学科组全球C层人才的28.14%；中国大陆、英国C层人才以8.86%、8.52%的世界占比分列第二、第三位；德国、法国、加拿大、澳大利亚的C层人才也比较多，世界占比在7%~3%之间；意大利、日本、瑞士、荷兰、西班牙、韩国、瑞典、丹麦、比利时、巴西、印度、奥地利、新加坡也有相当数量的C层人才，世界占比超过或接近1%。

表10-3　交叉学科C层人才排名前20的国家和地区的占比

单位：%

国家和地区	2011年	2012年	2013年	2014年	2015年	2016年	2017年	2018年	2019年	2020年	合计
美国	36.41	33.93	30.97	29.37	27.93	28.56	26.84	25.83	25.10	24.59	28.14
中国大陆	5.18	5.33	7.74	8.95	8.45	8.75	12.26	9.54	9.71	8.85	8.86
英国	9.06	9.93	8.13	8.62	9.50	8.22	8.04	8.98	7.53	8.07	8.52
德国	5.18	4.74	5.55	6.88	5.76	6.10	6.46	6.44	6.78	5.87	6.08
法国	4.53	4.00	4.00	5.02	3.65	2.83	3.31	3.42	3.35	2.82	3.58
加拿大	4.05	4.15	3.74	4.15	3.07	3.27	2.90	3.66	2.85	4.15	3.54
澳大利亚	3.24	3.41	4.26	2.84	3.07	2.83	2.98	2.78	3.26	3.05	3.12

续表

国家和地区	2011 年	2012 年	2013 年	2014 年	2015 年	2016 年	2017 年	2018 年	2019 年	2020 年	合计
意大利	2.43	3.11	1.81	2.73	3.45	2.65	3.48	3.02	2.59	3.21	2.90
日本	2.91	2.07	2.84	2.84	3.26	3.71	2.98	3.34	2.26	2.35	2.88
瑞士	2.59	2.07	2.19	2.51	2.78	1.95	3.73	2.94	2.59	2.27	2.61
荷兰	2.75	3.41	3.35	2.40	2.30	2.65	2.40	2.31	3.18	1.80	2.59
西班牙	2.59	1.48	1.94	2.40	2.21	2.12	2.32	2.38	2.59	2.27	2.26
韩国	1.29	1.33	1.55	1.86	2.11	3.09	0.83	2.23	1.92	1.88	1.86
瑞典	1.46	2.22	2.19	1.53	2.11	1.15	2.07	1.35	1.76	1.49	1.70
丹麦	1.13	1.19	0.65	1.31	1.92	1.06	1.33	1.27	1.76	1.64	1.37
比利时	0.81	1.33	1.03	1.42	1.06	1.15	1.41	1.75	1.76	1.02	1.31
巴西	1.13	1.33	0.65	1.20	1.06	0.62	0.99	1.03	0.67	1.57	1.02
印度	0.65	0.59	1.03	1.20	0.58	0.97	0.91	1.03	1.84	0.70	0.98
奥地利	0.81	0.59	0.90	1.20	1.25	0.88	0.83	1.11	1.17	0.78	0.97
新加坡	0.32	0.30	1.42	0.87	1.06	1.41	0.75	0.87	1.51	0.70	0.96

第十一章 自然科学

在各学科人才分析的基础上，按照A、B、C三个人才层次，对所有学科人才进行汇总分析，从总体层面揭示自然科学基础研究人才的分布特点和发展趋势。

第一节 A层人才

自然科学A层人才最多的国家是美国，占全球A层人才的23.73%，中国大陆和英国分别以11.11%和7.77%的世界占比排名第二和第三位，这三者的A层人才合计达到全球的42.61%；其后是德国、澳大利亚、加拿大，世界占比分别为5.20%、4.16%、4.04%；法国、意大利、荷兰、瑞士、西班牙、日本的A层人才也比较多，世界占比在4%~2%之间；瑞典、韩国、新加坡、印度、比利时、中国香港、丹麦、沙特也有相当数量的A层人才，世界占比超过1%；奥地利、巴西、挪威、伊朗、以色列、芬兰、爱尔兰、土耳其、中国台湾、新西兰、葡萄牙、俄罗斯、南非、波兰、马来西亚、希腊、巴基斯坦、捷克、墨西哥、智利、阿根廷、罗马尼亚、阿尔及利亚、越南、匈牙利、埃及、卡塔尔、泰国、中国澳门、阿联酋也有一定数量的A层人才，世界占比低于1%。

在发展趋势上，美国、英国、德国、加拿大、法国呈现相对下降趋势，中国大陆、澳大利亚、沙特、伊朗呈现相对上升趋势，其他国家和地区没有呈现明显变化。

表 11–1 自然科学 A 层人才排名前 50 的国家和地区的占比

单位：%

国家和地区	2011 年	2012 年	2013 年	2014 年	2015 年	2016 年	2017 年	2018 年	2019 年	2020 年	合计
美国	31.18	29.98	29.05	26.75	24.22	23.73	23.56	21.24	19.56	15.38	23.73
中国大陆	5.20	6.59	6.70	7.40	9.42	10.46	11.73	13.72	14.66	18.90	11.11
英国	8.76	8.46	8.32	9.05	7.87	7.78	7.90	7.22	7.22	6.23	7.77
德国	5.89	5.71	5.72	5.61	5.69	5.71	5.02	4.53	4.99	3.95	5.20
澳大利亚	2.90	3.80	3.99	4.36	3.89	4.10	4.17	4.51	4.83	4.41	4.16
加拿大	5.17	4.10	4.15	4.15	4.06	4.24	4.09	3.86	3.80	3.32	4.04
法国	3.77	3.98	4.17	4.23	3.52	3.19	3.34	3.03	3.26	3.11	3.51
意大利	3.26	2.71	3.17	3.52	3.41	2.92	2.47	2.84	2.43	4.09	3.09
荷兰	3.75	3.51	3.15	2.94	3.08	2.88	3.23	2.50	2.66	1.88	2.88
瑞士	2.70	2.73	2.39	2.36	3.31	2.46	2.49	2.53	1.94	1.70	2.41
西班牙	3.21	2.22	2.19	2.40	2.53	2.48	2.53	2.15	1.60	2.24	2.32
日本	2.75	2.05	2.30	1.94	1.82	1.68	1.62	2.30	2.14	1.99	2.04
瑞典	1.94	1.61	1.85	1.81	1.93	1.99	1.38	1.53	1.87	1.64	1.75
韩国	1.63	1.51	1.55	1.73	2.22	2.01	1.83	1.87	1.52	1.56	1.74
新加坡	1.25	2.00	2.01	1.04	1.21	1.66	1.13	1.74	1.96	1.93	1.61
印度	0.92	1.54	1.37	1.29	1.40	1.14	1.32	1.44	1.96	2.44	1.53
比利时	1.55	1.27	1.62	1.69	1.55	1.55	1.36	1.44	1.35	0.90	1.41
中国香港	0.99	0.95	0.80	1.11	1.03	1.01	1.21	1.47	1.37	2.31	1.28
丹麦	1.38	1.37	1.23	1.63	1.49	1.20	0.96	1.11	0.86	1.06	1.20
沙特	0.28	0.37	0.39	0.92	1.28	1.57	1.55	1.36	1.70	1.75	1.19
奥地利	1.17	0.85	1.05	0.54	0.82	0.95	1.11	1.06	1.01	0.74	0.93
巴西	0.61	0.34	0.62	0.58	1.11	1.20	0.94	1.22	0.86	0.60	0.82
挪威	0.64	0.66	1.00	0.48	0.61	0.68	1.06	0.74	1.08	0.70	0.77
伊朗	0.20	0.59	0.68	0.38	0.38	0.54	0.53	1.04	1.27	1.55	0.77
以色列	0.82	0.71	0.57	0.96	0.96	0.99	0.57	0.75	0.49	0.52	0.72
芬兰	0.61	0.51	0.57	0.85	0.86	0.83	0.62	0.66	0.49	0.81	0.69
爱尔兰	0.64	0.71	0.80	0.50	0.50	0.79	0.58	0.61	0.64	0.57	0.63
土耳其	0.31	0.49	0.50	0.44	0.54	0.81	0.45	0.59	0.65	1.15	0.62
中国台湾	0.54	0.78	0.59	0.50	0.59	0.43	0.60	0.57	0.55	0.86	0.62
新西兰	0.31	0.88	0.82	0.50	0.36	0.62	0.68	0.54	0.73	0.55	0.60
葡萄牙	0.64	0.66	0.57	0.52	0.69	0.35	0.74	0.50	0.49	0.49	0.56
俄罗斯	0.36	0.66	0.75	0.54	0.44	0.39	0.75	0.61	0.49	0.55	0.55
南非	0.31	0.27	0.41	0.42	0.42	0.68	0.77	0.72	0.64	0.67	0.55
波兰	0.36	0.51	0.34	0.75	0.48	0.64	0.60	0.48	0.65	0.49	0.54

续表

国家和地区	2011年	2012年	2013年	2014年	2015年	2016年	2017年	2018年	2019年	2020年	合计
马来西亚	0.56	0.34	0.16	0.58	0.48	0.48	0.41	0.84	0.60	0.46	0.50
希腊	0.28	0.51	0.46	0.38	0.38	0.37	0.36	0.54	0.39	0.72	0.45
巴基斯坦	0.08	0.20	0.30	0.13	0.33	0.44	0.30	0.48	0.59	0.72	0.38
捷克	0.28	0.32	0.39	0.29	0.23	0.48	0.53	0.27	0.34	0.28	0.34
墨西哥	0.33	0.20	0.21	0.38	0.36	0.29	0.30	0.43	0.36	0.31	0.32
智利	0.13	0.20	0.36	0.29	0.29	0.15	0.25	0.23	0.21	0.29	0.24
阿根廷	0.23	0.22	0.30	0.19	0.31	0.29	0.23	0.24	0.17		0.24
罗马尼亚	0.20	0.10	0.16	0.25	0.10	0.25	0.21	0.32	0.37	0.26	0.23
阿尔及利亚	0.00	0.05	0.11	0.15	0.29	0.31	0.25	0.11	0.39	0.44	0.23
越南	0.00	0.07	0.02	0.10	0.04	0.17	0.17	0.25	0.34	0.78	0.23
匈牙利	0.15	0.27	0.14	0.13	0.36	0.25	0.30	0.16	0.20	0.22	0.22
埃及	0.10	0.15	0.07	0.13	0.08	0.31	0.25	0.23	0.20	0.44	0.21
卡塔尔	0.00	0.00	0.09	0.21	0.31	0.37	0.19	0.16	0.20	0.37	0.20
泰国	0.08	0.27	0.21	0.23	0.10	0.12	0.08	0.13	0.21	0.18	0.16
中国澳门	0.00	0.00	0.00	0.10	0.15	0.04	0.17	0.25	0.21		0.12
阿联酋	0.00	0.05	0.02	0.06	0.10	0.06	0.02	0.16	0.41	0.17	0.12

第二节 B层人才

自然科学B层人才最多的国家是美国，占全球B层人才的21.50%，中国大陆和英国分别以13.52%和7.12%的世界占比排名第二和第三位，这三者的B层人才合计达到全球的42.14%；其后是德国，世界占比为4.94%；澳大利亚、加拿大、法国、意大利、荷兰、西班牙、瑞士的B层人才也比较多，世界占比为4%~2%；日本、韩国、印度、瑞典、新加坡、比利时、中国香港、丹麦、伊朗、沙特也有相当数量的B层人才，世界占比超过1%；巴西、奥地利、挪威、中国台湾、芬兰、土耳其、葡萄牙、以色列、波兰、马来西亚、俄罗斯、爱尔兰、希腊、新西兰、南非、巴基斯坦、捷克、埃及、墨西哥、匈牙利、罗马尼亚、智利、越南、阿根廷、泰国、阿联酋、斯洛文尼亚、哥伦比亚、卡塔尔也有一定数量的B层人才，世界占比低于1%。

在发展趋势上，美国、英国、德国、加拿大、法国、日本呈现相对下降趋势，中国大陆、澳大利亚、伊朗、沙特呈现相对上升趋势，其他国家和地区没有呈现明显变化。

表11-2 自然科学B层人才排名前50的国家和地区的占比

单位：%

国家和地区	2011年	2012年	2013年	2014年	2015年	2016年	2017年	2018年	2019年	2020年	合计
美国	28.78	26.83	25.80	24.48	22.88	21.23	20.60	18.63	17.17	15.03	21.50
中国大陆	7.29	8.28	9.68	11.01	11.50	12.50	14.79	16.97	18.04	19.14	13.52
英国	7.78	7.97	7.67	7.30	7.48	7.37	7.10	6.63	6.41	6.34	7.12
德国	6.05	5.70	5.28	5.61	5.35	5.08	4.71	4.53	4.35	3.69	4.94
澳大利亚	3.31	3.62	3.70	3.94	3.97	4.02	4.26	4.29	4.29	4.14	4.00
加拿大	4.51	4.31	3.93	3.97	3.70	3.78	3.78	3.44	3.63	3.27	3.78
法国	3.90	3.71	3.86	3.47	3.44	3.40	3.11	2.84	2.67	2.71	3.25
意大利	3.09	3.12	3.11	3.15	3.26	3.10	2.95	2.90	2.80	3.67	3.12
荷兰	3.10	3.10	2.92	2.80	2.74	2.80	2.47	2.55	2.27	1.91	2.61
西班牙	2.76	2.72	2.68	2.63	2.60	2.36	2.32	2.19	2.18	2.27	2.44
瑞士	2.36	2.37	2.33	2.18	2.31	2.25	2.06	2.06	1.78	1.67	2.10
日本	2.38	2.19	2.32	2.01	1.96	2.00	1.83	1.73	2.03	1.72	1.99
韩国	1.80	1.96	2.13	1.93	1.98	1.76	1.77	1.92	1.94	1.85	1.90
印度	1.43	1.45	1.66	1.68	1.65	1.73	1.66	1.86	1.98	2.64	1.81
瑞典	1.48	1.58	1.54	1.58	1.65	1.64	1.57	1.59	1.54	1.27	1.54
新加坡	1.06	1.43	1.41	1.61	1.55	1.54	1.57	1.61	1.61	1.39	1.49
比利时	1.43	1.44	1.39	1.37	1.46	1.53	1.31	1.26	1.26	1.14	1.35
中国香港	0.96	1.07	1.15	1.21	1.35	1.17	1.51	1.49	1.50	1.51	1.32
丹麦	1.34	1.26	1.32	1.20	1.19	1.24	1.21	1.16	1.02	0.93	1.17
伊朗	0.51	0.73	0.77	0.88	0.78	1.16	1.09	1.27	1.57	1.71	1.10
沙特	0.47	0.45	0.59	0.87	1.11	1.18	1.20	1.27	1.23	1.60	1.05
巴西	0.72	0.73	0.82	0.87	0.95	1.08	0.99	1.02	0.93	0.98	0.92
奥地利	1.12	0.95	0.88	0.97	0.92	1.04	0.88	0.84	0.79	0.73	0.90
挪威	0.77	0.86	0.80	0.71	0.74	0.82	0.72	0.82	0.81	0.77	0.78
中国台湾	0.69	0.86	0.77	0.74	0.63	0.67	0.59	0.68	0.76	0.90	0.73
芬兰	0.78	0.66	0.73	0.71	0.83	0.73	0.72	0.71	0.67	0.59	0.71
土耳其	0.69	0.58	0.58	0.60	0.54	0.66	0.59	0.67	0.83	1.10	0.70
葡萄牙	0.68	0.79	0.67	0.73	0.61	0.65	0.68	0.71	0.63	0.71	0.68

续表

国家和地区	2011年	2012年	2013年	2014年	2015年	2016年	2017年	2018年	2019年	2020年	合计
以色列	0.81	0.65	0.71	0.73	0.71	0.73	0.66	0.63	0.63	0.57	0.67
波兰	0.57	0.53	0.55	0.59	0.57	0.62	0.61	0.76	0.69	0.70	0.63
马来西亚	0.35	0.48	0.51	0.66	0.59	0.62	0.69	0.60	0.66	0.64	0.59
俄罗斯	0.41	0.49	0.42	0.45	0.54	0.61	0.58	0.53	0.61	0.75	0.55
爱尔兰	0.58	0.56	0.54	0.46	0.57	0.67	0.56	0.58	0.49	0.49	0.55
希腊	0.55	0.60	0.56	0.59	0.57	0.49	0.54	0.52	0.47	0.55	0.54
新西兰	0.51	0.51	0.51	0.43	0.47	0.51	0.48	0.48	0.55	0.46	0.49
南非	0.32	0.33	0.42	0.45	0.44	0.51	0.53	0.64	0.54	0.57	0.49
巴基斯坦	0.15	0.21	0.21	0.26	0.23	0.38	0.57	0.58	0.70	0.97	0.46
捷克	0.39	0.35	0.39	0.37	0.38	0.38	0.41	0.44	0.38	0.38	0.39
埃及	0.21	0.18	0.22	0.21	0.32	0.32	0.36	0.33	0.51	0.80	0.37
墨西哥	0.35	0.35	0.31	0.34	0.37	0.30	0.37	0.32	0.33	0.37	0.34
匈牙利	0.26	0.24	0.28	0.24	0.29	0.25	0.29	0.31	0.26	0.28	0.27
罗马尼亚	0.18	0.18	0.25	0.22	0.24	0.27	0.29	0.31	0.35	0.35	0.26
智利	0.21	0.20	0.25	0.23	0.25	0.31	0.27	0.30	0.22	0.25	0.25
越南	0.07	0.09	0.07	0.08	0.11	0.14	0.21	0.46	0.78	0.25	
阿根廷	0.23	0.24	0.25	0.25	0.22	0.27	0.24	0.23	0.21	0.24	
泰国	0.25	0.24	0.20	0.24	0.23	0.22	0.16	0.23	0.20	0.29	0.22
阿联酋	0.09	0.07	0.12	0.10	0.15	0.12	0.16	0.15	0.28	0.35	0.17
斯洛文尼亚	0.09	0.20	0.17	0.16	0.17	0.18	0.16	0.14	0.21	0.16	0.17
哥伦比亚	0.10	0.13	0.17	0.12	0.16	0.20	0.20	0.20	0.17	0.17	0.17
卡塔尔	0.03	0.03	0.05	0.10	0.19	0.19	0.17	0.16	0.19	0.22	0.14

第三节 C层人才

自然科学C层人才最多的国家是美国，占全球C层人才的21.23%，中国大陆和英国分别以14.53%和6.62%的世界占比排名第二和第三位，这三者的C层人才合计占全球的42.38%；其后是德国，世界占比为5.11%；加拿大、澳大利亚、意大利、法国、西班牙、荷兰、日本、印度、韩国的C层人才也比较多，世界占比在4%~2%之间；瑞士、瑞典、伊朗、比利时、巴西、新加坡、中国香港、丹麦也有相当数量的C层人才，世界占比超过

1%；中国台湾、奥地利、沙特、土耳其、波兰、葡萄牙、挪威、芬兰、以色列、俄罗斯、马来西亚、希腊、爱尔兰、埃及、南非、巴基斯坦、新西兰、捷克、墨西哥、泰国、智利、匈牙利、罗马尼亚、阿根廷、越南、阿联酋、斯洛文尼亚、哥伦比亚、卡塔尔也有一定数量的 C 层人才，世界占比低于 1%。

在发展趋势上，美国、英国、德国、法国、加拿大、日本呈现相对下降趋势，中国大陆、澳大利亚、印度、伊朗、沙特呈现相对上升趋势，其他国家和地区没有呈现明显变化。

表 11-3　自然科学 C 层人才排名前 50 的国家和地区的占比

单位：%

国家和地区	2011 年	2012 年	2013 年	2014 年	2015 年	2016 年	2017 年	2018 年	2019 年	2020 年	合计
美国	26.44	25.65	24.37	23.47	22.50	21.30	20.56	19.11	17.62	15.93	21.23
中国大陆	8.43	9.48	10.73	12.04	13.05	14.12	16.09	18.04	19.39	18.56	14.53
英国	7.18	6.98	7.03	6.75	6.77	6.81	6.64	6.38	6.14	5.98	6.62
德国	6.09	5.96	5.74	5.57	5.39	5.19	4.86	4.60	4.40	4.22	5.11
加拿大	4.02	3.88	3.84	3.73	3.69	3.60	3.46	3.35	3.25	3.11	3.55
澳大利亚	3.23	3.26	3.47	3.47	3.60	3.56	3.64	3.71	3.71	3.56	3.54
意大利	3.46	3.52	3.62	3.58	3.58	3.50	3.44	3.37	3.34	3.90	3.53
法国	4.17	4.01	3.92	3.64	3.48	3.44	3.11	2.93	2.75	2.67	3.34
西班牙	2.89	2.93	2.85	2.78	2.66	2.59	2.49	2.42	2.41	2.46	2.62
荷兰	2.84	2.79	2.77	2.58	2.52	2.49	2.33	2.25	2.22	2.03	2.44
日本	3.03	2.86	2.64	2.47	2.30	2.25	2.14	2.00	1.93	1.85	2.29
印度	1.80	1.82	1.98	2.08	2.10	2.24	2.24	2.35	2.48	2.94	2.25
韩国	2.10	2.21	2.14	2.17	2.16	2.14	2.05	2.15	2.18	2.07	2.14
瑞士	2.02	2.02	2.01	1.93	1.93	1.89	1.88	1.81	1.69	1.60	1.86
瑞典	1.55	1.50	1.55	1.52	1.50	1.53	1.45	1.42	1.33	1.25	1.45
伊朗	0.93	0.95	1.04	1.08	1.11	1.29	1.40	1.54	1.68	1.88	1.33
比利时	1.36	1.36	1.37	1.30	1.30	1.21	1.18	1.16	1.11	1.11	1.23
巴西	1.00	1.06	1.06	1.11	1.11	1.22	1.21	1.19	1.16	1.24	1.15
新加坡	0.99	1.08	1.08	1.11	1.16	1.17	1.18	1.18	1.11	1.14	1.13
中国香港	0.98	1.00	0.97	1.05	1.06	1.11	1.19	1.23	1.22	1.21	1.12
丹麦	1.06	1.09	1.07	1.11	1.14	1.09	1.06	1.04	1.02	1.00	1.06
中国台湾	1.31	1.23	1.09	1.01	0.94	0.83	0.77	0.76	0.79	0.86	0.93
奥地利	0.88	0.88	0.86	0.87	0.84	0.83	0.81	0.79	0.75	0.74	0.82

续表

国家和地区	2011年	2012年	2013年	2014年	2015年	2016年	2017年	2018年	2019年	2020年	合计
沙特	0.30	0.41	0.51	0.68	0.81	0.85	0.85	0.88	0.97	1.36	0.80
土耳其	0.76	0.72	0.70	0.70	0.72	0.74	0.70	0.71	0.79	1.04	0.76
波兰	0.56	0.61	0.63	0.67	0.74	0.75	0.72	0.72	0.74	0.87	0.71
葡萄牙	0.68	0.70	0.71	0.70	0.68	0.71	0.64	0.67	0.69	0.68	0.68
挪威	0.72	0.68	0.70	0.69	0.65	0.70	0.68	0.65	0.68	0.64	0.68
芬兰	0.70	0.67	0.68	0.75	0.72	0.68	0.65	0.66	0.64	0.61	0.67
以色列	0.76	0.70	0.66	0.66	0.67	0.65	0.59	0.58	0.53	0.50	0.62
俄罗斯	0.45	0.46	0.47	0.51	0.56	0.57	0.59	0.63	0.65	0.71	0.57
马来西亚	0.39	0.47	0.49	0.57	0.57	0.57	0.58	0.56	0.62	0.71	0.56
希腊	0.59	0.62	0.59	0.55	0.57	0.54	0.54	0.51	0.54	0.55	0.56
爱尔兰	0.52	0.49	0.49	0.47	0.49	0.49	0.47	0.49	0.47	0.48	0.48
埃及	0.28	0.25	0.28	0.35	0.37	0.41	0.45	0.51	0.64	0.88	0.46
南非	0.35	0.37	0.42	0.43	0.44	0.46	0.48	0.48	0.48	0.52	0.45
巴基斯坦	0.16	0.18	0.23	0.25	0.31	0.38	0.47	0.54	0.72	0.93	0.45
新西兰	0.48	0.45	0.43	0.45	0.44	0.40	0.47	0.45	0.45	0.43	0.44
捷克	0.37	0.38	0.38	0.41	0.42	0.43	0.42	0.42	0.43	0.44	0.41
墨西哥	0.34	0.35	0.34	0.33	0.31	0.35	0.36	0.32	0.37	0.37	0.35
泰国	0.26	0.26	0.24	0.24	0.23	0.26	0.25	0.27	0.28	0.32	0.26
智利	0.20	0.20	0.22	0.24	0.24	0.29	0.27	0.29	0.29	0.29	0.26
匈牙利	0.26	0.27	0.25	0.24	0.24	0.24	0.24	0.24	0.25	0.23	0.25
罗马尼亚	0.20	0.21	0.22	0.21	0.22	0.22	0.21	0.23	0.25	0.28	0.23
阿根廷	0.25	0.26	0.24	0.24	0.23	0.21	0.20	0.21	0.20	0.22	0.22
越南	0.08	0.08	0.09	0.10	0.12	0.14	0.16	0.24	0.36	0.66	0.22
阿联酋	0.07	0.07	0.09	0.12	0.15	0.15	0.14	0.18	0.24	0.30	0.16
斯洛文尼亚	0.17	0.16	0.14	0.16	0.17	0.15	0.14	0.15	0.15	0.16	0.15
哥伦比亚	0.12	0.12	0.13	0.12	0.14	0.16	0.17	0.16	0.18	0.19	0.15
卡塔尔	0.03	0.04	0.07	0.10	0.13	0.16	0.16	0.16	0.18	0.20	0.13

图书在版编目(CIP)数据

全球基础研究人才指数报告.2021 / 柳学智等著
.--北京：社会科学文献出版社，2022.4
ISBN 978-7-5201-9956-8

Ⅰ.①全… Ⅱ.①柳… Ⅲ.①基础研究-人才-指数-研究报告-世界-2021 Ⅳ.①G316

中国版本图书馆CIP数据核字（2022）第054086号

全球基础研究人才指数报告（2021）

著　　者 / 柳学智　苗月霞　冯　凌　等

出 版 人 / 王利民
责任编辑 / 宋　静
责任印制 / 王京美

出　　版 / 社会科学文献出版社·皮书出版分社　（010）59367127
　　　　　 地址：北京市北三环中路甲29号院华龙大厦　邮编：100029
　　　　　 网址：www.ssap.com.cn
发　　行 / 社会科学文献出版社（010）59367028
印　　装 / 三河市龙林印务有限公司

规　　格 / 开本：787mm×1092mm　1/16
　　　　　 印张：37.5　字数：575千字
版　　次 / 2022年4月第1版　2022年4月第1次印刷
书　　号 / ISBN 978-7-5201-9956-8
定　　价 / 298.00元

读者服务电话：4008918866

版权所有 翻印必究